HANDBUCH DER KÄLTETECHNIK

UNTER MITARBEIT
ZAHLREICHER FACHLEUTE

HERAUSGEGEBEN VON

RUDOLF PLANK

KARLSRUHE

ZEHNTER BAND

DIE ANWENDUNG DER KÄLTE
IN DER LEBENSMITTELINDUSTRIE

Springer-Verlag Berlin Heidelberg GmbH

1960

DIE ANWENDUNG DER KÄLTE IN DER LEBENSMITTELINDUSTRIE

BEARBEITET VON

H. ENGERTH-MÜNCHEN · W. FISCHER† · J. GUTSCHMIDT-KARLSRUHE · W. HEIMANN-KARLSRUHE · G. KAESS-BRISBANE · E. KALLERT† · H. KESSLER† · J. KUPRIANOFF-KARLSRUHE · K. F. LEOPOLD-HAMBURG-BERGEDORF K. LINGE-KARLSRUHE · R. PLANK-KARLSRUHE W. TAMM-MÜNCHEN

MIT 308 ABBILDUNGEN

Springer-Verlag Berlin Heidelberg GmbH

1960

ISBN 978-3-642-86207-6   ISBN 978-3-642-86206-9 (eBook)
DOI 10.1007/978-3-642-86206-9

Vorwort zum zehnten Band.

In dem vorliegenden Band X des Handbuches der Kältetechnik und in den folgenden Bänden XI und XII werden die verschiedenen Anwendungen tiefer Temperaturen ausführlich behandelt. Band X ist ausschließlich der Frischhaltung von schnellverderblichen Lebensmitteln durch Kühlen und Gefrieren gewidmet, die eine der ältesten und wirtschaftlich bedeutungsvollsten Anwendungen darstellt. Das internationale kältetechnische Schrifttum auf diesem Gebiet ist sehr umfangreich; das Stadium der Empirie liegt weit hinter uns, und die Forschungen, die der wissenschaftlich fundierten Verfeinerung der Frischhalteverfahren dienen, werden in den verschiedenen Ländern mit erheblichem Aufwand von Mitteln ständig fortgesetzt. Als gemeinsames Ziel gilt die Qualitätsverbesserung und die Verlängerung der Haltbarkeit.

Ein Gebiet, das die Frischhaltung aller festen und flüssigen, tierischen und pflanzlichen Lebensmittel umfaßt, kann ein einzelner Fachmann heute nicht mehr übersehen. Der Herausgeber hat sich daher bemüht, eine große Zahl namhafter Mitarbeiter zu gewinnen, die auf ihren Sondergebieten über besondere Fachkenntnisse sowohl in wissenschaftlicher Richtung als auch in praktischer Hinsicht verfügen. Durch gegenseitige Abstimmung wurde versucht, der gesamten Darstellung trotzdem ein einheitliches Gesicht zu geben.

In einem einleitenden Kapitel werden zunächst diejenigen Probleme behandelt, die für die Frischhaltung der verschiedensten Lebensmittel von Bedeutung sind, und auf die dann in den einzelnen Kapiteln nicht mehr eingegangen zu werden braucht. Die anschließenden Abschnitte über Gefriertrocknung und die verschiedenen Zusatzverfahren beziehen sich auch noch auf eine große Zahl von Lebensmitteln. Dabei wurden die Fortschritte in der Anwendung ionisierender Strahlung in Verbindung mit tiefen Temperaturen gebührend beachtet. Dann werden zuerst die tierischen Lebensmittel — Fleisch, Fische, Eier, Milch — in umfangreicheren Einzelabschnitten behandelt. Es folgen solche Lebensmittel, die teils tierischer, teils pflanzlicher Herkunft sind oder in denen beide Arten nebeneinander auftreten — Öle und Fette, Schokolade, Süßwaren und Backwaren. Daran schließen sich die den reinen pflanzlichen Lebensmitteln gewidmeten Abschnitte, wobei zuerst die festen Stoffe — Obst und Gemüse — und dann die flüssigen — Bier, Wein und Fruchtsäfte — behandelt werden. Ein letzter Abschnitt befaßt sich mit der Verpackung von Gefrierkonserven und Kühlgütern.

Bei dieser Vielzahl von Sonderabschnitten ließ es sich leider nicht vermeiden, daß der Umfang dieses Bandes den der bisher erschienenen Bände nicht unwesentlich überschritten hat, obwohl keiner der Verfasser den Anspruch erhebt, sein Gebiet voll erschöpft zu haben. Um wenigstens etwas an Umfang zu sparen, wurde der Entschluß gefaßt, das Kapitel über Speiseeis in den Band XI zu übertragen und es dort dem Hauptabschnitt „Eiserzeugung" anzuschließen.

Der Herausgeber möchte allen Mitarbeitern für ihre sorgfältige und mühevolle Arbeit sowie für das Verständnis für notwendige Raumbeschränkung herzlich danken. Schmerzlich empfindet er den vor dem Erscheinen des Werkes erfolgten Tod von Professor E. KALLERT, Professor W. FISCHER und Adjunkt H. KESSLER, mit denen ihn langjährige freundschaftliche Beziehungen verbanden. Dank dem bereitwilligen Einsatz von Kollegen der Verstorbenen in ihren jeweiligen Dienststellen, konnten die nach dem Tode erschienenen Veröffentlichungen auf den betreffenden Gebieten in der Mehrzahl noch berücksichtigt werden.

Besonderer Dank gebührt auch dem Verlag, der auch bei der Bearbeitung dieses Bandes des Handbuches der Kältetechnik den Wünschen des Herausgebers und der Mitarbeiter weitgehend entgegenkam, ihnen in der Zahl der erläuternden Abbildungen keine Beschränkungen auferlegte und das Werk würdig ausgestaltete.

Karlsruhe, Oktober 1959.

R. Plank.

Inhaltsverzeichnis.

Die Frischhaltung von Lebensmitteln durch Kälte.

Von Dr.-Ing. Dr. phil. nat. h. c. Dr. sc. agr. h. c. RUDOLF PLANK.
em. Professor an der Technischen Hochschule Karlsruhe.

Mit 61 Abbildungen.

Die Gefriertrocknung.

Von Dr.-Ing. Dr. phil. nat. h. c. Dr. sc. agr. h. c. RUDOLF PLANK,
em. Professor an der Technischen Hochschule Karlsruhe.

Mit 10 Abbildungen.

Die Zusatzverfahren.

Von Dr.-Ing. J. KUPRIANOFF,
Direktor der Bundesforschungsanstalt für Lebensmittelfrischhaltung Karlsruhe,
Honorarprofessor an der Technischen Hochschule Karlsruhe.

Mit 13 Abbildungen.

Fleisch einschl. Geflügel und Wild.

Von Professor Dr. med. vet. EDUARD KALLERT †,
ehem. Leiter der Bundesforschungsanstalt für Fleischwirtschaft in Kulmbach.

Mit 18 Abbildungen

Fische.

Von Dr.-Ing. Dr. phil. nat. h. c. Dr. sc. agr. h. c. RUDOLF PLANK,

em. Professor an der Technischen Hochschule Karlsruhe.

Mit 24 Abbildungen.

Eier.

Von Dr.-Ing. Georg Kaess,
Division of Food Preservation, Commonwealth Scientific and Industrial Research Organisation, Brisbane, Australien.

Mit 4 Abbildungen.

Milch und Milchprodukte.

Von Dipl.-Ing. K. F. Leopold,
Hamburg-Bergedorf.

Mit 44 Abbildungen.

Inhaltsverzeichnis. XIII

Fette und Öle.

Von Professor Dr.-Ing. Werner Heimann,
Leiter des Instituts für Lebensmittelchemie der Technischen Hochschule Karlsruhe.

Mit 8 Abbildungen.

Schokolade und Süßwaren.

Von Dr.-Ing. Walter Tamm,
München.

Mit 5 Abbildungen.

Inhaltsverzeichnis. XV

Getreide und Backwaren.

Von Professor Dr.-Ing. K. Linge,
Karlsruhe.

Mit 14 Abbildungen.

Obst und Gemüse.

Von H. Kessler †,
ehem. Adjunkt der Eidg. Versuchsanstalt für Obst-, Wein- und Gartenbau, Wädenswil (Schweiz).

Mit 39 Abbildungen.

1. Die Kaltlagerung verschiedener Fruchtarten

Seite

Bier.

Von Professor Dr.-Ing. WALTER FISCHER †
und a. o. Professor Dr. agr. Dipl.-Ing. Dipl.-Braumeister HORST ENGERTH,
Lehrstuhl und Institut für Energiewirtschaft der Brauerei an der Technischen Hochschule München,
Zweigstelle Weihenstephan
Mit 29 Abbildungen.

Wein.

Von Dr.-Ing. Dr. phil. nat. h. c. Dr. sc. agr. h. c. RUDOLF PLANK,
em. Professor an der Technischen Hochschule Karlsruhe.
Mit 6 Abbildungen.

Fruchtsäfte.

Von Dr.-Ing. Dr. phil. nat. h. c. Dr. sc. agr. h. c. RUDOLF PLANK,
em. Professor an der Technischen Hochschule Karlsruhe.
Mit 2 Abbildungen.

Das Verpacken von Gefrierkonserven und Kühlgütern.

Von Dipl.-Ing. J. GUTSCHMIDT,
Bundesforschungsanstalt für Lebensmittelfrischhaltung, Karlsruhe.
Mit 31 Abbildungen.

DIE ANWENDUNG DER KÄLTE IN DER LEBENSMITTELINDUSTRIE

Die Frischhaltung von Lebensmitteln durch Kälte.

Von

Dr.-Ing. Dr. phil. nat. h. c. Dr. sc. agr. h. c. Rudolf Plank

em. Professor an der Technischen Hochschule Karlsruhe.

Mit 61 Abbildungen.

A. Einleitung.

Die Aufgabe der Landwirtschaft besteht in der Erzeugung der für die Ernährung der Menschen und Tiere notwendigen Lebensmittel. Ein großer Teil derselben ist aber nur beschränkt haltbar. Die Aufgabe der Lebensmittelindustrie ist es, die Haltbarkeit durch geeignete Verfahren zu verlängern und damit eine planvolle Bewirtschaftung der Lebensmittel sowohl in friedlichen Perioden wie besonders auch in Krisenzeiten zu ermöglichen. Bei der rasch anwachsenden Bevölkerung der Erde muß nicht nur danach gestrebt werden, große Wüstengebiete durch Bewässerung in fruchtbares Ackerland zu verwandeln, die Schätze der Weltmeere besser zu nutzen und die landwirtschaftlichen Verfahren zu verbessern, sondern auch die erzeugten Lebensmittel vor dem Verderb zu schützen und ihren Nähr- und Geschmackswert voll zu erhalten. Mit Rücksicht auf Verschiedenheiten im Klima und in der Bevölkerungsdichte wird es auf der Erde immer Gebiete geben, in denen bestimmte Lebensmittel überwiegend erzeugt oder verbraucht werden. Daher muß die Industrie dafür sorgen, daß auch leicht verderbliche Lebensmittel auf weiten Strecken ohne Qualitätsminderung befördert werden können. Südfrüchte und tropische Gewächse werden auch in den nördlichen Ländern verlangt, Fleisch aus Argentinien, Australien und Neu-Seeland kommt auf den englischen Markt, Seefische dürfen auch im tiefsten Binnenland nicht fehlen, sibirische Butter wurde in den Westen Europas befördert.

Es wurden sehr viele Verfahren entwickelt, um Lebensmittel für lange Zeit genußfähig zu erhalten. Einige davon sind viele Jahrhunderte und sogar Jahrtausende alt. In industriellem Maßstab begannen sie aber erst gegen Ende des 18. Jahrhunderts angewendet zu werden. NICOLAS APPERT erfand 1795 das Verfahren der Dosenkonservierung durch Hitzesterilisierung und Luftabschluß. Um die gleiche Zeit setzten die künstlichen Verfahren der Trocknung ein, die sich rasch auf die verschiedensten Lebensmittel (Obst, Gemüse, Milch, Eier, Fleisch, Fische u. a.) erstreckten. Daneben entwickelten sich andere Verfahren, wie das Räuchern, Pökeln, Einmachen mit Essig, Gewürzen, Zucker und verschiedenen Chemikalien.

Es war auch schon im Altertum bekannt, daß sich die Haltbarkeit von Lebensmitteln durch Aufbewahrung bei tiefen Temperaturen wesentlich verlängern läßt[1]. Von natürlicher Kälte (unterirdische Keller, kalte Quellen, Schnee, Eis) wurde schon damals bei manchen Lebensmitteln und Getränken Gebrauch gemacht. Kältemischungen (Schnee mit Salzen und Säuren) waren auch schon

---

[1] Vgl. Bd. I dieses Handbuches, S. 1, 111ff.

vor Jahrhunderten im Gebrauch. In industriellem Maßstab konnten tiefe Temperaturen aber erst nach der Erfindung von Kältemaschinen in der ersten Hälfte des 19. Jahrhunderts verwendet werden. Eine Kälteindustrie gibt es erst seit etwa 100 Jahren[1]. Die Frischhaltung von Lebensmitteln gehörte mit zu den ersten Anwendungen der künstlichen Kälte. Dabei erkannte man sehr bald, daß Temperaturen über 0° C nur eine recht beschränkte Verlängerung der Haltbarkeit für viele Lebensmittel verbürgen. Man ging daher schon in den sechziger Jahren des vorigen Jahrhunderts zum Gefrieren über, wobei der Welthandel von Gefrierfleisch im Mittelpunkt des Interesses stand. Im Jahre 1861 bauten Thomas Sutcliffe Mort und Eugène Dominique Nicolle das erste Fleischgefrierwerk in Sidney, doch war ihnen noch kein wirtschaftlicher Erfolg beschieden. Es mußten erst Schiffe mit betriebssicheren Kältemaschinen ausgerüstet werden, die das Gefrierfleisch aus fernen Überseeländern den europäischen Märkten zuführen konnten. So begann man 1881 mit dem Bau großer Kaltlagerhäuser in London; 1882 wurde das erste Fleischgefrierhaus in Argentinien errichtet. Ein umfangreiches Kaltlagerhaus, das 1878 in Chicago gebaut wurde, besaß zunächst nur Eiskühlung; erst 1886 wurden dort Kältemaschinen eingebaut. Das erste amerikanische Kaltlagerhaus für die verschiedensten Lebensmittel, das von vornherein mit Kältemaschinen ausgerüstet war, wurde 1881 von der Mechanical Refrigerating Co. in Boston errichtet. Weitere Kühlhausbauten in verschiedenen Städten folgten dann rasch aufeinander.

Im Gegensatz zu allen anderen Frischhalteverfahren ist die Konservierung durch Kälte das einzige, bei dem der natürliche Geschmack und Geruch, die Konsistenz und das Aussehen der Produkte sich vom Zustand der frischen Ware kaum unterscheidet. Eingedoste Früchte, geräucherte Fische, Pökelfleisch, Dörrgemüse, Konfitüren, Essiggurken u. a. mögen ausgezeichnete und schmackhafte Nahrungsmittel sein, sie unterscheiden sich aber sehr stark von der frischen Rohware. Dagegen können kaltgelagerte bzw. gefrorene Lebensmittel bei richtiger Behandlung über viele Monate in praktisch unverändertem Zustand erhalten werden. Nach Entfernung aus dem Kaltlagerraum ist ihre Haltbarkeit allerdings sehr begrenzt, so daß sie dann bald konsumiert werden müssen. Die Aufrechterhaltung der für jedes Lebensmittel optimalen Lagerbedingungen (Temperatur, relative Feuchtigkeit, Luftbewegung) während der ganzen Lagerzeit setzt daher die Organisation einer sog. *Kältekette* voraus, die den Transport, den Grohßandel, den Kleinhandel und den Haushalt umfaßt.

Die Wirkung der Kälte kann durch andere Einflüsse u. U. wesentlich unterstützt werden, dabei kann die tiefe Temperatur das Hauptmittel oder auch nur ein Nebenmittel sein. So findet man in Kaltlagerhäusern Räucherwaren, Pökelwaren, getrocknete Früchte, Süßwaren, Obstsäfte u. a., die sich auch bei Zimmertemperatur längere Zeit gut halten würden. Eine interessante Kombination neueren Datums ist die *Gefriertrocknung,* die ursprünglich in der Bakteriologie, Pharmazeutik und Medizin verwendet wurde, jetzt aber auch auf Lebensmittel übergreift (vgl. S. 87). Viele Produkte erleiden durch die übliche hohe Trockentemperatur unerwünschte Veränderungen. Durch stufenweises Senken der Temperatur und Vakuumtrocknung gelangt man schließlich unter 0° C, wobei dann das in den Lebensmitteln enthaltene Wasser in Gestalt von Eis sublimiert. Bei diesem Verfahren steht die Trocknung im Vordergrund, und die Kälte ist sozusagen das Zusatzmittel.

Vielfach stellt aber die Kälte das Grundverfahren dar und man bedient sich zusätzlich anderer Mittel. Hierzu gehören: die Verwendung von Ozon, die Gas-

---

[1] Vgl. R. Plank: Ber. IX. Intern. Kältekongr. Paris 1955, Bd. I, S. 90.

lagerung, die UV-Strahlen und die verschiedenen Arten ionisierender Strahlen, deren Verwendung z. Z. vielversprechend erscheint (vgl. S. 101). Zu den Zusatzverfahren kann man auch rechnen: das Tauchen von Eiern in Mineralöl und von Fischen in Salzlösungen, das Glasieren und jede Art von Verpackung zwecks Eindämmung des Verdunstens und der Oxydation bei der Kaltlagerung, die Verwendung von chemisch vorbehandeltem Einwickelpapier (Diphenyl), baktericide Zusätze zum Eis bei der Fischlagerung, Antibiotika, u. a.

B. Das Kühlen bei Temperaturen über dem Gefrierpunkt.

I. Die Ursachen des Verderbes von Lebensmitteln.

Während der Lagerung treten in den Lebensmitteln Veränderungen ein, die ihren Genußwert herabsetzen und schließlich zum Verderb führen. Man kann dabei folgende Vorgänge unterscheiden:

1. Rein physikalische Prozesse.

Hier ist vor allem die Verdunstung des Wassers zu nennen, das einen Hauptbestandteil der meisten schnell verderblichen Lebensmittel darstellt. Die Verdunstung des Wassers hat nicht nur einen Gewichtsverlust und damit einen wirtschaftlichen Nachteil zur Folge, sondern es tritt dabei auch eine Eintrocknung und Schrumpfung der Oberfläche, verbunden mit Verfärbungen, auf, welche die Ware unansehnlich machen und ihren Handelswert herabsetzen. Mit fortschreitender Verdunstung wird die Ware strohig und faserig. Vielfach leidet auch das Aroma, da neben dem Wasser sich auch die fast unwägbaren Aromastoffe verflüchtigen, die den spezifischen Geruch und Geschmack bedingen.

2. Chemische und biochemische Prozesse.

In tierischen und pflanzlichen Lebensmitteln spielen sich bei der Aufbewahrung verwickelte chemische Vorgänge unter der Einwirkung von Fermenten (Enzymen) ab. Die ersten Phasen solcher Prozesse können den Genußwert sogar steigern: so ist z. B. das Fleisch von frisch geschlachteten Tieren zuerst zäh und wenig schmackhaft. Erst nach Auflösung der Totenstarre entwickelt sich während der „Reifungszeit" der volle Geschmackswert, den es solange wie möglich zu erhalten gilt. Früchte werden oft vor der vollen Eßreife geerntet und gelagert. Sie müssen dann erst langsam ausreifen, wobei sich der Zucker-, Säure- und Aromagehalt voll ausbildet. Bei längerer Lagerung setzt aber beim Fleisch und bei Fischen der allmähliche Abbau der Eiweißstoffe ein, den man als Autolyse (Selbstauflösung) bezeichnet und der schließlich zum Verderb führt. Die Früchte veratmen ihre wertvollen Geschmacks- und Nährstoffe und es treten in vielen Fällen auch pathologische Erscheinungen auf. Daneben treten unter dem Einfluß des Luftsauerstoffes bei fetthaltigen Lebensmitteln Oxydationserscheinungen auf, die einen ranzigen Geschmack und Verfärbungen verursachen. Die wünschenswerten Veränderungen (Reifung) überdecken sich zeitlich teilweise mit den nachteiligen.

3. Die Wirkung von Mikroorganismen[1].

Eine weitere Ursache des Verderbes von Lebensmitteln bei der Lagerung sind die Mikroorganismen, und zwar Bakterien und Pilze einschließlich der Hefen. Obst

---

[1] Vgl. Bd. IX dieses Handbuches, S. 167—222.

wird vorzugsweise von Schimmelpilzen befallen, während Fleisch, Fische und Eier durch Bakterien geschädigt werden. Die Hauptbestandteile unserer Nahrung — Kohlehydrate, Fette und Eiweißstoffe — sind auch Nährstoffe für Mikroorganismen, durch deren Stoffwechsel in den Lebensmitteln unerwünschte Veränderungen und Wertminderungen entstehen. Frisch geschlachtetes Fleisch und Fische sind im Innern praktisch steril. Die Infektion erfolgt stets von der Oberfläche, und die Vermehrung der Mikroorganismen geht unter günstigen Bedingungen außerordentlich rasch vor sich; aus wenigen hundert Bakterien je cm^2 Fleischoberfläche können in wenigen Stunden ein paar Millionen werden. Der Grenzwert, bei dem die Fleischoberfläche schleimig und das Fleisch ungenießbar wird, beträgt 10 bis 100 Millionen Bakterien je cm^2.

II. Der Einfluß der Temperatur.

Die unter 1., 2. und 3. geschilderten Vorgänge sind alle in hohem Maße temperaturabhängig und werden mit sinkender Temperatur immer langsamer. Die *Verdunstung* des Wassers und der damit zusammenhängende Gewichtsverlust nehmen mit sinkendem Dampfdruck ab, dieser ist aber um so niedriger, je tiefer die Temperatur. Bei 30° C beträgt er 31,8 Torr, bei 0° C aber nur noch 4,6 Torr. In gleichem Sinne nimmt auch der Dampfdruck der flüchtigen Aromastoffe ab.

Aus der Kinetik *chemischer Reaktionen* ist bekannt, daß sich die Reaktionsgeschwindigkeit aller Vorgänge mit sinkender Temperatur stark verlangsamt. Die Temperaturkoeffizienten der verschiedenen ineinandergreifenden Reaktionen sind nicht genau gleich; im Mittel kann man aber annehmen, daß jede Senkung der Temperatur um 10° C die chemischen Umsetzungen um das 2- bis 3fache verringert. Da diese Umsetzungen meist Wertminderungen der Lebensmittel bedeuten, so kann man sagen, daß sich die Haltbarkeit je 10° Temperatursenkung verdoppelt bis verdreifacht. Legt man im Mittel das 2,5fache zugrunde, dann kann erwartet werden, daß sich die meisten Lebensmittel bei 0° C 15mal länger aufbewahren lassen als bei 30° C. In der Nähe des Gefrierpunktes nimmt der Temperaturkoeffizient der chemischen Reaktionen bei manchen Lebensmitteln stark zu; so ist z. B. bei Fischen die Haltbarkeit bei 0° C wesentlich länger als bei +1° C, und bei —1° C wesentlich länger als bei 0° C. Bei manchen Früchten sind die Temperaturkoeffizienten der ineinandergreifenden Reaktionen oft so stark verschieden, daß bei Annäherung an 0° C physiologische Unordnungen im System eintreten, die zu sog. Kaltlagerkrankheiten führen können. Ein harmloses Beispiel dieser Art ist das Süßwerden der Kartoffeln bei Lagerung unter 4° C. Oft sind die Schäden aber viel ernsterer Natur.

Was nun das Wachstum der Mikroorganismen bei verschiedenen Temperaturen anbetrifft, so gibt es für die verschiedenen Arten günstigste Temperaturbereiche. Sieht man von den thermophilen Arten ab, deren Wachstum schon bei etwa 45° C aussetzt, so liegt der günstigste Bereich der kryophilen Arten bei 15° C bis 20° C, der mesophilen Arten bei 30° C bis 35° C. Die mesophilen Arten können sich unterhalb 10° C nicht mehr vermehren, während die kryophilen erst bei etwa —7° C das Wachstum einstellen. Man kann daher behaupten, daß das Wachstum der Mikroorganismen in dem hier interessierenden Temperaturbereich mit sinkender Temperatur stark verzögert wird. Es muß aber betont werden, daß viele Mikroorganismen auch bei den tiefsten in der praktischen Kaltlagerung verwendeten Gefriertemperaturen nicht absterben. Sobald die Lebensmittel wieder auf höhere Temperaturen gebracht werden, setzt die Vermehrung der Mikroorganismen erneut ein.

III. Der Einfluß der relativen Feuchtigkeit im Lagerraum.

Neben der Temperatur übt die relative Feuchtigkeit einen starken Einfluß auf die Haltbarkeit kaltgelagerter Lebensmittel aus. Der Gewichtsverlust durch Verdunstung sinkt mit zunehmender relativer Feuchtigkeit der Luft im Lagerraum. Er ist der Differenz der Wasserdampf-Partialdrücke in der Luft und an der Oberfläche des Kühlgutes proportional. Dabei versteht man unter der relativen Feuchtigkeit φ das Verhältnis des Partialdruckes des Wasserdampfes zu dessen Sättigungsdruck bei gegebener Temperatur. Die Gewichtsverluste können durch Verpackung des Kühlgutes wesentlich herabgesetzt werden.

Hohe relative Feuchtigkeiten begünstigen aber andererseits das Wachstum der Mikroorganismen (vgl. Abb. 1) besonders bei höheren Lagertemperaturen[1]. So vermehren sich z. B. Bakterien auf Fleisch bei $\varphi = 75\%$ nur noch sehr langsam, die Gewichtsverluste sind dabei aber schon unzulässig hoch. Umgekehrt

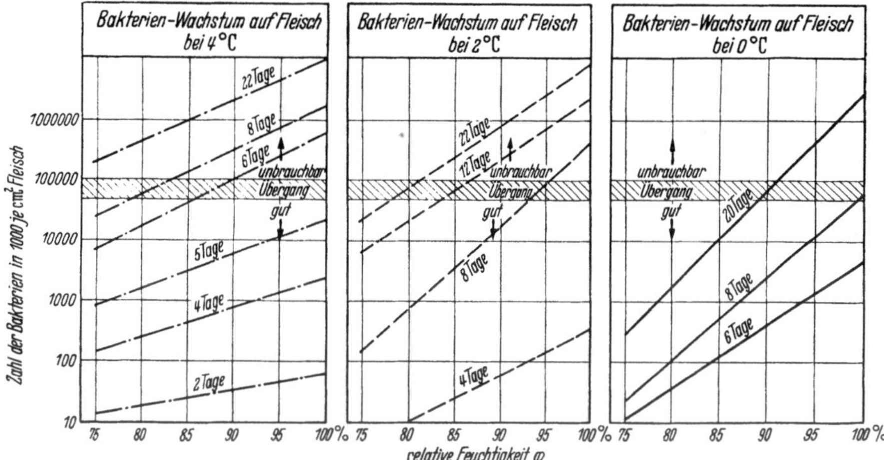

Abb. 1. Bakterienwachstum auf Fleisch, abhängig von der Zeit, der Lagertemperatur und der relativen Feuchtigkeit (nach W. SCHMID).

erhält man bei $\varphi = 90$ bis 95% sehr kleine Gewichtsverluste, das Bakterienwachstum kann aber nur dann in erträglichen Grenzen gehalten werden, wenn die Lagertemperatur auf etwa $0°C$ gesenkt wird. Im allgemeinen kann die relative Feuchtigkeit um so höher gehalten werden, je tiefer die Temperatur ist. In Gefrierlagerräumen ist der Wasserdampfgehalt in der Luft und auf der Oberfläche der Waren ohnehin sehr gering, so daß auch die Partialdruckdifferenzen sehr kleine Werte annehmen. Die Gewichtsverluste in der Zeiteinheit bleiben daher gering; dafür muß man aber oft mit sehr langen Lagerzeiten rechnen. RJUTOW gibt an, daß die Gewichtsverluste von gefrorenem Fleisch und Fischen bei Senkung der Lagertemperatur um $10°C$ auf die Hälfte zurückgehen[2].

Eine gewisse Austrocknung der Oberfläche, durch welche die Ware unansehnlicher wird, hemmt andererseits sehr wirksam die Vermehrung von Mikroorganismen. Eine solche Austrocknung setzt aber den Handelswert mancher Waren stark herab. So wird z. B. verlangt, daß Fische ihren Oberflächenschleim und Glanz behalten, und Früchte sollen keine geschrumpften Schalen aufweisen.

Auf den Ablauf der chemischen Reaktionen und des Stoffwechsels in den Lebensmitteln hat die relative Feuchtigkeit praktisch keinen Einfluß.

---

[1] SCHMID, W.: Z. ges. Kälteind., Beiheft 6, Reihe 3. Berlin: Ges. f. Kältewesen 1931.
[2] RJUTOW, D. G.: Ber. IX. Intern. Kältekongr. Paris 1955. Bd. II, S. 4153.

IV. Der Einfluß der Luftbewegung.

Auch die Bewegung der Luft beim Kühlen, Gefrieren und Lagern übt einen Einfluß auf die Qualität und Haltbarkeit der Ware aus. Was zunächst die Gewichtsverluste anbetrifft, so erfolgt die Verdunstung des Wassers in bewegter Luft schneller als in ruhender. Es gelten beim Stoffaustausch ähnliche Gesetze wie bei der Wärmeübertragung. Beim Abkühlungs- und Gefriervorgang wird bei hoher Luftgeschwindigkeit der stärkere Wasserverlust in der Zeiteinheit durch die kürzere Kühl- bzw. Gefrierzeit mehr als kompensiert. Hohe Luftgeschwindigkeiten sind daher hier durchaus am Platze. In Lagerräumen dagegen erhält man bei höherer Luftgeschwindigkeit stets höhere Gewichtsverluste. Rjutow berichtet über Messungen, die während 16 Monaten in zehn verschiedenen Kühlhäusern durchgeführt wurden; sie ergaben, daß die Gewichtsverluste von gefrorenen Fleischstapeln bei bewegter Kühlung (Luftkühler) in jedem Monat um etwa 70% höher waren als bei stiller Kühlung; in beiden Fällen betrugen die Verluste im Januar nur etwa $^{1}/_{4}$ bis $^{1}/_{5}$ derjenigen im Juli. Das hängt einfach mit dem größeren Wärmeeinfall in den Lagerraum im Sommer zusammen, vgl. Abb. 60 auf S. 79.

Bewegte Luft verhindert aber den Anstieg der Luftfeuchtigkeit an der Oberfläche der Waren und trägt schneller zur Bildung einer ausgetrockneten Oberflächenschicht bei, die den Bakterien ungünstige Wachstumsbedingungen bietet. Daher zieht man bei der Lagerung von frischem Fleich oberhalb 0° C (z. B. in Schlachthöfen) bewegte Kühlung vor und nimmt bei dieser relativ kurzfristigen Lagerung größere tägliche Verluste in Kauf. Auch in Kühlräumen für Eier, Obst und Gemüse wird von bewegter Kühlung Gebrauch gemacht, die auch eine viel gleichmäßigere Temperatur an allen Stellen des Raumes verbürgt als stille Kühlung. Erfolgt das Einbringen des Kühlgutes und seine Abkühlung bis auf die gewünschte Lagertemperatur im gleichen Raum wie die anschließende Lagerung, dann ist schon im Interesse einer raschen Durchkühlung künstlich bewegte Luft vorzuziehen.

Bei der langfristigen Lagerung gefrorener Waren, bei denen ein Bakterienwachstum praktisch aufhört, ist dagegen stille Kühlung durchaus zu empfehlen. Besonders trifft das für Lagerräume von gefrorenen Fischen zu, deren Aussehen durch Gewichtsverluste stark beeinträchtigt wird. Man hilft sich hier durch Glasieren oder dampfdichtes Verpacken der Fische.

V. Die Berechnung des Kältebedarfes für die Abkühlung von Lebensmitteln.

An dieser Stelle soll nur der Netto-Kältebedarf für eine *bestimmte Temperatursenkung* verschiedener Lebensmittel angegeben werden. Die Berechnung der Kälteverluste infolge Wärmeeinfall durch isolierte Wände des gekühlten Raumes, Verkehr von Menschen, Beleuchtung, Betrieb von Ventilatoren u. a. wird an anderer Stelle vorgenommen[1]. Obwohl zunächst nur das Kühlen von Lebensmitteln bis zu Temperaturen um 0° C behandelt werden soll und das Gefrieren einem späteren Abschnitt (vgl. S. 20) vorbehalten bleibt, so sind die für den Kältebedarf maßgebenden Enthalpiewerte in Tab. 1 doch auch schon für den Bereich der Gefriertemperaturen angegeben.

Es ist klar, daß der Netto-Kältebedarf in erster Linie vom Wassergehalt der Lebensmittel abhängt. Dieser schwankt zwar in gewissen Grenzen, doch lassen sich gute Durchschnittswerte zugrunde legen, wenn man spezifische Besonderheiten einzelner Lebensmittel berücksichtigt, z. B. den verschiedenen Grad der

---

[1] Vgl. Bd. XI dieses Handbuches, in dem die Probleme der Kaltlagerung und des Transportes von Lebensmitteln behandelt werden.

Mästung von Rindern, Fleisch mit und ohne Knochen, den Fettgehalt von Fischen u. a. Die Trockensubstanz tritt neben dem Wassergehalt mengenmäßig zurück, außerdem beträgt ihre spezifische Wärme nur einen Bruchteil derjenigen von Wasser.

Als Maß für den Kältebedarf dienen Enthalpiedifferenzen zwischen der Anfangs- und Endtemperatur eines Abkühlungsprozesses. Man versteht in der Wärmelehre unter der Enthalpie den Wärmeinhalt (bei konstantem Druck). Sie wird auf kalorimetrischem Wege gemessen, wofür in letzter Zeit sehr genaue Methoden entwickelt wurden (adiabate Kalorimeter)[1].

RJUTOW hat im Moskauer Kälteforschungsinstitut Enthalpiewerte für zahlreiche Lebensmittel im Temperaturbereich von $-20°$ C bis $+30°$ C bestimmt[2], wobei die Enthalpie der meisten Lebensmittel bei $-20°$ C willkürlich gleich Null gesetzt wurde. Die Wahl des Nullpunktes ist völlig willkürlich, da es sich ja stets nur um Enthalpie*differenzen* handelt. Bezeichnet man die Anfangs- und Endtemperatur mit t_a und t_e, die zugehörigen Enthalpiewerte in kcal/kg mit i_a und i_e, dann ist der Kältebedarf für 1 kg Lebensmittel $Q_0 = i_a - i_e$. Oberhalb des Gefrierpunktes wächst die Enthalpie praktisch linear mit der Temperatur, weil die spezifische Wärme sich kaum ändert. Beim Gefrierpunkt der Lebensmittel, der zwischen $-0,8°$ C und $-2,0°$ C liegt, tritt eine unstetige Änderung der Enthalpie ein, und die Werte bei tieferen Temperaturen richten sich nach der Menge des jeweils ausgefrorenen Wassers. Bei Fetten, z. B. Butter, werden die Enthalpiewerte durch das Erstarren der einzelnen Fettbestandteile beeinflußt. Eier lassen sich unter den Gefrierpunkt unterkühlen; die Enthalpie hat dann z. B. bei $-1°$ C und $-3°$ C verschiedene Werte, je nachdem, ob sich das Ei im unterkühlten oder gefrorenen Zustand befindet. In Tab. 1 sind die von RJUTOW ermittelten Enthalpiewerte für zahlreiche Lebensmittel zusammengestellt. Dabei gelten bei Eiern in der Schale die oberen Werte bei $-1°$ C und $-3°$ C für den unterkühlten Zustand.

Beispiele. Für 1 kg Rindfleisch ist der Kältebedarf bei der Abkühlung von $30°$ C auf $1°$ C zu bestimmen. Mit $i_a = 78,6$ und $i_e = 56,3$ erhält man $Q_0 = 78,6 - 56,3 = 22,3$ kcal/kg.

Wie groß ist der Kältebedarf für die Abkühlung von 10 t Äpfel von $20°$ C auf $0°$ C? Mit $i_a = 82,9$ und $i_e = 64,9$ wird $Q_0 = 10000 \ (82,9 - 64,9) = 180000$ kcal.

Es sollen 18 t gefrorenes Rindfleisch von $-10°$ C aufgetaut werden, wobei die Endtemperatur $1°$ C betragen soll. Dafür sind $18000 \ (56,3 - 7,2) = 883000$ kcal zuzuführen.

Die aus den Enthalpiedifferenzen berechneten Werte des Kältebedarfes berücksichtigen nur die rein physikalische Energiedifferenz $i_a - i_e$; dabei wird angenommen, daß in den Lebensmitteln beim Abkühlungsvorgang keinerlei chemische Umsetzungen vor sich gehen, die mit Reaktionswärmen verbunden sind. Solche Umsetzungen finden bekanntlich bei lebenden Organismen fortlaufend statt und werden hier unter der Bezeichnung *Stoffwechsel* zusammengefaßt. Bei Obst und Gemüse, die auch nach der Ernte ihre Lebensfunktionen fortsetzen, äußert sich der Stoffwechsel vorwiegend in der Veratmung von Kohlenwasserstoffen und organischen Säuren, wobei nicht unerhebliche Wärmebeträge frei werden, die neben den obengenannten Enthalpiedifferenzen beim Abkühlungsvorgang zu berücksichtigen sind und die auch nach erfolgter Abkühlung, also bei der anschließenden Kaltlagerung, einen Beitrag zum Kältebedarf liefern. Die Größe dieser Beiträge für Obst und Gemüse wird im hier anschließenden Abschn. 6 ermittelt.

---

[1] Vgl. z. B. L. RIEDEL: Kalorimetrische Untersuchungen über das Schmelzverhalten von Fetten und Ölen. Fette Seifen einschl. Anstrichmittel Bd. 57 (1955) S. 771.

[2] RJUTOW, D. G.: Cholodilnaja Technika Bd. 27 (1950) H. 4, S. 69170 (russisch). — Vgl. auch Instruktionen bei der Projektierung von Kälteanlagen, herausgeg. v. Moskauer Kälteforschungsinstitut, 2. Aufl., S. 58. Moskau: Verl. d. Handelsliteratur 1956.

Tabelle 1. *Enthalpiewerte in kcal/kg von Lebensmitteln.* (Nach Rjutow.)

Bezeichnung der Ware	Temperatur °C																				
	−20	−18	−15	−12	−10	−8	−5	−3	−1	0	1	3	5	7	10	12	15	17	20	25	30
Rindfleisch mittlerer Mästung und Geflügel	0	1,1	3,1	5,3	7,2	9,4	13,7	19,0	44,4	55,5	56,3	57,8	59,3	60,9	63,2	64,7	67,0	68,6	70,9	74,7	78,6
Hammelfleisch mittlerer Mästung	0	1,1	3,0	5,2	7,1	9,2	13,3	18,4	42,9	53,5	54,3	55,8	57,3	58,8	61,0	62,5	64,8	66,3	68,5	72,3	76,1
Schweinefleisch	0	1,1	2,9	5,1	6,9	8,9	13,0	17,6	40,6	50,6	51,3	52,8	54,2	55,7	57,8	59,3	61,4	62,9	65,1	68,8	75,0
Innereien	0	1,2	3,3	5,8	7,9	10,3	15,0	21,0	48,8	62,4	63,2	64,9	66,6	68,2	70,7	72,4	74,9	76,6	73,9	83,3	87,4
Knochenloses Fleisch	0	1,2	3,2	5,6	7,5	9,8	14,3	19,8	46,4	58,0	58,8	60,4	62,0	63,6	65,9	67,5	69,9	71,5	73,9	77,8	81,8
Magerer Fisch	0	1,2	3,4	5,9	8,0	10,4	15,3	21,3	50,7	63,5	64,4	66,1	67,7	69,4	71,9	73,6	76,1	77,8	80,3	84,5	
Fetter Fisch	0	1,2	3,4	5,8	7,8	10,1	14,7	20,4	47,7	59,5	60,4	62,0	63,6	65,2	67,7	69,3	71,8	73,4	75,8	79,9	
Fischfilet	0	1,3	3,5	6,1	8,3	10,9	16,0	22,4	53,7	67,3	68,2	69,6	71,7	73,4	76,0	77,8	80,4	82,1	84,8	89,1	
Ei in der Schale	0	1,0	2,5	4,2	5,4	6,8	9,9	54,4 13,8	55,9 30,7	56,7	57,4	58,9	60,4	61,9	64,2	65,7	68,0	69,5	71,7	75,5	
Eimelange	0	1,1	2,7	4,4	5,8	7,4	10,7	15,1	33,9	63,1	63,9	65,5	67,2	68,8	71,3	72,9	75,4	77,0	79,5	83,6	
Butter	0	1,0	2,6	4,2	5,4	6,6	8,8	10,8	20,0	22,2	22,8	24,4	25,9	27,5	30,2	32,0	35,1	37,2	41,0		
Entrahmte Milch					0,0	3,0	9,0	13,7	37,4	69,4	70,3	72,3	74,1	76,0	78,9	80,8	83,6	85,5	88,4	93,1	97,9
Kondensierte Milch					0,0	1,0	2,6	3,6	4,7	5,2	5,7	6,8	7,8	8,8	10,4	11,4	13,0	14,1	15,6	18,2	20,8
Saure Milch										0,0	0,9	2,8	4,7	6,6	9,4	11,3	14,1	16,0	18,8	23,5	28,2
Käse						0,3	1,3	2,7	4,0	4,7	5,3	6,7	8,0	9,4	11,4	12,7	14,7	16,0	18,1	21,4	24,8
Quark					0,0	2,5	7,8	11,9	33,3	58,7	59,5	61,2	62,9	64,6	67,1	68,8	71,3	73,0	75,5	79,8	84,0
Saure Sahne										0,0	0,9	1,8	4,4	6,2	8,8	10,6	13,2	15,0	17,6	22,9	26,4
Süße Sahne										0,0	0,8	2,5	4,2	5,8	8,3	9,9	12,5	14,1	16,6	20,7	24,9
Speiseeis	0	2,4	6,9	12,0	15,8	22,8	36,6	53,8	55,6	56,4	57,3	58,9	60,6	62,2	64,7	65,8	69,0	70,5	72,9		
Trauben, Aprikosen und Kirschen	0	1,8	4,9	8,7	11,9	15,9	27,7	48,4	55,6	56,4	57,3	59,0	60,7	62,4	64,9	66,6	69,2	70,9	73,4	77,7	
Sonstige Früchte und Beeren	0	1,6	4,1	7,1	9,4	12,2	19,8	33,2	64,0	64,9	65,8	67,6	69,4	71,2	73,9	75,7	78,4	80,2	82,9	87,4	
Früchte und Beeren in Zuckersyrup (2 Teile Früchte auf 1 Teil Syrup von 40%)	0	1,9	5,1	8,8	11,8	15,5	25,8	43,1	58,2		59,0	59,9	61,6	63,3	65,0	67,5	69,2	71,8	73,5	76,0	80,3
Beeren mit Zucker (3 Teile Beeren auf 1 Teil Zucker)	0	2,4	7,9	11,2	15,2	20,5	35,2	41,4	42,9	43,6	44,4	45,9	47,4	48,9	51,1	52,6	54,9	65,4	58,6	62,4	

Bei tierischen (toten) Lebensmitteln hat man bisher stets angenommen, daß die postmortalen chemischen Veränderungen, die z. B. im Eintritt und in der Auflösung der Totenstarre besonders deutlich in Erscheinung treten, keinen nennenswerten Beitrag zum Kältebedarf liefern. Neuere Untersuchungen widersprechen jedoch dieser Annahme. So stellte GOLOWKIN[1] zunächst fest, daß die Temperatur im Körper von Rindern unmittelbar nach der Schlachtung innerhalb von 20 bis 30 Minuten um $1\,°C$ bis $2\,°C$ ansteigt und erst nach weiteren 20 Minuten abzusinken beginnt[2]. Er betonte ferner, daß unmittelbar nach dem Tode im Muskelfleisch chemische Prozesse ablaufen, die mit der Entwicklung erheblicher Reaktionswärmen verbunden sind, wobei der Zerfall der Milchsäure im Vordergrund steht. Beim Zerfall von 1 gmol Milchsäure werden 325 kcal frei. Die angenäherte Berechnung liefert für die verschiedenen postmortalen Prozesse eine Wärmeentwicklung von $q = 0,22$ bis $0,34$ kcal je kg Muskelfleisch und Stunde, gerechnet von der Übertragung des Tierkörpers in den Kühlraum. Knochen und Bindegewebe beteiligen sich praktisch nicht an der Wärmeentwicklung. Die Grenzwerte sind offenbar so zu verstehen, daß die Wärmeentwicklung im Laufe des Abkühlungsvorganges sinkt. Kühlt man das Fleisch von $t_a = 38\,°C$ auf $t_e = 0\,°C$ innerhalb 28 Stunden ab, dann beträgt die Enthalpiedifferenz bei einer spezifischen Wärme $c = 0,8$ kcal/kg°C

$$i_a - i_e = c(t_a - t_e) = 0,8(38 - 0) = 30,4 \text{ kcal/kg.}$$

Nimmt man im Mittel für die chemische Reaktionswärme $q = 0,25$ kcal je kg Fleisch und Stunde an, und schätzt man den Anteil des Muskelgewebes mit 60%, dann erhält man in 28 Stunden eine Wärmeentwicklung von $0,25 \cdot 0,60 \cdot 28 = 4,2$ kcal/kg. Das bedeutet eine Erhöhung des Kältebedarfes um 13 bis 14% gegenüber der reinen Enthalpiedifferenz. Je schneller die Abkühlung durchgeführt werden kann, um so geringer wird dieser Prozentsatz.

Nach Erreichung der gewünschten Endtemperatur t_e im Kühlraum spielen die Reaktionswärmen bei der Fleischlagerung nur noch eine sehr geringe Rolle und können vernachlässigt werden.

VI. Der Kältebedarf bei der Kaltlagerung von Obst und Gemüse.

Wenn die gewünschte Endtemperatur der Abkühlung erreicht ist, dann sind für die meisten Lebensmittel nur noch die Kälteverluste im Kühlraum zu decken. Obst und Gemüse setzen aber auch nach der Ernte ihre Lebensfunktionen fort; im Rahmen des Stoffwechsels (Metabolismus) nehmen sie Sauerstoff auf und geben Kohlendioxyd und Wasserdampf ab. Dabei werden Kohlenhydrate und organische Säuren abgebaut. Bei diesen Atmungsvorgängen wird während der Abkühlung und im Kaltlagerraum Wärme erzeugt, die dauernd abgeführt werden muß. Die Veratmung der Glukose geht z. B. nach folgender Reaktion vor sich:

$$C_6H_{12}O_6 + 6O_2 = 6CO_2 + 6H_2O \qquad (1)$$

$$180 \text{ kg} \quad 192 \text{ kg} \quad 264 \text{ kg} \quad 108 \text{ kg}$$

Bei der „Verbrennung" von 1 Mol $= 180$ kg Glukose entstehen 6 Mole $= 264$ kg Kohlendioxyd und 6 Mole $= 108$ kg Wasserstoff. Da bei der Entstehung von

---

[1] GOLOWKIN, N. A.: Arbeiten aus dem Leningrader Technolog. Institut der Kälteindustrie Bd. V, S. 69. Moskau: Pistschepromisdat 1954.

[2] Die gleiche Beobachtung machte O. FRÜHWALD: Fleischwirtschaft Bd. 5 (1953) S. 9 u. 25.

1 Mol CO_2 97 000 kcal frei werden, und bei der Entstehung von 1 Mol H_2 57 000 kcal, so werden bei der Verbrennung von 1 Mol Glukose

$$6 \cdot 97000 + 6 \cdot 57000 = 924000 \text{ kcal}$$

frei, oder 924 000/180 = 5130 kcal/kg Glukose, oder 924 000/264 = 3500 kcal/kg CO_2.

Die in der Zeiteinheit erzeugte CO_2-Menge kann für jede Fruchtart experimentell bestimmt werden. Sie soll mit y bezeichnet und als Maß der Reifungsgeschwindigkeit gelten. Es ist y eine Funktion der Temperatur, und zwar gilt im allgemeinen die zuerst von Berthelot (1862) vorgeschlagene Beziehung

$$\lg y_t = \lg y_0 + a\,t, \tag{2}$$

wenn y_0 und y_t die Reifungsgeschwindigkeiten bei $0°$ C bzw. $t°$ C bedeuten. Die Größen y_0 und a sind für jede Fruchtart und Sorte charakteristische Konstanten. Dabei ist y_0 sehr verschieden, dagegen hält sich a in ziemlich engen Grenzen. Man mißt y in mg je kg Frucht und Stunde oder auch in kg je Tonne Frucht und 24 Stunden.

Gore[1] war wohl der erste, der eingehende quantitative Untersuchungen des Atmungsvorganges verschiedener Obstsorten bei verschiedenen Temperaturen ($0°$ C bis $35°$ C) durchführte und Gl. (2) bestätigt fand. Während er für y_0 sehr verschiedene Werte fand (von 30,9 mg CO_2 je kg Obst und Stunde bei Brombeeren bis herunter auf 1,5 bei Zitronen), ergaben sich für a nur Werte von 0,0299 bis 0,0505 mit dem Mittelwert $a = 0,0376$, wobei in Gl. (2) der gewöhnliche Logarithmus (Basis 10) einzusetzen ist.

In der Biochemie und Biologie rechnet man vielfach mit der Größe Q_{10}, die wie folgt definiert ist:

$$Q_{10} = \frac{y_{t+10}}{y_t}. \tag{3}$$

Nach der van 't Hoffschen Regel sollte Q_{10} unabhängig von t sein und einen nahezu konstanten Wert haben, der zwischen zwei und drei liegt. Für $t = 0°$ C erhält man aus Gl. (3)

$$Q_{10} = \frac{y_{10}}{y_0}$$

und dann aus Gl. (2) mit $t = 10°$ C

$$Q_{10} = 10^{10\,a}. \tag{4}\text{[2]}$$

Mit dem oben erhaltenen Mittelwert $a = 0,0376$ wird daher $Q_{10} = 2,38$ im Einklang mit van 't Hoff.

An Stelle der 10grädigen Stufe hat Plank vorgeschlagen, von Grad zu Grad zu rechnen, also Q_{10} durch Q_1 zu ersetzen, wobei $Q_1 = \dfrac{y_{t+1}}{y_t}$ ist. Bei konstantem Wert von Q_{10} ist $Q_1 = \sqrt[10]{Q_{10}}$ [3]. Im vorstehenden Beispiel ist also $Q_1 = \sqrt[10]{2,38} = 1,090$. Man findet auch aus Gl. (2) $\lg Q_1 = a$. Für eine beliebige Stufe von x Grad ist $Q_x = \dfrac{y_{t+x}}{y_t} = \sqrt[10/x]{Q_{10}}$, z. B. $Q_5 = \sqrt{Q_{10}}$.

Neuere Forschungen haben gezeigt, daß a und Q_{10} nicht konstant sind, sondern im biologisch wichtigen Bereich (zwischen $0°$ C und $40°$ C) mit wachsender

---

[1] Gore: Studies on fruit respiration, U. S. Dept. Agric. Bur. of Chemistry, Bull. 142 (1911). — Vgl. auch R. Plank u. V. Gerlach: Abhandl. Volksernährung, H. 7. München u. Berlin: R. Oldenbourg 1917.

[2] Rechnet man in Gl. (2) mit dem natürlichen Logarithmus, dann wird $Q_{10} = e^{10\,a}$ mit $e = 2,718$.

[3] Plank, R.: Die Temperaturabhängigkeit vitaler Prozesse. Pflügers Arch. ges. Physiol. Menschen Tiere Bd. 239 (1937) H. 1, S. 74.

Temperatur abnehmen; dabei kann Q_{10} sogar den Wert 1 unterschreiten, so daß dann y_t mit zunehmender Temperatur abnimmt.

Für die Reaktion nach Gl. (1) — Veratmung von Glukose — erhält man als Betrag der Atmungswärme, die von der Kältemaschine gedeckt werden muß, bei der Temperatur t den Betrag $3500\,y_t$ (in kcal/t, 24 h).

Als Beispiel seien kalifornische Orangen gewählt. Nach ROSE, WRIGHT und WHITEMAN[1] erreicht die CO_2-Entwicklung bei verschiedenen Temperaturen und die daraus berechnete Atmungswärme die in Tab. 2 angegebenen Werte.

Tabelle 2. *Veratmete CO_2-Menge und dabei erzeugte Atmungswärme bei kalifornischen Orangen.*

Temperatur °C	erzeugte CO_2-Menge y_t		Atmungswärme $3500\,y_t$ in kcal/t, 24 h
	in kg/t, 24 h	in mg/kg h	
0	0,072	3,0	252
4,4	0,113	4,7	396
15,5	0,400	16,7	1400
27	0,642	26,7	2245

Die veratmete CO_2-Menge ist bei Citrusfrüchten wesentlich niedriger als bei anderen Obst- und Gemüsearten. Während im vorigen Beispiel für Orangen mit $y_0 = 3{,}0$ mg/kg h gerechnet wurde, fand GORE bei der Sorte Valencia sogar nur $y_0 = 1{,}8$[2]. Dagegen fand er für Beeren $y_0 = 11$ bis 31, für Steinobst $y_0 = 4$ bis 11 und für Kernobst $y_0 = 3$ bis 6,7.

Tab. 3 enthält Werte der Atmungswärme von Obst und Gemüse in kcal/t, 24 h bei 0° C, 4,4° C und 15,5° C nach neuesten Werten[3]. Aus diesen Werten kann der zur Deckung der Atmungswärme erforderliche Kältebedarf sowohl während der Abkühlungsperiode wie auch während der anschließenden Kaltlagerung berechnet werden.

Tabelle 3. *Wärmeentwicklung (Atmungswärme) in kcal/t, 24 h von Obst und Gemüse bei verschiedenen Temperaturen.* (Nach R. C. WRIGHT, ASRE Data Book, Applications Volume 1956/57, S. 18—07.)

Ware	Temperatur °C		
	0	4,4	15,5
Äpfel	185 bis 280	300 bis 500	1200 bis 1800
Apfelsinen	190 bis 250	390	1 400
Bananen[4]	—	—	—
Birnen	180 bis 240	—	2400 bis 3700
Bohnen, grüne	1500 bis 1700	2500 bis 3200	9000 bis 12000
Bohnen, Lima	650 bis 830	1200 bis 1700	6000 bis 7600
Broccoli	2100	3200	9 400
Erbsen, grüne	2300	3700	11 000
Erdbeeren	700 bis 1050	1400 bis 1800	4300 bis 5300
Grapefruit	130	330	770
Gurken	470	700	2 900
Himbeeren[5]	—	—	4300 bis 4900

---

[1] ROSE, D. H., R. C. WRIGHT u. T. M. WHITEMAN: U. S. Dept. of Agric. Circular 278 (1933); vgl. auch H. M. HENDRICKSON u. J. R. MACRILL: Refrig. Engng. Bd. 54 (1947); Refrig. Engng. Application Data 17 — R.

[2] Vgl. Fußnote 1 auf S. 10.

[3] Weitere Werte findet man bei W. HUGH SMITH: Mod. Refrigerat. Bd. 60 (1957) S. 493.

[4] Bei 20° C 2300 kcal/t, 24 h. — [5] Bei 2,2° C 1800 kcal/t, 24 h.

Tabelle 3. (Fortsetzung.)

Ware	Temperatur °C		
	0	4,4	15,5
Karotten	590	960	2 250
Kartoffeln	120 bis 240	300 bis 490	610 bis 980
Kirschen	370 bis 490	—	3000 bis 3700
Kohl	330	470	1 130
Maiskolben, süße	1800	2600	11 600
Melonen (Cantaloupe)	370	540	2 400
Orangen s. Apfelsinen	—	—	—
Pfeffer, süßer	750	1300	2350
Pfirsiche	240 bis 380	400 bis 560	2000 bis 2600
Pilze	1700	6100	16 000
Preiselbeeren	170 bis 200	240 bis 270	400 bis 500
Rüben, rote	740	1130	2 000
Salat	3100	4400	12 800
Sellerie	450	670	2 300
Spinat	1180 bis 1550	2200 bis 3100	10 500
Tomaten, grüne	160	300	1 700
Tomaten, reife	280	350	1 600
Weintrauben (europäische) . . .	85 bis 120	—	—
Weintrauben (amerikanische) . .	170	330	980
Zitronen	160	225	830
Zwiebeln	185 bis 310	490 bis 550	—

VII. Die Berechnung der Abkühlungszeit.

Für die richtige Dimensionierung einer Kälteanlage, in der Lebensmittel von bestimmten Abmessungen und thermischen Eigenschaften bei gegebener Umgebungstemperatur von einer bestimmten Anfangstemperatur auf die verlangte Endtemperatur im Kern abzukühlen sind, muß man in der Lage sein, die diesen Bedingungen entsprechende Abkühlungszeit zu berechnen. Die exakte Berechnung der Abkühlzeit ist mit erheblichen Schwierigkeiten verbunden. Unter gewissen Vernachlässigungen läßt sich aber eine für technische Zwecke genügend genaue angenäherte Berechnung für geometrisch definierte, regelmäßige Körperformen der zu kühlenden Lebensmittel durchführen, also z. B. für Kugeln, Zylinder von endlicher Länge und Rechtkante (Parallelepipeda). Solche Fälle liegen z. B. bei Butterfässern oder regelmäßig verpackten Lebensmitteln vor. Vielfach sind aber die Körperformen ganz unregelmäßig, z. B. bei Rindervierteln, Geflügel oder Fischen. Es gilt dann, für jeden Fall die nächste geometrisch einfache Form zugrunde zu legen. Es genügt dann meistens durch einen einzigen Meßwert die prozentuale Abweichung von dem berechneten Wert zu ermitteln. Die gleiche prozentuale Abweichung kann dann mit genügender Annäherung auch für gleichartige Objekte unter anderen äußeren Bedingungen angenommen werden. Bei ganzen Fleischkörpern, Tierhälften und -vierteln erhält man nach Christodulo für die dickste Stelle das Maß

$$l = 0{,}047 \sqrt[3]{G},$$

wobei G in kg einzusetzen ist und l in Metern erhalten wird. Die so berechneten Werte stimmen mit den Messungen von Mauerberger und Mirkin gut überein[1]. Die ersten Berechnungen der Abkühlungszeit von Lebensmitteln in Kühlräumen hat Tamm angestellt[2]. Er stellte einwandfrei fest, daß das in den Schlacht-

---

[1] Mauerberger, A. A., u. E. J. Mirkin: Technologie des Fleisches und der Fleischprodukte (russisch), S. 133. Moskau: Pistschepromisdat 1949.
[2] Tamm, W.: Beih. Z. ges. Kälteind., Reihe 3, H. 4. Berlin: Ges. f. Kältewesen 1930.

höfen bis zum Ende des zweiten Weltkrieges (und vielfach auch heute noch) geübte Verfahren der langsamen Fleischabkühlung durchaus nachteilig und unwirtschaftlich ist. Die Schnellkühlung setzt sich jetzt allmählich überall durch[1].

Mathematisch handelt es sich bei der Berechnung der Abkühlungszeit um ein Problem der instationären Wärmeleitung bei mehrdimensionalem Wärmefluß, dessen Lösung auf unendliche Reihen führt, von denen man in der Praxis nicht gerne Gebrauch macht[2]. BAEHR hat gezeigt, daß man sich praktisch auf das erste Glied der unendlichen Reihe beschränken kann[3] und die Hilfsmittel (Tabellen und Diagramme) bereitgestellt, die eine rasche und bequeme Berechnung der Abkühlungszeit gestatten. Im Falle der Kugelform hat man es mit eindimensionalem Wärmefluß (in radialer Richtung) zu tun, im Falle des Zylinders von endlicher Länge mit zweidimensionalem Wärmefluß (in radialer und axialer Richtung) und im Falle des Rechtkantes mit dreidimensionalem Wärmefluß (in Richtung der drei Kanten). Es sollen nach BAEHR folgende Bezeichnungen gelten:

t Temperatur $^\circ$C,

t_0 Kühlraumtemperatur,

t_a Anfangstemperatur des Kühlgutes,

t_k Endtemperatur im Kern des Kühlgutes,

t_m mittlere Endtemperatur des Kühlgutes,

τ Zeit in Stunden,

τ_k gesamte Kühlzeit,

x, y, z laufende Koordinaten,

X, Y, Z Hauptabmessungen des Kühlgutes in m,

λ, c, γ Wärmeleitzahl, spez. Wärme und spez. Gewicht des Kühlgutes,

$a = \lambda/c\,\gamma$ Temperaturleitzahl in m²/h,

$\alpha_x, \alpha_y, \alpha_z$ Wärmeübergangszahlen an den Oberflächen des Kühlgutes in kcal/m² h °C.

$$\vartheta = t - t_0$$
$$\vartheta_a = t_a - t_0$$
$$\vartheta_k = t_k - t_0$$
$$\vartheta_m = t_m - t_0$$

Übertemperaturen,

Für den *eindimensionalen Wärmefluß* gilt dann die Gleichung

$$\vartheta = \vartheta_a\, C\, e^{-\mu^2 a \tau/X^2}\, f(\mu\, x/X), \tag{5}$$

wobei für f die folgenden Funktionen einzusetzen sind:

für die Kugel $\dfrac{\sin(\mu\, x/X)}{\mu\, x/X}$,

für den unendlich langen Zylinder $J_0(\mu\, x/X)$,

für die unendlich ausgebreitete Platte $\cos(\mu\, x/X)$,

dabei bedeutet J_0 die BESSELsche Funktion erster Art, nullter Ordnung[4]. Die Bedeutung von X geht aus Abb. 2 hervor. Soll nun zur Zeit τ_k die Übertemperatur in der Mitte der Körper, also für $x = 0$, den gewünschten Wert ϑ_k annehmen, dann

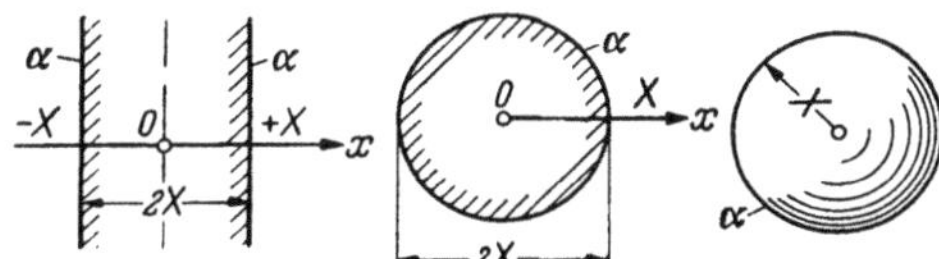

Abb. 2. Eindimensionaler Wärmefluß. Die unendlich ausgedehnte Platte, der unendlich lange Zylinder und die Kugel.

[1] SCHILLING, A.: Kältetechnik Bd. 2 (1950) S. 88. — O. FRHÜWALD: Fleischwirtschaft Bd. 4 (1952) S. 52. — J. KUPRIANOFF: Kältetechnik Bd. 4 (1952) S. 156.

[2] Exakte Lösungen findet man in folgenden Werken: GRÖBER, H., u. S. ERK: Die Grundgesetze der Wärmeübertragung. Berlin: Springer 1933; F. BERGER: Z. angew. Math. Mech. Bd. 8 (1928) S. 479 und Bd. 11 (1931) S. 45; H. BACHMANN: Tafeln über Abkühlungsvorgänge einfacher Körper. Berlin: Springer 1938.

[3] BAEHR, H. D.: Kältetechnik Bd. 5 (1953) S. 255 und Bd. III dieses Handbuches, S. 154ff. Den gleichen Vorschlag machte neuerdings auch D. G. RUTOV bei der Konferenz des Internat. Kälteinstituts in Moskau, 1958, vgl. Annexe 1958-2 zu dem Bulletin dieses Instituts S. 415. — BURKE: H. Kältetechnik Bd. 8 (1956) S. 155 u. 187. Man erhält dabei etwas zu große Abkühlungszeiten, was aber eine gewisse Sicherheit bedeutet.

[4] Werte der BESSELschen Funktion findet man z. B. bei F. TÖLKE, BESSELsche und HANKELsche Funktionen nullter bis dritter Ordnung. Stuttgart: Verl. Konrad Wittwer 1936.

erhält man aus Gl. (5)

$$\vartheta_k = \vartheta_a \, C \, e^{-\mu^2 a \tau_k / X^2} \tag{5a}$$

oder aufgelöst nach τ_k

$$\tau_k = \frac{X^2}{a} \, \frac{\ln(\vartheta_a/\vartheta_k) + \ln C}{\mu^2}. \tag{6}$$

Die Größen μ^2 und C ergeben sich aus der Wärmeübergangsbedingung an der Oberfläche

$$\left(\frac{\partial \vartheta}{\partial x}\right)_{x=X} = -\frac{\alpha}{\lambda} (\vartheta)_{x=X}$$

und aus der Anfangsbedingung $(\vartheta)_{\tau=0} = \vartheta_a$.

Die Größe μ^2 hängt von der dimensionslosen Kennzahl $\alpha_x \, X/\lambda$ ab und kann für die drei Körperformen aus der Tab. 4 entnommen werden. C bzw. $\ln C$ ist aus Abb. 3 abzugreifen.

Wie man aus Gl. (6) ersieht, ist die Abkühlungszeit τ_k im wesentlichen dem Quadrat der halben Körperdicke X und dem Logarithmus des Temperaturverhältnisses ϑ_a/ϑ_k proportional.

Für den *mehrdimensionalen Wärmefluß* sollen die Körperformen nach Abb. 4 gelten. Hier erhält man die Lösung der Wärmeleitungsgleichung als Produkt der eindimensionalen Lösungen: die Lösung für den Zylinder von endlicher Länge ergibt sich aus den Lösungen für den unendlich langen Zylinder und für die Platte; die Lösung für

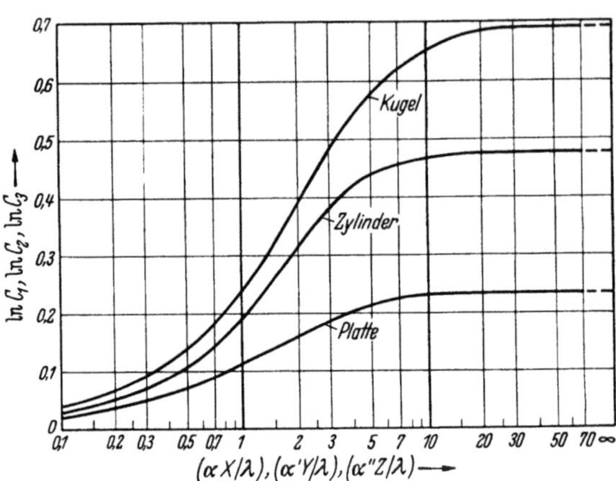

Abb. 3. Werte von $\ln C$ bzw. $\ln C_1$, $\ln C_2$, $\ln C_3$ für Platte, Zylinder und Kugel.

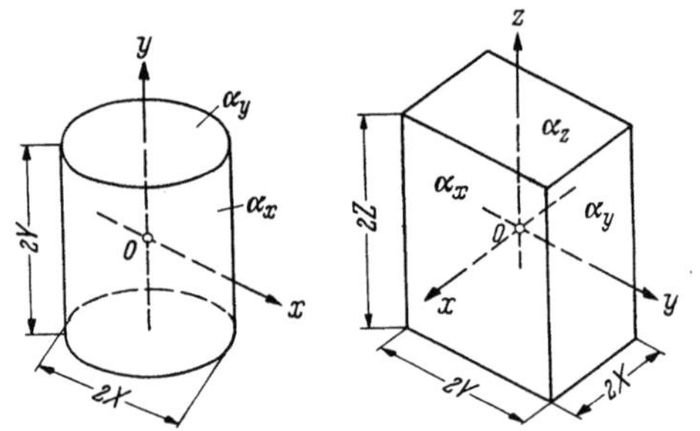

Abb. 4. Mehrdimensionaler Wärmefluß. Der Zylinder endlicher Länge und das Rechtkant.

das Rechtkant erhält man aus drei Plattenlösungen. So findet man

$$\vartheta = \vartheta_a \, C \, e^{-\frac{a\tau}{X^2}\left(\mu^2 + (X/Y)^2 \nu^2 + (X/Z)^2 \varkappa^2\right)} f(\mu \, x/X, \, \nu \, y/Y, \, \varkappa \, z/Z), \tag{7}$$

wobei für f die folgenden Funktionen einzusetzen sind:

für den Zylinder endlicher Länge $J_0(\mu \, x/X) \cos(\nu \, y/Y)$,

für das Rechtkant $\cos(\mu \, x/X) \cos(\nu \, y/Y) \cos(\varkappa \, z/Z)$.

Die Größe $C = C_1 \, C_2 \, C_3$ ist das Produkt der Konstanten der eindimensionalen Lösungen, aus denen sich die Lösung nach Gl. (7) zusammensetzt.

Die Abkühlungsdauer τ_k, bis in Körpermitte $(x=0, \, y=0, \, z=0)$ die Übertemperatur ϑ_k erreicht ist, wird hier

$$\tau_k = \frac{X^2}{a} \, \frac{\ln(\vartheta_a/\vartheta_k) + \ln C_1 + \ln C_2 + \ln C_3}{\mu^2 + (X/Y)^2 \nu^2 + (X/Z)^2 \varkappa^2}. \tag{8}$$

Die Größen μ^2, ν^2 und $\varkappa^2$ sind aus Tab. 4 zu entnehmen, und zwar:

für den Zylinder endlicher Länge μ^2, abhängig von $\alpha_x \, X/\lambda$ aus der Spalte „Zylinder" und ν^2, abhängig von $\alpha_y \, Y/\lambda$ aus der Spalte „Platte", und für das Rechtkant μ^2, abhängig von $\alpha_x X/\lambda$, ν^2, abhängig von $\alpha_y Y/\lambda$ und $\varkappa^2$, abhängig von $\alpha_z Z/\lambda$, alle aus der Spalte „Platte".

Die Größen $\ln C_1$, $\ln C_2$ und $\ln C_3$ sind aus Abb. 3 zu entnehmen, und zwar: für den Zylinder endlicher Länge $\ln C_1$, abhängig von $\alpha_x X/\lambda$ aus der Kurve „Zylinder" und $\ln C_2$, abhängig von $\alpha_y Y/\lambda$ aus der Kurve „Platte", und für das Rechtkant $\ln C_1$, abhängig von $\alpha_x X/\lambda$, $\ln C_2$, abhängig von $\alpha_y Y/\lambda$ und $\ln C_3$, abhängig von $\alpha_z Z/\lambda$, alle aus der Kurve „Platte".

Tabelle 4. *Werte von μ^2, ν^2 und $\varkappa^2$ in den Gl. (6) und (8).*

Kennzahl $\alpha_x X/\lambda$ oder $\alpha_y Y/\lambda$ oder $\alpha_z Z/\lambda$	μ^2, ν^2 oder $\varkappa^2$ für		
	Platte	Zylinder	Kugel
0,00	0	0	0
0,01	0,0100	0,0199	0,0299
0,02	0,0199	0,0400	0,0586
0,05	0,0493	0,0986	0,148
0,07	0,0683	0,140	0,215
0,10	0,0967	0,195	0,294
0,15	0,142	0,291	0,463
0,20	0,187	0,381	0,576
0,30	0,273	0,558	0,842
0,50	0,426	0,885	1,36
0,70	0,563	1,18	1,83
1,0	0,741	1,58	2,47
1,5	0,977	2,16	3,36
2,0	1,164	2,56	4,12
3,0	1,42	3,19	5,23
5,0	1,73	3,96	6,60
7,0	1,89	4,39	7,03
10	2,04	4,75	8,04
15	2,17	5,10	8,60
20	2,24	5,24	8,91
30	2,31	5,39	9,20
50	2,36	5,56	9,48
∞	2,47	5,78	9,87

Die Gl. (6) und (8) sind in extremen Fällen nicht mehr anwendbar. Das wäre der Fall, wenn $\vartheta_a/\vartheta_k < 3$ und wenn Y oder Z größer als $2X$ bis $3X$ werden, wobei X die kleinste Abmessung bezeichnet. In solchen extremen Fällen liefern die Formeln merklich zu große Zeiten.

Beispiele. 1. *Abkühlung von Butterfässern.* Hier ist die geometrische Form als Zylinder von endlicher Länge eindeutig gegeben. Es soll ein Durchmesser der Fässer von 360 mm ($X = 0,18$ m) und eine Höhe von 600 mm ($Y = 0,30$ m) angenommen werden. Die Einbringtemperatur betrage $t_a = 22°$ C, die Endtemperatur im Kern $t_k = 3°$ C, die Kühlraumluft werde auf $t_0 = -1°$ C gehalten. Dann ist $\vartheta_a = 23°$ C und $\vartheta_k = 4°$ C und $\ln(23/4) = 1,75$. Für die Stoffwerte von Butter sei $\lambda = 0,12$ kcal/m h ° C, $c = 0,55$ kcal/kg ° C und $\gamma = 950$ kg/m³ angenommen; dann wird $a = 0,00023$ m²/h.
Es soll die Abkühlungszeit für zwei Fälle berechnet werden:

α) Die Wärmeübergangszahl sei auf allen Oberflächen gleich groß und betrage $\alpha = 8$ kcal/m² h ° C. Mit Abb. 3 findet man aus der Kurve „Zylinder" zu $\alpha_x X/\lambda = 12$ den Wert $\ln C_1 = 0,47$ und aus der Kurve „Platte" zu $\alpha_y Y/\lambda = 20$ den Wert $\ln C_2 = 0,23$. Ferner findet man aus Tab. 4 in der Spalte „Zylinder" $\mu^2 = 4,89$ und in der Spalte „Platte" $\nu^2 = 2,24$. Mit $(X/Y)^2 = 0,36$ erhält man dann aus Gl. (8)

$$\tau_k = \frac{0,0324}{0,00023} \cdot \frac{1,75 + 0,47 + 0,23}{4,89 + 0,36 \cdot 2,24} = 60,5 \text{ Stunden.}$$

Dieser Wert ist wegen der gemachten Annäherung eher etwas zu hoch.

β) Die Wärmeübergangszahl auf der Mantelfläche sei wieder $\alpha_x = 8$ kcal/m²h ° C, während für Boden und Deckel $\alpha_y = 0$ gesetzt werde, wenn Fässer übereinandergestapelt werden. Da dann nur eindimensionaler Wärmefluß vorliegt, kann τ_k aus Gl. (6) berechnet werden:

$$\tau_k = \frac{0,0324}{0,00023} \cdot \frac{1,75 + 0,47}{4,89} = 64 \text{ Stunden.}$$

Der Wärmefluß durch Boden und Deckel beeinflußt also die Abkühlungszeit nur wenig. Auch die Wärmeübergangszahl α beeinflußt die Zeit nur wenig, denn selbst mit $\alpha = \infty$ auf allen Seiten sinkt τ_k nur auf 52 Stunden ab. Daher ist auch der Einfluß der Luftgeschwindigkeit hier nicht groß. Das trifft allerdings nur für relativ hohe Werte der kleinsten Abmessung X der Gefrierobjekte zu, weil dann $\alpha_x X/\lambda$ immer Werte erreicht, bei denen sich sowohl die $\ln C$-Werte nach Abb. 3 wie auch die Werte μ^2, ν^2, $\varkappa^2$ nach Tab. 4 in Gl. (8) nur noch wenig ändern. Für kleine Werte von X bedeutet aber z. B. eine Verdoppelung von α und damit auch von $\alpha_x X/\lambda$ einen sehr erheblichen Zuwachs von μ^2, ν^2, $\varkappa^2$ in Gl. (8), während die Werte von $\ln C$ gegen das Glied $\ln(\vartheta_a/\vartheta_k)$ im Zähler sowieso von sehr geringem Einfluß sind. Daher erhält man hier bei hohen α-Werten viel kürzere Abkühlungszeiten. Zu dem gleichen Ergebnis gelangt man auch bei der Berechnung der Gefrierzeit.

2. *Abkühlung einer Rinderkeule.* Hier ist die geometrische Form sehr unregelmäßig. Tamm[1] legte die Kugelform zugrunde, bekam dabei aber Abkühlzeiten (27 Stunden), die dreimal kleiner waren als beim Versuch. Baehr geht von der Form eines Rechtkantes aus, die der Wirklichkeit schon besser entspricht, und erhält dabei in der Tat etwa dreimal höhere Abkühlzeiten. Tamm setzte

$$\lambda = 0,43 \text{ kcal/m h ° C,} \quad a = 0,00048 \text{ m²/h} \quad \text{und} \quad \alpha = 20,6 \text{ kcal/m² h ° C,}$$

(wobei er bereits dem Einfluß der Verdunstung Rechnung trug)[2]. Mit $X = 0,15$ m, $Y = 0,30$ m und $Z = 0,50$ m wird

$$\frac{\alpha_x X}{\lambda} = 7,2; \quad \frac{\alpha_y Y}{\lambda} = 14,4 \quad \text{und} \quad \frac{\alpha_z Z}{\lambda} = 24.$$

Nach Gl. (8) erhält man für die gesamte Kühlzeit

$$\tau = \frac{0,0255}{0,00048} \cdot \frac{\ln 40 + \ln C_1 + \ln C_2 + \ln C_3}{\mu^2 + 0,25\,\nu^2 + 0,09\,\varkappa^2}.$$

Mit den Werten μ^2, ν^2 und $\varkappa^2$ aus Tab. 4 und mit den C-Werten aus Abb. 3 (jedesmal für die „Platte") erhält man

$$\tau_k = \frac{0,0225}{0,00048} \cdot \frac{3,69 + 0,23 + 0,23 + 0,23}{1,90 + 0,25 \cdot 2,16 + 0,09 \cdot 2,27} = 76 \text{ Stunden.}$$

Wichtig ist noch die Berechnung der *mittleren Temperatur* t_m des abgekühlten Objektes, wenn im Kern die Temperatur t_k erreicht ist. Der Kältebedarf für die Abkühlung von 1 kg ist ja $Q = c(t_a - t_m)$, man muß also t_m kennen, um den Kältebedarf berechnen zu können[3]. Aus den Gl. (5) und (5a) findet man bei eindimensionalem Wärmefluß für die verschiedenen Körperformen die Temperaturverteilung zur Zeit τ_k

$$\vartheta(x, \tau_k) = \vartheta_k f(\mu\, x/X),$$

wobei für f die gleichen Funktionen einzusetzen sind wie in Gl. (5). Es ist dann

$$\vartheta_m = \frac{1}{X} \int\limits_0^X \vartheta(x, \tau_k)\, dx = \frac{\vartheta_k}{X} \int\limits_0^X f(\mu\, x/X)\, dx.$$

Das bestimmte Integral ist nur eine Funktion von μ, das seinerseits nur von $\alpha_x X/\lambda$ abhängt. Es wird also

$$\vartheta_m/\vartheta_k = K(\alpha_x X/\lambda). \tag{9}$$

Die Funktionen $K(\alpha_x X/\lambda)$ sind in Abb. 5 für die Kugel, den Zylinder und die Platte dargestellt.

---

[1] Vgl. Fußnote 2 auf S. 12.

[2] Bei Baehr steht irrtümlicherweise der Wert $\alpha = 110$, doch sind seine weiteren Berechnungen fehlerfrei.

[3] Baehr, H.: Vgl. Fußnote 3 auf S. 113.

Für mehrdimensionalen Wärmefluß erscheinen die Lösungen für ϑ_m/ϑ_k wieder als Produkte aus den eindimensionalen Lösungen:

$$\vartheta_m/\vartheta_k = K_1(\alpha_x\,X/\lambda) \times$$
$$\times\, K_2(\alpha_y\,Y/\lambda)\,K_3(\alpha_z\,Z/\lambda).\quad (10)$$

Beim Zylinder endlicher Länge ist K_1 aus Abb. 5 für die Kurve „Zylinder" und K_2 für die Kurve „Platte" abzugreifen, während $K_3 = 1$ wird. Beim Rechtkant sind K_1, K_2 und K_3 für die Kurve „Platte" zu nehmen.

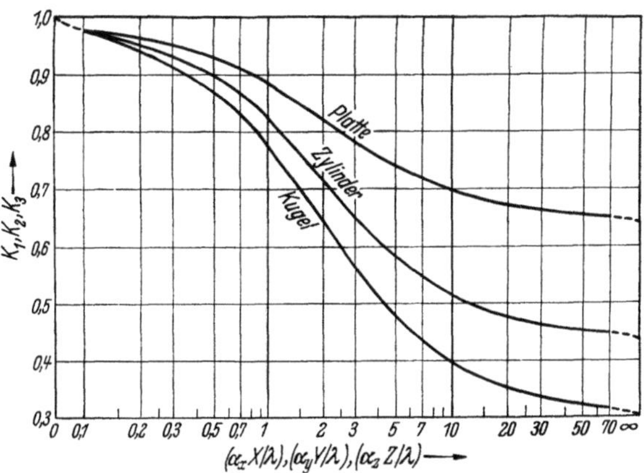

Abb. 5. Werte der Funktionen K_1, K_2 und K_3 in Gl. (10) für verschiedene Körperformen.

Der so berechnete Kältebedarf Q verteilt sich jedoch nicht gleichmäßig über die gesamte Abkühlungszeit. Beim Beginn der Abkühlung ist der Kältebedarf am größten.

VIII. Die Gewichtsverluste während der Abkühlung und Lagerung.

Während der Abkühlung und der Kaltlagerung tritt bei allen Lebensmitteln infolge ihres Wassergehaltes ein Gewichtsverlust durch Verdunstung eines Teiles des Wassers ein. Obwohl die Lebensmittel dabei nur Wasser verlieren, bedeutet der Gewichtsverlust, kaufmännisch gesehen, stets einen Substanzverlust; außerdem macht eine ausgetrocknete Oberfläche die Lebensmittel infolge Schrumpfung und Farbwechsel unansehnlich und mindert ihren Handelswert. Man ist daher stets bemüht, den Gewichtsverlust möglichst gering zu halten, und es werden dafür manchmal auch Grenzwerte vorgeschrieben, die in den Kaltlagerräumen nicht überschritten werden dürfen.

Für die Berechnung des Gewichtsverlustes ΔG in kg/h gilt das Grundgesetz der Diffusion

$$\Delta G = \sigma\,F(x - x_0),\quad (11)$$

wobei F die verdunstende Oberfläche in m², x den Wasserdampfgehalt in kg, bezogen auf 1 kg trockene Luft an der Oberfläche, und x_0 die gleiche Größe in der umgebenden Kühlraumluft bedeuten. Die *Verdunstungszahl* σ hat daher die Dimension kg/m² h. Das durch Gl. (11) ausgedrückte Gesetz wird oft in anderer Form geschrieben, und zwar:

$$\Delta G = \beta\,F(c - c_0),\quad (11\,\mathrm{a})$$

wobei c und c_0 die Dampfkonzentrationen in der Luft in kg Dampf je m³ Luft bedeuten. Es ist offenbar $c = x\,\gamma$, wenn mit γ das spezifische Gewicht der Luft in kg/m³ bezeichnet wird. Daher ist $\sigma = \beta\,\gamma$. Die Diffusionszahl β hat die Dimension m³/m² h oder einfach m/h [1].

---

[1] Führt man anstelle der Konzentrationen c und c_0 die Teildampfdrucke p und p_0 ein, dann erhält Gl. (11 a) die Form

$$\Delta G = \frac{\beta}{R\,T}\,F(p - p_0) = \beta'\,F(p - p_0).\quad (11\,\mathrm{b})$$

In dieser Form wurde das Diffusionsgesetz bereits 1788 von J. Dalton aufgestellt. R ist hier die Gaskonstante des Wasserdampfes. Die Diffusionszahl β' wird gewöhnlich in g/h m² mm Hg ausgedrückt. Vgl. auch S. 78.

Zwischen der Wärmeübergangszahl α vom Lebensmittel an die Kühlraumluft und der Verdunstungszahl (oder Stoffübergangszahl) σ besteht nach Lewis die einfache Beziehung

$$\sigma = \frac{\alpha}{c_p}, \qquad (12)$$

wobei c_p die spezifische Wärme der feuchten Luft bedeutet, für die man den Wert 0,25 kcal/kg ° C einsetzen kann. Die Gl. (12) ist durch Versuche über die Verdunstung von Wasserdampf in Luft bei turbulenter Strömung gut bestätigt. Bei laminarer Strömung ist die Übereinstimmung weniger gut.

Die weiteren Überlegungen sollen an Hand der Gl. (11) durchgeführt werden. Der Gewichtsverlust ist offenbar am kleinsten, wenn x_0 möglichst groß wird; x_0 ist aber der relativen Feuchtigkeit der Luft proportional und diese soll daher möglichst hoch gehalten werden. Bedenklich ist dabei, daß sich in sehr feuchter Luft Bakterien und Schimmelpilze auf der Oberfläche des Kühlgutes rasch vermehren, wenn sie günstige Temperaturverhältnisse vorfinden. Bei hoher relativer Feuchtigkeit muß daher die Temperatur im Kühlraum so tief gehalten werden, wie es das Kühlgut ohne Schaden verträgt. Bei Fleisch, Fischen, Eiern u. a. kann man bis nahe an den Gefrierpunkt der Ware (also etwa bis $-1°$ C) heruntergehen. Bei manchen Obstsorten und bei Kartoffeln muß man sich mit höheren Temperaturen begnügen. Tiefe Lufttemperaturen bringen während des Abkühlungsvorganges die Oberflächentemperatur des Kühlgutes rasch herunter, wodurch auch x in Gl. (11) rasch sinkt und damit auch die Differenz $x - x_0$ bald kleine Beträge erreicht. Eine Austrocknung der Oberfläche muß im allgemeinen vermieden werden, sie ist bei Fischen besonders bedenklich, da nach Verdunsten des Schleimes die Fische matt und unansehnlich werden. Nur beim Fleisch wird bei der Abkühlung die Bildung einer dünnen Trockenschicht angestrebt, die dann während der Kaltlagerung den Gewichtsverlust herabsetzt. Sehr wesentlich läßt sich der Gewichtsverlust durch Verpackung der Lebensmittel bei der Kaltlagerung herabsetzen, weil sich die Luft innerhalb der Verpackung nahezu mit Wasserdampf sättigt. Ein weiteres Mittel, den Gewichtsverlust herabzusetzen, ist die künstliche Befeuchtung, die besonders bei Lebensmitteln mit sehr großer Oberfläche (Salat, Spinat) angewendet wird. Es verdunstet dann vorwiegend das Benetzungswasser. (Gefrorene Fische, vgl. S. 242, werden zu diesem Zweck glasiert.)

Eine wichtige Rolle spielt die Luftgeschwindigkeit w [m/sec] während des Abkühlungsvorganges, da sie die Verdunstungszahl σ stark beeinflußt. Man ist heute bestrebt, den Abkühlungsvorgang so schnell wie möglich durchzuführen, einerseits um unerwünschte Veränderungen der Lebensmittel zu vermeiden, andererseits um die vorhandenen Abkühlräume möglichst gut auszunutzen. Man wendet daher tiefe Lufttemperaturen und relativ hohe Luftgeschwindigkeiten an. Es ist bekannt, daß die Wärmeübergangszahl α bei turbulenter Strömung etwa mit der 0,8ten Potenz der Luftgeschwindigkeit wächst. Der Einfluß von α bzw. w auf die Abkühlungszeit ist um so größer, je kleiner das Kühlgut ist (vgl. S. 16); außerdem wird die Abkühlungszeit im Bereich kleiner α-Werte durch eine Zunahme von α viel stärker verkürzt als bei großen α-Werten. Die Abkühlungszeit τ_k nähert sich mit wachsendem α, also auch mit wachsender Luftgeschwindigkeit einem minimalen Grenzwert.

Tamm hat z. B. bei Fleischkeulen die in Tab. 5 enthaltenen Abkühlungszeiten und Gewichtsverluste gemessen[1].

---

[1] Tamm, W.: Vgl. Fußnote 2 auf S. 12.

Tabelle 5. *Abkühlungszeiten und Gewichtsverluste von Fleischkeulen verschiedener Dicke bei verschiedenen Luftgeschwindigkeiten.*
Kühlraumtemperatur $0°$ C; rel. Feuchtigkeit 95%.

Dicke der Keule m	Abkühlzeit τ_k und gesamter Gewichtsverlust ΔG_{ges}		Luftgeschwindigkeit m/s		
			0	2	4
0,1	τ_k	h	22,4	13,7	11,1
	ΔG_{ges}	%	1,36	1,32	1,37
0,2	τ_k	h	59,5	40,0	36,1
	ΔG_{ges}	%	1,34	1,32	1,40
0,3	τ_k	h	102,0	75,5	74,0
	ΔG_{ges}	%	1,35	1,37	1,45

Aus den Gln. (11) und (12) folgt aber, daß der Gewichtsverlust ΔG in der Zeiteinheit mit wachsender Luftgeschwindigkeit unbegrenzt zunimmt. Der gesamte Gewichtsverlust ΔG_{ges} ist dem Produkt $\Delta G \tau_k$ proportional und hängt von der Luftgeschwindigkeit in ziemlich verwickelter Weise ab. Für eine Fleischkeule von 0,1 m Dicke und eine Kühlraumtemperatur von $0°$ C fand TAMM bei verschiedenen Luftgeschwindigkeiten und verschiedenen relativen Feuchtigkeiten der Luft die in Tab. 6 enthaltenen Abkühlungszeiten τ_k und gesamten Gewichtsverluste ΔG_{ges}. Eine Steigerung der Luftgeschwindigkeit von 0 auf 2 m/s hat bei dieser dünnen Keule eine erhebliche Verkürzung von τ_k zur Folge. Eine weitere Steigerung auf 4 m/s hat aber nur eine geringe Wirkung. Bei hohem φ ($\varphi > 90\%$) wurden bei $w = 2$ m/s die geringsten Gewichtsverluste erzielt, während bei $\varphi < 90\%$ die Gewichtsverluste mit wachsendem w immer deutlicher zunahmen.

Tabelle 6. *Abkühlungszeiten und Gewichtsverluste von Fleischkeulen 0,1 m dick bei verschiedenen Luftgeschwindigkeiten und rel. Feuchtigkeiten* (nach TAMM).

Luftgeschwindigkeit m/s	Abkühlzeit τ_k und gesamter Gewichtsverlust ΔG_{ges}		Rel. Feuchtigkeit %					
			75	80	85	90	95	100
0	τ_k	h	20,1	20,7	21,3	21,8	22,4	23,0
	ΔG_{ges}	%	1,53	1,49	1,45	1,40	1,36	1,32
2	τ_k	h	12,7	13,0	13,2	13,5	13,7	14,0
	ΔG_{ges}	%	1,60	1,53	1,46	1,36	1,32	1,25
4	τ_k	h	10,3	10,5	10,7	10,9	11,1	11,3
	ΔG_{ges}	%	1,69	1,61	1,53	1,45	1,37	1,29

In den Gln. (11) bis (11 b) erscheint die Oberfläche F der zu kühlenden Objekte. Bei geometrisch unregelmäßigen Körpern, wie z. B. Rindervierteln, Schweinehälften oder ganzen Hammeln, bietet die Ausmessung der Oberfläche Schwierigkeiten. Daher ist ein einfacher Zusammenhang zwischen der Oberfläche F in m² und dem Gewicht G in kg erwünscht. Für ganze Hammel im Gewicht von 8 bis 30 kg kann man von einer der folgenden Beziehungen Gebrauch machen[1]:

$$F = 0{,}311 \sqrt{G}$$

oder
$$F = 0{,}619 + 0{,}038 G.$$

Für Rinderviertel im Gewicht von 25 bis 80 kg gibt es eine Formel von DIWAKOW[2]
$$F = 0{,}6 + 0{,}017 G.$$

---

[1] Vgl. N. GOLOWKIN u. Mitarb.: Cholodilnaja Technika (russisch) Bd. 33 (1956) H. 2, S. 25.
[2] Vgl. D. G. RJUTOW: Cholodilnaja Technika Bd. 31 (1954) S. 48.

C. Das Gefrieren.

I. Allgemeines.

Wenn man Lebensmittel länger genußtauglich erhalten will, als es durch Absenkung der Temperatur bis in die Nähe des jeweiligen Gefrierpunktes möglich ist, dann muß man von dem Gefrierverfahren Gebrauch machen, wobei ein großer Teil des in den Lebensmitteln enthaltenen Wassers ausgefroren wird. Die gefrorenen Lebensmittel müssen dann bis zum Verbrauch bei Gefriertemperaturen gelagert werden, deren Höhe von der Art der Ware und von der gewünschten Aufbewahrungsdauer abhängt. Man muß sich darüber klar sein, daß der Gefriervorgang einen starken Eingriff in die Struktur der frischen Lebensmittel bedeutet. Das darin enthaltene Wasser trennt sich beim Gefrieren in Form von Eis von der übrigen Substanz, ganz ähnlich, wie es sich beim Trocknen in Form von Wasserdampf trennt. Der Unterschied besteht nur darin, daß die Eiskristalle räumlich in den Lebensmitteln verbleiben, während der Wasserdampf in die Atmosphäre entweicht. Das Eis kann daher beim Auftauen wieder von der übrigen Substanz resorbiert werden. Gefrieren und Auftauen sind aber keine reversiblen Vorgänge, denn die Bindung des Wassers nach dem Auftauen ist immer viel schwächer als im frischen Zustand, was man daran erkennt, daß sich der Saft nach dem Auftauen viel leichter auspressen läßt. Die festen Bestandteile erfahren also durch das Gefrieren gewisse irreversible Veränderungen, die man z. B. bei den Proteinen tierischer Lebensmittel als „Denaturierung" bezeichnet (vgl. S. 48). Am stärksten sind die Gefrierveränderungen bei pflanzlichen Lebensmitteln, die daher auch beim Gefrieren einer besonderen Behandlung bedürfen. Auf die Maßnahmen, die beim Gefrieren verschiedener Lebensmittel anzuwenden sind, wird in den betreffenden Kapiteln ausführlich eingegangen. In diesem Teil sollen lediglich die alle Lebensmittel betreffenden Probleme allgemein behandelt werden, wie z. B. die Berechnung der Gefrierzeit, der Kältebedarf beim Gefrieren und die eintretenden Gefrierveränderungen.

Gefrorene Lebensmittel müssen nach dem Auftauen rasch verbraucht werden, weil durch die tiefen Gefriertemperaturen weder die Enzyme noch die Mikroorganismen zerstört, sondern nur in ihrer Wirkung wesentlich gehemmt werden. Bei richtiger Behandlung unterscheiden sich aber gefrorene Lebensmittel unmittelbar nach dem Auftauen nur sehr wenig von frischer Ware.

Die Temperatur des Gefrierbeginnes ist bei den verschiedenen Lebensmitteln nicht sehr verschieden. Sie richtet sich nach dem Gehalt an Salzen, Zucker und Säuren im Zellsaft. Fleisch hat einen Gefrierpunkt in der Nähe von $-1°$ C. Bei den meisten Fischen liegt der Gefrierpunkt zwischen $-0,6°$ C und $-1,0°$ C, doch gibt es auch Arten mit tieferem Gefrierpunkt von $-1,8°$ C bis $-2,0°$ C (vgl. S. 222). Bei Obst und Gemüse erhält man mittlere Werte zwischen $-0,3°$ C und $-3,0°$ C, bei Nüssen und Kastanien sogar bis $-7°$ C. Das U. S. Department of Agriculture hat eine umfangreiche Zusammenstellung der Gefrierpunkte zahlreicher Obst- und Gemüsearten und Varietäten veröffentlicht, die sich jedoch im wesentlichen auf amerikanische Sorten beschränkt. Darin sind neben den Mittelwerten auch die höchsten und tiefsten Gefriertemperaturen angegeben[1].

II. Der Kältebedarf und die ausgefrorenen Wassermengen.

Im Abschnitt B V wurde schon hervorgehoben, daß sich der Nettokältebedarf aus der Enthalpiedifferenz der Lebensmittel zwischen der Anfangs- und Endtemperatur eines Kälteprozesses ergibt. In Tab. 1 auf S. 8 wurden Enthalpie-

---

[1] Agriculture Marketing Service, Marketing Research Division, Washington, D. C., Rep. Nr. 196 (Dezember 1957).

werte für verschiedene Lebensmittel nach Messungen von RJUTOW im Temperatur bereich von $+30°$ C bis $-20°$ C angegeben. Dabei ergibt sich am Gefrierpunkt, also in der Nähe von $-1°$ C, ein plötzlicher Sprung, der durch die latente Erstarrungswärme des Wassers bedingt ist. Wie bei einer Salzlösung erstarrt aber am Gefrierpunkt nur ein Teil des Wassergehaltes. Infolge der Konzentrationszunahme der Restflüssigkeit sinkt ihr Gefrierpunkt und es erstarren weitere Wassermengen bei tieferen Temperaturen. Der Verlauf der ausfrierenden Wassermengen bei sinkender Temperatur hängt vom ursprünglichen Erstarrungspunkt und vom Wassergehalt der verschiedenen Lebensmittel ab. Er wurde verschiedentlich gemessen, so von PLANK, MORAN und HEISS[1] bei Fleisch und von RIEDEL[2] bei Fischen. Die genauesten Werte stammen von RIEDEL, sie sind in Abb. 6 dargestellt. Unterhalb etwa $-36°$ C friert kein weiteres Wasser mehr aus. Die letzten 10% sind an die Eiweißmoleküle fest gebunden. Man kann hier also nicht von einem kryohydratischen Punkt, wie bei Salzlösungen, sprechen.

Auf Grund der Kurve für Fleisch und mit den Gefrierpunkten anderer Lebensmittel hat HEISS die ausgefrorenen Wassermengen für verschiedene andere Lebensmittel als Funktion der Temperatur angenähert berechnet[1]. Seine Ergebnisse sind in Abb. 7 dargestellt.

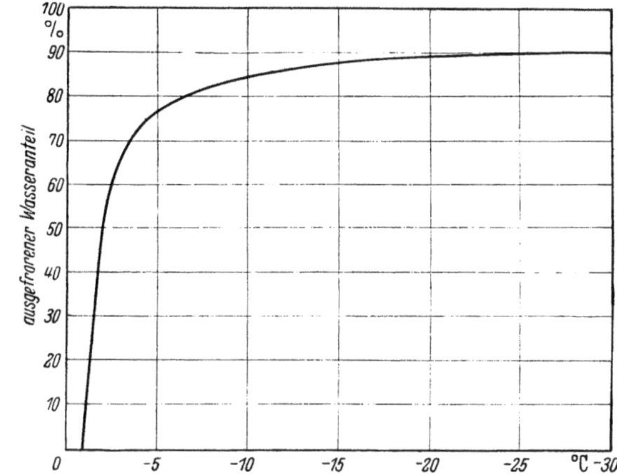

Abb. 6. Die ausgefrorene Wassermenge in Prozent des gesamten Wassergehaltes für Muskelfleisch von Kabeljau als Funktion der Temperatur (nach RIEDEL).

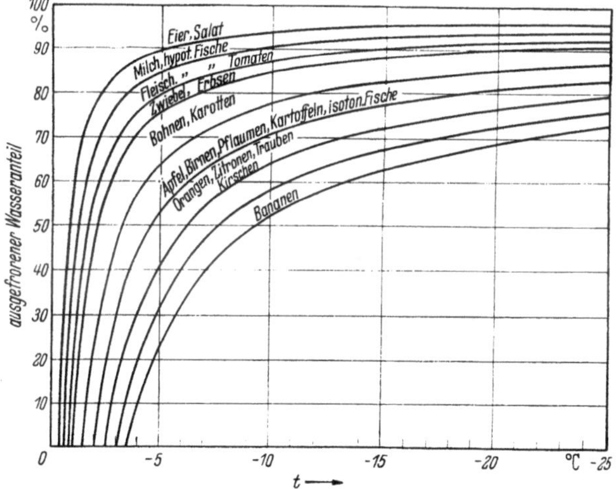

Abb. 7. Angenäherter Verlauf der ausgefrorenen Wassermengen für verschiedene Lebensmittel als Funktion der Temperatur (nach HEISS).

Für den Kältebedarf beim Gefrieren erhält man nach Tab. 1 z. B. folgende Werte:

Knochenloses Fleisch von $+20°$ C soll im Mittel bis $-15°$ C gefroren werden. Die Enthalpie sinkt dabei von 73,9 auf 3,2 kcal/kg. Der Kältebedarf beträgt also 70,7 kcal/kg.

Bei Ei-Melange findet man für den gleichen Temperaturbereich $79,5 - 2,7 = 76,8$ kcal/kg und für Beeren mit Zucker (3 : 1) $58,6 - 7,9 = 50,7$ kcal/kg.

---

[1] HEISS, R.: Z. ges. Kälteind. Bd. 40 (1933) S. 97, 122 u. 144. — Bull. Int. Froid, Paris. Bd. 14 (1933) Nr. 6, Annexe 8, Serie Nr. 5.
[2] RIEDEL, L.: Kältetechnik Bd. 8 (1956) S. 374.

III. Die Berechnung der Gefrierzeit.

1. Einleitung.

Die exakte Berechnung der Gefrierzeit eines unregelmäßig geformten wasserhaltigen Lebensmittels in einer Umgebung von konstanter tiefer Temperatur bereitet fast unüberwindliche Schwierigkeiten. Praktisch ist sie nur bei einer Reihe vereinfachender Annahmen möglich. In der Regel wird die Abkühlungszeit von einer bestimmten Anfangstemperatur bis zum Beginn des Gefrierens (also bis zur Erstarrungstemperatur) von der sich dann anschließenden eigentlichen Gefrierzeit getrennt behandelt (vgl. S. 12). Da am Ende eines Gefriervorganges die Temperatur im Kern des Gefrierobjektes in der Regel höher ist als an der Oberfläche, die der kalten Umgebung unmittelbar ausgesetzt ist, so muß auch über die Kernendtemperatur eine Annahme gemacht werden. Es ist ferner zu beachten, daß das in den Lebensmitteln enthaltene Wasser, genau wie bei Salzlösungen, nicht bei einer bestimmten Temperatur, die dem Gefrierbeginn entspricht, ausfriert, daß sich das Ausfrieren des Wassers vielmehr auf einen weiten Temperaturbereich (bis etwa $-40\,^\circ$C) erstreckt. Der dann noch verbleibende Rest von etwa 10% ist fest an das Muskeleiweiß „gebunden". Der größte Teil des Wassers erstarrt allerdings nahe beim Gefrierpunkt; bei $-4\,^\circ$C sind schon etwa 73% des gesamten Wassers bzw. 81% des „freien" Wassers gefroren[1]. Die Gefrierzeit hängt ferner davon ab, ob die Wärme nur von einem Teil oder von der ganzen Oberfläche abgeführt wird und ob das Gefrierobjekt unverpackt oder verpackt gefroren wird. So können Lebensmittelpackungen in Rechtkantform zwischen zwei kalten Metallplatten gefroren werden, wobei Wärme nur von zwei gegenüberliegenden Seiten abgeführt wird, sie können aber auch lose einem Strom kalter Luft ausgesetzt werden, z. B. in einem Gefriertunnel, wobei dann die Wärme allseitig abgeführt wird. Der allseitige Wärmeentzug würde auch beim Eintauchen von Gefrierobjekten in ein Flüssigkeitsbad erreicht werden.

Die Berechnung der Gefrierzeit bezieht sich im folgenden[2] zunächst auf den reinen Gefriervorgang; es wird also angenommen, daß das Gut bereits bis auf den Gefrierpunkt abgekühlt ist. Es wird ferner angenommen, daß die ganze Gefrierwärme in der Nähe der Erstarrungstemperatur abgeführt wird. Ferner werden für die Gefrierobjekte einfache geometrische Formen [Parallelopipedon (Rechtkant), Zylinder oder Kugel] angenommen, die bei fast allen Gefrierpackungen anzutreffen sind. Außerdem werden die Objekte als homogen und isotrop angesehen, und es wird mit einem konstanten Mittelwert der Wärmeleitzahl gerechnet. Es sollen zuerst *unverpackte* Lebensmittel betrachtet werden.

2. Eindimensionaler Wärmestrom.

Wird Wärme nur an zwei gegenüberliegenden Flächen eines Rechtkantes entzogen, dann liegt der Fall eines eindimensionalen Wärmestromes vor, der sich rechnerisch sehr einfach behandeln läßt. Er findet sich in den bekannten Mehrplatten-Gefrierapparaten verwirklicht.

Bedeuten:

α [kcal/m² h °C] die Wärmeübergangszahl zwischen der Oberfläche des Kühlgutes und dem Kältemittel[3],

λ [kcal/m h °C] die Wärmeleitzahl des gefrorenen Kühlgutes,

---

[1] Vgl. Fußnote 2 auf S. 21.

[2] Näheres findet man bei R. Plank: Beiträge zur Berechnung und Bewertung der Gefriergeschwindigkeit von Lebensmitteln. Beih. Z. ges. Kälteind., Reihe 3, H. 10. Berlin: VDI-Verlag 1941.

[3] Bei kalten Platten kann der Wärmeleitwiderstand der Platten vernachlässigt werden.

$\vartheta = t_g - t_0 [°C]$ die mittlere Differenz zwischen der Erstarrungstemperatur t_g des Kühlgutes und der Temperatur t_0 des umgebenden Kältemittels,

$f [m^2]$ die am Wärmeübergang beteiligte Oberfläche des Kühlgutes,

$\varrho [kcal/m^3]$ den (latenten) Kältebedarf des Gefriergutes, bezogen auf $1\,m^3$ im gefrorenen Zustand,

$Q [kcal]$ die zu entziehende Wärmemenge,

$z [h]$ die Zeit,

$z_0 [h]$ die gesamte Gefrierdauer,

$\delta [m]$ die Dicke der gebildeten Gefrierschicht,

$h [m]$ die Höhe des Gefrierobjektes zwischen den gekühlten Flächen,

dann gilt für die Wärmeübertragung die Gleichung

$$dQ = \frac{1}{\dfrac{1}{\alpha} + \dfrac{\delta}{\lambda}}\, f\, \vartheta\, dz. \tag{13}$$

Dabei ist angenommen, daß die Wärmeübergangszahl zwischen der ausgefrorenen Schicht und dem noch nicht gefrorenen Kern unendlich groß ist, daß also an dieser Grenze keine Temperaturdifferenz besteht. Andererseits ist kalorimetrisch:

$$dQ = \varrho\, f\, d\delta, \tag{14}$$

da angenommen wurde, daß das Gefriergut bereits bis zu seiner Gefriertemperatur abgekühlt war. Aus den Gln. (1) und (2) folgt durch Gleichsetzen

$$dz = \frac{\varrho}{\vartheta} \left(\frac{1}{\alpha} + \frac{\delta}{\lambda} \right) d\delta. \tag{15}$$

Die Integration dieser Gleichung links zwischen den Grenzen 0 und z_0, rechts zwischen 0 und $h_0/2$ liefert für die gesamte Gefrierdauer

$$z_0 = \frac{\varrho}{8\,\lambda\,\vartheta}\, h \left(h + 4\,\frac{\lambda}{\alpha} \right) = \frac{\varrho}{\vartheta} \left(\frac{h}{2\,\alpha} + \frac{h^2}{8\,\lambda} \right). \tag{16}$$

Bei sehr hohen Werten von α, z. B. im Falle des Wärmeüberganges an ein verdampfendes Kältemittel. kann das lineare Glied mit h gegen das quadratische mit h^2 vernachlässigt werden. Die Gefrierdauer ist dann dem Quadrat der Dicke des Objektes proportional.

Auf dem gleichen Wege findet man für einen *kreiszylindrischen Körper* mit dem Durchmesser d, wenn die Wärme nur am Umfang übertragen wird,

$$z_0 = \frac{\varrho}{\vartheta} \left(\frac{d}{4\,\alpha} + \frac{d^2}{16\,\lambda} \right). \tag{17}$$

Ein Zylinder mit $d = h$ friert also doppelt so schnell durch wie eine Platte von der Höhe h.

Ist der Querschnitt des zylindrischen Körpers nicht kreisrund, sondern elliptisch oder oval, wie das z. B. bei allen Rundfischen der Fall ist, und bezeichnet man die „Hauptachsen" mit d_1 und d_2, dann ist in Gl. (17) zu setzen[1]

$$d = \frac{2\,d_1\,d_2}{d_1 + d_2}$$

---

[1] Nagaoka, J., S. Takagi u S. Hotani: Ber. IX. Intern. Kältekongr. Paris 1955, Bd. II, S. 4105.

Ebenso findet man für einen *kugelförmigen Körper* mit dem Durchmesser d

$$z_0 = \frac{\varrho}{\vartheta}\left(\frac{d}{6\alpha} + \frac{d^2}{24\lambda}\right). \tag{18}$$

Eine Kugel mit $d = h$ friert also dreimal so schnell durch wie eine Platte von der Höhe h.

3. Zweidimensionaler Wärmestrom.

Wird Wärme von vier Flächen eines Rechtkantes (von je zwei gegenüberliegenden Flächen) entzogen, dann läßt sich die Rechnung ohne Schwierigkeit durchführen, wenn man annimmt, daß der Wärmestrom stets senkrecht zu den wärmeabgebenden Flächen gerichtet ist, so daß sich an allen vier Flächen Gefrierschichten von gleicher Dicke δ bilden. Man begeht dabei einen kleinen Fehler hinsichtlich der Wärmeströmung in den Ecken[1], doch liegt dieser durchaus in den Grenzen der sonstigen Fehlerquellen und der Unsicherheiten in den thermischen Daten. Ist l die Länge, b die Breite und h die Höhe des Rechtkantes, wobei $l > b > h$ sein soll, und findet die Wärmeabgabe an zwei Flächen $l \times b$ und zwei Flächen $l \times h$ statt, dann findet man für die Gefrierdauer[2]

$$z_0 = \frac{\varrho}{\vartheta}\left\{\frac{1}{\alpha}\,\frac{b\,h}{2(b+h)} + \frac{1}{\lambda}\left[\frac{b\,h}{16} - \frac{(b-h)^2}{32}\ln\frac{b+h}{b-h}\right]\right\}. \tag{19}$$

Für jeden Wert des Kantenverhältnisses $\beta = b/h > 1$ läßt sich diese Gleichung in die Form

$$z_0 = \frac{\varrho}{\vartheta}\left[M\,\frac{h}{\alpha} + N\,\frac{h^2}{\lambda}\right] \tag{20}$$

überführen, wobei M und N Funktionen von β sind.

Es wird

$$M = \frac{\beta}{2(\beta+1)} \quad \text{und} \quad N = \frac{\beta}{16} - \frac{(\beta-1)^2}{32}\ln\frac{\beta+1}{\beta-1}. \tag{21}$$

4. Dreidimensionaler Wärmestrom.

Wird Wärme an allen sechs Flächen eines Rechtkantes entzogen, dann ist der rechnerische Aufwand für die Ermittlung der Gefrierdauer mit den unter 3. gemachten Annahmen erheblich größer. Das Ergebnis läßt sich aber wieder in die einfache Form kleiden

$$z_0 = \frac{\varrho}{\vartheta}\left(P\,\frac{h}{\alpha} + R\,\frac{h^2}{\lambda}\right), \tag{22}$$

wobei jetzt P und R Funktionen der Verhältnisse $\beta_1 = l/h \geqq 1$ und $\beta_2 = b/h \geqq 1$ sind. Wir setzen wieder $l > b > h$. Man findet[3]

$$P = \frac{\beta_1\beta_2}{2(\beta_1\beta_2 + \beta_1 + \beta_2)} \tag{23}$$

und

$$R = \frac{(m-1)(\beta_1-m)(\beta_2-m)\ln\dfrac{m}{m-1} - (n-1)(\beta_1-n)(\beta_2-n)\ln\dfrac{n}{n-1}}{8k} + {}$$
$$+ \frac{1}{72}(2\beta_1 + 2\beta_2 - 1). \tag{24}$$

Dabei sind

$$\left.\begin{aligned} k &= \sqrt{(\beta_1-\beta_2)(\beta_1-1) + (\beta_2-1)^2}, \\ m &= \tfrac{1}{3}(\beta_1 + \beta_2 + 1 + k), \\ n &= \tfrac{1}{3}(\beta_1 + \beta_2 + 1 - k). \end{aligned}\right\} \tag{25}$$

---

[1] Vgl. Bd. III dieses Handbuches, S. 168.
[2] Vgl. R. Plank: Z. ges. Kälteind. Bd. 20 (1913) S. 109.
[3] Vgl. R. Plank: Fußnote 2 auf S. 22.

Im Sonderfall eines *Würfels* mit $l = b = h$, also $\beta_1 = \beta_2 = 1$, erhält man aus den Gln. (22) bis (25)

$$z_0 = \frac{\varrho}{\vartheta}\left(\frac{h}{6\,\alpha} + \frac{h^2}{24\,\lambda}\right), \qquad (26)$$

also genau die gleiche Gefrierdauer wie für eine Kugel vom Durchmesser $d = h$ nach Gl. (18).

Im Sonderfall $\beta_1 = \beta_2 = \beta$, also $l = b$, erhält man aus den Gln. (23) und (24)

$$P = \frac{\beta}{2(\beta + 2)} \quad \text{und} \quad R = -\frac{(\beta - 1)^2}{54}\ln\frac{\beta + 2}{\beta - 1} + \frac{4\beta - 1}{72}. \qquad (27)$$

Im Sonderfall β_1 beliebig, aber $\beta_2 = 1$, also $b = h$, erhält man

$$P = \frac{\beta_1}{2(2\beta_1 + 1)} \quad \text{und} \quad R = -\frac{(\beta_1 - 1)^2}{54}\ln\frac{2\beta_1 + 1}{2(\beta_1 - 1)} + \frac{2\beta_1 + 1}{72}. \qquad (28)$$

Für verschiedene Werte von β_1 und β_2, wie sie in Gefrierpackungen häufig vorkommen, erhält man die in Tab. 7 nach den Gln. (23) bis (25) berechneten Werte von P und R.

Tabelle 7. *Berechnung der Gefrierzeit von Rechtkanten verschiedener Abmessungen bei allseitigem Wärmeentzug.*

β_1	β_2	P	R	Beispiele für die Abmessungen			Gefrierzeit
				l [mm]	b [mm]	h [mm]	z_0 [h]
1	1	0,1677	0,0417	—	—	—	—
1,5	1	0,1875	0,0491	75	50	50	1,00
	1,5	0,2143	0,0604	—	—	—	
2	1	0,2000	0,0525	—	—	—	
	1,5	0,2308	0,0656	100	75	50	1,26
				200	150	100	3,22
				400	300	200	9,15
	2	0,2500	0,0719	—	—	—	
2,5	1	0,2083	0,0545	—	—	—	
	2	0,2632	0,0751	100	80	40	1,09
	2,5	0,2778	0,0792	—	—	—	
3	1	0,2142	0,0558	—	—	—	
	2	0,2727	0,0776	150	100	50	1,50
				300	200	100	3,56
	2,25	0,2812	0,0799	100	75	33,3	0,93
				200	150	66,7	2,24
	3	0,3000	0,0849	—	—	—	
3,5	1	0,2186	0,0567	—	—	—	
	3,5	0,3181	0,0893	—	—	—	
4	1	0,2222	0,0574	—	—	—	
	3	0,3156	0,0887	200	150	50	1,72
	4	0,3333	0,0929	—	—	—	
4,5	1	0,2250	0,0580	—	—	—	
	3	0,3215	0,0902	150	100	33,3	1,06
				300	200	66,7	2,55
	4,5	0,3460	0,0959	—	—	—	
5	1	0,2272	0,0584	—	—	—	
	5	0,3570	0,0982	—	—	—	
6	1	0,2308	0,0592	—	—	—	
	4,5	0,3602	0,0990	200	150	33,3	1,19
				400	300	66,7	2,84
	6	0,3750	0,1020	—	—	—	

Um die Gefrierdauer z_0 nach Gl. (22) in Tab. 7 berechnen zu können, müssen Zahlenwerte für ϑ, ϱ, α und λ gegeben sein. Es sei angenommen, daß die Ware in Luft von $t_0 = -26°$ C gefroren wird und daß der Gefrierpunkt t_g der Ware bei $-1°$ C liegt. Dann ist $\vartheta = t_g - t_0 = 25°$ C. Aus Tab. 1 kann man den Kältebedarf ϱ berechnen. Man erhält ihn als Enthalpiedifferenz zwischen $t_g = -1°$ C und der mittleren Temperatur am Ende des Gefriervorganges[1]. Das Gefrieren gilt zunächst als abgeschlossen, wenn im Kern die Gefriertemperatur von $-1°$ C erreicht ist. Bei einer Lufttemperatur von $-26°$ C kann angenommen werden, daß sich die Oberfläche dann bis etwa $-18°$ C abgekühlt hat und daß die Temperatur der Ware im Mittel $-12°$ C beträgt. Der Kältebedarf entspricht der Enthalpiedifferenz zwischen $-1°$ C und $-12°$ C. Da die Enthalpiewerte in Tab. 1 bei $-1°$ C offenbar schon ein beginnendes Gefrieren berücksichtigen, hier aber der Wert vor Beginn des Gefrierens gebraucht wird, so geht man auf den Enthalpiewert bei $0°$ C zurück und zieht davon einen Betrag ab, welcher der spezifischen Wärme des nicht gefrorenen Lebensmittels entspricht. Man findet dann z. B. für Fischfilet abgerundet $\varrho = 60$ kcal/kg. Für dieses Gefriergut ist (s. S. 218) $\gamma = 1,00$ kg/l, daher wird $\varrho = 60\,000$ kcal/m³. Beim Gefrieren in schnell strömender Luft kann man bestenfalls $\alpha = 30$ kcal/m² h °C setzen. Für λ kann bei Magerfischen $\lambda = 1,15$ kcal/m h °C angenommen werden (s. S. 219). Mit diesen Werten wurden die Gefrierzeiten z_0 in Tab. 7 berechnet. Die dort angenommenen Abmessungen der Rechtkante (Packungen) entsprechen angenähert dem DIN-Entwurf 10084 des Fachnormenausschusses für Landwirtschaft vom 20. April 1940. Die berechneten Gefrierzeiten berücksichtigen noch nicht den Wärmeleitwiderstand der Verpackung (s. S. 30).

Die Zunahme der Gefrierzeit z_0 bei gleichbleibender kleinster Kante h mit wachsenden Werten von $l(\beta_1)$ und $b(\beta_2)$ geht aus Tab. 8 hervor.

Tabelle 8. *Gefrierzeit von Rechtkanten verschiedener Abmessungen, jedoch bei $h =$ konst. $= 50$ mm bei allseitigem Wärmeentzug.*

l [mm]	b [mm]	h [mm]	z_0 [h]
75	50	50	0,67
100	75	50	0,90
150	100	50	1,06
200	150	50	1,20

Werden dagegen l und b konstant gehalten und wird nur die kleinste Kante h verändert, dann findet man z. B. mit $l = 200$ und $b = 150$ mm

$$\text{bei } h\,[\text{mm}] = 33,3 \qquad 50 \qquad 66,7 \qquad 100$$
$$z_0\,[\text{h}] \;\;= \;\;0,81 \qquad 1,20 \qquad 1,64 \qquad 2,48$$

Ferner kann die Frage aufgeworfen werden, wie sich die Gefrierzeit von Rechtkanten von vorgeschriebenem Volum $V = l \times b \times h = \beta_1 \beta_2 h^3$ bei verschiedener Wahl von β_1 und β_2 ändert. Die praktisch häufig vorkommenden Fälle sind

$$\beta_1 = \frac{3}{2}\beta_2 \quad \text{und} \quad \beta_1 = \frac{4}{3}\beta_2.$$

Im *ersten Fall* findet man

$$V = \frac{3}{2}\beta_2^2 h^3 \quad \text{und} \quad h = \sqrt[3]{\frac{2V}{3\beta_2^2}}. \tag{29}$$

---

[1] Diese mittlere Temperatur stellt sich erst im Lagerraum nach einer für den Temperaturausgleich notwendigen Zeit ein.

Setzt man $V = 750$ cm³, dann erhält man die in Tab. 9 berechneten Werte von h und z_0.

Tabelle 9. *Abmessungen und Gefrierzeit von Packungen mit $V = 750$ cm³ bei $\beta_1 = \frac{3}{2} \beta_2$ und allseitigem Wärmeentzug.*

β_1	β_2	h [mm] nach Gl. (29)	P nach Tab. 7	R nach Tab. 7	z_0 [h]
1,5	1	79,37	0,1875	0,0491	1,83
3,0	2	50,00	0,2727	0,0776	1,50
4,5	3	38,16	0,3215	0,0902	1,25

Im *zweiten Fall,* $\beta_1 = \frac{4}{3} \beta_2$, ist

$$V = \frac{4}{3} \beta_2^2 h^3 \quad \text{und} \quad h_0 = \sqrt[3]{\frac{3V}{4\beta_2^2}}. \tag{30}$$

Setzt man $V = 1500$ cm³, dann erhält man die in Tab. 10 berechneten Werte von h und z_0.

Tabelle 10. *Abmessungen und Gefrierzeit von Packungen mit $V = 1500$ cm³ bei $\beta_1 = \frac{4}{3} \beta_2$ und allseitigem Wärmeentzug*

β_1	β_2	h [mm] nach Gl. (30)	P nach Tab. 7	R nach Tab. 7	z_0 [h]
3	2,25	60,57	0,2812	0,0799	1,92
4	3,0	50,00	0,3156	0,0887	1,72
6	4,5	38,16	0,3602	0,0990	1,40

5. Vergleich zwischen zweiseitigem und allseitigem Wärmeentzug.

Bei zweiseitigem Wärmeentzug erhält man bei $h = 50$ mm nach Gl. (16) für verschiedene α folgende Werte der Gefrierzeit:

bei α [kcal/m² h °C] $=$	50	100	200	500	1000	2000	∞
z_0 [h] $=$	1,85	1,25	0,95	0,77	0,72	0,685	0,65

Bei allseitigem Wärmeentzug hängt die Gefrierzeit bei $h = 50$ mm auch noch von den anderen Abmessungen l und b ab. Mit den zugehörigen Werten von P und R nach Tab. 7 ergeben sich nach Gl. (22) die in Tab. 11 eingetragenen Werte von z_0.

Tabelle 11. *Gefrierzeit z_0 [h] von Rechtkanten mit $h = 50$ mm bei allseitigem Wärmeentzug für verschiedene Werte von l, b und α.*

	α [kcal/m² h °C]					
	10	20	50	100	1000	∞
$l = 100$ mm $b = 75$ mm	3,10	1,73	0,90	0,62	0,37	0,34
$l = 150$ mm $b = 100$ mm	3,68	2,04	1,06	0,73	0,44	0,40₅
$l = 200$ mm $b = 150$ mm	4,26	2,36	1,20	0,84	0,50₅	0,47

Der Vergleich der Gefrierzeit bei zweiseitigem und allseitigem Gefrieren zeigt, daß dieselbe Gefrierzeit bei allseitigem Gefrieren besonders bei kleinen Abmessungen mit einem viel niedrigeren Wert von α erreicht wird. So erhält man z. B. bei allseitigem Gefrieren bei $l = 100$ mm und $b = 75$ mm mit $\alpha = 100$ eine noch etwas kürzere Gefrierzeit als bei zweiseitigem Gefrieren mit $\alpha = \infty$.

Aus den vorstehenden Zahlen erkennt man, daß die Gefrierzeit in einem Gefriertunnel mit schnell strömender Luft ($\alpha \sim 25$) und allseitigem Umspülen etwa doppelt so lang ist wie in einem Mehrplattenapparat ($\alpha \sim 500$).

6. Einfluß der Anfangstemperatur der Gefrierware auf die Gefrierzeit.

Bisher wurde angenommen, daß der zu gefrierende Körper bereits bis zu seiner Gefriertemperatur t_g vorgekühlt war. Im allgemeinen ist aber die Anfangstemperatur $t_a > t_g$. Dadurch wird die abzuführende Wärmemenge vergrößert; sie kann mit Hilfe der Tab. 1 leicht aus der Enthalpiedifferenz am Anfang und Ende des Prozesses berechnet werden. Sehr viel schwieriger ist die Berechnung der verlängerten Gefrierzeit. Man kann zunächst nur behaupten, daß sie in geringerem Maße zunehmen wird als der Kältebedarf, weil die mittlere Temperaturdifferenz zwischen dem Körper und der kalten Umgebung zugenommen hat.

Rjutow[1] hat diese Berechnung durchgeführt und seine Ergebnisse mit Meßwerten verglichen. Bei zweiseitigem Gefrieren einer Fleischplatte von $h = 68$ mm im Mehrplattenapparat fand er die Beziehung

$$\left. z_0 \right|_{t_a} = \left. z_0 \right|_{t_g} (1 + 0{,}0053\, t_a), \tag{31}$$

wobei $\left. z_0 \right|_{t_g}$ die reine Gefrierzeit bei der Anfangstemperatur $t_g = -1°$ C und $\left. z_0 \right|_{t_a}$ die Gefrierzeit bei der Anfangstemperatur ta bedeutet. Etwas genauer ist die Formel

$$\left. z_0 \right|_{t_a} = \left. z_0 \right|_{t_g} [1 + 0{,}0053\, (t_a - t_g)]. \tag{31a}$$

Theoretisch ist zu erwarten, daß der Beiwert 0,0053 mit wachsendem h etwas zunimmt. Watzinger (vgl. S. 236) gibt einen höheren Beiwert an.

7. Einfluß der Endtemperatur im Kern der Gefrierware auf die Gefrierzeit.

Die bisher berechnete Gefrierzeit z_0 eines Rechtkantes war so zu verstehen, daß nach Ablauf dieser Zeit die Gefrierfronten von gegenüberliegenden Seiten einander begegnen. Nun kann aber der Wunsch bestehen, den Block noch tiefer bis zu einer Endtemperatur t_e in der innersten Schicht abzukühlen. Hierfür benötigt man dann eine zusätzliche Gefrierzeit z'_0, so daß die gesamte Gefrierzeit zg unter Beachtung von Gl. (31a) auf

$$z_g = \left. z_0 \right|_{t_a} = z'_0$$

ansteigt. Die Berechnung von z'_0 für eine zweiseitig gekühlte Platte hat Rjutow mit Hilfe Fourierscher Reihen in erster Annäherung durchgeführt; es muß hier jedoch auf die Originalarbeit verwiesen werden[2]. Die leitenden Gesichtspunkte findet man auch in der bereits erwähnten Arbeit von Plank[3]. Es soll hier nur die Schlußformel angegeben werden:

$$z'_0 = \frac{1{,}866\, \lambda\, n}{a} \left(\lg \frac{\vartheta}{\vartheta_e} - 0{,}0913 \right) \left(\frac{h}{2\alpha} + \frac{h^2}{8\lambda} \right), \tag{32}$$

hierin ist $\vartheta = t_g - t_0$, $\vartheta_e = t_e - t_0$ und $a = \lambda/c\gamma$ ist die Temperaturleitzahl. Da die spezifische Wärme aus gemessenen Enthalpiewerten genauer bekannt ist

---

[1] Christodulo, D. A., u. D. G. Rjutow: Das schnelle Gefrieren von Fleisch (russisch), S. 49. Moskau und Leningrad: Verlag d. Nahrungsmittelind. 1936.
[2] Vgl. Fußnote 2 auf S. 7.   [3] Vgl. Fußnote 2 auf S. 22.

als die Werte von λ und a, so schreibt man Gl. (32) mit $\gamma \approx 1000$ kg/m³ in der Form

$$z_0' = 1866\, c\, n \left(\lg \frac{\vartheta}{\vartheta_e} - 0{,}0913\right)\left(\frac{h}{2\,a} + \frac{h^2}{8\,\lambda}\right). \tag{32a}$$

Hierin ist n ein Korrekturfaktor, der gewisse Vernachlässigungen berücksichtigt und von RJUTOW berechnet wurde. Er hängt von der dimensionslosen Größe $\alpha\, h/\lambda$ ab und hat folgende Werte:

bei $\dfrac{\alpha\, h}{\lambda} =$ 0,25   0,5   1,0   2,0   4,0   10,0   20,0 ∞

wird $n =$ 1,210   1,188   1,156   1,112   1,065   1,020   1,008   1,000

Der typische Verlauf einer Gefrierkurve im Kern eines Rechtkantes (Platte) bei zweiseitigem Gefrieren ist aus Abb. 8 zu ersehen: nach einer Abkühlung von a nach b bis zum Gefrierbeginn bei der Temperatur t_g (z. B. $-1{,}0\,°$C) folgt ein fast horizontal verlaufender Kurvenast b—c mit anschließender Temperatursenkung auf einem konvexen Ast c—d bis zum Wendepunkt d, der bei $-5\,°$C bis $-6\,°$C liegt. Erst im weiteren Verlauf von d—e wird die Kurve konkav und erhält einen logarithmischen Charakter entsprechend der Gl. (32). Es gibt keine scharfe Grenze zwischen dem Gefrieren eines Blockes (Gefrierzeit z_0) und dem anschließenden tieferen Herunterkühlen bis zu einer Temperatur t_e (zusätzliche Zeit z_0'). Diese Grenze kann man nur konventionell festlegen. CHRISTODULO und RJUTOW[1] haben vorgeschlagen, den Kurvenast d—e nach oben bis zum Schnitt mit dem ver-

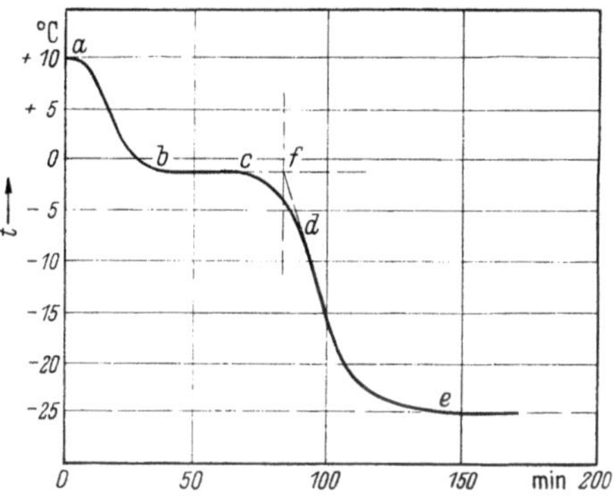

Abb. 8. Typischer Verlauf einer Gefrierkurve im Innern einer Fleischplatte bei zweiseitigem Gefrieren.

längerten horizontalen Ast b—c im Punkt f zu verlängern; der dem Punkt f entsprechende Zeitpunkt wird als das Ende des eigentlichen Gefrierens angesehen. Von diesem Zeitpunkt ab setzt die zusätzliche Abkühlungszeit z_0' ein. Aus zahlreichen experimentell ermittelten Gefrierkurven nach Art der Abb. 8 wurde gefunden, daß die diesem Zeitpunkt entsprechende Temperatur auf der Gefrierkurve im Mittel bei $-4\,°$C liegt, wobei nach Abb. 6 etwa 73 % des in den zentralen Schichten des Gefrierblockes enthaltenen Wassers ausgefroren sind.

In Gl. (32a) wurde dementsprechend der Mittelwert c_m der spezifischen Wärme im Temperaturintervall von -4 bis t_e eingesetzt. Er berechnet sich nach der Gleichung

$$c_m = \frac{i_{-4} - i_e}{-4 - t_e}.$$

Mit den Enthalpiewerten i_{-4} und i_e für Fischfilets nach Tab. 42 erhält man z. B.

bei $t_e\,[°\mathrm{C}] =$ -6 -8 -10 -12 -14 -16 -18 -20

$c_m\,[\mathrm{kcal/kg\,°C}] =$ 2,52   2,01   1,72   1,53   1,39   1,28   1,195   1,125

Für λ in Gl. (32a) sei der auf S. 219 empfohlene Mittelwert für magere Fische $\lambda = 1{,}15$ gesetzt.

Bei zweiseitigem Gefrieren (Mehrplattenapparat) eines Blockes magerer Fischfilets von $h = 50$ mm mit einer Anfangstemperatur von $t_a = +12\,°$C,

---

[1] Vgl. Fußnote 1 auf S. 28.

einer Gefriertemperatur von $t_g = -1°$ C, einer Plattentemperatur von $-26°$ C, einer Wärmeübergangszahl $\alpha = 500$ [kcal/m² h ° C], der Wärmeleitzahl $\lambda = 1,15$ [kcal/m h °C], wird $n \approx 1,0$, und man erhält nach Gl. (16) und (31a) für die eigentliche Gefrierzeit

$$|z_0|_{t_a} = \frac{60000}{25} \left(\frac{0,05}{2 \cdot 500} + \frac{0,0025}{8 \cdot 1,15} \right) (1 + 0,0053 \cdot 13) = 0,82 \quad [\text{h}].$$

Für die zusätzliche Zeit zur Abkühlung auf tiefere Endtemperaturen t_e erhält man nach Gl. (32a) folgende Werte:

bei t_e [°C] $= -10 \qquad -12 \qquad -14 \qquad -16 \qquad -18 \qquad -20$

$\quad z_0'$ [h] $= \qquad 0,106 \qquad 0,148 \qquad 0,191 \qquad 0,236 \qquad 0,290 \qquad 0,359$

Die eigentliche Gefrierzeit $|z_0|_{t_a}$ wird also durch die anschließende Abkühlungsperiode doch recht wesentlich verlängert. Bei der vielfach üblichen Lagertemperatur von $t_e = -18°$ C ($0°$ F) beträgt die Verlängerung in diesem Beispiel 35%.

PLANK[1] fand in eigenen Versuchen folgende Verlängerungen der Gefrierzeit bei einer Temperatur des Kältemittels in der Platte von $-30°$ C

für t_e [°C] $= -10 \quad -15 \quad -20$
Verlängerung in % $= \quad 12 \quad 22 \quad 36$

Bei allseitigem Gefrieren kann in erster Annäherung mit der gleichen prozentualen Verlängerung der eigentlichen Gefrierzeit gerechnet werden.

Bei nicht kontinuierlich arbeitenden Gefrierapparaten muß man zu der Gefrierzeit z_g noch die Zeit für das Be- und Entladen des Gefrierapparates hinzufügen.

8. Einfluß der Verpackung auf den Wärmeübergangswiderstand.

Der gesamte Wärmeübergangswiderstand $1/\alpha_g$ setzt sich aus einer Reihe von Einzelwiderständen zusammen. Bei einem Mehrplattenapparat wurde zunächst nur der Übergangswiderstand $1/\alpha$ von der Oberfläche des Gefrierobjektes an das Kältemittel berücksichtigt. Der Wärmeleitwiderstand durch die Metallplatte kann meist vernachlässigt werden. Sind die Lebensmittel verpackt, dann kommen noch die Wärmeleitwiderstände der Packungsmaterialien und der stets vorhandenen, aber schwer zu berücksichtigenden Luftspalte hinzu[2]. Sind $\lambda_1, \lambda_2, \ldots$ die Wärmeleitzahlen und $\delta_1, \delta_2 \ldots$ die Dicken der einzelnen Schichten, dann ist

$$\frac{1}{\alpha_g} = \frac{1}{\alpha} + \Sigma \frac{\delta_i}{\lambda_i}. \tag{33}$$

In allen bisherigen Gleichungen für die Berechnung der Gefrierdauer ist dann α_g an Stelle von α zu setzen.

LOBSIN[3] sowie CHRISTODULO und RJUTOW[4] haben die Wärmeübergangszahl α beim Gefrieren von Wasser in einem Mehrplattenapparat bestimmt, durch den eine Chlorkalziumlösung mit verschiedener Geschwindigkeit w geleitet wurde. Sie fanden für α-Werte, die sich recht gut durch die Gleichung

$$\alpha = 200 + 1220\,w$$

wiedergeben lassen, wenn w in m/s eingesetzt wird.

---

[1] Vgl. die zusammenfassenden Schriften auf S. 263, Nr. 6, dort S. 71.
[2] DUNKER, C. F., u. O. G. HANKINS: Food Technology Bd. 7 (1953) S. 505.
[3] LOBSIN, P. P.: Zeitschrift „Cholodilnoje Delo", H. 3 (1935) (russisch).
[4] Vgl. Fußnote 1 auf S. 28.

Hohe Solegeschwindigkeiten haben nur Wert, wenn dünne Gefrierobjekte ohne Verpackung gefroren werden. Bei dickeren verpackten Objekten hat es praktisch keinen Wert, höhere Solegeschwindigkeiten als etwa 0,3 m/s zu wählen, so daß α unter 600 kcal/m² h °C bleibt.

Beim direkten Eintauchen von Fischen in kalte bewegte Flüssigkeitsbäder kann $\alpha = 200$ bis 300 gesetzt werden. Bei so großen Werten von α ist deren genaue Kenntnis nicht sehr wesentlich, da die Gefrierzeit dann hauptsächlich durch den Wärmeleitwiderstand der Gefrierobjekte und der Verpackung bestimmt wird. Beim Gefrieren in strömender kalter Luft hängt α stark von der Luftgeschwindigkeit w_L in m/s ab. Man kann setzen:

für w_L [m/s] =	1	2	3	4	5	6
α [kcal/m² h °C] =	7,5	13	18	23	27	31

Diese Werte lassen sich angenähert durch die Formel $\alpha = 7{,}5\,w^{0,8}$ ausdrücken.

Bei so kleinen Werten von α übt der Wärmeübergang von der Gefrierware an das Kältemittel einen entscheidenden Einfluß auf die Gefrierzeit, besonders bei unverpackter Ware, aus.

Aus gemessenen Gefrierzeiten verpackter Lebensmittel läßt sich dann der Gesamtwiderstand $1/\alpha_g$ und daraus der Wärmeleitwiderstand der jeweiligen Verpackung nach der Gleichung

$$\sum \frac{\delta_i}{\lambda_i} = \frac{1}{\alpha_g} - \frac{1}{\alpha}$$

berechnen. Man fand auf diesem Wege folgende Werte (mit Berücksichtigung der Luftschichten):

für Pergamentpapier 0,076 mm dick . . . . $\sum \delta_i/\lambda_i = 0{,}0016$
für paraff. Halbpergament 0,052 mm dick . . . . . $\sum \delta_i/\lambda_i = 0{,}0042$
für paraff. Karton 0,540 mm dick + Halbpergament $\sum \delta_i/\lambda_i = 0{,}0060$

Diese Werte wurden bei einem Druck von 0,07 kg/cm² auf die Platten gemessen, wobei gewisse Luftschichten vorhanden waren. Bei höherem Druck nahm der Wärmeleitwiderstand durch Verringerung der Luftschichten ab. In einer Versuchsreihe wurden z. B. folgende Werte gemessen:

Druck [kg/cm²] =	0,00	0,07	0,13	0,20
$\sum \delta_i/\lambda_i =$	0,0132	0,0064	0,0055	0,0044

Wie man sieht, nutzt eine Erhöhung des Druckes über 0,1 kg/cm² nur noch wenig; sie gefährdet außerdem die Qualität der Lebensmittel.

Es sei hier noch auf S. 235 und Abb. 111 verwiesen, wo der Einfluß der Verpackung auf die Gefrierzeit von Fischen behandelt wird. Das dort wiedergegebene Nomogramm kann auch für die Berechnung der Gefrierzeit anderer Lebensmittel benutzt werden.

IV. Die Berechnung der Gefriergeschwindigkeit[1,2].

1. Einleitung.

Nach allen angestellten Beobachtungen ist die Gefriergeschwindigkeit maßgebend für das mikroskopische Gefüge gefrorener Lebensmittel. Je höher die Gefriergeschwindigkeit, um so feiner die kristalline Struktur. Für eine quantita-

---

[1] PLANK, R.: Über den Einfluß der Gefriergeschwindigkeit auf die histologischen Veränderungen tierischer Gewebe. Z. allgem. Physiol. Bd. 17 (1918) S. 221. — Beiträge zur Berechnung und Bewertung der Gefriergeschwindigkeit von Lebensmitteln. Beih. Z. ges. Kälteind., Reihe 3, H. 10, S. 9ff. Berlin: VDI-Verlag 1941.
[2] Vgl. Fußnote 2 auf S. 24.

tive Behandlung ist es aber vor allem notwendig, den Begriff der Gefriergeschwindigkeit mathematisch exakt zu definieren. Man überzeugt sich dann leicht, daß bei gegebenen äußeren Bedingungen die Gefriergeschwindigkeit in den verschiedenen Schichten eines Gefrierobjektes keinesfalls konstant ist, sondern von der Oberfläche nach dem Kern sowohl stark abnehmen wie auch stark zunehmen kann.

2. Lineare Gefriergeschwindigkeit.

Bezeichnet man wieder, wie auf S. 23, die Dicke der gebildeten Gefrierschicht mit δ, dann soll die örtliche lineare Gefriergeschwindigkeit w wie folgt definiert sein:

$$w = \frac{d\delta}{dz} \quad [\text{cm/h}]. \tag{34}$$

Man rechnet die Gefriergeschwindigkeit in cm/h, weil sich dabei im kältetechnisch wichtigen Bereich bequeme Zahlenwerte ergeben. Die Definition nach Gl. (34) hat den Vorzug, daß w die Dimension einer wirklichen Geschwindigkeit erhält, und zwar ist es die Geschwindigkeit, mit der die Gefrierfront in das Innere eines Gefrierobjektes eindringt.

a) Für den Fall der *zweiseitig gekühlten Platte* von der Dicke h erhält man aus Gl. (15)

$$w = \frac{d\delta}{dz} = \frac{\vartheta}{\varrho} \frac{1}{1/\alpha + \delta/\lambda}. \tag{35}$$

Diese lineare Geschwindigkeit nimmt also für die Platte mit zunehmender Dicke der ausgefrorenen Schicht dauernd ab und ist in der Mitte bei $\delta = h/2$ am kleinsten. Setzt man $\varphi = \delta/(h/2)$, dann ist an der Oberfläche $\varphi = 0$ und in der Mitte $\varphi = 1$. Flächen $\varphi =$ konst. sind parallele Ebenenen. Es wird

$$w = \frac{\vartheta}{\varrho} \frac{1}{1/\alpha + \varphi\, h_0/2\,\lambda}. \tag{36}$$

Für $\varphi = 0$ ist also $w_0 = \alpha\, \vartheta/\varrho$; die Geschwindigkeit an der Oberfläche ist also unabhängig von der Dicke h der Platte. Für verschiedene Werte von α und h sind in Tab. 12 die Gefriergeschwindigkeiten in cm/h in verschiedenen Tiefen der Platte berechnet und in Abb. 9a dargestellt. Dabei wurde $\vartheta = 25°$ C, $\varrho = 60\,000$ kcal/m³ und $\lambda = 1{,}25$ kcal/m h °C angenommen. Bei hohen Werten von α (z. B. $\alpha = 100$ kcal/m² h °C) und dicken Platten nimmt die Gefriergeschwindigkeit mit wachsendem φ sehr stark ab. Bei niedrigen Werten von α (z. B. $\alpha = 10$) ist aber die Gefriergeschwindigkeit an verschiedenen Stellen nur wenig verschieden.

b) Für den Fall des am Mantelumfang gekühlten *Zylinders* vom Durchmesser $D_0 = 2r_0$, ist $\delta = r_0 - r$, $d\delta = -dr$ und $w = -dr/dz$. Man erhält dann die der Gl. (15) analoge Beziehung[1]

$$dz = -\frac{\varrho}{\vartheta}\left(\frac{1}{\alpha\, r_0} + \frac{1}{\lambda} \ln \frac{r_0}{r}\right) r\, dr.$$

Mit $\varphi = r/r_0$ wird dann

$$w = -\frac{dr}{dz} = \frac{\vartheta}{\varrho} \frac{1}{\dfrac{\varphi}{\alpha} + \dfrac{\varphi\, r_0}{\lambda} \ln 1/\varphi}. \tag{37}$$

Flächen $\varphi =$ konst. sind konzentrische Zylinder. An der Oberfläche ist jetzt $\varphi = 1$ und die Gefriergeschwindigkeit wird $w_1 = \alpha\, \vartheta/\varrho$, also ebenso groß wie bei der Platte. Sie hängt ganz allgemein weder von der Größe noch von der Form des Gefrierobjektes ab.

---

[1] Vgl. R. Plank: Fußnote 2 auf S. 24.

Tabelle 12. *Verteilung der linearen Gefriergeschwindigkeit $w = d\delta/dz$ in cm/h über den Querschnitt einer von zwei Seiten gekühlten Platte von der Höhe h [nach. Gl. (36)]*

α [kcal/m² h° C]	h cm	O (Oberfläche)	0,1	0,2	0,4	0,6	0,8	0,9	1,0 (Mittelschicht)
1000	5	41,7	13,9	8,33	4,63	3,21	2,45	2,19	1,98
	10	41,7	8,33	4,63	2,45	1,67	1,26	1,13	1,02
	20	41,7	4,63	2,45	1,26	0,851	0,641	0,571	0,514
100	5	4,17	3,47	2,98	2,32	1,89	1,60	1,49	1,39
	10	4,17	2,98	2,32	1,60	1,23	0,992	0,906	0,833
	20	4,17	2,32	1,60	0,992	0,719	0,53	0,508	0,463
10	5	0,417	0,409	0,401	0,386	0,372	0,359	0,353	0,347
	10	0,417	0,401	0,386	0,359	0,336	0,316	0,307	0,298
	20	0,417	0,386	0,359	0,316	0,282	0,254	0,242	0,232

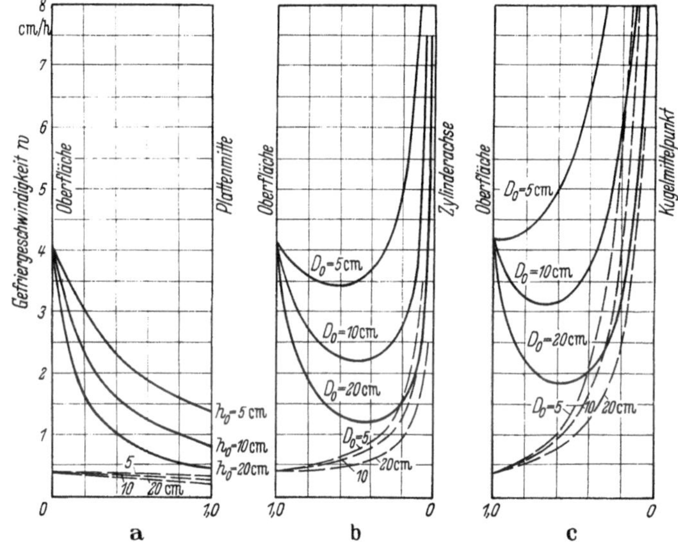

Abb. 9. Verteilung der linearen Gefriergeschwindigkeit über den Querschnitt des Gefrierguts. a) für eine zweiseitig gekühlte Platte der Dicke h; b) für einen am Mantelumfang gekühlten Zylinder vom Durchmesser D; c) für eine allseitig gekühlte Kugel vom Durchmesser D. Ausgezogene Kurven für $\alpha = 100$, gestrichelte Kurven für $\alpha = 10$ kcal/m² h° C.

In der Achse des Zylinders ($\varphi = 0$) wird aber jetzt $w_0 = \infty$. Das erklärt sich dadurch, daß die zu gefrierenden Volume im Zylinder bei gleicher Schichtdicke $d\delta$ nach innen zu stark abnehmen.

Für verschiedene Werte von α und D_0 ist die Verteilung der Gefriergeschwindigkeit über dem Querschnitt des Zylinders in Abb. 9 b dargestellt. Dabei beziehen sich die ausgezogenen Kurven wieder auf den Wert $\alpha = 100$ und die gestrichelten auf $\alpha = 10$. Unter gewissen Umständen weist hier die Kurve $w = f(\varphi)$ ein Minimum auf; die Gefriergeschwindigkeit nimmt dann, ausgehend von der Oberfläche, zuerst ab und dann wieder zu. Die Lage des Minimums findet man aus dem Ansatz $dw/d\varphi = 0$. Aus Gl. (37) erhält man

$$\ln \frac{1}{\varphi} = 1 - \frac{\lambda}{\alpha\, r_0}. \tag{38}$$

Für große Werte von α und r_0 nähert sich $\ln 1/\varphi$ dem Wert 1; das Minimum liegt also dann bei $\varphi = 1/e = 0{,}368$, wobei $e = 2{,}718$ die Basis der natürlichen Logarithmen ist. Da $\varphi \leqq 1$ ist, so kann nach Gl. (38) ein Minimum nur auftreten, wenn $1 - (\lambda/\alpha r_0) \geqq 0$ ist, d. h., wenn $r_0 \geqq \lambda/\alpha$ oder $D_0 \geqq 2\lambda/\alpha$ ist. So muß z. B. mit $\lambda = 1{,}25$ für $\alpha = 100$ $D_0 > 2{,}5$ cm sein, und für $\alpha = 10$ muß $D_0 > 25$ cm sein.

c) Für den Fall der allseitig gekühlten *Kugel* vom Durchmesser $D_0 = 2r_0$ erhält man auf gleichem Wege mit $\varphi = r/r_0$ den Ausdruck

$$ w = \frac{\vartheta}{\varrho} \; \frac{1}{\dfrac{\varphi^2}{\alpha} + \dfrac{r_0}{\lambda}\,\varphi(1-\varphi)} . \tag{39} $$

Flächen $\varphi = \text{konst.}$ sind konzentrische Kugeln.

An der Oberfläche ($\varphi = 1$) wird wieder $w_1 = \alpha\,\vartheta/\varrho$ und im Mittelpunkt ($\varphi = 0$) wird $w_0 = \infty$. Die Verteilung der Gefriergeschwindigkeit über dem Querschnitt der Kugel zeigt Abb. 9c für $\alpha = 100$ und $\alpha = 10$. Die Bedingung für den Eintritt eines Minimums von w lautet jetzt nach Gl. (39)

$$ \varphi = \frac{1}{2\left(1 - \dfrac{\lambda}{\alpha\,r_0}\right)} . \tag{40} $$

Für große Werte von α und r_0 nähert sich jetzt φ dem Wert $\tfrac{1}{2}$. Ein Minimum kann nur auftreten, wenn $D_0 = 2r_0 \geqq 4\lambda/\alpha$ ist.

3. Räumliche Gefriergeschwindigkeit.

Die bisher betrachtete lineare Gefriergeschwindigkeit w nach Gl. (34) sagt aus, wie rasch die Gefrierfront in das Innere des Körpers vordringt. Sie hat einen einfachen physikalischen Sinn und dürfte auch ein geeignetes Maß für die Größe der gebildeten Eiskristalle an verschiedenen Stellen des Körperquerschnittes sein. Für die Beurteilung der räumlichen Verteilung der Gefriergeschwindigkeit und der Kristallgröße reicht aber die lineare Geschwindigkeit nur dann aus, wenn die Fläche der Gefrierfront an allen Stellen und zu jeder Zeit gleich groß ist. Das trifft aber nur für die ebene Platte bei zweiseitigem Gefrieren zu. Beim Zylinder und der Kugel entsprechen aber in der Nähe der Oberfläche gleichen Wegelementen $d\delta$ viel größere Volumelemente als im Kern. Bei der Beurteilung der Gleichmäßigkeit der Gefriergeschwindigkeit und bei der Berechnung ihres Mittelwertes müssen also die oberflächennahen Teile stärker berücksichtigt werden als die kernnahen. Es erscheint daher zweckmäßig, neben der linearen Geschwindigkeit w noch eine auf den Raum bezogene Geschwindigkeit $\mathfrak{w}$ einzuführen. Um auch dafür die Dimension einer echten Geschwindigkeit zu erhalten (cm/h), soll $\mathfrak{w}$ auf die Flächeneinheit der gekühlten Oberfläche f_0 des Gefrierobjektes bezogen werden. Es sei also definitionsgemäß

$$ \mathfrak{w} = \frac{1}{f_0}\,\frac{dV}{dz} . \tag{41} $$

Im Gegensatz zu w ist $\mathfrak{w}$ keine einfache physikalische Größe, sondern eine nützliche Rechengröße.

a) Für eine ebene, zweiseitig gekühlte Platte ist die Fläche f der Gefrierfront immer gleich der gekühlten Oberfläche f_0. Es ist daher $dV = f_0\,d\delta$ und man findet $\mathfrak{w} = w$ nach Gl. (35).

b) Für den am Mantelumfang gekühlten Zylinder von der Länge l_0 und dem Durchmesser $D_0 = 2 r_0$ ist $f_0 = 2\pi\, r_0\, l_0$ und $dV = -\, 2\,\pi\, r\, l_0\, dr$. Mit den Gln. (37) und (41) wird daher

$$\mathfrak{w} = -\,\frac{r}{r_0}\,\frac{dr}{dz} = \varphi\, w = \frac{\vartheta}{\varrho}\,\frac{1}{\dfrac{1}{\alpha} + \dfrac{r_0}{\lambda}\ln\dfrac{r_0}{r}}\,. \tag{42}$$

Der Verlauf von $\mathfrak{w}$ als Funktion von $\varphi = r/r_0$ für verschiedene Werte von D_0 ist in Abb. 10a dargestellt. Wieder beziehen sich die ausgezogenen Kurven auf $\alpha = 100$ und die gestrichelten auf $\alpha = 10$ kcal/m² h °C. An der Oberfläche wird stets $\mathfrak{w}_1 = w_1$. Nach dem Inneren nimmt aber jetzt im Gegensatz zu Abb. 9b die Geschwindigkeit dauernd ab und erreicht in der Zylinderachse in allen Fällen den Wert $\mathfrak{w}_0 = 0$.

c) Für die allseitig gekühlte Kugel ist $f_0 = 4\pi\, r_0^2$ und $dV = -\,4\pi\, r^2\, dr$, daher wird mit Gl. (39)

$$\mathfrak{w} = -\,\frac{r^2}{r_0^2}\,\frac{dr}{dz} = \varphi^2\, w$$

$$= \frac{\vartheta}{\varrho}\,\frac{1}{\dfrac{1}{\alpha} + \dfrac{r_0}{\lambda}\left(\dfrac{r_0}{r} - 1\right)}\,. \tag{43}$$

Der Verlauf von $\mathfrak{w}$ ist in Abb. 10b dargestellt. Es gilt dafür das gleiche, was beim Fall des Zylinders gesagt wurde.

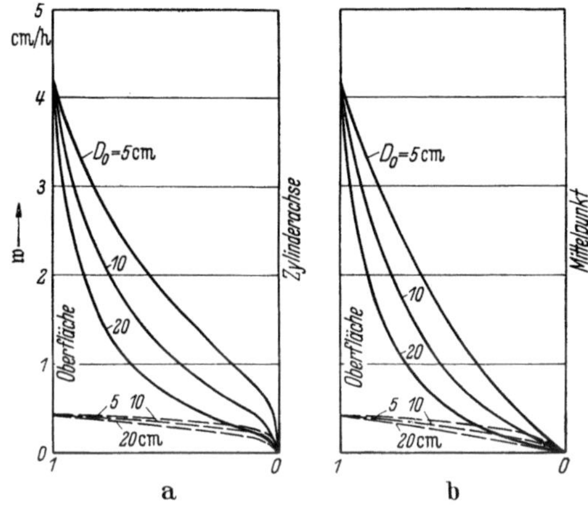

Abb. 10. Verteilung der räumlichen Gefriergeschwindigkeit über den Querschnitt des Gefrierguts.
a) für einen am Mantelumfang gekühlten Zylinder vom Durchmesser D; b) für eine allseitig gekühlte Kugel vom Durchmesser D. Ausgezogene Kurven für $\alpha = 100$, gestrichelte Kurven für $\alpha = 10$ kcal/m² h ° C.

d) Die Gefriergeschwindigkeit $\mathfrak{w}$ ist zugleich ein Maß für die in jeder Lage der Gefrierfront erforderliche *Kälteleistung*. Darunter ist die Größe dQ/dz in kcal/h zu verstehen. Es ist

$$\frac{dQ}{dz} = \varrho\,\frac{dV}{dz} = \varrho\, f_0\, \mathfrak{w}\,.$$

Für eine zweiseitig gekühlte Platte wird z. B.

$$\frac{dQ}{dz} = \vartheta\, f_0\,\frac{1}{\dfrac{1}{\alpha} + \dfrac{\delta}{\lambda}}\,.$$

Je Quadratmeter Plattenfläche ist also der stündliche Kältebedarf zu Beginn des Gefrierens ($\delta = 0$)

$$\frac{1}{f_0}\left(\frac{dQ}{dz}\right)_{\delta\,=\,0} = \alpha\,\vartheta$$

und am Ende des Gefrierens ($\delta = h/2$)

$$\frac{1}{f_0}\left(\frac{dQ}{dz}\right)_{\delta\,=\,h/2} = \vartheta\,\frac{1}{\dfrac{1}{\alpha} + \dfrac{h}{2\,\lambda}}\,.$$

Für $h = 50$ mm, $\vartheta = 25°$ C, $\lambda = 1{,}25$ kcal/mh $°$ C erhält man folgende Werte:

bei α [kcal/m² h °C] = 100   200   500   1000

$$\frac{1}{f_0}\left(\frac{dQ}{dZ}\right)_{\delta\,=\,0} \text{[kcal/m² h]} = 2500 \quad 5000 \quad 12\,500 \quad 25\,000$$

$$\frac{1}{f_0}\left(\frac{dQ}{dZ}\right)_{\delta\,=\,h/2} \text{[kcal/m² h]} = 834 \quad 1000 \quad 1136 \quad 1190$$

Man erkennt, wie ungleichmäßig die erforderliche Kälteleistung bei den nicht kontinuierlich arbeitenden Platten-Gefrierapparaten verteilt ist und wie groß die Belastungsspitze am Anfang ist. Diese Spitze ist bei verpacktem Material ($\alpha_g = 100$ bis 200) kleiner als bei unverpacktem ($\alpha = 500$).

4. Mittlere lineare Gefriergeschwindigkeit.

Unter der mittleren linearen Gefriergeschwindigkeit $\overline{w}$ versteht man das Verhältnis des insgesamt von der Gefrierfront zurückgelegten Weges zu der Gefrierzeit z_0. Statt z_0 kann auch $z_g = z_0 + z_0'$ nach Gl. (32) genommen werden. Für die zweiseitig gefrorene Platte ist der Weg $h/2$, für den Zylinder und die Kugel ist er r_0. Mit den abgeleiteten Formeln für z_0 nach den Gln. (16), (17) und (18) findet man für die zweiseitig gekühlte *Platte*

$$\overline{w} = \frac{h/2}{z_0} = \frac{\alpha\,\vartheta}{\varrho\left(1 + \dfrac{\alpha\,h/2}{2\,\lambda}\right)}, \tag{44}$$

für den am Mantelumfang gekühlten *Zylinder*

$$\overline{w} = \frac{r_0}{z_0} = \frac{2\,\alpha\,\vartheta}{\varrho\left(1 + \dfrac{\alpha\,r_0}{2\,\lambda}\right)} \tag{45}$$

und für die allseitig gekühlte *Kugel*

$$\overline{w} = \frac{r_0}{z_0} = \frac{3\,\alpha\,\vartheta}{\varrho\left(1 + \dfrac{\alpha\,r_0}{2\,\lambda}\right)}. \tag{46}$$

Vergleicht man diese drei Körperformen bei $h/2 = r_{\text{Zyl}} = r_{\text{Kugel}}$, dann findet man

$$\overline{w}_{\text{Platte}} : \overline{w}_{\text{Zyl}} : \overline{w}_{\text{Kugel}} = 1 : 2 : 3.$$

5. Mittlere lineare Gefriergeschwindigkeit im Raum.

Man könnte vermuten, daß sich eine mittlere Geschwindigkeit auch aus dem Verlauf der Geschwindigkeitskurven in Abb. 9 durch Planimetrieren der Flächen unterhalb dieser Kurven bis zur Abszissenachse errrechnen läßt. Dieser lineare Mittelwert wäre also für die zweiseitig gekühlte Platte definiert durch die Gleichung

$$\overline{w}' = \frac{1}{h_0/2} \int_0^{h_0/2} w\,d\,\delta \tag{47}$$

und für den Zylinder und die Kugel durch

$$\overline{w}' = \frac{1}{r_0} \int_0^{r_0} w\,d\,r. \tag{47 a}$$

Indessen kann man sich leicht überzeugen, daß diese Definition allenfalls für die Platte zu einem sinnvollen Ergebnis führt. Für den Zylinder und die Kugel erhält man aber nach Gl. (47a) unendlich große Werte von $\overline{w}'$, die offenbar durch das unendliche Anwachsen von w bei Annäherung an den Kern bedingt sind (vgl. Abb. 9). Es erscheint daher zweckmäßiger, an Stelle von $\overline{w}'$ die *mittlere lineare Geschwindigkeit im Raum* $\overline{W}$ einzuführen, die durch den Ansatz

$$\overline{W} = \frac{1}{V_0} \int\limits_{\text{Oberfläche}}^{\text{Mitte}} w \, dV \qquad (48)$$

definiert ist. Für die *zweiseitig gekühlte Platte* erhält man

$$\overline{W} = \frac{\alpha \, \vartheta}{\varrho} \, \frac{\ln\left(1 + \dfrac{\alpha \, h/2}{\lambda}\right)}{\dfrac{\alpha \, h/2}{\lambda}} \, . \qquad (49)$$

Für sehr kleine Werte von α und h wird mit Gl. (44)

$$\overline{W} \approx \overline{w} \approx \frac{\alpha \, \vartheta}{\varrho}$$

Das Verhältnis dieser beiden Mittelwerte soll mit ζ bezeichnet werden. Aus den Gln. (44) und (49) erhält man für die Platte mit der Abkürzung $A = \dfrac{\alpha \, h/2}{\lambda}$

$$\zeta = \frac{\overline{W}}{\overline{w}} = \frac{\ln\,(1 + A)}{A} \, (1 + A/2) \, . \qquad (50)$$

Dieses Verhältnis ist in Tab. 13 für verschiedene Werte von A berechnet.

Tabelle 13. *Werte von $\zeta = \overline{W}/\overline{w}$ bei verschiedenen Werten von $A = (\alpha\, h/2)/\lambda$ für die Platte bzw. $A = \varkappa\, r_0/\lambda$ für den Zylinder und die Kugel.*

A	0.01	0,10	0,50	1,0	2	5	10	20	50	100
Zweiseitig gekühlte Platte, nach Gl. (50)	1,000	1,001	1,014	1,039	1,099	1,253	1,439	1,675	2,045	2,307
Am Mantelumfang gekühlter Zylinder . .	0,994	0,962	0,903	0,895	0,924	1,045	1,209	1,426	1,780	2,060
Allseitig gekühlte Kugel	0,966	0,868	0,767	0,750	0,772	0,886	1,039	1,248	1,585	1,880

Für den am Mantelumfang gekühlten Zylinder und die allseitig gekühlte Kugel kann das Verhältnis ζ in gleicher Weise berechnet werden[1]. Hier ist $A = \dfrac{\alpha \, r_0}{\lambda}$. Die erhaltenen Werte sind ebenfalls in Tab. 13 eingetragen.

Für kleine Werte von A sind die Unterschiede zwischen $\overline{W}$ und $\overline{w}$ gering. Bei großen A-Werten werden die Abweichungen aber erheblich. Es scheint dann richtiger zu sein, die verschiedenen Gefrierverfahren nach der Größe von $\overline{W}$ und nicht $\overline{w}$ zu bewerten.

6. Mittlere räumliche Geschwindigkeit.

Man könnte schließlich noch den Mittelwert der durch Gl. (41) definierten räumlichen Geschwindigkeit $\mathfrak{w}$ berechnen, also die Größe

$$\overline{\mathfrak{w}} = \frac{1}{h/2} \int\limits_0^{h/2} \mathfrak{w} \, d\delta$$

für die Platte oder $\overline{\mathfrak{w}} = 1/r_0 \int\limits_0^{r_0} \mathfrak{w} \, dr$ für den Zylinder und die Kugel. Es zeigt sich[1], daß die Mittelwerte $\overline{\mathfrak{w}}$ und $\overline{W}$ einander proportional sind, und zwar wird

$$\text{für die zweiseitig gekühlte Platte } . \; . \; \overline{\mathfrak{w}} = \overline{W}$$
$$\text{für den Zylinder} \ldots \ldots \ldots \ldots \overline{\mathfrak{w}} = 1/2 \, \overline{W}$$
$$\text{und für die Kugel} \ldots \ldots \ldots \ldots \overline{\mathfrak{w}} = 1/3 \, \overline{W}.$$

---

[1] Diese Berechnung findet man bei R. PLANK: Beih. Z. ges. Kälteind., Reihe 3, H. 10, S. 14.

V. Die histologischen Veränderungen beim Gefrieren.

1. Die älteren Beobachtungen.

Untersuchungen über das Gefrieren von pflanzlichen Geweben wurden bereits gegen Ende des vorigen Jahrhunderts durchgeführt. Es braucht nur an die Arbeiten von Müller-Thurgau[1] und Molisch[2] erinnert zu werden. Mit den beim Gefrieren tierischer Gewebe eintretenden Veränderungen hat man erst später angefangen sich zu beschäftigen, obwohl Warmblüterfleisch und Fische auch schon im vorigen Jahrhundert für Zwecke der menschlichen Ernährung in erheblichem Umfang gefroren wurden. Es liegen jetzt sehrzahlreiche und gewissenhaft durchgeführte Untersuchungen über die mikroskopischen Vorgänge beim Gefrieren und Auftauen in Muskelgeweben vor, doch sind sie zum Teil noch widerspruchsvoll, so daß die Bildung endgültig feststehender Ansichten erst von den Ergebnissen weiterer umfassender Forschungen erwartet werden kann.

Über die Struktur der Muskulatur vgl. dieses Handbuch, Bd. IX., S. 337. Schematisch ist das frische, ungefrorene Muskelgewebe von Fischen in Abb. 11 dargestellt (Reuter). Die einzelnen Muskelfasern f bestehen aus einer Protoplasmamasse p, die von einer dünnen Hülle, dem Sarkolemm s, umgeben ist; dieses ist seinerseits von einer Bindegewebsschicht i — dem Perimysium — umhüllt, das eine Anzahl Muskelfasern zu einem Bündel zusammenfaßt. Eine Anzahl

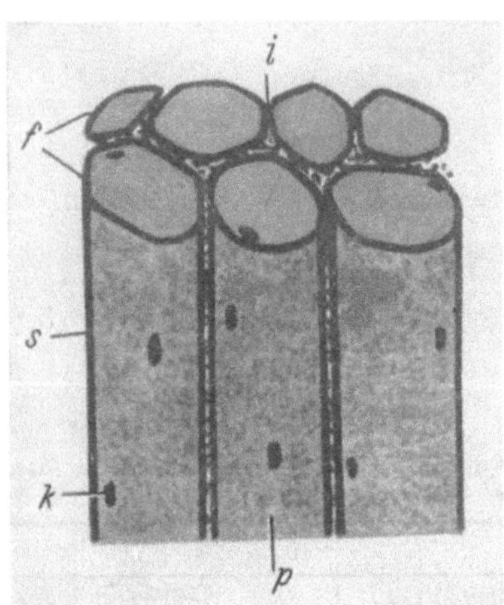

Abb. 11. Schema eines Bündels frischer, nicht gefrorener Muskelfasern.

f einzelne Muskelfasern, p Protoplasma, s Sarkolemm, i Bindegewebe, k Zellkerne.

solcher Bündel wird durch lockeres Bindegewebe zusammengehalten. In der Abbildung sind mit k die Zellkerne bezeichnet.

Die erste umfangreiche Untersuchung an Gefrierfleisch wurde 1908 von Richardson und Sherubel[3] durchgeführt. Zu jener Zeit wurde nur das langsame Gefrieren großer Tierkörper in kalter Luft angewendet, und die genannten Autoren haben vorwiegend den Einfluß der Auftaugeschwindigkeit bei Rindfleisch und Geflügel untersucht. Sie gelangten zu dem Schluß, daß ein langsames Auftauen vorteilhafter ist, weil sich die Zellen dabei vollständiger restituieren können, indem sie das beim Gefrieren ausgetretene Wasser sowie die Eiweißstoffe teilweise wieder aufsaugen. Sie vertraten also die Ansicht, daß die Vorgänge beim Gefrieren und Auftauen weitgehend reversibel verlaufen.

Schellenberg[4], der seine Versuche an dem von Argentinien in die Schweiz eingeführten Gefrierfleisch durchführte, war dagegen der Meinung, daß die Gefrierveränderungen in der Muskelzelle beim Auftauen des Fleisches keinesfalls rückgängig gemacht werden können, daß der Gefrierprozeß also irreversibel verläuft.

Eingehende histologische Untersuchungen an *Fischen* wurden wohl zuerst von Droogleever Fortuyn im Rahmen einer von der Niederländischen Ver-

---

[1] Müller-Thurgau, H.: Landwirtsch. Jb. Bd. 15 (1886) S. 453.

[2] Molisch, H.: Untersuchungen über das Erfrieren von Pflanzen. Jena: Verl. G. Fischer 1897.

[3] Richardson, W. D., u. E. Sherubel: J. Amer. chem. Soc. Bd. 30 (1908) S. 1515. — Ber. I. Intern. Kältekongr. Paris 1908. Bd. 2, S. 261.

[4] Schellenberg, K.: Schweiz. Arch. Tierheilkunde Bd. 65 (1912) S. 77.

einigung für Kältetechnik eingesetzten Kommission für die Fischkonservierung durchgeführt[1]. Er arbeitete mit Schellfisch (gadus aeglefinus), Kabeljau (gadus morrhua) und Seezunge (solea vulgaris), die frei hängend in einem Raum von −2°C bis −6°C gefroren wurden. Es handelte sich also auch hier nur um langsames Gefrieren. Er stellte fest, daß das Wasser (jedoch kein Protoplasma) aus den Muskelfasern austritt, in den sie umgebenden Bindegewebsräumen gefriert und dabei die Fasern stark zusammenpreßt und deformiert, wie es schematisch in Abb. 12 gezeigt ist. Er betont aber ausdrücklich, daß er ein Zerreißen des Sarkolemms beim Gefrieren nicht beobachtet hat. Weder in den Querschnitten noch in den Längsschnitten der Muskelfasern waren Risse erkennbar. Er behauptet ferner, daß die Fasern beim langsamen Auftauen ihre ursprüngliche Form vollständig wiedergewinnen und sieht auch darin einen Beweis für die Intaktheit des Sarkolemms. Das ausgetretene Wasser wird beim Auftauen von den Muskelfasern wieder resorbiert. Es wird hier also die Auffassung von RICHARDSON und SHERUBEL gestützt, wonach die Vorgänge des Gefrieren und Auftauens wenigstens partiell reversibel sind. Es sei hier noch erwähnt, daß D. FORTUYN empfiehlt, die

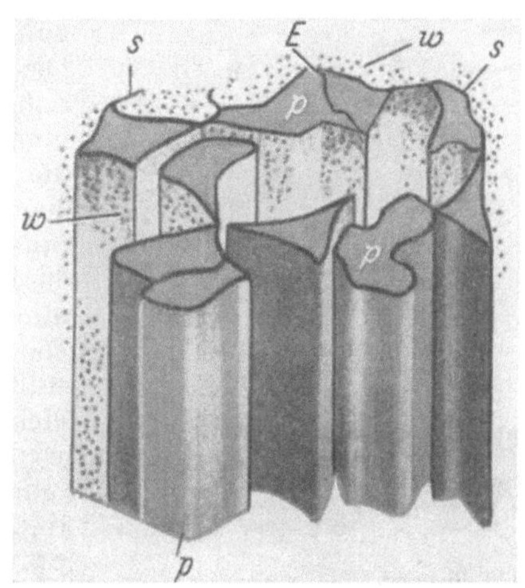

Abb. 12. Schema der Muskelfasern von Fischen nach sehr langsamem Gefrieren.
f einzelne Muskelfasern, *p* Protoplasma, *s* Sarkolemm, *i* Bindegewebe, *k* Zellkerne, *w* ausgefrorenes Wasser.

Fische erst nach dem Eintreten der Totenstarre und nicht davor zu gefrieren, weil ihre Qualität dann besser erhalten wird; auch sollen sie in Eis während etwa 24 Stunden langsam aufgetaut werden; er behauptet auch, daß bei Fischen, im Gegensatz zum Fleisch, das Gefrieren eine konservierende Wirkung auf die aufgetauten Fische ausübt, obwohl ihr Aussehen sich ebenso rasch verschlechtert wie bei nicht gefroren gewesenen Fischen. STILLE[2] hat aber nachgewiesen, daß der Gefriervorgang, als solcher, die Haltbarkeit von Fischen und von Fleisch praktisch nicht beeinflußt. Bei gleichem Anfangskeimgehalt fand er auf frischer Ware und auf aufgetauter Gefrierware die gleiche Vermehrung und Ausbreitung der Bakterien.

Im Jahre 1916 erschien die Untersuchung von PLANK, EHRENBAUM und REUTER[3], die durch die Bekanntgabe des Schnellgefrierverfahrens von OTTESEN

---

[1] Der vollständige Bericht wurde vom Generalinspektor der holländischen Fischereien, J. M. BOTTEMANE, herausgegeben. Der hier besonders interessierende histologische Teil, bearbeitet von A. B. DROOGLEEVER FORTUYN, erschien zuerst in den Berichten des III. Intern. Kältekongr. in Chicago, Bd. 2, S. 693 (1913), dann im H. 23/24 der Mitt. der Niederländischen Vereinigung für Kältetechnik im April 1915 und schließlich als Nr. 25 der Mitt. der Fischereiinspektion, gedruckt bei Gebr. Van Cleef im Haag 1919. Auszüge sind erschienen in „Der Fischerboote" 1915, S. 236 und „Le Froid" 1914, Nr. 3, S. 133.

[2] STILLE, B.: Z. ges. Kälteind. Bd. 48 (1941) S. 176.

[3] a) PLANK, R., E. EHRENBAUM u. K. REUTER: Die Konservierung von Fischen durch das Gefrierverfahren. Abhandl. Volksernährung, H. 5. Berlin: Verl. d. Zentral-Einkaufsgesellschaft 1916.

b) Auszugsweise in Z. ges. Kälteind. Bd. 23 (1916) S. 37, 45, 73, 83 u. 89.

c) PLANK, R.: Über den Einfluß der Gefriergeschwindigkeit auf die histologischen Veränderungen tierischer Gewebe. Z. allgem. Physiol. Bd. 17 (1916) S. 221.

d) REUTER, K.: Z. angew. Anat. u. Konstitutionsl. Bd. 2 (1918) S. 297.

angeregt war und in der zum ersten Male der Einfluß der *Gefriergeschwindigkeit* auf die histologischen Veränderungen studiert wurde. Reuter zeigte in schematischen Skizzen (Abb. 11 bis 15, welche histologischen Veränderungen eintreten, wenn die Gefriergeschwindigkeit in weiten Grenzen verändert wird. Bei äußerst schnellem Gefrieren, z. B. in flüssiger Luft, unterscheidet sich das mikroskopische Bild nur wenig von demjenigen des frischen Muskels (Abb. 11). Die gebildeten Eiskristalle sind so klein und ihre Zahl ist so groß, daß sie den Eindruck einer homogenen Masse erwecken. Verlangsamt man die Gefriergeschwindigkeit, dann erkennt man zuerst zahlreiche mikroskopische Eissäulchen *innerhalb* der einzelnen Muskelfasern (Abb. 13), deren Zahl mit sinkender Geschwindigkeit abnimmt, während die Größe der Kristalle wächst. Die Kristallstruktur geht also von einer feinkristallinen in eine grobkristalline über. Bald findet sich nur noch eine Eissäule (Abb. 14), die entweder zentral oder exzentrisch in der Muskelfaser eingebettet ist. Bei noch niedrigerer Geschwindigkeit kann die stark exzentrische Lage zur Sprengung des Sarkolemms führen, das tatsächlich in manchen Fällen von Reuter beobachtet wurde, Abb. 15 (im Gegensatz zu D. Fortuyn).

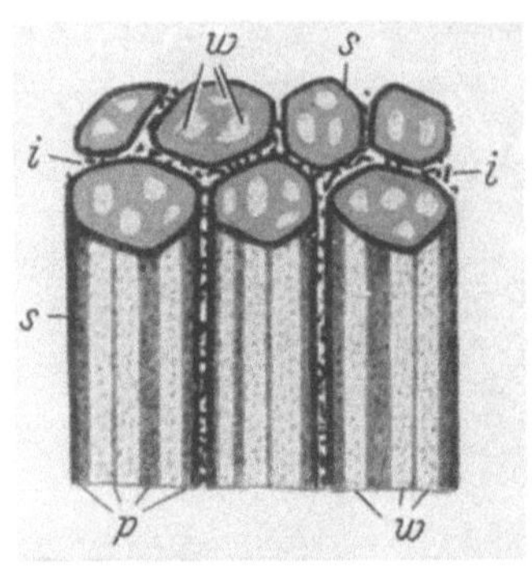

Abb. 13. Schema der Muskelfasern nach sehr schnellem Gefrieren.

f einzelne Muskelfasern, *p* Protoplasma, *s* Sarkolemm, *i* Bindegewebe, *k* Zellkerne, *w* ausgefrorenes Wasser.

Schließlich fand Reuter bei langsam in Luft gefrorenem Material das schon von Richardson und D. Fortuyn beschriebene Bild (Abb. 12), wonach das

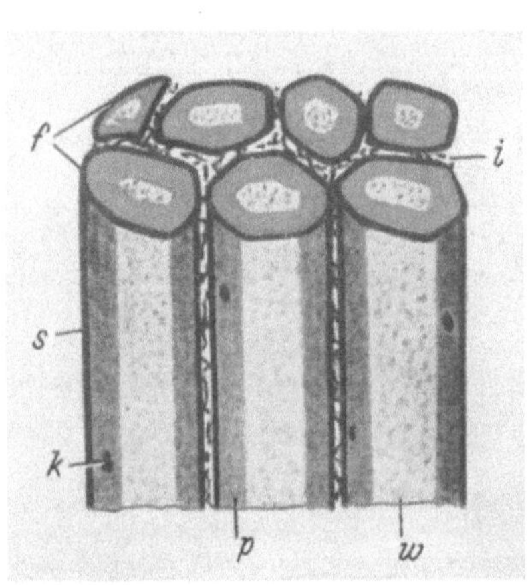

Abb. 14. Schema der Muskelfasern nach mittelschnellem Gefrieren.

einzelne Muskelfasern, *p* Protoplasma, *s* Sarkolemm, *i* Bindegewebe, *k* Zellkerne.

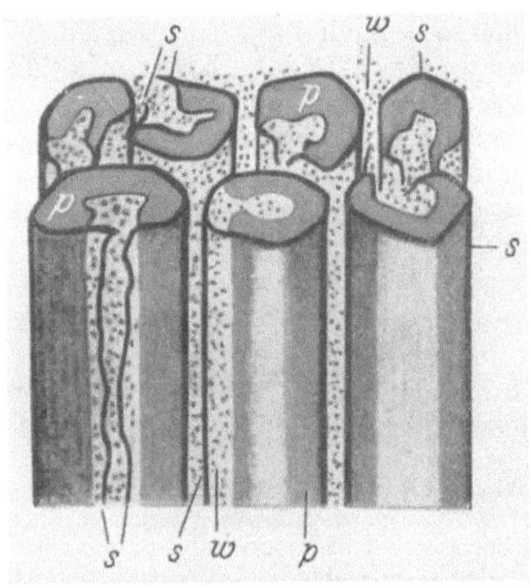

Abb. 15. Schema der Muskelfasern bei langsamerem Gefrieren

f einzelne Muskelfasern, *p* Protoplasma, *s* Sarkolemm, *i* Bindegewebe, *k* Zellkerne.

Wasser vor dem Gefrieren aus den Muskelfasern in die Zwischengewebsräume austritt und dort in breiten Feldern unter Zusammendrückung der Fasern gefriert. Die einzelnen Kristalle sind dabei schon so groß geworden, daß sie mit bloßem Auge zu erkennen sind. In jedem dieser Fälle tritt aber eine Trennung des

Wassers vom kolloidalen Muskelplasma ein, das eine wässerige Lösung von Eiweißstoffen und Salzen darstellt und als ein Gel zu bezeichnen ist.

Die hier schematisch geschilderten Phänomene finden eine Bestätigung in dem extremen Fall kleinster Wassertröpfchen, die bei ungeheuer schneller Wärmeentziehung nicht mehr in *Eiskristalle*, sondern in den amorphen (glasigen) festen Zustand überführt werden können[1].

Die in den schematischen Abb. 12 bis 15 gegenüber der Abb. 11 dargestellten Veränderungen sind auch in den von REUTER hergestellten mikroskopischen Aufnahmen der Fischmuskulatur deutlich erkennbar. Noch lehrreicher sind aber die Bilder von histologischen Veränderungen, die KALLERT im Muskelgewebe von Schlachttieren[2] und später auch von Fischen[3] bei verschiedener Gefriergeschwindigkeit erhielt und welche die Befunde REUTERs weitgehend bestätigen:

Abb. 16 zeigt erst einmal den stark vergrößerten Querschnitt eines frischen Muskelbündels; man sieht die scharfen Abgrenzungen der einzelnen Muskel-

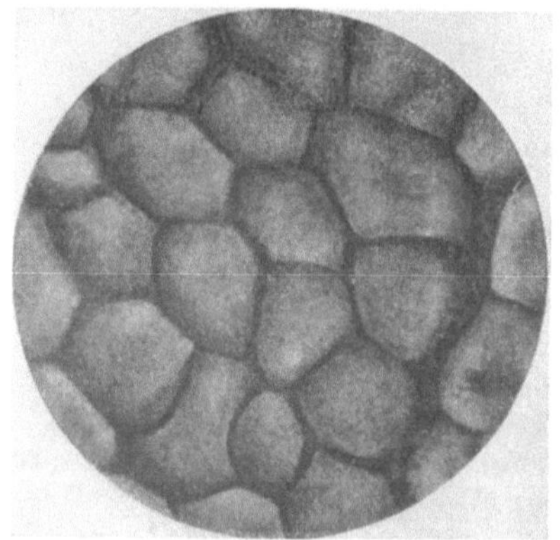

Abb. 16. Querschnitt durch ein frisches, nicht gefrorenes Muskelbündel vom Rind.

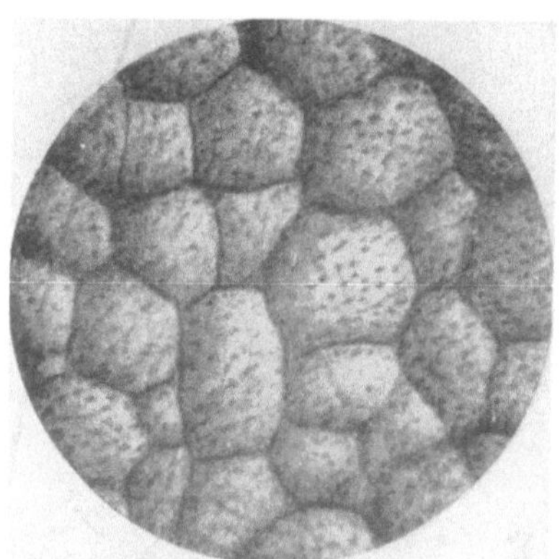

Abb. 17. Die gegenüber Abb. 16 eingetretenen Veränderungen bei äußerst schnellem Gefrieren (nach KALLERT)

fasern und zwischen ihnen die interzellularen Spalten, die mit Bindegewebe ausgefüllt sind. Bei sehr schnellem Gefrieren auf dem Mikrotom findet man in den Querschnitten der einzelnen Muskelfasern nach dem Auftauen zahlreiche kleine Lücken (KALLERT zählte bis zu fünfzig), die auf die Bildung vieler kleiner Eiskristalle zurückzuführen sind, wie aus Abb. 17 zu ersehen ist. Diesen Lücken entsprechen im Längsschnitt schmale Spalten, die parallel zur Längsachse der Muskelfaser verlaufen. Im Querschnitt sind die Muskelfasern durch die Volumzunahme beim Erstarren des Wassers aufgequollen und dicht zusammengedrängt, so daß die interzellularen Räume kaum noch sichtbar sind.

Bei verringerter Gefriergeschwindigkeit (durch kurze Unterbrechung der Zufuhr des Kohlendioxyds auf dem Mikrotom) nimmt die Zahl der Eiskristalle innerhalb der Muskelfaser ab, ihre Größe aber wächst (Abb. 18). Die Kristalle liegen bevorzugt an der Peripherie der Muskelfaser.

---

[1] LUYET, B. J.: Phys. Rev. Bd. 56 (1939) S. 1244. — Biodynamica (St. Louis, Mo.) Bd. 1 (1937) Nr. 29; Bd. 2 (1938) Nr. 42; Bd. 3 (1939) Nr. 75; Bd. 6 (1947) Nr. 110 u. 144; Bd. 8 (1949) S. 217. — B. J. LUYET u. G. THOENNES, C. R. Acad. Sci., Paris Bd. 207 (1938) S. 1256.

[2] KALLERT, E.: Z. ges. Kälteind. Bd. 30 (1923) S. 17.

[3] KALLERT, E.: Berliner tierärztl. Wschr. Bd. 47 (1931) S. 475.

Eine weitere Verlangsamung des Gefrierens führt zur Bildung eines einzigen oder nur ganz weniger größerer Eiskristalle innerhalb der Faser (Abb. 19), und zwar bevorzugt in der Randzone. Ein Teil des aus dem Muskelplasma ausgeschiedenen Wassers ist jedoch bereits in die interzellularen Räume ausgetreten und

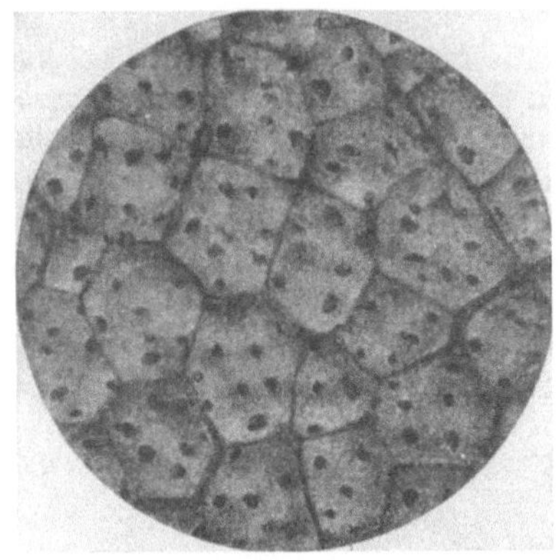

Abb. 18. Die gegenüber Abb. 16 eingetretenen Veränderungen bei etwas langsamerem Gefrieren (nach KALLERT).

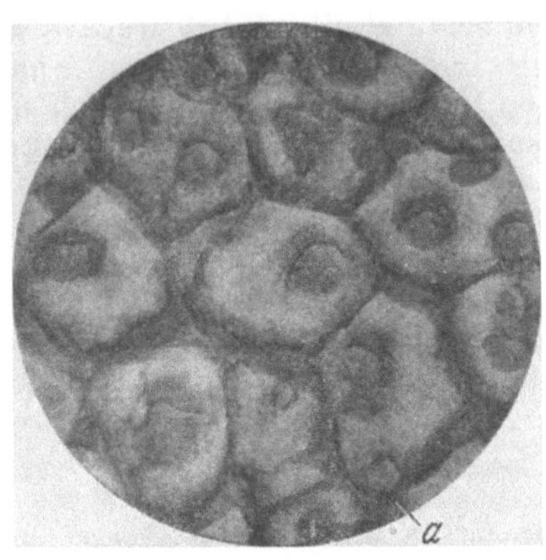

Abb. 19. Die gegenüber Abb. 16 eingetretenen Veränderungen bei weiterer Verlangsamung des Gefrierens (nach KALLERT).

ist dort gefroren, wobei es die Muskelfasern eindrückt. KALLERT betont im Gegensatz zu REUTER, daß das Sarkolemm dabei in der Regel unverletzt bleibt, gibt aber zu, daß es gelegentlich auch zu einer Zerreißung kommen kann, wie z. B. an der Stelle a in Abb. 19[1].

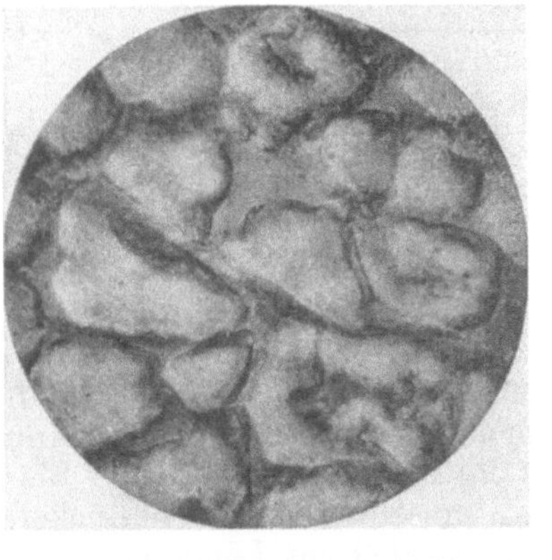

Bei noch langsamerem Gefrieren tritt immer mehr Wasser aus den Muskelfasern heraus und gefriert außerhalb derselben unter Bildung großer Eiskristalle, welche die Muskelfaser stark deformieren (Abb. 20). Nur in einigen Faserquerschnitten sind noch große Lücken mit gezackten Rändern zu erkennen. Solche Bilder erhält man auch bei langsam in kalter Luft gefrorenen Fleischstücken und Fischen. Das Muskelgewebe hat nach dem Auftauen eine poröse, schwammige Struktur angenommen.

Abb. 20. Gefrierveränderungen, die beim langsamen Gefrieren von Fleisch und Fischen in kalter Luft eintreten (nach KALLERT).

Die Gefrierveränderungen des Muskelgewebes sind also um so größer, je langsamer der Gefrierprozeß vor sich geht. Es kann dann immer mehr Wasser aus den Muskelfasern durch das Sarkolemm in die interzellularen Räume hindurch diffundieren.

Diese Befunde wurden später durch zahlreiche Forscher bestätigt[2].

---

[1] REUTER hatte übrigens selbst festgestellt, daß bei sehr langsamem Gefrieren, entsprechend dem Schema der Abb. 20, das Sarkolemm häufig den Muskelfasern angelagert bleibt, so daß der Austritt des Wassers aus den intakt bleibenden Fasern auch durch langsame Diffusion in die Umgebung erfolgen kann.

[2] Vgl. z. B. C. BIRDSEYE: Industr. Engng. Chem. Bd. 21 (1929) S. 414. — T. MORAN: Rep. Food Inv. Board 1931, S. 14 und J. Soc. chem. Ind. Bd. 51 (1932) S. 16 T. — T. MORAN u. H. P. HALE, daselbst S. 20 T. — J. M. RAMSBOTTOM u. C. H. KOONZ: Food Res. Bd. 4, S. 117 u. 425. — R. L. HINER, L. L. MADSEN u. O. G. HANKINS: Food Res. Bd. 10 (1945) S. 312.

RAMSBOTTOM und KOONZ[1] stellten fest, daß beim Warmblüterfleisch die Zeit zwischen dem Schlachten und dem Gefrieren die Größe der gebildeten Eiskristalle beeinflußt. Steaks, die bei —34° C 6 Stunden, 1 Tag und 3 Tage nach dem Schlachten gefroren wurden, zeigten in mikroskopischen Schnitten um so größere Eiskristalle, je länger diese Zeitspanne war. Diese Erscheinung wird auf physikalisch-chemische Veränderungen in den Muskeln während und nach der Totenstarre zurückgeführt.

PLANK und EHRENBAUM konnten zeigen[2], daß die beobachtete Zunahme der Kristallgröße mit abnehmender Gefriergeschwindigkeit in der Theorie von TAMMANN[3] eine Stütze findet, wenn man die Abhängigkeit der Zahl der Kristallisationskerne und der Wachstumsgeschwindigkeit der Eiskristalle in einer Lösung von der Temperatur verfolgt. KALLERT hat sich später ebenfalls auf diese Erklärung gestützt. Eine andere Deutung der verschiedenen Kristallgrößen beim schnellen und langsamen Gefrieren gab TSCHISHOW[4]. Sie beruht auf der Betrachtung der Diffusionsvorgänge des Wassers (Feuchtigkeitswanderung) im Muskel und auf dem Verhältnis der Diffusionsgeschwindigkeit zur Gefriergeschwindigkeit. Er versuchte, seine Überlegungen auch mathematisch zu unterbauen. Auf Grund von Forschungsergebnissen, die 1935 im Moskauer Kälteforschungsinstitut (WNICHI) mit Fleisch gewonnen wurden, nimmt er für die Kristalle in Gestalt von Doppelkegeln mit aufeinandergepaßten Grundflächen folgende Mittelwerte an:

$$\text{beim langsamen Gefrieren} \quad r = 0,5 \text{ mm}, \qquad l = 10 \text{ mm},$$
$$\text{beim schnellen Gefrieren} \quad r = 5 \cdot 10^{-3} \text{ mm}, \qquad l = 0,1 \text{ mm},$$

wobei r — der größte Radius und l — die Länge der Kristalle ist. Die Zahl der Kristalle in 1 kg Fleisch beträgt dann beim langsamen Gefrieren $N = 22,7 \cdot 10^4$ und beim schnellen Gefrieren $N = 22,7 \cdot 10^{10}$.

Was nun die Rückbildung der eingetretenen Gefrierveränderungen anbetrifft, so betonte REUTER ausdrücklich, daß er bei Fischen eine Rückbildung weder bei schnellem noch bei langsamem Auftauen beobachtet hat. Der Vorgang der Wasserentziehung, der bei vielen Kolloiden, wie z. B. bei Leim und Gelatine, rückbildungsfähig ist, scheint beim Muskeleiweiß der Fische irreversibel zu sein, und zwar in um so höherem Grade, je länger der Zustand des Gefrorenseins andauert. Dieser Befund widerspricht also den auf S. 38 erwähnten Ergebnissen von D. FORTUYN. REUTER vergleicht die tiefgreifenden Veränderungen beim Gefrieren mit denjenigen, die bei der Gerinnung von Eiweiß eintreten[5]. Bei längerer Gefrierlagerung treten Erscheinungen auf, die dem „Altern" der Kolloide vergleichbar sind[6].

REUTER hat aber auch festgestellt, daß nach dem Auftauen von der Schnittfläche schnell gefrorener Fische *spontan* weniger Saft abfließt als bei langsamem Gefrieren. Der Saft wird eben bei kleineren Lücken stärker durch Kapillarkräfte zurückgehalten. Durch Pressen fließt aber der Muskelsaft auch aus schnell gefrorenen Fischen aus. Es wird dementsprechend in England und USA zwischen

[1] RAMSBOTTOM, J. M., u. C. H. KOONZ: Food Res. Bd. 5 (1940) S. 423.

[2] Vgl. Fußnote 3a auf S. 39. Dort S. 63.

[3] TAMMANN, G.: Kristallisieren und Schmelzen. Leipzig: J. A. Barth 1903.

[4] TSCHISHOW, G. B.: Zur Theorie des Gefrierens von Lebensmitteln. Moskau: Pistschepromisdat 1956, S. 111ff. (russisch). — Cholodilnaja Technika Bd. 30 (1953) H. 4, S. 53 (russisch). Refer.: Kältetechn. Bd. 7 (1955) S. 352.

[5] Vgl. W. OSTWALD: Grundrisse der Kolloidchemie. Dresden: Verl. Th. Steinkopff 1909 sowie H. W. FISCHER u. P. JENSEN: Biochem. Z. Bd. 20 (1909) S. 143.

[6] BECHHOLD, H.: Die Kolloide in Biologie und Medizin, 5. Aufl. Dresden u. Leipzig: Verl. Th. Steinkopff 1929.

„drip" und „press" unterschieden. Reuter empfiehlt daher einen sorgfältigen Schutz vor Pressung und die Zubereitung gefroren gewesener Fische in unzerlegtem Zustand.

Ein Teil der bestehenden Widersprüche hinsichtlich der Rückbildung von Gefrierveränderungen glaubt Kallert durch das artspezifische Verhalten des Muskeleiweißes lösen zu können. So fand er, daß die Veränderungen im Kalbfleisch weitgehend reverisbel[1] und in den inneren Organen von Rind und Schwein wenigstens teilweise reversibel sind. Er betonte allerdings, daß beim Warmblüterfleisch nur diejenigen Gefrierveränderungen reversibel sind, die bei langsamem Gefrieren außerhalb der Muskelfasern entstehen, nicht aber die bei schnellem Gefrieren innerhalb der Muskelfasern auftretenden Veränderungen. Dagegen bestätigte er die Befunde Reuters, wonach die Gefrierveränderungen bei Fischen weitgehend irreversibel verlaufen[2].

Bate-Smith[3] vertritt die Meinung, daß beim schnellen Gefrieren (unter Bildung vieler kleiner Eiskristalle innerhalb der relativ unbeschädigten Muskelfasern) das Wasser beim Auftauen in seine ursprüngliche Lage zurückkehrt, der Prozeß also weitgehend reversibel ist. Dagegen besteht langsam gefrorenes Fleisch aus verzerrten Muskelfasern und groben irregulären Eismassen in den interzellularen Räumen, die beim Auftauen nicht mehr als Wasser von den Zellen aufgenommen werden können; die Vorgänge verlaufen hier also irreversibel.

Plank hat die den verschiedenen histologischen Gefrierveränderungen zugeordneten Gefriergeschwindigkeiten quantitativ festgelegt[4]:

Nennenswerte Veränderungen des frischen Muskels (Abb. 16) treten danach nicht ein, wenn die durch Gl. (34) definierte Geschwindigkeit $w = 12$ cm/h überschreitet. Ein Ergebnis nach Abb. 18 und 19 erhält man bei $w = 10$ bis 12 cm/h, ein solches nach Abb. 19 bei $w = 4$ bis 5 cm/h. Bei $w = 1$ bis 2 cm/h diffundieren schon nennenswerte Wassermengen aus den Muskelfasern in die interzellularen Räume. Schließlich erhält man die in Abb. 20 und im Schema der Abb. 12 dargestellten Veränderungen bei $w = 0,1$ bis 0,2 cm/h.

In England wird ein Fisch nur dann als schnell gefroren bezeichnet, wenn die Temperatur im Kern von 0 auf $-5°$ C in weniger als 2 Stunden gesenkt wurde[5]. In der Bundesrepublik bestand die Absicht, Produkte als schnell gefroren zu bezeichnen, wenn die mittlere Gefriergeschwindigkeit $\overline{w}$ mindestens 1,25 cm/h beträgt.

2. Neuere Versuchsergebnisse.

Notevarp und Heen haben auch sehr eindrucksvolle Mikrophotographien der bei verschieden schnellem Gefrieren eintretenden Veränderungen in Dorschmuskeln herzustellen vermocht. Sie sind in den Abb. 21 bis 25 wiedergegeben und lassen deutlich die Zunahme der morphologischen Schäden mit abnehmender Gefriergeschwindigkeit erkennen. Notevarp hat die Größe der Eiskristalle bei verschiedenen Gefrierzeiten gemessen (Abb. 26). Die Kurve a zeigt die Länge der Eiskristalle unmittelbar nach dem Gefrieren, während aus Kurve b zu erkennen ist, um wieviel die Länge nach 5 monatiger Lagerung des Fisches bei $-20°$ C gewachsen ist (vgl. S. 75). Nach Kurve a beträgt die Länge nach einer Gefrierzeit von 2 Stunden etwa 300μ, während sie bei 10- bzw. 20 stündiger Gefrierzeit auf etwa 500 bzw. 700μ anwächst.

---

[1] Kallert, E.: Z. ges. Kälteind. Bd. 30 (1923) S. 77.
[2] Vgl. Fußnote 3a u. 3d auf S. 39.
[3] Bate-Smith, E. C.: Modern Refrigerat. Bd. 47 (1944) S. 267.
[4] Vgl. Fußnote 3c auf S. 39.
[5] Britische Standardbestimmungen für Gefrierfische: Food Manufact. Bd. 23 (1948) Nr. 12, S. 582. — Kältetechn. Bd. 1 (1949) S. 66.

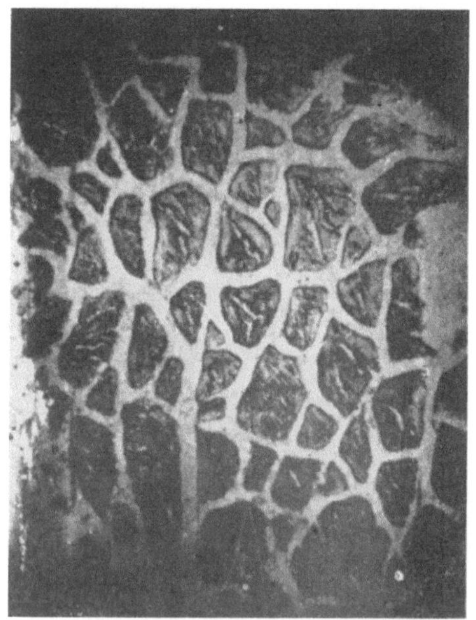

Abb. 21. Querschnitt durch frische, nicht gefrorene Muskelfasern vom Dorsch (nach NOTEVARP).

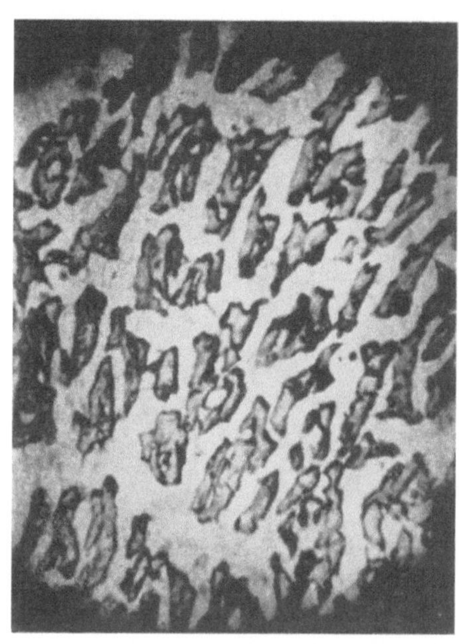

Abb. 22. wie Abb. 21, nach dem Gefrieren mit $\bar{w} = 5$ cm/h (nach NOTEVARP).

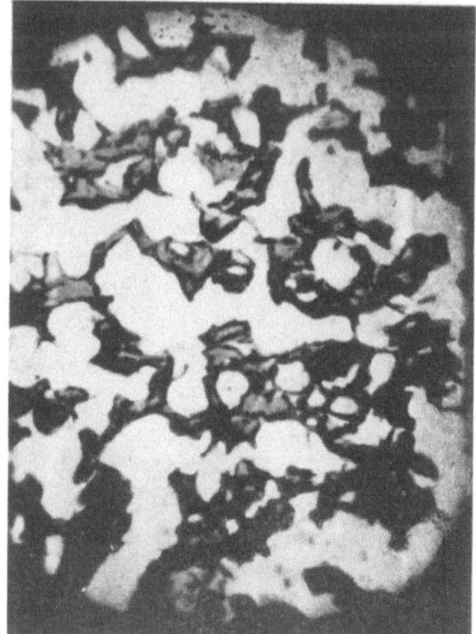

Abb. 23. Wie Abb. 22, nach dem Gefrieren mit $\bar{w} = 1,7$ cm/h (nach NOTEVARP).

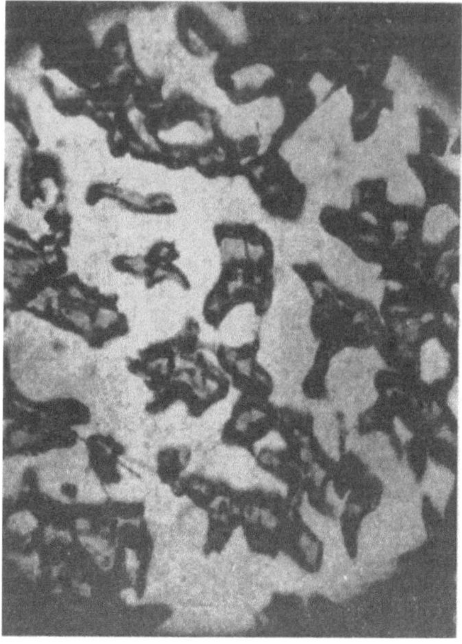

Abb. 24. Wie Abb. 22, nach dem Gefrieren mit $\bar{w} = 0,43$ cm/h (nach NOTEVARP).

Notevarp und Heen schlossen aus ihren Versuchen[1,2], daß die Gefriergeschwindigkeit und die Kristallgröße nur einen sehr geringen Einfluß auf die Qualität der Fische nach dem Auftauen ausübt. Als Maß der Qualität sollte das beim Auftauen abfließende ,,freie Wasser" angesehen werden, worunter sie die Summe von ,,drip" und ,,press" (S. 44) verstehen, und diese Menge sei von der Gefriergeschwindigkeit praktisch unabhängig. Sie betonen aber, daß die mittlere Geschwindigkeit nicht kleiner als 0,3 bis 0,25 cm/h sein soll, das heißt, daß ein Gefrierobjekt von 4 bis 5 cm Dicke bei zweiseitigem Gefrieren keine längere Gefrierzeit als 8 Stunden benötigen soll. Diese Geschwindigkeit fällt schon in den Bereich des langsamen Gefrierens und kann in rasch bewegter Luft von $-40\,^\circ$C erreicht werden. In einer späteren Arbeit gibt Heen zu, daß in modernen Fischgefrieranlagen Geschwindigkeiten von 1 bis 3 cm/h angewandt werden[3].

Diese Schlußfolgerungen, die sich auch nur auf Versuche mit Dorschen beziehen, werden aber nicht allgemein geteilt, wenn man sich heute auch darüber klargeworden ist, daß eine tiefe Lagertemperatur der gefrorenen Fische (vgl. S. 76) wichtiger ist als die Größe der Gefriergeschwindigkeit. Moran[4] fordert, daß die Zone der maximalen Kristallbildung zwischen $-1\,^\circ$C und $-5\,^\circ$C bei Fleisch in höchstens einer halben Stunde durchschritten wird. Viele Forscher vertreten die Ansicht, daß die Zone zwischen $-0,8\,^\circ$C und $-4\,^\circ$C möglichst schnell durchschritten werden soll und sprechen von einer *kritischen Gefrierzeit*[5].

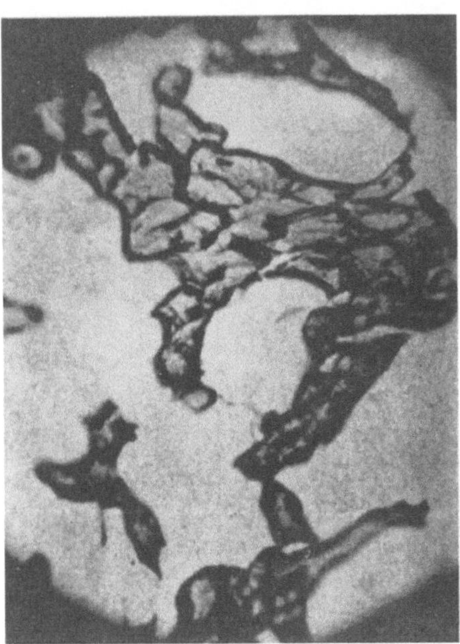

Abb. 25. Wie Abb. 22, nach dem Gefrieren mit $\overline{w} = 0,06$ cm/h (nach Notevarp).

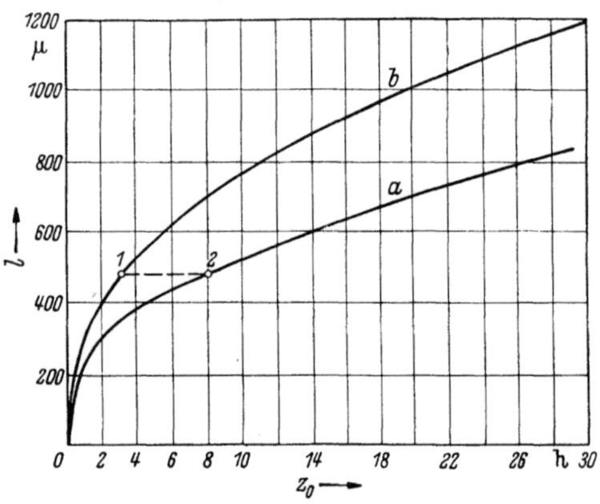

Abb. 26. Abhängigkeit der Länge der Eiskristalle von der Gefrierzeit (nach Notevarp).
a) unmittelbar nach dem Frieren, b) nach fünfmonatiger Lagerzeit bei $-20\,^\circ$C.

[1] Notevarp, O., u. E. Heen: Schriften der Fischereidir. Ser. technol. Unters. Bergen, Bd. 1 (1938) Nr. 2. — Z. ges. Kälteind. Bd. 47 (1940) S. 122 u. 140.

[2] Notevarp, O.: Chilled and frozen lean fisch, in ,,Some Aspects of Food Refrigeration and Freezing", FAO-Agriculture Studies Nr. 12, Washington (November 1950) S. 114 (herausgegeben von D. K. Tressler).

[3] Heen, E.: Symposium on cured and frozen fish technology, Göteborg, November 1953, Bericht XV.

[4] Moran, T.: J. Soc. chem. Ind. Bd. 51 (1932) S. 16 T. — Vgl. auch G. Poole, Refrig. Engng. Bd. 29 (1935) S. 69.

[5] Finn, D. B.: Proc. roy. Soc. B. Bd. 111 (1932) S. 396. — Progr. Rep. Nr. 17, S. 5, Biol. Board Canada, Prince Rupert, 1933 und Refrig. Engng. Bd. 31 (1936) S. 141. — G. A. Reay: Rep. Food Invest. Board 1934, S. 85. — O. C. Young: Progr. Rep. Nr. 22, Biol. Board Canada, Prince Rupert 1934.

REAY[1] und Mitarbeiter haben den Einfluß des Gefrierens, der Lagerbedingungen und des Auftauens von Fischen sehr übersichtlich und objektiv behandelt. Sie geben die „kritische Gefrierzeit", das ist die Zeit zum Abkühlen von 0° C auf —5° C, die nicht überschritten werden sollte, mit 2 Stunden an[2], was einer gesamten Gefrierzeit von 3,5 bis 4 Stunden entspricht. Merkwürdigerweise wird in diesen und auch in anderen englischen Arbeiten nicht angegeben, auf welche Dicke der Fische sich diese Zeitspannen beziehen. KUPRIANOFF[3] hebt hervor, daß nach der heute allgemeingültigen und sich auf qualitative und wirtschaftliche Gesichtspunkte stützenden Auffassung das schnelle Gefrieren bei Fischen als erforderlich angesehen wird, wobei man sich mit einer mittleren Geschwindigkeit von 1 bis 3 cm/h begnügt. Er sagt ferner: „Der hohe, nach dem Auftauen des langsam gefrorenen Fisches entstehende Saftverlust ergibt eine Minderung des Nährwertes, und der gekochte Magerfisch erhält eine strohige Konsistenz und verliert an Geschmack; darüber hinaus ist auch die Haltbarkeit eines Fisches mit geschädigter Struktur nach dem Auftauen schlechter."

RAMSBOTTOM und GOESER[4] nennen folgende Vorteile des schnellen Gefrierens in stark bewegter Luft gegenüber dem langsamen Gefrieren bei natürlicher Konvektion: 1. einen rascheren Umsatz der Ware mit Gewinn an Zeit und Raum, 2. eine höhere Qualität und ein besseres Aussehen der Ware.

TRESSLER und EVERS, die international als Kapazitäten auf dem Gebiet des Gefrierens von Lebensmitteln anerkannt sind, geben eindeutig dem schnelleren Gefrieren den Vorzug[5].

Wie verwickelt die Vorgänge beim Gefrieren sind und wie widerspruchsvoll sie beurteilt werden, geht auch aus neueren Versuchen mit Rindfleisch hervor, die gemeinsam vom British Department of Scientific and Industrial Research und von der Commonwealth Scientific and Industrial Research Organization (CSIRO), Australien, durchgeführt wurden[6]. Das Gefrieren von Rindervierteln auf „normalem Wege", d. h., Vorkühlung bei —0,5° C bis 1,5° C in 2 bis 3 Tagen und anschließendes Gefrieren in ruhender Luft bei —12° C bis —18° C in 3 bis 5 Tagen wurde verglichen mit dem Gefrieren sofort nach dem Schlachten in einem Gefriertunnel unter folgenden Bedingungen:

a) in Luft von —35° C bei einer Strömungsgeschwindigkeit von 1,25 m/s,
b) in Luft von —40° C bei einer Luftgeschwindigkeit von 5 m/s (Gefrierzeit 18 Stunden).

In beiden Fällen war der Gewichtsverlust erheblich geringer als beim „normalen" Prozeß. Der Geschmackswert war aber beim langsameren Gefrieren im Falle a)

---

[1] REAY, G. A., A. BANKS u. C. L. CUTTING: Food Investigation Leaflet Nr. 11, Cambridge. Vgl. auch den Abschnitt „Fish Freezing" in E. GRIFFITHS: Refrigeration Principles and practice. London: George Newnes Ltd. 1951, S. 114 bis 133.

[2] Diese Forderung wird vom britischen Ernährungsministerium an Gefrierfische in Standardqualität gestellt. Vgl. Food Manufact. Bd. 23 (1948) S. 582 und Kältetechnik Bd. 1 (1949) S. 13.

[3] KUPRIANOFF, J.: Kältetechn. Bd. 7 (1955) S. 215. — Vgl. auch Bericht über die Kieler Tagung im März 1955, S. 61, herausgeg. von der OEEC (Deutscher Bundesverlag G. m. b. H., Bonn).

[4] RAMSBOTTOM, J. M., u. P. A. GOESER: Air Conditioning, Refrigerating Data Book, Applications, 6. Aufl., S. 5—01. New York: Amer. Soc. Refrig. Eng. 1956/57.

[5] TRESSLER, D. K., u. C. F. EVERS: The Freezing Preservation of Foods, 3. Aufl., S. 324. Westport, Conn.: The Avi Publ. Comp. 1957.

[6] Report of the Food Investigation Board for 1956, S. 25. London 1957. HOWARD, H., u. R. A. LAWRIE: Studies on beef quality. Food Invest. Special Report Nr. 63, Part I. London 1956. Dieselben: Division of Food Preservation and Transport. CSIRO, Melbourne, Techn. Paper Nr. 2, Part I, 1956. World Refrigeration Bd. 8, Nr. 9, September 1957, S. 522.

deutlich herabgesetzt, während beim schnelleren Gefrieren im Fall b) keine Geschmacksminderung eintrat und der Saftverlust beim Auftauen geringer war.

Ebenso überraschend sind die neuerlichen Befunde mit dem Gefrieren von Fischen in der Torry Research Station in Aberdeen[1]: danach beeinflußt die Gefriergeschwindigkeit die anschließende Denaturierung der Proteine im Gefrierlager in einem weit höheren Maße, als bisher angenommen wurde. Wenn die Fische (Kabeljau) bei —14° C gelagert wurden, fand eine stetige Abnahme der löslichen Proteine bei allen Gefriergeschwindigkeiten statt, die Abnahme war aber am stärksten, wenn das Durchschreiten des „kritischen Gebietes" (von 0° C bis —5° C) 80 Minuten dauerte. Wurden die Fische aber bei —29° C gelagert, wobei die Denaturierung natürlich viel langsamer vor sich ging, dann hatte die vorangehende Gefriergeschwindigkeit einen wesentlichen Einfluß. So fand man nach einjähriger Lagerung eine verhältnismäßig starke Denaturierung, wenn das kritische Gebiet in 70 bis 100 Minuten durchlaufen wurde, dagegen praktisch keine Denaturierung, wenn diese Zeit 10 Minuten oder 200 Minuten betrug, und auch nur geringe Denaturierung bei äußerst langsamem Gefrieren (400 Minuten und mehr). Dies widerspricht den bisherigen Anschauungen (die auf Reay, s. o., zurückzuführen sind), wonach das kritische Gebiet in nicht länger als 120 Minuten durchlaufen werden sollte. Es entsteht der Eindruck, als gäbe es für die Lagerung bei sehr tiefen Temperaturen eine ungünstigste mittlere Gefriergeschwindigkeit. Offenbar sind noch weitere umfangreiche Versuche erforderlich, um den Einfluß der Gefriergeschwindigkeit zu klären.

Ergänzend ist noch zu bemerken, daß nach mancherlei Beobachtungen schnell gefrorenes Rindfleisch nach dem Auftauen zarter befunden wurde als langsam gefrorenes[2].

Der günstige Einfluß einer hohen Gefriergeschwindigkeit wird auch noch durch die Tatsache belegt, daß Seezungen eine deutliche Verzögerung des Denaturierens der Proteine gegenüber Kabeljau, Schellfisch und andere Fischarten zeigen[3]. Heiss führt das darauf zurück, daß Plattfische infolge geringerer Dicke eine viel kürzere Gefrierzeit benötigen, so daß man bei ihnen auch noch durch „Sharp freezing" (S. 52) gute Ergebnisse erzielen kann[4].

Von weiteren Autoren, die wesentliche Arbeiten über die Eisbildung in tierischen Geweben beim Gefrieren beigesteuert haben, seien noch genannt: Chambers und Hale[5], Woolrich und Bartlett[6], Lebeaux[7], Bergh[8] und Meryman[9].

Mehrere Arbeiten befassen sich mit dem wiederholten Gefrieren und Auftauen von Lebensmitteln. Bei Fischen ist dieses Problem deswegen von praktischer Bedeutung, weil der Bau von Fabrikschiffen, auf denen der Fang sofort filetiert und gefroren wird, sehr teuer ist. Man ist daher bestrebt, ganze Fische an Bord zu gefrieren, um sie dann an Land aufzutauen, zu filetieren und die Filets erneut zu gefrieren (vgl. hierzu den Abschnitt „Fische", S. 260). Versuche mit anderen

[1] Report of the Food Investigation Board for 1956, S. 11. London 1957.

[2] Hiner, R. L., L. L. Madsen u. O. G. Hankins: Food Res. Bd. 10 (1945) S. 312.

[3] Reay, G. A.: Rep. Food Invest. Board 1933, S. 172; 1934, S. 84 und 1935, S. 67. — Takeishi Murayama: Ber. Chemie-Ing. Kongr. London 1936.

[4] Vgl. Nr. 5, S. 69 der zusammenfassenden Schriften (S. 263).

[5] Chambers, R.: Rep. Food Invest. Board 1931, S. 28. — R. Chambers u. H. P. Hale: Proc. roy. Soc., London B Bd. 110 (1932) S. 336.

[6] Woolrich, W. R., u. L. H. Bartlett: Mechan. Engng. Bd. 64 (1942) S. 647.

[7] Lebeaux, J. M.: Refrig. Engng. Bd. 54 (1947) S. 531.

[8] Frants Bergh: Schriften d. Ing.-Wiss. Akademie, Kopenhagen, Nr. 3, 1948.

[9] Meryman, H. T.: Science Bd. 124 (1956) S. 515.

Lebensmitteln, wie Rindfleisch, Spargel, Erbsen und Erdbeeren, sind fast durchweg negativ verlaufen[1].

Bei der Beurteilung der Schädigungen, die durch das Gefrieren unabhängig von der Geschwindigkeit eintreten, ist noch auf die *inneren Spannungen* hinzuweisen, die durch Volumvergrößerung des Wassers beim Gefrieren eintreten.

Besonders bei allseitigem Gefrieren entsteht an der ganzen Oberfläche eine feste Eiskruste, welche die Ausdehnung der tiefer liegenden Schichten beim Gefrieren behindert. Dadurch müssen nicht unerhebliche Spannungen auftreten. Über die Ausdehnung beim Gefrieren liegen keine systematischen Beobachtungen vor. In Einzelmessungen fanden PLANK und EHRENBAUM, daß sich ganze Fische beim Gefrieren frei ausdehnen können[2]. KALLERT stellte dagegen fest[3], daß beim Warmblüterfleisch das Volum beim Gefrieren unverändert bleibt, was er durch ein viel festeres Gefüge gegenüber den Fischen erklärt. Bei Fischfilets, die verpackt zweiseitig in Mehrplattenapparaten gefroren werden, stellt man fest, daß sich die Pakete nach den vier nicht gekühlten Seiten gewölbt

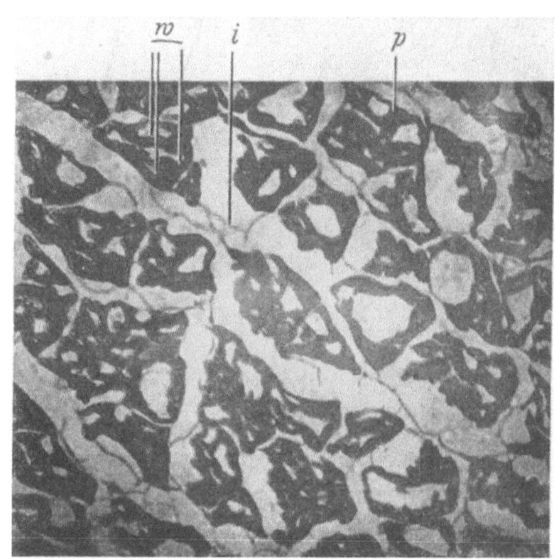

Abb. 27. Querschnitt durch die Muskelfasern eines schnellgefrorenen Kabeljaus (nach REUTER). Vergrößerung 1 : 180. Zwischen den mit zahlreichen Lücken (Eiskristallen) behafteten Muskelfasern erkennt man größere Bindegewebsräume.

ausdehnen. Das verschiedene Verhalten von Fischen und Fleisch ist auch aus Mikrophotographien zu erkennen; während die Aufnahme von REUTER der schnell gefrorenen Muskulatur von Kabeljau (Abb. 27)[4] viele kleine Lücken (Eiskristalle) innerhalb der einzelnen Muskelfasern zeigt, erkennt man zwischen den Muskelfasern größere Bindegewebsräume; das gleiche kann man auch in Abb. 22 (NOTEVARP und HEEN) feststellen. Dagegen ist auf den Aufnahmen von KALLERT (Abb. 17 und 18) zu sehen, daß die beim Gefrieren aufgequollenen Muskelfasern von Warmblütern stark zusammengedrängt sind (vgl. S. 41 und 42), wodurch zweifellos erhebliche innere Spannungen auftreten; trotzdem ist aber das Sarkolemm nicht zerstört worden.

VI. Die Gefrierverfahren und Gefrierapparate[5].

1. Das Gefrieren großer Objekte in ruhender oder schwach bewegter Luft.

In den älteren Gefrier- und Lagerhäusern, wie sie um die Jahrhundertwende gebaut wurden, hat man Fleisch, Fische, Wild und Geflügel in Räumen gefroren, deren Decke und Wände mit Kühlrohren für direkte Verdampfung eines Kälte-

---

[1] CONE, J. F., u. Mitarb.: Pennsylvania State Univ., Agric. Exper. Sta. Bull. 614 (November 1956).

[2] Vgl. Fußnote 3a auf S. 39.   [3] Vgl. Fußnote 1 auf S. 44.

[4] Vgl. Fußnote 3a auf S. 39 (dort Fig. 41 auf S. 223).

[5] Eine Beschreibung zahlreicher Gefrierapparate lieferte R. J. KELSEY: Food Engineering (U.S.A.), Januar 1957, S. 102—132 mit 22 Abb.

Abb. 28. Gefrierraum für Rinderhälften im Frigorifico La Negra in Buenos Aires.

Abb. 29. Gefrierraum für Wild und Geflügel.

mittels (meist Ammoniak) oder für Soleumlauf bedeckt waren und in denen nur
eine schwache Luftbewegung vorhanden war. Rinderhälften oder -viertel,

Abb. 30. Gefrierraum für Gänse.

Schweinehälften, ganze Hammel, Rehe, Hasen und große Fische wurden hängend
gefroren, wie aus den Abb. 28 bis 32 zu ersehen ist. Die Temperatur ging selten

Abb. 31. Gefrierraum für Lachse.

unter −12°C herunter, und die Gefrierzeit betrug bei Rinderhälften 3 bis 4 Tage,
bei Hammeln etwa 30 Stunden. Man hat später versucht, die Gefrierzeit durch
Anwendung tieferer Temperaturen und stärkerer Luftbewegung abzukürzen

4*

und bezeichnete die so ausgestatteten Räume als *„sharp-freezer"*. Es handelt sich
dabei aber noch nicht um ein Schnellgefrierverfahren im modernen Sinne.

Abb. 32. Gefrierraum für Fische auf Rohrregalen (Canadian Fishing Co., Vancouver B. C.).

Auf die Einrichtungen der großen überseeischen Gefrierhäuser wird in
Band XI dieses Handbuches ausführlicher eingegangen werden.

2. Das Gefrieren im Tunnel in schnell bewegter Luft.

Nachdem die Vorzüge des schnellen Gefrierens von Lebensmitteln hinsichtlich
Qualität der Ware und Wirtschaftlichkeit des Betriebes erkannt waren, hat man
sich bemüht, auch das Gefrieren in kalter Luft so zu gestalten, daß es mit anderen
Schnellgefrierverfahren in Wettbewerb treten konnte. Das Ziel wurde systema-
tisch durch weitere Senkung der Lufttemperatur und bedeutende Erhöhung der
Luftgeschwindigkeit erreicht. Durch Anwendung zweistufiger Kältemaschinen
wurde die Lufttemperatur auf $-30°$ C bis $-50°$ C gesenkt. Indem man die zu
gefrierende Ware durch einen isolierten Tunnel von relativ kleinem Querschnitt
im Gegenstrom oder Querstrom zur bewegten Luft führte, konnte man Luftgeschwindigkeiten an der Oberfläche der Gefrierobjekte von 5 m/s und darüber
erreichen. Gegenüber der geringen Luftbewegung in einem großen Gefrierraum
von nur 0,1 bis 0,2 m/s konnte dabei die Wärmeübergangszahl etwa verachtfacht
werden. In solchen Tunnelapparaten hat man die in Tab. 14 eingetragenen Gefrierzeiten und prozentualen Gewichtsverluste bei einer Lufttemperatur von $-30°$ C
bis $-32°$ C und einer Endtemperatur von $-18°$ C im Kern der Ware erreicht.

Der Einfluß der Luftgeschwindigkeit im Tunnel auf den Druckverlust Δp in
Torr und die erforderlichen Antriebsleistungen für die Ventilatoren N_V und für
die Kältemaschine N_k in kW ist aus Abb. 33 zu ersehen. Bei diesem Beispiel ist
eine Gefrierleistung von 1,5 t/h in Packungen von 5 cm Dicke zugrunde gelegt.
Ferner ist angenommen, daß die Gefrierzeit der Packungen konstant bleibt und
daß der gleiche Luftkühler verwendet wird. Aus dem Verlauf der Kurven ist zu
erkennen, daß der Druckverlust Δp etwa mit dem Quadrat und der Leistungsverbrauch des Ventilators etwa mit der dritten Potenz der Luftgeschwindigkeit
wächst. Bei gleicher Gefrierzeit kann man im Falle höherer Luftgeschwindigkeit
mit einer höheren Lufttemperatur und höheren Verdampfungstemperatur t_0

Tabelle 14. *Gemessene Gefrierzeiten und Gewichtsverluste im Tunnelapparat bei einer Luft-temperatur von −30° C bis −32° C. (Nach* KOBULASCHWILI[1].)

Gefriergut	Anfangstemperatur °C	Gefrierzeit h	Gewichtsverlust %
Innere Organe in Blocks von 150 kg	7 bis 10	7,0	0,4
Zander 60 bis 70 mm dick	7 bis 10	2,2	1,1
Hühner nicht ausgeweidet	7 bis 10	4,0	0,2 bis 0,3
Gänse ausgeweidet ·	7 bis 10	2,5 bis 3	0,22
Gänse nicht ausgeweidet	7 bis 10	4,5	0,10
Hammel im Gewicht von 18 bis 25 kg ...	7 bis 10	4,0	0,85
Rindfleisch Vorderviertel 44 kg	20	7 bis 8	0,8
Rindfleisch Hinterviertel 40 kg	20	10 bis 12	0,8
Schweinehälften 35 kg	20	8 bis 9	0,5

auskommen, weil die Wärmeübergangsverhältnisse günstiger werden. Daher nimmt der Leistungsverbrauch der Kältemaschine N_k zunächst stark ab. Da aber andererseits die Kältemaschine auch das Äquivalent der Ventilatorarbeit abführen muß, so wächst N_k nach Überschreitung eines Minimums bei Luftgeschwindigkeit über 10 m/s wieder an. Wie man aus Abb. 33 sieht, hat der gesamte Leistungsverbrauch $N = N_V + N_k$ ein Minimum bei einer Luftgeschwindigkeit von etwa 7 m/s. Für Geschwindigkeiten über 12 m/s wird der Leistungsverbrauch der Ventilatoren größer als derjenige der Kältemaschine.

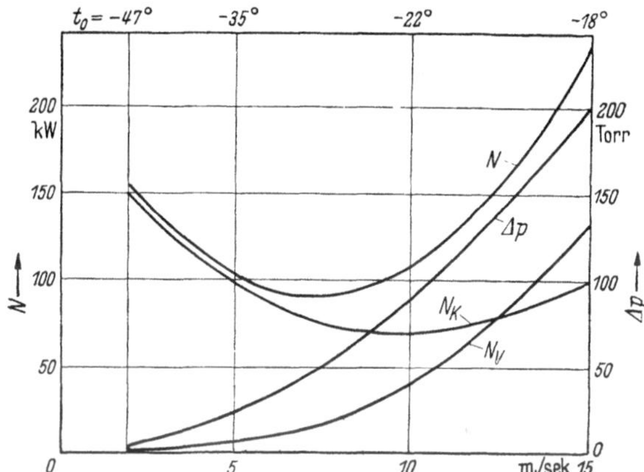

Abb. 33. Einfluß der Luftgeschwindigkeit auf den Druckverlust im Gefriertunnel und auf den Leistungsverbrauch der Ventilatoren und der Kältemaschine bei konstanter Gefrierzeit der Packungen.

Nach RAMSBOTTOM und GOESER[2] wächst die Gefriergeschwindigkeit sehr wesentlich, wenn die Luftgeschwindigkeit von 0,25 auf 2,5 m/s erhöht wird. Eine weitere Steigerung auf 7,5 m/s hat aber keine erhebliche Zunahme der Gefriergeschwindigkeit zur Folge.

a) Tunnelapparate mit Hordenwagen. Die einfachste und allgemein verwendbare Bauart eines Gefriertunnels ist eine solche, bei der mit Gefriergut beladene Hordenwagen durch den Tunnel geschleust werden. Die Ausführung der Hordenwagen kann dem Gefriergut angepaßt werden, es kann verpackt oder unverpackt auf Haken gehängt oder auf Regalen ausgebreitet werden.

Abb. 34 zeigt eine Ausführung der Gesellschaft für Linde's Eismaschinen[3], bei der die Hordenwagen von rechts durch eine Luftschleuse in den Tunnel eintreten und ihn links ebenfalls durch eine Luftschleuse verlassen. Der Luftkühler ist hier seitlich angeordnet.

Abb. 35 stellt schematisch einen Gefriertunnel für Hordenwagen der Vilter Manufacturing Co. in Milwaukee, Wis., dar[4], bei dem die Wagen von rechts

[1] KOBULASCHWILI, SCH. N.: Cholodilnaja Technika Bd. 30 (1953) Nr. 1, S. 8 (russisch).
[2] RAMSBOTTOM, J. M., u. P. A. GOESER: Refrig. Engng. Bd. 57 (1949) S. 1188.
[3] Gefriertaschenbuch, 2. Aufl. Berlin: VDI-Verlag 1944.
[4] PLANK, R.: Amerik. Kältetechn. 3. Bericht, S. 158. Düsseldorf: Dt. Ingen. Verlag 1950.

eingebracht werden; sie können auf Schienen geführt und von Hand oder mechanisch bewegt werden, wobei sich die Fortbewegungsgeschwindigkeit nach der Gefrierzeit richtet. Der Luftkühler ist auch hier seitlich angeordnet.

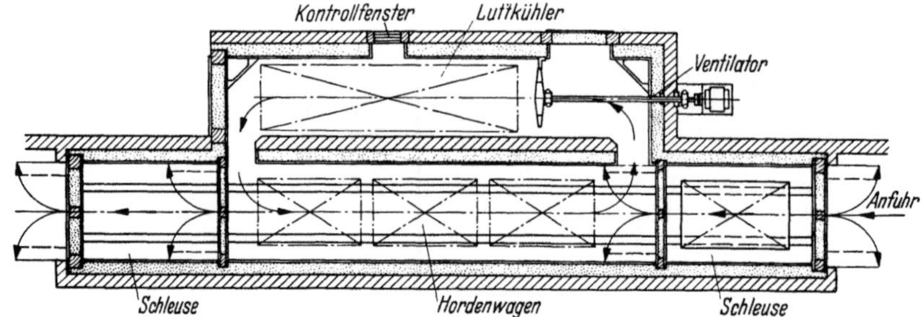

Abb. 34. Gefriertunnel mit Hordenwagen (Gesellschaft für Linde's Eismaschinen, Wiesbaden).

Abb. 36 zeigt einen Gefriertunnel der Firma Gebrüder Sulzer, Winterthur, Schweiz [1], mit zwei parallelliegenden Straßen, auf denen das Gefriergut durch einen Vorschubmechanismus 6 von rechts nach links mit regelbarer Geschwindig-

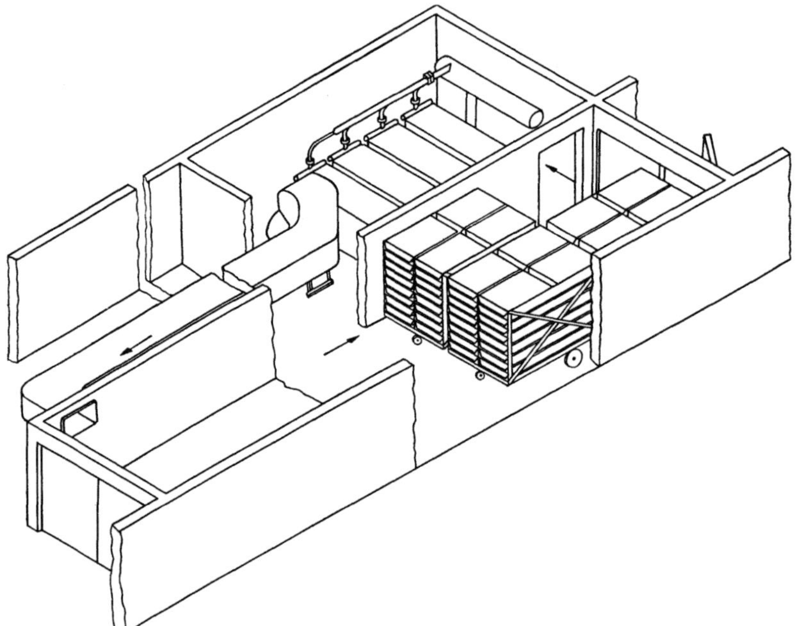

Abb. 35. Gefriertunnel mit Hordenwagen (Vilter Manufacturing Co., Milwaukee, Wis.).

keit geführt wird. Die Straßen sind an beiden Seiten durch Kühlrohrbatterien 2 umrahmt. Die Ventilatoren sind oberhalb der Hordenwagen und Kältebatterien hinter einer falschen Decke angeordnet, und die Luft strömt quer zur Fortbewegungsrichtung der Hordenwagen, wobei sie abwechselnd mit den Kältebatterien und dem Gefriergut in Berührung kommt. Um den Luftstrom von allen Seiten auf das Gefriergut einwirken zu lassen, wird der Drehsinn der Ventilatoren in kurzen Zeitabständen automatisch geändert. Jede der beiden Tunnelstraßen hat eine

---

[1] Vgl. Fußnote 3 auf S. 53.

Eintritts- und Austrittsschleuse *5*. Der Vorschubmechanismus *6* für die Hordenwagen sowie das Öffnen und Schließen der Schleusentüren werden halbautoma-
tisch gesteuert. Die Anlage arbeitet normal bei einer Lufttemperatur von —40° C,
wobei stündlich 1 t Gefrierwaren erzeugt werden kann. Nach Bedarf kann aber die
Lufttemperatur auch auf —60° C gesenkt werden, da für die Kälteerzeugung

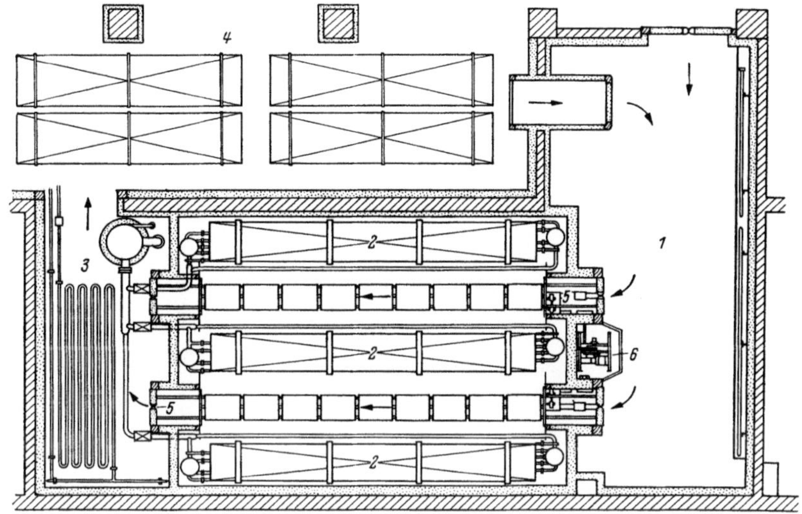

Abb. 36. Gefriertunnel mit Hordenwagen bei der Konservenfabrik in Rohrschach (Gebrüder Sulzer, Winterthur, Schweiz)

1 Ladevorraum, *2* Kältebatterien aus glatten Rohren, *3* Austritt aus dem Tunnel, Packraum, *4* Gefrierlagerraum, *5* Eintritts- und Austrittsschleusen, *6* Vorschubmechanismus für Hordenwagen.

zwei dreistufige Sulzer-Kältemaschinen vorgesehen sind. Bei so tiefen Temperaturen haftet der Reif nur sehr locker auf den Kühlrohren, so daß er leicht entfernt werden kann.

Manche Ähnlichkeit mit dem Gefrierapparat von Sulzer hat der Tunnelapparat von KOBULASCHWILI, der im Moskauer Kälteforschungsinstitut
(WNICHI) entwickelt wurde[1]. Dieser Apparat, Abb. 37, besteht aus einzelnen
Sektionen für je 5 t Gefrierwaren in 24 Stunden, die hintereinander montiert
werden können. Jede Sektion besteht aus 5 Kältebatterien, von denen drei im
unteren Teil des Gefrierers und zwei darüber angeordnet sind. Zwischen den
drei unteren Batterien werden, wie im Sulzer-Apparat, die Hordenwagen auf 2 Straßen eingeschoben. Zwischen den beiden oberen Batterien jeder Sektion ist ein
Ventilator mit umkehrbarer Drehrichtung eingebaut, der 16000 m³ Luft in der
Stunde fördert und 3,2 kW verbraucht. Die Luftgeschwindigkeit zwischen den
Hordenwagen beträgt 5 bis 6 m/s, zwischen den berippten Kältebatterien 3,5 bis
4 m/s. Die Ecken des allseitig mit 2 mm Blech umkleideten Apparates sind durch
den Einbau von viertelkreisförmigen Leitblechen abgerundet, wodurch der
Strömungswiderstand der Luft herabgesetzt wird. Der Apparat ist mit je zwei
Ein- und Austrittstüren versehen. Die Kältebatterien für direkte NH_3-Verdamp-
fung bestehen aus horizontalen Rohren von 22 mm im Durchmesser, auf die ein
Stahlband von 20 mm Höhe und 0,5 mm Dicke rippenförmig gewickelt ist. Die
Rippenzahl je lfd. m Rohr beträgt in den unteren Batterien 80, in den oberen 120,
wobei die Kühlfläche je lfd. m 0,49 bzw. 0,70 m² beträgt. Bezüglich des Umlaufes

---

[1] Vgl. Fußnote 1 auf S. 53.

des Kältemittels in den Verdampfern und der Automatik muß auf die Originalarbeit verwiesen werden. Die Hauptabmessungen einer jeden Sektion sind:
Länge 1655 mm, Breite 3910 mm, Höhe 3095 mm. Die Abmessungen der Hordenwagen sind: Länge 1320 mm, Breite 910 mm, Höhe 1600 mm.

Bei den neueren Bauarten des Moskauer Kälteforschungsinstitutes wurden
die Kältebatterien im oberen Teil des Gefriertunnels fortgelassen und im unteren
Teil verstärkt; auch wurde der Verlauf der Strömung aerodynamisch verbessert[1].

Abb. 37. Gefriertunnel mit Hordenwagen, Bauart Kobulaschwili, Moskau.

Eine neuartige Bauart des gleichen Institutes zeigt Abb. 37a[1]. Die Tierhälften
oder -viertel werden in vier getrennten Reihen I bis IV auf Rollbahnen in den
Tunnel gebracht; sie sind allseitig von Kühlrohren umgeben, und die kalte Luft
tritt von oben über die Reihe I ein. Sie wird dann abwechselnd von unten und von
oben den weiteren Reihen durch Öffnungen in den Querwänden zugeführt und aus
der Reihe IV von den Ventilatoren angesaugt. Die Gefrierzeit von Rinderhälften
einschließlich der Zeit für das Ein- und Ausladen übersteigt nicht 14 Stunden. Die
4 Tunnelreihen beanspruchen eine Grundfläche von 6×6 m^2, und es können
darin 10 t Fleisch in 24 Stunden gefroren werden. Die Temperatur der mit 3 bis
3,5 m/s umlaufenden Luft bleibt auf dem ganzen Wege nahezu konstant und ist
über den ganzen Querschnitt gleichmäßig verteilt. Ein erheblicher Teil der
Wärme (über 15%) wird durch Strahlung abgeführt. Die gesamte Kühlfläche

---

[1] Diese Bauarten sind ausführlich dargestellt im Bericht von Kobulaschwili bei der
Tagung des Technischen Rates des Internationalen Kälteinstitutes im September 1958 in
Moskau. Vgl. Annexe 1958-2, S. 25 zum Bulletin dieses Institutes. Vgl. auch den Artikel von
H. Brockhause: Die Technik (Berlin) Bd. 12 (1957) S. 843. Auszug in Kältetechnik Bd. 10
1958) S. 376.

der Rippenrohre beträgt 520 m². Es sind vier nebeneinanderliegende Ventilatoren, jeder für 12000 m³/h vorgesehen, die von 1,6 kW-Motoren angetrieben werden.

Einen Tunnelgefrierapparat mit mechanischer Fortbewegung von 6 bis 10 Hordenwagen für stündlich 1600 bis 2700 kg gefrorener Waren hat auch die York Corporation in York, Pa. entwickelt[1].

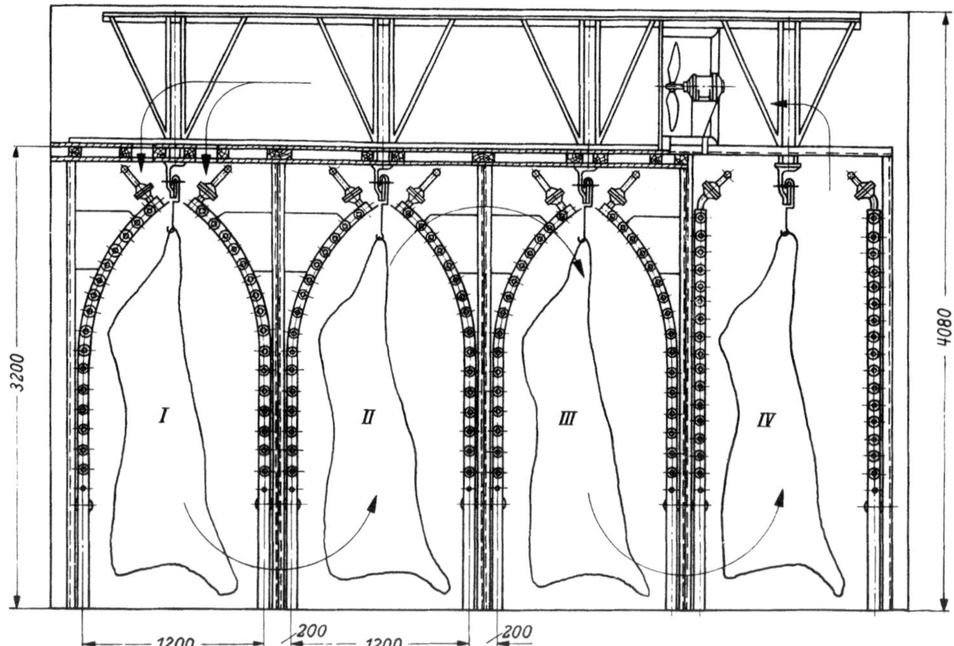

Abb. 37a. Gefriertunnel mit Hängebahnen entworfen von KOBULASCHWILI, BADYLKES, TKATSCHEW und CHATSCHATUROFF im Moskauer Kälteforschungsinstitut.

b) Tunnel-Apparate mit Förderband. Die Bandgefrierapparate werden vorzugsweise für lose oder verpackte Gefriergüter von relativ geringen Abmessungen benützt, die auf Gefrierblechen oder Sieben auf das Förderband gesetzt werden.

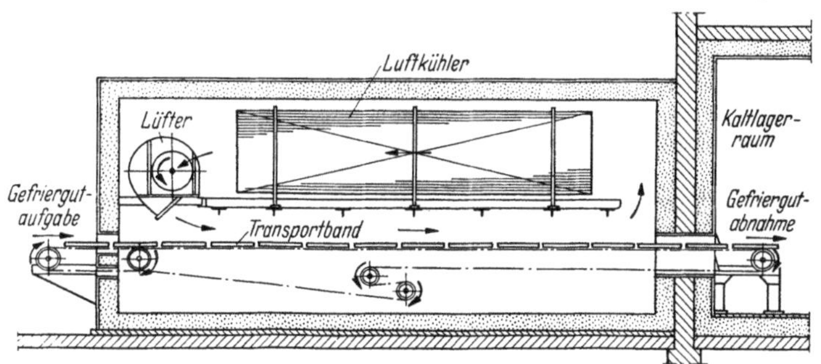

Abb. 38. Bandgefrierapparat von Borsig-Plersch.

Für kleinere und mittlere Leistungen eignet sich der in Abb. 38 dargestellte Bandgefrierapparat von BORSIG-PLERSCH[2], bei dem die zu gefrierende Ware vom

---

[1] Vgl. R. PLANK: Fußnote 4 auf S. 53 (dort S. 159).
[2] Gefriertaschenbuch, vgl. Fußnote 3 auf S. 53 (dort S. 23).

Zubereitungsraum in den Gefrierlagerraum befördert wird. Die Kaltluft wird durch zwei über der Eintrittsöffnung angebrachte Ventilatoren aus dem Luftkühler abgesaugt und im Sinne des Bandlaufes durch den Gefrierraum gedrückt.

Beim Bandgefrierapparat der Gesellschaft für Linde's Eismaschinen für größere Leistungen, Abb. 39, werden die Lebensmittel auf einem Drahtglieder-

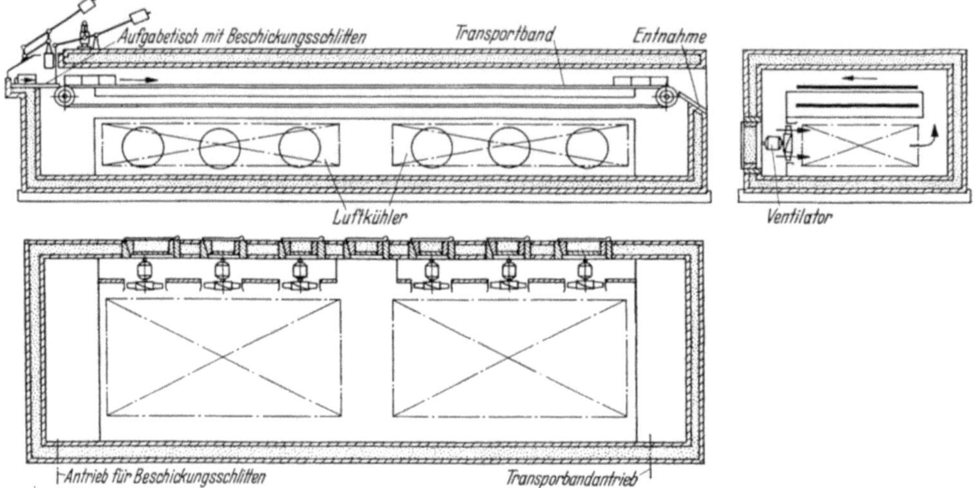

Abb. 39. Bandgefrierapparat der Gesellschaft für Linde's Eismaschinen, Wiesbaden.

Förderband bewegt[1]. Sechs seitlich vom Luftkühler angeordnete Ventilatoren fördern die Luft durch die Kühler und dann quer zur Transportrichtung des Gutes durch den über den Luftkühlern liegenden Gefrierraum. Die Geschwindigkeit der Fortbewegung des Bandes kann der Gefrierzeit der Ware angepaßt werden.

Beim Bandgefrierapparat von Brown-Boveri u. Co., Abb. 40, wird das Gefriergut in Kästen auf einem Wanderrost aus Gallschen Ketten durch den Gefrier-

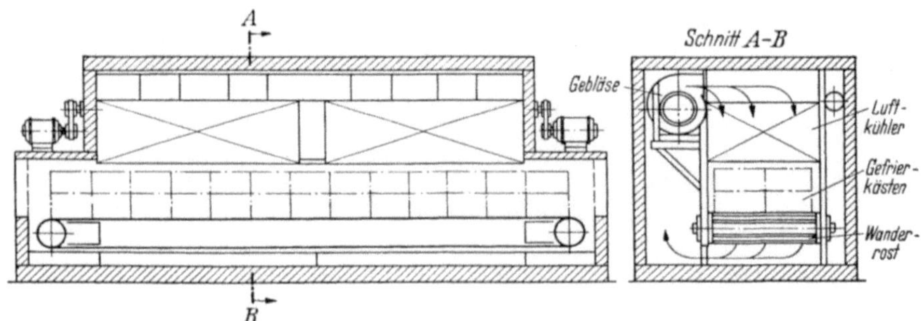

Abb. 40. Bandgefrierapparat von Brown, Boveri Co., Mannheim.

raum gefördert[2]. Der Luftkühler ist über dem Gefrierraum angebracht, und die Kaltluft wird von oben auf das Gefriergut geblasen und gezwungen, durch dasselbe hindurchzustreichen.

---

[1] Gutschmidt, J.: Z. ges. Kälteind. Bd. 51 (1944) S. 66.
[2] Gefriertaschenbuch: Vgl. Fußnote 3 auf S. 53 (dort S. 24).

Auch die York Corporation in York, Pa, hat in Gemeinschaft mit der Union Steel Product Company in Albion, Mich, einen vollautomatischen Schnellgefrierapparat mit Transportbändern entwickelt, der unter der Bezeichnung „York-Union Continuous Food Freezer" vertrieben wird. Der Apparat kann für die verschiedensten Lebensmittelpackungen verwendet werden, obwohl er ursprünglich für die Bäckereiindustrie entwickelt worden war (vgl. S. 443). Das den Apparat umfassende Gehäuse, Abb. 41, ist 18 m lang, 4,2 m breit und 3,3 m hoch. Die Gefrier-

Abb. 41. Außenansicht des York-Union-Gefrierers (YORK CORP., York, Pa.).

leistung beträgt z. B. 3600 Laib Brot in der Stunde. Die Verdampfungstemperatur ist $-40°$C, und die umlaufende Luft wird dabei auf $-34°$C abgekühlt. Abb. 41 läßt bereits das Transportband im Inneren erkennen. Außen rechts liegt das Band, das die Ware in den Gefrierer befördert. Links unten tritt die Ware aus dem Gefrierer heraus und wird auf einem Förderband in den Lagerraum von $-18°$ C gebracht. In Abb. 42 ist der Weg des inneren Förderbandes mit seinen schraubenförmigen Windungen zu erkennen. Im Innern sieht man die Rippenrohre des Verdampfers und die Ventilatoren, welche die Luft sehr gleichmäßig über die Rohre und die Gefrierware auf den Bändern verteilen. Abb. 43 zeigt die Rippenrohre und die 6 Ventilatoren noch deutlicher. Für die Kälteerzeugung sorgt eine

Abb. 42. Ansicht der Transportbänder mit dem Rahmengestell zum York-Union-Gefrierer (YORK CORP., York, Pa.).

neben dem Gefrierer aufgestellte zweistufige Freon-Anlage. Eine Pumpe fördert das flüssige Kältemittel durch den Verdampfer.

Abb. 43. Die Verdampfer-Rippenrohre mit den 6 Ventilatoren zum York-Union-Gefrierer
(YORK CORP., York, Pa.).

c) Tunnelapparate mit Aufzug. Für den Großbetrieb eignen sich sehr gut Tunnelapparate mit gemischtem horizontalem und vertikalem Transportsystem, die schon früher in der Schokoladen- und Süßwarenindustrie eingeführt waren. Die Paternoster-Gefrierapparate bieten eine bessere Oberflächen- und Raumausnutzung als die Bandgefrierapparate.

Beim Paternoster-Gefrierapparat von Borsig-Loesch, Abb. 44[1], werden die Roste mit den Lebensmittelpackungen auf einem horizontalen Transportband von links in das Schienenpaar eines senkrechten Aufzuges geschoben. Die etagenförmig angeordneten Schienenpaare bewegen sich auf der linken Seite des Apparates aufwärts und werden nach Erreichen der höchsten Lage durch das obere Transportband in die rechte Seite des Apparates geschoben, wo sie sich abwärts bewegen; in der tiefsten Stellung des Schienenpaares werden die Roste mit den Packungen vom unteren Transportband aufgenommen und in den Gefrierlagerraum befördert. Der Luftkühler ist seitlich neben dem Aufzug angeordnet; die kalte Luft kann die Roste mit den Lebensmitteln in waagerechter Strömung allseitig umspülen, da die Roste nur mit den Rändern auf den schmalen Tragschienen aufliegen. Die kälteste Luft strömt zuerst durch die abwärts bewegten Roste und dann durch die aufwärts bewegten. Zahlreiche Gefrierapparate dieser

---

[1] Vgl. Fußnote 3 auf S. 53.

Bauart sind im letzten Krieg sowohl stationär wie auch fahrbar mit Erfolg benutzt worden. Eine abweichende Bauart nach dem gleichen Paternoster-Prinzip hat die Firma **J. M. Lehmann** entwickelt[1].

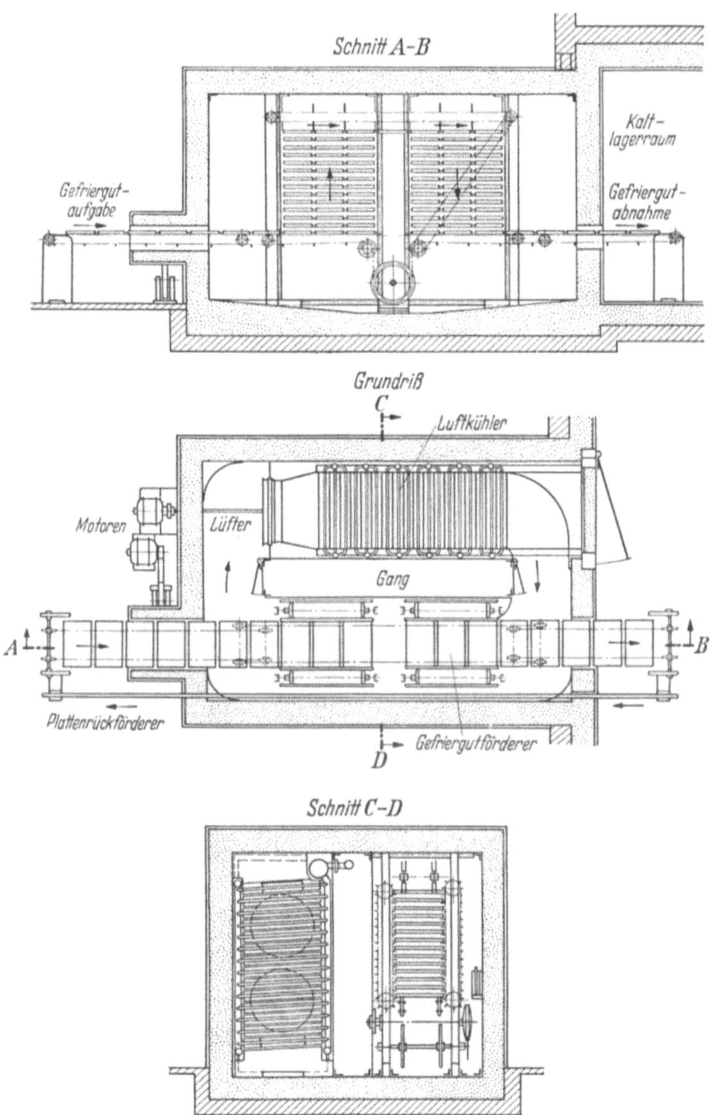

Abb. 44. Gefriertunnel mit Paternoster-Aufzug nach BORSIG-LOESCH.

Die York Corp. in York, Pa., hat einen kontinuierlich wirkenden Apparat, bestehend aus zwei senkrechten, nebeneinander angeordneten Gefrieraufzügen, entwickelt, denen die mit losem Gut (z. B. Erbsen) gefüllten Bleche unten links in Abb. 45 automatisch zugeführt werden. Die Bleche werden in den Aufzügen hydraulisch gehoben und dabei von kalter Luft umspült. Die kälteste Luft gelangt in den oberen Teil der Aufzüge; sie wird dann umgelenkt und strömt

---

[1] Vgl. J. GUTSCHMIDT: Fußnote 1 auf S. 58.

durch den unteren Teil den rechts oben in Abb. 45 angeordneten Verdampferschlangen zu. Unter den Schlangen sind der Ammoniaksammler und die

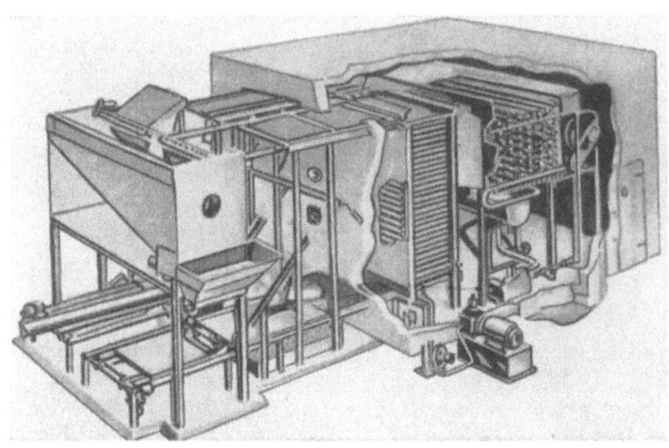

Ammoniakpumpe unter-
gebracht. Die Bleche mit
der fertig gefrorenen
Ware treten oben aus
den Aufzügen aus, gelan-
gen auf eine Kippvorrich-
tung und werden in einem
Trichter entladen. Beim
Gefrieren von losen Erb-
sen faßt jedes Blech 36 kg;
die Gefrierzeit beträgt
bei einer Verdampfungs-
temperatur von $-35°$ C
rd. 50 Minuten, wenn
dem Gefrierer vorgekühlte
Erbsen mit einer Tempe-
ratur von $+5°$ C zu-
geführt werden und eine

Abb. 45. Kontinuierlicher Tunnel-Gefrierapparat mit Aufzug
von YORK.

Endtemperatur von $-12°$ C verlangt wird. Es können dann stündlich 3400 kg
Erbsen gefroren werden. Jeder Aufzug enthält 20 Bleche.

Auch bei dem von VAN RENSSELAER H. GREENE[1] entwickelten Luftgefrierapparat wird von einem Gefrieraufzug Gebrauch gemacht (Abb. 46). Die lose
auf Blechen *1* geschichtete Ware wird automatisch in den Aufzug *2* geschoben

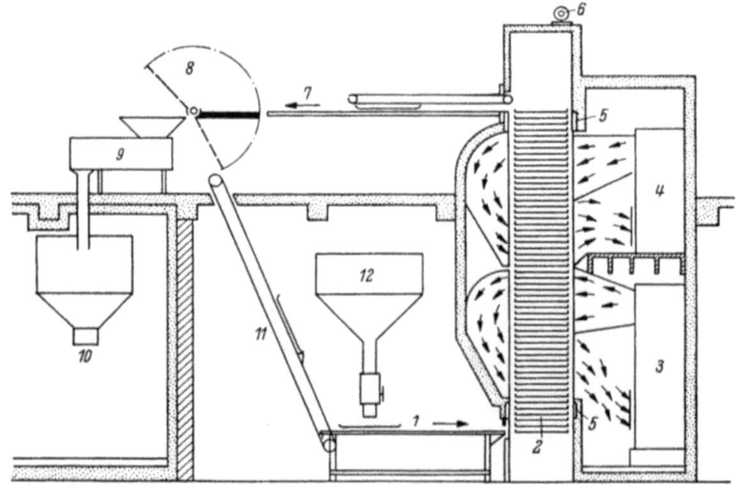

Abb. 46. Kontinuierlicher Tunnel-Gefrierapparat mit Aufzug von VAN RENSSELAER H. GREENE.
1 Automatische Beschickung der Schalen, *2* Hebevorrichtung, *3* Erste Stufe des Luftkühlers, *4* Zweite
Stufe des Luftkühlers, *5* Dichtung, *6* Elektromotor für die Hebevorrichtung, *7* Förderband, *8* Schalen-
Kippvorrichtung, *9* Trichter, *10* Gefrierlagerraum, *11* Förderband für leere Schalen, *12* Einfülltrichter.

und dort zweistufig gekühlt. In der ersten Stufe wird ein Naßluftkühler *3* verwendet, bei dem die Verdampferrohre von einer nicht gefrierenden Flüssigkeit
berieselt werden. Hier wird die Ware bis auf den Gefrierpunkt abgekühlt und der

---

[1] Vgl. R. PLANK: Amerikanische Kältetechn. Fußnote 4 auf S. 53 (dort S. 160).

Hauptteil der von der Ware abgegebenen Feuchtigkeit aufgenommen. In der zweiten Stufe wird von einem Trockenluftkühler Gebrauch gemacht, der nur sehr selten abgetaut zu werden braucht, da sich hier nur noch sehr wenig Feuchtigkeit ausscheidet. Der Aufzug reicht bis in den zweiten Stock des Gebäudes, wo die Bleche mit der fertig gefrorenen Ware ausgeladen und auf einem Transportband 7 zu einer Kippvorrichtung 8 gebracht werden. Die Gefrierware fällt dort durch einen Trichter 9 in einen Sammelbehälter, aus dem sie in das Gefrierlager 10 gelangt. Die geleerten Bleche rutschen auf einem geneigten Transportband 11 herab und kommen unter den Einfülltrichter 12, wo sie mit neuer zu gefrierender Ware beladen werden. Der Gefrieraufzug in Abb. 46 faßt 50 Bleche, und jedes Blech wird mit 9 kg loser Ware (z. B. Erbsen) beladen. Die Gefrierleistung erreicht 900 kg in der Stunde. Die Gefrierzeit beträgt 30 Minuten, es tritt also alle 36 Sekunden ein neues Blech unten in den Aufzug ein und ein anderes tritt oben heraus.

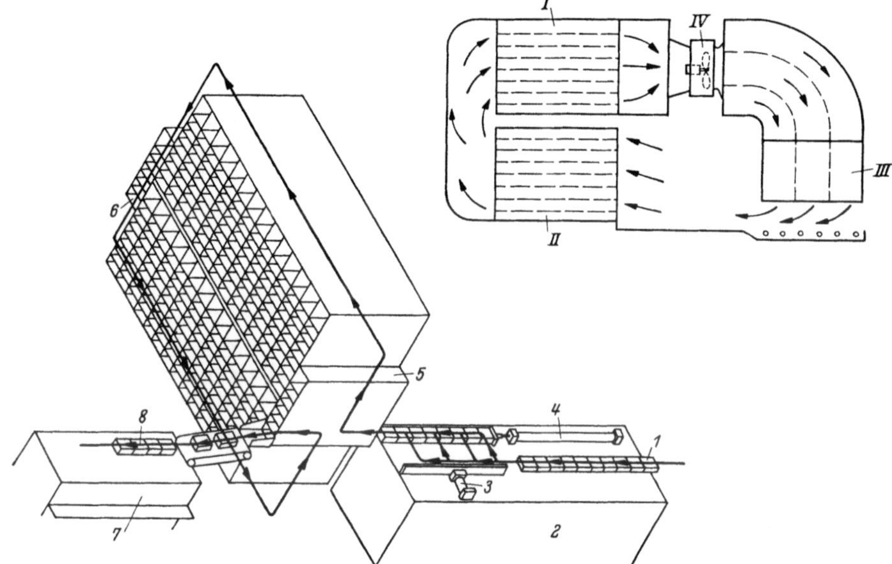

Abb. 47. Tunnel-Gefrierapparat der Freezing Equipment Sales Co. in York, Pa.

Einen kontinuierlichen Tunnelgefrierapparat mit horizontalem und vertikalem Transportsystem hat die Gesellschaft Freezing Equipment Sales in York, Pa., in verschiedenen Größen entwickelt. Er wird unter dem Namen „Freeze-Pak" vertrieben. Die in zwei Stockwerken (*I* und *II*, oben in Abb. 47) senkrecht angeordneten verschiebbaren Gefrierregale sind mit den seitlich daneben aufgestellten Luftkühlern *III* und Ventilatoren *IV* in einer gut isolierten Kammer untergebracht. Die einzelnen Regale sind in 11 Zellen unterteilt, in die je 20 zu gefrierende Packungen mit einem Gewicht von je 340 g automatisch eingeschoben werden. Der durch die Zellen geführte kalte Luftstrom von 34 000 m³/h wird von 6 Ventilatoren erzeugt und gestattet, die Packungen in $2^3/_4$ Stunden durchzufrieren.

Die Packungen 1 (unten in Abb. 47) gelangen auf einem Transportband von der Verpackungsmaschine auf den Ladentisch 2, und ein hydraulischer Vorschubmechanismus 3 stellt 20 Packungen vor den Ladestempel 4, der sie in eine Zelle des sich schrittweise aufwärts bewegenden Regals 5 einführt. Wenn alle Zellen gefüllt sind, befindet sich das Regal im oberen Stockwerk und wird nun mit den übrigen Regalen hydraulisch horizontal nach links bewegt, wobei es am anderen Ende ein Regal *6* mit schon teilweise gefrorenen Paketen ausstößt. Dieses Regal bewegt sich dann nach unten und tritt in das untere Stockwerk ein, durch das es sich nun von links nach rechts bewegt und dabei die anderen Zellen vorschiebt, wobei eine nach der anderen vor den Ausladetisch *7* zu stehen kommt. Aus der oberen Zelle des gerade vor dem Ausladetisch stehenden Regals werden dann die durchgefrorenen Packungen *8* durch die von hinten eingeführten frischen Packungen auf den Tisch *7* ausgestoßen. In dem Maße, wie sich das Regal nun zu heben beginnt, werden immer weitere Zellen von hinten frisch gefüllt und nach vorne entleert. Vom Ausladetisch gelangen die Packungen auf einem Transportband in das Gefrierlager. Der größte Gefrierapparat dieser Art enthält in jedem Stockwerk 56 Regale, die auf Schienen geführt werden. Wie man sieht, bewegt sich die Luft im Gegenstrom zu den Regalen mit den Gefrierpackungen. Die Kälteleistung beträgt 330 000 kcal/h bei einer Verdampfungstemperatur von $-40°$ C. Der Gefrierapparat wird von nur einem Mann bedient.

3. Das Gefrieren in tiefgekühlten Flüssigkeitsbädern.

Die Gefrierzeit kann durch Anwendung tieferer Temperaturen der Wärmeübertragungsmittel oder durch Erhöhung der Wärmeübergangszahl wesentlich abgekürzt werden. Die Erzeugung sehr tiefer Temperaturen erfordert einen hohen Energieverbrauch und ist daher unwirtschaftlich. Solange man Luft als Übertragungsmittel verwendet, läßt sich die Wärmeübergangszahl praktisch nur durch Erhöhung der Strömungsgeschwindigkeit verbessern, was in Tunnelapparaten verwirklicht wurde. Geschwindigkeiten über 5 bis 10 m/s sind aber ebenfalls unwirtschaftlich, weil der zu überwindende Strömungswiderstand mit dem Quadrat und die dafür aufzuwendende Energie mit der dritten Potenz der Geschwindigkeit wächst. Die für den Antrieb der Ventilatoren benötigte Energie setzt sich außerdem in Wärme um und belastet damit die Kältemaschine zusätzlich.

Man hat daher schon frühzeitig, besonders für das Gefrieren von Fischen, von kalten Flüssigkeitsbädern Gebrauch gemacht. Die Wärmeübergangszahl von Lebensmitteln an Flüssigkeiten ist mindestens zehnmal größer als an Luft. Beim Gefrieren kleiner Objekte ist die Wärmeübergangszahl von maßgebendem Einfluß auf die Gefrierzeit. Bei sehr großen Objekten (z. B. Rindervierteln oder großen Fischen) tritt sie neben der Wärmeleitzahl der Lebensmittel an Bedeutung zurück [vgl. S. 23, Gl. (16)].

a) Unmittelbare Berührung der Lebensmittel mit der kalten Badflüssigkeit. Fische wurden schon vor über 100 Jahren in Gemischen aus Eis und Kochsalz und später in konzentrierten Kochsalzlösungen gefroren, deren Temperatur durch eine Kältemaschine bis auf etwa $-20°$ C gesenkt wurde[1]. Neben Kochsalzlösungen wurden auch Gemische von Wasser mit ein- und mehrwertigen Alkoholen vorgeschlagen, aber nur in beschränktem Umfang verwendet[2]. Das unmittelbare Gefrieren in tiefsiedenden Kältemitteln (CO_2 oder N_2O) hat sich praktisch nicht eingeführt[1]. Dagegen haben Kochsalzbäder eine ziemlich ausgedehnte Anwendung gefunden. Einen wesentlichen Anstoß dafür gaben die Bemühungen Ottesens, durch passende Wahl von Temperatur und Salzkonzentration das Eindringen von Salz in die Fische während des Gefrierens

---

[1] Vgl. Bd. I dieses Handbuches, S. 117 ff.
[2] Rouart, H.: Brit. Pat. 5378 (1898). — Bland: DRP. 673 417 (1936) verwendet ein Gemisch aus Kochsalzlösung, Glyzerin und Alkohol.
[3] Mackinney, G.: Food Ind. Mai 1946, S. 81.

herabzusetzen. Er empfahl, das Gefrierbad auf seinem eigenen Gefrierpunkt zu halten und der Salzlösung einige Prozent Glyzerin beizugeben[1]. Es wurden auch

Zusätze von Zucker empfohlen, und zwar sowohl zu Kochsalzlösungen[2] wie auch zu Lösungen von Chlorkalzium[3]. Es wurde auch vorgeschlagen, eine eutektische Kochsalzlösung zu verwenden und auf den Verdampferschlangen eutektisches Eis als Kältespeicher anzulagern. Gewerbliche OTTESEN-Anlagen wurden ab 1915 zuerst in Dänemark und dann in vielen anderen Ländern gebaut.

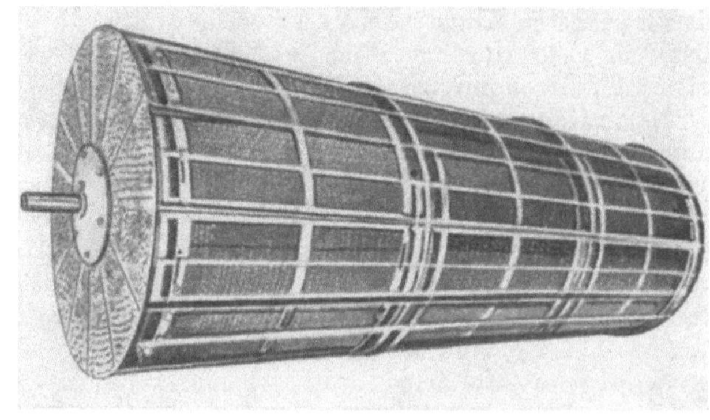

Abb. 48. Gefriertrommel zur Fischgefrieranlage nach Ottesen bei der San Juan Fishing Co. in Seattle, Wash.

Die ersten größeren deutschen Anlagen errichtete SCHLIENZ in Wesermünde und Cuxhaven[4]. In Amerika wurden solche Anlagen an der nordpazifischen Küste erstellt, und zwar in Seattle, Wash., und in British Columbien, wo sie hauptsächlich zum Gefrieren von Heilbutt und Lachsen dienten.

In der OTTESGN-Anlage der San Juan-Fishing Co. in Seattle, Wash.[5], bestand die Gefriertrommel, Abb. 48, aus durchlöchertem verzinktem Eisenblech und Drahtgeflecht; sie ist in 12 Sektionen radial geteilt und axial dreimal unterteilt. Der Durchmesser der Trommel beträgt 1,8 m, die Länge 4,5 m, der Inhalt 11 m³, sie faßt etwa 2500 kg Fische. Die Trommel rotiert langsam in einem offenen rechteckigen Blechgefäß, Abb. 49, an dessen Längswänden 2 Solerohre mit zahlreichen seitlichen Öffnungen liegen. Aus diesen Öffnungen tritt Sole in kräftigen Strahlen heraus und bespritzt die in der Trommel untergebrachten Fische.

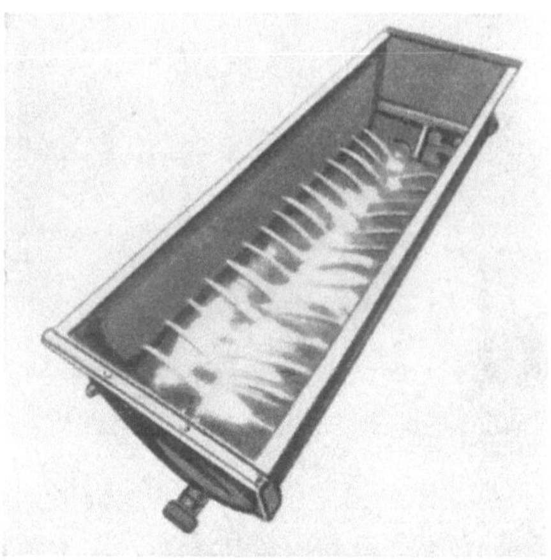

Abb. 49. Gefrierbehälter für die Trommel nach Abb. 48.

Der Soleumlauf zwischen dem Verdampfer und der Gefriertrommel beträgt 2,3 m³/min. Die Trommel macht nur etwa 1 Umdrehung in der Minute. Bei einer

---

₁ OTTESEN, A. J. A.: DRP. 294413 (1914), Brit. Pat. 24244 (1912), U.S. Pat. 1129716 (1915).
₂ MINGLEDORFF, W. L. JR.: Southern Fisherman Bd. 14 (Dezember 1954) S. 38, 72 u. 78.
₃ POTTINGER, S. R.: Fishery Technol. Labor., U.S. Fish & Wildlife Service, Boston. Persönl. Mitteilung.
₄ SCHLIENZ, W.: Jahresberichte über die deutsche Fischerei 1925. — Die Kühlfisch A.G. Wesermünde, Musterbetriebe Deutscher Wirtschaft Bd. 16: Die Fischwirtschaft. Berlin: Organisations-Verlagsges. (S. Hirzel) 1930.
₅ Pacific Fisherman, Juni 1927 und Mai 1928. — Vgl. auch R. PLANK: Amerikanische Kältetechnik, S. 110. Berlin: VDI-Verlag 1929.

Soletemperatur von −20° C gefrieren Heilbutte im Gewicht von 7 kg in 2¹/₂ Stunde und gleich schwere Lachse in 3 Stunden.

Das Tauch- oder Überflutungsverfahren wird auch in Norwegen in konstruktiv verfeinerten Konstruktionen durchgeführt, wie sie z. B. von der A/S Kvaerner Brug in Oslo durchgebildet wurden[1]. Über Ottesen-Anlagen an Bord von Fischereifahrzeugen vgl. S. 246.

Neuerdings wird das Gefrieren in kalten Flüssigkeitsbädern im Staate Ontario (Kanada) für Hühner und Puten (turkey) mit Erfolg angewendet. Dabei wird als Badflüssigkeit eine 50 Vol.-%ige Lösung von Methanol und Wasser verwendet[2]. Man macht sowohl vom Tauchverfahren wie auch vom Berieselungsverfahren Gebrauch. Die besten Erfolge wurden in schwach bewegten Bädern von −29° C erzielt, wobei Hühner im Gewicht von 2 bis 3 kg 20 Minuten und Puten im Gewicht von 7 kg 40 Minuten in der Badflüssigkeit bleiben. Diese Zeit genügt, um die vom Handel gewünschte kreideweiße Farbe der Oberfläche zu erhalten. Die Ware wird dann verpackt und in einem Tunnelgefrierapparat in strömender Luft vollkommen durchgefroren. Bei der anschließenden Kaltlagerung blieb die Qualität bei −7° C 2 Wochen lang, bei −18° C 6 Wochen und bei −30° C unbegrenzt lange erhalten. Vielfach wird das Geflügel vor dem Eintauchen in das kalte Bad in einen dicht anliegenden evakuierten Gummibeutel verpackt (vgl. das „Cry-O-Vac"-Verfahren auf S. 69). Man ist dann in der Wahl des Flüssigkeitsbades unabhängig und kann neben Kochsalzlösungen auch solche von Kalziumchlorid, Alkoholen und Glykolen wählen, die tiefere Badtemperaturen zulassen.

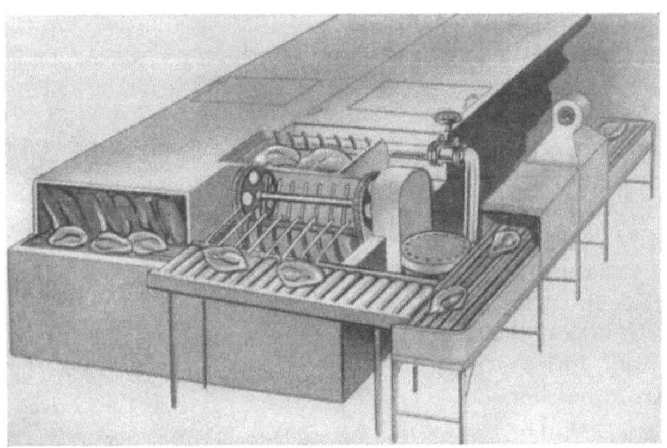

Abb. 50. Tauchgefrierapparat der Kent Industries für Geflügel.

Einen Tauchgefrierer für unverpacktes Geflügel haben die Kent Industries in Chicago entwickelt. Die in einem Bad von Propylenglykol schwimmende Ware wird darin durch Flüssigkeitsstrahle fortbewegt. Eine Einheit, die stündlich 2250 kg Geflügel gefriert, ist in Abb. 50 dargestellt. Die mit Speichen versehenen Entlader (in der Mitte der Abbildung) sorgen für das Abtropfen des an der Oberfläche der Ware haftenden überschüssigen Glykols. Der Rest wird in einem überdachten Kanal (rechts) durch Wasserberieselung entfernt[3].

Neben dem Tauchverfahren wurde in Landanlagen auch von dem Berieselungsverfahren Gebrauch gemacht, wie es ursprünglich von Hirsch[4] vor-

---

[1] Helgerud, Ø.: Kältetechn. Bd. 3 (1951) S. 180 u. 220.

[2] Lentz, C. P., u. L. van den Berg: Food Technology Bd. 11 (1957) S. 247. Vgl. auch W. B. Esselen u. Mitarb.: Food Engng. Bd. 27 (1955) H. 7, S. 99 und Refrig. Engng. Bd. 62 (1954) H. 7, S. 61. — E. L. Hulland: Refrig. Engng. Bd. 66 (1958) H. 1, S. 60. — J. D. Mitchell u. W. B. Stadelmann: Quick Frozen Foods. April 1958.

[3] Vgl. Food Enging. Bd. 29 (Januar 1957) Nr. 1, S. 118. Siehe auch Food Manufact. Bd. 28 (1953) Nr. 3, S. 122.

[4] Hirsch, L.: DRP. 335871 (1916).

geschlagen und von TAYLOR[3] praktisch verwirklicht wurde. Sein Apparat ist in Abb. 51 dargestellt. Ein Förderband, an das die Fische an Traversen A aufgehängt werden, bewegt sich durch einen isolierten Tunnel von 14 m Länge und 1,3 m Breite, wobei die Fische mit kalter Sole berieselt werden, die durch die Pumpe F gefördert wird. Die Sole sammelt sich am Boden des Tunnels, wo auch der Verdampfer E der Kältemaschine angeordnet ist. Vor und hinter dem Tunnel werden die Fische auf dem gleichen Förderband durch kaltes Süßwasser berieselt und dabei gewaschen und vorgekühlt bzw. von anhaftender Sole befreit und glasiert.

Eine große Berieselungsgefrieranlage wurde 1928 in Asow (UdSSR) errichtet[2]. Von dem Berieselungsverfahren wird auch in Norwegen in größerem Umfang bei dem Gefrieren von Heringen in oft recht primitiven Anlagen Gebrauch gemacht[3].

Neben der Soleberieselung wurde, nach den Vorschlägen von ZAROTSCHEN-ZEFF, auch von der Sole-

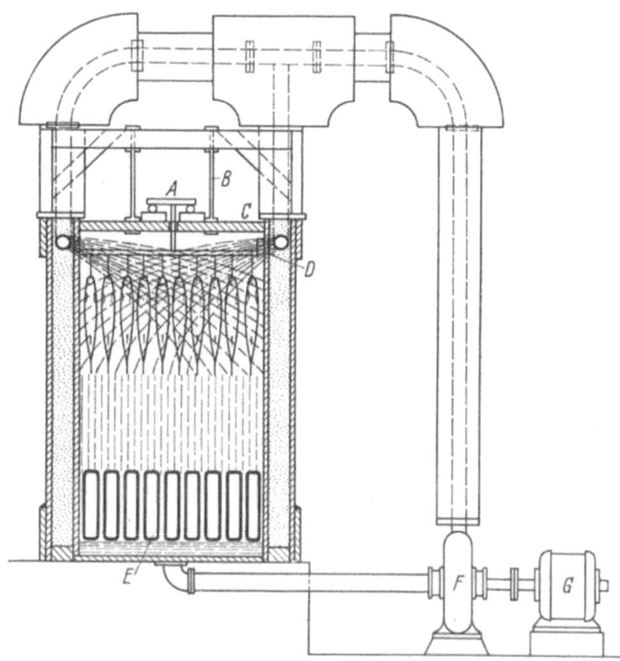

Abb. 51. Fischgefrierverfahren mit Soleberieselung nach H. F. TAYLOR.

A Traverse, B Zugstangen, C Deckel, D Düsen, E Verdampfer F Solepumpe, G Antriebsmotor.

zerstäubung in geschlossenen isolierten Kammern Gebrauch gemacht. Eine genauere Beschreibung dieses Verfahrens findet man auf S. 248 im Zusammenhang mit der Behandlung von Gefrieranlagen an Bord von Fischereifahrzeugen. Solche Anlagen wurden aber auch an Land ausgeführt, und zwar nicht nur für das Gefrieren von Fischen, sondern z. B. auch für Geflügel und für verschiedene Lebensmittel in kleinen Packungen. In Deutschland wurden solche Anlagen von dem Bergedorfer Eisenwerk in Hamburg-Bergedorf gebaut.

b) Ohne direkte Berührung der Lebensmittel mit der Badflüssigkeit. Will man eine direkte Berührung der Lebensmittel mit der kalten Flüssigkeit vermeiden, dann muß man die Gefrierware in gut leitenden Behältern unterbringen oder sie mit dünnen Schutzhüllen umgeben. Man hat von schmalen Blechzellen nach Art der Eiszellen oder von flachen Pfannen Gebrauch gemacht. Die Firma Gottfried Friedrichs in Altona hat schon um 1910 Aale in solchen Zellen unter Zusatz von 30 bis 50% Wasser gefroren, Abb. 52[4]. Nach Entnahme der Eisblöcke aus den Zellen wurden sie bei −6° C bis −8° C gelagert, wobei die Eismasse wie

---

[1] TAYLOR, H. F.: Refrigeration of Fish, Bureau of Fisheries Nr. 1016, Washington 1927. — Refrig. Engng. Bd. 16 (1928) S. 147. — U.S. Pat. 1468050 (1921).

[2] KASSATKIN, F. S.: Technologie der Fischprodukte. Moskau 1940. — N. F. BERESIN: Die Kälte in der Fischindustrie. Moskau 1933.

[3] Vgl. Fußnote 1 auf S. 66.

[4] Die Kälteindustrie (Hamburg) Bd. 12 (1915) H. 1 bis 3, S. 3.

eine starke Glasur wirkt. In ähnlicher Weise wurden auch Weißfische in flachen
Pfannen unter Wasserzusatz gefroren, Abb. 53[1]. Reines Wassereis löst sich beim

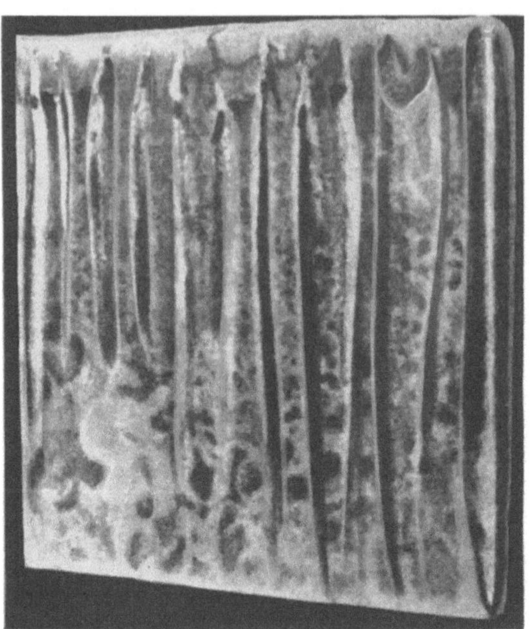

Abb. 52. Aale im Eisblock, durch Eintauchen von Zellen in Sole gefroren.

Auftauen der Blöcke von der Fischoberfläche schwer ab, so daß man das Eis
vollständig auftauen muß, bevor man die Fische entnehmen kann; man hat
daher empfohlen, dem Wasser einen Stoff zuzusetzen, der aus Algenarten ge-
wonnen wird und der mit Wasser ein Gel bildet. Die A/S Protan in Drammen, Norwegen, hat für diesen Zweck ein Natrium-Alginat hergestellt, welches quellfähig ist, gut geliert, an der Fischoberfläche einen Film bildet und die Oxydation fetter Fische verhindert[2]. So gebildete Fischblöcke können auch in Plattenapparaten gefroren werden (S. 69).

Tamm hat das Gefrieren kleinerer Fische

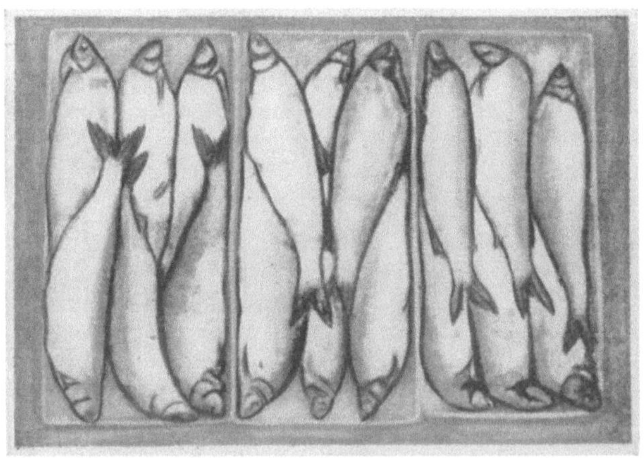

Abb. 53. Weißfische in flachen Pfannen gefroren.

---

[1] Göttsche, G.: Die Kältemaschinen und ihre Anlagen, S. 620. Hamburg 1915.
[2] Helgerud, Ø.: Vgl. Fußnote 1 auf S. 66. — A. Olesen: Food Manufact. Bd. 30
(Juli 1955) Nr. 7, S. 267. — Canadian Fisherman Bd. 42 (August 1955) Nr. 8, S. 14. —
Norw. Fishing News Bd. 3 (1956) Nr. 2, S. 20.

im Eisblock technisch wesentlich vervollkommnet. Nach seinen Entwürfen wurden Gefrierapparate von der Ziemann G. m. b. H. in Stuttgart gebaut (S. 239)[1]. PETERSEN hat größere Fische in besonderen, der Körperform der Fische angepaßten Blechzellen, die in kalte Solebäder getaucht wurden, gefroren[2]. KOLBE hat zwei indirekte Tauchgefrierverfahren angegeben, von denen das eine auf dem Prinzip der Taucherglocke basiert[3] und bei dem anderen flache zylindrische Schalen durch Kanäle in einem Solebehälter schwimmend geführt werden, in dem sie vom Solestrom mitgeführt werden[4].

Es wurde ferner vorgeschlagen, die verschiedenartigsten Lebensmittel vor dem Eintauchen in das Solebad mit einer dünnen wasserdichten Umhüllung zu versehen. Am besten eignen sich dünne Gummibeutel, die sich an der ganzen Oberfläche der Gefrierobjekte gut anschmiegen. Um Luftsäcke zu vermeiden, werden die Beutel vor dem Verschließen evakuiert[5]. Dieses „Cry-O-Vac"-Verfahren wurde von der Firma Dewey und Almy in Boston, Mass., für den Großbetrieb entwickelt. Danach werden in Kanada und USA große Mengen von Hühnern und Puten gefroren, vgl. S. 66.

Auch eingedoste Fruchtsäfte hat man durch Eintauchen in kalte Solebäder gefroren. Ohne weitere Vorkehrungen erhält man dabei einen unhomogenen Block, in dem die Außenteile sehr wasserreich sind und der Kern sehr konzentriert wird. FINNEGAN hat in seinem „Tube Freezer" diesen Nachteil dadurch vermieden, daß er die gefüllten Dosen während des Gefriervorganges um ihre horizontal gelagerte Achse rotieren ließ und dadurch nicht nur eine gute Durchmischung erzielte, sondern auch den Luftraum in den Kern verlagern konnte[6]. Diese Verfahren wurden später durch die Herstellung gefrorener Saftkonzentrate ersetzt. Die Food Machinery & Chemical Corp. in San José, Cal., hat einen rotierenden Dosengefrierer nach dem Tauchverfahren entwickelt, wobei als Badflüssigkeit neben Alkoholen auch ein Gemisch von 75% Isopropanol mit 25% Aceton verwendet wird[7].

Neuerdings wird in USA auch Fleisch in Kanistern durch Eintauchen in kalte Badflüssigkeiten gefroren[8]. In zylindrischen geschlossenen Kanistern von 125 mm Durchmesser wird das Fleisch von der Chip Steak Co. in Oakland, Cal., in Gefrierbädern von Propylenglykol bei $-32°$ C in $2^1/_2$ Stunden gefroren.

4. Das Gefrieren in Mehrplattenapparaten.

a) Apparate für Handbetrieb. Während bei den bisher behandelten Gefrierverfahren von dem Wärmeübergang durch Konvektion Gebrauch gemacht wurde, hat man es beim Gefrieren von regelmäßig verpackten Lebensmitteln auf kalten Metallplatten mit dem Wärmeübergang durch Leitung zu tun. Die Platten werden dabei von einem verdampfenden Kältemittel oder von einer kalten Sole durch-

---

[1] TAMM, W.: Kältetechnik Bd. 6 (1954) S. 178.
[2] Refrig. Engng. Juli 1922 und Juni 1924. — R. PLANK: Amerikanische Kältetechnik, S. 114. Berlin: VDI-Verlag 1929.
[3] KOLBE, R. E.: Ice and Refrig. Bd. 70 (1926) S. 205. — U.S. Pat. 1527562 (1925).
[4] KOLBE, R. E.: U.S. Pat. 1641441 (1925).
[5] HOVEMANN: DRP. 655314 (1935). — Die Kälteindustrie Bd. 36 (1939) S. 97. — R. HEISS: Z. ges. Kälteind. Bd. 46 (1939) S. 95.
[6] FINNEGAN, W. J.: Refrig. Engng. Bd. 42 (1941) S. 233. — W. J. FINNEGAN u. CARTER: Refrig. Engng. Bd. 54 (1947) S. 132. — R. PLANK: Die Kälte Bd. 1 (1948) S. 131 und Amerikanische Kältetechnik, 3. Bericht, S. 167. Düsseldorf: Dtsch. Ing.-Verl. 1950.
[7] Beschrieben und abgebildet im Buch von D. K. TRESSLER u. C. F. EVERS: The Freezing Preservation of Foods, 3. Aufl. auf S. 117 bis 119 und 584. Westport, Conn.: The Avi Publ. Comp. Inc. 1957.
[8] Food Processing, April 1957.

Abb. 54. Platten-Gefrierapparat von A. H. Cooke
(Atlantic Coast Fisheries Co., New York).

flossen. Als Vorläufer dieser Apparate ist der Schnellgefrierer von A. H. Cooke[1] anzusehen, Abb. 54. In einem gut isolierten Kühlschrank liegen etwa 12 Borde übereinander. Die Gefrierware (z. B. Fischfilets) wird auf Aluminiumpfannen von 750×750 mm² zwischen zwei soledurchflossene Borde geschoben. Zu beiden Seiten des Schrankes verlaufen die Soleverteilungsrohre. Ist die Ladung durchgefroren, dann wird die kalte Sole durch vorgewärmte ersetzt, um die Pfannen von den Borden abzutauen.

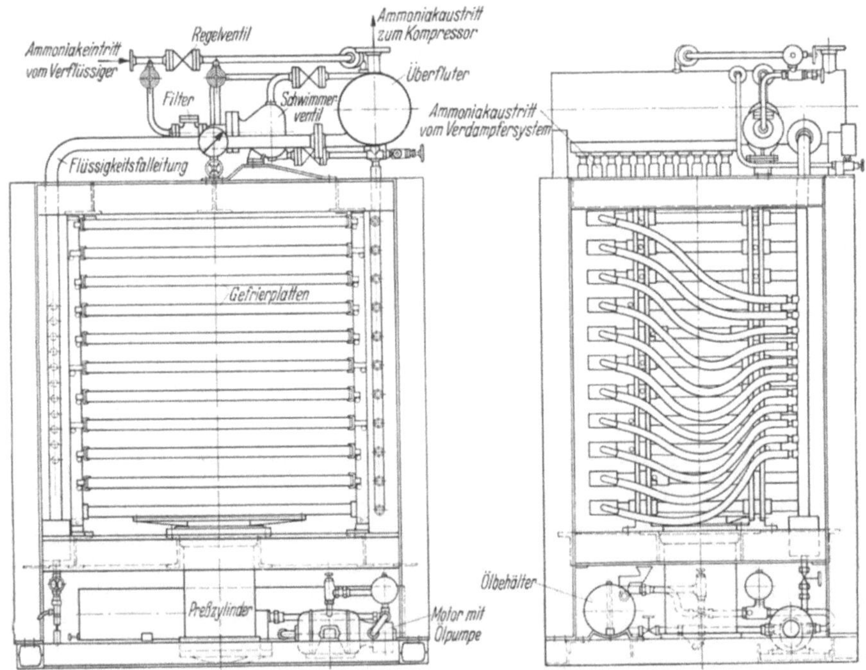

Abb. 55. Mehrplatten-Gefrierapparat von Cl. Birdseye und B. Hall.

Einen bleibenden Erfolg hatte aber erst der von Birdseye und Hall entwickelte Mehrplattenapparat nach Abb. 55[2]. Die Lebensmittelpackungen werden hier zwischen 2 Aluminiumplatten gelegt, in denen Stahlrohre oder Kanäle für das verdampfende Kältemittel oder Sole verlaufen. Die Zu- und Abführung des

---

[1] Vgl. H. F. Taylor: Fußnote 1 auf S. 67 (dort S. 613). — R. Plank: Amerikanische Kältetechnik, S. 115. Berlin: VDI-Verlag 1929.

[2] Birdseye, Cl., u. B. Hall: U.S. Pat. 1822123 (1929); DRP. 557590 (1930). — B. Hall: U.S. Pat. 1822089 (1929). Frosted Foods Corp.; DRP. 563802 (1928); 557590 (1930); 576059 (1931.)

Kältemittels geschieht durch biegsame armierte Gummischläuche, die auf dem Bild rechts zu erkennen sind. Die oberste Platte ist unbeweglich, während die unteren durch einen hydraulischen Stempel so lange gehoben werden können, bis ein mäßiger Druck auf die Packungen ausgeübt wird (vgl. S. 31). Bei den kleinsten Apparaten beträgt die Plattenfläche 450×600 mm², bei den größten 1100×1300 mm², und es liegen 10 Reihen von Gefrierpackungen übereinander. Der ganze Apparat ist in einem gut isolierten Schrank eingebaut, der mit Türen versehen ist. Bei einer Temperatur von $-35°$ C frieren Lebensmittelpackungen von 5 cm Dicke in rd. 2 Stunden durch. Mit dem größten Apparat können 6 t Lebensmittel in 24 Stunden gefroren werden.

Nach Ablauf der Patente wurde dieser Apparat in teilweise verbesserter Ausführung von verschiedenen Firmen gebaut:

STONE hat 1940 einen als „Jackstone Rotofroster" bezeichneten Gefrierapparat herausgebracht[1]. Im neueren „Jackstone Junior-Froster", der auch in England von der Jackston Froster Ltd. in Grimsby gebaut wird, ist die untere Platte unbeweglich, während die oberen Platten zum Einbringen der Ware hydraulisch gehoben werden und dann durch Federn auf das eingebrachte Gefriergut gepreßt werden. Das Gefrierabteil mit 6 Stahlplatten von 1150×550 mm² ist auf das Maschinenabteil montiert, in dem eine Zweizylinder-Freon 12-Anlage mit einer Kälteleistung von 11 000 kcal/h $(-15°$ C$/+30°$ C$)$ untergebracht ist. Der Gefrierapparat hat eine Grundfläche von $1,65 \times 1,20$ m²

Abb. 56. Junior-Modell des Amerio-Plattengefrierers für Freon 12.

und eine Höhe von 2,4 m.

Sehr ähnlich ist der ebenfalls für Handbetrieb gebaute Mehrplattenapparat der Amerio Manufacturing, Inc., in Union City, N. J. (Abb. 56)[2]. Der Apparat wird in 3 Größen: Junior, A und B gebaut, deren Charakteristika aus Tab. 14a zu entnehmen sind. Die Apparate werden mit Freon 12, Ammoniak oder Sole gekühlt. Bei einer Dicke der Packungen von 2″ beträgt die Gefrierzeit rd. 2 Stunden.

---

[1] STONE, A. J.: Quick Frozen Foods Bd. 2 (1940) Nr. 7, S. 16. — Refrig. Engng. Bd. 41 (1941) S. 252. — R. PLANK: Amerikanische Kältetechnik, 3. Bericht. Düsseldorf: Dtsch. Ing.-Verlag 1950, S. 161.

[2] Vgl. Die Kälte Bd. 9 (1956) S. 311.

Tabelle 14a. *Kennzeichnende Angaben für Amerio-Mehrplatten-Gefrierapparate.*

Modell	Anzahl Platten	Abmessungen der Platten cm²	Kältemaschine PS	Wasserverbrauch m³/h	Füllung Freon 12 kg	Gewicht mit Maschine kg
Junior	6	110 × 60	7,5	0,8		1300
A	7	140 × 107	20	2,0	45	3000
B	15	140 × 107	40	4,0	120	5100

Abb. 57 zeigt eine Großgefrieranlage mit 64 Amerio-Plattengefrierern für Solekühlung, für deren Bedienung eine Rollbahn vorgesehen ist. Die Apparate werden von einer zentralen Kälteanlage versorgt.

Abb. 57. Serie von 64 Amerio-Plattengefrierern, Modell B für Solekühlung, aufgestellt bei den Seabrook Farms in Bridgeton, N. J. für das Gefrieren von Gemüse.

Die Firma A/S Kvaerner Brug in Oslo hat verschiedene Konstruktionen von Mehrplattenapparaten mit horizontaler und vertikaler Stellung der Platten entwickelt, die HELGERUD ausführlich beschrieben hat[1].

In Deutschland hat die Gesellschaft für Lindes Eismaschinen A.G., Wiesbaden, den Bau von Plattengefrierern nach dem Krieg wieder aufgenommen[2]. Die hydraulische Hebe- und Senkvorrichtung befindet sich oberhalb des Plattenstapels. Der Apparat ist in Abb. 58 in zwei Stellungen dargestellt. Die Platten hängen nach Art von Kettengliedern mittels Bolzen untereinander. Damit die Packungen nicht ungebührlich gedrückt werden, liegen am Rand der Platten Holzleisten, deren Höhe der Packungsdicke angepaßt ist. Tab. 15 enthält Angaben über Schrankinhalt und Gefrierleistung verschiedener Modelle beim Gefrieren von Fischfilets. Dabei ist die Zeit zum Füllen und Entleeren des Schrankes (15 bis 30 Minuten) nicht berücksichtigt. Es ist eine Anfangstemperatur der Ware von $+10°$ C und eine Endtemperatur von $-18°$ C angenommen. Die Temperatur der Platten beträgt $-34°$ C.

---

[1] Vgl. Fußnote 1 auf S. 66.   [2] HOFMANN, E.: Die Kälte Bd. 10 (1957) S. 50.

a

b

Abb. 58a u. b. Schematische Darstellung der Arbeitsweise des Plattengefrierers der Gesellschaft für Linde's Eismaschinen A. G., Wiesbaden.
a) Plattenstapel auseinandergezogen, b) Plattenstapel zusammengedrückt.

In Dänemark werden Plattengefrierer von den Firmen Atlas, Kopenhagen, und Sabroe, Aarhus, für Leistungen bis zu 6 t in 24 Stunden gebaut.

Ein Gefrierapparat mit senkrechten Platten für ganze größere Fische mit Blockdicken bis 115 mm, im Gewicht bis 25 kg wurde in der Torry Research Station in Aberdeen entwickelt und auch für den Betrieb an Bord von Fischereifahrzeugen in Aussicht genommen (s. S. 261)[1].

Tabelle 15. *Plattengefrierschränke der Gesellschaft für Linde's Eismaschinen A.G. Wiesbaden.*

Modell	Anzahl Platten	Dicke der Packungen mm	Schrankinhalt an Gefrierware kg	in Zellglas verpackt		in Karton und Zellglas verpackt	
				Gefrierdauer h	Gefrierleistung kg/h	Gefrierdauer h	Gefrierleistung kg/h
1	16	25	570	0,55	1000	1,35	420
		38	790	0.95	830	2,0	390
		50	1050	1,4	750	2,75	380
		65	1370	2,0	680	3,4	380
		75	1570	2,5	630	4,2	375
2	19	25	680	0,55	1250	1,35	500
		38	950	0,95	1000	2,0	475
		50	1260	1,4	900	2,75	460
3	21	25	760	0,55	1380	1,35	560
		38	1050	0,95	1100	2,0	525
		50	1400	1,4	1000	2,75	510

b) Kontinuierlich wirkende Plattenapparate mit automatischer Beschickung. Während alle bisher beschriebenen Plattengefrierer absatzweise betrieben werden und die Gefrierpackungen von Hand eingeführt und entnommen werden, hat die amerikanische Industrie für den Großbetrieb auch kontinuierlich und vollautomatisch betriebene Apparate entwickelt. Es handelt sich um sehr verwickelte Sonderbauarten, die in der Literatur in großen Zügen beschrieben sind. Genannt seien:

1. Der Gefrierapparat der Food Machinery and Chemical Corp. in San José, Cal.[2]

2. Der Gefrierapparat der Patterson Freezer Corp. in Philadelphia, Pa.[3]

3. Der automatische Platten-Gefrierer der York Corp. in York, Pa.[4]. Ein solcher Apparat für das Gefrieren von Fisch-Sticks wurde wohl erstmalig bei der Sea Pak Corp., St. Simons Island, Ga., aufgestellt.

4. Der kontinuierliche Plattengefrierer der Amerio Contact Plate Freezers, Inc., Union City, N. J.[4] Eine große Gefrieranlage, welche diese Bauart verwendet, findet sich bei der O'Donnell-Usen Fisheries Corp. in Gloucester, Mass.

5. Die Proctor & Schwartz, Inc., hat ihren neu entwickelten Plattengefrierer kürzlich bei der Supplee-Wills-Jones Milk Co. in Philadelphia, Pa., für die Härtung von Speiseeis in Packungen von pints (0,57 l) und gallons (3,8 l) aufgestellt[4].

Auf eine ausführliche Beschreibung aller dieser Apparate muß an dieser Stelle verzichtet werden.

---

[1] Yule, P. A. A., u. G. C. Eddie: Modern Refrig. Bd. 56 (1953) S. 440. — Referat in Kältetechnik Bd. 6 (1954) S. 289.

[2] Food Ind. Bd. 20 (1948) Nr. 3, S. 72. — Ice and Refrig. Bd. 114, Juni 1948. — R. Plank: Amerikanische Kältetechnik, 3. Ber. Düsseldorf: Dtsch. Ing.-Verlag 1950, S. 164.

[3] Plank, R.: Kältetechnik Bd. 7 (1955) S. 311. — Refrig. Engng. Bd. 63 (1955) H. 4, S. 73. — Quick Frozen Foods Bd. 17 (1955) H. 8, S. 208.

[4] Eine Beschreibung findet man in Food Engng. Bd. 29 (Januar 1957) Nr. 1, S. 103—108.

VII. Die Veränderungen bei der Lagerung gefrorener Lebensmittel.

Während der Lagerung gefrorener Fische treten in ihnen weitere Veränderungen auf, die im wesentlichen von der Temperatur des Lagerraumes abhängen. Daneben spielen aber auch die relative Feuchtigkeit, die Art der Verpackung, die Dichte der Stapelung, die Lichteinwirkung u. a. eine wichtige Rolle. Nur das Wachstum der Mikroorganismen wird bei Gefriertemperaturen praktisch völlig unterbunden.

1. Rekristallisation.

Man hat beobachtet, daß die strukturellen Verschiedenheiten zwischen schnell und langsam gefrorenen Objekten, die unmittelbar nach dem Gefrieren sehr deutlich erkennbar sind, im Laufe der Lagerzeit durch *Rekristallisation* allmählich verschwinden. Insbesondere vergröbert sich die feinkristalline Struktur schnell gefrorener Waren nach längerer Lagerung zusehends. Die Rekristallisation kann auf zwei Ursachen zurückgeführt werden:

a) Wie man aus Abb. 9 ersehen kann, ist die Gefriergeschwindigkeit in den verschiedenen Schichten des Objektes außerordentlich verschieden. Aus den Werten in Tab. 12 ersieht man, daß z. B. für eine zweiseitig gekühlte Platte (Fischfilet) bei einigermaßen großen Werten der Wärmeübergangszahl α die Gefriergeschwindigkeit an der Oberfläche ($\varphi = 0$) ein Vielfaches von derjenigen im Kern ($\varphi = 1$) wird. Daher können die Innenschichten bei feinkristalliner Struktur der Oberfläche durchaus grobkristallin sein. Selbst wenn man im Lagerraum eine ideale Temperaturkonstanz voraussetzt, muß man berücksichtigen, daß der Dampfdruck der Eiskristalle um so größer wird, je kleiner ihre Abmessungen sind[1]. Es besteht also zwischen den kleinen und großen Kristallen ein Dampfdruckgefälle, wodurch die großen Kristalle auf Kosten der kleinen Kristalle dauernd wachsen. Bei langer Lagerung wird sich also die Kristallstruktur allmählich vergröbern. Aus Abb. 26 ist zu erkennen, in welchem Maße die Kristallgröße l nach fünfmonatiger Lagerung bei $-20°$ C zunimmt. Bei dreistündiger Gefrierzeit hat ein Fisch nach fünfmonatiger Lagerung (Punkt *1* in Abb. 26) die gleiche Kristallgröße erlangt (600μ), die er bei achtstündiger Gefrierzeit unmittelbar nach dem Frieren besitzt.

b) Unvermeidliche Temperaturschwankungen im Lagerraum führen ebenfalls langsam zu einer Vergröberung der Struktur. Bei jeder Erwärmung schmelzen die kleinsten Eiskristalle zuerst, da ihr Schmelzpunkt tiefer liegt als bei den größeren Kristallen[2]; bei jeder darauffolgenden Abkühlung findet eine Anlagerung von Wasser an die bereits vorhandenen Kristalle statt, wodurch diese dauernd wachsen. Man kann sich auch vorstellen, daß das wiederholte teilweise Schmelzen und Wiedererstarren zu einem Zusammenbacken der kleinsten Kristalle führen kann. Der Einfluß der Temperaturschwankungen in der Luft eines Kaltlagerraumes darf aber auch nicht überschätzt werden, denn die Übertragung der Schwankung auf das Innere der gelagerten Ware erfolgt mit einer starken Dämpfung der Temperaturamplitude.

Die schädlichen Rekristallisationsvorgänge können stark eingeschränkt werden, wenn man sich von vornherein bemüht, beim Gefrieren in den verschiedenen Schichten des Körpers eine möglichst gleichmäßige Gefriergeschwindigkeit und Kristallgröße zu erreichen. Das kann z. B. dadurch geschehen, daß man während

---

[1] Vgl. hierzu Fußnote 2 auf S. 22 (dort auf S. 18).

[2] Vgl. F. W. KUSTER: Lehrb. allg. physik. theor. Chemie 1906, S. 187. — P. PAWLOW: Z. phys. Chem. Bd. 65 (1909) S. 545; Bd. 68 (1909) S. 316 und Bd. 74 (1910) S. 562. — G. TAMMANN: Z. anorg. allg. Chem. Bd. 110 (1920) S. 166.

der Gefrierzeit die Temperatur des Kälteträgers allmählich senkt oder die Wärmeübergangszahl α allmählich steigert. Diese Mittel lassen sich am einfachsten bei solchen Gefrierapparaten durchführen, die nicht kontinuierlich beschickt werden. So könnte man z. B. bei einem Mehrplattenapparat den Anpreßdruck der Platten beim Beginn des Gefrierens niedrig halten und ihn im Laufe des Gefrierens bis zur zulässigen Höchstgrenze steigern (vgl. S. 31). Bei Tunnelapparaten könnte man die Windgeschwindigkeit im Laufe des Gefrierens erhöhen. Solche Regelungen ließen sich leicht automatisch durchführen.

Ein weiteres Mittel, die Dampfdruckunterschiede verschieden großer Eiskristalle zu verringern und damit die Rekristallisation zu verlangsamen, besteht in der Anwendung einer möglichst tiefen Lagertemperatur, die auch aus anderen Gründen sehr erwünscht ist. Für zwei Kristalle von gegebener Größe beträgt der Dampfdruckunterschied bei $-25°$ C nur ein Viertel desjenigen bei $-10°$ C[1]. Es können dann auch Temperaturschwankungen im Lagerraum und in der Ware keine so starken Schmelz- und Wiedererstarrungsvorgänge in den Kristallen hervorrufen. Nimmt man z. B. eine Temperaturschwankung von $0{,}05°$ C in der Ware an (die etwa einer Schwankung von $1°$ C in der Luft entspricht), dann kann man aus den Eisanteilen in Tab. 9 auf S. 220 bei einer Lagertemperatur von $-10°$ C das Schmelzen und Wiedererstarren von $0{,}042\%$ des im Fisch enthaltenen Wassers bei jeder Schwankung errechnen, während man bei $-25°$ C nur $0{,}005\%$ erhält.

Es muß an dieser Stelle betont werden, daß auch Versuchsreihen bekannt geworden sind, bei denen keinerlei Rekristallisation während einer langen Lagerzeit beobachtet wurde. So berichten Ramsbottom und Koonz[2], daß sie keinerlei Veränderungen in der Größe der Kristalle in Rindfleisch feststellen konnten, das bis zu einem Jahr bei $-12°$ C und $-34°$ C gelagert war. Bei solchen Versuchen wurde auch festgestellt, daß nach dem Auftauen die histologische Struktur das normale Bild eines nicht gefrorenen Muskels zeigte, so daß die kolloidchemischen Veränderungen reversibel verlaufen sind.

2. Der entscheidende Einfluß tiefer Lagertemperaturen.

Wie man sieht, können die Vorteile des schnellen Gefrierens durch ungünstige Lagerbedingungen ganz oder teilweise aufgehoben werden. Notevarp und Heen erkannten bei ihren Versuchen mit so schwierigen Objekten wie den fetten Heringen, „daß die kürzeste Gefrierzeit das beste Produkt ergibt; schon nach einmonatiger Lagerung konnten aber diese Unterschiede nicht mehr festgestellt werden"[3]. Auch alle biochemischen und kolloidchemischen Veränderungen, die durch das Gefrieren zwar gehemmt, aber nicht unterbunden werden, verlaufen bei tiefen Lagertemperaturen mit geringerer Reaktionsgeschwindigkeit. Man darf nicht vergessen, daß die solche Vorgänge katalysierenden Enzyme durch das Gefrieren nicht zerstört werden. Aus Abb. 59 ist zu ersehen, wie der Grad der Denaturierung der Proteine im Heilbutt-Muskelsaft bei verschiedenen Temperaturen im Laufe der Lagerung zunimmt[4].

Bei fetten Lebensmitteln spielen Oxydationsvorgänge eine maßgebende Rolle, da sie den ranzigen Geschmack verursachen. Durch geeignete Verpackung oder Glasur (Fernhaltung des Luftsauerstoffes), durch Vermeidung von Licht und

---

[1] Vgl. Fußnote 2 auf S. 5 [dort Gl. (74) und Tab. 23].

[2] Ramsbottom, J. M., u. C. H. Koonz: Food Res. Bd. 6 (1941) S. 571.

[3] Notevarp, D., u. E. Heen: Z. ges. Kälteind. Bd. 47 (1940) auf S. 124 und Abb. 2.

[4] Finn, D. B.: Contrib. Canad. Biol. Fisheries Bd. 8 (1934) S. 311. — Vgl. auch W. J. Dyer: Food Res. Bd. 16 (1951) Nr. 6, S. 522. Man versteht unter Denaturierung Veränderungen, die unter anderem durch verminderte Quellfähigkeit, erhöhte Angreifbarkeit durch Enzyme und Verlust vieler spezifischer biologischer Eigenschaften gekennzeichnet sind. Vgl. Bd. IX dieses Handbuches, S. 122.

durch tiefe Lagertemperaturen können diese Vorgänge in zulässigen Grenzen gehalten werden. Unter gleichen Bedingungen ist aber die Lagerdauer von fettreichen Lebensmitteln immer kürzer als die von fettarmen. Die Zusammenhänge sind für Fische aus Abb. 59 zu ersehen.

Das Problem der allmählichen zeitlichen Qualitätsabnahme kaltgelagerter Lebensmittel bei verschiedenen Temperaturen ist in seiner ganzen Breite von der amerikanischen Kühlhausindustrie in Verbindung mit zahlreichen Forschungsanstalten aufgegriffen worden. An der

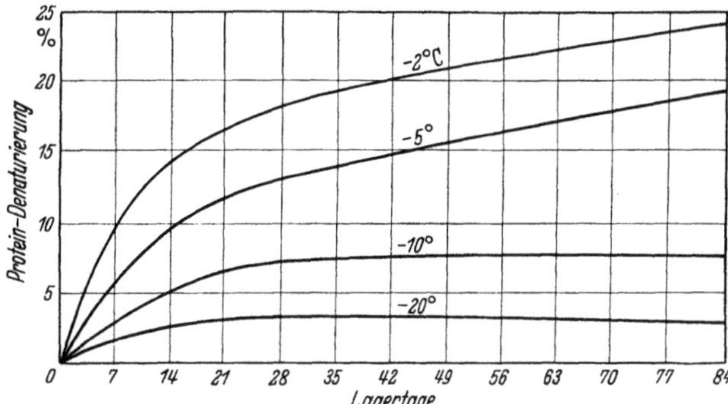

Abb. 59. Zunahme des Grades der Denaturierung der Proteine als Funktion der Lagerzeit bei verschiedenen Temperaturen (nach FINN).

Spitze stehen das U.S. Department of Agriculture, Western Branch in Albany, California, und The Refrigeration Research Foundation in Colorado Springs, Colorado. In der sog. TTT-Aktion (Time-Temperature-Tolerance) wird für eine große Zahl gefrorener Lebensmittel eine über das ganze Land ausgebreitete Qualitätskontrolle auf dem Wege vom Erzeuger bis zum Verbraucher durchgeführt. Auf diese Weise werden wohl erstmalig exakte Angaben über die Güte verschiedener Gefriererzeugnisse abhängig von der Lagerdauer, der Lagertemperatur und der Verpackung gesammelt[1,2]. Die optimalen Lagerbedingungen für verschiedene frische und gefrorene Lebensmittel findet man in Tab. 19 auf S. 85.

Es ist noch besonders zu betonen, daß für eine gute Qualität gefrorener Lebensmittel nach dem Auftauen neben dem Gefrierverfahren und den Lagerbedingungen vor allem der Frischezustand vor dem Gefrieren wesentlich ist.

3. Die Gewichtsverluste.

Bei der langfristigen Aufbewahrung gefrorener Lebensmittel in Gefrierlagerräumen können durch Verdunstung (Sublimation) nicht unerhebliche Gewichtsverluste entstehen, die abgesehen von Substanzverlusten auch eine Wertminderung der Ware durch Austrocknung der Oberfläche zur Folge haben. Im Gegensatz zur Austrocknung frischer Lebensmittel findet im gefrorenen Zustand keine Wanderung von Feuchtigkeit aus dem Inneren an die Oberfläche statt. Bei längerer Lagerung bildet sich an der Oberfläche von Fleisch eine poröse Trockenschicht infolge der Sublimation der kleinen Eiskristalle. In der so gebildeten zerklüfteten Oberfläche spielen sich unerwünschte Oxydationsprozesse ab, die durch den Luftsauerstoff bedingt sind und zu Verfärbungen und Geschmackseinbußen führen, auch wird die Adsorption fremder Geruchsstoffe begünstigt. Diese ausgetrocknete Schicht, deren Wassergehalt auf 30 bis 35% zurückgeht, kann bis zu 3% des Gesamtgewichtes der Lebensmittel betragen.

RJUTOW[3] hat den Gewichtsverlust gefrorener Lebensmittel am Beispiel von Fleisch theoretisch und experimentell eingehend untersucht. Seine Ergebnisse

---

[1] Vgl. z. B. E. F. JANSEN: Ber. IX. Intern. Kältekongr. Paris 1955, Bd. I, S. 4192.

[2] Eine Artikelserie unter dem Titel „The Time Temperature Tolerance of Frozen Food" wurde in Food Techn. Bd. 11 (1957) Nr. 1, S. 28 begonnen und wird fortgesetzt.

[3] RJUTOW (RUTOV), D.: Ber. IX. intern. Kältekongr. Paris 1955, Bd. II, S. 4153 und Cholodilnaja Technika Bd. 31 (1954) S. 45.

sollen hier kurz wiedergegeben werden. Er geht aus von der Gl. (11b) auf S. 17.

$$\Delta G = \beta' F (p - p_0),$$

in der ΔG den Gewichtsverlust in g/h, F die sublimierende Oberfläche in m², p den Sättigungsdruck des Wasserdampfes an der Oberfläche der Ware und p_0 den Partialdruck des Wasserdampfes in der Luft des Lagerraumes bedeutet; ist p_{s0} der Sättigungsdruck bei der Lagertemperatur, dann ist $p_0 = \varphi\, p_{s0}$, wenn mit φ die relative Feuchtigkeit bezeichnet wird. Die Drücke sollen hier in Torr (mmHg) gemessen werden. Es hat also β' die Dimension g/h m² mmHg. Unter normalen Bedingungen beträgt die relative Feuchtigkeit in Gefrierlagerräumen 95 bis 98%. In der kalten Jahreszeit, kann sie nahe an die Sättigung heranreichen; in der warmen Jahreszeit, oder wenn bei schwacher Isolierung des Raumes viel Wärme in den Raum einfällt, oder wenn der Raum nur schwach belegt ist, kann die relative Feuchtigkeit auf 90% sinken.

Auf die theoretischen Ableitungen Rjutows kann an dieser Stelle nicht eingegangen werden, es genügt zu sagen, daß sie mit seinen und fremden Versuchsergebnissen übereinstimmen. Die wesentlichsten Befunde lassen sich wie folgt zusammenfassen:

Die effektive Sublimationsoberfläche verschiedener Fleischarten bei der üblichen Packung in Gefrierlagerräumen beträgt nur etwa 40% der gesamten geometrischen Oberfläche der Fleischkörper; sie beträgt

bei Rindervierteln	12 m² je t
bei Schweinehälften	11 m² je t
bei Hammeln	20 m² je t

Bei stiller Kühlung (freie Konvektion) fand Rjutow bei einer Raumtemperatur von $-8,3°$ C folgende Werte der Diffusionszahl β' in Gl. (11b):

für sehr fettes Fleisch	$\beta' = 3,0$ g/h m² mmHg
für mittleren Fettgehalt	$\beta' = 3,9$ g/h m² mmHg
für mageres Fleisch	$\beta' = 5,1$ g/h m² mmHg
vergleichsweise für Eisblöcke	$\beta' = 6,2$ g/h m² mmHg

Der Gewichtsverlust gefrorener Lebensmittel hängt hauptsächlich von der Wärmemenge ab, die von außen in den Lagerraum eindringt, und ist dieser Wärmemenge nahezu proportional. Außerdem hängt der Gewichtsverlust von dem Kühlsystem ab. Je stärker der Strahlungsanteil bei der Wärmeübertragung an das Kühlsystem ist, um so geringer sind die Gewichtsverluste; in diesem Sinne ist einreihigen glatten Kühlrohren an der Wand und Decke des Lagerraumes der Vorzug vor mehrreihigen Systemen oder Rippenrohren zu geben; am ungünstigsten sind Luftkühler verschiedener Bauart, deren Kühlrohre vom Kühlgut nicht bestrahlt werden können. Erzwungene Luftströmung führt zu größeren Gewichtsverlusten, weil die zugeführte Wärmemenge durch die Ventilatorarbeit um 15 bis 20% vergrößert wird und weil die Diffusionszahl β' ansteigt, z. B. bei mittelfettem Fleisch von 3,9 auf 6 g/h m² mmHg.

Abb. 60 zeigt den Gewichtsverlust von Gefrierfleisch, das über 1 Jahr in einem Raum bei $-10°$ C gelagert wurde, und zwar für die verschiedenen Monate; dabei bezieht sich die Kurve a auf stille Kühlung durch Raumberohrung und die Kurve b auf einen Raum, der mit einem Luftkühler mit Solezerstäubung ausgerüstet war. Der sinusförmige Verlauf der Kurven entspricht der jahreszeitlichen Änderung der Außenlufttemperatur. Die Gewichtsverluste sind im Juli 4- bis 5mal größer als im Januar und bei erzwungener Luftströmung um rd. 60% größer als bei stiller Kühlung.

Durch Senkung der Raumtemperatur um 10° C kann der Gewichtsverlust auf die Hälfte herabgesetzt werden, vorausgesetzt, daß die Isolierung gleichzeitig um so viel verbessert wird, daß trotz größerer Temperaturdifferenz keine größere Wärmemenge von außen in den Raum einfällt. Ohne Verbesserung der Isolierung sinkt der Gewichtsverlust nur um rd. 20 %.

Bei gleicher Raumtemperatur sinkt der Gewichtsverlust auf die Hälfte, wenn der Wärmeeinfall durch Verbesserung der Isolierung auf den 2,5fachen Teil, also auf 40 %, herabgesetzt wird. Das wirksamste Mittel, den Wärmeeinfall

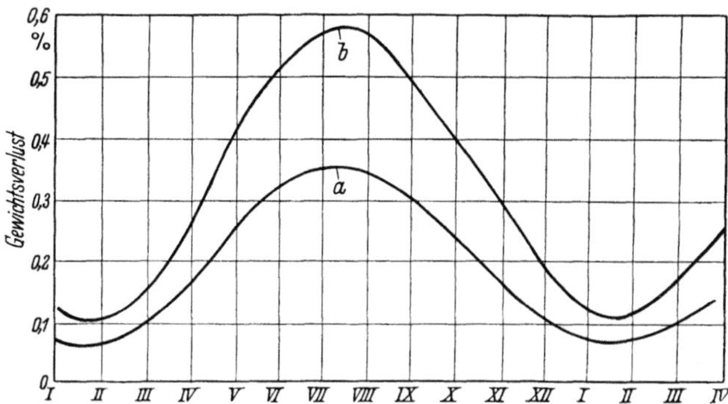

Abb. 60. Gewichtsverluste von Gefrierfleisch im Lagerraum bei −10° in verschiedenen Monaten des Jahres.
a bei stiller Kühlung (Raumberohrung), *b* in bewegter Luft.

herabzusetzen, ist die vollständige Ummantelung des gekühlten Raumes durch einen Luftspalt, in dem strömende Kaltluft die von außen eindringende Wärme auffängt. Ein solch ummanteltes Kaltlagerhaus wurde 1955 in Moskau errichtet.

Geometrisch ungünstige Kühlhausformen können ebenfalls zur Erhöhung der Gewichtsverluste beitragen. So werden die Verluste bei gleichem Rauminhalt in einem einstöckigen Kühlhaus etwa doppelt so groß wie in einem vierstöckigen. Man sollte daher einstöckige Kühlhäuser nur für die Lagerung verpackter Gefriergüter verwenden.

Die Gewichtsverluste können schließlich nur dann klein gehalten werden, wenn die gefrorenen Lebensmittel möglichst dicht gepackt sind und wenn der Lagerraum voll belegt ist. Die prozentualen Gewichtsverluste sind dem Grade der Belegung umgekehrt proportional. Die gesamten Gewichtsverluste der Gefrierware in einem Raum sind fast unabhängig von der im Raum gestapelten Warenmenge. Abb. 61 bezieht sich auf Versuchsergebnisse in einem Gefrierfleisch-Lagerraum von −10° C, der bei voller Belegung

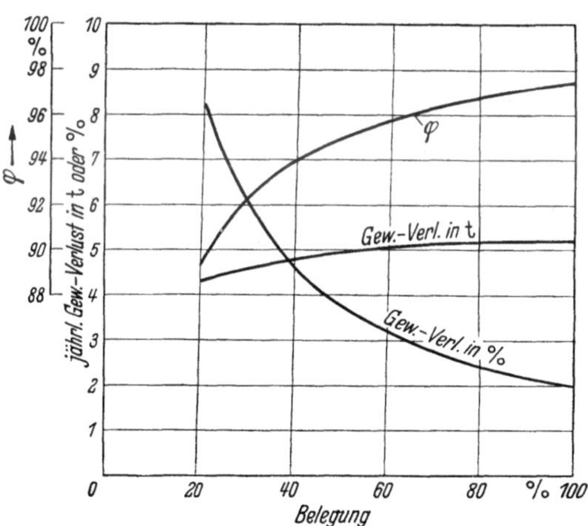

Abb. 61. Relative Feuchtigkeit φ und Gewichtsverluste von Gefrierfleisch in t/Jahr und in % bei −10° abhängig von der Belegung des Lagerraums. Bei voller Belegung nimmt der Raum 260 t auf.

260 t aufnehmen konnte. Als Funktion der Belegung sind aufgetragen die relative Feuchtigkeit φ und der Gewichtsverlust in t/Jahr und in %. Wie man sieht, ist der absolute Gewichtsverlust von etwa 5 t/Jahr fast unabhängig vom Grade der Belegung.

Ein noch wenig benutztes Mittel zur Verringerung der Gewichtsverluste ist die künstliche Luftbefeuchtung; das liegt vermutlich daran, daß geeignete Befeuchter für Gefrierräume noch nicht entwickelt wurden.

Umfangreiche Versuche von Golowkin und Mitarbeitern mit Hammelfleisch von verschiedener Mästung haben die Ergebnisse von Rjutow im wesentlichen bestätigt, wenn die gemessenen Werte auch erhebliche Streuungen aufweisen[1].

D. Die optimalen Lagerbedingungen für gekühlte und gefrorene Lebensmittel.

1. Allgemeines.

Man findet im kältetechnischen Schrifttum zahlreiche Zusammenstellungen der günstigsten Lagerbedingungen für Kühlgüter[2]. Die verschiedenen Angaben stimmen zwar in großen Zügen überein, doch sind auch Widersprüche festzustellen. Neuerdings hat die Kommission 4 des Technischen Rates im Internationalen Kälteinstitut nach Angaben führender Sachverständiger aus zahlreichen Ländern die empfohlenen Bedingungen für die Kaltlagerung schnellverderblicher Lebensmittel und die dabei zulässige Lagerzeit zusammengestellt[3], der die hier folgenden Angaben entnommen sind. Die Angaben erstrecken sich auf Obst, Gemüse, Fleisch, Geflügel, Eier, Fische und Schaltiere. Die weiteren Angaben über Milch und Molkereiprodukte findet man in dem betreffenden Abschnitt dieses Bandes auf Seite 309.

Die in den folgenden Tabellen genannten Werte der Temperatur und der relativen Feuchtigkeit (r. F.) beziehen sich auf die angegebene längste Konservierungsdauer. Bei kürzerer Dauer kann man höhere Lagertemperaturen und etwas abweichende r. F. anwenden. Die „längste Konservierungsdauer" ist so zu verstehen, daß der Qualitätsverlust dabei äußerst klein ist und daß die Lebensmittel nach der Kaltlagerung noch so lange einwandfrei bleiben, wie es für einen Absatz an den Verbraucher im Handel erforderlich ist.

Wenn eine solche Nachlagerung nicht erforderlich ist, kann die oben angegebene Konservierungsdauer im Kaltlager entsprechend verlängert werden; solche Fälle treten z. B. an Bord von Schiffen auf, wo Obst und Gemüse sofort nach Entnahme aus dem Kühlraum konsumiert werden, oder wenn kaltgelagerte Lebensmittel sofort zu Konserven, Konfitüren oder Säften verarbeitet werden.

Die empfohlenen Lagerbedingungen und Frischhaltezeiten gelten für Lebensmittel, die in vollkommen einwandfreiem und frischem Zustand kaltgelagert werden, wie z. B. frisch gepflückte Früchte, Fische unmittelbar nach dem Fang, Fleisch gleich nach der Schlachtung, frisch gelegte Eier u. a. Jede Verzögerung verkürzt die Konservierungsdauer. Bei den meisten Lebensmitteln wird auch eine hygienisch einwandfreie Verpackung vorausgesetzt.

Die Temperatur im Kühlraum soll so konstant wie möglich gehalten werden. Für manche Früchte haben schon Schwankungen von $\pm 1^\circ$ C nachteilige Folgen. Für die meisten Lebensmittel muß bei Temperaturen über 0° C eine relative Feuchtigkeit von 85 bis 90% und in Gefrierlagerräumen eine solche von 95 bis nahezu 100% eingehalten werden, damit unzulässige Gewichtsverluste sowie ein Welken oder Schrumpfen der Oberfläche der Lagergüter vermieden werden. Um so hohe relative Feuchtigkeiten aufrechtzuerhalten, müssen die im Paragraph C VII, 3 dieses Abschnittes genannten Forderungen erfüllt sein.

---

[1] Golowkin, N., G. Tschishow, M. Arefjewa, I. Aljamowski u. D. Schagan: Cholodilnaja Technika (russisch) Bd. 33 (1956) H. 2, S. 25.

[2] Genannt seien hier folgende Stellen: W. Pohlmann: Taschenbuch für Kältetechniker, 13. Aufl., S. 343. Karlsruhe: Verlag C. F. Müller 1956. — Air Conditioning Refrigerating Data Book, Applications Volume, 6. Aufl., S. 18—02. 1956/57. — M. Bäckström: Kylteknisk Tidskrift Bd. 16 (1957) Nr. 1, S. 8. — Anonym: Danfoss Journal Bd. 4 (1955).

[3] Annexe Bull. Institut International du Froid, Comm. 4, 1959.

Die Luftbewegung im Kühlraum muß stark genug sein, um eine gleichmäßige Temperatur und Feuchtigkeit im Raum zu gewährleisten. Zu starke Luftbewegung begünstigt die Austrocknung der Lagergüter. Ihre Stapelung muß so erfolgen, daß die Luftbewegung nicht behindert wird. Eine Verpackung der Lebensmittel dient wesentlich zur Verringerung der Gewichtsverluste.

2. Obst und Gemüse.

Tabelle 16. *Günstigste Lagerbedingungen und zugehörige Konservierungsdauer von gekühlten Früchten (Obst).*

Fruchtart	Temperatur °C	rel. Feuchtigkeit %	angenäherte Konservierungs- dauer	Bemerkungen
Ananas				
grün	10	90	2 bis 4 Wochen	
reif	7	90	2 bis 4 Wochen	
Apfel[1]				
Blenheim Orange	3,5		2 bis 3 Monate	
Cox Orange . . .	3,5		3 bis 4 Monate	
Golden Delicious	3		5 Monate	Aus Holland
Calville	—1 bis 0		5 Monate	Aus Deutschland
Gravenstein . . .	3,5		?	Aus Dänemark
Jonathan	2 bis 2,5		3 bis 4 Monate	Aus Deutschland
Apfelsine[2]	2 bis 7	85 bis 90	1 bis 4 Monate	Aus den meisten Ländern
	0	90	1 bis 3 Monate	Aus Florida
Aprikose	—1 bis 0	90	2 bis 4 Wochen	Mit Ausnahme einiger kälteempfindlicher Sorten
Avocadobirnen . .	5 bis 10	90	2 bis 4 Wochen	
Bananen				
reife	14 bis 16	90	5 bis 10 Tage	
grüne	11,5 bis 14,5	90	10 bis 20 Tage	
Birnen[1]				
Williams Christ .	0		etwa 3 Monate	
Conference . . .	—1 bis +1		3 bis 6 Monate	
gute Louise . . .	0		1 bis 2 Monate	
Datteln	—2 bis 0[3]	70	4 bis 8 Monate	Auch bis 1 Jahr
Erdbeeren.	0	85 bis 90	1 bis 5 Tage	Beim Ausbringen Feuchtigkeitsnieder- schlag vermeiden
Granatäpfel	1 bis 2,5	90	2 bis 4 Monate	
Heidelbeeren . . .	—1 bis 0	85 bis 90	2 bis 3 Wochen	
Himbeeren	0	85 bis 90	3 bis 5 Tage	Wie bei Erdbeeren
Johannisbeeren				
rote, weiße . . .	0 bis 1	90	2 bis 3 Wochen	
schwarze	—1 bis 0	90	1 bis 2 Wochen	
Kaki	—0,6 bis 0	85 bis 90	etwa 3 Wochen	
Kirschen	—1 bis 0	85 bis 90	1 bis 4 Wochen	
Kokosnuß	0	80 bis 85	1 bis 2 Monate	
Lime	9 bis 10	85 bis 90	6 bis 8 Wochen	
Mandarine[2]	4 bis 7	85 bis 90	3 bis 6 Wochen	
Mango	10	90	2 bis 5 Wochen	

[1] Gewisse Apfel- und Birnensorten können vorteilhaft in künstlichen Atmosphären (unter Zusatz von CO_2) gelagert werden. Vgl. hierzu S. 101.

[2] Bei Citrusfrüchten sind Fäulnis und physiologische Hautschäden die Hauptursachen des Verderbes. Letztere verstärken sich mit sinkender Temperatur. Wenn Früchte aus einer Gegend zur Fäulnis neigen und sie nicht mit einem fungiciden Mittel behandelt wurden, dann nimmt man lieber das Risiko eines Hautschadens bei der Kaltlagerung in einer etwas tieferen Temperatur in Kauf, um die Schäden durch Fäulnis herabzusetzen.

[3] Nach W. POHLMANN: Siehe Fußn. 2, S. 80 für getrocknete Datteln und Feigen: 7° C.

Tabelle 16. (Fortsetzung.)

Fruchtart	Temperatur °C	rel. Feuchtigkeit %	angenäherte Konservierungs- dauer	Bemerkungen
Maulbeeren	0	90	5 bis 7 Tage	
Melone	4 bis 10	85 bis 90	1 bis 4 Wochen	Je nach Sorte
Nüsse				
von Brasilien, Pecan	0	70	8 bis 12 Monate	
andere	7	70	etwa 1 Jahr	
Orange s. Apfelsine				
Pampelmuse[1] . . .	10 bis 15,5	85 bis 90	3 bis 12 Wochen	Aus den meisten Län- dern
	7	85 bis 90		Aus den Antillen
	0	85 bis 90		Aus Florida
Papaya	10	90	2 bis 3 Wochen	
Pfirsich	−1 bis +1	85 bis 90	1 bis 4 Wochen	
Pflaume	−0,5 bis 1	85 bis 90	2 bis 8 Wochen	Mit Ausnahme der süd- afrikanischen Pflau- men
Preiselbeeren . . .	2 bis 4,5	90	1 bis 3 Monate	
Quitte	0	90	2 bis 3 Monate	
Rhabarber	0	90	2 bis 3 Wochen	
Stachelbeeren . . .	0	90	2 bis 3 Wochen	
Weintrauben				
für kurze Lagerzeit Type Concord	−1 bis 0	85 bis 90	3 bis 4 Wochen	In manchen Ländern wird der Lagerluft SO$_2$ zugesetzt, um die Lagerzeit zu ver- bessern
mittlere Lagerzeit Type Chasse- las, Muscat, Sultanine . . .	−1 bis 0	85 bis 90	2 Monate	
lange Lagerzeit Type Empereur, Barlinka, Ser- vant, Ohanez	−1 bis 0	85 bis 90	3 bis 6 Monate	

[1] Vgl. Fußnote 2 auf S. 81.

Tabelle 17. *Günstigste Lagerbedingungen und zugehörige Konservierungsdauer von gekühltem Gemüse.*

Gemüseart	Temperatur °C	rel. Feuchtigkeit %	angenäherte Konservierungs- dauer	Bemerkungen
Artischocken . . .	0	90 bis 95	3 bis 4 Wochen	
Beeten (im Bund) .	0	90 bis 95	10 bis 15 Tage	
Blumenkohl	0	85 bis 90	2 bis 3 Wochen	Sehr empfindlich gegen Temperaturen unter 0°C. Ozon verlang- samt Verderb. Man lege den Blumenkohl mit dem Kopf nach unten in die Latten- kisten, um ihn vor Feuchtigkeit und Schmutz zu schützen
Broccoli	0	90 bis 95	10 bis 21 Tage	Lebhafte Luftbewe- gung. In Atmo- sphäre mit 10% CO$_2$ und 11% O$_2$ bei −1°C bis 0° C, Konservie- rungsdauer 5 Wo- chen

Tabelle 17. (Fortsetzung.)

Gemüseart	Temperatur °C	rel. Feuchtigkeit %	angenäherte Konservierungsdauer	Bemerkungen
Bohnen Phaseolus lunatus Phaseolus multiflorus Vicia faba	0 bis 6	85 bis 90	2 bis 3 Wochen	Optimale Temperatur hängt von Sorte ab. Lagerung in Kisten mit Deckel. Starke Luftbewegung
Phaseolus vulgaris	2 bis 7	85 bis 90	10 bis 15 Tage	
Phaseolus lunatus, frisch, enthülst	0 bis 2	85 bis 90	1 Woche	
Champignon . . .	0	85 bis 90	5 Tage	
Chicorée s. Endivien				
Eierfrucht.	7 bis 10	85 bis 90	10 Tage	Nicht unter 7° C
Endivien (Chicorée)	0	90 bis 95	2 bis 3 Wochen	Vorher in Eis legen empfohlen. In Papier einwickeln
Erbsen (grüne, in Schoten)	—0,5 bis 0	85 bis 90	1 bis 3 Wochen	Vorkühlen in Eis empfohlen
Gurken	11,5	85 bis 95	1 bis 2 Wochen	Einzelne Sorten sind kälteempfindlich
Karotten im Bund	0	90	1 bis 2 Wochen	
gestutzt.	—1 bis +1	90 bis 95	4 bis 6 Monate	
Kartoffeln neue	3 bis 4	85 bis 90	einige Wochen	Im Dunkeln lagern
späte, zum Verzehr	4,5 bis 10	85 bis 90	4 bis 8 Monate	Im Dunkeln lagern. Kaltlagerung nur ausnahmsweise
späte, als Saatkartoffeln . . .	2 bis 7	85 bis 90	5 bis 8 Monate	abhängig von der Sorte
Knoblauch	—1,5 bis 0	70 bis 75	6 bis 8 Monate	
Kohl	0	85 bis 90	2 bis 4 Monate	Lose Packung, um Luftumlauf zu erleichtern, Ozon empfohlen
Kohlrübe	0	90 bis 95	2 bis 4 Wochen	Ausschwitzen vor Lagerung
Kürbis	10 bis 13	70 bis 75	2 bis 6 Monate	
Lattich (Salat) . .	0	90 bis 95	1 bis 3 Wochen	Nicht vorher waschen, aber Eiskühlung empfohlen
Lauch	0	90 bis 95	1 bis 3 Monate	
Möhre, Mohrrübe s. Karotte				
Oliven, frische . .	7 bis 10	85 bis 90	4 bis 6 Wochen	
Pastinake	0	90 bis 95	2 bis 4 Monate	Hohe Feuchtigkeit erforderlich
Petersilie	0 bis 1	85 bis 90	1 bis 2 Monate	
Pfefferschoten . . .	0	85 bis 90	4 bis 5 Wochen	
Porree s. Lauch				
Radieschen	0	90 bis 95	3 bis 4 Wochen	Vorkühlung durch Eis empfohlen
schwarze	0	90 bis 95	2 bis 4 Monate	
Rettich	—1 bis 0	90 bis 95	10 bis 12 Monate	Ausschwitzen vor Lagerung
Rhabarber s. Tab. 16				
Rosenkohl	—1 bis 0	85 bis 95	3 bis 6 Wochen	Starke Luftbewegung
Rüben, weiße . . .	0	90 bis 95	4 bis 5 Monate	
Salat s. Lattich				
Schwarzwurzeln . .	0 bis 1	90 bis 95	2 bis 4 Monate	

Tabelle 17. (Fortsetzung.)

Gemüseart	Temperatur °C	rel. Feuchtigkeit %	angenäherte Konservierungs- dauer	Bemerkungen
Sellerie (Blätter) . .	0	90 bis 95	1 bis 2 Monate	Eisvorkühlung emp-fohlen. Lose Pak-kung, guter Luft-umlauf
Sellerie (Rüben) . .	0 bis 1	90 bis 95	2 bis 4 Monate	
Spargel	0 bis 0,5	85 bis 95	2 bis 4 Wochen	Rascher Verderb über 0° C. Kälteempfind-lich gegen Frost
Spinat	—0,5 bis 0	90 bis 95	2 bis 6 Wochen	Nicht vorher waschen, aber Eiskühlung empfohlen. Frost-empfindlich. Starker Luftumlauf
Squash (Courge) . .	0 bis 4,5	85 bis 95	2 bis 6 Monate	
Sweet Potatoes . .	13 bis 15	80 bis 85	4 bis 6 Monate	
Tapioca (Knollen) .	0 bis 2	80 bis 90	6 Monate	
Tomaten				
grüne	11,5 bis 13	85 bis 90	3 bis 5 Wochen	
reife	0	85 bis 90	1 bis 3 Wochen	Kälteempfindlich
Wassermelonen . .	2 bis 4	85 bis 90	2 bis 3 Wochen	
Zuckerrüben. . . .	0	90 bis 95	1 bis 3 Monate	Lagerung in großen Stapeln vermeiden. Flache Packungen mit gutem Luft-umlauf
Zwiebeln	—3 bis 0	70 bis 75	6 Monate	Spätreifende, ganz aus-gereifte Sorten lagern

Gefrierobst und *Gefriergemüse* sind bei —20° C bis —18° C zu lagern; sie lassen sich dann bis zu 1 Jahr lang einwandfrei erhalten. Das wichtigste Gefrierobst ist: Aprikosen, Apfelschnitten oder Apfelbrei, Erdbeeren, Himbeeren, Kirschen, Pfirsiche und Pflaumen. Das Obst wird mit 10 bis 25% Zucker oder Zuckersirup gefroren. Die wichtigsten Gefrier-gemüse sind: Blumenkohl, Bohnen, Broccoli, Erbsen, Karotten, Mais, Spargel und Spinat.

3. Tierische Lebensmittel.

a) Fleisch, Geflügel und Eier. α) *Im gekühlten Zustand.*

Tabelle 18. Günstigste Lagerbedingungen und zugehörige Konservierungsdauer für gekühlte tierische Lebensmittel.

Art der Lebensmittel	Temperatur °C	rel. Feuchtigkeit %	angenäherte Konservierungs- dauer
1. *Fleisch*			
Rindfleisch	—1,5 bis 0	90	4 bis 5 Wochen
(in Luft mit 10% CO₂)	—1,5	90 bis 95	bis 7 Wochen
Kalbfleisch	—1 bis 0	90	1 bis 3 Wochen
Hammelfleisch	—1 bis 0	85 bis 90	1 bis 2 Wochen
Schweinefleisch	—1,5 bis 0	85 bis 90	1 bis 2 Wochen
Speck (Bacon) geräu-chert.	—3 bis —1	80 bis 90	1 Monat
Schweineschmalz . . .	—1 bis 0	80 bis 85	4 bis 6 Monate
Talg	—1 bis 0	95 bis 100	3 bis 5 Monate
Innereien	—1 bis 0	75 bis 80	3 Tage
Rauchfleisch[1]	+1 bis +5	75 bis 80	6 Monate
Geräucherte Wurst und Zunge[1]	+1 bis +5	80 bis 85	6 Monate

[1] Nach W. Pohlmann: s. Fußnote auf S. 81.

Tabelle 18. (Fortsetzung.)

Art der Lebensmittel	Temperatur °C	rel. Feuchtigkeit %	angenäherte Konservierungsdauer
2. *Geflügel* Hühnchen ausgenommen	0	85 bis 90 oder in wasserdampfdichter Packung	7 bis 10 Tage
in zerkleinertem Eis Hühner			7 bis 10 Tage
nicht ausgenommen .	0 bis +1	85 bis 90	7 bis 10 Tage
ausgenommen	0 bis +1	85 bis 90 oder in wasserdampfdichter Packung	über 10 Tage
3. *Kaninchen*	−1 bis 0	90 bis 95	max. 5 Tage
4. *Eier in Schale* (geölt oder nicht geölt).	−1 bis 0	85 bis 90	6 bis 7 Monate Lufterneuerung

β) *Im gefrorenen Zustand.*

Tabelle 19. *Günstigste Lagerbedingungen und zugehörige Konservierungsdauer für gefrorene tierische Lebensmittel.*

Art der Lebensmittel	Temperatur °C	rel. Feuchtigkeit %	angenäherte Konservierungsdauer
1. *Fleisch* Rindfleisch	−12	95 bis 100	5 bis 8 Monate
	−15	95 bis 100	6 bis 9 Monate
	−18	95 bis 100	8 bis 12 Monate
Hackdleisch, ungesalzen	−18	95 bis 100	8 bis 12 Monate
verpackt	−12	95 bis 100	5 bis 8 Monate
Hammelfleisch	−12	95 bis 100	3 bis 6 Monate
	−20 bis −18	95 bis 100	6 bis 10 Monate
Schweinefleisch	−12	95 bis 100	2 bis 3 Monate
	−18	95 bis 100	4 bis 6 Monate
	−23	95 bis 100	8 bis 12 Monate
Bacon, frisch	−23 bis −18	95 bis 100	4 bis 6 Monate
Innereien	−18	95 bis 100	3 bis 4 Monate
Schweineschmalz . . .	−18	95 bis 100	9 bis 12 Monate
2. *Geflügel*[1]	−12	95 bis 100	3 Monate
	−18	95 bis 100	6 bis 8 Monate
3. *Kaninchen*	−23 bis −18	95 bis 100	bis 6 Monate
4. Eigemisch in Kannen . .	−15		6 bis 10 Monate
	−18		8 bis 15 Monate

[1] Um Gefrierbrand (freezer burn) zu verhindern, muß das Geflügel in eng anliegendes wasserdampfdichtes Material verpackt werden. Rasches Gefrieren ist besonders bei Truthähnen zwecks Vermeidung der Rotfärbung empfohlen. Gefrieren unmittelbar nach dem Schlachten.

b) Fische und Schaltiere. α) *Im gekühlten Zustand.* Frische Fische und Schaltiere sind bei einer Temperatur zu konservieren, die möglichst nahe beim Gefrierpunkt der Ware liegt. Für Fische aus dem Nordatlantik ist die Konservierungsdauer bei 0° C doppelt so lang wie bei + 4° C. Das beste Kühlmittel ist

Eis, das mit ganzen Fischen in direkte Berührung gebracht werden kann, während Fischfilets, Fleisch von Schaltieren, Lebern, Rogen u. dgl. durch Pergamentpapier oder andere wasserdichte Packstoffe von der direkten Berührung mit Eis zu schützen sind. Bei Lagerung frischer Fische im Kühlhaus müssen sie durch entsprechende Verpackung vor der Austrocknung geschützt werden.

Für die Konservierungsdauer von frischen Fischen bei verschiedenen Temperaturen wird auf den Abschnitt „Fische", Tab. 8 auf S. 214, verwiesen.

β) *Im gefrorenen Zustand.* Zu gefrierende Fische und Schaltiere sowie Fischfilets müssen in wasserdampfdichter Verpackung gefroren und gelagert werden. Man kann die Fische auch durch Eintauchen in entsprechende Gefrierbäder (S. 64 u. 237) oder im Eisblock (S. 67 u. 239) gefrieren. Statt verpackt zu werden, können die Fische auch glasiert werden, doch muß man die Glasur von Zeit zu Zeit erneuern.

Für die Konservierungsdauer verschiedener Fischarten bei verschiedenen Temperaturen im Gefrierlager wird auf den Abschnitt „Fische", Tab. 13 auf S. 242, verwiesen. Außerdem findet man in Tab. 20 die Empfehlungen des Internationalen Kälteinstitutes.

Tabelle 20. *Zulässige Konservierungsdauer verschiedener Fischarten und von Schaltieren bei verschiedenen Lagertemperaturen.*

Art der Ware	bei −18° C	bei −25° C
Fette Fische:		
Heringe, Makrelen, Sardinen u. a. . . .	$2^1/_2$ bis 4 Monate	5 bis 8 Monate
Magere Rundfische:		
Kabeljau, Schellfisch u. a.	3 bis 4 Monate	6 bis 8 Monate
Plattfische: Scholle, Seezunge u. a. . .	4 bis 6 Monate	7 bis 10 Monate
Schaltiere	etwa 4 Monate	etwa 8 Monate

Die kurzen Zeiten beziehen sich auf eine Qualität der Ware, die sich vom frischen Zustand praktisch nicht unterscheidet. Die längeren Zeiten deuten die Grenze an, bei der die Ware noch durchaus annehmbar ist.

Über die Frischhaltung von Milch und Molkereiprodukten wird auf den betreffenden Abschnitt auf S. 309 dieses Bandes verwiesen.

Über optimale Bedingungen bei der Gaslagerung s. S. 104.

Die Gefriertrocknung[1].

Von

Dr.-Ing. Dr. phil. nat. h. c. Dr. sc. agr. h. c. **Rudolf Plank**

em. Professor an der Technischen Hochschule Karlsruhe.

Mit 10 Abbildungen.

I. Kennzeichnung des Verfahrens der Gefriertrocknung.

Von den Verfahren zur langfristigen Frischhaltung schnellverderblicher Güter hat einerseits das *Gefrieren* (besonders in Gestalt der neuzeitlichen Schnellgefrierverfahren) und andererseits das *Trocknen* größte wirtschaftliche Bedeutung erlangt. Der Hauptvorteil des Trocknens liegt in der starken Verminderung des Raumbedarfes bei der Lagerung getrockneter Güter. Daneben wirkt sich natürlich auch die Gewichtsabnahme besonders bei den Transporten günstig aus. Als Nachteil empfindet man aber mit Recht den Einfluß der hohen Trocknungstemperaturen, gegen die viele Güter sehr empfindlich sind, besonders in Gegenwart des in allen Verdunstungstrocknern unvermeidlichen Luftsauerstoffes. Man hat versucht, durch Senkung der Trocknungstemperatur diese Nachteile zu mindern und gelangte auf diesem Wege zur Vakuumtrocknung, die als reine Verdampfungstrocknung durchgeführt wird, was zugleich den Vorteil mit sich bringt, daß der oxydierende Einfluß der Luft ausgeschlossen wird. Je niedriger der Druck gehalten wird, um so niedriger sind Verdampfungstemperatur und Temperatur des Gutes.

Man hat versucht, die Vorteile des Trocknens und Gefrierens zu verbinden, indem man von beiden Verfahren hintereinander oder auch gleichzeitig Gebrauch macht. Die Amerikaner unterscheiden zwischen dem „Dehydro-Freezing" und dem „Freeze-Drying"[2].

Beim Dehydro-Freezing werden gewisse Lebensmittel, besonders einige blanchierte Obst- und Gemüsearten, partiell getrocknet, und zwar bis zur Erreichung von 50% oder auch 33% des ursprünglichen Gewichtes. Danach wird das Erzeugnis in üblicher Weise gefroren und bei etwa $-18°$ C gelagert. Gegenüber dem einfachen Gefrieren erreicht man wesentliche Ersparnisse an Verpackungsmaterial, Lagerungs- und Transportkosten sowie an benötigter Kälteleistung. Die Mehrkosten für die Beschaffung und den Heizbedarf der Trocknungsanlage treten dabei zurück. TRESSLER und EVERS beurteilen dieses Verfahren mit den

---

[1] Allgemeines Schrifttum: FLOSDORF, E. W.: Freeze-Drying. New York: Reinhold Publ. Corp. 1949. — K. NEUMANN: Grundriß der Gefriertrocknung, 2. Aufl. Göttingen, Frankfurt, Berlin: Musterschmidt 1955. — K. NEUMANN: Fortschritte der Methodik und Anwendung der Gefriertrocknung. Chem. Ing. Techn. Bd. 29 (1957) S. 267. — Gefriertrocknung — eine moderne Anwendung der Kältetechnik. Linde-Berichte Nr. 3, Mai 1958, S. 70 (mit zahlreichen Abbildungen). — A. W. LYKOW u. A. A. GRJASNOW: Molekulare Trocknung. Moskau: Pistschepromisdat 1956. — D. K. TRESSLER u. C. F. EVERS: The Freezing Preservation of Foods Bd. I, Kapitel 5 u. 15. Westport, Conn.: Avi Publishing Co. 3. Aufl. 1957. — Es wird ferner auf die Gefriertrocknungstagungen der Firma Leybold, Köln, verwiesen.

[2] Vgl. z. B. D. K. TRESSLER u. C. F. EVERS: s. Fußnote 1.

Worten: ,,No other process offers a product of comparable quality at as low a cost to the user.'' Das Verfahren wurde von Howard und Mitarbeitern 1945 vorgeschlagen, die darauf 1949 ein amerikanisches Patent erhielten. Die erste Veröffentlichung stammt von Howard und Campbell[1]. Erfolge mit diesem Verfahren sind bei Erbsen, Karotten (in Würfel geschnitten), Gewürzen, Apfelschnitten und Aprikosen (in Hälften) erzielt worden. Viele andere Produkte, wie Bohnen, Kartoffeln, Zwiebeln, Sellerie u. a., wurden vom Markt nicht aufgenommen. Das Verfahren hat sich jedenfalls noch nicht allgemein eingebürgert.

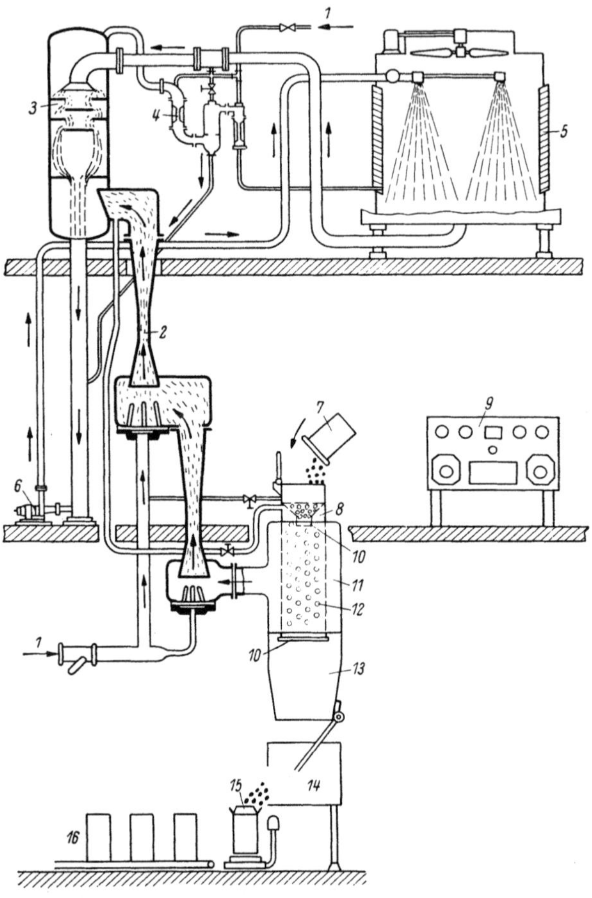

Einen Vergleich zwischen dem normalen Gefrieren und dem ,,Dehydro-Freezing'' auf Grund von Versuchen im Western Regional Research Laboratory, U.S. Department of Agriculture, lieferte Copley[2]. Er gibt dem Dehydro-Freezing deutlich den Vorzug.

Zwischen dem besprochenen Dehydro-Freezing und dem weiter unten behandelten Freeze-Drying steht ein spezielles Gefrierverfahren, das in den USA als ,,Flash-Freezing'' bezeichnet wird. Dabei wird ein relativ kleiner Teil des Wassergehaltes von Lebensmitteln in hohem Vakuum und bei Temperaturen unter 0°C bei gleichzeitigem Gefrieren des restlichen in den Lebensmitteln verbleibenden Wassers verdampft. Der verdampfende Teil des Wassers dient hier sozusagen als Kältemittel. Es findet dabei kein allzu großer Gewichtsverlust statt. Versuche mit Erbsen haben ergeben, daß aus 100 kg Rohware etwa 75 kg Gefrierware erhalten werden. Der von der Firma Ingersoll Rand in New York für dieses Verfahren entwickelte Gefrierapparat führt den Namen ,,Freez-Vac''[3]. Er besteht nach Abb. 62 aus einem zweistufigen Strahlapparat 2, der das gewünschte Vakuum in der Gefrierkammer 11 erzeugt.

Abb. 62. Schema des ,,Freez-Vac''-Verfahrens von Ingersoll-Rand.
1 Dampfeintritt, 2 Dampfstrahlpumpe, 3 Verflüssiger, 4 Strahlapparat zur Entlüftung, 5 Kühlturm, 6 Pumpe, 7 Einwurf des vorbereiteten Gefriergutes, 8 Blanchier- und Vorkühlabteil, 9 Schalttafel, 10 Klappe, 11 Gefrierabteil, 12 perforierter Zylinder, 13 Kühlraum, 14 Auffangbehälter, 15 gefrorenes Gut, 16 zum Gefrierlagerraum.

[1] Howard, L. B., u. H. C. Campbell: Food Ind. Bd. 18 (1946) S. 674.
[2] Copley, M. J.: Refrig. Engng. Bd. 66 (1958) Nr. 2, S. 48.
[3] Mazzola, L. C.: Food Ind. Bd. 18 (1946) S. 1841. Vgl. auch Howard u. Campbell: Food Ind. Bd. 18 (1946) S. 88.

Die zu gefrierende Ware gelangt zuerst in eine Vorkammer *8*, die nur an die obere Stufe des Strahlapparates angeschlossen ist und in der die Ware nach dem Blanchieren auf etwa 0°C vorgekühlt wird. In der darunterliegenden Kammer *11* findet anschließend das Gefrieren statt. Das Blanchieren, Vorkühlen und Gefrieren einer Charge dauert nur 7 bis 8 Minuten.

Der Wasserentzug von 25% hat gewisse Veränderungen der Lebensmittel zur Folge, die sie von frischer Ware unterscheiden. Die Anwendung des Verfahrens war daher auf Waren beschränkt, die weiterverarbeitet werden.

Bessere Aussichten waren dem Freeze-Drying beschieden, unter dem im folgenden die Gefriertrocknung verstanden werden soll.

Es wurde schon hervorgehoben, daß die Trocknung empfindlicher Produkte um so schonender vor sich geht, je tiefer die Verdampfungstemperatur und damit auch der Druck in der Trockenkammer liegt.

Verfolgt man diesen Weg konsequent weiter, dann gelangt man schließlich zu so tiefen Dampfdrücken, daß das Wasser bei der zugehörigen Verdampfungstemperatur erstarrt. Es ist ja bekannt, daß man Wasser durch Verdampfung im Vakuum bei Drücken unterhalb 4,5 Torr zum Erstarren bringen kann. Das erzielte Sir JOHN LESLIE schon im Jahre 1810 in seiner ersten Absorptionskältemaschine. Die gebildeten Dämpfe ließ LESLIE durch Schwefelsäure absorbieren[1]. Drei Jahre später ließ WOLLASTON die Dämpfe an einer tiefgekühlten Fläche kondensieren[2]. Von beiden Verfahren wird auch heute in der Gefriertrocknung Gebrauch gemacht.

In der gleichen Weise ist es natürlich möglich, verschiedene wasserhaltige Güter bei sehr tiefen Temperaturen und sehr niedrigen Drücken zu trocknen, sei es, daß man sie vor dem Trocknen gefriert oder sie erst durch die Verdampfung im Vakuum in den gefrorenen Zustand versetzt. Der Ausschluß der Luft und die Vermeidung höherer Temperaturen haben zur Folge, daß dabei selbst stark temperaturempfindliche Güter keinen Schaden leiden und daß der Vorgang der Trocknung dann bis zu einem gewissen Grade reversibel verläuft. Es werden im Gut nicht nur alle wertvollen Bestandteile, sondern auch das Quellungsvermögen wesentlich erhalten.

Ein solches Verfahren, das man als Gefriertrocknung bezeichnet, vereinigt in sich die Vorteile des Gefrierens und des Trocknens.

II. Entwicklung der Gefriertrocknungsgeräte.

Die erste Anwendung der Gefriertrocknung zur Lösung biologischer Aufgaben stammt von dem Leipziger Anatom ALTMANN[3]. Die Entwicklung dieses Verfahrens wurde wesentlich durch die Erfindung der Diffusionspumpen durch GAEDE (1913) gestützt[4]. W. J. ELSER hat 1931 in USA ein Patent auf die Gefriertrocknung von Serum angemeldet, das ihm 1934 erteilt wurde[5]. Er empfahl auch schon das Trocknen in dünnen Schichten unter Wärmezufuhr durch Glühlampen.

Der entscheidende Anstoß zur praktischen Verwendung der Gefriertrocknung kam von seiten der Bakteriologie und datiert vom Jahre 1935, obwohl das Verfahren auch schon früher in primitiver Art zur Steigerung der Stabilität und zur unveränderten Aufrechterhaltung der biologischen Charakteristik von Mikro-

---

[1] Vgl. Bd. I dieses Handbuches, S. 78.
[2] WOLLASTON, W. H.: Phil. Trans. roy. Soc. London Bd. 103 (1813) S. 71.
[3] ALTMANN, R.: Die Elementarorganismen und ihre Beziehungen zu den Zellen. Leipzig: Veit & Co. 1890.
[4] GAEDE, W.: Ann. Phys. Bd. 346 (1913) 4, Folge 41, S. 337.
[5] U.S. Pat. 1970956.

organismen verwendet wurde. FLOSDORF und MUDD beschrieben zwei Verfahren, nach denen die Gefriertrocknung biologischer Präparate im Laboratorium durchgeführt werden kann[1]. Bei dem in Abb. 63 dargestellten Apparat für kleine Leistungen wird der aus dem gefrorenen Gut unter der Wirkung des Vakuums entwickelte Wasserdampf in Form von Eiskristallen in der Flasche a niedergeschlagen, die in ein Dewar-Gefäß d mit zerkleinertem Trockeneis e versenkt ist. Dem Trockeneis ist als Lösungsmittel Aceton beigemengt.

Es seien hier noch die Werte des Dampfdruckes über Eis bei tiefen Temperaturen angegeben:

Temperatur °C	0	−10	−20	−30	−40	−50	−60
Dampfdruck Torr	4,581	1,946	0,772	0,280	0,093	0,029	0,007

Bei einem zweiten, von den gleichen Verfassern beschriebenen Verfahren wird der Wasserdampf nicht bei tiefer Temperatur kondensiert, sondern von besonders präpariertem, hochporösem Calciumsulfat (Gips, $CaSO_4$) absorbiert, über dessen Semihydrat der Dampfdruck des Wassers nur 0,004 Torr beträgt. Das Calciumsulfat kann beliebig oft durch Hitze regeneriert und wieder verwendet werden; es hat vor Schwefelsäure und Phosphorpentoxyd, die früher verwendet wurden, den Vorteil, daß es keinen eigenen Dampfdruck besitzt, das zu behandelnde Gut nicht schädlich beeinflussen kann und sehr billig ist.

In beiden Verfahren ist es notwendig, in der Apparatur ein hohes Vakuum durch Anschluß an eine Luftpumpe (bei f in Abb. 63) aufrechtzuerhalten. Beim Kondensationsverfahren soll nach FLOSDORF und MUDD der Druck unterhalb 0,7 Torr liegen, die besten Ergebnisse wurden aber bei

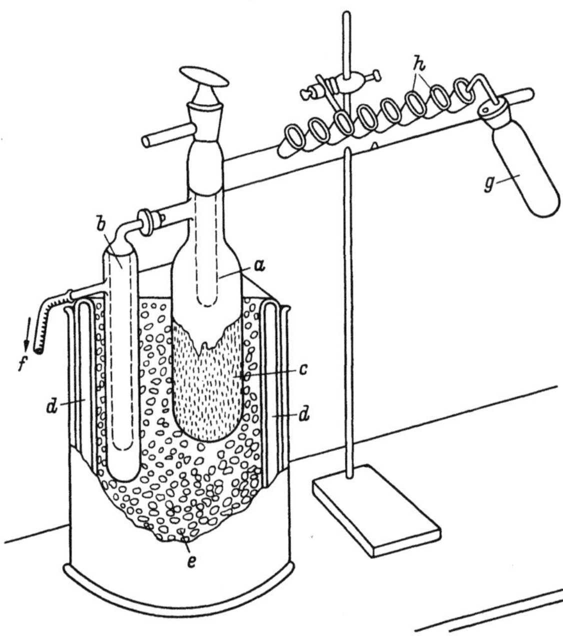

Abb. 63. Laboratoriumsgerät für die Gefriertrocknung.
a Kondensationsflasche, *b* sekundärer Kondensator, *c* Eisniederschlag, *d* Dewar-Gefäß, *e* zerkleinertes Trockeneis, *f* Schlauch zum Anschluß an die Vakuumpumpe, *g* Flasche mit dem zu trocknenden Gut, *h* Anschlußstutzen für weitere Flaschen.

0,01 bis 0,05 Torr erhalten. Beim Absorptionsverfahren soll der Druck nicht über 1 bis 2 Torr steigen, doch ist es günstiger, ihn bei 0,3 bis 0,6 Torr zu halten.

Für die Aufrechterhaltung so niedriger Drücke muß man entweder rotierende Ölluftpumpen verwenden oder von Diffusionspumpen mit Quecksilber oder Öl als Treibstoff Gebrauch machen, die in Deutschland von W. GAEDE[2] und in Amerika von J. LANGMUIR[3] und K. C. D. HICKMAN[4] entwickelt wurden. Die

---

[1] FLOSDORF, E. W., u. S. MUDD: J. Immunology Bd. 29 (1935) S. 239; vgl. auch Refrig. Engng. Bd. 36 (1938) S. 379.

[2] Siehe Fußnote 4 auf S. 89.

[3] LANGMUIR, J.: Phys. Rev. Bd. 8 (1916) S. 48 und Gen. Elektr. Rev. Bd. 10 (1916) S. 1060.

[4] HICKMAN, K. C. D., u. C. R. SANDFORD: Rev. sci. Instr. (N. S.) Bd. 1 (1930) S. 140.

Wirkungsweise solcher Pumpen darf als bekannt vorausgesetzt werden[1]. Ihre Verwendung blieb lange Zeit auf physikalische und chemische Laboratorien beschränkt, wobei es sich nur um relativ kleine Volumströme handelte. Ende 1940 baute K. C. D. Hickman Diffusionspumpen mit einem Volumstrom von 12000 l/s (bei einem Durchmesser von 20″).

Es muß hier ausdrücklich betont werden, daß der während der Haupttrocknungsperiode gebildete Wasserdampf nicht etwa von der Vakuumpumpe abgesaugt und auf Atmosphärendruck verdichtet werden soll. Es muß im Gegenteil dafür gesorgt werden, daß der Wasserdampf in dem vor der Pumpe liegenden Kondensator oder Absorptionsapparat niedergeschlagen wird. Die Pumpe soll lediglich die bei dem hohen Vakuum durch undichte Stellen unvermeidlich eindringende Luft laufend fortschaffen. Erst während der Nachtrocknungsperiode wird die Restfeuchtigkeit bei ausgeschaltetem Kondensator mit Hilfe einer Hochvakuum-Diffusionspumpe abgesaugt. Die entsprechende Schaltung ist in Abb. 64 nach Oetjen[2] dargestellt.

Über den Rahmen bakteriologischer Anwendungen hinaus wird die Gefrier-

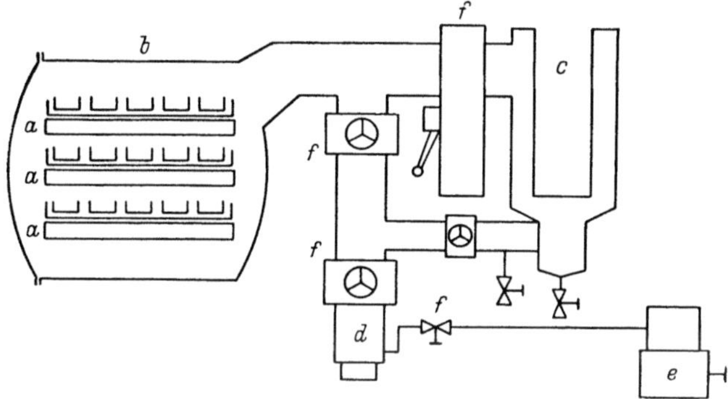

Abb. 64. Schema einer Gefriertrocknungsanlage (Leybold). *a* Ampullen oder Flaschen mit dem zu trocknenden Gut, *b* Vakuumbehälter, *c* Kondensator, *d* Diffusionspumpe, *e* Vorpumpe, *f* Absperrventile.

trocknung auch bei Muttermilch, eiweißhaltigen Präparaten, Drüsenextrakten, pharmazeutischen Präparaten, Antibiotika, Zellen oder Geweben und besonders beim Blutplasma für Transfusionszwecke verwendet. Das gesammelte Blut wird zunächst zentrifugiert, wobei sich die roten Blutkörperchen ausscheiden und ein gelbliches Plasma resultiert. Dieses wird in Flaschen gefüllt, gefroren und auf Untersätzen in Vakuumkammern aufgestellt. Das Vakuum beträgt etwa 0,5 Torr. Am Ende der Trocknung erhält man ein elfenbeinfarbiges Pulver, das in den Flaschen hermetisch verschlossen wird.

Da sich das Trockengut durch die fortschreitende Verdampfung immer weiter abkühlen und sich die Verdampfungsgeschwindigkeit dadurch verlangsamen würde, läßt man durch die Untersätze, auf denen das gefrorene Trockengut lagert, angewärmtes Wasser umlaufen, das man beispielsweise dem Kältemaschinenverflüssiger entnehmen kann. Die Wärmezufuhr muß so geregelt werden, daß das Trockengut weder auftaut noch sich zu tief abkühlen kann. Die Aufrechterhaltung des gefrorenen Zustandes und der tiefen Temperatur ist erforderlich, um alle bei fortschreitendem Wasserentzug möglichen chemischen Reaktionen zu verlangsamen.

Die Gefriertrocknung hat in den letzten Jahren einen erheblichen Umfang erreicht und umfaßt immer weitere Anwendungsgebiete. Die älteste Firma,

---

[1] Vgl. B. H. Ebert: Der Chemie-Ingenieur Bd. II, 3. Teil, S. 61. Leipzig: Akad. Verl.-Anst. 1933. Ausführlich bei: S. Dushman: Die Grundlagen der Hochvakuumtechnik, deutsch von R. G. Berthold u. E. Reimann, S. 64—89. Berlin 1926.

[2] Oetjen, G. W.: Gefriertrocknungsanlagen. Chem. Industrie (Schweiz) 1953, S. 1 und Ullmanns Enzyklopädie der Technischen Chemie, S. 163—167. München: Urban und Schwarzenberg 1951.

welche Einrichtungen für solche Anlagen lieferte, ist die F. J. Stokes Machine Company in Philadelphia. Im Jahre 1938 gründete die bekannte Herstellerfirma optischer Instrumente Eastman Kodak in Verbindung mit der General Mills Corp. die Destillation Product. Inc. in Rochester, N. Y. Im Jahre 1940 wurde die National Research Corporation in Boston, Mass., gegründet. Diese Firma hat eine Tochtergesellschaft, die Vacuum Food Corporation für die Entwicklung der Gefriertrocknung von Lebensmitteln angeschlossen. In der deutschen Bundesrepublik werden Gefriertrocknungsanlagen neben anderen Firmen von der Leybold-Hochvakuumanlagen GmbH. in Köln-Bayental und von Arthur Pfeiffer in Wetzlar hergestellt, die auch die zugehörigen Hochvakuumpumpen bauen. Eine größere Laboratoriumsanlage (Leybold) zeigt Abb. 65; die Vakuumpumpen und der Kondensator sind im Schrank untergebracht, während der eigentliche Trockenraum auf dem Tisch durch eine Glocke aus Plexiglas dicht ab-

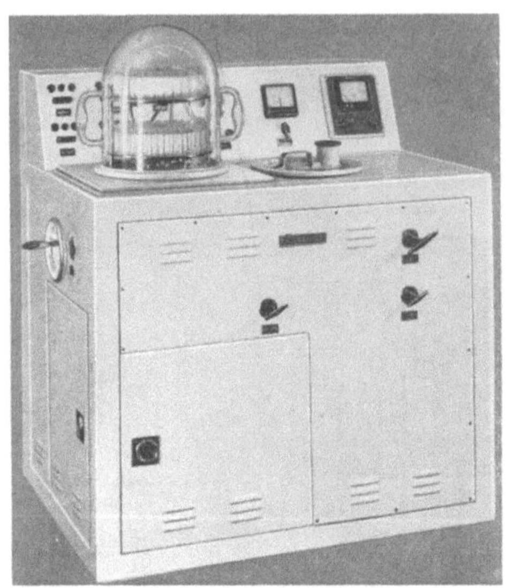

Abb. 65. Größere Laboratoriumsanlage für die Gefriertrocknung. Bauart der Leybold-Hochvakuumanlagen GmbH. in Köln-Bayental.

geschlossen ist. Unter der Glocke sind auf heizbaren oder kühlbaren Metallböden die Ampullen mit dem Trockengut angeordnet.

Für größere Chargen (auch in industriellem Maßstab) werden stets Trockenkammern vorgesehen. Abb. 66 zeigt eine Gefriertrocknungsanlage (Pfeifer) mit einer Trockenkammer in Gestalt eines waagerechten Stahlkessels 1 von 800 mm lichter Weite und 850 mm Länge. Der vordere Deckel 2 ist als Tür mit zwei Beobachtungsfenstern ausgebildet. Der hintere Boden ist mit einem Flansch von 300 mm lichter Weite an den Kondensator 5 angeschlossen. Im Kessel befinden sich zwölf gleiche Einsätze 3 mit einer Trockenfläche von je $0,25 \times 0,8 = 0,2 \, \mathrm{m^2}$, so daß zusammen $2,4 \, \mathrm{m^2}$ Fläche zur Verfügung stehen. Die Einsätze ruhen auf den elektrisch geheizten Platten 4. Der Kondensator 5 ist liegend angeordnet, sein Gehäuse hat eine Länge von 800 mm und einen Durchmesser von 400 mm; in ihm befinden sich $4 \, \mathrm{m^2}$ Verdampferrohre 6, die zur Kältemaschine gehören, die eine Kälteleistung von 2000 kcal/h bei -50° C Verdampfungstemperatur entwickelt (4 kW Antriebsleistung). Aus Korrosionsgründen werden die berippten Verdampferrohre aus Messing und das Kondensatorgehäuse aus V 2 A-Stahl ausgeführt. Der Deckel 7, an dem die Rohre 6 befestigt sind, kann leicht abgeschraubt werden. Das Ventil 8 dient zum Anschluß des Kondensators an eine Heißwasserleitung, damit das niedergeschlagene Eis einer Charge (24 kg) schnell abgetaut werden kann. Das Ventil 9 dient zur Entleerung.

Zum Evakuieren der Trockenkammer dienen zwei in Serie geschaltete rotierende Pumpen. Die Feinpumpe hat eine Saugleistung von $150 \, \mathrm{m^3/h}$ und die Vorpumpe eine solche von $5 \, \mathrm{m^3/h}$. Beide Pumpen sind mit den Antriebsmotoren auf je einem Profileisenrahmen montiert. Der Pumpensatz ist über das Ventil 10 mit dem Kondensator und dem Trockenraum verbunden. Das für die Gefriertrocknung erforderliche Vakuum von 0,05 Torr wird in 4 Minuten erreicht.

Der Raum zur Linken von der Wand *11*, der zum Füllen des Trockenraumes dient, wird steril gehalten. Sämtliche Meßeinrichtungen, Schalter, Transforma-

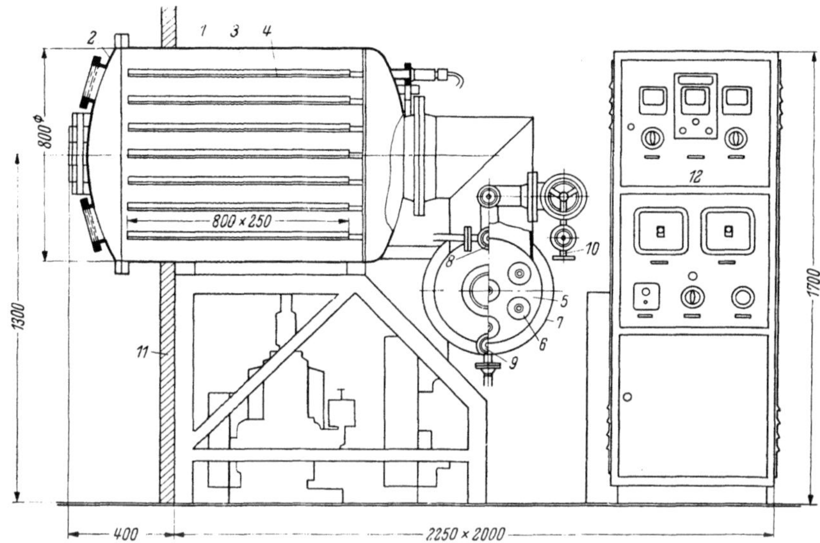

Abb. 66. Gefriertrocknungsanlage mit Trockenkammer. Bauart Arthur Pfeiffer in Wetzlar.
1 Trockenkammer, *2* vorderer Deckel, *3* Einsätze zur Aufnahme des Gutes, *4* elektrisch geheizte Platten, *5* Kondensator, *6* Verdampferrohre, *7* Deckel, *8* Ventil bei Anschluß des Kondensators an die Heißwasserleitung, *9* Ventil zur Entleerung, *10* Anschluß der Vakuumpumpen an den Kondensator, *11* Trennwand, *12* Schaltschrank.

toren usw. sind in dem Schaltschrank *12* untergebracht. Das Gesamtgewicht der Anlage beträgt 1700 kg, der elektrische Anschlußwert 12 kW, der Kühlwasseranschluß 3/4''.

III. Wahl des Vakuums.

Durch die Gefriertrocknung im Hochvakuum können bis zu 99,95% des in dem zu trocknenden Gut enthaltenen Wassers entfernt werden. Über die zweckmäßigste Wahl des Vakuums sind die Ansichten verschieden. Während die Firma Stokes sich mit 0,2 Torr begnügt, behauptet die National Research Corp. in Cambridge, Mass., daß sich eine wesentliche Qualitätsverbesserung, verbunden mit einer Verkürzung der Trockenzeit, erreichen läßt, wenn man das Vakuum auf 0,01 Torr herabsenkt, wobei von Diffusionspumpen Gebrauch gemacht wird. Diese Gesellschaft läßt den Wasserdampf bei —80° C kondensieren und verwendet in ihren Kondensatoren rotierende Schaufeln, um das abgeschiedene Eis dauernd abzukratzen; dadurch läßt sich erheblich an Kühlfläche sparen. Es ist aus den Vorgängen in Luftkühlern von Kälteanlagen bekannt, daß der Schnee sich bei so tiefen Temperaturen in sehr lockerer Form absetzt und leicht von der Kühlfläche entfernt werden kann. Der Firma ist es auch gelungen, das Verfahren kontinuierlich zu gestalten. Natürlich ist der Energiebedarf bei Verwendung eines höheren Vakuums und einer sehr tiefen Kondensationstemperatur größer, und es fragt sich, ob die erzielbaren Vorteile diesen Mehrbedarf rechtfertigen.

IV. Gefriertrocknung von Lebensmitteln.

An dieser Stelle dürfte besonders die Gefriertrocknung von Lebensmitteln und deren wirtschaftliche Aussichten interessieren. Die ersten Schritte wurden auch hier von der Firma Stokes unternommen, wobei die Lebensmittel zuerst gefroren und dann in Vakuumkammern bei 0,2 Torr getrocknet wurden. Die getrocknete Ware wird in Behältern unter Vakuum verschlossen und hält sich praktisch unbegrenzt. Kurz vor dem Gebrauch wird der Ware nach Öffnen der Behälter Wasser zugesetzt, wobei sie wieder in den normalen Frischezustand zurückkehrt.

In England wurde die Gefriertrocknung im Jahre 1938 von der Low Temperature Research Station in Cambridge, die zum Food Investigation Board gehört, aufgegriffen[1]. Die Entwicklungsarbeiten, die auf eine industrielle Verwertung des Verfahrens für die Frischhaltung von Lebensmitteln hinzielten, sind an die Namen von F. Kidd, T. Moran und E. C. Bate-Smith geknüpft. Die konstruktive Durchbildung der Apparatur wurde in Zusammenarbeit mit der bekannten Kältemaschinenfabrik J. und E. Hall Ltd. in Dartford festgelegt. Die ersten Versuche galten der *Trocknung von Milch*, wobei eine praktisch vollständige Umkehrbarkeit des Prozesses erzielt wurde. Die getrocknete Milch unterschied sich nach entsprechendem Wasserzusatz in nichts von der frischen Milch, insbesondere konnte auch das Aufsteigen des Rahmes an die Oberfläche festgestellt werden. Wird aber die Vollmilch vor dem Trocknen homogenisiert, dann erhält man auch nach dem Trocknen bei Wasserzugabe eine stabile, nicht aufrahmende Mischung. Milch wird aber schon in bestehenden älteren Anlagen nach anderen Verfahren in so großem Umfang getrocknet, daß erhebliche Schwierigkeiten zu überwinden sein werden, um dem neuen Verfahren die Wege zu ebnen.

Bessere Aussichten erhofft man bei der *Trocknung von Apfelpektin*, bei dem die bisher angewandten Trocknungsverfahren nicht voll befriedigen, ferner von Gelatine Agar-Agar u. a.

Weitere Versuche in England galten der *Gefriertrocknung von Fleisch*. Die frischen Fleischschnitten werden in flachen Schalen auf elektrisch heizbare Matten oder auf ein System von Heizrohren innerhalb der Vakuumkammer gesetzt, von der Heizung wird aber zu Beginn des Prozesses kein Gebrauch gemacht. Durch die Verdampfung des Wassers im hohen Vakuum wird das Fleisch schnell gefroren. Der entwickelte Wasserdampf setzt sich an der Oberfläche von Kühlrohren ab, die in der Vakuumkammer verlegt sind und durch die eine sehr kalte Sole zirkuliert. Erst in den späteren Phasen des Trocknungsvorganges wird die Heizung regelbar eingeschaltet, um die Verdampfung zu beschleunigen. Bei größeren Fleischstücken bereitet aber die Rückbildung des ursprünglichen Zustandes bei der Wasseraufnahme noch Schwierig-

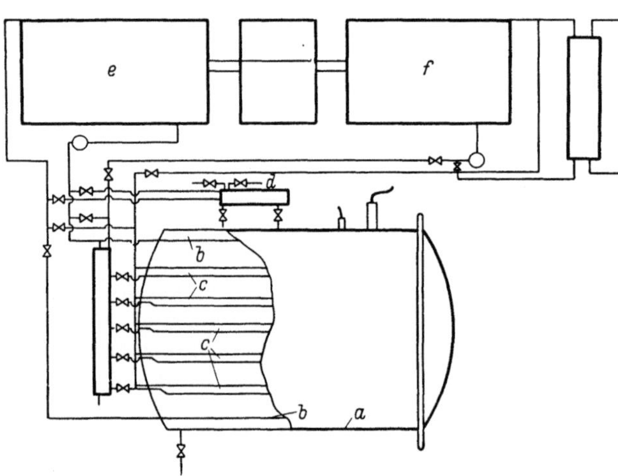

Abb. 67. Schema einer Gefriertrocknungsanlage nach Brit. Pat. 539 477. *a* Vakuum-Trockenkammer, *b* Kühlrohre oder Kühlplatten, *c* Heizrohre oder Heizplatten, *d* Anschluß an die Vakuumpumpe, *e* Behälter für die kalte Sole, *f* Behälter für die Heizflüssigkeit.

<hr>

[1] Bate-Smith, E. C.: Modern Meat Marketing, Mai 1943. Vgl. auch Modern Refrig. vom 20. Mai 1943, S. 112.

keiten; das aufgenommene Wasser haftet nur locker zwischen den Fasern und dringt in sie nicht ein. Abb. 67 zeigt das Schema einer Gefriertrocknungsanlage[1].

Die schon erwähnte Firma Leybold hat spezielle Anlagen für die Gefriertrocknung von Lebensmitteln entworfen (Abb. 68). Sie bestehen im wesentlichen aus Kammern, die an den Innenseiten mit einem korrosionsbeständigen Stahl ausgekleidet sind. Die Kammerwände und die Stellflächen werden bis auf eine Temperatur von $-15°$ C gekühlt, können aber auch bis auf $+80°$ C beheizt werden. Die zu diesen Anlagen gehörenden Kondensatoren besitzen eine Aufnahmefähigkeit von 350 bis 400 kg Eis je Charge. Die in den Kondensatoren

Abb. 68. Gefriertrocknungsanlage für Lebensmittel. (Leybold-Hochvakuumanlagen GmbH., Köln-Bayental.

eingebauten Rohrschlangensysteme, an deren Oberfläche der Wasserdampf kondensiert, und die Kammerwände mit den Stellflächen werden durch eine zweistufige Ammoniakkältemaschine mit einer Leistung von 23000 kcal/h bei $-55°C/+30°C$ gekühlt. Die Temperatur an den Rohrschlangen der Kondensatoren beträgt $-50°$ C bis $-55°$ C. Das zu trocknende Gut wird entweder vorher oder in der Kammer selbst gefroren.

Die erste Großanlage für Orangensaft, als Konzentrat und Trockenpulver, wurde bei der Vacuum Food Corporation in Plymouth, Florida, errichtet[2]. Das Verfahren wurde von der National Research Corp. in Cambridge, Mass., entwickelt. In dieser Anlage, Abb. 69, können täglich 230000 Liter Orangensaft teils in einem Vakuum von 8 Torr in ein fünffaches Konzentrat vom spezifischen Gewicht 1,142 (50° Brix), teils im Vakuum von 0,5 Torr in ein Trockenpulver

---

[1] Interessante Angaben über Fortschritte in der Gefriertrocknung in England findet man in Food Techn. Bd. 12 (1958) Nr. 4, S. 194.

[2] BURTON, L. V.: Food Ind. Bd. 19 (1947) Märzheft, S. 107. — R. S. MORSE: Industr. Engng. Chem. Bd. 39 (1947) S. 1064. — R. PLANK: Amerikanische Kältetechnik, 3. Bericht, S. 169. Düsseldorf: Dtsch. Ing.-Verlag 1950.

umgewandelt werden. Das mäßige Vakuum wird mit einem dreistufigen Dampfstrahlapparat 27, das höhere mit einem fünfstufigen Dampfstrahlapparat 28 erzeugt. Der in zehn stehenden Hochvakuumbehältern 35 aus dem erstarrten Saft gebildete Dampf, der eine Temperatur von −20° C bis −25° C hat, wird in fünf rotierenden Kondensatoren 31 an Kühlflächen niedergeschlagen, die durch ein verdampfendes Kältemittel auf −30° C oder tiefer gehalten werden.

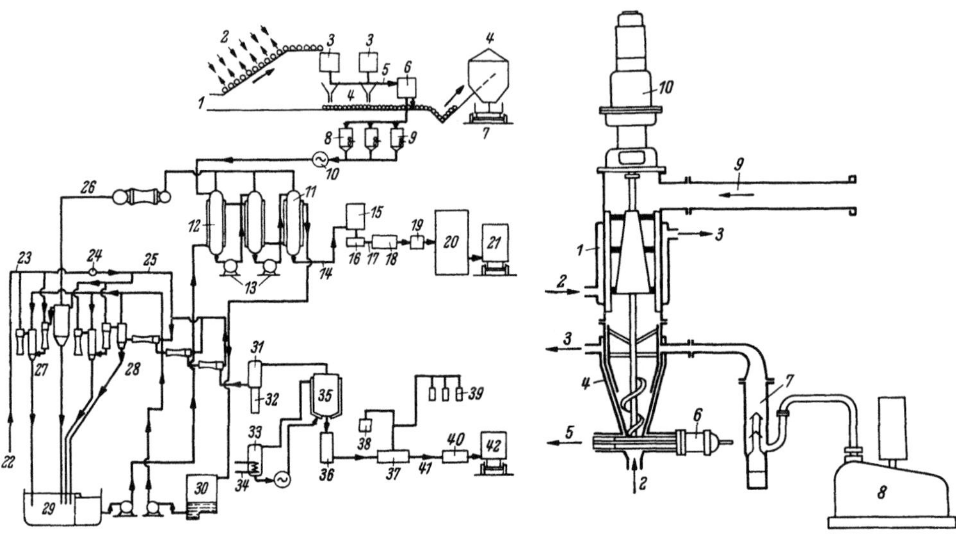

Abb. 69. Schema der Gefriertrocknungsanlage für Orangensaftkonzentrat und Pulver der Vacuum Food Corporation in Plymouth, Florida.

1 Waschen und Sortieren der Früchte, Waschen in Natriumphosphatlösung und in bactericider Lösung. Kontrolle auf Coli-Bakterien, *2* Berieselung mit chloriertem Wasser, *3* Saftgewinnung durch Pressen, *4* Schalen, Pulpe, Kerne, *5* Saftleitung, *6* Saftreiniger, *7* Transportwagen für Nebenprodukte, *8* Lagertanks, *9* Rührwerke, *10* Saftpumpe, *11—13* Eindampfapparate; werden hintereinander durchflossen (kein Stufenverdampfer), *12* Warmwassermantel, *13* Zentrifugalpumpen, *14* Leitung für Saftkonzentration, 10° C bis 13° C, 50° Brix ($\gamma = 1,142$; 5 fache Konzentration), *15* Konzentratbehälter, *16* Gefrierapparat (Votator, nach Art der Eiskremgefrierer), *17* Leitung für den Eisbrei von −8° C bis −9° C, *18* Dosenfüllmaschine, *19* Verschlußmaschine, *20* Lagerraum −23° C, *21* Kühlwagen, *22* Frischdampf vom Kessel, *23* Hochdruckdampf, *24* Drosselventil, *25* Mitteldruckdampf, *26* Vakuum 8 mm Hg, *27* 3 stufige Strahlpumpe für mittleres Vakuum, *28* 5 stufige Hochvakuumpumpe, *29* Warmwasserbehälter, *30* Kühlturm, *31* fünf rotierende Kondensatoren, *32* Eisbehälter, *33* Heißwassertank, *34* Dampf, *35* 2 × 5 Hochvakuumtrockner, Vakuum 0,5 bis 0,7 mm Hg, *36* Behälter für Orangepulver, *37* Füllmaschine, *38* Vakuumpumpe, *39* Stickstoffbehälter, *40* Verschlußmaschine, *41* Klimatisierter Raum, *42* Transportwagen für Pulver.

Abb. 70. Der rotierende Kondensator der Anlage nach Abb. 69.

1 Kühlmantel, *2* Kältemitteleintritt, *3* Kältemittelaustritt, *4* Behälter mit Schnecke zum Zusammenpressen der Eiskristalle, *5* Austritt des gepreßten Eises, *6* hydraulische Kolben, *7* Vakuum-Diffusionspumpe, *8* Vakuumpumpe, *9* Eintritt von Luft und Wasserdampf, *10* Antriebselektromotor.

Abb. 70 läßt die Bauart dieser Kondensatoren erkennen, die einen Durchmesser von 635 mm haben; in jedem Kondensator werden stündlich 23 kg Wasserdampf bei einem Druck von 0,1 Torr oder 45 kg bei einem Druck von 0,25 Torr niedergeschlagen. Das sich absetzende Eis wird durch rotierende Messer dauernd von den Kühlflächen abgekratzt und in einem darunter angeordneten konischen Behälter aufgefangen, aus dem es durch eine Schnecke und einen hydraulisch betriebenen Kolben herausgepreßt wird. Das erzeugte Pulver enthält weniger als 1,5% Wasser und ist sehr hygroskopisch. Es wird in einem klimatisierten Raum in Behälter abgefüllt und mit Stickstoff begast. Es soll bei Temperaturen nicht höher als 27° C gelagert werden. Die daraus hergestellten Getränke sind sehr hochwertig, reichen an frisch ausgepreßten Saft aber doch nicht ganz heran.

Furgal beschreibt Versuche, die an einer Gefriertrocknungsanlage für Fleisch in der Forschungsabteilung der Gesellschaft Armour & Co. in Chicago durchführt wurden [1]. Die Trocknung wurde nach drei verschiedenen Methoden durchgeführt, wobei das Vakuum 0,2 bis 0,7 Torr betrug. Die Erwärmung während der letzten Trocknungsstufe wurde teils durch Infrarotstrahlung, teils durch Warmwasser bewirkt, das durch die Platten strömte, auf denen die Versuchsobjekte lagen; die Temperatur überstieg dabei niemals 50° C. Sämtliche Objekte wurden vor der Vakuumtrocknung gefroren, teils durch Trockeneis, teils durch Kältemaschinen mit Verdampfungstemperaturen von $-23°$ C bis $-34°$ C; von diesem schnellen Gefrieren unter Bildung kleiner Eiskristalle (vgl. S. 40) hat man sich einen Qualitätsvorteil versprochen. Die Trocknungszeit betrug je nach der angewandten Methode 8 bis 72 Stunden und der Restwassergehalt betrug bei 0,2 Torr 1 bis 2% und bei 0,7 Torr 3 bis 6%. Man stellte fest, daß 2% Restwassergehalt nicht überschritten werden dürfen, wenn das Endprodukt gegen Bakterien, Enzyme und chemische Einflüsse widerstandsfähig sein soll. Nach der Trocknung müssen die Produkte in Dosen unter Vakuum (im Mittel 150 Torr) aufbewahrt werden, da sonst Geschmacks- und Geruchsverluste eintreten und die Wasseraufnahme vor dem Gebrauch zurückgeht. Die Produkte wurden im allgemeinen als gut bezeichnet, doch konnten sie von frischem Fleisch deutlich unterschieden werden. Man dachte an die Verwendung dieser Erzeugnisse vorwiegend bei der Truppenernährung und in Notfällen, weniger für die Zivilbevölkerung. Man rechnet, daß der Herstellungspreis etwa demjenigen der Dosenkonserve entsprechen wird, obwohl die Qualität höher ist [2].

Neuerdings wurde eine Gefriertrocknungsanlage für Fische, Fleisch, Obst und Gemüse von der Kestrel Products Ltd. in Aberdeen errichtet [3]. Die Gesellschaft versorgt die westafrikanischen Länder mit Fischen, die in dieser Anlage getrocknet werden. Die Anlage gestattet 315 kg Lebensmittel (Naßgewicht) in 6 Stunden zu verarbeiten. Sie beansprucht eine Grundfläche von 4×6 m². Das Trockengut wird im Vakuumbehälter auf 18 parallelen Platten $(0,75 \times 1,5 \text{ m}^2)$ angeordnet, durch die warmes und kaltes Wasser geleitet werden kann und die hydraulisch gehoben und gesenkt werden können. Der Vakuumbehälter ist 1,5 m lang und 1,8 m im Durchmesser; er kann von beiden Seiten beschickt werden. Der Druck im Behälter wird mit 0,21 pounds per sq. inch abs. angegeben, das wären aber etwas über 10 Torr. Sollte diese Angabe zutreffen, dann kann es sich hier nicht um *Gefrier*trocknung handeln, denn diesem Druck entspricht eine Verdampfungstemperatur von etwa $+12°$ C.

Sehr ausgedehnte Versuche über die Gefriertrocknung verschiedenartiger Lebensmittel wurden in der UdSSR zum Teil in industriellem Maßstab in der Konservenfabrik „Smytschka" in Rostow durchgeführt [4]. Getrocknet wurden Apfelschnitten, der Saft von Apfelsinen, Zitronen, schwarzen Johannisbeeren und Tomaten, Fleisch, Fische und Makkaroni. Die Versuche haben gezeigt, daß die Kondensationstemperatur des entwickelten Wasserdampfes um 10° C bis 15° C unterhalb der Temperatur des zu trocknenden Materials in der Sublimationsperiode liegen soll. Mit einer einstufigen Kältemaschine läßt sich noch eine Kondensationstemperatur der Wasserdämpfe von $-30°$ C erreichen. Die Temperatur t_m des zu trocknenden Materials kann daher bei $-15°$ C gehalten werden.

---

[1] Furgal, H. P.: Food Engng. Bd. 26 (1954) Septemberheft, S. 74.

[2] Über die Trocknung von Fleisch s. auch E. W. Turner: National Provisioner Bd. 26 (Mai 1956) S. 142.

[3] Vgl. Food Engng. Bd. 28 (1956) Nr. 11, S. 40.

[4] Lykow, A. W.: Wärme- und Massenaustausch bei Trocknungsvorgängen, S. 321—373. Moskau: Gosenergoisdat 1956. — A. W. Lykow u. A. A. Grjasnow: s. Fußnote 1 auf S. 87.

Beim Gefriertrocknen von Apfelschnitten wurden folgende Trockenzeiten τ gemessen:

$$\begin{aligned}
\text{bei } t_m &= -25^\circ\,\text{C} & \tau &= 9 \quad\text{Stunden,}\\
\text{bei } t_m &= -15^\circ\,\text{C} & \tau &= 5 \quad\text{Stunden,}\\
\text{bei } t_m &= -10^\circ\,\text{C} & \tau &= 3,5 \text{ Stunden.}
\end{aligned}$$

Dabei wurde ein Restwassergehalt von 0,1 kg je kg Trockensubstanz erreicht. Die auf diese Weise getrockneten Apfelschnitten erhalten nach erfolgter Wasseraufnahme ihre ursprünglichen Eigenschaften hinsichtlich Farbe, Geruch und Geschmack. Es wurde festgestellt, daß der bei der Sublimation entweichende Wasserdampf nach seiner Kondensation weder einen Geschmack noch einen Geruch aufweist, so daß alle Aromabestandteile im getrockneten Produkt verbleiben. Die Qualität der Trockenware ist um so höher, je tiefer die Temperatur t_m gehalten wird. Es wurde auch nachgewiesen, daß es nicht zweckmäßig ist, die Apfelschnitten vor der Vakuumtrocknung zu gefrieren und daß die Trockenzeit dadurch nicht verkürzt wird. Ein vorheriges Gefrieren hatte Risse im Material zur Folge.

Im Gegensatz hierzu empfiehlt es sich, manche Fruchtsäfte vor der Vakuumtrocknung zu gefrieren; wird das Gefrieren im Vakuumbehälter durchgeführt, dann erhält man eine schaumartige Masse, deren Oberfläche durch ihre Viskosität die Verdampfung hindert.

Abb. 71 veranschaulicht die Verhältnisse bei der Gefriertrocknung von Hackfleisch. Die Selbstgefrierzeit beanspruchte im Mittel 20 Minuten, die Sublimationsperiode dauerte 350 Minuten, danach wurde die Temperatur der zu trocknenden Ware über 0° C erhöht und erreichte zum Schluß Werte von 50° C bis 60° C. Der Wassergehalt nahm von ursprünglich etwa 3,0 kg auf 0,06 kg je kg Trockensubstanz ab. Der ganze Prozeß erstreckte sich auf 13 Stunden.

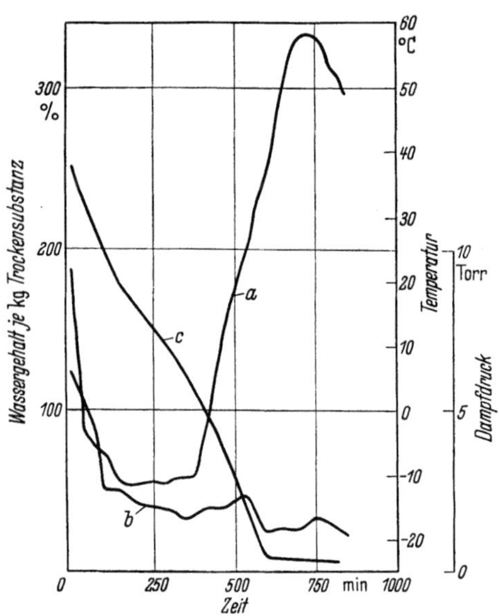

Abb. 71. Zeitlicher Verlauf der Gefriertrocknung von Hackfleisch (nach Lykow und Grjasnow). *a* Temperatur des Trockengutes, *b* Dampfdruck, *c* Wassergehalt in Prozent der Trockensubstanz.

Der Restdruck betrug 1 bis 2 Torr. Die Qualität der Ware war durchweg gut. Ähnliche Ergebnisse wurden auch bei der Gefriertrocknung von Fischmaterial in Scheiben und im zerhackten Zustand erzielt.

V. Qualität der erhaltenen Lebensmittel.

Die bei der Gefriertrocknung erhaltenen Lebensmittel bilden ebenso wie die durch Warmtrocknen, Schnellgefrieren oder Sterilisieren in Dosen gewonnenen Produkte eine Qualität sui generis und sollten nicht mit frischen Lebensmitteln verglichen, sondern in ihrer Güte absolut gewertet werden. Aus den bisherigen Meldungen geht hervor, daß die durch Gefriertrocknung konservierten Lebensmittel sowohl geschmacklich wie auch in bezug auf die Erhaltung aller Nähr- und Wirkstoffe eine sehr hohe Klasse darstellen. Dazu kommen noch die

Leichtigkeit ihrer Aufbewahrung bei gewöhnlicher Temperatur und der geringe Platzbedarf. Trotzdem lassen sich die wirtschaftlichen Aussichten dieses Verfahrens gegenwärtig noch nicht klar beurteilen.

VI. Energiebedarf.

Betrachtet man die Vorgänge bei der Gefriertrocknung vom rein energetischen Standpunkt, so gewinnt man einen recht unerfreulichen Eindruck. Während man bei dem gewöhnlichen Gefrierverfahren das in den Lebensmitteln enthaltene Wasser darin beläßt und es nur mit Hilfe einer Kältemaschine aus dem flüssigen in den festen Zustand überführt, wobei lediglich die Erstarrungswärme bei tiefer Temperatur abzuführen ist, muß das Wasser bei der Gefriertrocknung folgende Kette von Aggregatzustandsänderungen durchlaufen:

1. Übergang aus dem flüssigen in den festen Zustand innerhalb der Lebensmittel vor Beginn der Trocknung.

2. Übergang aus dem festen in den dampfförmigen Zustand (Sublimation) während der Trocknung, wobei sich das Wasser räumlich vom Lebensmittel trennt.

3. Rückwärtiger Übergang vom dampfförmigen in den festen Zustand an der Oberfläche der Kühlelemente des Kondensators.

Die Vorgänge unter 1. und 2. können sich teilweise überdecken, wenn das Gefrieren nicht als selbständiger Vorgang durchgeführt wird, sondern sich als Folgeerscheinung der Verdampfung eines Teiles des Wassers im Vakuum einstellt. Die aus 1 kg flüssigem Wasser gebildete Eis- und Dampfmenge läßt sich dann leicht berechnen: bezeichnet i' die Enthalpie von 1 kg flüssigem Wasser bei der Ausgangstemperatur t, i_0 die Enthalpie des Eises und r_0 die Sublimationswärme (beide bezogen auf die tiefe Endtemperatur t_0), x die gebildete Dampfmenge und daher $1 - x$ die gebildete Eismenge, dann ist $x = (i' - i_0)/r_0$.

Bei $t = +20°$ C und $t_0 = -40°$ C (entsprechend einem Druck von rd. 0,1 mm Hg) wird $i' = 20$, $i_0 = -100$ und $r_0 = 700$ kcal/kg. Man findet dann $x = 120/700 \approx 0,17$, es werden also 0,17 kg Wasser verdampft und dabei 0,83 kg in Eis verwandelt. Diese Eismenge muß nun durch äußere Wärmezufuhr ebenfalls verdampft werden, was aber schon durch Wärme von normaler Umgebungstemperatur (Wasserleitung) oder allenfalls durch billige Abwärme erfolgen kann.

Am bedenklichsten ist der Posten 3. Denn nun muß durch eine Kältemaschine bei sehr tiefer Temperatur der ganze gebildete Wasserdampf in Eis verwandelt werden. Die Temperatur der Kühlfläche muß dabei wesentlich unterhalb der Temperatur des im Gefrierzustand verdampfenden Lebensmittels liegen, weil sonst der Dampf von der Vakuumpumpe mitgerissen und diese ungebührlich belasten würde. Die Kondensationstemperatur muß so tief sein, daß ein genügendes Dampfdruckgefälle zwischen dem gefrorenen Lebensmittel und der bereiften Kühlfläche besteht. Für das erwähnte Beispiel wird man eine Kondensationstemperatur von etwa $-60°$ C annehmen können (die National Research Corp. kondensiert sogar bei $-80°$ C). Die Sublimationswärme beträgt dann rd. 710 kcal je kg gebildeten Eises. Diese Kälteleistung muß durch die Kältemaschine bei einer Verdampfungstemperatur von $-60°$ C (oder tiefer) gedeckt werden. Das normale Gefrierverfahren erfordert demgegenüber nur 100 kcal je kg Eis bei etwa $-40°$ C. Der Energieverbrauch der Kälteanlage ist daher bei der Gefriertrocknung etwa 15 mal größer als beim normalen Gefrierverfahren, wobei allerdings nicht übersehen werden darf, daß bei diesem Verfahren erhebliche Energiebeträge für die Lagerung der Gefrierware benötigt werden. Diese können bei etwa neunmonatiger Lagerung leicht das 3- bis 4fache des Energiebedarfs für das eigentliche Gefrieren betragen. Der Energiebedarf für die Kälteerzeugung bei der Gefriertrocknung ist daher insgesamt nur 3 bis 4 mal größer als beim Gefrierverfahren, und dieses Verhältnis könnte noch weiter gesenkt werden, wenn sich die Gefriertrocknung ohne Herabsetzung der Qualität der Ware bei etwas höheren Drücken und Temperaturen durchführen ließe.

Der hohe Energieverbrauch bei der Gefriertrocknung hängt offenbar damit zusammen, daß mit jeder Gefriertrocknungsanlage eine „Eisfabrik" verbunden ist, wobei das Eis als Abfallprodukt entsteht. Es liegt nun der Gedanke nahe, dieses Eis in irgendeiner Weise, am besten im Prozeß selbst, zu verwerten, und es wäre erstaunlich, wenn dieser Gedanke bisher noch nicht realisiert worden wäre. Man könnte das gebildete sehr kalte Eis von der Kühlfäche abschaben (was die National Research Corp. ohnehin tut), es periodisch aus dem Vakuumbehälter entfernen und es entweder für die Vorkühlung und das teilweise Gefrieren der Lebensmittel oder, noch einfacher, für die Kühlung des Verflüssigers der Kältemaschine verwenden. Der Energieverbrauch der Kältemaschine ließe sich dadurch erheblich senken, und man käme mit einem zweistufigen Verdichter aus, während man sonst bei —60° C schon einen dreistufigen benötigen würde.

Neben der Kältemaschine muß noch die Vakuumpumpe betrieben werden, wodurch ein zusätzlicher Energieverbrauch entsteht. Nach jeder Charge muß die Luft aus der Apparatur abgesaugt werden, und es muß anschließend die durch undichte Stellen eindringende und in den Lebensmitteln gelöste Luft dauernd entfernt werden. Der damit verbundene Energiebedarf kann schwer geschätzt werden; im Falle einer Diffusionspumpe läßt er sich durch Wärmezufuhr decken; bei mechanisch angetriebenen Luftpumpen muß aber hochwertige Energie verbraucht werden.

Ob sich im industriellen Großbetrieb die Kondensation des Wasserdampfes durch die Absorption mit Hilfe von Trockenmitteln (z. B. Gips) ersetzen läßt, wobei die Kältemaschine in Fortfall käme, kann bezweifelt werden, weil die Regenerierung des Trockenmittels in Großanlagen umständlich sein dürfte.

VII. Verpackung und Lagerung des Gutes.

Die richtige Behandlung des in Pulverform gewonnenen Trockenproduktes bei der Verpackung und Lagerung bildet ein weiteres Problem. So hat z. B. Fleischpulver ein Schüttgewicht von 0,5 kg/l. Man kann es leicht auf 1 kg/l zusammenpressen und spart dadurch nicht nur an Lagerraum, sondern braucht dann die hermetisch zu verschließenden Blechdosen nicht mehr zu evakuieren, da die geringe Menge der verbleibenden Luft keine nennenswerten oxydativen Veränderungen mehr verursachen kann.

Trotz der vorgebrachten kritischen Bemerkungen sind wir der Ansicht, daß man auch in Deutschland die Entwicklung der Gefriertrocknung aufmerksam verfolgen und sich an der praktischen Erprobung des Verfahrens aktiv beteiligen sollte. Denn wenn es sich auch für die Frischhaltung von Lebensmitteln aus wirtschaftlichen Gründen nicht einbürgern sollte, so wird es doch bei hochwertigen temperaturempfindlichen Gütern zweifellos in wachsendem Umfang angewendet werden.

Die Zusatzverfahren.

Von

Dr.-Ing. **J. Kuprianoff**

Direktor der Bundesforschungsanstalt für Lebensmittelfrischhaltung Karlsruhe,
Honorarprofessor an der Technischen Hochschule Karlsruhe.

Mit 13 Abbildungen.

I. Zweck der Zusatzverfahren.

Eine gleichmäßige Versorgung der Bevölkerung mit Lebensmitteln macht es oft erforderlich, schnellverderbliche Produkte vor Qualitätsminderung oder gar vor Verderb für längere Zeit zu schützen, als dies durch die Anwendung der Kälte allein erreichbar ist. Die Möglichkeit, die Lebensmittel lediglich durch Temperatursenkung in ihrem ursprünglichen Frischezustand während einer bestimmten Zeit zu erhalten, ist an sich aus vielen Gründen — nicht zuletzt aus hygienischen und wirtschaftlichen — besonders reizvoll. Bekanntlich werden hierbei alle kinetisch bedingten Vorgänge, wie chemische Reaktionen, Verdunstung, Mikrobenwachstum usw., auf natürliche Weise verlangsamt, so daß in gesundheitlicher Beziehung die Kaltlagerung als besonders unbedenklich gelten muß.

Da die bei den chemischen Reaktionen allgemeingültige VAN'T HOFFsche Regel in großen Zügen auch für den Lebensmittelverderb gilt, setzt eine Temperatursenkung um 10° C die Geschwindigkeit der Gesamtheit der zum Verderb führenden Veränderungen im allgemeinen um das zwei- bis dreifache herab. Praktisch bedeutet dies, daß man in der Lage ist, durch Temperaturerniedrigung von z. B. 25° C auf 0° C die Haltbarkeit um das 10fache zu verlängern. Nun sind aber zahlreiche Lebensmittel bei normalen Raumtemperaturen so schnell verderblich, daß auch eine zehnmal größere Haltbarkeit in vielen Fällen nicht ausreicht. Das heißt aber, daß man hier mit dem verfügbaren, nach unten durch den Gefrierpunkt begrenzten Temperaturbereich nicht auskommt. Man muß in solchen Fällen entweder die Temperatur weiter senken, wobei man zwangsläufig zum Gefrieren von Lebensmitteln kommt, oder zusätzlich zur Temperatursenkung noch besondere Maßnahmen zur Verlängerung der Haltbarkeit ergreifen, also Zusatzverfahren anwenden.

Bei Lebensmitteln handelt es sich fast ausschließlich um gewachsene Naturprodukte, in denen das biologische Geschehen in irgendeiner Form auch während der Abkühlung und Kaltlagerung weitergeht, ja die sogar im Hinblick auf ihren biochemisch gesteuerten Stoffwechsel z. T. als lebend anzusehen sind. Es geht hier also nicht darum, die Temperatur schlechthin zu senken, vielmehr sollen die Funktionsintensitäten der verschiedenartigen Vorgänge in geordneter Weise herabgesetzt werden. Große Schwierigkeiten können hierbei dadurch entstehen, daß der sich im Lebensmittel harmonisch abspielende, äußerst komplexe Stoffwechsel aus einer großen Anzahl verschiedener z. T. ineinandergreifender Reaktionen besteht, deren Temperaturkoeffizienten, auch wenn sie innerhalb des oben genannten Bereiches von zwei bis drei liegen, voneinander abweichen. Nach erfolgter Temperatursenkung kann daher durchaus der Fall eintreten, daß das biologische Geschehen im Lebensmittel in Unordnung gerät. Das Ergebnis dieser Stoffwechselstörungen ist ein schnellerer Verderb, der sich allerdings auf andere Weise offenbart als der Verderb bei höheren Temperaturen; wegen seiner physiologischen Ursachen wird er als Kaltlagerkrankheit bezeichnet.

Demnach darf die Temperatursenkung bei biologischen Lagergütern auch im Bereich oberhalb des Gefrierbeginns nicht beliebig erfolgen; vielmehr gelten für einzelne Produkte optimale Lagertemperaturen (S. 104), bei deren Überschreitung der normale Verderb beschleunigt und bei deren Unterschreitung sich ein anomaler Verderb (die Kaltlagererkrankung) einstellt. Dies bedeutet aber, daß es Fälle geben wird, in denen der Temperaturbereich oberhalb des Gefrierpunktes nicht vollständig für eine Verlängerung der Haltbarkeit ausgenutzt werden kann; auch hier wird man versuchen, die durch Temperatursenkung bis auf den optimalen Bereich erreichbare Lagerdauer durch Anwendung besonderer Zusatzverfahren weiterhin zu verlängern.

Um Anhaltspunkte für die Anwendung der Zusatzverfahren zu erhalten, müssen die im Lebensmittel vor sich gehenden Veränderungen in Betracht gezogen werden. Wir stellen hierbei fest, daß von den einzelnen Vorgängen, die schließlich zum Verderb führen, die meisten physikalisch-chemisch und mikrobiell bedingten Veränderungen Oberflächenerscheinungen sind oder wenigstens von der Oberfläche aus ihren Ausgang nehmen. Hierher gehören ebenso das Austrocknen der Oberfläche und die Verfärbung des Kühlgutes wie auch der eigentliche mikrobielle Verderb. Fast immer wird er durch Infektion der Oberfläche ausgelöst, da die meisten von gesunden Tieren und Pflanzen stammenden Produkte in ihrem Innern steril sind. Enzymatisch bedingte Vorgänge erstrecken sich dagegen auf das ganze Kühlgut, soweit es homogen ist, wenn nicht gerade an der Oberfläche zusätzlich besonders günstige Bedingungen (p_H-Wert usw.) vorliegen. Da die Veränderungen, die in erster Linie unterdrückt werden sollen, je nach Kühlgut sehr verschieden sind, wird es kein in allen Fällen gültiges Rezept geben, und auch das anzuwendende Mittel wird nicht immer das gleiche sein.

II. Verschiedene Zusatzverfahren.

Die Anforderungen, welchen ein Zusatzverfahren entsprechen muß, um in die Praxis Eingang zu finden, sind vielfältig. Selbstverständlich darf das Verfahren das Gut in keiner Weise ungünstig beeinflussen; es muß vom gesundheitlichen Gesichtspunkt aus unbedenklich sein; es muß ferner einfach anzuwenden, wirksam und billig sein, d. h., der erforderliche Aufwand muß wirtschaftlich gerechtfertigt sein. Im übrigen spielt es aber keine Rolle, ob ein Zusatzverfahren dauernd angewendet wird oder nur vorübergehend während der Kaltlagerung, oder schließlich nur einmalig und kurzzeitig, z. B. vor Beginn der Einlagerung.

Nach dem heutigen Stand der Entwicklung können folgende Zusatzverfahren in Betracht kommen:

Veränderung der Zusammensetzung der Lageratmosphäre
Gaslagerung wie Stickstofflagerung (Ausschaltung von Sauerstoff) und Kohlendioxydlagerung (Verminderung des Sauerstoffgehaltes und spezifische Wirkung des Gases selbst);
Vakuumanwendung (Ausschaltung von Sauerstoff).

Anwendung chemischer (meist bakterizider) Mittel

Ozon (Luft- und Kühlgutoberflächenentkeimung);
Bakterizides Eis (Kühlgutoberflächenentkeimung);
Schwefeln;
Bakterizides Einwickelmaterial (Diphenyl);
Antioxydantien (für Fette, Öle und fette Fische);
Keimungshemmungsmittel (für Kartoffeln).

Anwendung ionisierender Strahlen

UV-Strahlen (Luft- und Oberflächenentkeimung);
Röntgenstrahlen (meist nur Oberflächenentkeimung);
Gammastrahlen (je nach Energie Oberflächenentkeimung oder Tiefenwirkung);
Betastrahlen (vorwiegend Entkeimung oberflächennaher Schichten).

1. Veränderung der Zusammensetzung der Lageratmosphäre.

Eine Herabsetzung des Sauerstoffgehaltes durch Verwendung von Stickstoff hat sich in Verbindung mit der Kaltlagerung praktisch nicht bewährt, da zwar damit Oxydationsprozesse verlangsamt, aber nicht die auch ohne Sauerstoff lebenden (anaeroben und fakultativ anaeroben) Bakterienarten ausgeschaltet werden; außerdem zeigt es sich, daß im Lebensmittel als Bestandteile auch Sauerstoffgeber enthalten sein können, so daß es selbst bei Abwesenheit von Luftsauerstoff zu Oxydationsprozessen kommen kann. Ähnlich verhält es sich mit der Anwendung des Vakuums. Immerhin wird wegen möglicher Ausschaltung der Oxydationsprozesse in Fällen, in welchen es hierauf besonders ankommt, vor allem das Vakuum industriell in größerem Umfang angewendet; das Gut wird hierbei meist entweder in hermetisch verschlossene Blechdosen von ausreichender Festigkeit verpackt oder in Verpackungen, die sich an das Gut anlegen und so von diesem gestützt werden, hineingebracht und erst unmittelbar vor dem Verbrauch daraus entnommen.

Die Kaltlagerung in kohlendioxydhaltiger Atmosphäre hat eine erhebliche Verbreitung gefunden und darf heute wohl als das am meisten angewendete Zusatzverfahren gelten. Die hauptsächlichsten Anwendungen findet man bei der Kaltlagerung von Obst[1], Fruchtsäften[2] (das schweizerische Böhi-Verfahren), Eiern[3] und Frischfleisch[4]; es hat sich gut bewährt bei Geflügel, Fischen und anderen Lebensmitteln. Die guten Ergebnisse beruhen auf der in höheren Konzentrationen eintretenden bakteriziden und besonders guten fungiziden Wirkung des CO_2-Gases; sie läßt eine Erhöhung der relativen Luftfeuchtigkeit im Lagerraum zu. Ferner verdrängt das CO_2-Gas den Sauerstoff und wirkt — wenigstens für einige Enzymsysteme — enzyminhibierend. Besonders wichtig ist aber bei Obst die infolge erhöhter Konzentration der Lagerluft an CO_2 eintretende Verlangsamung der Atmung und damit des gesamten Stoffwechsels, was eine

---

[1] Kidd, F., u. C. West: The refrigerated gas-storage of apples. Food Invest. Leaflet, Nr. 6 (1950). London HMSO. — F. Kidd u. C. West: The refrigerated gas-storage of pears. Food Inv. Leaflet Nr. 12 (1949). London HMSO. — Über Gaslagerung von Früchten s. S. 105 in diesem Band.

[2] Koch, J.: Über die Herstellung von Süßmost nach dem Böhi-Verfahren. Obst- u. Gemüse-Verwert.-Ind. Bd. 35 (1950) S. 248; vgl auch. F. Jenny: Les bases scientifiques de la conservation des jus sous pression de CO_2. Ind. Agr. Alim. Bd. 69 (1952) S. 687.

[3] Moran, T.: The cold storage and gas-storage of eggs. Food Invest. Leaflet, Nr. 8 (1939). London HMSO. — J. Brooks u. D. J. Taylor: Eggs and Eggs Products. Food Invest. Spec. Rep. Nr. 60 (1955). London HMSO.

[4] Kuprianoff, J.: Neuere Erkenntnisse über die Veränderungen von Fleisch beim Kühlen und Gefrieren. Kältetechn. Bd. 4 (1952) S. 156—165.

wesentlich verzögerte Reifung bewirkt und damit bei einigen Sorten eine beachtliche Ausdehnung der Lagerdauer ermöglicht, wobei in Verbindung mit erhöhter Luftfeuchtigkeit geringere Gewichtsverluste entstehen. Hierdurch wird die Anwendung weniger tiefer Temperaturen möglich. Die Wirkung des CO_2-Gases ist hierbei mit derjenigen der Temperatursenkung gleichgerichtet; die Auswahl optimaler CO_2-Konzentration ist daher z. B. bei Obst von großem Einfluß auf sein Verhalten im Lager und kann u. U. bei zu hohen Werten zu Stoffwechselstörungen (Gaslagerkrankheiten) führen. Schließlich wirkt CO_2 auch noch insektizid und tötet tierische Schädlinge.

Die Lagerung in kohlendioxydhaltiger Atmosphäre wird in Räumen, Behältern (Tanks), Kisten und Kleinpackungen durchgeführt. Es kann aber auch durch geeignete „Verpackung" eines Einzelproduktes Gaslagerung erreicht werden.

Tabelle 1. *Optimale Bedingungen bei der Gaslagerung von Lebensmitteln*[1-4,u. a.].

Produkte	Land	t in °C	CO_2-Gehalt in Vol.-%	O_2-Gehalt in Vol.-%	CO_2-Entwicklung in l/t h	Wärmeentwicklung in kcal/t h
Äpfel			3 bis 10	2 bis 12		
Bramley's Seedling . .	(E)	4,5	9 bis 10	10 bis 12	2,3	11
McIntosh . .	(U)	4,5	5	2,5		
Golden Delicious . . .	(H)	3,5	10	10		
Golden Delicious . . .	(U)		5 bis 10	2,5 bis 3		
Jonathan . .	(U)	4,0	6	15		
Jonathan . .	(Au)	0 bis 2,2	5	16		
Jonathan . .	(H)	3,5 oder 4,5	7 oder 7,5	13 oder 3,5		
Cox Orange Pippin. . .	(E)	4 bis 4,5	5	2,5 bis 4	3,2	15
Ellison's Orange . .		1,1	5	2,5	2,1	10
Laxton's Superb . .		4,5	10	2,5	2,8	14
Birnen			5 bis 10	2 bis 16		
Conference . .	(E)	0,6 bis 1	5	2 bis 3	2,4	11,5
Conference . .	(H)	0,5	5	15		
Williams Christ . . .	(E)	0,6 bis 1	10	11	2,4	11,5
Williams Christ . . .	(A)	—0,5 bis 0	5 bis 7	16 bis 14		
Bosc	(A)	—0,5 bis 0	5 bis 7	16 bis 14		
Passe Crassane	(F)	1,0	5 bis 10	5		
Passe Crassane	(S)	0	10	10		
Kirschen	(U)	0	10	11		
Pfirsiche	(Au)	5 bis 7	8 bis 10	13 bis 11		
Kastanien . . .	(F)	0	10	10		
Eier		—1,5 bis 0	2 bis 2,5	—	—	—
		—1,5 bis 0	60 bis 100	—	—	—
Fleisch		—1,5	~10	~11	—	—
Fisch, mager . .		0	30 bis 40	—	—	—

A = Südafrika; Au = Australien; E = England; F = Frankreich; H = Holland; S = Schweiz; U = USA.

[1] Kidd, F., u. C. West: Food Invest. Leaflet, Nr. 6 (1950).
[2] Kidd, F., u. C. West: Food Invest. Leaflet, Nr. 12 (1949).
[3] Hall, E. G., u. M. T. Sykes: New South Wales, Dept. of Agric., Div. Hortic. (1953).
[4] van Hiele, T., u. J. B. van de Plasse: Tuinbouw Gids, Den Haag: 1953, S. 375.

a) Dauerlagerung in Räumen. Die Gaskaltlagerung in großen Lagerräumen wird heute vor allem bei Obst — vorwiegend bei Äpfeln und Birnen — und vornehmlich in England, Südafrika, USA und Holland durchgeführt. Sie wurde von KIDD und WEST in England zuerst vorgeschlagen und eingeführt, da das englische Kernobst eine verhältnismäßig schlechte Haltbarkeit bei 3° C bis 5° C aufweist, tiefere Temperaturen aber Kaltlagerkrankheiten verursachen. Die heutige Lagerkapazität in England erreicht etwa 100000 t, was rd. $^1/_6$ der britischen Eigenerzeugung an Kernobst entspricht. Das allgemeine Interesse an der Gaslagerung ergab sich später u. a. wegen der Qualitätsverbesserung der bei etwas erhöhter Temperatur gelagerten Äpfel auch bei nicht zu Kaltlagerkrankheiten neigenden Sorten gegenüber einer Lagerung bei —0,5° C bis 0° C[1]; außerdem konnte die Haltbarkeit vieler schnellverderblicher Produkte infolge zusätzlicher Inhibierung des Mikrobenwachstums allgemein verlängert werden. Die optimalen Lagerbedingungen sind für die einzelnen Produkte bzw. deren Sorten, die für die Gaslagerung in Betracht kommen, recht verschieden; für einige davon findet man sie in Tab. 1.

Das Fassungsvermögen der Gaskaltlagerhäuser für Äpfel und Birnen, die meist am Erzeugerort errichtet werden, variiert zwischen etwa 20 und 3000 t. Die Räume werden entweder mit einer dichtgelöteten bzw. durch besondere Fugenkitte gedichteten Verkleidung aus verzinktem Blech ausgeführt oder neuerdings auch auf andere Weise dichtend abgedeckt, z. B. unter Verwendung von bituminiertem Gewebe[2].

Wenn bei der Gaskaltlagerung von Obst die Summe der Gehalte von CO_2 und O_2 21 Vol.-% beträgt, wenn also die Zusammensetzung der Atmosphäre so gewählt wird, daß das CO_2 lediglich einen Teil des O_2 in der Luft ersetzt, kann sowohl der CO_2- als auch der O_2-Gehalt allein durch Ventilation (Luftwechsel) geregelt werden; dies ist möglich, da das Volum des bei der Atmung verbrauchten Sauerstoffes dem Volum des produzierten CO_2 etwa gleich ist. Diese Regelung kann recht gut von Hand durch Verstellung von Schiebern oder Ventilen vorgenommen werden. Sie kann aber auch automatisiert werden; alsdann genügt es, die CO_2-Konzentration allein, z. B. mit Hilfe eines CO_2-Meßgerätes, zu überwachen.

Liegt aber die Summe der gewünschten Gehalte an CO_2 und O_2 unter 21 Vol.-%, so muß die Messung und Regelung von CO_2 und O_2 unabhängig voneinander vorgenommen werden. Der Sauerstoffgehalt wird, wie oben, durch Luftzufuhr geregelt und der Überschuß an CO_2 in einem Absorptionsturm („Scrubber") z. B. durch Natronlauge oder versprühtes Wasser absorbiert (Abb. 72).

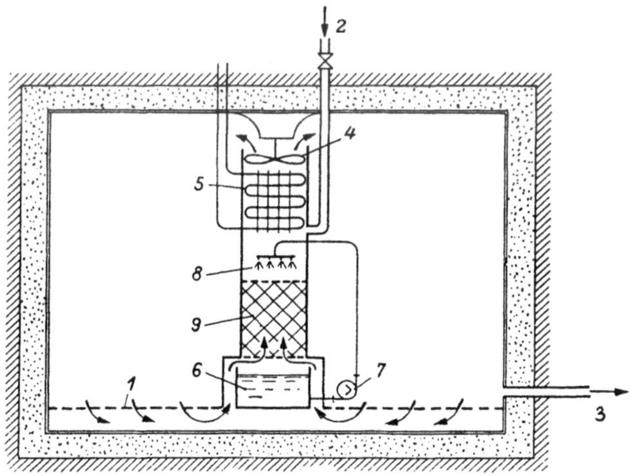

Abb. 72. Gaslagerraum für beliebige O_2- und CO_2-Gehalte.
1 gelochter Boden, *2* Frischluftzufuhr, *3* Abluftableitung, *4* Ventilator, *5* Luftkühler, *6* Laugenbehälter, *7* Zirkulationspumpe, *8* Brause, *9* Füllkörperfüllung.

---

[1] FIDLER, J. C.: Bull. Inst. int. Froid, Annexe 1953 — 1. S. 29—36 u. S. 235—237.
[2] VAN HIELE, T., P. NOORDZIJ, J. C. TOL u. A. DE JONG: Kältetechn. Bd. 7 (1955) S. 262—265.

Die Raumkühlung kann entweder nach dem „Jacket-System" (Kaltmantelsystem, Abb. 73) oder durch Unterbringung des Luftkühlers im Gaslagerraum selbst (Abb. 72) erfolgen. In England wird meist das letztgenannte System in Verbindung mit einem Ventilator angewendet. Diese Anordnung ist raumsparender, doch ist hierbei der Luftkühler schwerer zugänglich. Ferner birgt sie bei Anwendung direkter Verdampfung wegen möglicher Undichtheit ein gewisses Risiko und erfordert zur Aufrechterhaltung hoher relativer Luftfeuchtigkeit (90 bis 95%) große Verdampferflächen. Schließlich verursacht hierbei die Frage nach der Lage der gasdichten Schicht und der Wahl von geeignetem Isoliermaterial einiges Kopfzerbrechen: da gasdicht praktisch zugleich auch wasserdampfdicht bedeutet, tritt bei innenliegendem Mantel im Verlauf der Zeit Kondensation in der Isolierung ein, auch wenn diese von außen zunächst abgedichtet wird. Eine sorgfältige Abdichtung der Isolierung lediglich von außen führt daher zu Vorteilen[1].

Bei Verwendung des Luftmantels (Abb. 73) kann der Verdampfer kleiner gewählt werden; er bleibt zugänglich, und eine Ansammlung von Wasser in der Isolierung kann nicht eintreten; die relative Luftfeuchtigkeit im Lagerraum erreicht hier 95 bis 97%. Wird ein

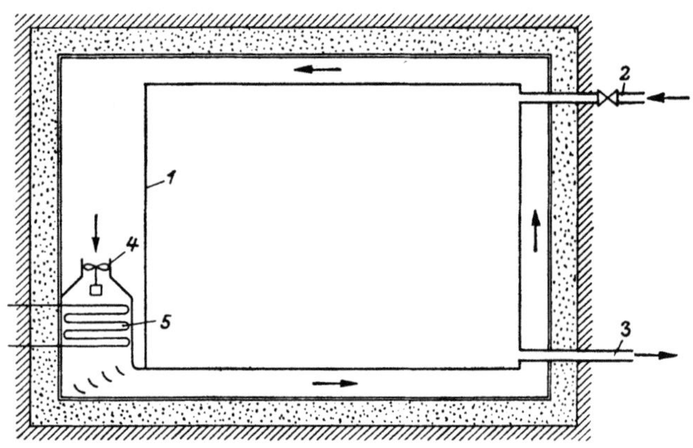

Abb. 73. Gaslagerraum mit eingebautem Luftkühler.
1 Einbau, der den Luftmantel nach innen begrenzt, *2* Frischluftzufuhr, *3* Abluftableitung, *4* Ventilator, *5* Luftkühler.

Scrubber verwendet, so befindet er sich dabei außerhalb des Kühlraumes, was den Vorteil hat, daß man u. U. mit einem Apparat für mehrere Kühlräume auskommt. Es ist hierbei zu beachten, daß der erforderliche Kältebedarf nicht nur durch die von außen einfallende Wärme, sondern auch durch das Wärmeäquivalent der Ventilatorarbeit und die — wenn auch infolge des erhöhten CO_2-Gehaltes und der erniedrigten Temperatur reduzierte — aber immer noch beachtliche Reaktionswärme der biochemischen Prozesse (z. B. der Atmungswärme bei Obst) bestimmt wird.

Das Obst muß bei der Einlagerung, die sofort nach der Ernte erfolgt, eine gleichmäßige, aber nicht zu weit gehende Reife aufweisen[2,3,4]. Da der Raum erst verschlossen wird, wenn er vollgepackt ist, soll er möglichst schnell beladen werden. Die Inbetriebnahme eines solchen Raumes erfolgt auf einfachste Weise dadurch, daß man zunächst die Ventilationsklappen schließt, bis infolge der natürlichen Atmung des Obstes der CO_2-Gehalt der Raumluft unter gleichzeitigem Verbrauch von O_2 etwa den gewünschten Wert erreicht, und fängt dann erst mit der Regelung der Belüftung an. Die relative Luftfeuchtigkeit erreicht — je nach Art und Ausführung der Anlage (vgl. oben) — 90 bis 97%; es ist darauf zu achten, daß die bei so hohen Feuchtigkeiten u. U. (Abb. 73) leicht an der etwas

---

[1] Siehe Fußnote 2, S. 105.
[2] KIDD, F., u. C. WEST: Food Invest. Leaflet, Nr. 6 (1950).
[3] KIDD, F., u. C. WEST: Food Invest. Leaflet, Nr. 12 (1949).
[4] HALL, E. G., u. M. T. SYKES: New South Wales, Dept. of Agric. Div. Hortic. (1953).

kälteren Raumdecke kondensierende Feuchtigkeit nicht auf das darunter lagernde Obst tropfen kann. Die Gaslager bleiben dicht geschlossen bis zur Auslagerung. Ausgelagertes Obst (z. B. Äpfel) zeigt bessere Qualität und auch wesentlich bessere Haltbarkeit während des Vertriebes. Man rechnet heute mit rd. 20% Mehrkosten für die Gaslagerung (z. B. in Holland 1,5 cts/kg und Jahr) gegenüber der Kaltlagerung; der Gewichtsverlust ist nur $^1/_2$ bis $^1/_3$ so hoch wie im normalen Kaltraum. Die Verbesserung der Haltbarkeit einiger britischer Birnensorten durch Gaslagerung zeigt Tab. 2.

Tabelle 2. *Haltbarkeit verschiedener Birnensorten bei +1° C in Monaten*[1].

Birnensorte	Conference	Comice	Williams Christ
Kaltlagerung . . .	3	2,5	1,5
Gaslagerung . . .	6	4	5

Eine Dauergaslagerung von Frischfleisch wird beim Schiffstransport von Übersee (Australien, Neuseeland nach England) mit gutem Erfolg vorgenommen. Diese Frage erwies sich in neuerer Zeit wegen der Bevorzugung des Frischfleisches gegenüber Gefrierfleisch in England von besonderem Interesse. Dabei ergab sich die Notwendigkeit, mit der Lagertemperatur so tief wie möglich — bis auf $-1,5°$ C im Raum — herunterzugehen und die Konzentration des CO_2 bei etwa 10% zu halten; bei 20% wird die Fleischfarbe merklich angegriffen, ohne daß die Haltbarkeit wesentlich verbessert würde[2]. Bei ausgesuchter, hygienisch einwandfreier Exportware läßt sich Rindfleisch durch Gaskaltlagerung bis zu 4 bis 6 Wochen in ausgezeichnetem Zustand erhalten. Das Auftreten von Ranzigkeit bei Fetten wird durch Lagerung in CO_2-Gas ebenfalls verzögert.

Auch bei Fisch erweist sich die Gaslagerung als günstig[3]; bei optimalen CO_2-Gehalten von 20 bis 25% konnte die Lagerfähigkeit des mit Eis bepackten Magerfisches verdoppelt werden. Allerdings haben hier die bei höheren CO_2-Gehalten eintretende Verfärbung des Fischfleisches sowie die Schwierigkeiten, bei dem rauhen Betrieb der Fischdampfer in geeigneter Weise ohne Gefährdung der Besatzung CO_2 anzuwenden, die Einführung des Verfahrens in die Praxis bisher nicht ermöglicht; das Problem der Gasdichtheit der Fischbunker spielte hierbei auch eine Rolle. Vielleicht wird man aber doch noch eine Lösung finden, die der Praxis mehr gerecht wird.

b) Dauerlagerung in Behältern. Die Gaslagerung von Eiern in drucksicheren Tanks hat früher eine größere Rolle gespielt als heute[4]. Man hat gelernt, die Eiererzeugung unabhängig von der Jahreszeit dem Bedarf weitgehend anzupassen und begnügt sich im übrigen meist mit der Kaltlagerung, in neuerer Zeit auch in Verbindung mit dem Einölen[5].

Neuerdings werden in den USA die Kisten für Obst in einer Weise mit ausreichend gasdichter Folie ausgeschlagen, daß darin eine Anreicherung des CO_2-Gehaltes durch Atmung eintritt; hierdurch wird die Transport- und Lagerfähigkeit von Obst verbessert.

Zunehmende Verbreitung findet auch die von BÖHI vorgeschlagene Verwendung von Kohlendioxydgas zur Verbesserung der Haltbarkeit von unvergorenen, frischen Süßmosten[6]. Nach diesem Verfahren wird die Hefevermehrung in

---

[1] KIDD, F., u. C. WEST: Food Invest. Leaflet, Nr. 12 (1949).
[2] Siehe Fußnote 4 auf S. 103.
[3] COYNE, F. P.: J. Soc. Chem. Ind. Bd. 52 (1933) Nr. 4, S. 19—24.
[4] MORAN, T.: Food Invest. Leaflet Nr. 8 (1939).
[5] KUPRIANOFF, J.: Kältetechn. Bd. 7 (1955) S. 38—44.
[6] Vgl. Fußnote 2 auf S. 103.

hefearmen Säften unterbunden, wenn der CO_2-Gehalt des Saftes 1,5 Gew.-% erreicht; zur Einstellung dieser Konzentration muß je nach Lagertemperatur der
entsprechende CO_2-Druck gewählt werden, der z. B. bei 15° C etwa 7,7 atü,
bei 10° C etwa 6 atü und bei 5° C etwa 5 atü beträgt. Heute neigt man in
Großbetrieben zum Mitteldruckverfahren, bei dem man sich mit einem CO_2-Druck
von 3 atü begnügt und wobei die Lagertemperatur auf nicht über 3 bis 4° C
gehalten wird; dies reicht vor allem dann aus, wenn der geklärte Saft zuvor
durch Entkeimungsfilter entkeimt wurde.

c) **Gasdichte Einzelverpackung.** Zur Veränderung der Zusammensetzung
der das Gut umgebenden Atmosphäre führt auch die Einzelverpackung, wie man
sie bei einzeln in geöltes Papier (z. B. für Äpfel, Orangen) oder neuerdings in
Folie eingewickelten Früchten oder in kleinen Portionen von verpacktem Obst
und Gemüse oder Frischfleisch in Selbstbedienungsläden findet. Wenn es auch
hierbei nicht gelingt, die optimalen Bedingungen hinsichtlich der Abstimmung
der einzelnen die Haltbarkeit beeinflussenden Faktoren zu erreichen, so erhält
man doch durch Hemmung des Stoffwechsels und der Verdunstung sowie durch
Schutz vor weiterer äußerer Infektion im allgemeinen eine beachtenswerte Verbesserung der Haltbarkeit bzw. der Qualität; die Anwendung derartiger Maßnahmen in Verbindung mit der Kaltlagerung ist daher vielfach lohnend.

Aber auch durch geeignete Überzüge kann die Zusammensetzung der internen
Atmosphäre der Produkte günstig beeinflußt werden[1]. Wenn z. B. bei der Apfelsorte Jonathan die Haltbarkeit im Gaslager gegenüber der Kaltlagerung verdoppelt wurde, so konnte sie durch Wachsüberzug immerhin um 50% verlängert
werden[2]. Im Gegensatz zu der normalen Gaslagerung, bei der nach der Auslagerung die Einwirkung der Atmosphäre aufhört, ist dies bei Einzelverpackung
oder Überzug nicht der Fall.

Hierher gehört auch das Einölen von Eiern, das zur Abdichtung der Schalen-
poren dient und u. a. auch eine Erhöhung des CO_2-Gehaltes im Ei durch das bei
den autolytischen Umsetzungen entstehende CO_2-Gas bewirkt. Das Einölen hat
eine außerordentlich starke Verbreitung gefunden, da es vor allem den Gewichtsverlust und damit die Größe der Luftblase im Ei verringert und nach voran-
gegangener Kaltlagerung sich auch günstig auf die Haltbarkeit beim Vertrieb
auswirkt[3]. Das Einölen erfolgt oft maschinell, wobei meist dünnflüssige Mineralöle (nach DAB[4] 6) Verwendung finden; aber auch Vaseline oder vaselineähnliche
Produkte werden für die Abdichtung der Oberfläche benützt, die von Hand in
möglichst dünner Schicht aufgetragen werden.

Auch bei Einzelverpackung ist der Einfluß der internen Packungsatmosphäre
zu beachten. So besteht z. B. bei Fleisch die Gefahr der Verfärbung ins Braune,
wenn der Sauerstoffgehalt zu gering wird. Bei geölten Eiern ist es erforderlich,
nach der Auslagerung aus dem Kühlhaus eine gewisse Erwärmungsgeschwindig-
keit nicht zu überschreiten, da sonst die Gefahr besteht, daß das Eiklar durch die
Poren herausgedrückt wird — was zur Schimmelbildung führt — oder gar die
Eischale platzt; auch kann es vorkommen, daß z. B. beim Kochen eines so
behandelten Eies eine schaumige Eiklarstruktur entsteht, die meist abgelehnt
wird; dies gilt natürlich auch, wenn Gaslagerung im großen Tank oder sonstigem
dichten Behälter angewandt wurde.

d) **Stoßweise Behandlung mit Kohlendioxydgas.** Eine kurze, stoßweise Begasung von Lebensmitteln mit hohen CO_2-Konzentrationen von 10 bis 40 Vol.-%,

[1] KAESS, G.: Z. ges. Kälteind. Bd. 45 (1938) S. 227.
[2] HALL, E. G., u. S. M. SYKES: Modern Refrig. Bd. 58 (1955) S. 14.
[3] Siehe Fußnote 5 auf S. 107.   [4] *Deutsches Arznei-Buch.*

wie sie z. B. vor dem Versand ausgeübt werden könnte, erwies sich vielfach als sehr nützlich. So werden z. B. frische Süßkirschen (aber auch andere Obst- und Gemüsearten) vor Antritt eines langfristigen Transportes von der Westküste der USA nach den großen Verbrauchszentren im Osten im Kühlwaggon einem „Kohlendioxyd-Schock" ausgesetzt, wobei Anfangskonzentrationen bis zu 40% angewendet werden; im Verlauf der Fahrt geht dann der CO_2-Gehalt im undichten Wagen — trotz Eigenproduktion des Gutes — stark zurück; bei der Ankunft nach fünf- bis siebentägiger Reise wird ein sehr guter Zustand der Ware vorgefunden.

Es ist von Interesse, festzustellen, daß je nach der Temperatur des Gutes die Dauer der Einwirkung bestimmter CO_2-Konzentrationen gewisse Zeiten nicht überschreiten darf, da sonst Schädigung des Produktes eintritt. So vertragen nach amerikanischen Versuchen z. B. einzelne Pfirsichsorten bei $+15°$ C einen CO_2-Gehalt von 50% bis zu 40 Stunden und Himbeeren einen solchen von 3) bis 40% bis zu 30 Stunden; bei Tomaten findet nach zu langer Einwirkung einer zu hohen CO_2-Konzentration kein Nachreifen mehr statt. Bei der Anwendung des Verfahrens ist daher Vorsicht am Platze.

2. Anwendung chemischer Mittel.

Chemisch wirkende Mittel müssen im Hinblick auf die bei den einzelnen Lebensmitteln dominierenden Verderbnisarten ganz verschiedenen Anforderungen entsprechen und demgemäß auch ganz verschiedene Eigenschaften aufweisen. Vor allem müssen sie natürlich gesundheitlich unbedenklich sein insofern sie dem Lebensmittel zugesetzt und somit zu seinem Bestandteil werden. Grundsätzlich können sie gegen chemische Umsetzungen, gegen den Stoffwechsel oder auch gegen Entwicklung der Mikroorganismen wirksam sein.

Gegen unerwünschte chemische Reaktionen wirken Substanzen, wie Antioxydantien, die z. B. Ölen und Fetten, aber auch Fruchtsäften zugesetzt werden können und alle durch Oxydationen hervorgerufenen Beeinträchtigungen der sauerstoffempfindlichen Bestandteile, wie Ranzigwerden, Verfärbungen usw., hemmen. Mit der Anwendung von Antioxydantien ist man bisher sehr zögernd vorgegangen; hierbei spielen neben lebensmittelrechtlichen oder wirtschaftlichen Gesichtspunkten auch die z. T. nicht befriedigenden Ergebnisse eine Rolle, da in manchen Fällen die Zugabe solcher Stoffe zur Bildung von Fremdgeschmack führte. Eine Ausnahme bildet hierbei allerdings die Ascorbinsäure, deren Zusatz zu Produkten, wie Obstsäfte, aus geschmacklichen Gründen durchaus zu verantworten und auch ernährungsphysiologisch erwünscht ist; das Zusetzen von Ascorbinsäure fällt unter die Verfahren, die auch „Vitaminieren" genannt werden. Ähnliche Wirkungen erreicht man bei Fetten durch Tokopherole, die in die Gruppe der Vitamine E gehören.

Den Stoffwechsel hemmen z. B. die sog. Keimungshemmungsmittel, die bei Kartoffeln, Karotten und anderen Wurzelgemüsen Anwendung finden. Man verwendet hierbei Stoffe, wie Phenylurethane und überdosierte Wuchsstoffe. Und schließlich wäre die große Gruppe der mikrobenhemmenden, vor allem fungiziden Mittel zu nennen, die wie das gasförmige Ozon zur Luftbehandlung oder Schwefeldioxyd zur Begasung der kaltgelagerten Weintrauben verwendet werden (1% SO_2 in Luft, 20 Minuten: Farberhaltung, Atmungsverzögerung, mikrobizid). Statt dessen werden Weintrauben neuerdings auch mit Natriumbisulfitlösung bespritzt[1]; das fungizide Diphenyl wird zum Imprägnieren des Einwickelpapiers für Orangen benutzt (in den USA amtlich zugelassen bis zu

---

[1] APP, J., G. J. LORANT, O. L. WORTHINGTON, E. H. WEIGAND u. W. A. WALKER: Ice and Refrigerat. Bd. 121 (1951) Mai/Juni.

einem mittleren Gehalt von höchstens 110 mg/kg). Ölimprägniertes Papier (15 Gew.-% Öl) oder Einlagen werden aber auch gegen Scald bei Äpfeln verwendet. Neuerdings besteht hierbei großes Interesse für Sorbinsäure, die gute fungizide Wirkung zeigt und physiologisch unbedenklich ist.

Die günstigen Wirkungen von Ozon[1], aber auch die Grenzen für seine Verwendbarkeit, werden durch die außerordentlich starke Reaktionsfähigkeit des bei seinem Zerfall entstehenden atomaren Sauerstoffes bestimmt. Im allgemeinen ist Ozon stärker fungizid als bakterizid. Es kann lediglich an der Oberfläche reagieren, wobei im Entstehen begriffene Mikrobenkulturen angegriffen werden, nicht aber schon bestehende stärkere Schichten von Mikroorganismen. Auch Fettranzigkeit kann entstehen; in der Luft kann Ozon durch Reaktion mit flüchtigen und oxydierbaren Geruchstoffen oder z. B. mit Äthylen diese Substanzen ausschalten. Die Meinungen über den Wert von Ozon sind uneinheitlich. Ein Gehalt von 1 bis 2 mg O_3 pro kg Luft erwies sich bei Obst günstig im Hinblick auf die desodorisierende Wirkung und zur Verhütung des Schimmelwachstums auf Kisten und Wänden.

Bakterizide Mittel werden auch als Zusatz zum Eis genommen, um durch Beeisen von Fisch mit dem so gewonnenen bakteriziden Eis den mikrobiellen Fischverderb hinauszuzögern (s. S. 227 ff.); von den vielen Stoffen, die hierfür vorgeschlagen worden sind, wurde bisher nur Natriumnitrit in Kanada zugelassen[2]. In neuerer Zeit werden auch Antibiotika sowohl als Zusatz zum Eis für die Fischbeeisung als auch zur Entkeimung der Oberfläche von Geflügel — mit gewisser bakteriostatischer Nachwirkung — eingehend diskutiert[2, 3]. Vor einiger Zeit wurde in den USA u. a. Aureomycin zur Behandlung von Fleisch und Geflügel freigegeben, unter der Voraussetzung, daß nach dem Tauchen oder Besprühen in eine entsprechende Lösung der Aureomycingehalt vor dem Kochen 7 mg/kg nicht übersteigt. Man ging dabei davon aus, daß Aureomycin ein wärmeempfindliches Produkt ist, das sowohl während der Lagerung als auch vor allem beim küchenmäßigen Zubereiten, wie Kochen oder Backen, vollständig abgebaut wird[3, 4, 5].

3. Anwendung ionisierender Strahlen.

Aus dem gesamten Gebiet der elektromagnetischen und der korpuskularen Strahlung interessieren für Zusatzverfahren nur diejenigen technisch verwirklichbaren Bereiche, innerhalb welcher mikrobizide Wirkung besteht. Einen solchen Effekt zeigen bekanntlich UV-Licht und vor allem die stark ionisierend wirkende Röntgenstrahlung und Gammastrahlung; sie alle unterscheiden sich voneinander lediglich durch ihre Wellenlänge: je kürzer die Wellenlänge, desto durchdringender und energiereicher sind die Strahlen. Am durchdringendsten sind die Gammastrahlen. Röntgenstrahlen können in besonderen Geräten, z. B. in den sog. Röntgenapparaten, erzeugt werden. Ihre Energie, die die Eindringtiefe und Wirkung bestimmt und daher als „Härte" bezeichnet wird, wird durch Angabe derjenigen Spannung in Volt gekennzeichnet, welche im Gerät zu ihrer Erzeugung aufgewendet worden ist. Daneben gibt es aber auch radioaktive Substanzen (Isotope), die Gammastrahlen mit bestimmtem Energiegehalt aus-

---

[1] Kuprianoff, J.: Kältetechn. Bd. 5 (1953) S. 283—286.

[2] Partmann, W.: Fette u. Seifen einschl. Anstrichmittel Bd. 56 (1954) S. 505—512.

[3] Partmann, W.: Z. Lebensmittel-Unters. u. Forsch. Bd. 106 (1957) S. 210—227.

[4] Vonderbank, H.: Aureomycin und Achromycin. Editio Cantor, Aulendorf in Württ., 1956.

[5] Die Bedeutung der Antibiotica in der Tierernährung und Lebensmittelhygiene unter besonderer Berücksichtigung von Aureomycin. Internationales Symposion November 1956 in Wien. Editio Cantor, Aulendorf/Württ. 1957.

senden (Tab. 3); solche Substanzen können ebenfalls als Strahlenquellen benutzt werden. Von den Korpuskularstrahlen sind nur die Elektronenstrahlen für die hier diskutierte Verwendungsart von praktischer Bedeutung. Allen diesen Strahlenarten ist gemeinsam das Auslösen großer Wirkungen durch außerordentlich kleine Energiemengen, weshalb bei ihrer Anwendung keine wesentlichen Temperaturerhöhungen eintreten; man spricht daher hier auch — je nach dem Grad der Entkeimung — von „Kaltpasteurisation" oder „Kaltsterilisation". Die Strahlen unterscheiden sich wesentlich durch ihre Eindringtiefe in das Lagergut.

Tabelle 3. *Einige radioaktive Isotope und ihre Eigenschaften.*

Isotop	Halbwertszeit	maximale Energie der Strahlung in MeV	
		β	γ
Rhodium 106 . . .	30 s	3,55	1,25
Zink 63	38,3 min	$\beta^+ = 2,36$	2,60
Natrium 24	15 h	1,39	2,75
Phosphor 32	14,1 Tage	1,69	—
Cäsium 134	>254 Tage (bis 2,3 Jahre)	0,651	1,36
Kobalt 60	5,3 Jahre	0,318	1,33
Strontium 90 . . .	19,9 Jahre	0,531	—
Cäsium 137	33 Jahre	1,18	0,66

a) Elektromagnetische Strahlung. Innerhalb des gesamten Bereiches der elektromagnetischen Strahlung unterscheidet man je nach Wellenlänge verschiedene Strahlenarten, entsprechend etwa der Einteilung, wie sie in Tab. 4 wiedergegeben ist.

Tabelle 4. *Elektromagnetische Strahlen.*

Strahlenart	Wellenlänge	Frequenz Hz
Wechselstrom	6000 km	50
Radiowellen	0,02 m bis 30 km	10^{10} bis 10^4
Infrarotstrahlen	0,8 bis 800 μ	$4 \cdot 10^{14}$ bis $4 \cdot 10^{11}$
Lichtstrahlen	0,4 bis 0,8 μ	$8 \cdot 10^{14}$ bis $4 \cdot 10^{14}$
Ultraviolettstrahlen . . .	14 bis 400 mμ	$2 \cdot 10^{16}$ bis $8 \cdot 10^{14}$
Röntgenstrahlen	0,006 bis 30 mμ	$5 \cdot 10^{19}$ bis $1 \cdot 10^{16}$
Gammastrahlen	0,0005 bis 0,14 mμ	$6 \cdot 10^{20}$ bis $2 \cdot 10^{18}$

α) *UV-Licht.* Die UV-Strahlung besitzt mikrobizide Wirkung im Wellenlängenbereich von etwa 200 bis 320 mμ. Die Strahlenempfindlichkeit verschiedener Mikroorganismen ist allerdings recht verschieden; bei den meisten von ihnen liegt jedoch das Maximum bei Wellenlängen um etwa 250 bis 270 mμ[1,2]. Die ohne wesentliche Wärmeentwicklung mit hoher Strahlungsausbeute nahezu monochromatisches UV-Licht der Wellenlänge 254 mμ liefernden Quecksilber-Niederdruckdampflampen eignen sich daher für Verwendung als Entkeimungslampen besonders gut. Allerdings dringt das UV-Licht nur in Luft und in reinem und vollständig klarem Wasser gut durch. Lebensmittel sind für diese Strahlen praktisch undurchlässig. Daher eignet sich UV-Licht eigentlich nur zur Oberflächenentkeimung (Abb. 74), woraus auch folgt, daß nur die von der Strahlung

---

[1] Siehe Fußnote 5 auf S. 107.
[2] SAUTER, E.: Fette u. Seifen einschl. Anstrichmittel Bd. 57 (1955) S. 354—362.

direkt getroffenen Oberflächenteile keimfrei werden können. Starke Populationen aber, wie z. B. Schimmelkolonien, lassen sich schwer durch UV-Licht angreifen; dasselbe gilt insbesondere auch für das ins Innere der Produkte wuchernde Mycel.

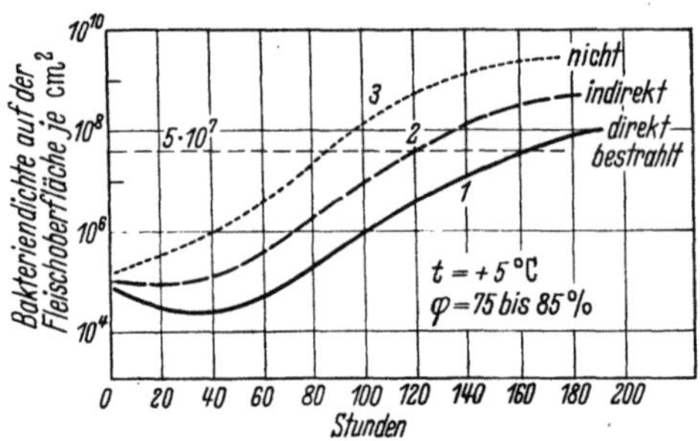

Abb. 74. Einfluß der UV-Bestrahlung auf die Haltbarkeit von Frischfleisch nach WOLODKEWITSCH.

Flüssigkeiten, die wie Milch nur sehr geringe Strahlendurchlässigkeit von wenigen Zehntelnmillimeter besitzen, lassen sich nur entkeimen, wenn sie entweder in ausreichend dünnen Schichten oder im Strömungszustand mit großer Turbulenz bestrahlt werden, die die Gewähr dafür bietet, daß sich alle Flüssigkeitsteile genügend lange Zeit im Strahlenbereich befinden[1].

Zur Erreichung eines bestimmten Bestrahlungseffektes — wie z. B. vollständiger Keimfreiheit — muß das UV-Licht von gegebener Intensität oder Bestrahlungsstärke (W/cm^2 bei Oberflächenbestrahlungen und W/cm^3 bzw. W/g bei Volumbestrahlungen) eine bestimmte Zeit (s) einwirken, was der Anwendung einer dem Produkt aus Intensität und Zeitdauer entsprechenden Dosis (in Ws/cm^2 oder Ws/g) gleichkommt. Da nun das vollständige Abtöten aller Keime sehr große Dosen erfordert, würde dies bei gegebener Bestrahlungsstärke sehr lange Bestrahlungszeiten zur Folge haben; denn eine 90 bis 99 %ige Abtötung der meisten Mikrobenarten erfordert bereits Dosen von etwa 10 bis 50 mWs/cm^2. Man begnügt sich daher in der Praxis mit einer wesentlichen Herabsetzung der Keimzahl und verzichtet auf völlige Entkeimung, wodurch sich — insbesondere in Verbindung mit Kaltlagerung — auch schon eine merkliche Verbesserung der Haltbarkeit einiger schnellverderblicher Produkte erzielen läßt.

In der Praxis begegnete man bisher einem gewissen Interesse für die Anwendung der UV-Strahlen zur Entkeimung der Luft und der mit Lebensmitteln in Berührung kommenden Geräte sowie zur Bestrahlung von Fleisch und Fleischwaren[2]. Für geeignete Anordnung der Lampen muß Sorge getragen werden, um sicher zu sein, daß alle Flächen ausreichende Dosen erhalten. Da ein gleichmäßiges Anstrahlen von unregelmäßig geformten Teilen oft schwierig zu verwirklichen ist, begnügt man sich z. B. bei der Schnellreifung von Fleisch bei erhöhten Raumtemperaturen damit, vor allem die gefährdeten Stellen — wie Blutgefäße am Hals — in genügendem Ausmaß zu bestrahlen. Nach amerikanischen Erfahrungen genügt für Schlacht- und Kaltlagerräume auf je 10 bis 12 m² Grundfläche ein UV-Strahler von 30 Watt vollauf. In Fällen, in denen die Anordnung der Strahler so ist, daß das UV-Licht die sich im Raum aufhaltenden Menschen treffen kann, muß Vorsorge getroffen werden, daß beim Öffnen der Tür die Lampen abgeschaltet werden. In Gegenwart von Fetten sollte die Ozonbildung, die durch Wellenlängen unterhalb von 220 mμ hervorgerufen wird, vermieden werden, da hierdurch die Entstehung der Ranzigkeit gefördert wird. Es gibt aber auch Fälle, in denen die Anwesenheit von Ozon z. B. zur Geruchsbeseitigung erwünscht sein kann[3].

β) *Röntgenstrahlen.* Da mit abnehmender Wellenlänge (vgl. Tab. 4) die Eindringtiefe der elektromagnetischen Strahlung zunimmt, wird man bei An-

[1] BAYHA, H.: Z. Hyg. Infektionskrankh. Bd. 135 (1952) S. 1.
[2] KUPRIANOFF, J.: Kältetechn. Bd. 4 (1952) S. 156—165.
[3] KUPRIANOFF, J.: Kältetechn. Bd. 5 (1953) S. 283—286.

wendung ausreichend energiereicher oder, wie man sagt, harter Röntgenstrahlen auch Lebensmittel größerer Abmessungen durchdringen können. Da auf der anderen Seite bei Anwendung ausreichend energiereicher elektromagnetischer Strahlen als Folge der Strahlenabsorption Ionisation auftritt, ergibt sich ein vielfältiger Effekt, der u. a. auch in einer entkeimenden Wirkung besteht. Durch genügend harte und ultraharte Röntgenstrahlen, d. h. durch Strahlen zu deren Erzeugung Röhrenspannungen von etwa 120 bis 250 kV und darüber benötigt werden, kann somit Sterilisation der Lebensmittel auch in ihrer Tiefe erzielt werden. Dagegen wird man im sog. weichen Bereich — d. h. mit Strahlen, zu deren Erzeugung Röhrenspannungen unterhalb von 60 kV benutzt werden — im Hinblick auf ihre geringere Eindringtiefe praktisch nur eine Entkeimung von Oberflächenschichten oder von Stückgut mit nicht zu großen Abmessungen erzielen können.

Auch die Wirkung der Röntgenstrahlen in einer Substanz wird durch den von ihr absorbierten Energiebetrag bestimmt. Diesen Energiebetrag bezeichnet man ebenfalls als die der Substanz zugeführte Strahlendosis; als internationale Einheit der Dosis gilt 1 Röntgen = 1 r, die einer Energieabsorption von 83 erg/g Luft entspricht[1]. Umgerechnet erhält jedes Kilogramm Stoff mit der Dichte 1 (gegen Wasser) eine Energiezufuhr von rd. 2 kcal bei Bestrahlung mit einer Dosis von 1 Million r (1 Mega-r); damit läßt sich der Temperaturanstieg, der bei Bestrahlung eines Stoffes eintritt, berechnen, wenn man seine spezifische Wärme und die angewandte Dosis kennt[2].

Es hat sich nun gezeigt, daß verschiedene Arten von ionisierender Strahlung aus mehreren Gründen besonders geeignet zu sein scheinen, als Zusatzverfahren zur Kaltlagerung angewandt zu werden. Denn die in großer Zahl — insbesondere von amerikanischer Seite — an Lebensmitteln und ihren Bestandteilen durchgeführten Untersuchungen[2, 3] haben ergeben, daß beim Bestrahlen mit steigender Dosis neben erwünschten Wirkungen, die der Verbesserung der Haltbarkeit dienen, in zunehmendem Ausmaß auch unerwünschte Effekte auftreten: sie können beispielsweise zur Bildung unangenehm riechender oder schlecht schmeckender, aber auch mißfarbener Substanzen führen; mit starken Dosen bestrahlte Lebensmittel sind schließlich auch in bezug auf mögliche Gesundheitsschädigungen suspekt[4]. Auf der anderen Seite haben die bisher in den praktisch in Betracht kommenden Spannungsgrenzen ausgeführten Versuche gezeigt, daß die Strahlenwirkungen lediglich von der angewandten Dosis, nicht aber von den bei der Erzeugung von Röntgenstrahlen benutzten Röhrenspannungen abhängen; dies bedeutet aber, daß, abgesehen von der Eindringtiefe der Strahlen (die lediglich von der Strahlenenergie und der Dichte des bestrahlten Produktes abhängt), die gleiche Strahlenwirkung ebenso wie bei höherer Röhrenspannung auch bei niedriger Röhrenspannung — allein durch Verlängerung der Bestrahlungszeit — erreicht werden kann.

Diese beiden Gesichtspunkte ließen es angezeigt erscheinen, zu versuchen, gegebenenfalls auch mit kleinen Dosen und mit Geräten mit mäßigen Röhrenspannungen auszukommen. Vorteilhaft ist hierbei, daß die Benützung derartiger Geräte wegen geringerer Anschaffungs- und Betriebskosten sowie der weniger kostspieligen Strahlenschutzmaßnahmen wirtschaftlich möglich erscheint und einfacher ist; man hat sich allerdings hierbei wegen der geringen Eindringtiefe mit der Bestrahlung von Oberflächenschichten oder von dünnschichtigen

---

[1] 1 Ws = 1 Joule = 10^7 erg.
[2] KUPRIANOFF, J.: Z. Lebensmittel-Unters. u. Forsch. Bd. 100 (1955) S. 275—303.
[3] Siehe Fußnote 1 auf S. 121.
[4] KUPRIANOFF, J.: Dtsch. Lebensmittel-Rdsch. Bd. 52 (1956) H. 1, S. 1—8.

Produkten zu begnügen. Die Anwendung kleiner Dosen hat zwar keine völlige Entkeimung zur Folge, dafür bleiben aber unangenehme Nebeneffekte aus; da für die Inaktivierung der Enzymsysteme wesentlich höhere Dosen als zum Sterilisieren — etwa das fünf- bis zehnfache — benötigt werden, kann völlige Unterbindung der Enzymtätigkeit hierbei erst recht nicht erwartet werden. Hierfür — ebenso wie zur Verlangsamung des Mikrobenwachstums aus den durch Bestrahlen mit kleinen Dosen auf der Lebensmitteloberfläche nicht völlig vernichteten Kolonien — ist die Kaltlagerung entscheidend; die Kombination beider Verfahren aber kann zu beachtlicher Verlängerung der Haltbarkeit schnellverderblicher Lebensmittel führen [1,2,3].

γ) Gammastrahlen. Gammastrahlen unterscheiden sich von Röntgenstrahlen lediglich durch die Art ihrer Entstehung; während die letztgenannten in Röntgenapparaten durch Auftreffen von Elektronenstrahlen auf feste Körper erzeugt werden, entstehen die Gammastrahlen beim radioaktiven Zerfall zahlreicher Substanzen. Als derartige Strahlenquellen können neben den in Kernreaktoren anfallenden radioaktiven Spaltprodukten auch künstliche Isotope, wie z. B. ^{60}Co, (Kobalt mit dem Atomgewicht 60) verwendet werden (Tab. 3). Dieses Isotop liefert mit seiner maximalen Strahlenenergie von 1,33 MeV eine stark durchdringende Gammastrahlung. Bei doppelseitiger Bestrahlung können Produkte von 8 bis 9 cm Dicke auch bis in den Kern ausreichend bestrahlt werden [4]. Bei Verwendung radioaktiver Isotope ist zu beachten, daß die Energie ihrer Strahlung bis zum Schluß konstant bleibt, daß aber ihre Dosisleistung der Abnahme der Aktivität entsprechend zurückgeht. Die Halbwertzeiten, in der die Aktivitäten der Isotope und damit die mit ihnen in einem bestimmten Abstand erzielbaren Dosisleistungen auf die Hälfte abfallen, sind in Tab. 3 angegeben.

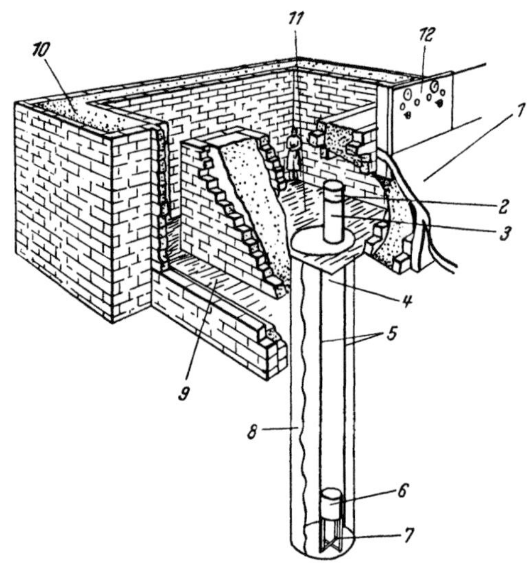

Abb. 75. Der Bestrahlungsbunker der Michigan-Universität (Ann. Arbor, Mich./USA) mit der 9,3 Kilocurie-^{60}Co-Anlage. Die γ-Quelle befindet sich rd. 4,3 m unter Wasser und wird zur Bestrahlung durch Aufzug gehoben. *1* Erdgeschoß mit Bedienungsstand, *2* Abdeckung (Lucite), *3* die Lage der gehobenen γ-Quelle bei der Bestrahlung, *4* Wasserspiegel, *5* Führungsleisten des Aufzuges, *6* γ-Quelle, *7* Aufzug, *8* Wasserschacht (etwa 5 m), *9* Labyrintheingang, *10* Betonstrahlenschutz (1,2 m), *11* Bestrahlungskellerlaboratorium, *12* Bedienungsstand.

Die große Eindringtiefe der Gammastrahlen und die erwartete Preiswürdigkeit der Strahlenquellen hoher Aktivitäten haben eingehende Überprüfung ihrer Anwendungsmöglichkeiten ausgelöst [5]. Auch Gammastrahlen zeigten, bei hohen Dosen, unerwünschte Effekte, die sich u. a. durch schlechten Geruch und Geschmack dokumentierten. Es ergab sich aber, daß schon bei kleinen Dosen, die

---

[1] Anonym: Food Engng. Bd. 27 (1955) Nr. 12, S. 103.

[2] Proctor, B. E.., J. T. R. Nickerson, J. J. Lieciardello, S. A. Goldblith u. E. E. Lockhart: Food Techn. Bd. 9 (1955) S. 523—527.

[3] Brownell, L. E., L. L. Kempe u. J. T. Graikoski: Refrig. Engng. Bd. 63 (1955) Nr. 3, S. 42—47.

[4] Siehe Fußnote 2 auf S. 113.

[5] Huber, W., u. J. L. Heid: Western Canner and Packer (1956) August, S. 25.

wenige Prozente der Sterilisationsdosen betragen, 90 bis 99% der Keime abgetötet werden können, ohne daß sinnesphysiologisch wahrnehmbare Beein-

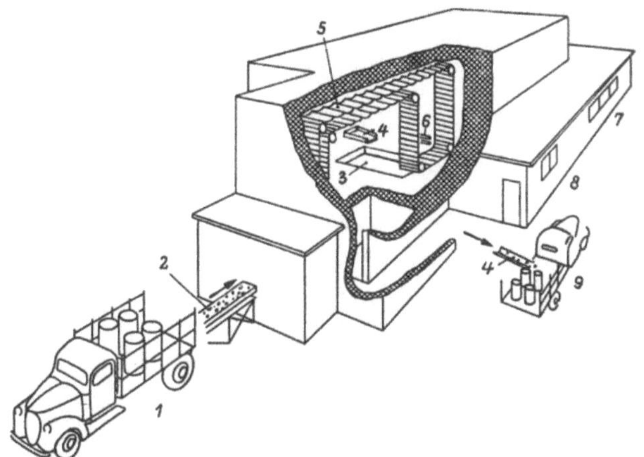

Abb. 76. Vorschlag für eine Gammabestrahlungsanlage mit Elevator für Kartoffeln.
1 Umladestation, *2* schwingende Transportrinne für die Beförderung der Kartoffeln in die Anlage,
3 Schacht, *4* schwingende Kipprinne, *5* Bechertransportband, *6* Brennstoffelemente, *7* Bureau,
8 Kontrollraum, *9* Verladestation für bestrahltes Gut.

trächtigungen der Produkte auftraten (Tab. 5). Derartiges „Pasteurisieren" tritt wegen der beachtlichen Eindringtiefe der Gammastrahlen auch im Innern der Produkte ein, sofern ihre Abmessungen nicht zu groß sind[1].

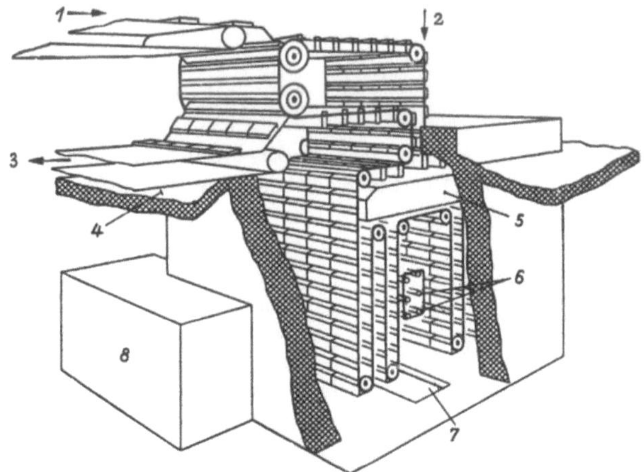

Abb. 77. Gammabestrahlungsanlage für vorverpacktes Gut.
1 Transportband für ankommendes Gut, *2* hochkantbeladene Transportbandelemente beim Eintritt in
die Bestrahlungskammer, *3* Transportband mit bestrahltem Gut, *4* Fußboden des Verpackungsraumes,
5 Strahlenschutzschirm aus Beton, *6* Gammaquelle, *7* rd. 5,5 m tiefer Brunnenschacht,
8 labyrinthförmiger Zugang.

Einige amerikanische Vorschläge für Anlagen zur Bestrahlung von Lebensmitteln mit radioaktiven Strahlenquellen finden sich in den Abb. 75, 76 und 77.

---

[1] BROWNELL, L. E., L. L. KEMPE u. J. T. GRAIKOSKI: Refrig. Engng. Bd. 63 (1955) Nr. 3, S. 42—47.

Tabelle 5. *Einfluß der ionisierenden Strahlung auf verschiedene Lebensmittel.*

Produkt	Dosis in rad	Organoleptischer Befund	Haltbarkeit	Bemerkungen
Zwiebeln	2 bis 8 · 10^3	gut	5 Monate	bei 10° C, 70 bis 80%
Kartoffeln	5 bis 20 · 10^3	befriedigend	18 Monate	
Kartoffeln	10 · 10^3	gut	12 Monate	keine Unterschiede
Schweinefleisch . .	30 · 10^3	sehr gut	—	trichinenfrei
Schweinefleisch . .	60 bis 80 · 10^3	gut	—	Kaltlagerung um 10 Tage verlängert
Orangensaft . . .	60 bis 100 · 10^6	unbefriedigend	—	bitter, Fremdgeschmack und -geruch
Milch	0,1 · 10^6	schlecht	—	
Rindfleisch. . . .	0,1 · 10^6	gut		mit Kälte
Bananen.	0,15 · 10^6	gut	30 Tage	
Eier	0,3 · 10^6	Fremdgeschmack im Rührei	—	Salmonella-frei
Erbsen	0,5 bis 1 · 10^6	befriedigend	—	Erweichen
Schellfischfilet . .	0,7 · 10^6	befriedigend	6 Wochen	bei +3° C
Bohnen	1 · 10^6	befriedigend	—	
Spargel	1 bis 2 · 10^6	befriedigend	—	Textur- und Geschmackverlust, leichtes Bleichen
Kabeljau.	bis 2 · 10^6	gut	steril	
Tomaten	2 · 10^6	befriedigend	—	Bleichen und Erweichen
Grüne Bohnen, blanchiert . . .	2 · 10^6	befriedigend	steril	
Pfirsichhälften in Sirup	2 · 10^6	befriedigend	steril	
Schweinefleisch . .	2 · 10^6	gut	steril	
Hühner	2 · 10^6	gut	steril	
Rinderleber, blanchiert . . .	2 · 10^6	gut	steril	
Apfelmus	2 · 10^6	gut	steril	
Kirschen.	2 bis 4 · 10^6	befriedigend	steril	Schwächung des Geschmackes, Erweichen
Schweinewurst . .	3 · 10^6	gut	steril	

b) Elektronenstrahlen. Neben der elektromagnetischen Strahlung besteht die Möglichkeit, auch die nahezu auf Lichtgeschwindigkeit beschleunigten Elektronen zur Bestrahlung von Lebensmitteln zu benützen; es handelt sich hier um Korpuskularstrahlung, d. h., einen Strom von elektrisch geladenen Teilchen (Elektronen), die Elektronenstrahlen oder auch Betastrahlen genannt werden. Auch in diesem Fall sind Eindringtiefe und Wirksamkeit[1] von der Energie der Strahlen abhängig (Abb. 78). Diese Energie wird in Elektronen-Volt (eV) angegeben[2] und kennzeichnet die Spannung, die zur Be-

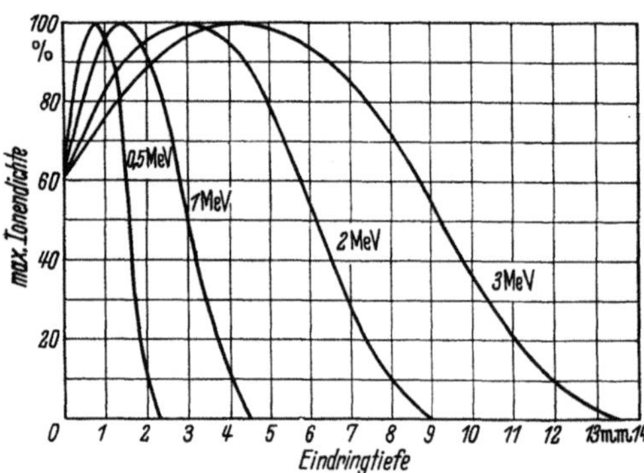

Abb. 78. Der Verlauf der Energieabsorption (relative Ionendichte) im Wasser bei Bestrahlung mit Betastrahlen verschiedener Elektronenspannungen.

[1] Da die Wirkung der ionisierenden Strahlen auf der durch sie hervorgerufenen Ionisation beruht, stellt die Dichte der gebildeten Ionen ein Maß für den von dem bestrahlten Produkt absorbierten Energiebetrag dar. Der Verlauf der Ionisationsdichte entspricht daher der Energieverteilung in der Tiefe der bestrahlten Substanz.

[2] 1 eV = 1,602 · 10^{-12} erg = 1,602 · 10^{-19} J.

schleunigung der Elektronen in den entsprechenden Geräten, den sog. Elektronenbeschleunigern, angewendet wird. Wir finden aber auch unter den radioaktiven Isotopen solche, die Betastrahlen aussenden (vgl. Tab. 3) und daher als Elektronenstrahlenquellen verwendet werden könnten. Da ihre Eindringtiefe (vgl. Abb. 79) bei gleicher Energie einen Bruchteil der Eindringtiefe der Röntgen- oder Gammastrahlen beträgt (nicht über $^1/_{12}$ bis $^1/_{15}$), eignen sie sich besonders gut für die Bestrahlung von Oberflächenschichten.

Elektronen- bzw. Betastrahlen entstehen somit bei radioaktivem Zerfall (vgl. Tab. 3) oder werden in Geräten erzeugt; entsprechende Elektronenbeschleuniger lassen sich zu erträglichen Preisen auch für große Leistungen bauen[1]. Ihre Handhabung ist gegenüber den radioaktiven Isotopen besonders auch deswegen einfacher, da die Strahlen gebündelt und gerichtet und ihre Erzeugung durch Abschalten der Stromzufuhr unterbunden werden kann. Hinsichtlich der Wirkung der absorbierten

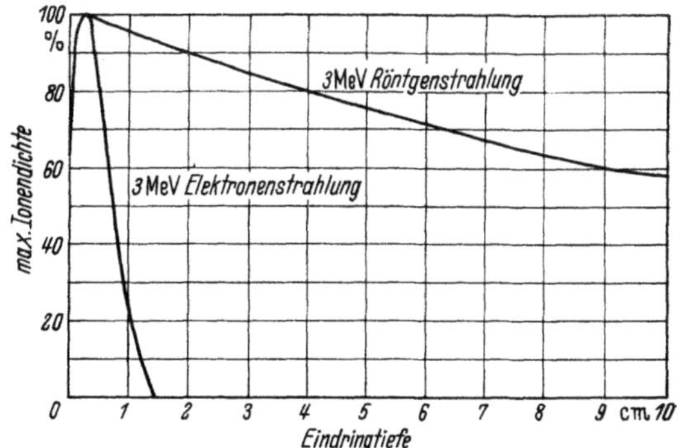

Abb. 79. Die Verteilung der Ionendichte im Wasser bei Bestrahlung mit 3 MeV-Röntgenstrahlung im Vergleich zu 3 MeV-Betastrahlung.

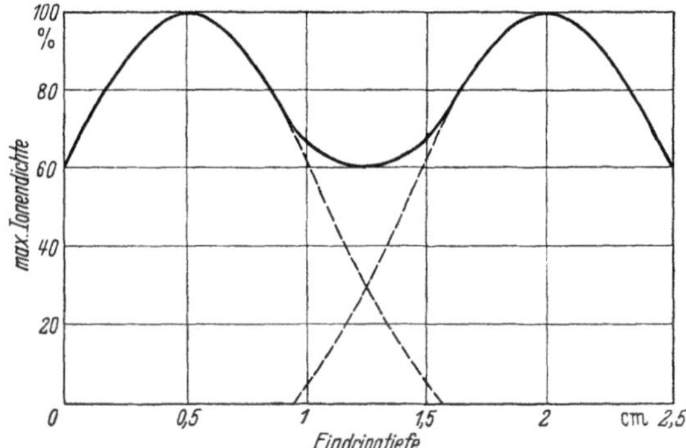

Abb. 80. Der Verlauf der Energieabsorption (relative Ionendichte) in einer Wasserschicht von 2,5 cm Stärke bei doppelseitiger Bestrahlung mit 3 MeV-Betastrahlen.

Strahlung in der Materie wurden bisher — bezogen auf gleiche Dosis — keine Unterschiede zwischen Elektronen- und elektromagnetischer Strahlung fest-

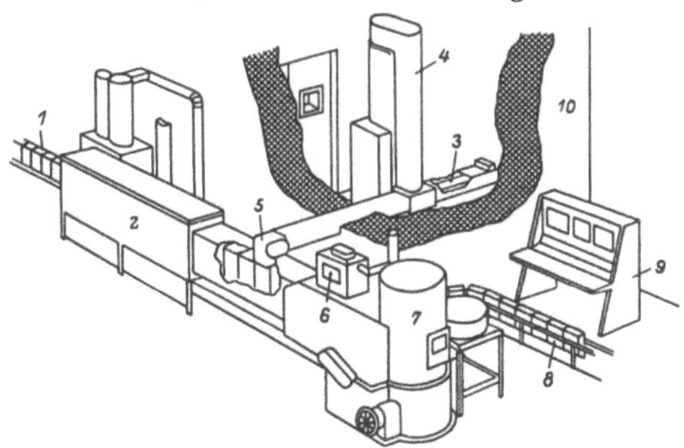

Abb. 81. Projektierte Elektronenbeschleuniger-Anlage zur kontinuierlichen Bestrahlung mit aseptischer Abfüllvorrichtung.

1 Zubringertransportband für leere Behälter, *2* Sterilisationsanlage für Behälter, *3* Transportband für das Einfüllgut, *4* Elektronenbeschleuniger, *5* Füllvorrichtung, *6* Sterilisationsanlage für die Deckel, *7* Verschließmaschine, *8* Förderband für abgefüllte Behälter, *9* Bedienungsstand, *10* Strahlenschutzmauer.

[1] Siehe Fußnote 2 auf S. 113.

gestellt, da auch die Elektronen hierbei Ionisation hervorrufen. Die Dosis[1] wird in rep (roentgen equivalent physical; 1 rep = 83,8 erg/g Wasser = rd. 90 bis 95 erg/g frisches Gewebe) oder neuerdings in rad (radiation absorption dosage) gemessen: 1 rad = 100 erg/g Substanz; in der Technik werden bei großen Dosen auch die Einheiten krep oder Megarep bzw. krad und Megarad gebraucht. Es

Abb. 82. Ausgeführte Resonanzumformer-Elektronenbeschleuniger-Anlage für 1 MeV (General Electric, USA).

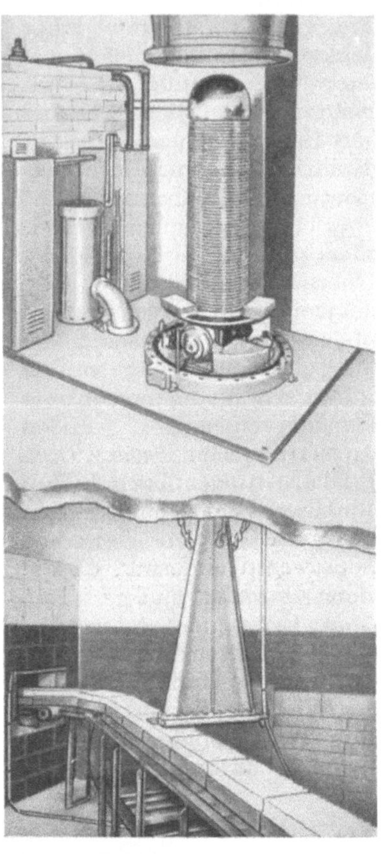

Abb. 83. Ausgeführte Anlage zur Sterilisation von medizinischen Präparaten mit Elektronenstrahlen (van de Graaff-Elektronenbeschleuniger der Fa. High Voltage Engineering Corp., USA).

entspricht 1 Megarad = 2,4 kcal/kg = 2,8 Wh/kg. Die Energieausbeute des Elektronenstrahles läßt sich durch Bündelung und gleichmäßige Verteilung mittels geeigneter magnetischer Linsen sowie durch Bestrahlen der Produkte von zwei Seiten (Abb. 80) auf über 60% steigern; energetisch betrachtet wird man somit je kWh (gemessen im austretenden Elektronenstrahl) bei einer Dosis von 2 Megarad etwa 270 kg Lebensmittel mit der Dichte 1 (wie Wasser) bestrahlen können. Einige Ausführungen von Bestrahlungsanlagen zeigen die Abb. 81, 82, 83 und 84.

c) **Strahlenwirkung.** Die sinnvolle Anwendung der Strahlen setzt die genaue Kenntnis ihrer Wirksamkeit voraus. Die Strahlenwirkung ist jedoch sehr vielfältig und in ihren Einzelheiten oft nicht bekannt oder auch gar nicht erfaßbar.

---

[1] Vgl. Fußnote 2 auf S. 113.

Insbesondere trifft dies für so komplizierte Systeme zu, wie sie biologische Objekte allgemein darstellen, und hierzu gehören auch die meisten Lebensmittel. Man muß sich daher in zahlreichen Fällen mit der Feststellung summarisch erfaßbarer Gesamtwirkungen der Strahlen begnügen; als solche summarische Feststellung kann z. B. die bekannte Tatsache gelten, daß die tödliche Dosis der Strahlen desto größer ist, je kleiner der Organismus ist: so ist bekannt, daß die zum Abtöten von Menschen und höheren Tieren notwendige Dosis weniger als 1/1000 derjenigen beträgt, die zum Abtöten der Mikrobensporen benötigt wird. Die letale Strahlendosis für den Menschen entspricht denn auch einem Gesamtbetrag an Energie von im Durchschnitt nur 0,1 bis 0,2 Wh.

Die Gesamtwirkung der Strahlen wird zweckmäßigerweise in physikalische, chemische, biochemische und biologische Wirkungen aufgegliedert; wir wollen sie einzeln kurz betrachten.

α) Die unmittelbare *physikalische* Wirkung der Strahlen besteht in erster Linie in Ionisation der Bestandteile der bestrahlten Substanz sowie in Aktivierung der einzelnen getroffenen Moleküle, wodurch ihre Reaktionsfähigkeit erhöht wird. Die Temperaturzunahme ist gering, da der gesamte Energiebetrag, der

Abb. 84. Ausgeführte van de Graaff-Elektronenbeschleuniger-Anlage (High Voltage Engineering Corp., USA).

einer Substanz bei der Bestrahlung zugeführt wird, sehr klein ist. Schließlich kann die Anwendung entsprechend energiereicher Strahlen auch zur Radioaktivität führen, was jedoch praktisch nie der Fall ist[1]. Die Energie der Beta- und Gammastrahlen der radioaktiven Isotope ist bei weitem nicht ausreichend, um in den bestrahlten Substanzen künstliche Radioaktivität zu induzieren. In Geräten wird man die Strahlenenergie, die zum Erzielen der Radioaktivität mindestens erforderlich ist und mehr als 10 MeV beträgt, auch aus wirtschaftlichen Gründen kaum erzeugen wollen; Versuche zeigen aber auch, daß die so induzierte Radioaktivität meist rasch abklingt. Daher ist sowohl bei Bestrahlung mit radioaktiven Isotopen als auch mit strahlenerzeugenden Geräten die Gefahr, daß möglicherweise Radioaktivität auftritt, praktisch ausgeschlossen.

Bei der Prüfung der Verwendungsmöglichkeiten von Reaktorabfallstoffen ist jedoch zu beachten, daß z. B. die verbrauchten Reaktorbrennstäbe zur

---

[1] Siehe Fußnote 2 auf S. 113.

Bestrahlung von Lebensmitteln nicht ohne weiteres in Betracht kommen, da sie Neutronen aussenden, die in Lebensmitteln künstliche Radioaktivität induzieren würden.

β) Die beim Bestrahlen entstehenden *chemischen* Wirkungen sind außerordentlich vielfältig. Da sie z. B. beim Sterilisieren unerwünscht sind, bezeichnet man sie als Nebenwirkungen („side effects"). Bei Lebensmitteln handelt es sich meist um Reaktionen, die überwiegend primär infolge Oxydation durch entstandene Hydroxylradikale oder durch Reduktion mittels gebildeter Wasserstoffatome ausgelöst werden. Diese unerwünschten Reaktionen erfassen zwar größenordnungsgemäß nur etwa 0,003% der vorhandenen Verbindungen, doch ergeben sie Produkte, die sinnesphysiologisch wahrnehmbar sind und sich durch Änderung der Farbe, der Konsistenz, des Geruches und Geschmackes anzeigen können; in Tab. 6 ist die Dosis angegeben, die bei der Bestrahlung einiger Lebensmittel auf Grund amerikanischer Erfahrungen noch zulässig ist im Hinblick auf das Auftreten organoleptisch feststellbarer unerwünschter Veränderungen. Die entstandenen Reaktionsprodukte können aber auch in gesundheitlicher Beziehung bedenklich sein[1]. Da sie z. T. in äußerst geringen Mengen auftreten, lassen sie sich meist nicht analytisch erfassen.

Tabelle 6. *Maximal zulässige Dosis bei Bestrahlung einiger Lebensmittel mit Rücksicht auf Geschmacksveränderungen.* (Nach amerikanischen Erfahrungen.)

Lebensmittel	Max. Dosis in Wh/kg	Lebensmittel	Max. Dosis in Wh/kg
Apfelmus	5	Kirschen	2,5
Apfelsaft	2,5	Makrele	3,7
Bacon	3,5	Mehl	0,5 bis 1,2
Bananen (ganz)	0,4	Melonen	2,5
Blumenkohl	4	Milch	unter 0,2
Bohnen, grün	4	Ölsardinen	5
Bohnen, Lima-	0,1	Orangen	0,6
Broccoli	5	Orangensaft	0,2
Brot	1,2	Pfirsiche	2
Corned beef	3,5	Pflaumen	0,6
Ei	0,9	Pflaumen, getrocknet	über 7
Eiklar	2,5	Rhabarber	4
Endiviensalat	0,1	Rindfleisch	2
Erbsen	2	Rindsleber	5
Erdbeeren	0,6	Rosinen	5
Gewürze	3,5	Salm	1,4
Grapefruit	1,2	Schellfisch	1,6
Hammelfleisch	1	Schinken, gekochter	5
Heilbutt	5	Schweinefleisch	5
Hering	2,7	Schweinefleisch-Wurst	6
Himbeeren	1,2	Spargel	5
Hühnerfleisch	5	Spinat	5
Kabeljau	3,5	Tomaten (ganz)	2,5 bis 5
Kaffee, roh	2,5	Tomatensaft	0,6 bis 1,2
Kalbfleisch	3,5	Zitronen	1
Käse	0,2	Zitronensaft	0,2
Karotten	6		

Die Nebenwirkungen treten bei verschiedenen Lebensmitteln bei ganz unterschiedlichen Dosen auf, so daß eine allgemeingültige Regel nicht aufgestellt werden kann. Grundsätzlich gehen die Nebenwirkungen mit abnehmender Dosis

---

[1] Siehe Fußnote 4 auf S. 113.

zurück, und es ist oft ein Schwellenwert der Dosis vorhanden, unter welchem keine organoleptischen Veränderungen offensichtlich werden. Die Anwendung hoher Dosen verbietet sich oft wegen der dadurch hervorgerufenen unerwünschten Nebenwirkungen. Diese können verringert werden durch Senkung der Temperatur, bei der das Produkt bestrahlt wird (z. B. durch Gefrieren), durch Entfernen des Sauerstoffes und der flüchtigen Reaktionsprodukte (z. B. durch Evakuieren), durch Vermindern des Wassergehaltes (z. B. durch Trocknen) sowie durch Verwendung von Antioxydantien (z. B. Ascorbinsäure) u. dgl. mehr[1].

Die chemischen Wirkungen werden primär durch Strahlenbehandlung ausgelöst; aber auch nach beendeter Bestrahlung können die entstandenen Reaktionsprodukte weiterbestehen oder neue Substanzen hervorbringen. In einzelnen Fällen wird daher auch von Spät- oder Nachwirkungen (after effects) der Bestrahlung gesprochen. Sie können z. B. darin bestehen, daß bestrahlte Produkte eine Zeitlang bakteriostatische Eigenschaften behalten und somit auch nach der Bestrahlung befähigt bleiben, das Mikrobenwachstum und damit den mikrobiellen Verderb zu hemmen.

γ) Die *biochemische* Wirkung der ionisierenden Strahlen besteht darin, daß sie Enzymsysteme bei Anwendung einer entsprechenden Dosis mehr oder weniger weitgehend inaktivieren oder gar zerstören. Hierdurch könnten alle enzymatisch bedingten Reaktionen (wie z. B. Autolyse, Stoffwechsel) beeinflußt bzw. unterbunden werden. Allerdings sind die zur vollständigen Inaktivierung der Enzyme benötigten Dosen sehr hoch — etwa fünf- bis zehnmal so hoch wie jene, die zum Sterilisieren ausreichen —, so daß an die Anwendung der Strahlen für diesen Zweck — was eine Art kaltes Blanchieren bedeuten würde — zunächst nicht zu denken ist. Man bemüht sich daher darum, die störenden Enzymsysteme auf andere Weise zu inaktivieren.

δ) Die *biologische* Strahlenwirkung ist zweifellos diejenige Manifestation der Strahlen, die am meisten komplex ist, sich am schwierigsten übersehen läßt und meist in Verbindung mit den anderen Effekten auftritt. Sie umspannt alle Lebensäußerungen von pflanzlichen und tierischen Organismen und kann bestehen in Veränderung von Erbanlagen durch Genschädigungen und Auslösen oder Verstärken von Mutationen, in Beeinflussung des Stoffwechsels lebender Organismen und sogar auch in völligem Auslöschen des Lebens. Gerade die Lebewesen erweisen sich als besonders strahlenempfindlich: sie sind desto empfindlicher, je größer sie sind und je komplizierter ihr Aufbau ist. Da der Mensch somit wesentlich gefährdeter ist als z. B. die Bakterien, so sind zu seinem Schutze gegen die unerwünschten Einwirkungen, die zu schweren Schäden führen können, alle erforderlichen Maßnahmen besonders sorgfältig zu treffen.

Im einzelnen kann z. B. die mikrobentötende Wirkung der Strahlen dazu benutzt werden, um vollständige oder auch nur teilweise Sterilität zu erreichen. Man kann demnach sowohl sterilisieren, wozu oft eine Dosis von etwa 5 Wh/kg ausreicht, als auch pasteurisieren, und man kann die Wirkung je nach Strahlenart und Energie auf die oberflächennahe Schicht des bestrahlten Objektes beschränken oder sie über die ganze Tiefe verteilen. Da auch bei Anwendung größerer Dosen die Temperatur praktisch kaum erhöht wird, somit also das Verfahren sich bei Raumtemperatur durchführen läßt, eignet es sich besonders gut für temperaturempfindliche Güter.

d) Mögliche Anwendungen. Für die Frage nach den Anwendungsmöglichkeiten der Strahlenbehandlung von Lebensmitteln (vgl. Tab. 5) und ihrer Wirt-

---

[1] HANNAN, R. S.: Food Invest. Spec. Rep. Nr. 61 (1955). LONDON: H. M. S. O.

schaftlichkeit ist es wesentlich, festzustellen, daß etwa folgende Dosen zur Erzielung verschiedener Effekte benötigt werden[1]:

Enzyminaktivierung . . . . etwa 10 bis 30 Wh/kg (5 bis> 10 Mrad)
Sterilisation . . . . 3 bis 15 Wh/kg (1 bis 5 Mrad)
Pasteurisation . . . . meist <0,3 Wh/kg (bis 100 krad)
Insektenbekämpfung (z. B. im Getreide) 0,03 bis <0,2 Wh/kg (10 bis 50 krad)
Keimungshemmung pflanzlicher
    Produkte (z. B. Kartoffeln) . . . . ≦0,03 Wh/kg (≦10 krad)
Reifungshemmung pflanzlicher Produkte . . >0,03 Wh/kg (10 krad)

Daneben ist jedoch zu beachten, daß die einzelnen Lebensmittel gegenüber höheren Strahlendosen mehr oder weniger stark empfindlich sind und bei Überschreitung gewisser Grenzen unerwünschte Veränderungen erleiden; die maximal zulässigen Dosen sind in Tab. 6 wiedergegeben. .

Man sieht aus den Tab. 5 und 6, daß die mikrobizide Wirkung der ionisierenden Strahlen nicht immer so weit ausgenützt werden kann, um vollständige Sterilisation zu erreichen. Es ist dies bei einigen eiweißhaltigen Produkten insofern nicht befriedigend, als gerade Clostridium botulinum besonders strahlenresistent ist und zu seiner völligen und sicheren Abtötung doch eine Dosis von rd. 5 Megarad benötigt wird.

Die zwecks Sterilisation bestrahlten Produkte müssen vor erneuter Infektion von außen geschützt werden, wenn sie haltbar bleiben sollen; es ist daher zweckmäßig, sie vor dem Bestrahlen entsprechend zu verpacken. Da die Strahlendurchlässigkeit der verschiedenen Stoffe desto besser ist, je leichter der Stoff ist, wird man für Verpackungszwecke möglichst spezifisch leichte Stoffe wählen. Hierzu eignen sich verschiedene mehrschichtige Folien z. B. aus Aluminium, Polyäthylen, Zellglas u. dgl. Da Gammastrahlen Blech durchdringen, ist es in diesem Fall möglich, auch Blechbehälter als Packmaterial zu verwenden.

Von den möglichen Anwendungen der ionisierenden Strahlen als Zusatzverfahren in Verbindung mit der Kaltlagerung scheint u. a. das Bestrahlen von Frischfleisch und Fischereiprodukten die besten Aussichten auf Verwirklichung zu haben (Tab. 7). Man würde hierbei voraussichtlich mit Dosen von 80 bis 100 krad an Gammastrahlen für ausreichende Pasteurisation auskommen, wobei noch keine sinnesphysiologisch wahrnehmbaren Beeinträchtigungen eintreten sollen. In Einzelpackungen fabrikmäßig vorverpacktes Frischfleisch kann nach der Verpackung bestrahlt werden. Von ausschlaggebender Bedeutung ist hierbei die besonders hohe Strahlenempfindlichkeit der Hauptverderber des Fleisches aus der Pseudomonas-Gruppe und die Möglichkeit das Wachstum der ungewöhnlich Strahlenresistenten pathogenen Mikrobenart Clostridium botulinum durch Kaltlagerung bei Temperaturen unterhalb von $+5\,^{\circ}$C völlig zu unterbinden. Eine entsprechende Anlage wurde bei Benützung der Cäsium-137-Strahlenquelle entworfen und durchgerechnet; nach amerikanischen Unterlagen würde man bei einer solchen Anlage mit einer Leistung von 14 t/h vorverpackten Fleisches mit Unkosten von knapp 2 cts/kg zu rechnen haben.

In neuerer Zeit wurde vorgeschlagen, Produkte, die ohnehin in gekochtem Zustand verzehrt werden, vor dem Bestrahlen zu kochen und in Polyäthylenbeuteln zu verschließen; auf diese Weise werden die Enzyme sicher inaktiviert (Blanchierwirkung) und die Mikroben weitgehend vernichtet, so daß ein Bestrah-

---

[1] Vgl. hierzu z. B. Kuprianoff, J.: Die Konservierung von Lebensmitteln durch Bestrahlung. Fleischwirtsch. Bd. 11 (1959) H. 3, S. 177—181.

len im Beutel mit 1 Mrad bei Kaltlagerung gute Haltbarkeit von mehreren Monaten ergibt.

Tabelle 7. *Beeinflussung der Haltbarkeit einiger tierischer Lebensmittel bei der Kaltlagerung durch vorangegangene Bestrahlung.*

Lebensmittel	Verpackungsart	Dosis in rad	Lagerung		Befund
			Temp. °C	Dauer	
Frisches Schweinefleisch-brät	in Saran-folie unter Vakuum	$1 \cdot 10^6$	2 bis 4,5	120 Tage	eßbar
Wurstbrät . .	Blechdose	$1 \cdot 10^6$ (?)	2 bis 4,5	14 Wochen	besser als bei −18 °C
Gehacktes Rind-fleisch . . .	hermetisch verschlossen	$1 \cdot 10^6$	2 bis 4,5	12 Wochen	gut, mit 0,3 % Na-Fumarat und 0,3 % Na-Glutamat
Rindfleisch in Scheiben . .	eingedost	$1 \cdot 10^6$	5	22 Monate	nicht ganz frisch; eßbar; Farbe und Aroma normal
Geflügel . . .	ausgenom-men	—	—	zweifach	doppelte Lager-fähigkeit
Eier, ganz . .	—	$0,85 \cdot 10^6$	—	—	Salmonella-frei, Pulver zum Backen ge-eignet
Eigelb	—	$0,85 \cdot 10^6$	—	—	
Rindfleisch . .	—	60 bis 80 $\cdot 10^3$	0	fünffach	fünffache Lager-fähigkeit

Mit relativ kleinen Dosen von etwa 10 krad kommt man zur Verhinderung der Auskeimung von Kartoffeln oder Zwiebeln aus; hierbei treten keine merklichen Geschmacksänderungen auf. Die Bestrahlungskosten werden in den USA mit 4 $/t angegeben, wenn man als Strahlenquelle radioaktive Reaktorabfallstoffe verwendet.

Schließlich verspricht man sich durch Bestrahlung von Schweinefleisch mit 25 krad eine restlose Abtötung von Trichinen (Trichinella spiralis). Bei einer Tagesleistung von 2000 Tieren würden die Kosten 29 cts/Tier betragen, wenn eine 1,5 Megacurie-Strahlenquelle aus Cäsium 137 benutzt wird[1].

Die insektizide Wirkung der ionisierenden Strahlen ist sehr beachtlich, so daß man diejenigen Insekten, die als Lebensmittelschädlinge in Betracht kommen, verhältnismäßig leicht bekämpfen kann. Kleinere Dosen reichen aus, um die Insekteneier abzutöten, und noch geringere Dosen bewirken, daß die Vermehrung der erwachsenen Insekten unterbleibt. Durch Bestrahlen von Getreide und Getreideprodukten mit 25 bis 50 krad — eine Dosis, die zum Abtöten von Insekten ausreicht — werden keine Nebenwirkungen erzielt; die Kosten bei Verwendung von Reaktorabfallstoffen (z. B. von ausgekühlten Brennstäben) sollen 2 cts/50 kg Sack erreichen.

---

[1] Die Aktivität radioaktiver Substanzen wird in Curie angegeben. Bei der Aktivität von 1 Curie liefert eine Substanz $3,7 \cdot 10^{10}$ Teilchen pro Sekunde; 1 g Radium hat eine Aktivität von rd. 1 Curie.

Durch das Bestrahlen mit ausreichenden Dosen wird auch der Stoffwechsel von Pflanzen und Pflanzenorganen beeinflußt. Hierdurch kann z. B. die Reifung von Früchten entsprechend verzögert werden. Zugleich tritt stets eine Reduzierung der Keimzahl auf der Fruchtschale auf, so daß auch hierdurch die Haltbarkeit verlängert wird. Die Empfindlichkeit verschiedener Obst- und Gemüsearten gegen Bestrahlung ist außerordentlich verschieden, und die Versuchsergebnisse sind nicht immer eindeutig; im ganzen werden als maximal zulässige Dosen — je nach Gut — solche zwischen 0,03 und etwa 5 Wh/kg genannt. Zu den empfindlichsten Obstarten, bei welchen wahrnehmbare Veränderungen schon bei kleinen Dosen auftreten, gehören u. a. Bananen, Orangen, Erdbeeren und Himbeeren; am unempfindlichsten zeigen sich z. B. Pfirsiche, Zwetschen, Pflaumen und Trauben. Die Widerstandsfähigkeit wächst, wenn getrocknete Produkte, wie Rosinen und Trockenpflaumen, bestrahlt werden. Fruchtsäfte weisen verschiedene Empfindlichkeit auf: so ist Orangensaft besonders empfindlich, Apfelsaft weniger stark, und Apfelmus kann schon zu den recht unempfindlichen Produkten gezählt werden. Von Gemüsen sind Salate und Limabohnen empfindlich; Erbsen und grüne Bohnen sowie ganz besonders Spargel und Spinat sind wesentlich weniger empfindlich; dazwischen, wenn auch näher zu den letzteren, liegen Tomaten. Zahlreiche Gemüse werden bei der Bestrahlung weicher und benötigen dann kürzere Kochzeiten.

Die Wirkung der Bestrahlung sei am Beispiel von Bananen erläutert. Durch eine Bestrahlung von grünen Bananen mit einer Dosis von 0,03 Wh/kg wurde die Reifung bemerkenswert verzögert; man erhielt bei Lagerung im 15° C-Raum fast eine Verdoppelung der Haltbarkeit. Bei Erhöhung der Dosis bis auf rd. 0,1 Wh/kg verfärbten sich bereits die Schale (schwarze Punkte) und das Fruchtmark.

Für die Frage nach der Möglichkeit, das Bestrahlen von Lebensmitteln als Zusatzverfahren anzuwenden, ist auch die Wirtschaftlichkeit von entscheidender Bedeutung. Und gerade in dieser Beziehung ist die unvollständige Entkeimung, wie sie die Pasteurisation darstellt, recht günstig. Denn mit dem Herabsetzen der Dosis sinken auch die Bestrahlungskosten. Beschränkt man sich aber gar auf die Oberflächenentkeimung, so geht wegen der geringen erforderlichen Eindringtiefe die benötigte Strahlenenergie wesentlich zurück, was z. B. bei Verwendung der in Elektronenbeschleunigern erzeugten Elektronenstrahlen zu ganz wesentlicher Verringerung der Investitionskosten führt. Allerdings wird man sowohl beim Pasteurisieren als auch Oberflächensterilisieren durch Bestrahlen daran denken müssen, daß die enzymatischen Vorgänge hierbei nicht unterbunden werden; es besteht Aussicht, in einzelnen Fällen die Enzyminaktivierung auf anderen Wegen zu erreichen.

Rechnet man für eine Industrieanlage mit einer Elektronenstrahlenleistung von 3 kW bei einer Energie von 3 MeV mit einem Anschaffungspreis von rd. 500000 DM und für Installation und Abschirmung weitere 100000 DM, so erhält man bei einer Strahlenausnutzung im Lebensmittel von 65% und der zur Pasteurisation erforderlichen Dosis von 0,1 Megarep für einen Ausstoß an bestrahlten Lebensmitteln von 8,5 t/h bei fünfjähriger Amortisation und zweischichtigem Betrieb Gesamtinvestitionskosten von 2,5 DM/t und Gesamtbestrahlungskosten von rd. $^2/_3$ Pf/kg. Diese Kosten erscheinen tragbar, wenn man bedenkt, daß hierdurch z. B. die Haltbarkeit von Rindfleisch in Verbindung mit Kaltlagerung bis auf das Fünffache gesteigert werden kann.

Selbstverständlich besteht auch die Möglichkeit, neben der Strahlenbehandlung der Lebensmittel andere Zusatzverfahren, wie Pasteurisation durch Erhitzung oder Zugabe schwacher Konzentrationen chemischer Konservierungsmittel (wie z. B. kleine Dosen von 4 mg Aureomycin/kg Lebensmittel), zugleich anzuwenden. Alle diese Verfahren befinden sich jedoch noch im Stadium der Untersuchung, so daß über ihre praktische Eignung und Bewährung gegenwärtig keine verbindliche Aussage gemacht werden kann.

4. Gesundheitsschädlichkeit der Zusatzverfahren.

Eine entscheidende Rolle bei der Beurteilung der Zulässigkeit eines Konservierungsverfahrens für Lebensmittel muß der Bewertung seiner gesundheitlichen Unbedenklichkeit zukommen. Gerade in dieser Beziehung ist die Lebensmittelfrischhaltung durch Kälte völlig einwandfrei; und daher muß man auch an Zusatzverfahren einen sehr strengen Maßstab anlegen.

Eine eindeutige Feststellung der Unbedenklichkeit eines Zusatzes oder eines Verfahrens — wegen der bei seiner Anwendung möglichen Entstehung neuer Stoffe, die toxisch sein können — ist oft sehr schwierig. Die Bedenken können aber auch bei Stoffen, die in den angewandten Konzentrationen nicht für toxisch angesehen werden, aus ganz anderen Gründen erhoben werden. Als Beispiel sei hier auf die Diskussion über die Verwendung von Antibiotika als Konservierungsmittel hingewiesen, die zur Entwicklung einer Resistenz im Menschen führen könnten, falls sie im Lebensmittel während der Zubereitung nicht zerstört würden; das kann dann bei notwendig werdender Verabreichung eines entsprechenden Medikamentes zu dessen Unwirksamkeit führen[1].

Seit dem Aufkommen der Bestrebungen, ionisierende Beta- und Gammastrahlen zur Verbesserung der Haltbarkeit von Lebensmitteln zu verwenden, wird auch über die ernährungsphysiologischen Folgen dieser Konservierungsart sehr ernst diskutiert. Die übereinstimmende Meinung aller Beteiligten geht dahin, daß die Bestrahlung erst dann in die Praxis eingeführt werden kann, wenn ihre völlige Unschädlichkeit eindeutig feststeht[2, 4, 3].

Nun erweist es sich aber als nicht möglich, auf chemisch-analytischem Wege Kenntnisse über die sich in den Lebensmitteln beim oder nach dem Bestrahlen abspielenden Vorgänge so weit zu erhalten, daß daraus die Beantwortung der gestellten Frage abgeleitet werden könnte. Es blieb daher nichts anderes übrig, als systematische Tierversuche in großem Umfang anzustellen; sie sind so befriedigend verlaufen, daß in den USA auch zur Verabreichung bestrahlter Lebensmittel an freiwillige Versuchspersonen seit Mai 1955 geschritten werden konnte[4]. Von den Ergebnissen dieser Versuche wird die Beurteilung der Unbedenklichkeit des neuen Verfahrens wesentlich abhängen; wegen ihrer grundsätzlichen Bedeutung ist anzunehmen, daß ihre endgültige Bewertung mit großer Vorsicht erfolgen wird. Eine endgültige Antwort bleibt daher hier abzuwarten.

Zusammenfassend läßt sich feststellen, daß es sehr viele Vorschläge zur Verbesserung der Kaltlagerfähigkeit von Lebensmitteln gibt. Davon hat die Gaslagerung beachtliche Verbreitung gefunden (vgl. S. 103). Von den bakteriziden Substanzen scheint z. B. Ozon beschränkt verwendbar, während für bakterizides Eis bisher noch keine vollauf befriedigende Substanz gefunden wurde; dagegen finden Zusätze zum Verpackungsmaterial, wie Diphenyl bei Orangen, Anwendung. UV-Strahlen dürften bei sinnvoller Anwendung noch

---

[1] Vgl. Fußnote 3 auf S. 110.

[2] Siehe Fußnote 4 auf S. 113.

[3] Siehe Fußnote 1 auf S. 121.

[4] McKinney, R.: Report of the peaceful uses of atomic energy to the joint committee on atomic energy; 84th U.S. Congress, 2nd Session; Government Printing Office, Januar 1956.

an Verbreitung zunehmen. Die Anwendungsbreite der ionisierenden Röntgen-, Gamma- und Betastrahlen ist noch nicht endgültig klar; es zeichnen sich aber gute Möglichkeiten ab, sie in Verbindung mit anschließender Kaltlagerung zu verwenden. Diese neueren, in ihrer Entwicklung noch nicht abgeschlossenen und vielleicht auch nicht ganz übersehbaren Vorschläge scheinen in ihrer Problematik auch für andere Zusatzverfahren charakteristisch zu sein. Denn, wenn auch nicht behauptet werden kann, daß die Zukunft auf dem Gebiete der Lebensmittelfrischhaltung der Kaltlagerung mit Zusatzverfahren gehört, so ist doch sicher, daß hier besonders interessante Entwicklungsmöglichkeiten liegen. Auf dem Gebiete der Zusatzverfahren herrscht denn auch eine rege Forschungstätigkeit.

Fleisch (einschl. Geflügel und Wild).

Von

Professor Dr. med. vet. **Eduard Kallert** †

ehem. Leiter der Bundesforschungsanstalt für Fleischwirtschaft in Kulmbach.

Mit 18 Abbildungen.

Entwicklung und wirtschaftliche Bedeutung der Konservierung von Fleisch durch Kälte.

Die Verwendung der natürlichen Kälte zur Verlängerung der sehr begrenzten Haltbarkeit des Fleisches ist so alt wie die Geschichte der Menschheit selbst. So war die konservierende Wirkung der von der Natur gegebenen Kälteträger in Form von kalter Luft, Schnee und Eis schon den nomadisierenden Jägervölkern der Frühzeit bekannt und wurde von ihnen zur Aufbewahrung der Jagdbeute und zur Anlegung von Vorräten für die wildarme Zeit ausgenützt. Dieses einfache und zweckmäßige Verfahren hat sich durch alle Zeiten bis heute erhalten. So teilte MATTHIAS BURGLECHNER in seiner 1605 verfaßten Landesbeschreibung von Tirol mit, daß die Bergknappen und Jäger im Sommer Fleisch und Wildbret in die Gletscherhöhlen brachten, wo es gefror und lange Zeit frisch blieb. Nach MERIANS Topographia Helvetiae wurde in den Höhlen des Grindelwaldgletschers Fleisch eingelagert. Selbst im letzten Krieg wurde ernstlich der Plan erwogen, in den Eishöhlen des Salzkammergutes große Fleischvorräte unterzubringen, um sie den Luftangriffen zu entziehen. Die Völker des hohen Nordens schützen von jeher ihre Vorräte an Robben- und Renntierfleisch durch Aufbewahrung in künstlichen Eis- und Schneehöhlen vor dem Verderben. Ähnlich verfährt jede Hausfrau, die Fleisch, Wild oder Geflügel im Winter der kalten Außenluft aussetzt und so längere Zeit frisch erhält.

Eines der ältesten und wichtigsten Anwendungsgebiete der maschinell erzeugten Kälte ist die Fleischwirtschaft. Kältetechnik und Fleischwirtschaft waren in ihrer ganzen Entwicklung von Anfang an untrennbar verbunden und haben sich gegenseitig stärksten Antrieb gegeben. Um die Mitte des vorigen Jahrhunderts führten zwei Umstände zur Begründung eines Überseehandels mit Fleisch: der steigende Bedarf Englands an Fleisch und die Überproduktion an Vieh in einigen Gebieten Australiens und Südamerikas. In England trat um 1860 eine ernste Gefährdung der Fleischversorgung ein, weil die einheimische Erzeugung nicht ausreichte, den infolge der rasch fortschreitenden Industrialisierung und der Zunahme der Bevölkerung stetig wachsenden Fleischbedarf zu decken. Gleichzeitig hatte die Viehzucht in Australien, Neuseeland, Argentinien und Uruguay einen solchen Aufschwung genommen, daß unbedingt ein Weg zur lohnenden Verwertung des Fleischüberflusses gefunden werden mußte. Transporte lebenden Viehes kamen wegen der weiten Entfernungen nicht in Frage. Die ins Leben gerufene Büchsenfleischindustrie und die auf Anregung J. VON LIEBIGS aufgenommene Herstellung von Fleischextrakt genügten zur Verarbeitung der riesigen Fleischmengen bei weitem nicht. Es wurden deshalb Versuche unternommen, Fleisch mittels Kühlung durch Eis über See zu versenden, sie hatten aber nur auf der verhältnismäßig kurzen Transportstrecke von Nordamerika nach England Erfolg. Auf diesem Weg glückten 1870 die ersten Sendungen Fleisch, bestehend aus Rinderhintervierteln, die durch eine Kältemischung aus Eis und Salz zum Gefrieren gebracht und in Kisten verpackt waren. 1875 wurde von New York aus die erste Ladung Kühlfleisch verschifft, wobei die Temperatur im Laderaum durch Eis niedrig gehalten wurde. Bis 1880 wurden auf diese Weise rd. 120 000 t Fleisch von Nordamerika nach England gebracht, in Anbetracht des primitiven Verfahrens eine beachtliche Leistung. Dagegen scheiterten nach O. Prinzing[1] alle Versuche, eisgekühltes Fleisch von Australien nach England zu schicken, an der langen, ungewissen Transportdauer und der Unwirtschaftlichkeit des Verfahrens, da je Tonne Fleisch 8 t Eis mitgenommen werden mußten.

Erst die Kältemaschinen und ihre Entwicklung in den Jahren 1860 bis 1880 in Frankreich, Deutschland, England und Amerika brachten eine praktische Lösung der Problems. Nach den Angaben von J. Tr. Critchell und J. Raymond[2] wurde das erste mit einer Kältemaschine ausgerüstete Gefrierfleischwerk bereits 1861 von dem Engländer Thomas Sutcliffe Mort in Darling Harbour, Sidney, gegründet, aber erst 1875 vollendet. Gleichzeitig mit Mort hat ein anderer Engländer, James Harrison, mit einer von ihm konstruierten Kältemaschine Versuche zum Einfrieren von Fleisch in Victoria, Australien, gemacht. Der Versand von 20 t gefrorenen Rind- und Schaffleisches nach England scheiterte aber an der unzulänglichen Einrichtung des Schiffes.

Der Franzose Charles Tellier rüstete im Jahr 1868 den Dampfer „City of Rio de Janeiro" mit einer von ihm erfundenen Kältemaschine aus, um probeweise 300 kg gefrorenes Fleisch von London nach Montevideo zu bringen und von dort Gefrierfleisch nach Frankreich zu verladen. Seine Kältemaschine versagte jedoch schon bei der Ausreise, so daß das Unternehmen aufgegeben werden mußte. Den zweiten Versuch konnte Tellier erst 1877 machen. Auf dem Dampfer „Le Frigorifique" kam eine Ladung gefrorenen Fleisches von Buenos Aires in Rouen an. Die Fahrt hatte 104 Tage gedauert, das Fleisch war nur noch zum Teil gut. Die erste vollkommen gelungene Verschiffung von Gefrierfleisch fand im Oktober 1877 von San Nicolas in Argentinien aus statt. Der Dampfer „Paraguay", in den eine von dem Franzosen Carré konstruierte Ammoniakkältemaschine eingebaut war, nahm eine Ladung von 5500 gefrorenen Schafen an Bord. Obwohl das Schiff unterwegs wegen eines Zusammenstoßes mit einem anderen Dampfer 4 Monate in St. Vincent stillgelegen hatte und erst am 7. Mai in Le Havre eintraf, befand sich die Ladung in gutem Zustand und wurde von allen Bevölkerungskreisen gern aufgenommen. Trotz dieses großen Erfolges sahen die französischen Unternehmer von weiteren Versuchen ab[3].

Am 6. Dezember 1879 verließ der englische Dampfer „Strathleven" mit einer Ladung von 40 t gefrorenen Rind- und Hammelfleisches Australien, die am 8. Februar wohlbehalten in London eintraf. Daraufhin wurde die „Australian Frozen Meat Export Company" mit einem Kapital von 180 000 englischen Pfunden gegründet, die ihre erste Sendung, 100 t Butter und 4600 gefrorene Schafe, ebenfalls in bester Verfassung, im November 1880 nach London brachte. Aus Neuseeland erfolgte die erste Verschiffung von Gefrierfleisch im Februar 1882 durch die „New Zealand and Australian Land Co." mit dem Dampfer „Dunedin" in Gestalt von Hammeln, die an Bord gefroren wurden. Auch diese Sendung kam

---

[1] Prinzing, O.: Schiffskühlanlagen. Berlin 1942.
[2] Critchell, J. Tr., u. J. Raymond: A History of Frozen Meat Trade. London 1912.
[3] Vgl. Bd. I dieses Handbuches, S. 111 ff.

in bester Beschaffenheit nach London. Nunmehr entstanden in Australien und Neuseeland weitere Gesellschaften, die sich die Ausfuhr von Gefrierfleisch zur Aufgabe machten und dazu Schlacht- und Gefrieranlagen errichteten.

Auch in Argentinien wurde um diese Zeit der Export von Gefrierfleisch in großem Stil aufgenommen. 1883 begannen die „River Plate Fresh Meat Company", die San-Nicolas-Werke, die „Nelson's River Plate Meat Company" und die „Compania Sansinena de Carnes Congeladas" mit der laufenden Herstellung und Verschiffung von Gefrierfleisch nach England. Zu Beginn dieses Jahrhunderts erfolgte durch das Eindringen nordamerikanischen Kapitals ein weiterer gewaltiger Aufschwung des Gefrierfleischhandels der La-Plata-Staaten.

Hand in Hand mit der Entwicklung der Gefrierfleischerzeugung in den überseeischen Gebieten ging die Schaffung einer großen Flotte von Dampfschiffen mit Kühleinrichtungen für den Transport des Fleisches nach Europa. Im Jahre 1909 verkehrten zwischen Australien und England bereits 47, zwischen Neuseeland und England 39 solcher Schiffe. Dazu kamen weitere 79 Dampfer, die Gefrierfleisch vom La Plata nach England brachten, zusammen 165 Schiffe mit einem Fassungsvermögen von rd. 100000 t. Im Jahre 1912 war die Zahl dieser Schiffe auf 200, im Jahr 1925 auf 380 mit einem Fassungsvermögen von 790000 t angewachsen. Die weitaus größte Zahl, 329 mit 700000 t, war in englischem Besitz.

Zur Aufnahme des aus Übersee eintreffenden Fleisches wurden in den Hafenstädten Englands große Kühlhäuser errichtet, in denen 1925 insgesamt 270000 t Fleisch eingelagert werden konnten. Auch in zahlreichen Städten des europäischen Festlandes entstanden Kühlhäuser, in erster Linie im Zusammenhang mit den öffentlichen Schlachthöfen. So besaßen 1928 von den 730 Schlachthöfen Deutschlands 477 oder 65 % Kühlräume mit einer Gesamtfläche von 280000 m³. Daneben wurden private Kühlhausunternehmen gegründet, die sich die Lagerung leichtverderblicher Lebensmittel, vor allem von Fleisch, Geflügel und Wild, zur Aufgabe machten. Im Jahre 1925 verfügten die 37 deutschen Kühlhäuser über eine Lagerfläche von 140000 m³, von denen 120000 m³ Gefrierfläche waren.

Die außerordentliche Bedeutung der maschinellen Kälteerzeugung für die Fleischwirtschaft ist darin zu erblicken, daß sie die Haltbarmachung des frischen Fleisches ohne wesentliche Veränderungen seiner Substanz und damit seines Nähr-, Genuß- und Kaufwertes auf praktisch fast unbegrenzte Zeit und über die weitesten Entfernungen ermöglicht. Die Erfindung der Kältemaschine hat deshalb unbestreitbar den größten Fortschritt gebracht, der jemals in der Konservierung des wertvollen und leichtverderblichen Lebensmittels Fleisch erzielt worden ist. Dies ergibt sich auch aus einem kurzen Vergleich mit den beiden anderen gebräuchlichsten Konservierungsverfahren, dem Salzen und Eindosen. Während durch diese das Fleisch in seiner Struktur, in seiner Zusammensetzung und in allen seinen Eigenschaften tiefgehende und bleibende Veränderungen erfährt und dadurch in Fleischzubereitungen von ausgeprägter Eigenart mit entsprechend verminderten Verwendungsmöglichkeiten verwandelt wird, bleibt es bei der Behandlung mit Kälte als frisches Fleisch erhalten und kann daher in der gleichen mannigfachen Art wie dieses zubereitet oder verarbeitet werden. Was diese Tatsache allein in ernährungsphysiologischer Beziehung zu bedeuten hat, lehrt die Erfahrung: die Deckung des Fleischbedarfes nur durch Salz- oder Dosenfleisch ist schon nach kurzer Zeit nicht erträglich, während sie durch gekühltes oder gefrorenes Fleisch keiner zeitlichen Beschränkung unterliegt. Die erste und wichtigste Aufgabe, welche die Anwendung der maschinell erzeugten Kälte zu erfüllen hatte, bestand, wie oben ausgeführt wurde, darin, die gewaltigen Fleischbestände überseeischer Gebiete für die Ernährung Europas und vor allem

Englands auszunützen. Kühl- und Gefrierfleisch wurden zu einem internationalen Handelsartikel ersten Ranges, der im Wirtschaftsleben der Erzeuger- wie der Verbraucherländer eine hervorragende Rolle spielt, wie einige Zahlen zeigen.

Die klassischen Herkunftsländer für Kühl- und Gefrierfleisch sind die La-Plata-Staaten Argentinien und Uruguay (vgl. Abb. 85) sowie Australien und Neuseeland, in denen der eingeborene Bestand an Rindern und Schafen durch planmäßige Kreuzung mit den besten europäischen Fleischrassen zu einer erstaunlichen Höhe entwickelt wurde.

So besaßen die genannten 4 Länder nach neueren Angaben[1] in den Jahren 1937 bis 1950 folgende Rinder- und Schafbestände in 1000 Stück (Tab. 1).

Tabelle 1. *Rinder- und Schafbestände in überseeischen Ländern in 1000 Stück.*

	Rinder				Schafe			
	1937	1947/48	1948/49	1949/50	1938	1947/48	1948/49	1949/50
Argentinien .	33 207	41 268	—	—	45 917	50 857	—	—
Uruguay . .	8 297	2 662	2 883	2 500	17 931	22 000	22 646	—
Australien. .	12 862[1]	13 785	14 124	14 640	111 058[1]	102 559	108 735	112 891
Neuseeland .	4 528[1]	4 716	4 760	4 986	31 897[1]	32 483	32 845	33 857

[1] 1939.

Tabelle 2. *Fleischausfuhr aus Argentinien in 1000 t.*

	Rindfleisch		Schaffleisch gefroren
	gefroren	gekühlt	
1920	365,6	50,7	55,5
1925	296,6	372,5	91,9
1930	98,8	345,5	80,6
1935	30,7	348,5	49,9
1940	284,2	89,4	108,5
1945	152,1	24,1	54,8
	gefroren und gekühlt		
1947	338,0		135,5
1948	277,4		79,9
1949	317,8		67,0
1950	170,3		41,3

Den Umfang der Ausfuhr aus diesen Ländern veranschaulichen die beiden folgenden Zusammenstellungen, Tab. 2 und 3, wobei die Zahlen für das Jahr 1945 nach W. Strigel[2] angegeben, für die Jahre 1947 bis 1950 Mitteilungen der FAO entnommen sind.

Seit einiger Zeit beteiligen sich noch andere Länder an dem Export von Gefrierfleisch, so Brasilien, Kanada, Chile, Columbien, Mexiko, Südafrika und Madagaskar, doch ist ihr Anteil am Welthandel nur gering.

Tabelle 3. *Fleischausfuhr aus Uruguay, Australien und Neuseeland in 1000 t.*

	Rindfleisch gekühlt und gefroren						Schaffleisch gefroren					
	1938	1945	1947	1948	1949	1950	1938	1945	1947	1948	1949	1950
Uruguay . . .	66,0	27,1	7,1	36,3	65,1	62,4	8,6	8,0	5,2	3,4	6,5	13,0
Australien. . ·	125,7	48,6	107,9	100,1	76,3	69,4	91,5	43,5	60,1	32,2	74,5	62,9
Neuseeland . .	43,3	30,0	68,5	69,0	60,0	59,9	185,0	241,0	262,5	253,4	261,0	258,0

Das älteste und größte Verbrauchsland für gekühltes und gefrorenes Fleisch, England, deckt seit vielen Jahrzehnten einen erheblichen Teil seines Fleisch-

---

[1] Food and agricultural Statistics Jg. 1952. Rom.
[2] Strigel, W.: Lebensmittelfrischhaltung durch Kälte und ihre wirtschaftliche Bedeutung usw. Dissertation. München 1948.

bedarfes, zwischen 35 und 45 %, mit überseeischem Fleisch. So führte England ein in 1000 t:

	1934	1938	1947	1948	1949	1950
Rindfleisch gefroren	109,9	129,3	517,3	392,4	370,1	335,9
Rindfleisch gekühlt	419,1	455,2				
Schaffleisch gefroren und gekühlt . .	330,0	350,0	433,3	390,0	366,2	400,4

In weitem Abstand folgten andere europäische Länder, die nur gefrorenes Fleisch einführten, z. B.:

	1935	1938
Deutschland	3430 t	64000 t
Italien	29000 t	27200 t
Frankreich . .	11900 t	13300 t
Belgien . . .	10300 t	10500 t

In der Fleischversorgung Deutschlands hat überseeisches Gefrierfleisch schon wiederholt eine wesentliche Rolle gespielt. Während es vor dem ersten Weltkrieg durch gesetzliche Maßnahmen vom deutschen Markt ferngehalten worden war, wurde seine Einfuhr 1922 zugelassen, um die Bevölkerung der Großstädte und Industriegebiete mit billigem Fleisch zu versorgen. Die deutsche Gefrierfleischeinfuhr stieg von 25000 t im Jahr 1922 auf 123000 t im Jahr 1927, um dann infolge verschärfter Einfuhrbestimmungen, die zur Stützung des heimischen Marktes erlassen wurden, wieder abzusinken und 1930 ganz aufzuhören. Erst 1935 wurde die Einfuhr mit einer jährlichen Menge von 60000 t wieder zugelassen und dauerte bis 1939 an. In den letzten Jahren ist sie in beschränktem Umfang wieder aufgenommen worden.

Abb. 85. Exportschlachterei am La Plata (Swift).

Einer noch wichtigeren Aufgabe als im Überseehandel dient die Haltbarmachung von Fleisch, Geflügel und Wild in der inländischen Fleischwirtschaft aller Kulturstaaten, denn der weitaus größte Teil der zum Verzehr kommenden riesigen Fleischmengen wird, bis er in die Hände der Verbraucher gelangt, ein- oder mehrmals der Einwirkung künstlicher Kälte ausgesetzt. Nur mit Hilfe dieser

Kältebehandlung ist eine gesicherte, dem jeweiligen Bedarf angepaßte Versorgung der Bevölkerung mit Fleisch möglich. Der gesamte Fleischanfall aus gewerblichen Schlachtungen findet Aufnahme in den Kühlräumen der Schlachthöfe, der Fabriken oder der Fleischer, wo er vor dem Verderben geschützt 2 bis 3 Wochen aufbewahrt werden kann. So wird für diesen Zeitraum eine Vorratshaltung an Ort und Stelle und ein Ausgleich zwischen Angebot und Nachfrage erreicht. Die Kühlung ist aber auch die zweckmäßigste Vorbereitung von Frischfleisch, Fleischwaren, Geflügel und Wild für alle Transporte von kürzerer oder längerer Dauer, so daß ein Versorgungsausgleich von Ort zu Ort auch über weite Entfernungen durchführbar ist. Noch viel unabhängiger von Raum und Zeit wird die Fleischversorgung durch die Anwendung von Gefriertemperaturen gestaltet. In Zeiten oder an Orten übergroßen Anfalles an Schlachttieren, Geflügel und Wild können durch Einfrieren Vorräte angelegt werden, die viele Monate haltbar sind und bei Bedarf jederzeit zur Verfügung stehen. Das Gefrierverfahren ist auch in Händen der Regierungen das geeignetste Mittel, Vorrats- und Ausgleichspolitik mit frischem Fleisch auf längere Sicht im Interesse der Erzeuger und Verbraucher zu treiben. Von dieser Möglichkeit ist gerade in Deutschland wiederholt und mit vollem Erfolg Gebrauch gemacht worden. Mittels des Kühlens und Gefrierens ist auch der Verkehr mit Frischfleisch, Wild und Geflügel über die Grenzen der einzelnen Länder hinaus innerhalb größerer Wirtschaftsräume, z. B. Europas, durchführbar und ausbaufähig. Volkswirtschaftlich sehr bedeutungsvoll ist endlich auch die private Vorratshaltung, die jeder fleischverarbeitende Betrieb von der großen Fleischwarenfabrik bis zum kleinen Fleischerladen, jede Gaststätte und schließlich jede Haushaltung durch Anwendung der künstlichen Kälte in Gestalt von Kühl- oder Gefrierräumen und von Kühlschränken betreiben kann.

Kühlen und Gefrieren von Fleisch.

Nachdem die chemischen, mikrobiologischen und histologischen Grundlagen der Kälteanwendung zur Haltbarmachung leichtverderblicher Lebensmittel bereits in Bd. IX ausführlich behandelt worden sind, werden sie in diesem Kapitel nur in ihrer besonderen Beziehung zum Fleisch, soweit es zum besseren Verständnis der Zusammenhänge erforderlich ist, berührt werden. Im folgenden soll hauptsächlich die praktische Durchführung der Konservierung von Fleisch einschließlich des Geflügels und Wildes durch Kälte dargestellt werden.

Man pflegt allgemein zwei Arten der Kältebehandlung des Fleisches zu unterscheiden: das Kühlen und das Gefrieren. Zum Kühlen werden Temperaturen oberhalb des Gefrierpunktes des Fleisches, der bei $-1°$ C liegt, zum Gefrieren Temperaturen unterhalb dieses Punktes benützt.

Die Hauptmenge des Fleisches wird nicht unter $+1°$ C gekühlt, weil dies zur Frischerhaltung in der meist nur kurzen Zeitspanne zwischen Schlachtung und Verbrauch genügt, während die Anwendung von Temperaturen zwischen $+1°$ C und $-1°$ C für eine länger dauernde Kühlung, wie sie z. B. bei dem Kühlfleisch des internationalen Handels stattfindet, vorbehalten bleibt. Diese Annahme ist aber heute nicht mehr ganz zutreffend, denn vielfach wird auch schon das für den laufenden Bedarf bestimmte Fleisch bei etwa $0°$ C gehalten. Auch die Grenze zwischen Kühlen und Gefrieren wird in der Praxis nicht so scharf gezogen. So sinkt die Temperatur des überseeischen Kühlfleisches nicht selten unter $-1°$ C, wobei es bereits zur Bildung von Eiskristallen an der Fleischoberfläche kommt. Auf dem englischen Markt wird deshalb Fleisch, das bis $-2°$ C und selbst $-3°$ C gekühlt ist, noch als Kühlfleisch bewertet. Dies ist auch berechtigt, denn das Fleisch verliert bei diesen Temperaturen im Inneren noch nicht die weiche Beschaffenheit und damit die Haupteigenschaft des frischen bzw. gekühlten Fleisches. Der wesentliche Unterschied zwischen Kühl- und Gefrierfleisch besteht also in der weichen Konsistenz des ersteren und der harten des letzteren. Dieser Unterschied hat bedeutsame praktische Auswirkungen. So kann das weiche Kühlfleisch nur hängend aufbewahrt und verschickt werden, was eine verhältnismäßig ungünstige Ausnützung des Lager- und Transportraumes bedeutet, während man das harte Gefrierfleisch unter besserer Raumausnützung dicht und hoch aufeinander packen kann.

Entsprechend den zur Anwendung kommenden Temperaturstufen unterscheidet man im Welthandel zwei Hauptprodukte an Fleisch, das mit Kälte behandelt ist:

Kühlfleisch — englisch chilled meat — spanisch carne refrigerada — und Gefrierfleisch — englisch frozen meat — spanisch carne congelada. Im deutschen Sprachgebrauch bestehen über die Bedeutung der Begriffe Kühlfleisch, Gefrierfleisch, gekühltes und gefrorenes Fleisch, deren richtige Verwendung in wirtschaftlicher, fleischbeschaugesetzlicher und zolltechnischer Hinsicht von Bedeutung ist, Unklarheiten.

KALLERT[1] hat deshalb vorgeschlagen, diese Begriffe wie folgt festzulegen:

1. Kühlfleisch ist Rindfleisch erster Qualität aus Übersee, das im Herkunftsland zum Zweck seiner Haltbarmachung einem Kühlverfahren unterzogen worden ist.

2. Gefrierfleisch ist Fleisch von Rindern, Schafen und Schweinen, das zum Zweck seiner Haltbarmachung einem Gefrierverfahren unterworfen worden ist. Zum Gefrierfleisch zählen auch die aus Übersee kommenden gefrorenen Fleischteile und Organe.

3. Gekühltes Fleisch sind alle zum menschlichen Genuß geeigneten Teile der Schlachttiere, die im In- oder Ausland einem Kühlverfahren unterzogen worden sind.

4. Gefrorenes Fleisch sind alle zum menschlichen Genuß geeigneten Teile der Schlachttiere, die im In- oder Ausland, jedoch nicht in Übersee, einem Gefrierverfahren unterzogen worden sind. Die auch im Fleischhandel anzutreffende Bezeichnung „tiefgekühlt" ist irreführend, denn in Wirklichkeit wird damit bei Temperaturen von $-20°$ C und darunter gefrorenes Fleisch bezeichnet.

A. Kühlen.

Durch das Kühlen wird eine kurzfristige Verlängerung der Haltbarkeit des frischen Fleisches erzielt. Die konservierende Wirkung der Kühltemperaturen beruht darauf, daß durch sie für eine gewisse Zeit die Vermehrung der am Fleisch haftenden Zersetzungskeime gehemmt wird. Ein Absterben der Keime findet dabei nicht oder doch nur in geringem Umfang statt, im Gegenteil können sich zahlreiche Bakterien, Hefen und Schimmelpilze nach kurzer Dauer der Wachstumshemmung auch bei Kühltemperaturen auf der Oberfläche und z. T. auch in der Tiefe des Fleisches vermehren und allmählich dessen Zersetzung herbeiführen. Für den Erfolg der Kühlung ist es daher von entscheidender Bedeutung, durch hygienische und technische Maßnahmen die für die keimhemmende Wirkung günstigsten Verhältnisse zu schaffen und während der Dauer der Kühlung einzuhalten. Diese Maßnahmen müssen bereits bei den Tieren kurz vor der Schlachtung einsetzen und sich auf die gesamte Behandlung des Fleisches bis zur Abgabe an den Verbraucher erstrecken. Soweit sie sich auf das lebende Tier beziehen, werden sie in dem Kapitel über Gefrieren von Fleisch besprochen, weshalb auf die dort gemachten Ausführungen verwiesen wird (S. 163). Im folgenden werden zunächst die Maßnahmen, die bei der Vorbehandlung des zu kühlenden Fleisches getroffen werden müssen, dargestellt werden.

---

[1] KALLERT, E.: Die Fleischwirtschaft Bd. 3 (1951) S. 280.

I. Vorbehandlung.

1. Schlachttiere.

Erste Voraussetzung für die gute Erhaltung des Fleisches während der Kühlung ist, daß es einen möglichst niedrigen Anfangskeimgehalt aufweist. Deshalb müssen bei der Schlachtung der Tiere, bei der Zurichtung der Tierkörper und der weiteren Behandlung des Fleisches alle Vorkehrungen getroffen werden, um die Verunreinigung mit Keimen auf ein Mindestmaß zu beschränken. Die Hauptquellen der Verunreinigung sind die Körperoberfläche der Tiere, also Haut und Haare, ferner der Inhalt des Magen-Darm-Kanals, der Fußboden der Arbeitsräume, Wasserbecken und -eimer, Geräte, Wischtücher, die Hände und die Arbeitskleidung der beim Schlachten Beschäftigten. Auf ihre Bedeutung und auf die Möglichkeiten, durch Beobachtung größerer Sauberkeit, die bei der heute üblichen Schlachttechnik noch viel zu wünschen übrigläßt, wirksame Verbesserungen zu erzielen, ist von zahlreichen Sachverständigen immer wieder eindringlich hingewiesen worden, u. a. von R. Heiss[1], Bourmer[2] und H. Keller[3]. Letzterer hat auf Grund seiner Untersuchungen darauf aufmerksam gemacht, daß sich unter den Keimen, die durch den beim Ausbluten im Gefäßsystem entstehenden Sog aus dem Darm in die Muskulatur gelangen können, auch psychrophile Bakterien befinden, die sich während der Kühlung innerhalb von 2 bis 3 Wochen im Fleisch stark vermehren und die innere Zersetzung desselben verursachen können.

Es sollen hier nur die wichtigsten Vorsichtsmaßnahmen, die zum Schutz des Fleisches vor Verunreinigungen dienen, kurz aufgeführt werden. Die Schlachtstätte soll in einen reinen und einen unreinen Teil getrennt sein. Im letzteren befinden sich die Schlachtplätze, zu denen die Tiere auf dem kürzesten Weg durch die an der Längswand angebrachten Türen gelangen, im ersteren werden die ausgeschlachteten Tierkörper abgehängt, so daß ihre Berührung mit den lebenden Tieren und ihre Verunreinigung durch herumspritzenden Schmutz verhindert wird. Ferner soll die Schlachthalle nur mit den unbedingt notwendigen Einrichtungen ausgestattet und in allen ihren Teilen leicht zu reinigen sein. Die Wasserspülbecken sollen grundsätzlich durch genügend zahlreiche Zapfstellen für fließendes Wasser ersetzt werden. Tierkörper und Organe sollen nur mit fließendem Wasser gereinigt werden, das übliche Abwischen des Fleisches mit Tüchern ist zu unterlassen, weil diese meist stark keimhaltig sind. Nach jeder Schlachtung muß die Halle gründlich gereinigt werden, ganz besonders der Fußboden, der nach beiden Seiten ein Gefälle haben soll und schon während der Schlachtungen wiederholt durch Abspritzen zu säubern ist. Für den letzteren Zweck empfiehlt Bourmer die Verwendung sog. Spritzköpfe, die in der Ruhe bodengleich eingebaut sind und sich nach Öffnen des Wasserventils heben und den Wasserstrahl in einem bestimmten Winkel austreten lassen. Einmal in der Woche soll die Halle und alles Schlachtgerät mit heißer Sodalösung oder einem anderen geeigneten Mittel desinfiziert werden.

Das Öffnen und Reinigen der Mägen und Därme darf nicht in der Schlachthalle selbst vorgenommen werden, sondern muß in einem besonderen Raum erfolgen. Die bei der Schlachtung beschäftigten Personen sollen Stiefel, Schürzen und Mützen aus Gummi oder anderem undurchlässigen Material tragen, ferner sollen sie ihr Handwerkszeug, Messer, Beile, Sägen, und ihre Hände häufig und

---

[1] Heiss, R.: Untersuchungen über die Verbesserung der Lagerungsfähigkeit von argentinischem Kühlfleisch. Beih. Z. ges. Kälteind. (1937) Reihe 3, H. 9.

[2] Bourmer: Die Fleischwirtschaft Bd. 23 (1943) S. 21.

[3] Keller, H.: Fleisch- u. Milchhyg. Bd. 54 (1944) S. 151.

gründlich mit heißem Wasser reinigen. Der Personenverkehr in der Halle soll auf das unbedingt Nötige beschränkt werden. Beim Abtransport aus der Schlachthalle ist das Fleisch möglichst wenig zu berühren, deshalb soll die Beförderung ohne Umhängen erfolgen, was beim Großvieh ohne weiteres, aber auch bei Schweinen, Kälbern und Schafen durch geeignete Vorrichtungen möglich ist. Auf dem Weg zu den Kühlräumen ist das Fleisch vor Staub, Fliegen und sonstigen Verunreinigungen zu schützen, was am leichtesten gelingt, wenn die Kühlräume sich unmittelbar an die Schlachthalle anschließen oder beide durch einen geschlossenen Raum oder Gang miteinander verbunden sind.

Über die in den südamerikanischen Exportschlächtereien angewendete besondere Methode der Schlachtung und Zurichtung für die Herstellung von Kühl- und Gefrierfleisch wird in dem Abschnitt über Gefrieren berichtet werden (S. 164).

In manchen Gegenden Süddeutschlands werden die geschlachteten Kälber im Fell belassen, um eine zu starke Austrocknung ihrer Oberfläche zu verhindern. Solche Kälber sollen vom übrigen Fleisch völlig getrennt gekühlt werden, nachdem ihr Fell vom schlimmsten Schmutz befreit worden ist. Sauberster Behandlung bedürfen auch die inneren Organe, die Zungen, die Köpfe und vor allem das Blut der Schlachttiere. Alle diese Teile müssen während und nach der Schlachtung vor Verunreinigungen geschützt und nur nach gründlicher Reinigung in den Kühlraum verbracht werden.

2. Geflügel.

Vor der Schlachtung, die nach vorhergehender Betäubung durch Ausblutenlassen vorgenommen wird, sollen die Tiere 12 bis 24 oder sogar 48 Stunden keine Nahrung erhalten, damit Kropf und Darm völlig leer werden. In dieser Zeit erhalten sie zum Trinken Wasser oder Magermilch. Nach der Schlachtung werden die Tiere sofort gerupft, und zwar trocken, d. h., ohne vorheriges Brühen, durch das ihr gutes Aussehen leiden würde. Der Rumpf wird vollständig von Federn befreit, nur am Kopf, am oberen Halsteil und an den Flügelspitzen verbleiben die Federn. An das Rupfen schließt sich die Entfernung des Darmes an. Dies geschieht entweder so, daß nach Anlegung eines Schnittes in der Mittellinie des Bauches alle Eingeweide herausgenommen und Herz, Leber, Magen und Fett wieder zurückgelegt werden, oder daß nach Umschneidung der Kloakenöffnung der Darm herausgezogen wird, wobei er am Magen abreißt. Bei kleinerem Geflügel, jungen Hühnern und Tauben, wird der Darm häufig auch mittels eines Häkchens durch die Kloake entfernt. Die Leibeshöhle wird oft mit Papier ausgestopft, um das Einsinken der Bauchdecken zu verhindern. Manche, z. B. STÖRMER[1], haben sich gegen dieses Ausstopfen ausgesprochen, weil es unhygienisch sei, doch dürfte, wenn sauberes, unbedrucktes Papier dazu verwendet wird, nichts Ernstliches dagegen einzuwenden sein.

Auf Grund zahlreicher Untersuchungen und Beobachtungen in Deutschland, Amerika und England ist man jedoch zu der Auffassung gekommen, daß von der Entfernung des Darmes besser abgesehen werden soll, weil sich nicht ausgenommenes Geflügel besser hält. Diese Ansicht wird u. a. auch von PIETTRE[2] geteilt, der darauf hinweist, daß beim Herausziehen des Darmes die Leibeshöhle oft mit Darminhalt verunreinigt wird, was zu bakteriellen Zersetzungen führen kann, während durch sofortige Kühlung die Enzyme und Bakterien des Darmes auf eine Weile stillgelegt werden. PIETTRE schildert auch die zweckmäßige Vor-

---

[1] STÖRMER: Vjschr. gerichtl. Med. u. öff. San.wes. 3. Folge Bd. 14, 2 (1898).

[2] PIETTRE, M.: Théorie générale de l'application du Froid aux denrées alimentaires. Paris: Hermann & Cie. 1938.

bereitung des zu kühlenden Geflügels, wie sie sich in großen, neuzeitlichen Geflügelschlächtereien Frankreichs und Nordamerikas bewährt hat. Danach wird das lebende Geflügel nach der Ankunft sortiert und auf Käfige verteilt, deren Fußboden aus Leisten mit Zwischenräumen besteht. Die Exkremente fallen zwischen den Leisten hindurch in einen Untersatz, der nach jeder Benützung gereinigt wird. In diesen Käfigen verbleiben die Tiere 24 bis 48 Stunden ohne Futter und nur mit Trinkwasser versorgt, damit sich Kropf und Darm völlig entleeren. Manchmal erhalten sie einige Eßlöffel Kaffee, Milch oder Zuckerlösung. Die Schlachtung findet in einem besonderen Raum mittels eines dünnen, häufig sterilisierten Messers statt. Das Blut der mit den Füßen an Haken aufgehängten Tiere fließt in ableitende Rinnen. Dann werden die Füße mit Wasser und Bürste gereinigt, getrocknet, die Köpfe ebenfalls von Blut gesäubert und mit Papier eingehüllt. Das Rupfen geschieht sofort, die Federn werden in einen anderen Raum gebracht, sortiert und getrocknet. Die Tiere werden nicht ausgenommen, weil sich gezeigt hat, daß das Ausnehmen, auch wenn es mit großer Sorgfalt geschieht, die Ursache von Fleckenbildung und Ranzigwerden des Bauchfettes werden kann. Dann werden die Tiere mit dem Kopf nach unten auf fahrbare Gestelle gehängt und sofort in einen Kühlraum von 0° C gebracht. Dort erfolgt auch die Sortierung nach Gewicht und Qualität sowie die Verpackung.

Diese Angaben werden in einem Bericht von Tressler [1] ergänzt. Danach sind in USA mehrere Arten, das Geflügel zu schlachten, im Gebrauch. Nach der einen Art erfolgt die Schlachtung maschinell, indem das Tier an einen Haken gehängt, elektrisch betäubt und mittels Halsschnitt, der durch ein schnellrotierendes Messer geführt wird, rasch entblutet wird. Zwei andere Verfahren bestehen darin, daß durch ein in den Schnabel eingeführtes Messer die Halsvenen durchschnitten werden, oder daß ein Messer durch den Schnabel in das Gehirn gestoßen wird, das beim Herausziehen die Arterie durchtrennt. Die letztere Art der Tötung wird dann angewendet, wenn das Rupfen trocken vorgenommen werden soll, denn die Federn lassen sich sofort nach der Zerstörung des Gehirnes und solange das Tier noch warm ist, leicht ausziehen. In den meisten Fällen wird jedoch vor dem Rupfen schwach gebrüht. Die Temperatur des Brühwassers muß genau auf 52° C bis 54° C eingestellt sein, das Eintauchen darf nicht weniger als 20 Sekunden und nicht länger als 1 Minute dauern. Das Rupfen kann auch mit Maschinen, von denen es verschiedene Typen gibt, bewerkstelligt werden. Nach dem Rupfen kann der Körper in eine flüssige, zum großen Teil aus Paraffin bestehende Masse getaucht werden, die schnell erstarrt und beim Abziehen alle kleinen Federn und Stoppeln mitnimmt. Sonst erfolgt meist ein Absengen der gerupften Körper. Es wird nahezu alles frisch geschlachtete Geflügel gekühlt in den Handel gebracht. Dazu wird es entweder lagenweise unter Zwischenstreuen von zerkleinertem Eis in Fässer oder in Kartons gepackt, in denen es gekühlt und bei etwa —1° C aufbewahrt wird. Das trocken in Kartons verpackte Geflügel hält sich etwas länger und besser als das beeiste. Durchschnittlich ist die Haltbarkeit des gekühlten Geflügels auf 7 Tage begrenzt, wobei es bis zum Verkauf an den Verbraucher kühl aufbewahrt wird. Das Ausnehmen geschieht allgemein erst nach dem Verkauf.

In USA ist neuerdings eine Apparatur zum Waschen, Kühlen und Entkeimen des frisch geschlachteten und gerupften Geflügels entwickelt worden [2].

Um dem Geflügel für den Verkauf ein gutes Aussehen zu geben, wird es noch besonders hergerichtet oder, wie der Fachausdruck lautet, „dressiert". Das

---

[1] Tressler, D. K.: Some Aspects of Food Refrigeration and Freezing. FAO Agriculture Studies Nr. 12. Washington, November 1950.
[2] Food Manufact. Bd. 27 (1952) S. 339.

Brustbein wird eingedrückt oder eingeschlagen und die Flügel über dem Rücken verschränkt, die Beine fest an den Körper angelegt, so daß die Brust abgerundet und fleischig erscheint. Zum Dressieren werden oft Formen benützt, in welche die Stücke hineingepreßt werden.

3. Wild.

Das Wild wird meist unter Verhältnissen erlegt, die sehr ungünstige Vorbedingungen für seine Haltbarkeit schaffen. Es wird oft erst nach einer Hetzjagd vom Blei getroffen, wobei nicht selten die Eingeweide verletzt werden, macht häufig einen langen Todeskampf durch oder wird erst längere Zeit nach der Erlegung aufgefunden, auch ist die Ausblutung eine unvollständige. Deshalb muß stets damit gerechnet werden, daß das Wildbret stark mit Zersetzungskeimen verunreinigt ist. Dazu kommt oft noch ein langer Transportweg aus dem Jagdrevier zum Bestimmungsort, der besonders bei warmer Außentemperatur die schnelle Vermehrung der Keime sehr begünstigt, so daß schon unterwegs eine ausgedehnte Tiefenfäulnis, verursacht durch Keime aus dem Darminhalt, entstehen kann. Bis zu einem gewissen Grad wird allerdings die Wirkung der mit der Erlegung verbundenen ungünstigen Umstände durch die größere natürliche Haltbarkeit, die das Wildbret gegenüber dem Fleisch der Haustiere besitzt, aufgehoben. Sie soll nach LERCHE[1] auf dem festeren Bau des Fleisches, teilweise aber auch auf antibakteriellen Eigenschaften des Wildblutes beruhen.

Um vorzeitigen Zersetzungsvorgängen vorzubeugen, ist schnellste Ausweidung und Lüftung der Leibeshöhlen schon im Revier notwendig und auch üblich. Sie geschieht stets bei Schalen- und Schwarzwild, also bei Hirsch- und Rehwild sowie bei Wildschweinen, dagegen meist nicht bei kleinem Haar- und bei Federwild, bei Hasen, Kaninchen, Fasanen, Rebhühnern. Infolgedessen treten gerade bei diesen nicht selten große Verluste durch Tiefenfäulnis ein, wenn sie noch warm aufeinandergepackt und verschickt werden. Aus den angegebenen Gründen ist beim Wild schnellstes Verbringen in Kühltemperaturen dringend geboten. Das Haarwild wird gewöhnlich in der Decke belassen, nur Kaninchen werden oft abgebalgt. Ebenso verbleibt Federwild im Federkleid, das Schutz vor Austrocknung bietet. Das kleinere Haarwild und das Federwild werden vor dem Verbringen in den Kühlraum meist auch nicht ausgenommen.

II. Kühlräume.

1. Beschaffenheit und Reinigung.

Die zur Kühlung von Fleisch bestimmten Räume müssen in einem technisch wie hygienisch einwandfreiem Zustand sein. Die technischen Einrichtungen werden in Bd. XI dieses Handbuches besprochen werden. In hygienischer Hinsicht müssen die Räume folgenden Anforderungen entsprechen: Sie sollen in allen Teilen leicht zu reinigen sein und deshalb einen undurchlässigen Fußboden mit Abfluß und wenn möglich abwaschbare Wände haben. Die letztere Forderung ist in kleinen und mittleren Kühlräumen erfüllbar, dagegen meist nicht in großen. Dort sind die Wände gewöhnlich mit einem Kalkanstrich versehen, der sich leicht und beliebig oft erneuern läßt. Die Raumluft muß rein und völlig frei von fremden Gerüchen sein. Daher sind Räume mit muffiger, dumpfiger Luft, mit einem Geruch nach Obst, Fischen, Käse und dgl. ungeeignet. Es ist auch ständig darauf zu achten, daß derartige Gerüche weder aus benach-

---

[1] LERCHE, M.: Lehrbuch der tierärztl. Lebensmittelüberwachung. Hannover: Verl. M. u. H. Schaper 1942.

barten Räumen durch die Wände noch durch einen gemeinsamen Luftkühler noch auch vom Gang her eindringen können. Auf größte Sauberkeit in den Kühlräumen ist besonderer Wert zu legen. Dazu sollen die Räume häufig und gründlich gereinigt und öfter auch desinfiziert werden. Die Reinigung des Fußbodens, der Wände, soweit sie abwaschbar sind, und aller Einrichtungsgegenstände, z. B. von Stellagen, Haken, Gefäßen, geschieht am besten durch Abbürsten mit heißer Sodalösung, die gleichzeitig eine starke desinfizierende Wirkung hat. TUCHSCHNEID [1] empfiehlt zur Desinfektion das Katadynwasser, das auch von STREUBER [2] als brauchbar angesehen wird, wogegen LEUCHTER [3] zu der Ansicht kam, daß es in seiner Wirksamkeit den anderen gebräuchlichen Desinfektionsmitteln unterlegen sei. Zur Desinfektion der ganzen Räume kann man das bewährte Formaldehydverfahren anwenden, das in der gleichzeitigen Verdampfung von Wasser und Formaldehyd besteht. Auch an das direkte Besprayen der Wände mit 5%iger Formalinlösung, das E. KALLERT [4] gegen die meisten Keime als wirksam befunden hat, ist zu denken. Um die keimtötende Wirkung der Kalkmilch, mit der die Wände geweißt werden, zu erhöhen, können ihr 2 bis 3% Formalin zugesetzt werden. Dies ist besonders dann zu empfehlen, wenn sich an den Wänden Schimmelkolonien gebildet haben. Besondere Aufmerksamkeit ist allen in den Kühlräumen vorhandenen Holzteilen zu widmen, die sehr häufig verunreinigt und Träger zahlloser Zersetzungskeime sind. Das trifft vor allem auf die Druck- und Saugkanäle zu, in denen sich mit Vorliebe auch Schimmelpilze ansiedeln. Zur Desinfektion der Holzteile hat G. GRUNOW [5] auf Grund seiner Untersuchungen folgende Desinfektionsmittel empfohlen: Formlution, Antorgan und Septoform in 3 bis 5%iger Lösung, ferner Eisensulfat in hoher Konzentration (etwa 60%ig). Bei der Anwendung dieser Mittel ist jedoch darauf zu achten, daß das Fleisch mit den damit behandelten Holzteilen nicht unmittelbar in Berührung kommt.

Mancherorts ist es üblich, Sägemehl in die Gänge des Kühlhauses und auf den Fußboden der Kühlräume zu streuen, das Feuchtigkeit und Schmutz aufnehmen und das Ausgleiten verhüten soll. Diesem Brauch stehen jedoch erhebliche hygienische Bedenken entgegen, denn nach Art der Gewinnung, des Transportes und der Aufbewahrung besteht immer die Möglichkeit, daß das Sägemehl mehr oder minder stark mit Erde, Staub und dgl. verunreinigt und bei nicht ganz trockener Lagerung mit Schimmelpilzen durchsetzt ist. Diese Verunreinigungen können durch Luftbewegung oder durch unmittelbare Berührung auf die Oberfläche des Fleisches gelangen und sie infizieren. Es ist deshalb von der Verwendung von Sägemehl in Kühlhäusern abzuraten.

2. Belegung.

Das Fleisch soll in den Kühlräumen grundsätzlich so untergebracht werden, daß es allseitig und ungehindert von der kalten Luft umspült werden kann. Es ist deshalb frei hängend, ohne daß sich die einzelnen Stücke gegenseitig berühren, zu kühlen. Die großen Fleischstücke, wie halbe Rinder oder Schweine, ganze Kälber und Schafe, hängen am zweckmäßigsten an fest eingebauten Transportbahnen, die mit denen der Schlachthalle in Verbindung stehen, so daß sie leicht

[1] TUCHSCHNEID, M. W.: Die kältetechnologische Verarbeitung schnellverderblicher Lebensmittel. Hannover: Brücke-Verlag K. Schmersow 1951.

[2] STREUBER: Berliner tierärztl. Wschr. Bd. 53 (1937) S. 353.

[3] LEUCHTER, F.: Eignet sich das Katadyn zur Desinfektion von Fleischkühl- und Schlachthäusern? Dissertation Berlin 1939.

[4] KALLERT, E.: Desinfektion Bd. 5 (1912) S. 295.

[5] GRUNOW, H. G.: Die Fleischwirtschaft Bd. 22 (1942) S. 137.

in jeden Teil des Raumes verschoben werden können. Kleinere Stücke, Organe, Geflügel, kleines Wild werden an Hakenrahmen oder an fahrbaren Gerüsten mit Haken aufgehängt oder einzeln auf Stellagen gelegt. Bei der Belegung muß immer genügende Möglichkeit zur Besichtigung und Überwachung des Kühlgutes belassen werden. In größeren Kühlräumen sind dazu Gänge frei zu halten, die etwa 15% der nutzbaren Bodenfläche betragen. In den Räumen müssen ferner richtig anzeigende Thermometer und Hygrometer zur Überwachung der Temperatur und Feuchtigkeit der Luft vorhanden sein.

Die Aufnahmefähigkeit der Kühlräume hängt nächst der nutzbaren Bodenfläche von der Art des Kühlgutes, d. h., von der Größe, dem Gewicht und der Sperrigkeit der einzelnen Stücke ab. Je Quadratmeter Bodenfläche kann mit folgender, durchschnittlicher Belegung gerechnet werden:

Rinderhälften	2
Rinderviertel	3 bis 5
Schweine, ganze	2 bis 3
Schweine, halbe	4 bis 6
Kälber	3 bis 4
Schafe	4 bis 6

Bezüglich der Belegbarkeit mit kleineren Fleischteilen, Geflügel und Wild sei auf die in dem Abschnitt über Einfrieren gemachten Angaben verwiesen (S. 170), die auch für Kühlräume als gültig angesehen werden können.

III. Kühlung.

Die Kühlung hat den Zweck, dem Fleisch die natürliche Wärme zu entziehen, um den raschen Eintritt von Zersetzungsvorgängen zu verhindern und so die Voraussetzungen für eine längere Haltbarkeit bei genügend tiefer Temperatur zu schaffen. Dieses Ziel kann auf verschiedene Art erreicht werden. Der Abfluß der Körperwärme setzt sofort nach der Tötung des Tieres ein. Wie schnell er abläuft, hängt von den atmosphärischen Verhältnissen, denen der Tierkörper ausgesetzt wird, ab. Von wesentlichem Einfluß sind dabei die Temperatur, der Feuchtigkeitsgehalt und die Bewegung der umgebenden Luft, die auch den Umfang der Wasserabgabe aus dem Fleisch und damit den Grad der Austrocknung und die Höhe des Gewichtsverlustes bestimmen. Im Winter bei niedriger Außentemperatur kann die Auskühlung so schnell und weitgehend erfolgen, daß ohne technische Hilfsmittel eine genügende Kühlung erzielt wird. Von dieser natürlichen Möglichkeit ist schon oft praktischer Gebrauch gemacht worden. In der warmen Jahreszeit dagegen, besonders bei schwülem Wetter, kann die Wärmeabgabe so verzögert werden, daß in der Tiefe der dicken Muskelmassen schwerer und fetter Tiere weitgehende Zersetzungen fermentativer oder fermentativ-mikrobieller Art eintreten, die das Fleisch ungenießbar machen. Solchen Verlusten kann durch Anlegung tiefer Lüftungsschnitte an Keulen und Schultern vorgebeugt werden.

1. Älteres Verfahren.

Das in Deutschland früher allgemeingebräuchliche Verfahren der Vorkühlung beruht auf der Ansicht, daß das frischgeschlachtete Fleisch, bevor es der künstlichen Kühlung unterzogen wird, einen guten Teil seiner natürlichen Wärme abgegeben haben müsse. Dabei sprach die Befürchtung mit, daß eine schnelle Abkühlung des noch warmen Fleisches von der Oberfläche her zu einer Wärmestauung im Innern und zu Zersetzungen führen könne. Es wurden daher in den Schlachthöfen Einrichtungen zum Abhängenlassen des Fleisches nach der Schlachtung geschaffen. Sie bestehen entweder in gedeckten, aber sonst offenen

Verbindungshallen zwischen den Schlacht- und den Kühlräumen, die gleichzeitig
auch dem Wagen- und Personenverkehr dienen, oder in besonderen, an die
Schlachträume anschließenden Abhängehallen, die ebenfalls mit den Kühlräumen in Verbindung stehen. In beiden Arten von Abhängeeinrichtungen ist
das Fleisch den atmosphärischen Verhältnissen der jeweils herrschenden Witterung ausgesetzt, in den offenen Hallen auch noch Staub, Fliegen und der Berührung mit Menschen und Tieren. Mit Recht weist deshalb u. a. Schilling[1]
auf Grund eigener eingehender Beobachtungen darauf hin, daß die Wirkung des
bisher üblichen Abhängenlassens auf das Fleisch völlig unberechenbar ist, daß
bei warmer trockener Witterung durch Austrocknung hohe Gewichtsverluste
entstehen, die wirtschaftlich nicht tragbar sind, und daß bei hoher Luftfeuchtigkeit das gute Aussehen des Fleisches leidet.

Das so abgehängte Fleisch wird dann in den Vorkühlräum überführt, in dem
früher meist eine Temperatur von $+6°$ C bis $+8°$ C gehalten wurde, heute
aber häufig schon eine solche von $0°$ C bis einige Grade darüber herrscht. Hier
verbleibt das Fleisch ungefähr 24 bis 48 Stunden bei ziemlich trockener und
mäßig bewegter Luft, d. h., bei einer Luftfeuchtigkeit von 80 bis 85% und einem
20 bis 30maligen stündlichen Luftumlauf, denn man legt Wert darauf, daß die
Fleischoberfläche trocken bleibt, damit kein Keimwachstum stattfinden kann.
Soweit das Fleisch nicht für den Verbrauch oder für die Verarbeitung benötigt
wird, gelangt es aus dem Vorkühlraum in den Hauptkühl- oder Kaltlagerraum.
Während des Hängens im Vorkühlraum tritt ein weiterer Gewichtsverlust ein.
In den Fällen, in denen kein besonderer Vorkühlraum zur Verfügung steht,
kommt das Fleisch unmittelbar nach dem Abhängen in den eigentlichen Kühlraum. Das dort aufbewahrte, bereits durchgekühlte Fleisch kann durch die mit
dem frischen Fleisch eingebrachte Wärme und Feuchtigkeit in seiner Haltbarkeit
beeinträchtigt werden.

An zahlreichen Fleischsorten hat M. Gräf[2] die Dauer der Abkühlung von
$+15°$ C auf $0°$ C bei 84 bis 90% Luftfeuchtigkeit und die dabei eintretenden
Gewichtsverluste ermittelt und erhielt die in der Tab. 4 zusammengestellten
Durchschnittswerte.

Aus der nachstehenden Tabelle geht deutlich hervor, daß das Verhältnis von
Inhalt zu Oberfläche, die Beschaffenheit der letzteren, besonders die Ausbildung
der Unterhautfettschicht auf die Dauer der Auskühlung und die Größe des
Gewichtsverlustes, von bestimmendem Einfluß sind. So verlieren Rinderviertel
guter Qualität und Schweine trotz der langen Kühldauer prozentual am wenigsten, weil die Wasserverdunstung nur an den kleinen, nicht von Fettgewebe
bedeckten Teilen der Oberfläche ungehindert vor sich gehen kann, während
Schafe schon wesentlich höhere Verluste erleiden. Am höchsten ist der Schwund
bei den kleineren Organen mit ihrer völlig ungeschützten Oberfläche, die trotz der
kurzen Abkühlungszeit mehrere Prozente betragen kann. Wie die Verkleinerung
der Oberfläche den Gewichtsverlust vermindert, zeigen die einzeln und die im
Block gekühlten Rinderlebern. Erstere verloren, obwohl sie zur Durchkühlung
um ein Drittel weniger Zeit brauchten, doch ein Viertel mehr als die letzteren.
Am kleinsten ist der Verlust bei größeren Tierkörpern im Fell, bei Reh und Wild-
schwein, bei Hasen im Fell ist er jedoch wieder wesentlich größer, weil das
Gewicht im Verhältnis zur Oberfläche gering ist. Zweifellos können mit dem bisherigen Verfahren der Aus- und Vorkühlung des Fleisches bezüglich der Haltbarkeit befriedigende Ergebnisse erzielt werden, aber seine bereits genannten

---

[1] Schilling, A.: Kältetechnik Bd. 2 (1950) S. 88.
[2] Gräf, M.: Untersuchungen über die Fleischkonservierung durch Einfrieren. Dissertation Berlin 1923.

Nachteile liegen auf der Hand und können nicht übersehen werden: unberechenbare und relativ hohe Gewichtsverluste, unhygienische Behandlung des Fleisches beim Abhängen in offenen Hallen, nicht selten Verminderung des guten Aussehens, lange Dauer und hoher Aufwand an Raum und Kosten durch die Einrichtung besonderer Abhängehallen.

Tabelle 4. *Abkühldauer und Gewichtsverluste verschiedener Fleischarten.* (Nach M. GRÄF.)

Fleischart	Durchschnitts-gewicht kg	Zeitdauer Std.	Gewichts-verluste %
Rind			
Vorderviertel . .	62,0	42	1,25
Hinterviertel . .	60,0	53	1,10
Zunge	2,2	16	1,95
Herz	1,6	12	1,85
Leber einzeln . .	4,8	16	1,58
Leber im Block .	12,6	24	1,26
Niere ·	0,9	7	3,05
Schwein			
ganzer Körper · .	102,0	48	1,14
Hälfte	44,0	42	1,22
Zunge	0,33	6	1,86
Herz	0,22	6	2,95
Leber.	1,05	8	1,82
Niere ·	0,14	4	3,20
Schaf			
ganzer Körper · .	28,0	20	1,70
Zunge	0,15	4	2,05
Herz	0,2	4	2,26
Leber.	0,63	6	1,92
Niere ·	0,06	3	4,72
Geflügel			
Gans	7,0	12	1,64
Wild			
Reh	35,0	24	1,08
Wildschwein. . .	70,0	36	0,85
Hase	4,5	12	1,33

2. Neueres Verfahren.

Die Nachteile des älteren Verfahrens lassen sich vermeiden, wie TAMM[1] in Anknüpfung an die Berechnungen von HIRSCH[2] und die praktischen Erfahrungen des amerikanischen Ingenieurs BLOOM[3] durch eigene Untersuchungen bewiesen hat. Als erster hat BLOOM frischgeschlachtetes Fleisch bei sehr hoher Luftfeuchtigkeit und sehr starker Luftbewegung gekühlt, wobei eine Temperatur von 0° C eingehalten wurde. BLOOM, nach dessen Angaben die Kühlräume der Firma Armour umgebaut wurden, kühlte nicht mit dem in Europa üblichen 20 bis 30fachen stündlichen Luftumlauf, sondern mit einem 150fachen. Er benützte dazu keine Luftkanäle an der Decke, sondern ordnete auf einer falschen Decke über dem Kühlraum in gewissen Abständen mehrere Naßluftkühler an[4]. Große

---

[1] TAMM, W.: Die Kühlung von Fleisch. Beih. Z. ges. Kälteind. Reihe 3, H. 4. Berlin 1930.

[2] HIRSCH, M.: Z. ges. Kälteind. Bd. 34 (1927) S. 96.

[3] BLOOM, S. C.: The National Provisioner vom 9., 16. und 24. Februar 1924.

[4] Vgl. R. PLANK: Amerikanische Kältetechnik, S. 102. Berlin: VDI-Verlag 1929.

Öffnungen in der Decke ließen die kalte Luft einströmen, die durch ihre Schwerkraft in starke Bewegung geriet. Auf diese Art konnten Schweine in 24 Stunden, also in der Hälfte der sonst benötigten Zeit, auf 0° C gekühlt werden. Bloom gab an, durch sein Verfahren so viel an Gewichtsverlusten zu sparen, daß damit die Kühlkosten gedeckt würden.

Tamm schlug vor, die Abkühlung statt in größeren Räumen in geschlossenen, kanalartigen Kühlern vorzunehmen, wobei auf kürzeste Verbindung zwischen Kühlkanal und Luftkühler zu achten ist, damit die Kühlluft sich möglichst wenig erwärmt und möglichst geringe Druckverluste entstehen. Tamm hat berechnet, daß durch die Abkühlung des frischgeschlachteten Fleisches bei 0° C in Luft von nahezu 100% Feuchtigkeit und einer Luftgeschwindigkeit von 2 m/s gegenüber der meist üblichen Kühlung in Luft von $+6°$ C bis $+8°$ C und 85% Feuchtigkeit nebst anschließender Nachkühlung in Luft von $+2°$ C und 75% Feuchtigkeit etwa 0,4% des eingebrachten Fleischgewichtes gespart werden. Eine weitere beträchtliche Gewichtsersparnis von etwa 2,5% kommt aber hinzu, wenn das Fleisch noch eine Woche bei 85% Luftfeuchtigkeit und 0° C statt wie sonst meist gebräuchlich bei 75% und $+2°$ C gehalten wird. Im ganzen gehen also nach Tamm etwa 3% an Gewicht weniger verloren. Den Hauptvorteil der Schnellkühlung sieht Tamm darin, daß in verhältnismäßig kleinen Abkühlräumen das frischgeschlachtete Fleisch so schnell und völlig durchgekühlt werden kann, daß eine weitere Kaltlagerung in ziemlich feuchter Luft ohne Gefahr des Verderbens möglich ist.

Die Anregungen Tamms lösten eine lebhafte Erörterung über die gesamte Frage der Fleischkühlung aus, im besonderen auch, ob man die Vorkühlung in der bis dahin üblichen Art und die dazu erforderlichen Räume beibehalten solle oder nicht. Auf Grund einer Reihe weiterer Untersuchungen und Äußerungen, so von Wagner[1], Wagner und Steiner[2], Löser[3], Schwartz und Löser[4], Käss und Schwartz[5], Müller[6], Grüttner[7], Rickert[8], und auf Grund der in der Sowjetunion gemachten Erfahrungen setzte sich immer mehr die Auffassung durch, daß man von der alten Art der Vorkühlung abgehen und an ihre Stelle die möglichst schnelle Durchkühlung bei tiefer Temperatur, hoher Luftfeuchtigkeit und starker Luftbewegung treten lassen solle. Die Einrichtung von Kühltunnels im Sinne Tamms wurde aus betriebstechnischen Gründen zunächst noch nicht befürwortet. Dagegen stimmte man darin überein, daß die Kühlung und die Kaltlagerung in getrennten Räumen erfolgen sollen, um die für beide Vorgänge verschiedenen optimalen Bedingungen schaffen zu können. Die Beibehaltung besonderer, genügend großer Kühlräume ist, wie Müller hervorhob, notwendig, um bei gehäuften Schlachtungen trotz einer begrenzten Zahl von Schlachtplätzen diese durch schnellen Abtransport der ausgeschlachteten Tierkörper voll ausnützen zu können und um die Masse des frischgeschlachteten Fleisches für die weitere Aufbewahrung schnellstens auf eine niedrige Temperatur zu bringen. Die Kühlräume sollen also in neuzeitlichen Schlachtbetrieben das notwendige Bindeglied zwischen der mit großer Leistungsfähigkeit ausgestatteten Schlachtanlage und den Kaltlagerräumen bilden.

---

[1] Wagner, W.: Z. Fleisch- u. Milchhyg. Bd. 46 (1935) S. 78.
[2] Wagner, W., u. G. K. Steiner: Dtsch. Schlachthof-Ztg. Bd. 36 (1936) S. 1.
[3] Löser, E.: Z. VDI Bd. 78 (1934) S. 535.
[4] Schwartz, W., u. E. Löser: Tbl. Bakter. II Bd. 91 (1935) S. 395.
[5] Käss, G., u. W. Schwartz: Arch. Mikrobiol. Bd. 5 (1934) S. 443.
[6] Müller, M.: Dtsch. Schlachthof-Ztg. Bd. 37 (1937) S. 203.
[7] Grüttner, F.: Die Fleischwirtschaft 1939, Nr. 9.
[8] Rickert, H.: Über die Zweckmäßigkeit eines Vorkühlraumes. Dissertation Hannover 1938.

Die Abkühlung des frischgeschlachteten Fleisches auf etwa 0° C ist notwendig, damit es nach der Überführung in den Kaltlagerraum nicht die Haltbarkeit des bereits dort befindlichen Fleisches gefährdet. Eine solche Gefährdung ist aber, wie schon oben angedeutet wurde, gegeben, wenn das in den Lagerraum gebrachte Fleisch eine höhere Temperatur hat, denn es tritt eine Schwankung der Temperatur nach oben ein, und das wärmere Fleisch gibt erhebliche Feuchtigkeitsmengen ab, die zur Erhöhung der Luftfeuchtigkeit im ganzen Raum und zu einem feinen Feuchtigkeitsniederschlag auf dem älteren und kälteren Fleisch führen. Diese Umstände begünstigen die Vermehrung von Keimen auf der Oberfläche des Fleisches und verkürzen die Dauer seiner Haltbarkeit.

Wenn eine räumliche Trennung der Kühlung und der Kaltlagerung nicht möglich ist, muß nach PLARRE [1] die Ausbildung des Kühlraumes und der Kältemaschinen diesen nachteiligen Umständen Rechnung tragen. Innerhalb des Raumes müssen durchgekühltes und frischgeschlachtetes Fleisch getrennt gehängt werden. Die Maschine muß so stark bemessen sein, daß auch beim Einbringen größerer Mengen frischgeschlachteten Fleisches kein Feuchtigkeitsniederschlag entsteht, der aber nie ganz vermeidbar sein wird. Der Luftumlauf muß während des Einbringens sehr stark sein, um viel Feuchtigkeit ausscheiden zu können. Infolge der starken Luftbewegung wird aber der Gewichtsverlust relativ hoch sein. Nach Ansicht PLARRES ist die Haltbarkeit des Fleisches, wenn Kühlraum und Kaltlagerraum zusammengelegt sind, immer herabgesetzt und mit 14 Tagen begrenzt, weshalb für eine längere Aufbewahrungszeit stets beide Räume getrennt sein sollen. Die Betriebskosten sollen bei der Trennung auf jeden Fall günstiger gestaltet werden können als bei der Zusammenlegung, auch die Betriebssicherheit ist eine größere.

Nach TUCHSCHNEID [2] sind in den Kühlräumen neuzeitlicher Schlachthöfe die folgenden Temperaturen abhängig von der gewünschten Abkühlungszeit einzustellen (Tab. 5):

Tabelle 5. *Temperatur des Vorkühlraumes.*

	Rinder Abkühlungszeit 48 Std.	Schweine Abkühlungszeit 24 Std.	Schweine Abkühlungszeit 48 Std.	Schafe Abkühlungszeit 24 Std.
Bei der Einbringung	−2° C	−3° C	−1° C	−1° C
10 Std. nach Einbringung . .	−1° C	−2,5° C	0° C	+1° C
24 Std. nach Einbringung . .	0° C	−2° C	0° C	+1° C
36 Std. nach Einbringung . .	0° C		0° C	
48 Std. nach Einbringung . .	0° C		0° C	

Dabei beträgt die Luftfeuchtigkeit während der Einbringung gewöhnlich 90%, nachdem steigt sie auf etwa 95%.

In jüngster Zeit hat SCHILLING [3] die Feststellungen von TAMM auf Grund eigener Untersuchungen bestätigt und eindringlich auf die Notwendigkeit schnellster Abkühlung des frischgeschlachteten Fleisches (unter Verzicht auf vorhergehendes Abhängen) und auf die damit verbundenen erheblichen Vorteile hingewiesen. Er fand, daß die Abkühlung von Rindfleisch im Kühltunnel bei 0° C, einer Luftgeschwindigkeit von 3 m/s und hoher Luftfeuchtigkeit die günstigsten Ergebnisse liefert. Dabei wird in schweren Rindervierteln die Temperatur innerhalb 24 Stunden um 34 Grade gesenkt. Die Gewichtsverluste sind weit niedriger

---

[1] PLARRE: Z. Fleisch- u. Milchhyg. Bd. 47 (1937) S. 446.
[2] TUCHSCHNEID, M. W.: Vgl. Fußnote 1 auf S. 138.
[3] SCHILLING, A.: Kältetechnik Bd. 2 (1950) S. 88.

als bei jeder anderen Art der Abkühlung, denn sie betragen nur rd. 1% gegenüber etwa 2,5% bei der Vorkühlung in 8° C. Bei der Abkühlung der Schweine ergeben sich sehr niedrige Gewichtsverluste, wenn bei 0° C und 50fachem Luftumlauf gekühlt wird, nämlich ebenfalls etwa 1%, wobei die Durchkühlung in 24 Stunden zu erreichen ist. Die Abkühlungszeit kann bei Schweinen im Kühltunnel auf 18 Stunden verkürzt werden, eine nennenswerte weitere Senkung der Gewichtsverluste erfolgt jedoch nicht. Wo Kühltunnels nicht vorhanden sind, kann durch Schaffung mehrerer kleinerer Vorkühlräume, in denen der stündliche Luftumlauf größer als 50fach ist und eine Temperatur von 0° C bei hoher Luftfeuchtigkeit gehalten wird, nach Schilling ein weit besseres Ergebnis erzielt werden als bei der bisherigen Vorkühlung in einem einzigen großen Raum.

Weitere günstige Berichte über die Schnellkühlung frischgeschlachteten Fleisches liegen von Frühwald[1] und Ries[2] sowie von Reitsma[3] vor. Die beiden ersteren haben über 1000 Rinder verschiedener Güteklassen in Kühltunnels bei kontinuierlicher Beschickung durch entgegenströmende Kaltluft schnellgekühlt und festgestellt, daß dadurch die Gewichtsverluste bis um 1% verringert, Aussehen, Konsistenz und Haltbarkeit des Fleisches verbessert werden. Reitsma beschreibt die Schnellkühlung von Schweinen bei einer dänischen Exportschlachterei innerhalb 20 bis 24 Stunden in Kühltunnels, die 250 bis 400 Tierkörper fassen können. Vor dem Einbringen des Fleisches wird die Temperatur in den Kühltunnels auf −7° C bis −8° C gesenkt und steigt nach der Beschickung bei andauernder Kühlung auf −2° C bis −1° C an. Nach 5 Stunden wird die Kühlung abgestellt, nach weiteren 12 Stunden ist die Temperatur im Tunnel +2° C. Die Fleischtemperatur sinkt in diesem Zeitraum von 40° C auf 3° C bis 4° C. Nach McShane[4] wird die Schnellkühlung in USA so bemessen, daß innerhalb von 18 bis 24 Stunden je nach dem Gewicht der Tierkörper eine Innentemperatur des Fleisches von +3° C bis +4° C erreicht wird.

3. Verwendung von Wasser- und Solenebel.

Ein Verfahren, Schweine, die zur Herstellung von Bacon bestimmt sind, sehr schnell zu kühlen, hat Zarotschenzeff[5] ausgearbeitet, das sich auch in der Praxis bewährt hat. Er verwendet als kälteübertragendes Medium an Stelle reiner Luft einen Nebel aus Wasser oder Salzlösung, der mittels besonders konstruierter Streudüsen im Kühlraum erzeugt wird und mit dem Fleisch unmittelbar in Berührung kommt. Infolge der großen Wärmeübertragungsfähigkeit dieses Nebels geht die Kühlung viel schneller als in Luft vor sich. In einemWassernebel von +0,5° C konnten Schweinehälften schon in 8 Stunden von 40° C auf +4° C bis +6° C im Innern des Schinkens gekühlt werden, also in einem Drittel der Zeit, die bei schneller Kühlung in Luft nötig wäre. Eine weitere Beschleunigung der Kühlung erreichte Zarotschenzeff durch Verwendung eines Nebels aus einer Kochsalzlösung von 20 Baumé-Graden und einer Temperatur von −4° C, wodurch die Innentemperatur der Schweine in $5^1/_2$ Stunden von 38° C auf +2° C bis +3° C sank. Gewichtsverluste traten während des Kühlungsprozesses nicht ein. Durch den Wassernebel wurde die Farbe auf der Innenseite der Schweine

---

[1] Frühwald, O.: Fleischwirtschaft Bd. 4 (1952) S. 52.

[2] Ries, E.: Über die Minderung der Gewichtsverluste bei Fleisch von Rindern durch die Schnellabkühlung und deren Einfluß auf das Fleisch. Vet. med. Dissertation München 1951.

[3] Reitsma, K.: Meded. Nederl. Verein Kältetechn. (1951) S. 24.

[4] McShane, J. P.: Refrig. Data Book, Appl. Vol. 3rd. Ed., S. 393. New York: Amer. Soc. Refrig. Engng. 1950.

[5] Zarotschenzeff, M. T.: Z. Eis- u. Kälteind. (1928) S. 25.

etwas blasser, was sich bei der Verwendung von Salzlösung unter Zusatz ergänzender Bestandteile, wahrscheinlich Nitrit, vermeiden ließ. Aus solchen Schweinen hergestellter Bacon hatte eine voll befriedigende Beschaffenheit und unterschied sich in keiner Weise von dem aus luftgekühlten Schweinen angefertigten.

Bei der praktischen Anwendung muß darauf geachtet werden, daß die Sole unbedingt sauber ist, damit nicht die Düsen verstopft werden. Nach der Kühlung im Solenebel müssen die Schweine mit kaltem Wasser abgebraust werden.

4. Organe, Rohfette, Blut, Geflügel und Wild.

Für alle Organe der Schlachttiere, so für Lebern, Herzen, Lungen, Mägen, Nieren, Gehirne, Euter, für kleine Fleischteile, wie Zungen, Köpfe, Füße, ist die schnelle und ungehinderte Abgabe der natürlichen Wärme und die rasche Durchkühlung notwendig, damit sie vor fermentativen und mikrobiellen Zersetzungen bewahrt bleiben. Als besonders empfindlich können Lebern und Nieren gelten, die flach auszubreiten und zu kühlen sind. Bei warm aufgehängten Schweinelebern legen sich leicht die Lappen zusammen, wodurch die Wärmeabgabe behindert wird und enzymatische Veränderungen entstehen, die durch dunkelgrüne Verfärbung und Erweichung der Lebersubstanz gekennzeichnet sind. Warm aufeinandergepackte Nieren zeigen ebenfalls grünliche Verfärbung und einen widerlichen, harnähnlichen Geruch.

Alle diese Teile sollen möglichst schnell nach dem Anfall bei etwa 0° C und lebhaftem Luftumlauf sowie einer Luftfeuchtigkeit von 85 bis 90% durchgekühlt werden. Das ist besonders dann unbedingt nötig, wenn sie zum Versand kommen sollen.

Die tierischen Rohfette, Flomen und Rückenspeck vom Schwein, der Rohtalg vom Rind, sind ebenfalls, wenn sie nicht unmittelbar nach der Schlachtung verarbeitet werden, sofort zu kühlen. Nach SENS[1] werden die Flomen am besten frei aufgehängt, während der Rückenspeck in nicht zu hoher Schicht auf Holzrosten gestapelt wird. Der Rindertalg wird an Gerüsten mit Haken aufgehängt, auch kann er auf Holzrosten ausgebreitet werden.

Ein sehr empfindliches Rohmaterial ist auch das Blut, das sofort nach der Gewinnung abgekühlt werden muß, wenn es nicht verderben soll. Zur Verlängerung seiner Haltbarkeit werden ihm meist einige Prozente Koch- oder Pökelsalz zugesetzt. Das durch Zentrifugieren aus dem mit Fibrisol versetzen Blut gewonnene Plasma ist nach SCHWARZ[2] ebenfalls sofort zu kühlen. Nach LERCHE[3] erfolgt die Kühlung des Plasmas mittels Flächen- oder Röhrenkühler.

Zur Wurstherstellung bestimmtes Material, z. B. entbeintes und kleingeschnittenes Fleisch, Organe, Schwarten und Sehnen, roh oder vorgekocht, ferner Wurstbrät, muß bis zum Zeitpunkt der weiteren Verarbeitung bei 0° C bis +1° C schnell durchgekühlt werden. Die gute Vorkühlung des Speckes, der zu Wurst verarbeitet werden soll, ist notwendig, damit er nicht weich wird und schmiert. Auch die fertigen Koch-, Brüh- und Bratwürste, Sülzen, Fleischsalate werden am besten rasch und völlig bei etwa 0° C, 80 bis 85% Luftfeuchtigkeit und 4- bis 6 facher stündlicher Luftumwälzung gekühlt. Dasselbe gilt auch für Hack- und Schabefleisch, das für die Keimvermehrung besonders günstige Bedingungen bietet und deshalb auch nur kurzfristig vor dem Verkauf hergestellt werden darf.

---

[1] SENS: Die Fleischwirtschaft Bd. 22 (1942) S. 245.
[2] SCHWARZ, G.: Die Fleischwirtschaft Bd. 18 (1939) H. 13, S. 1.
[3] LERCHE, M.: Die Fleischwirtschaft Bd. 18 (1939) H. 13, S. 9.

Bei Geflügel und Wild aller Art ist für eine schnelle Durchkühlung nach der Schlachtung bzw. Erlegung auf etwa 0° C Sorge zu tragen, bevor es für den Versand verpackt oder zu längerer Aufbewahrung in einen Kaltlager- oder Gefrierraum gebracht wird. Die Kühlung eines laufenden größeren Anfalles von Schlachtgeflügel kann vorteilhaft auch in einem Schnellgefrierraum oder Kühltunnel oder nach dem Verfahren von Zarotschenzeff (S. 67) vorgenommen werden.

Grundsätzlich sollen Organe, kleinere Fleischteile, Blut und Plasma, Wurstgut, fertige Fleischwaren, Geflügel und Wild in besonderen Räumen, nicht zusammen mit den großen Schlachtstücken, abgekühlt werden.

IV. Kaltlagerung.

1. Frischfleisch, Geflügel und Wild.

Unter Kaltlagerung versteht man die längere Aufbewahrung des Fleisches, Geflügels und Wildes in gekühlten Räumen, zum Teil bis zur Grenze der Haltbarkeit. Auf diesen Zweck müssen die Temperatur- und Luftverhältnisse in den Kaltlagerräumen eingestellt sein. Unerläßliche Voraussetzung für den Erfolg ist, daß nur sachgemäß und völlig durchgekühltes Fleisch zur Lagerung kommt. Die Temperatur ist bei 0° C mit ganz geringen Schwankungen nach oben und unten zu halten. Die Luftfeuchtigkeit kann dabei relativ hoch, bei 85 bis 90%, sein, um die Austrocknung einzuschränken, der Luftumlauf soll aus dem gleichen Grund nur gering, 3- bis 4fach in der Stunde, sein.

Für die Haltbarkeit während der Kaltlagerung ist es besonders wichtig, daß das Fleisch von allen Seiten ungehindert von der kalten Luft umspült werden kann, daß also die Stücke frei hängen und sich gegenseitig nicht berühren, weil an Berührungsstellen eine vorzeitige Keimvermehrung eintreten kann. Die Belegbarkeit der Kaltlagerräume entspricht im wesentlichen der für normale Kühlräume angegebenen (Bd. XI).

a) Haltbarkeit. Die Haltbarkeit von frischem Fleisch, Geflügel und Wild während der Kaltlagerung hängt von einer Reihe von Umständen ab, die bereits besprochen worden sind, in erster Linie von der Art und Behandlung des Materials selbst und von den im Lagerraum bestehenden atmosphärischen Verhältnissen. Das Fleisch schwerer, fetter Tiere ist bei sonst gleichen Bedingungen haltbarer als das leichter, magerer Tiere. Eine den größten Teil der Oberfläche überziehende Fettschicht bildet einen guten Schutz nicht nur gegen Austrocknung, sondern auch gegen die Vermehrung der Keime, die sich überwiegend auf den mageren Teilen und den Schnittflächen ansiedeln. Einen ähnlichen guten Schutz bietet auch die Haut, bei Schweinen die Schwarte, bei nicht abgezogenen Kälbern und bei Haarwild das Fell, bei Federwild das Federkleid. Am meisten gefährdet durch Keimvermehrung sind Stücke mit völlig ungeschützter Oberfläche, so die inneren Organe, die deshalb auch die kürzeste Haltbarkeit haben. Unter günstigen atmosphärischen Bedingungen kann man bei Rindervierteln, Schweinehälften, Kälbern und Schafen guter Qualität, die sachgemäß vorbehandelt sind, mit einer Haltbarkeit von 3 bis 4 Wochen rechnen. Unter weniger günstigen Umständen beträgt jedoch die durchschnittliche Lagerfähigkeit nicht mehr als 2 Wochen. Diese Fristen reichen für den inländischen Fleischverkehr eines Landes einschließlich der etwa notwendigen Transporte von Ort zu Ort oder von einem europäischen Land in das andere völlig aus, wenn die Kühlkette nicht unterbrochen wird. Diese Haltbarkeit gilt im allgemeinen auch für zweckmäßig behandeltes Geflügel und Wild. Kleine Fleischstücke, Organe, Blut und Blutplasma sollen nicht länger als etwa eine Woche gelagert werden. Noch kürzer, auf wenige Tage, ist die Haltbarkeit von stark zerkleinertem Material, z. B. Wurstbrät, zu bemessen.

b) Verlängerung der Haltbarkeit. Die Haltbarkeit gekühlten Fleisches kann durch einige Maßnahmen über die genannten Fristen hinaus verlängert werden. In diesem Sinne wirkt die Senkung der Temperatur während der Kühlung unter 0° C auf —1° C bis —2° C. Von dieser Möglichkeit wird im Überseehandel mit Kühlfleisch schon lange und in großem Umfang Gebrauch gemacht. Das Kühlfleisch wird in Argentinien und Uruguay hergestellt und ausschließlich nach England ausgeführt. Am besten eignen sich dazu junge ausgemästete Ochsen im Alter von 13 bis 15 Monaten mit einem Lebendgewicht von 430 bis 500 kg. Die Auswahl, Behandlung, Schlachtung und Zurichtung ist eine sehr sorgfältige, wie in dem Abschnitt über Gefrieren noch ausgeführt werden wird (S. 164ff.). Sofort nach der Schlachtung kommen die Hälften in Räume von 0° C und werden hier in 72 Stunden durchgekühlt. Dann werden sie in Viertel geteilt, deren jedes eine Hülle aus Baumwollmull erhält, und mit größter Beschleunigung entweder unmittelbar oder mit Hilfe von Kühlleichtern auf schnelle Dampfer verladen, in deren Kaltlagerräumen das Fleisch bei einer Temperatur von —1° C bis —2° C hängend transportiert wird. Die Fahrt nach England dauert 3 bis 4 Wochen. Die Haltbarkeit dieses Fleisches ist vom Zeitpunkt der Schlachtung mit 60 Tagen begrenzt, wenn es dauernd im Kühlraum bleibt. Sie vermindert sich aber durch das Ein- und Ausladen auf 40 bis 45 Tage, so daß das Kühlfleisch nach etwa 6 Wochen verkauft sein muß. Auf dem Londoner Fleischmarkt erzielt es die gleichen und zeitweise sogar höhere Preise als das Inlandfleisch bester Qualität.

Auch in Deutschland ist dieses Verfahren bereits mit gutem Ergebnis angewendet worden. Wie KALLERT[1] angibt, wurden nach Vorversuchen erstmalig im Jahr 1936 mehrere tausend Weiderinder bester Qualität nach sorgfältiger Vorbehandlung, Schlachtung und Vorkühlung in Kaltlagerräumen dreier Kühlhäuser bei einer konstanten Temperatur von —1,5° C aufbewahrt. Das Fleisch hielt sich 6 bis 7 Wochen in bester Verfassung, vertrug sogar noch einen längeren Bahntransport und zeichnete sich durch besondere Zartheit und großen Wohlgeschmack aus.

Zur Verlängerung der Haltbarkeit des Kühlfleisches benützt man ferner die keimhemmende Wirkung einiger gasförmiger Stoffe, des Ozons und des Kohlendioxyds (S. 107). Die Wirksamkeit des Ozons und seine praktische Brauchbarkeit sind auch heute noch umstritten. In den Untersuchungen von HEISE[2], von KAESS[3] u. a. wirkte Ozon schon in geringer Konzentration deutlich hemmend auf das Wachstum von Bakterien, wenn diese noch nicht zu größeren Kolonien ausgewachsen waren. Nach KAESS ist es z. B. möglich, die Lagerfähigkeit von Fleisch bei +3° C, einer relativen Luftfeuchtigkeit von 90% und einer Luftgeschwindigkeit von 0,3 m/s mit 10 mg Ozon im Kubikmeter Luft bei täglich dreistündiger Ozonisierung um 2 bis 3 Tage zu verlängern. Auch HAINES[4] hat darauf hingewiesen, daß Bakterien in ihrer latenten Periode, d. h. vor dem Auswachsen zu Kolonien, am empfindlichsten gegen Ozon sind. Nach KAESS wird auch das Wachstum von Schimmelpilzen bei der vorhin genannten Art der Ozonisierung deutlich gehemmt. Nach EWELL[5] soll in den Vereinigten Staaten durch Einwirkung von 4 bis 6 mg/m³ bei 90% Luftfeuchtigkeit und +3° C, wenn täglich 2 Stunden ozonisiert wird, eine Haltbarkeit des Fleisches von 8 Wochen

---

[1] KALLERT, E.: Vorratspflege u. Lebensmittelforsch. Bd. 1 (1938) S. 20.
[2] HEISE: Arb. Kaiserl. Gesundheitsamt Bd. 50 (1915) S. 204.
[3] KAESS, G.: Z. ges. Kälteind. Bd. 43 (1936) S. 152 u. 176.
[4] HAINES, R. B.: Rep. Food Invest. Board (1935) S. 25.
[5] EWELL, A. W.: Kälte-Ind. Bd. 34 (1937) S. 32.

erreicht worden sein. Heiss[1] ist der Ansicht, daß dem Ozon eine Tiefenwirkung auch in höherer Konzentration wohl kaum zukommt, daß aber bei stärkerer Ozonisierung eine beschleunigte Verfärbung des Fleisches durch die Oxydation des Muskelfarbstoffes und eine Geschmacksveränderung des Fettes eintreten können. Heiss und ebenso Tuchschneid halten die Klärung der Ozonwirkung durch weitere Versuche unter praktischen Verhältnissen für erforderlich. Daß Ozon eine kräftige desodorisierende und damit die Luft verbessernde Wirkung hat, wird immer wieder hervorgehoben. Dabei dürfte es sich nach Erlandsen und L. Schwarz[2] mehr um eine Überdeckung als um eine Zerstörung unerwünschter Geruchsstoffe handeln. Müller[3] empfiehlt als sehr billig und zuverlässig arbeitend den Viozonapparat. Nach Reif[4] lassen sich Viozongeräte auch mit vollautomatischer Schaltung durch eine Schaltuhr in Kühlräumen einbauen. Nach den bis heute vorliegenden praktischen Erfahrungen kann man sich wohl dem Urteil von Westphal[5] anschließen, daß in ordnungsmäßig betriebenen Kühllagerräumen für Fleisch die Verwendung von Ozon entbehrlich ist.

Eine große praktische Bedeutung hat das Kohlendioxyd für die Einfuhr von Fleisch aus Australien und Neuseeland nach England erlangt, als es erwünscht wurde, von dort nicht nur Gefrierfleisch, sondern auch Kühlfleisch zu beziehen, was aber an der langen Transportdauer von 42 bis 54 Tagen zu scheitern schien. Auf Grund eingehender Versuche gelang es jedoch, mittels Anwendung von Kohlendioxyd eine brauchbare Lösung zu finden. So wurde von Moran, Smith und Tomkins[6] festgestellt, daß Konzentrationen von 40 bis 60% Kohlendioxyd in der Raumluft die Keimentwicklung völlig unterdrücken, daß solche von 30% ebenfalls eine fast vollständige Hemmung des Wachstums bewirken, ohne Geschmack und Farbe des Fleisches zu verändern, und daß eine Konzentration von 10 bis 20% für die praktischen Bedürfnisse ausreicht. Seitdem ist Kühlfleisch nach diesem Verfahren in großen Mengen von Australien und Neuseeland importiert worden, wobei eine Temperatur von $-1°$ C und ein Kohlendioxydgehalt der Raumluft von 10 bis 12% eingehalten werden. Die Räume sind gasdicht konstruiert, der Kohlendioxydgehalt wird dauernd genau überwacht und durch Zuführung neuen Kohlendioxyds auf der gewünschten Höhe gehalten.

c) **Veränderungen und Schäden.** Während der Kaltlagerung erfährt das Fleisch regelmäßig durch Wasserabgabe und fermentativ-kolloidchemische Vorgänge gewisse Veränderungen, außerdem können durch verschiedene Einwirkungen Haltbarkeit und Güte des Fleisches beeinträchtigt werden.

α) *Austrocknung und Gewichtsverluste.* Die Höhe der bei der Kaltlagerung eintretenden Gewichtsverluste infolge Austrocknung der Fleischoberfläche wird ähnlich wie bei der Kühlung durch die Art der Kühlobjekte und die in den Räumen bestehenden atmosphärischen Verhältnisse, außerdem auch durch die Dauer der Lagerung bestimmt. In der Fachliteratur finden sich nur wenige zuverlässige Angaben hierüber, vor allem fehlt es an Zahlen, die an größeren Fleischmengen bestimmter Qualität unter genauer Erfassung der Temperaturen, der Feuchtigkeit und Bewegung der Luft gewonnen sind. Rasmusson[7] gibt auf Grund eigener

---

[1] Heiss, R.: Die Aufgaben der Kältetechnik in der Bewirtschaftung Deutschlands mit Lebensmitteln Bd. B. Berlin: Beuth-Verl. 1937.

[2] Erlandsen, A., u. L. Schwarz: Z. Hyg. Infektionskrankh. Bd. 67 (1910) S. 391.

[3] Müller, A.: Z. Fleisch- u. Milchhyg. Bd. 40 (1930) S. 442.

[4] Reif: Dtsch. Schlacht- u. Viehhofztg. Bd. 40 (1940) S. 58.

[5] Westphal, Br.: Die Fleischwirtschaft Bd. 18 (1939) Nr. 5, S. 5.

[6] Moran, T., E. C. Smith u. H. G. Tomkins: J. soc. Chem. Ind. Bd. 114 (1932).

[7] Rasmusson, L.: Die Lebensmittel und ihre Aufbewahrung. Hannover: M. &. H. Schaper 1931.

Untersuchungen an, daß man bei Fleisch bester, mittelfetter Qualität, das bei 0° C bis +1° C, 80 bis 90% Luftfeuchtigkeit und einer Luftgeschwindigkeit von 0,2 m/s gekühlt wird, mit folgenden Gewichtsverlusten während der Kühlung und Kaltlagerung rechnen kann (Tab. 6):

Tabelle 6. *Gewichtsverluste von Fleisch bei verschiedener Dauer der Kaltlagerung.*

Dauer	Großvieh %	große Kälber %	Schafe %	Schweine %
12 Stunden	2,0	2,0	2,0	1,0
24 Stunden	2,5	2,5	2,5	2,0
36 Stunden	3,0	3,0	3,0	2,5
48 Stunden	3,5	3,5	3,5	3,0
8 Tage	4,0	5,0	4,5	4,0
14 Tage	4,5	6,0	5,0	5,0
1 Monat	5,0	7,0	6,0	6,0
2 Monate	6,0	8,0	7,0	7,0

Weitere Zusammenstellungen über Gewichtsverluste von Rindern bringt RASMUSSON nach den Angaben von FLYBORG (Tab. 7):

Tabelle 7. *Gewichtsverluste von Rindern verschiedener Klasse.*

	Tage: 1	2	3	4	5	5	7	8	9
I. Klasse	1,71	2,31	2,68	2,98	3,23	3,48	3,73	4,00	4,20%
II. Klasse	1,80	2,35	2,80	3,26	3,56	3,84	4,10	4,32	4,53%
III. Klasse	1,92	2,52	3,08	3,60	4,02	4,37	4,67	4,92	5,14%
IV. Klasse	2,12	2,65	3,15	3,65	4,07	4,42	4,77	5,07	5,32%

Die in den Tab. 6 und 7 angegebenen Gewichtsverluste lassen sich wesentlich herabsetzen, wenn das Fleisch bei −1° C und einer Luftfeuchtigkeit von 90% oder etwas darüber gelagert wird.

β) Verfärbung. Eine weitere Veränderung des frischen Fleisches während der Kaltlagerung ist das Dunklerwerden der roten Fleischfarbe an den nicht von Fett bedeckten Teilen der Oberfläche, besonders an den Schnittflächen. Sie beruht nach HEISS und HOHLER [1] einmal darauf, daß durch die Verdunstung von Wasser eine Konzentration des Muskelfarbstoffes eintritt, und daß eine Oxydation des Farbstoffes über das lebhaft rote Oxymyoglobin zu dem bräunlichen Methämoglobin erfolgt. Bräunliche Verfärbung kann auch durch die Anwendung zu hoher Konzentrationen von Ozon und Kohlendioxyd entstehen.

γ) Reifung. Eine erwünschte Zustandsänderung des Fleisches während der Kaltlagerung ist die Reifung. Sie kommt durch chemisch-fermentative und kolloidchemische Vorgänge, auf deren verwickelte und zum Teil noch ungeklärte Einzelheiten hier nicht eingegangen werden kann, zustande und bewirkt, daß das Fleisch, das im frischgeschlachteten Zustand zäh ist und fade schmeckt, eine zarte Beschaffenheit und einen angenehmen, aromatischen Geschmack erhält und leichter verdaulich wird. Die Kaltlagerung des Fleisches läßt die Reifung ungestört durch die Vermehrung der Zersetzungskeime ablaufen. Darin liegt einer der großen Vorteile der Fleischkühlung, und es ist eine wichtige Aufgabe der neuzeitlichen Fleischtechnik und -hygiene, dafür zu sorgen, daß nur gereiftes und damit seinen vollen Gebrauchswert besitzendes Fleisch zum Verbrauch kommt.

---

[1] HEISS, R., u. E. HOHLER: Dtsch. Schlachthof-Ztg. Bd. 33 (1933) S. 218.

δ) *Mikrobielle Zersetzung.* Eine Schädigung des kaltgelagerten Fleisches kann durch starke Vermehrung der an der Oberfläche oder im Innern befindlichen Mikroorganismen eintreten. Daß dabei der Anfangskeimgehalt und die Bedingungen, unter denen die Kühlung und die Kaltlagerung erfolgen, entscheidend sind, ist in den vorhergehenden Abschnitten bereits dargelegt worden. Besonders zu fürchten ist die Verunreinigung des Fleisches mit psychrophilen Keimen, über deren Wachstum auf Fleisch u. a. Keller[1] und Schönberg[2] berichtet haben. Nach Keller können solche Bakterien in großer Menge sowohl kurz nach der Schlachtung als auch 2 bis 3 Wochen später im Restblut der Gefäße, in der Tiefe der Muskulatur und im Muskelfleisch selbst vorhanden sein und zur Zersetzung führen. Nach Schönberg vermögen sich vor allem die Fluorescensarten, darunter ihr Hauptvertreter Pseudomonas fluorescens liquefaciens, die Flavobakterien und Achromobakterarten auf gekühltem Fleisch massenhaft zu vermehren, dabei die Oberfläche mit einem schmierigen, übelriechenden Belag überziehend und mittels proteolytischer Fermente einen schnellen Abbau der Eiweißtoffe bewirkend. An der Zersetzung des Fleisches sind vielfach auch Hefe- und Schimmelpilze beteiligt, unter den letzteren Monilia-, Penicillium-, Thamnidium- und Cladosporium-Arten. Gelegentlich kommen massive Infektionen von Kühlräumen und des darin aufbewahrten Fleisches vor. So hat Messner[3] über die Infektion einer Kühlanlage mit schleimbildenden Bakterien berichtet, durch die das Fleisch schon nach 3 bis 4 Tagen feucht und schmierig wurde. Wie Kehl[4] mitteilte, trat in der neuen Kühlanlage einer Fleischerei auf dem eingebrachten Fleisch eine massenhafte Entwicklung von weißem und grünem Schimmel, verbunden mit Schmierigwerden der Oberfläche, auf, was zu großen Verlusten führte. Bei der Untersuchung wurde die Kühlanlage selbst als einwandfrei befunden, dagegen wurden in der Luft des Schlachtraumes, der Wurstküche und der beiden Kühlräume die auf dem Fleisch beobachteten Keime in großer Menge festgestellt. Als Infektionsquellen konnten alte Fleisch- und Knochenreste, verschmutzte Filzdichtungen an den Türen, unsaubere Holzteile usw. ermittelt werden. Nach gründlicher Reinigung und anschließender Desinfektion mit Formaldehyd war der Übelstand beseitigt. Nach den Untersuchungen von Kärger[5] wird der Keimgehalt der Luft in gewerblichen Kühlräumen durch mehrere Umstände erhöht, so durch starken Personenverkehr, Zuführung unreiner Luft, Streuen von Sägemehl, schwer zu reinigende rauhe und poröse Wände, Vorhandensein großer, schwer sauber zu haltender Holzgestelle. Besonders günstige Bedingungen für die Keimvermehrung bieten frische Schnittflächen von Fleisch, stark zerkleinertes Fleisch, z. B. Brät, in dem sich nach Lossen[6] bei 3- bis 4tägiger Aufbewahrung im Kühlraum Mesentericusbakterien und Mikrokokken millionenfach vermehren, sowie die feuchte, ungeschützte Oberfläche der inneren Organe und kleine Fleischteile.

Der beste Schutz gegen die Schädigung des Kühlgutes durch Keimvermehrung sind sauberste Schlachtung und Behandlung des Fleisches, die Schaffung optimaler atmosphärischer Bedingungen bei der Kühlung und Kaltlagerung, nicht zu lange Ausdehnung der letzteren, häufige gründliche Reinigung und Desinfektion der Kühlräume und aller Einrichtungsgegenstände, Einschränkung des Personenverkehrs, Zuführung reiner, nötigenfalls filtrierter Luft.

---

[1] Keller, H.: Z. Fleisch- u. Milchhyg. Bd. 54 (1944) S. 151.

[2] Schönberg, Fr.: Z. ges. Kälteind. Bd. 46 (1939) S. 155.

[3] Messner, H.: Prager Arch. Tiermed. u. vergl. Pathol. Bd. 6 (1926) S. 123.

[4] Kehl, W.: Schweiz. Metzgerztg. (1931) S. 41.

[5] Kärger, K. H.: Die Fleischwirtschaft Bd. 22 (1942) S. 143.

[6] Lossen, H.: Keimzunahme im Wurstbrät bei Aufbewahrung im Kühlraum. Dissertation Berlin 1940.

ε) Aufnahme fremder Geruchs- und Geschmacksstoffe. Gekühltes Fleisch kann durch die Aufnahme der Riechstoffe anderer stark riechender Lagergüter, z. B. von Früchten, die im gleichen Raum oder in benachbarten Räumen liegen, in seiner Genußfähigkeit stark beeinträchtigt werden. So hat SCHRÖDER[1] über einen Fall berichtet, in dem Fleisch und Fleischwaren, die in einer Markthalle gekauft waren, wegen eines unangenehmen süßlichen Geruches und Geschmackes zu Beschwerden führten. Als Ursache wurden Apfelsinen festgestellt, die in einem Raum neben dem Fleischkühlraum lagen. Es muß daher Sorge getragen werden, daß derartige Riechstoffe von Früchten, Fischen, Käse und anderen Lagergütern nicht in Fleischkühlräume eindringen können. Räume, in denen solche Güter gelagert haben, dürfen erst dann zur Aufbewahrung von Fleisch benützt werden, wenn durch geeignete Maßnahmen, z. B. neuen Verputz der Wände, neuen Anstrich, Erneuerung der Holzteile, Desinfektion, Reinigung und lange Lüftung, der Geruch restlos beseitigt ist. In jüngster Zeit hat PLANK[2] über erfolgreiche Versuche berichtet, die in den Vereinigten Staaten und England zur Beseitigung von Fremdgerüchen aus Kühl- und Gefrierräumen sowie aus dem Lagergut selbst, u. a. aus Fleisch, mit Hilfe aktiver Kohle, die in perforierten Kanistern oder ähnlichen Vorrichtungen enthalten ist, ausgeführt wurden. Die Raumluft wird durch Schichten der Aktivkohle gesaugt und dabei von den Geruchsstoffen befreit. Nach einer Mitteilung von HEMPEL[3] wird auch in Deutschland ein mit Aktivkohle arbeitender Apparat unter dem Namen „Desorex-Filter" gebaut, der beweglich aufgestellt oder fest eingebaut werden kann, keiner besonderen Bedienung bedarf, geringe Betriebskosten verursacht und sich in der Praxis bereits gut bewährt haben soll.

Gelegentlich wird gekühltes Fleisch der Einwirkung von Gasen ausgesetzt, die aus undichten Leitungen ausströmen. Meist handelt es sich um Ammoniak oder um schweflige Säure aus den Kühlleitungen. So berichtete KUPPELMAYR[4], daß eine sehr starke Vergasung mit Ammoniak für das frische Fleisch, die Pökelwaren, das Wurstbrät, Lungen und Lebern, die sich im Kühlraum befanden, ohne nachteilige Folgen blieb, da der Ammoniakgeruch nach 8- bis 9stündiger Lüftung völlig wieder verschwunden war. Ähnliches beobachteten WUNDRAM und SCHÖNBERG[5], doch mußten in ihrem Fall die obersten Fleischschichten entfernt werden. RASCHKE und FISCHER[6] stellten fest, daß frisches Fleisch Ammoniak in großer Menge aufnimmt und daß bei nicht zu langer Einwirkung zwar das Innere dicker Stücke noch verwendbar sei, daß aber aus den äußeren Teilen das Ammoniak weder durch Wässern noch durch Kochen entfernt werden kann. Zweifellos hängt es von der Konzentration und der Dauer der Einwirkung des Ammoniaks ab, ob der Schaden durch bloße ausgiebige Lüftung beseitigt werden kann oder ob ein Teil des Fleisches nicht mehr genießbar wird.

Nachhaltiger scheint schweflige Säure auf Kühlfleisch einzuwirken. So beschrieb KERN[7] die Schäden, die durch ausströmende schweflige Säure an Fleisch entstanden waren. Die betroffenen Teile mußten schleunigst abgeschnitten werden, um das weitere Eindringen der Säure zu verhindern. WUNDRAM und SCHÖNBERG[5] teilten mit, daß in einem Fall nach Entfernung der obersten Fleischschichten das Fleisch zu Koch- und Bratzwecken noch freigegeben werden konnte,

---

[1] SCHRÖDER, E.: Dtsch. Tierärztl. Wschr. Bd. 41 (1933) S. 237.

[2] PLANK, R.: Kältetechnik Bd. 1 (1949) S. 205.

[3] HEMPEL, H.: Kältetechnik Bd. 3. (1951) S. 315.

[4] KUPPELMAYR: Z. Fleisch- u. Milchhyg. Bd. 43 (1933) S. 187.

[5] WUNDRAM, G., u. FR. SCHÖNBERG: Tierärztl. Lebensmittelüberwachung. Berlin: Verl. R. Schoetz 1937.

[6] RASCHKE, O., u. E. FISCHER: Z. Fleisch- u. Milchhyg. Bd. 41 (1931) S. 453.

[7] KERN, ST.: Wiener tierärztl. Mschr. Bd. 27 (1940) S. 456.

in einem anderen Fall eine etwa fingerdicke Zone des Rind- und Hammelfleisches einen schmutzig-grauroten, des Kalbfleisches einen grauen Farbton hatte, daß aber nach Abtragung der Oberflächenteile und mehrtägiger Auslüftung das Fleisch zwar nicht mehr vollwertig, aber noch verwendbar war. Fleisch, das stundenlang in einem mit Leuchtgas gefüllten Raum gelegen hatte, war nach 24 stündiger Durchlüftung wieder völlig einwandfrei (Wundram und Schönberg).

ζ) *Tierische Schädlinge.* Ratten und Mäuse können sich in Kühlhäusern einnisten und durch unverschlossene Abflußrohre, durch Luftkanäle oder offene Türen in die Lagerräume für Fleisch und Fleischwaren eindringen, an denen sie durch Benagen und Beschmutzen erheblichen Schaden anrichten. Für ihre Fernhaltung kommen entsprechende bauliche Vorkehrungen in Betracht, für ihre Vertilgung das Auslegen von Giftködern, jedoch nicht von bakteriellen Präparaten, und das Aufstellen von Fallen. Schmidt[1] empfahl zur Vernichtung der Ratten das Topicida-Präparat, hergestellt aus Meerzwiebelextrakt in fertigen Köderbrocken oder in flüssiger Form. Die radikale Vertilgung dieser Schädlinge wird am sichersten durch die Anwendung von Präparaten erreicht, die Blausäure entwickeln. Wegen der großen Gefährlichkeit für den Menschen ist die Durchführung einer Kühlhausbegasung einer dafür zugelassenen Firma zu übertragen. Als billiger und weniger gefährlich gibt May[2] das Kohlenoxydgas an.

Gegen die zahlreichen anderen tierischen Schädlinge, die Fleisch und Fleischwaren befallen können, z. B. Schinken- und Speckkäfer, Fliegenmaden und Milben, bietet die Aufbewahrung in Kaltlagerräumen einen zuverlässigen Schutz. Wie Kemper[3] ausführt, stellen alle wechselwarmen Tiere bei Temperaturen, die um den Nullpunkt liegen, ihre aktiven Lebensäußerungen (Bewegung, Nahrungsaufnahme, Vermehrung, Weiterentwicklung) ein. Deshalb können Lebensmittel, solange sie in Kaltlagerräumen bei genügend niedrigen Temperaturen aufbewahrt werden, nicht neu befallen und von den etwa miteingebrachten Schädlingen nicht angegriffen werden. Überdies führt längerer Aufenthalt in diesen Temperaturen bei den meisten Insekten und Milben und deren Brut eine starke Schädigung oder den Tod herbei. Es ist daher nach Kemper sehr erwünscht, daß solche Lebensmittel weit mehr als bisher kalt gelagert werden.

2. Fleischerzeugnisse.

Bei der Herstellung und vor allem bei der Lagerung einer Reihe von Erzeugnissen aus Fleisch hat sich die ständige Kühlung als vorteilhaft oder notwendig erwiesen.

α) *Salz- und Pökelfleisch.* Die Salzung bzw. Pökelung von Fleisch wird zweckmäßigerweise in kühlbaren Räumen durchgeführt, denn nur dann kann die Temperatur genügend tief gehalten werden, um ein Verderben der Lake und des Fleisches zu verhindern und den zeitlichen Ablauf des Vorganges zu regeln. Die Temperatur wird, je nachdem, ob die Salzung schneller oder langsamer vor sich gehen soll, eingestellt und eingehalten. Für schnelleren Ablauf sind Temperaturen von $+4°$ C bis $+6°$ C, für langsameren solche von $0°$ C bis $+2°$ C erforderlich. Nach Koller[4] wird heute in vielen Betrieben bei einer Temperatur, die nicht über $+4°$ C liegt, gepökelt, während man in England und Amerika meist Temperaturen von etwa $+2°$ C einhält. Luftfeuchtigkeit und Luftbewegung sind

---

[1] Schmidt, H. W.: Z. Fleisch- u. Milchhyg. Bd. 51 (1941) S. 170.
[2] May: Z. Fleisch- u. Milchhyg. Bd. 39 (1929) S. 362.
[3] Kemper, H.: Die Nahrungs- und Genußmittelschädlinge und ihre Bekämpfung. Leipzig: Verl. Paul Schöps 1939.
[4] Koller, R.: Salz und Rauch. Salzburg: Verl. „Das Bergland Buch" 1941.

bei der Naßpökelung, d. h. wenn das Fleisch in Lake liegt, weniger wichtig, wohl aber bei der Trockenpökelung, die bei 80 bis 85%iger Luftfeuchtigkeit und einer 5 bis 6fachen stündlichen Luftumwälzung erfolgen soll. Bacon soll bei Temperaturen zwischen $+4°$ C und $+6°$ C gesalzen werden. Fertig gesalzenes Rind- und Schweinefleisch, z. B., Rückenstücke, Schinken, Speck, wird bei $0°$ C bis zu einigen Graden unter Null und einer Luftfeuchtigkeit von nicht mehr als 80% gelagert, Salzfleisch in Lake ebenfalls bei diesen Temperaturen.

β) *Dauerfleisch und Dauerwurst.* Dauerfleisch, d. h. gesalzene und geräucherte Schinken, Rücken-, Bauch- und Nackenstücke sowie Speckseiten und Dauerwürste werden meist in trockenen, kühlen und luftigen Räumen aufbewahrt, deren atmosphärische Verhältnisse weitgehend von der jeweils herrschenden Witterung abhängen. Dabei erleiden sie hohe Gewichtsverluste, nicht selten Zersetzungen im Fett, und sind der Gefahr des Befalles durch tierische Schädlinge und Schimmelpilze in hohem Grad ausgesetzt. Diese Nachteile lassen sich durch Lagerung in Kühlräumen vermeiden, wie u. a. Versuche von HEISS[1] und KALLERT[2] gezeigt und umfangreiche praktische Erfahrungen bewiesen haben, über die KALLERT[3] berichtet hat. Danach werden Dauerfleisch und Dauerwürste bei $-1°$ C bis $0°$ C, einer Luftfeuchtigkeit von 80 bis 85% und schwacher Luftbewegung gelagert. Die einzulagernde Ware muß von einwandfreier Beschaffenheit, gut geräuchert, trocken und fest, die Wurst mindestens 6 Wochen alt, schnittfest und durchgerötet sein. Die Ware soll von allen Seiten von Luft umspült, der Besichtigung und Untersuchung zugänglich sein. Schinken, Nackenstücke und Würste sind stets hängend und so, daß sie sich gegenseitig nicht berühren, zu lagern. Das gilt auch für die übrigen Stücke, doch können Speckseiten, Rücken und Bäuche auch auf Unterlagen (Lattenrosten) über Kreuz gelegt gestapelt werden. Auf dem Quadratmeter können etwa 800 kg untergebracht werden. Die Vorräte sind laufend genau zu überwachen und mindestens einmal im Monat auf einwandfreie Beschaffenheit zu prüfen. Die Dauer der Lagerung soll im allgemeinen 6 Monate nicht überschreiten. Kalt gelagerte Dauerware soll, bevor sie verpackt und verschickt wird, in einem wärmeren Raum bei guter Luftzirkulation so lange aufgehängt werden, bis sie den beim Ausbringen aus dem Kühlraum entstandenen Feuchtigkeitsniederschlag wieder abgegeben hat und völlig trocken geworden ist. Zu erwähnen ist noch, daß die Haltbarkeit sich ähnlich wie bei Kühlfleisch offenbar durch Verwendung von Kohlendioxyd verlängern läßt, denn T. MORAN fand, daß sich der besonders empfindliche Baconspeck bei $0°$ C in einer Atmosphäre von 100% Kohlendioxyd mehrere Monate hielt, ohne ranzig zu werden.

γ) *Konserven.* Nicht völlig keimfrei gemachte Fleischkonserven, sog. Halbkonserven, werden zweckmäßigerweise in Kaltlagerräumen bei $0°$ C bis etwa $+2°$ C aufbewahrt, wobei die Luftfeuchtigkeit möglichst niedrig sein soll. Praktische Erfahrungen aus jüngster Zeit haben z. B. gezeigt, daß im Wasserbad gekochte und deshalb nicht sterile Konserven sich bei der Kaltlagerung lange Zeit einwandfrei halten, während bei der Aufbewahrung in höherer Temperatur erhebliche Verluste entstehen. Vor dem Verbringen in den Kaltlagerraum müssen die Dosen vollkommen trocken und gut eingefettet sein, damit sie nicht an- und durchrosten.

V. Versand.

Bei dem Versand von gekühltem Fleisch muß dafür gesorgt werden, daß unterwegs keine wesentliche Erwärmung erfolgen kann und daß am Bestim-

---

[1] HEISS, R.: Die Fleischwirtschaft Bd. 20 (1940) Nr. 12, S. 1.
[2] KALLERT, E.: Die Fleischwirtschaft Bd. 20 (1940) Nr. 17, S. 1.
[3] KALLERT, E.: Tierärztl. Umschau Bd. 2 (1947) S. 135.

mungsort das Fleisch, soweit es nicht unmittelbar dem Verbrauch zugeführt wird, sofort wieder in einen gekühlten Raum gebracht wird. Zum Versand werden deshalb Beförderungsmittel benützt, die gegen die Außentemperatur isoliert sind, Kühlwaggons, Thermolastwagen mit und ohne Anhänger, und die mit zusätzlichen Kälteträgern, Wasser- oder Trockeneis, versehen werden. Die Fahrzeuge müssen in technisch einwandfreiem und tadellos sauberem Zustand sein, deshalb vor jeder Beladung gründlich gereinigt werden. Besonders ist darauf zu achten, daß sie frei von fremden Gerüchen sind. Gekühltes Fleisch in großen Stücken soll grundsätzlich nur hängend transportiert werden, wobei eine zu starke Beladung zu vermeiden ist, damit sich die einzelnen Stücke möglichst nicht berühren. Auch mit dem Boden sollen sie nicht in Berührung kommen. Nur so werden das gute Aussehen, die natürliche Form, die frische Farbe und die weitere Haltbarkeit gewährleistet. Es ist daher ganz verfehlt, wenn die Stücke, wie es leider bei Transporten mit Lastwagen nicht selten geschieht, in mehr oder minder hoher Schicht aufeinandergepackt werden.

Als zusätzliches Kältemittel hat sich Trockeneis (festes Kohlendioxyd) sehr gut bewährt, das der Ladung je nach der Witterung und der Dauer des Transportes in einer Menge von 40 bis 120 kg beigegeben wird. Es hat dank seiner tiefen Temperatur eine gute Kühlwirkung, verdampft ohne Rückstand und wirkt zusätzlich keimhemmend. Auch zur Vorkühlung der Fahrzeuge kann Trockeneis verwendet werden. Da Trockeneis noch lange nicht überall zur Verfügung steht, ist man meist noch auf die Verwendung von Wassereis angewiesen. Die Eisbehälter der Transportmittel werden in der wärmeren Jahreszeit 10 bis 12 Stunden vor der Beladung mit Eis gefüllt und die abgeschmolzene Eismenge nach dem Einbringen des Fleisches nachgefüllt. Die Beladung soll an der Rampe des Kühlhauses oder unmittelbar an der Tür des Kühlraumes vor sich gehen, damit das Fleisch möglichst wenig der wärmeren Außentemperatur ausgesetzt wird.

Besondere Sorgfalt ist auf die sachgemäße Verladung von inneren Organen, von Köpfen und Zungen zu verwenden. Ganze sog. Herzschläge, d. h. Zungen, Lebern, Lungen, Herzen und oft auch die Nieren vom Schwein im natürlichen Zusammenhang, werden nach völliger Durchkühlung einzeln so aufgehängt, daß sie sich nicht berühren. Man kann auch die Organe so verladen, daß man den Boden des Fahrzeuges mit einer geschlossenen Lage von Kunsteisblöcken bedeckt und darauf die vorgekühlten Organe in nicht zu hoher Schicht ausbreitet. Lebern und Nieren werden vielfach in Fässer oder Kisten gepackt und ihnen Kunsteis in ganzen Blöcken oder in Stücken beigegeben. Manchmal werden auch kleinere, mit Lebern oder Nieren gefüllte Fässer in größere gestellt und der Zwischenraum zwischen beiden mit Eis ausgefüllt. Sendungen solcher Packstücke können auf gewöhnlichen Lastkraftwagen oder mit der Bahn über weite Strecken versandt werden. Voraussetzung für die gute Ankunft ist aber immer die völlige Durchkühlung vor dem Verpacken und Verladen, sonst treten, wie die Praxis schon häufig gelehrt hat, große Verluste ein.

Gekühltes Geflügel wird zum Versand einzeln eingewickelt und in Kisten oder Körbe verpackt. Nach Piettre[1] werden die eingewickelten Stücke oft auch auf eine kühlende Unterlage im Versandbehälter gelegt, die aus zerkleinertem Eis und Sägemehl besteht, oder es wird den gut schließenden Behältern Trockeneis in Beuteln beigegeben. Größere Sendungen von Geflügel werden in isolierten, mit Wassereis oder Trockeneis gekühlten Fahrzeugen verschickt. Sinngemäß sind die angeführten Maßnahmen auch beim Versand von Haar- und Federwild anzuwenden.

---

[1] Piettre, M.: Vgl. Fußnote 2 auf S. 135.

In jüngster Zeit wird in Australien zum Transport von frischgeschlachtetem, gekühltem Fleisch aus einer abgelegenen, viehreichen Gegend im Innern, die keine Bahn- und Straßenverbindung zur Küste hat, mit gutem Erfolg der Luftweg benützt, wie einem amerikanischen Bericht[1] zu entnehmen ist. Die Qualität des Fleisches wird auf diese Weise so gut erhalten, daß es zu 79% zur Herstellung von Gefrierfleisch für den Export geeignet ist, während dieser Satz bei dem früher üblichen Treiben der Rinder über Land nur 10% ausmachte. Auch Tiere, die den Landweg nicht überstehen würden, können mit Hilfe des Lufttransportes für den Frischverbrauch an der Küste noch nutzbringend verwertet werden.

B. Gefrieren.

Durch die Einwirkung von Gefriertemperaturen wird frisches Fleisch in einen Zustand versetzt, in dem es ohne wesentliche Änderung seiner natürlichen Eigenschaften sehr lange haltbar ist, denn durch das Gefrieren wird der Eintritt der Zersetzungsvorgänge, die unter gewöhnlichen Verhältnissen schnell beginnen, sofort unterbunden. Diese konservierende Wirkung hält so lange an, als das Fleisch bei genügend tiefen Temperaturen in gefrorenem Zustand bleibt. Gefrorenes Fleisch ist also theoretisch unbegrenzt haltbar, wenigstens soweit es sich um den Schutz vor mikrobieller Zersetzung handelt, wie auch schon manche praktische Erfahrung gezeigt hat.

I. Gefriervorgang und Gefrierveränderungen.

Die Wirkung von Gefriertemperaturen auf tierische Gewebe, der Ablauf des Gefriervorganges und die Veränderungen, die er hervorruft, sind bereits in Bd. IX dieses Handbuches behandelt worden. Außerdem sei auf S. 38ff. verwiesen. Deshalb soll hier nur eine kurze Darstellung dieser Dinge, soweit sie das Muskelfleisch und die Organe warmblütiger Tiere betreffen, gegeben werden.

Mageres Muskelfleisch enthält im Mittel 75% Wasser, 20% Eiweißstoffe und 1% Salze. Der Rest besteht aus Fett und anderen Substanzen, die beim Gefrieren nur eine nebensächliche Bedeutung haben. Die Salze sind im Wasser gelöst, die Eiweißstoffe finden sich zum größten Teil in geformtem Zustand vor, und zwar in Gestalt der die Gewebe zusammensetzenden sehr verschiedenartigen Zellen. So bildet den charakteristischen Bestandteil des Muskelfleisches die Muskelfaser. Sie besteht aus einer dünnen, elastischen Hülle, dem Sarcolemm, und dem weichen Inhalt, der kontraktilen Substanz in Form feinster, parallelgelagerter Fibrillen, und besitzt eine langgezogene, spindelförmige Gestalt. Die Muskelfasern sind, neben- und hintereinanderliegend, von einem Netz feiner Bindegewebsfasern umsponnen und zusammengehalten und durch kräftigere Bindegewebszüge zu kleineren und größeren Bündeln vereinigt. Diese Bündel in wechselnder Zahl bilden die einzelnen Muskeln, die von bindegewebigen Häuten überzogen sind. Zwischen den Muskelfasern sind feinste Spalträume vorhanden, die mit Gewebssaft gefüllt sind. Auch innerhalb der Muskelfasern befindet sich neben den kontraktilen Fibrillen etwas Gewebssaft. Ein kleiner Teil der Eiweißstoffe ist nicht geformt, sondern wie die Salze im Zell- und Gewebesaft gelöst, der demnach aus einer schwachen Salz-Eiweißlösung in Wasser besteht.

Sinkt die Temperatur unter den Gefrierpunkt, dann ist der Gewebssaft den beim Gefrieren von Salzlösungen geltenden physikalischen Gesetzen unterworfen. Nach diesen scheidet sich bei Erreichung des Gefrierpunktes reines Wasser in

---

[1] Food Ind. Bd. 23 (1951) S. 110.

Form von Eiskristallen ab, wodurch sich die Konzentration der restlichen Salzlösung erhöht und deren Gefrierpunkt weiter herabgesetzt wird. Bei weiterer
Abkühlung wiederholt sich dieser Vorgang, bis der kryohydratische oder eutektische Punkt erreicht wird, bei dem die konzentrierte Restlösung als Ganzes
gefriert. Es ist demnach klar, daß auf den verschiedenen Stufen der Abkühlung
ein bestimmter Anteil des in den Geweben des Muskelfleisches und der Organe
enthaltenen Wassers ausfriert und daß dieser Anteil mit sinkender Temperatur
immer größer wird.

Die Anzahl und Größe der beim Gefrieren in einer Salzlösung entstehenden
Eiskristalle hängt von der Gefriergeschwindigkeit ab. Je langsamer das Frieren
erfolgt, um so größer werden die Eiskristalle und um so gröber wird das Gefüge
der gefrorenen Masse. Je schneller die Lösung zum Gefrieren gebracht wird,
um so zahlreicher und kleiner fallen die Eiskristalle aus und um so feiner ist die
Struktur der Masse.

Die Hauptmasse des Gefrierfleisches wird in der Praxis so hergestellt, daß
man das frische Fleisch in großen Stücken, z. B. Rindfleisch in ganzen Vierteln,
Schweine in Hälften, frei hängend kalter Luft aussetzt. Dabei geht das Frieren
verhältnismäßig langsam vor sich, weil Fleisch und besonders Fett schlechte
Wärmeleiter sind. Deshalb entstehen in den Geweben des Fleisches nicht sehr
zahlreiche, aber große Eiskristalle. Auf Schnittflächen durch solches Gefrierfleisch sieht man mit bloßem Auge die Eiskristalle im Gewebe liegen und kann
sie mit einer Nadel leicht herausheben.

Der größte Teil des im Fleisch enthaltenen Wassers ist in den zelligen Ele-
menten an die Eiweißstoffe durch Quellung gebunden, nur ein kleiner Teil
findet sich im freien Gewebesaft. Die Entstehung großer Eiskristalle beim langsamen Frieren im Fleisch setzt deshalb einen anderen Vorgang voraus, nämlich
eine weitgehende Trennung des Wassers von den Eiweißstoffen und seine Ansammlung an den Stellen, an denen nach dem Gefrieren die Eiskristalle liegen.
Damit erfährt die enge Bindung des Wassers an die Eiweißstoffe eine tiefgehende
Veränderung, aus der Quellung wird eine Entquellung.

Die Veränderungen, die das Muskelfleisch durch das Ausfrieren des Wassers
in seinem feinen Bau erfährt, waren schon wiederholt Gegenstand von Untersuchungen. So fanden die beiden amerikanischen Forscher Richardson und
Scherubel[1], daß beim Gefrieren Wasser aus den Muskelfasern austritt und
zwischen ihnen zu Eis erstarrt. Je weiter die Eisbildung fortschreitet, um so mehr
schrumpfen die Muskelfasern ein, so daß auf dem Querschnitt durch Fleisch, das
bei −10° C gefroren wurde, das Eis einen größeren Teil der Fläche einnimmt als
das Gewebe. Nach Schellenberg[2] zeigen Schnitte durch gefrorenes Fleisch
Lücken, die mit Eiskristallen verschiedener Form und Größe ausgefüllt sind.
Diese Lücken liegen in der Längsrichtung der Muskelfasern, die durch die Eismassen zusammengepreßt werden. Die mechanische Wirkung besteht nach diesem
Autor in einem Auseinanderdrängen der Muskelfasern und einer Lockerung des
Faserverbandes, wobei es zur Zerreißung einzelner Fasern kommt. Bei längerer
Einwirkung tiefer Temperaturen soll sich die fibrilläre Struktur der Fasern der-
artig ändern, daß sich zuerst die Längs-, dann die Querstreifung verbreitert, bis
schließlich beide verschwinden. Konrich[3] fand, daß beim Einfrieren in kalter
Luft eine Veränderung des Muskeleiweiß in chemisch-physikalischer Hinsicht
eintritt. Die Kolloidlösung des Muskeleiweiß friert aus, das Wasser tritt mit
einem Teil der Fleischsalze in der Hauptsache auf osmotischem Weg durch die

¹ Richardson u. Scherubel: J. Amer. chem. Soc. Bd. 30 (1908) S. 1515.
² Schellenberg, K.: Schweiz. Arch. Tierheilkunde Bd. 54 (1912) S. 77.
³ Konrich, Fr.: Veröff. Mil.san.wes. 1920, H. 75.

Hülle der Muskelfasern hindurch, sammelt sich zum allergrößten Teil zwischen den Faserbündeln, zu einem kleinen Teil zwischen den Fasern selbst und gefriert dort. Dabei treibt es die Faserbündel der Länge nach auseinander. Die zwischen den Faserbündeln quer verlaufenden Bindegewebszüge werden teilweise zerrissen, teilweise nur stark gedehnt.

Die Strukturveränderungen des Muskelfleisches und einiger Organe, der Leber, des Herzens, der Niere und der Milz, beim Frieren hat KALLERT[1] eingehend studiert und konnte die Befunde früherer Untersucher im ganzen bestätigen und ergänzen. Die Gefrierveränderungen des Muskelgewebes lassen sich am besten an feinen Querschnitten unter dem Mikroskop bei schwacher wie bei starker Vergrößerung erkennen. In solchen Schnitten durch frisches Muskelgewebe liegen die unregelmäßig polyedrischen Querschnitte der Muskelfasern dicht nebeneinander, zwischen ihnen sind feinste Spalträume, die Intercellularräume, sichtbar, die von Gewebeflüssigkeit ausgefüllt sind und in denen feine Bindegewebsfasern verlaufen. Stärkere Bindegewebszüge fassen eine Anzahl Muskelfasern zu Faserbündeln zusammen. In Schnitten durch gefrorenes Fleisch dagegen sieht man zwischen den Faserbündeln breite, unregelmäßig gestaltete Lücken, die dem Verlauf der stärkeren Bindegewebszüge folgen. Letztere liegen den Muskelfaserbündeln dicht an oder verbinden sie als schmale Brücken. Auch die natürlichen schmalen Spalten zwischen den einzelnen Muskelfasern sind vielfach in unregelmäßige, breite Lücken verwandelt. Manchmal haben die rings um eine größere Lücke liegenden Faserquerschnitte unter dem Druck der Eiskristalle eine halbmondförmige Gestalt angenommen. Ganz vereinzelt findet man Querschnitte besonders dicker Fasern, die durch einen zentral gelegenen Eiskristall stark aufgetrieben sind und eine entsprechende Lücke im Innern aufweisen, wobei der übrige Inhalt der Faser der gedehnten Hülle als schmaler Ring anliegt. Die in den größeren Lücken und in den erweiterten Faserzwischenräumen verlaufenden Bindegewebszüge sind gedehnt, zur Seite gedrängt und nicht selten abgerissen, ein Zeichen für die erheblichen Spannungen, die im Muskelgewebe beim Gefrieren auftreten. Die Quer- und Längsstreifung der Muskelfasern ist auch in lange Zeit gelagertem Gefrierfleisch vollständig erhalten, so daß in diesem Punkt eine Unterscheidung zwischen frischem und gefroren gewesenem Fleisch nicht möglich ist. Auch findet man fast nie Muskelfasern, deren Hülle zerrissen ist, was beweist, daß der Wasseraustritt, wie auch schon KONRICH festgestellt hat, fast nur auf dem Weg der Osmose ohne Schädigung der Hülle erfolgt. Dies widerspricht der immer noch häufig anzutreffenden Ansicht, daß beim Gefrieren Muskelfasern in großer Zahl zerrissen werden und so irreparablen Schaden erleiden. Die geschilderten Veränderungen sind im Muskelfleisch aller Warmblüter, soweit sie in kalter Luft verhältnismäßig langsam gefroren werden, von der gleichen Art, wie GRÄF[2] durch seine Untersuchungen an Rind-, Schweine-, Schaf,- Reh-, Kaninchen- und Gänsefleisch festgestellt hat.

Nach diesen histologischen Befunden verläuft der Gefriervorgang im Muskelfleisch wie folgt: Das Wasser tritt auf dem Weg der Osmose aus den Muskelfasern aus, wobei die Faserhülle fast immer unverletzt bleibt, sammelt sich zum kleineren Teil zwischen den Muskelfasern selbst, zum größeren Teil zwischen den Faserbündeln an und erstarrt hier zu Eis. Auf diese Weise entstehen im Muskelgewebe zahllose, mit Eis gefüllte, unregelmäßige, kleinere und größere Hohlräume. Dadurch nimmt das Muskelfleisch eine schwammige Struktur an, wobei das feste

---

[1] KALLERT, E.: Die Konservierung von Fleisch durch das Gefrierverfahren. Berlin: Verl. Rich. Schoetz 1926.

[2] GRÄF, M.: Untersuchungen über Fleischkonservierung durch Einfrieren. Dissertation Berlin 1923.

Gerüst von den Gewebsbestandteilen gebildet wird, während die Hohlräume mit Eis gefüllt sind. Die ersten Eiskristalle entstehen wahrscheinlich zwischen den Faserbündeln, wo sich verhältnismäßig viel Gewebeflüssigkeit befindet, dann strömt Wasser aus den feinen Spalträumen zwischen den einzelnen Muskelfasern und schließlich aus diesen selbst nach, um zu Eis zu erstarren.

In gefrorenen Herzen findet man ganz ähnliche histologische Veränderungen wie im Muskelfleisch entsprechend dem sehr ähnlichen Aufbau, nur wird das Bild etwas durch die netzartige Struktur des Herzmuskelgewebes beeinflußt. Auch hier werden die Muskelfasern und Faserbündel durch das ausgetretene Wasser, das zu großen Eiskristallen erstarrt, auseinandergedrängt, so daß breite Lücken entstehen. Man sieht hier ebenfalls so gut wie nie Zerreißungen der Muskelfasern, wohl aber des Bindegewebes.

Wesentlich anders sehen die in dem wichtigsten inneren Organ, der Leber, beim Gefrieren auftretenden Gewebsveränderungen aus, denn der Gefrierprozeß ruft hier ausgedehnte Zerstörungen hervor. Das Gewebe gefrorener Lebern ist von zahlreichen Lücken durchsetzt, die rundliche oder längliche Form haben und zum größeren Teil in der Längsrichtung der Leberzellbalken verlaufen, zum kleineren Teil sie quer durchtrennen. In diesen Lücken liegen oft Haufen von Zellen, die aus ihrem Zusammenhang losgerissen sind oder an einer Stelle noch Verbindung mit den an die Lücke angrenzenden Zellbalken haben. Stellenweise sind die Lücken mit netzförmigen Massen gefüllt. Die an und in den Lücken oder zwischen zwei Lücken liegenden Zellen und Zellbalken weisen deutliche Zeichen starker Pressung auf. Statt der natürlichen polyedrischen Gestalt haben die Zellen eine langgestreckte, unregelmäßig eingedrückte Form angenommen. Bei stärkerer Vergrößerung erkennt man, daß die erwähnten netzförmigen Massen aus zerstörten Leberzellen bestehen. Diese Veränderungen sind regellos über die einzelnen Leberläppchen verteilt. Beim Schwein bildet die bindegewebige Hülle, die jedes Läppchen umschließt, auch die Grenze für die Veränderungen. Auch aus den Leberzellen tritt demnach beim Gefrieren Wasser aus, sammelt sich zwischen den Zellverbänden und erstarrt zu großen Eiskristallen, wodurch zahlreiche, unregelmäßig geformte Lücken entstehen. Die Zellen und Zellbalken werden dabei auseinandergerissen und zusammengepreßt, wobei viele Zellen zerstört werden. Diese Zerstörung erklärt sich daraus, daß die Leberzellen im Gegensatz zu den Muskelzellen keine feste, elastische Membran besitzen, sondern gleichsam nackt sind und den beim Gefrieren einwirkenden Gewalten keinen Widerstand entgegensetzen können. Ganz ähnliche Verhältnisse und Veränderungen liegen in Niere und Milz vor.

Ganz allgemein lassen sich die beim Gefrieren entstehenden Gewebsveränderungen so kennzeichnen: In den Zellen erfolgt eine Trennung des Wassers von den Eiweißsubstanzen, das Wasser tritt aus den Zellen aus, sammelt sich zwischen den Zellen und Zellverbänden und erstarrt hier zu Eis. Die Wasseransammlung und Eisbildung geschieht stets an den Stellen und in der Richtung des geringsten Widerstandes, d. h. im Muskelfleisch und in Herzen zwischen den Fasern und Faserbündeln in der Längsrichtung derselben, wobei die Faserhüllen fast stets unverletzt bleiben. Wo der Widerstand nach allen Seiten sehr gering ist, wie in der Leber, entstehen Eiskristalle sowohl in der Längs- wie in der Querrichtung der Zellverbände, wobei Zellen in großer Zahl zerstört werden. Die auffallendste Folgeerscheinung des Gefrierens ist die Bildung sehr zahlreicher mit Eis gefüllter Lücken.

Die bisher besprochenen Gewebsveränderungen finden sich in Objekten, die langsam in kalter Luft gefroren sind. Durch Erhöhung der Gefriergeschwindigkeit ist es aber möglich, die Veränderungen in dem Sinn zu modifizieren, daß sie weniger tiefgreifend erscheinen. Derartige Bestrebungen sind schon in großem Umfang und mit Erfolg durch die sog. Schnellgefrierverfahren in die Praxis umgesetzt.

Auf die große Bedeutung der Gefriergeschwindigkeit für die Art der Gewebsveränderungen hat zuerst K. REUTER[1] auf Grund seiner Untersuchungen an der Fischmuskulatur hingewiesen.

Die Feststellungen REUTERs wurden durch experimentelle Untersuchungen von E. KALLERT[2] an Warmblüterfleisch bestätigt, auf die auf S. 41 ausführlich eingegangen wurde.

Auch in den empfindlichen inneren Organen, Leber, Nieren, sind die Veränderungen bei starker Beschleunigung des Gefrierprozesses lange nicht so tiefgreifend wie bei langsamem Frieren, wie KALLERT[3] nachweisen konnte.

BERGH[4] hat die Entstehung der Eiskristalle im Muskelgewebe unmittelbar unter dem Mikroskop beobachtet und festgestellt, daß sich bei großer Gefriergeschwindigkeit Eiskristalle zunächst als feine Spitzen in den Intercellularräumen entlang den Bindegewebszügen bilden, während der Inhalt der Muskelfasern erst dann mit einiger Verzögerung gefriert. Bei geringer Gefriergeschwindigkeit dagegen entsteht eine gleichmäßig fortschreitende Eisfront. Eine Verletzung der Sarkolemmhüllen der Muskelfasern durch die Eiskristalle konnte nicht beobachtet werden. BERGH konnte bestätigen, daß der Umfang der Eisbildung zwischen den Muskelfasern von der Zeit abhängt, die für den osmotischen Zustrom von Flüssigkeit aus den Fasern verfügbar ist.

Bei der praktischen Anwendung der verschiedenen Schnellgefrierverfahren, sei es, daß sie auf der mittelbaren oder unmittelbaren Berührung des Gefriergutes mit tiefgekühlter Sole oder mit verdampfenden Kältemitteln, sei es, daß sie auf der Verwendung tiefgekühlter, sehr stark bewegter Luft beruhen, ist zu bedenken, daß die günstige Wirkung auf die Gewebestruktur nur bei verhältnismäßig dünnen Stücken erwartet werden darf, denn bei größeren Stücken, besonders wenn diese noch durch eine oberflächliche Fettschicht bedeckt sind, wird die Wärme doch zu langsam von den inneren Schichten abgeführt, um tiefer greifende strukturelle Veränderungen verhindern zu können. Die Frage, ob überhaupt schnelles Gefrieren eine günstige Wirkung auf die Beschaffenheit des Fleisches hat, ist noch nicht eindeutig beantwortet. Während manche geneigt sind, diese Frage schon auf Grund der geringeren Strukturveränderungen und der damit verbundenen Einschränkung der Saftabgabe ohne weiteres zu bejahen, kamen McCoy und Mitarbeiter[5] sowie PEARSON und MILLER[6] auf Grund ihrer Versuche zu dem Ergebnis, daß die Gefriergeschwindigkeit ohne Einfluß auf die Gewichtsverluste beim Lagern, auf den Saftverlust beim Auftauen und Kochen, auf Zartheit und Geschmackswert des Fleisches ist. Daß extrem schnelles Gefrieren, z. B. in flüssiger Luft, wobei keine sichtbare Eisbildung eintritt, trotzdem eine tiefgehende Schädigung der Fleischbeschaffenheit verursacht, beweist die Beobachtung, daß solches Fleisch, aufgetaut und zubereitet, strohig schmeckt. Es ist aber noch nicht erwiesen, ob dieser Qualitätsverlust durch die hohe Gefriergeschwindigkeit oder durch die Einwirkung der sehr tiefen Temperatur bedingt ist.

---

[1] REUTER, K. in „Die Konservierung von Fischen durch das Gefrierverfahren". Von PLANK, EHRENBAUM, REUTER. Berlin: Verlag der Zentral-Einkaufsgesellschaft 1916.

[2] KALLERT, E.: Z. ges. Kälteind. Bd. 30 (1923) S. 17.

[3] KALLERT, E.: Z. ges. Kälteind. Bd. 31 (1924) S. 117.

[4] BERGH, F.: Publ. Nr. 9 af Dansk Koletekn. Forskningsinst. 1948.

[5] McCoy, D. C., G. A. HAYNER, W. REIMAN u. R. HOCKMAN: Refrig. Engng. Bd. 57 (1949) S. 971.

[6] PEARSON, A. M., u. J. J. MILLER: J. Animal Sci. Bd. 8 (1949) S. 614.

Die Wirkung wiederholten Einfrierens und Auftauens auf die Struktur von Schweine- und Rindfleisch untersuchten NICHOLS und MACKINTOSH[1]. Sie konnten feststellen, daß die Gewebsveränderungen um so tiefer greifender waren, je öfter das Fleisch gefroren und wieder aufgetaut wurde. Sie bestanden im Verschwinden der Querstreifung, im Brechen und Aufquellen der Muskelfasern, im Reißen der Sarkolemmhülle und im Auftreten körniger Massen und Vakuolen. Die Veränderungen des Bindegewebes waren weniger deutlich ausgeprägt. Der Saftverlust wurde ebenfalls immer größer.

II. Konservierende Wirkung.

Die konservierende Wirkung von Gefriertemperaturen beruht, wie bereits eingangs erwähnt wurde, darauf, daß alle Zersetzungsvorgänge, die sich bei höherer Temperatur im Fleisch abspielen, unterbunden oder doch sehr stark verzögert werden. Letzteres gilt von den chemisch-fermentativen Umsetzungen, zu denen die sog. Reifung gehört. Sie kommen anscheinend nicht völlig zum Stillstand, werden aber außerordentlich verlangsamt, und zwar um so mehr, je tiefer die Temperatur ist, bei der das Fleisch eingefroren und gelagert wird. So hat Fleisch, das unmittelbar nach der Schlachtung eingefroren wurde, auch nach längerer Lagerung nicht den erwünschten Grad der Reifung, sondern erlangt ihn erst nach dem Auftauen. Besonders wichtig ist, daß auch das Fett der Schlachttiere und des Geflügels in gefrorenem Zustand sehr lange unzersetzt bleibt.

Das Wachstum von Bakterien und Hefen hört bei Temperaturen, die wesentlich unter $0\,°$ C liegen, praktisch auf, weshalb eine Zersetzung gefrorenen Fleisches durch diese Mikroorganismen nicht stattfinden kann. Jedoch werden sie auch bei langer Einwirkung tiefer Temperaturen nicht oder nur zu einem Teil abgetötet, wie u. a. die Versuche von MACFADYAN[2] sowie von PAUL und PRALL[3] gezeigt haben. Die vor dem Einfrieren am Fleisch haftenden Keime beginnen sofort nach dem Verbringen desselben in höhere Temperaturen sich wieder zu vermehren.

Wie neuere Untersuchungen von HAINES[4] ,GREER, MURRAY und SMITH[5], PROCTOR und PHILLIPS[6], SULZBACHER[7] und STILLE[8] gezeigt haben, ist der Einfluß von Gefriertemperaturen auf die Lebensfähigkeit einer Reihe saprophytischer Mikroorganismen recht verschieden und hängt stark von der Art der letzteren, von der Temperatur und der Geschwindigkeit des Frierens ab. Im allgemeinen erfolgt durch das Einfrieren und Lagern des Fleisches in gefrorenem Zustand eine Abnahme des Keimgehaltes. So fand STILLE bei kurzfristigem Frieren bis $-24\,°$ C folgende durchschnittliche Abnahme: für Pseudomonas fluorescenz 28,2%, Pseudomonas pyocyanea 93,6%, für Bakterium prodigiosum 79,9 und für Bakterium rubidaeum 81,9%. Die Senkung der Temperatur auf $-193\,°$ C ergab keine stärkere Verminderung. STILLE schließt aus seinen Befunden, daß im Temperaturbereich von $-4\,°$ C die Mikroorganismen eine besonders starke Schädigung er-

---

[1] NICHOLS, J. B., u. D. L. MACKINTOSH: Food Techn. Bd. 6 (1952) S. 170. — Vgl. auch J. F. CONE u. Mitarb.: Pensylvania State Univ. Agricult. Exper. Sta., Bull. 614, November 1956.

[2] MACFADYAN: Proc. roy. Soc. London (1909) S. 66.

[3] PAUL u. PRALL: Arb. aus dem Kaiserl. Gesundheitsamt (1907) S. 26.

[4] HAINES, R. B.: J. Soc. chem. Ind. Bd. 50 (1931) S. 223.

[5] GREER, L. P., W. T. MURRAY u. E. SMITH: J. Bacteriol. Bd. 40 (1940) S. 83.

[6] PROCTOR, B. E., u. A. W. PHILLIPS: Refrig. Engng. 1947.

[7] SULZBACHER, W. L.: Food Techn. (1950) S. 386.

[8] STILLE, B.: Arch. Mikrobiol. Bd. 14 (1950) S. 4.

fahren, während bei —24° C der kritische Temperaturbereich bereits durchlaufen sein muß. Sehr eingehend hat SULZBACHER das Verhalten von Mikroorganismen in Fleischproben, die teils offen, teils verpackt bei —4° C und —18° C 12 Wochen lang aufbewahrt wurden, untersucht. Er kam zu folgenden Ergebnissen: Der Gehalt an aeroben Keimen nahm während der Lagerzeit unabhängig von der Lagertemperatur in allen Proben ab. Die Zahlen der anaeroben und der Lipase bildenden Keime dagegen erhöhten sich stets, besonders stark in den verpackt bei —4° C aufbewahrten, aber deutlich auch in den bei —18° C gelagerten Proben. Da es aber sehr unwahrscheinlich ist, daß bei letzterer Temperatur eine tatsächliche Vermehrung stattgefunden hat, mußte die erhöhte Keimzahl aus experimentellen Schwankungen und dem Wachstum, das während der Abkühlungszeit nach dem Verbringen der Proben in den Gefrierraum stattgefunden hat, erklärt werden. Eine größere Anzahl Arten psychrophiler Keime wurden aus den Proben isoliert, die alle bei —4° C bis —6° C in Kulturen ein gutes Wachstum zeigten. Der Umstand, daß sich darunter eine Anzahl fettspaltender Arten befanden, gibt eine Erklärung dafür, daß sich das Fett von gefrorenen Schweinen, die bei nicht genügend tiefen Temperaturen gelagert werden, verhältnismäßig rasch verändert. Nach SULZBACHER unterstreichen der Nachweis, daß nicht wenige Bakterienarten sich bei Gefriertemperaturen noch vermehren können und die Fähigkeit von Keimen der Coli-Gruppe, auch die Lagerung bei —18° C, gut zu überstehen, die Notwendigkeit, das für die Gefrierlagerung bestimmte Fleisch hygienisch äußerst sorgfältig zu behandeln. Nur wenn die Keimzahl des frischen Fleisches zum Zeitpunkt des Einfrierens niedrigliegt, kann man damit rechnen, daß sie auch bei der Herausnahme aus dem Gefrierlagerraum nicht hoch sein wird.

Auch die Erreger menschlicher und tierischer Krankheiten, so des Milzbrandes, der Tuberkulose, des Paratyphus, der Rinderpest, der Maul- und Klauenseuche, werden bei tiefen Temperaturen in vermehrungs- und infektionstüchtigem Zustand erhalten. Daraus leitet sich die Forderung ab, daß nur Fleisch von Tieren, die einer zuverlässigen Schlachttier- und Fleischbeschau unterzogen und dabei als völlig gesund befunden wurden, eingefroren werden darf.

Von großer praktischer Bedeutung ist die Frage, wie Gefriertemperaturen auf die Parasiten wirken, die durch den Fleischgenuß auf den Menschen übertragen werden können. Es kommen hier vor allem 3 Parasiten in Betracht: im Rindfleisch die sog. Rinderfinne, Cysticercus inermis, im Schweinefleisch die sog. Schweinefinne, Cysticercus cellulosae, beide Vorstufen der Bandwürmer des Menschen (Taenia saginata und Taenia solium), ferner im Fleisch der Schweine und Wildschweine sowie anderer Wildtiere, wie Bären, Füchse, Dachse, die Trichine, die eingekapselte Larve von Trichinella spiralis. Die Widerstandsfähigkeit dieser Parasiten gegen tiefe Temperaturen war häufig Gegenstand von Untersuchungen. So hat sich hinsichtlich der beiden Finnen nach HOCK[1] gezeigt, daß die Schweinefinne bei —8° C bis —10° C frühestens nach $3^{1}/_{2}$ Tagen, die Rinderfinne nach 3 Tagen abgestorben ist. Bei den üblichen Verfahren des Einfrierens von Fleisch werden also etwa vorhandene Finnen mit Sicherheit abgetötet. Das ist besonders im Hinblick auf die Rinderfinne wichtig, die noch relativ häufig ist, während die Schweinefinne sehr selten geworden ist, und weil sich der Verzehr von rohem Rindfleisch in Form von Hack- und Schabefleisch stark eingebürgert hat. Die Gefahr, einen Bandwurm zu erwerben, ist beim Genuß dieser beiden Gerichte völlig ausgeschlossen, wenn sie aus Gefrierfleisch bereitet sind. Eine Anzahl weiterer Untersucher konnten nachweisen, daß die Rinderfinne bereits nach einer 24 stündigen Einwirkung einer Temperatur von —3° C ihre Invasionsfähigkeit

---

[1] HOCK, R.: Z. Infektionskrankh. Haustiere Bd. 28 (1925) S. 47.

verliert. Daraufhin ist die gesetzliche Bestimmung erlassen worden, daß das Fleisch schwachfinniger Rinder als genußtauglich ohne Einschränkung anzusehen ist, wenn es in einem Gefrierraum so durchgefroren worden ist, daß in der Tiefe der Muskulatur eine Temperatur von —3° C mindestens 24 Stunden lang geherrscht hat. Gleichzeitig ist die früher geltende Bestimmung, daß schwachfinnige Rinder durch dreiwöchige Kühlung tauglich gemacht werden können, wegen der unzuverlässigen Wirkung und anderer Nachteile dieser Maßnahme aufgehoben worden. Schilling[1] hat die Konstruktion einer zerlegbaren Tiefkühlzelle, in der wöchentlich 3 Rinder vorschriftsmäßig zwecks Abtötung von Finnen behandelt werden können, angegeben; sie ist für kleine Schlachthöfe, die sonst keine Gefriermöglichkeit haben, gut geeignet.

Wesentlich widerstandsfähiger gegen das Gefrieren als die Finnen sind die Trichinen. Ransom[2] z. B. gab an, daß Trichinen im Fleisch erst nach 6 tägiger Einwirkung von —17,8° C (0° F) absterben und daß trichinenhaltiges Fleisch zur sicheren Abtötung der Parasiten wenigstens 20 Tage lang bei —15° C gehalten werden müsse. Nach Schmidt, Ponomarer und Savellier[3] werden die Trichinen bei —15° C bis —16° C erst nach 10 Tagen getötet. In den Versuchen von A. Maas[4] waren die Trichinen in der Tiefe der Hinterschenkelmuskulatur stark trichinöser Schweine bei —14° C bis —19,5° C nach 8 Tagen abgestorben. Das Frieren von Schweinen bei etwa —10° C genügt also zur Abtötung der Trichinen nicht. So fanden auch Feuereisen[5] und Zschokke[6] in gefrorenem ausländischen Schweinefleisch wiederholt lebende Trichinen, die bei Versuchstieren Trichinose hervorriefen. In den Vereinigten Staaten von Nordamerika werden auf Grund der erwähnten Feststellungen von Ransom Schweinefleischerzeugnisse, die in den staatlich überwachten großen Schlachtereien zum Verzehr ohne vorherige Kochung hergestellt werden, einer Temperatur von —15° C auf die Dauer von 20 Tagen ausgesetzt. In neuerer Zeit hat Leyer[7] mitgeteilt, daß in den von ihm durchgeführten Versuchen die 14 tägige Aufbewahrung stark trichinenhaltigen Fleisches bei —10° C ausreichend war, die Trichinen zu vernichten oder doch fortpflanzungsunfähig zu machen. Er gibt deshalb zu bedenken, ob nicht die bisher bei der Einfuhr von Schweinefleisch erforderliche Untersuchung eines jeden einzelnen Stückes auf Trichinen durch eine 14 tägige Aufbewahrung des Fleisches bei —15° C bis —20° C ersetzt werden solle.

Nach Gould und Kaasa[8] kann auf Grund der neuesten in USA durchgeführten Untersuchungen die Zeit, die Schweinefleisch in handelsüblichen Kleinpackungen im Gefrierraum verbleiben muß, um die Trichinen sicher abzutöten, mit sinkender Temperatur im Kern stark abgekürzt werden, wie Tab. 8 zeigt.

Tabelle 8. *Dauer der erforderlichen Lagerung von Schweinefleisch zum Abtöten von Trichinen.*

Kerntemperatur	Lagerzeit bis zur Abtötung aller Trichinenlarven nach Erreichung der Kerntemperatur
—27° C	36 Stunden
—30° C	24 Stunden
—33° C	10 Stunden
—35° C	40 Minuten
—37° C	2 Minuten

---

[1] Schilling, A.: Die Fleischwirtschaft (1943) S. 116.
[2] Ransom, B. H.: Rep. of 18. Ann. Meeting of the U.S. Life Stock San. Assoc. 1915.
[3] Schmidt, Ponomarer u. Savellier: C. R. Soc. Biol. Paris (1915) S. 306.
[4] Maas, A.: Z. Fleisch- u. Milchhyg. Bd. 33 (1921) S. 1.
[5] Feuereisen: Z. Fleisch- u. Milchhyg Bd. 30 (1920) S. 251.
[6] Zschokke: Z. Fleisch- u. Milchhyg. Bd. 32 (1921) S. 67.
[7] Leyer: Die Fleischwirtschaft Bd. 2 (1950) S. 34.
[8] Gould, S. E., u. S. J. Kaasa: Low temperature treatment of pork. Refrig. Engng. Bd. 57 (1949) S. 138.

III. Herstellung von Gefrierfleisch.

Die gesamte praktische Durchführung der Haltbarmachung von Fleisch, Wild und Geflügel durch Einfrieren muß zum Ziel haben, beste Beschaffenheit und größte Haltbarkeit unter Vermeidung von Verlusten aller Art zu gewährleisten. Dies gilt hier in noch höherem Grad als bei der Kühlung, denn bei letzterer handelt es sich um eine kurzbefristete Konservierung, während das gefrorene Fleisch in der Regel eine langdauernde Lagerung und oft weite Transporte ohne Beeinträchtigung seiner Güte aushalten soll. Das gelingt nur bei Verwendung guten, gesunden Fleisches und bei sorgfältiger Beachtung aller technischen und hygienischen Gesichtspunkte. Nicht mehr einwandfreies Fleisch und ungenügende technische Einrichtungen sind deshalb von vornherein auszuschalten. Die geforderte Sorgfalt muß alle Stadien der Herstellung und der weiteren Behandlung des gefrorenen Fleisches beherrschen. Sie muß bereits bei der Auswahl und Vorbereitung der Schlachttiere einsetzen und sich auf die Schlachtung der Tiere, die Zurichtung, das Vorkühlen und schließlich das Einfrieren selbst erstrecken.

1. Auswahl und Vorbereitung der Schlachttiere.

Zum Einfrieren eignet sich am besten das Fleisch hochwertiger, gutgenährter, vollfleischiger und fetter Tiere. Eine die Fleischoberfläche überziehende Fettschicht ist der beste natürliche Schutz gegen Austrocknung und Verfärbung des Fleisches. Dies gilt besonders für Rinder und Schafe, während die Verhältnisse bei Schweinen an sich günstiger liegen, weil sie über eine mehr oder minder entwickelte Unterhautfettschicht verfügen und noch dazu mit der Schwarte eingefroren werden. Auch das Fleisch geringwertiger, magerer Tiere kann eingefroren werden, bei ihnen ist aber von vornherein mit höheren Gewichtsverlusten und Verfärbungen zu rechnen, so daß die Lagerzeit möglichst kurz zu bemessen ist. Zur wesentlichen Einschränkung dieser Nachteile wird das Fleisch magerer Rinder besser entbeint und in Gestalt von Blöcken eingefroren. Kälber werden ebenso wie Haar- und Federwild zweckmäßigerweise stets im Fell bzw. Haar- oder Federkleid gefroren, das sie vor übermäßiger Austrocknung schützt.

Ferner sollen möglichst nur Tiere guter Fleischrassen zu Gefrierfleisch verarbeitet werden. Dieser Grundsatz wird von jeher in den klassischen Ländern der Kühl- und Gefrierfleischindustrie, Argentinien und Uruguay, durchgeführt. Man hat dort den Rinder- und Schafbestand durch planmäßige Kreuzung mit den besten, besonders englischen Rassen so verbessert, daß ein erstklassiges und gleichmäßiges Viehmaterial für die Erzeugung von Kühl- und Gefrierfleisch zur Verfügung steht. Dank dem milden Klima können die Tiere das ganze Jahr auf der Weide bleiben, was sich sehr günstig auf die Güte und den Gesundheitszustand auswirkt.

Größter Wert ist darauf zu legen, daß nur das Fleisch gesunder Tiere eingefroren wird. In Deutschland sorgt dafür die gesetzlich vorgeschriebene Schlachtviehbeschau, d. h. die Untersuchung eines jeden Schlachttieres vor der Schlachtung. In den genannten Exportländern bestehen ebenfalls gesetzliche Vorschriften, durch die die Ausschaltung kranker oder krankheitsverdächtiger Tiere erreicht wird. Die Tiere sollen ferner, wie schon in dem Abschnitt über Fleischkühlung ausgeführt wurde, in gut ausgeruhtem Zustand zur Schlachtung kommen, weil das Fleisch ermüdeter Tiere häufig keimhaltig ist und Anzeichen mangelhafter Ausblutung aufweist. Nach Transporten muß deshalb den Tieren eine Ruhepause gewährt werden, deren Länge sich nach der Art und Dauer des Transportes zu richten hat. Sie soll aber mindestens 12, besser 24 Stunden betragen, nach besonders anstrengenden Transporten, z. B. nach stürmischer Seereise, 2 bis 3 Tage. Während der Ruhezeit sollen die Tiere in hellen, luftigen Stallungen, die im Winter nicht zu kalt, im Sommer nicht zu warm sind, untergebracht und mit Streu, Futter und Wasser gut versorgt werden. Etwa 12 Stunden vor der Schlachtung ist jedoch mit der Fütterung auszusetzen. In Argentinien ist eine Ruhezeit von 48 Stunden gesetzlich vorgeschrieben. Abb. 86 zeigt Rinder in einer argentinischen Exportschlachterei.

Abb. 86. Rinder in einer argentinischen Exportschlachterei, die zu Gefrierfleisch verarbeitet werden sollen (Frigorifico Anglo).

Auf dem Weg zur Schlachtstätte ist heftiges Antreiben oder Schlagen der Tiere zu unterlassen. Schwere Schweine sind besonders schonend zu behandeln, weil sie des Laufens ungewohnt sind. Eine sehr zweckmäßige Maßnahme wird in den argentinischen Exportschlachtereien durchgeführt, die auch bei uns Nachahmung verdient. Die Rinder werden auf dem Weg zur Schlachthalle durch ein Badebecken geschickt, das sie schwimmend durchqueren müssen, danach werden sie noch gründlich abgebraust (Abb. 87). Schweine werden unter einer Brause durchgetrieben. Dadurch wird nicht nur eine Reinigung der Körperoberfläche vom gröbsten Schmutz und eine Fixierung der an der Haut haftenbleibenden Keime erzielt, so daß die Möglichkeit der Verunreinigung des Fleisches von der Haut her bei der Ausschlachtung stark vermindert wird, es wird auch eine Beruhigung der Tiere erreicht, die sich günstig auf die Ausblutung sowie auf das gute Aussehen und die Haltbarkeit des Fleisches auswirkt.

2. Schlachtung und Zurichtung.

Für die Schlachtung der Tiere und die Zurichtung des Fleisches gelten die gleichen technisch-hygienischen Gesichtspunkte, die bereits bei der Kühlung aufgezählt worden sind, weshalb auf die dort gemachten Ausführungen verwiesen wird (S. 134). Hier soll aber noch auf die besondere Arbeitsweise eingegangen werden, die sich in langer Praxis in den Exportschlachtereien Südamerikas, vor allem Argentiniens und Uruguays, herausgebildet und bewährt hat. Dabei wird den Darstellungen von NEUMANN[1], SUAREZ[2] und RICHELET[3] sowie von SANZ EGAÑA[4] gefolgt.

Die Schlachthallen liegen im obersten Stockwerk. Rinder und Schafe gelangen dorthin auf einer ansteigenden Rampe, Schweine mit Hilfe von Aufzügen. Am Ende der Rampe laufen die Rinder in einen sich immer mehr verengenden Gang

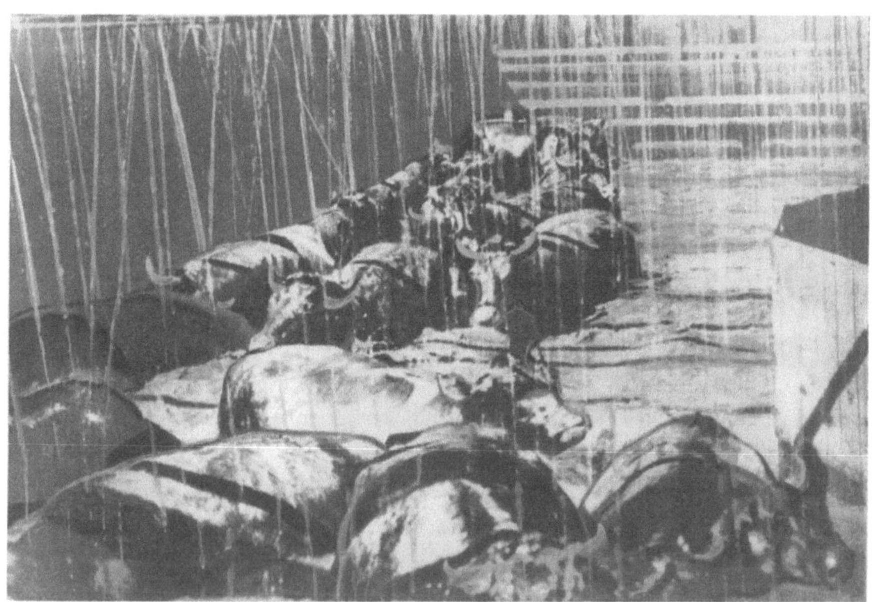

Abb. 87. Rinder im Reinigungsbad und unter der Brause (Frigorifico Anglo).

bis schließlich nur noch ein Tier hinter dem anderen gehen kann. Der Gang mündet in einen hohen Kasten, der gerade ein Tier aufnehmen kann. In dem Augenblick, in dem ein Tier den Kasten betreten hat, schließt sich hinter ihm die Tür. Gleichzeitig erhält es von einem über dem Kasten stehenden Schlächter mit einem schweren, langgestielten Hammer einen wuchtigen Schlag auf den Kopf, so daß es betäubt zu Boden stürzt. Dann öffnet sich am unteren Teil der einen Seitenwand eine nach außen aufschlagende Klappe, auf der das betäubte Tier in die Schlachthalle rutscht. Zwei Arbeiter umschlingen seine Hinterbeine mit einer Kette, an der es sofort in die Höhe gezogen und mittels einer Laufkatze einige Meter weiterbefördert wird. Dieser Vorgang des Betäubens und Aufhängens wiederholt sich jede halbe Minute. Das mit dem Kopf nach unten hängende Tier empfängt nun den Halsstich und blutet aus. Das Blut wird in Rinnen aufgefangen und läuft in einen Sammelbehälter, der einen Stock tiefer steht, um von da aus nach der Düngerfabrik gepumpt zu werden. Andere Arbeiter lösen nun die Kopfhaut und schneiden die Füße ab, die auf kleinen Wagen gesammelt und in eine andere Abteilung zur Verarbeitung befördert werden. Dann wird der Tier-

[1] NEUMANN, R. O.: Über das argentinische Gefrierfleisch. Berlin: J. Springer 1925.
[2] SUAREZ, N. T.: Notice sur l'industrie frigorifique des viandes dans la République Argentine. Buenos Aires 1910.
[3] RICHELET, J. E.: Ganaderia e Industria Frigorifica. Buenos Aires 1922.
[4] SANZ EGAÑA: Enciclopedia De La Carne. Madrid: Verl. Espasa-Calpe 1948.

körper auf den Fußboden herabgelassen, und es folgt die Abhäutung, die mit großer Geschicklichkeit in wenigen Minuten vollzogen wird (Abb. 88). Die Häute fallen durch Öffnungen im Fußboden in das daruntergelegene Stockwerk

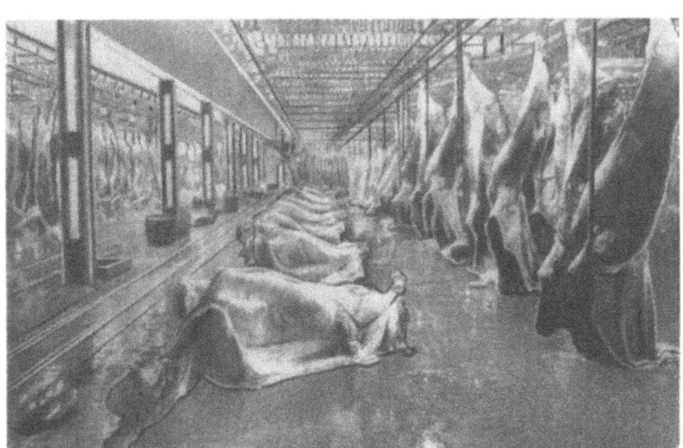

Abb. 88. Rinderschlachthalle in einer argentinischen Exportschlachterei (La Negra).

und werden zur Häutesalzerei gebracht. Der Kopf wird vom Rumpf getrennt. Jeder Tierkörper und die von ihm getrennten Teile erhalten gleichlautende Nummern, damit ihre Zusammengehörigkeit für die Verwiegung und die tierärztliche Untersuchung ersichtlich ist.

Während der folgenden Arbeiten werden die Körper an Laufkatzen frei hängend langsam fortbewegt (Abb. 89), an den Arbeitern vorbei, von denen jeder an seinem Platz wenige bestimmte Verrichtungen ausführt. Die Arbeiter stehen dabei in verschiedener Höhe, je nachdem ihre Arbeit es erfordert. Nach der Herausnahme der Brust- und Bauchorgane, die durch

Abb. 89. Zurichtung von Rinderhälften, die an Laufschienen fortbewegt werden (Weddel & Co.).

Öffnungen in das darunterliegende Stockwerk gleiten, werden die Rinderkörper mittels Handsägen mit Motorantrieb genau in der Mitte der Wirbelsäule durchtrennt, wobei vollkommen glatte Schnittflächen entstehen (Abb. 90). Die beiden

Hälften werden dann einer sehr sorgfältigen Reinigung mittels Bürsten, die gleichzeitig einen scharfen Wasserstrahl austreten lassen, unterzogen. Aus den oberflächlich liegenden Gefäßen wird das restliche Blut ausgedrückt, alle Fleisch- und Fettanhängsel, Knochensplitter und blutige Stellen werden entfernt.

In ähnlich sorgfältiger Weise werden Schafe und Schweine ausgeschlachtet und hergerichtet (Abbildung 91). Die Schweine werden gebrüht und maschinell enthaart, in einigen Betrieben auch gesengt, um die Haut zu trocknen. Dann treten die Körper an Laufkatzen hängend oder auf Fließbändern liegend ihre Wanderung an, bis sie tadellos gereinigt in der Abhängehalle ankommen. Die zum Einfrieren bestimmten Organe, Lebern, Herzen, Nieren, Mägen, und die kleineren Teile, wie Zungen, Backenfleisch, werden ebenfalls sauber hergerichtet und gewaschen, dann aufgehängt oder auf Stellagen gelegt, um baldigst in die Gefrierräume gebracht zu werden.

Durch diese sinnvoll organisierte und weitgehend mechanisierte Arbeitsweise wird erreicht, daß Schlachtung und Zurichtung mit großer Geschwindigkeit und Exaktheit ablaufen. Nach Sanz Egaña erfordern Schlachtung und

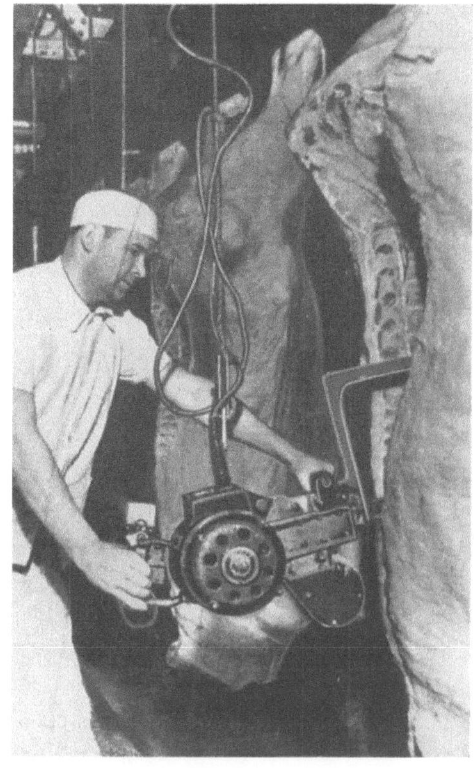

Abb. 90. Spaltung der Wirbelsäule eines Rindes mittels Motorsäge (Weddel & Co.).

Aufbereitung eines Rindes 40 Handgriffe, die eines Schweines 24 und eines Schafes 25. Der Zeitaufwand beträgt dabei für ein Rind 32 Minuten, d. h., in etwas über einer halben Stunde wird ein Rind geschlachtet, enthäutet, ausgenommen, in Hälften zerlegt und tadellos sauber zugerichtet. An Schafen können in der Stunde 700 bis 1000, an Schweinen 500 bis 600 geschlachtet werden. So erklärt es sich, daß die

Abb. 91. Schlachthalle für Schafe in einer argentinischen Exportschlachterei (La Negra).

Gefrierfleischwerke Argentiniens nach den Angaben von Richelet zusammen auf eine Tagesschlachtleistung von fast 15000 Rindern, 44000 Schafen und über

6000 Schweinen kommen. Die Bearbeitung der Tierkörper im Hängen und Fortbewegen hat auch den nicht zu übersehenden hygienischen Vorteil, daß das

Abb. 92. Fleischbeschau an Schweinen in Argentinien (Weddel & Co.).

Abb. 93. Fleischbeschau an Schafen in Argentinien (Weddel & Co.).

Fleisch nicht mehr als unbedingt nötig mit den Händen und mit Handwerkszeug berührt wird und auch sonstigen Verunreinigungen kaum ausgesetzt ist.

Die gesundheitliche Untersuchung des für den Export bestimmten Fleisches geschieht in Argentinien und Uruguay schon aus wirtschaftlichen Gründen sehr sorgfältig (Abb. 92 und 93), ebenso die Sortierung nach Güte und gutem Aussehen, denn das Fleisch soll in den Empfangsländern Anklang finden und nicht zu Beanstandungen Anlaß geben. Nach NEUMANN und MORGAN[1] wird die Untersuchung von Tierärzten durchgeführt, die dem Landwirtschaftsministerium unterstellt sind, mit Unterstützung von Assistenten und Gehilfen während der Ausschlachtung an den vorübergleitenden Tierkörpern, wobei auch hier eine weitgehende Arbeitsteilung besteht. Wird dabei irgendein Grund zur Beanstandung gefunden, so wird der Tierkörper auf ein Nebengleis geschoben, um dort genauestens untersucht zu werden. Es genügen schon geringfügige Beanstandungsgründe, um das Fleisch vom Export auszuschließen. Auf diese Maßnahmen ist es zurückzuführen, daß in den Empfangsländern bei der Nachuntersuchung des Importfleisches nur selten krankhafte Veränderungen gefunden werden, das aus den genannten Ländern stammende Fleisch aber infolge seiner gleichmäßigen guten Qualität und seiner sauberen Zurichtung sich oft vorteilhaft von dem Fleisch inländischer Schlachtungen unterscheidet.

3. Vorkühlung.

Dem Einfrieren geht im allgemeinen als vorbereitende Maßnahme die Vorkühlung voraus. Sie wird nach den im Abschnitt über Kühlung angegebenen Gesichtspunkten durchgeführt. Es ist unzweckmäßig, nicht durchgekühltes Fleisch, wenigstens soweit es sich um größere Stücke, z. B. Rinderviertel, halbe Schweine, ganze Schafe und Kälber, handelt, unmittelbar in Gefriertemperatur zu bringen. Es ist mit der Möglichkeit zu rechnen, daß unter der Einwirkung der tiefen Temperatur die Oberfläche der Stücke schnell gefriert, wodurch die Abgabe der Wärme aus der Tiefe der Muskulatur behindert wird. In dem noch verhältnismäßig warmen Kern können sich Zersetzungsvorgänge chemisch-fermentativer und bakterieller Art entwickeln. Einen solchen Fall hat GRÄF[2] beobachtet. Er fror eine größere Anzahl schwerer Rinder auf ausdrücklichen Wunsch des Besitzers sofort nach der Schlachtung, als das Fleisch im Innern noch lebenswarm war, ein. Es war, als es 6 Wochen später dem Verbrauch zugeführt wurde, im Innern zum großen Teil verdorben. Keinesfalls darf auch Fleisch, das nicht vorgekühlt ist, zu anderem Fleisch, das schon teilweise oder ganz gefroren ist, gehängt werden, denn letzteres kann durch den dabei erfolgenden Temperaturanstieg und die Anreicherung der Raumluft mit Feuchtigkeit im Aussehen und in seiner Haltbarkeit Schaden leiden. Bei einem geregelten Einfrierbetrieb erfolgen daher Vorkühlung und Einfrieren in getrennten Räumen, wie es auch in den überseeischen Exportschlachtereien der Fall ist. In Deutschland wird in den meisten Fällen so verfahren, daß das Fleisch in Kühlräumen der Schlachthöfe 24 bis 48 Stunden vorgekühlt und dann nach den Kühlhäusern transportiert wird, wo das Einfrieren und anschließend die Lagerung erfolgen. Kühltunnels können allerdings bei entsprechender kältetechnischer Einrichtung sehr gut auch zum anschließenden schnellen Einfrieren benützt werden, worauf SCHILLING[3] hingewiesen hat. Auch Geflügel und Wild sollen grundsätzlich erst nach Vorkühlung eingefroren werden, weil bei ihnen das Feder- bzw. Haarkleid, soweit letzteres nicht entfernt ist, die Wärmeabgabe aus dem Innern behindert. Bei inneren

---

[1] MORGAN, M. T.: Veterin. J., London, Bd. 91 (1935) S. 509.
[2] GRÄF, M.: Untersuchungen über Fleischkonservierung durch Einfrieren. Dissertation Berlin 1923.
[3] SCHILLING, A.: Kältetechnik Bd. 2 (1950) S. 88.

Organen, z. B., Lebern und Nieren, und bei kleinen Fleischteilen, wie Zungen, Backenfleisch, genügt die Auskühlung in der umgebenden Temperatur, wenn sie als Einzelstücke eingefroren werden sollen. Eine richtige Vorkühlung ist auch bei diesen Objekten dann erforderlich, wenn sie in Formen zusammengepackt und als Blöcke eingefroren werden.

4. Gefrieren.

Das älteste und einfachste Gefrierverfahren besteht darin, daß man Fleisch in besonderen Räumen der Einwirkung kalter Luft so lange aussetzt, bis es völlig durchgefroren ist. Dabei verläuft der Gefrierprozeß, besonders wenn es sich um große, schwere Fleischstücke, z. B. fette Rinderviertel, handelt, ziemlich langsam. Wenn große Fleischmengen einzufrieren sind, benötigt man deshalb entsprechend große Gefrierräume, die mit jeder Partie Fleisch auf eine Reihe von Tagen belegt sind. So kann man beim Einfrieren von Rindervierteln durchschnittlich nur mit *einer* Beschickung in der Woche einschließlich des Ein- und Ausbringens des Fleisches rechnen. Man ist daher in den letzten Jahrzehnten bemüht gewesen, die Dauer des Gefrierprozesses immer mehr abzukürzen und hat zu diesem Zweck sowohl das alte Gefrierverfahren in kalter Luft verbessert, als auch eine Reihe besonderer Schnellgefriermethoden entwickelt, die auf der mittel- oder unmittelbaren Berührung der Gefrierobjekte mit anderen Kälteträgern beruhen.

a) Gefrieren in Luft. Die Hauptmasse des überseeischen und des inländischen Gefrierfleisches wird auch heute noch durch Behandlung mit kalter Luft hergestellt, weshalb dieses Verfahren als erstes besprochen werden soll.

α) Gefrierräume. Die zum Gefrieren bestimmten Räume müssen vor jeder Gefrierperiode von längerer Dauer gründlich gereinigt und nötigenfalls desinfiziert werden; die Wände müssen frisch gekalkt, das Material der Aufhängevorrichtungen muß ebenfalls gereinigt und in Ordnung gebracht werden. Die größeren Fleischstücke dürfen nur im hängenden Zustand gefroren werden, weshalb für ausreichende Hängevorrichtungen zu sorgen ist. In Räumen, die ständig zum Gefrieren von Fleisch dienen sollen, sind fest an der Decke angebrachte Laufschienen zweckmäßig. Sollen aber Räume nur zeitweilig zum Gefrieren verwendet werden, kann man in ihnen Hängegerüste aus Holz oder Eisen oder aus beiden Materialien aufstellen, die leicht wieder zu entfernen bzw. neu aufzustellen sind. Eine sehr zweckmäßige Konstruktion für solche Gerüste hat Fleischmann[1] beschrieben. In den Einfrierräumen muß die Luft völlig rein, vor allem frei von fremden Gerüchen, sein. Die Temperatur ist vor dem Einbringen des Fleisches auf —15° C bis —18° C oder tiefer zu senken, die gleichmäßige Temperaturverteilung im Raum wird durch Thermometer, die in verschiedener Höhe angebracht werden, kontrolliert, der Temperaturverlauf durch ein in mittlerer Höhe aufgestelltes registrierendes Thermometer aufgezeichnet.

β) Belegung. Die Mengen Fleisch, mit denen die Gefrierräume belegt werden können, sind dieselben, die bereits bei der Kühlung angegeben wurden (S. 138). Es ist größter Wert darauf zu legen, daß sich die Stücke nicht berühren, sondern von allen Seiten der kalten Luft frei zugänglich sind. So ist jedes zu dichte Hängen oder gar Aufeinanderhängen unbedingt zu unterlassen, weil dadurch der Raum überlastet, das Einfrieren verzögert und das gute Aussehen des Fleisches an den Berührungsstellen geschädigt wird. Bei der Beschickung mit Rindervierteln erzielt man die beste Raumausnützung, wenn alle linken bzw. rechten Viertel — Vorder- und Hinterviertel getrennt — nebeneinandergehängt werden. Die

---

[1] Fleischmann, K.: Die Fleischwirtschaft Bd. 23 (1943) S. 108.

Vorderviertel werden am Bauchlappen mit Hals und Bein nach unten, die Hinterviertel an der Hesse aufgehängt. Sehr hohe Räume werden dadurch voll ausgenützt, daß die Rinder in Hälften gefroren werden, wobei Vorder- und Hinterviertel jedoch schon so weit getrennt sind, daß sie nur noch durch einen nach dem Gefrieren leicht zu durchschneidenden Lappen verbunden sind; Schafe und Schweine werden in zwei Reihen übereinanderhängend gefroren.

Über die Belegbarkeit von Einfrierräumen gab GRÄF die nachstehende Aufstellung, Tab. 9, wobei er betont, daß von der nutzbaren Bodenfläche etwa 20% für Gänge abgerechnet werden müssen. Die Angaben für die inneren Organe, Gänse und Hasen sind so zu verstehen, daß sie in 6 Schichten übereinander in Stellagen liegen, wobei jede Schicht von der anderen einen Abstand von 30 cm hat und auch ein genügender Freiraum über dem Fußboden und unter der Decke bleibt.

Tabelle 9. *Belegbarkeit eines Einfrierraumes.* (Nach GRÄF.)

Gefriergut	Durchschnittsgewicht kg	Stückzahl je m²	Belegung kg je m²
Rinder			
Viertel	70,0	4	280,0
Zungen	2,0	120	240,0
Herzen	1,5	108	162,0
Lebern	5,0	36	180,0
Pansen	5,0	54	270,0
Schweine			
im ganzen . . .	100,0	3	300,0
Hälften	50,0	6	300,0
Zungen	0,35	360	126,0
Herzen	0,25	726	181,5
Lebern	1,12	150	168,8
Mägen	0,75	240	180,0
Schafe			
im ganzen . . .	30,0	6	180,0
Zungen	0,15	432	64,8
Herzen	0,20	864	172,8
Lebern	0,60	180	108,0
Geflügel			
Gänse	7,0	36	252,0
Wild			
Rehe	35,0	6	210,0
Wildschweine . .	70,0	3	210,0
Hasen	4,5	60	270,0

γ) *Gefrierzeit, Temperatur und Luftbewegung.* Die Dauer des Gefriervorganges hängt von der Art der Objekte, vor allem von ihrer Dicke und der Ausbildung der die Oberfläche in mehr oder minder großer Ausdehnung bedeckenden Fettschicht, von der Temperatur und der Luftbewegung sowie davon ab, ob das Fleisch verpackt oder unverpackt gefroren wird. In den USA wird das meiste Fleisch vor dem Gefrieren verpackt. In den Jahren um 1915 wurde Fleisch in Deutschland unverpackt bei Lufttemperaturen von $-8°$ C bis $-10°$ C gefroren. Dabei frieren nach PLANK und KALLERT[1] Hinterviertel vom Rind im Gewicht

---

[1] PLANK, R., u. E. KALLERT: Über die Behandlung und Verarbeitung von gefrorenem Schweinefleisch, H. 1, 1915. — Über die Behandlung und Verarbeitung von gefrorenem Rindfleisch, H. 6, 1916. Berlin: Verl. der Zentraleinkaufsges.

von 60 kg in 6 bis 7 Tagen, ebenso schwere Vorderviertel in 5 Tagen durch. Die Gefrierzeit ist für Vorderviertel unter sonst gleichen Verhältnissen stets um 25% kürzer als für Hinterviertel. Schweinehälften von 30 kg brauchen 3 Tage, ganze Schweine von 60 kg 4 bis $4^1/_2$ Tage. Ganze Schafe und Kälber frieren je nach Gewicht in 3 bis 4 Tagen durch.

Bei diesem langsamen Gefrieren erleidet das Fleisch nicht unbeträchtliche Gewichtsverluste. So ermittelten Kallert und Fleischmann[1] an einem großen Material folgende durchschnittliche Verluste: bei Vierteln gut genährter Rinder 1,7%, bei Vierteln von Tieren geringerer Qualität 2%, bei Hälften von Schweinen im Schlachtgewicht von 70 bis 130 kg 1,5%.

Eine wesentliche Beschleunigung des Gefrierens kann durch Senkung der Temperatur und lebhafteren Luftumlauf erzielt werden. So werden nach Angaben von Sanz Egaña[2] in den südamerikanischen Exportschlachtereien Gefriertemperaturen von —15° C bis —20° C eingehalten, in denen Vorderviertel vom Rind 48 bis 60 Stunden, Hinterviertel 70 bis 80 Stunden und Schweine ebenso lange wie letztere verbleiben. Die Luft wird dabei 20mal in der Stunde umgewälzt. Nach Tuchschneid[3] wird in USA bei —21° C bis —23° C und einer 10- bis 15maligen stündlichen Luftumwälzung in 2 Tagen eingefroren. Nach Ramsbottom[4] und Goeser wird Fleisch in den USA bei —23° C bis —40° C und mit Luftgeschwindigkeiten von 2,5 m/s und mehr gefroren.

Auch in europäischen Ländern wurden Einrichtungen zur Abkürzung des Gefriervorganges in Form von Gefriertunnels und Schnellgefrierräumen geschaffen. So hat Schilling[5] die Arbeitsweise eines Gefriertunnels, der in einem französischen Kühlhaus in Betrieb war, geschildert. Der Tunnel hatte eine Bodenfläche von 12,8 m², eine Höhe von 3 m und einen Rauminhalt von 37 m³. Er konnte mit Rinderhintervierteln im Gesamtgewicht von 7000 kg beschickt werden. Der Tunnel war mit einem Hochbahngleis ausgestattet, so daß 2 Viertel übereinanderhängen konnten. Es wurde bei einer Temperatur von —25° C und einer Luftgeschwindigkeit von 3 m/s gefroren. Messungen in einzelnen Vierteln ergaben, daß schwere Hinterviertel von 90 kg, die auf etwa 0° C vorgekühlt waren, in 22 bis 24 Stunden eine Innentemperatur von —8° C aufwiesen, während Viertel gleichen Gewichtes bei —9° C und fehlender Luftbewegung 120 Stunden zum Durchfrieren benötigten. Ein Gewichtsverlust trat bei dem beschleunigten Frieren überhaupt nicht ein, während die langsam gefrorenen Vergleichsviertel rd. 1% verloren.

In einem Berliner Kühlhaus wurde 1942 ein Raum von 229 m² Bodenfläche zum Schnellgefrieren eingerichtet (Abb. 94). Die Temperatur wurde auf —25° C eingestellt, die Luftgeschwindigkeit betrug 3,5 m/s. Hier konnten auch die schwersten Rinderviertel in etwa 30 Stunden, Schweine, die mit einer Innentemperatur von +10° C eingebracht wurden, in 25 Stunden durchgefroren werden.

In jüngster Zeit hat Schilling[6] nachdrücklich auf die großen Vorteile hingewiesen, die ähnlich wie das Schnellkühlen auch das Schnellgefrieren in tiefgekühlter und stark bewegter Luft hat. Sie bestehen in der Raumersparnis, denn an Stelle der großen Gefrierräume tritt eine Anzahl kleiner Gefriertunnels, in der Steigerung der Aufnahmefähigkeit der Kühlhäuser, was in Zeiten starker An-

---

[1] Kallert, E., u. K. Fleischmann: Die Fleischwirtschaft Bd. 23 (1943) S. 145.

[2] Sanz Egaña: Enciclopedia De La Carne. Madrid: Verl. Espasa-Colpe 1948.

[3] Tuchschneid: Die kältetechnologische Verarbeitung schnellverderblicher Lebensmittel. Hannover: Brücke-Verl. 1951.

[4] Ramsbottom, J. M., u. P. A. Goeser: Air Condit. Refrig. Data Book, Applications, 6. Aufl., S. 5—01. New York: Amer. Soc. Refrig. Engng. (1956) S. 57.

[5] Schilling, A.: Die Fleischwirtschaft Bd. 21 (1941) Nr. 20, S. 11.

[6] Schilling, A.: Kältetechnik Bd. 2 (1950) S. 88.

lieferungen von erheblicher Bedeutung ist, und in der Verringerung der Gewichtsverluste sowie in der besseren Erhaltung der frischen Fleischfarbe. Praktisch
besonders wichtig ist die Verminderung der Gewichtsverluste. So betrugen nach
den Feststellungen Schillings die Verluste beim Frieren von Rindervierteln der
Qualitäten A bis C in —15° C und bei 50fachem Luftumlauf nur 0,6 bis 1,1%,
beim Frieren von Schweinehälften der Qualitäten A bis D zwischen 0,4 bis 0,6%.

Abb. 94. Schweinehälften in einem deutschen Kühlhaus an Holzgerüsten zum Einfrieren aufgehängt
(Linde, Köln).

Beim Einfrieren im Tunnel bei —23° C und 3 m/s Luftgeschwindigkeit konnte
der Gewichtsverlust von Rindervierteln der besten Qualität sogar auf 0,4%
herabgedrückt werden, während eine Senkung bei Rindern geringerer Qualität
und bei Schweinen aller Güteklassen nicht mehr zu erreichen war. Dagegen konnte
die Gefrierzeit im Tunnel unter den angegebenen Bedingungen bei Rindervierteln
auf durchschnittlich 20 und bei Schweinehälften auf 16 Stunden verkürzt werden,
so daß im Tunnel täglich eine Partie gefroren werden kann.

Über die Berechnung der Gefrierzeit von Fleisch und anderen Lebensmitteln
vgl. S. 22ff.

Über die verschiedenen Gefrierverfahren und Gefrierapparate vgl. S. 49ff.

δ) *Gefrieren von entbeintem Fleisch.* Vielfach wird das Fleisch von Rindern
geringerer Qualität entbeint und in Form von Ballen oder Blöcken eingefroren.
Dieses Verfahren bietet gegenüber dem Gefrieren solcher Tiere in ganzen Vierteln
erhebliche Vorteile. Durch die starke Verkleinerung der Oberfläche werden die
Gewichtsverluste infolge Austrocknung während des Gefrierens und Lagerns
wesentlich verringert. Ferner ermöglicht die Verwandlung der sperrigen Viertel
in gleichmäßige Ballen oder Blöcke ohne Hohlräume eine weit wirtschaftlichere
Ausnützung des Gefrier- und Transportraumes. Das erste Produkt dieser Art ist
wohl das von Argentinien schon seit langem exportierte knochenlose Fleisch
(Boneless Beef) gewesen, d. h. entbeinte ganze Viertel oder auch Hälften leichter
Tiere, die zusammengerollt, gefroren und in Mull und Sackleinen verpackt wurden (Abb. 95). Dieses Erzeugnis wurde schon nach dem ersten Weltkrieg in
größeren Mengen nach Deutschland eingeführt und von Fleischwarenfabriken

gern als Rohmaterial für die Wurstherstellung abgenommen. Auch in den letzten Jahren ist Boneless Beef wiederholt importiert worden.

In Deutschland wurde das Verfahren 1943 in größerem Umfang angewendet, als ein Überangebot an geringwertigen Rindern mit einer Verknappung an Gefrierraum zusammentraf. Nach Kallert und Fleischmann[1] wurden die vorgekühlten Vorder- und Hinterviertel von innen her entbeint, fest zusammen-gerollt und die Rollen mit starkem Bindfaden vernäht. Dadurch ent-standen aus den Vorder-vierteln längliche, aus den Hintervierteln rund-liche Ballen mit glatter Oberfläche, die an Haken hängend oder auf Holzrosten liegend bei −10° C eingefroren wurden, was 4 bis 5 Tage dauerte. Es stellten sich aber bald einige Nach-teile dieses Vorgehens heraus: Das Nähen eines jeden Ballens bean-spruchte 10 Minuten,

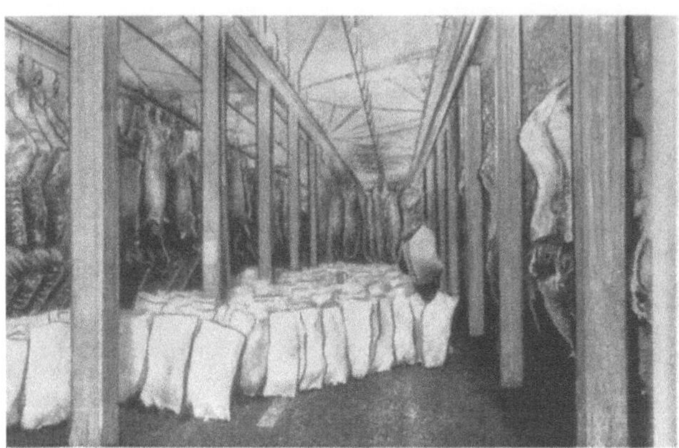

Abb. 95. Einfrierraum in Argentinien; im Vordergrund in Mull ein-gehüllte entbeinte Rinderviertel (La Negra).

außerdem waren die Ballen infolge ihrer runden Form unhandlich, in ge-frorenem Zustand ließen sie sich schwer stapeln und die Stapel stürzten leicht ein. Deshalb ging man bald dazu über, das Fleisch in der Form rechteckiger Blöcke einzufrieren. Die entbeinten Viertel wurden in passende Formen aus Holz oder Blech eingelegt, die so bemessen waren, daß sie gerade ein Viertel aufnehmen konnten. Sehr kleine Viertel wurden auch zu zweien in eine Form gepackt. Die Formen hatten meist die Größe von 40 × 50 oder von 50 × 50 cm und eine Höhe von 12 cm. Mancherorts wurden auch besondere Formen aus Holz mit Böden aus eng gestellten Leisten oder mit herausnehmbaren Seitenteilen verwendet. Um das Anfrieren des Fleisches in den Formen zu verhindern, wurden diese mit Cellophan oder pergamentartigem Papier ausgelegt, das über dem Fleisch zusammengefaltet wurde und so gleichzeitig eine Umhüllung für den Block abgab. Zum Gefrieren wurden die gefüllten Formen in den Gefrierraum gebracht, wo sie auf Lattenunterlagen in mehreren Schichten übereinander-gestellt wurden. Das Durchfrieren dauerte wegen des geringeren Durchmessers nicht so lange wie bei den Ballen, nämlich nur 3 bis 4 Tage. Die Blöcke ließen sich gut transportieren und im Lagerraum wie Mauersteine leicht aufeinandersetzen. Die Gewichtsverluste betrugen beim Frieren in der Blockform durchschnittlich nur 1,5%, obwohl es sich durchweg um ganz mageres Fleisch handelte. Damit waren sie weit niedriger, als wenn dieselben Viertel in der sonst üblichen Weise im ganzen gefroren worden wären. Die Vorteile des Verfahrens bestehen also darin, daß das Gefriergut sich bequemer und schneller stapeln läßt, daß Gefrier-, Lager- und Transportraum um etwa 50% besser ausgenützt werden können, daß sich damit auch die entsprechenden Kosten ermäßigen, ferner daß der Gewichts-verlust geringer ist und die Qualität des Fleisches durch Verminderung der Austrocknung eine bessere bleibt. Diese Vorteile machen sich, wie bereits erwähnt,

---

[1] Kallert, E., u. K. Fleischmann: Die Fleischwirtschaft Bd. 23 (1943) S. 41.

am meisten bei dem Fleisch magerer Tiere bemerkbar, für die das Gefrieren in dieser Art am wirtschaftlichsten ist. KALLERT[1] hat für das Gefrieren entbeinten Rindfleisches in Blockform Richtlinien gegeben. Natürlich kann man auch hochwertiges Fleisch ohne Knochen in dieser Form einfrieren, wenn es aus einem zwingenden Grund gilt, Raum zu sparen. So wurde in der Zeit der Luftbrücke die Versorgung der Berliner Bevölkerung mit Frischfleisch durch das Einfliegen von sog. Kistenfleisch durchgeführt. Es bestand aus entbeintem Rindfleisch bester Qualität, das in Blöcken zu je 25 kg in den dazu passenden Versandkisten eingefroren war.

Für die Versorgung Englands wurde während des letzten Krieges wegen der Knappheit an Schiffsraum ein besonderes Verfahren entwickelt, das auf Grund von Artikeln in der argentinischen Presse von KALLERT[2] wie folgt beschrieben wurde: Die Rinderviertel werden in noch warmem Zustand entbeint und in passende Stücke zerlegt, die zusammengefaltet über eine Rutschbahn durch einen trichterförmigen Aufsatz in eine lange, keilförmige Form hineingleiten. Das weiche Fett dient dabei als Gleitmittel. Während oben das Fleisch hineinrutscht, wird aus einer unter dem Trichter stehenden Form die Luft abgesaugt, um die Einführung des Fleisches zu erleichtern. Dabei schiebt es sich zu einem festen, die Form ganz ausfüllenden Block zusammen. In jeden Behälter wird vor dem Einbringen des Fleisches eine Siebplatte eingelegt, an der an zwei Seiten Riemen befestigt sind. Je fünf der mit Fleisch gefüllten Formen werden auf einem Karren in den Einfrierraum gefahren, in dem eine Temperatur von $-30°$ C herrscht. Hier werden sie reihenweise in Stellagen aus Holz gestellt und mit tiefgekühlter Sole berieselt, wodurch die Fleischblöcke schon in 6 Stunden durchfrieren. Dann werden die Formen in einem anderen Raum kurz der Einwirkung von strömendem Wasserdampf ausgesetzt, wodurch die Blöcke an der Oberfläche so weit antauen, daß sie sich mittels der Siebplatte und der daran befestigten Riemen unter Verwendung einer Hebevorrichtung aus der Form ziehen lassen. Dies wird noch erleichtert, indem von unten her Luft unter Druck eingeblasen wird. Die Blöcke werden nach Umhüllung mit Mull und Jute in den Lagerraum gebracht oder nach Bedarf sofort verladen. Die Raumersparnis, die mit diesem Verfahren zu erzielen ist, soll sehr bedeutend sein, denn in demselben Raum soll die doppelte Menge Fleisch in Form der Blöcke unterzubringen sein als von Fleisch in ganzen Vierteln.

ε) *Gefrieren von Organen und Blut.* Organe, vor allem Lebern, Herzen, Mägen, Nieren, ferner Zungen, Kopf- und Saumfleisch und Gehirne, werden einzeln oder in passenden Formen zu Blöcken gefroren. Bestimmte Teile, z. B. Füße und Mägen, werden gelegentlich zum Schutz gegen Austrocknung im Eisblock gefroren, indem man sie in geeignete Gefäße packt, mit Wasser übergießt und gefrieren läßt.

Gefrorene Organe nehmen im Überseehandel eine beachtliche Stellung ein. In Argentinien wird nach SANZ EGAÑA mit ihnen wie folgt verfahren: Die Lebern werden gewaschen und von Resten des Zwerchfelles, von Fett und Lymphknoten befreit. Bei den Herzen wird der Herzbeutel entfernt, die großen Gefäße werden abgeschnitten, wobei aber ein Stück der Aorta am Herzen belassen wird, das zum Aufhängen an Haken dient, die Blutgerinnsel aus den Kammern werden entfernt. Bei den Nieren werden Fettkapsel, Gefäße und Harnleiter abgetrennt. Pansen, Labmagen und Schweinemagen werden sorgfältig gereinigt und gebrüht, die Schleimhaut wird entfernt, dann die Serosa abgezogen, Fettauflagerungen

---

[1] KALLERT, E.: Tierärztl. Umschau Bd. 3 (1948) S. 48.

[2] KALLERT, E.: Die Fleischwirtschaft Bd. 22 (1942) S. 289 nach Artikeln in La Nación vom 27. Juni 1942 und The Review of the River Plate vom 10. Juni 1942, beide in Buenos Aires.

und Lymphknoten abgeschnitten, so daß nur die Muskelhaut übrigbleibt. Dann werden sie abgetrocknet und zur Verringerung ihres Volums eingerollt. Die Rinderzungen werden vor dem Kehlkopf abgetrennt, Zungenbein und Fett werden beseitigt, jedoch die Lymphknoten am Zungengrund belassen, damit sie im Bestimmungsland untersucht werden können. Dann werden die Zungen sauber gewaschen und das Blut aus den Gefäßen ausgedrückt, schließlich in Formen aus verzinktem Eisen gelegt. Von den Gehirnen, die frei von Verletzungen sein müssen, werden die Häute abgezogen, dann werden sie ebenfalls in Metallgefäße zum Gefrieren eingelegt. Lebern und Herzen werden an den Haken fahrbarer Gestelle frei hängend in den Gefrierraum gebracht. Das Einfrieren der

Abb. 96. Einfrierraum für Organe in Argentinien.

Organe erfolgt getrennt vom Fleisch in besonderen Räumen bei einer Temperatur von —17° C bis —20° C, nachdem sie 24 Stunden bei 0° C vorgekühlt wurden. Die Mägen werden ohne Vorkühlung eingefroren. Im Gefrierraum verbleiben die Organe etwa 60 Stunden (Abb. 96).

Um die beim Gefrieren von Schweinen anfallenden Organe und sonstigen Einzelteile, also die beiden Kopfhälften, Leber, Herz, Nieren, Milz, Zunge, Magen, Saumfleisch, Gehirn und Schwanz, ebenfalls für die Verwertung zu einem späteren Zeitpunkt zu konservieren, hat Kallert[1] versuchsweise und mit gutem Erfolg diese Teile zusammen in Blockform eingefroren. Von je einem Schwein wurden die genannten Stücke in flache Formen aus Blech, die mit pergamentähnlichem Papier ausgelegt waren, dicht gepackt, zuunterst die halben Köpfe mit angelegten Ohren, darauf unter bester Raumausnützung die übrigen Teile. Nach dem Frieren bildeten sie Blöcke von etwa 40 cm Länge, 35 cm Breite und 14 cm Höhe. Sie wurden in passenden Kartons 7 Monate lang bei —12° C aufbewahrt. Nach dieser Zeit zeigten sie nur sehr geringe Austrocknung und konnten wie frisches Material

---

[1] Kallert, E.: Die Fleischwirtschaft Bd. 21 (1941) Nr. 12, S. 3.

verwendet werden. Wenn mit je zwei Schweinehälften ein solcher Block aus-
gegeben wird, hat der Empfänger im wesentlichen das ganze Schwein zur Verfügung.

Das Blut der Schlachttiere kann durch Einfrieren auf eine Reihe von Monaten
haltbar gemacht werden. Es wird in flachen Blechsatten gefroren, die so entstandenen Blutblöcke werden nach kurzem Eintauchen der Satten in heißes
Wasser ausgekippt und im Lagerraum gestapelt. Man kann auch die zur Herstellung von Blockeis dienenden Zellen verwenden und darin das Blut durch
Eintauchen in die kalte Sole zum Gefrieren bringen. Blutplasma läßt sich ebenfalls, wie LERCHE und HEPP[1] angegeben haben, durch Einfrieren auf lange Zeit,
6 Monate, guterhalten.

ζ) *Einfrieren von Würsten und anderen Erzeugnissen aus Fleisch.* Auch Würste
und andere Zubereitungen aus Fleisch können durch Einfrieren auf lange Zeit
haltbar gemacht werden. So war es u. a. auf den durch ihre vorzügliche Verpflegung bekannten Passagierschiffen der Hamburg–Südamerikanischen Dampf-
schiffahrts-Gesellschaft schon lange Brauch, die als Reiseproviant mitgeführten
Koch-, Brüh- und Rohwürste in den Gefrierräumen der Schiffe bei $-6°$ C bis
$-8°$ C aufzubewahren. Die hartgefrorenen Würste wurden nach Bedarf in
einem Vorraum, der einige Grade über 0 hatte, aufgetaut. Während des letzten
Krieges wurden in Deutschland für Zwecke der Wehrmachtsverpflegung bedeu-
tende Mengen von Würsten im Darm eingefroren, und zwar Blutwurst, Jagdwurst,
Leberwurst und Streichmettwurst. Als Wursthüllen wurden für diese Sorten
Kunstdärme, nur für die Bratwurst Naturdärme verwendet. In Herstellung und
Zusammensetzung entsprechen die Würste im ganzen Frischwürsten der gleichen
Art. Die fertiggestellten und lufttrockenen Würste wurden vorgekühlt und in
Kartons bestimmter Größe verpackt, die mit Cellophan oder Pergamentpapier
ausgelegt waren. Dann wurden die Kartons in einen Gefrierraum gebracht, wo
das Durchfrieren des Inhaltes in längstens 10 Stunden erfolgte, bis die Würste im
Kern eine Temperatur von $-15°$ C aufwiesen. Die Lagerung geschah ebenfalls
bei dieser Temperatur, der Versand in Kühlwagen oder Kühlbehältern. Die
Lagerfähigkeit war bei Einhaltung der Kühlkette auf 1 Jahr bemessen, die Haltbarkeit nach Beendigung der Kaltlagerung war wie bei normaler Frischwurst.

Nicht alle Wurstsorten scheinen sich gleich gut zur Gefrierlagerung zu eignen.
Nach einer dänischen Mitteilung[2] hielt sich gefrorene Sülze nur 3 Monate in
befriedigendem Zustand, von einigen Arten Leberpastete und Blutwurst zeigten
die einen gute Haltbarkeit, die anderen nicht. Das Gefrieren bei $-25°$ C zeigte
nur wenig bessere Ergebnisse als das bei $-18°$ C, eine Temperatur von $-10°$ C
dagegen war bei Leberpastete und Blutwurst nicht ausreichend, wie überhaupt
die Qualität bei $-18°$ C bis $-20°$ C viel besser als bei $-10°$ C erhalten wurde.
Die Verpackung in feuchtigkeitsdichtes Cellophan und in ebensolche Aluminiumfolie erwies sich als gleich günstig, auch Kästchen aus lackiertem Aluminium
waren in einigen Fällen brauchbar.

Nach einem Bericht von TRESSLER[3] werden in den USA vielfach auch fertige
Fleischspeisen eingefroren, u. a. gekochtes Fleisch, Rinds- und Kalbs-Stew, mit
Fleisch gefüllte Pfefferschoten, falscher Hase, Corned beef Hash, Kalbskoteletts,
Steaks, gebratene Hähnchen, Hühnerpastete, Reis mit Geflügelfleisch, gebratene
Enten, Fleischpasteten, Truthahn-Gehacktes, Lima-Bohnen mit Schinken,
Fleischklößchen mit Spaghetti. Es hat langer und kostspieliger Versuche bedurft,

---

[1] LERCHE, M., u. L. HEPP: Z. Fleisch- u. Milchhyg. Bd. 50 (1940) S. 183.
[2] Stat. Hushold fagl. Medd. Nr. 2 (1949) Kulde Bd. 3 (1949) S. 91.
[3] TRESSLER, D. K.: Some Aspects of Food Refrigeration and Freezing. Food and
Agriculture Organisation of the United Nations, Nr. 12. Washington 1950.

um diese und andere Fleischspeisen so zuzubereiten und zu behandeln, daß sie
eine Lagerung von 6 Monaten bis zu 1 Jahr ohne Qualitätseinbußen vertrugen. Besondere Schwierigkeiten bereiten Braten- und andere Soßen und gelierte Erzeugnisse, weil beim Einfrieren die Kolloide dieser Produkte koagulieren. Auch werden
die Fette der gekochten Speisen ziemlich schnell ranzig.

Auch in England werden nach Angaben von Meseke[1] bereits fertiggekochte
Gerichte in erheblichem Umfang teils zur Versorgung von Restaurants und von
Luftfahrtlinien, teils auch zum Absatz im Einzelhandel schnell gefroren.

η) Geflügel und Wild. Geflügel wird nach der Vorkühlung einzeln gefroren, in
Pergamentpapier eingewickelt und in die Versandkisten gepackt. Kleineres
Geflügel, wie Hühner, kann auch unmittelbar in den Kisten eingefroren
werden, jedoch sind die Kisten schachbrettartig übereinanderzustellen, damit
die kalte Luft von allen Seiten ungehindert Zutritt hat. Nach Tuchschneid[2]
sollen Gänse bei −16° C bis −18° C, Hühner und anderes Geflügel bei −14° C
bis −16° C gefroren werden. Die Luftfeuchtigkeit soll dabei 85 bis 90% betragen,
die Luft stündlich 8- bis 12mal umgewälzt werden. Der Gefriervorgang ist als
beendet anzusehen, wenn die Innentemperatur auf −7° C gesunken ist und das
Beklopfen mit einem Holzhammer einen hellen Ton gibt. Die Gefrierzeit beträgt
bei Hühnern und Enten 36 bis 60 Stunden, bei Gänsen und Truthühnern 60 bis
84 Stunden. Soll die Gefrierzeit abgekürzt werden, so ist das Geflügel einzeln
auf Gestellen liegend oder an solchen aufgehängt bei etwa −20° C zu frieren und
die Luft stärker umzuwälzen, so daß junge Hühner schon in 2 bis 3 Stunden
durchfrieren. Popmarinoff[3] gibt auf Grund eigener Versuche und der Erfahrungen beim Export von Geflügel aus Bulgarien an, daß die beste Einfriertemperatur
für Gänse −14° C bis −16° C, für anderes Geflügel −10° C bis −12° C bei
einer relativen Luftfeuchtigkeit von 85 bis 90% und einer 6- bis 16maligen stündlichen Luftumwälzung sei.

In Amerika wird nach Tuchschneid[2] eine weitgehend mechanisierte Methode
des Schlachtens, Kühlens und Gefrierens von Geflügel angewendet. Die Hühner
werden nach der Schlachtung an eine Laufkette gehängt, an der sie ausbluten
und gerupft werden. Darauf werden sie abgenommen, ausgeweidet, nach der
Abtrennung von Kopf und Füßen mit Wasser abgespült, naß in Drahtkörbe
gelegt und mit diesen an eine weitere Förderkette gehängt. Sie passieren an dieser
mit einer Geschwindigkeit von 33 cm/min den Vorkühlraum bei +1° C, wobei
das vom Abspülen noch anhaftende Wasser verdunstet. Durch eine Wandöffnung
gelangen sie in den Gefrierraum, der eine Temperatur von −18° C bis −23° C hat
und in 3 Stunden durchlaufen wird.

Nach Tressler wird Geflügel in den USA vielfach auch zerlegt gefroren, weil
man auf diese Weise schnelles Gefrieren und eine bessere Qualität erzielen kann.
Bei fetten Hühnern, Enten und Gänsen ist jedoch das Zerlegen weniger gut
durchführbar, weil dabei die Hände der Packer fettig werden und das Packmaterial verschmieren.

Haarwild in größeren Stücken, z. B. Wildschweine, Hirsche, Rehe, werden
frei hängend wie große Fleischstücke eingefroren, Hasen und Kaninchen hängend
oder auf Stellagen liegend. Federwild wird sinngemäß wie Geflügel behandelt.
Wildkaninchen werden auch abgebalgt und in Formen zu Blöcken gefroren.

b) Schnellgefrieren. Schon vor der Weiterentwicklung des alten Verfahrens
des Frierens in Luft mit dem Ziel der Beschleunigung des Gefrierprozesses wurden

---

[1] Meseke, W. A.: Die Kälte Bd. 8 (1952) S. 196.
[2] Tuchschneid: Die kältetechnische Verarbeitung schnellverderblicher Lebensmittel.
Hannover: Brücke-Verl. 1951.
[3] Popmarinoff, P.: Vet. Sbirka Bd. 42 (1938) S. 129 (bulgarisch).

mehrere sog. Schnellgefrierverfahren ausgearbeitet und mit mehr oder weniger gutem Erfolg in der Praxis angewendet. Sie beruhten auf der Ausschaltung der schlecht die Wärme übertragenden Luft dadurch, daß die Gefrierobjekte entweder unmittelbar oder mittelbar unter Zwischenschaltung guter Wärmeleiter mit kalten Flüssigkeiten in Berührung gebracht wurden. Eines der ersten dieser Verfahren war das von dem Dänen OTTESEN zum Einfrieren von Fischen erdachte, das im Eintauchen der Objekte in kalte, stark bewegte Kochsalzlösung bestimmter Konzentration bestand (vgl. S. 64). Es wurde versuchsweise von PLANK und KALLERT[1] auch zum Einfrieren von Fleisch, u. a. von Rindervierteln und Schweinehälften, benützt. Trotz mancher Vorzüge einer starken Abkürzung der Gefrierzeit hat es aber für Fleisch keine praktische Bedeutung erlangt, schon weil das Eindringen kleiner Kochsalzmengen aus der Sole in die Fleischoberfläche nicht ganz verhindert werden konnte und zu Veränderungen der Fleischfarbe führte.

Der Nachteil des OTTESEN-Verfahrens wird durch das sog. ,,Cry-O-Vac"-Verfahren vermieden, das in Amerika Anwendung findet. Die einzufrierenden Objekte, z. B. Fleischstücke, Geflügel, werden in einen Beutel aus Latex, einer gummiähnlichen Masse, gesteckt, der luftleer gepumpt wird, wodurch sich die Hülle eng an den Inhalt anlegt. Dann erfolgt das Gefrieren durch Eintauchen in tiefgekühlte Sole. Auf diese Weise wird ein schnelles Einfrieren erreicht, ohne daß Gewichtsverluste eintreten und Salz in die Objekte eindringen kann (vgl. S. 66 und 69).

Über die Berieselungsverfahren von HIRSCH, TAYLOR und ZAROTSCHENZEFF vgl. S. 66 u. 67.

Es hat auch nicht an Versuchen gefehlt, Lebensmittel, auch Fleisch, durch unmittelbare Berührung mit verdampfenden Kältemitteln, z. B. Kohlendioxyd, Dimethyläther, Stickoxydul und Difluordichlormethan, zum schnellen Gefrieren zu bringen. Hierüber wurde von PLANK KUPRIANOFF und PETERS[2] sowie von BONGERT[3] berichtet. In der Praxis haben diese Verfahren bisher jedoch keinen Eingang gefunden.

Eine Art Zwischenlösung zwischen dem Gefrieren in kalter, stark bewegter Luft und den eigentlichen Schnellgefrierverfahren stellt das sog. HECKERMANN-Verfahren, wenigstens in seiner ursprünglichen Form, dar. Es hat sich auch zum Einfrieren von Fleisch in kleinen Packungen als brauchbar erwiesen. Es besteht darin, daß die Metallformen mit den entbeinten Fleischstücken auf Gestelle aus Röhren gesetzt werden, in denen Ammoniak verdampft. Dazu schickt ein Luftkühler kalte Luft mit −30° C und 3 m/s Geschwindigkeit durch die Stellagen. BURKOFF[4] hat das Einfrieren von Fleisch und Lebern nach diesem Verfahren beobachtet. Nach Vorkühlung auf +8° C wurde das Fleisch entbeint und in großen Stücken fest in Formen aus Zinkblech von 30 cm Länge, 12 cm Breite und 7 cm Höhe gepackt, so daß jede Form $2^1/_4$ kg Fleisch enthielt. Die Lebern wurden einzeln auf Platten gelegt. Nach dem Einfrieren wurden die Stücke in Pergamentpapier eingeschlagen und bei −10° C gelagert. Bei −30° C froren die Fleischpackungen in 3,8 Stunden, Schweinelebern in 2,7 Stunden durch, während Vergleichsstücke in Luft von −15° C die dreifache Zeit benötigt wurden. Die Gewichtsverluste waren sehr niedrig.

Das Einfrieren von Fleischkleinpackungen nach einem geänderten HECKERMANN-Verfahren hat SCHWERDT[5] beschrieben. Danach wird nur Rind- und Schweinefleisch guter Qualität verwendet, das nach Vorkühlung auf 0° C entbeint und in passende Stücke geschnitten wird. Drei im Gewicht verschiedene Packungen werden hergestellt, solche von 2,5 kg, von 4 bis 5 kg und von 9 bis 10 kg. Die Stücke werden in Eisenrahmen gelegt, die den Ausmaßen der 3 Packungen genau angepaßt und gleichmäßig 7 cm hoch sind. Die Rahmen sind vorher mit dem Umhüllungsmaterial, Pergamentpapier oder Cellophan, ausgelegt worden. Dabei muß gut darauf geachtet werden, daß die einzelnen Fleischstücke in den Rahmenhohlraum fest eingepreßt werden, damit möglichst glatte Flächen entstehen. Die

---

[1] PLANK, R., u. E. KALLERT: Z. ges. Kälteind. Bd. 31 (1924) S. 65.
[2] PLANK, R., J. KUPRIANOFF u. H. PETERS: Z. VDI Bd. 76 (1932) S. 583.
[3] BONGERT, J.: Dtsch. Schlachthof-Ztg. Bd. 38 (1938) S. 90.
[4] BURKOFF: Die Fleischwirtschaft Bd. 21 (1941) Nr. 24, S. 5.
[5] SCHWERDT, H.: Fleischwirtschaft Bd. 22 (1942) S. 155.

Packungen werden dann auf Blechunterlagen auf das vertikale Transportsystem des Einfrierapparates gelegt, wobei das Transportband die Packungen auf Rosten wie in einem Paternosteraufzug aufwärts und abwärts entlangschiebt, so daß sie automatisch von der Aufgabestelle bis zur Abnahmeöffnung der sehr stark bewegten Luft von $-35°$ C bis $-40°$ C ausgesetzt sind. Nach dem ersten Passieren des Apparates sind die Fleischziegel bereits so fest gefroren, daß sie mit einem Holzhammer aus den Rahmen herausgeklopft werden und nunmehr ohne Rahmen den weiteren Gefrierprozeß durchmachen können. Nach Beendigung der Frierens sollen die Ziegel eine Innentemperatur von $-12°$ C aufweisen. Dazu müssen sie viermal durch den Apparat geschickt werden. Jedes Durchlaufen dauert 52 bis 55 Minuten, so daß das Gefrieren jeder Partie $3^1/_2$ bis $3^3/_4$ Stunden in Anspruch nimmt. Der Apparat kann auf einmal eine Menge von 64 kg aufnehmen. Die gefrorenen Ziegel werden in genau passende Kartons verpackt.

Über Schnellgefrierapparate nach dem Kontaktverfahren, insbesondere die sog. Mehrplattenapparate vgl. S. 69ff.

TUCHSCHNEID gibt ferner ein von BADILKES und MIROLJUBOFF[1] für das schnelle Gefrieren von Geflügel ausgearbeitetes Verfahren an. Die Tierkörper werden in eine Sole von $-18°$ C getaucht und je nach Gewicht in 1,5 bis 5 Stunden durchgefroren. Nach dem Frieren wird die anhaftende Sole durch kurzes Abspülen mit warmem Wasser entfernt. Dann erhalten die Körper durch 5 Sekunden langes Eintauchen in Wasser von $+2°$ C eine Eisglasur. Die Haut soll das Eindringen von Salz aus der Sole verhindern. Endlich können bei Geflügel auch mit Vorteil das Solezerstäubungsverfahren von ZAROTSCHENZEFF, das Cryovac-Verfahren, das Verfahren von HECKERMANN und ähnliche angewendet werden. Über das Gefrieren von Geflügel durch direktes Eintauchen in kalte Flüssigkeitsbäder vgl. auch S. 66[2].

IV. Gefrierlagerung.

An das Gefrieren schließt sich in der Regel eine längere Aufbewahrung des Fleisches in besonderen Gefrierlagerräumen an, denn der hohe wirtschaftliche Wert der Konservierung durch Gefrieren besteht ja gerade darin, daß aus dem frischen Fleisch eine sehr lange haltbare Lager- und Stapelware gemacht wird. Während der ganzen oft viele Monate umfassenden Zeit, die vom Gefrieren bis zum Verbrauch vergeht, bedarf das Fleisch einer sorgsamen, sachkundigen Behandlung, denn es bleibt auch in gefrorenem Zustand ein empfindliches Lebensmittel das durch mancherlei schädliche Einwirkungen schwere Werteinbußen erleiden kann.

Für eine längere Lagerung ist nur Fleisch geeignet, das in technischer wie hygienischer Hinsicht richtig vorbehandelt ist und sich in einwandfreiem Zustand befindet. Sind z. B. beim Vorkühlen, beim Gefrieren oder auf dem Transport Umstände eingetreten, die eine Verminderung der Haltbarkeit verursachen können, so soll besser von einer längeren Lagerung abgesehen und das betroffene Fleisch bald verbraucht werden.

1. Lagerräume.

Vor jeder neuen Belegung müssen die Lagerräume gründlich gereinigt und notfalls desinfiziert werden. Dabei ist wie bei der Vorbereitung der Fleischkühl- und Gefrierräume zu verfahren. Besondere Aufmerksamkeit ist den hölzernen Luftkanälen zuzuwenden, in denen sich mit Vorliebe Schimmelpilze ansiedeln. Die Wände werden mit Kalkmilch, der etwas Formalin zugesetzt ist, gestrichen oder gespritzt. Die Räume müssen mit guter Beleuchtung und mit zuverlässigen Meßinstrumenten zur Ablesung und Aufzeichnung der Temperatur und der Luft-

---

[1] BADILKES, I.: Cholodilnoje Delo (1929) H. 21 u. 22 (russisch).
[2] Food Manufact. Bd. XXVIII (1953) Nr. 3, S. 122.

feuchtigkeit ausgestattet sein. Damit Temperaturschwankungen durch Eindringen wärmerer Außenluft beim Öffnen der Türen verhindert werden, kann man Doppeltüren oder Vorräume vorsehen. Die Luft muß völlig rein und vor allem frei von Gerüchen sein, die von anderem Lagergut stammen und von gefrorenem Fleisch leicht aufgenommen werden. Für die einzelnen Gattungen des Fleisches sollen nach Möglichkeit getrennte Räume benützt werden, schon weil die einzuhaltenden Temperaturen verschieden tief sind, z. B. bei Rind- und Schweinefleisch. Kälber im Fell und Haarwild sind stets getrennt von anderem Gut zu lagern.

Es wird vorzugsweise stille oder schwach bewegte Luftkühlung verwendet, wobei die Gewichtsverluste klein bleiben (vgl. S. 186). Die Lagerräume sollen mit den Gefrierräumen und den Laderampen durch Gänge und Aufzüge verbunden sein, damit sich das Ein- und Auslagern schnell und möglichst unbeeinflußt von der Außentemperatur abwickeln läßt.

2. Stapelung.

Zum Einbringen des Fleisches in die Lagerräume werden gewöhnlich Handkarren benützt, die leicht beweglich sind. In den Hafenkühlhäusern kann die Bewegung des Fleisches aus den Schiffen in das Kühlhaus und aus den Lagerräumen in die Transportmittel durch Förderbänder und Paternosteraufzüge unter Einschaltung automatischer Registrier- und Wiegevorrichtungen, wie sie u. a. von SCHILLING[1] beschrieben worden sind, weitgehend mechanisiert werden. Dadurch wird die Bewältigung großer Mengen von Gefrierfleisch in kurzer Zeit, z. B. von 600 bis 1000 t in 7 Arbeitsstunden, ermöglicht. Einen praktischen, kleinen, auf einem Wagen montierten Kran mit einer Hebekraft von 100 kg, der innerhalb des Kühlhauses besonders beim Stapeln gute Dienste leistet, hat BOURMER[2] beschrieben. Neuerdings werden vielfach Gabelstapler verwendet[3].

Bei der Stapelung ist vor allem darauf zu achten, daß das Lagergut von allen Seiten der kalten Luft frei zugänglich ist. Deshalb darf es, ganz gleich, in welcher Form es zur Einlagerung kommt, unverpackt oder verpackt, grundsätzlich nicht unmittelbar auf den Fußboden gelegt werden oder den Wänden anliegen. Zu diesem Zweck werden die Stapel auf untergelegten Balken von etwa 10 cm Höhe errichtet, auch muß zwischen den Wänden und den Stapeln ein Abstand von etwa 15 cm eingehalten werden. Es ist nicht zweckmäßig, die Wände mit Holzrosten zu verkleiden, da an ihnen Fetteile haftenbleiben, die eine ständige Gefahrenquelle bilden. Die Stapel sollen nur so hoch reichen, daß zwischen ihnen und den Kühlrohren oder Luftkanälen ein Abstand von 30 bis 40 cm bleibt. Endlich sind zwischen den einzelnen Stapeln genügende Gänge frei zu lassen, die 60 bis 80 cm breit sind, so daß der ungehinderte Zutritt zu allen eingelagerten Partien möglich ist. In großen Räumen sollen ein Mittelgang und je nach der Größe 1 bis 2 Seitengänge vorgesehen werden, in kleineren Räumen genügt ein Mittelgang. Sehr kleine Räume können vollständig belegt werden, doch ist hinter der Tür so viel Platz frei zu lassen, daß das Fleisch besichtigt werden kann. Im allgemeinen rechnet man bei größeren Lagerräumen für den auf Gänge entfallenden Anteil etwa 10 bis 15% der Bodenfläche. Bei direkter Berohrung läßt man die Gänge möglichst unter den Rohrsystemen verlaufen.

Um die nötige Festigkeit der Stapel zu erzielen, sind bei ungleichmäßig gestalteter Ware, z. B. Rindervierteln, Schweinehälften, die einzelnen Lagen

---

[1] SCHILLING, A.: Die Fleischwirtschaft Bd. 21 (1941) Nr. 7, S. 5.
[2] BOURMER: Die Fleischwirtschaft Bd. 23 (1943) S. 5.
[3] Vgl. R. PLANK: Amerikanische Kältetechnik, 3. Bericht, S. 141. Düsseldorf: Dtsch. Ing.-Verl. 1950.

durch der Länge nach dazwischengelegte Holzleisten, u. a. sog. Stau- bzw. Dach-
latten, zu stützen. Ferner kann man Stützgerüste aus senkrecht gestellten Balken,
die durch Querhölzer versteift werden, an den Stapeln entlang errichten, nötigenfalls in Gestalt von Stollen, die zwischen den hohen Stapeln hindurchführen.
FLEISCHMANN[1] hat solche Gerüste beschrieben, die in kurzer Zeit auf- und wieder
abgebaut werden können, die Errichtung hoher, fester Stapel und damit eine
gute Ausnützung der Lagerfläche ermöglichen.

Vorder- und Hinterviertel vom Rind werden getrennt gestapelt. Vorderviertel der gleichen Seite werden auf die Balkenunterlage aufrecht auf die Rücken-

Abb. 97. Gefrierlagerraum mit Stapeln von Rindfleisch (Kühlhaus Hannover).

kante nebeneinandergestellt, so daß der Hals nach unten und das Bein nach oben
zeigt. Über diese Reihe legt man zwei Holzleisten und darauf die weiteren Lagen
der Viertel mit den Innenseiten nach unten. Hinterviertel werden flach neben-
einandergereiht, und zwar kommen in eine Schicht immer nur Viertel der gleichen
Seite, also linke oder rechte, zwischen je 2 Schichten werden zur Abstützung
Latten gelegt (Abb. 97 und 98). Ganze Schweine werden schichtenweise mit dem
Rücken nach unten aufeinandergestapelt, die oberste Schicht aber mit dem
Rücken nach oben gelegt. Halbe Schweine legt man entweder flach mit der
Schwartenseite nach unten in Reihen neben- und aufeinander oder man stellt
eine Hälfte neben die andere auf die Rückenkante, wobei in jeder Schicht gleich-
seitige Hälften zu liegen kommen. Zwischen die einzelnen Schichten werden zur
Stabilisierung der Stapel Holzleisten in genügender Zahl gelegt. Die oberen Lagen
der Schweinehälften sollen stets mit der Schwarte nach oben zeigen. Schafe
endlich stapelt man so, daß die erste Reihe auf dem Rücken mit dem Hals nach
vorn zeigend liegt, darüber die nächste Schicht mit dem Rücken nach oben und
nach hinten gelegt wird usw. Die Schafkörper von je 2 Reihen berühren sich

---

[1] FLEISCHMANN, K.: Die Fleischwirtschaft Bd. 23 (1943) S. 108.

mit dem Hals also mit den Bäuchen, während die Hälse abwechselnd nach vorn und nach hinten zeigen. Zwischen je 2 Reihen werden wieder Latten gelegt.

Ballen aus knochenlosem Fleisch stapelt man möglichst regelmäßig unter Abstützung durch Holzleisten aufeinander, Blöcke aus ebensolchem Fleisch werden auf den Unterlagen neben- und aufeinandergepackt. Kisten oder Kartons mit Organen, Kleinfleisch und Geflügel werden mit zwei Finger breitem Abstand nebeneinandergestellt, darüber legt man Leisten und stellt darauf die nächste Schicht. Man kann solche Packstücke auch in Schachbrettform stapeln. Wild wird hängend aufbewahrt oder unter Zwischenlegen von Latten aufeinandergepackt.

Abb. 98. Gefrierlagerraum in einem deutschen Kühlhaus mit gestapeltem argentinischem Rindfleisch.

Die Dichte der Belegung eines Lagerraumes hängt von der Art des Gutes, der Stapelung, der Raumhöhe und der Tragfähigkeit des Bodens ab. Die nachstehend angegebenen Mengen können deshalb nur als Anhaltspunkte dienen. Für Rindfleisch in Vierteln und Schweinefleisch in Hälften ohne Köpfe liegt die Menge, die je Kubikmeter untergebracht werden kann, bei 400 kg, so daß bei einer Stapelhöhe von 2,5 m, der in den meisten Fällen üblichen, mit einer Belegbarkeit von etwa 1000 kg je Quadratmeter Bodenfläche zu rechnen ist. Bei ganzen Kälbern und Schafen ist diese Zahl wegen der größeren Sperrigkeit der Körper um etwa 15% geringer. An knochenlosem Fleisch in Blöcken kann man um 40 bis 50% mehr lagern als an Fleisch in ganzen Vierteln, also je Quadratmeter 1400 bis 1500 kg, sofern die Tragfähigkeit es zuläßt. Von Geflügel, das in Kisten verpackt ist, sind durchschnittlich 700 bis 800 kg auf dem Quadratmeter unterzubringen.

3. Temperatur, Bewegung und Feuchtigkeit der Luft.

Die Temperatur in den Lagerräumen muß der mehr oder minder großen Empfindlichkeit des jeweiligen Lagergutes angepaßt sein. Sie muß so gleichmäßig wie nur möglich eingehalten werden. Schwankungen, die im Kühlhausbetrieb, z. B. beim Ein- und Auslagern, nicht ganz zu vermeiden sind, müssen deshalb schnellstens wieder ausgeglichen werden. Nach den in großem Umfang vorliegenden praktischen Erfahrungen soll bei der langfristigen Lagerung von Fleisch eine Temperatur von —18° C nicht überschritten werden[1].

Die Luftbewegung soll nur so stark sein, daß eine gleichmäßige Temperatur im ganzen Raum erreicht wird. Lebhaftere Luftbewegung fördert die Austrocknung und begünstigt Veränderungen im Fett. Die relative Luftfeuchtigkeit soll bei 90% oder höher liegen.

4. Lagerdauer und Haltbarkeit.

Die Dauer der Lagerung soll nie unnötig lang ausgedehnt werden, weil mit der Länge der Lagerzeit die Gewichtsverluste durch Austrocknung zunehmen, die Möglichkeit auch anderer Veränderungen wächst und die Kosten steigen. Von besonderen Fällen abgesehen, werden für die Bedürfnisse der öffentlichen wie der privaten Vorratswirtschaft Lagerzeiten von 6 bis 8 Monaten ausreichen. Die an einem sehr großen Material in Deutschland gemachten Erfahrungen haben gezeigt, daß sich Rind-, Schaf- und Schweinefleisch, wenn es von guter Qualität, sachgemäß vorbehandelt, eingefroren und gelagert ist, ein volles Jahr ohne merkliche Minderung seiner Güte erhalten läßt. Diese Frist ist jedoch keineswegs die höchste Grenze der Haltbarkeit, denn die Lagerung ist gelegentlich schon viel länger, auf $1^1/_2$ und 2 Jahre, ausgedehnt worden. So berichtete Fleischmann[2], daß an einer größeren Partie gefrorener Schweine, die 13 Monate bei —15° C, kombinierter Kühlung bei geringer Luftbewegung (täglich $^1/_2$ Stunde) gelagert hatte, außer einer leichten grauen Verfärbung einzelner alter Schnittflächen keinerlei Veränderungen, auch nicht im Fett und vor allem nicht geschmacklicher Art, festzustellen waren. In einem anderen Fall hatte sich ein Posten Rindergefrierfleisch 20 Monate in völlig einwandfreiem Zustand gehalten. Fleischmann ist deshalb der Meinung, daß die Haltbarkeit guten Gefrierfleisches ohne wesentliche Beeinträchtigung seiner Güte 12 bis 15 Monate beträgt. Von langen Lagerzeiten und ihrer Auswirkung auf das Fleisch machte auch Reuter[3] Mitteilung. Danach wurde mageres Rindfleisch in Vierteln 16 Monate und Schweinefleisch 18 Monate, ohne erhebliche Veränderungen zu erleiden, gelagert. Fettes Rindfleisch lagerte sogar 25 Monate, ohne irgendwelche Abweichungen zu zeigen. Fleisch, in Ziegelform und in Pergamentpapier verpackt, hatte nach 3jähriger Lagerung eine schwach gelbliche Farbe des äußeren Fettes und einen ältlichen, leicht ranzigen Geruch und Geschmack, war aber noch verwendbar. Die Lagerung war in diesen Fällen durchweg bei —15° C bis —20° C in völlig verdunkelten Räumen und bei schwacher Luftumwälzung erfolgt. Welche Veränderungen bei extrem langer Ausdehnung der Lagerung eintreten, konnte Niedoba[4] an einem 10 Jahre bei —8° C und 92% Luftfeuchtigkeit aufbewahrten Rinderviertel beobachten. Die Oberfläche war dunkelgraurot und 4 bis 8 cm tief zunderartig ausgetrocknet, der Kern hatte jedoch noch die natürliche Farbe; das Fett war dunkelgelb und widerlich ranzig, der Saftabfluß beim Auftauen betrug 20%, das Fleisch im Innern ohne Fett war noch genießbar, die Kochbrühe aber ohne Aroma.

Gänse und Enten haben im allgemeinen wegen der großen Empfindlichkeit ihres Fettes eine Lagerfähigkeit von etwa 4 Monaten, das übrige Geflügel hat

---

[1] Du Bois, C. W., u. D. K. Tressler: Proc. 1. Food Conference, Inst. Food Techn., S. 167. Champaign., Ill.: The Garrard Press, Juni 1940. — F. Kiermeier u. R. Heiss: Z. ges. Kälteind. Bd. 46 (1939) S. 91 u. 111. — E. J. Young u. J. A. McIntosh: Refrig. Engng. Bd. 45 (1943) S. 100.

[2] Fleischmann, K.: Die Fleischwirtschaft Bd. 22 (1942) S. 220.

[3] Reuter, F.: Dtsch. tierärztl. Wschr. Bd. 54 (1947) S. 202.

[4] Niedoba, Th.: Wiener tierärztl. Mschr. Bd. 13 (1926) S. 451.

eine solche von 6 Monaten, jedoch kann hochwertige Ware unter optimalen Bedingungen auch 5 bis 6 bzw. 7 bis 8 Monate lang gelagert werden. Das ist u. a. von KIERMEIER[1] und von COOK[2] durch Versuche festgestellt worden. KIERMEIER hat Hühner 17 Monate bei $-8,5°$ C, bei $-15°$ C und $-21°$ C aufbewahrt. Der Qualitätsabfall betrug bei den in $-8,5°$ C gelagerten Tieren 29%, bei den in $-15°$ C bzw. $-21°$ C gelagerten Hühnern nur 15% bzw. 6%. Eine Verbesserung der Haltbarkeit konnte durch Gaslagerung (CO_2) erreicht werden, so daß die bei $-8,5°$ C und in CO_2 aufbewahrten Hühner den bei $-15°$ C und ohne CO_2 gelagerten in der Qualität gleichkamen. Die Frischhaltungsdauer belief sich bei $-8,5°$ C auf 3 bis 4 Monate, bei $-15°$ C und $-21°$ C auf über 12 Monate. Die Veränderungen beruhten vor allem auf Zersetzung des Fettes. Das Entdärmen verkürzte die Haltbarkeit. COOK berichtete, daß er Geflügel bei $-13,5°$ C und $-22°$ C bis zu 83 Wochen lagern konnte, wenn die Tierkörper in eine dicht verschlossene Hülle aus Aluminiumfolie verpackt waren.

Nach den Abgaben von TRESSLER[3] sollen die Lagertemperaturen für gefrorenes Geflügel sehr tief, $-23°$ C bis $-32°$ C, sein, wenn es sich länger als 6 Monate halten soll. Neben der Temperatur spielt die Art der Verpackung eine entscheidende Rolle. Durch zweckmäßige Verpackung sollen Austrocknung, Aromaverluste und Oxydationsprozesse im Fett verhindert werden. So war 1939 das schon erwähnte Cryovac-Verfahren aufgekommen, ferner werden heute in großem Umfang wasserdichtes Cellophan (S. 619), Pliofilm, Saran und andere Kunststoff-Folien zur Verpackung von Geflügel und Fleisch verwendet. Versuche über den Einfluß der Verpackung auf die Gewichtsverluste gefrorenen Geflügels haben nach einem Bericht von DU BOIS, TRESSLER und FENTON[4] folgendes ergeben: Hühner in Wachspapier eingehüllt, das eine erhebliche Durchlässigkeit für Wasserdampf hatte, verloren bei $-12°$ C in 6 Monaten 10,7% ihres Gewichtes, bei $-18°$ C in 12 Monaten 4,7% und in 20 Monaten 6,4%. Dagegen betrugen die Gewichtsverluste von Hühnern, die mit einem besonders präparierten Sulfitpapier umhüllt waren, bei $-18°$ C in 12 und 20 Monaten nur 1,5 bzw. 2,4%. Bei Verwendung wasserdampfdichter Kautschuk- und Viscosehüllen waren die Verluste bei allen Temperaturen sehr gering. Über verschiedene Verpackungsstoffe s. S. 619. Unausgenommene Hühner verloren weniger als ausgenommene. Als Kriterium für die Erhaltung des Fettes wurde die Beschaffenheit des Fettes in der Leibeshöhle angesehen, weil sich dieses als besonders empfindlich erwies, vgl. Tab. 10:

Tabelle 10. *Einfluß der Lagertemperatur auf die Ausbildung der Fettranzigkeit.*

Ranzigkeit festgestellt	Lagertemperatur °C	Beginn der Ranzigkeit nach Monaten	Ausgesprochene Ranzigkeit nach Monaten
chemisch	-9	2	3
geschmacklich		2	3
chemisch	-12	4	5
geschmacklich		4	5
chemisch	-18	10	12
geschmacklich		10	12
chemisch	-22	18	20
geschmacklich		19	20

[1] KIERMEIER: Vorratspflege u. Lebensmittelforsch. Bd. 2 (1939) S. 471.
[2] COOK, W. H.: Food Res. Bd. 4 (1939) S. 407.
[3] TRESSLER, D. K.: Some Aspects of Food Refrigeration and Freezing. Food and Agriculture Organization of The United Nations, Nr. 12. Washington 1950.
[4] DU BOIS, C. W., u. andere: Refrig. Engng. Bd. 44 (1942) S. 93.

Haar- und Federwild sollten im allgemeinen nicht über 6 Monate hinaus gelagert werden, weil sonst die Austrocknung trotz des Schutzes, den Decke und Federkleid gewähren, zu großen Umfang annimmt.

5. Veränderungen und Schäden.

Während der Lagerung treten an gefrorenem Fleisch stets gewisse Veränderungen ein, deren Umfang von der Qualität des Fleisches sowie von den Umständen und der Dauer der Lagerung abhängt. Dazu gehören eine langsam fortschreitende Austrocknung und eine mehr oder weniger deutliche Verfärbung an der Oberfläche. Durch sachgemäße Behandlung des Fleisches und Schaffung optimaler Lagerungsverhältnisse lassen sich diese Veränderungen auf ein praktisch fast bedeutungsloses Maß beschränken. Sehr starke Austrocknung führt allerdings auch zu einer erheblichen Qualitätsminderung. Ferner können während der Lagerung am Fleisch durch mancherlei Umstände auch ernstliche Schäden entstehen, die zu verhüten die wichtigste Aufgabe der Lagerhalter ist.

a) Austrocknung und Gewichtsverluste. Die praktisch bedeutungsvollste Veränderung ist die Austrocknung durch Verdunstung des Wassers aus der Oberfläche des Fleisches. Sie geht vor allem aus den bei der Zerlegung der Tierkörper geschaffenen Schnittflächen des Muskelfleisches und der Knochen vor sich, in geringerem Ausmaß aber auch aus der ganzen übrigen, nicht durch einen Fettüberzug geschützten Oberfläche der Fleischstücke. Der beste Schutz gegen die Austrocknung ist, wie bereits an früherer Stelle hervorgehoben wurde, eine gut ausgebildete oberflächliche Fettschicht. Die von der Austrocknung betroffenen Fleischteile nehmen eine trockene, strohige Beschaffenheit an. Mit einem Messer kann man die so veränderte Oberfläche, ohne Widerstand zu finden, durchstechen, auf diese einfache Weise ihre Dicke ermitteln und aus dieser ziemlich zutreffende Schlüsse auf die Dauer der Lagerung ziehen. Nach 6 monatiger Lagerung ist mit einer Austrocknung von etwa 5 mm zu rechnen. Durch die Austrocknung wird ein gewisser Gewichtsschwund verursacht, der wirtschaftlich einen Geldverlust bedeutet. Nach den Feststellungen von Plank und Kallert[1], die allerdings an fettarmen Stücken gemacht wurden, erreichten die Gewichtsverluste bei Vorder- und Hintervierteln von Rindern von durchschnittlich 60 kg bei −10° C Lagertemperatur und einer relativen Luftfeuchtigkeit von 90% folgende Werte:

Lagerdauer	2	4	6	8	10	12 Monate,
Gewichtsverlust	3,0	4,5	5,5	6,0	6,5	7,0%.

Bei Schweinehälften von 30 kg wurden unter denselben Lagerungsverhältnissen folgende Verluste gefunden:

Lagerdauer	1	2	3	6 Monate,
Gewichtsverlust	2	3	3,5	4,5%.

Bei diesen Zahlen ist zu berücksichtigen, daß sie sich auf sehr leichte Schweine bezogen haben. Bei ganzen Schweinen von 60 kg ermäßigten sich die Verluste um 15%.

Gräf[2] fand die in Tab. 11 zusammengestellten mittleren Gewichtsverluste, wobei das von ihm beobachtete Rind-, Schweine- und Schafffleisch nur von vollfleischigen, fetten Tieren stammte.

---

[1] Plank, R., u. E. Kallert: Über die Behandlung und Verarbeitung von gefrorenem Rindfleisch. Abhandlungen Volksernährung, H. 6. Berlin: Verl. d. Zentral-Einkaufsges. 1916.
[2] Gräf, M.: Untersuchungen über Fleischkonservierung durch Einfrieren. Dissertation Berlin 1923.

Tabelle 11. *Gewichtsverluste bei der Lagerung.* (Nach M. GRÄF.)

Fleischart	Verluste in Prozenten nach der Lagerung von Monaten			
	1	2	3	6
Rind				
Vorderviertel	0,5	1,4	2,0	3,0
Hinterviertel	0,5	0,7	1,0	1,7
Zungen in Säcken	0,8	1,2	1,6	—
Herzen in Säcken	0,7	1,2	1,7	—
Pansen in Säcken	0,5	0,7	0,7	0,8
Backenfleisch in Säcken . . .	0,8	1,5	2,1	3,0
Kopffleisch im Block	0,6	1,0	1,5	2,5
Lebern im Block	1,2	2,2	4,0	6,5
Schwein				
ganze	0,5	0,8	1,0	1,6
halbe	0,6	0,9	1,4	2,0
Herzen in Säcken	0,7	1,1	1,6	—
Lebern im Block	1,3	2,3	3,2	—
Schaf				
ganze	0,7	1,0	1,5	2,6
Herzen in Säcken	0,5	0,8	1,2	—
Lebern im Block	1,0	2,0	3,0	—

KALLERT und FLEISCHMANN[1] haben an einem großen Material, an rd. 80000 Schweinehälften und 32000 Rindervierteln, die in mehreren Kühlhäusern unter verschiedenen Verhältnissen gelagert waren, die in Tab. 12 angegebenen durchschnittlichen Gewichtsverluste ermittelt, wobei auch die bereits an früherer Stelle angegebenen Zahlen der beim üblichen langsamen Einfrieren in Luft entstehenden Verluste wiederholt sind.

Tabelle 12. *Gewichtsverluste bei der Lagerung.* (Nach KALLERT-FLEISCHMANN.)

Verluste in % beim Einfrieren	Dauer der Lagerung	Verluste in % bei der Lagerung	Gesamtverluste in %
	a) Rinderviertel von gut genährten Tieren		
1,7	3 bis 6 Monate	2,3	4,0
	7 bis 9 Monate	2,8	4,5
	10 bis 12 Monate	3,2	4,9
	13 bis 15 Monate	3,5	5,2
	b) Rinderviertel von Tieren geringer Güte		
2,0	3 bis 6 Monate	3,3	5,3
	7 bis 9 Monate	3,7	5,7
	10 bis 12 Monate	4,1	6,1
	13 bis 15 Monate	4,4	6,4
	c) Schweine im Schlachtgewicht von 100 bis 130 kg		
1,5	3 bis 6 Monate	1,0	2,5
	7 bis 9 Monate	1,7	3,2
	10 bis 12 Monate	2,6	4,1
	13 bis 15 Monate	2,9	4,4
	d) Schweine im Schlachtgewicht von 70 bis 100 kg		
1,5	3 bis 6 Monate	1,3	2,8
	7 bis 9 Monate	2,4	3,9
	10 bis 12 Monate	3,0	4,5
	13 bis 15 Monate	3,4	4,9

[1] KALLERT, E., u. K. FLEISCHMANN: Die Fleischwirtschaft Bd. 23 (1943) S. 145.

Auf die Möglichkeiten der Einschränkung der Austrocknung und damit der Gewichtsverluste ist schon wiederholt hingewiesen, vgl. S. 77 ff. Sie sind kurz zusammengefaßt in der Verwendung hochwertigen, fetten Fleisches, in schnellem Kühlen und Einfrieren, in der Einhaltung möglichst tiefer Temperaturen und einer Luftfeuchtigkeit von mindestens 90% und geringer Luftbewegung während der Lagerung, im Einfrieren fettarmen Fleisches und von Organen in Blockform, endlich in nicht zu langer Ausdehnung der Lagerung zu sehen. Die wirtschaftliche Bedeutung der durch diese Maßnahmen erzielbaren Verringerung der Gewichtsverluste ist erheblich, wie eine kleine Berechnung zeigt: wenn bei einer Lagermenge von 50000 t nur 1% eingespart wird, so sind das 500 t, entsprechend etwa 1650 fetten Rindern oder 3300 fetten Schweinen im Geldwert von 1,5 Millionen Mark.

Beim Geflügel entstehen durch Austrocknung helle runde Stellen um die Federkiele, die sog. Pockennarben, und mißfarbige Flecken der Haut, der sog. Frostbrand, welch letzterer sich bis in die Muskulatur erstrecken kann. Cook[1] fand in schweren Fällen von Frostbrand einen Wassergehalt des Gewebes von nur 50 bis 52%, während der natürliche Gehalt 72% beträgt. Die Vorbeugung besteht in den vorhin angegebenen Maßnahmen und in der Umhüllung mit wasserdichtem Material, z. B. Aluminiumfolie. Neuerdings hat sich Kaess sehr eingehend mit der Ausbildung von „Freezer burn" an tierischen Geweben befaßt[2].

b) Verfärbung. Während der Lagerung treten gewisse Farbänderungen ein, deren Grad je nach Art und Qualität des Fleisches, den Lagerverhältnissen und der Lagerdauer sehr verschieden sein kann. Es handelt sich um eine mit der Austrocknung parallelgehende Veränderung, die auch dieselben Teile der Oberfläche, d. h. die nicht durch einen Fettüberzug geschützten, betrifft. Wesen und Ursache der Verfärbungen sind die gleichen wie beim Kühlfleisch. Am ersten tritt eine Verfärbung der Schnittflächen des Muskelfleisches ein. Die lebhaft rote Fleischfarbe wird hier allmählich dunkel- bis schwarzrot. Gleichzeitig nimmt die Schnittfläche der Knochen, z. B. der Wirbelsäule, einen grauroten Farbton an. Die blutigen Teile des Halses werden, wenn sie nicht, wie es stets geschehen sollte, vor dem Einfrieren entfernt worden sind, schwarzrot. Auch die gesamte übrige aus Muskelfleisch bestehende Oberfläche der Stücke kann mit der Zeit einen etwas anderen Farbton annehmen, der je nach der ursprünglichen Farbe verschieden ist. So wird von Natur dunkles Fleisch, z. B. von Bullen, dunkelbläulich- bis schwarzrot, hellrotes Fleisch, z. B. von jungen Rindern, kann etwas abblassen oder hellgraurot werden. Am besten hält sich die kräftig rote Farbe ausgewachsener, vollfleischiger Tiere, während bei geringwertigen, mageren und alten Tieren, ferner bei Tieren, die vor der Schlachtung nicht genügend ausgeruht und schlecht ausgeblutet waren, die Farbe am stärksten zur Änderung neigt. Das gilt auch von Fleisch, das nach der Schlachtung nicht sachgemäß behandelt worden ist, z. B. nicht schnell und vollständig genug gekühlt oder auf dem Transport aufeinandergepackt war. Einer anderen, nicht selten zu beobachtenden Veränderung im Aussehen des Fleisches ist hier zu gedenken, die neben den geschilderten Veränderungen der Farbe vorkommt, aber eine Folge der fortschreitenden Austrocknung der Oberflächenschicht ist. Es finden sich entweder kleine, weiße, lose sitzende Flöckchen, die auf den ersten Blick mit kleinen Schimmelpilzkolonien verwechselt werden können, sich aber bei näherer Betrachtung leicht von solchen unterscheiden lassen, oder ein grauer, staubförmiger Belag. Bei beiden handelt es sich um Ausscheidungen von Fleischsalzen.

---

[1] Cook, W. H.: Food Res. Bd. 4 (1939) S. 407.
[2] Kaess, G.: Kältetechnik Bd. 8 (1956) S. 107.

Alle diese Verfärbungen vermindern nicht den Gebrauchswert des Fleisches und können deshalb, wenn sie nicht sehr stark ausgeprägt sind, als Schönheitsfehler angesehen werden. Bei großem Umfang beeinträchtigen sie aber zusammen mit der dann immer bestehenden starken Austrocknung das gute Aussehen und damit den Handelswert des Fleisches, was meist bei überlagerten Beständen der Fall ist. Die Mittel zur Einschränkung der Farbänderungen ergeben sich von selbst aus den angegebenen Ursachen.

Bei gefrorenem Geflügel wird gelegentlich eine schwärzliche Verfärbung von Knochen beobachtet, deren Ursache nach den Untersuchungen von BRANT und STEWART[1] in einer Hämolyse der roten Blutkörperchen des Knochenmarkes besteht, die durch das Einfrieren und Auftauen hervorgerufen wird.

c) **Aromaverlust.** Bei lange gelagertem Gefrierfleisch kann eine Abschwächung des Aromas, das für die betreffende Fleischart spezifisch ist, festgestellt werden, besonders an der Fleischbrühe, die dann mehr indifferent schmeckt. Schweinefleisch scheint mehr als Rindfleisch zu diesem Verlust an aromatischen Substanzen zu neigen. Er wird durch starke Luftbewegung im Lagerraum begünstigt, weshalb eine solche, da sie auch noch andere Nachteile zur Folge hat, unbedingt zu vermeiden ist.

d) **Veränderungen der Fette.** In den Fetten können unter der Einwirkung des Sauerstoff- und Feuchtigkeitsgehaltes der Luft bei längerer Lagerung und unter ungünstigen Lagerverhältnissen Spaltungen vor sich gehen, die an der Oberfläche beginnen und sich langsam auf die tieferen Lagen ausdehnen. Die Luftfeuchtigkeit begünstigt die Spaltung der Fette in Fettsäuren und Glycerin, der Sauerstoff oxydiert die Spaltungsprodukte zu Ozoniden und Aldehyden. Auch häufige Belichtung des Lagergutes gilt als begünstigender Umstand. Die Veränderungen sind als gelbliche oder graue Verfärbung und als mehr oder weniger deutlich ausgeprägter ältlicher, talgiger oder ranziger Geschmack wahrnehmbar. Am empfindlichsten ist das Fett von Enten und Gänsen, dann von Hühnern und Schweinen. Rinder- und Schaffett sind am wenigsten veränderlich. So stellte u. a. MORAN[2] fest, daß die beiden letzteren Fette am langsamsten oxydieren, während die Oxydation bei Schweinen in -10° C verhältnismäßig schnell erfolgt. KIERMEIER und HEISS[3] prüften fettes Rind- und Schweinefleisch bei -8° C, -15° C und -21° C und fanden, daß die chemischen Werte der Fette bei -15° C und -21° C einander sehr ähnlich waren, während sich davon die bei -8° C erhaltenen Werte wesentlich im ungünstigen Sinn unterschieden. Daraus ergeben sich die Maßnahmen zur Verhütung, die in der Schaffung optimaler Lagerverhältnisse bestehen. So hat sich bei der Lagerung gefrorener Schweine im großen Maßstab für die öffentliche Vorratswirtschaft die Einhaltung einer Temperatur von -18° C gut bewährt.

e) **Befall mit Schimmelpilzen.** Im Gegensatz zu Bakterien und Hefen können sich Schimmelpilze auch noch bei Temperaturen, die wesentlich unter dem Gefrierpunkt liegen, vermehren und vermögen deshalb auch auf gefrorenem Fleisch zu gedeihen (Abb. 99), wo sie u. U. schwere Schäden anrichten können. Besonders in dem Temperaturbereich von -4° C bis -8° C ist ihre massenhafte Vermehrung möglich, weshalb in früheren Jahren, als die Kühlhäuser noch nicht für die Einhaltung tiefer Lagertemperaturen eingerichtet waren, Verschimmelung von Gefrierfleisch ein nicht selten vorkommender Schaden war. Von einer Reihe von Beobachtern ist eine große Anzahl von Arten der Gattungen auf Gefrierfleisch

---

[1] BRANT, A. W., u. G. F. STEWART: Food Techn. Bd. 4 (1950) S. 168.
[2] MORAN, T.: Food Manufact. Bd. 9 (1934) S. 193.
[3] KIERMEIER, F., u. R. HEISS: Kälte-Ind. Bd. 46 (1939) S. 91.

gefunden worden, so Mucor mucedo, spinosus und pusillus, Penicillium glaucum und crustaceum, Thamnidium chätoclotioides und elegans, Monilia digitata, Aspergillus simplex, Chlamydomucor racemosus. Besonders gefürchtet ist die sog. Schwarzfleckigkeit des Gefrierfleisches, die nach Pio Silva[1], Müller[2], Books und Kidd[3] durch Cladosporium herbarum verursacht wird. Damit dürfte aber die Zahl der auf Gefrierfleisch vorkommenden Schimmelpilzarten bei weitem noch nicht vollständig sein. Die Ansiedlung der Schimmelpilze wird durch folgende Umstände begünstigt: Verunreinigungen des Fleisches beim Schlachten und der weiteren Behandlung durch Magen-Darm-Inhalt, Staub und Schmutz aller Art, Einfrieren und Lagern in nicht gründlich gereinigten Räumen, Verwendung

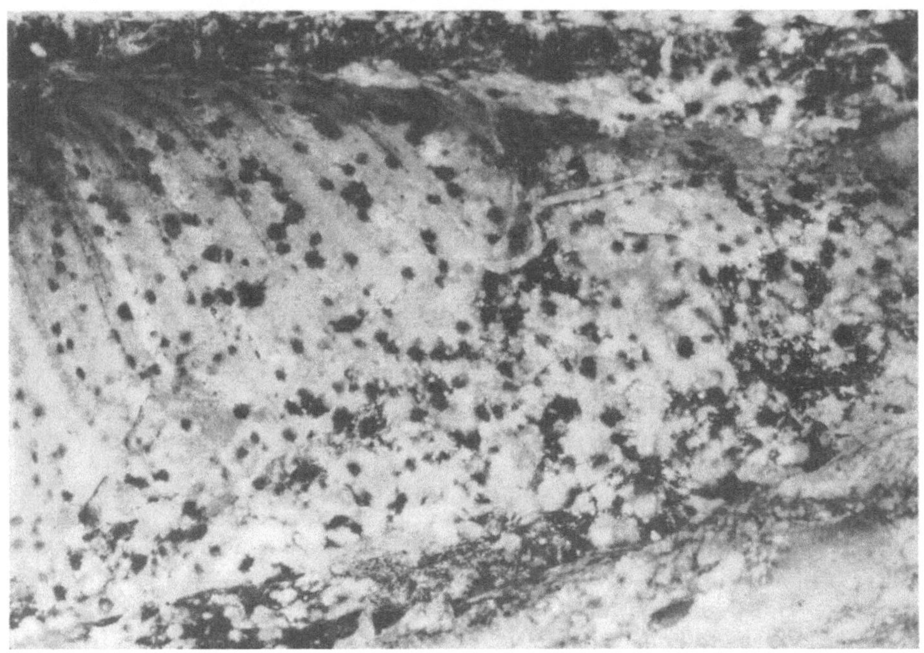

Abb. 99. Schimmelpilzkolonien auf der Innenseite eines Rindervorderviertels, darunter zahlreiche schwarze von Cladosporium herbarum.

unsauberer Stapelhölzer, nicht genügend tiefe Temperaturen und häufige Temperaturschwankungen, zu hohe Luftfeuchtigkeit und fehlende Luftbewegung, Einlagerung von angetautem und nicht wieder völlig durchgefrorenem Fleisch, verunreinigte oder feucht gewordene Umhüllungen.

Je nach ihrer Art wachsen die Schimmelpilze als weiße, rundliche, etwa stecknadelkopf- bis linsengroße Kolonien, die mit der Zeit zu Rasen verschmelzen, als dunkelgraugrüne, verschieden große Kolonien oder als dichte, weißgraue oder graugrünliche Rasen. Das schon genannte Cladosporium herbarum erzeugt kleine, runde, etwa 1 cm tief in das Fleisch eindringende Kolonien, die zu der Bezeichnung Schwarzfleckigkeit geführt haben. Die bevorzugten Stellen der Ansiedlung sind Schnittflächen, Falten und Vertiefungen, so an Vordervierteln die Halsschnittfläche, die Tasche unter dem Rest des Saumfleisches, weshalb

[1] Silva, Pio: Z. Fleisch- u. Milchhyg. Bd. 23 (1913) S. 267.
[2] Müller, M.: Z. Fleisch- u. Milchhyg. Bd. 24 (1914) S. 97.
[3] Books, F. T., u. M. N. Kidd: Cold Storage, Mai 1921.

dieses stets vollständig entfernt werden sollte, die Innenseiten der viertel und halben Schweine sowie bei ganzen Schweinen und Schafen die Brust- und Bauchhöhle, bei ausgenommenem Geflügel und Wild ebenfalls die Körperhöhlen. Meist sind nur die mageren Oberflächenteile betroffen, während die fetten viel seltener befallen werden.

Vereinzelte Schimmelkolonien sind für die Güte des Lagergutes zunächst ohne Bedeutung, sie können leicht durch Abwischen oder Abtragen mit dem Messer entfernt werden. Ihr Erscheinen ist jedoch immer als ein Warnungszeichen dafür aufzufassen, daß die Haltbarkeit des Fleisches bedroht ist, daß dem Fleisch und den Lagerungsverhältnissen erhöhte Aufmerksamkeit zu widmen und alles zu tun ist, die Ausbreitung des Schimmelwachstums, das sehr schnell erfolgen kann, zu verhindern. Am besten ist es in solchen Fällen, das befallene Fleisch möglichst bald dem Verbrauch zuzuführen. Sind bereits Einzelkolonien in großer Zahl oder ausgedehnte Rasen vorhanden, so ist die Lagerung sofort zu beenden. Oft hat dann auch bereits die Güte des Fleisches Schaden erlitten, indem die mit Schimmel bewachsenen Oberflächenteile einen unangenehmen dumpfigen oder stechenden, ammoniakalischen Geruch und Geschmack aufweisen und durch Abschneiden entfernt werden müssen. So hat z. B. VELU[1] mitgeteilt, daß bei einem Posten marokkanischen Gefrierfleisches der weiße und der schwarze Schimmel, der die Oberfläche bedeckte, durch Abbürsten und Abtragen mit dem Messer beseitigt werden mußte, worauf der übrige Teil verwendbar war. Es können also schon durch eine mittelgradige Schimmelbildung recht erhebliche Abfälle und Verluste entstehen. Angeschimmeltes Fleisch ist auch für den Versand über weitere Entfernungen nicht mehr geeignet, weil die dabei unvermeidliche Temperaturerhöhung eine starke Vermehrung der Pilze und eine noch größere Schädigung des Fleisches verursachen können. In extremen Fällen kann die Oberfläche der Fleischstücke fast völlig von Schimmelrasen überzogen sein. Dann zeigen auch die tieferen Schichten den dumpfigen und stechenden Geruch und Geschmack, so daß bestenfalls noch die innersten Teile verwendbar sind.

Auch bei Geflügel kann die Verschimmelung große Ausmaße annehmen, wie aus einem von LORENZEN[2] beobachteten Fall hervorgeht. Ein Posten gefrorener, in einwandfreiem Zustand eingetroffener Hühner mußte unter ungünstigen Temperaturverhältnissen gelagert werden. Schon nach 8 Wochen waren die Hühner von Schimmelpilzen befallen und besonders in den unteren Kisten von einem graugrünen Pilzrasen überzogen. Die stark befallenen Stücke wiesen im Innern einen dumpfen, muffigen und süßlichen Geruch auf und waren genußuntauglich geworden, die weniger betroffenen konnten nach Entfernung der verschimmelten Teile noch verwendet werden.

Die oben genannten Ursachen des Befalles mit Schimmelpilzen weisen auf die erforderlichen Vorbeugungsmaßnahmen hin.

f) Aufnahme fremder Gerüche. Auch in gefrorenem Zustand kann Fleisch fremde Gerüche aufnehmen und dadurch Schaden erleiden. Besonders gefährlich sind in dieser Beziehung die Riechstoffe der Citrusfrüchte, durch die schon manche Partie Gefrierfleisch, z. B. ganze Schiffsladungen, erheblich beschädigt wurde. Gelegentlich strömt aus undicht gewordenen Kühlrohren Ammoniak aus und füllt den Lagerraum, wobei das Gas auch in das Fleisch eindringt. Es verflüchtigt sich jedoch wieder, wenn mehrere Tage unter Zuführung gekühlter Frischluft ausgiebig gelüftet wird, ohne Geruch und Geschmack des Fleisches zu beeinträchtigen. So konnten RASCHKE und FISCHER[3] in einem Fall, in dem flüssiges Ammo-

---

[1] VELU, H.: Rev. vet. mil. Bd. 20 (1936) S. 403.
[2] LORENZEN, B.: Tierärztl. Rdsch. Bd. 49 (1934) S. 193.
[3] RASCHKE, O., u. E. FISCHER: Z. Fleisch- u. Milchhyg. Bd. 41 (1931) S. 453.

niak auf das Fleisch getropft war und den ganzen Raum vergast hatte, feststellen, daß nach reichlicher Lüftung das Fleisch einschließlich der vom Ammoniak unmittelbar benetzten Stellen völlig einwandfrei war. Auch von ausströmendem Kohlendioxyd ist keine Schädigung des Fleisches zu erwarten. In diesem Zusammenhang sei auch die gelegentliche Verunreinigung des Fleisches durch auslaufende Kühlsole erwähnt. Die davon betroffenen Teile sind untauglich zum menschlichen Genuß und müssen durch Ausschneiden sorgfältig beseitigt werden.

g) Brandschäden. Durch Brände in Kühlhäusern sind schon wiederholt schwere Verluste an Gefrierfleisch entstanden. Fettes Fleisch, z. B. Schweinefleisch, kann dabei selbst in Brand geraten und das Feuer tagelang nähren. Auch durch Löschwasser, auslaufende Kühlsole, Staub und Rauch wird das Fleisch mehr oder minder stark beschädigt. Vor allem nimmt es den brandigen Geruch und Geschmack an, der auch durch intensives Lüften nicht mehr beseitigt werden kann. Immerhin hat sich gezeigt, daß durch Brandeinwirkung äußerlich stark verändertes Fleisch bei sofortiger Bearbeitung, die in gründlichem Abschneiden aller betroffenen Teile besteht, im Innern oft keine oder nur geringe Abweichungen aufweist, so daß wenigstens noch ein Teil verwendbar ist.

h) Tierische Schädlinge. Wie in Kühlräumen können sich auch in Lagerräumen für gefrorenes Fleisch Ratten und Mäuse einnisten. Die Einschleppung erfolgt mit dem Verpackungsmaterial, z. B. in den Schutzhüllen, in Säcken und Kisten. Manchmal wandern sie auch durch die Luftkanäle oder offene Türen ein. Sie bauen sich innerhalb der Stapel Nester, werfen Junge und bekommen ein langes, dichtes Haarkleid, das sie gegen die Kälte gut schützt. Ihre restlose Vertilgung ist dringend geboten, da sie das Lagergut benagen und beschmutzen. Die sicherste Art ist die Vergasung mit Blausäure, die sich auch hier sehr bewährt hat. Das Fleisch leidet dabei in keiner Weise. Zwar nimmt es etwas von dem Gas auf, doch verflüchtigt sich dieses bei der folgenden ausgiebigen Lüftung vollständig. Es ist jedoch Vorsicht geboten, wenn kurz nach der Entlüftung in den Räumen gearbeitet werden soll, weil nicht unerhebliche Mengen des Gases in den Umhüllungen des Fleisches, besonders innerhalb der großen Stapel, einige Zeit zurückbleiben und Gesundheitsschädigungen hervorrufen können.

6. Überwachung.

Während der ganzen Dauer der Lagerung ist eine sorgfältige und sachkundige Überwachung sowohl der Lagerverhältnisse, d. h. vor allem der Temperatur, der Luftfeuchtigkeit und Luftbewegung als auch der Bestände an Fleisch, Geflügel und Wild unbedingt erforderlich, denn nur durch eine solche können rechtzeitig Mängel irgendwelcher Art entdeckt und abgestellt werden. Die Überwachung hat im Rahmen der täglichen Betriebskontrolle durch das Kühlhauspersonal zu erfolgen. Es hat sich aber, wenigstens in der öffentlichen Vorratswirtschaft, als sehr sachdienlich erwiesen, darüber hinaus unabhängige Sachverständige mit der laufenden Überprüfung der Lagerbestände zu betrauen. Diese müssen mit der Materie Fleisch vertraut sein, weshalb für diese Tätigkeit in erster Linie Tierärzte, z. B. Leiter von Schlachthöfen, geeignet sind. Am fruchtbarsten gestaltet sich die Mitarbeit der Sachverständigen dann, wenn sie, wie es lange Jahre in Deutschland geschehen ist, bei Vorratsaktionen durch Gefrieren von allem Anfang an bis zum Abschluß zugezogen werden, d. h. schon zur Auswahl des Schlachtviehes, zur Überwachung der Schlachtungen, zur Prüfung der Einfrier- und Lagerräume vor der Belegung, ob sie in ordnungsgemäßem Zustand sind, ferner des Gefrierens und Stapelns und zuletzt auch zur Auslagerung und Verladung.

V. Transport.

Noch mehr als beim Transport von Kühlfleisch muß beim Transport von gefrorenem Fleisch Vorsorge getroffen werden, daß die Kühlkette nicht unterbrochen wird, das Fleisch also unterwegs nicht erwärmt wird und dadurch an- oder gar auftaut. Es soll vielmehr in hartgefrorenem Zustand am Bestimmungsort eintreffen, damit es dort auf beliebig lange Zeit wieder eingelagert werden kann. Ein Antauen des Fleisches ist nur dann unbedenklich, wenn es unmittelbar nach dem Transport in den Verbrauch geht. Die Verladung aus den Lagerräumen in die Transportmittel muß daher schnellstens vor sich gehen. Kühlhäuser, die zur Lagerung gefrorenen Fleisches dienen, sollen alle technischen Einrichtungen zur schnellen, reibungslosen Abwicklung auch großer Ein- und Auslagerungen besitzen, so eine genügende Anzahl leistungsfähiger Lastenaufzüge, Manipulationsräume im Erdgeschoß und an den Seiten Laderampen für Eisenbahnwaggons und Lastkraftwagen. Auf den Nutzen mechanischer Transportvorrichtungen ist bereits an früherer Stelle hingewiesen worden.

Die Schiffe mit Gefrierladeräumen, die überseeisches Fleisch nach Europa bringen, werden unmittelbar aus den Lagerräumen der

Abb. 100. Umladen des Gefrierfleisches aus dem Dampfer in Kühlwaggons.

Exportschlachtereien, soweit diese an tiefem Wasser liegen, beladen. Sonst wird das Fleisch auf flachgehenden Flußschiffen, sog. Leichtern, die maschinell gekühlte Räume haben, an die Schiffe herangeführt. Zum Schutz gegen die Außenluft werden vom Kühlhaus zum Schiff oder Leichter bewegliche Tunnels aus Eisengerüsten und Plantüchern errichtet, in denen das Fleisch an Laufschienen hängend oder auf Karren fortbewegt wird. Aus den Leichtern wird das Fleisch mit Kranen an Haken hängend oder in großen Netzen an Bord der Dampfer gehoben und durch die Ladeluken in die Gefrierräume versenkt, wo es unter bester Raumausnützung gestapelt wird. In diesen Räumen wird eine Temperatur von $-12°$ C und tiefer eingehalten. In der gleichen Weise erfolgt die Entladung der Dampfer im Bestimmungshafen, wo es entweder in die Lagerräume der Hafenkühlhäuser gebracht oder zum Weitertransport ins Inland in Waggons oder Lastkraftwagen verladen wird (Abb. 100). Auf den Wasserstraßen können zum Versand mit Vorteil Lastkähne, die Gefrierräume besitzen, benützt werden, wie das vielfach in Deutschland auf dem Rhein und der Elbe geschah.

Die zum Versand von gefrorenem Fleisch dienenden Eisenbahnwagen und Lastwagen müssen gut isoliert, dicht schließend, tadellos sauber und frei von fremden Gerüchen sein. Soweit das zu verladende Fleisch keine Schutzhüllen hat, sind die Wagen mit kräftigem Packpapier oder sauberen Plantüchern auszulegen. In der warmen Jahreszeit ist vor der Beladung eine gute Durchkühlung der Fahrzeuge erforderlich. Sie geschieht durch Füllung der Eisbehälter mit Eis etwa 12 Stunden vorher, z. B. über Nacht, oder mit Trockeneis, durch Anschließen an eine Kaltluftleitung oder an einen Kühltunnel. Die letztere Einrichtung in Gestalt eines an das Kühlhaus angebauten oder innerhalb desselben liegenden Tunnels, der mehrere Wagen einzustellen und zu beladen ermöglicht, hat sich als sehr zweckmäßig erwiesen. Nach guter Vorkühlung und schneller Beladung ist bei einer Transportdauer von 24 Stunden die Beigabe von Kälteträgern im allgemeinen nicht notwendig, denn die dicht gepackte Ladung hat einen so großen Kältevorrat, daß ein Auftauen nicht zu befürchten ist. Für längere Transporte und bei sehr hoher Außentemperatur jedoch sowie stets bei kleineren Objekten, z. B. Geflügel, Fleischziegeln, soll zusätzliche Kühlung angewendet werden. Dafür kommt vor allem Trockeneis in Frage. Das Trockeneis wird in runden Behältern aus Pappe, deren Boden aus durchlochtem Blech besteht, an der Decke aufgehängt oder in besondere Behälter der Fahrzeuge gefüllt. Falls Trockeneis nicht zur Verfügung steht, kann man auch ein Gemisch aus Wassereis und Salz oder eutektisches Eis verwenden. Schließlich sei hier der Kühlbehälter, der sog. Container, genannt, ein gut isolierter, stabiler Behälter, der in verschiedenen Größen gebaut und mit der Bahn oder dem Lastwagen befördert werden, ferner der mit Kältemaschinen ausgerüsteten Kühlwagen bzw. Kühlzüge und der maschinell gekühlte Lastkraftwagen, die alle mit bestem Erfolg zum Transport von gefrorenem Fleisch und Geflügel benützt werden. In der kalten Jahreszeit bei genügend tiefer Außentemperatur können im Notfall zum Versand von gefrorenem Fleisch auch gewöhnliche, geschlossene Güterwagen und für kürzere Strecken offene Lastwagen, wenn die Ladung durch Plantücher gut abgedeckt ist, verwendet werden. Näheres über den Transport von Fleisch und anderen Lebensmitteln findet man im Bd. XI dieses Handbuches.

Transportschäden. Bei jeder Art von Transport darf nur hartgefrorenes Fleisch verladen werden. Nicht selten kann man an Fleisch, das nicht völlig hart gewesen oder unterwegs weich geworden war, Deformierungen feststellen, so eingedrückte oder verbogene Stücke oder tiefe, scharfkantige Eindrücke durch die als Unterlagen dienenden Hölzer (Abb. 101 und 102). Deformierungen leichten Grades gleichen sich beim Auftauen wieder aus, jedoch können durch starken Druck auch bleibende Veränderungen entstehen, indem sich die oberste Fleischschicht an der Druckstelle dunkel verfärbt. Wenn stark angetautes Fleisch zur Verladung kommt, oder wenn das Fleisch unterwegs erweicht ist, was gelegentlich bei Schiffsladungen aus Übersee beobachtet wurde, sind die Schäden viel umfangreicher. Das Fleisch wird dann nicht nur deformiert und durch ausgepreßten Fleischsaft, der auch die Umhüllungen durchtränkt, verunreinigt, sondern es kann auch in den oberflächlichen und tiefen Schichten verderben. Das geschieht besonders dann, wenn die weichen Stücke zuunterst liegen, denn der große Druck der darübergestapelten Fleischlast verhindert das Wiedereinfrieren und erhöht die Temperatur, so daß chemisch-fermentative und mikrobielle Zersetzungen ablaufen können. Man findet dann eine weiche bis matschige Konsistenz, eine verwaschene, schmutzigrote Farbe und einen unangenehmen, süßlichfaden Geruch, so daß das Fleisch nicht mehr verwendbar ist. Ebensolche Veränderungen können eintreten, wenn die Isolierung des Schiffsladeraumes schadhaft geworden ist. Auch durch Brände auf den Transportschiffen können schwere Schäden, wie sie bereits für den Fall von Kühlhausbränden geschildert worden sind, an den Fleischladungen entstehen.

Wenn bei Havarien Seewasser in die Laderäume eindringt, verliert das Fleisch seine frische Farbe und wird grau, taut auf und wird ungenießbar. Eine nicht seltene Beschädigung von Gefrierfleisch auf dem Transport ist die durch staubende Materialien, wenn sie gleichzeitig mit dem Fleisch verladen werden, z. B. Kohle, Gips, Zement.

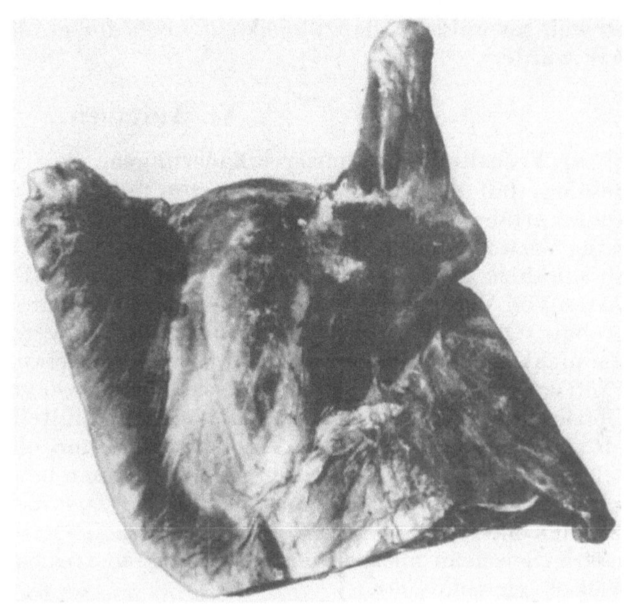

Abb. 101. Deformiertes Rindervorderviertel.

Der Staub dringt durch die Umhüllungen hindurch, friert auf dem Fleisch fest und kann nur durch Abtragen der Oberfläche mit dem Messer entfernt werden. Durch fremde Gerüche können erhebliche Schäden an Gefrierfleisch

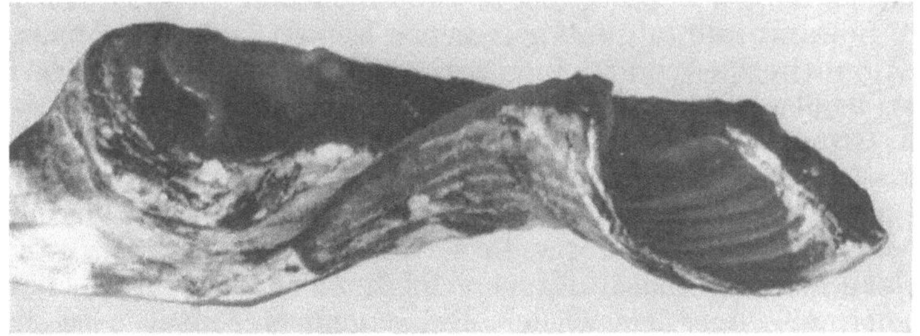

Abb. 102. Deformiertes Rinderhinterviertel.

verursacht werden, wenn z. B. stark riechende Früchte, wie Zitronen oder Apfelsinen, auf vorhergehenden Fahrten in den Räumen befördert wurden, ohne daß für eine gründliche Beseitigung der Gerüche Sorge getragen war. Solche Gerüche können, wenn sie nicht allzu tief in das Fleisch eingedrungen sind — sie haften vor allem am Fett —, durch ausgiebige Lüftung oder Ozonisierung gemildert oder beseitigt werden. In einem Fall, den GLAGE[1] mitgeteilt hat, wies

---

[1] GLAGE, FR.: Berliner tierärztl. Wschr. Bd. 41 (1925) S. 560.

das Gefrierrindfleisch aus zwei Schiffsladungen mit 900 t aus Südamerika einen widerlichen, an Teer erinnernden Geruch und Geschmack, besonders wieder im Fett, auf. Der Geruch kam, wie die Nachforschungen ergaben, aus der Isolierschicht 'der Laderäume. Auch hier gelang es nur durch lang dauernde, intensive Belüftung, den abweichenden Geruch und Geschmack des Fleisches so weit zu mildern, daß wenigstens noch der größere Teil der Partie verwendbar wurde.

VI. Auftauen.

a) Verhalten der Gefrierveränderungen. Auf den Seiten 155ff. war ausgeführt, daß das Fleisch beim Gefrieren tiefgehende Veränderungen seines feinen Baues erfährt, die durch Trennung des Wassers von den Eiweißsubstanzen und seine Verwandlung in Eis zustande kommen, und daß es sich dabei in kolloidchemischem Sinn um eine Entquellung handelt. Die Kolloidchemie kennt zwei Arten von Veränderungen durch Entquellung, nämlich reversible, die also durch erneute Quellung wieder rückgängig gemacht werden können, und irreversible, die nicht mehr ausgleichbar sind. Für die Bewertung und Verwendung des durch Einfrieren haltbar gemachten Fleisches ist es von großer Bedeutung, wie sich die Gefrierveränderungen seiner kolloiden Bestandteile beim Auftauen verhalten, ob sie also reversibel oder irreversibel sind und ob die etwa vorhandene Rückbildungsfähigkeit durch bestimmte Maßnahmen beim Auftauen gefördert werden kann. Es ist zweifellos erwünscht, daß der Zustand, der vor dem Einfrieren bestanden hat, möglichst vollständig wiederhergestellt wird, damit das aufgetaute Gefrierfleisch in allen seinen Eigenschaften frischem, nicht gefroren gewesenem Fleisch gleichkommt.

Eine gewisse Antwort auf die Frage nach der Ausgleichbarkeit der Gefrierveränderungen der Fleischkolloide war schon durch die übereinstimmende Ansicht fast aller früheren Beobachter gegeben, daß durch langsames Auftauen der Saftabfluß stark eingeschränkt werden könne. Im allgemeinen ist der Saftabfluß bei Rindfleisch am größten, bei Kalb- und Hammelfleisch geringer und bei Schweinefleisch am kleinsten. Im Mittel besteht der abfließende Saft beim Rindfleisch aus 85,1% Wasser, 13,7% Proteinen und 1,2% Asche. So äußerte schon 1902 Schneidemühl[1], daß gefrorenes Fleisch langsam aufgetaut werden müsse, wenn nicht Fleischsaft und darin gelöste Eiweißstoffe verlorengehen sollen. Die beiden amerikanischen Forscher Richardson und Scherubel[2] waren auf Grund ihrer Untersuchungen zu folgendem Ergebnis gekommen: Wenn gefrorenes Fleisch schnell aufgetaut wird, saugen die Muskelfasern das außerhalb gefrorene Wasser nicht völlständig wieder auf, sie verbleiben mehr oder weniger in der verzerrten Form, die sie durch den Gefrierprozeß angenommen haben. Je langsamer aber das Auftauen erfolgt, um so mehr gewinnen die Muskelfasern ihr normales Aussehen wieder. Bei schnellem Auftauen ist ein größerer Verlust an Fleischsaft unvermeidlich, bei sehr langsamem Auftauen fließt fast kein Saft ab. Auch Storp[3] fand, daß der Saftverlust bei langsamem Auftauen gering ist. In den Kreisen der Physiologen und Hygieniker (Abderhalden, Bleibtreu, Kruse, Rosenthal, Zuntz)[4] herrschte die Auffassung vor, daß durch vorsichtiges Auftauen der Saftverlust verringert werden könne. Auch die

---

[1] Schneidemühl: Die animalischen Nahrungsmittel. Berlin/Wien: Urban und Schwarzenberg 1902.

[2] Richardson u. Scherubel: J. Amer. chem. Soc. Bd. 30 (1908) S. 1515.

[3] Storp: Veröff. Mil. San. Wes. Berlin, H. 55, 1913.

[4] Abderhalden, Bleibtreu usw.: Mediz. Klin. Berlin Bd. 8 (1912) S. 1891.

Kältetechniker (Göttsche, Stetefeld, Cattaneo) bekannten sich zu dieser Ansicht. Es überwog also bei den Sachverständigen die Meinung, daß langsames Auftauen entscheidend die Nachteile vermindere, die bei schnellem Auftauen auftreten und die man in weiten Kreisen als unvermeidlich hinzunehmen geneigt war: Ausfließen erheblicher Mengen von Fleischsaft, weiche, schlaffe Konsistenz und unansehnliches Aussehen, geringe Haltbarkeit des rohen und zähe, faserige Beschaffenheit des zubereiteten Fleisches.

b) Durchführung des Auftauens. Eine Klärung der Auftaufrage durch umfangreiche Versuche mit gefrorenem Schweine- und Rindfleisch unternahmen in den Jahren 1915 und 1916 Plank und Kallert[1]. Sie tauten Schweinehälften und Rinderviertel unter sehr verschiedenen Bedingungen auf und kamen dabei zu der Überzeugung, daß durch langsames Auftauen der Saftverlust und alle übrigen Nachteile, die dem Gefrierfleisch oft noch zugeschrieben wurden, auf ein Mindestmaß beschränkt werden können. Sie wiesen darauf hin, daß bei langsamem Auftauen eine vollständigere Resorption der ausgefrorenen Flüssigkeit stattfindet als bei schnellem Auftauen. Auch betonten sie, daß das vielfach geübte Zerteilen des Fleisches vor dem Auftauen den Saftverlust außerordentlich steigert, weil aus den vielen neuen Schnittflächen der Saft ungehindert abfließen kann. Sie empfahlen deshalb, das Fleisch nur in ganzen Stücken aufzutauen. Plank und Kallert haben auf Grund ihrer Beobachtungen vor. geschlagen, Schweinehälften bei einer Temperatur von $0°$ C bis $+2°$ C, die allmählich auf $+5°$ C ansteigen soll, und Rinderviertel bei $+5°$ C bis $+6°$ C, ansteigend auf $+10°$ C bis $+12°$ C, aufzutauen. Die rel. Luftfeuchtigkeit soll dabei möglichst von anfänglich 70 auf 90% erhöht werden. Unter diesen Bedingungen beträgt die Auftauzeit bei halben Schweinen von 30 kg $2^1/_2$ bis 3 Tage, bei ganzen Schweinen von 60 kg $3^1/_2$ Tage, bei Rinderhintervierteln von 60 kg etwa 80 Stunden, bei Vordervierteln im gleichen Gewicht etwa 65 Stunden.

Kallert[2] hat dann versucht, die günstige Wirkung des langsamen Auftauens experimentell zu beweisen, indem er das Verhalten der Gefrierveränderungen bei verschieden schnellem Auftauen in mikroskopischen Querschnittspräparaten aus Muskelfleisch beobachtete. Als Material dienten ganze Rinderfilets, die in Luft von $-8°$ C gefroren waren. Jedes Filet wurde geteilt, die eine Hälfte langsam, die andere schnell aufgetaut. Nach bestimmten Zeitabschnitten wurden Proben entnommen und histologisch untersucht. Es konnte eindeutig festgestellt werden, daß eine Rückbildung der Gefrierveränderungen beim Auftauen stattfindet, daß diese beim langsamen Auftauen eine weitergehende ist als beim schnellen Auftauen und daß sie nach dem Auftauen noch fortschreitet, bis das ursprüngliche histologische Bild fast völlig wiederhergestellt ist. Eine vollständige Reversion im kolloidchemischen Sinn findet jedoch nicht statt, denn selbst in dem Stadium der Rückbildung, in dem das normale Gewebsbild im ganzen wieder erreicht war, ließen sich noch Reste der Veränderungen in Form der Verbreiterung mancher Spalträume zwischen den Muskelfasern erkennen. Der Vorteil des langsamen Auftauens war an den Versuchsstücken aber nicht nur im histologischen Bild, sondern auch, was ja praktisch wichtig ist, hinsichtlich des Saftverlustes deutlich zu erkennen. So gaben schon während des Auftauens die langsam aufgetauten Filethälften merklich weniger Saft ab als die schnell aufgetauten. Besonders groß war aber der Unterschied, wenn nach dem Auftauen frische Schnittflächen angelegt und die aus denselben austretenden

---

[1] Plank, R., u. E. Kallert: Vgl. Fußnote 1 auf S. 171.
[2] Kallert, E.: Z. ges. Kälteind. Bd. 30 (1923) S. 78.

Saftmengen bestimmt und verglichen wurden, wie die folgenden Durchschnittszahlen zeigen:

Saftverlust

	Während des Auftauens %	Aus frischen Schnittflächen nach dem Auftauen %
schnell aufgetaut	0,7	0,48
langsam aufgetaut	0,5	0,18

Aus Schnittflächen, die 1 bis 3 Tage nach dem Auftauen angelegt wurden, erfolgte in der Regel überhaupt kein meßbarer Saftabfluß mehr, sie waren nicht feuchter als bei frischem Fleisch. Ein Unterschied gegenüber frischem Fleisch bestand jedoch: bei kräftigem Druck gaben die Schnittflächen aller Versuchsstücke merklich mehr Saft ab als die von nicht gefroren gewesenen Vergleichsstücken, ein Zeichen dafür, daß die Bindung des Wassers an die Muskelkolloide auch nach langsamem Auftauen eine weniger feste als vor dem Frieren ist. Auch aus diesen Untersuchungen war zu schließen, daß die beim Frieren entstehenden Veränderungen wenigstens zu einem großen Teil reversibel sind, wenn man durch langsames Auftauen die Wiederaufnahme des ausgefrorenen Fleischsaftes fördert (vgl. die Ausführungen über „drip" und „press" auf den Seiten 44 und 46).

Zweifellos hat aber auf die Rückbildung der Gefrierveränderungen des Muskelfleisches nicht nur die Geschwindigkeit des Auftauens einen großen Einfluß, vielmehr sprechen hier noch eine Reihe anderer Faktoren mit: so der ursprüngliche Quellungszustand, der wieder von Rasse, Alter, Fütterung usw. der Tiere bestimmt wird, der Grad der Reifung im Zeitpunkt des Gefrierens, die Gefriertemperatur bzw. Gefriergeschwindigkeit, die, wie oben ausgeführt wurde, die Menge des ausfrierenden Wassers sowie die Größe und Lage der Eiskristalle beeinflussen, die Temperatur während der Lagerung und die Dauer derselben. Auf diese Punkte, die z. T. noch wenig geklärt sind, soll hier nicht näher eingegangen werden, weil sie bereits in Band IX dieses Handbuches behandelt worden sind. Es besteht aber genügend Grund zu der Annahme, daß sich das Fleisch von Tieren guter Rasse und guten Nährzustandes, die unter möglichst natürlichen Bedingungen gehalten werden, am günstigsten verhält. Schnell gefrorenes Fleisch ist gegen schnelles Auftauen viel weniger empfindlich als langsam gefrorenes, besonders wenn dieses erst einige Tage nach dem Schlachten gefroren wurde[1].

Es ist aber zulässig, gefrorene Steaks und Koteletts unmittelbar zu braten, weil sich offenbar bei der Gerinnung von Eiweiß die Poren schließen, wodurch der Saftaustritt verhindert wird[2].

Umfangreiche Auftauversuche unter praktischen Gesichtspunkten hat Kallert[3] mit Rindergefrierfleisch argentinischer Herkunft durchgeführt, die in mancher Beziehung eine Bestätigung und Vertiefung früherer Erfahrungen brachten und zur Aufstellung eines Auftauschemas für die Praxis führten. Die Versuche galten vor allem der Verminderung des Saft- und Gewichtsverlustes. Auch hier trat der Unterschied im Saftverlust zwischen schnell in 32 bis 40 Stunden bei $+18°$ C und langsam in 4 bis 5 Tagen bei $+6°$ C aufgetauten Vierteln deutlich hervor. Erstere verloren aus frisch angelegten Schnittflächen erhebliche Mengen Saft, das Fleisch war weich und schlaff, letztere dagegen gaben nur ganz geringe Mengen Saft ab, oft nur wenige Tropfen, das Fleisch zeigte eine feste und trockene

---

[1] Ramsbottom, J. M., u. C. H. Koonz: Food Res. Bd. 5 (1940) S. 423.
[2] Robertson, E. J.: Refrig. Engng. Bd. 58 (1950) S. 771.
[3] Kallert, E.: Z. ges. Kälteind. Bd. 32 (1925) S. 8.

Beschaffenheit. Es konnte aber auch festgestellt werden, daß sich bezüglich der Saftabgabe das Fleisch des einen Tieres nicht immer wie das des anderen verhält, ja daß selbst unter den Muskeln ein und desselben Tieres Unterschiede bestehen. So blieben die Schnittflächen der Zwischenrippenmuskeln regelmäßig trockener als die der Rückenmuskeln. Eine weitere merkliche Verminderung der austretenden Saftmenge ließ sich erzielen, wenn die Viertel nach dem Auftauen noch einige Tage hängenblieben. Diese Beobachtung entsprach der bereits an Rinderfilets gemachten, die auch durch das histologische Bild bestätigt worden war. Gewichtsverluste durch Austrocknung der Oberfläche während des Auftauens ließen sich durch Anreicherung der Luft mit Wasserdampf vermeiden. Schließlich stellte sich bei den Versuchen heraus, daß der Reifungsvorgang durch das Einfrieren und während der Lagerung außerordentlich verlangsamt wird, was praktisch einer Unterbrechung gleichkommt. Wenn also Fleisch unmittelbar nach der Schlachtung eingefroren wird, ehe es Zeit zur Reifung hat, wie es aus betriebswirtschaftlichen und hygienischen Gründen in den überseeischen Exportschlachtereien meist geschieht, ist es nach dem Auftauen als nicht oder nur unvollständig gereiftes Fleisch anzusehen. Soll es seinen vollen Genußwert erlangen, muß es noch kurze Zeit in Kühltemperatur hängenbleiben, damit die Reifung, die nach dem Auftauen wieder einsetzt, zum Abschluß kommen kann.

Auf Grund seiner Versuche hat KALLERT folgendes Auftauverfahren empfohlen: Das Auftauen wird am zweckmäßigsten in besonderen Auftauräumen vorgenommen, in denen eine genaue Regelung der Temperatur, der Feuchtigkeit und der Bewegung möglich ist. Die Temperatur soll so eingestellt werden, daß Vorderviertel vom Rind in 4 Tagen, Hinterviertel in 5 Tagen, Schweinehälften in 3 Tagen und Schafe ebenfalls in 3 Tagen aufgetaut werden. Dazu sind je nach Dicke und Fettansatz der Stücke Temperaturen zwischen $+5°$ C und $+8°$ C erforderlich. Vorder- und Hinterviertel im Gewicht von etwa 80 kg tauen in den genannten Zeiten bei $+6°$ C auf. Bei Vierteln von 90 bis 100 kg muß die Temperatur dafür etwas höher, $+8°$ C, sein. Bei halben Schweinen und Schafen ist eine Temperatur von $+6°$ C, bei sehr schweren Schweinen eine solche von etwa $+8°$ C erforderlich. Man kann von vornherein die notwendige Temperatur annähernd gleichbleibend einhalten oder die Temperatur allmählich ansteigen lassen. Im ersten Fall muß die durch das kalte Fleisch verursachte Temperatursenkung durch Zuführung warmer Luft alsbald ausgeglichen werden, im letzten Fall muß man mit der Erwärmung erheblich über $+8°$ C hinausgehen, um auf die gewollte Durchschnittstemperatur und Auftauzeit zu kommen. In der Praxis wird die Erfahrung sehr schnell lehren, welche Temperaturverhältnisse am besten einzuhalten sind, um Fleischstücke bestimmter Schwere innerhalb der genannten Fristen aufzutauen. Die rel. Luftfeuchtigkeit wird auf etwa 95% gehalten, der auf der Oberfläche des Fleisches sich bildende Niederschlag wird sofort nach beendetem Auftauen durch lebhafte Luftumwälzung entfernt, bis die Stücke trocken sind. Der Auftauprozeß ist als abgeschlossen anzusehen, wenn die Innentemperatur des Fleisches auf $-1°$ C gestiegen ist. Dann soll das Fleisch noch 2 Tage bei $0°$ C hängenbleiben, ehe es zerteilt wird. Diesen Richtlinien wurde auf dem 5. internationalen Kältekongreß in Rom im Jahr 1928 von den Referenten für die Auftaufrage, SUAREZ (Argentinien), SCHOEPF (Belgien) und BARRIER und MONIVOSIN (Frankreich) auf Grund eigener Versuche zugestimmt. Wie BARRIER und MONVOISIN[1] ferner mitteilten, wurde auf eine Umfrage in den Produktions- und Verbrauchsländern über zweckmäßiges Auftauen in der Mehrzahl der Antworten das angegebene Verfahren empfohlen.

---

[1] BARRIER, A., u. A. MONVOISIN: Rev. d'Abattoirs Bd. 16 (1929) S. 30.

Vielfache praktische Erfahrungen haben inzwischen gezeigt, daß das gefrorene Fleisch bei Befolgung dieser Regeln für das Auftauen in den bestmöglichen Zustand versetzt wird. Wo jedoch besondere Auftauräume nicht zur Verfügung stehen, kann das Fleisch auch in anderen geeigneten Räumen, z. B. in Vorkühl- und Kühlräumen, in denen die genannten Temperaturen und Zeiten eingehalten werden können, mit gutem Erfolg aufgetaut werden. Das Auftauen kann auch bei Temperaturen wenig über 0° C vorgenommen werden. So empfahl CHANIER[1] das Auftauen in einem Kühlraum bei $+2°$ C, weil dann kein Abfließen von Fleischsaft stattfindet, die frische Farbe erhalten bleibt und das Fleisch eine zarte Beschaffenheit erlangt. Es ist aber zu bedenken, daß das Auftauen bei solchen Temperaturen sehr lange dauert, daß deshalb nicht unbedeutende Gewichtsverluste eintreten können und die Gefahr besteht, daß die Oberflächenteile überreif werden. Muß das Auftauen ausnahmsweise schneller geschehen, so kann man Temperaturen von $+8°$ C bis $+15°$ C anwenden, sollte dann aber das Fleisch noch mindestens 24 Stunden in einen guten Kühlraum hängen, um den beim Zerteilen eintretenden Saftabfluß einzuschränken.

Zum Auftauen wird das Fleisch aus seinen Schutzhüllen herausgenommen. Gelegentlich wird geraten, das Fleisch in den Hüllen zu belassen, wohl in der Annahme, daß sich unter der Hülle die Luft mit Feuchtigkeit anreichert und so einen Gewichtsverlust durch Austrocknen verhindert. Die übliche äußere Jutehülle hat aber einen starken Eigengeruch, der in die feuchte, auftauende Oberfläche des Fleisches eindringen kann. Zum Auftauen werden die Stücke mittels Haken an die Gerüste gehängt, so, daß sie sich gegenseitig nicht berühren. Auf den Quadratmeter Bodenfläche kann man ebensoviel Fleisch hängen wie beim Einfrieren, also 4 Rinderviertel, 6 Schweinehälften oder 5 bis 6 Schafe. Auch hier sind einige Gänge zur Besichtigung des Fleisches frei zu lassen. Aufgetaute große Fleischstücke sollen hängend transportiert werden, damit sie vor Druck geschützt bleiben.

Blöcke aus entbeintem, gefrorenem Fleisch sind ebenfalls langsam und im ganzen aufzutauen. Kleinere Packungen sind ebenso zu behandeln und dabei in ihren Umhüllungen aus Pergamentpapier, Cellophan oder Aluminiumfolie zu belassen. Auch Geflügel, Haar- und Federwild sind unzerteilt und langsam aufzutauen und dann sofort auszunehmen.

Sachgemäß aufgetautes Fleisch in großen Stücken ist kaum weniger haltbar als frisches Fleisch, es kann ohne Bedenken in einem guten Kühlraum bei etwa 0° C noch 8 bis 10 Tage aufbewahrt werden. STILLE[2] stellte in vergleichenden Untersuchungen über die Keimvermehrung auf der Oberfläche frischer und gleichartiger, gefrorener und wieder aufgetauter Fleischstücke fest, daß auf letzteren kein schnelleres Ansteigen der Keimzahl erfolgte. Die gleichen Ergebnisse hatten auch Versuche mit Fleischproben, die mit Bakterienaufschwemmungen infiziert waren. Ein Versuch mit Schweinehälften ließ ebenfalls keinen Unterschied in den Keimzahlen erkennen. Auch SULZBACHER[3] tritt auf Grund eigener Versuche über die Vermehrung meso- und psychrophiler Keime in Hackfleisch aus aufgetautem Gefrierfleisch der weitverbreiteten Auffassung entgegen, daß die Haltbarkeit von Fleisch durch den Gefrier- und Auftauprozeß vermindert werde, denn er fand sogar, daß die Wachstumsgeschwindigkeit der Keime in durchgedrehtem, aufgetautem Fleisch geringer war als in Vergleichsproben aus frischem Fleisch. Unsachgemäß aufgetautes und deshalb sehr feuchtes Fleisch, besonders solches geringer Qualität, ist ein guter Nährboden für Zersetzungs-

---

[1] CHANIER: Rec. Med. Vet. Bd. 114 (1938) S. 330.
[2] STILLE, B.: Z. ges. Kälteind. Bd. 49 (1942) S. 36.
[3] SULZBACHER, W. L.: Food Techn. Bd. 6 (1952) S. 341.

keime aller Art und daher wenig haltbar. Bei Hackfleisch aus Gefrierfleisch fand KALLERT[1] keine geringere Haltbarkeit als bei solchem aus nicht gefroren gewesenem Fleisch. GRESSEL und GRÄFE[2] stellten zwar eine etwas geringere Haltbarkeit bei Gefrierhackfleisch fest, aber erst nach so langer Zeit der Aufbewahrung, wie sie praktisch nicht in Frage kommt.

c) Andere Auftauverfahren. Aus praktischen Gründen wurde auf verschiedene Weise versucht, den Auftauvorgang zu beschleunigen und dabei die Nachteile schnellen Auftauens zu vermeiden. So hat ALCOCK[3] ein Verfahren ausgearbeitet, Fleisch mit Hilfe des elektrischen Stromes aufzutauen. Es werden zwei Metallelektroden an entgegengesetzten Stellen in das Stück eingeführt und der Strom hindurchgeschickt. Das Auftauen dauert bei Rindervierteln 18, bei Schafen 12 und bei halben Schweinen 5 bis 7 Stunden. Die aus England und Australien vorliegenden Äußerungen lauten günstig, das aufgetaute Fleisch soll ein gutes Aussehen haben und keinen Saft abgeben. Lediglich an den Stellen, an denen die Elektroden eingeführt wurden, sind die Folgen starker Erwärmung sichtbar. KALLERT kam bei Versuchen mit dem elektrischen Auftauen zu ähnlichen Ergebnissen. Das Fleisch taute schnell auf und verhielt sich hinsichtlich des Aussehens und des Saftverlustes günstig, an den Elektroden wurde es aber stark erhitzt, so daß es anfing zu kochen, und das Fett begann zu schmelzen. Auch erwies sich das Verfahren bei größeren Fleischmengen als zu umständlich.

In USA wird zum schnellen Auftauen kleinerer Fleischstücke die Einwirkung hochfrequenter dielektrischer Erwärmung mit speziellen Elektrodenplatten benützt, wodurch die Fleischtemperatur in sehr kurzer Zeit auf $+4°$ C gebracht wird. Man hofft, dieses Verfahren auch im Großen anwenden zu können. TANAKA[4] hat verschiedene Auftauverfahren mit Walfleisch erprobt, darunter auch die dielektrische Erwärmung, und fand diese besonders geeignet. In der Diskussion stellte aber CALLOW[5] fest, daß englische Versuche keinen Vorteil des raschen dielektrischen Verfahrens gegenüber dem üblichen langsamen Auftauen in Luft ergaben.

Nach der Angabe von SANZ EGAÑA[6] werden in England Auftauräume benützt, die nach NELSON eingerichtet sind. Der Fußboden besteht aus durchbrochenen Platten, unter denen Heizrohre verlaufen. Mit deren Hilfe wird die Temperatur auf $+16°$ C bis $+18°$ C gebracht. Die warme Luft steigt hoch und nimmt die vom Fleisch abgegebene Feuchtigkeit mit. Sie wird über Solerohre geleitet und gibt die Feuchtigkeit an diese ab. Darauf wird sie über die Heizrohre wieder in den Auftrauraum zurückgeführt. Das Fleisch soll ziemlich schnell auftauen und sein gutes Aussehen behalten.

Nach dem Verfahren von RAYSON wird das Fleisch in rotierende Bewegung versetzt und dabei mit warmem Wasser berieselt. ZAROTSCHENZEFF empfiehlt das Auftauen in einem Wassernebel. E. J. BORDACH taut in einer Atmosphäre, die 30% Kohlendioxyd enthält, auf, um die Entwicklung von Keimen auf dem Fleisch zu verhindern.

Nach GOLOWKIN[7] wird gefrorenes Fleisch, das zu Wurst verarbeitet werden soll, zweckmäßigerweise in Wasser von $20°$ C aufgetaut, wobei die Wasser-

---

[1] KALLERT, E.: Berliner tierärztl. Wschr. Bd. 44 (1928) S. 547.
[2] GRESSEL u. GRÄFE: Berliner tierärztl. Wschr. Bd. 45 (1929) S. 430.
[3] ALCOCK: Electric. Times 1925, nach v. OSTERTAG: Lehrb. d. Schlachtvieh- und Fleischbeschau, S. 1107. Stuttgart: F. Enke 1932.
[4] TANAKA, K. u. T.: Ber. VIII. Intern. Kältekongr., S. 355. London 1951.
[5] CALLOW, E. H.: Ber. VIII. Intern. Kältekongr., S. 362. London 1951.
[6] SANZ EGANA: Enciclopedia de la Carne. Madrid:Verl. Espasa-Calpe 1948.
[7] GOLOWKIN, N., u. a.: Fleisch-Industr. UdSSR. Bd. 22 (1951). Ref. Chem. Zbl. Bd. 123 (1952) S. 613.

temperatur 1 bis 2 Stunden vor der Beendigung des Auftauens auf 10° C gesenkt werden soll. Besonders günstig soll dieses Verfahren bei gefrorenem Schweinefleisch sein. In der Praxis wird häufig, wie u. a. von Suntum[1] angibt, das zur Herstellung von Brühwürsten bestimmte Fleisch in noch gefrorenem bzw. halbaufgetautem Zustand zurechtgeschnitten, durch den Wolf gedreht und gekuttert. Ebenso wird gefrorenes Fleisch ohne vorheriges Auftauen zu Rohwurst verarbeitet.

d) Auftauen von Organen. Im Gegensatz zu den Gefrierveränderungen des Muskelfleisches sind die der inneren Organe, u. a. die der Lebern und Herzen, wie Kallert[2] bei seinen Untersuchungen festgestellt hat, kaum rückbildungsfähig. Deshalb hat auch die Art des Auftauens keinen merklichen Einfluß auf den Grad des Saftverlustes, der bei und nach dem Auftauen eintritt. Der Saftverlust ist immer verhältnismäßig hoch. So ergaben sich bei Rinderlebern Durchschnittsverluste von 11%, bei Schweinelebern von 6%, bei Herzen von 9 bis 11%. Im ganzen waren die Ergebnisse bei nicht zu schnellem Auftauen aber doch etwas günstiger, so daß es ratsam ist, diese Organe bei Temperaturen von etwa $+6°$ C bis $+8°$ C aufzutauen, dann erst zu zerkleinern und alsbald zu verbrauchen.

VII. Nähr- und Genußwert, Verwendung.

Die Frage, ob das Fleisch durch das Einfrieren, das mehr oder minder lange Lagern in gefrorenem Zustand und das Auftauen eine Einbuße an Nähr- und Genußwert sowie seiner Verwendungsfähigkeit erfährt, ist schon vielfach Gegenstand eingehender Untersuchungen gewesen. Sie hat inzwischen auch durch umfangreiche praktische Erfahrungen längst eine eindeutige Beantwortung in dem Sinn gefunden, daß Fleisch der warmblütigen Tiere, d. h. Schlachttiere, Geflügel und Wild, einwandfreier Beschaffenheit, wenn es durch Einfrieren haltbar gemacht und auf dem ganzen Weg bis zum Verbraucher unter Erfüllung aller hygienisch-technischen Erfordernisse behandelt wurde, frischem Material derselben Art in jeder Beziehung und ohne Einschränkung gleichwertig ist.

Der Gehalt an Nährstoffen wird durch das Einfrieren und Lagern nicht vermindert, eher durch Verdunsten eines gewissen Teiles des Wassergehaltes etwas erhöht. So fand Rideal[3], der den Nährstoffgehalt in gleichartigen Stücken gefrorenen, gekühlten und frischen Fleisches ermittelte, daß er in den beiden ersteren etwas größer war als in letzterem. Die Verdaulichkeit, die er in künstlichen Verdauungsversuchen prüfte, war bei Gefrierfleisch eine etwas bessere als bei Frischfleisch. In Übereinstimmung mit Rideal stellten Ascoli und Silvestri[4] fest, daß der Gehalt an Nährstoffen im Gefrierfleisch höher und der Wassergehalt entsprechend niedriger ist als im Frischfleisch. In der Einwirkung auf die Sekretion des Magensaftes und hinsichtlich der Verdaulichkeit ergaben sich keine Unterschiede. Grassmann[5] fand in vergleichenden Untersuchungen an Rind-, Schweine- und Schaffleisch, daß gefrorenes Fleisch keinen geringeren Nährstoffgehalt hat als frisches Fleisch. Gautier[6] hingegen stellt wieder eine Erhöhung des Nährstoffgehaltes im gefrorenen Fleisch fest. Storp[7] endlich äußerte sich dahin, daß aufgetautes Gefrierfleisch trotz Saftverlustes an sämtlichen wertvollen Bestandteilen reicher sei als frisches Fleisch. Die Bedeutung

---

[1] von Suntum, W.: Fleischwirtschaft Bd. 3 (1951) S. 125.

[2] Kallert, E.: Z. ges. Kälteind. Bd. 31 (1924) S. 96.

[3] Rideal: The Hospital. London 1896.

[4] Ascoli u. Silvestri: Froid Bd. 2 (1914) S. 29.

[5] Grassmann: Landwirtsch. Jb. Bd. 21 (1893) S. 467.

[6] Gautier, A.: L'alimentation et les regimes chez l'homme sain et chez les malades. Paris 1904.

[7] Storp: Veröff. Mil. San. Wes. Bd. 55 (1913) S. 51.

eines etwa auftretenden Saftverlustes beim Auftauen ist häufig stark überschätzt worden. Wenn große Fleischstücke im ganzen aufgetaut werden, ist seine Menge sehr gering, denn sie beträgt nach PLANK und KALLERT bei Rindervierteln im ungünstigsten Fall nur 0,5% des Fleischgewichtes, wobei aber auch die erhebliche Menge des Kondenswassers, das sich auf der kalten Fleischoberfläche niedergeschlagen hatte und mit abtropfte, eingerechnet war. Daß ein Saftverlust bei sachgemäßem Auftauen auf ein Mindestmaß beschränkt oder ganz vermieden werden kann, ist oben ausgeführt worden. Wenn allerdings gefrorenes Fleisch vor dem Auftauen zerteilt wird, können weit höhere Saftverluste, bis zu 15%, eintreten. Eine solche Behandlung bedeutet deshalb eine künstliche Entwertung des Fleisches, das außerdem eine weiche, matschige Konsistenz annimmt und nach der Zubereitung oft wenig wohlschmeckend ist. Nach den Analysen von PFYL[1] und STORP[2], deren Ergebnisse mit den von anderen Untersuchungen übereinstimmen, hat der austretende Fleischsaft eine mittlere Zusammensetzung von 88% Wasser, 10% Stickstoffsubstanzen und 1% Asche, sein Nährstoffgehalt ist also gering. Etwas größer ist er bei Lebern, deren bei und nach dem Auftauen ablaufender Saft etwa 15% Stickstoffsubstanzen enthält. Die im Fleisch enthaltenen Vitamine werden durch das Einfrieren und Lagern nicht vermindert oder in ihrer Wirksamkeit geschädigt.

Über den Einfluß von Auftau- und Zubereitungsmethoden auf die Schmackhaftigkeit und den Nährwert von gefrorenem Rind-, Schweine- und Schaffleisch haben in jüngster Zeit CAUSEY und seine Mitarbeiter[3] eingehende Untersuchungen angestellt. Sie haben aus gefrorenem, durchgedrehtem Fleisch hergestellte Klöße im Gewicht von $^1/_4$ Pfund in gefrorenem Zustand und nach Auftauen bei Zimmertemperatur durch Braten in der Pfanne, im Ofen sowie dielektrisch mit und ohne Vorbräunung zubereitet. Die dielektrische Zubereitung erforderte nur $^1/_7$ bis zur Hälfte der Zeit, die für das gewöhnliche Braten notwendig war. Die in der Pfanne, im Ofen und dielektrisch nach Vorbräunung zubereiteten Proben wurden durchweg geschmacklich als gut bewertet, wobei die gefroren gebratenen den vorher aufgetauten vorgezogen wurden. Dagegen hatten die ohne Vorbräunung dielektrisch zubereiteten Klöße einen geringeren Geschmackswert. Die Gewichts- und Tropfverluste infolge der Auftau- und Zubereitungsarten zeigten bei Schweinefleisch keine deutlichen Unterschiede, sie lagen bei 34%, bei Rind- und Schaffleisch waren sie nach dem Braten in der Pfanne und im Ofen sowie dielektrisch unter Vorbräunung 24 bzw. 32%, bei dielektrischer Zubereitung ohne Vorbräunung jedoch höher, nämlich 32 und 40%. Die im gefrorenen Zustand zubereiteten Klöße hatten geringere Verluste als die vorher aufgetauten.

In allen zubereiteten Proben war die Hauptmenge der B-Vitamine Thiamin und Riboflavin zu 79 bis 96% erhalten geblieben, nur im Lammfleisch war der Gehalt an Riboflavin auf 55% gesunken. Im Tropfsaft fanden sich entsprechend geringe Vitaminmengen.

LEE und Mitarbeiter[4] fanden an Rindersteaks, die sie in Cellophan gehüllt und in $1^1/_2$ Stunden bei $-42°$ C bzw. in 7 bis 24 Stunden bei $-18°$ C gefroren hatten, daß die Gefriergeschwindigkeit auf die Konsistenz, die Saftigkeit, das Aussehen und den Geschmackswert wenig Einfluß hatte. Im Gehalt an Thiamin, Riboflavin, Niacin, Pantothensäure und Pyridoxin konnten im Fleisch nach 18 tägiger und 10 monatiger Lagerung bei $-18°$ C keine Unterschiede festgestellt werden, die auf die Gefriergeschwindigkeit zurückzuführen gewesen wären.

---

[1] PFYL: Nach R. PLANK u. KALLERT: Vgl. Fußnote 1 auf S. 171
[2] Siehe Fußnote 7 auf S. 202.
[3] CAUSEY u. a.: Food Res. Bd. 15 (1950) S. 237, 249 u. 256.
[4] LEE, F. A., u. a.: Food Res. Bd. 15 (1950) S. 8.

Über ähnliche Versuche hatte schon früher Brady[1] berichtet. Es wurden Ochsen-, Schweine- und Hammelsteaks schnell und langsam gefroren, 39 Wochen bei $-14{,}4°$ C gelagert und dann sowohl im noch gefrorenen als auch im aufgetauten Zustand gebraten. Der geringste Gewichtsverlust entstand bei den schnell gefrorenen und noch gefroren gebratenen Stücken. Bei der Geschmacksprüfung konnten aber keine wesentlichen Unterschiede hinsichtlich der Wirkung beider Arten des Frierens und der Zubereitung festgestellt werden. Es ergab sich somit kein Anhalt für die Annahme, daß schnelles Gefrieren auf den Geschmack des Fleisches günstiger wirkt als langsames Frieren.

Der Genußwert sachgemäß behandelten Gefrierfleisches ist also in keiner Weise beeinträchtigt. Die in großer Zahl auch in Deutschland durchgeführten Probeessen, bei denen die Teilnehmer Speisen aus Gefrierfleisch und frischem Fleisch gleicher Qualität blind zu prüfen hatten, ergaben immer wieder, daß eine Unterscheidung beider nicht möglich ist. Als weiterer Beweis sei die Tatsache angeführt, daß auf den durch ihre vorzügliche Küche bekannten Personendampfern der großen Schiffahrtsgesellschaften der Bedarf in der Hauptsache mit gefrorenem Fleisch gedeckt wurde. In Deutschland sind ferner in den letzten 15 Jahren sehr große Mengen einheimischen gefrorenen Fleisches auf dem Weg über die öffentliche Vorratswirtschaft in den Verbrauch gelangt, ohne daß die Bevölkerung merkte, daß sie Gefrierfleisch erhielt.

Einwandfreies, sachgemäß behandeltes Gefrierfleisch hat die gleiche mannigfaltige Verwendungsfähigkeit wie frisches Fleisch. Es kann daher in der Küche, im Betrieb des Fleischers und in der Fleischwarenfabrik uneingeschränkt ebenso wie frisches Fleisch zubereitet und verarbeitet werden. Schon 1915 und 1916 ließen Plank und Kallert gefrorenes Rind- und Schweinefleisch zu Würsten, Pökel- und Räucherwaren verarbeiten, die sich in nichts von solchen aus frischem Material unterschieden. Damit stimmte das Ergebnis der Versuche anderer völlig überein. Von Ostertag[2] gab an, daß die frühere Annahme, Gefrierfleisch könne wegen mangelhafter Bindefähigkeit nicht zu Wurst verarbeitet werden, durch die umfangreichen Verwurstungen von Gefrierfleisch, die während der Zwangswirtschaft seitens der Reichsfleischstelle im ersten Weltkrieg durchgeführt wurden, widerlegt sei. Acklin[3] hat bei vergleichenden Untersuchungen von Zervelatwürsten aus Inlandsfleisch erster Qualität und aus 10 und 16 Monate altem Gefrierfleisch irgendwelche grundsätzlichen Unterschiede in bezug auf raschere oder qualitativ verschiedenartige Veränderungen (äußere Beschaffenheit, Sauerstoffzehrung, Methylenblaureaktion, Zustand des Fettes, Säuregrad, Verdorbenheitsreaktion) bei Aufbewahrung in einer durchschnittlichen Temperatur von $+15°$ C und einer rel. Luftfeuchtigkeit von 60% bei der einen und der anderen Wurstsorte nicht feststellen können. Nach Sanz Egaña[4] wird seit 1925, als die ersten Gefrierfleischimporte eintrafen, Gefrierfleisch auch zur Herstellung der einheimischen spanischen Wurstarten verwendet. Die seitdem gemachten Erfahrungen haben gezeigt, daß es sich sehr gut dafür eignet. Auch im 2. Weltkrieg sind sehr große Mengen von inländischem Gefrierfleisch in Deutschland zu Konserven und Wurstwaren für die Verpflegung der Wehrmacht und der Bevölkerung verarbeitet worden, ohne daß sich Nachteile bemerkbar gemacht hätten. Sehr viele Fleischwarenfabriken verfügen heute über eigene Gefrierräume, in die sie bei günstiger Marktlage Fleischmaterial aller Art ein-

---

[1] Brady, D. E., u. a.: J. Animal. Sci. Bd. 1 (1942) S. 81.
[2] Von Ostertag, R.: Lehrbuch der Schlachtvieh- u. Fleischbeschau. Stuttgart: F. Enke 1932.
[3] Acklin, O.: Z. Unters. Lebensmittel Bd. 55 (1928) S. 31.
[4] Sanz Egaña: Enciclopedia de la Carne. Madrid 1948.

lagern, um es nach Bedarf zu einem späteren Zeitpunkt zu verarbeiten. Alles über das Fleisch der Schlachttiere Gesagte gilt sinngemäß auch für Geflügel und Wild, das durch Einfrieren haltbar gemacht worden ist, so daß sich besondere Ausführungen hierüber erübrigen. Es sei nur noch erwähnt, daß nach den Versuchen von HOFFERT und anderen[1] auch bei gefrorenen Hühnern die verschiedenen Auftauverfahren, nämlich das Auftauen im Kühlschrank, im Bratofen bei der Zubereitung, bei Zimmertemperatur und in Wasser bezüglich der Schmackhaftigkeit keine deutlichen Unterschiede hervorriefen. Diese Befunde stimmten mit denen von BEERY, PRUDENT und WILSON[2] überein.

Verzeichnis der Gefrierfleischartikel.

Das nachstehende Verzeichnis bringt die im Welthandel vorkommenden Gefrierfleischartikel mit den handelsüblichen englischen oder spanischen Bezeichnungen. Die Benennung erfolgt nach dem Herkunfts- oder Empfangsland, nach der Qualität, nach dem Schnitt, dem Namen der Körperteile oder nach dem Gewicht.

A. Gefrorenes Rindfleisch — Frozen Beef.

Argentinfleisch	Neuseelandfleisch
Brasilfleisch	Südafrikafleisch
Uruguayfleisch	Madagaskarfleisch usw.
Australfleisch	

a) Ochsengefrierfleisch — Frozen Beef.

Qualitäten[3]:

englische — Chiller — vollfleischig und vollfett, Viertel von etwa 180 lbs und mehr,
Continental „B" — mittelschwer und -fett, Viertel 50 bis 80 kg, im Durchschnitt 65 kg, für Mittel- und Nordeuropa,
Continental „F" — leicht und mager, Viertel von 45 bis 65 kg, für Südeuropa, auch knochenlos zur Verarbeitung,
Qualität „M" — mageres Fleisch zur Verarbeitung, auch knochenlos.

b) Bullengefrierfleisch — Frozen Bull.

Vorder- und Hinterviertel alle Gewichte:
zur Verarbeitung — Bone-in-Bull Manufacturing Beef,
auch knochenlos — Boneless Bull.

c) Kuhgefrierfleisch — Frozen Cow.

Junge Kühe, die noch nicht gekalbt haben — Heifers oder Quiens,
junge Kühe, die bereits gekalbt haben — Vaquillonas,
ältere Kühe, die bereits gekalbt haben — Vacas,
auch knochenlos zur Verarbeitung — Boneless Manufacturing Cow Beef.

d) Kalbgefrierfleisch — Frozen Veal.

Kälber, ganze im Fell, ohne Kopf und Füße,
Kälber, ganze ohne Fell, ohne Kopf und Füße,
Kälber, in Hälften, ohne Kopf und Füße,
wenn zur Verarbeitung — bone in Manufacturing Veal,
ohne Knochen zur Verarbeitung — Boneless Manufacturing Veal.

Der Handel mit den vorgenannten Artikeln erfolgt nach Gewicht.

e) Gefrorene Teile vom Rind.

Bug, Blatt und Unterrippe	Chuks
Bug, Blatt und Unterrippe ohne Knochen	Boneless Chuks
Keulen ohne Schwanzstück	Rounds

---

[1] HOFFERT, EUG., A. R. PLAGGE, B. LOWE u. G. F. STEWART: Food Techn. Bd. 6 (1952) S. 337.
[2] BEERY, I., I. PRUDENT u. E. D. WILSON: J. Home Econ. Bd. 41 (1949) S. 203.
[3] Diese Qualitätsbezeichnungen werden z. B. von der Firma Weddel & Co. verwendet.

Keulen ohne Schwanzstück, ohne Knochen	Boneless Rounds
entbeinte Viertel	Boneless Beef
Vorderviertel ohne Hals und Bein	Crops
Saum- und Kopffleisch	Trimmings
Hochrippen mit einem Teil Unterrippen mit Fett, ohne Knochen	Spencer Rolls
Roastbeef ohne Knochen	Sirloin Butts
Bugstück ohne Knochen	Shoulder Clods
Hochrippen mit einem Teil Unterrippen ohne Fett, ohne Knochen	Regular Beef Rolls
knochenlose Schwanzstücke	Rump Butts
Querrippenstücke	Beef Plates
Ziemer	Outsides
Kluft	Insides
Blume	Knuckles
Beinstücke	Shant Meat
Backen, lang oder gerollt	Cheeks
Lebern, einzeln oder im Block	Livers
Herzen	Hearts
Nieren	Kidneys
Pansen, roh oder gekocht	Tripes
Zungen, kurz oder lang geschnitten	Tongues
Lungen	Lungs
Milzen	Melts
Euter	Udders
Füße, gebrüht	Feets
Herzschläge, ganz	Plucks
Gehirne, einzeln oder in Blocks	Brains
Talg, roh	Tallow
Nierentalg	Kidney Knobs — rinonadas
Netzfett, in großen oder kleinen Stücken	Caul suet — telas grandes oder chicas
Mäuler	Snouts

B. Gefrorenes Schweinefleisch — Frozen Pork.

a) Ganze oder halbe Schweine.

Ganze Schweine mit Kopf, Füßen und Flomen.
ganze Schweine ohne Kopf und Füße, mit oder ohne Flomen.
halbe Schweine mit Kopf, Füßen und Flomen.
halbe Schweine ohne Kopf und Vorderfüße, mit oder ohne Flomen.

Die Schweine werden nach dem Gewicht, dem Schnitt und danach gehandelt, ob eine Partie reine Schweine oder auch einen Anteil an Sauen und eventuell Ebern enthält.

b) Gefrorene Teile vom Schwein.

Schweinehälften ohne Kopf, Hals, Spitzbeine und Rückgrat	Wiltshires
dieselben, jedoch ohne Schinken	Cumberlands
Schulterstücke, rechteckig geschnitten	Square Shoulders
Schinken ohne Schwarte	Skinned A. C. Hams
kleine Schinken	California Hams
Schulter- und Nackenspeck ohne Knochen	Clear Plates
dasselbe mit Knochen	Regular Plates
Rippenstücke	Rib Bellies
Bauchspeck, durchwachsen, ohne Rippen	Clear Bellies
Bauch- und Rückenstücke, ohne Knochen, kurz geschnitten	Short Clear Middle
Bauch- und Rückenstücke, mit Schulter, ohne Knochen	Long Clear Sides
Rückenspeck, fett, kurz geschnitten	Short Fat Backs
dasselbe mit Nackenspeck	Long Fat Backs
Rückenspeck, durchwachsen, kurz geschnitten	Short Clear Backs
Rückenspeck mit Knochen	Rib Backs
Schultern, klein, wie Schinken geschnitten	Picnics

Halsspeck	Yowl Butts
Halsspeck, knochenlos	Boneless Butts
Kämme, mit Schulterblattknorpel und	
Teilen des Schulterblattknochens	Boston Butts
Karbonadenstücke	Pork Loins
dasselbe knochenlos	Boneless Loins
Köpfe, mit Knochen	Pigs Heads
dasselbe ohne Knochen	Boneless Pigs Heads
Backen	Cheeks
Pfoten, gebrüht oder gesengt	Pigs Feet
Eisbeine, gebrüht oder gesengt	Hocks
Schwarten, gebrüht oder gesengt	Skin
Ohren, gebrüht oder gesengt	Ears
Lippen, gebrüht oder gesengt	Lips
Schnauzen, gebrüht oder gesengt	Snouts
Mägen, roh oder gekocht	Stomachs
Flomen	Leaf
Lebern, einzeln oder in Blocks	Livers
Herzen	Hearts
Nieren	Kidneys
Nierenfett	Kidney Knobs
Lungen	Lungs
Herzschläge, ganz	Plucks
Milzen	Melts
Gehirne	Brains

Die Schnitte von reinem Speck werden nach dem Gewicht, ausgedrückt in englischen Pfunden, gehandelt.

C. Gefrorenes Schaffleisch — Frozen Motton.

a) Ganze Tiere — Carcasses oder halbe Tiere.

Hammel, ganz	Wethers
Hammel, ohne Kopf und Füße	Wethers without Head and Feet
Mutterschafe, ganz	Ewes
Mutterschafe, ohne Kopf und Füße	Ewes without Head and Feet
Jungschafe, ganz	Maiden Ewes
Jungschafe, ohne Kopf und Füße	Maiden Ewes without Head and Feet
Jungschafe und Junghammel zusammen	Hoggets-Borregos
dieselben ohne Kopf und Füße	Hoggets-Borregos without Head and Feet
Lämmer, ohne Kopf und Füße	Lambs
Längshälften	Sides
Querhälften, ineinandergesteckt	telescoped Carcasses

Der Handel mit diesen Artikeln erfolgt nach Gewicht.

b) Gefrorene Teile vom Schaf.

Kotelettstücke, ohne Knochen mit Fett	English Mutton Chops
Vorderviertel, mit Bein und Koteletts	Forequarters for „English Chops"
Karbonaden, ohne Filets	Hotel Racks
Hammelrücken, ohne Rippen	Prima Saddle Mutton
Lammkoteletts, quer geschnitten	Lamb Chops
Lammkeulen	Lamb Legs
Lammnierenstücke	Lamb Loins
Lammrücken, ohne Rippen	Lamb Saddles
Lammhälften, hintere	Legs and Loins Combined
Lammhälften, vordere	Racks for Foresaddle
Hammelfleisch, entbeint	Boneless Mutton
Kopf- und Saumfleisch, ohne Knochen	Boneless Trimmings
Lebern	Livers
Nieren	Kidneys
Köpfe, mit Zungen	Heads
Nierenfett	Kidney Knobs

Fische.

Von

Dr.-Ing. Dr. phil. nat. h. c. Dr. sc. agr. h. c. **Rudolf Plank**

em. Professor an der Technischen Hochschule Karlsruhe.

Mit 24 Abbildungen.

A. Geschichtlicher Überblick.

Die geschichtliche Entwicklung der Frischhaltung von Fischen durch Anwendung tiefer Temperaturen ist im Bd. I dieses Handbuches, S. 117 bis 122, dargestellt. Ergänzend sei hier bemerkt, daß in der ersten Hälfte des 19. Jahrhunderts gegen die Beeisung von Fischen ähnliche Vorurteile bestanden, wie sie bis in die Mitte des 20. Jahrhunderts gegen gefrorene Fische festzustellen waren und zum Teil bis heute noch fortdauern. Von Natureis wurde schon um 1800 gelegentlich Gebrauch gemacht, in größerem Umfang trat es erst in den folgenden Jahrzehnten in Erscheinung. Im Jahre 1838 nahm erstmalig ein Heilbutt-Fangschiff in Gloucester, Mass., eine Ladung Natureis auf die Reise mit; das Eis wurde in einer Ecke des Laderaumes aufgestapelt, kühlte, also nur den Raum und kam mit den Fischen nicht in Berührung. Erst langsam erkannte man, daß ein direkter Kontakt der Fische mit dem Eis nicht schädlich ist. Um 1858 wurden Fische mit Eis verpackt von den Neu-England-Staaten nach New York verfrachtet; dieses Verfahren fand dann rasche Ausbreitung.

Das Gefrieren von Fischen mit Eis und Salz-Mischungen führte 1861 Enoch Piper aus Camden, Maine, ein, und Charles F. Pike aus Providence, R. I., wandte diese Methode 1866 bis 1867 an Bord von Schiffen an.

Der Umsatz an Fischen in den USA betrug im Jahre 1952[1]:

$$
\begin{array}{ll}
\text{in Dosenkonserven} & 570\,000\ \text{t} \\
\text{als frischer Fisch in Eis} & 405\,000\ \text{t} \\
\text{als Gefrierfisch} & 284\,000\ \text{t} \\
\text{als gesalzener Fisch} & 45\,400\ \text{t}
\end{array}
$$

Außerdem wurden 226 000 t frische und gefrorene Fische importiert.

Eine vollständige Zusammenstellung der Fischfänge und Landungen in der Welt bis einschließlich 1956 in Form von Tabellen für die verschiedenen Länder wurde von der Food and Agriculture Organization (FAO) in Rom bearbeitet; sie enthält auch eine Tabelle über Gefrierfische[2]. Ferner sei auf eine Schrift verwiesen, die 1957 von der EAP (OEEC) veröffentlicht wurde[3].

---

[1] Nach einer Statistik des Fish and Wildlife Service des U.S. Department of the Interior Washington, D. C. vgl. auch Data Book der Amer. Soc. Refrig. Engng., Applications, 6. Aufl. 1956/57, Abschn. 4 (Fishery Products).

[2] Yearbook of Fishery Statistics. Production and Fishing craft. Vol. VI. Roma: FAO 1955—56.

[3] Le marché du poisson en Europe Occidentale depuis 1950. Paris 1957.

B. Die Fangplätze und die Fischereifahrzeuge[1].

Die meisten Fangplätze befinden sich in seichten Gewässern bis etwa 100 m Tiefe, wo Plankton als Fischnahrung viel reichlicher vorhanden ist als in der Tiefsee. Die fischreichsten Gewässer der Erde liegen in der nördlichen temperierten Zone zwischen dem 40. und 60. Breitengrad mit relativ kaltem Wasser. In Europa ist die Nordsee besonders reich an Fischen (um Island und im Norden von Skandinavien). Großbritannien und Norwegen sind die wichtigsten Fischereiländer sowohl hinsichtlich der Erzeugung wie auch des Konsums. Ein relativ großer Teil der Bevölkerung ist in der Fischwirtschaft beschäftigt, im Gegensatz zu den Vereinigten Staaten, wo der Anteil kaum $1\,^0/_{00}$ überschreitet. Der Fischverbrauch beträgt in Großbritannien etwa 30 kg je Einwohner und Jahr, in Japan etwa das Doppelte, in USA aber nur 7 kg. Norwegen ist der bedeutendste Exporteur von Fischen und Fischereierzeugnissen.

Die wichtigsten atlantischen Fangplätze Nordamerikas liegen bei Neufundland und Neuschottland. An der Neu-England-Küste sind die größten Fangplätze die Georges Bank, die Brown's Bank und der South Cannel. Im Südatlantik und im Golf von Mexico haben die Schaltiere (Garnelen, Austern und Krebse) wertmäßig eine größere Bedeutung als Fische. Im nördlichen Pazifik bis herauf nach Alaska stellen Lachse, Heilbutt, Thunfisch und Schaltiere die wertvollsten Fänge dar. Nicht unbeträchtlich sind auch die Fänge in den großen Seen und Strömen der Vereinigten Staaten.

In der Sowjetunion liegen die reichsten Fangplätze im Weißen Meer und der anschließenden Barents-See, im Ochotskischen Meer und bei den Kurilen sowie an den Mündungsgebieten der großen asiatischen Flüsse (Ob, Jenissei, Lena und Amur); demgegenüber treten die Ostsee, das Schwarze und Kaspische Meer an Bedeutung zurück, obwohl gerade das letzte an den Mündungen der Wolga und Kura die erlesensten Edelfische liefert.

Von der Größe der Aufgabe der Frischhaltung von Fischen bekommt man erst einen Begriff, wenn man über die Fangmengen, die Fanggebiete, die Fischereiländer, die Fischarten und den Fischverbrauch einen Überblick hat.

So zeigt es sich z. B., daß die Menge der insgesamt auf der Erde gefangenen Meeres- und Süßwasserfische außerordentlich groß ist. Tab. 1 zeigt die Mengen der gefangenen Fische für verschiedene Jahre.

Auf die Kontinente verteilt, ergibt sich das in Tab. 2 wiedergegebene Bild.

Tabelle 1. *Weltfischfang 1938 bis 1956[2] in Millionen Tonnen.*

1938	12,70	1953	27,10
1948	19,39	1955	27,72
1951	25,90	1956	29,30

Tabelle 2. *Aufteilung des Weltfischfanges[2] in Millionen Tonnen nach Kontinenten.*

Jahr	1953	1955
Insgesamt	27,10	27,72
Asien	11,30	11,28
Europa	7,16	7,65
Nordamerika . . .	3,45	3,80
UdSSR	2,50	2,50
Afrika	1,54	1,62
Südamerika	0,59	0,76
Ozeanien	0,10	0,11

Im Zahlenmaterial über die Weltfischerei ist auch die Menge der gefangenen Süßwasserfische enthalten. Da diese Mengen sehr viel schwerer statistisch zu

---

[1] Bei der Bearbeitung der Abschnitte B bis E hat Herr Senator e. h. Dr. WALTER SCHLIENZ, Bremerhaven, wesentlich mitgewirkt.

[2] Aus: FAO-Yearbook of Fishery-Statistics, Bd. VI. Rom 1955/56.

erfassen sind als diejenigen der gefangenen Meerestiere, so wird hier noch manche Ungenauigkeit vorhanden sein, die erst im Laufe der nächsten Jahre beseitigt werden kann.

Die Frischhaltung der Süßwasserfische erfolgt im wesentlichen sowohl auf dem Transport als auch bei der weiteren Aufbewahrung nach dem Fang in ihrem Lebenselement, dem Süßwasser. Die hier gebräuchlichen Methoden sind andere, als sie für die Seefische zur Anwendung kommen. Deswegen soll auch an dieser Stelle nicht ausführlicher darauf eingegangen werden. Im allgemeinen werden lebende Fische auch lebend an den Verbraucher verkauft und nur frisch geschlachtet verzehrt. Nur in wenigen Fällen erfolgt nach dem Schlachten eine längere Aufbewahrung.

Die von der FAO angegebenen Mengen an Süßwasserfischen betragen für 1956 3,07 Mill. t. Sie sind bei den entsprechenden weiteren Darstellungen von der Gesamt-Weltfischfangmenge in Abzug gebracht worden.

Eine Aufgliederung der Weltfischfänge auf die Klimazonen der Erde (Tab. 3) zeigt, daß das Gros der gefangenen Fische aus den Gewässern der nördlichen gemäßigten Zone stammt.

Tabelle 3. *Verteilung des Weltfanges an Fischen 1955* [1] *auf die verschiedenen Klimazonen der Erde.*

5 %	Arktis
72 %	Meere der nördlichen gemäßigten Zone
17 %	Meere der tropischen Zone
6 %	Meere der südlichen gemäßigten Zone

Hier wiederum ist es der Atlantik (Tab. 4) und besonders der Nordatlantik, der die größten Fangmengen aufzuweisen hat. Es überwiegt hier die im östlichen Teil gefangene Fischmenge um mehr als das Doppelte das Fangergebnis des westlichen Teiles.

Aus dieser Übersicht kann nicht der Schluß gezogen werden, daß auch das mengenmäßige Vorkommen der Fische in den verschiedenen Meeresteilen so ist, wie diese Statistik zeigt. Es muß vielmehr die Tatsache berücksichtigt werden, daß sich auf der nördlichen Halbkugel die Länder mit größter technischer Entwicklung befinden. Sie sind seit langen Jahrzehnten nicht nur auf die Küstenfischerei angewiesen, sondern fahren mit modernen, großen Fischereifahrzeugen auf die Hochsee hinaus. Sie können die Fischansammlungen, welche zur gemeinsamen Nahrungssuche oder zur Ausübung der Fortpflanzung erfolgen, aufspüren und diese in den gewaltigen Räumen, die die Meere darstellen, verfolgen.

Tabelle 4.
Weltfischfang [1], *aufgestellt nach Meeresteilen in Millionen Tonnen für das Jahr 1956.*

Insgesamt	26,27
Nordostatlantik	7,80
Nordwestatlantik	3,20
Westlicher Mittelatlantik	1,00
Östlicher Mittelatlantik	0,10
Südwestatlantik	0,20
Südostatlantik	1,00
Mittelmeer und Schwarzes Meer	0,90
Nordwestpazifik	7,40
Nordostpazifik	0,50
Östlicher Mittelpazifik	0,70
Südwestpazifik	0,70
Südostpazifik	0,20
Indopazifik	2,90
Westlicher Indischer Ozean . . .	0,30

Der Fischfang wird einmal als Grundfischerei und zum anderen als pelagische Fischerei betrieben.

Grundfischerei kann überall da betrieben werden, wo die abfallenden Kontinentalsockel noch ein Vorland, den sog. Schelf, bilden. In diesen flachen Randgebieten der Meere können die großen Fischereifahrzeuge bis zu mehr als 500 m Tiefe die Fische mit ihren Grundschleppnetzen fangen. Maßgebend für das Vorkommen von Fischen in diesen Gebieten sind die Wasserverhältnisse, insbesondere

---

[1] Aus: FAO-Yearbook of Fishery-Statistics.

die Art und Stärke der Meeresströmungen und die Wassertemperaturen. Von diesen hängen die Nahrungsverhältnisse und Fortpflanzungsmöglichkeiten der Fische ab.

In der Natur gibt es ein Grundgesetz: bei warmen Umweltverhältnissen ein großer Artenreichtum bei geringer Individuenzahl; bei kühleren bzw. kalten Umweltbedingungen weniger Arten, dafür aber in sehr großer Anzahl. Dieser Grundsatz gilt auch für die nutzbaren Seefische.

Die *pelagische Fischerei* ist die Fischerei im freien Wasser, z. B. auf Heringe, Thunfische u. a.

Die Aufteilung der gefangenen Fischmengen nach den einzelnen Meeresteilen in Tab. 4 läßt auch keine Schlüsse darüber zu, wie nun die einzelnen die Seefischerei betreibenden Länder an der Fangmenge beteiligt sind. Aus diesem Grunde wird die Tab. 5 gebracht, mit den Mengen, die die einzelnen Länder für die Statistik aufgegeben haben.

Aus der großen Zahl von Fischen,

Tabelle 5.
Aufteilung des Weltfischfanges[1] nach Ländern (ausgewählt aus 37 meldenden Ländern) in Millionen Tonnen für das Jahr 1956.

	Insgesamt	29,3
Japan		4,763
USA		2,936
China (Festland)		2,640
UdSSR		2,617
Norwegen		2,129
Kanada (einschl. Neufundland. .		1,077
Großbritannien		1,050
Indien		1,012
Bundesrepublik Deutschland . .		0,771
Spanien		0,749
Indonesien		0,652
Südafrikanische Union (einschl. Südwestafrika		0,555
Frankreich		0,538
Island		0,517
Portugal		0,471
Dänemark		0,463
Holland		0,298
Italien		0,219
Schweden		0,197
Chile		0,188
Türkei		0,140
Polen		0,127
Faröer		0,116
Marokko		0,108

die es auf der Erde gibt, sind nur wenige Gruppen ausschlaggebend für die Ernährung des Menschen und für die Fangmengen in der Seefischerei. An der Spitze stehen die heringsartigen Fische (Clupeiden), Tab. 6, die sich im wesentlichen aus Heringen, Sardinen, Sardellen und Sprotten zusammensetzen. Es folgt die Gruppe der Schellfischartigen (Gadiden); das sind Schellfisch, Kabeljau, Seelachs, Seehecht. In der Statistik sind an dieser Stelle die Rotbarsche mit aufgeführt, weil sie als Grundfische im Grundfischfang mit erfaßt werden. Sie gehören zoologisch nicht zu den Gadiden.

Tabelle 6. *Weltfischfang[1] 1956, verteilt auf die einzelnen Fischarten (in Millionen Tonnen).*

	Insgesamt	29,30
davon:		
1. *Heringsartige* (Clupeiden) (Hering, Sardine, Sardelle, Sprotte usw.)		6,99
2. *Schellfischartige* (Gadiden) einschl. Rotbarsch (Kabeljau, Schellfisch, Wittling, Seehecht usw.)		4,88
3. *Weichtiere* (Mollusken) (Muscheln, Schnecken, Tintenfische usw.)		1,85
4. *Makrelenartige* (Scombriden) (Makrele, Thunfisch usw.)		1,71
5. *Krebstiere* (Hummer, Langusten, Taschenkrebsartige, Garnelen [Krabben] usw.)		0,78
6. *Lachsartige* (Salmoniden) (Lachs, Forelle usw.)		0,69
7. *Plattfische* (Heilbutt, Zungen, Buttartige)		0,64
8. *Haie und Rochen.*		0,28
9. Verschiedene Seefischarten (2,73) und nicht näher bestimmte Fische (5,24) und andere Wassertiere (0,07)		8,04
10. *Süßwasserfische.*		3,07
11. *Wasserpflanzen* (als Nahrung besonders in Japan)		0,40

---

[1] Aus: FAO-Yearbook of Fishery-Statistics.

In allen fischereibetreibenden Ländern unterscheidet man zwischen der Küstenfischerei, der kleinen und der großen Hochseefischerei. Dementsprechend sind die Fahrzeuge, die für diese Fischereien benutzt werden, verschiedenartig und für die Hochseefischerei entsprechend der weiteren Entfernung von der Küste schwerer und größer. Die Hochseefischereifahrzeuge bleiben viele Tage auf See, manches Mal sogar 3 bis 4 Wochen und länger. Die Reisedauer hängt im wesentlichen von der Möglichkeit der Frischerhaltung der Seefische ab.

Es gibt Fangverfahren, bei denen ohne Konservierung durch Kälte die Ware frisch, d. h. genußfähig erhalten wird. Das ist erstens die sog. Salzfischerei mit Haken und Leinen auf Grundfische, die sofort nach dem Schlachten und Säubern mit Salz in Fässern verpackt werden, und zweitens die Loggerfischerei, d. h. der Fang von Heringen mit Stellnetzen auf hoher See, wie er insbesondere in der Nordsee von den angrenzenden Ländern betrieben wird. Der Hering, der sich in den Netzwänden verfängt, wird nach Einziehen des Netzes aus diesem herausgeschüttelt, die Bauchhöhle mit einem kleinen Kehlschnitt zum Ausbluten geöffnet und dann mit Salz zusammen in Fässern, die man als „Kantjes" bezeichnet, gepackt. Eine weitere Verarbeitung erfolgt erst an Land. Diese „Kantjes", in denen wahllos große und kleine Fische enthalten sind, werden dann sortiert und einer Nachsalzung unterzogen. Diese Ware ergibt den in aller Welt bekannten Salzhering.

Die Fahrzeuge der großen Hochseefischerei (Trawler) können bis zu 60 m lang und bis zu 10 m breit sein und einen Antrieb bis zu 1000 PS haben. Die Geschwindigkeit ist zwischen 12 und 15 Knoten.

Während man die Hochseefischerei bisher im wesentlichen durch Aussetzen der Netze an den Seiten der Fischereifahrzeuge vornahm, hat man neuerdings begonnen, die Netze über das Heck auszusetzen und auch wieder einzuziehen (s. S. 254). Durch diese Art des Fischfanges soll eine schonendere Behandlung des Fisches bereits im Netz erfolgen. Man ist der Ansicht, daß die Fische beim Einholen des Netzbeutels beim Hecktrawler nicht so hart gedrückt werden, wie es bei den Seitenfängern der Fall ist. Diese Fischereifahrzeuge sind zur Zeit ausersehen, die Entwicklung der Frischhaltung voranzubringen, weil sie geräumig genug sind, um mittschiffs die völlige Verarbeitung der Fische und deren Erhaltung durch maschinell erzeugte Kälte zu ermöglichen[1].

C. Die Ursachen des Verderbes von Fischen.

Es ist bekannt, daß Fische nach dem Fang verhältnismäßig rasch dem Verderb anheimfallen, wenn nicht besondere Vorkehrungen getroffen werden. Der Verderb tritt teils durch *Autolyse*[2], teils durch die Tätigkeit von *Mikroorganismen* ein, und zwar vorwiegend von *Bakterien*[3]. In beiden Fällen treten biochemische Veränderungen auf, die schließlich zum Verderb der Fische führen und sie genußuntauglich machen. Nach dem Tode tritt bei den Fischen die Totenstarre ein (rigor mortis), die eine Folge der Koagulation von Proteinen ist. Nach einigen Stunden löst sich die Totenstarre durch die Einwirkung von Enzymen (Fermenten), und es beginnt dann die Zersetzung der Proteine in niedere Stickstoff-Verbindungen, von denen besonders das übelriechende Trimethylamin den mangelnden Frischezustand erkennen läßt.

---

[1] Vgl. Nr. 8 der Zusammenfassenden Schriften auf S. 263.

[2] Vgl. dieses Handbuch Bd. IX, S. 370.

[3] Über den verhältnismäßig geringen Einfluß der Autolyse neben der Tätigkeit der Bakterien auf den Fischverderb vgl. W. Partmann: Proc. of the Symposium on cured and frozen fish technology, Swedish Institute for Food Preservation Research, Göteborg, November 1953 (Paper XVII); Archiv für Fischereiwissenschaft Bd. 4 (1952/53) S. 40.

Die schädliche Wirkung der Enzyme kann man entweder durch Anwendung hoher Temperaturen beheben, wobei die Enzyme zerstört werden, oder durch Anwendung von Kälte wesentlich verzögern. Da die Fische Kaltblüter sind und in einer kalten Umgebung leben, ist die normale Funktion der Fischenzyme dieser tiefen Temperatur angepaßt. Bringt man sie nach dem Fang in eine wärmere Umgebung, so geht die Autolyse beschleunigt vor sich. Das ist ein Grund, warum Fische bei Zimmertemperatur rascher verderben als das Fleisch von Warmblütern. Ein anderer Grund ist in der Verschiedenheit der physikalischen und chemischen Struktur des Fleisches beider Tierarten zu suchen.

Viel wesentlicher als die Autolyse beeinflußt aber die rasche Vermehrung der Bakterien den Verderb der Fische[1]. Die bakterielle Invasion erfolgt bei Fischen durch die Kiemen ins Blut, vom Schleim und den Schuppen durch die Haut und ferner durch die Eingeweide.

Fische können nur relativ kurzfristig in Eis frisch erhalten werden. Für eine langfristige Aufbewahrung kommen in Frage: Gefrieren, Eindosen, Salzen, Räuchern und Trocknen. In diesem Handbuch werden nur die Kühl- und Gefrierverfahren behandelt; sie haben den Vorzug, daß die Fische im natürlichen Zustand erhalten werden, doch handelt es sich dabei hinsichtlich des Verderbes lediglich um eine mehr oder weniger wirksame Verzögerung. Die schädlichen Mikroorganismen werden dabei nicht zerstört, sondern nur in ihrer Aktivität und Vermehrung gehemmt; auch die Enzymtätigkeit wird nur verlangsamt. Nach dem Auftauen fallen gefrorene Fische bei Zimmertemperatur einem schnellen Verderb anheim.

In bezug auf die Haltbarkeit und die Lagerbedingungen muß man zwischen mageren und fetten Fischen unterscheiden. Fette Fische erfordern wegen der Oxydation der Fette, die die Ranzigkeit verursacht, eine tiefere Lagertemperatur. In Tab. 7 ist die mittlere chemische Zusammensetzung der eßbaren Anteile einiger Fischarten angegeben. Der Fettgehalt unterliegt jedoch ziemlich starken jahreszeitlichen Schwankungen. Das Öl der nicht fetten Fische findet sich hauptsächlich in der Leber. Es stellt wegen seines Vitaminreichtums (A und D ein besonders wertvolles Produkt dar.

Tabelle 7. *Mittlere chemische Zusammensetzung der eßbaren Anteile einiger Fischarten*[2].

Fischart	Wasser	Proteine	Fett	Asche
Heilbutt	75,3	18,5	5,2	1,0
Hering	67,2	18,3	11,8	2,7
Kabeljau	82,0	16,5	0,3	1,2
Lachs	64,0	18,5	16,5	1,0
Makrele	68,1	18,7	12,0	1,2
Schellfisch	80,5	18,2	0,1	1,2
Thunfisch in Büchsen . .	52,7	24,0	20,9	2,4

Der Wassergehalt der Fische ist maßgebend für den Kältebedarf beim Kühlen und Gefrieren, weil die Trockensubstanz mit Rücksicht auf den niedrigen Wert ihrer spezifischen Wärme nur einen geringen Kältebedarf erfordert.

---

[1] Vgl. hierzu den Abschnitt „Mikrobiologische Grundlagen der Lebensmittelfrischhaltung" in Bd. IX dieses Handbuches, S. 167.

[2] McCance, R. A., u. E. M. Widdowson: The Chemical Composition of Foods, 2. Aufl. London: H. M. Stationery Office 1946. — W. Heupke u. G. Rost: Was enthalten unsere Nahrungsmittel? Frankfurt a. M.: Umschau-Verlag 1950. — B. K. Watt u. A. L. Merrill: Composition of Foods, U.S. Dep. of Agric., Agric. Handbook Nr. 8. Washington 1950. — H. A. Wooster jr. u. F. C. Blanck: Nutritional Data, publ. by H. J. Heinz Comp. Pittsburgh, Pa. 1950.

D. Die hygienischen Verhältnisse an Bord der Fischereifahrzeuge[1].

Es wurde bereits hervorgehoben, daß der Fischverderb auf 2 Ursachen zurückzuführen ist: auf autolytische Prozesse (natürliche Selbstauflösung) und auf das Wachstum von Bakterien. Die Veränderungen der Fische beim Verderb können subjektiv durch das Aussehen, die Festigkeit des Fleisches und den Geruch wahrgenommen werden: die Augen werden matt, die Kiemen bräunlich, das Fleisch weich und der Geruch „fischig". Objektiv wird der Frischezustand durch Messung der flüchtigen Stickstoffbasen (Ammoniak, Dimethylamin und Trimethylamin) und durch Bakterienzählung festgestellt. Die Keimzahl an der Oberfläche lebender Fische beträgt nur einige Hundert je cm². Nach dem Schlachten und Ausweiden steigt sie aber in wenigen Stunden auf 10 000 und mehr, je nach der Sauberkeit der Behandlung. Abb. 103 zeigt das zeitliche Anwachsen der aeroben Bakterienzahl (B) je cm² Oberfläche und die Zunahme an Trimethylamin und Ammoniak (N) in mg je 100 g Fischgewicht für Kabeljau, der bei 0° C gelagert wurde[2]. Wie man sieht, ist das Bakterienwachstum nach 5 bis 6 Tagen Lagerung am stärksten, nach etwa 14 Tagen wird aber bei Erreichung von $B \sim 10^9/cm^2$ durch Nahrungsmangel eine obere Grenze erreicht, bei der die Fische nicht mehr genußfähig sind. Der Gehalt an Trimethylamin nimmt in den ersten Tagen langsam, aber nach 10 bis 12 Tagen sehr rasch zu und erreicht dann schnell einen Wert, bei dem der Fisch als verdorben anzusehen ist. Tab. 8 liefert eine Vorstellung von der zeitlichen Abnahme der Qualität

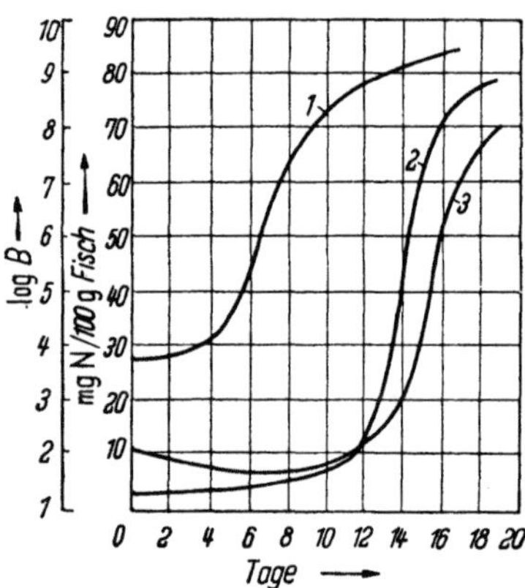

Abb. 103. Zunahme der Bakterienzahl B je cm² Oberfläche (Kurve *1*) und des Gehaltes an Trimethylamin (Kurve *2*) und Ammoniak (Kurve *3*) in mg je 100 g Fischgewicht für Kabeljau, der bei 0° C gelagert wurde, als Funktion der Lagerzeit.

von Magerfischen bei verschiedenen Lagertemperaturen, vorausgesetzt, daß die Fische unmittelbar nach dem Fang kaltgelagert wurden. Ein Aufenthalt von nur wenigen Stunden bei höherer Temperatur setzt die Lagerfähigkeit merklich herab.

Tabelle 8. *Haltbarkeit von Magerfischen in Tagen bei verschiedenen Lagertemperaturen über dem Gefrierpunkt*[1].

Lagertemperatur °C	0	5	10
Noch sehr gut nach Tagen	8	5	2,5
Noch gut nach Tagen	11	6,2	3,5
Noch genügend nach Tagen	12,5	7,2	4
Grenze der Genußfähigkeit, Tage . . .	14	8	4,5

Bei hygienisch nicht einwandfreien Verhältnissen an Bord kann der Anfangskeimgehalt der Fische beim Einbringen in den Laderaum schon 1 Million je cm² Oberfläche erreichen.

[1] Schwartz, W.: Ber. VII. Intern. Kältekongr., Den Haag, Bd. IV (1937) S. 321. — A. Lumley, J. J. Piqué u. G. A. Reay: Spec. Rep. Food Invest. Board, Nr. 37. London 1929. — A. Lumley: The care of the trawlers fish. Food Invest. Leaflet Nr. 3. London 1933. — R. Heiss: Kältetechnik Bd. 6 (1954) S. 183.
[2] FAO Agriculture Studies Nr. 12, S. 115. Washington D. C.: 1950.

Es muß betont werden, daß die Behandlung der Fische an Bord der Fang-schiffe in der Regel hygienisch nicht einwandfrei ist. Die Mannschaft bewegt sich mit ihren langen Gummistiefeln in den an Deck liegenden Fischhaufen. Die Fische werden an Deck bei jedem Wind und Wetter ausgeweidet; dabei kommt es häufig vor, daß der Darminhalt auf die in der Nähe liegenden Fische gespritzt wird, was wegen der Verhältnisse auf See schwer abstellbar zu sein scheint. Diese technisch unbefriedigenden Verhältnisse findet man in allen Ländern. In dem Bericht über eine Studienreise europäischer Experten nach USA (1950) äußerten sich C. I. H. van den Broek und R. Olavssen wie folgt[1]:

„In General the treatment of fish on board must be described as rather elementary. The quality of the fish that was seen being landed at the Boston Pier was only moderate, especially when the relatively short duration of the fishing trips was taken into account."

Über die Behandlung von Garnelen (shrimps) an Bord der Fischereifahrzeuge im Südatlantik und im Golf von Mexiko liegt ein ausführlicher Bericht von Fieger und Dubois vor[2].

Von englischer Seite[3] werden folgende Maßnahmen empfohlen:

An Deck: Ausschütten des Fanges auf eine mit galvanisiertem Stahlblech bedeckte Bodenfläche. Um das Ausgleiten der mit Gummistiefeln ausgerüsteten Mannschaft zu vermeiden, ist das Stahlblech mit Nägeln aufzurauhen. Wasser-anschlüsse mit kurzen Gummischläuchen sind unterhalb der Reling anzuordnen, um die Fische beim Ausweiden mit reinem Seewasser zu waschen. Das Quetschen und Zerren der Fische ist zu vermeiden, auch sollen die Schnittflächen zum Aus-weiden und Auswaschen der Bauchhöhle so klein wie möglich sein. Das Aus-waschen soll in galvanisierten Stahlbehältern erfolgen, wobei jeder Fisch von innen und außen vom Wasserstrahl zu treffen ist. Danach sollen die Fische, nach Größe und Art geordnet, in Blechbehältern (nicht in Weidenkörben) in den Laderaum befördert werden.

Im Laderaum: Die Wände und Schotten des Fischraumes bestehen in der Regel aus Holz, dessen Poren und Spalten sich mit dem stark bakterienhaltigen Schmelzwasser vollsaugen[4]. Es wird daher empfohlen, die Wände mit galvani-siertem Stahlblech (oder gar mit Monelmetall) auszukleiden und die Regale nicht aus Holz, sondern ebenfalls aus einem nicht korrodierenden Metall herzustellen. Die Bleche sind so auszubilden, daß das Schmelzwasser mit dem Blut und Schleim seitlich an den Fächern herunterrinnt, damit die auf den darunterliegenden Regalen liegenden Fische nicht infiziert werden.

Es sollen nicht mehr als 3 Regale übereinander angeordnet werden. Das Eis ist gleichmäßig unter den Fischen, zwischen diesen und über diesen zu verteilen. Bei großen Fischen ist auch die Bauchhöhle mit Eis auszufüllen. Die Eismenge soll etwa $^2/_3$ der Fischmenge betragen (vgl. S. 223); dabei ist angenommen, daß die Lagerdauer 12 Tage nicht überschreitet.

Alle verwendeten Werkzeuge und Behälter sowie die Flächen an Deck und im Laderaum sind nach jeder Fangreise sorgfältig mit heißem Seewasser, dem 5% Formalin beigegeben sind, zu waschen und nachträglich mit frischem See-wasser zu besprengen, um alle Spuren des Desinfektionsmittels zu beseitigen.

---

[1] The Cold Chain in the USA, Teil II, S. 363. Paris: Organization for European Eco-nomic Cooperation 1951. (Zu beziehen durch: Deutscher Bundesverlag, Bonn.)

[2] Fieger, E. A., u. C. W. Dubois: Refrig. Engng. Bd. 52 (1946) S. 225.

[3] Vgl. Fußnote 1 auf S. 214 (Lumley).

[4] Es soll nach Möglichkeit vermieden werden, daß die Fische mit diesen Holzteilen in Berührung kommen, da die Fische dabei den Bilgengeruch entwickeln. Zerkleinertes Eis an den Wänden vorsehen!

Gegenüber den englischen Vorschlägen wird von deutscher Seite betont, daß ein aufgerauhtes Deck sehr viele Schlupfwinkel für Bakterien bietet. Man ist ferner der Ansicht, daß das Aufschneiden der Bauchhöhle zum Ausweiden und Auswaschen möglichst vom After bis zum Kopfansatz erfolgen sollte. Nur dadurch sei Gewähr gegeben, daß alle Eingeweidereste aus der Bauchhöhle entfernt werden und daß beim Ausspülen eine Säuberung von Bakterien stattfindet. Zur Vermeidung des Bilgengeruches wird mehrmals täglich das Lenzpumpen der Bilge und Nachspülen mit frischem Seewasser empfohlen.

E. Der Weg vom Fischereihafen zum Verbraucher.

Die Behandlung des Fanges beim Löschen, in der Auktionshalle, beim Fischhändler, auf dem Transport ins Binnenland und in den Verkaufsläden ist in vieler Beziehung technisch nicht einwandfrei und bedarf wesentlicher Verbesserungen, besonders wenn man bedenkt, daß die Fische in der Regel schon einen langen Seetransport hinter sich haben. Wenn auch die Verhältnisse heute günstiger sein mögen, als man der dramatischen Schilderung von Heiss entnehmen kann[1], so bleibt sicherlich noch vieles zu verbessern, wenn man eine Steigerung des Fischkonsums erreichen will. Wesentlich notwendiger als eine kostspielige Propaganda zugunsten des Fischkonsums ist die Hebung der Qualität.

Nach einer ziemlich rohen Behandlung der Fische durch die Löschmannschaften[2] werden sie in Weidenkörben am Kai abgeladen und nach Befreiung

Abb. 104. Blick in die Auktionshalle in Wesermünde kurz vor Beginn der Auktion.

vom Eis in die Auktionskisten mit je 50 bis 60 kg verteilt. Diese Prozedur erstreckt sich von 22 Uhr bis 6 Uhr. Abb. 104 und 105 liefern einen Blick in die nicht gekühlte Auktionshalle in Wesermünde kurz vor und während der Ver-

---

[1] Vgl. S. 45/46 in Nr. 5 der Zusammenfassenden Schriften auf S. 263.
[2] Automatische Löschvorrichtungen haben noch kaum Eingang gefunden. Vgl. La Pêche maritime Bd. 30 (1951) Nr. 875, S. 66.

steigerung[1], die von 7 Uhr bis 10 Uhr dauert. Die damit verbundene Unterbrechung der Kühlung bei schon herabgesetzter Fischqualität muß als besonders schädlich angesehen werden.

Eine erneute Beeisung der Fische in Weidenkörben, die mit Pergamentpapier ausgelegt sind, oder in Kisten (im ganzen, geköpft oder filetiert) findet erst vor dem weiteren Transport statt. Auf größere Entfernungen wird in der Deutschen Bundesrepublik vorwiegend von der Eisenbahn Gebrauch gemacht, während in USA auch Straßenfahrzeuge (gekühlte Lastkraftwagen) stark benutzt werden.

Abb. 105. Wie Abb. 104, während der Auktion.

Der Bahntransport erfolgt in Eilgüterzügen, und es werden vorzugsweise isolierte Güterwagen oder spezielle Seefischwagen benutzt, die mit Eisbunkern versehen sind, so daß die Wagen vor der Beladung mit Fischen vorgekühlt werden können. Zweckmäßig ist es, wenn neben dem Wassereis auch etwas Trockeneis (festes Kohlendioxyd) beigegeben wird, das zwar die Kühlwirkung nicht wesentlich steigert, aber desinfizierend wirkt. Beim Betreten der Wagen am Ankunftsplatz ist dann Vorsicht geboten.

In den Markthallen und Fischläden wird den Fischen nicht immer die notwendige Menge von zerkleinertem Eis beigegeben. Die Hausfrauen sollten den Kauf nicht beeister Fische grundsätzlich ablehnen. Im Haushalt sollen Fische vor der küchenfertigen Zubereitung nur im Kühlschrank und auch dort nur so kurz wie möglich aufbewahrt werden.

F. Die physikalischen Eigenschaften von Fischen[2].

I. Spezifisches Gewicht.

Das spezifische Gewicht γ [kg/l] ganzer, nicht ausgeweideter Fische hängt von der Temperatur, der Größe der Fische und vom Zustand der Schwimmblase ab.

---

[1] Nach W. SCHLIENZ: Die Fischwirtschaft Bd. 16. In der Serie Musterbetriebe deutscher Wirtschaft. Berlin: Organisation Verlagsges. m. b. H. 1930.

[2] Nach P. P. LOBSIN: Physical properties of fish. Trans. Inst. marine Fisheries and Oceanography of the USSR Bd. XIII. Moskau 1939 (russisch).

Beim Gefrieren dehnt sich der Fisch aus, wodurch das spezifische Gewicht sinkt. Es wurden an einer Art Karpfen folgende Werte gemessen:

bei t [°C)	= +15,0	0	−3,5	−8,0
γ [kg/l]	= 0,987	0,980	0,944	0,928

Dagegen zeigte derselbe ausgeweidete Fisch nach Entfernung der Schwimmblase bei +15° C im Mittel ein spezifisches Gewicht von 1,072 [kg/l].

Mit zunehmender Größe nimmt das spezifische Gewicht etwas ab. Bei Zandern wurden folgende Werte bei +15° C gemessen:

Gewicht [kg]	= 0,350	0,500	1,800	3,400
Spez. Gewicht [kg/l]	= 0,996	0,987	0,984	0,955

Eine ähnliche Abnahme des spezifischen Gewichtes mit der Größe fand Chatschaturow[1].

Für die einzelnen Bestandteile von Magerfischen (Zander) ergaben sich bei +15° C folgende Werte:

Fleisch vom Kopfende am Rücken . . . . γ =	1,065 kg/l
Fleisch vom Kopfende am Bauch	1,061 kg/l
Fleisch vom Schwanzende am Bauch	1,049 kg/l
Haut ohne Schuppen	1,119 kg/l
Haut mit Schuppen	1,216 kg/l

Der Frischezustand scheint nur einen sehr geringen Einfluß auf das spezifische Gewicht zu haben. Bei Fischfilet kann man oberhalb 0° C mit γ = 1,06 und im gefrorenen Zustand bei etwa −15° C mit γ = 1,00 kg/l rechnen.

Chatschaturow[1] bestimmte noch das Verhältnis F/V der Oberfläche zum Volum von Fischen abhängig von deren Gewicht. Er fand im Mittel:

Gewicht	= 0,5	1,0	1,5	2,0	2,5	3,0	3,5
F/V [m^{-1}]	= 88	73	65	60	57	54	52

II. Spezifische Wärme.

Werte der spezifischen Wärme lassen sich am besten aus gemessenen Werten der Enthalpie in einem weiten Temperaturbereich berechnen (vgl. Tab. 9).

III. Wärmeleitzahl.

Die bisher bekanntgegebenen Werte der Wärmeleitzahlen von frischen und gefrorenen Fischen sind zum Teil noch ziemlich widersprechend, so daß weitere genaue Messungen erwünscht sind. Die Kenntnis der Wärmeleitzahl ist für die Berechnung der Abkühlungs- und Gefrierzeit erforderlich. Da die Wärmeleitzahl von Wasser im flüssigen Zustand nur etwa 0,5, im festen Zustand aber etwa 2,0 [kcal/m °C h] beträgt, so müssen sich auch bei Fischen oberhalb und unterhalb des Gefrierpunktes erhebliche Unterschiede ergeben.

Lobsin[2] fand für Magerfisch (Zander) oberhalb 0° C einen Mittelwert λ = 0,41. Im gefrorenen Zustand ergaben sich folgende Werte:

bei t [°C]	= −3,5 bis −6,8	−6,8 bis −11,1	−11,1 bis −15,8	−15,8 bis −21,2
λ [kcal/m h °C] =	0,782	0,925	1,084	1,19

---

[1] Chatschaturow, A.: Cholodilnaja Technika Bd. 34 (1957) S. 66.
[2] Vgl. Fußnote 2 auf S. 217 (dort S. 19 u. 39).

RJUTOW[1] gibt für das kältetechnisch wichtige Gebiet den Wert $\lambda = 1{,}18$ an, während TUCHSCHNEID[2] für Fleisch, Geflügel und Fische zwischen $-5°$ C und $-10°$ C die Werte $\lambda = 1{,}0$ bis $1{,}2$ und zwischen $-10°$ C und $-65°$ C $\lambda = 1{,}2$ bis $1{,}45$ empfiehlt. Genauere Messungen wurden neuerdings von TSCHERNEJEWA[3] durchgeführt, aber leider nur mit verschiedenen Warmblüter-Fleischarten und nicht mit Fischen. Trotzdem können die folgenden von ihr erhaltenen Werte als Anhaltspunkte gelten:

Temperatur [°C]	= 30	0	—5	—10	—15	—20	—25	—30
Für fettes Rindfleisch								
λ [kcal/m h °C]	= 0,42	0,41	0,80	1,03	1,15	1,23	1,29	1,32
Für mageres Rindfleisch								
λ [kcal/m h °C]	= 0,42	0,41	0,91	1,16	1,28	1,35	1,40	1,42

CHATSCHATUROW[4] hat Werte verschiedener Forscher für verschiedene Fischarten als Funktion der Temperatur dargestellt und durch die Versuchspunkte eine mittlere Kurve gezogen, aus der folgende Werte zu entnehmen sind:

Temperatur [°C]	= 0	—5	—10	—15	—20	—30
Wärmeleitzahl λ [kcal/m h °C]	= 0,4	0,92	1,05	1,12	1,18	1,25

Es kann daher empfohlen werden, im Temperaturbereich von $-1°$ C bis $-20°$ C mit Werten $\lambda = 1{,}15$ für magere Fische und $\lambda = 1{,}05$ für fette Fische zu rechnen. Versuche von WATZINGER[5] stehen damit in Einklang.

IV. Temperaturleitzahl.

Die älteren von LOBSIN[6] stammenden Werte der Temperaturleitzahl $a = \lambda/c\,\gamma$ für Zander sind unwahrscheinlich niedrig. Zuverlässiger erscheinen die Werte von TSCHERNEJEWA[3], die allerdings wieder nur für Warmblüterfleisch gemessen wurden:

Temperatur [°C]	= 30	0	—5	—10	—15	—20	—25	—30
Für fettes Rindfleisch								
$10^4\,a$ [m²/h]	= 4,5	4,2	6,9	10,0	12,9	15,5	17,5	(18,5)
Für mageres Rindfleisch								
$10^4\,a$ [m²/h]	= 4,5	4,2	7,2	11,0	14,3	17	19,2	20,3

V. Der Kältebedarf beim Kühlen und Gefrieren.

Der Kältebedarf bei der Abkühlung von Lebensmitteln setzt sich zusammen aus dem Nettobedarf für die Abführung der fühlbaren und latenten Wärme der Lebensmittel sowie aus den unvermeidlichen Verlusten, die durch Wärmeeinfall aus der wärmeren Umgebung eintreten. Die letzteren sind schwer genau berechenbar und hängen in erster Linie von der Isolierung des gekühlten Raumes, vom Verkehr der Menschen u. a. ab. Auf diese Verluste wird in Bd. XI dieses Handbuches bei der Behandlung der Probleme der Kaltlagerung und des Kälte-

---

[1] RJUTOW, D. G. (mit D. A. CHRISTODULO): Das schnelle Gefrieren von Fleisch. Moskau: Pistschepromisdat 1936 (russisch).

[2] TUCHSCHNEID, W. M.: Kältetechnologie, 2. Aufl. Moskau: Pistschepromisdat 1938 (russisch).

[3] TSCHERNEJEWA, L. I.: Bestimmung der thermischen Eigenschaften von Lebensmitteln. Moskau: Staatsverlag der Handelsliteratur 1956 (russisch).

[4] Vgl. Fußnote 1 auf S. 219.

[5] WATZINGER, A.: Kältetechnik Bd. 1 (1949) S. 189.

[6] Siehe Fußnote 2 auf S. 217 (dort S. 37).

transportes eingegangen werden. An dieser Stelle soll nur der Nettobedarf für das Kühlen und Gefrieren von Fischen angegeben werden, für den sehr genaue Werte aus neuzeitlichen Untersuchungen vorliegen.

Es ist klar, daß dieser Kältebedarf in erster Linie vom Wassergehalt der Fische abhängt, für den schon einige Werte in Tab. 7 angegeben wurden; denn Wasser hat eine höhere spezifische Wärme als alle anderen Fischbestandteile und auch eine sehr hohe Erstarrungswärme. Ferner hängt der Kältebedarf in kcal/kg auch noch davon ab, ob ganze Fische oder Fischfilet gekühlt bzw. gefroren werden.

Als Maß für den Kältebedarf dienen Enthalpiedifferenzen zwischen der Anfangs- und Endtemperatur eines Kälteprozesses. Unter der Enthalpie versteht man in der Wärmelehre den Wärmeinhalt (bei konstantem Druck). Die Enthalpie wird auf kalorimetrischem Wege gemessen, wofür in letzter Zeit sehr genaue Methoden entwickelt wurden. Enthalpiewerte für Fische (und andere Lebensmittel) wurden in der Bundesforschungsanstalt für Lebensmittelfrischhaltung von RIEDEL[2] und im Moskauer Kälteforschungsinstitut (WNICHI) von RJUTOW[3] gemessen. Die Moskauer Werte für verschiedene Lebensmittel wurden schon in Tab. 1 auf S. 8 dargestellt. Die neueren Werte von RIEDEL für Fische findet man in Tab. 9. Dabei ist zu beachten, daß der Nullpunkt der Enthalpie willkürlich gewählt

Tabelle 9. *Enthalpie, spezifische Wärme und Eisanteil für Muskelfleisch von Kabeljau als Funktion der Temperatur.* (Nach RIEDEL.)

Temperatur °C	Enthalpie kcal/kg	Spezifische Wärme kcal/kg °C	Eisanteil
—40	0,00	0,44	0,905
—38	0,88	0,44	0,905
—36	1,77	0,45	0,905
—34	2,68	0,46	0,904
—32	3,60	0,47	0,904
—30	4,56	0,49	0,903
—28	5,55	0,51	0,902
—26	6,59	0,53	0,900
—24	7,67	0,55	0,898
—22	8,82	0,58	0,894
—20	10,03	0,62	0,890
—18	11,31	0,66	0,884
—16	12,69	0,72	0,878
—15	13,42	0,75	0,874
—14	14,18	0,78	0,869
—13	14,99	0,83	0,864
—12	15,84	0,87	0,858
—11	16,76	0,95	0,851
—10	17,73	1,01	0,843
—9	18,80	1,13	0,834
—8	19,99	1,27	0,824
—7	21,35	1,50	0,811
—6	23,01	1,85	0,792
—5	25,12	2,45	0,767
—4	28,05	3,61	0,730
—3	32,70	6,34	0,665
—2	42,16	15,68	0,524
—1	71,16[1]	24,54[1]	0,080
0	77,16	0,99	0,000
2	78,90	0,87	—
4	80,65	0,87	—
6	82,39	0,87	—
8	84,14	0,87	—
10	85,89	0,88	—
12	87,64	0,88	—
14	89,39	0,88	—
16	91,14	0,88	—
18	92,90	0,88	—
20	94,65	0,88	—

werden kann, da nur Enthalpiedifferenzen interessieren. RIEDEL wählte als Nullpunkt —40° C, während in der Moskauer Tabelle auf S. 8 —20° C gewählt wurden. Beim Vergleich beider Enthalpiewerte sind diese Unterschiede zu beachten.

RIEDEL hat nur die Enthalpien des Muskelfleisches von Magerfischen (Schellfisch, Kabeljau und Goldbarsch) gemessen, die sich untereinander nur wenig

---

[1] Bei diesem Wert hat das Gefrieren schon teilweise eingesetzt.
[2] RIEDEL, L.: Kältetechnik Bd. 8 (1956) S. 374.
[3] RJUTOW, D. G.: Cholodilnaja Technika Bd. 27 (1950) Nr. 4, S. 69 (russisch).

unterscheiden. Es genügt daher, in Tab. 9 die Enthalpiewerte i und die daraus berechneten Werte der spezifischen Wärme c und des Eisanteiles α (in kg Eis je kg Gesamtwassergehalt) für Kabeljau anzugeben. Der Wassergehalt dieser Fische betrug 80,3%.

Die Moskauer Werte sind am besten mit denen von RIEDEL vergleichbar, wenn man sie wegen der Unterschiede im Nullpunkt der Enthalpie um 10,03 kcal/kg vergrößert. Es ergibt sich dann folgender Vergleich:

Temperatur:	−15	−10	−5	−1	0	+1	+10	+20
Enthalpie (nach RIEDEL):	13,42	17,73	25,12	71,16	77,16	78,03	85,89	94,65
Enthalpie (Moskau):	13,53	18,33	26,03	63,73	77,33	78,23	86,03	94,83

Die durchweg etwas größeren Moskauer Werte können durch einen größeren Wassergehalt der Versuchsfische bedingt sein. Die große Differenz bei $-1°$ C kann auf eine geringe Verschiedenheit des Gefrierpunktes zurückgeführt werden. Für die Abkühlung der Fische in zerkleinertem Eis von $+20°$ C auf $+1°$ C müssen 16,6 kcal/kg abgeführt werden; für das Gefrieren von $+1°$ C bis $-20°$ C noch zusätzlich 68 kcal/kg.

RIEDEL[1] fand, daß unterhalb von etwa $-36°$ C kein Wasser mehr ausfriert (Tab. 9), daß also die letzten 10% als „gebundenes Wasser" zu betrachten sind. Man muß sich vorstellen, daß dieses Wasser in irgendeiner Form durch chemische oder physikalische Kräfte von den Eiweißmolekülen festgehalten wird. Durch Versuche mit getrocknetem Fischfleisch stellte RIEDEL fest, daß von 1 kg Trockensubstanz stets etwa 0,39 kg Wasser so fest gebunden werden, daß dieses Wasser auch bei den tiefsten Temperaturen nicht erstarrt.

Für die spezifische Wärme der Trockensubstanz fand RIEDEL

$$c = 0,282 + 0,00084 \text{ t} \quad [\text{kcal/kg °C}].$$

Bei $20°$ C erhält man $c = 0,299$, also einen Wert, der wesentlich kleiner ist als Werte, die in der Literatur[2] mit 0,34 bis 0,40 angegeben werden.

VI. Konsistenz. Bei der Beurteilung der Fischqualität bildet die Konsistenz ein wichtiges Kennzeichen. Oberhalb des Gefrierpunktes ist sie ein Maß der Elastizität bzw. Festigkeit. Änderungen der Konsistenz während der Lagerung sind ein Maß der postmortalen Veränderungen und liefern einen Hinweis für die zulässige Lagerdauer. Unterhalb des Gefrierpunktes ist die Konsistenz ein Maß für die Härte und damit für den Grad der Eisbildung beim Gefrieren. Nicht selten werden beim Transport partiell aufgetaute Fische zur erneuten Lagerung in ein Kühlhaus gebracht. Für die Kühlhausverwaltung, welche die Verantwortung für die Qualitätserhaltung der Fische übernimmt, ist es wichtig, zu prüfen, inwieweit der Auftauvorgang bei der Einlagerung schon fortgeschritten ist.

Für die Messung der Konsistenz werden Instrumente benutzt, die man als Konsistometer oder Penetrometer bezeichnet; mit ihnen wird die Kraft gemessen, die erforderlich ist, um das Eindringen eines Körpers von bestimmten Abmessungen in das Versuchsobjekt zu erreichen. Die Körperform kann eine Kugel, ein Stab, eine stumpfe Nadel oder dgl. sein, und die Kraft kann pneumatisch, hydraulisch oder durch eine Feder ausgeübt werden. Solche Penetrometer werden in der Lebensmitteltechnologie vielfach verwendet, besonders für Fleisch und Früchte[3].

---

[1] Siehe Fußnote 2 auf S. 220.

[2] Vgl. A. WATZINGER: Kältetechnik Bd. 1 (1949) S. 189.

[3] WOLODKEWITSCH, N. N.: Food Res. Bd. 3 (1938) S. 221 — Landwirtsch. Jb. Bd. 85 (1938) H. 5, Nr. 47; Bd. 88, H. 6, Nr. 64 — Getreide, Mehl Brot Bd. 4 (Februar 1950) H. 3/4. — G. KRUMBHOLZ u. N. WOLODKEWITSCH: Die Gartenbauwissenschaft Bd. 17, H. 5, S. 543 — Z. Lebensmittel-Unters. u. Forsch. Bd. 88 (1948) H. 6, S. 606. — TH. GRÜNEWALD: daselbst Bd. 105 (1957) H. 1, S. 1.

Sie liefern in jedem Fall nur relative und konventionelle Werte, gestatten aber, Vergleichswerte zu ermitteln und zeitliche Veränderungen zu verfolgen.

Lobsin[1] hat zwei solche Instrumente entwickelt; bei dem einen wird die Kraft durch die Zusammendrückung einer Feder, bei dem anderen durch den Druck einer Flüssigkeit auf einen Kolben gemessen. Abb. 106 zeigt die Änderungen

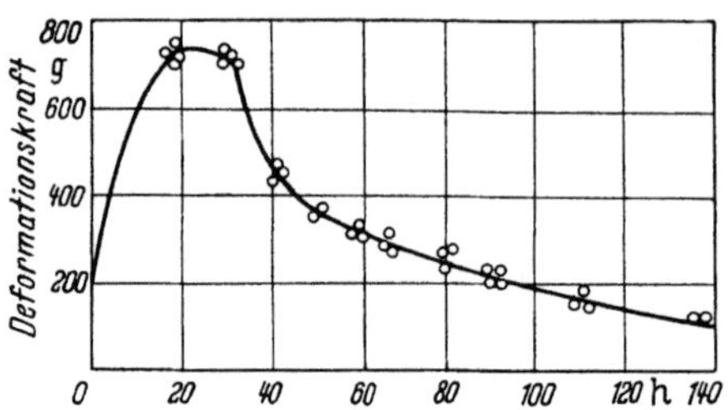

Abb. 106. Änderung der Konsistenz von Karpfen vom Zeitpunkt des Schlachtens und während der Lagerung (nach Lobsin).

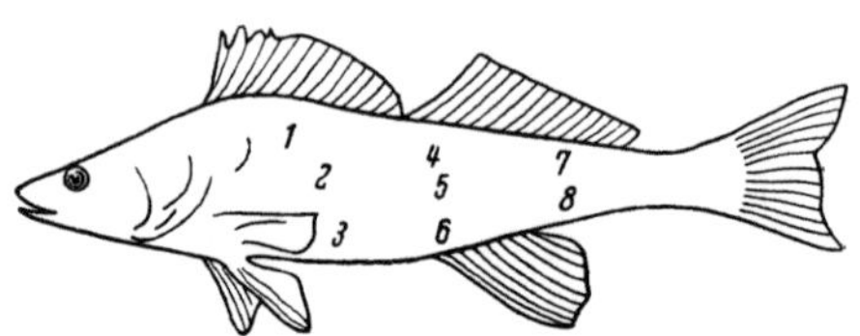

Abb. 107. Verteilung der Meßstellen für die Konsistenz.

der Konsistenz von Karpfen, gemessen durch die ausgeübte Deformationskraft in g vom Zeitpunkt des Schlachtens und während einer Lagerzeit von 140 Stunden. Man erkennt den starken Anstieg der Festigkeit bei der Totenstarre und den anschließenden Abfall. Man hat hier offenbar eine Möglichkeit, die Lagerdauer und damit den Frischezustand zu beurteilen.

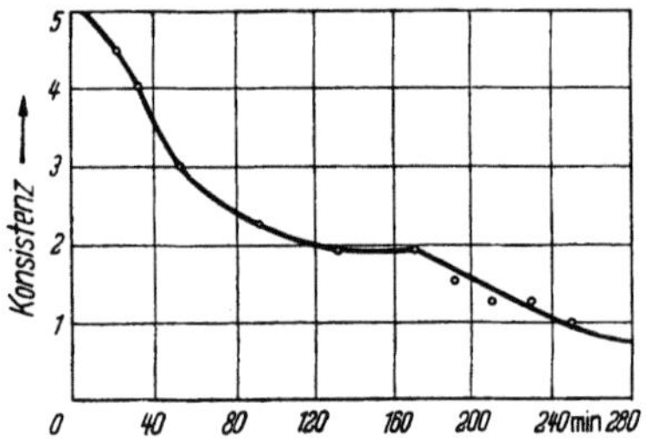

Bei der Bestimmung der Konsistenz eines ganzen Fisches entsteht die Frage, an welchen Körperstellen die Messungen vorzunehmen sind. In Abb. 107 sind die Meßstellen angegeben, an denen bei 7 Fischen (Zander im Gewicht von 0,80 bis 1,19 kg) die Konsistenz bei $+10°$ C bis $+13°$ C gemessen wurde. Es zeigte sich, daß an den Stellen *3, 4, 6* und *7* größere Schwankungen auftraten, während sich die Werte an den Stellen *1, 5* und *8* bei den 7 Fischen nur um 5% unterschieden.

Abb. 108. Verlauf der Konsistenz von Fischen, die bei $-10°$ C gefroren waren und in Luft von $+18°$ C aufgetaut wurden.

Den Verlauf der Konsistenz von Fischen, die bei $-10°$ C gefroren waren und dann in Luft von $+18°$ C aufgetaut wurden, zeigt Abb. 108 (Mittel aus 12 Versuchen). Der nahezu horizontal verlaufende Teil der Kurve entspricht einer Temperatur von $-1,0°$ C bis $-1,5°$ C, gemessen 1 cm unter der Fischoberfläche.

G. Die Frischhaltung von Fischen bei Temperaturen über deren Gefrierpunkt.

I. Die Lage des Gefrierpunktes von Fischen.

Beschränkt man sich zunächst auf die Frischhaltung von Fischen durch *Kühlung* bis nahe an ihren Gefrierpunkt, dann muß man sich über die Lage dieses Gefrierpunktes klar sein. Nach Rosenfeld[2] muß man zwischen *hypotonischen* und *isotonischen* Seewassertieren unterscheiden. Der Gefrierpunkt der

---

[1] Vgl. Fußnote 2 auf S. 217 (dort S. 42).

[2] Rosenfeld: Lebensverhältnisse der Süß- und Seewassertiere. Jahresbericht des Schlesischen Fischerei-Vereines für 1903, S. 81—86, herausgegeben von F. Hulwa, Breslau.

hypotonischen Gruppe liegt bei $-0,6°$ C bis $-1,0°$ C, während das Seewasser einen Gefrierpunkt von $-2,0°$ C hat. Zu dieser Gruppe gehört die größte Menge der Seefische, und zwar die Gadusarten (Kabeljau, Schellfisch, Köhler, Pollack), Makrelen, Aale, Schollen, Heilbutt, Flundern, Steinbutt, Lengfisch u. a.[1] Bei der isotonischen Gruppe, zu der Haie und Rochen gehören, liegt der Gefrierpunkt bei $-1,8°$ C bis $-2,0°$ C, also sehr nahe an dem des Seewassers. Zu dieser Gruppe gehören auch Taschenkrebse, Austern und Miesmuscheln. ROSENFELD nimmt an, daß die isotonischen Tiere völlig durchlässige Membranen besitzen, welche das Seewasser frei durchtreten lassen. Bringt man solche Tiere in ein Süßwasserbad, dann kann man nach einigen Stunden feststellen, daß der Gefrierpunkt auf etwa $-1,5°$ C angestiegen ist, wonach der Tod der Tiere infolge des außerordentlich hohen osmotischen Druckes eintritt. Hypotonische Tiere verändern dagegen ihren Gefrierpunkt bei der Überführung in Süßwasser nur sehr wenig, z. B. Aale nur von $-0,71°$ C auf $0,645°$ C.

Für die Abkühlung und Kalthaltung der Fische an Bord der Fischereifahrzeuge, beim Transport auf der Schiene oder Straße und vielfach auch noch in Verkaufsläden und im Haushalt wird von zerkleinertem Eis Gebrauch gemacht. Es ist daher wichtig, sich über die Eigenschaften dieses Kälteträgers und über die damit erzielbare Abkühlungsdauer klar zu sein.

II. Fische in zerkleinertem Eis.

Eis hat ein spezifisches Gewicht von 0,91 kg/l, eine Schmelzwärme von 79,4 kcal/kg, eine spezifische Wärme von 0,50 kcal/kg °C und eine Wärmeleitzahl von 1,9 kcal/m °C h, alles bei $0°$ C, dem Schmelzpunkt des Eises beim Druck von 1 Atm.

Da das Eis bei der Frischhaltung von Fischen stets im zerkleinerten Zustand gebraucht wird, ist es wichtig, sein *Schüttgewicht* auch in Gemengen mit Fischen zu kennen. Die Messungen von OSOLING[2] ergaben die in Tab. 10 enthaltenen Werte.

Tabelle 10. *Schüttgewichte und Schüttvolume von zerkleinertem Eis.*

Grad der Zerkleinerung	Schüttgewicht kg/m³	Schüttvolum m³/t
Grobe Zerkleinerung (Stücke von etwa $10 \times 10 \times 5$ cm³)	500	2,00
Mittlere Zerkleinerung (Stücke von etwa $4 \times 4 \times 4$ cm³)	550	1,82
Feine Zerkleinerung (Stücke von etwa $1 \times 1 \times 1$ cm³)	560	1,78
Gemischte Zerkleinerung (größere und kleinere Stücke durcheinander) . .	625	1,60

Bei der gemischten Zerkleinerung finden die kleinen Stücke in den Lücken zwischen den großen Stücken Platz, daher ergibt sich ein höheres Schüttgewicht.

Bei Gemengen von Eis mit Fischen im Gewicht von 1,25 kg im Mittel hängen Schüttgewicht und Schüttvolum von dem Verhältnis $\varphi = \dfrac{\text{Eismenge}}{\text{Fischmenge}}$ ab. LUMLEY[3] (Food Investigation Board, Cambridge) empfiehlt $\varphi = \frac{2}{3}$ (vgl. S. 215),

---

[1] Vgl. W. J. DAKIN: The osmotic concentration of the blood of fishes, taken from the seawater of naturally varying concentration. Biochem. J. Bd. III (1908) Nr. 5.

[2] OSOLING, V. CH.: Trans. Inst. Marine Fisheries and Oceanography of the USSR Moskau. Bd. 6 (1937) S. 139 (russisch).

[3] LUMLEY, A.: The care of the trawlers fish. Food Invest. Leaflet Nr. 3. London 1933. — Vgl. auch: Kälte-Ind. Bd. 31 (1934) S. 124.

wobei nicht mehr als 3 Lagen Fische mit dazwischenliegendem Eis übereinandergestapelt werden sollen. OSOLING[1] fand die in Tab. 11 enthaltenen Werte, die bei Verwendung von Kisten mit 0,14 m³ Inhalt ermittelt wurden.

Tabelle 11. *Schüttgewichte und Schüttvolume bei Gemengen von Eis und Fischen.*

Mittlere Kantenlänge der Eiswürfel in cm	$\varphi = \dfrac{\text{Eismenge}}{\text{Fischmenge}}$	Schüttgewicht kg/m³	Schüttvolum m³/t
4	1,00	665	1,50
	0,75	672	1,49
	0,50	700	1,43
	0,25	770	1,30
2	1,00	704	1,42
	0,50	738	1,36
	0,25	810	1,23

Neben kleinzerstückeltem Eis wird auch ganz fein gemahlenes Eis verwendet, das man als Schnee-Eis bezeichnen könnte. Es kann durch ein Gebläse angesaugt und mit Hilfe eines Schlauches von etwa 150 mm Durchmesser auf die gewünschte Stelle geblasen werden. Im *Packeis*-Verfahren der Vilter Manufacturing Co., Milwaukee, Wis., wird das Eis von vornherein in feinen Eiskristallen hergestellt, so daß es wie Schnee geschaufelt werden kann. Auf Wunsch kann diese schneeförmige Masse nachträglich zu Eisbriketts gepreßt werden[2].

Ausführlich wird über die Herstellung von Kunsteis in Bd. XI dieses Handbuches berichtet werden.

III. Die Abkühlungsdauer von Fischen in zerkleinertem Eis.

Die Abkühlungsdauer der Fische auf eine bestimmte Endtemperatur hängt von der Anfangstemperatur der Fische, vom Verhältnis $\varphi = \dfrac{\text{Eismenge}}{\text{Fischmenge}}$ und vom Zerkleinerungsgrad des Eises ab. Bei einer Anfangstemperatur von $+20°$ C beträgt die Abkühlungsdauer auf $+1°$ C bzw. $+5°$ C mit Eiswürfeln von im Mittel 4 cm Kantenlänge und bei einer Lufttemperatur von $+10°$ C[3]:

$$\begin{array}{lcccc}
\text{bei } \varphi = & 1,00 & 0,75 & 0,50 & 0,25 \\
z^{+1}_{+20} \text{ [min]} = & 134 & 138 & 310 & — \\
z^{+5}_{+20} \text{ [min]} = & 63 & 68 & 110 & 236
\end{array}$$

Diese Werte gelten für magere Fische im Gewicht von je 1,25 bis 1,3 kg entsprechend einer Dicke von 5,5 cm. Wie man sieht, hat es keinen Zweck, größere Werte als $\varphi = 0,75$ anzuwenden. Man verfügt bei diesem Wert über 60 kcal Kälte je kg Fisch. Für die Abkühlung von $+20°$ C auf $+1°$ C braucht man netto rd. 17 kcal je kg Fisch (vgl. Tab. 9). Es verbleiben also noch 43 kcal zur Deckung des Wärmeeinfalles aus der Umgebung. Bei $\varphi = 0,25$ ist es bei den obigen Bedingungen nicht mehr möglich, die Fische bis auf $+1°$ C abzukühlen. Bei $\varphi > 0,5$ hat die Lufttemperatur im Lagerraum nur noch einen sehr geringen Einfluß auf die Abkühlungsdauer der Fische. Bei höheren Lufttemperaturen wird nur mehr Eis geschmolzen.

Es ist vorgeschlagen worden, die von außen in den Laderaum eindringende Wärme dadurch abzufangen, daß man die Schiffsaußenwand von der Außenwand des Laderaumes durch eine Luftschicht trennt, wodurch der Laderaum sozusagen ummantelt würde. Durch diesen Mantelraum könnte dann kalte Luft geblasen werden, die in einer Kälteanlage an Bord erzeugt wird. Dadurch würde

---

[1] Vgl. Fußnote 2 auf S. 223.

[2] W. H. TAYLOR: Ice and Refrig. Bd. 81 (1931) S. 439; vgl. auch Z. VDI Bd. 76 (1932) S. 167 und Kälte-Ind. Bd. 29 (1932) S. 29. — W. POHLMANN: Kälte-Ind. Bd. 29 (1932) S. 113.

[3] Vgl. Fußnote 2 auf S. 223.

zweifellos weniger Eis im Laderaum geschmolzen werden. Den gleichen Effekt könnte man auch durch unmittelbare Luftkühlung im Laderaum erreichen. Eine starke Herabsetzung des Eisverbrauches ist aber gleichbedeutend mit einer Verringerung des Schmelzwassers, das die Fischoberfläche benetzt und sie vor der Austrocknung schützt. Der Wärmeübergang vom Fischkörper an das Schmelzwasser ist aber viel höher als an die umgebende Luft; daher bildet eine Kühlung der Luft im Laderaum keinen vollwertigen Ersatz für das eingesparte Eis. Im Grenzfall, wenn die Raumluft unter 0° C gehalten wird, würde das Eis, das nicht unmittelbar den wärmeren Fischkörper berührt, am Schmelzen ganz verhindert werden. Andererseits soll aber die Schmelzwassermenge durch übermäßigen Wärmeeinfall auch nicht so stark gesteigert werden, daß dadurch ein Auslaugen der Fische eintritt.

Versuche von WILLMER im Fischerei-Forschungsinstitut in Kapstadt haben ergeben[1], daß die Abkühlung der Fische in Eis bei einer Lufttemperatur von 23,9° C viel rascher erfolgte als bei einer solchen von 4,4° C bis 7,2° C. Bei der höheren Lufttemperatur schmilzt mehr Eis, und der Wärmeübergang vom Fisch zum Schmelzwasser ist offenbar viel wesentlicher als zum Eis. Wenn bei tiefer Lufttemperatur nicht genügend Eis schmelzen kann, dann sind nicht mehr alle Fischoberflächen mit Schmelzwasser bedeckt und die Abkühlungsgeschwindigkeit nimmt ab, besonders wenn Fische und zerkleinertes Eis nicht gleichmäßig verteilt sind oder wenn zu wenig Eis beigegeben wurde.

Im Auftrage der UdSSR wurden 20 Diesel-Trawler auf englischen Werften gebaut, die für das Fischen in der Arktis bestimmt sind und mit den modernsten Einrichtungen versehen wurden. Die isolierten Fischlagerräume sind mit Aluminium ausgekleidet, und die beeisten Fische liegen auf Gestellen mit gewelltem Aluminiumblech. Diese Räume werden durch eine F 12-Kältemaschine im leeren Zustand auf $-2°$ C gekühlt und im gefüllten Zustand auf $0°$ C gehalten, um das Abtauen des Eises zu verlangsamen[2]. Die Zweckmäßigkeit dieser Maßnahme erscheint zweifelhaft.

Den Einfluß der Anfangstemperatur der Fische erkennt man aus folgenden Abkühlungszeiten: Für einen Magerfisch von 5,5 cm Dicke wird bei $\varphi = 1,00$

$$z^{+1}_{+20} = 134 \text{ min} \quad \text{und} \quad z^{+1}_{+10} = 98 \text{ min.}$$

Der Kältebedarf ist im zweiten Fall nur rd. halb so groß, aber die für die Wärmeübertragung maßgebende Temperaturdifferenz ist viel kleiner geworden. Daher sinkt die Abkühlungszeit nur um 27%.

Die Abhängigkeit der Abkühlungszeit z^{+1}_{+20} von der Dicke d der Fische wird bei $\varphi = 1,00$ und bei 4 cm Kantenlänge des Eises durch folgende Zahlen dargestellt[3]:

d [cm] $=$	5	6	7	8
z^{+1}_{+20} [min] $=$	110	160	235	325

Diese Werte lassen sich durch die Formel

$$z^{+1}_{+20} = 1,85\, d^{2,5}$$

angenähert darstellen. Die Abkühlungszeit hängt auch noch von der Kantenlänge der Eiswürfel ab; für Magerfische im Gewicht von 1,25 kg und mit $\varphi = 1,00$ fand OSOLING:

mittlere Kantenlänge [cm] $=$	1	2	4	8
z^{+1}_{+20} [min] $=$	89	108	134	154

---

[1] WILLMER, J. S.: Sixth Annual Rep. Fish Ind. Res. Inst. Cape Town (1953) S. 8.
[2] World Fishing Bd. 5 (1956) H. 2, S. 44.
[3] KASSATKIN, F. S.: Technologie der Fischprodukte. Moskau 1940.

Man kann daraus schließen, daß durch Anwendung von Schnee-Eis die Abkühlungszeit noch wesentlich abgekürzt werden kann.

Es ist dafür zu sorgen, daß das beim Auftauen des Eises gebildete Schmelzwasser rasch und unbehindert abfließen kann, da es reich an organischen Stoffen ist (Schleim, Blut) und einen guten Nährboden für das Wachstum von Mikroorganismen bildet.

H. Die hygienischen Anforderungen an das Eis.

I. Kunsteis und Natureis.

An das Eis, das mit Lebensmitteln in Berührung kommt, müssen die gleichen Anforderungen gestellt werden wie an Trinkwasser. Bei der Herstellung von Blockeis in Zellen reichern sich nicht nur die im Wasser gelösten Salze, sondern auch die darin enthaltenen Keime im Kern an. Durch Absaugen des Kernwassers und Nachfüllen von reinem Leitungswasser kann das erzeugte Eis chemisch und bakteriell gereinigt werden.

Neben Kunsteis hat die deutsche Fischerei Interesse, in den Fangschiffen auch Natureis zu verwenden, wobei vor allem das norwegische Natureis in Frage kommt. Es bietet preislich sehr erhebliche Vorteile und gestattet, entweder eine größere Ladung Brennstoffe mitzunehmen oder die Hinfahrt bei geringerem Tiefgang durchzuführen. Außerdem entfallen die Schmelzverluste bei der Hinfahrt. LOESER[1] hat eingehende bakteriologische Untersuchungen des norwegischen Natureises an den verschiedenen Gewinnungsplätzen durchgeführt und konnte feststellen, daß der Keimgehalt nur selten 100 Keime je cm³ überschreitet und daß keine Colibakterien vorhanden sind. Das Eis ist also hygienisch einwandfrei.

Aber selbst mit dem besten Kunst- oder Natureis kann man Fische kaum länger als etwa 12 Tage in gutem Zustand erhalten. Bei langen Fangreisen geschieht es daher häufig, daß der Fang oder zumindest große Teile davon bei der Anlandung von den Sanitätsbehörden für den menschlichen Gebrauch nicht zugelassen werden und in die Fischmehlfabriken wandern.

II. Seewassereis.

Da sich gezeigt hat, daß in der Nähe von 0° C jeder Grad Temperaturerniedrigung eine wesentliche Verlängerung der Frischhaltung ergibt[2], hat man einerseits von *Eis aus Seewasser* und andererseits von *eutektischem Eis*[3] Gebrauch zu machen versucht. Durch Einblasen von Luft von —15° C in Behälter, die mit Seewasser von —2° C gefüllt wurden, kann man nach CASSIERS[4] ein weiches schuppenartiges Eis erzeugen. Eine ausführliche Darstellung der Eigenschaften von Seewassereis lieferte FINN MALMGRÖN[5]. HANSEN[6] berichtet über neuere Versuche mit Salzwassereis, die 1954 im technologischen Laboratorium des

---

[1] LOESER, E.: Beiträge zur Frischhaltung von Fischen durch Kälte. Beih. Z. ges. Kälteind., Reihe 3, H. 7. Berlin 1937.

[2] HESS, E.: Contr. Canad. Biol. and Fisheries Bd. 7 (1932) Ser. C Industr. Nr. 5. — Food Techn. Bd. 4 (1950) S. 477. — C. H. CASTELL u. W. A. MacCALLUM: J. Fish. Res. Board of Canada Bd. 8 (1950) S. 111.

[3] Vgl. Bd. II dieses Handbuches, S. 303 und Bd. III, S. 25.

[4] CASSIERS, P.: Rev. génér. du Froid Bd. 13 (1932) S. 157.

[5] MALMGRÖN, F.: On the properties of sea ice. Norwegian North Polar Expedition with the „Maud" 1918 bis 1923. Scientific Results Bd. I, Nr. 5, publ. by Geofysiks Institute, Bergen.

[6] HANSEN, P.: Bericht erstattet bei der FAO-Tagung in Rotterdam am 25. bis 29. Juni 1956. Vgl. Industr. Refrig. Bd. 131 (1956) Nr. 5, S. 20.

dänischen Fischereiministeriums durchgeführt wurden. Dabei wurde Kabeljau vergleichsweise in gewöhnlichem Eis und in Eis, das aus Trinkwasser mit Zusatz von 1% bzw. 3% Seesalz hergestellt wurde, gelagert (3 Teile Eis auf 2 Teile Fische). Die Beobachtungen wurden auf 17 Tage ausgedehnt, wobei in regelmäßigen Zeitabständen Kostproben von gekochten Fischen veranstaltet wurden. Beim Eis mit 3% Salz wurde ein oberflächliches Gefrieren und ein schwaches Eindringen von Salz in die Fische beobachtet. Trotzdem wurde diese Partie einheitlich besser beurteilt als die beiden anderen. Ein sicheres Urteil wird aber erst gefällt werden können, wenn die Versuche in halbindustriellem Maßstab und unter den Bedingungen der praktischen Fischerei wiederholt werden.

HEISS und CURSIEFEN[1] verwendeten eutektische wäßrige Lösungen von Na_2HPO_4 (Gefrierpunkt $-0,9°$ C) und von $NaHCO_3$ (Gefrierpunkt $-2,0°$ C). Eine größere praktische Verbreitung haben alle diese Eissorten jedoch nicht gefunden.

III. Bakterizide Zusätze zum Eis.

Es ist daher verständlich, daß man sich andauernd bemüht, antiseptische Zusatzmittel zum Eis zu finden, welche die Haltbarkeit der Fische verlängern, ohne gesundheitliche Schädigungen zu bewirken. Obwohl die Zahl der vorgeschlagenen Mittel schon sehr groß ist, hat bisher doch noch keines restlos befriedigt. Zahlreiche Forscher bemühen sich weiter, die Haltbarkeit von Fischen nach dem Fang zu verlängern.

Über die Wirkung bakterizider Zusätze zum Eis liegen mehrere zusammenfassende Berichte von PARTMANN[2] vor, in denen auch die ausländische Literatur eingehend berücksichtigt ist. Danach wurden folgende Stoffgruppen untersucht:

1. Oxydierend wirkende Mittel.

Wasserstoffsuperoxyd[3] in verdünnter Lösung; es findet eine sehr rasche Zersetzung des Peroxydes durch die an der Fischoberfläche im Schleim enthaltenen Katalasen statt und es wurden auch Verätzungen der Fischhaut und ein Ausbleichen beobachtet. Daher konnte sich das Peroxydeis nicht durchsetzen.

Ozon[4] wirkt auf Mikroorganismen durch Abspaltung von aktivem Sauerstoff. Die Herstellung von Ozoneis dürfte aber Schwierigkeiten bereiten, da Ozon in Wasser nur schwach löslich ist und die gelösten Gase die Neigung haben, sich beim Gefrieren des Wassers auszuscheiden.

Die Wirkung der *Hypochlorite* beruht ebenfalls auf der Bildung von naszierendem Sauerstoff. Am wirksamsten ist Kalziumhypochlorit, $Ca(ClO)_2$, das unter dem Namen „Kaporit" vertrieben wird. Im Schmelzwasser des Kaporiteises ist freies Chlor enthalten, das im Zuge folgender Reaktionen zur Sauerstoffentwicklung führt:

$$1.\ Cl_2 + H \cdot OH = HCl + HOCl,$$
$$2.\ 2\,HOCl = 2\,HCl + O_2.$$

Schon beim Gefrieren des mit Hypochloriten versetzten Wassers geht ein großer Teil des Chlorgehaltes verloren, wodurch die metallischen Teile der Eis-

---

[1] HEISS, R., u. W. CURSIEFEN: Landwirtsch. Jb. Bd. 85 (1938) S. 729.

[2] PARTMANN. W.: a) Z. Lebensmittel-Unters. u. Forsch. Bd. 94 (1952) S. 246. — b) Kältetechn. Bd. 4 (1952) S. 192. — c) Dtsch. Lebensmittel-Rdsch. Bd. 49 (1953) S. 265. — d) Kältetechn. Bd. 6 (1954) S. 66. — e) Fette Seifen einschl. Anstrichmittel Bd. 56 (1954) S. 505. — f) Z. Lebensmittel-Unters. u. Forsch. Bd. 106 (1957) S. 210.

[3] Vgl. z. B. DRP. 698010 (1936); US. Pat. 2150616 (1937); Franz. Pat. 830265 (1937).

[4] Franz. Pat. 797928 (1936).

fabrik stark in Mitleidenschaft gezogen werden. Der Chlorverlust ist um so größer, je langsamer das Eis gefroren wird; daher sind Schnellgefrierverfahren zu empfehlen (Bd. XI). Bei der Lagerung des Eises nimmt der Chlorgehalt noch weiter ab. Zu hohe Gehalte an Kaporit rufen Verätzungen der Fischhaut sowie Chlorgeruch hervor. Es sollten daher dem Wasser nicht mehr als 0,01% Kaporit zugegeben werden. Auch dieser Zusatz hat sich in der Praxis kaum bewährt. Dagegen ist der Gebrauch von chloriertem Wasser für Reinigungszwecke in der Fischindustrie durchaus zu empfehlen. Von schwedischer Seite wurde vorgeschlagen[1], das Meerwasser oder chloridhaltige Salzlösungen durch Elektrolyse an Chlor anzureichern.

2. Kohlendioxyd.

Kohlendioxyd hemmt das Wachstum der Mikroorganismen. Über Eis mit CO_2-Zusatz liegt eine Arbeit von KELLER[2] vor; danach zerfällt dieses Eis bei der Lagerung leicht in kleine Stücke und taut dann wegen der starken Oberflächenvergrößerung viel rascher ab. Eine nennenswerte Verlängerung der Haltbarkeit von Fischen in CO_2-Eis gegenüber gewöhnlichem Eis konnte bisher nicht festgestellt werden. Dagegen erwies sich die Lagerung von Fischen in einer CO_2-Atmosphäre oder in Gemischen von Luft und CO_2 als durchaus günstig. Bei mehr als 20% CO_2 in der Luft tritt aber eine Verdunkelung der Farbe des Fischfleisches und eine Bräunung der Kiemen ein. Es sei auf die Versuchsergebnisse von COYNE[3] und KAESS[4] verwiesen. Von der günstigen Wirkung des Kohlendioxydes wird auch beim Transport von Fischen in der Weise Gebrauch gemacht, daß neben Wassereis eine gewisse Menge Trockeneis (feste CO_2) verwendet wird.

3. Natriumnitrit.

Natriumnitrit ist zwar ein sehr wirksames bakterizides Mittel, doch ist es auch in hohem Maße gesundheitsschädlich, und es bestehen daher strenge Richtlinien für seine Verwendung als Pökelsalz für Fleisch. Bekanntlich entstehen kleine Mengen von Nitrit ($NaNO_2$) aus dem im Pökelsalz zwecks Erhaltung der roten Fleischfarbe enthaltenen Nitrat ($NaNO_3$). Für die Frischhaltung von Fischen wurde Nitriteis zuerst 1933 in Amerika vorgeschlagen. TARR und SUNDERLAND[5] haben damit erfolgreich in Kanada experimentiert. Auch in der UdSSR, in England und Japan wurden mit Nitriteis gute Erfolge hinsichtlich der Verlängerung der Haltbarkeit von Fischen erzielt. PARTMANN[6] berichtet über eigene günstige Ergebnisse mit Süßwasserfischen. In Kanada ist $NaNO_2$ inzwischen in Konzentrationen bis zu 0,02% als Konservierungsmittel für Fischprodukte zugelassen. In Deutschland ist das noch nicht der Fall.

Über weitere Ergebnisse mit Nitriteis und nitrithaltigen Tauchlösungen berichten CASTELL und GUNNARSSON[7]. Sie stellen fest, daß die Verwendung von Nitrit in der kanadischen Praxis trotz der vorliegenden Verwendungserlaubnis noch nicht üblich geworden ist. Bei der Eisherstellung mit den gebräuchlichen Verfahren wird keine gleichmäßige Nitritverteilung im Eis erhalten[8]. Ein neuer

---

[1] LUNDBERG, M., S. LINDKE u. O. LEVIN: Trans. Chalmers Univ. of Technology Nr. 99 (1950). Göteborg.

[2] KELLER, H.: Z. Fleisch- Milchhyg. Bd. 49 (1939) S. 469.

[3] COYNE, F. P.: J. Soc. chem. Ind. Bd. 52 (1933) S. 19 T.

[4] KAESS, G.: Angew. Chem. Bd. 52 (1939) S. 17.

[5] TARR, H. L. A., u. P. A. SUNDERLAND: J. Fish. Res. Board Canada Bd. 5 (1946) S. 36.

[6] Vgl. Fußnote 2a auf S. 227.

[7] CASTELL, C. H., u. G. K. GUNNARSSON: J. Fish. Res. Board Canada Bd. 13 (1956) S. 207.

[8] Das gilt auch für andere Zusätze.

Trommelgefrierapparat lieferte bessere Ergebnisse. Durch Eintauchversuche mit ganzen Fischen bis zu 3 Minuten Dauer in 1%ige $NaNO_2$-Lösung wurde nachgewiesen, daß die aufgenommene Nitritmenge 0,02% nicht übersteigt. Die so behandelten Fische zeigten die ersten Anzeichen von Verderb 4 bis 7 Tage später als unbehandelte Fische. Bei sorgfältig beeistem Kistenfisch wurden mit Nitriteis (0,1% $NaNO_2$) ebenso gute Ergebnisse erzielt wie durch vorheriges Eintauchen der Fische in 1%ige Nitritlösung und gewöhnlichem Eis.

4. Formaldehyd (HCHO).

Formaldehyd (HCHO) übertrifft in einer Konzentration von 0,01 bis 0,05% die übrigen bisher benutzten Mittel in der konservierenden Wirkung[1]. Es dringt leicht in tiefe Schichten ein und hat eine starke bakterizide Wirkung. In einer Konzentration von 0,01% ist Formaldehyd wesentlich wirksamer als ein Zusatz von 0,02% Natriumnitrit. Es wirkt nicht „schönend", sondern lediglich geruchsbeseitigend. Bekanntlich wurde Formaldehyd schon zu Anfang dieses Jahrhunderts (1907) im Zusammenhang mit dem LINLEY-Verfahren für die Frischhaltung von Fleisch vorgeschlagen. BERGMAN hat hierfür ausführlich berichtet[2]. Das Verfahren wurde besonders für den Transport von frischem Fleisch (chilled meat) von Australien nach England angewendet, der 6 Wochen in Anspruch nahm, zu denen noch je eine Woche Lagerzeit vor der Verladung und nach der Entladung hinzuzurechnen waren. Die Temperatur in den Schiffsladeräumen wurde bei $-1°$ C gehalten. Die Säcke, mit denen die Fleischstücke umhüllt wurden, hat man mit Formalindämpfen[3] desinfiziert. Das gleiche geschah mit den Laderäumen vor der Verladung. Während des Transportes wurden die Räume von Zeit zu Zeit mit Formalin begast. Im Laufe der Zeit wurden die Konzentrationen und die Begasungsdauer ständig herabgesetzt, bis die Veterinärinspektoren in London selbst in den oberflächlichen Fleischschichten kein Formaldehyd mehr nachweisen konnten. Schon früher wurden Spuren von Formaldehyd beim Kochen des Fleisches ausgeschieden. BERGMAN betonte, daß das LINLEY-Verfahren lediglich in einer Oberflächenbehandlung des Fleisches bestand und nicht in einem Zusatz zum Fleisch.

Formaldehyd hemmt bei 0,05% die Verdauung und setzt sie bei 0,5% außer Tätigkeit. In Deutschland ist Formaldehyd als Zusatz zum Fleisch verboten. PARTMANN sieht darin die Ursache, daß die Beeisung von Fischen mit formalinhaltigem Eis nicht über das Versuchsstadium hinausgekommen ist, obwohl auch die Versuche von KELLER mit 0,1% Formaldehyd enthaltendem Eis recht positive Ergebnisse zeitigten[4].

5. Quaternäre Ammoniumverbindungen.

Quaternäre Ammoniumverbindungen, wie „Roccal", „Zephirol", „Triton K-12", „Emulsept" u. a., werden zu Reinigungszwecken in der Fischerei mit Erfolg verwendet[5]. DOMAGK[6] hat für die Fischbeeisung einen Zusatz von 0,1% Zephirol

---

[1] Vgl. Fußnote 2c und 2d auf S. 227.

[2] BERGMAN, A. M.: A review of the frozen and chilled transoceanic meat industry. Bericht an die Kgl. Schwedische Regierung, S. 168. Uppsala: Almquist u. Wiksells Boktzyckeri 1916. — Vgl. auch Ice and Cold Storage Bd. 11 (1908) S. 280. — Eis- u. Kälteind. Bd. 10 (1908) S. 71. — A. NEWSHOLME: Food Reports Nr. 9 (1908) S. 1. — Ministry of Health, Interim Rep. of the Food Preserv. Comm. on the treatment of chilled beef with formaldehyde. London 1924.

[3] Formalin ist eine 40%ige Formaldehydlösung.

[4] KELLER, H.: Z. Fleisch- Milchhyg. Bd. 50 (1940) S. 72.

[5] DUNN, C. G.: Food Techn. Bd. 1 (1947) S. 371.

[6] In einer brieflichen Mitteilung an W. PARTMANN.

vorgeschlagen. Partmann setzt auf Grund eigener Versuche 1% Zephirol in der Rangordnung hinter 0,05% Formaldehyd und 0,02% Natriumnitrit.

6. Acridinfarbstoffe.

Acridinfarbstoffe, wie Trypaflavin, Flavicid und Rivanol, erscheinen insofern günstig, als sie ihre stärkste Wirkung im alkalischen Milieu ausüben; der p_H-Wert von Fischen verschiebt sich nach Lösung der Totenstarre gerade nach der alkalischen Seite hin. Nachteilig ist, daß die Acridinfarbstoffe im allgemeinen gelb oder rötlich gefärbt sind und nur in starker Verdünnung keine Verfärbung der Fischoberfläche hervorrufen. Keller[1] und Lindenstruth[2] verwendeten das Präparat „Entozon" der IG Farbenindustrie A.G. Durch 0,5 bis 0,8 mg Entozon auf 100 g Eis wurden sehr beachtliche Verlängerungen der Haltbarkeit von Fischen erzielt. Partmann[3] hat einen Zusatz von 0,005% Trypaflavin zum Eis untersucht und damit bei Süßwasserfischen ähnlich gute Ergebnisse wie mit 0,02% Natriumnitrit erhalten. Er ist der Ansicht, daß Acridinfarbstoffe ganz besondere Beachtung verdienen.

7. Antibiotika.

Nachdem sich *Antibiotika* in der Medizin bei der Behandlung von Infektionskrankheiten ausgezeichnet bewährt haben, lag es nahe, sie auch für die Frischhaltung von Lebensmitteln zu erproben. Als Zusatz zum Eis untersuchte Tarr[4] zuerst das Natriumsalz von Penizillin, erzielte aber damit keine wesentliche Verlängerung der Haltbarkeit von Fischen. Die besten Erfolge wurden später von Tarr und Mitarbeitern[5] mit Aureomycin und Terramycin erzielt. Günstige Ergebnisse mit Aureomycineis (0,0005 g je g Eis) wurden auch von anderen Forschern gemeldet[6]. Auch hier war es schwierig, eine gleichmäßige Verteilung der keimhemmenden Zusätze im Eis zu erzielen (vgl. S. 228). Gillepsie und Mitarbeiter[7] fanden, daß gelbildende und viskositätserhöhende Zusätze, wie Methylzellulose, Gelatine, Natriumalginat und verschiedene Carrageene, geeignete „Verteilungsmittel" darstellen. So erhielt man mit 0,1% Carrageen (auch mit Zusatz von etwas NaCl) eine recht gleichmäßige Verteilung von 0,001% Aureomycin-Hydrochlorid im Eisblock, jedoch gelang keine gleichmäßige Verteilung mit 0,1% $NaNO_2$. Sollten sich solche Antibiotika als wirkungsvoll genug erweisen, so wäre zu prüfen, ob sie nicht bei fortgesetzter Aufnahme zu Störungen des normalen Gleichgewichtes der menschlichen Darmflora führen können[8].

Großversuche mit Aureomycineis unter praktischen Bedingungen wurden erstmalig 1956 auf dem englischen Forschungsschiff „Sir William Hardy" durchgeführt[9]. Auch hier betrug die Konzentration 0,0005 g Aureomycin je g Wasser, vergleichsweise wurden Fische in gewöhnlichem Eis gelagert. Obwohl

---

[1] Keller, H.: Vorratspflege und Lebensmittelforsch. Bd. 3 (1940) S. 193.

[2] Lindenstruth, O.: Dissertation Univ. Gießen 1940.

[3] Vgl. Fußnote 2c u. 2e auf S. 227.

[4] Tarr, H. L. A.: J. Fish. Res. Board Canada Bd. 7 (1948) S. 155.

[5] Tarr, H. L. A., B. A. Southcott u. H. M. Bisset: Fish. Res. Board Canada, Progr. Rep. Pacif. Coast Stat. Nr. 83 (1950). — Food Techn. Bd. 6 (1952) S. 363.

[6] Firman, M. C., A. Abbey, M. A. Darken, A. R. Kohler u. S. D. Upham: Food Techn. Bd. 10 (1956) S. 381. — T. Tomiyama, Sh. Kuroki, D. Maeda, S. Hamada u. A. Honda: Food Techn. Bd. 10 (1956) Nr. 5, S. 215. — B. Albertsen: Industr. Refrig. Bd. 131 (1956) Nr. 9, S. 19. — Berichte beim Symposium FAO 1956.

[7] Gillepsie, D. C., H. M. Bisset, J. W. Boyd u. H. L. A. Tarr: Fish. Res. Board Canada, Progr. Rep. Pacific Coast Stat. Nr. 99 (1954) F. 18/19. — Food Techn. Bd. 9 (1955) S. 296.

[8] Rice, E. E., E. M. Squires u. J. F. Fried: Food Res. Bd. 13 (1948) S. 195.

[9] Shewan, J. M.: The Fishing News vom 10. August 1956.

das Aussehen der Fische in beiden Fällen nicht sehr verschieden war, so waren doch die mit Aureomycin behandelten Fische im Geruch und in der Qualität wesentlich besser und wiesen eine um 3 bis 7 Tage längere Haltbarkeit auf.

8. Sulfonamide.

Auch *Sulfonamide* wurden für die Herstellung eines bakteriziden Eises für die Frischhaltung von Fischen in Betracht gezogen. TARR[1] konnte eine wesentliche Verlängerung der Haltbarkeit durch Zusätze von Sulfanilamid und Sulfathiazol erhalten. Günstige Wirkungen mit Sulfonamiden erzielte auch PARTMANN[2] mit Süßwasserfischen. Er fand, daß 0,05% Salthion-liquidum, Salthion-Kalzium und Irgamid-Natrium noch wirksamer waren als 0,02% $NaNO_2$ (vgl. S. 228), während 0,08% Sulfathiazol diesem in der Wirkung gleichkam. Gegen die Verwendung aller dieser Mittel bestehen aber noch starke Bedenken von seiten der Pharmakologen, die einer ernsten Prüfung bedürfen.

9. Sonstige Desinfektionsmittel.

Von den Ampholytseifen wurde das von der Th. Goldschmidt A.G., Essen, hergestellte Präparat „Tego 51" als geruchloses und ungiftiges Desinfektionsmittel der Lebensmittelindustrie empfohlen. Nach KIETZMANN[3] hat sich die Versprühung einer 1%igen Lösung zur Entkeimung von Fisch-Auktionskisten bewährt. Beim Versuch, Tego 51 als Zusatzmittel bei der Fischbeeisung zu verwenden, traten Störungen durch starke Schaumbildung auf; daher wurde es durch das Präparat „E 10", das zu der gleichen Gruppe gehört, ersetzt. PARTMANN[4] konnte in eigenen Versuchen keine beachtenswerten Erfolge mit allen diesen Mitteln erzielen; die Wirkung von 0,5% E 10, 0,1% Tego 51 und 0,1% E 10 lag in abnehmender Rangfolge noch unterhalb derjenigen von 1% Zephirol (vgl. S. 229).

PARTMANN[5] ist der Ansicht, daß es kaum gelingen kann, durch den Zusatz eines einzigen Stoffes ein für die Frischhaltung von Fischen allgemein geeignetes bakterizides Eis zu erhalten. Die Lösung dieses Problems dürfte vielmehr in der Kombination verschiedener bakterizider Mittel zu suchen sein. Der Grund hierfür liegt darin, daß Fische einen ausgezeichneten Nährboden für die verschiedensten Bakterienarten bilden. Schon innerhalb einer Fischart ist je nach Fanggrund, Jahreszeit und Nahrung mit erheblichen Unterschieden in der Zusammensetzung der Bakterienpopulation im Oberflächenschleim und Eingeweidetrakt zu rechnen. Es wird daher noch umfangreicher Versuchsarbeit bedürfen, ehe es gelingt, ein universell wirksames bakterizides Eis herzustellen.

J. Sonstige Frischhalteverfahren bei Vermeidung des Gefrierens.

I. Aufbewahrung in kaltem Seewasser.

LARSEN hat schon vor längerer Zeit vorgeschlagen, Fische gleich nach dem Fang in kaltem Seewasser (dem gegebenenfalls etwas Kochsalz zugesetzt wird) bei —2° C bis —3° C abzukühlen und sie erst dann in den Laderäumen mit zer-

---

[1] Vgl. Fußnote 4 auf S. 230.   [2] Vgl. Fußnote 2b u. 2e auf S. 227.
[3] KIETZMANN, U.: Der Lebensmitteltierarzt Bd. 3 (1952) N. 8 u. 9.
[4] Vgl. Fußnote 2c auf S. 227.   [5] Vgl. Fußnote 2a auf S. 227.

kleinertem Eis zu stapeln. Bei Edelfischen, die nicht in großen Mengen anfallen, hat sich ein Transport in gekühltem Seewasser von —1,5° C als günstig erwiesen. In Kanada wurden Großversuche mit der Lagerung von Edelfischen in Tanks mit kaltem Seewasser durchgeführt. Durch Zusatz von Natriumnitrid oder Aureomycin zum Wasser konnte die Haltbarkeit der Fische noch verlängert werden[1], doch müßte die Zulassung solcher Zusätze vom gesundheitlichen Standpunkt noch geprüft werden. Für Massenfänge kommt das Verfahren nicht in Betracht. Die Aufbewahrung von Fischen in kaltem Seewasser oder in 2%iger Kochsalzlösung von —1° C wird von Huntsman auch an Bord von Fischereifahrzeugen empfohlen[2].

Konokotin[3] berichtet, daß Ostseesprotten in gekühltem Seewasser besser frisch erhalten werden können als in Eis. Die Fische wurden in Fässern abgekühlt, die bis zu einem Drittel mit Seewasser und zerkleinertem Eis gefüllt waren. In dieses kalte Bad wurden die Fische getaucht, wobei schichtweise weiteres zerkleinertes Eis mit 3% Kochsalz zugesetzt wurde. Die Temperatur des Bades erreichte —1° C bis —2° C, und die Fische kühlten sich innerhalb 40 bis 50 Minuten auf +2° C ab.

Nach Lantz[4] wurden in einem kanadischen Fischdampfer an der Stelle der üblichen Fischladeräume Tanks eingebaut, die mit Seewasser gefüllt wurden, das durch eine Kühlanlage auf —1,5° C gehalten wurde. Die Fische (Salme) wurden gleich nach dem Fang in die Tanks befördert und dort bis zum Anlanden belassen. Die so behandelten Fische wurden gegenüber solchen, die im Eis gelagert waren, eindeutig bevorzugt. Ein Zusatz von 0,02% $NaNO_2$ oder 0,0002% Aureomycin zum Seewasser ergab eine noch bessere subjektive Beurteilung der Fische.

Garnelen aus dem Golf von Mexiko konnten in Seewasser von —1° C besser frisch erhalten werden als in zerkleinertem Eis[5]. Pazifische Lachse wurden in kaltem Seewasser an Bord von Fischereifahrzeugen erfolgreich erhalten und von den Konservenfabriken günstig beurteilt[6]. Roach und Harrison beschreiben die technischen Einrichtungen für die Lagerung von Fischen in gekühltem Seewasser an Bord eines mittleren Fischereifahrzeuges[7].

II. Berieseln mit Sole und Eintauchen in Sole.

In manchen Fischverarbeitungsbetrieben der UdSSR werden die Fische auf dem Wege vom Landungsplatz zur Fabrik auf einem endlosen Band befördert und dabei aus Düsen mit kalter Sole berieselt. Als Sole eignet sich am besten 2%ige Kochsalzlösung, die auf —1° C gekühlt wird[8]. Nach Beendigung der Durchkühlung werden die Fische mit möglichst kaltem Süßwasser besprengt und von anhaftender Sole befreit.

---

[1] Tarr, H. L. A., J. W. Boyd u. H. M. Bissett: J. Agric. Food Chem. Bd. 2 (1954) S. 372.

[2] Huntsman, A. G.: Biolog. Board of Canada, Bull. Nr. 20. Ottawa 1931.

[3] Konokotin, G.: Cholodilnaja Technika Bd. 26 (1949) Nr. 2, S. 66 (russisch), Refer.: Kältetechnik Bd. 2 (1950) S. 169.

[4] Lantz, A. W.: Progr. Rep. Pacif. Coast Station, Canada, Nr. 95 (1933) S. 39.

[5] Higman, J. B., C. P. Idyll u. J. Thompson: Southern Fisherman Yearbook Bd. 14 (März 1954) S. 95.

[6] Bloomberg, R.: Food Engng. Bd. 27 (September 1955) S. 111.

[7] Roach, S. W., u. J. S. M. Harrison: Ber. IX. Intern. Kältekongr. Paris 1955, Bd. II, S. 4116. — Fish. Res. Board Canada, Progr. Rep. Pacif. Coast Station Nr. 104 (1955) S. 3 u. Nr. 108 (1957) S. 10.

[8] Vgl. Fußnote 3 auf S. 225.

III. Das Verfahren von Bellefon-Folliot[1].

Die nicht ausgenommenen Fische werden unmittelbar nach dem Fang ohne Eis in flache Weißblechkästen mit einem Fassungsvermögen von 50 kg verpackt, die luftdicht verschlossen werden.

Mehrere Kästen werden dann übereinander im isolierten Fischladeraum auf Regalen gestapelt, wo sie bis zum Löschen der Ladung verbleiben (Abbildung 109). In dem Laderaum wird durch Düsen kalte Sole von —3° C zerstäubt, die an den Kästen herabrieselt und deren Inhalt auf —1° C oder noch etwas darunter abkühlt. Die Sole sammelt sich am Boden des Laderaumes und wird von dort in den Verdampfer der Kältemaschine befördert. Eine solche Anlage wurde an Bord des Fischdampfers „Fismes" eingebaut, dessen Laderaum 100 t Fische faßt (Abb. 110)[2], doch ist nur ein Teil des Raumes für das B-F-Verfahren eingerichtet. Eine gleiche Anlage wurde an Land in La Rochelle und an Bord des Fischdampfers „Casoar" aufgestellt[3].

Abb. 109. Lagerung von Fischen in Kästen mit Soleberieselung im Fischladeraum nach BELLEFON-FOLLIOT.

[1] Vgl. Pêche Maritime, Juni 1934 und Rev. génér. Froid Bd. 15 (1934) S. 301 u. Bd. 17 (1936) S. 226.

[2] LÜCKE, F.: Z. ges. Kälteind. Bd. 42 (1935) S. 217.

[3] Vgl. Rev. gén. Froid Bd. 17 (1936) S. 112.

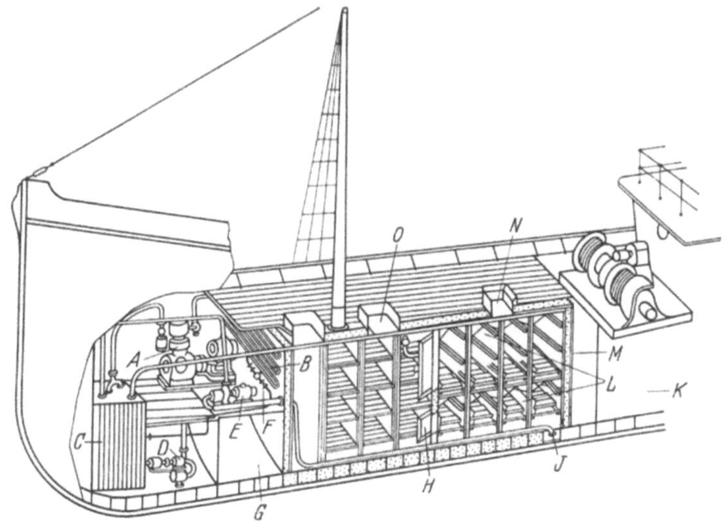

Abb. 110. Einbau einer Kühlanlage nach BELLEFON-FOLLIOT in den Fischdampfer „Fismes".

Der Vorteil des Verfahrens besteht in der Vermeidung der direkten Berührung der Fische mit Sole, Eis und Luft, so daß die Fische vor Auslaugung, Luftsauerstoff und Verdunstung geschützt sind.

K. Die Frischhaltung von Fischen durch Gefrieren[1].

I. Allgemeines.

Über die ältesten Fischgefrierverfahren — mit natürlicher Kälte, mit Eissalzgemischen und mit Hilfe von Kältemaschinen — wurde im Rahmen eines geschichtlichen Rückblickes schon in Bd. I dieses Handbuches berichtet[2]. Dort findet man auch zahlreiche Literaturhinweise. Eine Übersicht der älteren Patentliteratur lieferte Heiss[3]. Es soll hier nur auf solche Fischgefrierverfahren eingegangen werden, die von Kältemaschinen Gebrauch machen. In den ältesten Anlagen, die zu Anfang dieses Jahrhunderts an verschiedenen Plätzen errichtet wurden, hat man die Fische in großen auf $-10°$ C bis $-15°$ C gekühlten Räumen in nur schwach bewegter Luft gefroren. Große Rundfische wurden hängend gefroren (Abb. 31), Plattfische und kleinere Fische auf Verdampferschlangen, die als Rohrregale ausgebildet waren (Abb. 32). Das Gefrieren nahm dabei eine lange Zeit in Anspruch, die Fische trockneten an der Oberfläche stark aus und verloren ihren Glanz.

Meist wird ein direkter Kontakt der Fische mit der Luft vermieden. Ganze kleine Fische werden im Block in wassergefüllten galvanisierten Zellen (nach Art der Eiszellen) gefroren, wobei man die Zellen in tiefgekühlte Solebäder taucht (vgl. die Abb. 52 und 53 auf S. 68). Große Fische werden auch direkt in Kochsalzbädern gefroren (S. 64). In größtem Umfang werden die Fische jedoch vor dem Gefrieren filetiert und in Pergamentpapier oder Pappkartons verpackt. Das Gefrieren wird dann entweder in Tunnelapparaten (S. 52) oder zwischen kalten Metallplatten in sog. Mehrplattenapparaten (S. 69) durchgeführt.

Ein schnelles Gefrieren und das Lagern bei möglichst tiefen Temperaturen tragen wesentlich zur Erhaltung der Fischqualität bei. Der Saftverlust nach dem Auftauen, der als Maßstab für die Gefrierveränderungen gewählt wird, kann bei Magerfischfilets durch kurzes Eintauchen in Kochsalzlösungen vor dem Gefrieren herabgesetzt werden; bei Fettfischen wird aber durch diese Maßnahme die Oxydation der Fette (Ranzigkeit) beschleunigt.

Nach dem Gefrieren werden große Fische in Gefrierlagerräumen bei Temperaturen von $-18°$ C und darunter möglichst eng gestapelt. Unverpackte Fische werden zur Vermeidung des Austrocknens von Zeit zu Zeit mit Wasser besprüht, wobei sich eine Glasur bildet. Die zulässige Lagerdauer hängt von der Raumtemperatur und dem Fettgehalt der Fische ab (vgl. Abb. 116).

Bestimmungen für das Gefrieren von Fischen und Fischereiprodukten wurden beispielsweise in Dänemark durch „Quality Act, 1954" erlassen. Sie sollen verbürgen, daß der Verbraucher nur einwandfreie Ware erhält[4]. Auch in den USA bestehen solche Vorschriften. In Deutschland ist durch die „Carl-Bohnhoff-Akte" eine Norm für die Qualität und die Art der Einfrierung vorgeschrieben.

II. Berechnung der Gefrierzeit.

Für die Berechnung der Gefrierzeit und der Gefriergeschwindigkeit von ganzen Fischen und Fischfilet gilt alles, was in dem Abschnitt „Frischhaltung

---

[1] Partmann, W.: Arch. Lebensmittelhygiene Bd. 8 (Juni 1957) Nr. 6.   [2] S. 117.
[3] Heiss, R.: Z. ges. Kälteind. Bd. 40 (1942) S. 82 u. 96.
[4] Jensen, P. Fr.: Konserves Bd. 13 (Oktober 1955) Nr. 10, S. 113 (dänisch).

von Lebensmitteln durch Kälte" in den Kap. C III und C IV (S. 22ff.) enthalten ist. Da Fischfilets in zunehmendem Maße in Mehrplattenapparaten gefroren werden, sei hier für die rasche Ermittlung der Gefrierzeit unter den verschiedensten Bedingungen noch ein Nomogramm erläutert, das auf Grund von Versuchsergebnissen aufgestellt wurde.

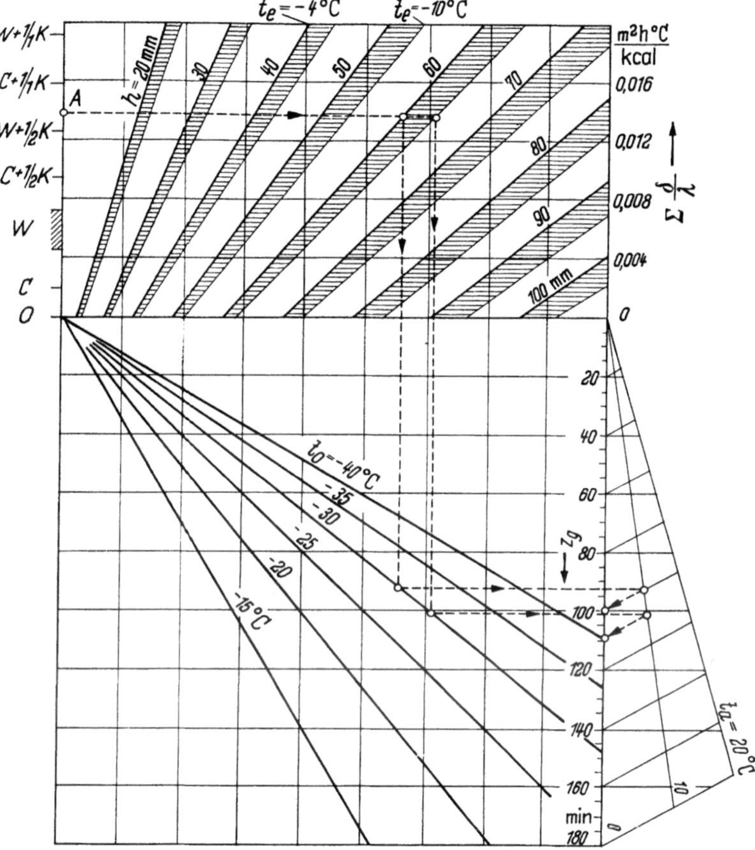

Abb. 111. Nomogramm von A. Watzinger und Mitarbeitern zur Berechnung der Gefrierzeit von Fischfilets in Plattenapparaten.
Verpackungsart: O ohne Verpackung, C Cellophanumhüllung, W Wachspapierumhüllung, $C + \frac{1}{2} K$ Cellophanumhüllung und Karton ohne Deckel, $C + \frac{1}{4} K$ Cellophanumhüllung und Karton mit Deckel, $W + \frac{1}{2} K$ Wachspapierumhüllung und Karton ohne Deckel, $W + \frac{1}{4} K$ Wachspapierumhüllung und Karton mit Deckel. h in mm Dicke der Packung, t_0 in °C Oberflächentemperatur der Platten, t_e in °C Endtemperatur in der Mitte der Gefrierpackung, t_a in °C Anfangstemperatur der Packung, $\sum (\delta/\lambda)$ gesamter Wärmeleitwiderstand der Verpackung in m² h °C/kcal; z_g gesamte Gefrierzeit in Minuten.

Aus zahlreichen eigenen Versuchen über das Gefrieren von Fischfilet, die in der norwegischen Technischen Hochschule in Trondheim und in einer Fischfiletfabrik in Kristiansund durchgeführt wurden, haben Watzinger und Mitarbeiter[1] ein Nomogramm zur Berechnung der Gefrierzeit verpackter Fischfilets zwischen zwei kalten Platten unter Berücksichtigung aller Einflüsse entwickelt. Dieses Nomogramm (Abb. 111) gestattet, die Gefrierzeit in einfachster

---

[1] Watzinger, A., A. Lydersen u. H. Watzinger: Fiskefiletfrysning. Fiskeridirektoratets Skrifter, Bergen 1949 (norwegisch). — A. Watzinger: V. V. S. Stockholm 1948, Nr. 1 u. 2. (schwedisch). — Kältetechnik Bd. 1 (1949) S. 189. Das Nomogramm auf festem Karton kann vom Verlag C. F. Müller in Karlsruhe bezogen werden.

Weise zu ermitteln; es dürfte für praktische Zwecke genügend genau sein. Die Ausgangswerte weichen teilweise von den bisher angenommenen ab: so ist der Temperaturbeiwert in Gl. (31) 0,008 statt 0,0053 (S. 28). Für die Wärmeleitwiderstände verschiedener Verpackungen gibt WATZINGER folgende mittlere Werte unter Berücksichtigung der Luftschicht an (in m^2 h °C/kcal):

Cellophan (Zellglas) . . . . $\sum \delta/\lambda = 0,0028$
Wachspapier . . . . $= 0,0045$ bis $0,0075$
Wachspapier + Pappkarton ohne Deckel . . . $= 0,0135$
Wachspapier + Pappkarton mit Deckel . . . . $= 0,0175$

Der Hauptteil dieses Widerstandes entfällt auf die Luftspalte. *Beispiel* für die Benutzung des Nomogrammes (Abb. 111). Es sind gegeben:

Wärmeleitwiderstand der Verpackung . . . . . $\sum \delta/\lambda = 0,0138$ m^2 h °C/kcal
Dicke der Packung h . . . . $= 60$ mm
Temperatur des Kältemittels (Plattentemperatur) $t_0 = -30°$ C
Anfangstemperatur des Gefriergutes . . . . . $t_a = +10°$ C
Endtemperatur in Gefriergutmitte . . . . . . $t_e = -4°$ C oder $-10°$ C

Der Weg zur Ermittlung der Gefrierzeit ist im Nomogramm gestrichelt eingezeichnet. Man geht vom Punkt A bei $\sum \delta/\lambda = 0,0138$ aus und folgt im Sinne des Pfeiles auf der waagerechten Linie bis zum Schnittpunkt mit einer der schräg verlaufenden Geraden für $h = 60$ mm. Je nach der gewünschten Endtemperatur macht man bei der Linie $t_e = -4°$ C oder $t_e = -10°$ C halt. Dann geht man senkrecht herunter bis zum Schnittpunkt mit der Geraden $t_0 = -30°$ C und von dort wieder waagerecht bis zum Schnittpunkt mit der Geraden $t_a = +10°$ C. Zuletzt folgt man in Richtung des Pfeiles schräg herunter bis zur senkrechten Zeitachse. Man findet auf ihr für $t_e = -4°$ C $z_g = 100$ Minuten und für $t_e = -10°$ C $z_g = 109$ Minuten.

Im praktischen Betrieb muß man in der Regel mit einem dünnen Reifbelag der Platten rechnen, wodurch sich der Wärmeleitwiderstand nach WATZINGER um etwa 0,02 m^2 h °C/kcal erhöht.

Eine ausführliche Untersuchung über die Gefrierzeit von Fischen im Gefriertunnel veröffentlichte LEVY[1]. Seine Ergebnisse wurden von EDDIE und PEARSON kritisch besprochen[2]. Sie betonen, daß die Berechnungen und Schlußfolgerungen von LEVY sich vorwiegend auf das Gefrieren ganzer großer Fische beziehen, nicht aber auf kleinere Packungen, bei denen hohe Luftgeschwindigkeiten von Nutzen sind. Auch rechnet LEVY mit zu hohen Werten der Wärmeleitzahl gefrorener Fische, die er derjenigen von Eis gleichsetzt (vgl. hierzu die auf S. 218 angegebenen Werte der Wärmeleitzahl).

Eine genauere Formel für die Berechnung der Gefrierzeit von Fischen in Gefriertunnels lieferte neuerdings KHATCHATUROV[3].

III. Gefrierveränderungen.

Auf den Seiten 38 bis 49 wurden die Veränderungen in den Geweben tierischer Lebensmittel behandelt, die durch das verschieden schnelle Gefrieren eintreten. Es wurde gezeigt, daß bei sehr schnellem Gefrieren zahlreiche winzige Eiskristalle

---

[1] LEVY, F. L.: J. Refrigeration Bd. 1 (März/April 1958) Nr. 3.
[2] EDDIE, G. C., u. S. F. PEARSON: J. Refrigeration Bd. 1 (Juli/August 1958) Nr. 5, S. 124.
[3] KHATCHATUROV, A. B.: Bericht bei der Tagung des Intern. Kälteinstituts 1958 in Moskau. Vgl. Annexe 1958-2 zum Bulletin dieses Instituts, Paris.

innerhalb der Muskelfasern entstehen, während bei langsamem Geirieren das Wasser aus den Muskelfasern in die interzellularen Räume (Bindegewebsräume) übertritt und dort in Form großer mit bloßem Auge sichtbarer Kristalle erstarrt. In beiden Fällen sind aber die Veränderungen bei Fischen in hohem Maße irreversibel, so daß das Wasser beim Auftauen der Fische nicht wieder vollständig von der Eiweißsubstanz aufgenommen und gebunden wird. Man spricht von einer Denaturierung der Proteine. In den feinen Lücken innerhalb der Muskelfasern schnell gefrorener Fische wird aber das Wasser nach dem Auftauen wenigstens durch Kapillarkräfte fester gehalten, als es bei langsamem Gefrieren der Fall ist. Daher entsteht durch schnelles Gefrieren ein größerer Saftverlust nur durch mechanische Beanspruchung („press") und nicht spontan („drip"). Bei längerer Gefrierlagerung beobachtet man aber eine Rekristallisation (S. 75), d. h. ein Wachsen der kleinsten Kristalle auf Kosten der großen, also eine allmähliche Vergröberung des kristallinen Gefüges, wenn nicht besondere Maßnahmen getroffen werden. Als solche kommen eine geregelte Führung des Gefriervorganges, tiefe Lagertemperaturen und eine weitgehende Vermeidung von Temperaturschwankungen im Lagerraum in Frage.

Unabhängig von dem direkten Einfluß der Gefriergeschwindigkeit auf die Struktur und die Qualität der Fische bietet das schnelle Gefrieren große Vorzüge, so daß es gegenwärtig fast ausschließlich angewendet wird. Man ist bestrebt, die Temperatur der Fische so schnell wie möglich unter den Gefrierpunkt herabzusetzen, weil dann alle schädlichen enzymatischen und bakteriellen Prozesse bedeutend verlangsamt werden. Außerdem will man die verfügbaren Gefrierapparate bestmöglich ausnutzen, so daß ein schnelles Gefrieren schon aus ökonomischen Gründen geboten erscheint. Das gilt natürlich in besonderem Maße für Gefrieranlagen, die an Bord von Fang- und Fabrikschiffen (S. 244) errichtet werden, wo der verfügbare Platz bestens ausgenutzt werden muß.

IV. Gefrierverfahren und Gefrieranlagen.

Die verschiedenen für Fische verwendeten Schnellgefrierverfahren sind die gleichen, die auch für andere Lebensmittel angewandt werden. Diese Verfahren und die dabei benutzten Gefrierapparate wurden bereits im Abschnitt über die Frischhaltung von Lebensmitteln im Kap. C VI (S. 49ff.) in großen Zügen behandelt. Das direkte oder indirekte Gefrieren in kalten Flüssigkeitsbädern (S. 64) kommt vorzugsweise bei ganzen unausgenommenen Fischen zur Anwendung, und zwar sowohl in Landanlagen wie auch an Bord von Fischereifahrzeugen (S. 244). Verpackte Fischfilets werden sowohl in Tunnelapparaten (S. 52 bis 64) wie auch in Mehrplattenapparaten (S. 69 bis 74) gefroren. Dabei wurden für Fische einige Sonderbauarten entwickelt, auf die auch bereits eingegangen wurde.

Das Gefrieren durch Berührung mit tiefgekühlten Salzlösungen, und zwar sowohl durch Eintauchen wie auch durch Berieseln ist besonders in Norwegen für Heringe sehr verbreitet[1]. Die Heringe werden als Köder für die norwegischen Dorschfischereien und auch für den Export in Mengen von etwa 35000 t im Jahr gefroren. Das Prinzip des Berieselungsverfahrens ist aus Abb. 112 zu erkennen. Im allgemeinen werden 3 bis 4 Lattenkisten a ohne Deckel, die mit Heringen oder anderen Fischen im Gewicht von je 50 kg gefüllt sind, übereinandergestellt. Die Sole wird aus dem Sammelbehälter b von der Pumpe c angesaugt, durch den Verdampfer d der Kältemaschine geleitet und durch die Rohre e über die Fischkisten verteilt.

---

[1] HELGERUD, Ö.: Kältetechnik Bd. 3 (1951) S. 182 u. 220.

Gewisse Nachteile des Berieselungsverfahrens (Schaumbildung, Verstopfung der Pumpe, ungleichmäßige Umspülung der Fische in den Kisten) können in Überflutungsgefrierapparaten vermieden werden. Ein Beispiel, Bauart der A/S

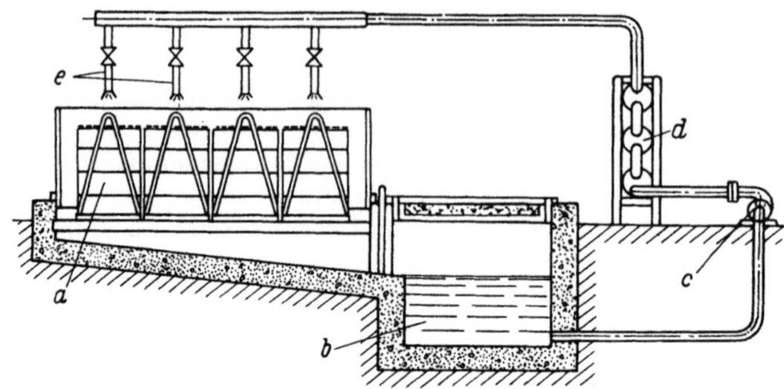

Abb. 112. Prinzip des Gefrierens von Fischen durch Berieselung mit kalter Sole.
a Fischkisten, *b* Solesammelbehälter, *c* Solepumpe, *d* Solekühler, *e* Verteilerschläuche.

Kvaerner Brug, Oslo, zeigt Abb. 113. Die Fischkisten *a* mit einem Deckel aus Holzlatten werden paarweise unter den Solespiegel in den Behälter *b* eingeführt und durch die Vortriebsnocken *e* von links nach rechts vorgeschoben. Die Sole

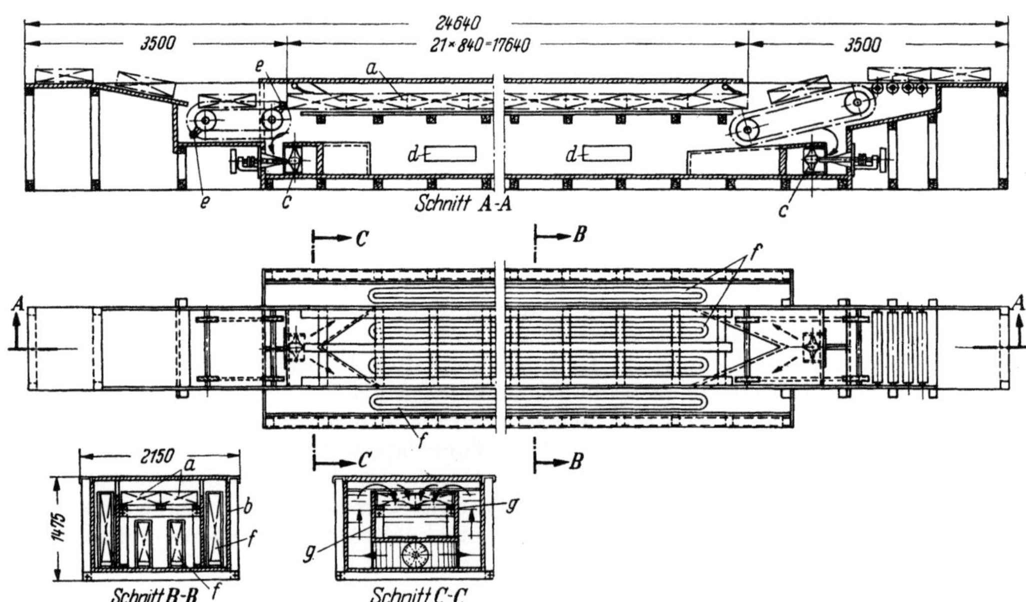

Abb. 113. Überflutungsgefrierapparat, Bauart A/S Kvaerner Brug, Oslo.
a Fischkisten, *b* Solebehälter, *c* Rührwerk, *d* verstellbare Schieber, *e* Vortriebsnocken, *f* Kühlschlangen, *g* vertikale Wände mit verstellbaren Schiebern (*d*). Der Schnitt *B—B* zeigt die Lage der Kisten *a* und den Verdampfer *f*. Im Schnitt *C—C* ist der Solestrom durch Pfeile angedeutet.

wird durch Rührwerke *c*, die an beiden Enden des Behälters angeordnet sind, umgewälzt, wobei sie von oben nach unten durch die Kisten strömt. Die Kisten, die in der spezifisch schweren Sole einen Auftrieb erleiden, werden von der vertikalen Strömung herabgedrückt. Die Strömung kann durch die verstellbaren Schieber *d* in den vertikalen Wänden *g* (Schnitt C-C) geregelt werden. Die Anlage in Abb. 113 hat eine Leistung von 1000 Kisten von je 50 kg in 24 Stunden. Bei mittelgroßen Heringen (10 bis 16 Stück je kg) und einer Soletemperatur von —16° C bis —17° C muß mit einer Gefrierzeit von 50 bis 60 Minuten gerechnet werden. An Stelle des Vortriebes durch Ketten und Nocken *e* kann auch ein solcher mit hydraulischen Kolben vorgesehen werden.

Die vielfach geäußerten Bedenken, daß Heringe, die in Salzlösungen gefroren wurden, bei der anschließenden Lagerung schneller einen ranzigen Geschmack erhalten als die in Luft gefrorenen, scheinen dadurch überwunden werden zu können, daß man die anhaftende Sole gut abspült, die Fische sorgfältig glasiert und bei —30° C lagert[1]. Heringe werden in Norwegen in größtem Umfang in Sole gefroren, und selbst die modernste Gefrieranlage in Bergen[2] macht von diesem Verfahren Gebrauch. Man beachte dabei, daß ein großer Teil dieser Ware für Köderzwecke gebraucht wird.

Da sich Kochsalzlösungen für Soletemperaturen unter —18° C wegen der Nähe des kryohydratischen Punktes (—21° C) nicht eignen, hat man verschiedene

Abb. 114. Fischgefrierapparat zum Gefrieren von Blaufelchen (nach W. TAMM).

andere Lösungen untersucht. Sehr vielversprechend erwies sich die wäßrige Lösung, enthaltend je 25 Gew.-% Kalziumchlorid und Glukose; sie hat einen Gefrierpunkt von —31° C, besitzt eine niedrige Zähigkeit und übt keine unerwünschten Wirkungen auf die Fischoberfläche aus.

TAMM hat das altbekannte Verfahren des Gefrierens ganzer Fische im Eisblock aufgegriffen und es für Bodensee-Blaufelchen in eine moderne technische Form gebracht[3]. Das Verfahren dürfte sich auch für kleinere Plattfische sowie für Sprotten, Sardinen und möglicherweise auch für Heringe eignen. Eine erste Anlage wurde von der Firma A. Ziemann G. m. b. H., Ludwigsburg, bei der Fischgroßhandlung J. Kauffmann in Langenargen am Bodensee errichtet. Der Gefrierapparat (Abb. 114) besteht aus einer Reihe mit Querstegen versehenen senkrecht angeordneten Aluminiumplatten, in deren Bohrungen die das Kühlmittel führenden Verdampferschlangen eingesetzt sind. Die Platten bilden die

---

[1] BANKS, A.: Some Aspects of Food Refrigeration and Freezing. FAO-Agriculture Studies Nr. 12, S. 127. Washington, November 1950.
[2] LORENTZEN, G.: Refrig. Engng. Bd. 62 (1954) Nr. 4, S. 41.
[3] TAMM, W.: Kältetechnik Bd. 6 (1954) S. 178.

Seiten, die Querstege den Boden und die Rückwand der vorne und oben offenen Gefriertaschen. Der ganze Gefriertaschenblock ist isoliert und vorne mit einer herausnehmbaren Abschlußplatte aus Aluminiumblech versehen, welche die Vorderwand der Gefriertaschen bildet. Beim Gefrieren wird zunächst der ganze Apparat mit Wasser gefüllt und die Kältemaschine angestellt; nach einer Betriebszeit von etwa 5 Minuten hat sich an den Wandungen der Gefriertaschen eine 3 bis 5 mm dicke Eisschicht gebildet. Darauf wird das noch nicht gefrorene Wasser in einen isolierten Behälter abgelassen. In den Taschen haben sich innen hohle Eisblöcke mit den Abmessungen 500 × 350 × 60 mm gebildet, in welche jetzt die Fische eingelegt werden, wobei in jedem Hohlblock 5 kg Fische untergebracht werden können. Danach wird das Gefrierwasser dem Apparat durch eine Pumpe wieder zugeführt und das Gefrieren bei sinkender Verdampfungstemperatur (von −10° C bis −25° C) fortgesetzt. In etwa 100 Minuten sind die Blöcke bis auf eine Temperatur von −15° C durchgefroren. Nun werden heiße Kältemitteldämpfe durch die Verdampferschlangen geschickt, und die abgetauten Eisfischblöcke können nach 5 Minuten, nach Niederklappen des vorderen Deckels, aus dem Apparat entnommen und in den Gefrierlagerraum gebracht werden.

Für größere Anlagen wurden vollkommenere konstruktive Formen unter Beibehaltung des Eisblockprinzips und des senkrechten Mehrplattenapparates entwickelt. Die durchgefrorenen und abgetauten Eisfischblöcke werden dabei alle gleichzeitig nach unten abgelassen. Einzelheiten sind der zitierten Abhandlung zu entnehmen.

Bei anderen Fischgefrierapparaten wurde das in den Plattenapparaten verwendete Kontaktprinzip auf den Gefriertunnel mit strömender Luft übertragen, so z. B. in den Anlagen an Bord der britischen Gefrierschiffe „Fairfree" (S. 253) und „Fairtry" (S. 255). Dort werden die in Aluminiumschachteln verteilten Fische auf Rohrregale gesetzt, in denen das Kältemittel verdampft und die in einem isolierten tunnelartigen Schrank untergebracht sind, durch den kalte Luft mit hoher Geschwindigkeit strömt.

Auch für die Mehrplattenapparate wurden zum Gefrieren von Fischen verschiedene Konstruktionen mit waagerecht und senkrecht gestellten Platten entwickelt[1]. Dabei kann der hydraulische Kolben zum Heben oder Senken der waagerechten Platten unter dem Apparat, über ihm oder neben ihm angeordnet werden.

V. Lagerung gefrorener Fische.

Es sei zunächst auf Kap. VII im Abschnitt „Frischhaltung von Lebensmitteln durch Kälte" (S. 75) verwiesen, wo allgemein die Vorgänge bei der Lagerung gefrorener Lebensmittel behandelt wurden.

Fische stellen ein besonders empfindliches Gefriergut dar und müssen daher sehr sorgfältig behandelt werden. Der Frischezustand vor dem Gefrieren ist für die Qualität der aufgetauten Ware nach der Gefrierlagerung von entscheidender Bedeutung.

Notevarp und Heen[2] haben die Qualität von Dorschen verglichen, die gleich nach dem Fang gefroren wurden, mit solchen, die erst nach 8 tägiger Lagerung in Eis gefroren wurden, und zwar nach mehrmonatiger Lagerung bei −20° C und bei −9° C (Abb. 115). Die Qualitätswerte bedeuten: *1* Geschmack und Konsistenz wie bei frischen Fischen, *2* Geschmack gut, Konsistenz etwas trocken, *3* Geschmack annehmbar, deutlich von frischem zu unterscheiden, Konsistenz trocken, *4* Geschmack mangelhaft, Konsistenz sehr trocken, als Nah-

---

[1] Helgerud, Ö.: Vgl. Fußnote 1 auf S. 237.
[2] Notevarp, O., u. E. Heen: Z. ges. Kälteind. Bd. 47 (1940) S. 141.

rungsmittel zweifelhaft, *5* als Nahrungsmittel ungeeignet. Auffallend ist, daß die Qualität bei −20° C nahezu linear mit der Lagerzeit abfällt, während bei −9° C der Qualitätsrückgang beim Beginn der Lagerung besonders stark ist.

REAY und Mitarbeiter[1] betonen, daß bei den Gadusarten (Kabeljau und Schellfisch) die besten Ergebnisse erzielt werden, wenn die Fische noch im Zustand der Totenstarre (rigor) gefroren werden. Die Dauer der Totenstarre ist bei den einzelnen Arten verschieden lang. EINARSSON[2] nennt aus der Literatur die in Tab. 12 enthaltenen Werte.

Die Dauer der Totenstarre hängt wesentlich von der Fangmethode und von der Temperatur ab, bei der die Fische gefangen und bei der sie gelagert werden. Je tiefer die Temperatur, um so länger die Totenstarre und die Haltbarkeit.

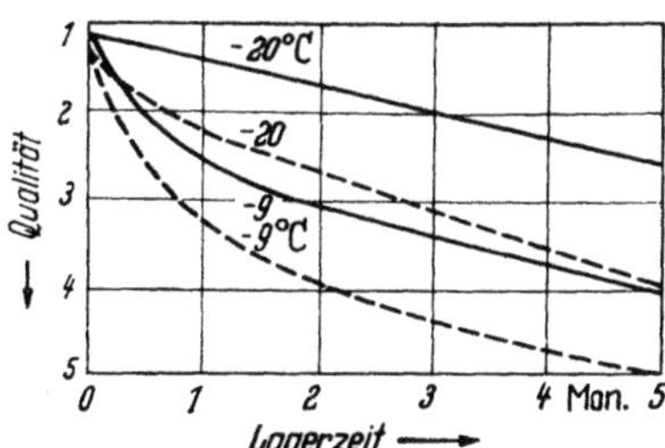

Abb. 115. Durchschnittliche Qualität von Dorschen von verschiedenem Frischezustand vor dem Gefrieren, abhängig von der Lagerdauer im gefrorenen Zustand und von der Lagertemperatur (−9° C und −20° C), nach NOTEVARP und HEEN. ——— gleich nach dem Fang gefroren, − − − − gefroren nach 8 tägiger Lagerung in Eis.

Tabelle 12. *Verlauf und Dauer der Totenstarre von Fischen, die in Eis gelagert wurden*[3].

Art	Zeit zwischen Netzeinholen und Beginn der Starre Std.	Zeit in voller Starre Std.
Schellfisch	2 bis 6	28
Kabeljau	3 bis 5	28
Wittling	1	16
Migram[4]	2	28
Limande (Kliesche) . . .	2	34

In Norwegen ist es verboten, Fische für den Export zu gefrieren, die die Totenstarre hinter sich haben[5]. Auch amerikanische Versuche lehren, daß Filets, die aus Fischen hergestellt waren, welche innerhalb von 2 Stunden nach dem Fang gefroren wurden, besser als alle anderen Vergleichsproben beurteilt wurden[6] Es sei noch auf einige Literaturstellen verwiesen[7]. Bei Heringen ist das Ende der Totenstarre 24 Stunden nach dem Fang. Das deutet darauf hin, daß eine wesentliche Verbesserung der Fischqualität in der Zukunft nur durch Gefrieranlagen an Bord der Fischereifahrzeuge erreicht werden kann (vgl. S. 244).

Die zulässige Lagerdauer ist um so länger, je tiefer die Lagertemperatur gewählt wird. Mit sinkender Temperatur wachsen aber die Anschaffungskosten der Kälteanlage und die Betriebskosten. Daher ist es wichtig, zu wissen, mit welchen Temperaturen man für verschiedene Lagerdauer auskommen kann. In

---

[1] Vgl. Fußnote 1 auf S. 47.

[2] EINARSSON, H.: Qualität und Verpackung von Gefrierfleisch, S. 45. Bericht über eine Tagung in Kiel im März 1955, herausgegeben von der OEEC (Deutscher Bundesverlag GmbH, Bonn).

[3] SCHLIE, K.: Kälte-Ind. Bd. 31 (1934) S. 115. — C. L. CUTTING.: Ann. Rep. Food Inv. Board (1939) S. 39.

[4] Auch Megrim, Scheefnut, Flügelbutt genannt (Lepidorhombus whiff Walb).

[5] LORENTZEN, G.: Refrig. Engng. Bd. 62 (1954) Nr. 4, S. 41.

[6] HARTSHORNE, J. C., u. J. F. PUNCOCHAR: Food Techn. Bd. 5 (1951) S. 492.

[7] HEEN, E.: Proc. Sympos. „Cured and frozen fish Technology". Göteborg, November 1953. — W. PARTMANN: Biochem. Z. Bd. 326 (1955) S. 260. — K. AMANO, M. BITO u. M. SUYANA: Ber. IX. Intern. Kältekongr. Paris 1955, Bd. II, S. 4067.

Abb. 116 sind die *Mindestwerte* der zulässigen Lagerdauer von Magerfisch (Kurve *a*)
und Fettfisch (Kurve *b*) dargestellt. Diese Werte wurden von Kuprianoff[1]
aus den Beobachtungen zahlreicher Forscher entnommen. Eine etwas längere Lagerung erscheint
zulässig, doch treten dann schon merkliche Veränderungen der organoleptischen Eigenschaften
auf. Waller[2] nennt die in Tab. 13 angegebenen
Lagerzeiten auf Grund von langjährigen Versuchen der Torry Research Station in Aberdeen.
Dabei geben die Zahlen ohne Klammern die ungefähre Dauer an, nach deren Ablauf der Fisch
noch so gut wie frisch ist; die noch weniger genauen Zahlen in Klammern beziehen sich auf
die Zeiten, nach deren Ablauf der Fisch von
einigermaßen verwöhnten Verbrauchern abgelehnt wird.

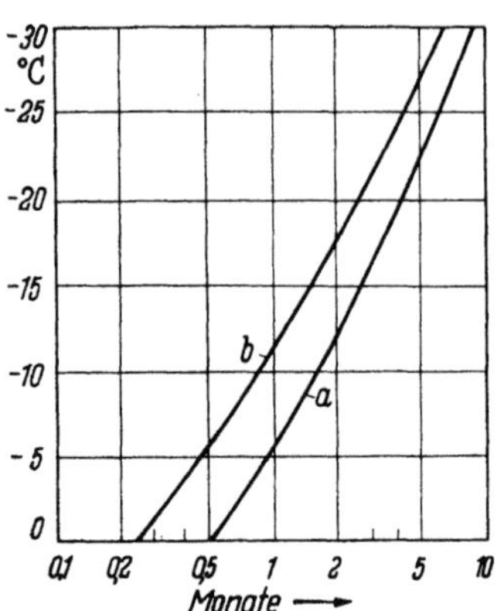

Abb. 116. Mindestlagerdauer von Gefrierfisch in Abhängigkeit von der
Lagertemperatur.
a Magerfisch, *b* Fettfisch.

Während der Gefrierlagerung erleiden die
Fische einen Gewichtsverlust durch Austrocknung, der nicht nur einen Substanzverlust bedeutet, sondern auch das Aussehen und den
Geschmackswert der Fische beeinträchtigt. Es
müssen daher Vorkehrungen getroffen werden, um das Austrocknen auf ein
Mindestmaß zu reduzieren. Dazu gehört bei unverpackt gelagerten Fischen vor
allem die Anwendung „stiller" Kühlung. Die Vorgänge bei der Verdunstung des
Wassers aus der Gefrierware wurden schon auf S. 77ff. eingehender behandelt.

Tabelle 13.
Abhängigkeit der Lagerungsmöglichkeit von Gefrierfischen von der Lagertemperatur (in Monaten).

Fischart	Lagertemperatur		
	$-9°$ C	$-21°$ C	$-29°$ C
Grundfisch (ausgenommen) . . .	1 (4)	4 (15)	8 (über 4 Jahre)
Hering (ausgenommen)	1 (3)	3 (6)	6 ($1\frac{1}{2}$ Jahre und mehr)
Geräucherter Grundfisch	1 (3)	3,5 (10)	7 (1 Jahr und mehr)
Kippers	0,75 (2)	2 (5)	4,5 (9 und mehr)

Die Gewichtsverluste können zunächst durch eine gute Isolierung des Lagerraumes und die Einhaltung einer hohen relativen Luftfeuchtigkeit (über 90%)
in zulässigen Grenzen gehalten werden. Ein Wachstum der Mikroorganismen ist
dabei nicht zu befürchten, wenn die Lagertemperatur tief genug ist. Die Gewichtsverluste können ferner dadurch herabgesetzt werden, daß man die ganzen Fische
oder die Fischblocks mit einer schützenden Hülle umgibt, wenn sie nicht schon von
vornherein im Eisblock gefroren wurden (S. 239). Den natürlichsten Schutz bildet
bei Fischen eine Eisglasur, von der ausgiebig Gebrauch gemacht wird: gleich
nach dem Gefrieren werden die Fische ein- oder mehrmals für 10 bis 20 Sekunden
in Wasser getaucht oder mit Wasser berieselt, wobei auf Kosten des im Fisch
enthaltenen Kältevorrates eine Eisglasur auf der Oberfläche entsteht, deren
Gewicht bis zu 10% des Fischgewichtes erreichen kann. Die dabei auftretende
Erwärmung der Oberflächenschichten wird im Gefrierlager bald wieder ausgeglichen. Da es nun die Glasur ist, die bei der Lagerung verdunstet, muß sie

[1] Kuprianoff, J.: Kältetechnik Bd. 7 (1955) S. 215.
[2] Waller, E.: Im Heft „Bericht über die verbesserte Qualität und Verpackung von
Gefrierfisch", S. 109. Herausgegeben von der OEEC. Paris 1955.

alle 3 bis 4 Wochen durch Besprengung der Fischstapel mit Leitungswasser, das evtl. vorgekühlt wird, erneuert werden. Das bedeutet eine zusätzliche Manipulation, und es werden bei der Erneuerung der Glasur nicht alle Teile des Gefriergutes gleichmäßig betroffen. Dem für die Glasur verwendeten Wasser werden gelegentlich Chemikalien zugesetzt, um eine weniger brüchige Glasur zu erzielen; empfohlen werden Zusätze von Natriumkarbonat, Kalziumlactat, Borsäure, einige organische Verbindungen und kolloidale Substanzen (z. B. Pektine). Die Glasur muß durchsichtig sein, um die Qualitätskontrolle nicht zu behindern.

Will man von einer Glasur absehen, dann müssen die Fische sorgfältig verpackt werden; man kann aber auch die glasierten Fische verpacken. Fischblocks, die in Gefriertunnels (S. 52) oder in Mehrplatten-Gefrierapparaten (S. 69) gefroren werden, erhalten schon vor dem Gefrieren eine Verpackung. Die angewendeten Verpackungsstoffe müssen möglichst wasserdampfdicht sein, eine ausreichende Festigkeit und Elastizität auch bei tiefen Temperaturen besitzen und gute Verschlüsse bilden. Näheres über die Wahl von Verpackungsstoffen für Gefriergüter findet man im Abschnitt „Verpackung" auf S. 619.

VI. Auftauen.

Über die günstigste Methode des Auftauens gefrorener Fische gehen die Ansichten wie beim Gefrierfleisch (S. 196) stark auseinander. KALLERT hat für Gefrierfleisch das langsame Auftauen empfohlen, damit den entquollenen Eiweißstoffen Zeit gelassen wird, das bei der Eisbildung ausgeschiedene Wasser wieder aufzunehmen (S. 197). Rinderhälften und halbe Schweine sollen in mehreren Tagen aufgetaut werden. Das setzt eine weitgehende Reversibilität des Entquellungsvorganges voraus, die KALLERT beim Warmblüterfleisch auch festgestellt hat. Außerdem braucht solches Fleisch, wenn es unmittelbar nach dem Schlachten gefroren wurde, nach Beendigung der Gefrierlagerung mehrere Tage zum Reifen, so daß ein sehr langsames Auftauen zulässig ist. Alle diese Voraussetzungen treffen aber bei Fischen nicht zu. Der Gefrier- bzw. Entquellungsvorgang verläuft nach REUTER hier weitgehend irreversibel, und zwar sowohl bei schnellem wie bei langsamem Gefrieren (S. 43); der Auftauvorgang darf nicht lange hingezogen werden, weil dabei Qualitätsminderungen durch Bakterienvermehrung eintreten können. Die Fische sollen außerdem vor der Zubereitung möglichst wenig mechanisch beansprucht werden, um größeren Saftverlust zu verhindern.

PLANK, EHRENBAUM und REUTER[1] haben verschiedene Fischarten in zerkleinertem Eis, in Luft und in Leitungswasser aufgetaut und kamen zu folgenden Ergebnissen:

1. Das Auftauverfahren hat keinen Einfluß auf den Geschmack und die Haltbarkeit der Fische. Das billige, einfache und schnelle Auftauen in kühlem Wasser erscheint unter diesen Umständen am zweckmäßigsten.

2. Nach dem Auftauen müssen die Fische sobald wie möglich ausgeweidet werden. Sie halten sich dann bei gleichen Aufbewahrungsbedingungen ebensolange und bisweilen noch länger als frische, nicht gefroren gewesene Exemplare.

3. Gefrorene Fische müssen besonders während des Auftauens vor mechanischen Beanspruchungen sorgfältig geschützt werden. Auch aus diesem Grunde ist dem Auftauen in kühlem Wasser der Vorzug zu geben.

Nachteilig ist beim Auftauen der Fische in Wasser ein gewisses Auslaugen infolge Diffusion löslicher Bestandteile. Es wird empfohlen, die Wassermenge so

---

[1] Vgl. Fußnote 3a auf S. 39 (dort auf S. 248).

zu bemessen, daß sie das Vierfache des Gewichtes der aufzutauenden Fische beträgt[1]. Es wird auch von chloriertem Wasser Gebrauch gemacht[2]. Bei Beginn des Auftauens schwimmt der Fisch im Wasser, aber nach kurzer Zeit sinkt er unter. Um das Auslaugen zu verhindern, empfiehlt Taylor einen Zusatz von Kochsalz zum Wasser, und zwar 0,7% bei Süßwasserfischen und 1,3% bei Seefischen[3]. Während des Auftauens können die Fische, je nach dem Grad der Austrocknung, bis zu 10% ihres Gewichtes an Wasser aufnehmen.

Das Auftauen in Luft geht wesentlich langsamer vor sich, auch treten dabei Gewichtsverluste auf, obwohl sich am Anfang Feuchtigkeit aus der Luft auf der kalten Fischoberfläche niederschlägt, die das Wachstum der Bakterien fördert. Es sei daran erinnert, daß es beim Gefrieren ein sog. „kritisches Gebiet" im Temperaturbereich von 0 hs bis 5° C gibt, das ist die Zone der maximalen Kristallbildung (vgl. S. 46), die möglichst schnell durchschritten werden soll. Man könnte daher vermuten, daß man sich auch beim Auftauen in dieser Zone nur möglichst kurze Zeit aufhalten sollte. Versuche mit ganzen Fischen, die auf dem Versuchstrawler „Northern Wave" gefroren waren (vgl. S. 255), ergaben aber, daß ein langsames Durchschreiten dieser Zone beim Auftauen vom Standpunkt der Fischqualität nicht die gleichen Nachteile hat wie beim Gefrieren.

L. Das Gefrieren von Fischen und Krustentieren an Bord von Fischereifahrzeugen[4].

I. Wirtschaftlichkeit und Fischqualität.

Die Notwendigkeit, sich mit der Frage des Gefrierens von Fischen auf See eingehend zu beschäftigen, begründet Kuprianoff wie folgt[5]:

„Das Interesse am Fischgefrieren auf See entsteht dadurch, daß die Dauer der Fangreisen der Fischdampfer der großen fischverbrauchenden Länder wegen der Lage der Fischfanggebiete aus wirtschaftlichen Gründen zugenommen hat (Gesamtreisedauer der Fischdampfer im Mittel 24 Tage, davon Fahrtdauer 16 Tage, Fangdauer 8 Tage), wodurch infolge der begrenzten Haltbarkeit des Fisches die Qualität des angelandeten Produktes viel zu wünschen übrigläßt; denn obwohl der Magerfisch, wie Kabeljau, in beeistem Zustand nach 5 bis 6 Tagen anfängt, in der Qualität merklich nachzulassen, nur etwa 12 Tage in noch annehmbar gutem Zustand aufbewahrt werden kann und in der Regel höchstens 18 Tage verkaufsfähig bleibt, kommt es doch vor, daß Fischdampfer 3 bis 4 Wochen unterwegs sind und daher einen 14 bis 20 Tage alten Fisch anlanden. Aber auch die Erwärmung der Nordmeere hat dazu beigetragen, daß die Fischdampfer heute den Fischschwärmen weiter nordwärts folgen müssen als früher. Trotzdem kommen die großen deutschen Fischdampfer auf 170 Fangtage mit einem durchschnittlichen Tagesfang von 20 t.

Interessant ist, daß die Durchschnittsgröße der Schiffe der deutschen Fischdampferflotte in den letzten 20 Jahren von 272 BRT (Ende 1934) auf 499 BRT (Ende 1954) angestiegen ist, wobei nahezu die Hälfte des gesamten Bestandes

[1] Magnusson, H. W., u. J. C. Hartshorne: Boston Fish and Wildlife Laboratory: Comm. Fish. Rev. Bd. 14 (1952) Nr. 12a, S. 8.

[2] Hartshorne, J. C., u. J. F. Puncochar: Comm. Fish. Rev. (Februar 1952) S. 1.

[3] Nach M. W. Tuchschneid: Die Kältebehandlung schnellverderblicher Lebensmittel, S. 343. Hannover: Brücke-Verlag 1951.

[4] Einen historischen Überblick über Fischgefrieranlagen an Bord von Schiffen lieferte G. Lorentzen: Teknisk Ukeblad. Oslo 1951 (norwegisch).

[5] Kuprianoff, J.: Kältetechnik Bd. 8 (1956) S. 114.

auf die Größengruppe von 500 bis 600 BRT entfällt; damit ist naturgemäß eine Vergrößerung der Fischräume Hand in Hand gegangen. Da die Fangdauer von der Schiffsgröße bestimmt wird, geht die Entwicklung eindeutig dahin, daß der angelandete Fisch — trotz Erhöhung der Reisegeschwindigkeit der Schiffe — zu einem zunehmenden Teil immer älter wird. Es haben nämlich in etwa der gleichen Zeit die durchschnittliche Reisedauer von 14,3 auf 16,9 Tage und die Fangdauer je Reise von 6,9 auf 9,2 Tage zugenommen. Berücksichtigt man, daß es bedeutend größere Fischdampfer gibt, als dem Mittelwert entspricht, so muß damit gerechnet werden, daß auch eine Fangdauer von 12 Tagen und mehr vorkommen kann.

Die Fahrtgeschwindigkeit der Fischdampfer ist in dem zur Diskussion stehenden Zeitraum zweifelsohne erhöht worden; dabei drängt sich der Schluß auf, daß der Gewinn aus der Erhöhung der Reisegeschwindigkeit nicht der Verbesserung der Fischqualität durch rascheres Heranbringen an das Land zugute kam, sondern für das Aufsuchen weiter gelegener Fangplätze, und, mit zunehmender Größe des Schiffes, auch für längeres Verweilen auf den Fanggründen verbraucht wurde. Eine weitere Geschwindigkeitssteigerung scheint aber aus wirtschaftlichen Erwägungen heraus nicht möglich zu sein.

Hinsichtlich der Fischqualität ist bekannt, daß diejenigen Fische im allgemeinen die qualitativ beste und am längsten haltbare Handelsware ergeben, die unmittelbar nach dem Fang gefroren werden. Die Frage, wie lange nach dem Fang der Fisch in beeistem Zustand aufbewahrt werden darf, wenn daraus noch ein gutes Gefrierprodukt hergestellt werden soll, ist jedoch recht umstritten, einerseits deswegen, weil die Ansprüche hierbei verschieden sein können und von der Fischart abhängen, aber vor allem auch deshalb, weil die Qualität des Gefrierproduktes wesentlich von der Lagertemperatur und von der Lagerdauer abhängt (vgl. S. 241). Man weicht dieser Frage am zweckmäßigsten eben dadurch aus, daß man so früh wie möglich gefriert und entsprechend tief lagert, eine Konsequenz, der man z. B. in Norwegen in der Weise gefolgt ist, daß man hier gefordert hat, die Fische vor dem Ablauf der Totenstarre zu frieren und bei $-30\,^\circ$ C zu lagern. Hierdurch kann dann auch mit Sicherheit erreicht werden, daß z. B. Magerfische bei sachgemäßer Verpackung erstklassige Qualität während 9 Monaten behalten. Für die meisten Länder und für viele Fischarten bedeutet die norwegische Forderung, daß auf hoher See gefroren werden muß.

Nach britischen Untersuchungen ist es notwendig, z. B. Kabeljau bei $-30\,^\circ$ C zu lagern, wenn der Gefrierfisch einen Vergleich mit gutem beeistem Frischfisch bestehen soll; hierbei ist es zulässig, den ausgeweideten Fisch vor dem Gefrieren bis zu 3 Tagen in beeistem Zustand aufzubewahren, was u. U. auch auf See erforderlich werden könnte."

II. Gefrier- und Fabrikschiffe[1].

Für das Gefrieren von Fischen auf See kommen 3 Verfahren zur Anwendung:

1. Die direkte Berührung der Fische mit tiefgekühlter Salzlösung,
2. Das Gefrieren im Kaltluftstrom in einem Gefriertunnel,
3. Das Gefrieren von Fischfilets in Mehrplattenapparaten.

Das erste Verfahren ist das ältere, es wird aber heute immer noch in größerem Maßstab zum Gefrieren großer ganzer Fische verwendet.

---

[1] Vgl. Nr. 8 der Zusammenfassenden Schriften auf S. 263 sowie C. BIRKHOFF: Die Zukunft dem Fabrikschiff. Fette Seifen einschl. Anstrichmittel Bd. 58 (1956) S. 442 mit zahlreichen Abbildungen von Fabrikschiffen und Das Fabrikschiff der Zukunft. Hansa Bd. 94 (1957) S. 593. [Eigenreferat in Z. VDI Bd. 99 (1957) S. 1799.]

1. Das Gefrieren durch Berührung mit kalter Salzlösung[1].

a) Dieses Verfahren wurde im ersten Weltkrieg durch OTTESEN entwickelt (vgl. S. 64) und zum ersten Male (1915) an Bord des dänischen Fischdampfers „Karmoy" angewendet (Abb. 117)[2]. Die Kälteanlage der Firma Thomas Th. SABROE in Aarhus bestand aus einem von einer Dampfmaschine angetriebenen CO_2-Kompressor 1 für 50 000 kcal/h mit Kondensator und Verdampfer 2 und dem daneben angeordneten Gefrierbehälter 3 von 2 m Tiefe und 1 m² im Querschnitt; dieser besteht aus 2 Kammern, die nacheinander benutzt werden können.

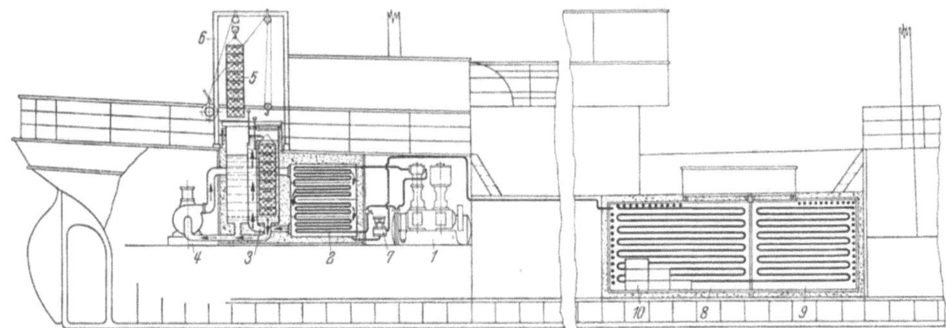

Abb. 117. Einbau einer OTTESEN-Gefrieranlage in den Dampfer „Karmoy"
(Thomas Th. Sabroe, Aarhus, Dänemark).

1 Dampfmaschine und CO_2-Kompressor mit Kondensator, 2 Verdampfer, 3 Gefrierbehälter, 4 Soleumlaufpumpe, 5 galvanisierte Fischbehälter, 6 Hebevorrichtung für die Fischbehälter, 7 Solepumpe, 8, 9 Lagerräume, 10 gefrorene Fische versandfertig verpackt.

Es konnten 10 t Fische in 24 Stunden gefroren werden. Die Pumpe 4 sorgte für einen lebhaften Soleumlauf. Die Fische wurden in acht übereinanderliegende galvanisierte Eisendrahtkörbe gelegt. Nach dem Durchfrieren der Fische wurden die Körbe kurz in kaltes Wasser getaucht, wobei anhaftende Sole abgespült und eine Glasur gebildet wurde.

Schon damals wurde der Gedanke diskutiert, daß ein Fahrzeug auf den Fangplätzen liegenbleibt und sich lediglich mit dem Einfrieren beschäftigt, während andere Fahrzeuge die gefrorene Ware aufnehmen und sie auf die Märkte bringen.

b) Eine Gefrieranlage nach dem OTTESEN-Verfahren wurde 1929 von der Firma A. Borsig in Berlin-Tegel an Bord des Fischereidampfers „Volkswohl" errichtet (Abb. 118)[3]. Da die großen Solemengen, die man bei einem Tauchverfahren benötigt, bei Seegang Schwierigkeiten verursachen, wurde die Sole beim Füllen der Gefrierbehälter mit Fischen in einen tiefliegenden Sammelbehälter abgelassen; während des Gefrierens blieben die Behälter geschlossen.

c) PIQUÉ hat 1922 einen Tauchgefrierapparat nach Abb. 119 entwickelt[4], der an Bord des französischen Fischdampfers „Janot" eingebaut wurde[5]. In einem Solebehälter befindet sich eine zylindrische Trommel aus perforiertem Blech. In dieser feststehenden Trommel rotieren langsam 3 Schaufelblätter, die die Trommel in 3 Teile teilen. Die Trommel wird durch eine trichterförmige

---

[1] SLAVIN, J. W.: Indust. Refrig. Bd. 131 (1956) Nr. 4, S. 30 — World Refrig. Bd. 7 (1956) Nr. 8, S. 435.

[2] PLANK, R., E. EHRENBAUM u. K. REUTER: Vgl. Fußnote 3a auf S. 39 — Dansk. Fiskeritidende (1915) Nr. 17, 18 u. 20.

[3] Vgl. Z. ges. Kälteind. Bd. 37 (1930) S. 129; Bd. 38 (1931) S. 101.

[4] PIQUÉ, J. J.: DRP 362491 (1920); U.S. Pat. 1431328 (1922). — J. J. PIQUÉ u. W. B. HARDY: DRP. 391888; Canad. Pat. 212879 — Food Invest. Board, Spec. Rep. Nr. 4, 1920.

[5] Rev. gén. Froid Bd. 6 (1925) S. 341.

Öffnung mit Fischen gefüllt, wobei die Sole während des Füllens bis zum Spiegel A—A abgelassen wird. Während des Frierens rotieren die Schaufeln, und der

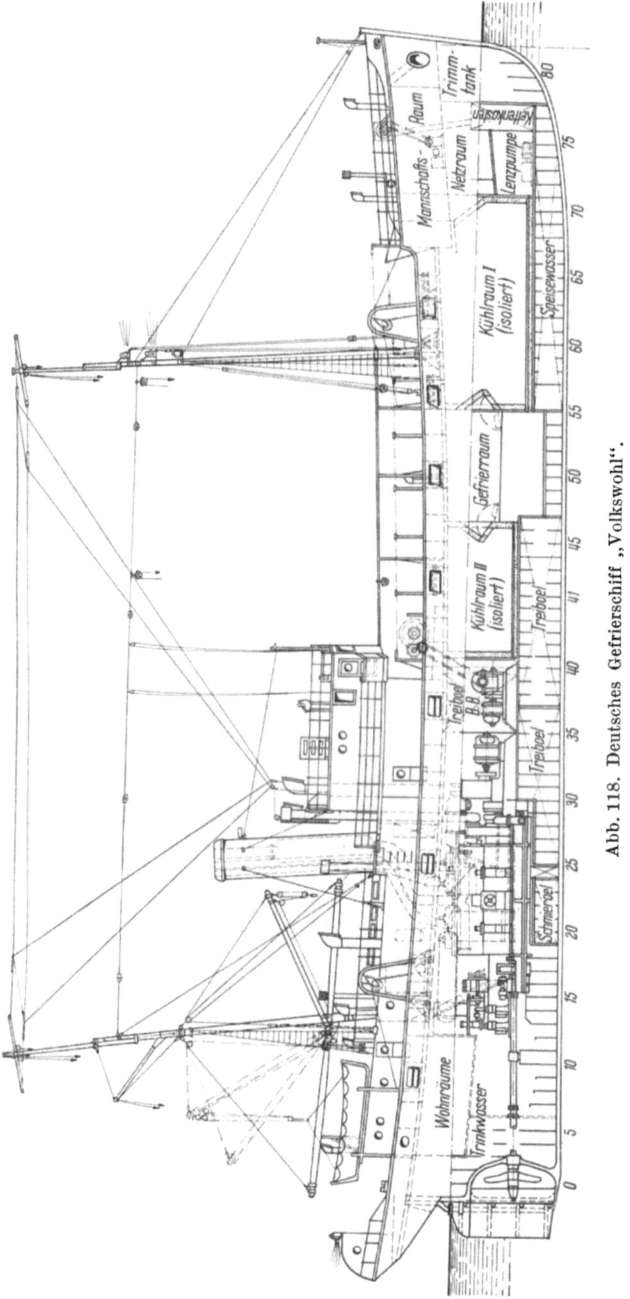

Abb. 118. Deutsches Gefrierschiff „Volkswohl".

Solespiegel steht bei B—B. Nach beendetem Frieren wird die Tür in der Trommel geöffnet und der Solespiegel bis C—C gehoben, wobei die Fische durch den Auftrieb hochkommen. Der Dampfer „Janot" war 36 m lang, 7,56 m breit,

3 m tief und hatte eine Verdrängung von 310 t. Mit der Gefrieranlage konnten
500 kg Fische in der Stunde gefroren werden. Im Lagerraum konnten 100 t bei
—10° C untergebracht werden.

d) Die Apparate von Piqué wurden von ihm und von anderer Seite weiter-
entwickelt und in Fischereifahrzeugen verwendet, so 1929 auf dem Dampfer
„Sacip"[1] und seit 1936 auf den größeren Dampfern „Pescagel" und „Vivagel"[2].
Der Gefrierapparat ist in Abb. 120 dargestellt. Die rotierende Trommel ist
radial in 8 Abschnitte geteilt, von denen jeder 400 kg Fische faßt. In der hohlen
Welle sind zahlreiche Öffnungen vorgesehen, durch welche Sole von —20° C in

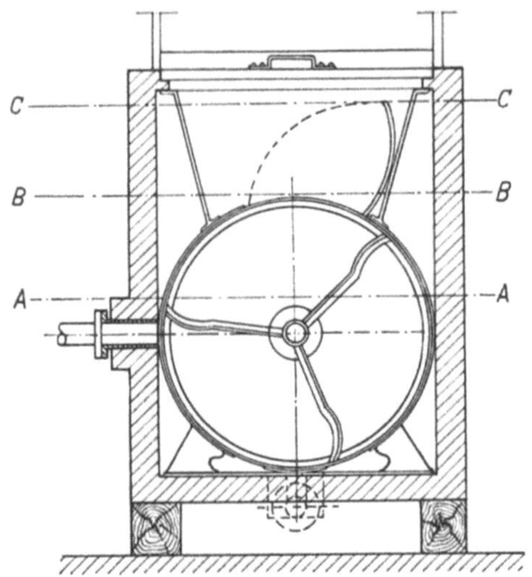

Abb. 119. Tauchgefrierapparat von J. J. Piqué.

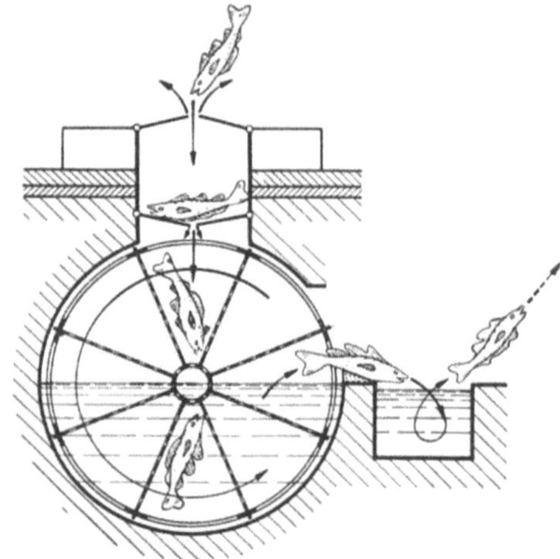

Abb. 120. Prinzip des Fischgefrierapparates nach
Piqué an Bord der „Pescagel" und „Vivagel".

scharfen Strahlen auf die Fische auftrifft. Auf jedem Fahrzeug waren zwei solche
Trommeln aufgebaut. Die Kältemaschine hatte eine Leistung von 225 000 kcal/h.

e) Neben dem Tauchverfahren wurde auch das Berieseln der Fische mit
kalter Sole empfohlen (vgl. S. 67), doch ist dieses Verfahren auf Schiffen nicht
angewendet worden. Dagegen wurde von dem Solezerstäubungsverfahren nach
Vorschlägen von Zarotschenzeff[3] Gebrauch gemacht. Die ganzen Fische werden
in einer isolierten Kammer aufgehängt oder auf Horden gelegt. In der Kammer
verlaufen längs der Wände und der Decke Solerohre mit zahlreichen Zerstäubungsdüsen. Die fein vernebelte Sole trifft die Fischoberfläche und fließt dort zu
Tropfen zusammen, die auf den Boden der Kammer herabfallen und von dort
durch eine Pumpe dem Verdampfer der Kältemaschine zugeführt werden.

Die erste Schiffsanlage dieser Art wurde 1928 auf dem kleinen italienischen
Fischdampfer „Naiade" errichtet[4], der im Mittelmeer an der afrikanischen Küste
fischte. Mit einer Kältemaschine von 40 000 kcal/h konnten 50 t gefrorener
Fische bei —6° C bis —8° C gelagert werden. In Frankreich wurde das Verfahren
von der Société d'études pour l'amélioration de la pêche maritime (SAP)

---

[1] Rev. gén. Froid Bd. 11 (1930) S. 40 — DRP. 492 647 — La Pêche maritime vom
15. Februar 1932, S. 39.

[2] Boury, M.: Rev. gén. Froid Bd. 20 (1939) S. 103.

[3] Zarotschenzeff, M. T.: Ice and Cold Storage Bd. 30 (1927) S. 113, 225 u. 272 —
Between two Oceans. London: Verl. Cold Storage and Pruduce Review 1930 — Refrig.
Engng. (Februar 1932) S. 103 — Kälte-Ind. Bd. 31 (1934) S. 131.

[4] Zarotschenzeff, M. T.: Rev. gén. Froid Bd. 10 (1929) S. 21.

ausgewertet, die mehrere Fischdampfer mit solchen Anlagen ausgerüstet hat. Eine der modernsten Anlagen wurde 1933 auf dem Dampfer „Marcella" (2340 t Verdrängung) errichtet. Auf diesem Schiff wurde die Hauptmenge der bei Island gefangenen Fische gesalzen, der Rest — etwa 4 t/Tag — gefroren[1].

f) Das Tauchgefrierverfahren wird auch heute noch in größerem Umfang an der südpazifischen Küste auf den sog. „tuna clippers" beim Thunfischfang verwendet[2]. Mehr als 200 mittlere und große Clipper fischen z. Z. an der pazifischen Küste. Sie sind in San Diego und San Pedro in Südkalifornien beheimatet und unternehmen Reisen von 3 bis 4 Monaten, wobei sie z. T. Strecken von 4000 km zurücklegen und bis zu den Galapagos-Inseln an der Küste von Peru vordringen. Dort liegen die besten Thunfisch-Fangplätze. Die Fahrzeuge sind 32 bis 50 m lang und fassen 160 bis 600 t Fische.

Die Schiffe sind mit 8 bis 14 Gefrierbehältern („wells") ausgerüstet, die auf beiden Seiten des mittleren Ganges über der Propellerwelle angeordnet sind. Die Behälter sind 4,5 m tief und die größten sind 2×3 m² im Querschnitt. In den Holzschiffen sind die Behälter aus Holz und nicht isoliert; in den Stahlschiffen sind sie aus Stahlblech und mit 10 cm Korkplatten oder 12,5 cm Glaswolle isoliert. In einigen dieser Behälter werden manchmal auch flüssige Treibstoffe untergebracht. Die Behälter sind innen an den Wänden und dem Boden mit $1^1/_4''$-Kühlrohren für direkte Verdampfung (des Ammoniaks) ausgelegt, der Abstand zwischen den Rohrmitten beträgt 150 mm. Man rechnet mit etwa 250 m Rohr für jeden Behälter (Abb. 121).

Während des Fanges wird ein Behälter nach dem anderen zunächst mit Seewasser gefüllt, das auf $-1,5°$ C abgekühlt wird. Dann werden die Behälter mit Fischen aufgefüllt, die vom Deck durch Mannlöcher herabgelassen werden. Dabei läuft das Seewasser durch eine Pumpe dauernd um, so daß seine Temperatur nahezu konstant bleibt. Auf diese Weise werden die Fische in 24 bis 72 Stunden bis auf etwa $-1°$ C abgekühlt. Über die wünschenswerte Dauer dieser Abkühlung gehen die Ansichten auseinander.

Es folgt nun die eigentliche Gefrierperiode. Die Behälter werden leergepumpt und mit frischem kalten Seewasser wieder aufgefüllt; dann werden in jeden Behälter etwa 1500 kg Steinsalz (rock salt) geschüttet, wobei die gebildete Sole ein spezifisches Gewicht von 1,12 kg/l erreicht und eine Abkühlung bis $-10,5°$ C gestattet; der Gefrierpunkt der Sole liegt bei etwa $-13°$ C. Man rechnet mit etwa 45 kg Salz je t Fisch. Die Kältemaschine wird jetzt mit voller Leistung betrieben, und die Fische werden in 2 bis 3 Tagen bis auf mindestens $-7°$ C im Inneren gefroren. Dann wird die Sole abgelassen oder in den nächsten Behälter gefüllt. Der Behälter wird geschlossen, aber die Kältemaschine bleibt weiter in Betrieb, so daß die Temperatur der Fische bis auf $-11°$ C absinkt. Während des Restes der Reise bleiben die gefrorenen Fische also in kalter Luft.

Abb. 122 zeigt die Anordnung der einzelnen Einrichtungsgegenstände auf dem Hauptdeck und Abb. 122a auf dem unteren Deck eines 32 m langen Thunfisch-Fangschiffes.

HENDRICKSON[2] gibt eine vollständige Berechnung des Kältebedarfes für ein solches Schiff. Er empfiehlt für ein 32 m langes Schiff die Aufstellung von

---

[1] BARRIER, A.: Rev. gén. Froid Bd. 14 (1933) S. 126.
[2] HENDRICKSON, H. M.: Refrig. Engng. Bd. 58 (1950) S. 456 — Air Conditioning Refrigeration Data Book, Applications, 6. Aufl., S. 32-01. New York: Amer. soc. Refrig. Engng. 1956/57. — The Cold Chain in the USA, Bericht einer OEEC-Reise. Paris 1952. Teil II. Zu beziehen vom Deutschen Bundesverlag, Bonn. Vgl. auch die Berichte von H. C. GODSIL: Bureau of marine Fisheries, Div. of Fish and Game of California, Fish Bull. Nr. 51 (1938) und die Ber. vom 21. August 1939 und vom 15. Juli 1940.

3 Kompressoren mit einer Kälteleistung von je 40 000 kcal/h bei −12° C Verdampfungs- und 35° C Kondensationstemperatur und 8 Solegefrierbehälter von den angegebenen Abmessungen. Für die größten Schiffe von 50 m Länge werden 3 Kompressoren von je 100 000 kcal/h und 14 Gefrierbehälter benötigt. Allgemein

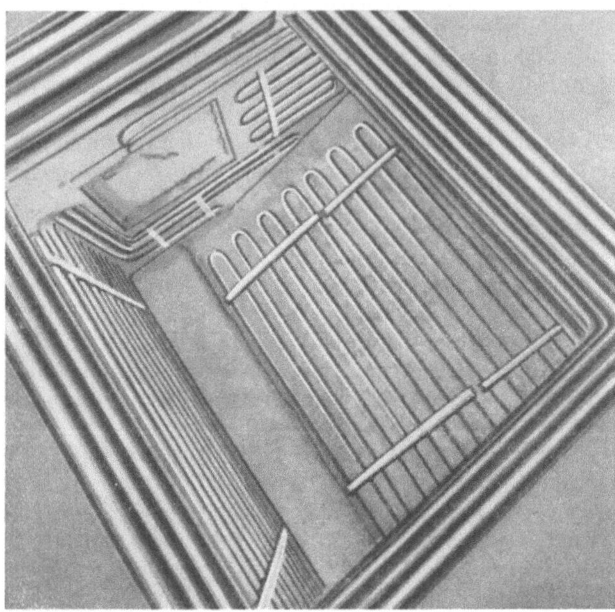

Abb. 121. Blick von oben in einen mit Kühlrohren ausgelegten Gefrierbehälter an Bord eines Thunfisch-Fangschiffes. Nach Abb. 122.

empfiehlt er eine Kälteleistung von etwa 700 kcal/h bei −12° C Verdampfungstemperatur je t Fischkapazität und 11 lfd. Meter Rohrleitung von $1^1/_4''$ Durchmesser für direkte Verdampfung je m³ Solebehälter.

g) Auch Harrison und Roach äußern sich positiv zu der Frage des Gefrierens von Fischen in Salzlösungen auf See[1]. Sie berichten über Versuche an der Küste von Britisch-Columbien, die den besonderen lokalen Verhältnissen in bezug auf Fischart, Fahrzeugtyp und Verwendungszweck der Fische Rechnung tragen. Als Badflüssigkeit wurde Kochsalzlösung von eutektischer Zusammensetzung verwendet (23,1 kg NaCl je 100 kg Lösung, Gefriertemperatur −21,2° C). Zur Bildung eines Kältespeichers wurden vor dem Gefrieren der Fische beträchtliche Mengen an eutektischem Eis auf der Oberfläche der Verdampferrohre angesammelt. Nach dem Eintauchen der Fische wurde die Sole durch Pumpen in starkem Umlauf gehalten. Das Eindringen von Salz in den Fisch wurde sorgfältig untersucht und festgestellt, daß es unterhalb der Grenze blieb, die geschmacklich zu beanstanden wäre. Bei Kabeljau war das Eindringen von Salz etwas stärker als bei Salm. Nach dem Gefrieren wurden die Fische mit Süßwasser abgespült, und das Glasieren bereitete keine Schwierigkeiten.

In Bordeaux wurde ein älteres Fischereifahrzeug für das Gefrieren von Thunfisch an der Küste von Dakar (Franz. Westafrika) umgebaut[2]. Das Schiff „Sopite" dient als Mutterschiff und wird von drei anderen Fahrzeugen bedient; es

---

[1] Harrison, J. S. M., u. S. W. Roach: Progr. Rep. Pacific Coast Stations (Canada) Nr. 94 (1953) S. 3 — Mod. Refrig. Bd. 56 (1953) H. 663, S. 215.

[2] FAO World Fisher. Abstr. November—Dezember 1957, S. 9.

ist 52,85 m lang, 8 m breit, 5,35 m tief und faßt 360 t Fische. Die Leistung der Kälteanlage beträgt 600,000 kcal/h, und es können täglich 75 t Fische gefroren werden. Die ganze Kühl- und Gefrierprozedur ist derjenigen sehr ähnlich, die schon auf S. 249 für die Tuna-Clipper beschrieben wurde.

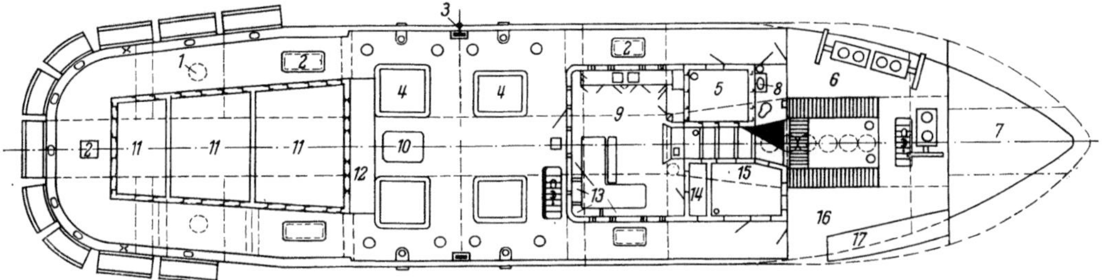

Abb. 122. Hauptdeck eines Thunfisch-Fangschiffes von 32 m Länge.

1 Mannloch, *2* Luke, *3* Klampe, *4* isolierte Behälter, *5* Kaltlagerraum, *6* Kompressoren, *7* Lager für Bootsmann, *8* Toilette, *9* Kombüse, *10* Luke, *11* Tank für Köder, *12* Behälter für Kondensator, *13* Werkbank und Schränke, *14* Kühlkammer für Lebensmittel, *15* Kühlraum für Gemüse, *16* Werkstatt, *17* Werkbank.

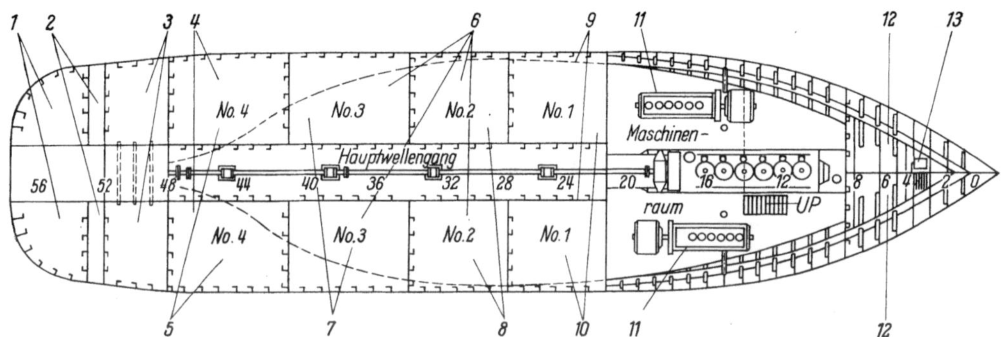

Abb. 122a. Unteres Deck des Thunfisch-Fangschiffes nach Abb. 122.

1 Wasserbehälter von 2,2 m³, *2* wasserdichte Behälter, *3* Brennstoffbehälter von 8,6 m³, *4* zwei Behälter nur zum Gefrieren von Fischen in Sole, *5* Solebehälter von 17 m³ (13,7 t), *6* vier kombinierte Behälter für Köder und zum Gefrieren in Sole, *7* Köder- und Solebehälter von 24 m³ (19 t), *8* Köder- und Solebehälter von 20 m³ (16 t), *9* zwei kombinierte Behälter für Brennstoffe und zum Gefrieren in Sole, *10* Brennstoff- und Solebehälter 21 m³ (16,5 t), *11* 75 kW-Generator, *12* Brennstoffbehälter von 13 m³, *13* Wasserbehälter von 6,5 m³.

Über das Gefrieren ganzer nicht ausgenommener Fische in Sole an Bord des Fischereifahrzeuges „Delaware" an der Atlantischen Küste und über die Verwendung dieser Ware für die Herstellung von Fischfilets an Land liegen sehr umfangreiche Versuchsberichte vor (vgl. S. 260)[1]. Eine Abbildung der „Delaware"

---

[1] Teil I. HARTSHORNE, J. C., u. J. F. PUNCOCHAR: Commercial Fisheries Rev. Bd. 14 (Februar 1952) S. 1.

Teil II. MAGNUSSON, H. W., S. R. POTTINGER u. J. C. HARTSHORNE: daselbst Bd. 14 (Februar 1952) S. 8.

Teil III. BUTLER, C., J. F. PUNCOCHAR u. B. O. KNAKE: daselbst Bd. 14 (1952) S. 16.

Teil IV. BUTLER, C., u. H. W. MAGNUSSON: daselbst Bd. 14 (Februar 1952) S. 26.

Teil V. MAGNUSSON, H. W., u. J. C. HARTSHORNE: daselbst Bd. 14 (Dezember 1952) S. 8.

Teil VI. OLDERSHAW, C. G. P.: daselbst Bd. 15 (März 1953) S. 25.

Teil VII. OLDERSHAW, C. G. P.: daselbst Bd. 15 (Dezember 1953) S. 1.

PUNCOCHAR, J. F., u. S. R. POTTINGER: Food Techn. Bd. 7 (1953) S. 408.

MAGNUSSON, H. W.: Proc. Symposium on cured and frozen fish Technology. Göteborg, November 1953, Bericht Nr. XIV.

und des dort angewendeten Gefrierverfahrens findet man in Nr. 8 der Zusammenfassenden Schriften auf S. 263, bei Tressler und Evers[1] und bei C. Birkhoff[2]. Die notwendige Kälte wird durch eine Absorptionsanlage erzeugt.

In der Jahresversammlung der „Refrigeration Research Foundation", April 1957, kam man zu dem Schluß[3]:

„Immersion freezing at sea, combined with processing operations from frozen storage banks on shore, may be the large pattern that fishery industries will follow in the future".

2. Das Gefrieren in kalter Luft und im Kaltluftstrom.

a) Im Jahre 1943 erbaute die Firma Andersen u. Co. das Gefrierschiff „Hamburg", das nicht nur eine Gefrieranlage, sondern auch umfangreiche Fischverarbeitungsmaschinen und eine Fischmehlfabrik an Bord hatte. Die Fische wurden filetiert und in Tunnels (Bauart Plersch, Illertissen) mit tiefgekühlter Luft von hoher Geschwindigkeit gefroren. Leider wurde dieses Fahrzeug bald nach seiner Inbetriebnahme in einem norwegischen Fjord versenkt, so daß damit keinerlei Erfahrungen gesammelt werden konnten.

b) Gegen Ende des zweiten Weltkrieges wurden an Bord des in Seattle, Wash., beheimateten Fischereifahrzeuges „Chirikof" gefrorene Fischfilets hergestellt[4]. Das Schiff ist 26 m lang, 6,5 m breit und hat einen Tiefgang von 2,6 m; es verdrängt 58 t und wird von einem Dieselmotor von 160 PS angetrieben. Für die Kälteanlage ist ein zweiter Dieselmotor von 21 PS vorgesehen. Die Filets werden in flachen Schalen gefroren, die auf die als Regale ausgebildeten Verdampferrohre gesetzt werden. Bei $-36°$ C im Raum rechnet man mit einer Gefrierzeit von 6 Stunden, beläßt die Fische aber 18 Stunden im Gefrierraum.

c) Ein weiteres Fischereifahrzeug „Deap Sea" von 42 m Länge, das ebenfalls in Seattle, Wash., beheimatet ist, fängt in der Beringsee vorzugsweise Königskrabben und bringt nach jeder 6- bis 8wöchigen Reise etwa 90 t Ware in den Heimathafen[5]. Die Königskrabben sind Crustaceen, die bis zu 1,5 m im Durchmesser erreichen. Der Fang wird folgenden Prozessen unterworfen: Reinigen, Kochen in Dampf, Entfernen des Fleisches aus der Schale, Waschen in frischem Wasser, Untersuchen, Wiegen, Einsetzen in flache Schalen, Gefrieren auf dem Fließband, Verpacken in Aluminiumfolie und Lagern.

Im Gefrierapparat können stündlich 550 kg bei $-31°$ C gefroren werden. 2 Ammoniakverdichter mit je 4 Zylindern von 87 mm Hub und Durchmesser werden von 15 PS-Motoren angetrieben. Im Gefrierapparat sind 350 m Rippenrohre und im Lagerraum 750 m glatte Rohre von $1^1/_4''$ für direkte Verdampfung untergebracht. Der Ventilator des Gefrierraumes wird von einem 15 PS-Motor angetrieben. Die Lagerräume mit einem Fassungsvermögen von 240 m³ sind mit 10 cm Korkplatten isoliert; es wird darin eine Temperatur von $-18°$ C unterhalten. Die Isolierung der Gefrierräume beträgt 20 cm Kork. Die ganze metallische Ausrüstung der Verarbeitungsräume besteht aus Monelmetall oder aus rostfreiem Stahl.

---

[1] Tressler, D. K., u. C. F. Evers: The Freezing Preservation of Foods, 3. Aufl., S. 129. Westport, Conn.: The Avi Publ. Comp. 1957.

[2] Vgl. Fußnote 1 auf S. 245.

[3] Information Bulletin, The Refrigeration Research Foundation, Nr. 57-4, April 1957, S. 3.

[4] Pacific Fisherman, Februar 1946.

[5] Ice and Refrig. Bd. 113 (1947) Augustheft, S. 19 — Vgl. auch Refrig. Engng. Bd. 53 (Februar 1947) S. 127 — Eine Abbildung dieses Fabrikschiffes findet man bei C. Birkhoff, vgl. Fußnote 1 auf S. 245.

Das Krabbenfleisch und die Fischfilets werden unter Pressung in flachen Schalen gefroren, deren Abmessungen ein Mehrfaches der endgültigen Packung betragen. Die gefrorenen Platten werden dann in die gewünschte Größe zerschnitten, glasiert und maschinell verpackt. Die hohe Leitfähigkeit der Metallschalen und die sehr hohe Luftgeschwindigkeit verbürgen ein rasches Gefrieren. Die Schalen werden dann automatisch in den Lagerraum entladen, wo die gefrorenen Platten von den Schalen durch Abtauen gelöst und dann zerschnitten werden.

d) Ein anderer Weg, das Gefrieren von Fischen unmittelbar nach dem Fang auf hoher See durchzuführen, besteht bekanntlich darin, daß man ein größeres *Mutterschiff* mit Verarbeitungs- und Gefriereinrichtungen ausrüstet, dem eine Flotte kleinerer Fischereifahrzeuge ihre Fänge entweder auf hoher See oder in einem benachbarten Hafen zubringt. Dieser Weg wurde durch den Umbau eines im ersten Weltkrieg erbauten Schiffes von 8800 t, 114 m lang, beschritten, das unter dem Namen „Pacific Explorer" im Jahre 1947 seine erste Fahrt von Seattle nach den Gewässern von Costa Rica durchgeführt und mit 2250 t gefrorener Thunfische nach 5 Monaten zurückgekehrt ist[1]. Die Schiffsoperationen leitet die Pacific Exploration Comp. in Seattle. Eine Anzahl kleiner Schiffe von 500 bis 1000 t wird jetzt für den gleichen Zweck umgebaut. Der gefrorene Thunfisch wird größtenteils zu Dosenkonserven verarbeitet.

Der „Pacific Explorer" eignet sich auch für den Krabbenfang in der Beringsee. Das Schiff wird durch Dampfmaschinen von 3500 PS angetrieben. Zum Antrieb der Kälteanlagen und der sonstigen Schiffseinrichtungen sind drei dieselelektrische Aggregate von je 300 kW Wechselstrom vorgesehen. Die Ammoniakkühlanlage dürfte eine der größten sein, die bisher auf einem US-Fangschiff eingebaut wurde. Die Gefrierleistung beträgt 120 t Fische täglich, und die Lagerräume werden auf $-18°$ C gekühlt. Die zweistufige Kälteanlage besteht aus 2 Vorschaltverdichtern von 134 bzw. 65 tons of refrigeration bei $-32°$ C Verdampfungstemperatur bei einem Mitteldruck von 2,7 ata (entsprechend einer Sättigungstemperatur von $-12,5°$ C) und aus 2 Hochdruckverdichtern von je 230 tons of refrigeration, in denen mit 2,7 ata angesaugt und auf 14,5 ata verdichtet wird, so daß das Ammoniak bei etwa 37° C kondensiert. Eine kleinere einstufige Maschine von 21 tons of refrigeration dient zur Erzeugung von 10 t Eis täglich und zur Wasserkühlung.

Vier große Luftgefrierer mit Ventilatoren, jeder für eine Ladung von 2700 kg Fischfilets, die in 6 Stunden gefroren werden können, sind auf dem oberen Deck untergebracht. Auf dem unteren Deck befinden sich Gefrierräume für ganz große Thunfische. Die Gefrierräume sind mit 20 cm Korkplatten und die Lagerräume mit 22,5 cm Glasfasern (Fibreglas) isoliert. Die Besatzung zählt 61 Mann. Im großen und ganzen war der „Pacific Explorer" kein großer geschäftlicher Erfolg.

Der Gedanke des Fabrik-Mutterschiffes wurde aber nicht aufgegeben, wenn sich auch die Übergabe von den Fangschiffen in den verhältnismäßig ruhigeren Gewässern des Pacific leichter durchführen läßt als im rauhen atlantischen Seegebiet. Neue technische Vorschläge sind erfolgversprechend[2].

e) Das erste britische Gefrierschiff „Fairfree" wurde 1947 in Dienst gestellt[3]. Es wurde seinerzeit von der Fresh Frozen Foods Ltd. in Irvine, Ayrshire, nach

---

[1] CARLSON, C. B.: Comm. Fisher. Rev. Bd. 9 (1947) Nr. 1, S. 12 — Pacific Fisherman Bd. 46 (1948) Nr. 3, S. 35 und Nr. 4, S. 47 — U.S. Fish and Wildlife Serv. Fishery Leaflet 316 u. 326 (1948) u. 361 (1950) — Food Ind. Bd. 20 (1948) Nr. 1, S. 111.

[2] BIRKHOFF, C.: Vgl. Fußnote 1 auf S. 245.

[3] Food Manufact. (1947) S. 556 — Mod. Refrig. (1947) S. 294. — R. PLANK: Die Kälte Bd. 1 (1948) S. 71. — J. KUPRIANOFF: Kältetechnik Bd. 3 (1951) S. 318 (mit Abbildungen); Bd. 8 (1956) S. 114.

den Ideen von Sir Dennis Burney aus einem kanadischen Minensucher umgebaut. Das Schiff wurde dann von der Fa. Chr. Salvensen and Co. in Edinburgh-Leith für den Fischfang im Gebiet der Neufundlandbänke eingesetzt. Die normale Dauer einer Fangreise beträgt 42 Tage; es wird nur Weißfisch gefangen und verarbeitet. Die Reisegeschwindigkeit des Schiffes beträgt etwa 10 Knoten; zum Antrieb dienen Dieselmaschinen.

Als besonderes Kennzeichen des Schiffes hat sein Heck mit dem hochgezogenen Auflauf zu gelten; hierdurch wurde Raum gewonnen, der für die Filetier- und Gefrieranlage ausgenutzt werden konnte. Obwohl auch heute noch die Möglichkeit besteht, gleichzeitig 2 Netze am Heck auszuwerfen, hat es sich doch als praktischer und wohl auch im Hinblick auf die Gleichmäßigkeit der Verarbeitung der Fische sowie auf die Leistung der Gefrieranlage als zweckmäßiger erwiesen, mit nur einem Netz zur gleichen Zeit zu arbeiten. Das Netz faßt bis zu 14 t Fische.

Nach beendetem Fang wird das über Heck aufgezogene Netz an Deck entleert; die Fische gelangen durch 2 Öffnungen im Deck zum Zwischendeck, wo sie sortiert, gereinigt, entkehlt und in einer rotierenden Waschmaschine gewaschen werden. Anschließend werden sie auf zwei rostfreien Tischen (2 mal 4 Arbeitsplätze) von Hand filetiert. Das Filetieren von Hand hat sich bei dem rauhen Betrieb an Bord dem Filetieren mit Maschinen als überlegen erwiesen.

Die Filets (etwa 0,8 bis 1 kg im Gewicht) werden in Drahtkörben sorgfältig gewaschen, gut abtropfen gelassen und in die Gefrierschalen aus Aluminiumblech gepackt. Die ursprünglich verwendeten größeren Schalen von rd. 5 cm Tiefe für rd. 19 kg Fischgewicht sind auf Grund der gesammelten Erfahrungen durch gleich tiefe, aber etwa $^1/_3$ so große, etwa 30×40 cm^2 messende Schalen für 6,5 kg Fisch ersetzt worden; sie sind viel bequemer zu handhaben, insbesondere bei Seegang.

Die fertig gepackten Schalen werden nunmehr in den Gefrierapparat eingesetzt und der Fisch zu Blöcken von 6,5 kg gefroren. Der Apparat „Fairfreezer" (Brit. Pat. Nr. 627465) wird mit Sole von $-30°$ C beschickt (Solegeschwindigkeit 0,3 m/s); er besitzt acht als Regale dienende Reihen von waagerechten Solerohren übereinander und wird durch zwölf nach unten kippbare, schmale und auch bei stärkerem Seegang noch sicher zu handhabende Türen (3 Abteile mit je 4 Fächern übereinander) dicht geschlossen. Der Gefrierschrank ist mit 10 cm „Onazote" isoliert. Die 1″-Solerohre sind in 35 mm Achsabstand voneinander angeordnet und haben senkrechte Längsrippen, vier nach oben und unten, die als Auflage für die Gefrierschalen dienen; der senkrechte Abstand zwischen den Regalen beträgt im Lichten rd. 12 cm. Ein starker Ventilator mit senkrecht angeordneter Welle bläst die Luft mit rd. 7,5 m/s entlang den Rohren, wobei sie in der oberen Hälfte des Apparates in umgekehrter Richtung wie in der unteren Hälfte strömt; das Gefrieren erfolgt somit z. T. durch Kontakt der Gefrierschalen mit den Oberkanten der Längsrippen der Solerohre (von unten) und z. T. durch Luft (von oben). Das gesamte Fassungsvermögen des Gefrierapparates dürfte rd. 1,5 t Fischfilet betragen (rd. 220 Schalen); da die Gefrierdauer der Charge etwa 3 Stunden erreicht, lassen sich in 24 Stunden praktisch 11 bis 12 t Gefrierfilet herstellen, d. h. rd. 0,5 t/h. Die zweistufigen Kältemaschinen von J. u. E. Hall, Ltd., Dartford, arbeiten mit Ammoniak als Kältemittel.

Nach dem Gefrieren werden die Fischblöcke durch Anwärmen der Aluminiumbleche aus den Schalen herausgenommen, in Cellophan eingeschlagen, heiß versiegelt und anschließend in Wellpappkartons für 19 kg verpackt. Die Kartons gelangen über Transportband und Rutsche in die Lagerräume. Der große, etwa 4 bis 5 m hohe Lagerraum von rd. 550 m^2 im Vorderteil des Schiffes faßt 200 t Fisch; er ist mit 15,5 cm „Onazote" isoliert und innen mit Holz verkleidet;

außerdem ist noch ein kleinerer Raum für 50 bis 55 t Fisch vorhanden. Die Lagertemperatur beträgt —20° C bis —23° C, die durch die zu Kühlkörpern zusammengefaßten Solerohre aufrechterhalten wird. Der Fisch wird normalerweise spätestens 12 Stunden nach dem Fang in das Gefrierlager eingeliefert.

f) Der auf Erfahrungen mit „Fairfree" fußende, vom gleichen Unternehmen (Chr. Salvensen u. Co., Leith, Schottland) 1952 gebaute Gefriertrawler „Fairtry" hat die wesentlichen Merkmale seines Prototyps behalten[1]. Das Schiff — der größte Trawler der Welt — hat bei einer Tonnage von 2605 BRT eine Länge von 75 m und eine Breite von 13,4 m. Auch „Fairtry" ist für eine Fangreise von etwa $2^1/_2$ Monaten vorgesehen; die Größe des Schiffes ergibt u. a. aber auch günstigere Arbeitsbedingungen in den Verarbeitungsräumen wegen größerer Schiffsstabilität beim Seegang. Die Besatzung beträgt 82 Mann.

Insgesamt wird die zur Herstellung von 600 t Fischfilet benötigte Rohfischmenge mit 1500 t veranschlagt; bei einer reinen Fangzeit von 2 bis 2,5 Monaten ergibt sich daraus der mittlere Tagesfang zu 20 bis 25 t Fisch. Praktisch bedeutet dies 2 bis 3 Hole/Tag.

Die Hauptmaschine hat eine Leistung von 1950 PS; alle Hilfsmaschinen sind elektrisch angetrieben und werden von vier mit Dieselmotoren gekuppelten 240 kW-Generatoren gespeist. Die Netzwinde hat 2 Motore von je 270 PS. Die Baukosten werden mit etwa 6 Mill. DM angegeben.

Der Fang ist im wesentlichen auf Kabeljau und Schellfisch gerichtet, für deren Verarbeitung auch die maschinellen Einrichtungen vorgesehen sind; der Beifang kann als Rundfisch ganz oder ausgeweidet — aber auch nach dem Filetieren von Hand — gefroren werden. Der Hauptfang wird nach dem Ausweiden und Waschen in einer Waschmaschine auf einer Rundtisch-Köpfmaschine mit einer Leistung von rd. 1700 Fischen/h geköpft und anschließend auf der Filetieranlage der Fa. Nordischer Maschinenbau Rudolf Baader, Lübeck, filetiert und enthäutet. Die Filets werden zu Portionen von rd. 3,2 kg gewogen und anschließend in wasserdampfdichtes, gewachstes Papier verpackt. Die 3,2 kg-Pakete werden in Aluminiumschalen auf Horden gefroren.

Die Gefrieranlage besteht aus insgesamt 6 Gefrierkammern, die zu je drei in zwei Einheiten zusammengefaßt sind. Das Gefrieren erfolgt — ähnlich wie auf der „Fairfree" — durch Kombination von Kontakt und Luftstrom. Die Gefrierzeit einer Charge von 1,5 t beträgt etwa 2,5 Stunden. Die dazugehörige Kältemaschine (mit F 12 als Kältemittel) hat eine Antriebsleistung von 150 PS. Die Filetpakete werden nach dem Gefrieren glasiert und zu acht in einen Karton verpackt, während der im ganzen gefrorene Fisch in 27 kg-Beuteln gelagert wird. Die Gesamtleistung der Gefrieranlage ist, ebenso wie die der Filetieranlage, so bemessen, daß Fänge bis zu 40 t Fisch/24 Stunden verarbeitet werden können.

Das Schiff hat zwei mit Sole gekühlte Lagerräume mit einem gesamten Fassungsvermögen von 600 t Fischfilet bzw. 450 t gefrorenem Rundfisch. Die Lagertemperatur beträgt —23° C; die Kältemaschine wird von einem 48 PS-Motor angetrieben.

Die „Fairtry" ist außerdem mit einer Fischmehlanlage und einer Leberkochanlage ausgerüstet.

Neben diesen Schiffen, die den Fisch vorwiegend in konsumfertigen Packungen gefrieren, wurde in England ein normaler Trawler („Northern Wave" S. 260) mit einer Gefrieranlage ausgerüstet, in der nur die ersten Fänge als Rundfisch gefroren werden sollen[2]. Die letzten Fänge werden, wie bisher, in Eis gelagert.

---

[1] KUPRIANOFF, J.: Kältetechnik Bd. 8 (1956) S. 114.
[2] Food Manufact. Bd. 29 (1954) S. 343. — Mod. Refrig. Bd. 58 (1955) S. 197.

g) Das Fang- und Fabrikschiff „Puschkin" (Heimathafen Murmansk) ist das erste seiner Art aus einer Serie von 24 Schiffen, die die Sowjetunion bei der Kieler Howaldt-Werk A.G. bestellt hat[1]. „Puschkin" ist als Erprobungsmuster im voraus gebaut worden; die hierbei gewonnenen Erfahrungen wurden beim Bau der anderen Schiffe berücksichtigt. Abb. 123 zeigt einen Längsschnitt durch einen Fabriktrawler der „Puschkin"-Klasse[2].

Die Abmessungen von „Puschkin" entsprechen etwa denjenigen des britischen Fabriktrawlers „Fairtry"; das Schiff ist 75 m lang, hat eine Breite von 13,4 m und eine Tonnage von 2555 BRT. Die Besatzung besteht aus etwa 130 Personen,

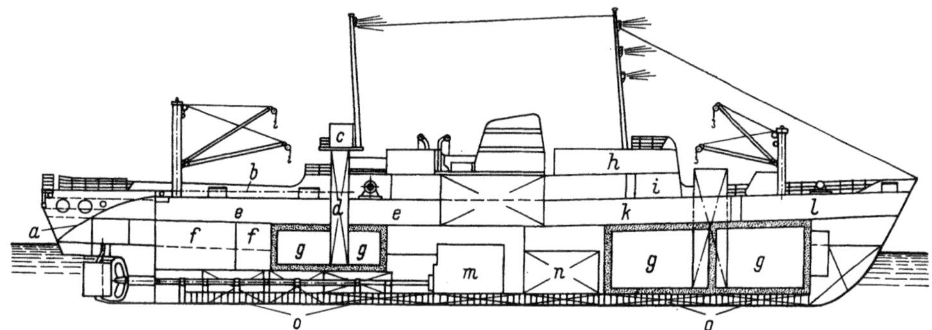

Abb. 123. Längsschnitt durch einen Fabriktrawler der Puschkin-Klasse.
a Heckaufschleppe, *b* Oberdeck, *c* Trawlbrücke, *d* Elevator, *e* Verarbeitungsdeck mit Auffangbunker, Konservenfabrik, Trankocher, Packerei und Kaltlagerräume, *f* Fischmehlanlage, *g* Ladekühlräume, *h* Kommandobrücke, *i* Offiziersräume, Küche und Messe, *k* Mannschaftsräume, *l* Bäder, *m* Maschinenraum, *n* Kesselraum, Heizölvorrat, *o* Treiböl und Süßwasser.

darunter etwa 50 Frauen. Seine Reisegeschwindigkeit beträgt bei 1800 PS Motorleistung an der Schraube (Howaldt-Dieselmotor von 1900 PS) 12 Knoten (max. 13,5 Knoten), und es wird mit einer Reisedauer von 2 bis $2^1/_2$ Monaten gerechnet.

Beim Fang wird das Netz (mit 2 Säcken), wie bei „Fairtry", über das Heck auf das Achterdeck gehievt, in der Mitte mit einem Kran gepackt und in eine der beiden seitlich befindlichen und mit Überläufen versehenen Decksluken (je eine Backbord und Steuerbord) entleert. Das Netz soll in 24 Stunden bis zu 12 mal geholt werden, wobei man bei gutem Fang mit 8 bis 10 t Fisch/Hol rechnet. Der Tagesfang wird somit max. zu 100 t angenommen. Der Fisch wird, vom Arbeitsdeck kommend, durch halbkreisförmige Rutschen, die unterhalb der Entleerungskästen ansetzen, in das darunterliegende Verarbeitungsdeck abgelassen, wo er sich in einer großen Querrinne am Heckende des Filetierraumes ansammelt.

Die Verarbeitung der Fische in der Fabrikanlage auf dem Hauptdeck bewegt sich in Richtung vom Heck zum Bug. Der Fabrikraum nimmt die ganze Breite des Schiffes ein. Die gesamte Filetieranlage wurde von der Firma Nordischer Maschinenbau Rudolf Baader, Lübeck, geliefert. Die mit dem Fisch in Berührung kommenden Teile sind fast ausschließlich aus Kunststoff und nichtrostendem Stahl. Der Fisch wird aus der großen Querrinne entnommen und an 6 Tischen geschlachtet. Die Tische sind als Klapptische ausgebildet und mit Kunststoff überzogen. Daneben sind vergitterte Fischabfalltrichter mit anschließenden Fallrohren angebracht, die zu einer darunterliegenden Fischmehlanlage führen.

---

[1] Fischwirtschaft Bd. 7 (1955) S. 184. — Vgl. auch J. Kuprianoff: Fußnote 1 auf S. 255. — C. Birkhoff: Fußnote 1 auf S. 245. — H. Harms: Z. VDI Bd. 99 (1957) S. 1797.
[2] Harms, H.: Siehe Fußnote 1.

Beim Schlachten wird die Leber herausgenommen und durch bewässerte Rutschen der Leberkonservenabteilung zugeführt. Der ausgenommene Fisch wird auf einer Baader-Rundtischmaschine geköpft und anschließend filetiert und enthäutet. Diese Anlage wurde zum Filetieren der Fische im Zustand der Totenstarre besonders eingerichtet, wodurch erst überhaupt die Voraussetzungen geschaffen wurden, eine maschinelle Filetierung an Bord eines Trawlers einzurichten.

Die Filets werden in Portionen von 3,5 kg in pendelnd (kardanisch) aufgehängten Schnellwaagen abgewogen. Die abgewogenen Mengen werden in flache Gefrieraluminiumschalen von 5 cm Höhe umgepackt. Jede Schale ist durch herausnehmbare Querrippen in 3 Teile unterteilt und faßt demnach 10,5 kg Fischfilets. Sie wird mit federnd befestigtem Deckel verschlossen und im Hordenwagen gestapelt.

Im Anschluß an die Filetieranlage sind zwei doppelreihige Gefriertunnel der Gesellschaft für Linde's Eismaschinen, Wiesbaden, aufgestellt (je einer backbord- und steuerbordseitig)[1]. Das Gefrieren findet demnach in insgesamt 4 Tunnels statt, von denen jeder vier aufgehängte und unten geführte Hordenwagen faßt. In diesen Hordenwagen können sowohl Filets als auch Rundfische gefroren werden. Die Wagen besitzen selbsttätige Zuhaltungen, die in entsprechende Aussparungen der Hängebahn einschnappen und so die Wagen in fixierten Stellungen festhalten. Da ein Hordenwagen rd. 450 kg Fischfilets aufnimmt, wird bei einer Gefrierzeit von 4 Stunden eine Gefrierleistung der Gefriertunnels von insgesamt 1,8 t/h erreicht, was die Leistung der Filetieranlage übersteigt. Man kann demnach mit einer gesamten Höchstleistung von 40 bis 45 t/24 Stunden rechnen. Unter der Annahme, daß beim Filetieren ein Fischabfall von mindestens 50% entsteht und daß dieser restlos zu Fischmehl verarbeitet wird, kann die Tagesleistung wegen der Filetieranlage 20 t Gefrierfilet nicht übersteigen. Der Rest der Gefrierleistung könnte zum Gefrieren von Rundfischen verwendet werden.

Die Gefriertunnels werden durch Flossenluftkühler für direkte Verdampfung gekühlt. Die Luft wird in jedem Tunnel von zwei übereinanderliegenden Ventilatoren durch den Verdampfer gedrückt und nach Umlenkung mit —30° C durch die neben dem Verdampfer liegenden Hordenwagen geblasen. Die Luftgeschwindigkeit erreicht 7 m/s. Die Gefrierendtemperatur im Kern der Packung beträgt —16° C.

Nach dem Gefrieren werden die Aluminiumschalen durch Bespritzen mit Wasser abgetaut und auf ein Gitterwerk ausgekippt. Die gefrorenen Filetblöcke werden nun durch Bespritzen mit Süßwasser von allen Seiten glasiert. Sie werden hierauf in stark paraffiniertes Papier maschinell verpackt und versiegelt sowie in Wellpappkartons eingesetzt. Diese 30 kg-Pakete werden mit Hilfe eines Transportbandes, das durch einen gekühlten Tunnel läuft, zum Gefrierlager gebracht. Der durch Sole gekühlte Gefrierlagerraum wird auf —18° C gehalten. Sein Fassungsvermögen beträgt 600 bis 700 t Gefrierfisch.

Im Kältemaschinenraum sind drei mit Antriebsmotoren von je 102 PS direkt gekuppelte Kompressoren der Gesellschaft für Linde's Eismaschinen aufgestellt.

h) In Frankreich wird seit 1950 wieder mit dem Gefrieren von Fischen auf See experimentiert. Nach vorangegangenen Versuchen mit einer Gefrieranlage auf dem Fischdampfer „Jacques-Cœur" wurde nunmehr dessen Schwesterschiff „Louis-Legasse" mit einer größeren modernen Gefrieranlage ausgerüstet[2]. Die

---

[1] Für eine ausführlichere Beschreibung mit Abbildungen s. E. HOFMANN: Kältetechnik Bd. 10 (1958) S. 51.

[2] SADORGE, M.: Ber. IX. Intern. Kältekongr. Paris 1955, Bd. II, S. 4111. — M. ANQUEZ u. M. RATTONAT: Rev. gén. Froid Bd. 35 (1958) S. 838.

Leistung dieser kontinuierlich arbeitenden Gefrieranlage beträgt 4,8 t/Tag an verkaufsfertig verpacktem, enthäutetem Filet in 1 kg-Packungen ($28 \times 8 \times 5\,\mathrm{cm}^3$). Das Gefrieren erfolgt in einem Tunnel mit Zickzackführung der Gefrierschalen durch Luft hoher Geschwindigkeit von $-35°$ C bis $-40°$ C. Die Geschwindigkeit der die Gefrierschalen durch den Tunnel transportierenden Ketten ist so einstellbar (12, 15 und 18 m/h), daß sich eine Verweildauer der einzelnen Schalen im Tunnel zwischen 1,5 und 2,2 Stunden ergibt. Die Anlage ist äußerst raumsparend ausgeführt und beansprucht einschließlich Verdampfer, Ventilatoren, Luftkanälen und Isolation bei einer Höhe von 2,2 m nur eine Grundfläche von $4 \times 4\,\mathrm{m}^2$.

3. Das Gefrieren in Mehrplattenapparaten.

In Deutschland wurde 1957 auf der Rickmerswerft in Bremerhaven das Fang- und Fabrikschiff „Heinrich Meins" für die gemeinwirtschaftliche Hochseefischerei-Gesellschaft erbaut[1]. Es ist 66 m lang, 9,7 m breit und hat eine Tonnage

Abb. 124. Fang- und Fabrikschiff „Heinrich Meins".

von 826 BRT. 2 Deutzer Diesel-Motoren von je max. 750 PS treiben 2 Voith-Schneider-Propeller an. Bei einer Antriebsleistung von 1200 PS läuft das Schiff mit 13 Knoten. Das Netz wird, wie bei der „Fairfree" (S. 253) und „Puschkin" (S. 256), vom Heck eingeholt (Abb. 124). Das Netz wird durch 2 Luken in das

---

[1] Georgi, R.: Hansa Bd. 94 (Juni 1957) Nr. 25/26, S. 1290 (s. auch S. 1249). — H. Harms: Siehe Fußnote 1 auf S. 256. — F. W. Schröder: Kältetechnik Bd. 10 (1958) S. 53.

untere Verarbeitungsdeck entleert, wo der Fang sortiert und filetiert wird. Die Filets werden auf Förderbändern teils dem Mehrplatten-Gefrierapparat, teils der für das Salzen vorhandenen Anlage zugeführt. Die Abfälle werden zu Fischmehl verarbeitet, wofür eine Anlage mit einer Leistung von 20 t/Tag und ein Lagerraum von 135 m³ (80 t) vorgesehen ist; ferner wird Lebertran gewonnen.

Der Lagerraum für frische Fische und Salzfische beträgt 455 m³ und für gefrorene Filets 150 m³. Es wird also nur ein Teil des Fanges gefroren, und zwar

Abb. 125. Decken- und Wandberohrung des Gefrierlagerraumes an Bord
des Fangschiffes „Heinrich Mein" (s. Abb. 124).

in einem Amerio-Mehrplattenapparat (S. 71) für direkte Verdampfung mit einer Leistung von 400 kg/h, der in ein würfelförmiges Stahlblechgehäuse mit einer Seitenlänge von etwa 2 m eingebaut ist. Die verpackten Filets werden in 15 Lagen zwischen den Platten gefroren. Die vom Bergedorfer Eisenwerk gelieferte Kältemaschinenanlage besitzt für das Gefrieren einen Astra-Vierzylinder-Kapselkompressor für F 22 mit einer Kälteleistung von 40 000 kcal/h bei —35° C Verdampfungstemperatur. Der Gefrierlagerraum wird auf —28° C bis —30° C gehalten; die glatten Verdampferrohre sind als Decken- und Wandberohrung über den gesamten Kühlraum gleichmäßig verteilt (Abb. 125). Die als Steilrohrverdampfer ausgeführte Wandberohrung ist hinter einer Holzbeplankung

angeordnet (die in Abb. 125 noch nicht angebracht war). Für die gesamten Lagerräume sind 2 Astra-Kompressoren für F 22 mit einer Kälteleistung von je
6600 kcal/h bei —35° C und bei 20° C Kühlwassereintritt vorgesehen.

Plattengefrierapparate werden auch auf dem britischen Forschungstrawler
,,Sir William Hardy" verwendet (s. weiter unten).

Es ist nicht zu leugnen, daß das Gefrieren an Bord teurer ist als an Land.
Es entsteht daher die Frage, ob die Herstellung von Fischfilets an Bord wirtschaftlich gerechtfertigt erscheint, mit anderen Worten, ob sich der Bau und
Betrieb von Fabrikschiffen lohnt. Man begegnet vielfach der Ansicht, daß man
sich auf Schiffen mit dem Gefrieren ganzer Fische begnügen sollte. Wenn man
auf der Fangreise den ersten Teil des Fanges frieren könnte, dann würde der
durchschnittliche Frischezustand der Fische beim Landen besser sein und ein
kleinerer Teil verworfen werden. Der gefrorene ganze Fisch könnte nach dem
Landen längere Zeit gelagert und dann im aufgetauten Zustand in den Handel
gebracht werden. Versuche in England auf dem eigens zu diesem Zweck mit einer
Gefrieranlage ausgerüsteten Trawler ,,Northern Wave" hatten vielversprechende
Ergebnisse [1]. Die Qualität dieser Fische war nicht nennenswert vermindert, wenn
sie vor dem Gefrieren an Bord bis zu 3 Tagen in Eis lagen.

Werden gefrorene Fische nach dem Landen aufgetaut und sofort zu Dosenkonserven verarbeitet (Thunfisch, Lachs), dann entstehen keine weiteren Probleme. Wenn aber Fischfilets verlangt werden, dann müssen die gefrorenen Fische
nach dem Auftauen filetiert und die Filets oder Steaks zum zweiten Male gefroren
werden, und es entsteht die Frage, ob das wiederholte Gefrieren die Qualität der
Ware nicht nachteilig beeinflußt. Eingehende Versuche in den USA, die vom
Fish and Wildlife Service in deren Laboratorien in Seattle, Wash., und in Boston,
Mass., durchgeführt wurden, zeigten günstige Ergebnisse mit Meerforellen (Salmo
Trutta L.) [2]. Auch mit Salm und Heilbutt liegen gute Erfahrungen vor; die
Qualität ist auf jeden Fall besser, als wenn die gefrorenen Filets von Fischen
hergestellt werden, die nach dem Fang eine Woche auf Eis lagen. Weniger eignen
sich Magerfische für ein wiederholtes Gefrieren [3]. In großem Maßstab wurde die
Herstellung von Filets aus Fischen erprobt, die an Bord des Forschungsschiffes
,,Delaware" gefroren und dann an Land aufgetaut, filetiert und wieder gefroren
wurden (s. weiter unten).

III. Forschungsschiffe.

Neben Gefrierschiffen, die von privaten Unternehmungen zwecks wirtschaftlicher Verwertung gebaut wurden, sind auch von staatlicher Seite Forschungs-
schiffe mit Gefriereinrichtung ausgerüstet worden, in dem Bestreben, Lösungen
zu finden, die die bestmögliche Qualität der Fische verbürgen.

1. Auf dem amerikanischen Forschungsschiff ,,Delaware" (vgl. S. 251) wurden
von den Mitarbeitern des Technologischen Laboratoriums in Boston, Mass. (Fish
and Wildlife Service), umfangreiche Untersuchungen über das Gefrieren ganzer
Fische an Bord zwecks weiterer Verarbeitung zu Filets und erneutem Gefrieren an
Land durchgeführt. Die ,,Delaware" [4] ist etwa 45 m lang, 7,6 m breit und 4,6 m
tief. Sie wird von einem 7zylindrigen Zweitakt-Verbrennungsmotor von 735 PS

---

[1] Report of the Food Inverst. Board for 1956, S. 13. London 1957.

[2] Pottinger, S. R., R. G. Kerr u. W. B. Lanham: Comm. Fisheries Rev. Bd. 11
(1949) Nr. 1, S. 14.

[3] Schon Reuter hatte empfohlen, den aufgetauten Fisch vor jeder Pressung zu schützen,
um das Abfließen des Muskelsaftes zu verhindern (S. 43).

[4] Siehe Fußnote 1, Teil III auf S. 251. — Vgl. auch de Condenkerque-Lambrecht:
Rev. gén. Froid Bd. 29 (1952) S. 897 — Bull. Inst. Intern. Froid Bd. 33 (1953) Nr. 2, S. 401.

angetrieben und entwickelt eine Geschwindigkeit von 10 Knoten. In einem Raum von 37 m³ ist eine kleine Absorptionskältemaschine (Wasser und Ammoniak) untergebracht, deren Kälteleistung zu 80% für die Kühlung der Sole im Gefrierbehälter und zu 20% für die Kühlung von Äthanol dient, das durch die Kühlrohre im Gefrierlagerraum geleitet wird. Der Kocher der Absorptionsmaschine wird durch Dampf beheizt, der in einem Niederdruck-Dampfkessel erzeugt wird. Der Gefrierlagerraum umfaßt 79 m³, und daneben ist noch ein Lagerraum von 85 m³ für nicht gefrorene, in Eis aufbewahrte Fische vorgesehen.

Der Solebehälter, in dem die Fische gefroren werden, besteht aus einem Blechgefäß, 3,3 m lang, 1,6 m breit und 1,6 m hoch, in dem eine horizontal gelagerte, zylindrische Trommel umläuft, die in 12 Segmente eingeteilt ist (wie in Abb. 48). In diese Segmente werden die entsprechend geformten Behälter mit den zu gefrierenden Fischen eingesetzt. Die Trommel wird von einem 2 PS-Motor über eine doppelte Übersetzung angetrieben und rotiert mit 3 Umläufen in der Minute. Eine Pumpe sorgt für lebhafte Solezirkulation.

Die in Sole gefrorenen und bei —18° C gelagerten Fische wurden nach 7 Tagen an Land in chloriertem Wasser von 12° C in 3³/₄ Stunden aufgetaut[1]. Dabei wurden jeweils 500 kg Fische in einen Behälter von 1×1×2,4 m³ versenkt. Dann wurden die Fische filetiert, wobei die Arbeiter feststellten, daß sich die aufgetauten Fische leichter abschuppen ließen und daß ihr Fleisch fester war als bei den ausgeweideten und in Eis gelagerten Fischen. Die Filets wurden dann bei —34° C erneut gefroren und 6 Monate bei —18° C bis —23° C gelagert. Vergleichsversuche ergaben[2], daß die so behandelten Filets in bezug auf Geschmack und Saftabfluß von den aus geeisten Fischen hergestellten Filets nicht zu unterscheiden waren.

Die kältetechnischen Einrichtungen auf der „Delaware" sind inzwischen weiter vervollständigt worden[3].

Versuche in kommerziellem Maßstab zeigten, daß ausgenommener und nicht ausgenommener Schellfisch (25 tons), der an Bord in Sole gefroren und bei der Landung glasiert wurde, nach 8 monatiger Lagerung bei —18° C zu Filets von guter Qualität verarbeitet werden konnte[4].

2. Der britische Forschungstrawler „Sir William Hardy", 40 m lang, 650 BRT, besitzt einen Plattengefrierapparat, der von der Torry Research Station in Aberdeen entwickelt wurde (vgl. S. 74)[5]. Er kann 6×25 = 150 kg Fisch fassen. Die Fische werden zwischen den senkrecht gestellten Platten von 91 cm Länge und 46 cm Höhe in Blöcken von 25 kg gefroren; die Dicke der Platten beträgt 11,5 cm, und man rechnet mit einer Gefrierdauer von 4¹/₂ Stunden. Es sollen zwei solche Gefrierer aufgestellt werden. Der Gefrierlagerraum von 10 m³ Inhalt wird auf —30° C gehalten; er ist vollständig mit Aluminiumblech ausgekleidet und mit Korkplatten isoliert. Die Kälteanlage für F 22 als Kältemittel besteht aus 4 Kompressoren von je 4000 kcal/h.

3. Das von der Bundesrepublik auf der Mützelfeldt-Werft GmbH, Cuxhaven, vor kurzem erbaute Fischereiforschungsschiff „Anton Dohrn"[6] unterscheidet sich wesentlich von „Sir William Hardy". Das Schiff (Abb. 126) ist größer: Länge über alles 62,3 m und Breite 10,2 m; die Verdrängung beträgt 1280 m³. Der Antrieb erfolgt durch eine dreifache Expansions-Kolben-Heißdampfmaschine,

---

[1] Comm. Fish. Rev. Bd. 14 (Februar 1952) S. 26.
[2] Comm. Fish. Rev. Bd. 14 (Juli 1952) S. 20.
[3] Comm. Fish. Rev. Bd. 15 (März 1953) S. 25.
[4] SLAWIN, J. W.: Comm. Fish. Rev. Juni 1958.
[5] KUPRIANOFF, J.: Vgl. Fußnote 1 auf S. 255.
[6] BERTRAM, H.: Fischwirtschaft Bd. 7 (1955) H. 5/6, S. 119.

die den Dampf aus einem Wasserrohrkessel mit Ölfeuerung (max. 6,75 t/h) erhält. Die Fahrgeschwindigkeit beträgt rd. 12 Knoten.

Für wissenschaftliche Arbeiten sind auf dem Hauptdeck ein biologisches, ein medizinisches, ein bakteriologisches und ein sog. Fischlaboratorium vorhanden; das Schiff kann 5 Wissenschaftler mitnehmen und steht zur Durchführung von Forschungsarbeiten u. a. auch der Bundesforschungsanstalt für Lebensmittelrischhaltung, Karlsruhe, zur Verfügung.

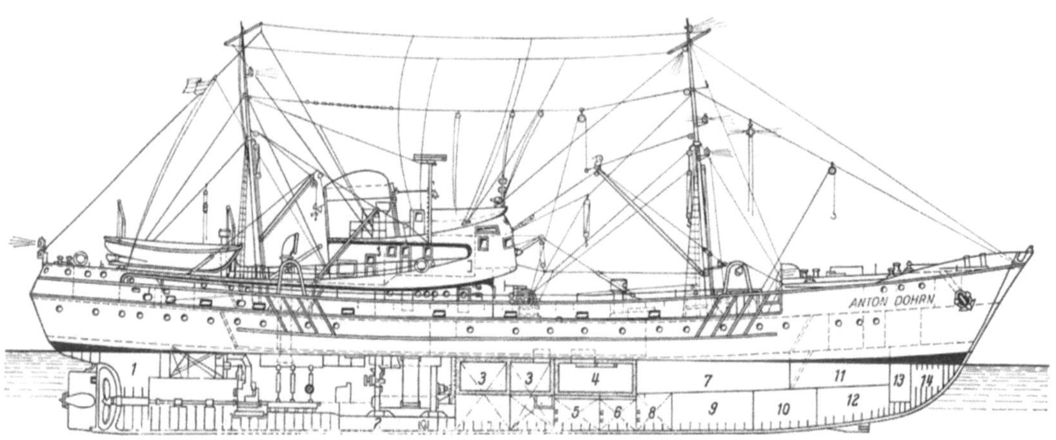

Abb. 126. Deutsches Forschungsschiff „Anton Dohrn".

1 Hinterpiek, Trinkwasser, Ballastwasser, *2* Speisewasser, *3* Kühlräume, *4* Fischraum, *5* Brennstoff, *6* Ballastwasser, *7* Laboratorium und Wohnräume, *8* Speisewasser, *9, 10* Frischwasser oder Ballastwasser, *11* Netzraum, *12* Frischwasser, *13* Kettenkasten, *14* Vorpiek, Frischwasser.

Die Fänge können wie üblich über die Steuerbordseite oder auch über die Backbordseite heraufgeholt werden; 2 Rundluken im Oberdeck, auf dem die Netze ausgeleert werden, führen zum Verarbeitungsdeck. Hier sind Sortierfächer und freier Raum für Verarbeitungszwecke vorgesehen. In den Fächern kann sortiert, geschlachtet und gewaschen werden. Platz für Verarbeitungsmaschinen, die zur Erprobung hier aufgestellt werden können, ist vorhanden; Filetiertische befinden sich ebenfalls hier.

Luken führen zu dem darunter im Zwischendeck gelegenen, isolierten 80 m³-Fischraum und zu den Gefrierlagerräumen. Auch ein Behälter für lebende Fische ist vorhanden. Der 80 m³-Fischraum faßt 1000 Zentner Frischfische; er wurde nach Abdichtung der Außenwände mit Asphalt mit je zwei, fugenversetzt aufgeklebten porösen Kunststoffplatten der Badischen Anilin- und Soda-Fabriken in Ludwigshafen von 12 cm (insgesamt 24 cm) isoliert, darauf wurden 5 bis 6 cm starke Preßplatten aus Glasgespinst angebracht. Mit Hilfe eines Kunstharzes *Leguval* der Fa. Bayer, Leverkusen, wird der Raum innen wasserdampfdicht gemacht.

Die beiden Gefrierlagerräume mit 18 m³ Inhalt werden durch Wandberohrung gekühlt (—20° C). Im Gefrierapparat wird eine Temperatur von —35° C angewendet (Verdampfungstemperatur —42° C); die Leistung der dazugehörigen zweistufigen Ammoniakkältemaschine der Bergedorfer Eisenwerke A.G. beträgt 8000 kcal/h bei —42° C und +30° C Kühlwassereintritt. Der im Gefrierapparat befindliche Verdampfer bildet Regale, auf die 22 Gefrierschalen mit je 7 kg (Fassungsvermögen rd. 150 kg Fisch) eingeschoben werden; die Gefrierleistung erreicht etwa 600 kg/Tag bei 4 Chargen.

Zusammenfassende Schriften.

1. TRESSLER, D. K., u. J. McW. LEMON: Marine Products of Commerce, 2. Aufl. New York: Reinhold Publ. Corp. 1951.
2. TAYLOR, H. F.: Refrigeration of Fish, Appendix VIII to the Report of the U.S. Commissioner of Fisheries for 1926, Dept. of Commerce, Bureau of Fisheries Document Nr. 1016, 1927.
3. CHRISTODULO, D. A., u. D. G. RJUTOW: Das schnelle Gefrieren von Fleisch. Moskau: Pistschepromisdat 1936 (russisch).
   TSCHISHOW, G. B.: Zur Theorie des Gefrierens von Lebensmitteln. Moskau: Pistschepromisdat 1956 (russisch).
4. PRESCOTT, S. C., u. B. E. PROCTOR: Food Technology, S. 217—250. New York: McGraw-Hill Book Comp. Inc. 1937.
5. HEISS, R.: Die Aufgaben der Kältetechnik in der Bewirtschaftung von Lebensmitteln, Bd. B, S. 39—76. RKTL-Schriften, H. 77. Berlin: Beuth-Verlag 1937.
6. PLANK, R.: Die Frischhaltung von Fischen durch Kälte. Fischwirtschaftskunde, Bd. VIII, Teil 1. Hamburg: Hans A. Keune 1947.
7. SLAVIN, J. W., u. F. BRUCE SANFORD: Refrigeration of Fish. Herausgegeben vom U.S. Department of the Interior, Fish and Wildlife Service. Washington D. C. 1956.
   Teil 1: Leaflet 427, Cold Storage Design and Refrigeration Equipment.
   Teil 2. Leaflet 428, Handling Fresh Fish.
   Teil 3: Leaflet 429, Factors to be considered in the Freezing and Cold Storage of Fishery Products.
   Teil 4: Leaflet 430, Preparation, Freezing and Cold-Storage of Fish, Shellfish and Precooked Fishery Products.
   Teil 5: Leaflet 431, Distribution and Marketing of Frozen Fishery Products.
8. TRAUNG, JAN-OLOF: Fishing boats of the World, 2. Aufl. London: Verlag the Fishing News, A. J. Heighway Publications Ltd. 1957.
9. Bibliography of the Fishery Products by Freezing. U.S. Dept. of the Interior. Fish and Wildlife Service. Fishery Leaflet 265, 1949.
10. The Cold Chain in the USA, Part II, Abschnitt XXXII, Fish (64 Seiten) von C. I. H. VAN DEN BROEK u. R. OLAVSSEN. OEEC-Bericht, Dezember 1952. Zu beziehen vom Deutschen Bundes-Verlag, G. m. b. H., Bonn.
11. PAWLOW, E. G.: Die Kälte an Bord von Fischereifahrzeugen (russisch). Moskau: Pistschepromisdat 1956.
12. SAIZEW, V. P., A. E. NITOTSCHKIN u. V. L. SURVILLO: Fischereifahrzeuge mit maschineller Kühlung. Leningrad: Staatsverlag der Schiffbauindustrie 1957.

Eier[1].

Von

Dr.-Ing. Georg Kaess

Division of Food Preservation, Commonwealth Scientific and Industrial Research Organisation,
Brisbane, Australien[2].

Mit 4 Abbildungen.

Frühere Generationen beschränkten sich darauf, den Nährwert der Lebensmittel zu erhalten. Die Erhaltung von Aussehen und Geschmack war zwar erwünscht, jedoch war man geneigt gegenüber Veränderungen dieser Art, deren Auftreten man nicht beherrschte, weitgehend tolerant zu sein. Die in den vergangenen Jahrzehnten in fortwährender Verbesserung begriffenen Frischhalteverfahren steigerten die Qualitätsanforderungen; heute stellt man an den Frischezustand der Lebensmittel die höchsten Anforderungen.

Zu weitgehende Forderungen an die Qualität führen indessen sehr rasch an die Grenze des Möglichen. Das Ei erreicht seinen höchsten Geschmackswert bei Umgebungstemperatur nach einigen Tagen nach dem Legen. Hierbei entweicht das ursprünglich vorhandene Kohlendioxyd, das besonders dem Eigelb einen gewissen herben Geschmack verleiht; ferner mögen einige durch Enzymtätigkeit bedingte Reifungsvorgänge stattfinden, wobei sich schließlich ein Geschmackswert ausbildet, der für den geübten Praktiker besonders durch das nußkernartige Aroma des Dotteröles gekennzeichnet ist. Ein solcher Qualitätsstandard mag bei 0° C etwa 4 Wochen erhalten bleiben.

Dieser Maßstab wäre für Länder, die Eier im Überschuß erzeugen und auf Vorratshaltung angewiesen sind, in Anbetracht des stoßweisen Anfalles der Hauptmengen während 3 bis 4 Monaten im Jahr zu streng[3].

Ein erheblicher Prozentsatz von Eiern wird im Hotelgewerbe verbraucht. Die Anforderungen sind auch hier noch hoch. Man verlangt eine Verwendbarkeit des in der Schale weichgekochten Eies, wobei Spuren eines Lagergeschmackes noch zulässig sind. Diese Qualitätsstufe kann bei 0° C etwa 3 bis 4 Monate erhalten bleiben.

Im Kühlhaus ist eine Lagerdauer von 8 bis 10 Monaten erwünscht. Nach etwa 4 Monaten beginnt die Ausbildung eines Lagergeschmackes, der in der Folge an

---

[1] Es wird auf die Broschüre „L'oeuf toujours frais par le Froid" verwiesen, die vom Comité d'Organisation des Exploitations Frigorifiques herausgegeben wurde. Paris 1943.

[2] Herrn Dr. J. R. VICKERY, dem Leiter der Division of Food Preservation and Transport, Sydney, Australien, danke ich für eine Anzahl von Anregungen sowie für die Diskussion über diesen Abschnitt.

[3] Nach MONVOISIN verteilt sich z. B. die Erzeugung von Eiern in Frankreich im Laufe des Jahres wie folgt:

Januar	4,63%		Juli	10,20%
Februar	7,14%		August	9,56%
März	14,74%		September	7,22%
April	16,06%		Oktober	2,22%
Mai	13,20%		November	1,36%
Juni	11,60%		Dezember	1,97%

Intensität zunimmt. Die Vorgeschichte der Eier (Hygiene bei der Erzeugung, Sortierung, Verpackung, Transport, Vorprüfung, Einlagerung) hat auf die Güte einen bedeutenden Einfluß; schließlich spielen die exakte Einhaltung des Luftzustandes, die Kühlhaushygiene und am Ende die sachgemäße Auslagerung eine Rolle.

Die Einfachheit des Verfahrens, die Möglichkeit rascher Einlagerung (wichtig bei Stoßbetrieb), seine Billigkeit und die relativ gute Sicherheit gegen Verderb begünstigten u. a. die rasche Verbreitung des Kühlverfahrens. Trotz dieser Vorzüge wünscht man bei der Vorratshaltung von Eiern Verbesserungen, entweder um den Verderb noch mehr zu senken oder um die Qualität besser zu erhalten oder beides zugleich. Der durch Mikroorganismen bedingte Ausfall genußtauglicher Eier übersteigt im gut geleiteten Eierkühlhaus und bei Verwendung einwandfreien Ausgangsmaterials im allgemeinen nicht den Satz von 1,6 bis 1,8 %[1]. Bei den sehr großen Mengen, die jährlich zur Einlagerung gelangen, und den hierbei gelegentlich auch auftretenden höheren Zahlen für den Ausfall werden Verfahren, die auf einfache und billige Weise diese Sätze vermindern, immer begrüßt werden. Die Güte der Eier wird durch physikalische, biochemische und mikrobiologische Vorgänge beeinflußt. Die oben angeführten Gründe lassen erkennen, daß die letzten Möglichkeiten zur Erzielung einer gleichmäßigen hohen Eiqualität von Saison zu Saison noch nicht erreicht sind. Zahlreiche Zusatzverfahren sind bekannt geworden, und z. T. sind diese auch im industriellen Maßstab (Gaslagerung, maschinelle Herstellung von Überzügen u. a.) in praktischer Anwendung, ohne daß diese Neuerungen alle an sie gestellten Anforderungen erfüllen konnten. Während die Entwicklung des Kühlverfahrens für Eier an sich weitgehend fortgeschritten ist, sind weitere Zusatzverfahren in engem Zusammenhang mit der Grundlagenforschung noch in vollem Fluß; im folgenden soll ein Querschnitt über das Gesamtgebiet der Frischhaltung von Eiern unter Anwendung von Kälte gegeben werden.

A. Einfluß auf Verderb und Qualität vom Zeitpunkt des Entstehens bis zum Verbrauch der Eier.

I. Einflüsse vom Zeitpunkt des Entstehens bis zum Legen der Eier.

Bei der Beurteilung der Güte der Eier wird zwischen den genußtauglichen Eiern, die je nach Größe und Beschaffenheit in verschiedene Klassen unterteilt werden, und den genußuntauglichen Eiern unterschieden. Im ersten Fall kennt der Handel verschiedene Preisstufen, der zweite Fall bedeutet jedoch völligen Verlust. Beim gelagerten Ei tragen zu dem gütemäßigen Abfall besonders physikalische und biochemische Veränderungen bei. Ein mikrobieller Befall kann, muß aber nicht mitverantwortlich sein. Andererseits sind die physikalischen und biochemischen Veränderungen selten oder fast nie so weitgehend, daß das Ei als genußuntauglich ausgeschieden werden muß; hier gibt der mikrobielle Befall durchweg den Ausschlag. Frischgelegte Eier sind wohl nie verdorben, weisen jedoch gelegentlich deutliche qualitätsmindernde Mängel auf, und z. T. sind auch mikrobielle Verunreinigungen nachweisbar, die zu einem späteren Verderb Anlaß geben können.

Rein gütemäßige Beanstandungen beschränken sich auf Frischeier, in denen Feder- oder Schmutzteile, Insekten, Sand, Steinchen sowie Gewebe- oder Blutreste gefunden wurden[2]. Der Anteil der letzteren unterlag Schwankungen, die

---

[1] KAESS, G.: Z. ges. Kälteind. Bd. 46 (1939) S. 174, nach Angabe der Reichsstelle für Eier.
[2] GROSSFELD, J.: Handbuch der Eierkunde. S. 53. Berlin: Springer 1938.

durch Jahreszeit, Futter und Rasse bedingt waren[1]. Eine bakterielle Infektion bei der Entstehung ist denkbar. Haines[2] diskutierte folgende Möglichkeiten:
  a) Infektion durch Blut- und Lymphgefäße im Eierstock und im Eikanal;
  b) Infektion auf dem Weg vom Eierstock zum Trichter des Eikanals;
  c) Infektion von außen durch Rektum oder Vagina.

Der unter b) angegebene Weg dürfte der unwahrscheinlichere sein. Dagegen ist die unter a) angegebene Infektionsmöglichkeit bei kranken Hühnern naheliegend. Eierstöcke mit *T. B.- und Salmonella pullorum*-Infektionen kommen zu einem gewissen Prozentsatz vor. Der Vogel hat ferner eine höhere Körpertemperatur und unregelmäßigere Stoffwechselvorgänge als das Säugetier, wodurch Infektionen ebenfalls begünstigt sein können. Bushell und Maurer[3] beobachteten an kranken Hühnern einen um 6% höheren Anteil infizierter Eier.

Im Eierstock starben künstlich eingeführte Bakterien nach 48 bis 72 Stunden ab. Die Ursachen sind die lymphenartige Struktur der Schleimschicht sowie Phagozytose. Der Eierstock hat ferner die Fähigkeit, Fremdkörper nach außen zu bewegen und seinen Sekreten werden bakterizide Eigenschaften zugeschrieben.

Die in völlig frischen Eiern gefundenen Bakterien gehören durchweg der Flora des Bodens und des Düngers an und haben ihr Wachstumsoptimum bei 20° C bis 25° C. Da die Körpertemperatur viel höher liegt, können die Keime nur von außen eingedrungen sein. Ein Nachweis der schlechteren Haltbarkeit befruchteter Eier konnte bisher nicht erbracht werden, obwohl ihre größere Anfälligkeit durch die stärkere Enzymtätigkeit im Vergleich zu unbefruchteten Eiern gegeben sein könnte.

An die Wahrscheinlichkeit des Auftretens von Infektionen bei Frischeiern braucht somit nur bei Hühnern mit kranken Eierstöcken sowie bei Infektionen durch die Kloake gedacht zu werden. Auch Wedemann und Moser[4] führen späteren Verderb teilweise auf die gleiche Ursache zurück. Im allgemeinen kann jedoch damit gerechnet werden, daß Frischeier unmittelbar nach dem Legen, trotz Anhaftens einer gelegentlich üppigen Mikroorganismenflora an der Schale, im Innern praktisch steril sind.

II. Einflüsse auf Qualität und Verderb bei der Lagerung bis zum Verbrauch.

1. Morphologischer Aufbau und Hauptbestandteile.

Um die späteren Ausführungen besser übersehen zu können, ist es zweckmäßig, kurz auf den morphologischen Aufbau des Hühnereies hinzuweisen (Abb. 127). Bei der überwiegend aus Kalziumkarbonaten bestehenden Schale kann man hauptsächlich 3 Schichten unterscheiden: eine innere kristalline, eine mittlere granulierte und eine äußere poröse Schicht[5] mit kollagenartigen Proteinen als Kittsubstanz. Die Schale nimmt etwa 11% des gesamten Eigewichtes ein. Sie ist zu rd. 95% aus Ca, Mg und P, zu 4% aus organischen Stoffen und zu 1% aus Wasser zusammengesetzt[6]. Calcium-, Magnesium- und Karbonatgehalt der Schale wurden als konstant bleibend ermittelt, aber der Anteil an Phosphor und Zitronen-

---

[1] Sauter, G. A., W. J. Stadelmann u. J. S. Carver: Poultry Sci. Bd. 31 (1952) S. 1042.

[2] Haines, R. B.: Microbiology in the preservation of the hen's egg. Food Inv. Spec. Rep. Nr. 47. London: Stationary Office 1939.

[3] Bushell u. Maurer: Zit. nach Haines, vgl. Fußnote 2.

[4] Wedemann, W., u. F. Moser: Z. Fleisch- u. Milchhyg. Bd. 42 (1937) S. 219.

[5] Lillie, F. R.: Zit. nach Haines, vgl. Fußnote 2 u. Gisske, W.: Z. Fleisch- u. Milchhyg. Bd. 54 (1944) S. 211.

[6] Stidsten, M. A. C.: J. Dep. Agric. Australien. Bd. 42 (1939) S. 1045.

·säure variierte[1]. Sie enthält ferner das Pigment Protoporphyrin. Die Farbe wird meist durch weiße, z. T. durch rotbraune Pigmente bestimmt. Nach außen ist die Schale durch die Oberhaut abgeschlossen, die vorwiegend aus Mucinfasern besteht. Auf der Innenseite liegt eine Membran aus 2 Schichten, die großenteils aus stark verschlungenen und verkitteten Keratinfäden aufgebaut sind und auch Mucinfasern[2] aufweisen. In der äußeren Schicht hatte man drei weitere Lagen erkannt[3].

Im Eiklar werden ein äußerer dünner Anteil (23,2 %), das dicke Eiklar (57,3 %), der innere dünne Anteil (16,8 %) und die Chalazeen (2,7 %) unterschieden. Ein dünner Film dicken Eiklars umgibt außerdem die Dottermembran. Als Bestandteile des zähflüssigen, meist leicht gelblich gefärbten Eiklars, einer teils echten, teils kolloidalen Lösung verschiedener Proteine, sind bekannt: das Ovalbumin (Hauptbestandteil etwa 70 %), das Ovomucin, welches Globulin und

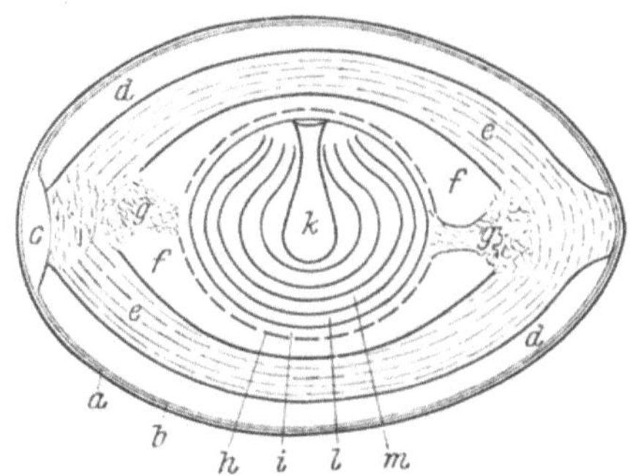

Abb. 127. Morphologischer Aufbau des Hühnereies (aus HAINES, Food Inv. Spec. Rep. Nr. 47). *a* Schale mit Oberhaut (letztere nicht gezeichnet), *b* innere Schalenhäute, *c* Luftkammer, *d* äußeres dünnes Eiweiß, *e* dickes Eiweiß, *f* inneres dünnes Eiweiß, *g* Chalazeen, *h* Film aus dickem Eiweiß, *i* Dotter, vom Eiklar durch Vitellinmembran getrennt, *k* Keimscheibe, *l* gelber Dotter, *m* weißer Dotter.

Mucin enthält, das Conalbumin und das Ovomucoid. Etwa 58 % des Gesamteigewichtes sind Eiklar, mit einem Wassergehalt von 86 bis 87 %. Das dicke Eiklar unterscheidet sich von dem dünnen durch seinen erheblich größeren Mucinanteil, dessen Anordnung als ein Netzwerk halbstarrer Fasern die festere Struktur dieses Anteiles bedingt. Die Hagelschnüre, die an dem dicken Eiweiß und an der Vitellinmembran verankert sind, halten den Dotter in seiner Lage[4]. Die Dottermasse setzt sich aus kleinen Kügelchen zusammen. Es bestehen Größenunterschiede hinsichtlich derselben zwischen dem gelben Nahrungsdotter (Durchmesser 25 bis 100 μ) und dem weißen Bildungsdotter (Durchmesser 4 bis 75 μ). Der Dotter, eine dickflüssige, blaßgelbe Emulsion, setzt sich im wesentlichen aus Fetten, Lipoiden, besonders Phosphatiden, Proteinstoffen wie Vitellin, Vitellinin, Livetin, ferner aus Kohlehydraten, Alkoholen, Kreatin, Milchsäure, Salzen, Pigmenten, Vitaminen, Enzymen u. a. Stoffen sowie etwa 47 bis 52 % Wasser zusammen. Sein Anteil am Gesamtgewicht beträgt 31 %. Die Farbstoffe Xanthophyll, Carotin u. a. werden durch die Zusammensetzung des Futters verändert. MORAN[5] konnte nachweisen, daß die Dottermembran aus 3 Lagen besteht, einer inneren, 3 bis 6 μ dicken aus Mucin, einer mittleren 6 bis 10 μ dicken aus Keratin und einer äußeren 12 bis 23 μ dicken aus Mucin.

2. Mikrobielle Einflüsse.

a) Natürliche Bestimmung und Abwehrmaßnahmen des Eies. Mikroorganismen, die in das Ei eindringen und sich dort entwickeln können, verursachen fast ausnahmslos den Verderb desselben. Diese Verluste stellen deshalb für die Kühlindustrie und den Eierhandel den am meisten zu beachtenden Ausfall dar. Die

---

[1] TYLER, C., u. F. H. GEAKE: J. Sci. Food a. Agr. Bd. 4 (1953) S. 587.

[2] MORAN, T., u. H. P. HALE: J. exp. Biol. Bd. 13 (1936) S. 35.

[3] TYLER, C., u. F. H. GEAKE: J. Sci. Food a. Agr. Bd. 4 (1953) S. 261.

[4] GROSSFELD, J.: Handbuch der Eierkunde, S. 153. Berlin: Springer 1938 und ROMANOFF, L., u. A. J. ROMANOFF: The Avian Egg. S. 137. New York: John Wiley a. Sons. 1949.

[5] MORAN, R.: Rep. Food Inv. Board. S. 56. London: Stat. Office 1934.

Natur begünstigt in erster Linie die Entwicklung des Keimes, und hierbei ist die Erhaltung des Eiinhaltes in gewissem Ausmaß unerläßlich. Das Ei weist deshalb eine Reihe von Schutzeinrichtungen auf. Die Schale bietet einen mechanischen Schutz. Daneben bestehen weitere physiologische und biochemische Abwehrmaßnahmen (vgl. auch I), deren Wirkung bislang nur unvollständig geklärt wurde. Es ist bekannt, daß sich Mikroorganismen auf der Eioberfläche bei 0° C erst bei 85 bis 90% rel. Feuchtigkeit entwickeln. Die Grenze für das Wachstum von Schimmelpilzen liegt jedoch für Lebensmittel ähnlicher Zusammensetzung, wie z. B. Fleischwaren[1], bei dieser Temperatur bei einer Gleichgewichtsfeuchtigkeit von rd. 80% oder niedriger. Da die Kühlraumfeuchtigkeit meist auf 80% eingestellt ist, der Eiinhalt aber im Gleichgewicht mit einer rel. Feuchtigkeit von 99,5% ist, kann ein das Wachstum der Schimmelpilze behindernder Quellungszustand an der Eioberfläche kaum angenommen werden.

Beim Eindringen in das Eiinnere haben die Mikroorganismen zuerst die Schale mit der Oberhaut, den mit Proteinmasse angefüllten Poren und mit der inneren Membran zu überwinden, die einen gewissen mechanischen Schutz bietet. Die bakterizide Wirkung der Schalenbestandteile wird uneinheitlich beurteilt. Eine geringfügige Bakterienansammlung konnte vielfach zurückgehalten oder in der Entwicklung gehemmt werden[2], dagegen begünstigte eine hohe Keimzahl (z. B. Bakterienkolonien in der Luftkammer oder unter der Schale), besonders in Verbindung mit hoher rel. Luftfeuchtigkeit[3], vorzugsweise wenn das Alter der Eier fortgeschritten war, das Eindringen. Hierbei ging bei Fluorescenten (*Pseudomonas ovalis*[4]) das Eindiffundieren der grünen Pigmente dem Einwandern der Zellen selbst voraus. Pathogene Vertreter der Salmonella-Gruppe drangen bei 1° C nicht ein[2]. Aufschwemmungen gewaschener, zerkleinerter Membranteile wurden sogar als Nährboden für Fäulniserreger angegeben[5].

Das Eiklar schien das größere Hindernis für die Entwicklung der Mikroorganismen zu bieten. Seine bakterizide Wirkung wurde verschiedentlich nachgewiesen[6]. Es konnte festgestellt werden, daß der Anteil an Eiern, in welche Bakterien bereits eingedrungen waren (*Pseudomonas aeroginosa*), während der Lagerung (5° C, 90 bis 95% rel. Feuchtigkeit) sank[7]. Als Ursache für die bakterizide Wirkung des Eiklars wurden genannt: proteolytische Enzyme, Bindung von Eisenionen, die für den Stoffwechsel einer Reihe von Bakterien erforderlich sind, durch Conalbumin[8], die Unfähigkeit der Bakterien, ausreichend Proteinasen zu synthetisieren, aus Mangel einfacher Stickstoffquellen sowie hohe p_H-Werte[9].

b) Flora der Schale und des Eiinhaltes. Die *Schalenoberfläche* ist ursprünglich steril und wird erst während des Legevorganges, u. a. durch Nestbestandteile, infiziert[10]. Nach sorgfältigen Ermittlungen von Haines[11] liegt die mittlere Keim-

[1] Kiermeier, F., R. Heiss u. G. Kaess: Beiträge zur Vorratstechnik von Lebensmitteln. S. 125. Dresden: Steinkopff 1944.

[2] Stokes, J. L., W. W. Osborne u. G. H. Bayne: Food Res. Bd. 21 (1956) S. 510.

[3] Lorenz, F W., P. B. Starr, M. P. Starr u. F. X. Ogasawara: Food Res. Bd. 17 (1952) S. 351. — Rievel, H.: Z. Fleisch- u. Milchhyg. Bd. 51 (1941) S. 174. — Florian, M. L. E., P. C. Trussel: Food Techn. Bd. 11. (1957) S. 56.

[4] Elliot, R. P.: Appl. Microbiol. Bd. 2 (1954) S. 158.

[5] Elliot, L. E., A. W. Brant: Food Res. Bd. 22 (1957) S. 241.

[6] Laschtschenko, P.: Z. Hyg. Infektionskrankh. Bd. 64 (1909) S. 419. — Ayres, J. C., u. B. Taylor: Appl. Microbiol. Bd. 4 (1956) S. 355. — Beller, K., W. Wedemann u. K. Priebe: Beih. Z. Fleisch- u. Milchhyg. Bd. 44 (1934) S. 27.

[7] Wolk, J., E. H. McNally u. N. H. Spicknall: Food Techn. Bd. 4 (1950) S. 316.

[8] Feeney, F. R., u. D. A. Nagy: J. Bact. Bd. 64 (1952) S. 629.

[9] Haines, R. B.: Food Inv. Spec. Rep. Nr. 47, S. 31. London: Stat. Office (1939).

[10] Stewart, L. S., u. E. H. McNally: U.S. Egg. Poultry Mag. Bd. 49 (1943) S. 28.

[11] Haines, R. B.: J. of Hyg. Bd. 38 (1938) S. 338.

zahl „sauberer" Eier bei 1,3 10^5 Keimen per Ei, was auch Zählungen von anderer Seite für Eier des freien Handels weitgehend entspricht[1]. Im einzelnen setzte sich die Flora zusammen aus: 38% nicht sporenbildender Bakterien, darunter die Fäulniserreger der *Pseudomonas-* und *Proteus*-Organismen sowie Coliformen, 30% sporenbildende Bakterien, 25% Kokken, 4% Hefen und 3% Aktinomyceten. Pathogene Bakterien wurden bei Hühnereiern selten gefunden (*Salmonella*-Organismen 0,6%[2]).

Die Keimzahlen für Schimmelpilze konnten wegen des Mycelanteiles weniger genau ermittelt werden. Richtwerte waren 200 bis 500 Keime per Ei[3], die vorwiegend den Gattungen *Penicillium, Cladosporium* und *Sporotricum* angehörten. Ferner wurden die Arten *Thamnidium* und *Mucor* gefunden[4], die sich jedoch nur bei hohen Luftfeuchtigkeiten entwickeln können. Dagegen erschienen *Penicillium* und *Cladosporium* als kleine flaumartige Kolonien, wenn die Kühlraumfeuchtigkeit ihren Grenzwert für die Eierlagerung einige Zeit überschritt[5].

Schimmelpilze entwickelten sich stark bei rel. Luftfeuchtigkeiten von 96% und höher (1,1 ° C), wobei diese offenbar Nährstoffe aus dem Eiinhalt beziehen konnten, während bei 90 bis 94% sich nur schwaches steriles Mycel ausbildete, da die Mikroorganismen auf die Reservestoffe der Schalenoberfläche angewiesen waren[6].

Die Bestimmung der Keimzahl des *Eiinhaltes* ist wegen der hohen Viskosität desselben und wegen der Infektion der Schale schwierig, und die Angaben von verschiedener Seite weichen erheblich voneinander ab. Durchweg wurde jedoch der Hundertsatz für die Infektion des Dotters höher angegeben als für das Eiklar. HAINES[7] fand durch Bestimmungen an 112 Frischeiern, daß das Eiklar zu 2%, das Eigelb zu 7% infiziert war. Neuere Zählungen ergaben, daß 12% des Gesamtinhaltes von Frischeiern keimhaltig waren (Mikrokokken und gramnegative Stäbchen, vorwiegend *Pseudomonas* spec.[8]). Pathogene Keime wurden nur in Enteneiern häufiger gefunden (*Enteritis Gärtner* und *Enteritis Breslau*)[9].

Zu den Schimmelpilzen, die in das Eiinnere einzudringen vermögen, gehört in erster Linie die Gattung *Penicillium*[10], die auch auf der Innenseite der Schale von Eiern ermittelt wurde, die 6 Monate bei 0° C. 90% rel. Luftfeuchtigkeit und 2,5 mg/m³ Ozon gelagert wurden[11]. Cladosporium kann in der Eimasse schwarze Flecken verursachen[12].

c) Mikroorganismenflora, welche den Verderb verursacht. Von den vielerlei Arten von Mikroorganismen, die auf und in Eiern gefunden und deren Art bestimmt wurde, ist nur eine verhältnismäßig kleine Anzahl imstande, die für Eier typischen Verderbserscheinungen bei der Vorratshaltung einzuleiten. Diese Anzahl erfährt bei Betrachtung der Kaltlagerung allein eine weitere Einschränkung. Die größere Zahl der Bakterien beteiligen sich erst nach erfolgter Infektion zusätzlich an der Zersetzung. Psychrophile *Flavobakterien* und *Fluoreszenzbakterien* wurden als Erreger der Weiß- und Gelbfäule genannt[13]. WUNDRAM und FLEISCHHAUER[14]

---

[1] Siehe Fußnote 3 auf S. 268.

[2] CANTOR u. McFARLANE in Hobbs, B. C.: Food Sci. Abs. Bd. 26 (1954) S. 601.

[3] TOMKINS, R. G.: Rep. Food Inv. Board S. 53. London: Stat. Office (1936).

[4] MORAN, T., u. J. PIQUÉ: Food Inv. Spec. Rep. Nr. 26. London: Stat. Office (1926).

[5] JAMES, L. H., u. T. L. SWENSON: J. Bact. Bd. 19 (1930) S. 55.

[6] Vgl. Fußnote 10, S. 268.   [7] Siehe Fußnote 11, S. 268.

[8] WOLK, J., E. H. McNALLY u. N. H. SPICKNALL: Food Techn. Bd. 4 (1950) S. 316.

[9] GROSSFELD, J.: Handbuch der Eierkunde. S. 204. Berlin: 1938.

[10] MALLMAN, W. L., u. C. E. MICHAEL: Techn. Bull. 174. Michigan State College, Agr. Exp. Stat. Sect. Bact. (1940).

[11] KAESS, G., u. F. KIERMEIER: Z. ges. Kälteind. Bd. 46 (1939) S. 174 u. 184.

[12] WESTON, W. A., u. E. T. HALNAN: Poultry Sci. Bd. 6 (1927) S. 251.

[13] WIIDIK, R.: Z. Fleisch- u. Milchhyg. Bd. 48 (1937) S. 81.

[14] WUNDRAM, G., u. F. FLEISCHHAUER: Berliner u. Münchener tierärztl. Wschr. (1944) S. 66.

wiesen auf den hohen Anteil der Fluoreszenten bei der Zersetzung hin. Haines[1] hat verschiedene Fäulnisarten beschrieben und ihre Erreger angegeben: Schwarzfäule, Form 1 wurde durch Organismen der *Proteusgruppe*, Form 2 durch solche der *Pseudomonasgruppe* verursacht. Daneben wurden bei der gleichen Zersetzungsform bei hohen Temperaturen neben der *Proteus*gruppe auch Vertreter von *Alkaligenes* und *Escherischia* gefunden[2], und Bohort[3] nannte weiterhin *Chlostridium*. *Pseudomonas* riefen weiterhin Rot- und Grünfäule hervor, wobei die bei letzterer gebildeten teils grünlichen, teils bräunlichen Pigmente und das Fluorescin mit dem Leuchtgerät nur schwer erkennbar sind. Insbesondere *Pseudomonas*-Organismen haben die für die Kaltlagerung nachteilige Eigenschaft, sich auch bei 0° C noch gut entwickeln zu können.

Bakterien zersetzen gelegentlich die Chalazeen, so daß der Dotter im Eiklar frei schwimmt. Diese Art der Zersetzung ist in der Praxis unter der Bezeichnung „Läufer" bekannt[4].

Schimmelpilze können Flecken auf der Schale verursachen und wachsen gelegentlich in der Luftkammer. Durch die Schale eingedrungen, zersetzen sie das Eiweiß meist leichter als Bakterien und breiten sich z. T. längs der Chalazeen aus. Bevorzugt dringen Schimmelpilze an der Stelle ein, wo nach langer Lagerung der Dotter an der Schale anhaftet, wobei die sog. Fleckeier entstehen. Von dieser Stelle schreitet die Zersetzung der Eimasse fort, bis das Wachstum durch Sauerstoffmangel gehemmt wird und der weitere Abbau von unter anaeroben Bedingungen wachsenden Bakterien übernommen wird.

Kryophile Bakterien (z. B. *Pseudomonas* spec., *Aerogenes cloacae*) erzeugten einen heuartigen Geruch, der nur durch Sinnenprüfung erkennbar war[5]. Beigeschmack erdiger oder fischiger Natur war bakteriell verursacht[6]. Ein muffiger Geschmack und Geruch wurde sowohl durch Bakterien[7] als auch durch Schimmelpilze hervorgebracht[8]. Eine Übertragung der Riechstoffe letzterer auf benachbarte Eier ist besonders im Stadium der Sporenreife gegeben, auch dann, wenn sich dieselben auf Verpackungsstoffen oder Einrichtungsteilen des Lagerraumes ausbreiten.

Stoffwechselprodukte von Mikroorganismen können Abbauvorgänge des Eiinhaltes beeinflussen. Es wird vermutet, daß von Bakterien abgegebene Lezithinase die Lezithinfraktion zerstört und dadurch den kolloidalen Zustand des Dotters verändert[9]. Im Dotter gefundene Methylketone wurden mit der Entwicklung von Schimmelpilzen in Verbindung gebracht[10]. Durch Bakterien eingeleitete Hydrolyse war die Ursache des Abbaues von Proteinen der Eimasse zu Aminosäuren. Hydrolyse oder Oxydation der Dotterbestandteile setzte Fettsäuren, Aldehyde und Ketone frei. Bei fortgeschrittener Zersetzung konnte ein Ammoniakgehalt bis 76,7 mg per Ei ermittelt werden (Frischei etwa 1 mg/Ei), und der Gehalt an flüchtigen Säuren und Basen nahm zu[11].

---

[1] Haines, R. B.: Food Inv. Spec. Rep. Nr. 47, S. 38. London: Stat. Office (1939).

[2] Winter, A. R.: U.S. Egg Poultry Mag. Bd. 48 (1942) S. 506.

[3] Bohort, R. M.: Amer. J. Hyg. Bd. 11 (1930) S. 168.

[4] Platt, A. E.: Austral. J. exp. Biol. med. Sci. Bd. 14 (1936) S. 107. — Anderson, C. F., u. A. E. Platt: Dep. Agr. S. A. Bull. 314 (1936).

[5] Richard, O., u. A. Mohler: Eier-, Wild-, Geflügel- und Honig-Markt Bd. 2 (1950), (37) S. 9.

[6] Siehe Fußnote 1, dort S. 44.

[7] Spanswick, M. P.: A. J. publ. Health. Bd. 20 (1930) S. 73. — Levin, M., u. D. Q. Anderson: J. Bacteriol. Bd. 19 (1930) S. 55.

[8] Gross, C. R., G. O. Hall u. R. M. Smak: Food Ind. Bd. 19 (1947) S. 911.

[9] Colmer, A. R.: J. Bacteriol. Bd. 55 (1948) S. 777.

[10] Kiermeier, F., u. R. Heiss: Z. Unters. Lebensmittel Bd. 76 (1938) S. 531.

[11] Romanoff, L., u. A. J. Romanoff: The Avian Egg., S. 685. New York: John Wiley a. Sons. 1949.

d) Faktoren, welche die Keimzahl und die Entwicklung der Mikroorganismen bei der Vorratshaltung der Eier beeinflussen. Die natürlichen Abwehrkräfte der Eier allein reichen nicht aus, um dieselben über lange Zeiträume zu erhalten. Eine *Temperatursenkung* bis nahe an den Gefrierpunkt hemmt die Entwicklung der Mikroorganismen sehr stark und hat außerdem zur Folge, daß die meisten Bakterien, welche ihr Wachstumsoptimum bei 37° C haben, sich nicht mehr entwickeln können (z. B. viele *Staphylokokken, Mikrokokken* und gewöhnliche *Coli*-Arten). Andererseits haben zahlreiche Schimmelpilze sowie *Achromobakter*- und *Pseudomonas*-Arten, von welchen insbesondere letztere die bekannten Fäulniserscheinungen verursachen, bei 0° C noch durchaus günstige Wachstumsbedingungen. Auf Grund dieser Erfahrungen empfiehlt HAINES eine baldmögliche Abkühlung der Eier, um eine Entwicklung der bei Blutwärme optimal wachsenden Bakterien, wie z. B. die Schwarzfäulnis hervorrufenden *Proteusbakterien*, zu verhindern[1]. Nach der Auslagerung empfiehlt sich ein baldiger Verbrauch, da die Bakterien bei 0° C nicht abzusterben brauchen. *Proteus melanovogenes* verursachte bei 25° C nach 5 Tagen deutliche Zersetzung. Rasche, plötzliche Temperatursenkung führte besonders bei jungen Bakterien zur Abtötung[2]. Wechselweise Einwirkung von Kälte und Wärme begünstigt durch die hierbei entstehende Saug- und Druckwirkung das Eindringen von Keimen durch die Schale[3].

Das Wachstum von Schimmelpilzen und Bakterien ist auch bei 0° C noch sehr üppig, wenn hohe rel. *Luftfeuchtigkeiten* herrschen. Für eine langfristige Vorratshaltung werden meist rel. Feuchtigkeiten eingestellt, welche den Wert von 80% nicht wesentlich überschreiten. Die Vermehrung der Bakterien auf der Schalenoberfläche unterbleibt dann und das Auskeimen von Schimmelpilzen wird vermieden. Auf die Entwicklung der Keime, die in das Eiinnere bereits eingedrungen sind, hat diese Maßnahme keinen Einfluß (vgl. auch Abschn. B).

Eine Reihe von *zusätzlichen Maßnahmen* können die Entwicklung der Fäulniserreger sehr wirkungsvoll beeinflussen. Es handelt sich um Stoffe, welche den p_H-Wert senken, sowie um die Anwendung von Hemmstoffen, die in einem späteren Abschnitt gesondert besprochen werden (vgl. Abschn. C).

Lange gelagerte Eier werden erfahrungsgemäß von Fäulniserregern leichter befallen als sehr frische Eier. Das Alter der Hühner scheint nach Beobachtungen von BUSHELL und MAURER[4] keinen merklichen Einfluß zu haben; dagegen war der Anteil infizierter Eier nach Verabreichung feuchten Futters um 6% höher als bei Anwendung trockenen Futters.

Häufig wurde der Einfluß der *Jahreszeit* beim Legen auf die Haltbarkeit besprochen. Untersuchungen von BEHRE und FRERICHS[5] und später von HAINES[6] ließen jedoch einen klaren Unterschied in der Haltbarkeit nicht erkennen. Die Ermittlungen von JENKINS und PENNINGTON[7] bei industriellen Einlagerungen zeigten jedoch die Möglichkeit, daß der Ausfall der im Frühjahr erzeugten Eier im Vergleich zu den in den warmen Monaten erhaltenen Eiern kleiner ist. Die Zunahme der Schalenporosität, die auch von der Jahreszeit abhing, begünstigte die Infektion des Eiinhaltes[8]. Wahrscheinlich erfährt jedoch der Geschmacks-

---

¹ HAINES, R. B.: Food Inv. Spec. Rep. Nr. 47, S. 47. London: Stat. Office (1939).

² SHERMAN, J. M., u. G. M. CAMERON: Sci. Bd. 77 (1933) S. 537.

³ KNOWLES, N. R., u. P. CLERKINS: J. Ministry Agric. N. Ireland Bd. 6 (1938) S. 63.

⁴ BUSHELL u. MAURER, zit. nach R. B. HAINES: Food Inv. Spec. Rep. Bd. 47. London: Stat. Office 1939.

⁵ BEHRE, A., u. K. FRERICHS in GROSSFELD, J.: Handbuch der Eierkunde, S. 180. Berlin: Springer 1938.

⁶ HAINES, R. B.: Rep. Food Inv. Board, S. 59. London: Stat. Office 1934.

⁷ JENKINS, M. K., u. M. E. PENNINGTON: U. S. Dep. Agric. Bull. 775 (1919).

⁸ KRAFT, A. A., E. H. McNALLY u. A. W. BRANT: Poultry Sci. Bd. 37 (1958) S. 638.

wert der im Sommer erhaltenen Eier eine stärkere Einbuße bei der Kaltlagerung, wenn die Vorlagerung bei verhältnismäßig hoher Temperatur vorgenommen wurde, so daß enzymatische Veränderungen bereits vor der Einlagerung stattfinden können.

Ein Unterschied der Haltbarkeit befruchteter und unbefruchteter Eier konnte bisher nicht nachgewiesen werden. Auch die Festigkeit der Schale stand in keinem Zusammenhang mit der Verderbsbereitschaft des Inhaltes[1].

3. Physikalische Änderungen.

Die Festigkeit der Eischale hängt von der Dicke ab, die, um statischen Beanspruchungen zu widerstehen $\geqslant 0{,}3$ mm sein soll, und wird offenbar auch vom Magnesiumgehalt der Schale bestimmt[2]; letztere Eigenschaft könnte für die Beeinflussung des Ausfalles an Brucheiern von Bedeutung sein.

Das Wachstum der Mikroorganismen auf der Schalenoberfläche ist bei gleicher Zusammensetzung des Nährbodens vom Quellungszustand des Nährsubstrates abhängig. Es ist deshalb ein fortwährender Wasserentzug notwendig, damit die Schimmelpilze, die bei hohen Quellungsdrücken noch Entwicklungsmöglichkeiten finden, am Auskeimen verhindert werden. Die Gleichgewichtsfeuchtigkeit des Eiinhaltes ist 99,5%[3]. Man ist bestrebt, die *Gewichtsverluste* so klein wie möglich zu halten, da die Qualitätsbeurteilung der Eier durch das Ausmaß der Luftkammer beeinflußt wird. Das in der Entwicklung fertige Ei hat praktisch keine Luftkammer. Da die Schale starr ist, findet die durch Abkühlung und Wasserverluste bedingte Volumänderung ihren Ausdruck in der Vergrößerung der Luftkammer. Es wird seltener der Durchmesser als die Höhe der Luftkammer als Maß verwendet (c in Abb. 127).

Nach Olsson[4] sind die Gewichtsverluste proportional der Schalenoberfläche; ferner soll die Schalendicke und ihre Beschaffenheit einen Einfluß haben. Für weiße Eier erhielt Smith[5] bei 0° C und 81% rel. Luftfeuchtigkeit etwa 20% höhere Verdampfungsverluste als für braune Eier. Grobe Poren durchziehen die ganze Schale, während sich zwischen den Kristallen der Innenlage auch feine Poren befinden. Erstere sind auch für den Wasserdampfdurchgang mitbestimmend. Sie sind für die Atmung befruchteter Eier nötig[6]. Giesske[7] gibt für die Porendurchmesser 0,03 bis 0,054 mm an, während von anderer Seite nur 0,006 bis 0,016 mm genannt wurden[8]. Auf der Innenseite sind weniger Poren (46 bis 49 pro cm²) als auf der Außenseite (102 bis 114 pro cm²). Der Wasserdampfdurchgang ist von innen nach außen langsamer als in umgekehrter Richtung. Die Porosität nimmt mit dem Alter der Eier zu und ist am stumpfen Ende größer als am spitzen Ende der Schale. Schalendicke, Porenzahl, Porenprotein und Membrangewicht je Flächeneinheit der Schale variieren wesentlich[9].

Die Permeabilität wird nach Romanoff[10] von der inneren Schalenhaut deutlich vermindert. Sie war am stumpfen Ende größer als am spitzen und hing vom Wassergehalt der Poren ab; sie nimmt während der Legeperiode am stumpfen

[1] Basket, R. B., W. H. Dryden u. R. W. Hale: J. Ministry Agric. N. Ireland Bd. 5 (1937) S. 132.

[2] Brooks, J., u. H. P. Hale: Nature, Lond. Bd. 175 (1955) S. 848.

[3] Moran, T.: Food Inv. Spec. Rep. Nr. 26. London: Stat. Office 1926.

[4] Olsson, N.: Proc. VI. Worlds Poultry Congr. Berlin Bd. 1 (1936) S. 310.

[5] Smith, A. J. M.: Rep. Food Inv. Board, S. 181. London: Stat. Office 1931.

[6] Stidston, M. A. C.: Dep. Agric. Austral. Bd. 42 (1939) S. 1045.

[7] Giesske, W.: Z. Fleisch- u. Milchhyg. Bd. 54 (1944) S. 211.

[8] Dumanski, A. V., u. E. P. Strukowa in R. B. Haines: Food Inv. Spec. Rep. Nr. 47. London 1939.

[9] Tyler, C., u. F. H. Geake: J. Sci. Food Agric. Bd. 4 (1953) S. 587.

[10] Romanoff, A. L.: Food Res. Bd. 8 (1943) S. 212.

Ende zu und am spitzen Ende ab und ist ferner bei Eiern derselben Henne gleich; sie steht mit der Schalendicke nicht in Zusammenhang. Während MORAN und HAINES für die Beziehung zwischen Porosität und Wasserverlust nur eine rohe Korrelation fanden, geben BRYANT und SHARP[1] eine deutliche Abhängigkeit an.

Die abgegebene Wassermenge ist bei konstanter Temperatur vom Gefälle der rel. Luftfeuchtigkeit abhängig, während der Einfluß der Luftgeschwindigkeit, von sehr kleinen Werten abgesehen, vernachlässigbar ist. Bei konstanter Luftfeuchtigkeit verändert sich der Wasserverlust nach einer Exponentialfunktion der Temperatur[2]. Versuche haben ergeben, daß besonders bei Temperaturen über $5°$ C die Gewichtsverluste rasch ansteigen[3]. Der Wassergehalt der Eier bestimmt weitgehend die Dichte derselben. GROSSFELD[4] gab für Frischeier einen Mittelwert von 1,074 an.

Bei konstanten Lagerbedingungen verlaufen die Gewichtsverluste praktisch proportional der Lagerdauer. TOOP[5] fand bei $-0,47°$ C und 85,9 bis 87,5% rel. Luftfeuchtigkeit in 215 Tagen mittlere Gewichtsverluste von 2,33%, was einer monatlichen Abnahme von 0,32% entspricht. Aus Angaben RASMUSSONS[6] errechnen sich Verluste von 0,5% je Monat, und PENNINGTON und HORNE[7] beobachteten im Kühlraum bei 80% Luftfeuchtigkeit monatlich Abnahmen von rd. 0,38%. Die Verluste werden größer, wenn die Luftfeuchtigkeit schwankt. Die Luftkammerhöhe von Frischeiern ist etwa 0,24 bis 0,36 cm, die von 10 Monate im Kühlhaus bei $0°$ C und 80% rel. Luftfeuchtigkeit gelagerten Eiern durchschnittlich 0,7 cm.

Langfristig im Kühlraum gelagerte Eier büßen einen Teil ihres für den Frischezustand typischen Oberflächenglanzes ein.

Im Verlauf der Lagerung nahm die Gelbfärbung des Eiklars zu. Der Vorgang ist p_H-abhängig und steht somit auch in Zusammenhang mit dem CO_2-Gehalt[8] der Eier. Der CO_2-Gehalt frischer Eier verursacht häufig eine Trübung des Eiklars, die mit der Lampe beim Durchleuchten nachweisbar ist und verschwindet, sobald das ursprünglich vorhandene Kohlendioxyd an die umgebende Luft abgegeben ist. Auch tiefe Temperaturen sollen die Ursache für ein „wolkiges" Eiklar sein[9].

Die Lichttransmission durch das ganze Ei wird in erster Linie durch die Schale beeinflußt. Die Streuung der Meßwerte ist jedoch so groß, daß es aussichtslos erschien, den Lichtdurchgang als Maß für die Eiqualität heranzuziehen[10]. ALMQUIST[11] und Mitarbeiter haben den Lichtdurchdrang durch die 3 Eiweißschichten unter Verwendung des gelben Heliumlichtes als Lichtquelle (5876 Å) gemessen. Der Lichtdurchgang war vom Gehalt an Ovomucin abhängig (Korrelation $0,8 \pm 0,05$) und ändert sich mit Temperatur und p_H-Wert, womit auch die physikalischen Bedingungen des Ovomucins beeinflußt werden können. Die Unterschiede im Lichtdurchgang werden auch bei Benützung der Leuchtlampe sichtbar, brauchen jedoch mit der Eiqualität nicht in Verbindung zu stehen.

---

[1] BRYANT, L., u. P. F. SHARP in GROSSFELD, J.: Handbuch der Eierkunde, S. 180. Berlin: Springer 1938.
[2] SMITH, A. J. M.: Rep. Food Inv. Board, S. 148. London: Stat. Office 1931.
[3] KAESS, G.: Z. Lebensmittel-Unters. u. -Forsch. Bd. 87 (1944) S. 112.
[4] GROSSFELD, J.: Handbuch der Eierkunde. S. 181. Berlin: Springer 1938.
[5] TOOP, E.: Ice and Cold Storage Bd. 95 (1938) S. 124.
[6] RASMUSSON, L.: Z. Eis- u. Kälteindustr. Bd. 25 (1932) S. 1.
[7] PENNINGTON, M. E., u. G. A. HORNE: Proc. IV. Intern. Congr. Refer. London 1924.
[8] BATE-SMITH, E. C.: Rep. Food Inv. Board, S. 58. London: Stat. Office 1936.
[9] ALMQUIST, H. J., u. R. B. BURMESTER: Poultry Sci. Bd. 13 (1934) S. 116.
[10] SMITH, A. J. M.: Rep. Food Inv. Board, S. 53. London: Stat. Office 1934.
[11] ALMQUIST, H. J., J. W. GIVENS u. A. KOLSE: Ind. Engng. Chem. Bd. 26 (1934) S. 847.

Für die mengenmäßige Verteilung machte Moran[1] folgende Angaben: äußeres dünnes Eiweiß 10 bis 17%, mittleres dickes Eiweiß 53 bis 65%, inneres dünnes Eiweiß 21 bis 29%. Während der Lagerung nahm die Menge des dünnen Eiklars auf Kosten des dicken Eiklars zu. Die Ursache ist eine Änderung von Volum und Konsistenz der Ovomucinfraktion. Almquist[2] gab einen kombinierten Vorgang, nämlich die Zerstörung der Faserstruktur einerseits und einen Schrumpfungsvorgang andererseits als Erklärung an. Die Struktur des dicken Eiklars kann durch Einwirkung von verdünntem Alkali zerstört werden. Auch bei der Lagerung in Luft wird das Eiklar alkalisch, so daß derartige Veränderungen zu erwarten sind. Aber auch bei einem niedrigen p_H-Wert von 6,7 (Lagerung in 100% CO_2 bei 0° C) erfährt die Mucinstruktur des dicken Eiklars einen starken Verlust seiner Festigkeit. Bei 25° C nahm der Gehalt an dickem Eiklar in 25 Tagen von 45,8 auf 26,2% ab; die äußere dünne Eiklarmenge änderte sich von 23,4 auf 46,9%, während die innere dünne Eiklarmenge, die sich bei 0° C wesentlich änderte, hier etwa konstant blieb. Moran[1] bezeichnet *die Verhinderung der Abnahme des dicken Eiklars als eines der Hauptprobleme der Eierlagerung*. St. John und Carter gaben an, daß ein Viertel des gesamten Wassers in gebundener Form vorliegt[3], wobei der Anteil im dicken Eiklar höher sein soll als im dünnen. Moran[4] erhielt für den Anteil gebundenen Wassers im dicken Eiklar folgende Werte:

t °C	−0,75	−1,0	−3,0	−10	−20
% Wasser im ungefrorenen Eiklar	82,6	76,8	51,4	35,2	29,2

Die Viskosität des äußeren dünnen Eiklars verminderte sich während 5,5 Monaten Lagerung im Kühlhaus (0° C) von 2,45 auf 1,95 (Zeiteinheiten). Das Verhältnis von dünnem zu dickem Eiklar gaben Beller und Wedemann[5] zu 0,84 für frische Eier und zu 0,91 für 7 Monate alte Kühlhauseier an. Ein weiterer Versuch, die Eiklarveränderung während der Lagerung zahlenmäßig zu erfassen, bestand darin, die Verhältniszahl zwischen Höhe und Breite des auf eine ebene Unterlage gebrachten Eiklars zu bilden. Die Zahl wurde mit Albuminindex bezeichnet[6]. Wilhelm[7] fand, daß der Albuminindex besonders rasch während der ersten 24 Stunden nach dem Legen abfällt und erklärte dieses Verhalten durch den CO_2-Verlust. Der Albuminindex wurde für die übliche Lagerperiode in 5 Stufen unterteilt:

Eiqualität	1	2	3	4	5
Albuminindex	0,124	0,099	0,069	0,048	0,032

Bei Frischeiern ist der Index meist 0,106. Die Zahlen für die so ermittelte Eiqualität unterliegen bei Eiern von verschiedenen Hühnern starken Schwankungen. Bei der Verarbeitung zu Backware bestand eine gute Korrelation zwischen Albuminindex und Volum, Festigkeit und Geschmackswert des Fertigerzeugnisses[8].

Durch Einhaltung einer bestimmten CO_2-Konzentration kann der p_H-Wert konstant gehalten werden. Für Partialdrücke bis etwa 1 at CO_2 über Eiklar wurde

[1] Moran, T.: Rep. Food Inv. Board, S. 52. London: Stat. Office 1936.
[2] Almquist, H. J.: Agric. Exp. Sta. Berkeley. Bull. 561 (1933).
[3] St. John, J. L., u. A. B. Caster: Anal. Biochem. Bd. 4 (1944) S. 45.
[4] Moran, T.: Rep. Food Inv. Board, S. 52. London: Stat. Office 1934.
[5] Beller, K., u. W. Wedemann: Beih. Z. Fleisch- u. Milchhyg. Bd. 44 (1934) S. 3.
[6] Heimann, V., u. J. S. Carver: Poultry Sci. Bd. 15 (1936) S. 141. — L. A. Wilhelm,: Proc. VII. Worlds Poultry Congr. Cleveland (1939) S. 521.
[7] Wilhelm, L. A.: U. S. Egg. Poultry Mag. Bd. 46 (1940) S. 397.
[8] Harns, J. V., E. A. Sauter, B. A. McLaren u. W. J. Stadelman: Food Res. Bd. 18 (1953) S. 343.

das Henrysche Gesetz bestätigt. Der Bunsenkoeffizient für die Löslichkeit von CO_2 in Eiweiß (25° C) war etwa 8% höher als in Wasser, vermutlich durch die Gegenwart von Lipoiden[1]. Während der Lagerung diffundieren vom Dotter saure Phosphate in das Eiklar, wodurch dasselbe auch in CO_2-Atmosphären die Neigung hat, einem etwas kleineren p_H-Wert zuzustreben[2].

Die Erschütterungen während langer Schiffs- und Bahntransporte können eine Schädigung des Eiklars verursachen, so daß schließlich der Inhalt ziemlich frei in der Schale schwimmt. Die Erscheinung braucht jedoch nicht unbedingt als eine Verminderung der Qualität gewertet zu werden[3].

Wird mit fortschreitender Lagerdauer das Eiklar in zunehmendem Maße dünnflüssig, so verläßt der *Dotter* mehr und mehr seine Mittellage, nähert sich der Schale und bleibt schließlich an dieser haften. Dieser Vorgang läßt sich beim Durchleuchten der Eier mit der Leuchtlampe gut verfolgen.

Es ist eine bekannte Erfahrung, daß beim Altern der Eier der Dotter, wenn er auf einer Glasplatte liegend beurteilt wird, immer mehr abplattet. SHARP und POWELL[4] haben das Verhältnis von Dotterhöhe und Durchmesser ermittelt. Es betrug für Frischeier 0,36 bis 0,44 und bei alten Eiern, bei welchen die Membran leicht platzt, etwa 0,25. SMITH[5] entfernte im Gegensatz zu den vorgenannten Verfassern den dünnen Eiweißfilm um den Dotter nicht und erhielt dadurch etwas höhere Werte. Der Abfall derselben war bei 20° C in 14 Tagen etwa ebenso groß wie nach 6 Monaten bei 0° C. Die Streuung der Einzelwerte war verhältnismäßig groß. Ein weiterer Vorschlag von FUNK[6] sah die Messung des Dotterindexes in Gegenwart des Eiklars vor. Der Dotterindex änderte sich bei konstanter Temperatur etwa linear mit der Lagerdauer, wobei mit sinkender Temperatur die Neigung der Geraden abnahm[7]. Aus dem zeitlichen Verlauf des Dotterindexes (Temperaturen 2° C bis 46° C) schloß man, daß dessen Änderung wahrscheinlich eine Reaktion 1. Ordnung zugrunde liegt; der Q_{10}-Wert war etwa 3[8]. Bei unmittelbarer Messung der Festigkeit der Dottermembran wurde dieselbe in einem Fall in einer Glasröhre mit halbkugeliger Erweiterung[9] und im anderen Fall in einem Gerät mit kreisförmigen Schlitzen zum Bersten gebracht[10]. Frische Eier hatten eine Membranfestigkeit von 3,5 bis 4,0 g/cm. Der Wert sank auf etwa 1,68 g/cm nach $9^3/_4$ monatiger Lagerung bei 0° C und 80% rel. Luftfeuchtigkeit. Durch Anwendung von CO_2 bei der Lagerung wurde die Abnahme des Wertes vermindert. Als Ursache für den Abfall gaben BALLS und SWENSON[11] Enzymtätigkeit an, MORAN[12] glaubt, daß auch proteolytische Bakterien im Dotter von Bedeutung sein können.

Die Fähigkeit des Dotters, Wasser aufzunehmen stieg mit zunehmender Temperatur[13]. Während der Lagerung nahm somit sein Volum zu, dagegen seine Viskosität ab. Einem Relativwert der Viskosität von 100 (Zeiteinheiten) für die Dottermasse von Frischeiern (Wassergehalt 47,2%) entsprach ein Wert von

[1] BROOKS, J., u. J. PACE: Proc. roy. Soc. Bd. 125 B (1938) S. 46, 126.
[2] SMITH, E. C.: Rep. Food Inv. Board, S. 50. London: Stat. Office 1934.
[3] DRYDEN, W. H., u. R. W. HALE: Agric. Prog. Bd. 10 (1933) S. 92.
[4] SHARP, P. F., u. C. K. POWELL: Ind. Engng. Chem. Bd. 22 (1930) S. 908.
[5] SMITH, A. J. M.: Rep. Food Inv. Board, S. 60. London 1934.
[6] FUNK, E. M.: Poultry Sci. Bd. 27 (1948) S. 367.
[7] WOLK, J., E. H. McNALLY u. A. W. BRANT: Poultry Sci. Bd. 31 (1952) S. 586.
[8] FEENEY, R. E., J. M. WEAVER, J. R. JONES u. M. B. RHODES: Poultry Sci. Bd. 35 (1956) S. 1061.
[9] MORAN, T.: J. exp. Biol. Bd. 13 (1936) S. 41.
[10] KAESS, G., u. F. KIERMEIER: Z. ges. Kälteind. Bd. 46 (1939) S. 174, 185.
[11] BALLS, A. K., u. T. L. SWENSON: Ind. Engng. Chem. Bd. 26 (1934) S. 570.
[12] MORAN, T.: Rep. Food Inv. Board, S. 56. London: Stat. Office 1934.
[13] ORRÚ, A.: Boll. Soc. ital. Biol. spec. Bd. 8 (1933) S. 284.

10,5 bei einem Wassergehalt von 54%[1]. Ein Wassergehalt von 54% und eine entsprechend niedrige Viskosität der Dottermasse sind nach langer Lagerdauer möglich. Außer der Wasseraufnahme kann auch eine anaerobe Bakterienentwicklung die Viskosität beeinflussen. Nach Viskositätsmessungen von Gane und Smith[2] folgt die Eidottermasse dem Poiseuilleschen Gesetz.

Zahlreiche Messungen wurden durch die eigenartige Verschiedenheit des osmotischen Verhaltens von Dotter und Eiklar veranlaßt. Für den Gefrierpunkt des Eiklars verschiedener Hühnerrassen wurden die Werte $-0,4050°$ C bis $-0,4400°$ C und für den Gefrierpunkt des Dotters die Werte $-0,5750°$ C bis $-0,6088°$ C angegeben[3]. Das Vorhandensein eines Unterschiedes im Gefrierpunkt zwischen Eiklar und Dotter wurde in einer Arbeit von Howard bestritten[4]. Auch Grollmanns[5] Ergebnisse lauteten im gleichen Sinne. Beide Arbeiten wurden nachgeprüft durch Meyerhof[6] und besonders durch die experimentell sorgfältigen Arbeiten von Johlin[7] und Smith[8], mit dem Erfolg, daß der Unterschied der Gefrierpunkte von Dotter und Eiklar als gesichert angesehen werden konnte. Smith nannte als mittlere Differenz beider Gefrierpunkte 0,15° C. Der Gradient des osmotischen Druckes längs der Membranwandstärke war sehr steil[9]. Der Vorgang der Aufrechterhaltung des Ungleichgewichtes wurde zunächst als eine „Lebenswirkung" zu erklären versucht. In späteren Arbeiten[10] überwogen jedoch rein mechanische Erklärungen, wovon diejenige, daß die Erscheinung als ein Diffusionsvorgang zu werten ist, wobei eine gewisse feste Struktur des Eigelbes die Einstellung des Gleichgewichtes verzögert, bisher in der Literatur keinen Widerspruch gefunden zu haben scheint. Der starke Anstieg der elektrischen Leitfähigkeit der homogenisierten Dottermasse im Vergleich mit der im natürlichen Zustand galt besonders als Beleg.

Bei 25° C vollzieht sich der Ausgleich der Gefrierpunktsdifferenz in 70 Tagen. Durch eine Lagerung in kohlendioxydhaltiger Atmosphäre kann der Ausgleich, besonders bei niedriger Temperatur, erheblich verzögert werden.

Nach dem Legen war der p_H-Wert etwa 7,6 beim Eiklar und 6,0 beim Eigelb. Nach Verlust des ursprünglich enthaltenen Kohlendioxydes stiegen die Werte auf rd. 9,7 bzw. 7,7. Während der Lagerung näherten sich beide Werte, wobei ersterer fiel und letzterer stieg. Der Vorgang dauerte etwa 7 Monate[11].

Die Veränderungen in Dotter und Eiklar kommen auch in dem Brechungsindex zum Ausdruck. Den 1000fachen Wert für die Differenz beider nennen Janke und Jirak die Wertzahl. Sie war für Frischeier etwa 64 und für $8^1/_3$ Monate alte Kühlhauseier 45 bis 57[12]. Die Alterungszahl ist der 1000fache Wert für die Differenz aus dem Brechungsindex des Frischeies und dem des gealterten Eies.

Eier gehören zu den Lebensmitteln, welche besonders leicht Fremdgerüche, wie die Riechstoffe von Zwiebeln, Kohl, Orangen, Schimmelpilzen (geringes

[1] Smith, A. J. M.: Rep. Food Inv. Board, S. 53. London: Stat. Office 1934.

[2] Gane, R., u. A. J. M. Smith: Rep. Food Inv. Board, S. 35. London: Stat. Office 1935.

[3] Menendez, Lees, u. G. Bergeret: Rev. facult. agron. rep. (Montevideo) Bd. 34 (1943) S. 125.

[4] Howard, E.: J. gen. Physiol. Bd. 16 (1933) S. 107.

[5] Grollmann, A.: Biochem. Z. Bd. 238 (1931) S. 408.

[6] Meyerhof, C.: Biochem. Z. Bd. 242 (1931) S. 244.

[7] Johlin, J. M.: J. gen. Physiol. Bd. 16 (1933) S. 605.

[8] Smith, A. J. M.: Rep. Food Inv. Board, S. 141. London: Stat. Office 1932.

[9] Moran, T., u. J. H. P. Hale: J. exp. Biol. Bd. 8 (1936) S. 55.

[10] Needham, J.: J. exp. Biol. Bd. 8 (1931) S. 286, 293, 312, 319, 330 und Nature, Lond. Bd. 170 (1952) S. 495.

[11] Tice, W. G. in R. B. Haines: Food Inv. Spec. Rep. Nr. 47, S. 29. London: Stat. Office 1939.

[12] Janke, A., u. L. Jirak: Biochem. Z. Bd. 271 (1934) S. 309.

Wachstum auf der Schale genügt bereits!), Verpackungsstoffen[1] (besonders gebrauchte!) und dgl., *absorbieren*. Die Absorption der Riechstoffe wurde durch hohe rel. Feuchtigkeiten sowie durch einen hohen p_H-Wert des Eiinhaltes begünstigt[2].

4. Chemische Änderungen.

Rein chemische Änderungen des Eiinhaltes führen selten zum völligen Verderb, jedoch verursachen jene quantitativ geringfügigen Abbauvorgänge an Eiklar und Dotter, besonders am Dotteröl, die als Alterungsvorgänge bekannten Umsetzungen, die sich in erster Linie an einer Abwertung des Geschmackes, besonders beim Dotter, bemerkbar machen. Die Bedeutung der Chemie des Eierabbaues liegt darin, daß eine restlose Beherrschung dieser Vorgänge viel zu einer gleichmäßigen Qualität der Eier während der gesamten Lagerperiode beitragen könnte. Zur Zeit lassen sich jedoch die meist nur in Spuren auftretenden Abbauvorgänge vielfach eher organoleptisch feststellen als durch Methoden der Analyse. Für die Gütebewertung kommt erschwerend hinzu, daß zwischen den bekannten chemischen Abbauvorgängen und der geschmacklichen Bewertung keinesfalls eine enge Korrelation zu bestehen braucht.

GIBBS und Mitarbeiter[3] fanden, daß der Zersetzung von Eialbumin monomolekulare Reaktionen zugrunde liegen. Aus der Größenordnung der gesamten Aktivierungsenergie wurde angenommen, daß es sich bei den durch die Messungen (Dotterindex, Albuminindex, letzterer ausgedrückt in HAUGH-Einheiten[4]) zum Ausdruck gebrachten Vorgänge um konventionelle chemische und biochemische Reaktionen handelte[5].

Eine der möglichen Ursachen für den Eiklarzerfall konnte auf die Einwirkung von Ammoniak zurückgeführt werden, wodurch auch eine rötliche Verfärbung des Dotters bedingt sein könnte[6]. HAUGH-Einheiten nahmen linear mit der Ammoniakkonzentration ab. Sehr kleine Mengen reduzierender Stoffe, wie Thioglykol, Schwefelwasserstoff, Schwefeldioxyd, beschleunigten den Abbau des dicken Eiklars[7]. Eine Zunahme von Aminosäuren mit Sulfhydrylgruppen[8] (z. B. Cystein) bei der Lagerung hatte eine Verschlechterung der Schlagfähigkeit des Eiklars zur Folge. Die Wechselwirkung zwischen Lysozym und Ovomucin (p_H-9) schien zur Stabilisierung des dicken Eiklars bei der Lagerung beizutragen, ihre Abwesenheit aber den Abbau teilweise zu begünstigen[9]. Die Änderung in der kolloidalen Struktur des Eiklars, d. h. die Zunahme des dünnflüssigen Anteiles während der Lagerung, erklärten BALLS und SWENSON[10] durch die Tätigkeit eines proteolytischen Fermentes im dicken Eiklar. Diese Feststellung wurde jedoch durch eine spätere Arbeit der gleichen Stelle widerlegt[11].

PACE[12] zeigte, daß ein Extrakt aus dickem Eiklar keine Autolyse aufweist, ferner, daß derselbe nur langsam von Trypsin angegriffen wird

---

[1] Anonym: U. S. Egg Poultry Mag. Bd. 53 (1947) S. 29.

[2] SHARP, P. F., G. F. STEWART u. J. C. HUTTAR: Agric. Sta. Mem. 189. Ithaca N. Y. 1936.

[3] GIBBS, F. J., M. BIER u. F. F. NORD: Arch. Biochem. Biophysics Bd. 35 (1952) S. 216.

[4] HAUGH, R. R.: U. S. Egg Poultry Mag. Bd. 43 (1937) S. 552, 572.

[5] FEENEY, R. E., J. M. WEAVER, J. R. JONES u. M. B. RHODES: Poultry Sci. Bd. 35 (1956) S. 1061.

[6] COTTERILL, O. J., u. A. W. NORDSKOG: Poultry Sci. Bd. 33 (1954) S. 432.

[7] MACDONNEL, L. R., H. LINEWEAVER u. R. E. FEENEY: Poultry Sci. Bd. 30 (1951) S. 856.

[8] STEWART, G. F.: Poultry Processing, Marketing Bd. 59 (1953) S. 6.

[9] COTTERILL, O. J., A. R. WINTER: Poultry Sci. Bd. 34 (1955) S. 679.

[10] BALLS, A. K., u. T. L. SWENSON: Ind. Engng. Chem. Bd. 26 (1934) S. 570.

[11] BALLS, A. K., u. S. R. HOOVER: Ind. Engng. Chem. Bd. 32 (1940) S. 594.

[12] PACE, J.: Rep. Food Inv. Board, S. 50. London: Stat. Office 1936.

und daß der Extrakt die Tätigkeit von Trypsin in Gegenwart von Eiklar hemmt.

Der anfänglich kleine Gehalt freier Aminosäuren des Eiklars nahm bei der Lagerung bei 0° C (50 Wochen) um das 9fache zu. Der lineare Anstieg der Konzentration an Phosphaten, Aminostickstoff und Karboxylgruppen im Eiklar mit dem Alter wurde als Anreicherung durch Diffusion aus dem Dotter gewertet[1]. Bei der Kaltlagerung nahmen einige der anfänglich vorhandenen Aminosäuren, wie Serin und Theomin in Eiklar und Dotter, Arginin und Tyrosin in Eiklar, ab[2].

Im dicken Eiklar frischer, aber auch im dünnen Eiklar alter Eier sowie im Dotter von Eiern, die über ein Jahr lagerten, wurden Kristalle gefunden, die vermutlich aus einer komplexen Verbindung aus Protein-Calciumphosphat bestehen[3].

Biotin blieb mengenmäßig und in seiner anfänglichen Verteilung in Weiß und Gelb erhalten[4]. Nach 5 Monaten Lagerung (2° C bis 3° C) enthielt der Dotter noch 0,45 γ/g Vitamin B_1 (frisch 0,55 bis 1,22 γ/g) und 20 bis 60 mg% Vitamin E (frisch 50 bis 100 mg%), Vitamin B_2 und D_2 blieben praktisch unverändert. Im Eiklar entstanden keine merklichen Verluste an Vitamin B_1[5].

Die Oxydation von Lipovitellin wurde durch Kupfer kaum katalysiert, aber Autoxidation war im sauren Bereich, besonders in Gegenwart von Chlorid, möglich[6].

Der Gehalt an organischen Phosphaten[7] im Eiklar erhöhte sich mit zunehmender Lagerdauer auf Kosten des Gehaltes im Dotter. Vermutlich handelte es sich um eine Diffusion der Salze durch die Dottermembran. Eine Spaltung der Phosphorproteine im Eiklar wurde weniger in Erwägung gezogen. Der Gehalt im Eiklar von Frischeiern betrug 0,1 mg% Phosphor und nach $8^1/_3$ Monaten 1,0 bis 1,25 mg%.

Eine Abnahme des Zuckergehaltes im Eiklar läßt auf Bakterientätigkeit schließen[8].

Während die üblichen eiweißhaltigen Futtermittel[9] (Weizen, Mais) auf die Eibeschaffenheit ohne Einfluß waren, konnte chlorophyllreiches oder gerbstoffhaltiges Futter[10] (Gras, Eicheln, Maikäfer) die Anfangsqualität so herabsetzen, daß sie für eine Lagerung wenig oder nicht geeignet waren. Bei zu reichlicher Beimischung von Malvaceensamen (z. B. 2% des Futters an Baumwollsamen) verfärbte sich das Eiklar nach 4 Monaten (bei 0° C) rosa und der Dotter lachsrot. Letzterer wurde außerdem größer und erhielt beim Kochen eine gummiartige Konsistenz. Zugleich mit der Verfärbung wurde die NH_3-Bildung im Eiklar erhöht, während dies bei nicht verfärbten Eiern nur für den Dotter zutraf[11]. Die Verfärbung wurde durch Diffusion von Fe vom Dotter in das Eiklar verursacht, wo dieses mit Conalbumin eine Verbindung eingeht. In einem p_H-Bereich von 10 bis 5,15 war die Farbe an der oberen Grenze besonders tief, sie nahm jedoch

[1] Bate-Smith, E. C.: Rep. Food Inv. Board, S. 22. London: Stat. Office 1953.
[2] Evans, R. J., H. A. Butts, J. A. Davidson u. S. L. Bandemer: Poultry Sci. Bd. 28 (1949) S. 691, 697.
[3] Schaible, P. J., u. S. L. Bandemer: Poultry Sci. Bd. 26 (1947) S. 207.
[4] Evans, R. J., J. A. Davidson, D. Bauer u. H. A. Butt: Poultry Sci. Bd. 32 (1952) S. 680.
[5] Antoniani, C., L. Frederico u. L. Missiroli: Ann. sper. agrar. N. S. Bd. 2 (1948) S. 481.
[6] Lea, C. H., u. J. H. Hawke: Biochem. J. Bd. 50 (1951) S. 67.
[7] Eble, K., u. H. Pfeiffer: Z. Unters. Lebensmittel Bd. 69 (1935) S. 228.
[8] Grossfeld, J.: Handbuch der Eierkunde, S. 199. Berlin: Springer 1938.
[9] Calvery, H., u. H. W. Titus: J. biol. Chemistry Bd. 105 (1934) S. 683.
[10] Grossfeld, J.: Handbuch der Eierkunde, S. 54. Berlin: Springer 1938.
[11] Schaible, P. J., L. A. Moore u. J. M. Moore: Science Bd. 79 (1934) S. 372.

im sauren Bereich an Intensität ab[1]. SHENSTONE und VICKERY[2] haben aus Malvenöl als wirksamen Faktor Malvensäure abgetrennt und ihre Struktur bestimmt; sie konnten mit dieser ungesättigten Fettsäure in Fütterungsversuchen die Verfärbung hervorrufen. Die Zusammensetzung des Futters konnte sich auch auf Geschmack und Geruch auswirken[3]. Futter mit 15% Fischmehl (20% Fettgehalt) und 2% Lebertran verlieh den Eiern z. T. einen fischigen Geschmack, und der Anteil ungesättigter Dotterfette nahm zu. Auch hohe Ozonkonzentrationen (5 p. p. m.) verursachten einen strengen Geschmack im Dotter.

Ein Maß für den Abbau der Eiweißstoffe im Dotter ist die Menge des lose gebundenen Ammoniaks. Mit einer modifizierten Absorptionsmethode[4] nach BANDEMER und SCHAIBLE[5] ließen sich Werte erzielen, welche die durch die Bestimmung bedingte Streuung verminderten. Frischeier hatten einen Gehalt von rd. 3,5, solche an der Grenze der Brauchbarkeit etwa 8 mg% NH_3. Die neben dem lose gebundenen Ammoniak entstehenden Aminosäuren ließen sich als Maß für die Alterungsvorgänge weniger gut verwenden. Die von KIERMEIER[4] angegebene abgeänderte Methode zur Ermittlung der wasserdampfflüchtigen Stoffe des Dotters nach MAYERHOFER und FELLENBERG gab für frische und gelagerte Eier erhebliche Unterschiede. Der zur Charakterisierung des Dotterfettes bestimmte Gehalt an Aldehyden (nach SCHLIPSTED[6]) und Methylketonen[7] sowie die Peroxydzahl (nach LEA[8]) und der Säuregrad des Dotteröles hatten den Nachteil zu geringer Empfindlichkeit im Vergleich zu organoleptischen Proben. Die Säurezahl nahm mit der Dauer der Lagerung zu, was auch JENKINS[9] bestätigte. KIERMEIER[4] fand bei kleinen Differenzen im Geschmackswert von gasgelagerten gegenüber luftgelagerten Eiern hohe Säurezahlen und bei großen Differenzen kleinere Säurezahlen für das Dotteröl von unter verschiedenen Bedingungen gelagerten Eiern.

Auf die Verwendung eines brauchbaren Systems zur Bewertung der Güte von Eiern nach dem Geschmackswert als Ergänzung der chemischen und physikalischen Messungen kann z. Z. noch nicht verzichtet werden[10].

B. Technologie der Kaltlagerung von Eiern.

Für die Kaltlagerung von Eiern, bei welchen 1. der Befall der Schale an Mikroorganismen mit einem relativ kleinen Anteil an Fäulniserregern und 2. die natürlichen Abwehrkräfte des Systems Schale mit Membranen und Eiklar einander entgegenwirken, ist charakteristisch, daß zwischen Infektion der Schalenoberfläche und dem Verderb keine proportionale Abhängigkeit besteht. Die Entwicklung der typischen Fäulniserreger in der Eimasse erfolgt selbst bei niedrigen Temperaturen noch rasch, so daß die Temperatursenkung allein ungenügend

---

[1] SCHAIBLE, P. J., u. S. L. BANDEMER: Poultry Sci. Bd. 25 (1946) S. 451, 456.

[2] SHENSTONE, F. S., u. J. R. VICKERY: Nature, Lond. Bd. 177 (1956) S. 94 und Bd. 179 (1957) S. 830.

[3] McCAMMON, R. B., M. S. PITTMAN u. L. A. WILHELM: Poultry Sci. Bd. 13 (1934) S. 95. — E. M. CRUICKSHANK: U. S. Egg Poultry Mag. Bd. 45 (1939) S. 752.

[4] KAESS, G., u. F. KIERMEIER: Z. ges. Kälteind. Bd. 46 (1939) S. 174, 185.

[5] BANDEMER, S. L., u. P. J. SCHAIBLE: Ind. Engng. Chem. Bd. 28 (1936) S. 201.

[6] SCHLIPSTED, H.: Ind. Engng. Chem., analyt. Edit. Bd. 4 (1932) S. 209. Zit. nach C. H. LEA: Rancidity in eadible fats, S. 103. London 1938.

[7] KIERMEIER, F., u. R. HEISS: Z. Unters. Lebensmittel Bd. 76 (1938) S. 531.

[8] LEA, C. H.: J. Dairy Res. Bd. 3 (1932) S. 70.

[9] JENKINS, M. K., J. S. HEPBURN, C. SWAN u. C. M. SHERWOOD: Ice and Refrigerat. Bd. 58 (1920) S. 140.

[10] PLANK, R.: Beih. Z. Ver. dtsch. Chem. Nr. 52. Berlin: Verlag Chemie 1945. — Derselbe Food Techn. Bd. 2 (1948) S. 241.

wäre, um darauf eine Vorratshaltung von praktischer Bedeutung aufbauen zu
können. Die Erfahrung hat jedoch gelehrt, daß diese Fäulniserreger verhältnismäßig selten eindringen können, wenn die Luftfeuchtigkeit niedrig genug ist.
Dem Vorgang des Eindringens der Mikroorganismen in das Eiinnere und seiner
Verhinderung durch geeignete Abwehrmaßnahmen ist deshalb besondere Aufmerksamkeit zu widmen.

Die Erhaltung einer guten Qualität macht die Einhaltung einer niedrigen
Temperatur zur Voraussetzung. Die Einstellung der rel. Luftfeuchtigkeit bleibt
eine Kompromißlösung, da die Eier einerseits möglichst kleine Gewichtsverluste
aufweisen sollen und andererseits die von der Feuchtigkeit der Schalenoberfläche
abhängige Entwicklungsmöglichkeit der Fäulniserreger unterbunden bleiben
muß. Die Erfüllung dieser Bedingungen und damit im Zusammenhang die Durchführung einer langfristigen Lagerung mit erträglich geringem Ausfall ist nur
möglich, wenn an die Ausgangsqualität der eingelagerten Eier ein strenger Maßstab angelegt wird. Nicht mit Unrecht wird deshalb in den großen Eiererzeugungs-
ländern den Eiererzeugungsstellen besondere Aufmerksamkeit gewidmet.

I. Eiererzeugung.

Es ist bekannt, daß die Eigenschaften der Eier eines bestimmten Huhnes
bei normalen Ernährungsbedingungen nur geringen Schwankungen unterliegen.
Man hat ferner gefunden, daß die Qualitätsmerkmale der Eier bestimmter
Hühner erblich sind. Man kann somit durch Auswahl von Eiern hoher Qualität
für Brutzwecke die Durchschnittsqualität bei der Eiererzeugung steigern. Versuche, auf diesem Weg die Haltbarkeit[1] zu verbessern oder Eier mit durchschnittlich höherem Gehalt an dickem Eiklar zu erhalten[2] oder Eier mit im Mittel
besserer Hitzeresistenz in den Tropen zu erzielen, scheinen Aussicht auf Erfolg
zu haben.

Eier von Hühnern mit freiem Auslauf (Asien, z. T. Osteuropa) wiesen eine
bessere durchschnittliche Haltbarkeit auf als die meisten der in Westeuropa
gepackten Farmeier[3]. Es wurde deshalb bei der Anlage der Hühnerfarmen darauf
geachtet, daß eine gewisse Mindestfläche je Huhn (0,35 bis 0,4 m²) im Mittel zur
Verfügung ist[4]. Die Hygiene in der Hühnerfarm ist auf die spätere Qualität der
Eier von Einfluß. Das Fernhalten von Schmutz und Feuchtigkeit, was z. B. durch
Anordnung der Hühnerkäfige (allseits Gitterkonstruktion) in einigem Abstand
vom Boden und in geschlossenen Räumen angestrebt wurde, sind die Voraussetzung für reine Eier mit durchschnittlich niedriger Bakterienzahl auf der
Schale. Ausreichende Anzahl trockener Legestellen und gute Lüftung des Hühner-
hauses gehören zu den Hauptforderungen. Creighton[5] berichtet, daß zur Erzielung einer gleichmäßigen Qualität die Temperatur der Legehäuser 30° C
nicht überschreiten darf. Die Eier haben nach dem Legen eine Temperatur von
etwa 38° C, ebenso der Nistkasten. Eine häufige Entleerung der Kästen und eine
anschließend rasche Abkühlung ist deshalb nötig, um Güteveränderungen zu
vermeiden. In Ländern mit hohen durchschnittlichen Außentemperaturen werden
für die Lagerung nur unbefruchtete Eier empfohlen, da während der Zeit bis
zur Kühlung die Keimentwicklung unerwünscht weit fortschreiten kann[6]. Schon
bei 16° C wurden gewisse embrionale Veränderungen im befruchteten Ei be-

---

[1] Anonym: U. S. Egg Poultry Mag. Bd. 52 (1946) S. 349.
[2] Anonym: U. S. Egg Poultry Mag. Bd. 52 (1946) S. 29.
[3] Anonym: Mod. Refrigerat. Bd. 45 (1942) S. 63, 82.
[4] Anonym: U. S. Egg Poultry Mag. Bd. 53 (1947) S. 13.
[5] Creighton, H. A.: U. S. Egg Poultry Mag. Bd. 45 (1939) S. 748.
[6] Krishnan, T. S.: Indian J. veterin. Sci. animal Husbandry Bd. 13 (1943) S. 127.

obachtet[1], weshalb es sich empfiehlt, Frischeier baldigst unterhalb diese kritische Temperatur zu kühlen. Die Qualität der Eier erreicht in den Monaten Juni und Juli (USA) ein schwaches Minimum, sodaß für die Einlagerung besonders die kühleren Monate November bis März empfohlen wurden[2]. Die Güte der in der warmen Jahreszeit erzeugten Eier machte sich kaum bei der industriellen Verarbeitung bemerkbar, dagegen wurde ein rascherer Abfall der physikalischen Eigenschaften (z. B. Albuminindex, Dotterindex) bei der Lagerung erkannt[3].

Die Kühlkette für Eier beginnt mit der Vorkühlung in der Farm. Der Albuminindex (HAUGH-Einheiten) sank während der ersten 3 Tage relativ rasch bei Umgebungstemperatur[4], schritt dagegen bei 0° C bis 10° C, wie auch die Abflachung des Dotters, weit langsamer fort[5].

NICHOLES[6] empfiehlt Temperaturen nicht über 4,4° C bis 12,8° C. Die rel. Luftfeuchtigkeit kann hierbei niedriger sein als bei der Kaltlagerung. Bei einer Temperatur von 7,8° C wurde für eine kurzfristige Vorlagerung die Einhaltung einer rel. Luftfeuchtigkeit von 60% genannt[7]. Die Kühlung soll in Behältnissen vorgenommen werden, die der Luft freien Zutritt gewähren, z. B. in Körben aus gummiertem Draht. Die bessere Bewertung vorgekühlter Eier hat in USA die Einführung maschineller Kühlung in den Farmen begünstigt[8].

Trotz der Hygiene in der Hühnerfarm lassen sich Schmutzeier nicht ganz vermeiden. Der absolute Betrag dieser Eier ist an großen Erzeugungsstellen oft recht hoch, so daß ein verständliches Bestreben besteht, die Eier zu verwerten. Die heute in den Betrieben üblichen Waschmethoden entsprechen noch keineswegs allen Anforderungen, die im Hinblick auf eine Reinigung im mikrobiologischen Sinne zu stellen sind. Es wurde deshalb auch schon vorgeschlagen, gewaschene Eier zu kennzeichnen und sofort dem Verbrauch zuzuführen[9]. Unsachgemäß gewaschene Eier können bei der Lagerung einen empfindlichen Ausfall verursachen (vgl. hierzu Abschnitt C).

II. Sammelstellen.

An den Erzeugungsstellen oder an zweckmäßigerweise zentral gelegenen Sammelplätzen erfolgt die Auslese, Trennung in verschiedene Güteklassen, Kennzeichnung, Verpackung und der Versand. Von hier aus wird die verpackte Ware verschiedenen Verwendungszwecken zugeführt: dem unmittelbaren Inlandsverbrauch, dem Transport von den Überschußgebieten nach den inländischen oder ausländischen Zuschußgebieten oder den Kaltlagerräumen zum späteren Versand und lokalem Verbrauch.

Anomalitäten und Mißbildungen sind auszuscheiden. GROSSFELD[10] und STIDSTON[11] zählen hierzu alle Mißbildungen der Schale, Eier mit eingeschlossenem Ei, Eier mit zwei oder mehreren oder auch keinem Dotter, Eier, deren Eiklar Fremdkörper enthält, usw. Der Dotter enthält gelegentlich Blutflecken oder seine

[1] MORAN, T., u. J. PIQUÉ: Food Inv. Spec. Rep. Nr. 26, S. 4. London: Stat. Office 1926.
[2] WILHELM, L. A.: U. S. Egg Poultry Mag. Bd. 45 (1939) S. 588, 675.
[3] JOHNSON, A. S., u. E. S. MERRIT: Poultry Sci. Bd. 34 (1955) S. 578.
[4] DAWSON, L. E., u. C. W. HALL: Poultry Sci. Bd. 33 (1954) S. 624.
[5] FUNK, E. M.: Univ. Missouri. Agric. exp. Sta. Res. Bull. 382 (1944) S. 381.
[6] NICHOLES, J. E.: Refrig. Engng. Bd. 36 (1938) S. 103 (Ref.).
[7] VAN WAGENEN, A., G. O. HALL u. M. ALTMAN: U. S. Egg Poultry Mag. Bd. 45 (1939) S. 736.
[8] CARRER, J. S., u. L. W. CASSEL: Wash. Agric. exp. Sta. Annu. Rep. S. 50 (1929/30) (Bull. Nr. 245). — E. M. FUNK: U. S. Egg Poultry Mag. Bd. 41 (1935) S. 14.
[9] FUNK, E. M.: U. S. Egg Poultry Mag. Bd. 54 (1948) S. 10.
[10] GROSSFELD, J.: Handbuch der Eierkunde, S. 52. Berlin: Springer 1938.
[11] STIDSTON, M. A. C.: J. Dep. Agric. Austral. Bd. 43 (1939) S. 202.

Membran ist gefleckt. Durch Diffusion der Pigmente erfuhren Blutflecken während der Eierlagerung eine gewisse Rückbildung[1]. Fäulniserscheinungen (besonders durch *B. Proteus* verursacht) sind bei guter Farmführung selten. Durch mechanische Einflüsse (z. B. Transport) kann die Schalenmembran gelöst werden, so daß sog. „Läufer" entstehen. Alle diese Formen lassen sich grobsinnlich mit und z. T. auch ohne Verwendung der Leuchtlampe erkennen. Mit letzterer werden auch angebrütete Eier ausgeschieden. Brucheier und Eier mit „Lichtsprüngen" ermittelt der erfahrene Prüfer auch mit der Klangprobe.

In den meisten Staaten werden die Eier nach *Güteklassen* sortiert und gekennzeichnet. Diese Maßnahme ist für die Vorratshaltung wichtig, da die für diesen Zweck weniger geeigneten Handelsklassen ausgeschieden werden können.

Die deutschen Vorschriften[2] sehen 5 Gewichtsgruppen mit einem Gewicht je Ei von 45 bis 65 g, im Abstand von 5 g, sowie eine Sonderklasse mit höherem Gewicht vor; ferner bestehen 2 Gütegruppen, wovon die erste Bestimmungen über die Beschaffenheit der Schale, der Luftkammer, des Eiklars, des Dotters sowie über das Ausmaß der Keimentwicklung und den Geruch enthält. Die Gütegruppe 2 mildert diese Bestimmungen nur im Hinblick auf die Luftkammerhöhe, die bis 10 mm an Stelle von 5 mm der Gruppe 1 sein darf. Für die Kaltlagerung bestimmte Eier erhalten außerdem den Stempel „K" (Temperatur unter 8° C). Diese Maßnahme hat allerdings auch den Nachteil, daß die Eier, sobald sie gestempelt sind etwas an Marktwert einbüßen. In Wirklichkeit ist ihre Güte während der ersten 3 bis 4 Monate kaum von Frischeiern zu unterscheiden[3].

Die amerikanischen „Standards for Quality"[4] sehen ebenfalls 5 Gewichtsklassen vor, machen jedoch in den 4 Gütegraden wesentlich weitergehende Anforderungen an die Beschaffenheit der Schale, der Luftkammer, des Eiklars und des Dotters. Die Größe der Luftkammer ist für jede Stufe festgelegt, ferner bestehen eine Reihe in Einzelheiten dargelegte Eigenschaften, die von Eiklar und Dotter gefordert werden. Diese Vorschriften finden auch im Preis ihren Ausdruck. Es ist daher verständlich, wenn in USA eine große Anzahl von Untersuchungen, besonders zur Verbesserung des Eiklarzustandes, gemacht wurden und entsprechende Meßmethoden entwickelt wurden.

Während heute für die Bewertung der Handelseier durchweg das Ergebnis der Durchleuchtung mit der Eierlampe, unter Benützung der Qualität des Frischeies als Vergleichsmaß, entscheidend ist, ist man bestrebt, zukünftig auch den Zustand des geöffneten Eies mit heranzuziehen, da der Verbraucher an demselben in erster Linie interessiert ist[5]. Als Hauptmerkmale gibt Sharp[6] einwandfreien Geschmack, hohen Dotterindex, gleichmäßige Farbe und 70 bis 80% dickes Eiklar an. Pennington[7] hat im Großversuch festgestellt, daß ein Gewichtsverlust von 1% beim Durchleuchten nicht bemerkt wird und ein solcher von 2% die Bewertung noch nicht beeinflußt.

Bei langer Vorratshaltung befinden sich die Eier zu einem überwiegenden Teil der Lagerdauer im Kühlhaus. Man kann daraus die Forderung ableiten, daß die *Verpackung* neben den üblichen praktischen Eigenschaften (Unterbringung der Gewichtseinheit Eier auf kleinstem Raum bei ausreichender Festigkeit,

---

[1] Jensen, L. S., E. A. Sauter u. W. J. Stadelman: Poultry Sci. Bd. 3 (1952) S. 381.

[2] Reichsges. Bl. I (1932) S. 298.

[3] Harns, J. V., E. A. Sauter, B. A. McLaren u. W. J. Stadelman: Poultry Sci. Bd. 33 (1954) S. 992. — J. Kuprianoff: Inst. int. Froid, Com. 4 (1956) Entreposage des œufs, S. 91.

[4] Anonym: U. S. Egg Poultry Mag. Bd. 52 (1946) S. 456.

[5] Brant, A. W., A. W. Otto u. K. H. Norris: Food Techn. Bd. 5 (1951) S. 356.

[6] Sharp, P. F.: Food Res. Bd. 2 (1937) S. 477.

[7] Pennington, M. E.: U. S. Egg. Poultry Mag. Bd. 40 (1934) S. 19.

Sicherheit gegen Bruch, Handlichkeit usw.), vor allem die Einstellung des Luftzustandes, der im Kühlraum herrscht, in der Verpackung leicht ermöglicht und eine rasche Abkühlung und Anwärmung zuläßt. Solche Idealausführungen hat man sich aus Metall vorgestellt[1]; sie konnten sich aber bisher, wahrscheinlich aus preislichen Gründen, nicht einführen. Die praktisch bevorzugten Ausführungen stellen Kompromißlösungen der gegensätzlichen Forderungen (Festigkeit — Lüftung) dar und sehen die verhältnismäßig bruchsichere Unterbringung von meist 360 Eiern auf kleinem Raum, bei geringer Lüftungsmöglichkeit vor[2]. Man kennt die estnische Packung, in welcher die Eier einzeln in rechteckigen Einsätzen liegen, sowie die Becherpackung, in welcher die Eier zwischen kegelförmigen Vertiefungen untergebracht sind[3]. Als Umpackung dienen Kisten mit Luftschlitzen, seltener Wellpappekartons. In Exportpackungen liegen 360 Eier oder ganzzahlige Vielfache hiervon, bis 1440 Eier fest zwischen Holzwolle verpackt. Die Ovitektpackung[4] hat Einsätze mit eiförmigen Vertiefungen und gilt als besonders bruchsicher.

Nach Messungen von Smith und Gane[5] ist die rel. Luftfeuchtigkeit im Zentrum einer Packung mit 360 Eiern und Fächereinsätzen etwa 10% höher als am Rand und die Luftgeschwindigkeit in der Packung ist praktisch Null. Die Kiste mit Luftschlitzen und die Wellpappepackung verhielten sich etwa gleich. Das Wachstum der Schimmelpilze erwies sich von der Luftbewegung unabhängig[6]. Da der Einfluß der Luftbewegung vernachlässigbar ist, schlug Heiss[7] vor, dieselbe zu erhöhen, bei gleichzeitiger Senkung des Strömungswiderstandes in der Verpackung; die Luftfeuchtigkeit könnte hierbei erhöht und die Gewichtsverluste gesenkt werden.

Das hygroskopische Verpackungsmaterial beeinflußt je nach seinem Wassergehalt das Feuchtigkeitsfeld in der Verpackung. Sog. grünes Holz begünstigt die Entwicklung der Schimmelpilze auf der Schale[8]. Um zu hohe Gewichtsverluste durch trockenes Verpackungsmaterial zu vermeiden, hat Funk[9] die Angleichung des Verpackungsmateriales an den Luftzustand im Kühlraum empfohlen. Heiss gab indessen an, daß das Gewicht der Pappeeinsätze nur 8,5% des Eiergewichtes ausmacht (360 Eier je Packung), ihre Wasseraufnahme nur etwa 5% beträgt und somit der Einfluß der Wasserabsorption der Pappeeinsätze auf die Gewichtsverluste der Eier nicht sehr erheblich sein kann.

Beim Packen soll darauf geachtet werden, daß die Eier mit dem stumpfen Ende nach oben angeordnet werden[10], da sonst das Anhaften des Dotters an die Schale begünstigt wird und ferner beim Transport nachteilige Veränderungen durch Reißen der Schalenmembran entstehen können. Der Albuminindex war bei Eiern, die mit dem spitzen Ende nach oben gelagert wurden, 6 bis 9% und bei horizontal gelagerten etwa 15% kleiner als bei solchen, die mit dem stumpfen Ende nach oben aufbewahrt wurden[11]. Schmitt[12] hat vorgeschlagen, die Eier während der Lagerung auf einer Trommel so anzuordnen, daß sie in bestimmten

[1] Moran, T., u. J. Pique: Food Inv. Spec. Rep. Nr. 26. London. Stat. Office 1926.
[2] Abmessungen s. Grzimek, B.: Das Eierbuch. Berlin: Verl. Pfenningstorff 1934.
[3] Anonym: Wooden Box and Crate Bd. 8 (1946) S. 10.
[4] Anonym: Die Deutsche Eier-Wirtschaft Nr. 10 (1939) S. 1.
[5] Smith, A. J. M., u. R. Gane: Rep. Food Inv. Board, S. 240. London: Stat. Office 1938. — A. J. M. Smith: Dies. Z. (1935) S. 195.
[6] Moran, T.: Rep. Food Inv. Board, S. 34. London: Stat. Office 1937.
[7] Heiss, R.: Z. ges. Kälteind. Bd. 47 (1940) S. 92, 107 und Bd. 50 (1943) S. 65.
[8] James, L. H., u. T. L. Swenson: J. Bacteriol. Bd. 19 (1930) S. 55.
[9] Funk, E. M.: Proc. VI. Welt Geflügel-Kongr. Berlin, Leipzig Bd. 1 (1936) S. 260.
[10] Pennington, M. E.: Proc. Brit. Assoc. Refrigerat Bd. 34 (1938) S. 30.
[11] Orel, V., u. F. Musel: Poultry Sci. Bd. 35 (1956) S. 1381.
[12] Schmitt, F.: DRP 437982. vom 14. April 1938.

Zeitabschnitten gedreht werden können. Die Anordnung sollte das Anhängen der Dotter vermeiden, nahm jedoch je Einheitsgewicht Eier zu viel Raum ein. Der Luftzustand im Verpackungsraum muß so eingestellt werden, daß ein Beschlagen vermieden wird.

Aus den Erfahrungen der Schiffstransporte von den USA nach der Schweiz hat sich ergeben, daß unsachgemäße Zusammensetzung des Kartons zu einem merklichen Kartongeruch führen kann[1].

Die mechanischen Beanspruchungen beim *Transport* (z. B. Rangierstöße, Schiffsbewegungen u. dgl.) können empfindliche Verluste durch Bruch verursachen. Beim Schiffstransport ist deshalb eine feste, gut verstrebte Stapelung, bei welcher irgendwelche Zwischenräume zu vermeiden sind, die Voraussetzung für das Ausbleiben solcher Verluste[2]. Wellpappekartons sind getrennt zu stapeln. Die Festigkeit der Umpackungen für den Schiffstransport muß höher sein als diejenige für den Gebrauch im Binnenland[3]. Nach langen Transporten ist die Haltbarkeit der Eier meist herabgesetzt[4]. Als Hauptursache empfindlicher Verluste bei Seetransporten zwischen Australien und England wurde der Mitversand gewaschener Eier ermittelt[5].

Für die Einhaltung des Luftzustandes bei langfristigen Kühltransporten gilt grundsätzlich das gleiche wie bei der Lagerung im Kühlhaus. Infolge der dichteren Stapelung ist jedoch ein stärkerer Luftumlauf erforderlich, um örtlich und zeitlich ausreichend gleichmäßige Kühlbedingungen einhalten zu können.

III. Kaltlagerung.

Versuch und Erfahrung haben bewiesen, daß Frischeier mit unverändertem ursprünglichen Widerstand gegen das Eindringen von Mikroorganismen, bei sorgfältiger Einhaltung der Kühlbedingungen vom Ende einer Legeperiode bis zum Beginn der nächsten frischgehalten werden können, ohne daß die Verluste ein erträgliches Maß überschreiten und mit einem Qualitätsabfall, der in den meisten Fällen in Kauf genommen werden kann.

Für die in Deutschland einzulagernden Eier bestehen eine Reihe von Vorschriften: Eintreffende Eisenbahnsendungen müssen möglichst am gleichen Tag eingelagert werden. Durch Stichprobe ist festzustellen, ob die zulässigen Mindestsätze für Eier der Gütegruppe 2 sowie für Eier mit Lichtsprüngen nicht überschritten ist. Die Verpackung muß von trockener Beschaffenheit sein. Das Durchschnittsgewicht wird meist durch das Gewicht von 100 Eiern nach-

Abb. 128. Stapelung von Eierkisten in einem europäischen Kühlhaus.

---

[1] Anonym: Wooden Box and Crate Bd. 8 (1946) S. 10.
[2] Anonym: U. S. Egg Poultry Mag. Bd. 52 (1946) S. 168.
[3] Anonym: U. S. Egg Poultry Mag. Bd. 53 (1947) S. 29.
[4] Dryden, W. H., u. R. W. Hale: Agric. Progr. Bd. 10 (1933) S. 92.
[5] Anonym: Agric. Gaz. New South Wales Bd. 53 (1942) S. 393.

geprüft. Abb. 128 zeigt die Stapelung von Eierkisten in einem europäischen Kühlhaus.

Der Mindestabstand der Eierkisten von der Wand und Decke des Kühlraumes beträgt 10 bis 15 cm, die Kistenabstände sollen $2^1/_2$ cm sein und der Abstand vom Luftkanal 30 cm. Nach langen Transporten werden Flachkisten mit dem Deckel nach unten gelagert, um die Dotterlage zu verbessern. Die rel. Luftfeuchtigkeit während der Einlagerung beträgt 75%. Flachkisten sollen hierbei 24 Stunden hochkant angeordnet werden, um den Austausch von Wärme und Feuchtigkeit zu beschleunigen und um Kondensation der aus dem Kisteninnern abziehenden wärmeren Luft an den kälteren Außenwänden zu vermeiden. Im Stapel liegen die Kisten mit der Längsseite gegen die Windrichtung (das ist parallel zum Luftkanal). Die durchschnittliche Belegung beträgt 900 kg/m².

Englische Angaben beschränken die Stapelgröße auf 6 × 6 m bei 30 cm Stapelabstand[1]. Für 10 000 Eier ergibt sich ein Raumbedarf von etwa 2 m³.

TUCHSCHNEID[2] berichtet über besonders vorsichtige Abkühlungsmaßnahmen, wobei die Raumtemperatur zunächst 2° C bis 3° C unter der Eiertemperatur liegt und im Abstand von 2 bis 3 Stunden um 1° C gesenkt wird und die rel. Luftfeuchtigkeit 75 bis 80% beträgt. Behelfsmäßig kann die Abkühlung in Gängen bei 7° C bis 10° C während 1 bis 2 Tagen vorgenommen werden.

Um den Kühlraum von allen Verunreinigungen und Fremdgerüchen zu befreien, wird der Boden meist mit gut wirksamen Waschmitteln (Soda, Henkel P 5, nachwaschen mit Zephiran-Cethyltrimethylammoniumbromid[3] u. a. in einer Konzentration von etwa 200 p. p. m.) behandelt, die Luft mit Formoldämpfen für 24 Stunden angereichert und die Wände erhalten in jeder Saison einen neuen Kalkanstrich. Durch gute Raumdesinfektion ließ sich der Anteil infizierter Eier in Fabrikationsräumen wesentlich senken[4]. Während der Lagerung werden in regelmäßigen Abständen Stichproben zur Kontrolle von Qualität und Verpackung vorgenommen.

Laufende Aufmerksamkeit gilt der Aufrechterhaltung des geeigneten Luftzustandes. Die Erhaltung der Qualität wird entscheidend durch die Temperatur beeinflußt. Der Gefrierpunkt der Eier braucht bei der Wahl der Temperatur keine absolute Grenze zu sein. Hält man sorgfältig mechanische Störungen fern, so ist eine Unterkühlung bis −11° C möglich. Ein Springen der Schale beim Gefrieren ließe sich vermeiden, wenn das Luftkammervolum 4% des Gesamtvolums ausmacht[1]. FOULON[5] hat eine Lagerung bei −2°C bis −4°C vorgeschlagen. Praktische Großversuche bewiesen indessen, daß ein Gefrieren der Eier nicht zu vermeiden ist, wenn im Kühlraum −4° C bis −6° C eingehalten werden[6]. BABIN[7] berichtet von erfolgreichen Lagerversuchen bei −1,5° C bis −2° C.

Nach neueren Versuchen scheint eine Lagerung bei −2,5° C bis −3° C vertretbar zu sein. Neben der besseren Erhaltung des Geschmackswertes wurden kleinere Gewichtsverluste (Luftfeuchtigkeit bis 94%), geringerer Abfall von Albumin- und Dotterindex sowie die Möglichkeit der Lagerung von Schmutzeiern (−5° C) ohne merklichen Verderb als Vorteile angeführt[8].

<hr>

[1] MORAN, T., u. J. PIQUÉ: Food Inv. Spec. Rep. Nr. 26, S. 25. London: Stat. Office 1926.

[2] TUCHSCHNEID, M. W.: Die kältetechnol. Verarbeitung von schnellverderblichen Lebensmitteln, S. 345. Kirchhain N. L.: Brücke-Verlag 1936.

[3] DOMAGK, G.: Dtsch. med. Wschr. Bd. 61 (1935) S. 829.

[4] KNOWLES, N. R., u. P. J. CLERKINS: J. Ministry Agric. Northern Ireland Bd. 6 (1938) S. 63.

[5] FOULON, J.: Rev. gén. Froid Bd. 19 (1938) S. 171.

[6] Siehe Fußnote 2, dort S. 285.

[7] BABIN, F. P.: Cholod. Prom. Bd. 1 (1938) S. 19 — Bull. Intern. Inst. Refrig. Bd. 19 (1938) S. 367.

[8] RJUTOW, D. G.: Inst. intern. Froid Comm. 4 (1956) Annexe 1, S. 105.

Für die Berechnung des Kältebedarfes zur Abkühlung von Eiern braucht man die Werte der Enthalpie i_1 bei der Einlagerung und i_2 bei der gewünschten Endtemperatur, die bei der Herstellung von Gefrierei (S. 298) auch weit unterhalb $0°$ C liegen kann. Werte der Enthalpie für Eier in der Schale und für Eimelange wurden zuerst von RJUTOW angegeben; man findet sie in der Tab. 1 auf S. 8. Neuerdings hat RIEDEL[1] sehr genaue kalorimetrische Messungen der Enthalpie zwischen $-40°$ C und $+40°$ C von Eiklar, Eigelb und von der Schale durchgeführt, woraus sich bei Kenntnis der Gewichtsanteile auch die Enthalpie von Vollei berechnen läßt. Dabei legt RIEDEL folgende Mittelwerte zugrunde: 58% Eiklar (Wassergehalt 86,4%), 32% Eigelb (Wassergehalt 50%) und 10% Schale. Die Werte von RIEDEL sind in Tab. 1 enthalten. Sie sind durchweg etwas höher als diejenigen von RJUTOW[2], wie aus folgendem Vergleich zu ersehen ist (Tab. 2).

Tabelle 1. *Enthalpie i (kcal/kg), bezogen auf den Wert 0 bei $-40°$ C für Eiklar, Eigelb, Schale und Vollei in Abhängigkeit von der Temperatur* (nach RIEDEL).

Temperatur	Eiklar			Eigelb		Schale	Vollei
	Wassergehalt in Gew.-%						
°C	80%	90%	86,5%	40%	50%	2,6%	66,4%
−40	0,0	0,0	0,0	0,0	0,0	0,0	0,0
−35	2,2	2,2	2,2	2,2	2,2	1,0	2,1
−30	4,5	4,4	4,4	4,5	4,4	2,0	4,2
−25	6,8	6,7	6,7	6,9	6,7	3,0	6,4
−20	9,3	9,2	9,2	9,6	9,3	4,0	8,7
−19	9,8	9,7	9,7	10,2	9,8	4,2	9,2
−18	10,4	10,2	10,3	10,8	10,4	4,4	9,7
−17	11,0	10,7	10,8	11,4	10,9	4,6	10,2
−16	11,5	11,3	11,4	12,0	11,5	4,8	10,8
−15	12,2	11,9	12,0	12,6	12,1	5,1	11,3
−14	12,8	12,5	12,6	13,3	12,7	5,3	11,9
−13	13,5	13,1	13,2	14,0	13,4	5,5	12,5
−12	14,2	13,7	13,8	14,7	14,0	5,7	13,1
−11	15.1	14,4	14,6	15,5	14,7	5,9	13,8
−10	15,9	15,1	15,4	16,3	15,5	6,2	14,5
−9	16,9	15,8	16,2	17,2	16,3	6,4	15,3
−8	18,0	16,6	17,1	18,1	17,1	6,6	16,1
−7	19,2	17,4	18,0	19,2	18,0	6,8	16,9
−6	20,8	18,4	19,3	20,3	19,0	7,1	18,0
−5	22,8	19,8	20,8	21,9	20,2	7,3	19,3
−4	25,5	21,4	22,8	23,6	21,6	7,6	20,9
−3	29,6	23,8	25,9	26,1	23,6	7,9	23,4
−2	37,8	28,8	32,0	30,5	26,9	8,2	28,0
−1	63,9	42,6	50,1	43,5	36,9	8,5	41,7
0	76,7	87,8	83,9	45,6	54,5	9,0	67,0
5	81,1	92,4	88,5	49,8	58,8	10,1	71,2
10	85,4	97,0	93.0	55,0	64,0	11,3	75,6
15	89,7	101,6	97,5	59,6	68,8	12,4	79,8
20	94,0	106,3	102,0	63,0	72,5	13,6	83,7
25	98,3	110,9	106,5	66,3	76,2	14,8	87,6
30	102,6	115,5	111,0	69,7	79,9	16,0	91,5
35	107,0	120,2	115,5	73,1	83,6	17,2	95,5
40	111,5	125,0	120,2	76,5	87,3	18,4	99,5

[1] RIEDEL, L.: Kältetechnik Bd. 9 (1957) S. 342.
[2] Der Unterschied bei $-1°$ C ist auf geringe Differenzen des Gefrierpunktes zurückzuführen.

Tabelle 2. *Vergleich der Enthalpiewerte nach D. G. Rjutow und L. Riedel, bezogen auf den gleichen Nullpunkt ($-20°C$).*

Temperatur $t\,°C$	-20	-10	-5	-3	-1	0	10	20
Enthalpie nach RJUTOW kcal/kg	0,0	5,4	9,9	13,8	30,7	56,7	64,2	71,7
Enthalpie nach RIEDEL kcal/kg	0,0	5,8	10,6	14,7	19,3	58,3	66,9	75,0

Der Kältebedarf für die Abkühlung von t_1 auf t_2 beträgt $i_1 - i_2$ kcal/kg.

Eine plötzliche Abkühlung bewirkt zwar eine gewisse Senkung der Keimzahl auf der Schale, kann jedoch auch das Eindringen der Keime durch die Schale begünstigen[1]. Bei konstanter rel. Luftfeuchtigkeit ist der Gewichtsverlust der Eier eine Exponentialfunktion der Temperatur. Luftgeschwindigkeit und Porosität der Schale waren von untergeordneter Bedeutung[2]. Nach KUPRIANOFF[3] sind die Gewichtsverluste bei langer Lagerung etwa proportional dem Ausdruck $\left(\dfrac{\varphi_s - \varphi}{100}\right)^{0,5}$, wobei φ_s die rel. Luftfeuchtigkeit an der Schale (98%) und φ die der Raumluft ist.

Eine möglichst weitgehende Senkung der Temperatur hat den zusätzlichen Vorteil, daß die rel. Luftfeuchtigkeit erhöht werden kann. In Deutschland ist, je nach Herkunft der Eier, die Einstellung einer Luftfeuchtigkeit von 78 bis 82% (bei $0°C$) üblich. In England[4] ist die obere Grenze der Luftfeuchtigkeit in Eierkühlräumen 85%. PENNINGTON[5] gibt für amerikanische Verhältnisse ($-1,1°C$) über 90% an. MORAN wies jedoch darauf hin, daß Eier, die bei einer Luftfeuchtigkeit von 80% abgekühlt und bei 92% gelagert wurden, nach 3 bis 5 Monaten Schimmelpilze aufwiesen. Offenbar darf bei einer Temperatur von $-1,1°C$ bei langfristiger Lagerung eine rel. Luftfeuchtigkeit von 90% nicht überschritten werden. SHARP und STEWART[6] machten die Erfahrung, daß bei 94% Feuchtigkeit Schimmelpilze bereits nach 4 Monaten, bei 90% erst nach 16 Monaten auftraten. Die amerikanische Methode, das weiße Mycel auf der Eischale als Zeichen für die richtige Einstellung der Luftfeuchtigkeit anzusehen, stützt sich auf die Erfahrung, daß Schimmelpilze bei diesen Grenzbedingungen des Luftzustandes nur sehr geringe Wachstumsmöglichkeit haben[7]. Im allgemeinen wird man bei langfristiger Lagerung die rel. Luftfeuchtigkeit sofort etwas senken, sobald Mycel auf der Schale sichtbar wird, da erfahrungsgemäß die Schimmelpilze die Schale sehr bald durchwachsen können. Im gut geleiteten Eierkühlraum dürfte für die Dauerlagerung eine Temperatur von $-1,5°C$ bis $-2°C$ anzustreben sein, wobei die rel. Luftfeuchtigkeit bei etwa 90% zu halten ist. Kondensationserscheinungen auf der Schale müssen hierbei sorgfältig vermieden werden. Unterkühlte Eier erwärmt man vor der Auslagerung zweckmäßig auf $0°C$, um Eiskristallbildung auf der Schale mit Sicherheit zu vermeiden. Merkliche Temperaturschwankungen bedingen höhere Gewichtsverluste, als sie derselbe mittlere Luftzustand bei nur mäßigen Schwankungen verursacht.

Der Luftumlauf hat den Zweck, örtliche und zeitliche Temperaturschwankungen zu vermeiden. Die Voraussetzungen für die Höhe des stündlichen Luftumlaufes sind bei verschiedenen Kühlhausbauformen nicht gleich, und die An-

---

[1] SHERMAN, J. M., u. G. M. CAMERON: Science Bd. 77 (1933) S. 537.
[2] BROOKS, J.: Proc. Inst. Refrigerat. London Bd. 48 (1951) S. 94.
[3] KUPRIANOFF, J.: Kältetechnik Bd. 7 (1955) S. 38.
[4] MORAN, T.: Food Inv. Rep, S. 41. London: Stat. Office 1938.
[5] PENNINGTON, M. E.: Ice and Refrigerat. Bd. 94 (1938) und Bd. 86 (1934) S. 117.
[6] SHARP, P. F., u. G. F. STEWART: Agric. exp. Sta. Mem. 191. New York: Cornell Univ. 1936.
[7] PENNINGTON, M. E.: U. S. Egg Poultry Mag. Bd. 40 (1934) S. 13.

gaben für denselben schwanken zwischen dem 4- bis 15fachen des Rauminhaltes. Luftbewegung zusammen mit der Lufterneuerung (2- bis 4faches Raumvolum je Tag) sorgen ferner für die Entfernung der unerwünschten Riechstoffe. Leichtzersetzbare Riechstoffe werden vorteilhaft durch Ozon zerstört. Die meisten Eierkühlräume sind mit Ozongeräten ausgerüstet, mit denen gewöhnlich eine Konzentration von nicht über 0,5 mg Ozon/m³ Luft aufrechterhalten wird. Auch Geräte, die mit Aktivkohle arbeiten, beseitigen wirksam Fremdgerüche.

Ozon senkt den Keimgehalt der relativ feuchten Kühlraumluft. Eine Beeinflussung des Wachstums der Mikroorganismen auf der Schale ist möglich, jedoch nicht in einem Umfang, daß hierdurch die rel. Luftfeuchtigkeit erhöht werden könnte. Nur ein kleiner Teil des Ozons dürfte an der Schalenoberfläche wirksam sein, da es wohl zum größeren Prozentsatz bei der Oxydation der organischen Substanzen des Verpackungsmaterials verbraucht wird. Immerhin kann es an der Grenze der zulässigen Luftfeuchtigkeit das Auftreten der Schimmelpilze zu unterdrücken helfen (vgl. Abschn. C).

Liegt der Taupunkt der Außenluft über der Temperatur der gekühlten Eier, so müssen letztere vor der *Auslagerung* angewärmt werden. Dies geschieht in besonderen Räumen, welche mit Heizquellen zur Erhöhung der Temperatur und einer Kältequelle zur Ausscheidung der Luftfeuchtigkeit ausgerüstet sind. Beim Anwärmevorgang muß die in den Stapel eintretende Luft so trocken sein, daß sie beim Verlassen desselben an dessen kältesten Stellen keine Feuchtigkeit an das Verpackungsmaterial abgeben kann (Luftfeuchtigkeit kleiner als 80%) und der Taupunkt der Luft unter der Temperatur der Eier und der Verpackung liegt. Heiss[1] wies darauf hin, daß dies um so eher möglich ist, je kürzer der Stapel und je höher die Luftgeschwindigkeit ist. In Anbetracht des hohen Strömungswiderstandes, den die Verpackung bietet, ist es zweckmäßig, zwischen den Kisten Abstände vorzusehen, um den Mengenstrom des Lüfters nicht durch hohen Druckabfall zu senken. Der Gewichtsverlust der Eier war bei diesen Versuchen relativ gering (etwa 1%) und schien großenteils auf Kosten der Verpackung zu gehen. Die Luftgeschwindigkeit im Stapel war 1,4 m/s. Der Anwärmevorgang kann als beendet gelten, wenn die Temperatur der kältesten Eier über dem Taupunkt der Außenluft und die rel. Feuchtigkeit in der Verpackung am Stapelende etwas unter 80% liegt.

Die immer wieder gestellte Frage nach der Haltbarkeit kaltgelagerter Eier nach der Lagerung ist nicht sehr sinnvoll. Gelagerte Eier sollen nicht wiederholt gelagert werden. Keime, welche sich bei Umgebungstemperatur gut entwickeln, wie z. B. die der *Proteusgruppe*, können die Kaltlagerung überstehen und bei Umgebungstemperatur Verderb verursachen. Der Aufenthalt ausgelagerter Eier bei hoher Temperatur soll nach Möglichkeit 1 bis 2 Wochen nicht wesentlich überschreiten.

Die Beurteilung der Qualität macht bei Eiern größere Schwierigkeit als bei anderen Lebensmitteln, da es so gut wie unmöglich ist, von dem äußeren Aussehen auf den Zustand des Inhaltes zu schließen. Da jedoch die Schale und deren Membrane bei genügend starker Beleuchtung eine Verteilung von diffusem Licht im Innern ermöglichen und das Licht von der inneren Schalenoberfläche reflektiert wird, so gelingt es, mit der Eierlampe einen gewissen Eindruck vom Eiinhalt durch die Schale zu erhalten, der eine für praktische Zwecke meist ausreichende Bewertung erlaubt.

Die zum Durchleuchten der Eier erforderliche Lichtstärke ist zweckmäßig konstant zu halten und wird z. B. in den USA vorgeschrieben. Mit dem Verfahren

---

[1] Heiss, R.: Z. ges. Kälteind. Bd. 46 (1939) S. 124.

lassen sich besonders Schalenbeschaffenheit, Luftkammergröße, Dotterlage, in gewissem Umfang die Eiklarbeschaffenheit und fast alle mikrobiologischen Veränderungen beurteilen, soweit diese die Lichtdurchlässigkeit beeinflussen. Der Eierprüfer kann besonders hochwertige Eier von solchen mäßiger bis schlechter Qualität mit dem Leuchtgerät gut unterscheiden, während die Feststellung der mittleren Qualität weniger sicher ist[1]. Der Wert der Eierlampe liegt besonders darin, große Mengen von Eiern in kurzer Zeit prüfen zu können.

In der Schale befindet sich Hämatoporphyrin, das sich mit der Zeit zersetzt. Ursprünglich leuchtet dasselbe in ultraviolettem Licht rot auf, während lange gelagerte Eier blaue Fluoreszenz zeigen[2]. Bei braunen Eiern sind die Farben dunkelrot bzw. violett. Die Farbwerte von Eiern verschiedener Herkunft und gleichen Alters sind jedoch zu verschieden, um aus dieser Methode ein allgemeinverwendbares Verfahren zur Bestimmung des Alters und der Qualität ableiten zu können.

Ultraviolette Strahlen erwiesen sich bei der Feststellung der Grünfäule (durch Pseudomonasarten verursacht) als brauchbar[3].

Die große Streuung der Versuchswerte und der geringe Unterschied zwischen den Leitfähigkeitswerten hochfrequenten Stromes für frische und gelagerte Eier stellten die praktische Anwendung dieser Meßmethode in Frage[4]. Auch Ultraschall[5] und Kurzwellen[6] erwiesen sich unzulänglich für die Unterscheidung von Qualitätsstufen. Durch Bestimmung der kombinierten Viskosität ganzer Eier mit dem Torsionspendel ließ sich geringe und hohe Qualität unterscheiden[7]. Blutflecken in Eiern mit weißer Schale konnten indessen spektrophotometrisch mit ziemlicher Sicherheit erkannt werden[8].

Eine völlig zuverlässige Qualitätsprüfung ist z. Z. nur durch Öffnen der Eier und Ergänzung der Prüfung mit der Leuchtlampe durch Anwendung bewährter chemischer, physikalischer und mikrobiologischer Untersuchungsmethoden, wie die Messung des lose gebundenen Ammoniakstickstoffes im Dotter, des Gehaltes an anorganischen Phosphaten im Eiklar, des p_H-Wertes, der Gefrierpunktsdifferenz zwischen Eiklar und Dotter, der Bestimmung der Keimzahl u. a., möglich. Auch die Ermittlung des Dotter- und Eiklarindexes geben gute Anhaltspunkte; auch die organoleptische Probe von 3 Minuten in der Schale gekochter Eier oder andere Kochproben für die Beurteilung nach einem Punktsystem geben wertvolle Hinweise über die Güte.

C. Zusatzverfahren bei der Kaltlagerung.

Auf die Grenzen der Leistungsfähigkeit des Kaltlagerungsverfahrens für Eier wurde bereits einleitend hingewiesen. Die bei langer Kaltlagerung wertmindernd auftretenden Veränderungen erstrecken sich besonders auf die durch Mikroorganismen verursachten Verluste, auf die Gewichtsabnahmen und auf alle chemischen und physikalischen Abbauvorgänge, die sich nachteilig auf den ursprünglichen Frischezustand, in erster Linie auf den Geschmackswert, auswirken. Den Verbesserungsbestrebungen steht im Wege, daß der die Qualität

---

[1] Stewart, Gans u. Sharp in L. A. Wilhelm: U. S. Egg. Poultry Mag. Bd. 45 (1939) S. 588, 675.

[2] Van Oyen, C. F.: Rev. gén. Froid Bd. 16 (1935) S. 73.

[3] Lorenz, F. W., P. B. Starr u. F. X. Ogasawara: Poultry Sci. Bd. 29 (1950) S. 769.

[4] Norris, K. H., u. A. W. Brant: Food Techn. Bd. 6 (1952) S. 204. — A. L.: Romanoff Food Techn. Bd. 6 (1952) S. 236.

[5] Mayer, W. G., u. E. A. Hiedemann: Food Res. Bd. 34 (1959) S. 97.

[6] Yen Fu Bow: Food. Res. Bd. 24 (1959) S. 104.

[7] Rowan, I. D., K. H. Norris u. Ch. K. Powell: Food Res. Bd. 23 (1958), S. 670.

[8] Brant, A. W., K. H. Norris u. G. Chim: Poultry Sci. Bd. 32 (1953) S. 357.

am nachhaltigsten beeinflussende Faktor, die Temperatur, bereits so gut wie völlig ausgenützt ist. Es bleibt jedoch noch die Möglichkeit, enzymatisch gesteuerte Vorgänge zu hemmen, die Diffusion von Wasserdampf aus der Schale und von Luftsauerstoff in die Schale zu verzögern oder zu verhindern sowie die Keime der Mikroorganismen abzutöten oder ihre Entwicklung einzustellen. Die verschiedenen Zusatzverfahren erfüllen entweder eine oder mehrere der genannten Forderungen.

I. Schalenabschluß durch Überzüge und durch Flüssigkeiten.

Die Schale von Eiern wurde mit den verschiedensten Fetten und Ölen, besonders pflanzlicher und tierischer Herkunft, aber auch mit Vaseline, Paraffin, Wachsen sowie mit Emulsionen oder echten Lösungen von Fetten, Harzen und Kunststoffen behandelt. Letztere setzten sich nicht durch, da sie entweder zu wenig wirksam waren oder der Lösungsmittelgeruch störte. Kleine Eiermengen (Haushalt, Kleingewerbe) erhielten den Überzug von Hand; für die Behandlung großer Mengen war ein Bad und damit ausgerüstete maschinelle Vorrichtungen notwendig, insbesondere als sich die verhältnismäßig billigen Überzüge aus Mineralöl, vor allem in Amerika in größerem Maße einführten.

GRANT[1] gab an, daß trockene Eier von 10° C bis 20° C in geruchfreies Öl von 20° C bis 27° C getaucht wurden. Öltropfen müssen im Apparat abgestreift werden. Die gepackten Eier wurden 3 Minuten nach der Behandlung rasch gekühlt. Der Apparat muß zur Vermeidung von Infektionen täglich in allen Teilen gereinigt werden. Eine Ölerneuerung wird nach einer Behandlung von 250 Kisten (mit je 360 Eiern) empfohlen. Die Leistung beträgt 10 bis 40 Kisten je Stunde. Als Kosten wurden etwa 10 bis 12 Cent/Kiste angegeben.

Schale und Schalenmembran nehmen bis 10% ihres Gewichtes an Öl auf[2]. Die Viskosität des Weißöles gab KUBIE[3] zu 285 cP an (37,5° C, spez. Gew. 0,890 bis 0,895). Von anderer Seite[4] wurde eine Viskosität von 70 bis 100 (SAYBOLD) bei gleicher Temperatur genannt. Meist wurde eine Viskosität von 50 bis 60 SAYBOLD-Einheiten empfohlen[5]. Schwerere Öle verminderten die Gewichtsverluste zusätzlich, hinterließen aber einen unerwünschten Glanz der Schale. Schweröl, mit Hilfe von flüchtigen Lösungsmitteln auf gleiche Viskosität gebracht, war ungünstiger im Hinblick auf die Verminderung der Gewichtsverluste. Die Diffusion von Gasen (CO_2, N_2, O_2) ist im Öl sehr klein, als eine Folge hiervon bleibt in den Eiern auch der p_H-Wert praktisch konstant. Kleine Mengen CO_2 sollen sich bei der Lagerung bilden[6]. Die unbestrittenen Vorzüge des Verfahrens sind kleinere Gewichtsverluste der behandelten, im Kühlraum gelagerten Eier, die je nach der Ölsorte $^1/_4$ bis $^1/_{10}$ derjenigen unbehandelter Eier betragen. Alle weiteren Verbesserungen stehen im Vergleich hierzu mit Abstand zurück. Feuchtigkeitsschwankungen wirkten sich nicht so bald auf die Entwicklung von Schimmelpilzen aus[7], und die Keime der Mikroorganismen durchwuchsen die Schale erheblich langsamer[8]. Nach GIBBONS[4] sollen die Eier eine bestimmte gute Bewertungsstufe (USA-Schema) 2 bis 3mal länger behalten als unbehandelte Eier. Der Anteil dünnen Eiklars nahm etwas mehr zu als beim üblichen Kühlei. Der Geschmackswert des Eiklars behandelter Eier fiel geringfügig ab, der des Dotters blieb erhalten oder wurde etwas besser

---

[1] GRANT, N. J.: U. S. Egg Poultry Mag. Bd. 54 (1948) S. 10.
[2] SWENSON, T. L., u. H. H. MOTTER: Science Bd. 72 (1930) S. 98.
[3] KUBIE, L. S.: J. biol. Chemistry Bd. 72 (1927) S. 545.
[4] GIBBONS, N. E., R. V. MICHAEL u. U. IRISH: Canad. J. Res. Bd. 25 D (1947) S. 141.
[5] PENNINGTON, M. E.: U.S. Egg Poultry Mag. Bd. 55 (1949) (5) S. 5.
[6] W. I. MUELLER: Poult. Sci. Bd. 37 (1958) S. 437.
[7] GIBBONS, N. E., C. O. FULTON u. J. W. HOPKINS: Canad. J. Res. Bd. 20 D (1942) S. 306.
[8] RIEVEL, H.: Tierärztl. Rdsch. Bd. 45 (1939) S. 633, 657.

beurteilt im Vergleich mit Kühleiern.[1] Als Vorzug ölbehandelter Eier wurde die kleinere Abnahme des Dotterindexes und ein besseres Aussehen des Eiinhaltes bei der Nachlagerung gegenüber unbehandelten Eiern hervorgehoben, wenn die Behandlung einen Tag nach dem Legen erfolgte. Verstrichen mehrere Tage, so ging die Wirkung z. T., und nach 4 Tagen völlig verloren[2]. Wurden die Eier im Ölbad (40° C) entlüftet (Vakuum 45 mm Hg) und das Vakuum mit CO_2 ausgeglichen, wobei die Eier über den Ölspiegel zu liegen kamen, so wurden nach SWENSON[3] noch etwas bessere Ergebnisse erzielt. Durch eine Ölbehandlung von 10 Minuten bei 60° C starb der Keim befruchteter Eier ab[4]. MORAN[5] schlug vor, über der Luftkammer eine ölfreie Stelle zu lassen, um ein Platzen der Schale beim Kochen zu verhindern. Bei einer rel. Luftfeuchtigkeit von 80% und kleineren Werten wird die Entwicklung von Schimmelpilzen auf der Schale vermieden, jedoch nicht immer in der Luftkammer. Einige Schimmelpilze (Penicilium expansum, Sporotrichum carnis, Cladosporium herbarum) tolerierten die durch den Schalenabschluß bedingte höhere CO_2-Konzentration und fanden bei dem dadurch aufrechterhaltenen kleineren p_H-Wert, solange der Sauerstoff nicht erschöpft war, bessere Wachstumsbedingungen als in der Luftkammer unbehandelter Eier[6]. Bei Luftfeuchtigkeiten über 80% werden jedoch bei genügend langer Lagerung immer Schimmelpilze auf der Schale wachsen. MALLMAN und DAVIDSON[7] haben deshalb dem Öl 0,25% Pentachlorphenolat beigemischt. Ferner erwiesen sich Zusätze von Cetyltrimethylammoniumbromid, Cetylpiridiniumchlorid, Salizylanilid u. a. zum Öl als wirksam[8]. Kleine Beigaben von Stearin- und Milchsäure (1%) zu Ölemulsionen führten zur Bildung wasserlöslicher Calciumsalze der Schale, wodurch sich Sprünge beim Kochen vermeiden ließen[9]. KAESS[10] hat bei sehr hohen Feuchtigkeiten Schimmelpilze durch Zusatz von o-Phenylphenol zum Öl am Wachstum verhindert. Die Kisten erhielten hierbei einen Einsatzbeutel aus Cellophan AST, dessen Füllöffnung durch Heißkleben verschlossen war, um den Verlust des baktericiden Mittels zu verhindern.

Der durch den dünnen Ölfilm auf der Eischale erhöhte Diffusionswiderstand kann den Austausch von Wasserdampf und Sauerstoff nur in begrenztem Umfang herabsetzen. Die erzielte Verkleinerung der Gewichtsverluste und die Verbesserung des Geschmackswertes erreichen deshalb nicht das Ausmaß wie bei anderen Zusatzverfahren, z. B. bei der Gaskaltlagerung (vgl. C, II). Es scheint deshalb der Gedanke nicht abwegig, Eier in Konservierungsflüssigkeiten zu lagern, um einen besseren Schalenabschluß zu erzielen. Die bekannten Konservierungsflüssigkeiten — Calciumhydroxyd und Natriumsilikat — gelten heute für die Behandlung großer Mengen als unzeitgemäß. Es ist ein Vorzug dieser Methode, daß in den Flüssigkeiten das Wachstum von Mikroorganismen völlig unterbunden ist, solange die Flüssigkeiten ihre Ausgangskonzentration aufweisen und nicht verunreinigt sind. MORAN und PIQUÉ[11] waren wohl die ersten, die zeigten, daß bei

---

[1] GORESLINE, H. E., R. E. MOSER u. K. M. HAYES: Food Techn. Bd. 4 (1950) S. 426. — S. FOSS, F. CARLIN u. O. COTTERILL: Food Techn. Bd. 8 (1954) S. 19.

[2] Rep. Food Inv. Board S. 16 (1950). London: Stat. Office 1952. — F. S. SHENSTONE u. J. R. VICKERY: Div. Food Preserv. Techn. Paper Nr. 7. C. S. I. R. O. Austral. 1958.

[3] SWENSON, T. L.: Food Res. Bd. 3 (1938) S. 599. — H. RIEVEL: Tierärztl. Rdsch. Bd. 47 (1941) S. 443.

[4] FUNK, E. M.: U. S. Egg Poultry Mag. Bd. 49 (1943) S. 112.

[5] MORAN, T.: Rep. Food Inv. Board, S. 39. London: Stat. Office 1937.

[6] BROWN, H. J., u. N. E. GIBBONS: Food Techn. Bd. 8 (1954) S. 307.

[7] MALLMAN, W. L., u. J. A. DAVIDSON: U. S. Egg Poultry Mag. Bd. 50 (1944) S. 113, 133.

[8] CLEMENTS, P., u. A. R. WINTER: Poultry Sci. Bd. 35 (1956) S. 1116.

[9] ROMANOFF, A. L.: Food Res. Bd. 13 (1948) S. 331.

[10] KAESS, G.: Z. Lebensmittel-Unters. u. -Forsch. Bd. 87 (1944) S. 113.

[11] MORAN, T., u. J. PIQUÉ: Food Inv. Spec. Rep. Nr. 26. London: Stat. Office 1926.

Anwendung dieser Verfahren bei 0° C bis 1,7° C der Geschmackswert „sehr gut" erhalten blieb und bei Anwendung von Wasserglas ferner die Luftkammer und der Eiklarzustand nahezu unverändert waren. Nachteilig war der Porenabschluß (Schale springt beim Kochen) sowie der Umstand, daß die Schale in Wasserglas krustig und in Kalkwasser dünn wird; in letzterem wird außerdem das Eiklar dünnflüssig, die Luftkammer kleiner, infolge von Wasseraufnahme, und die Qualität des Eierschnees sinkt. Zusatz von NaCl zum Kalkwasser (Eiinhalt und Konservierungsflüssigkeit isotonisch!) konnte den Nachteil nicht beheben. Die Verfasser sahen in erster Linie die Möglichkeit, die Methode als roh gesteuertes Kühlverfahren zu empfehlen (0° C bis 7° C). Kaess[1] hat nachgewiesen, daß die Verluste durch Mikroorganismen bei dem kombinierten Verfahren mit $Ca(OH)_2$ bei 0° C erheblich hinter denen des Kaltlagerungsverfahrens zurückblieben und der Geschmackswert überzeugend besser war als bei Lagerung von Eiern mit und ohne Ölauftrag in Luft von 0° C. Erst bei einer Temperatur von 5° C bis 10° C war der Geschmackswert beim kombinierten Verfahren dem der nur kaltgelagerten Eier gleich. Beim Einlegen vollfrischer Ware ist es somit bei der kombinierten Methode (0° C) möglich, selbst nach 8 bis 9 Monaten, die Eier weich in der Schale gekocht, ohne merklichen Beigeschmack zu verwenden. Außer dieser Methode ist bisher kein Verfahren bekannt geworden, das erlaubt, etwa die gleiche Qualität wie bei der Kaltlagerung (0° C) bei wesentlich höherer Temperatur zu erhalten. Von einer Ausnützung im großindustriellen Maßstab wurde aus Italien berichtet[2].

II. Gasförmige Zusatzmittel und Ultraviolette Strahlen.

Die vorteilhafte Wirkung des Schalenabschlusses wie bei der Ölimprägnierung ließe sich auch durch eine Lagerung in sauerstofffreien, inerten Gasen ermöglichen. Eine Lagerung der Eier in kohlendioxydhaltigen Gasmischungen zeigte sich einer Aufbewahrung in Stickstoff, Argon oder Wasserstoff im Hinblick auf die chemischen Abbauvorgänge und die Durchführung des Verfahrens überlegen. Versuche mit kohlendioxydhaltigen Atmosphären zeigten, daß die Stabilisierung des p_H-Wertes und die etwas bessere Erhaltung des Geschmackswertes ölimprägnierter Eier mit der Erhaltung des CO_2-Gehaltes im Zusammenhang stehen. Die mit verschiedenen CO_2-Konzentrationen durchgeführten Versuche brachten schließlich den Nachweis, daß mit diesem Gas weitere wertvolle Verbesserungen bei der Eierlagerung möglich sind. Sogleich nach dem Legen ist der p_H-Wert im Dotter 6 im Eiklar etwa 7,6 entsprechend einem CO_2-Gehalt von 2,5% bei 0° C. Durch Einstellen von CO_2-Konzentrationen zwischen 0 und 100% kann der p_H-Wert des Eiklars zwischen 9,6 und 6,5 variiert werden. Niedrige p_H-Werte verursachen eine höhere Viskosität des Dotters und dadurch einen geringeren Wasseraustausch mit dem Eiklar. Sharp[3] fand, daß bei p_H-Werten unter 7,6 der Dotterindex selbst nach langer Lagerung nur wenig verändert wird; ferner sollte der Geschmackswert bei p_H-Werten von 8 ($CO_2 = 1\%$) und kleineren Werten unverändert bleiben. Dagegen wies das Eiklar zwischen den p_H-Werten 6,5 und 9,0 (25° C) einen Schrumpfungsvorgang auf, der bei dem kleinen Wert am größten, bei dem hohen p_H-Wert vernachlässigbar klein war. Steigende p_H-Werte (8) verursachten eine zunehmende Zerstörung der Stützfaser des dicken Eiklars, so daß sich ein Minimum der Veränderungen bei $p_H = 8$ bis 8,5 ergab. Sharp empfahl deshalb als Kompromißlösung eine Lagerung bei etwa 0,6% CO_2, wobei *alle* Veränderungen verhältnismäßig klein blieben. Morans[4] Versuche ergaben außerdem, daß die Festigkeit der Dottermembran bei hohen CO_2-Konzentrationen am besten er-

---

[1] Siehe Fußnote 10 auf S. 291.   [2] Anonym: Eierbörse 1940 (44) S. 359.
[3] Sharp, P. F.: Food Res. Bd. 2 (1937) S. 477.
[4] Moran, T.: Soc. chem. Ind. (London) Bd. 56 (1937) S. 96.

halten blieb und die Abwanderung von Puffersubstanzen an das Eiklar geringfügig war. Die Viskosität des dünnen Eiklars nahm mit steigender CO_2-Konzen-
tration ab. Mit sinkendem p_H-Wert nahm der Anteil dünnen Eiklars zu, die
Festigkeit des dicken Eiklars blieb großenteils erhalten. Die gelbliche Eiweißfarbe
wird bei hohen CO_2-Konzentrationen dunkler, und Kondensation von Wasser auf
der Schale führte zur Bildung eines pudrigen Belages von Calciumbikarbonat.
Das Wachstum von Mikroorganismen wurde bei 60% CO_2 (0° C) und Abwesenheit von Sauerstoff verhindert. Bei CO_2-Konzentrationen unter 20% kann infolge
des Bikarbonatgehaltes im Eiklar das Pilzwachstum stärker sein als bei Abwesenheit von CO_2[1]. *Pseudomonas und Achromobacter,* die häufig den Verderb der
Eier verursachen und bei 0° C noch gedeihen, sind gegenüber CO_2 empfindlicher
als *B. Proteus,* welches nur bei hoher Temperatur wächst[2]. MORAN folgert aus
seinen Ergebnissen, daß für die Gaskaltlagerung 2 Möglichkeiten bestehen:
Lagerung bei etwa 2,5% CO_2 (0° C) mit guter Dotterqualität, jedoch etwa gleicher
Menge dicken Eiklars und denselben Gewichts- und Fäulnisverlusten wie bei
der Kaltlagerung, ferner Lagerung der Eier bei einer CO_2-Konzentration von
60% ($O_2 = 0$) und einer Temperatur von 0° C. Hierbei ist der Anteil dünnen
Eiklars größer als in Luft, die Dotterqualität wird jedoch besser erhalten und
Gewichts- und Fäulnisverluste bleiben im Vergleich zur Kaltlagerung am
kleinsten. KAESS und KIERMEIER[3] konnten nachweisen, daß der gesamte Abfall des
p_H-Wertes nahezu im Bereich der CO_2-Konzentration von 0 bis 20% bei 0° C stattfindet. Im gleichen Bereich spielten sich auch die Qualitätsverbesserungen ab,
gemessen an der Zunahme des lose gebundenen Ammoniaks im Dotter, dem
Gehalt anorganischer Phosphate im Eiklar und dem Geschmackswert.

Der Geschmackswert des Dotters blieb bei Einlagerung höchstens 3 Tage
alter Eier bei CO_2-Konzentrationen von 15% und höher und einer Temperatur
von 0° C fast völlig erhalten. Die Konsistenz des gekochten Eiklars war etwas
bröckelig. Der Anteil dicken Eiklars nahm bei der CO_2-Abgabe belüfteter Eier
wieder zu, ohne ganz den Wert nur kaltgelagerter Eier zu erreichen.

Schon bei wenigen Prozenten CO_2 trat der nachteilige Einfluß des Sauerstoffes
auf die Erhaltung des Geschmackswertes zurück. Eine höhere Temperatur von
5° C und eine Druckerhöhung auf 9 atü haben die Vorteile der Gaskaltlagerung
teilweise aufgehoben. Die Grenzfeuchtigkeit für das Auftreten von Schimmelpilzen erhöhte sich bei 15% CO_2 im Vergleich zur Lagerung in Luft nur unerheb-
lich. Wegen der Zunahme des dünnflüssigen Anteiles des Eiklars darf, um ein
Gefrieren zu verhindern, bei der Gaskaltlagerung eine milttere Lagertemperatur
von —0,5° C nicht unterschritten werden. Die Verwendung von Kartoneinsätzen
im Gaslagerungstank kann einen Beigeschmack verursachen.

Nach einer Lagerung von 5 Monaten enthielten kaltgelagerte Eier (0° C),
Kalkeier (2° C bis 3° C) und gaskaltgelagerte Eier (95% Stickstoff und 5% Kohlendioxyd) 0,45, 0,70 bzw. 0,61 γ/g Vitamin B (ursprünglich 0,55 bis 1,22 γ/g),
ferner 4,35, 3,9 bzw. 5,0 γ/g Vitamin B_2 (ursprünglich 5 γ/g) im Dotter. Im Eiklar
blieb der Ausgangsgehalt an Vitamin B_2 (3,1 γ/g) erhalten. Der Gehalt des
Dotters an Vitamin D (30 bis 100 mg%) veränderte sich kaum, dagegen verminderte sich der Bestand an Vitamin E von 50 bis 100 mg% in allen Fällen
auf etwa 20 bis 60 mg%[4].

---

[1] TOMKINS, R. G.: Rep. Food Inv. Board, S. 30. London: Stat. Office 1937.

[2] HAINES, R. B.: Rep. Food Inv. Board, S. 44. London: Stat. Office 1932.

[3] KAESS, G., u. F. KIERMEIER: Z. ges. Kälteind. Bd. 46 (1939) S. 174. — G. KAESS: Daselbst Bd. 50 (1943) S. 107.

[4] ANTONIANI, C., L. FREDERICO u. M. MISIROLI: Ann. spez. agrar. (Rom) N. 5, Bd. 2
(1948) S. 481.

Die industrielle Einführung der Gaskaltlagerung von Eiern ging von Belgien aus (um 1910), wo auf Grund der Patente von Lescardé und Everaert[1] die ersten Großanlagen in Courtrais und Ostende errichtet wurden. Dickwandige, innen verzinnte, zylindrische Behälter, die bis zu einer Million Eier enthalten können (3,6 m Durchmesser, 12 m Länge), wurden im Kühlraum (0° C) liegend angeordnet, Abb. 129. Die wenige Tage alten Eier wurden durchleuchtet und in Holzrahmen mit paraffinierten Pappeeinsätzen eingebracht. Die luftdicht verschlossenen Behälter wurden evakuiert, hierbei die Eier vom gelösten Sauerstoff befreit und schließlich ein Gasgemisch, bestehend aus 88 % CO_2 und 12 % N_2, eingefüllt. Eine längs der Außenwand in $^3/_4$ der Höhe geführte kalte Rohrleitung, Abb. 130, erlaubte eine gewisse Regelung der rel. Feuchtigkeit des Gasgemisches: das an der Innenwand kondensierende Wasser konnte am

Abb. 129. Blick in einen Autoklaven für die Gaskaltlagerung von Eiern während der Einbringung der Eierkisten.

Boden des Tanks abgeführt werden. Bei einer Anlage für 10 Millionen Eier war die zusätzliche Preisbelastung nur ein Bruchteil von einem Pfennig je Ei[2].

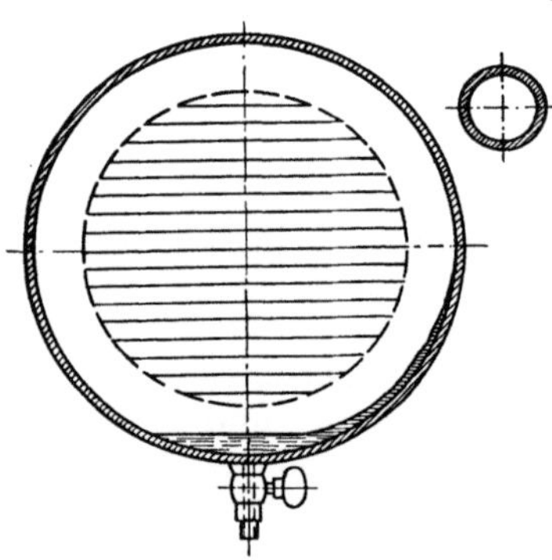

Abb. 130. Entfeuchtung der Gasbehälter nach Everaert.

In der weiteren Entwicklung war man bemüht, die teuren, evakuierbaren Behälter auszuscheiden. Nach einer in Dänemark ausgeführten Anlage bestand nur noch ein solcher kleiner Behälter, in welchem die Eier evakuiert und nach 15 Minuten Begasung in billigere, dünnwandige Behälter von rechteckigem Querschnitt übergeführt wurden[3]. Eine englische Anlage arbeitete mit verhältnismäßig kleinen, dünnwandigen Blechbehältern, in welche die Eier eingebracht und bis auf eine kleine Öffnung verschlossen wurden. So vorbereitet wurden die Eier im Druckkessel mit CO_2 angereichert und dann nach Verschluß der kleinen Öffnung im Kühlraum bei 0° C aufbewahrt[2,4]. Eine italienische Gesellschaft verwendete dünnwandige Behälter mit rechteckigem Querschnitt, die so lange teilweise evakuiert und dann mit dem CO_2–N_2-Gemisch gefüllt wurden, bis die

[1] Lescardé, M. F.: Fr. Pat. 401100 vom 7. Juli 1909. — H. Everaert: DRP. 480250 vom 26. April 1924.
[2] Pohlmann, W.: Kälte-Ind. Bd. 19 (1932) S. 109.
[3] DRP 621891 vom 28. November 1931.
[4] Pohlmann, W.: Kälte-Ind. Bd. 28 (1931) S. 15.

Zusammensetzung der Gasmischung stimmte[1]. Ausgehend von dem Versuchsergebnis, daß bei Anwesenheit von CO_2 der Luftsauerstoff sich auf die Qualität nicht nachteilig auswirkte, konnte KAESS[2] eine wesentlich vereinfachte Lösung angeben: in Eisenblechkammern mit rechteckigem Querschnitt und einer Wandstärke, die ausreichte, um eine genügende Standfestigkeit und eine genügende Abdichtung zu gewährleisten, wurden die Eier in Kisten, die ohne Zwischenraum neben- und aufeinanderstanden, ohne Einsätze eingebracht. Die Zahl der Eier, die man je m^3 lagern kann, erhöhte sich hierbei von 4800 beim Verfahren LESCARDÉ auf 6000. Beim Füllen der Kammer ist der p_H-Wert der Eier zu bestimmen und abhängig hiervon die je kg Schalenei absorbierbare CO_2-Menge, die durch Versuch ermittelt wurde[3], abzulesen. BROOKS und PACE[4] haben die Bunsenkoeffizienten für die Schale (0,01), das Eiklar (0,71) und den Dotter (1,3) angegeben. Trotz der von SHARP[5] beobachteten Streuung der Absorptionswerte von CO_2 je Gewichtseinheit Eiklar von etwa $\pm 12\%$ erwiesen sich die für das Ganzei gefundenen Werte[3] beim praktischen Großversuch als ausreichend genau. Die von den Eiern absorbierte CO_2-Menge, zuzüglich des für den Luftraum notwendigen CO_2-Gewichtes, konnte für jede Konzentration leicht ausgerechnet werden und mit Hilfe einer Waage am Boden des Behälters eingefüllt werden. Die hierbei verdrängte Luft entwich durch ein einfaches Flüssigkeitsventil[6], durch welches auch das Vakuum, das bei der CO_2-Absorption durch die Eier entsteht, ausgeglichen wurde. Bei einem Versuch in halbindustriellem Maßstab mit einem kubischen Behälter von 2 m Seitenlänge für 50000 Eier wurde der Konzentrationsunterschied, der zwischen Boden und Decke rd. 100% betrug, bei einer Endkonzentration von 70% in 2 Tagen ausgeglichen. Mit 6° C eingebrachte Eier hatten nach 10 Tagen in der Mitte des Behälters die gleiche Temperatur wie im Raum. Nach einer Lagerdauer von 10 Monaten bei 70% CO_2 bei 0° C betrug der mit dem Leuchtgerät ermittelte Ausfall $1^0/_{00}$ bei Gewichtsverlusten von etwa 1%. Die physikalischen und chemischen Änderungen entsprachen denen des Kleinversuches. Auch Kühlräume können für die Gaskaltlagerung herangezogen werden, wenn die Wände derselben mit bitumenähnlichen oder sonstigen gasdichten Überzügen ausgekleidet werden. Gasdicht verschlossene Packungen aus Kunststoffolien für kleine Mengen von Eiern in CO_2-haltigen Atmosphären wurden für den Kleinhandel vorgeschlagen[6].

Der Erfolg der Gaskaltlagerung mit CO_2 ist durch das praktisch völlige Ausscheiden von Fäulnis- und Gewichtsverlusten und die sehr weitgehende Erhaltung des Geschmackswertes begründet. Das gleiche Ergebnis wurde mit anderen gasförmigen Mitteln nicht erreicht. Trotz dieser Erfolge ist festzustellen, daß die Gaskaltlagerung von Eiern immer mehr durch Öl-Tauchverfahren ersetzt wird (S. 290). *Ozon* hemmt gerade die Fäulniserreger für Eier (Achromobakter, Pseudomonas) weniger als eine Reihe anderer Bakterien[7]. MORAN[8] hat jedoch mit einer Konzentration von 1 p. p. m. eine deutliche Hemmung des Pilzwachstums erzielt. Ozon konnte die latente Phase der Wachstumskurve von Bakterien verlängern, dagegen konnte die logarithmische Phase auch steiler

---

[1] Ital. Pat.: 355842 vom 19. Januar 1938 (Campia, G. E. u. C. Tasconi).

[2] KAESS, G.: Z. VDI Bd. 88 (1944) S. 580.

[3] KAESS, G.: Landwirtsch. Jb. Bd. 88 (1939) S. 946. Ders. in R. HEISS: Fortschr. Lebensmittelf. S. 98. Dresden: Verl. Steinkopff 1942.

[4] BROOKS, J., u. J. PACE: Proc. Roy. Soc., Ser. B Bd. 126 (1938) S. 197.

[5] SHARP, P.: Food Res. Bd. 2 (1937) S. 486.

[6] SWANSON, M. H.: Poultry Sci. Bd. 32 (1953) S. 369. — O. J. COTTERILL u. F. GARDNER: Poultry Sci. Bd. 36 (1957) S. 196.

[7] HAINES, R. B.: Food Inv. Board, S. 44. London: Stat. Office 1934.

[8] MORAN, T.: Food Inv. Board, S. 35. London: Stat. Office 1935.

verlaufen[1]. Ewell[2] berichtete über langfristige Lagerversuche mit Ozon bei hohen Feuchtigkeiten (0° C). Übereinstimmend stellten jedoch Moran[3] und Kaess[4] fest, daß bei einer Ozonkonzentration von 2,5 mg/m³, einer Temperatur von 0° C und einer Feuchtigkeit von 90% eine Entwicklung von Schimmelpilzen auf der Schale zwar unterbleibt, jedoch auf der Innenseite der Schale deutlich fortschreitet. Höhere Konzentrationen als 6 mg/m³ verursachten außerdem einen Beigeschmack. Wenn trotzdem in den USA etwa 83% der Eierkühlräume mit Ozonanlagen ausgeführt wurden[5], so dürfte die geruchverbessernde Wirkung des Ozons gegenüber leichtoxydierbaren Riechstoffen hierzu beigetragen haben.

Mallman[6] konnte durch Imprägnieren der Kisteneinsätze mit 0,4% Pentachlorphenolat (Dowicide G), das als geruchfrei bezeichnet wird und bakterizide Dämpfe abgibt, im Kühlraum bei 90% rel. Luftfeuchtigkeit das Wachstum von Schimmelpilzen während einer Lagerdauer von 5 Monaten verhindern.

Eine Bestrahlung mit ultraviolettem Licht konnte die Flora der Schale nicht zerstören[7]. Bei einer Wellenlänge von etwa 1900 Å wird reichlich Ozon erzeugt[8]. Die am stärksten bakterizid wirkende Bestrahlung mit einer Wellenlänge von 2536 Å kann sich bei verpackten Eiern nicht auswirken, da lediglich Keime in der Luft abgetötet werden.

Eine völlige Sterilisierung von Eiern war mit Kathodenstrahlen (6 · 10⁵ rep) möglich, es mußte jedoch ein durch die Behandlung bedingter Beigeschmack in Kauf genommen werden[9].

III. Waschen, Pasteurisieren.

Der Anfall von Schmutzeiern beträgt nach Ermittlung von Pennington[10] bei der Durchführung von Großversuchen im Mittel 10%. Der Farmhalter ist bestrebt, diese oft erheblichen Mengen möglichst zu gleichen Bedingungen wie Frischeier abzusetzen und benutzt zu diesem Zweck Waschverfahren, die teils von Hand, teils mit der Maschine ausgeführt werden.

Die Waschverfahren sind großenteils noch unvollkommen, und gewaschene Eier neigen vielfach stark zum Verderb. Auch bei Überseetransporten aufgetretene umfangreiche Schäden konnten auf unsachgemäße Waschverfahren zurückgeführt werden[11].

Die Zusammensetzung der Mikroorganismenflora auf der Schale von Schmutzeiern entsprach weitgehend der von üblichen Lagereiern; sie änderte sich jedoch beim Waschen, wo sich z. B. in der Maschine bestimmte Fäulniserreger anreicherten[12]. Die Keimzahl der Schale von Schmutzeiern nahm meist, je nach Reinhaltung der Maschine, ab, ohne jedoch auf den Wert für saubere Eier zu fallen[13]. Mit-

[1] Kaess, G.: Z. ges. Kälteind. Bd. 43 (1936) S. 152.
[2] Ewell, A. W.: Proc. VII. int. Congr. Ref. The Hague Bd. 4 (1936) S. 203.
[3] Siehe Fußnote 8 auf S. 295.   [4] Kaess, G.: Landwirtsch. Jb. Bd. 88 (1939) S. 880.
[5] Vidler, F. H.: Proc. Inst. Refrigerat. (1946/47) S. 31.
[6] Mallman, W. L., u. C. E. Michael: Agric. exp. Sta. Mich. State College Techn. Bull. 174 (1940).
[7] Tomkins, R. G.: Rep. Food Inv. Board, S. 33. London: Stat. Office 1936.
[8] Lea, C. H.: Rep. Food Inv. Board, S. 37. London: Stat. Office 1936.
[9] Desrosier, N. W., F. J. McArdle, H. A. Hollender u. W. W. Marion: Food Engng. Bd. 27 (1955) S. 18, 214.
[10] Pennington in R. B. Haines: Food Inv. Spec. Rep. Nr. 47, S. 16. London: Stat. Office 1939.
[11] Alford, L. R., N. E. Holmes, W. J. Scott u. J. R. Vickery: Austral. J. appl. Sci. Bd. 1 (1950) S. 208.
[12] Gillespie, J. M., W. J. Scott u. J. R. Vickery: Austral. J. appl. Sci. Bd. 1 (1950) S. 215, 313.
[13] Conner, J. W., S. E. Snyder u. H. L. Orr: Poultry Sci. Bd. 32 (1953) S. 229.

gewaschene reine Eier verließen die Maschine mit einer höheren Keimzahl. Bei der Behandlung wanderten Bakterien in die Schale, und die Infektion des Inhaltes (gram-negative Bakterien, vielfach Pseudomonasarten) vollzog sich nach etwa 18 Tagen im Kühlraum, und der Ausfall erreichte 20%, z. T. 50%[1], besonders wenn die Trocknung nicht sorgfältig war und die Eiertemperatur über der des Waschwassers lag. Der Verderb gewaschener Eier war bei Kalt- und Nachlagerung höher als der unbehandelter Schmutzeier und konnte nicht im vollen Umfang mit der Lampe beim Durchleuchten erkannt werden. Geringere Verluste traten für trocken gereinigte Schmutzeier (z. B. mit Stahlspänen) auf[2]. HAINES[3] fand keine Nachteile in der Haltbarkeit, wenn der Waschvorgang von Hand, sauber und ausreichend vorgenommen wurde.

Bestrebungen, der Infektionsgefahr beim Waschen durch Zusatz von bakteriziden Mitteln zu begegnen, wie z. B. Methylsalizylat[4], Natriumhypochlorid[5], Antibiotika, ionogene und nichtionogene Waschmittel[6,7], Alkali, wurden überwiegend als unzureichend beurteilt. In wenigen Fällen war es gelungen, den Verderb während der Lagerung klein zu halten, wenn die Waschflüssigkeit häufig erneuert wurde und quarternäre Ammoniumsalze und nichtiogene Waschmittel zugesetzt wurden[8], in einem anderen Fall bei der Beigabe von NaOH (1%)[9].

Die Einwirkungszeit der Desinfektionsmittel war offenbar zu kurz, um die in die Schale eingedrungenen Bakterien abzutöten. Pasteurisieren der Eier bot eine bessere Möglichkeit der Vernichtung der Bakterien. Es wurde an die Verwendung heißer Gase, Wasserdampf[10] und heißen Öles gedacht. Am einfachsten war jedoch eine Behandlung mit heißem Wasser, die sich unmittelbar dem Waschen der Eier in der Maschine anschließen ließ. Sorgfältige Ermittlung der Temperatur-Tauchzeitbeziehungen ergab einen Bereich von etwa 57,5° C bis 62,5° C (Zeiten: 13,3 bzw. 2,1 Minuten), wobei die Bakterien so gut wie völlig abgetötet wurden, das Eiklar nahe der Schale noch nicht koagulierte und nur wenig an der Schale haftenblieb[11]. Auch der Eikeim wird hierbei abgetötet. Wenn die Eier etwa einen Tag nach dem Legen gewaschen und anschließend pasteurisiert und getrocknet wurden, ergab die Behandlung die beste Wirkung: Der Albuminindex und Gehalt an dickem Eiklar war erhöht, blieb bei der Kaltlagerung erhalten und fiel weniger rasch bei der Nachlagerung ab als bei unbehandelten Eiern[12]. Gewichtsverluste blieben ebenso hoch wie bei üblichen Kühleiern, dagegen war das Volum von Eierschnee und dasjenige einiger Backwaren kleiner[13], und das Eiklar wurde etwas opak, wenn die Temperatur der Behandlung höher als 60° C war[14]. Der Verderb

[1] GILLESPIE, J. M., u. W. J. SCOTT: Austral. J. appl. Sci. Bd. 1 (1950) S. 514.
[2] LORENZ, F. W., u. B. STARR: Poultry Sci. Bd. 31 (1952) S. 204.
[3] HAINES, R. B.: Rep. Food Inv. Board, S. 36. London: Stat. Office 1937.
[4] SCHOFIELD, R. W.: U.S. Pat. 2287141.
[5] BUMAZHNOV, A., u. F. K. KOKN: Mjasnaja Ind. (russisch) Bd. 11 (1940) S. 26.
[6] MILLER, W. A.: Poultry Sci. Bd. 33 (1954) S. 135 und Bd. 35 (1956) S. 241. — O. J. COTTERILL u. P. HARTMAN: Poultry Sci. Bd. 35 (1956) S. 733.
[7] GILLESPIE, J. M., M. R. J. SALTON u. W. J. SCOTT: Austral. J. appl. Sci. Bd. 1 (1950) S. 531.
[8] BOTWRIGHT, W. E.: Poultry Proc. Marketing Bd. 59 (1953) S. 18.
[9] FUNK, E. M.: U. S. Egg Poultry Mag. Bd. 44 (1938) S. 285.
[10] LORENZ, F. W., P. B. u. M. P. STARR u. F. K. OGASAWARA: Food Res. Bd. 17 (1952) S. 351.
[11] SALTON, M. R. J., W. J. SCOTT u. R. J. VICKERY: Austral. J. appl. Sci. Bd. 2 (1951) S. 205.
[12] FUNK, E. M., J. FORWARD u. M. LORAH: Poultry Sci. Bd. 33 (1954) S. 532. — R. E. FEENEY, L. R. McDONNEL u. F. W. LORENZ: Food Techn. Bd. 8 (1954) S. 242. — W. J. SCOTT u. J. R. VICKERY: Austral. J. appl. Sci. Bd. 5 (1954) S. 89.
[13] STEWART, G. F.: Poultry Proc. Marketing Bd. 59 (1953) S. 6.
[14] BAROT, H. G., u. E. H. McNALLY: U. S. Egg Poultry Mag. Bd. 49 (1943) S. 320.

behandelter Schmutzeier bei der Lagerung hielt sich im gleichen Ausmaß wie der üblicher Kühleier[1,2].

Man hat versucht, gewaschene Eier im ultravioletten Licht zu erkennen[3]. Ein anderer Nachweis baut auf der geringeren elektrischen Leitfähigkeit eines Wassertropfens auf, der auf die durch das Waschen an KCl verarmte Schalenoberfläche aufgetragen wurde[4]. Auch aus der durch das Erhitzen veränderten Hydratation des Eiklars versuchte man, einen Test zu entwickeln[5]. Am aussichtsreichsten erwies sich ein Verfahren, das die photochemische Reduktion von AgCl im ultravioletten Licht ausnützt[6]. Ein Silbernitrat enthaltender Tropfen wurde hierbei auf der Schale belichtet: bei unbehandelten Eiern entstand ein rötlichbrauner Niederschlag und bei gewaschenen Eiern (Mangel an KCl) blieb der Tropfen fast farblos.

Durch Kombination des Waschverfahrens mit nachfolgendem Pasteurisieren der Eier mit Öl ließen sich die bei der Behandlung mit heißem Wasser gemachten Erfahrungen bestätigen[7]. Wegen des schlechteren Wärmeüberganges waren bei gleicher Temperatur längere Erhitzungszeiten nötig (z. B. 8 Minuten bei 62° C[8]). Höhere Temperaturen verursachten mehr Ausfall durch Bruch. Australische Bearbeiter fanden indessen unter diesen Bedingungen größeren Verderb bei der Lagerung als bei unbehandelten Eiern. Sie konnten den Nachteil durch Waschen und Pasteurisieren (62,5° C, 2,1 Minuten) in Wasser und folgendes kurzfristiges Tauchen in Öl (69,5° C) nach dem Trocknen der Eier beheben[1].

D. Gefrierei.

I. Herstellung.

Für die Herstellung von Gefrierei gilt in gleichem Maße wie bei allen Verfahren der Kältebehandlung von Lebensmitteln die Regel, daß die Qualität des Endproduktes nicht besser sein kann als die des Ausgangsmaterials. Nur bei Verwendung einwandfreier Frischeier können die Vorzüge des Gefriereies, die gute Haltbarkeit, ohne Verderb durch Fäulnis und Bruch im Gefrierraum, voll zur Geltung kommen.

Der Sauberkeit bei der Verarbeitung ist daher größte Aufmerksamkeit zu widmen. Entsprechende Wahl des Fabrikgeländes und konstruktive Maßnahmen sollen die Voraussetzung sein, daß den einzurichtenden Arbeitsplätzen Staub und Schmutz fernbleiben. Decken und Wände werden fugenfrei und abwaschbar ausgeführt, und der Boden soll ein ausreichendes Gefälle haben, um das Waschwasser gut abführen zu können. Die Räume müssen ausreichend dicht sein, um das Eindringen von Ungeziefer aller Art (Fliegen usw., auch Nagetiere) fernzuhalten und sollen dauernd mit frischer, filtrierter Luft versehen sein. Zur Luftdesinfektion und zur Fernhaltung von Fliegen wird z. T. Ozon in kleinen Konzentrationen verwendet. Alle Arbeitsgeräte (Messer, Gefäße) werden in Abständen

[1] Salton, M. R. J., W. J. Scott u. R. J. Vickery: Austral. J. appl. Sci. Bd. 2 (1951) S. 205.

[2] Knowles, N. R.: Inst. Intern. Froid Com. 4 Annex 1 (1956) S. 19.

[3] Hixon, R. R., u. G. F. Stewart: Food Techn. Bd. 8 (1954) S. 422.

[4] Hixon, R. R., u. G. F. Stewart: Food Techn. Bd. 9 (1955) S. 67.

[5] Kaloyerias, S. A.: Food Techn. Bd. 10 (1956) S. 162.

[6] Brooks, J.: J. Sci. Food Agric. Bd. 6 (1955) S. 368.

[7] Carlin, A. F., u. J. Foth: Food Techn. Bd. 6 (1952) S. 443. — J. Kuprianoff: Kältetechnik Bd. 7 (1955) S. 38. — G. Bergström: Inst. Intern. Froid Com. 4 Annex 1 (1956) S. 37.

[8] Goresline, H. E., K. M. Hayes u. A. W. Otte: Circ. Nr. 898. Washington D. C., U. S. Dep. Agric. (1951).

von 2 Stunden, Pumpen, Röhren und Tische am Ende jeder Schicht gereinigt, desinfiziert und getrocknet. Ausgeschiedene Eier sind in Eisenfässern zu sammeln und täglich zu entfernen[1].

Angelieferte Eier werden zweckmäßig sofort verarbeitet, anderenfalls bei 0° C gelagert. Beschlagen der Eier fördert das Bakterienwachstum und muß deshalb vermieden werden. Beim Durchleuchten der Eier werden Schmutzeier, Brucheier und ungenießbare Eier ausgeschieden. Ein automatisches, mit ultraviolettem Licht ausgerüstetes Gerät wurde zur Ausscheidung der Grünfäule, die beim Durchleuchten mit gewöhnlichem Licht nur schwer erkennbar ist, vorgeschlagen[2]. Saubere Brucheier und solche mit schlechtem Leuchtbild werden von besonders geschultem Personal geöffnet. Das Personal, das Eier öffnet, muß über einen guten Geruchs- und Gesichtssinn verfügen. Schalenreste dürfen nur mit dem Löffel entfernt werden. Alle Eier mit Fremdgeruch (muffig, sauer, fruchtig, faulig) werden ausgeschieden; ferner solche mit Blut- und Gewebeteilchen, die gelegentlich eine sehr hohe Keimzahl aufweisen. Mußten Eier ausgeschieden werden, so sind alle damit in Berührung gekommenen Geräte zu reinigen und zu desinfizieren. Für Schmutzeier wird zunächst die Anwendung einer Lösung mit Reinigungsmittel empfohlen, anschließend ausreichende Spülung mit fließendem Wasser, Eintauchen in eine bakterizide Flüssigkeit (z. B. mit 100 p. p. m. aktivem Chlor) und schließlich werden die Eier vor dem Aufschlagen getrocknet. Wirkungsvoller und einfacher sind Reinigungsgeräte mit kombinierter Pasteurisierungseinrichtung (vgl. C. III.).

Die Eimasse wird maschinell gemischt, wobei sie z. B. Siebe mit steigendem Feinheitsgrad durchläuft. Hierbei ist die Berührung mit Kupfer- und Eisenteilen zu vermeiden, um einen beschleunigten Verderb des Dotterfettes durch Metalleinfluß auszuschalten[3].

Wurden die Eier in der Schale nicht pasteurisiert, so kann hier ein Pasteurisieren der Eiflüssigkeit, z. B. mit Plattenapparaten, eingeschaltet werden. Für Vollei und Dotterflüssigkeit wird das Einhalten einer Temperatur von 60° C bis 62° C und für Eiklar eine Temperatur von 58° C bis 59° C für je 2 Minuten als ausreichend erachtet. Hierbei ließ sich die Keimzahl um mehr als 99% senken[4]. Die homogene Eimasse wird möglichst sogleich gefroren. Notfalls kann dieselbe kurzfristig gelagert werden, wenn sie spätestens 30 Minuten nach dem Aufschlagen rasch auf 0° C gekühlt wird. Da sich gelegentlich nach dem Auftauen Wasser und Festbestandteile nicht mehr mischen, besonders bei gefrorenem Dotter fällt Lezithin aus, setzt man 5 bis 10% Dextrose oder etwa 3% Kochsalz zu (gelegentlich auch Glycerin), je nach der späteren Verwendung in der Bäckerei, der Mayonnaise-, Teigwaren- oder Süßwarenindustrie, um diesen Nachteil zu vermeiden[5]. Die Eiflüssigkeit wird bevorzugt in Weißblechdosen von 15 kg Inhalt gefüllt und bei —28° C schnellgefroren (etwa 28 Stunden). Die Gefriertemperatur soll nicht über —18° C, die Gefrierdauer nicht über 72 Stunden betragen, um ein Sauerwerden zu vermeiden. Die Lagertemperatur wird auf —15° C bis —18° C eingestellt.

Für die Berechnung des Kältebedarfes zum Gefrieren von Eiern aus der Differenz der Enthalpiewerte vor und nach dem Gefrieren ist von den Werten in

---

[1] HARRIMAN, L. A.: U. S. Egg Poultry Mag. Bd. 52 (1946) S. 158.

[2] MERCURI, A. J., J. E. THOMSON, J. D. ROWAN u. K. H. NORIS: Food Techn. Bd. 11 (1957) S. 374.

[3] KIERMEIER, F.: Gefriertaschenbuch S. 117. Berlin: VDI-Verl. 1944.

[4] WINTER, A. R., u. C. WRINKLE: U. S. Egg Poultry Mag. Bd. 55 (1949) S. 7, 28.

[5] Information on the preserv. of liquid egg by freezing. Food Res. Dir. Bur. Chem. Soils. U.S. Dep. Agric. Washington D. C. Januar 26 (1937).

der Tabelle auf S. 286 und Tab. 1 (S. 8) Gebrauch zu machen. Die Gefrierzeit läßt sich nach der Formel von PLANK bestimmen[1].

Neben der Verpackung in Metallbehältern (Inhalt von 5 bis 50 l) wurden auch Kleinpackungen von 0,5 bis 3 l Inhalt eingeführt. Als Verpackungsmaterial werden aluminiumfolienkaschierte und gewachste Verpackungsstoffe sowie wasserdampfdichte Kunststoffe gewählt[2].

Die Produktionsstätten sind weitgehend mechanisiert. Man arbeitet mit Geräten zum Öffnen der Eier[3], Pulpkühlern verschiedenster Ausführung, Schnellgefrierapparaten mit bewegter Luft und Auftaugeräten[4]. Bei letzteren wird zur Verbesserung des Wärmeüberganges anstatt Luft umlaufendes warmes Wasser verwendet. Rasches und gleichmäßiges Auftauen gestatten Geräte mit Hochfrequenzerwärmung.

Eine Dose mit 15 kg Vollei taute in fließendem Wasser (15° C) nach 20 bis 24 Stunden, in ruhender Luft (20° C) nach 36 bis 42 Stunden und bei schwacher Luftbewegung nach 20 bis 26 Stunden auf. Für Gefrierdotter waren die Zeiten etwas kürzer als für gefrorenes Eiklar und Vollei[5].

Es werden sowohl Vollei als auch die Einzelbestandteile gefroren. Qualitätsminderungen werden in erster Linie durch langfristige Einwirkung hoher Temperaturen auf die Eimasse vor dem Gefrieren, durch zu langsames Gefrieren sowie durch zu langsames Auftauen verursacht.

II. Einflüsse auf die Qualität.

Von THOMAS und BAILEY[6] weiß man, daß das Ausmaß des Gelierens nach 60 bis 120 Tagen Lagerung bei einer Temperatur von −18° C bis −21° C am größten ist. Das Auftreten wurde durch steigenden Gehalt an Trockensubstanz und Ätherextrakt begünstigt und war vom Gesamtgehalt an Lipoidphosphor unabhängig. Eine Vorbehandlung der Eimasse mit der Kolloidmühle schaltete die Ausfällungen praktisch aus. Der gleiche Erfolg war durch Beigabe äquimolekularer Mengen an Saccharose oder Dextrose möglich oder durch eine NaCl-Menge, welche die gleiche Gefrierpunktserniedrigung wie Saccharose verursachte. Ferner wurde Glycerin verwendet. Auch die Einwirkung von Enzymen (z. B. Papain) vor dem Gefrieren verhinderte ein Gelieren des Dotters. Mit Pepsin und Trypsin wurde zugleich die Ausbildung eines Beigeschmackes ausgeschaltet[7]. Die irreversibel erhöhte Viskosität von Dotter und Vollei ließ sich mechanisch durch Schlagen vor dem Gefrieren vermindern[8].

Vergleichende Messungen der Backeigenschaften, des p_H-Wertes, des Fluoreszenzwertes und der Menge an reduziertem Zucker an Eiern erster Qualität und solchen geringerer Qualität, die 12 Monate bei −12,2° C, −17,8° C und −23,3° C lagerten, wiesen auf die Notwendigkeit der Verwendung hochwertigen Ausgangsmaterials hin. Insbesondere darf die Lagerung nicht über 6 Monate ausgedehnt werden, wenn der Anfangswert des Backvolums nicht abfallen soll. Das Schaumvolum sank nach 12 Monaten auf $2/_3$ des Anfangswertes. Der p_H-Wert stieg bei

[1] PLANK, R.: Z. ges. Kälteind. Bd. 39 (1932).

[2] Anonym: Mod. Packaging Bd. 16 (1943) S. 96. — G. KAESS: Gefriertaschenbuch, S. 56. Berlin: VDI-Verl. 1941.

[3] B. P. 347032. 1931.

[4] BROWNLER, D. S., u. L. H. JAMES: U. S. Egg Poultry Mag. Bd. 45 (1939) S. 757. — Anonym: U. S. Egg Poultry Mag. Bd. 52 (1946) S. 32.

[5] WINTER, A. R., u. C. WRINKLE: U. S. Egg Poultry Mag. Bd. 55 (1949) S. 7, 28.

[6] THOMAS, A. W., u. M. T. BAILEY: Ind. Engng. Chem. Bd. 25 (1933) S. 669.

[7] LOPEZ, A., C. R. FELLERS u. W. D. POWRIE: J. Milk Food Technol. Bd. 18 (1955) S. 77.

[8] PIERCE, J. A., u. C. G. LAVERS: Canad. J. Res., Sect. F Bd. 27 (1949) S. 231.

guten Eiern von 7,6 auf 8 und fiel bei muffigen Eiern auf 6,8[1]. Die rein subjektiv ermittelte Bewertung blieb jedoch jahrelang unverändert. Es wurde ferner empfohlen, die Eier vor dem Gefrieren 1 bis 2 Monate zu altern.

Eine ursprünglich niedrige Keimzahl der Eimasse wirkt sich vorteilhaft auf die Haltbarkeit nach dem Auftauen aus. Der Anstieg der Bakterienzahl ist im allgemeinen beim Auftauen in Wasser geringer als beim Auftauen in Luft von Umgebungstemperatur oder im Kühlschrank[2]. Proben von Gefriereiern guter Qualität ließen sich zweimal völlig auftauen und wieder gefrieren, ohne daß praktisch ins Gewicht fallende Änderungen eintraten, während die Zersetzung von Gefrierei geringer Ausgangsqualität (einschließlich Brucheier, Schmutzeier) bei Temperaturerhöhung rasch fortschritt[3]. Die Keimzahl von gefrorenem Vollei nahm während einer 6jährigen Lagerung stark ab; trotzdem war gute Ausgangsqualität von nur mäßig guter bequem zu unterscheiden. Erstere hatte noch eine Keimzahl von 300/g, letztere von mehr als $6 \cdot 10^6$/g (hiervon waren 46% Fäulniserreger). Die Keimzahl nahm besonders rasch im gefrorenen Eiklar ab, was auf die Anwesenheit bakterizider Lysozyme zurückgeführt wurde. Gefrierei chinesischer Herkunft hatte folgende Keimzahlen: Eiklar 5000/g, Dotter 8500/g und Vollei 30000/g[4]. Im Zustand beginnenden Auftauens stiegen die Keimzahlen nach 24 Stunden um den 70-, 40- bzw. 133fachen Wert an. Nach neueren Zählungen ist die Keimzahl von Vollei je Gewichtseinheit durchweg höher als die der Einzelbestandteile[5]. Laktoseabbauende Bakterien machten 10% der Gesamtzahl aus, und hiervon waren 60 bis 75% *Coli*formen. Die Coliformen werden zwar in stärkerem Maße als die anderen Keime beim Gefrieren abgetötet, ihre Anwesenheit ist jedoch, vom hygienischen Standpunkt betrachtet, bedenklich, da diese ihrer Herkunft nach mit pathogenen Keimen vergesellschaftet sein können. *Coli*bakterien gehören zum Bestand der Flora der Schale und werden bei der Verarbeitung auf die Geräte übertragen. Ihre Anzahl wird als Maß für die Sauberkeit des Betriebes betrachtet[6]. Gefrierei mit mehr als 10^6 Keimen/g ist mit Vorsicht zu verwenden.

Eine zuverlässige Maßnahme zu einer ausreichenden Entfernung der Mikroorganismen bietet das Pasteurisieren (61° C, 2 Minuten) der Eipulpe vor dem Gefrieren, wodurch mehr als 99% der Keime abgetötet wurden (darunter alle Coli- und Salmonella-Arten)[7]. Um das gleiche Schaumvolum und somit das gleiche Backvolum wie mit gewöhnlichem Gefrierei zu erhalten, ist eine etwas längere Schlagdauer des aufgetauten Eiklars erforderlich.

Ein Wasserentzug von 3% ermöglichte das Gefrieren der Eier, ohne daß ein Springen der Schale beim Auftauen zu befürchten war[8].

Keimfreies Gefrierei konnte auch durch Anwenden von Gammastrahlen erhalten werden (Dosis 260000 rep). Ein geringer Abfall des Geschmackswertes und der Schaumstabilität war aufgetreten, der sich aber durch Zuckerung der Pulpe vermeiden ließ[9].

[1] PIERCE, A. J., u. M. REID: Canad. J. Res., Sect. F Bd. 24 (1946) S. 437.

[2] QUINN, H., u. G. G. GARNATZ: J. Bacteriol. Bd. 45 (1943) S. 49.

[3] SCHNEITER, R., M. T. BARTRAM u. H. A. LEPPER: J. Assoc. agric. Chemists Bd. 26 (1943) S. 172.

[4] VERGE, J., u. E. GRANET: C. r. Acad. Sci. Paris Bd. 186 (1928) S. 718.

[5] HOLTMAN, D. F.: J. Bacteriol. Bd. 45 (1943) S. 50.

[6] WINTER, A. R., G. F. STEWART u. M. WILHELM: Food Ind. Bd. 20 (1948) S. 949 (Ausz.).

[7] KLINGER, C., A. YOUNG, I. PRUDENT u. A. R. WINTER: Food Techn. Bd. 5 (1951) S. 166. — A. R. WINTER: Food Techn. Bd. 6 (1952) S. 414.

[8] KALOYEREAS, S. A.: Science Bd. 109 (1949) S. 171.

[9] NICKERSON, J. T. R., S. E. CHARM, R. C. BROGLE, E. E. LOCKHART, B. E. PROCTOR u. H. LINEWEAVER: Food Techn. Bd. 11 (1957) S. 159.

III. Überwachung.

Für die Überwachung der Qualität von Gefrierei wurden Keimzahlbestimmungen und unter diesen in erster Linie der Colitest herangezogen[1]. Die Abnahme an reduziertem Zucker galt als Maß für die bereits stattgefundene Tätigkeit von Bakterien[2]. Johns[3] fand jedoch keine Korrelation zwischen der Menge an reduziertem Zucker und der z. Z. der Bestimmung vorhandenen Zahl an lebensfähigen Bakterien. Für die rasche Beurteilung des Eipulps haben Scott und Gillespie[4] die Reduktaseprobe mit Resazurin als Indikator vorgeschlagen. Die Zeit, die notwendig ist, um bei 30°C Rosafärbung zu erzeugen, gewährte eine verläßliche Aussage über die Keimzahl der Eimasse. Mehr als 7 mg je 100 g Eimasse an Ameisen-, Essig- oder Milchsäure in Verbindung mit einer Keimzahl von $5 \cdot 10^6$/g Pulp wiesen auf eine derartige Zersetzung der Eimasse hin, aber nicht auf alle diese Formen[5]. Daneben gaben der Fluoreszenzwert, die Backprobe und das Schaumvolum weitere Anhaltspunkte[6]. Es bestand eine Abhängigkeit zwischen den durch Bakterien verursachten Veränderungen von Eipulpe und dem Fluoreszenzwert[7].

Spuren von Dotter können die Qualität von gefrorenem Eiklar bei der Verwendung als Backzutat herabsetzen. Eigelb in einer Menge von 0,05% konnte durch eine Cholesterolbestimmung im Ammoniak,- Alkohol- oder Ätherauszug ermittelt werden[8].

Pennington[9] empfahl für eine rasche Beurteilung die Bestimmung der Trockensubstanz (für Vollei = 25%, für Eigelb = 43%), ferner die Bestimmung der Säurezahl, des Fettgehaltes, der Dextrose und des lose gebundenen Ammoniakstickstoffes.

E. Lagerung von Trockenei.

Die Herstellung von Trockenei hat während der Kriegsjahre in fast allen Ländern der Welt wegen der Gewichtsersparnis beim Transport eine außergewöhnliche Verbreitung gefunden. Bei der Herstellung des Erzeugnisses finden offenbar eine Reihe irreversibler Vorgänge statt, die jedoch nicht hindern, daß dasselbe bei der küchenmäßigen Verarbeitung das Frischei in vielen Fällen vertreten und bei der Zubereitung als Rührei — Verwendung bester Pulverqualität vorausgesetzt — den Geschmackswert des aus frischen Eiern bereiteten Gerichtes nahezu erreichen kann. Das Produkt neigt aber zu erheblichen Änderungen bei der Lagerung, so daß bei langer Aufbewahrung neben der Einhaltung eines niedrigen Wassergehaltes auf die Anwendung von Kälte nicht verzichtet werden kann, wenn auf eine hohe Endqualität Wert gelegt wird.

I. Qualität und ihre Veränderungsmöglichkeiten.

Zu den wichtigsten Merkmalen der Qualität gehören neben dem Geschmackswert des angerührten und erhitzten Pulvers die Löslichkeit, die Farbe, der

[1] Schneiter, R.: J. Assoc. offic. agric. Chemists Bd. 22 (1939) S. 625.

[2] Pearce, J. E., u. M. Reid: Canad. J. Res., Sect. F Bd. 24 (1946) S. 437.

[3] Johns, C. K.: Canad. J. Res., Sect. F Bd. 26 (1948) S. 18 und Chem. Abs. Bd. 42 (1948) S. 4687.

[4] Scott, W. J., u. J. M. Gillespie: J. Counc. Sci. Ind. Res. Bd. 16 (1943) S. 15.

[5] Lepper, H. A., M. T. Bartram u. F. Hillig: J. Assoc. offic. agric. Chemists Bd. 27 (1944) S. 204.

[6] Pearce, J. E., u. M. Reid: Canad. J. Res., Sect. F Bd. 24 (1946) S. 437.

[7] Brooks, J.: Food Techn. Bd. 8 (1954) S. 400.

[8] Cook, J. H., u. V. C. Mehlenbacher: Ind. Engng. Chem. Anal. Ed. Bd. 18 (1946) S. 785. Ref.: Food Ind. Bd. 19 (1947) S. 570.

[9] Pennington, M. E.: Refrig. Engng. Bd. 55 (1948) S. 464. Application Data 29 R.

Fluoreszenz- und der KCl-Wert, der Bakteriengehalt, das Back- und Schaumvolum, ferner das Dickungsvermögen (Koagulation) und die Emulgierfähigkeit (z. B. bei Salatzubereitungen).

Bei der Lagerung des Pulvers scheint die Unbeständigkeit einiger Eiweiß- und Fettverbindungen des Dotters, die auch bei niedrigem Wassergehalt reaktionsfähig bleiben, eine entscheidende Rolle zu spielen. Insbesondere dürften Veränderungen der Phosphatide und Fettverbindungen ähnlichen Charakters[1] (Lipoide) für die Ausbildung des *Beigeschmackes* verantwortlich sein. Die Veränderungen sind durch steigende Fluoreszenzwerte nachweisbar (Fluoreszenzmessungen an Ätherauszügen oder solchen mit 10% NaCl-Lösungen). Der Entwicklung des Beigeschmackes wirken entgegen: sinkender Wassergehalt, ein p_H-Wert von 5,5, eine Aufbewahrung in inerten Gasen (N_2, CO_2) und niedrige Temperaturen. Weitere Geschmacksveränderungen sind möglich durch zu hohe Temperaturen beim Trocknen (Karamelgeschmack), durch Verunreinigung mit Kupfer (fischig), durch bakterielle Veränderung der Pulpe (sauer) und durch zu hohen Wassergehalt (muffig, bei Entwicklung von Schimmelpilzen) u. a.

Die *Löslichkeit* des Eipulvers wurde nach BATE-SMITH und HAWTHORNE[2] erst dann verschlechtert, wenn nach der Reaktion der reduzierend wirkenden Gruppen der Glukose mit den freien Aminogruppen der Trockeneiproteine die Glukose mit weiteren noch unbekannten Gruppen der Proteine reagierte. Bei gutem Pulver müssen 95 bis 98% des gesamten Stickstoffes in Lösung gehen. Aus welchen Gründen die Beigabe von Laktose oder Saccharose zur Eimasse vor der Trocknung die Abnahme der Löslichkeit verhindert, ist noch unklar. Die völlige Entfernung der Glukose der Eimasse durch Gärung[3] oder Enzyme[4] brachte zwar eine bessere Erhaltung der Löslichkeit, aber es entwickelte sich eine zusätzliche Geschmackskomponente. Die Erhaltung der Löslichkeit wurde durch niedrigen Wassergehalt, durch Aufbewahrung des Pulvers in CO_2[5] und durch niedrige Temperaturen[6] verbessert ($t \leq 7,2\,^\circ$ C).

Säuerung ($p_H = 4,8$) verzögerte die Abnahme der Löslichkeit von Eiklarpulver, ebenso ein geringer Gehalt an Glukose (0,05%)[7].

Die *Farbänderungen* des Pulvers gehen auf 3 Ursachen zurück[8]. Die Zersetzung von Karotinoiden, die unabhängig vom Wassergehalt stattfindet, führte zu einem Farbverlust. Zwei weitere Vorgänge verursachten, besonders bei hohem Wassergehalt, eine Dunkelfärbung des Pulvers: die Polimerisation von ungesättigten Fettsäuren und die Reaktion von Phospholipoiden mit Aldehyden, die eine Braunfärbung (Maillard-Reaktion) hervorruft, als deren Reaktionsteilnehmer Kephalin und Glukose erkannt wurden[9]. Dieser Verfärbung konnte man begegnen durch Entfernen der Glukose oder durch Zusatz von Aminosäuren (z. B. Cysteine), die sich bevorzugt mit Glukose verbinden. Der hohe Temperaturkoeffizient der Reaktion wies auf den Vorteil der Kaltlagerung hin. Ferner wirkten eine

---

[1] FEVOLD, H. L., B. G. EDWARDS, A. L. DIMICK u. M. M. BOGGS: Ind. Engng. Chem. Bd. 38 (1946) S. 1075, 1079, 1082.

[2] BATE-SMITH, E. C., u. J. R. HAWTHORNE: J. Soc. chem. Ind. Bd. 64 (1945) S. 297.

[3] HAWTHORNE, J. R., u. J. BROOKS: J. Soc. chem. Ind. Bd. 63 (1944) S. 232.

[4] FREY, CH. N., u. G. E. MÜLLER: U.S. Pat. 2447063; Ref. Chem. Abs. Bd. 42 (1948) S. 8998.

[5] PEARCE, J. A., M. REID u. W. H. COOK: Canad. J. Res., Sect. FBd. 24 (1946) S. 39.

[6] STUART, L. S., H. E. GORESLINE, H. F. SMART u. V. T. DAWSON: Food Ind. Bd. 17 (1945) S. 154.

[7] STEWART, G. F., u. R. W. KLINE: Ind. Engng. Chem. Bd. 40 (1948) S. 916.

[8] OLCOT, H. S., u. H. J. DUTTON sowie B. G. EDWARDS u. H. J. DUTTON sowie H. J. DUTTON u. G. G. EDWARDS: Ind. Engng. Chem. Bd. 37 (1945) S. 1119, 1121, 1123 und Bd. 38 (1946) S. 347.

[9] KLINE, L., J. E. GEGG u. T. T. SONODA: Food Techn. Bd. 5 (1951) S. 181.

Senkung des Wassergehaltes und des p_H-Wertes (5,5 bis 6) der Verfärbung entgegen, während der Sauerstoff keinen Einfluß hatte. Bei der Bräunungsreaktion spaltete sich CO_2 und N_2 ab; sie trug z. T. zur Fluoreszenzentwicklung bei[1], die bei 8% Wassergehalt optimal war[2,3,4]. Bei einer Temperatur von $+2°$ C waren die Farbänderungen nur geringfügig[5].

Die *Vitamine* des Trockeneises, Vitamin A[6], B_1, D, Riboflavin, Pantothen und Nicotinsäure blieben bei tiefen Temperaturen erhalten ($-18°$ C). Höheren Temperaturen gegenüber war nur Vitamin A und unter besonderen Bedingungen Vitamin B_1 empfindlich. Es sollte deshalb in diesem Zusammenhang eine Temperatur von $+5°$ C bei der Lagerung nicht überschritten werden. Bei $-9,5°$ C z. B. betrug der Verlust an Vitamin A nach 9 Monaten 60%[7]. Vitamin B_1 veränderte sich bei der gleichen Temperatur bei einer Aufbewahrung in Stickstoff nicht, wurde aber in Luft, bei hohem Wassergehalt und besonders bei hoher Temperatur zersetzt[8].

Eine hohe Anzahl *lebensfähiger Keime* im Eipulver ist immer ein Zeichen schlechter Qualität. Sehr niedrige Zahlen brauchten jedoch noch keine genügend sichere Unterlage für ein hygienisch einwandfreies Arbeiten zu sein, da bei der Trocknung und u. U. bei der Lagerung ein hoher Prozentsatz absterben kann, wobei aber die Enzyme der toten Zellen beim Abbau des Pulvers weiter wirksam bleiben konnten[9]. Nach früheren Beobachtungen wurden sehr hohe Durchschnittswerte für Bakterien genannt ($3,6 \cdot 10^6$/g)[10], während für Schimmelpilze nach Zählungen an Sprühpulver bei 6521 Messungen 1,3% der Werte über 1000 Keimen je Gramm lagen[11]. Nach den Lieferbedingungen der U. S.-Armee sollen nach dem Kochschen Plattenverfahren folgende Zahlen nicht überschritten werden: Bakterien 150000 je Gramm (hierbei *B. Coli* nicht über 100), Hefen und Schimmelpilze 100 je Gramm[10]). Unter 500 Proben wiesen 91% Keimzahlen bis höchstens 10^5/g auf[12]. Die Bakterienzahl hing von der Trocknertype, der Temperatur beim Trocknen, der Geschwindigkeit bei der Abkühlung und von den Lagerbedingungen ab[13]. Für die Herstellung der Eimasse gelten die gleichen Überlegungen, wie bereits unter „Gefrierei" ausgeführt (vgl. Abschn. D). Die Bakterienzahl sank, wenn die Lagertemperatur über $7°$ C betrug[14]. Trockenei aus nicht pasteurisierter Eimasse kann pathogene Keime enthalten (Salmonellatypen). Von 5852 Proben waren 11,1% mit *Salmonella* infiziert[15]. Angeteigtes Pulver sollte, besonders bei Temperaturen über $15°$ C, nicht lange stehenbleiben und Pulver in jeder Form nur nach dem Kochen für den Genuß verwendet werden[16]. Entero-

[1] Schormüller, J., u. H. Ballschnieter: Dtsch. Lebensmittel-Rdsch. Bd. 48 (1952) S. 113.

[2] Pierce, J. A.: Ind. Engng. Chem. Bd. 41 (1949) S. 1514.

[3] Boulet, M., u. J. A. Pierce: Canad. J. Techn. Bd. 29 (1951) S. 153.

[4] Lea, C. H.: Chem. and Ind. 1950 (9) S. 155.

[5] While, W. H., u. G. H. Grant: Canad. J. Res., Sect. F Bd. 22 (1944) S. 73.

[6] Hauge, S. M., F. P. Tscheile, C. W. Carrick u. B. B. Bohren: Ind. Engng. Chem. Bd. 36 (1944) S. 1065.

[7] Klose, A. A., G. I. Jones u. H. L. Fevold: Ind. Engng. Chem. Bd. 35 (1943) S. 1203.

[8] Cruickshank, E. M., E. Kodicek u. Y. L. Wank: J. Soc. chem. Ind. Bd. 64 (1945) S. 15.

[9] Hirschmann, D. J., u. H. D. Lightbody: Food Res. Bd. 12 (1947) S. 381.

[10] Tanner, F. W.: The Microbiology of Foods, S. 932. Garrard Press: Champaign Illinois 1944.

[11] Watson, A. J., u. H. McFarlane: Food Techn. Bd. 2 (1948) S. 15.

[12] McFarlane, V. H., u. E. J. Calsenick: Poultry Sci. Bd. 27 (1948) S. 87.

[13] Johns, C. K., u. H. L. Bezard: Food Res. Bd. 9 (1944) S. 396.

[14] Goresline, H. E., L. D. Stuart, H. E. Smart u. V. T. Dawson: J. Bacteriol. Bd. 45 (1943) S. 48.

[15] Wilson, M. W.: Food Ind. Bd. 20 (1948) S. 873.

[16] Gibbons, N. E., u. R. L. Moore: Canad. J. Res., Sect. F Bd. 22 (1944) S. 48, 169.

kokken überstanden Trocknung und Lagerung besser als Colibakterien, und ihre Bestimmung wurde an Stelle letzterer als die bessere Anzeige von Verunreinigung vorgeschlagen[1].

Eine Vernichtung der pathogenen Formen (*Salmonella spec.*) der Pulpe gelang durch Anwendung von Kathodenstrahlen (300000 rep). Es entstand ein Beigeschmack, der jedoch beim Sprühtrocknen der Pulpe unbedeutend war[2].

Für die praktische Verarbeitung ist von Bedeutung, daß zwischen dem Fluoreszenzwert, dem KCl-Wert und dem Refraktometerwert des Eipulvers einerseits und dem Schaum- und Backvolum andererseits eine gute Korrelation besteht[3]. Bei einer Temperatur von 4,4° C nahm das Schaumvolum ab, wenn der Wassergehalt zunahm[4].

Die Entfernung der Glukose durch Hefegärung stabilisierte Backeigenschaften und chemische Beschaffenheit (gemessen u. a.: Fluoreszenzwert, p_H-Wert, Proteinlöslichkeit)[5].

Die Qualität des Pulvers stieg, wenn die Temperatur der den Trockner verlassenden Luft sank. Qualität und mengenmäßige Leistung konnten in Einklang gebracht werden, wenn eine Einlaßtemperatur von 107° C und eine Auslaßtemperatur von 60° C beim Trockner nicht überschritten wurden[6]. Gefrorene Eimasse erwies sich für die Herstellung von Eipulver als geeignet. Für eine 6monatige Lagerung der Pulpe genügte die Einhaltung einer Temperatur von —12° C, für eine längere Lagerung wurde eine Temperatur von —23° C vorgeschlagen[7].

II. Lagerung des Pulvers.

Die Haltbarkeit der Eipulvers wird durch die Temperatur, den Wassergehalt, den p_H-Wert, die Zusammensetzung der Lageratmosphäre sowie durch die Mischung mit anderen Bestandteilen beeinflußt.

1. Temperatur.

Für den sehr häufig eingestellten Wassergehalt von 3 bis 5% haben Dawson und Mitarbeiter[8] an Hand einer subjektiven Beurteilung mit Hilfe eines Punktsystems den Geschmack, das Dickungsvermögen, die Emulgierfähigkeit und die Backfähigkeit bewertet und gelangten so zu folgenden Angaben über die Haltbarkeit bei verschiedenen Temperaturen (Tab. 3).

Tabelle 3. *Haltbarkeit (Wochen) von Volleipulver mit 3 bis 5% Wassergehalt, abhängig von der Temperatur und dem Verwendungszweck.* (Nach Dawson und Mitarbeitern.)

Verwendung als	0° C und 7,2° C	20° C	23,4° C	30° C	43,3° C
Rührei.	52	12	9	2	<1
Eierrahm, gebacken	52	40	20	5	1
Pfannkuchen	52	40	21	7	2
Mayonnaise.	52	52	31	7	2
Backpulverkuchen	52	52	40	12	2

[1] Brown, H. J., u. N. E. Gibbons: Canad. J. Res., Sect. F Bd. 28 (1950) S. 107.

[2] Proctor, B. E., R. P. Joslin, J. T. R. Nickerson u. E. E. Lockhart: Food Techn. Bd. 7 (1953) S. 291.

[3] Reid, M., u. J. R. Pearce: Canad. J. Res., Sect. F Bd. 23 (1945) S. 239.

[4] Hay, R. L., u. J. A. Pearce: Canad. J. Res., Sect. F Bd. 24 (1946) S. 430.

[5] Kline, L., H. L. Hanson, T. T. Sonada, J. E. Gegg, R. E. Feeney u. H. Lineweaver: Food Techn. Bd. 5 (1951) S. 323.

[6] Woodcoock, A. H., u. M. Reid: Canad. J. Res. Bd. 21 (1943) S. 389.

[7] Pearce, J. A., H. Tessier, C. G. Lavers u. M. W. Thistle: Canad. J. Res. Bd. 25 (1947) S. 173.

[8] Dawson, E. H., D. E. Shank, J. M. Lynn u. E. A. Wood: U. S. Egg Poultry Mag. Bd. 51 (1945) S. 154.

Die Haltbarkeit ist bei der Verwendung als Rührei am geringsten. Die Verfasser gaben 15,5° C als obere Temperaturgrenze an, wenn eine Haltbarkeit über mehr als 6 Monate gefordert wurde. Die Proben waren dampfdicht in Gläsern gelagert. Es ist zu beachten, daß keinesfalls alle Eigenschaften des Pulvers konstant bleiben, wenn eine derselben als unverändert beurteilt wird.

Bei Herstellung von Sprühpulver neigte die Schlagfähigkeit zur Abnahme, obwohl der Geschmackswert praktisch erhalten blieb. Nur durch das Gefriertrocknungsverfahren (s. S. 87) konnte man beide Eigenschaften erhalten[1]. Andererseits kann das Dickungsvermögen erhalten bleiben, während der Geschmack eine Abwertung erfährt.

Messungen des Fluoreszenzwertes ergaben bei hohen Temperaturen, selbst bei sehr geringem Wassergehalt (1,7%) die relativ kurzen Haltbarkeiten von 5 Wochen bei 38° C und 36 Wochen bei 27° C[2]. HAWTHORNE[3] berichtete, daß bei 20° C bis 37° C chemische Umsetzungen in nur geringem Umfang nachweisbar waren, obwohl ein beträchtlicher Verlust an Löslichkeit und Schlagfähigkeit eintrat (Wassergehalt 4 bis 5%, z. T. 2,3%). Selbst bei der extrem tiefen Temperatur von —40° C stieg nach 8 Monaten bei einem Wassergehalt von 4,2% der Fluoreszenzwert von 15 auf 20,6[4]. Die Änderungen waren allerdings bei +4° C nicht sehr viel größer. Objektive Messungen von HAY und PIERCE[5] zeigten bei Volleipulver mit 30% Zucker (1,4 bis 3,2% Wasser), daß die Lagerveränderungen bei 4,4° C geringfügig blieben. Das Schaumvolum nahm jedoch ab und die Säurezahl zu, wenn der Wassergehalt hoch war. Auch die Geschmackswertprüfung von BOGGS und FEVOLD[6] ergab, daß nach einer Lagerdauer von 8 Monaten bei 4° C (Wassergehalt 2%) keine merklichen Änderungen feststellbar waren. Auch die Farbe blieb fast unverändert[7]. BATE-SMITH und HAWTHORNE[8] empfahlen bei einem Wassergehalt von 4 bis 5%, der technisch einfach erzielbar ist, Temperaturen von 15° C oder niedriger. Die bei langer Lagerung auftretenden Veränderungen bleiben hierbei erträglich. Ein Komprimieren des Pulvers bezweckt lediglich eine Raumersparnis, jedoch keine bessere Qualitätserhaltung. Zusammenfassend läßt sich sagen, daß Volleipulver mit einem gleichbleibenden Wassergehalt von 4 bis 5% sich bei +4° C bis zu einem Jahr ohne merkliche Änderungen und bei +15° C im gleichen Zeitraum noch ohne sehr ernsten Qualitätsabfall hält.

2. Wassergehalt.

Für die Darstellung der Sorptionsisotherme hat GANE[9] (Temperatur 10° C) folgende Werte für Trockenvolleipulver angegeben:

Wassergehalt:

g/100 g Trockensubstanz	2	3	4,1	5,4	6,7	7,8	9,9	12,4
rel. Feuchtigkeit %	5	10	20	30	40	50	60	70

Bei einer Temperaturänderung um 10° C verschieben sich die Werte für den Wassergehalt z. B. bei 20% rel. Luftfeuchtigkeit zwischen 10° C und 80° C

---

[1] LIGHTBODY, H. D., u. H. L. FEVOLD in F. M. MRAK u. G. F. STEWART: Advances in Food Res. Bd. 1 (1948) S. 149. New York: Acad. Press.

[2] PEARCE, J. A., M. REID u. W. H. COOK: Canad. J. Res. Sect. F Bd. 24 (1946) S. 39.

[3] HAWTHORNE, J. R.: J. Soc. chem. Ind. Bd. 9 (1943) S. 135.

[4] THISTLE, M. W., W. H. WHITE, M. REID u. A. H. WOODCOCK: Canad. J. Res., Sect. F Bd. 22 (1944) S. 80.

[5] HAY, R. L., u. J. A. PEARCE: Canad. J. Res., Sect. F Bd. 24 (1946) S. 430.

[6] BOGGS, M. M., u. H. L. FEVOLD: Ind. Engng. Chem. Bd. 38 (1946) S. 1075.

[7] TRACY, P. H., J. SHEURING u. W. A. HOSKISSON: Food Res. Bd. 9 (1941) S. 126.

[8] BATE-SMITH, E. C., u. J. R. HAWTHORNE: J. Soc. chem. Ind. Bd. 62 (1943) S. 97.

[9] GANE, R.: J. Soc. chem. Ind. Bd. 62 (1943) S. 185.

durchschnittlich um 0,24 g/100 g Trockensubstanz. Die Werte fallen mit steigender Temperatur und umgekehrt. Den für eine erfolgreiche Lagerung erforderlichen Werten für den Wassergehalt entsprechen die sehr niedrigen Gleichgewichtsfeuchtigkeiten von 5 bis etwa 25 %. Die Verpackung muß so dimensioniert (Wasserdampfdurchlässigkeit, Verschlüsse!) und gestaltet sein, daß das Erzeugnis mit einem Wassergehalt von nicht über 5 % zum Verbraucher gelangt. Höhere Werte verursachen unerwünschte Lagerveränderungen, ein solcher von 12 % kann als die Grenze für das Wachstum von Schimmelpilzen bei hohen Umgebungstemperaturen angesehen werden.

Bei Volleipulver ändert sich nach einer bestimmten Lagerdauer der Geschmackswert etwa linear mit dem Wassergehalt für Werte von 1 bis 7 % (Boggs und Fevold[1]). Selbst ein sehr niedriger Wassergehalt von 1,4 % kann den Abbau des Volleipulvers bei hoher Temperatur (37° C und höher) nicht verhindern. Bei 4,4° C tritt der Einfluß des Wassergehaltes für Werte unter 5 % zurück. Eine Senkung des Wassergehaltes von 4,7 % auf 1,7 % verdreifacht die Haltbarkeit (Versuche bei 37° C und 38° C[2,3,4]).

3. p_H-Wert, Gaspackung.

Der p_H-Wert des Volleipulvers fällt während der Lagerung, besonders bei hoher Temperatur. Eine Senkung des p_H-Wertes auf 6,7 (Wassergehalt 1,7 %, Temperatur 27° C und 38° C) hatte nach Pearce und Mitarbeiter[2] den Fluoreszenzwert und den Geschmackswert nicht verbessert. Dagegen fanden Stewart und Mitarbeiter[5], die den p_H-Wert auf 5,5 senkten (Wassergehalt 0,6 und 5,5 %, Temperatur 50° C), eine bessere Erhaltung der Löslichkeit, und Boggs und Fevold[1] urteilten nach dem Geschmackswert, daß die Haltbarkeit bei Eipulver mit einem Wassergehalt von 2 %, einem p_H-Wert von 5,5 bei einer Temperatur von 36° C sich auf den 2,5fachen Betrag verlängern ließ.

Ansäuern der Pulpe vor der Trocknung, so daß sich beim Anrühren ein p_H-Wert von etwa 7,5 einstellte, verhinderte Grünfärbung. Schwarzfärbung (wahrscheinlich durch Fe-Einfluß) konnte bei $p_H = 9$ durch Zusatz von Versene (Ionenaustauscher) vermieden werden[6].

Ein Ersatz der Luft in dem Lagergefäß durch Stickstoff hatte keine erhebliche Verbesserung der Haltbarkeit zur Folge, dagegen wirkte sich Kohlendioxyd, besonders bei hohen Temperaturen, vorteilhaft auf die Erhaltung der Löslichkeit aus. Boogs und Fevold[1] gaben für lyophilisiertes Volleipulver mit einem Wassergehalt von 2 % (p_H-Wert der Eimasse 5,5), bei einer Temperatur von 36,5° C und Verwendung von CO_2 in der Packung (Konzentration 100 %) gegenüber der in Luft gelagerten Vergleichsprobe eine 4fache Erhöhung der Haltbarkeit an.

CO_2 wird von Volleipulver stark absorbiert, weshalb an seiner Stelle zur Vermeidung der Ausbildung eines Vakuums bei Temperatursenkung eine Gasmischung von 20 % CO_2 und 80 % N_2 vorgeschlagen wurde, ohne die gute Haltbarkeit zu beeinträchtigen[7].

---

[1] Boggs, M. M., u. H. L. Fevold: Ind. Engng. Chem. Bd. 38 (1946) S. 1075.

[2] Pearce, J. A., M. Reid u. W. H. Cook: Canad. J. Res., Sect. F Bd. 24 (1946) S. 39.

[3] Thistle, M. W., W. H. White, M. Reid u. A. H. Woodcock: Canad. J. Res., Sect. F Bd. 22 (1944) S. 80.

[4] Hay, R. L., u. J. A. Pearce: Canad. J. Res., Sect. F Bd. 24 (1946) S. 430.

[5] Stewart, G. F., L. R. Best u. B. Lowe: Proc. Inst. Food Techn. (1943) S. 77.

[6] Mitchell, J. H.: Food Techn. Bd. 7 (1953) S. 456.

[7] Greene, J. W., R. M. Conrad, A. L. Olsen, u. C. E. Wagoner: Chem. Engng. Progr. Bd. 44 (1948) S. 591.

Die optimale Haltbarkeit ist somit für ein Volleipulver, das aus einer Eimasse mit dem p_H-Wert 5,5 hergestellt ist, ferner einen niedrigen Wassergehalt von etwa 2% aufweist und in Kohlendioxydatmosphäre bei niedriger Temperatur gelagert wird, erzielbar.

4. Einfluß der Mischung.

Eiklar wurde vor der Trocknung zwecks Entfernung des Zuckers 2 Tage bei 26° C bis 29° C fermentiert. Das Pulver war dann fast unbegrenzt haltbar. Stewart[1] wies jedoch darauf hin, daß durch das Fermentieren Geschmack, Geruch und Farbe merklich verändert wurden, so daß das Pulver mit dem gefrorenen Eiklar nicht mehr konkurrieren und für die Herstellung mancher Erzeugnisse der Back- und Süßwarenindustrie nicht mehr verwendet werden konnte. Eigelbpulver, für die Herstellung von Eiskrem, muß mindestens bei einer Temperatur von 4° C, besser bei niedrigerer Temperatur gelagert werden. Bei 15,5° C entwickelte sich in dem Zeitraum zwischen 6 und 12 Monaten ein Beigeschmack[2]. Wurden Eiklar- und Eigelbpulver unter vergleichbaren Bedingungen hergestellt, so hielten sich die Einzelerzeugnisse besser als ebenso erzeugtes Volleipulver. Für Volleipulver mit 33% Zuckerbeigabe (Wassergehalt 1,4 bis 2,8%) wurde bei 4,4° C eine Haltbarkeit von mindestens einem Jahr angegeben[3]. Auffällig und bisher ungeklärt war die Verminderung der Haltbarkeit durch Mittrocknen von Milch[4]. Niedrige Temperatur (4,4° C) und Lagerung in CO_2 mildern das Verhalten. Zuckerzusatz wirkte sich nur bei hohen Temperaturen günstig aus ($\geqq 48°$ C).

5. Qualitätsbeurteilung.

Neben den subjektiven Prüfungen des Geschmackswertes, des Schaumvolums, des Backvolums, des Dickungsvermögens, der Stabilität der Emulsion sind die objektiven Messungen der Verluste der Löslichkeit, der Farbe, des Fluoreszenzwertes[3], des p_H-Wertes sowie des Bakteriengehaltes am häufigsten in Anwendung.

---

[1] Stewart, G. F.: U. S. Egg Poultry Mag. Bd. 54 (1948) S. 17.
[2] Tracy, P. H., J. Sheuring u. A. W. Hoskisson: Food Res. Bd. 9 (1944) S. 126.
[3] Hay, R. L., u. J. A. Pearce: Canad. J. Res., Sect. F Bd. 24 (1946) S. 430.
[4] Pearce, J. A., J.W.Whittaker, H. Tessier u. W. A. Bryce: Canad. J. Res., Sect. F Bd. 24 (1946) S. 70.

Milch und Milchprodukte.

Von

Dipl.-Ing. **K.-F. Leopold**
Hamburg-Bergedorf.

Mit 44 Abbildungen.

A. Allgemeines.

I. Einleitung und wirtschaftliche Bedeutung.

Die Erzeugung und Verarbeitung von Milch und Milchprodukten stellt einen wesentlichen Faktor nicht nur innerhalb der Landwirtschaft, sondern auch gemessen am gesamten Wirtschaftsleben dar. Von den von der Landwirtschaft im Bundesgebiet erzielten Verkaufserlösen entfielen z. B. im Jahre 1951/52 auf:

pflanzliche Erzeugnisse 33,5%
Schweine 20,9%
Milch 25,9%

Der Geldwert des Verkaufserlöses für Milch betrug im gleichen Jahr 3,13 Md. DM Als Wirtschaftsfaktor ist die Milcherzeugung somit etwa zu vergleichen mit dem Kohlenbergbau mit einem jährlichen Umsatz von 4,8 Md. DM oder der Bekleidungsindustrie mit 3,1 Md. DM.

Tab. 1 zeigt den Verlauf der Milcherzeugung in verschiedenen Jahren im Bundesgebiet:

Tabelle 1.

	Einheit	Kalenderjahr						
		1935/38	1952	1953	1954	1955	1956	1957
Milchkuhbestand. . . .	1000 Stück	5 990	5 822	5 863	5 777	5 749	5 659	5 641
Milchertrag je Kuh . .	kg	2 480	2 724	2 864	2 925	2 941	3 006	3 060
Milcherzeugung	1000 t	15 000	15 813	16 740	17 054	16 907	17 007	17 263
davon an Molkereien .	1000 t	8 670	10 371	11 170	11 398	11 281	11 510	12 008
Ablieferung	v. H.	57,8	65,6	66,8	66,7	66,7	67,7	69,6

Es liegt auf der Hand, daß diese gewaltigen Milchmengen bei der heutigen Zusammenballung der Bevölkerung in Großstädten nicht mehr unmittelbar vom Erzeuger an den Verbraucher abgesetzt werden können. Die Zwischenschaltung eines fein organisierten Sammel- und Verteilungsapparates ist deshalb notwendig. Da überdies Milch, solange nicht alle Kuhbestände einwandfrei Tbc-frei sind, mit Krankheitserregern infiziert sein kann, muß sie im Schnittpunkt zwischen Sammlung und Verteilung einer Bearbeitung unterzogen werden, die eine einwandfreie Pasteurisierung gewährleistet. Das ist die eine Aufgabe der Molkereien.

Ein Teil des Milchstromes verläßt die Verarbeitungsbetriebe als Trinkmilch in Flaschen, Packungen oder für den offenen Verkauf; die sog. Werkmilch wird zu Butter, Käse und anderen Milchprodukten weiterverarbeitet. Das ist die andere Aufgabe der Molkereien. Der prozentuale Anteil der einzelnen Produkte betrug im Jahre 1954:

Trinkmilch	27,0%
Butter	60,0%
Käse und Quark	8,1%
Dauermilch	4,6%
Sonstiges	0,3%

Da die Milch einerseits sehr empfindlich und leicht verderblich ist, andererseits der Weg vom Erzeuger bis zum Verbraucher eine gewisse Zeit in Anspruch nimmt und die Leistungsanforderung an moderne Molkereien immer mehr zunimmt, ist eine Milchwirtschaft ohne Anwendung künstlicher Kälte heute nicht mehr denkbar.

In den folgenden Kapiteln soll der Weg der Milch vom Erzeuger zum Verbraucher verfolgt und es soll gezeigt werden, wie sich eine lückenlose Kühlkette vom Bauernhof bis zum Haushalt erstreckt. An einigen Stellen der Verarbeitung von Milchprodukten dient die Kälte nicht nur zur Konservierung, sondern sie ist selbst ein Mittel zur Herstellung einiger Produkte im Zuge des technologischen Arbeitsverfahrens.

Über die Erzeugung und den Vertrieb von Speiseeis wird erst in Bd. XI dieses Handbuches berichtet werden.

Die Gefahren, die der Volksgesundheit beim Verzehr von bakteriologisch nicht einwandfreier Milch drohen und die seuchenhygienischen Anforderungen, die an ein so empfindliches Volksnahrungsmittel gestellt werden müssen, haben dazu geführt, daß das Gesamtgebiet des Milch- und Molkereiwesens durch eine Reihe sehr eingehender gesetzlicher Vorschriften geregelt wird, die beim Entwurf von Apparaten und beim Bau milchverarbeitender Betriebe beachtet werden müssen. Es ist selbstverständlich, daß die Einhaltung der Vorschriften auch sehr sorgfältig überwacht wird. Insbesondere sind zu beachten das „Milchgesetz" vom 31. 7. 1930 und das „Gesetz über den Verkehr mit Milch, Milcherzeugnissen und Fetten" vom 21. 2. 1951 sowie eine Anzahl Durchführungsverordnungen.

II. Stoffwerte.

Milch ist ein besonders hochwertiges Nahrungsmittel, was sich aus ihrem Zweck ergibt, nämlich das Jungsäugetier so lange vollständig zu ernähren, bis es in der Lage ist, selbständig sein Futter zu suchen oder zu erjagen. Milch enthält deshalb außer den notwendigen Kalorienspendern in reichlichem Maße Aufbaustoffe und die für die Verwertung der Nahrung notwendigen Enzyme, Vitamine und Spurenelemente.

Gesetzlich wird Milch in der „Verordnung zur Ausführung des Milchgesetzes vom 15. 5. 1931" definiert: Milch ist das durch regelmäßiges, vollständiges Ausmelken des Euters gewonnene und gründlich durchgemischte Gemelk von einer oder mehreren Kühen aus einer oder mehreren Melkzeiten, dem nichts hinzugefügt und nichts entzogen ist.

Tab. 2 zeigt die Bestandteile der Milch in Prozenten; die starke Streuung der Werte ergibt sich aus der Verschiedenart der Herkunft der Milch, der Art des Futters, der Jahreszeit, der Rasse des Milchtieres, dessen Alter und seiner Laktationsperiode.

Tabelle 2. *Bestandteile der Milch.*

Wasser	86,5 bis 89,5%
Kasein	2,5 bis 3,5%
Milcheiweiß (Albumin, Globulin)	0,4 bis 0,6%
Milchzucker	4,2 bis 5,2%
Salze	etwa 0,7%
Fett	2,8 bis 4,2%
Zitronensäure	etwa 0,25%
Rest-Stickstoffsubstanzen	etwa 0,20%
Phosphatide	etwa 0,05%
Enzyme, Vitamine, Sterine, Spurenstoffe	Spuren
Fettfreie Trockenmasse	8,0 bis 10,0%
Gesamt-Trockenmasse	10,5 bis 13,5%

Die mittlere Zusammensetzung der Milchtrockenmasse zeigt Tab. 3.

Der Nährwert der Milch ergibt sich aus der Summe der Heizwerte der in ihr enthaltenen Nährstoffe:

Fett	9400 kcal/kg
Eiweiß	4400 kcal/kg
Kohlehydrate (Milchzucker)	4200 kcal/kg

Tabelle 3.

Fett	27,9%
Kasein	24,4%
Milchalbumin	3,7%
Milchzucker	38,3%
Salze	5,7%

Tab. 4 zeigt den Gehalt an Fett, Eiweiß und Kohlehydraten sowie den Kaloriengehalt in 1 kg Milch bzw. Milcherzeugnissen.

Tabelle 4. *Zusammensetzung verschiedener Milcherzeugnisse.*

Erzeugnis	Fett g	Eiweiß g	Kohlehydrate g	Kalorien kcal kg
Vollmilch	34	34	47	670
Rahm (10% Fett)	100	34	40	1260
Magermilch	1	34	47	380
Buttermilch	5	34	34	370
Molke	2	8	46	240
Kondensmilch (gezuckert)	90	90	530	3470
Kondensmilch (ungezuckert)	70	60	92	1300
Trockenmilch	260	260	370	5150

Zum Vergleich sind in Tab. 5 die ausnützungsfähigen Kalorien anderer Nahrungsmittel angegeben.

Tabelle 5.

	kcal/kg		kcal/kg
Milch	670	Brot	2400
Emmentaler	4100	mageres Fleisch	1300
Butter	7400	Kartoffeln	900
Ei	1700	Reis	3600

Die für die Berechnung von Apparaturen zur Erhitzung und zur Kühlung von Milch und Milchprodukten notwendigen Werte physikalischer Eigenschaften sind in Tab. 6 angegeben. Bei deren Anwendung ist zu beachten, daß es sich bei der Verschiedenheit der Zusammensetzung der Milch nur um Mittelwerte handeln kann, so daß es sich empfiehlt, in die Rechnung stets ausreichende Sicherheitsfaktoren einzusetzen.

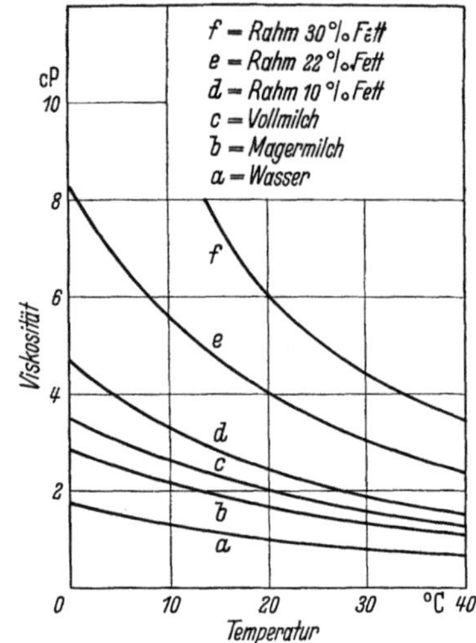

Abb. 131. Viskosität von Milch und Rahm.

Tabelle 6. *Physikalische Eigenschaften von Milch.*

Spezifische Gewichte, kg/l bei +15° C:

Vollmilch	1,031 bis 1,034
Magermilch	1,034
Buttermilch	1,033
Quarkmolke	1,028
Rahm 10% Fett	1,0243
20% Fett	1,0129
30% Fett	1,0017
40% Fett	0,9908
50% Fett	0,9801
Milchfett	0,9310
Siedepunkt der Milch	+100,2° C
Gefrierpunkt der Milch	— 0,555° C

Spezifische Wärme kcal/kg °C bei 15° C:

Vollmilch	0,933
Magermilch	0,943
Rahm 20% Fett	0,840
Butterfett	0,560

Für die Verarbeitung der Milch zu Butter, Käse und anderen Milchprodukten ist der p_H-Wert bzw. der Säuregrad nach Soxhlet-Henkel wichtig. (cm^3 n/4 NaOH in 100 cm^3 Milch).

Zustand	p_H-Wert	°SH
süße Milch	6,8 bis 6,4	5 bis 8
ansaure Milch	6,3 bis 6,0	9 bis 12
saure Milch	4,5 bis 4,2	35 bis 45
hochsaure Milch	4,0 bis 3,0	60 bis 90

Bei $p_H = 6,4$ gerinnt die Milch bei Mischung mit Alkohol, bei $p_H = 5,8$ ist die Kochfähigkeitsgrenze erreicht.

Die für die Berechnung von Strömungswiderständen und Wärmeübergangszahlen wichtige Viskosität kann mit praktisch genügender Genauigkeit aus Abb. 131 entnommen werden. Sie nimmt mit wachsender Temperatur stark ab. Außer der Temperatur und der Zusammensetzung der Milch beeinflußt auch das Alter die Viskosität; z. B. nimmt sie bei ruhigem Stehenlassen in 24 Stunden um 5% und in 80 Stunden um 10% zu. Durch eine Erwärmung auf 40°C bis 50°C und folgende Abkühlung können die ursprünglichen Werte wieder erreicht werden.

Spezifische Wärme und Enthalpie der Butter.

Die für die Berechnung des Kältebedarfes für das Kühlen und Gefrieren von Butter notwendigen Werte der spezifischen Wärme und der Enthalpie sind aus folgenden Angaben zu entnehmen:

Werte der Enthalpie von Milch und Molkereiprodukten wurden zwischen −10° C und +30° C von Rjutow bekanntgegeben[1]. Für Butter reichen die Werte von −20° C bis +20° C[2]. Alle diese Werte findet man in Tab. 1, im Abschnitt „Die Frischhaltung von Lebensmitteln" auf S. 8. Die spezifische Wärme von Butter wurde von Smith[3], Perlick[4] und Riedel[5] kalorimetrisch

---

[1] Rjutow, D. G.: Cholodilnaja Technika (Russisch) Bd. 27 (1950) S. 69. Referat mit Tabelle in „Kältetechnik" Bd. 4 (1952) S. 246.

[2] Es ist zu beachten, daß die Nullpunkte der Enthalpie für die verschiedenen Produkte verschieden gewählt wurden.

[3] Smith, A. J. M.: Rep. Food Inv. Board for 1933, S. 41.

[4] Perlick, A.: Z. ges. Kälteind. Bd. 44 (1937) S. 234.

[5] Riedel, L.: Z. ges. Kälteind. Bd. 45 (1938) S. 177.

gemessen, sie kann auch aus den Werten von RJUTOW für verschiedene Intervalle berechnet werden. Die Werte der einzelnen Beobachter weichen etwas voneinander ab. Für konzentrierten Rahm (bis 60%) hatte schon früher BOWEN[1] einige Werte angegeben.

Am genauesten dürften für Butter die Werte der spezifischen Wärme von RIEDEL sein, deren Abhängigkeit von der Temperatur in Abb. 132 dargestellt ist. Neben einer Spitze bei 0° C, die auf die Aggregatzuständsänderung des Wassergehaltes zurückzuführen ist, fand RIEDEL (wie auch schon früher SMITH) noch eine Spitze bei +20° C, die durch die Aggregatzustandsänderung eines Fettbestandteiles verursacht ist. Außerdem zeigt sich noch eine zweite Spitze bei +34° C und danach ein steiler Abfall. In Abb. 132 ist auch der Verlauf der spezifischen Wärme von Butterfett angegeben.

Die Werte der Enthalpie von Butter, die RIEDEL durch Integration der Kurve der spezifischen Wärme nach Abb. 132 ermittelt hat, sind höher als diejenigen von PERLICK und von RJUTOW.

Die Differenz zweier Enthalpiewerte gibt den Kältebedarf an, der für die Abkühlung

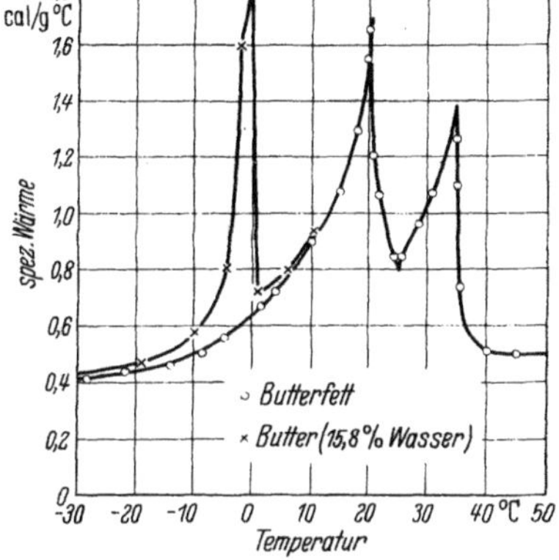

Abb. 132. Spezifische Wärme von Butter und Butterfett.

der Butter um die entsprechende Temperaturdifferenz erforderlich ist. Tab. 7 zeigt die Unterschiede der von den genannten Forschern gegebenen Werte.

Tabelle 7. *Kältebedarf in kcal/kg für verschiedene Temperaturintervalle.*
(*Nach* RJUTOW, RIEDEL *und* PERLICK.)

Temperaturintervall °C	Kältebedarf		
	nach RIEDEL	nach RJUTOW	nach PERLICK
— 10 bis +10	26,3	24,8	—
— 8 bis +15	30,5	28,5	25,5
— 3 bis +15	27,7	24,3	22,5
— 3 bis +25	38,8	—	28,3
0 bis +20	19,5	18,8	—

Der von RIEDEL ermittelte Kältebedarf ist am größten, das Rechnen mit diesen Werten bietet daher die größte Sicherheit.

Tab. 1 auf S. 8 enthält außerdem die Enthalpiewerte nach RJUTOW für entrahmte Milch, kondensierte Milch, saure Milch, saure Sahne, süße Sahne (Rahm), Quark und Käse. Mit diesen Werten kann der Kältebedarf für die Kühlung dieser Produkte für verschiedene Temperaturintervalle berechnet werden.

III. Schrifttum zum Abschnitt A.

Allgemeines.

NIEMEYER, H.: Handbuch für Molkereifachleute. 4. Aufl. Hildesheim: Milchwirtsch. Verlag Th. Mann K. G. 1955.

RAHN u. SCHARP: Physik der Milchwirtschaft. Berlin: Parey 1928.

Milchwirtschaftlicher Wegweiser. Hildesheim: Milchwirtsch. Verlag Th. Mann K. G. 1956.

---

[1] BOWEN, J. T.: Ber. V. Intern. Kältekongr. Rom Bd. 4, S. 234. — Vgl. auch M. HIRSCH: Die Kältemaschine, S. 440. Berlin: J. Springer 1932.

Glubitz, H.: Kältebakterien mit besonderer Berücksichtigung ihrer Bedeutung für die Milchwirtschaft, Milchwirtsch. Forsch. Bd. 5 (1928) S. 407.

Mohr, W., u. Oldenburg: Über die Temperaturabhängigkeit einiger physikalischer Konstanten von Milch und Rahm. Milchwirtsch. Literaturbericht Nr. 85. Kiel (1943).

Mohr, W., u. Moos: Milchwirtsch. Forsch. Bd. 8 (1929) S. 429, 576.

Mohr, W., u. Ritterhoff: Über den Einfluß der molkereitechnischen Bearbeitung auf die physikalischen Konstanten von Magermilch. Hildesheim: Molkerei-Ztg. Bd. 51 (1937) S. 936.

Riedel, L.: Die Temperaturabhängigkeit der spezifischen Wärme von Butter, Z. ges. Kälteind. Bd. 45 (1938) 9 S. 177.

Riedel, L.: Enthalpie u. spezifische Wärme von Fetten u. Ölen im Schmelzbereich, DKV-Arbeitsblatt 8—10 in Kältetechnik Bd. 8 (1956) S. 3.

Spöttel, W., u. K. Gneist: Beiträge zur Kenntnis der Viskosität der Milch. Milchwirtschaftl. Forsch. (1942) S. 213.

B. Milcherzeugung.

I. Bauernhof.

Die Kühlkette muß für das empfindliche Nahrungsmittel „Milch" sehr frühzeitig, am besten unmittelbar nach der Gewinnung, beginnen. Die Qualität der Trinkmilch beim Verbraucher hängt entscheidend davon ab, in welcher Qualität die Milch beim Erzeuger gewonnen wird und wie es gelingt, diese Qualität einwandfrei zu erhalten.

Bei entsprechender Sauberkeit und Hygiene kann Milch zwar nicht keimfrei, wohl aber keimarm gewonnen werden. Voraussetzung dafür sind biologisch einwandfrei gereinigte und desinfizierte Melkgeräte, wobei derjenigen Methode der Vorzug zu geben ist, bei der die Milch mit möglichst wenigen Oberflächen in Berührung kommen kann.

Die Vermehrung der anfangs in der Milch enthaltenen unvermeidlichen Keime beginnt 2 bis 3 Stunden nach dem Melken; bis dahin ist die Milch durch die in ihr enthaltenen bakteriziden Stoffe genügend geschützt. Dann aber ist das Bakterienwachstum sehr stark von der Temperatur abhängig; wie Abb. 133 zeigt, ist schon bei Temperaturen zwischen 10° C und 15° C innerhalb der ersten 24 Stunden eine starke Vermehrung der Keime festzustellen. Die Milch muß also möglichst bald nach dem Melken schnell gekühlt und bis zur Ablieferung an die Molkerei kühl gehalten werden. Dabei ist zu beachten, daß durch das Kühlen die Qualität der Milch höchstens in dem vorliegenden Zustand erhalten werden kann, daß aber aus schlechter Milch niemals durch Kühlung wieder gute Milch gemacht werden kann. Das Kühlen ersetzt also keinesfalls die Hygiene bei der Milchgewinnung.

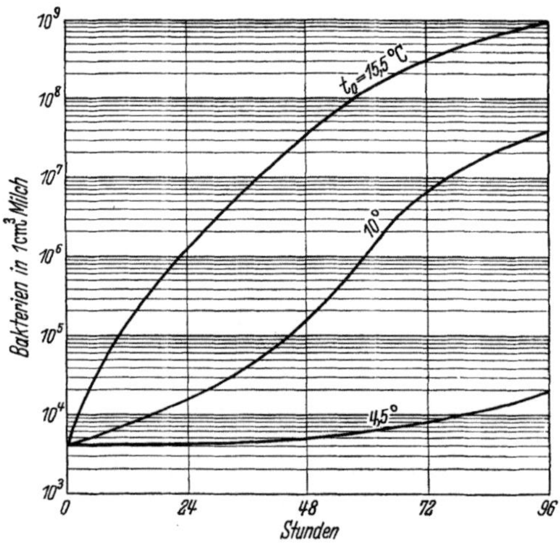

Abb. 133. Bakterienwachstum in Milch.

Es ist auch keineswegs so, daß eine Kühlung auf besonders tiefe Temperaturen für die Erhaltung der Qualität am günstigsten wäre; es gibt Bakterienarten, die niedrige Temperaturen bevorzugen oder sich dabei mehr oder weniger ungehemmt entwickeln können. Zu diesen gehören auch solche Arten, die in der Milch sehr gefürchtet sind (Fluoreszenten, alkalibildende Stäbchen u. a.). Bei zu niedrigen Temperaturen besteht also die Gefahr, daß sich diese Schädlinge kräftiger entwickeln als die an sich harmlosen oder sogar nützlichen gewöhnlichen Milchsäurebakterien. Die Beschaffenheit der Milch wird durch die Verschiebung der Zusammensetzung der Mikroflora ungünstig beeinflußt. Das zeigt sich darin, daß zu tief gekühlte Milch leicht Geschmacks- und Geruchsfehler aufweist.

Es werden deshalb tiefere Temperaturen von 0° C bis +5° C nur noch für sog. „Vorzugsmilch" (s. S. 325) und für „Fernmilch", d. h. solche, die aus weit abgelegenen Überschußgebieten herangebracht wird (Berlin-Versorgung) gefordert. Für die in Deutschland übliche Arbeitsweise, die Abendmilch mit der Morgenmilch gemeinsam zur Molkerei zu transportieren, genügt eine Temperatur von +10° C.

Selbst unter günstigen Bedingungen reichen aber weder Temperatur noch Menge des üblicherweise zur Verfügung stehenden Kühlwassers aus, um die Bedingungen zu erfüllen. Die meisten Betriebe sind daher auf die Verwendung künstlicher Kälte angewiesen, bei der die nötigen tieferen Temperaturen ohne nennenswerten Wasserverbrauch erreicht werden.

Bei allen Werkmilch liefernden Betrieben wird es genügen, nur die Mittags- und Abendmilch zu kühlen, da die Morgenmilch meistens innerhalb von 3 Stunden nach dem Melken bei der Molkerei angeliefert wird. Trinkmilchbetriebe müssen auch eine Kühlung der Morgenmilch verlangen, da diese mit einer Temperatur von höchstens 13° C bei der Molkerei angeliefert werden soll. Die Entscheidung, ob eine Aufbewahrung der Abendmilch unter Kühlung bis zum nächsten Morgen und ein einmaliger Transport zur Molkerei einem mehrmaligen Transport, getrennt für Abend- und Morgenmilch, vorzuziehen ist, dürfte eindeutig zugunsten der Kühlung gefallen sein, da ein mehrmaliger Transport das Volksnahrungsmittel „Milch" mit untragbaren Kosten belasten würde.

Aus der Erkenntnis heraus, daß ein hochwertiges Endprodukt, das zum Erhöhen des Trinkmilchverbrauches unerläßlich ist, nur dann erzielt werden kann, wenn einwandfreie Milch angeliefert wird, haben sich die Molkereien entschlossen, die Milch nach ihrer Qualität gestaffelt zu bezahlen oder bei Anlieferung angesäuerter oder sonst schlechter Milch fühlbare Abzüge zu machen. Die Mehreinnahmen an Milchgeld für die Lieferung guter Milch gestatten dem Bauern die Anschaffung und den wirtschaftlichen Betrieb von Anlagen zum maschinellen Kühlen der Milch.

Für die technische Durchführung des Milchkühlens sind insbesondere drei Verfahren bekannt geworden:

1. Kühlen in Sammelbehältern,
2. Kühlen durch Berieselung über Flächenkühler,
3. Kühlen in der Milchkanne selbst.

Zwischen diesen drei Verfahren bestehen Unterschiede nicht nur in der Art der Kühlung, sondern auch in der Durchführung des Transportes und beim Reinigen der Milchkannen. Wenn die Milch vom Bauernhof in Kannen zur Molkerei transportiert wird, erfordert ein zwischengeschalteter Sammelbehälter einen verhältnismäßig hohen Arbeitsaufwand beim Reinigen, und außerdem ist eine doppelte Reinigung der Milchkannen erforderlich. Vor dem Ablassen der gekühlten Milch erweist sich eine kurze Betätigung des Rührwerkes als unbedingt notwendig, um die starke Rahmschicht aufzulösen. Das Abfüllen der Milch ist infolge starker Schaumbildung in den Milchkannen ziemlich zeitraubend. Auch ist auf einem Bauernhof das notwendige Reinigen des Tanks nicht mit der Sorgfalt zu erwarten, die bakteriologisch erforderlich wäre. Tanks werden deshalb mehr in den in Süddeutschland üblichen Sammelstellen verwendet oder neuerdings auf den Melkwagen aufgebaut, der von einem fachmännisch besonders ausgebildeten Melktrupp bedient wird.

Für den Rieselkühler gilt bezüglich der Reinigung das gleiche, so daß auch dieser zweckmäßig nur in Sammelstellen oder in Vorzugsmilchbetrieben, die unmittelbar in Flaschen abfüllen, verwendet wird.

Für die Kühlung im Bauernhof hat sich somit im wesentlichen das Kühlen in der Kanne selbst durchgesetzt, denn die Forderungen, die an eine solche Milchkühleinrichtung zu stellen sind, lassen sich damit am besten erfüllen: Die Kühlung muß schnell, sauber, billig und bequem sein.

Mit einer kleinen Kältemaschine wird tiefgekühltes Wasser von etwa 0° C erzeugt. Über den Kannenhals wird ein Ring mit kleinen Löchern gelegt, der das tiefgekühlte Wasser gleichmäßig über die Kannenaußenwand rieseln läßt. Der Wärmeübergang von der Kannenaußenfläche an das Wasser ist dabei höher, als wenn man die Kannen, wie es früher üblich war, nur in das kalte Wasser hineinstellt, selbst wenn man das Wasser durch ein Rührwerk umwälzen läßt oder wenn man die Kannen während des Kühlens mechanisch bewegt, was überdies ziemlich umständliche mechanische Vorrichtungen erfordert.

Damit für die innerhalb einer kurzen Melkzeit angelieferte gesamte Milchmenge eine genügende Kältemenge zur Verfügung steht, läßt man die Kältemaschine einige Stunden vorlaufen und speichert die dabei erzeugte Kälte in Form von Eis an den Kühlschlangen. Die Eisstärke wird durch einen in das Eis einfrierenden Thermostatenfühler automatisch begrenzt. Von Hand ist nur die Berieselung der Kannen durch Einschalten der Pumpe in Gang zu setzen, wenn die Kannen mit Abend- oder Morgenmilch bereitstehen.

Die Kühlung muß schnell erfolgen, um das Bakterienwachstum von vornherein zu hemmen. Durch Kühlen mit Eiswasser kann die Kühlzeit ganz erheblich kürzer sein als bei Brunnenwasser, bei dem die Milch gerade in dem gefährlichen Temperaturbereich oberhalb +15° C längere Zeit stehenbleibt. Abb. 134 zeigt eine charakteristische Temperaturkurve, wie sie mit Eiswasserberieselung an einer 20 *l*-Kanne ohne Anwendung eines Rührwerkes in der Milch erzielt wird. Durch die große Temperaturdifferenz zwischen dem eiskalten Wasser und der warmen Milch bildet sich im Inneren der Kanne ein selbsttätiger thermischer Umlauf der Milch, der die Abkühldauer stark verringert und der verhindert, daß die Milch aufrahmt.

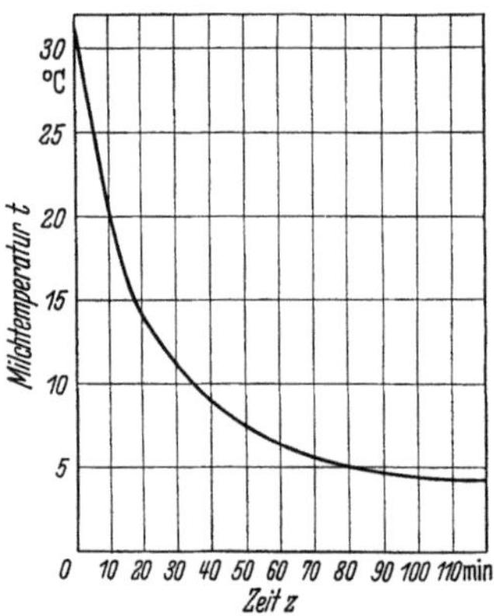

Abb. 134. Temperaturverlauf in Kannenmilchkühlern, gültig für 20 l-Kannen.

Eine einwandfreie Reinigung anderer Flächen, mit denen die Milch bei anderen Verfahren in Berührung kommen könnte, also von zusätzlichen Behältern, Tanks oder Rieselkühlern ist im Bauernhof nicht mit Sicherheit zu erwarten, allenfalls in einer Milchsammelstelle mit besonders ausgebildetem Personal.

Aus diesem Grund sind auch die in der Kanne einzuhängenden Rührwerke unerwünscht, da sie stets die Gefahr des Einschleppens von Keimen oder Schmutz mit sich bringen. Nach Abb. 134 sind solche Rührwerke bei Anwendung von Eiswasser auch nicht erforderlich.

Die Kühlung muß billig sein, damit der finanzielle Aufwand den Mehrerlös für gute Qualität nicht von vornherein wieder aufzehrt. Ein Kühlgerät für den Bauernhof muß also aus möglichst billigem Material hergestellt werden können, unter Vermeidung von rostfreien Stählen, Kupfer oder ähnlichen teuren Werkstoffen, wie sie für zusätzliche milchberührte Flächen notwendig wären.

Durch das Eisspeicherverfahren wird auch die Kältemaschine selbst klein und billig. Der Stromverbrauch ist außerordentlich gering; nach Untersuchungen an ausgeführten Anlagen durch die Bundesforschungsanstalt in Kiel betragen diese im Mittel etwa 0,3 Pf für jeden abzukühlenden Liter Milch. Kosten für Wasser entstehen überhaupt nicht, da die Kältemaschine selbst luftgekühlt ist und das in der Anlage befindliche Umlaufwasser immer wieder verwendet wird. Daß keine Milchverluste beim Umgießen und durch Hängenbleiben von Restmilch entstehen, erhöht die Wirtschaftlichkeit des Verfahrens.

Die Bedienung der Kannenkühlanlagen ist bequem, da die Milch weder transportiert noch umgefüllt werden muß. Der Stellrost für die Kannen liegt so niedrig, daß ein leichtes Kippen der Kanne über das Knie genügt, um sie auf den Rost zu schieben. Das bedeutet insbesondere für die Bäuerin eine wesentliche Arbeitsentlastung.

Über Nacht kann sich die abends gekühlte Milch wieder erwärmen. Das kann man dadurch verhindern, daß man die Kannen durch eine isolierende Haube über Nacht abdeckt oder dadurch, daß eine Schaltuhr mehrmals in der Nacht die Kaltwasserberieselung wieder für kurze Zeit in Gang setzt. Der dadurch neuerlich entstehende thermische Umlauf trägt dazu bei, auch während der Nacht das Aufrahmen zu verhindern.

Für kleinere Höfe mit geringen anfallenden Milchmengen werden Kannenkühlanlagen mit 8 bis 10 Kannen in transportabler steckdosenfertiger Ausführung gebaut, wie Abb. 135 zeigt. Bei größeren Anlagen wird nach Abb. 136 der

Abb. 135. Kannenmilchkühler in steckdosenfertiger Ausführung (Fabrikat BBC).

Milchbehälter gern ortsfest gemauert, was durch das Ansetzen hofeigener Arbeitskräfte die Kosten noch verringern kann. Auch die Frage, ob es sich um einen Pachthof oder einen Eigentumshof handelt, wird bei der Entscheidung, ob ortsfest oder transportabel, zu berücksichtigen sein.

Ein Mittelding zwischen der steckdosenfertigen Apparatur und der an Ort und Stelle gebauten und montierten Anlage stellt die auf Abb. 137 dargestellte Ausführung dar, bei der zwar der Behälter und der Rost für die Kannen ortsfest eingebaut wird, bei der aber das Maschinenaggregat mit dem Verdampfer, d. h. mit der Kühlschlange, an der sich das Eis bilden soll, in der Fabrik zusammengesetzt und gefüllt wird, so daß wenigstens die kältetechnische Montage entfällt.

Es ist oft der Wunsch geäußert worden, die für die Kühlung der gewonnenen Milch auf dem Bauernhof einzubauende Kältemaschine noch anderen Kühlzwecken dienstbar zu machen, insbesondere zur Kühlung einer Tiefkühltruhe auszunutzen. Es hat sich aber gezeigt, daß das nicht zweckmäßig ist, da die Arbeitsbedingungen, insbesondere in bezug auf die Laufzeiten und auf die anzuwendenden Verdampfungstemperaturen, zu unterschiedlich sind. Da die Zeit, in der das Eis für die Speicherung der Kälte erzeugt wird, beliebig innerhalb der gesamten Laufzeit der Maschine liegen kann, wäre es allenfalls möglich, die

Abb. 136. Milchkammer mit ortsfest eingebauten Kannenmilch-Kühlanlagen (Fabrikat Bergedorfer Eisenwerk A.G.).

Kältemaschine auf beide Kälteverbraucher zeitlich nacheinander so laufen zu lassen, daß die Tiefkühltruhe mit Vorrang bedient wird, während die Eiserzeugung in den von der Tiefkühltruhe zugelassenen Kühlpausen geschieht.

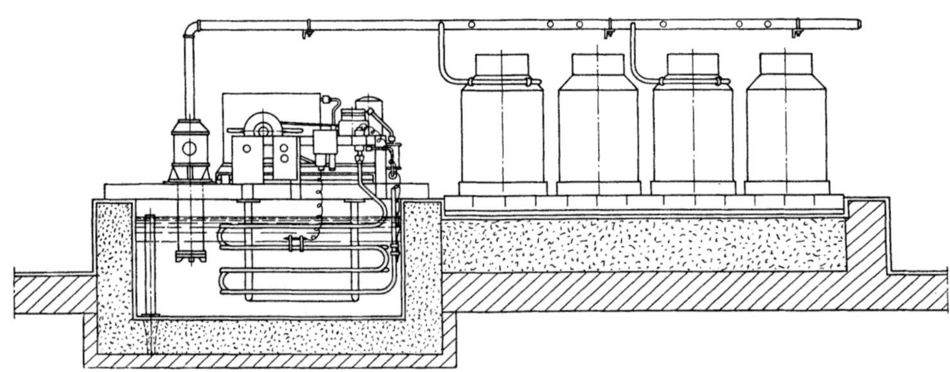

Abb. 137. Steckdosenfertiger Kühlsatz zum Einbau in ortsfest gemauerten Behälter (Fabrikat Bergedorfer Eisenwerk A.G.).

Dadurch, daß die Maschine jeweils eine Kühlstelle bedient, können auch die Verdampfungstemperaturen sich entsprechend dem Zweck so hoch wie möglich und damit wirtschaftlich einstellen[1].

Da im Stall für die Euterpflege und zum Waschen der Milchkannen täglich warmes Wasser benötigt wird, kann auch daran gedacht werden, die Kondensationswärme der Kältemaschine für das Erwärmen des Wassers nutzbar zu

---

[1] Deutsches Patent 930391.

machen. Es sind in der Praxis eine Anzahl derartiger Wärmepumpenanlagen in einfachster Form gebaut worden, die sich recht gut bewähren und bei denen fühlbare Kostenersparnisse durch Fortfall des sonst für das Aufheizen des Wassers benötigten Stromes erzielt worden sind. Die Verhältnisse liegen hier günstiger als sonst bei Wärmepumpenanlagen, da die Höhe des Wärmebedarfes in direkter Abhängigkeit von der Höhe des Kältebedarfes steht, die beide wiederum gleichmäßig von der anfallenden Milchmenge abhängen. Die zeitliche Verschiebung des Wärmebedarfes und des Wärmeanfalles, der hier gleichbedeutend ist mit dem Kältebedarf, wirkt bei der Kombination einer Eisspeicheranlage mit einer Warmwassererzeugungsanlage nicht störend, da sowohl die warme Seite als auch die kalte Seite der Maschine schon von der Anordnung her mit Speichereinrichtungen versehen sind.

Infolge der Speichermöglichkeiten ist die automatische Regelung der warmen und kalten Seite verhältnismäßig einfach; wenn die benötigte Eismenge erreicht ist, schaltet die Kältemaschine ab, und etwaiger Mehrbedarf an warmem Wasser muß durch die Zusatzheizpatrone gedeckt werden. Steht Kondensatorwärme im Überfluß zur Verfügung, so muß darauf geachtet werden, daß die Warmwassertemperatur nicht zu hoch wird, damit der Verflüssigungsdruck der Kältemaschine nicht übermäßig ansteigt. Man muß dann einen Teil des gespeicherten Warmwassers weglaufen lassen und durch Frischwasser ersetzen, oder man leitet das Kältemittel unter Umgehung des Warmwasserbereiters in einen zusätzlichen luftgekühlten Kondensator. Bei Eisspeicheranlagen ist die Verdampfungstemperatur immer hoch genug, um noch einen wirtschaftlichen Betrieb der Wärmepumpe zu erzielen.

Als Kuriosum sei erwähnt, daß auch im Kuhstall die Klimatechnik heute schon Anwendung finden soll. Untersuchungen in den USA haben ergeben, daß Kühe gegen Wärme weitaus empfindlicher als gegen Kälte sind und daß Qualität und Ertrag an Milch in gekühlten Kuhställen höher liegen als in ungekühlten, jedenfalls in wärmeren Ländern. Andererseits hat man z. B. in Schweden versucht, die bei der Kühlung und vor allem beim Ausfall der im Kuhstall herrschenden übergroßen Feuchtigkeit frei werdende Wärme über eine Wärmepumpenanlage zur Heizung des bäuerlichen Wohngebäudes nutzbar zu machen. Es ist aber kaum anzunehmen, daß sich in absehbarer Zeit dieses Verfahren weiter in die Praxis einführen wird.

II. Sammelstelle.

Bei der in Süddeutschland üblichen kleinen Hofgröße mit geringer Kuhzahl lohnen sich maschinelle Kühleinrichtungen für den Einzelhof nicht. Auch das Einsammeln der vielen verstreuten Milchkannen würde den Molkereien transportmäßig große Schwierigkeiten bereiten. Man ist dort schon lange dazu übergegangen, örtliche Milchsammelstellen einzurichten, in denen die Milch der einzelnen Bauern angenommen, gemessen, gekühlt und bis zum Abholen durch den Molkereiwagen gelagert wird.

In bezug auf das Reinigen der Kannen sind die Verhältnisse hier insofern verschieden vom Bauernhof, als die Kannen hier unmittelbar nach der Anlieferung wieder zurückgegeben werden, so daß die Milch nicht in der Kanne selbst gekühlt werden kann. Andererseits steht in Sammelstellen angelerntes Personal zur Verfügung, dem man eine bakteriologisch einwandfreie Reinigung von zusätzlichen Rieselkühlern oder Milchtanks zumuten kann.

Bei dem üblichen Annahmevorgang wird die angelieferte Milch nach ihrer Qualität geprüft, nach ihrer Menge gemessen und dann im Rhythmus der Anlieferung über einen Rieselkühler geschickt. Von diesem aus läuft die Milch in einen Tank, wo sie bis zur Abholung lagern kann und aus dem sie vom Tankwagen der Molkerei abgezogen wird. Da das Abendgemelk im Tank bis zur Abholung am nächsten Morgen lagern muß, wird vielfach dieser Tank auch noch mit einer Kühlvorrichtung versehen.

In Sammelstellen, in denen Wasser zur Verfügung steht, wird die Milch, soweit die Temperatur des Kühlwassers dies zuläßt, mit Wasser vorgekühlt und nur für den restlichen Wärmeentzug, bis etwa 5° C herunter, wird eine kleine Kältemaschine eingesetzt. Wo kein Wasser zur Verfügung steht, setzt man eine größere luftgekühlte Maschine ein, die dann die gesamte Temperaturspanne überwinden muß. Der maschinell gekühlte Teil des Rieselkühlers kann für direkte Verdampfung (heute meist von F 12) oder für den Durchfluß von Eiswasser ausgeführt werden.

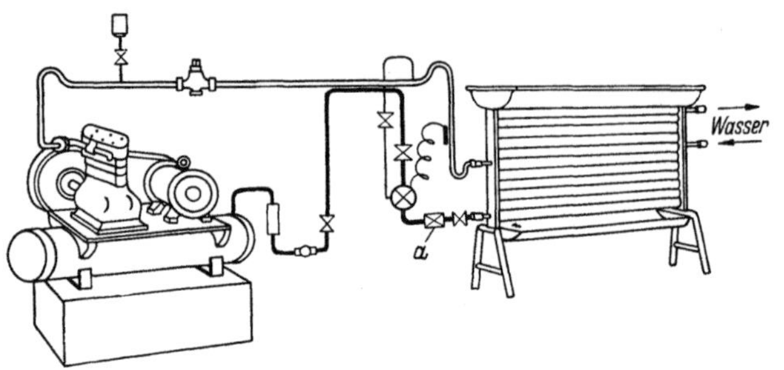

Abb. 138. Rieselkühler für Milchsammelstellen, Vorkühlung mit Wasser, Tiefkühlung mit direkter Verdampfung (F 12). *a* Rückschlagventil zum Schutz des Thermoventils gegen Überdruck beim Heißreinigen.

Abb. 139. Milchrieselkühler für Sammelstellen, Oberteil für Kühlwasserdurchfluß, Unterteil für direkte Verdampfung von Ammoniak (Fabrikat Schmidt, Bretten).

Die Herstellungskosten für einen direkten Verdampferkühler sind relativ gering, da die Kosten für die Anschaffung einer zusätzlichen Wärmeaustauschfläche und für die Sole- bzw. Eiswasserpumpen gespart werden. Durch den Fortfall einer zusätzlichen Temperaturdifferenz im Eiswasserkühler kann auch mit höherer Verdampfungstemperatur und somit wirtschaftlicher gearbeitet werden.

Es ist aber zu beachten, daß der Rieselkühler nach Beendigung der Kühlperiode mit heißer Lauge gereinigt werden muß. Damit keine unzulässigen Überdrücke im Verdampfer entstehen, muß das Kältemittel Gelegenheit haben, zum Kondensator abzufließen und dort niedergeschlagen zu werden. Wie das Schaltschema Abb. 138 zeigt, ist es überdies zweckmäßig, das thermostatische Regelventil gegen zu hohen Druck von der Verdampferseite her durch ein dahintergeschaltetes Rückschlagventil zu schützen. Während das Schema Abb. 138 für F 12 gilt, zeigt Abb. 139 einen kombinierten Rieselkühler für Sammelstellen, dessen Tiefkühlteil als Steilrohr-Ammoniak-Verdampfer ausgeführt ist. Darüber befindet sich das Wasserkühlabteil, bestehend aus Platten aus nichtrostendem Stahl, in die die Kanäle für den Durchfluß des Brunnenwassers eingeprägt sind.

Gegen eine Anlage mit direkter Verdampfung spricht, daß der Anschlußwert verhältnismäßig hoch ist, da die Kältemaschine jeweils die Kälteleistung augenblicklich aufbringen muß, die den angelieferten Mengen entspricht. Im Hinblick

auf die ohnehin überlasteten Ortsnetze ist es manchmal erwünscht, mit kleineren
Kältemaschinen auszukommen. Das ist möglich, wenn man auch hier einen
Kältespeicher in Form von angefrorenem Eis zwischen Kältemaschine und Milchkühler schaltet. Außerdem ist die Regelung einfacherer und sicherer, vor allem
im Hinblick auf die erheblichen Schwankungen der Milchanlieferung. Während

Abb. 140. Doppelwandiger Milchkühlbehälter für Sammelstellen auf Kalottenfüßen
(Fabrikat Schmidt, Bretten).

die Kältemaschine nur von der Stärke des Eispelzes aus gesteuert wird, regelt
sich die Kälteabgabe an die Milch insofern von selbst, als immer nur so viel Eis
abgeschmolzen wird, wie durch die Milch Wärme in das System hineinfließt. Wird
zeitweilig keine Milch angeliefert, so bleibt die Eisstärke trotz weiterer Wasser-
umwälzung annähernd konstant. Die Anordnung eines Eiswasserbereiters lohnt

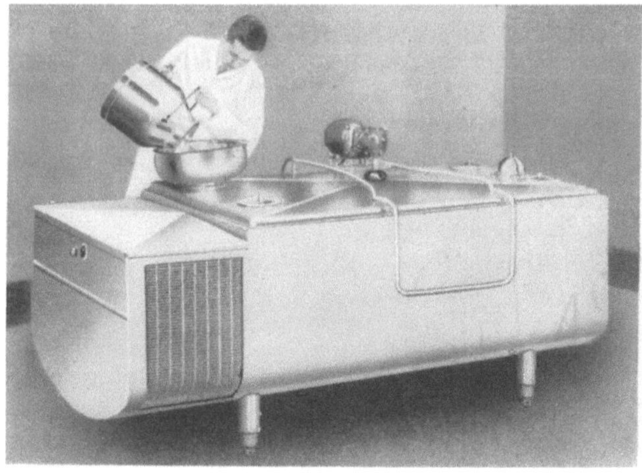

Abb. 141. Milchsammelbehälter für Mantelkühlung mit angebauter luftgekühlter Kältemaschine
(amerikanische Ausführung, Fabrikat De Laval).

sich allerdings nur bei Sammelstellen mit einem größeren Milchanfall. Steht das
Eiswasser aber zur Verfügung, so kann auch der Lagertank mit einem von Eiswasser durchflossenen Kühlmantel ausgestattet werden, um zu verhindern,
daß die schnell herabgekühlte Milch sich wieder anwärmt (Abb. 140).

Noch einfacher und in reinigungstechnischer Hinsicht zweckmäßiger ist die
Anordnung eines üblichen Plattenapparates, der mit Eiswasser gekühlt wird.
Die Einrichtung unterscheidet sich wenig von den Kühleinrichtungen in der

Molkerei. Die frisch angelieferte Milch wird durch den Plattenapparat gepumpt, bevor sie in den Lagertank fließt. Der Inhalt des Lagertanks kann aber auch nochmals durch den Plattenapparat gepumpt werden, sei es, daß die gewünschte Endtemperatur der gesamten Milchmenge noch nicht erreicht ist, sei es, daß man an warmen Tagen die Wiederanwärmung der Milch rückgängig machen will. Der Tank selbst braucht in diesem Fall keine Kühleinrichtung zu erhalten; es genügt ein einfacher isolierter Behälter, der in seiner Anschaffung billig ist und der sich überdies leichter heiß reinigen läßt.

In den USA werden, wie Abb. 141 zeigt, durch direkte Verdampfung gekühlte Lagertanks auch mit luftgekühlten Kältemaschinen zu einer in sich geschlossenen transportablen Einheit zusammengebaut.

Bei manchen großstädtischen Milchversorgungsbetrieben mit großen Einzugsgebieten kann es wirtschaftlicher sein, nicht die gesamten anfallenden Milchmengen in den Hauptbetrieb zu transportieren, sondern bereits in Außenstellen zu entrahmen, die Magermilch sofort wieder an den Bauern zurückzugeben und nur den Rahm nach kurzer Erhitzung und Kühlung zum Zwecke der Butterherstellung in den Stammbetrieb zu transportieren. Eine solche sog. „Rahmstation" ist gewissermaßen eine Molkerei im kleinen, deren Endprodukt das Halbfabrikat „Butterungsrahm" ist.

III. Melkwagen.

Mit den vorbeschriebenen Mitteln der Kühlung auf dem Bauernhof oder in der Sammelstelle wird zwar die Milchqualität auf den gewünschten Stand gebracht und die Zahl der notwendigen Transporte auf einen am Tag verringert, es bleibt aber der große Arbeitsaufwand für das Melken und das Bereitstellen und Reinigen der zum Transport in die Molkerei oder in die Sammelstelle erforderlichen Milchkannen mit all den Gefahren, die ein nicht genügend sorgfältiges Reinigen der Kannen mit sich bringt. Nicht jeder Bauer ist in der Lage, eine Melkmaschine anzuschaffen; außerdem ist bei kleineren Höfen eine Melkmaschine nicht ausgenützt und somit nicht recht wirtschaftlich. Es besteht also die zusätzliche Aufgabe, neben der Verbesserung der Milchqualität, die für den Milchabsatz entscheidend ist, dem Bauern technische Mittel an Hand zu geben, welche die für die Erzeugung von Milch notwendige Arbeit so verringern und so angenehm gestalten, daß ein Anreiz für erhöhte Milchproduktion gegeben ist. Es sind Fälle bekannt, wo Kühe nur noch als Schlachtvieh aufgezogen oder ganz abgeschafft wurden, weil die notwendigen Arbeitskräfte für das Melken nicht zu beschaffen waren und der ohnehin überlasteten Bäuerin diese Mehrarbeit nicht mehr zugemutet werden konnte.

Alle diese Schwierigkeiten können überwunden werden durch Einsatz eines mit einem Melkwagen ausgerüsteten Melktrupps, der dem Bauern die gesamte Melkarbeit abnimmt.

Der Melktrupp besteht aus 2 Mann, von denen einer ein gelernter Melker sein muß, während der andere die notwendigen Hilfsarbeiten auszuführen hat. Einer von beiden muß einen Führerschein besitzen, um den Melktruppwagen von Stall zu Stall bzw. von Weide zu Weide und mit der gesammelten Milch zur Molkerei fahren zu können. Durch den Einsatz eines gelernten und geprüften und gegenüber der Melkgemeinschaft klar verantwortlichen Melkers besteht nunmehr die Gewähr, daß alle erfaßten Kühe fachmännisch einwandfrei und gleichmäßig gemolken werden und daß überdies der gesamte Kuhbestand einheitlich überwacht wird. Für den Bauern bleibt somit nur noch die Arbeit der Aufzucht, der Pflege und der Fütterung der Tiere.

Der Melktrupp wird mit einem Melkwagen ausgerüstet; das ist ein Last-kraftfahrzeug mit einem Sonderaufbau, der alle notwendigen Einrichtungen für das Melken, für das Messen und Annehmen, für die Kühlung, für den Transport der Rohmilch und der zurückzugebenden Magermilch und für die notwendige Zwischendesinfektion enthält. Abb. 142 zeigt einen Melkwagen auf der Weide.

Von der Melkeinrichtung ist die Vakuumpumpe mit ihrem Antrieb fest auf dem Wagen montiert; sie wird über einen vom Wagen mitgenommenen Schlauch

Abb. 142. Melkwagen auf der Weide. Bei der Kuh rechts ist der untergehängte Melkeimer sichtbar (Fabrikat Gebr. Diessel, Hildesheim).

an jedem Stall an eine ortsfest verlegte Vakuumleitung angeschlossen. In besonderen Aufhängegestellen führt der Wagen 6 bis 8 Melkeimer mit. Die Eimer werden bei einer größeren Anzahl von Kühen nach einer kurzen Zwischendesinfektion der Melkbecher von Kuh zu Kuh umgehängt, nachdem man ihren Inhalt nach kurzer Prüfung der Milchqualität in den Annahmebehälter entleert hat. Die Melkzeit je Kuh beträgt so im Durchschnitt 2 Minuten, wobei alle Nebenzeiten für Auf- und Abrüsten mit eingerechnet sind.

Aus dem Annahmebehälter wird die Milch mittels einer Pumpe über ein Filter in den Transporttank gefördert. Auf dem Wege dorthin hat sie einen geeichten Milchmengenzähler zu durchlaufen, dessen Angaben für das Erfassen der Milchmenge und für die Abrechnung verbindlich sind. Zur Kontrolle wird die gesammelte Milch bei der Ablieferung an die Molkerei dort nochmals durch einen Zähler gepumpt, dessen Angabe mit der Summe aller Einzelmessungen übereinstimmen muß.

Ein besonderer Vorteil des Melkwagens besteht darin, daß mit dem Kühlen der Milch schon wenige Sekunden nach dem Melken begonnen wird. Auf dem Wagen ist eine komplette Kälteanlage mit etwa 4000 bis 6000 kcal/h Normalleistung aufgebaut, bestehend aus einem F 12-Kompressor, einem luftgekühlten Kondensator und den notwendigen Antriebs- und Regeleinrichtungen. Selbstverständlich muß die Kälteanlage so gebaut sein, daß sie den erhöhten Anforderungen an Rüttelfestigkeit entspricht, denn der Melkwagen fährt nicht nur auf ebenen Straßen, sondern auch über schlechte Feldwege und z. T. über die Weide.

21*

Zur Kühlung durchfließt die Milch entweder auf dem Wege zum Sammeltank einen Durchlaufmilchkühler für direkte Verdampfung, so daß der isolierte Tank nur zum Lagern und Kühlen während des Transportes dient; oder der Tank selbst wird mit einer Kühlschlange oder mit Doppelwänden versehen, in denen das Kältemittel mit einer Verdampfungstemperatur dicht oberhalb 0° C verdampft. Die Milch wird dann so geführt, daß sie beim Einströmen in den Tank an den gekühlten Wänden herabrieselt, wodurch ein guter Wärmeübergang und eine schnelle Temperaturabsenkung erzielt werden. Sollte nach einmaligem Überrieseln die gewünschte Milchtemperatur noch nicht erreicht sein, so besteht die Möglichkeit, den gesamten Tankinhalt durch eine weitere eingebaute Pumpe umzuwälzen und den Kühlvorgang beliebig lange fortzusetzen. Durch einen Saugdruckregler zwischen Verdampfer und Kompressor sollte aber dafür gesorgt werden, daß die Verdampfungstemperatur nicht unter 0° C sinkt, damit an den Tankwänden keine Milch anfrieren kann. Milch, die einmal gefroren war, kann infolge Veränderungen ihrer Eiweißstruktur zum Anbrennen an den Platten der Pasteurisierapparate führen.

Wichtig ist die Energieversorgung für die Milchpumpe, die Vakuumpumpe und für die Kältemaschine. Wenn auf der Weide gemolken werden soll, wo kein Stromanschluß zur Verfügung steht, muß der Wagenmotor eine Zapfwelle erhalten, von der aus alle Maschinen über ausrückbare Kupplungen angetrieben werden. Der Wagenmotor muß also während des Melkvorganges laufen, und es muß auf eine gute Abführung der Abgase geachtet werden. Auch können empfindliche Kühe sich durch das Geräusch des Motors in ihrer Milchleistung beeinträchtigen lassen.

Eleganter ist der elektrische Einzelantrieb, der auch die Automatisierung der Kältemaschine erleichtert. An der Außenseite jedes zu bedienenden Stalles ist dann eine Drehstrom-Steckdose vorhanden, an die der Wagen während des Einsatzes mit einem vom Wagen mitgeführten Kabel angeschlossen wird. Die Vorteile des elektrischen Einzelantriebes haben auch schon Betriebe veranlaßt, auf der Weide einen Stromanschluß zu installieren, um auch hier elektrisch melken, fördern und kühlen zu können.

Der Wagen kann mit der gemolkenen Abendmilch über Nacht im Dorf stehenbleiben; wenn auch dort ein Stromanschluß vorhanden ist, so kann, falls der Abkühlvorgang der Milch auf dem Transport noch nicht beendet ist, die Kühlung bis zur gewünschten Temperatur hier fortgesetzt werden. Damit über Nacht keine Aufsicht notwendig ist, kann der Kühlvorgang durch einen in die Milch eingehängten Thermostaten begrenzt werden.

Außer dem etwa 1000 *l* fassenden Tank für die frisch gemolkene Rohmilch führt der Melkwagen noch einen kleineren ungekühlten Tank von 500 *l* Inhalt für die Rückgabe der Magermilch an die einzelnen Bauernhöfe mit, oder auch für Tränkwasser für die auf der Weide befindlichen Kühe.

Ein Wagen mit zweiköpfiger Besatzung genügt, um bis zu 120 Kühe morgens und abends melken zu können. Eine Melkzeit dauert etwa 3 bis 4 Stunden; die übrige Zeit steht für den Transport zur Molkerei und für die Reinigung des Wagens in der Molkerei zur Verfügung. Nach den bisherigen Erfahrungen lohnt sich der Einsatz eines Melkwagens schon in Ställen von 6 Kühen an aufwärts. Es besteht aber die Möglichkeit, auch die auf kleineren Höfen von Hand ermolkene Tbc-freie Milch vom Melkwagen annehmen und kühlen zu lassen, so daß sich auch für diese Bauern besondere Kühleinrichtungen erübrigen. Auch die Mitnahme von Kannen auf einem Anhänger ist möglich, die dann aber nicht gekühlt werden können.

Alles in allem betrachtet, stellt der Einsatz von Melkwagen einen erheblichen Fortschritt in technischer, wirtschaftlicher und hygienischer Beziehung dar.

Milchkannen werden überhaupt nicht mehr benötigt und brauchen somit auch nicht mehr auf dem Bauernhof oder in der Molkerei gewaschen zu werden. Die Milch berührt insgesamt gesehen erheblich weniger zu reinigende Flächen als bisher; die Reinigung aller milchberührten Teile ist durch den ständig damit beauftragten und dafür verantwortlichen Melktrupp im Hofe der Molkerei mit den dort zur Verfügung stehenden technischen Möglichkeiten (Vorhandensein von Dampf!) leichter und sicherer durchzuführen als die Reinigung von Kannen und Melkmaschinen auf dem Bauernhof. Hofeigene Melkmaschinen werden nicht mehr benötigt. Die Kühlung und sonstige Behandlung der Milch ist absolut einwandfrei, so daß der Einsatz von Melkwagen auch von den Molkereien gern gesehen und gefördert wird. Die aus Staatsmitteln für Gemeinschaftsanlagen gegebenen Zuschüsse werden deshalb auch für die Anschaffung von Melkwagen gewährt.

IV. Vorzugsmilch.

Ganz besondere Bedeutung gewinnt der Einsatz einer Kältemaschine beim Erzeugen von Vorzugsmilch. Vorzugsmilch ist Rohmilch von einer solchen Beschaffenheit, daß sie ohne Bearbeitung in einer Molkerei als Trinkmilch abgesetzt werden kann. Der Begriff „Vorzugsmilch" ist gesetzlich definiert als Vollmilch, die den von der obersten Landesbehörde gestellten, besonders hoch bemessenen Anforderungen an ihre Gewinnung, Beschaffenheit des Stalles, den Gesundheitszustand der Kühe und seine Überwachung, die Fütterung, Haltung und Pflege der Kühe, das Melken, die Überwachung des Gesundheitszustandes des Personals und auch an ihre Zusammensetzung, Beschaffenheit, Behandlung (Reinigung, *Kühlung*, Aufbewahrung), Verpackung und Beförderung genügt.

Selbstverständlich muß der Viehbestand für die Vorzugsmilcherzeugung amtlich anerkannt, tuberkulose- und brucellosefrei sein.

Die obersten Landesbehörden haben besondere Ausführungsbestimmungen erlassen. Für die Kühlung wird übereinstimmend vorgeschrieben, daß die Milch unmittelbar nach der Gewinnung auf 3 °C bis 5 °C gekühlt werden muß. Bestimmte Kühlzeiten sind nicht vorgeschrieben. Da aber allein entscheidend der bakteriologisch hygienische Erfolg ist, ist ein schnelles und baldiges Abkühlen zu empfehlen. Auch über die Art der Kühlung ist nichts vorgeschrieben; genau wie bei der Molkereimilch wird aber auch hier diejenige Kühlung die beste sein, bei der die Milch mit einer möglichst kleinen einheitlichen metallischen Oberfläche in Berührung kommt. Das wäre in erster Linie, wie oben beschrieben, das Kühlen in der Milchkanne selbst, das aber nur für die Betriebe Interesse hat, die während des Sommers auf der Weide melken und die Milch in Kannen zum Hof transportieren müssen. Beim Melken im Stall oder in einem besonderen Melkstand soll, um Luftinfektionen zu vermeiden, die Behandlung der Milch in einem in der Nähe des Stalles liegenden, aber von diesem getrennten Milchhaus vorgenommen werden. Dazu gehört auch die Kühlung. Die kleinste milchberührte Oberfläche dürfte dann gegeben sein, wenn im Milchhaus ein Milchkühltank aufgestellt wird. Die frisch gemolkene Milch wird aus dem Melkeimer sofort in einen mit einem Filter versehenen Trichter gegossen und fließt von dort in einem möglichst kurzen Rohr in den Tank. Nach vollendeter Kühlung wird die Milch unmittelbar in Flaschen abgefüllt und zum Verbraucher transportiert. Der früher viel verwendete Berieselungskühler, den man wegen des angeblich besseren Entgasens der Milch für notwendig hielt, ist bakteriologisch keineswegs einwandfrei und sollte nicht mehr verwendet werden.

In größeren Betrieben wird heute im allgemeinen maschinell gemolken. Die Milch kommt dabei unter die Wirkung des für den Melkvorgang notwendigen

Vakuums, wobei sich schon eine bessere Entgasung ergibt, als dies bei offener Kühlung der Fall sein konnte. Um Re-Infektionen zu vermeiden, hat man überdies die Möglichkeit, auch den Kühlvorgang noch vorzunehmen, solange die Milch unter Vakuum steht. Der auf Abb. 143 links oben sichtbare runde Behälter ist ein doppelwandiges Gefäß, an dessen Innenwänden die Milch herunterrieseln soll, wo sie durch eine außen angesetzte Kühlschlange, deren Anschlüsse man links im Bild sieht, auf die gewünschte niedere Temperatur gebracht wird. Die Milch fließt dann weiter in den rechts etwas tiefer liegenden sog. Releaser; das ist eine Vakuumschleuse, die die Milch mit etwa 25 Takten pro Minute schubweise aus dem Vakuumraum in den Atmosphärendruck der Umgebung ausschleust. Die Milch fließt dann frei in den darunter sichtbaren Lagertank ein, von dem aus sie bei Vorzugsmilchanlagen in Flaschen abgefüllt oder bei Sammelstellen bis zum Abtransport gelagert wird.

Abb. 143. Vakuumkühler mit Kühlmantel für direkte Verdampfung (F 12) (Fabrikat Alfa-Laval).

Wo die Milch in Kannen abtransportiert werden soll, besteht die Möglichkeit, sämtliche voraussichtlich benötigten Kannen vakuumdicht abzuschließen und durch Rohre so zu verbinden, daß, wenn die erste Kanne gefüllt ist, die Milch zur zweiten Kanne überläuft usw., bis die Melkperiode beendet ist. Auch hier kann durch äußeres Berieseln der Kannen mit Eiswasser schon gekühlt werden, während die Milch noch unter dem Einfluß des Vakuums steht. Die Deckel mit den Schlauchanschlüssen werden dann entfernt und durch normale Kannendeckel ersetzt. Beide beschriebenen Methoden sind bakteriologisch sehr günstig, da die Milch solange als möglich den Einwirkungen der Außenluft entzogen ist.

Vorzugsmilch darf maximal in einem cm³ enthalten:

30 Colikeime,
150000 Keime insgesamt.

Die Gesamtzahl der Keime kann bei einwandfrei gewonnener Vorzugsmilch bis zu 5000 absinken. Aufgabe des Kühlens ist es, zu vermeiden, daß dieser geringe Anfangskeimgehalt unmäßig ansteigt. Das kann nur gelingen, wenn die Vorzugsmilch von der Gewinnung bis zum Verbrauch kalt gehalten wird. In den USA geht man wegen der hohen Transportkosten sogar so weit, daß man die Milch nur jeden zweiten Tag zum Verbraucher liefert.

Für das Überbrücken der Zeit von der Erzeugung bis zum Transport ist ein kleiner Flaschenkühlraum üblicher Bauart notwendig.

Da die Vorzugsmilch bereits auf dem Gut in Flaschen gefüllt wird, deren Erwärmung auf dem Transport leichter möglich ist als bei Kannen oder Tanks, sollte sie auch nur in gekühlten Transportfahrzeugen zum Verbraucher gebracht werden. Wenn auch für so sorgfältig erzeugte und behandelte Vorzugsmilch ein höherer Preis erzielt wird als für normale Molkereitrinkmilch, so ist es doch bisher schwierig gewesen, den Kühltransport wirtschaftlich durchzuführen, zumal es sich meist um verhältnismäßig geringe Mengen handelt. Die Ausrüstung eines Kleintransporters mit einer Kältemaschine belastet das Fahrgestell schon so stark, daß wenig Nutzlast übrigbleibt. Die Beigabe von Eis, das in einer ortsfesten Anlage im Hof erzeugt wurde, scheint noch die günstigste Lösung zu sein. Dafür könnte die zum Milchkühlen dienende Kältemaschine in der Zeit, in der keine Milch anfällt, für die Eiserzeugung eingesetzt werden. Die gesetzlichen Bestimmungen gehen teilweise so weit, daß die Temperatur bis zum Verbraucher vorgeschrieben ist, und zwar sagt die preußische Ausführungsverordnung zum Milchgesetz, daß die Milch beim Verbraucher 15° C nicht überschreiten darf.

V. Schrifttum zum Abschnitt B.

Milcherzeugung.

BÖLKEN, A.: Heute Vorzugsmilcherzeugung? Mitt. dtsch. Landwirtschafts-Ges. (1957) S. 16.

HOECHSTETTER, H., u. G. ISERMEYER: Der Melkwagen. Flugschrift Nr. 3 des Kuratoriums f. Technik in der Landwirtschaft e. V. Frankfurt/M. 1958, München/Wolfratshausen: Hellmut Neureuter (59 Schrifttumsstellen).

LEHMANN, F.: Der Einsatz von Melkanlagen in bäuerlichen Betrieben Hannover-Braunschweigs. Kempten: Dtsch. Molkerei-Ztg. Bd. 78 (1957) 7, 8, 10, S. 173, 175, 204, 206, 298, 299.

LEOPOLD, K. F.: Fortschritte in der Kühlkette der Milch. Kältetechnik Bd. 9 (1957) 12, S. 387, 390.

LICHTENBERGER, B., O. SCHÄFFER u. E. DYRENFURTH: Milchkammern. H. 6 der RKTL-Schriften. Hildesheim 1929.

SCHWENINGER, C. E.: Milchkühlung bringt höheren Erlös. Landtechnik Bd. 8 (1953) 12, S. 411, 413.

Ein modernes Melkfahrzeug. VDI-Nachrichten Bd. 11 (1957) 26, S. 2.

Melken, Kühlen u. Sammeln von Milch mittels Lastwagen. Referat aus Rev. gén. Froid Bd. 34 (1957) 8, S. 821, 823, Kältetechnik Bd. 9 (1957) 12, S. 402.

Milchkühlung auf dem Bauernhof. Molkerei-Ztg. (1955) 15, S. 449.

44. Wanderausstellung der DGL (Milchkühler als Wärmepumpe). Kältetechnik (1956) 11, S. 361.

Melken leicht gemacht. Molkerei-Ztg. Welt der Milch Bd. 12 (1958) 5, S. 134.

TERNON, I. C.: Traité, refroidissement et ramassage en vrac du lait par camion. Rev. gén. Froid Bd. 34 (1957) 8, S. 821, 25.

C. Milchbearbeitung.

I. Annahme, Stapelung, Pasteurisierung.

Nur Milch, die den genannten Vorschriften für Vorzugsmilch entspricht, darf als Rohmilch in den Verkehr gebracht werden. Jede andere in üblicher Weise erzeugte Milch muß vor dem Genuß oder vor der Weiterverarbeitung durch Erhitzen pasteurisiert werden. Wenn auch in den letzten Jahren im In- und Ausland große Anstrengungen gemacht worden sind, um sämtliche Rinderbestände durchweg tbc- und brucellosefrei zu machen, so ist dieses Ziel in bezug auf Rindertuberkulose bis zum Jahre 1957 im Bundesgebiet erst bis etwa 60% erreicht, für abortus Bang bis 95%. Die aus diesen Beständen gewonnene Milchmenge würde zwar ausreichen, um den Bedarf an Trinkmilch allein daraus decken zu können. Da aber immer noch die Möglichkeit einer nachträglichen Infektion durch bazillentragende Menschen gegeben ist und da die Milch einer tbc-behafteten Kuh ausreicht, um große Mengen reiner Milch zu infizieren, da überdies Infektionen mit Salmonella und Staphylokokken und die Übertragung von

Viruskrankheiten, wie Poliomyelitis und Maul- und Klauenseuche, mit Sicherheit verhindert werden sollen, ist die Erhitzung gesetzlich vorgeschrieben.

Als anerkannte Pasteurisierungsverfahren gelten:

Hocherhitzung auf mindestens 85° C,
Kurzzeiterhitzung auf 71° C bis 74° C mit 40 Sekunden Heißhaltezeit,
Dauererhitzung auf 62° C bis 65° C für eine halbe Stunde.

Für die an den Erzeuger zurückzugebende Magermilch ist auch die unmittelbare Erhitzung durch Einleiten von Wasserdampf zugelassen. (Uperisation)

Der nach der Erhitzung verbleibende Gehalt an nichtpathogenen Keimen darf 25000 im cm³ nicht überschreiten. Da eine völlige Abtötung der Keime bei den vorgeschriebenen Pasteurisierungsverfahren nicht eintritt und auch nicht erwünscht ist, um die Milchsäurebildner und andere nützliche Kleinlebewesen nicht zu zerstören, ist der Keimgehalt der Rohmilch entscheidend für den Zustand nach dem Erhitzen. Beim Verfahren der Kurzzeiterhitzung werden die erwünschten Säurebildner geschont, während die Alkalibildner und die Coli-Aerogenes-Gruppe weitgehend geschädigt werden.

Schon in der ersten Verordnung zur Ausführung des Milchgesetzes wurde gefordert, daß die pasteurisierte Milch im Anschluß an die Erhitzung tiefgekühlt werden muß. Der Begriff der Tiefkühlung wird ebenfalls gesetzlich definiert: Tiefkühlungsverfahren sind solche, durch die die Milch auf mindestens 5° C, nicht aber unter 0° C gekühlt wird.

Diese Kühlung der pasteurisierten Milch stellt zusammen mit der Kühlung der angelieferten Rohmilch zum Zwecke der Vorlagerung den größten Kälteverbraucher in der Molkerei dar.

Die Bearbeitung der Milch in der Molkerei wird im allgemeinen wie folgt durchgeführt:

Die vom Bauern in Kannen, von den Sammelstellen in Tankwagen oder durch den Melkwagen an die Molkerei angelieferte Milch wird gemessen bzw. gewogen, nach ihrer Qualität geprüft und zunächst vorgestapelt (das Wort „Stapelung" hat sich für die Lagerung von Milch in Molkereikreisen allgemein eingeführt). Bei Molkereien, die zweimal am Tage annehmen, wird die Abendmilch nur vorgekühlt und bis zum nächsten Morgen gestapelt, wonach sie dann zusammen mit der frisch angelieferten Morgenmilch verarbeitet wird. Während der eigentlichen Betriebszeit am frühen Vormittag wird die Milch erhitzt und rückgekühlt, was heute fast ausschließlich in sog. Plattenapparaten nach Abb. 144 geschieht. Sämtliche Erhitzungs-, Wärmeaustausch-, Vorkühl- und manchmal auch die Tiefkühlvorgänge gehen in einzelnen Plattenpaketen, die zu einem Apparat zusammengefaßt sind, vor sich.

Abb. 145 zeigt einen Schnitt durch ein Plattenpaket, aus dem zu erkennen ist, daß immer abwechselnd zwischen je 2 Platten der Milchstrom und der Kühl- oder Heizmittelstrom fließt, wobei im Wärmeaustauschteil die Milch selbst als Heiz- bzw. Kühlmittel dient. Da die strömenden Medien zwischen diesen Platten trotz geringen Druckverlustes mit hoher Geschwindigkeit fließen und die Platten überdies mit turbulenzerzeugenden Führungen ausgeführt sind, ergeben sich Wärmeübergangszahlen, die weit über dem liegen, was in Röhrenaustauschern erreicht wird. Der besondere Vorteil des Plattenapparates gegenüber dem Röhrenapparat ist die leichte Reinigung. Die einzelnen Platten werden täglich mindestens einmal zur Reinigung auseinandergeschoben und können nun Stück für Stück durchgesehen werden.

Den Temperaturverlauf in einem Plattenapparat bei Kurzzeiterhitzung zeigt Abb. 146. Die einströmende Milch durchläuft zunächst zwei hintereinander-

geschaltete Pakete eines Wärmeaustauschers, zwischen denen bei einer Temperatur von etwa 45° C die Milch der Reinigungs- oder Entrahmungszentrifuge zu-

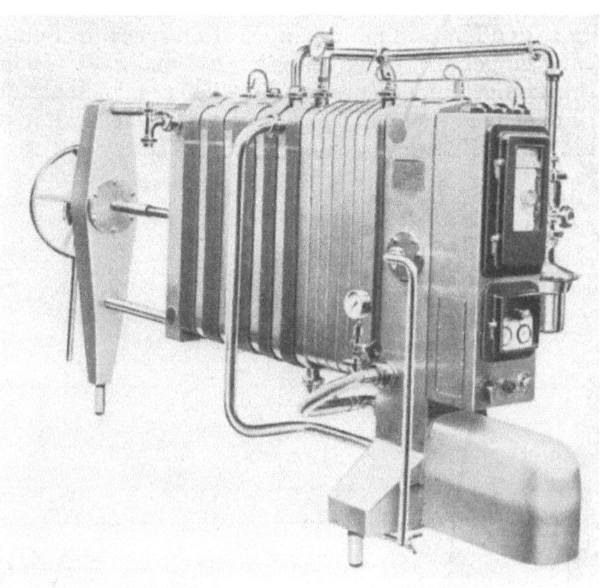

Abb. 144. Plattenapparat zum Erhitzen und Kühlen der Milch. Von rechts nach links: Regeleinrichtung
mit automatischem Umschaltventil. Temperaturschreiber, gekapselt: Heißwasserumwälzpumpe, Stativ,
Heißwasserbereiter, 6 Heißhalterplatten, Wärmeaustauscher I, Wärmeaustauscher II, Erhitzerpaket, Vorkühlabteil für Brunnenwasser, Tiefkühlabteil für Eiswasser, Preßvorrichtung (zwischen den einzelnen
Paketen Anschlußplatten) (Fabrikat Bergedorfer Eisenwerk A.G.).

geführt wird. Im Wärmeaustauscher wird sie durch die abfließende fertig erhitzte
Milch im Gegenstrom vorgewärmt. Dann wird sie durch Heißwasser, das mittels
Dampf in einem besonderen Plattenpaket erzeugt
und durch eine Pumpe umgewälzt wird, auf die je
nach dem angewendeten Verfahren vorgeschriebene
Erhitzungstemperatur gebracht. Dann durchläuft
der Milchstrom die sog. Heißhalterplatten mit einem
solchen Querschnitt, daß jedes Milchteilchen sich
mindestens während der vorgeschriebenen Heißhaltezeit darin aufhalten und auf der vorgeschriebenen
Temperatur bleiben muß. Dann wird die Milch zu-
rückgeleitet in den Wärmeaustauscherteil, wo sie
einen Teil ihrer Wärme an die neu zugeführte Milch
abgibt. Sie strömt dann weiter durch ein Plattenpaket, das mit Brunnenwasser gekühlt wird und bei
dem die Milch etwa 3° C über der Brunnenwasser-
Zulauftemperatur erreicht. Zuletzt wird die Milch
unter Anwendung künstlicher Kälte auf die endgültige Tiefkühltemperatur unterhalb +5° C gebracht; über die technischen Mittel hierzu wird
weiter unten näher berichtet.

Die Erhitzungstemperaturen müssen sehr genau
eingehalten werden. Da bei schwankenden Durch-
laufmengen die Regelung der Temperatur schwierig

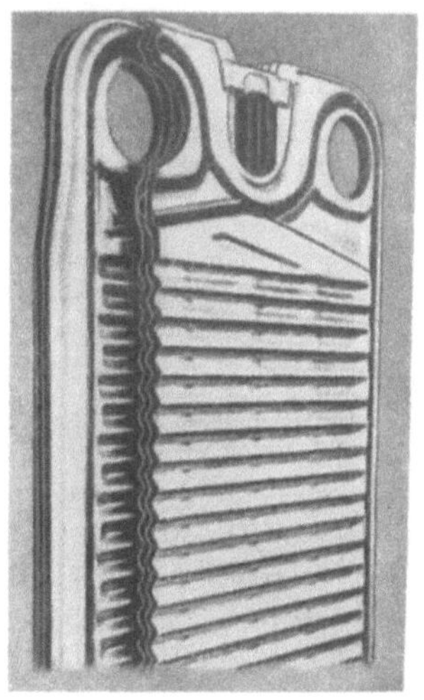

Abb. 145. Schnitt durch ein Plat-
tenpaket. In den zickzackförmigen
Zwischenräumen zwischen den
Platten fließt jeweils abwechselnd
die Milch und das Heiz- bzw.
Kühlmittel.

wird, ist in den Milchstrom ein Mengenbegrenzer eingebaut, der die durchfließenden Milchmengen innerhalb enger Toleranzen konstant hält.

Um sicherzustellen, daß keine ungenügend erhitzte Milch den Apparat verlassen kann, wird in den Kreislauf der heutigen Plattenerhitzer eine automatische Umlaufvorrichtung eingebaut, deren Arbeitsweise aus Abb. 146 hervorgeht. Bei ungenügender Erhitzungstemperatur wird die Milch unmittelbar nach Austritt aus dem Erhitzerteil oder bei Kurzzeiterhitzern aus dem Heißhalter durch das Umschaltventil in die Umlaufleitung gelenkt und wieder dem Vorlaufgefäß zugeführt.

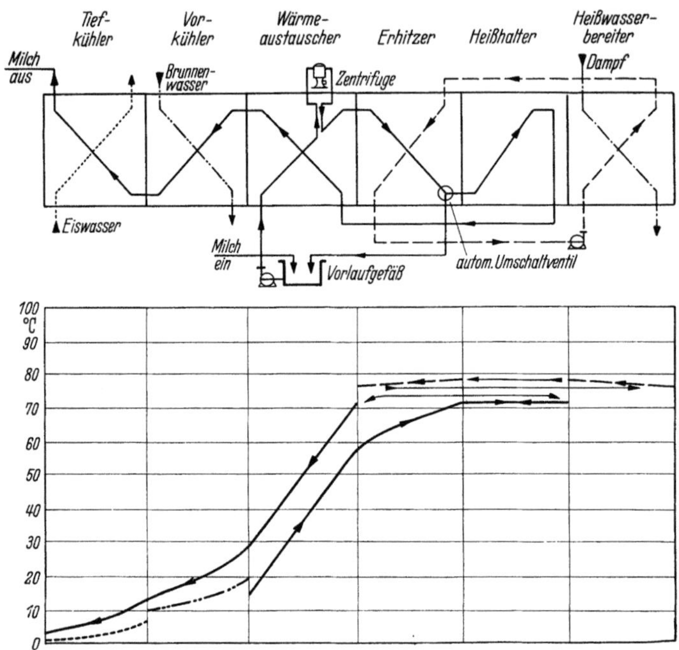

Abb. 146. Schaltung und Temperaturverlauf in einem Plattenapparat für Kurzzeiterhitzung.

Der Umschaltvorgang wird durch einen Temperaturfühler im Strom der erhitzten Milch eingeleitet. Es entsteht so ein Kreislauf von der Pumpe über den ersten Vorwärmer, die Zentrifuge, den zweiten Vorwärmer, den Erhitzer, das Umschaltventil und durch die Umlaufleitung wieder zurück zum Vorlaufgefäß. Erst wenn die verlangte Milchtemperatur wieder erreicht ist, gibt das Umschaltventil den Weiterlauf der Milch in den Kühlteil frei.

Für die Kühlung und insbesondere für deren automatische Regelung bedeutet der konstante Milchstrom und die annähernd konstanten Zulauftemperaturen eine wesentliche Erleichterung; andererseits muß der Kühlvorgang schlagartig unterbrochen werden, wenn das Umschaltventil auf Umlauf schaltet und dem Kühler somit keine Milch mehr zufließt. Bei unmittelbarer Kälteerzeugung wird deshalb das Umschaltventil oft mit einem Hilfskontakt versehen, von dem aus die Kältemaschine in den Rücklaufperioden abgeschaltet wird.

Von der gesamten täglichen Arbeitszeit, die aus arbeitsrechtlichen Gründen 8 Stunden nicht überschreiten soll, entfallen höchstens 4 bis 5 Stunden auf reine Betriebszeit, während für das Anrüsten und die Reinigung der Apparate mindestens 3 Stunden angesetzt werden müssen. Danach bestimmt sich aus der maximalen täglichen Milchanlieferung die gesamte Durchlaufleistung der installierten Maschinen und Kühlapparaturen. Die Durchlaufleistung von Zentrifugen und Plattenapparaten ist standardisiert worden; man verwendet im wesentlichen Durchläufe mit 3000 oder 5000 l Stundenleistung. Bei großen zu verarbeitenden Milchmengen werden also mehrere Durchläufe parallelgeschaltet.

Die täglich zu verarbeitende Menge muß noch um $^1/_6$ erhöht werden, wenn die Sonntagsruhe eingehalten werden soll. Molkereien gehören zu den Betrieben, für die es immer schwerer wird, genügend Arbeitskräfte zu finden, weil die Arbeitsbedingungen oft ungünstig sind. Abgesehen von den sonstigen Belastungen, denen ein in der Molkerei Tätiger ausgesetzt ist, wie nasse und schwere körperliche Arbeit in zugigen Räumen und sehr früher Arbeitsbeginn, wird insbesondere die Tatsache als nachteilig empfunden, daß sonntags wie alltags gearbeitet werden muß, da auch sonntags die gleiche Milchmenge anfällt. Hier hat die Kältetechnik dadurch Abhilfe geschaffen, daß die sonntags angenommene Milch nicht verarbeitet zu werden braucht, sondern nur angenommen und in einem kurzen Durchlauf gekühlt und bis zum Montag gestapelt wird. Es entfallen also am Sonntag alle Reinigungs- und Nachbehandlungsarbeiten, wie sie nach jeder Betriebsperiode gesetzlich vorgeschrieben sind.

Es hat sich gezeigt, daß es ohne weiteres möglich ist, eine hochwertige Trinkmilch zu liefern, auch wenn diese einen Tag alt ist, sofern die Milch schnell abgekühlt und unter strengster Beachtung hygienischer Forderungen, wozu selbstverständlich auch einwandfreie Gewinnung gehört, bis zum nächsten Tag bei gleichbleibender tiefer Temperatur gelagert wird.

Als Beispiel für diesen Vorgang sei der Wochenturnus einer größeren Molkerei mit 60000 l Tagesanlieferung dargestellt. Die am Sonntag angenommenen 60000 l werden gekühlt und bis zum Beginn der Betriebszeit am Montag gestapelt. Von den am Montag angenommenen 60000 l werden 10000 l mit den 60000 l vom Sonntag verarbeitet und die restlichen 50000 l gestapelt. In dieser Weise wird nun in den folgenden Tagen fortgefahren, wobei die zu verarbeitende Menge an jedem Arbeitstag gleichbleibend 70000 l beträgt, während die zu stapelnde Menge täglich um 10000 l abnimmt. Am Sonnabend stehen dann die Stapelbehälter für die Aufnahme der Sonntagsmilch wieder leer zur Verfügung. Für kleinere Molkereien gilt das gleiche Verfahren, nur mit kleineren Mengen. Diese Arbeitsweise ist in einer Anzahl Molkereien bereits eingeführt worden und hat sich gut bewährt, so daß anzunehmen ist, daß in absehbarer Zeit die Molkereien möglicherweise sogar in den Genuß der in der Industrie weitgehend durchgeführten 5 Tage-Arbeitswoche kommen werden.

Wie eingangs erwähnt, stellt die Kühlung der Milch den größten Kälteverbraucher in der Molkerei dar. Wenn man z. B. annimmt, daß Brunnenwasser mit $+10°$ C vorhanden ist, so daß die Milch bis auf $+13°$ C vorgekühlt werden kann, so benötigt ein 5000 l-Kreislauf zur weiteren Herabkühlung von $+13°$ C auf $+3°$ C rd. 50000 kcal/h. Bei mehreren parallelen Durchläufen vervielfacht sich diese Zahl. Entsprechend hoch ist auch der Leistungsbedarf für die Kälteanlage. Da die Milchmenge überdies gerade in der Hauptbetriebszeit gekühlt werden muß, in der auch alle anderen Energieverbraucher eingeschaltet sind, ergibt sich eine ungünstige Spitzenbelastung. Die Tatsache, daß sich Kälte im Gegensatz zu anderen Energieformen verhältnismäßig leicht speichern läßt, hat in dem Augenblick zu dem Wunsch geführt, die Kältemaschine möglichst während der Zeit von 24 Stunden durchlaufen zu lassen oder überhaupt nur den in vielen Tarifen zugelassenen billigen Nachtstrom auszunutzen, in dem die Molkereien auf Fremdstrombezug und auf dezentralisierten elektrischen Antrieb übergingen. Das war etwa in den 30er Jahren der Fall, während vorher genau entgegengesetzt die in Molkereien übliche Dampfmaschine nur während der Betriebszeit zur

Verfügung stand und somit auch die Kälte nur während dieser Zeit erzeugt werden konnte.

Daraus ergeben sich nun folgende zwei Möglichkeiten:

1. Verwendung gespeicherter Kälte, die während einer längeren Laufzeit vor allem unter Ausnutzung von Nachtstromtarif erzeugt wird.

2. Erzeugen der Kälte unmittelbar während der Verbrauchszeit.

An Kühlverfahren sind weiter zu unterscheiden:

1. Kühlung mittels direkter Verdampfung.
2. Kühlung über einen Kälteträger,
   a) Sole,
   b) gekühltes Süßwasser.

Weiter muß unterschieden werden zwischen Kühleinrichtungen, in denen die Milch in geschlossenem Strom von der Außenluft abgeschlossen hindurchfließt, und Apparaten, über die die Milch frei herüberrieselt. Bis vor wenigen Jahren wurde fast ausschließlich die offene Kühlung angewandt, weil man der Meinung war, daß unerwünschte Geruchsstoffe, insbesondere in der Zeit der Rübenfütterung der Kühe, während des Rieselvorganges ausdünsten. Inzwischen hat man aber erkannt, daß das Ausdünsten sehr zweifelhaft ist, da die Milchtemperatur bereits nach einer kurzen Rieselstrecke unterhalb des Taupunktes der umgebenden Luft liegt und somit eher die Gefahr besteht, daß Wasserdampf aus der Luft in die Milch hineinkondensiert und dabei Keime mitbringt, als daß die Geruchsstoffe ausgasen. Es hat sich überdies gezeigt, daß sich die Geruchsstoffe insbesondere im Rahm befinden, so daß es, wenn es überhaupt erforderlich sein sollte, genügt, wenn man die wesentlich kleinere Rahmmenge in besonderen Rahmentgasern im Vakuum entgast, bevor sie weiterverwendet wird. Man hat inzwischen auch erkannt, daß die Gefahr der Re-Infektion der vorher mit erheblichem Aufwand entkeimten Milch so groß ist, daß man auch bei offener Kühlung besondere Maßnahmen treffen muß, um den Keimgehalt der umgebenden Luft möglichst herabzusetzen. Entweder baut man offene Kühler in besondere mit steriler Luft fremdbelüftete, unter Überdruck stehende Kammern ein, die man außerdem durch UV-Bestrahlung keimfrei zu halten versucht, oder man umgibt den Kühler selbst mit einer Verkleidung aus nichtrostenden Blechen, die dann allerdings während der Reinigung des Kühlers abgenommen werden müssen. Dieses etwas komplizierte Verfahren ist vor allem in den USA üblich. Wenn man, was räumlich nur selten möglich ist, die Rieselkühler nicht oberhalb der Lagertanks anbringen konnte, so mußte die Milch nochmals in die Tanks hochgepumpt werden. Dagegen bietet die Kühlung in geschlossenem Strom, wenn auch unter leichter Erhöhung des Durchflußwiderstandes, den Vorteil, daß die Milch nach der Pasteurisierung an keiner Stelle mehr mit der Außenluft in Berührung kommt, somit nicht mehr infiziert werden kann, und daß der gesamte Milchweg wesentlich sicherer und bequemer zu reinigen und zu desinfizieren ist, wenn man Reinigungslösung und Spülwasser einfach hindurchpumpen kann. Aus diesen Gründen hat sich die geschlossene Kühlung von Milch, genauso wie in Brauereien die geschlossene Kühlung von Bier und Würze, heute weitgehend durchgesetzt.

Von den sich aus der Kombination vorstehender Kühlmöglichkeiten ergebenden Kühlverfahren wurden bzw. werden in der Praxis vor allem folgende angewendet:

1. Kälteerzeugung und Kälteverbrauch fallen zeitlich zusammen; die Energie für den Antrieb der Kältemaschine wird durch eine Dampfmaschine geliefert, die nur während der Arbeitszeit in Betrieb ist. Dieses Verfahren wurde seit Beginn der Einführung der künstlichen Kälte in der Molkerei bis etwa 1930

angewendet, wobei als Kältemaschinen meistens die damals üblichen, nicht automatisierbaren, liegenden Maschinen mit offenen Stopfbuchsen von einer Haupttransmission angetrieben wurden. Als Kältemittel wurde überdies in vielen Fällen CO_2 verwendet.

2. Verbrauch und Erzeugung fallen zeitlich nicht zusammen. Seit etwa Mitte der 20er Jahre wurde der elektrische Einzelantrieb in Molkereien eingeführt, nachdem die allgemeine Verbreitung einer guten Stromversorgung auf dem Lande diese wirtschaftliche und bequeme Antriebsart ermöglicht. Um die von den Elektrizitätswerken gewährten Vorteile beim Bezug von Nachtstrom auszunutzen, wurden Kältespeicher in Form von mehreren 1000 l Sole enthalten-

Abb. 147. Offener Milchrieselkühler, Vorkühlung mit Brunnenwasser, Tiefkühlung mit Sole.

den Behältern eingebaut. Die Sole wurde um etwa 10° C abgekühlt, und mit der darin gespeicherten Kältemenge wurden sämtliche Kälteverbraucher der Molkerei zentral beschickt. Dieses Verfahren hat sich lange Jahre hindurch gehalten, obwohl es verschiedene schwerwiegende Nachteile aufwies: Bei nicht sehr sorgfältiger Überwachung der Sole korrodierten die ausgedehnten Soleleitungsnetze so stark, daß die Gesamtlebensdauer solcher Kühlanlagen nur wenige Jahre betrug. Der Kälteverlust in den langen Rohrleitungen war trotz kostspieliger Isolierung beträchtlich, und das in einer Molkerei ohnehin schon vorhandene Rohrleitungsnetz für Kaltwasser, Lauwasser, Heißwasser, Milch, Molke usw. wurde durch die Soleleitungen noch unübersichtlicher. Auch waren die Solevorlauftemperaturen vom Beginn bis zum Ende der Kühlung nicht konstant und mußten deshalb durch Solemischventile mit erheblichem Aufwand geregelt werden.

Als eigentliche Kühlapparate für die Milch dienten offene Rieselkühler nach Abb. 147, wie sie heute nur noch im Kleinen in Sammelstellen verwendet werden. Die Rohre bestanden aus Kupfer, das von Sole nicht angegriffen wird, und die milchberührte Außenfläche war mit einer Zinnschicht überzogen, die sehr sorgfältig gepflegt und von Zeit zu Zeit erneuert werden mußte, wenn die Milch durch Berührung mit dem Kupfer keine Geschmacksfehler zeigen sollte.

Die etwa Mitte der 30er Jahre aufkommenden nichtrostenden Stähle brachten milchseitig eine so erhebliche Verbesserung, daß von da ab für Milchapparate in zunehmendem Maße, heute ausschließlich, nur noch hochwertige nichtrostende

Stähle verwendet werden. Hierdurch ergaben sich aber wieder Schwierigkeiten mit der Sole, da nichtrostende Stähle gegenüber chloridhaltigen Solen nicht beständig sind.

3. Kühlung mit Sole im Plattenapparat selbst. Der oben erwähnte Übergang vom offenen zum geschlossenen Kühler wurde zunächst so vorgenommen, daß in den Plattenapparat ein weiteres Plattenpaket für die Tiefkühlung eingebaut wurde, das mit Sole beschickt wurde. Da aber die Platten aus nichtrostenden Stählen bestehen, konnte die übliche Chloridsole nicht mehr verwendet werden; es war notwendig, in Molkereien besondere chloridfreie Solen, insbesondere auf Karbonatbasis, zu verwenden.

Abb. 148. Molkereibetriebsraum mit 2 Plattenapparaten und 2 Separatoren
(Fabrikat Bergedorfer Eisenwerk A.G.).

Da der Plattenapparat zum Reinigen täglich geöffnet werden muß, ließ sich nicht vermeiden, daß jedesmal gewisse Solemengen verlorengingen. Es war also häufig eine Nachfüllung von Sole notwendig, wobei jedoch nicht immer auf die richtige Konzentration und auf eine genügende Pufferung sowie auf die richtige Einstellung des p_H-Wertes geachtet werden konnte. Da überdies die sonstigen Nachteile der Solekühlung bestehenblieben (lange Rohrleitungsnetze, starke Korrosionen), konnte dieses Verfahren nur als Übergangszustand angesehen werden. Da andererseits aber die Tiefkühlung im Plattenapparat selbst insofern eine sehr elegante Lösung des Kühlproblems darstellt, als nun der Betriebsraum nur noch Separatoren und Plattenapparate enthielt und damit sehr übersichtlich wurde und das Milchrohrnetz durch den Fortfall der Rohrleitungen zu besonderen Kühlern wesentlich verkürzt werden konnte, hat man nun versucht, die Anordnung als solche beizubehalten und nur die Sole durch Flüssigkeiten zu ersetzen, die günstigere Eigenschaften aufwiesen. Abb. 148 zeigt einen so ausgestatteten modernen Molkereibetriebsraum.

4. Im Ausland ist verschiedentlich der Versuch gemacht worden, die Sole durch Alkohol-Wasser-Gemische oder durch Glykollösungen zu ersetzen. Der unvermeidliche tägliche Verlust beim Öffnen des Kühlers macht die Anwendung dieser Stoffe aber zu kostspielig. Die notwendige Endtemperatur der Milch von 3° C läßt sich bei genügender Größe der Plattenoberfläche leicht mit einem Kühlmedium von einer Zulauftemperatur von +0,5° C bis +1° C erzielen, d. h. es ist möglich, den Plattenapparat mit gewöhnlichem Eiswasser zu beschicken. Nur in Ausnahmefällen werden tiefere Milchtemperaturen verlangt, insbesondere für die Fernmilchversorgung. Soll die Milch bei Fernversorgung genügend kalt am Bestimmungsort eintreffen, so ist dies besser durch genügend starke Isolierung der Transportbehälter und evtl. durch Kühlung während des Transportes zu erzielen.

Die Verwendung von Eiswasser gab nun auch wieder die Möglichkeit, Kälte zu speichern, und zwar in Form von Eis. Nachdem vor allem in den nordischen Ländern Eisspeicheranlagen für die Milchkühlung schon seit Jahren in großer Zahl ausgeführt worden sind, setzt sich dieses Verfahren auch in Deutschland mehr und mehr durch. Die Vorteile des Eiswassers gegenüber Sole sind recht zahlreich: Die Korrosionsgefahr an den nichtrostenden Stahlplatten im Plattenapparat fällt fort; diese äußerte sich in vielen Fällen in Lochfraß, wodurch Sole in die Milch gelangen und größere Mengen davon verderben konnte.

Da bei der Speicherung in Sole nur die fühlbare Wärme, bei der Speicherung in Eis aber die weitaus größere latente Schmelzwärme nutzbar ist, nimmt ein Eisspeicher nur etwa den fünften Teil des Raumes von dem eines Solespeichers in Anspruch. Durch die konstante Eistemperatur werden schwankende Vorlauftemperaturen vermieden, wobei ein besonderer Mischregler zum Einstellen der Soletemperatur nicht mehr nötig ist. Die Isolierung des Speicherbehälters kann bei nullgrädigem Eiswasser dünner ausgeführt werden als bei den erheblich tieferen Soletemperaturen. Durch die Verlängerung der Anfrierperiode und die Verteilung der Kälteleistung auf längere Zeit genügen kleinere Kompressoren mit kleineren Anschlußwerten, die wiederum kleinere Spitzenbelastungen und günstigere Tarife nach sich ziehen. Durch das Verlegen eines großen Teiles der Anfrierzeit in die Nacht kann zudem billiger Nachtstrom ausgenutzt werden.

Die kleineren Kälteverbraucher können, soweit sie nicht beim Neubau moderner Molkereien von gesonderten kleinen automatischen Kühlaggregaten bedient werden, mit wenig Aufwand mitversorgt werden, auch außerhalb der eigentlichen Betriebszeit.

Durch die Trennung von Kälteerzeugung und Kälteverbrauch ist die Regelung der Leistung bei schwankendem Bedarf wesentlich einfacher und übersichtlicher; bei der Kälteerzeugung braucht nur darauf geachtet zu werden, daß die für die nächste Betriebsperiode notwendige Eismenge zur Verfügung steht, die überdies automatisch begrenzt werden kann. Bei den Kälteverbrauchern ist eine automatische Regelung praktisch gar nicht erforderlich, da Temperaturen und Durchflußmengen annähernd konstant sind. Wenn beim Eingriff der Umlaufvorrichtung für die erhitzte Milch zeitweilig der Milchstrom im Kühler vollkommen wegbleibt, so schadet es auch nichts, wenn das Eiswasser weiter durch den Kühler fließt. Es fließt dann lediglich mit der gleichen Temperatur wieder in den Eisspeicher zurück.

In bezug auf den Energiebedarf ist das Eisspeicherverfahren auch insofern wirtschaftlicher als die Kältespeicherung in Sole, weil mit höheren Verdampfungstemperaturen gearbeitet werden kann und die Kältemaschine, solange sie läuft, stets voll ausgenutzt ist.

Eine grundlegende Darstellung der bei der Speicherung von Eis bestehenden Beziehungen gab Emblik[1].

Die heute meist übliche Methode, Eis zu speichern, besteht darin, daß man das Eis an den Rohren eines Verdampfers, der in einem Eiswassertank liegt, in einer 30 bis 50 mm dicken Schicht anfrieren läßt (Abb. 149). Der Tank ist mit einem Rührwerk versehen, das aber während des Anfrierens nicht betrieben zu werden braucht. Ist die gewünschte und notwendige Eismenge erreicht, wird die Kältemaschine von Hand oder durch einen Thermostaten, dessen Fühler man in das Eis einfrieren läßt, abgeschaltet und die Eisstärke somit begrenzt.

Abb. 149. Kältespeicher mit Eisansatz an Verdampferrohren (Ammoniak).

Wichtig ist, daß kurz vor Beendigung der Milchkühlperiode, d. h. des Abtauvorganges, die Eisoberfläche noch genügend groß ist, um die Wassertemperatur unter $+1°$ C zu halten.

5. Um die Wirtschaftlichkeit durch höhere Verdampfungstemperaturen zu heben, hat man schon vor langer Zeit versucht, Milch durch direkte Verdampfung eines Kältemittels zu kühlen. Schon die oben beschriebenen offenen Rieselkühler wurden zuzeiten, als noch CO_2 als Kältemittel verwendet wurde, mit einem Tiefkühlabteil ausgerüstet, das für direkten Durchfluß des Kältemittels ausgerüstet war. Ähnliche Rieselkühler werden auch für direkten Ammoniakdurchfluß verwendet. Da die horizontal liegenden Kühlrohre sich, wie das bei Ammoniak üblich ist, nur schlecht von innen überfluten ließen, ging man von den waagerechten Rohren ab und entwickelte Rieselkühler mit Steilrohren, von denen Abb. 150 eine Anschauung vermittelt. Dabei wurden gleichzeitig die Wärmeübergangsverhältnisse sowohl auf der Innen- als auf der Außenseite so stark verbessert, daß der Raumbedarf solcher Kühler auf weniger als die Hälfte zurückging. Lediglich der Wunsch, von der offenen Kühlung überhaupt abzugehen, führte dazu, daß auch diese Kühler heute nur noch selten angewendet

---

[1] Emblik, E.: Kältetechnik Bd. 8 (1956) S. 100.

werden und daß man einen geschlossenen Durchflußtiefkühler für direkte Verdampfung entwickelte. Diese geschlossenen direkten Verdampferkühler werden dort verwendet, wo ein Speicherbetrieb nicht notwendig oder nicht erwünscht ist, und sie haben den Vorteil, daß sie in beliebiger Höhe aufgestellt werden können, da der Milchstrom unter Druck hindurchfließt und anschließend in hochliegende Behälter gepumpt werden kann. Diese als Röhrenbündelapparate gebauten Kühler sind ganz aus nichtrostendem Stahl hergestellt, und zwar sowohl die milchführenden Innenrohre als auch die hermetisch verschlossene Außenverkleidung der Isolierung. Ein Eindringen von Feuchtigkeit in die Isolierung ist

Abb. 150. Steilrohrmilchkühler für direkte Verdampfung von Ammoniak
(Fabrikat Bergedorfer Eisenwerk A.G.).

dadurch nicht möglich, und die Apparate können innen und außen so gereinigt werden, daß man jeder hygienischen Anforderung gerecht wird. Abb. 151 zeigt eine Außenansicht solcher Tiefkühler für direkte Verdampfung.

Um auch eine Heißreinigung zu ermöglichen, muß dafür gesorgt werden, daß die Kältemittelfüllung ohne Gefahr aus dem Kühler entweichen kann, entweder über Rückschlagventile in den genügend groß bemessenen Kondensator oder in ein über dem Kühler liegendes Aufnahmegefäß. Selbstverständlich muß auch eine entsprechende Sicherungsvorrichtung eingebaut sein für den Fall, daß die Entleerung einmal versagen sollte.

Die bei Durchflußkühlern stets bestehende Gefahr, daß der Kühler bei zu geringer Belastung oder bei Schwankungen im Durchfluß einfriert, muß durch den Einbau genügender Sicherheits- und Regeleinrichtungen aufgehoben werden. Das Schema Abb. 152 zeigt, wie die Verdampfungstemperatur trotz schwankender Leistung durch Einbau eines gesteuerten Saugdruckreglers konstant gehalten wird; da sie im Normalbetrieb etwas unter 0° C liegt, muß weiter dafür gesorgt werden, daß bei mangelndem Milchfluß die Kältemaschine ganz ausgeschaltet wird. Oben wurde bereits erwähnt, daß das Umschaltventil für die Erhitzung der Milch über einen Hilfskontakt die Kältemaschine ausschaltet; zur zusätzlichen

Abb. 151. Milchkühler für geschlossenen Milchstrom für direkte Verdampfung von Ammoniak. Leistung 5000 l/h Milch von +13° C auf +3° C.

Sicherheit kann auch in den Milchstrom noch ein Strömungswächter eingebaut werden, der in jedem Fall die Kälteanlage abschaltet, wenn der Milchstrom um einen bestimmten eingestellten Betrag abnimmt.

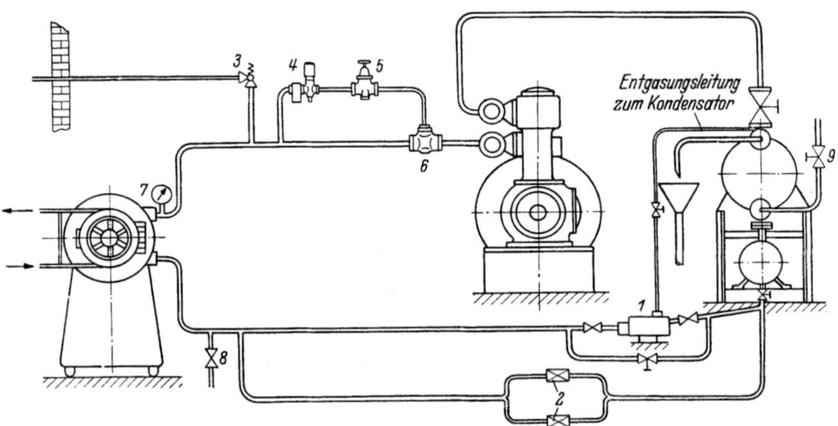

Abb. 152. Schaltschema für geschlossenen Verdampferkühler mit Sicherheitseinrichtungen.

Die Frage, ob zweckmäßigerweise mit direkter Verdampfung gearbeitet oder eine Eiswasser-Speicheranlage gewählt wird, ist nach den gegebenen Verhältnissen von Fall zu Fall zu entscheiden. Dabei sind insbesondere folgende energiewirtschaftliche Gesichtspunkte zu berücksichtigen:

Die unmittelbare Kälteerzeugung während der Milchkühlzeit ist dann am Platze, wenn die Molkerei Eigenstrom herstellt, da der Anfall von Abdampf bei der Eigenstromerzeugung für die Milcherhitzung und zur Heißwasserbereitung verwendet werden kann. Auch bei Betrieben mit Fremdstrombezug, aber mit Stromtarifen ohne Spitzenpreise, ist dann die unmittelbare Kühlung, insbesondere die direkte Verdampfung mit ihrer höheren spezifischen Kälteleistung, zu empfehlen, wo sehr stark schwankende Milchmengen anfallen, z. B. in Trinkmilchbetrieben mit stark schwankendem Absatz. Eine Eiswasserspeicheranlage müßte für den höchsten Ausstoß eingerichtet sein; sie ist dann für die übrige Zeit des Jahres zu groß, so daß das investierte Kapital nicht richtig ausgenutzt ist. Bei Anlagen mit direkter Verdampfung kann durch Verlängerung der täglichen Betriebszeit leicht jeder stoßweise Bedarf gedeckt werden. Dagegen wird man bei Stromtarifen mit Spitzenpreisen und bei Stromtarifen mit Gewährung billigerer Nachtstrompreise die Kältespeicherung im Eiswasser vorziehen.

II. Milchlagerung.

Die angenommene Rohmilch muß vor der Verarbeitung gelagert werden, sei es kurzzeitig zum Ausgleich von Anlieferungsschwankungen ohne besondere Kühlung, sei es nach einer Vorkühlung der abends angenommenen Milch bis zur Verarbeitung am nächsten Morgen, sei es zur Zwischenlagerung bei der erstrebten 6-Tage-Woche. Auch die fertig behandelte und pasteurisierte Milch muß gelagert werden, entweder bis zum Abfüllen in Flaschen oder bis zum Zeitpunkt des Abtransportes in Kannen oder Tanks.

Für die Milchlagerung stehen offene oder geschlossene Behälterkonstruktionen zur Verfügung, wobei man allerdings die offenen Behälter mehr für die Lagerung von Rohmilch, die geschlossenen Behälter zur Vermeidung von Re-Infektionen zur Lagerung der bereits behandelten Milch verwenden wird.

1. Lagerung in offenen Behältern.

Die Milchbehälter werden aus Aluminium (99,5% Reinheit), aus nichtrostendem Chromstahl (18% Cr- + 8% Ni-Gehalt) oder aus emailliertem Stahl hergestellt und isoliert. Für die Isolierung genügt eine Stärke von 30 bis 50 mm, da der gesamte Lagerraum ebenfalls isoliert sein muß, wobei besonders auf eine gute Deckenisolierung zu achten ist, die zur Vermeidung von Schwitzwasserbildung nicht unter 120 mm Stärke, gerechnet für Kork oder gleichwertiges Material, haben sollte. Da die Behälter offen sind, kann Schwitzwasser in die Milch tropfen und zu Re-Infektionen führen, besonders mit Kälte liebenden Schimmelpilzen. Der ganze Raum wird künstlich gekühlt, wobei im Raum selbst eingebaute Luftkühlsysteme vorzuziehen sind, da sie keine Luftkanäle benötigen. Luftkanäle geben besonders dann, wenn sie Umluft zu führen haben, leicht zu Re-Infektionen Anlaß, wie dies im Kapitel über Käserei ausführlich beschrieben wird (S. 364). Bei Außenluftkühlern sind aber Luftkanäle nicht zu vermeiden. Selbstverständlich sind die Kühlsysteme so zu bauen, daß sie den bakteriologischen Anforderungen entsprechen und gegebenenfalls gereinigt und desinfiziert werden können. Jeder Behälter erhält ein Rührwerk, welches bei Vollmilch die Aufrahmung verhindern soll und bei Buttermilch das Absetzen hemmt. Wenn ein Milchlagerraum, der meist in den oberen Stockwerken liegt, Fenster haben soll, so sollen diese nach der Nordseite liegen und nach Möglichkeit nicht zum Öffnen eingerichtet sein, evtl. aus einbetonierten Glasbausteinen bestehen. Die für die Belüftung des Raumes notwendige Frischluft soll vermittelst eines Ventilators durch bakterizide Filter eingesaugt werden.

2. Geschlossene Behälter.

Geschlossene Behälter, die meist als runde isolierte Tanks aus Aluminium, emailliertem Stahlblech oder am besten Chromnickelstahl hergestellt werden, lassen sich besser und sicherer reinigen als offene Behälter und können nach dem

Reinigen sogar mit Dampf kurz sterilisiert werden. Infolge der allseitigen Isolierung kann evtl. die Raumkühlung und -isolierung fortfallen, wenn die Lagerdauer nicht zu lang sein soll. Die Isolierung wird durch einen hermetisch geschlossenen Blechmantel nach außen geschützt und gegen Feuchtigkeitsdiffusion

Abb. 153. Milchtanklager. Tanks aus nichtrostendem Stahl, isoliert und mit nichtrostendem Stahl verkleidet (Fabrikat Bergedorfer Eisenwerk A.G.).

gesichert (Abb. 153). Bei in bezug auf den Wärmeeinfall ungünstiger liegenden Räumen kann natürlich der Lagerraum ebenfalls klimatisiert werden, wobei aber die Ausführung der Kühlsysteme und die Frischbelüftung in hygienischer Beziehung bei weitem nicht so heikel ist wie bei offenen Tanks mit offenliegenden Milchoberflächen.

III. Schrifttum zum Abschnitt C.

Milchbearbeitung.

Plank, R.: Amerikanische Kältetechnik, 3. Bericht, S. 110—114, Dtsch. Ingen.-Verl. 1950.

Seelemann-Plock: Die Vorschriften über die Milcherhitzung und die Überwachung der Molkereien. Hildesheim: Verlag der Molkerei-Ztg. 1939.

Wälzholz: (Ausschuß für Erhitzertechnik), Richtlinien für Schaltung, Montage und Betrieb von Erhitzungseinrichtungen. Hildesheim: Milchwirtschaftlicher Verlag Th. Mann K.G. 1955.

Böhm, I.: Wärmeübergang an Platten-Wärmeaustauschern. Kältetechnik Bd. 7 (1955) 12, S. 358, 362 (8 Schrifttumsstellen).

Emblik: Eisbildung und Wärmeübergang im Süßwasserkühler. Kältetechnik Bd. 3 (1951) 1, 2, S. 10, 14, 29, 34.

Nusselt: Der Wärmeaustausch am Berieselungskühler. VDI Bd. 67 (1923) S. 206.

Plock, K.: Elektrischer Antrieb in Molkereien und sein Einfluß auf die Energiewirtschaft und die Entwicklung von Molkereimaschinen. Molkerei-Ztg. Hildesheim, Bd. 47 (1934) S. 923.

Tabelle 8. *Milcherzeugung und Anlieferung an Molkereien*

	Vorkrieg	1949	1950
Gesamt-Milcherzeugung in 1000 t	15000	11321	13852
Anlieferung an die Molkereien in 1000 t	8670	8154	9846
Von der Anlieferung zu Butter verarbeitet in % . .	—	67	62

Brehm u. Plock: Erhöhung der spez. Kälteleistung von Kälteautomaten mit Schlangenverdampfern unter besonderer Berücksichtigung von Solekältespeichern. Z. ges. Kälteind. Bd. 39 (1932) 4, 5, S. 53, 56, 78, 81.

van der Ploeg, J.: Der Wärmeübergang am Berieselungskühler. Dissertation TH Karlsruhe (1929).

Reese: Dissertation Kiel (1931).

Schäffer, O.: Der Rundrohrberieselungskühler für Milch mit besonderer Berücksichtigung der Wasserkühlung (Versuche und Berechnungsgrundlagen). Dissertation TH Berlin (1931), abgedruckt in: Milchwirtsch. Forsch. (1933) Nr. 15, S. 573.

D. Rahm und Butter.

I. Allgemeines.

Butter ist dasjenige Milchprodukt, das neben der Trinkmilch den größten Anteil der Gesamt-Milcherzeugung in Anspruch nimmt. Aus Tab. 8 geht hervor, daß in den letzten Jahren im Mittel etwa 60% der an die Molkereien angelieferten Milch zu Butter verarbeitet wird.

Die Butterverordnung vom 2. 6. 1951 gibt in § 1 eine Definition des Begriffes „Butter":

„Butter ist das aus Milch, Sahne oder Molke, süß oder gesäuert, gegebenenfalls unter Zusatz von Bakterienkulturen, Wasser, Kochsalz und amtlich zugelassenen Farbstoffen gewonnene, plastische Gemisch, aus dem beim Erwärmen auf 45° C überwiegend eine klare Milch-Fett-Schicht und in geringerem Maße eine Wasser- und Milchbestandteile enthaltende Schicht abgeschieden werden."

Das Gesetz bezieht sich im übrigen nur auf Butter, die aus Kuhmilch gewonnen ist; es macht aber keinen Unterschied zwischen den verschiedenen Buttersorten. Als solche sind anzusehen: Sauerrahm-Butter, Süßrahm-Butter, gesalzene Butter, ungesalzene Butter, Sommer- oder Winter-Butter, die sich nach der Art der Herstellung, nach dem Geschmack und nach der Konsistenz unterscheiden können.

Die gleiche Verordnung besagt, daß Butter nicht in Verkehr gebracht werden darf, die in 100 Gewichtsteilen weniger als 80 Gewichtsteile Fett oder in ungesalzenem Zustand mehr als 18 Gewichtsteile Wasser, in gesalzenem Zustand mehr als 18 Gewichtsteile Wasser plus Kochsalz enthält.

Physikalisch gesehen ist Butter eine Emulsion aus einer kontinuierlichen Fettphase, in der Plasma und Wassertröpfchen und z. T. auch Luftbläschen dispergiert sind. Die kontinuierliche Fettphase besteht aus flüssigem Butteröl, das Butterfettkristalle und auch Gelkugeln enthält. Von der Konsistenz der Butter wird verlangt, daß sie bei 20° C noch nicht ausölt, bei 15° C aber noch gut streichfähig ist. Nachdem sich moderne Margarinesorten im Geschmack kaum mehr von Butter unterscheiden, ist die Konsistenzfrage entscheidend wichtig für den Konkurrenzkampf der Butter gegenüber der immer mehr in den Vordergrund rückenden Margarine. Tab. 9 gibt einen Begriff davon, wobei zu beachten ist, daß zwar auch der Verbrauch an Butter um ein geringes angestiegen

in der Deutschen Bundesrepublik. (Nach Mohr.)

1951	1952	1953	1954	1955	1956
15 171	15 813	16 740	17 054	16 907	17 007
10 346	10 363	11 164	11 400	11 281	11 510
62	60,4	59,4	60	57,8	61

ist, daß der Anstieg des Gesamt-Fettverbrauches aber doch im wesentlichen von
der Margarine getragen wird.

Tabelle 9. *Fettverbrauch in kg je Kopf der Bevölkerung in Westdeutschland.*

	1938	1950	1951	1952	1953	1954	1955	1956
Butter	8,8	6,0	6,3	6,6	6,3	6,9	6,9	6,9
Margarine . . .	6,1	7,8	9,4	10,6	11,7	12,0	12,4	12,7

Nach den technischen Mitteln der Butterherstellung unterscheidet man
folgende Verfahren:

> den Butterfertiger,
> das *Fritz*-Verfahren
> und das *Alfa*-Verfahren.

Während die beiden letzten kontinuierlichen Verfahren insbesondere Süßrahm-Butter herzustellen gestatten, kann im Butterfertiger Sauerrahm- und
Süßrahm-Butter hergestellt werden. Wenn man auch noch die Butterherstel-
lungsverfahren mit heranzieht, bei denen die Butter, ähnlich wie Margarine, aus
den getrennten Phasen Butterfett und Buttermilch wieder zusammengesetzt
wird, ergeben sich insgesamt folgende bisher bekannte Herstellungsverfahren:

1. Sauerrahm-Butter im Butterfertiger,
2. Süßrahm-Butter im Butterfertiger mit oder ohne vorangegangene Reifung,
3. Süßrahm-Butter nach dem *Fritz*-Verfahren,
4. Süßrahm-Butter nach dem *Alfa*-Verfahren,
5. Herstellung nach dem Butter-Schmalz-Emulgierverfahren (ähnlich Margarineherstellung).

Die Süßrahm-Butter-Herstellung nach dem Kohlendioxydverfahren (*Senn*-
Verfahren) ähnelt dem *Fritz*-Verfahren und unterscheidet sich von diesem nur
dadurch, daß während des Verbutterungsvorganges Kohlendioxyd zugesetzt wird.
Das australische *New-Way*-Verfahren ist im wesentlichen mit dem *Alfa*-Ver-
fahren identisch, und die nur im Ausland ausgeübten *Gold'n Flow*-Verfahren
nach Cherry-Burrel und das *Creamery Package*-Verfahren sind Emulgierver-
fahren.

Allen Verfahren gemeinsam ist die Anwendung künstlicher Kälte in irgend-
einem Teil des Herstellungsprozesses. Während bei der Butterherstellung im
Butterfertiger eine Vorbereitung des Rahmes durch Erhitzen, Ansäuern und
Kühlen vorhergeht, ist beim *Alfa*-Verfahren die Kälte selbst das Mittel, das die
Umkehrung des Phasensystems „Fett in Milch" in das System „Milch in Fett"
bewirkt. Bei den anderen Verfahren entsteht das Butterkorn durch das Zusammenfließen der Fetteilchen infolge einer Schaum erzeugenden Schlagwirkung.
Welche Vorgänge sich hier im einzelnen an der Grenzfläche zwischen Fett und
Serum abspielen, ist noch nicht bis zum letzten geklärt. Es kann aber als sicher
angenommen werden, daß während des Butterns eine Verschmelzung der Fettkügelchen unter Zerstörung der Hüllenmembran (Phosphatid-Eiweißhülle)
eintritt, bis die Oberfläche der zu Fettklumpen vereinten Fettkügelchen relativ
so klein geworden ist, daß die reduzierte Oberfläche des Fettes nicht länger in der
Lage ist, die gesamte Flüssigkeit zu binden und daß sich dann das Butterkorn
von der freien Buttermilch trennt. Ein Teil des Fettes ist kristallisiert und hat
sich von dem flüssigen Fett getrennt. Durch die Zerstörung der Fettkügelchen-
hüllen wird flüssiges Fett aus den Fettkügelchen ausgepreßt, das das Bindemittel

im Butterkorn darstellt und nach dem Kneten die kontinuierliche Phase in der Butter bildet. Dieser Vorgang der Butterbildung findet aber nur innerhalb eines begrenzten Temperaturbereiches statt. Ist der Rahm zu kalt, bilden sich zwar geringe mikroskopisch erkennbare Fettklumpen, es wird jedoch kein Butterkorn zusammengefügt, da bei dieser tiefen Temperatur die Fettkügelchen fast nur festes, aber nicht genügend flüssiges Fett enthalten. Andererseits wird bei zu hoher Temperatur auch kein Butterkorn gebildet, sondern höchstens eine Vergrößerung der Fettkügelchen erzielt. Die Temperatur des zu verbutternden Rahmes muß also sehr sorgfältig eingestellt werden und während des Buttervorganges erhalten bleiben.

Nach vollendeter Butterkornbildung, nachdem die Phasenumkehr also erfolgt ist, wird das Butterkorn durch einen Knetvorgang zusammengeknetet, nachdem die an den einzelnen Teilchen anhaftende Buttermilch durch Auswaschen mit reinem Wasser evtl. vorher noch entfernt wurde.

Das Kneten selbst hat in der Hauptsache den Zweck, den an dem Butterkorn außen anhaftenden Wasser- bzw. Buttermilchfilm teilweise zu entfernen und die verbleibende Flüssigkeit mechanisch bis zu feinsten Tröpfchen zu verteilen, damit die Butter trocken bleibt und nicht wasserlässig wird.

II. Sauerrahm-Butter im Butterfertiger.

Butter kann aus Vollmilch hergestellt werden; meist wird ein in seinem Fettgehalt bis zu etwa 30% durch Zentrifugierung angereicherter Rahm verwendet. Der zur Butterei bestimmte Rahm wird bei Temperaturen von 85° C bis 98° C pasteurisiert und anschließend zunächst langsam bis auf etwa 50° C gekühlt, wobei die Geschwindigkeit des Vorkühlens davon abhängig ist, ob eine Entgasung und Belüftung notwendig ist. Das weitere Abkühlen bis auf Temperaturen unter den Erstarrungspunkt des Fettes soll dann verhältnismäßig schnell vor sich gehen.

Nach MOHR soll die Kühlung des Rahmes für die Sauerrahm-Butter-Herstellung so geleitet werden, daß die günstigsten Bedingungen für Reifung, Säuerung und Aromabildung des Rahmes durch die Säurebakterien geschaffen werden und daß das Fett in den Fettkügelchen des Rahmes in der Weise beeinflußt wird, daß jeweils die günstigste Kristallisation und Entmischung in Butteröl und Kristalle hervorgerufen werden. Von der Art des Festwerdens des Fettes in den Fettkügelchen ist weitgehend der Fettgehalt in der Buttermilch und vor allem die Konsistenz der Butter abhängig. Da Winterfett eine härtere Butter als Sommerfett ergibt, muß die Kühlung des Rahmes so geführt werden, daß eine weichere Butterkonsistenz bei an und für sich hartem Winterfett und umgekehrt erzielt wird.

Der gekühlte Rahm wird in einer Rahmwanne durch Beigabe einer Kultur von Säurebakterien (Säurewecker) angesäuert und unter gelegentlichem Durchrühren stehen gelassen, bis er nach Ablauf von 8 bis 9 Stunden einen p_H-Wert von etwa 4,9 bis 5,0 erreicht hat und dicksämig geworden ist. Die anzuwendenden Säuerungstemperaturen richten sich nach dem gewählten Verfahren; bei der Kaltsäuerung wird eine Temperatur von 12° C bis 15° C angewendet, die in gleicher Höhe wie die Butterungstemperatur liegt. Der Rahm braucht nach Beendigung der Säuerung nicht weiter heruntergekühlt zu werden, so daß als Rahmreifer einfache Behälter ohne Kühleinrichtung benutzt werden können. Beim Warmsäuerungsverfahren arbeitet man mit Temperaturen zwischen 16° C und 20° C, wobei die Jahreszeit und die gewünschte Butterkonsistenz einen Einfluß haben. Die Säuerungstemperatur soll etwa 2° C unter dem Erstarrungspunkt des Fettes liegen; der Erstarrungspunkt von reinem Sommerfett liegt bei

18° C bis 19° C, der von reinem Winterfett bei 21° C bis 23° C. Im Ausland, insbesondere in Schweden, werden noch komplizierterer Verfahren angewendet, bei denen die Temperaturen in Abhängigkeit von der Zeit nach einem gewissen Programm eingestellt werden sollen. Als Beispiele seien erwähnt das 8/9/16°C-Verfahren oder das 19/16/8°C-Verfahren.

Bei allen diesen Verfahren müssen im Rahmtank beliebige Temperaturen eingestellt werden können und es muß möglich sein, Abkühlungs- und Anwärmungsvorgänge in beliebiger Folge abzuwechseln. Darüber hinaus muß der Rahmtank so beschaffen sein, daß er eine Heißreinigung verträgt. Daraus ergibt sich die konstruktive Ausführung der Rahmtanks und Rahmreifer.

Der am weitesten verbreitete Rahmreifer besteht aus einer doppelwandigen Wanne in halb- oder viertelzylindrischer Form, in der ein soledurchflossenes Schwenkwerk eingebaut ist, das gleichzeitig zum Rühren und zum Kühlen des

Abb. 154. Butterei mit 2 Rahmreiferwannen mit solegekühltem Schwingwerk. Im Hintergrund Stahl-Butterfertiger. Links vorn Plattenkühler für Rahm und Butterwaschwasser
(Fabrikat Bergedorfer Eisenwerk A.G.).

infolge seiner Zähigkeit sehr schwierig gleichmäßig zu kühlenden Rahmes dient (Abb. 154). Bei einigen Konstruktionen kann das Schwenkwerk hochgestellt werden und behelfsmäßig als Rieselkühler für den in die Rahmwanne einzufüllenden Rahm dienen. Um den Rahm auch anwärmen zu können, wird zuweilen in den Kreislauf der Sole ein mit Dampf betriebenes Soleanwärmgerät zwischengeschaltet.

Da in einer Molkerei, die in ihrem ganzen Betrieb auf direkte Verdampfung umgestellt ist, der Rahmreifer das einzige noch mit Sole zu kühlende Gerät ist, sind immer wieder Versuche unternommen worden, auch diesen Apparat auf direkte Verdampfung umzustellen. Die für die Kältemittelzuführung zum Schwenkwerk notwendige Stopfbuchse hat, da es sich überdies um eine hin- und hergehende und keine rotierende Bewegung handelt, so viele Schwierigkeiten verursacht, daß Rahmreifer mit direkter Verdampfung erst dann in die Molkereipraxis Eingang fanden, als man sie nach ganz anderen Prinzipien baute. Abb. 155 zeigt einen runden Rahmtank für direkte Verdampfung, bei dem die notwendige Rahmbewegung wiederum durch ein Rührwerk erzielt wird, das so gestaltet sein muß, daß es insbesondere die an der Zylinderwand befindliche Grenzschicht des

Rahmes in Bewegung setzt. Es wird von der Zylinderwand her gekühlt durch eine außen an die Zylinderwand angelegte Kühlschlange für direkte Verdampfung. Die Kühlschlange ist der Höhe nach in mehrere Teile zerlegt, die einzeln in Betrieb genommen werden können, damit bei nur teilweiser Füllung des Tanks mit Rahm die oberhalb der Rahmoberfläche befindlichen Wandteile nicht mit gekühlt werden und sich dort kein Schwitzwasser bildet, das in den Rahm laufen würde. Wenn auch eine Kühlung solcher runden Rahmwannen mit Ammoniak durchaus möglich wäre, so hat man im Zuge der Modernisierung der Molkereien hier schon von vornherein F 12 als Kältemittel gewählt.

In Molkereien, in denen eine zentrale Eiswasserversorgung eingebaut ist, können runde Rahmtanks auch mit einem Doppelmantel anstelle der Kühlschlangen versehen werden; durch den Hohlraum des Mantels kann zum Anwärmen warmes Wasser und zum Abkühlen nacheinander Brunnenwasser oder Eiswasser

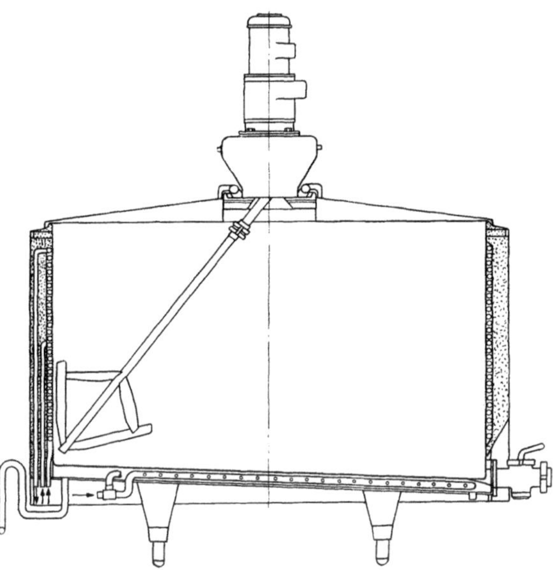

Abb. 155. Runder Rahmreifer mit Mantelkühlung für direkte Verdampfung von Frigen und mit eingebautem Planetenrührwerk (Fabrikat Bergedorfer Eisenwerk A.G.).

geschickt werden. Auch hierbei kann die Höhe der gekühlten Wandung durch Veränderung der Eiswasserfüllung so eingestellt werden, daß sich kein Schwitzwasser bildet.

Allen vorbeschriebenen Rahmreifern haftet der Nachteil an, daß die Kühlfläche aus konstruktiven Gründen begrenzt ist und daß deshalb die Abkühldauer nicht unter ein bestimmtes Maß hinaus verkürzt werden kann. Das wäre nur möglich, wenn die Kühlung des Rahmes von der Lagerung getrennt würde und somit jeder Vorgang für sich optimal gestaltet werden könnte. Die Rahmwanne selbst besteht dann lediglich aus einem isolierten Behälter, der natürlich erheblich einfacher und damit auch billiger ist. Der Rahm wird zum Kühlen durch einen Plattenkühler umgewälzt, dessen viel höhere Wärmeübergangszahlen ein wesentlich schnelleres Kühlen gestatten. Stellt man die Reifungszeit so ein, daß sie unmittelbar vor Beginn des Butterns beendet ist, so kann auch der Rahm direkt durch den Kühler in den Butterfertiger gepumpt werden. Die gleiche Einrichtung kann auch zum Anwärmen des Rahmes dienen, sei es, um ihn auf Säuerungstemperatur zu bringen, sei es, um ihn nach der Lagerzeit auf eine höher liegende Butterungstemperatur zu heben. Der Plattenapparat wird wahlweise mit Eiswasser oder mit Warmwasser als Kühl- oder Heizmittel beschickt (Abb. 156).

Das Verfahren hat den weiteren Vorteil, daß die rahmberührten Flächen sowohl in der Wanne als im Plattenapparat ohne besondere Vorkehrungen, wie Absaugen oder Entleeren von Sole, heiß gereinigt oder sogar ausgedampft werden können.

Eine besonders interessante zusätzliche Aufgabe hat die Molkereikältemaschine für die Anwärmung des Rahmes bekommen. Da nur innerhalb einer verhältnismäßig kurzen Betriebszeit für die Erhitzung der angelieferten Milch Dampf notwendig ist, wird der Dampfkessel auch nur in dieser kurzen Zeit in Betrieb gehalten. Für die zu einer späteren Zeit notwendige Rahmanwärmung vor der Butterung steht dann kein Dampf mehr zur Verfügung. Da die benötigte Wärme ohnehin in einem verhältnismäßig niedrigen Temperaturbereich gebraucht

Abb. 156. Ungekühlter Rahmbehälter mit angebautem Plattenapparat und Pumpe zur Kühlung mit Eiswasser.

wird, hat man in einigen Molkereien den Rahmkühler für direkte Verdampfung so geschaltet, daß er zeitweilig als Kältemittelkondensator dient, der die dem Kühlwasser der Kältemaschine entnommene Wärme nach dem Verfahren der Wärmepumpe dem anzuwärmenden Rahm zuführt. Abgesehen von der Ersparnis an Energiekosten gegenüber einer direkten Anwärmung des Rahmes vermittelst elektrischem Strom ergibt sich noch der weitere Vorteil, daß der ohnehin vorhandene Rahmkühler für direkte Verdampfung ohne weitere Änderung gleichzeitig als Rahmanwärmer verwendet werden kann.

Die Rahmwanne dient noch einem weiteren Zweck: Bei jahreszeitlicher Schwankung der Milchmenge fällt zuweilen so wenig Rahm je Tag an, daß nicht an jedem Tag gebuttert werden kann. Wenn man nun den am ersten Tag angefallenen erhitzten, gekühlten und mit Säurewecker versetzten Rahm auf

4° C kühlt, so daß eine Nachsäuerung weitestgehend vermieden wird, so kann dieser Rahm bis zum nächsten Tage aufgehoben und mit dem dann anfallenden Rahm gemischt verbuttert werden.

Nach vollendeter Reifung des Rahmes, die sich also zusammensetzt aus dem Erreichen des richtigen Säuregrades und der Einstellung der gewünschten Butterungstemperatur, folgt nun der eigentliche Butterungsvorgang im sog. Butterfertiger. Das ist im Grunde genommen nichts anderes als ein seit alters her bekanntes Butterfaß, in dem der Rahm durch Schlagen und Rühren dazu veranlaßt wird, sich in Butterkorn und Buttermilch zu trennen.

Seit Einführung des maschinellen Antriebes in den Molkereien wurden solche Butterfertiger in Form horizontal liegender Holzfässer gebaut, die mit einem Antrieb für mindestens 2 Drehzahlen versehen waren, einer hohen Drehzahl für den eigentlichen Butterungsvorgang und einer niederen Drehzahl für das Kneten des gebildeten Butterkornes. Wenn auch als Baumaterial feinporige Edelhölzer (Teakholz, Mahagoni oder Eiche) verwendet wurden, so war es nicht zu vermeiden, daß dieses Holz mit der Zeit rissig wird und dann bakteriologisch nicht mehr einwandfrei zu reinigen und zu desinfizieren ist. Durch die unvermeidlichen Infektionen traten dann Fehler in der Haltbarkeit der erzeugten Butter auf. Heute wird auch für Butterfertiger fast ausschließlich nichtrostender Chromnickelstahl verwendet, und in der ganzen Konstruktion wird Wert darauf gelegt, daß das Faß möglichst glatte und für die Reinigung gut zugängliche Innenflächen erhält.

Den wesentlichsten Einfluß auf die Qualität und Konsistenz der erzielten Butter übt aber doch immer wieder die Temperatur aus. Der Stahlbutterfertiger hat gegenüber dem starkwandigen Holzbutterfertiger zwar den Nachteil, daß sich Änderungen der Temperatur des Butterungsraumes stärker auf die Füllung des Fertigers auswirken können, andererseits kann eine schnelle Temperaturänderung, die durch Beobachtung des Butterungsvorganges vielleicht als erwünscht angesehen wird, durch Überbrausen mit warmem oder kaltem Wasser schneller erzielt werden. In der Zukunft wird man sich von den jahreszeitlichen Schwankungen der Temperatur in der Butterei durch Einbau von Klimaanlagen mehr und mehr unabhängig machen.

Zwischen Abbutterung und Kneten wird nach dem Ablaufen der Buttermilch ein Waschvorgang eingeschaltet, d. h. es wird mehrmals frisches Wasser zugegeben, während der Butterfertiger sich im normalen Butterungsgang dreht. Durch das Waschen sollen die dem Butterkorn anhaftenden Buttermilchreste, Eiweißstoffe, Milchzucker, Milchsäure und Milchsalze entfernt werden. Das erste Waschwasser soll zur Erzielung eines optimalen Auswaschungseffektes 1° C bis 2° C unter der Butterungstemperatur liegen. Bei normaler Konsistenz wird Waschwasser von 10° C bis 12° C genommen. Durch Einstellung der Temperatur des Butterwaschwassers können Konsistenzfehler, die durch zu weiches oder zu hartes Butterfett bedingt sind, noch rückgängig gemacht werden, z. B. fördert bei bröckeliger Butter Wasser von 4° C bis 6° C die Geschmeidigkeit. Wäscht man in walzenlosen Fertigern zu kalt, geht das Butterkorn beim Kneten nur schwer zusammen. Man begnüge sich hier mit 8° C bis 10° C. Auch der Wassergehalt der fertigen Butter wird durch die Temperatur des Waschwassers stark beeinflußt, insbesondere wird bei zu hoher Wassertemperatur in der fertig gekneteten Butter ein stark erhöhter Wassergehalt hervorgerufen. Die Konsistenz der Butter wird in diesem Falle so weich, daß die Butter nicht vollständig zu Ende geknetet werden kann und der erforderliche Wassergehalt in der Butter nicht erreicht wird, da die Butter frühzeitig zu schmieren beginnt.

Selbstverständlich muß das Waschwasser bakteriologisch vollkommen einwandfrei sein; gegebenenfalls muß es vor der Verwendung durch Filter entkeimt werden. Da die Waschwassertemperatur somit meist niedriger liegt als die Temperatur, mit der Waschwasser zur Verfügung steht, muß das Waschwasser künstlich gekühlt werden. In Molkereien mit Sole- oder Eiswasserkreisläufen läßt man das Waschwasser durch einen in der Butterei aufgestellten, eigens dafür bestimmten kleinen Plattenapparat als Wärmeaustauscher laufen. In Anlagen, bei denen die Milch durch direkte Verdampfung gekühlt wird, benutzt man zuweilen auch den Milchkühler, der vor Beginn der Milchkühlzeit für diesen Zweck zur Verfügung steht und sich in bezug auf die hygienischen Anforderungen recht gut dafür eignet. Überdies wird die Anschaffung eines besonderen Waschwasserkühlers dadurch eingespart.

III. Süßrahm-Butter im Butterfertiger.

In gleicher Weise wie die Herstellung von Sauerrahm-Butter ist auch die Herstellung von Süßrahm-Butter im Butterfertiger möglich. In Deutschland wird dieses Verfahren aber heute kaum mehr ausgeübt, da es durch die kontinuierlichen Süßrahm-Butterungsverfahren, die im nächsten Absatz beschrieben werden, verdrängt worden ist. Nur in den Butter exportierenden Überseeländern, die darauf angewiesen sind, eine gut haltbare Lagerbutter herzustellen, da die Butter frühestens 4 bis 8 Wochen nach der Herstellung auf den europäischen Markt kommen kann, wird noch Süßrahmbutter im Butterfertiger hergestellt; bei der Einlagerung bei tiefen Temperaturen (−12° C) soll sie der Sauerrahm-Butter in bezug auf Haltbarkeit überlegen sein.

Nach der Erhitzung des Rahmes auf 90° C bis 95° C und einer sehr sorgfältigen Entgasung wird der Rahm auf verhältnismäßig tiefe Temperaturen von +2° C bis +3° C abgekühlt. Dabei ist darauf zu achten, daß der Rahm am Kühler nicht anfriert und daß man deshalb nur mit möglichst geringem Temperaturgefälle zwischen Kühlmittel und Rahm arbeiten soll. Bei Verwendung von Sole sollte durch Einbau eines automatischen Mischventils die Soletemperatur auf minimal −3° C eingestellt und gehalten werden. Besser und sicherer ist jedoch die Kühlung mit Eiswasser, dessen Temperatur andererseits aber bis dicht an 0° C herangeführt werden soll. Der Rahm wird bis zum nächsten Tag bei der tiefen Temperatur zum Reifen in Tanks aufbewahrt und anschließend in der üblichen Weise im Butterfertiger verbuttert.

IV. Süßrahm-Butter nach dem Fritz-Verfahren.

Der Wunsch, Butter kontinuierlich erzeugen zu können, ist verständlich und deshalb schon sehr alt. Bereits im Jahre 1889 versuchte der Schwede De Laval eine das Butterkorn kontinuierlich erzeugende Maschine mit horizontal liegender, schnellaufender Schlägerwelle zu bauen, durch die hochprozentiger Süßrahm (40 bis 45% Fettgehalt) augenblicklich in Butterkorn umgewandelt wird. Im Prinzip geht die Butterbildung genauso vor sich wie im Butterfertiger, d. h. der Rahm trennt sich in Butterkorn und Buttermilch, und das Butterkorn muß anschließend zu fertiger Butter zusammengeknetet werden. Während aber beim Butterfertiger Kornbildung und Kneten im selben Faß stattfindet, sind die Vorgänge bei der *Fritz*-Butterungsmaschine in zwei in ihrer Funktion getrennte Apparate aufgeteilt.

Abb. 157 zeigt den Schnitt durch eine solche Maschine. Der Rahm tritt zunächst durch einen die Menge bestimmenden einstellbaren Hahn in einen horizontal liegenden Zylinder ein, in dem ein Schlagwerk bei einer Drehzahl von 1450 UpM mit einem Antriebsmotor direkt gekuppelt ist. Das sich augenblicklich bildende Butterkorn läuft gemeinsam mit der Buttermilch zu dem schräg darunterliegenden Abpresser. Die Buttermilch läuft entgegen der mit einer Drehzahl von 30 bis 65 UpM laufenden Schnecke nach unten ab, wärend das Butterkorn zusammengepreßt, durch Lochscheiben gedrückt und schließlich durch das Mundstück in einem geschlossenen Strang aus der Maschine ausgeschoben wird. Die Leistung einer solchen Maschine liegt bei der Verarbeitung von 700 bis 1600 kg Rahm je Stunde bei einer Buttererzeugung von 300 bis 800 kg/h. Bei 800 kg/h beträgt der Stromverbrauch für den Motor der Butterungsmaschine 6 kW, für den Abpresser 2 kW.

Wie aus Abb. 157 zu ersehen ist, wird sowohl der Butterungszylinder als auch das Vorderteil der Abpresserschnecke durch Soledurchfluß gekühlt, einmal, um das Wärmeäquivalent des Antriebes abzuführen, zum anderen, um durch Einstellung tieferer Temperaturen den Wassergehalt mit beeinflussen zu können. Da es eine Nachbearbeitung praktisch nicht gibt, weil in der kontinuierlichen Butterungsmaschine für jedes Rahmteilchen die Verarbeitung nach dem einmaligen Durchgang abgeschlossen ist, müssen die den Wassergehalt bestimmenden Faktoren genau von vornherein eingestellt werden. Je höher die Butterungstemperatur, je größer die Drehzahl des Abpressers und je größer der Fettgehalt des Rahmes ist, aber auch je kleiner die Durchflußmenge, desto höher stellt sich der Wassergehalt der erzeugten Butter ein. Da man die Drehzahl des Abpressers während des Betriebes aus konstruktiven Gründen nicht ändern kann, der Fettgehalt des Rahmes auch durch die vorherige Bearbeitung gegeben ist, ist eine Regelung des Wassergehaltes während der Butterung im wesentlichen nur noch durch eine Veränderung der Stundenleistung, eingestellt am Zulaufhahn, möglich, und zwar entsprechend der Rahmzulauftemperatur. Also auch bei diesem Butterungsverfahren spielt die Einstellung der Temperatur des Rahmes eine entscheidende Rolle. In der Praxis wird bei Temperaturen von 9° C bis 11° C bei weichem Butterfett im Sommer und von 12° C bis 14° C bei hartem Butterfett im Winter gearbeitet. Kleine, durch den Zulauf bedingte Schwankungen können durch Veränderung des Soledurchflusses bzw. der Solemischtemperatur an der Butterungsmaschine selbst ausgeglichen werden. Insbesondere beeinflußt die Temperatur des Butterkornes, bedingt durch die Kühlung des Butterungszylinders,

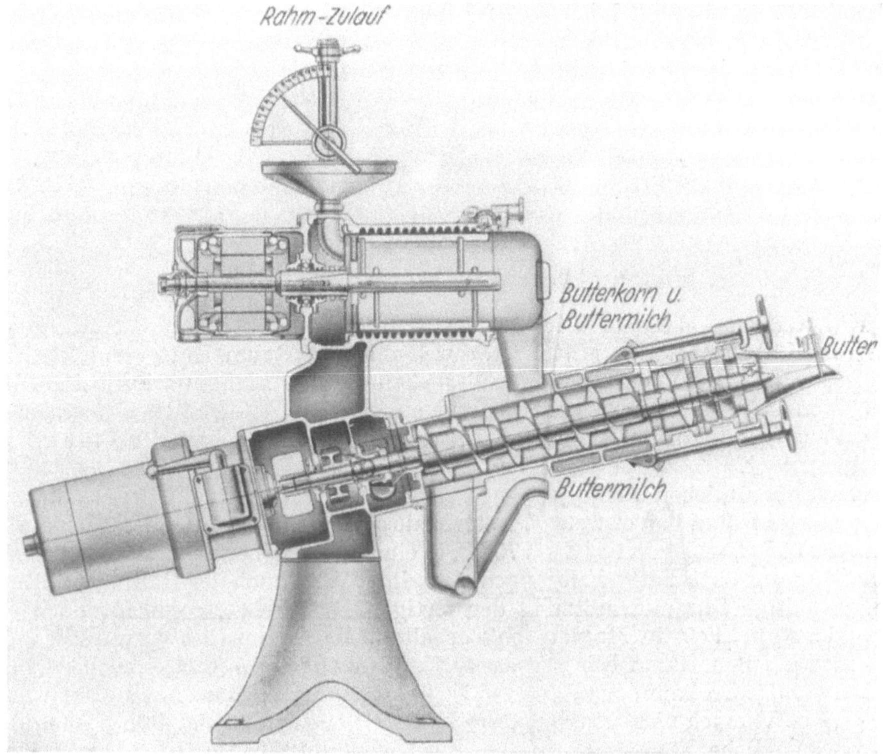

Abb. 157. Schnitt durch eine Fritz-Butterungsmaschine (Fabrikat Westfalia, Ölde).

den Wassergehalt insofern, als bei tieferer Temperatur das Korn härter wird, wodurch der Druck im Mischkneter erhöht wird, so daß mehr Buttermilchbestandteile abgepreßt werden und der Wasser- bzw. Buttermilchgehalt erniedrigt wird.

Der besondere Vorteil des kontinuierlichen Verfahrens liegt darin, daß der austretende Butterstrang sofort einer Butterformmaschine zugeleitet werden kann, da die Butter jetzt noch gut formfähig ist. Durch die außerordentlich kleine Tröpfchengröße der verbleibenden Buttermilch zeigt die unmittelbar nach der Herstellung ausgeformte Butter eine ausgezeichnete Haltbarkeit; dagegen vergrößern sich die Buttermilchtropfen sehr stark, wenn die Butter nach der Herstellung noch einige Zeit im Butterkühlraum stehengelassen und erst dann ausgeformt wird. Die Haltbarkeit kann dabei auf etwa 8 Tage maximal begrenzt werden, wenn nicht durch eine besondere Nachbehandlung in einem Spezialkneter (Mikrofix) die Verteilung der Wassertröpfchen nochmals verfeinert wird.

Bei der Süßrahm-Butter-Herstellung entsteht keine saure Buttermilch, insbesondere fehlt der ablaufenden Milch auch das vom Verbraucher geforderte Butteraroma, das durch einen geringen Gehalt an Diacethyl hervorgerufen wird. Die beim Fritz-Verfahren anfallende süße Buttermilch läßt sich in saure Buttermilch mit gutem Aroma und Geschmack überführen, wenn man die Süßrahm-Buttermilch mit Säurewecker versetzt und sie dann wie bei der Rahmreifung behandelt, d. h. nach 12 bis 16 Stunden durchrührt, dann auf 5° C bis 8° C nachkühlt und schließlich nachreifen läßt.

Auch bei der Sauerrahmbutter-Herstellung kann in warmen Sommermonaten die Menge der insbesondere in städtischen Milchversorgungsbetrieben Nord- und Westdeutschlands anfallenden Buttermilch nicht ausreichen, um den Bedarf zu decken. Dann muß entweder der Fettgehalt des Butterrahmes stark herabgesetzt werden oder man muß direkt Vollmilch verbuttern.

Man kann auch aus Magermilch künstlich sog. „geschlagene, saure, entrahmte Milch" herstellen, die im Geschmack Buttermilch sehr ähnlich ist. Süße hoch erhitzte Magermilch wird mit 3 bis 4% Rahmsäuerungskultur versetzt, bei 18° C bis 20° C 8 bis 9 Stunden gesäuert und nach Erreichen eines p_H-Wertes von etwa 4,9 unter Rühren und Lufteinschlagen auf 11° C bis 14° C heruntergekühlt.

V. Süßrahm-Butter nach dem Alfa-Verfahren.

Kältetechnisch besonders interessant ist das *Alfa*-Butterungs-Verfahren, da hier die Kälte selbst das Mittel ist, durch das aus Rahm Butter entsteht. Im Gegensatz zu dem ebenfalls kontinuierlichen Fritz-Verfahren wird beim Alfa-Verfahren kein Butterkorn gebildet und auch keine Buttermilch abgeschieden, da der zu verarbeitende Rahm auf den endgültigen Fettgehalt der Butter konzentriert wird.

Nach der üblichen Erhitzung der Milch wird durch Zentrifugieren zunächst ein normaler Rahm von etwa 30% Fettgehalt gewonnen, der bei einer Temperatur von über 50° C, meistens 65° C bis 70° C, in einer zweiten hermetisch geschlossenen Zentrifuge auf 80% Fettgehalt eingedickt wird. Wenn auch der Rahm jetzt schon die endgültige Zusammensetzung der fertigen Butter hat, so bleibt doch der Emulsionstyp „Fett in Magermilch" erhalten. Man kann dies daran erkennen, daß man solchen Rahm bei Temperaturen über 40° C mit Magermilch in jeder Menge verdünnen kann, ohne daß sich Öltropfen ausscheiden. Mit Butter würde der gleiche Versuch nicht gelingen. Es läßt sich auch mikroskopisch zeigen, daß die ursprüngliche Fetttröpfchengröße nicht verändert wurde.

Andererseits liegen aber in 80%igem Rahm die Fetttröpfchen so dicht aneinander, daß sie sich nicht nur punktförmig berühren, sondern gegenseitig platt drücken, quetschen und deformieren. Daß dies so sein muß, läßt sich geometrisch leicht beweisen: Kugeln erfüllen einen Raum bei dichtester Packung zu 70,04%, wenn sie alle gleich groß sind. Berücksichtigt man die Häufigkeit der Verteilung der verschiedenen Tröpfchengrößen, so wie sie im Rahm tatsächlich vorhanden sind, so ist die Raumerfüllung immer noch höchstens 73,5%. Diese Deformierung kann man als die erste Stufe zur Butterbildung ansehen, denn die Stabilität der Rahmemulsion ist durch die enge Berührung in größeren Flächen geringer geworden.

Nach Mohr setzt beim Abkühlen dieses fetten Rahmes unter 30° C eine teilweise Entmischung der Fettkügelchen in Fettkristalle und Öl ein und ebenfalls eine Kristallisation der Lipoid-Eiweiß-Verbindungen in der Membran der Fettkügelchen. Durch das Zusammenziehen des Volums bei der Kristallisation der Phosphatide und des Fettes wird die Hülle der Emulgatorstoffe zerrissen und durchlöchert.

so daß das freie Butteröl der ohnehin schon zusammengepreßten Fettkügelchen ineinanderfließen und die wässerige Phase in kleinen Tröpfchen einschließen kann (Phasenumkehr). Da in diesem Falle keine Bedingungen für das Zusammenfließen der Buttermilchtröpfchen vorliegen, werden nur sehr kleine gleichmäßige Buttermilchtröpfchen von 5 bis 7μ erhalten.

Praktisch wird das Verfahren so durchgeführt, daß der 80%ige Rahm in besonderen geschlossenen Kühlern (Transmutatoren, Schneckenkühlern) von der Entrahmungstemperatur direkt auf Temperaturen von 8° C bis 13° C gebracht wird. Die durch die drehbare Schnecke verursachte mechanische Bearbeitung wirkt weiterhin fördernd auf die Phasenumkehr; beim Verlassen des Kühlers tritt die nunmehr fertige Butter in plastisch flüssiger Form unterkühlt aus und erstarrt, sowie sie zur Ruhe kommt (Abb. 158).

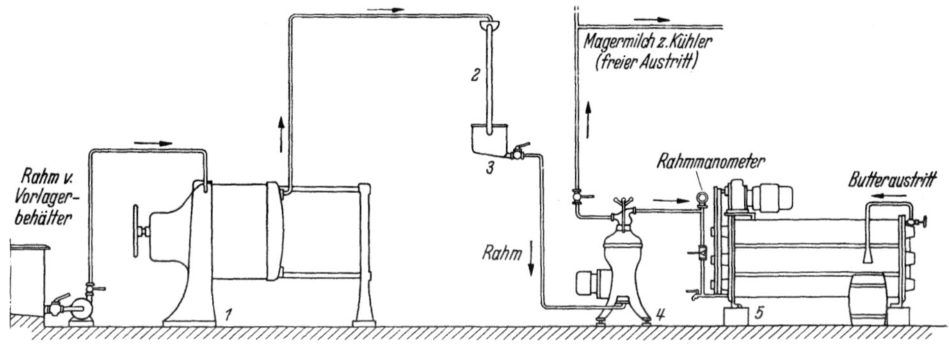

Abb. 158. Schema des Alfa-Butterungsverfahrens.

Auch bei der Alfa-Butterung erweist es sich als zweckmäßig, die Butter unmittelbar in Tonnen zu verpacken oder einer Ausformmaschine zum Abpacken in Kleinpackungen zuzuleiten.

Von der Milchannahme bis zum Austritt aus dem Schneckenkühler kommt weder Milch, Rahm noch Butter mit der Außenluft in Berührung. Die dadurch vermiedene Infektionsgefahr führt im Verein mit der sehr guten Buttermilchverteilung zu einer ausgezeichneten Haltbarkeit der Alfa-Butter, die der von gewaschener Süßrahm-Butter eindeutig überlegen ist.

Die Abb. 159 zeigt eine Alfa-Butterungsanlage mit einem 3-zelligen Schneckenkühler. Jede der drei zylindrischen Zellen wird durch einen soledurchflossenen Doppelmantel von außen gekühlt. Durch ein Solemischventil kann die Temperatur der Sole so eingestellt werden, daß die abfließende Butter gerade die gewünschte Konsistenz hat. Die einmal eingestellte Soletemperatur kann auch automatisch konstant gehalten werden, wenn eine gleichbleibende Rahmdurchflußmenge bei gleichem Fettgehalt gewährleistet ist, die sich aber durch das Arbeiten der beiden hintereinandergeschalteten Separatoren von selbst ergibt.

Die Einstellung des Wassergehaltes der Alfa-Butter ist sehr einfach. Man braucht lediglich den Auslauf des zweiten Separators zu drosseln, und der Rahm wird fetter. Genau wie bei dem Fritz-Verfahren kann am Wassergehalt nachträglich nichts mehr geändert werden.

Die beschriebenen Schneckenkühler werden heute auch für direkte Verdampfung gebaut, wobei die Verdampfungstemperatur durch einen servogesteuerten Saugdruckregler auf einem Sollwert konstant gehalten wird, der je nach der gewünschten Konsistenz am Pilotventil eingestellt wird. Da im Gegensatz zur Kühlung mit Sole, die sich auf ihrem Wege durch den Kühler erwärmt, bei direkter Verdampfung an allen Stellen der Oberfläche die gleiche Temperatur herrscht, kann das ganze Verfahren viel besser beherrrscht und ein gleichmäßigeres Endprodukt erzielt werden.

Abb. 159. Alfa-Butterungsanlage. Links der Schneckenkühler zur Butterbildung, rechts die beiden Separatoren für die stufenweise Konzentration des Rahmes auf 30 und 80 % Fettgehalt. Butterablauf ins Faß oder unmittelbar in die Packmaschine (Fabrikat Bergedorfer Eisenwerk A.G.).

Gegenüber der Butterherstellung mit dem Butterfertiger zeigt das *Alfa*-Verfahren folgende Vorteile:

Erhöhung der Ausbeute,
Einsparung von Arbeitskräften,
Verminderung des Raumbedarfes,
Verminderung der Energiekosten,
Erhöhung der Leistung und
Verbesserung der Qualität und der Lagerfähigkeit der Butter.

Dem *Alfa*-Verfahren sehr ähnlich ist das australische *New-Way-Verfahren*, bei dem ebenfalls 80%iger Rahm durch Kühlen bei gleichzeitiger mechanischer Bearbeitung in Butter umgewandelt wird. Das Verfahren verläuft aber insofern nicht voll kontinuierlich, als der hochprozentige Rahm vor der Phasenumkehr gestapelt und auf den endgültigen Fett-, Wasser- und Salzgehalt eingestellt wird. Auch wird im Kühlerkneter mit wesentlich niedrigeren Temperaturen gearbeitet, so daß die Butter den Apparat mit 1° C bis 3° C verläßt. Diese Arbeitsweise ist notwendig, da der in Australien meist schon auf der Farm separierte Rahm nicht einheitlich ist und deshalb vor der endgültigen Verarbeitung noch standardisiert werden muß.

Das Butter-Schmalz-Emulgierverfahren. In Deutschland werden Verfahren, bei denen Butterserum in Butterfett emulgiert wird, nicht ausgeführt, da sie gesetzlich nicht zugelassen sind, wohl aber in den USA. Das *Gold'n-Flow*-Verfahren der Cherry Burrel Corporation ähnelt insoweit dem *Alfa*-Verfahren, als die fertige Emulsion in einem Knetkühler in 2 Stufen (zunächst auf +10° C, in der zweiten Zelle auf +3° C bis +5° C) in Butter umgewandelt wird. Es wird aber nicht durch zweistufige Separierung gewonnener Rahm als Grundmasse dem Kühler zugeführt, sondern einerseits eine künstlich hergestellte Fettemulsion, bestehend aus Buttermilch mit Zutaten von Salz, Farb- und Aromastoffen sowie Wasser, und andererseits in einem Spezialseparator erzielter Rahm mit einem Fettgehalt von 80 bis 90% mit wesentlich vergrößerten Fettkügelchen.

Der Kühler mit direkter Verdampfung arbeitet auch nicht mit einer Förderschnecke, sondern es verhindern rotierende Schaber das Anfrieren der Mischung an den Wandungen wie bei einem Eiskrem-Gefrierer.

Auch beim Creamery-Package-Verfahren schlägt die Emulsion erst durch Abkühlung auf 7° C bis 13° C in einer der kontinuierlichen Eiskremgefriermaschine ähnlichen Kühlapparatur in die Butterphase um, nachdem flüssiges Butterfett von etwa 98% Fettgehalt in einer Dosierpumpe mit den entsprechenden Mengen Mager- bzw. Buttermilch, vermischt mit Salz und Aromastoffen, zu einer innigen Emulsion vermengt worden ist.

Zur Herstellung einer Sauerrahm-Butter mit besonders feiner Wasserverteilung, also entsprechend guter Haltbarkeit, wäre ein ähnliches Verfahren zweckmäßig, bei dem man zunächst mit grober Wasserverteilung hergestellte frische Sauerrahm-Butter aufschmilzt, Butterfett und Buttermilch trennt und dann in einem ähnlichen Verfahren wie bei der Margarineherstellung wieder zu Butter vereinigt, doch ist dieses nach der deutschen Gesetzgebung bisher nicht zulässig.

VI. Butterlagerung.

Während der Zeit der Milchschwemme in den Monaten Mai bis Juli wird mehr Butter erzeugt, als der Konsum aufnehmen kann. Um Preiszusammenbrüche auf dem Markt zu verhindern, ist es daher notwendig, größere Mengen Butter langfristig einzulagern. Die Forderungen gehen dahin, Butter mindestens 5 Monate als Faßware ohne Qualitätseinbuße lagern zu können. Dafür sind in jedem Fall Temperaturen von −12° C bis −15° C notwendig, und selbst bei diesen tiefen Temperaturen kann die Einlagerung nur bei Markenbutter erfolgreich durchgeführt werden. Leider gibt es noch keine sicheren Untersuchungsmethoden, die die Haltbarkeit einer Butter vorausbestimmen lassen. Man ist mehr oder weniger auf Erfahrungen der Molkereien angewiesen, die schon längere Zeit Butter einlagern. Es kann vorkommen, daß Butter, die eine gute Haltbarkeit bei +10° C aufweist, für Lagerzwecke bei −12° C nicht geeignet ist. Es steht aber fest, daß die Butter besser erhalten wird, wenn sie — genau wie bei anderen Lebensmitteln — so schnell wie möglich gefroren wird, und daß die Lagerungsdauer von der Lagerungstemperatur abhängt; bei Lagerzeiten über 5 Monate soll man mindestens Temperaturen von −18° C bis −20° C anwenden. Für Butter mittlerer Qualität kann man mit folgender Haltbarkeit rechnen:

bei	20° C	10 Tage,		0° C	6 Wochen,
	15° C	20 Tage,		−10° C	3 Monate,
	10° C	4 Wochen,		−20° C	6 Monate.

Auch beeinflussen Temperaturschwankungen während der Kühlhauslagerung die Lagerfähigkeit der Butter sehr stark. Da die Butter im allgemeinen in Fässern eingelagert wird, ist die gewünschte schnelle Abkühlung allerdings nur sehr schwer zu erzielen, vor allem dann, wenn größere Mengen auf einmal in einen Kühlraum eingelagert werden. Um den Schwierigkeiten der Ausformung nach der Auslagerung der Butter aus dem Wege zu gehen und überdies ein schnelleres Einfrieren zu erreichen, hat man auch versucht, bereits ausgeformte und abgepackte Butter einzulagern; es hat sich aber Schimmelbildung innerhalb der Verpackung durch Kondenswasserbildung beim Auslagern der Butter nicht vermeiden lassen. Immerhin konnten an den während des zweiten Weltkrieges eingelagerten großen Buttermengen so viele Erfahrungen gesammelt werden, daß man heute in der Lage ist, mit einiger Sicherheit den gewünschten Marktausgleich zu erreichen. Nicht nur in Einfuhr- und Vorratsstellen wird heute Butter eingelagert, sondern auch Molkereien sind schon dazu übergegangen, selbst Butter einzulagern, teilweise in Räumen, die in Verbindung mit einer Gemeinschaftsgefrieranlage erstellt wurden.

Butterkühlräume sind nach den anerkannten Regeln zu bauen, die auch sonst für Tiefkühllagerräume gelten. Es ist darauf zu achten, daß die installierte Kälteleistung ausreicht, um auch größere gleichzeitig anfallende Buttermengen so schnell wie möglich herunterzukühlen und einzufrieren. Während der Abkühlzeit muß eine genügend große Luftbewegung im Raum vorhanden sein, um den Wärmeübergang an der Faßoberfläche zu verbessern. Nach beendeter Erstarrung kann dann ein Teil der Ventilatoren abgeschaltet werden. Je nach Größe der Kälteanlage ist auch die Kompressorleistung zu reduzieren, sei es durch Ausschalten einzelner Maschinen, sei es durch Verringerung der Drehzahl. Die Leistung muß in jedem Fall ausreichen, um Temperaturen von —20° C aufrechterhalten zu können.

Butterkühlräume für kurzfristige Lagerung mit Temperaturen über 0° C wurden in Molkereien mit zentraler Solekühlanlage oft mit soledurchflossenen Kühlsystemen, z. T. mit Speicherwirkung, ausgerüstet. Im Zuge der heute üblichen Dezentralisierung werden in Molkereineubauten die Butterkühlräume durch eine gesonderte kleine Kältemaschine gekühlt, die in deren Nähe aufgestellt wird, um lange Rohrleitungen zu vermeiden. Selbstverständlich werden solche Kleinanlagen heute vollautomatisiert. Für die Bemessung der Grundflächen von Butterkühlräumen und für die Bestimmung der notwendigen Bodentragfähigkeit gibt Tab. 10 nützliche Angaben:

Tabelle 10.

Butterfässer				Stapelmenge				
Faßinhalt kg	Bauch-durchmesser mm	Höhe mm	leer kg	Fässer über-einander	Stapel-höhe m	Fässer je m²	Butter kg/m²	Boden-last kg/m²
25 DIN Land 1071	340	430	3,5	3 4 5	1,30 1,75 2,20	24 32 40	600 800 1000	700 925 1150
50 DIN Land 1070	415	565	5,5	3 4 5	1,70 2,30 2,90	16 21 26	800 1050 1300	900 1175 1450

Wo von Hand gestapelt wird, sollen nach Möglichkeit nicht mehr als 3 Fässer übereinandergestapelt werden; es wird versetzt gestapelt, damit die Luft überall ankommen kann.

Für Butterkisten gibt Tab. 11 die notwendigen Werte:

Tabelle 11.

Butterkisten und -kübel	1 Stapellage Stück/m²	Butter kg/m²	Bodenlast kg/m²
Isolierte Butterkiste nach DIN Land 1078 für 25 kg 620×425×296 mm über Beschläge; leer 7,5 kg .	4	100	130
Konische Butterkiste nach DIN Land 1073 für 25 kg $\frac{335 \times 335}{310 \times 310}$ × 355 mm; leer 4 kg	8	200	235
Konische Butterkübel nach DIN Land 1072 für 25 kg oberer Durchmesser 375, Höhe 352 mm; leer 3 kg	6	150	170

Stapelhöhe = 5 bis 8 Stück übereinander

Für die Stapelung von ausgeformter Butter auf Regalen kann man mit 200 kg/m² rechnen. Die Maße der genormten Verpackungen zeigt Tab. 12:

Tabelle 12.

Abgeformte Butter   *nach DIN Land 1081*

Butterstücke

0,125 kg	75 × 50 × 35 mm	
0,25 kg	100 × 75 × 35 mm	*Verpackung DIN Land 1074 bis 1080*
0,50 kg	150 × 100 × 35 mm	

Butterblöcke für den Postversand

1,75 kg	245 × 100 × 75 mm	
3,0 kg	210 × 150 × 100 mm	*Verpackung DIN Land 1079 und 1080*
4,5 kg	315 × 150 × 100 mm	

Für Kisten und Kartons

5 kg	200 × 175 × 150 mm	
10 kg	300 × 200 × 175 mm	*Verpackung DIN Land 1074 bis 1080*
15 kg	300 × 300 × 175 mm	

Für die Feststellung der Wertmale, auf Grund derer Molkereien die Genehmigung erhalten, „Deutsche Markenbutter" in Verkehr zu bringen, haben nach § 12 der Butterverordnung monatlich Butterprüfungen stattzufinden, die sich auf alle Molkereien erstrecken. Durch die Prüfungsstelle wird telegrafisch oder fernmündlich eine 2 kg schwere Probe abgerufen, und zwar so, daß der für die Prüfungsbutter bestimmte Rahm in dem Herstellerbetrieb nicht mehr besonders behandelt werden kann. Nach dem Eingang der Proben werden diese in der Prüfungsstelle bei +10° C bis +11° C gelagert und am 10. Tag nach dem Abruf geprüft.

Daraus ergibt sich, daß auch Butterprüfstellen Kühlräume erhalten müssen, in denen die Butterproben bei der genannten Temperatur gehalten werden können. Um ganz korrekte und vergleichbare Ergebnisse zu erhalten, hat man Butterprüfstellen auch mit Klimaanlagen ausgerüstet, damit die Geschmacks-, Geruchs- und Konsistenzprobe im Sommer und Winter immer unter gleichen Verhältnissen vorgenommen werden kann. Da die Prüfungen bei Temperaturen nicht über 18° C vorzunehmen sind, müssen im allgemeinen solche Klimaanlagen mit Kältemaschinen ausgerüstet sein.

Auch den Großhandelsbetrieben wird nach § 17 der Butterverordnung vorgeschrieben, daß sie Butter nur in geeigneten Kühlräumen oder Kühlschränken aufbewahren dürfen, die auch in den Sommermonaten eine Temperatur unter +10° C aufweisen. Auch diese Forderung läßt sich nur unter Einsatz von Kältemaschinen erfüllen.

VII. Rahmgefrieren.

Wie im Absatz über Butterei erwähnt, unterscheidet sich das im Sommer gewonnene Milchfett in seinen chemischen und physikalischen Eigenschaften stark von dem im Winter gewonnenen. Hauptursache dieser Unterschiede sind die Fütterungsverhältnisse, die sich so auswirken, daß gerade im Sommer, wo die Butter von der Hausfrau bei höheren Temperaturen gelagert und verarbeitet wird, das Milchfett weich ist, während es im Winter so hart wird, daß die daraus gewonnene Butter bröckelig werden kann und nicht mehr streichfähig ist. Wenn es auch möglich ist, die Konsistenz der Butter durch richtige Wahl der Butterungstemperaturen und durch Lenkung des gesamten Herstellungsverfahrens in gewisser Weise zu beeinflussen, so besteht doch schon lange der Wunsch, das ganze Jahr über einen einheitlichen Rahm zu verarbeiten. Die Kältetechnik bietet diese Möglichkeit dadurch, daß man den im Sommer ohnehin im Überschuß anfallenden Rahm durch Einfrieren und Lagerung bei tiefen Temperaturen (möglichst unter −12° C) haltbar macht und dem im Winter gewonnenen Rahm vor der Verbutterung zumischt. Neben der verbesserten und gleichmäßigeren Konsistenz und der dadurch erreichten Lösung der schwierigen Konsistenzfrage überhaupt besteht noch der weitere Vorteil, daß die zu verbutternden Mengen im Sommer und im Winter gleich gehalten werden können und somit die Butterungseinrichtungen besser ausgenutzt sind.

Die Haltbarkeit auch bei tiefen Temperaturen eingelagerter Butter ist wesentlich kürzer als die Haltbarkeit von eingefrorenem Rahm. Es hat sich bei Großversuchen gezeigt, daß in pergamentkaschierten Kunststoffbeuteln abgefüllte tiefgefrorene Sahne noch nach 10 bis 12 Monaten Lagerdauer so einwandfrei war, daß die daraus hergestellte Butter von frischer Butter nicht zu unterscheiden war. Dagegen ist bekannt, daß die Lagerdauer von Kühlhausbutter beschränkt ist und daß die längere Zeit gelagerte Butter binnen kurzer Zeit nach der Auslagerung verbraucht sein muß. Je nach Rahmbehandlung, Qualität der Milch und Herstellungsverfahren unterscheiden sich zwar die einzelnen Buttersorten etwas in ihrer Haltbarkeit, es besteht aber auch heute noch keine absolute Sicherheit gegen unliebsame Überraschungen. Allein aus der Tatsache, daß die Versuche über das Rahmgefrieren von behördlicher Seite gefördert werden, ist zu erkennen, daß dieses Verfahren in Zukunft berufen sein kann, die Einlagerung von fertiger Butter volkommen zu ersetzen.

Das Verfahren wird so durchgeführt, daß man Rahm in kleine und handliche Packungen abfüllt (bis etwa 12,5 kg) und diese Packungen — wie beim Tiefgefrierverfahren allgemein üblich — so schnell wie möglich einfriert. Der Rahm soll einen Fettgehalt von nicht mehr als 40 bis 55% haben, da sonst die Gefahr besteht, daß, wie von der Alfa-Butterung her bekannt ist, allein durch die Abkühlung eine Phasenumkehr des Emulsionssystems eintritt und der Rahm wenigstens teilweise in Butter umschlägt. Das ist vor allem dann zu befürchten, wenn der Rahm höhere Fettkonzentrationen als 50% aufweist. Aber auch bei der Vorbehandlung von geringer konzentriertem Rahm, der für die Tiefkühllagerung bestimmt ist, soll die Erhitzung und die anschließende Kühlung so geführt werden, daß das Fett keine wesentlichen Klumpen bildet (Anbutterung).

Die Versuche haben gezeigt, daß, wie dies von anderen Lebensmitteln her bekannt ist, unerwünschte Veränderungen in der Struktur dann am ehesten vermieden werden, wenn mit hoher Gefriergeschwindigkeit, d. h. in möglichst dünnen Schichten, gefroren wird. Hier bilden aber die Kosten für die Verpackung eine wirtschaftliche Grenze und auch die Kosten für die einzusetzenden Arbeitskräfte, die natürlich bei Kleinpackungen höher liegen als bei größeren Packungen.

Da die Ausübung des Rahmgefrierverfahrens sich zudem nur auf wenige Monate im Jahr beschränkt, spielt auch der Ausnützungsgrad der Gefrieranlage eine Rolle, so daß sich komplizierte Gefriertunnel oder Plattenfroster von selbst verbieten. Es wird noch erheblicher Entwicklungsarbeit bedürfen, bis hier das wirtschaftliche Optimum gefunden sein wird.

Nach beendeter Lagerzeit muß die gefrorene Sahne sorgfältig aufgetaut werden. Dabei ist zu schnelles Auftauen mit zu hohen Temperaturen zu vermeiden, da das Butterfett ausölt und beim anschließenden Verbuttern die Buttermilch mit einem zu hohen Fettgehalt abläuft. Das beste Verfahren dürfte wohl darin bestehen, die Rahmblöcke innerhalb von 2 bis 3 Tagen auf eine Temperatur dicht unterhalb des Gefrierpunktes anwärmen zu lassen, damit sie sich anschließend in einer Brechmaschine leicht zerkleinern lassen. Die Eisbrocken werden dann in die wärmere Wintersahne, mit der sie ohnehin vermischt werden sollen, gegeben und tauen darin endgültig auf. Zusätzlich kann durch eine Heizschlange noch Wärme zugeführt werden, um das Auftauen zu beschleunigen. Die Verbutterung reiner Lagersahne ist nicht zu empfehlen, da die Haltbarkeit der daraus hergestellten Butter noch nicht befriedigt. Um eine ansprechende Konsistenz mit gewünschter Schnittfestigkeit zu erzielen, muß zur frischen Wintersahne etwa 30% gefrorene Sommersahne, die bei $-12°$ C gelagert hat, zugesetzt werden. Die Verbutterung dieses Gemisches im Butterfertiger oder nach dem Fritz-Verfahren bereitet keine Schwierigkeiten. In jedem Fall muß der gemischte Rahm vor dem Verbuttern nochmals durch Erhitzen pasteurisiert und anschließend gekühlt werden.

Da die Molkereien zwar oft über die notwendigen Tiefkühllagerräume, nicht aber über die Gefriereinrichtungen verfügen, ist auch vorgeschlagen worden, das Einfrieren des Rahmes von einer gewerblichen Gefrierstation oder in einem nahegelegenen Kühlhaus durchführen zu lassen und die gefrorenen Blöcke zur Lagerung wieder in die Molkerei zurückzuliefern. Das bedingt allerdings einen doppelten Transport und höhere Kosten, andererseits steht die entsprechende Rahmmenge der Molkerei jederzeit zur Verfügung und kann so kurz wie möglich vor dem gewünschten Ausbuttern den Gefrierräumen entnommen werden. Weitere Mehrkosten entstehen durch die Notwendigkeit, den zu lagernden Rahm zu verpacken, durch den Mehranfall an Arbeitsgängen für das Einfrieren, Verpacken und Auftauen und durch weiteren Energieaufwand für die nochmalige Bearbeitung des gemischten Rahmes. Demgegenüber stehen aber beachtliche Vorteile, insbesondere die bessere Erhaltung der Qualität bei langfristiger Lagerung, die Erhöhung der Markenbutterproduktion im Winter, die gleichmäßigere Auslastung der Butterungseinrichtungen und die vom Verbraucher gewünschte Verbesserung der Konsistenz, der Farbe und des Vitamin A-Gehaltes der Winterbutter.

VIII. Schrifttum zum Abschnitt D.

Rahm und Butter.

KRETSCHMER, K.: Handbuch für die Buttererzeugung. Hildesheim: Ernst Heinrichs Verlag K.G.

MOHR-KOENEN: Die Butter 1958 (viele Schrifttumsstellen). Hildesheim: Milchwirtschaftl. Verlag Th. Mann K.G.

Die Butterverordnung v. 2. 6. 51. Kempten/Allgäu: Dtsch. Molkerei-Ztg.

AHLBOHR, P.: Die Entwicklung der Rahmreifer bis zur Gegenwart. Molkerei-Ztg. Bd. 51 (1937) S. 71.

BREDL, HIRSCHMANN, KLIESS u. SCHRÖDER: Versuche mit eingelagertem Rahm. Kempten: Dtsch. Molkerei-Ztg. Bd. 77 (1956) 10, S. 321—324.

HEISS, E. P.: Beitrag zur Verbesserung der Haltbarkeit von Lagerbutter. Süddtsch. Molkerei-Ztg. Bd. 51 (1938).

KERKMANN, R.: Die kontinuierliche Cherry Burrel-Butterherstellmethode. Hildesheim: Molkerei- u. Käserei-Ztg. Bd. 7 (1956) 49, S. 1644/45.

KIERMEIER, R. HEISS u. K. TÄUFEL: Untersuchungen über die Haltbarkeit von Butter bei Gefriertemperaturen. Hildesheim: Molkerei-Ztg. Bd. 52 (1938) S. 2697.

KIERMEIER, E.: Butterlagerung bei tiefen Temperaturen. Hildesheim: Molkerei-Ztg. Bd. 52 (1938) S. 818.

KRETSCHMER, K.: Erfahrungen mit neueren Anlagen zur kontinuierlichen Buttererzeugung. Molkerei-Ztg. Welt der Milch Bd. 12 (1958) 4, S. 94/95.

MOHR, W.: Der Säuregrad butterungsreifen Rahmes. Hildesheim: Molkerei-Ztg. Bd. 53 (1939) S. 2157.

MOHR, W., u. H. AHRENS: Dauerbutter. Hildesheim: Molkerei-Ztg. Bd. 51 (1937) S. 534.

MOHR, W., u. K. BAUR: Laboratoriumsversuche über die Haltbarkeit von Süß- und Sauerrahmbutter als Dauer- und Frischbutter. Hildesheim: Molkerei-Ztg. Bd. 55 (1941) S. 173.

MOHR, W., u. RITTERHOFF: Dauerbutter aus Süßrahm oder Sauerrahm. Hildesheim: Molkerei-Ztg. Bd. 52 (1938) S. 808.

Mohr, W.: Dauerbutter. Hildesheim: Molkerei-Ztg. Bd. 53 (1939) S. 1022.

Mohr u. Drachenfels: Die Lagerung von fettreicher Sahne im Kühlhaus und ihre nachherige Verbutterung. Hildesheim: Molkerei- u. Käserei-Ztg. (1957) 26, S. 867—873.

Schulz, M. E. u. W.: Butterungsverfahren für und wider. Milchwissenschaft (1948) 8/9, S. 213—224 und 253—259.

Wilsmann u. Feltens: Das Butterungsverfahren Fritz. Milchwissenschaft (1947) 1/2, S. 303—309.

DIN-Normen: Butter und Butterverpackung DIN Land 1069 bis 1083 und DIN E 100047.

Hening: The standardisation of the Borden Body Flowmeter for determining the apparent viscosity of cream. J. Dairy Sci. Bd. 18 (1935) S. 751.

Meiknecht, E. A. M.: La fabrication du beurre à partir de crème congelée. Rev. gén, Froid Bd. 34 (1957) 6, S. 615—619.

Nielsen, S.: Chilled and Frozen Foods. I. Chilled and Frozen Dairy Products. U. N. FAO Agric. Studies, Nr. 12, Kap. 10, S. 167. November 1950.

Parker, M. E.: Butter Manufacture, Refrigerating Data Book. Applications. 4. Edition 1952, S. 11/01 bis 11/12 (8 Schrifttumsstellen).

Pearson, A. M.: Dairy Engineering in the Butter Industry. Canad. Dairy and Ice Cream J. Bd. 29, Nr. 3, S. 66. März 1950.

Pont, E. G.: The Keeping Quality of unwated Butter. J. Counc. Sci. and Ind. Res. Bd. 21, S. 319. November 1948.

Thomsen, L. C.: Refrigeration in Butter and Cheese Making. Application Data 10. Refrig. Engng. Bd. 39, Nr. 2, S. 136. Februar 1940.

E. Trinkmilch.

I. Flaschenmilch.

Der in vielen Großstädten schon seit Jahrzehnten übliche Versand der Milch als Flaschenmilch, die bereits in der Molkerei in die Flasche gefüllt wurde, setzt sich aus hygienischen und arbeitstechnischen Gründen nach dem Kriege in immer stärkerem Maße durch. In der Molkerei unmittelbar nach der Verarbeitung abgefüllte Flaschenmilch bietet Gewähr für einwandfreie Gewinnung und Abfüllung, ohne daß sie von einer menschlichen Hand berührt wurde. Auch die Haltbarkeit von Flaschenmilch nach der Auslieferung ist besser als die von offener Milch, selbst dann, wenn im Haushalt kein Kühlschrank zur Verfügung steht. Eine zusätzliche Sicherung für den Verbraucher liegt in der Kennzeichnung jeder Flasche durch Einprägen des Abfülldatums in die Alu-Verschlußkappe.

Während früher ausschließlich die Glasflasche verwendet wurde, führen sich heute neben der Glasflasche mehr und mehr verlorene Verpackungen ein, sei es die vierkantige Perga-Packung, sei es die Tetrapak, die die Form eines Tetraeders hat und durch um 90° versetztes Abkneifen eines nahtlosen Papierschlauches erzeugt wird. Sowohl Flaschen als verlorene Verpackungen werden in vollautomatischen Maschinen gefüllt und verschlossen; Flaschen werden dann in viereckigen Drahtkörben gesammelt und transportiert, Tetrapaks werden wabenartig in Körbe gestapelt. Während in Deutschland die runde Glasflasche bevorzugt wird, verwendet man in den USA aus Gründen der Raumersparnis mehr die viereckige Glasflasche.

Nach dem Entwurf der Trinkmilchverordnung von 1951 darf die Temperatur der Milch bei der Abgabe an den Milchhandel nicht höher als +10° C liegen, bei der Abgabe an den Verbraucher in jedem Fall noch unter 15° C. Die morgens an den Flaschenmilchbetrieb angelieferte Milch, die tagsüber bearbeitet und abgefüllt wird, muß also nach dem Abfüllen noch so weit heruntergekühlt und bis zur Ablieferung am nächsten Morgen auf tiefer Temperatur gehalten werden, daß die Bestimmungen der Trinkmilchverordnung mit Sicherheit eingehalten werden. Die fertig gefüllten Packungen oder Flaschen werden also zunächst so schnell wie möglich nach dem Abfüllen in einen Flaschenmilch-Kühlraum verbracht und dort nachgekühlt. In der Glasflasche steigt die Temperatur der Milch je nach der Spritzwassertemperatur in der Flaschenreinigungsmaschine um 6° C bis 8° C; bei der verlorenen Verpackung beträgt der Anstieg 1° C bis 1,5° C; er ist infolge der kleineren Masse der Verpackung geringer, so daß zwar die Abkühlleistung geringer ist, aber auch die verlorene Packung muß bis zur Auslieferung kühl gelagert werden.

Bei der Berechnung der Kälteleistung eines Flaschenmilch-Kühlraumes sind genügende Sicherheiten zu berücksichtigen. Der Kältebedarf setzt sich zusammen aus der Nachkühlung der eingelagerten Milch, aus der Abkühlung der Flaschen und der Flaschenkästen, aus dem Wärmeeinfall durch die isolierten Wände, durch die Wärmeerzeugung der in dem Raum arbeitenden und die Kästen stapelnden Menschen, gegebenenfalls durch das Wärmeäquivalent der Antriebsleistung für den mechanischen Stapler und aus verhältnismäßig hohen Verlusten durch längeres Offenstehen von Türen und Luken beim Be- und Entladen.

Die für die Bemessung der Raumgröße und der Kälteleistung nötigen Werte gibt die Tab. 13:

Tabelle 13. *Milchflaschen nach DIN 5101.*

Inhalt	0,25	0,50	1,00
Durchmesser . . . . mm	$61 \pm 1,5$	75 ± 2	$92 \pm 2,5$
Höhe . . . . mm	152 ± 2	210 ± 2	263 ± 2
Gewicht . . . . . . kg	0,30	0,50	0,70

Die Flaschen werden in Flaschenkästen zusammengefaßt, deren Werte Tab. 14 zeigt:

Tabelle 14. *Flaschenkästen für DIN-Milchflaschen (stahlverzinkt).*

Flaschen-inhalt l	Flaschen-zahl	Kastenmaße mm	Kasten kg	Kästen über-einander	Stapel-höhe m	Kästen je m²	Liter je m²	Boden-last kg/m²	Flaschen je m²
					Stapelmenge				
0,25	30	$450 \times 380 \times 235$	5,7	7	1,64	41	300	1040	1200
0,50	20	$450 \times 380 \times 270$	5,9	6	1,62	35	350	910	700
1,00	12	$450 \times 380 \times 320$	6,8	5	1,60	29	350	790	350

Als Vergleich dazu sei erwähnt, daß ein Korb, der 18 gefüllte $^1/_2$ *l*-Tetrapackungen enthält, durch den Fortfall des Glasgewichtes und durch die leichtere Korbausführung nur 11,4 kg wiegt, wodurch die erforderliche Kälteleistung geringer wird.

Nachdem die Gesamt-Kälteleistung bestimmt ist, müssen Überlegungen über die anzuwendende Luftumwälzzahl bzw. die im Raum herrschende Luftgeschwindigkeit angestellt werden, denn einerseits sollen die gefüllten Flaschen möglichst schnell abgekühlt werden, wozu ein hoher Luftumlauf und hohe Geschwindigkeit erforderlich sind, andererseits dürfen die in dem Raum arbeitenden Menschen nicht durch Zugerscheinungen belästigt werden, und es muß die Möglichkeit vorhanden sein, nach beendeter Abkühlung die Kälteleistung wesentlich herabzusetzen. Um die Grundfläche für die Stapelung von Flaschenkästen möglichst frei zu halten und den Raum bis in seine letzten Ecken zu nutzen, werden oft Deckenverdampfer gewünscht; auch sind Deckenverdampfer bei dem herrschenden rauhen Betrieb nicht so stark gefährdet wie Wandverdampfer. Die gestellten Bedingungen widersprechen z. T. einander und sind deshalb schwer zu erfüllen. Während die bisherigen Flaschenmilchbetriebe im allgemeinen mit einem großen zur Abkühlung und Lagerung gleichermaßen dienenden Flaschenmilchkühlraum ausgestattet sind, wird man in der Zukunft vielleicht

Abb. 160. Flaschenmilchkühlraum mit Deckenverdampfern für Ammoniak (großstädtischer Flaschenmilchbetrieb).

dazu kommen, diesen Raum in mehrere kleinere Kammern aufzuteilen, die nacheinander beschickt und auf Abkühlung gestellt werden, eine ähnliche Entwicklung, wie sie auch die Fleischabkühlräume durchgemacht haben.

Abb. 161. Kleiner Flaschenmilchkühlraum mit Wandverdampfern für F 12 (Fabrikat BBC).

Abb. 160 zeigt einen Flaschenmilchkühlraum mit hoher Durchsatzleistung für einen großstädtischen Flaschenmilchbetrieb, der mit Deckenverdampfern für Ammoniak ausgerüstet ist; auf Abb. 161 wird ein kleiner Raum mit Frigen-Wandverdampfern gezeigt.

Unter den für die Glasflasche sprechenden Vorteilen wurde der sichtbare Rahmkragen erwähnt. Die Aufrahmung wird stark beeinflußt durch die Kühltemperaturen und die Dauer der Lagerung. Eine möglichst schnelle Abkühlung von 40° C auf 2° C bis 4° C ergibt eine gute Aufrahmungsfähigkeit. Eine noch bessere Aufrahmung und gleichzeitig eine Geschmacksverbesserung in Richtung auf eine bessere Vollmundigkeit wird durch das sog. Teilhomogenisieren erreicht. Bei diesem Verfahren wird der Rahm, der mit 30% Fettgehalt aus der Zentrifuge kommt, einer Homogenisiermaschine zugeführt und bei 220 Atm homogenisiert. Anschließend wird er mit der Magermilch in einer Leitung wieder zusammengeführt und in einem Kurzzeiterhitzer auf durchschnittlich 72° C erhitzt und schnell wieder auf 2° C bis 4° C abgekühlt. Dann muß möglichst bald auf Flaschen abgefüllt werden. Trotz Zerkleinerung der Fettkügelchen auf Größen unter 3 μ ballen jetzt die Fetteilchen besser zusammen und die Milch rahmt besser auf. Eine Beurteilung des Fettgehaltes nach der Höhe des Rahmkragens, wie sie vom Verbraucher geübt wird, wäre allerdings nicht richtig, aber die Verbesserung des Milchgeschmackes ist eindeutig und steigert die Qualität der Trinkmilch und damit auch den Verbrauch.

II. Milchvertrieb.

Die Kühlkette wäre nicht vollständig, wenn die Flaschenmilch nicht auch auf dem Transport von der Molkerei zum Kleinhändler unter Kälte gehalten würde. Die hier bisher bestehende Lücke wird nunmehr dadurch geschlossen, daß man die flaschenbeschickten Kästen in isolierten Wagen befördert und sie obendrein mit kleinstückigem Eis abdeckt in einer Menge, die auch beim Händler noch einige Zeit vorhält. Für die Erzeugung des kleinstückigen Eises eignen sich vollautomatische Kleineiserzeuger ganz besonders, da ein Blockeiserzeuger normaler Form kaum in einer Molkerei unterzubringen wäre.

Abb. 162. Großstädtischer Flaschenmilchbetrieb. Im Vordergrund Verladerampen für Milchabfuhr, im Turm automatische Kleineiserzeugungsanlage für Beeisung der abgehenden Flaschenkästen, darunter Eisbunker (Alstermilchwerk, Hamburg; Kleineiserzeuger System ASTRA Fechner).

Einen Blick auf die Abfuhrrampen eines großstädtischen Flaschenmilchbetriebes zeigt Abb. 162. Der in der Mitte des Gebäudes sichtbare Turm enthält in seinem obersten Stockwerk den vollautomatischen Kleineiserzeuger, von dem aus das Eis, das tagsüber erzeugt wird, in einen Bunker fällt. Das Eis kann nun auf der Rampe aus dem Bunker entnommen und während des Verladevorganges auf die Flaschenkästen verteilt werden.

Die Kühlkette soll im Idealfall erst unmittelbar vor dem Verbrauch der Milch enden, d. h., es ist erwünscht, daß auch die Hausfrau die Milch in einem Haushaltkühlschrank aufbewahrt. Es ist allerdings festzustellen, daß Milch, die nach den letzten Erkenntnissen sorgfältig ermolken und behandelt wurde, in der Praxis eine Haltbarkeit aufweist, die auch ohne Kühllagerung im Haushalt für normalen Hausgebrauch ausreicht.

Für den Verkauf loser Milch, die längere Zeit beim Händler offen stehen kann, muß aber eine Kühlvorrichtung gefordert werden, die im allgemeinen mit einem

Abb. 163. Verkaufsgeschäft für Milch und Milchprodukte mit Milchmeßhahn und Freikühlung.

Milchmeß- und Ausschankhahn kombiniert wird. Ein Beispiel eines so ausgestatteten Ladengeschäftes zeigt Abb. 163; links von der Kasse ist der Milchmeßhahn sichtbar, unterhalb dessen in einem gekühlten Abteil die Milch in der Anlieferungskanne oder in einem kleinen Milchtank aufbewahrt wird. Die rechte Hälfte des Ladens zeigt eine Freikühltheke für die Frischhaltung sonstiger Milchprodukte (Butter, Käse usw.), deren Kühlung mit der Milchaufbewahrung im allgemeinen kombiniert wird.

Selbstverständlich muß auch die als Grundstoff für die Bereitung von Milchmischgetränken erforderliche Milch in Milchbars und Gaststätten bis zu ihrem Verbrauch unter Kühlung aufbewahrt werden, eine Forderung, die sich schon daraus ergibt, daß Milchmischgetränke im allgemeinen kalt besonders erfrischend sind. Die wünschenswerte Steigerung des Milchverbrauches in der Bundesrepublik, die pro Kopf der Bevölkerung noch weit hinter einigen anderen Ländern zurückliegt, kann nur dadurch erzielt werden, daß die Milch in besonders ansprechender Form dargeboten wird, wozu nicht zuletzt die richtige tiefe Temperatur gehört.

III. Gefriermilch.

Bei der großen Empfindlichkeit der Milch liegt der Gedanke nahe, auch dieses Lebensmittel in die allgemeine Tiefkühlkette einzubeziehen und damit nicht nur eine noch größere Haltbarkeit als bei dem Vertrieb der üblichen Trinkmilch in Flaschen oder verlorenen Packungen zu erzielen, sondern die Milch auch für Zwecke der Reservehaltung und der Massenverpflegung über längere Zeiträume lagern zu können. Gleichzeitig wären damit auch Transport- und Verpackungsfragen zu lösen, die heute noch offen sind; es sei nur an die Wahl zwischen der Glasflasche und der verlorenen Verpackung erinnert.

Tatsächlich sind im vergangenen Jahrzehnt mehrere Versuche unternommen worden, Gefriermilch herzustellen. Es bestehen aber aus physikalischen und biologischen Gründen erhebliche Bedenken gegen das Gefrieren von Milch. Beim langsamen Gefrieren wird die Milch in ihre Bestandteile zerlegt, insbesondere flockt Eiweiß irreversibel aus. Die angestellten Versuche haben jedenfalls immer wieder gezeigt, daß gefroren gewesene Trinkmilch nach dem Auftauen unerwünschte Veränderungen im Eiweiß aufweist. Allein aus diesem Grunde ist der Vorschlag, Milch in Gefrierziegeln an die Haushaltungen zu liefern und die darin enthaltene Kältemenge gleichzeitig zur Kühlung eines kleinen Eisschrankes zu verwenden, indiskutabel.

In den USA wurde gefrorene Vollmilch während des Krieges als Heeresverpflegung, besonders für Lazarette, eingesetzt. Ihre Einführung für den zivilen Verbrauch scheitert aber auch an zu hohen Herstellungskosten.

Dagegen sind wirtschaftliche Vorteile zu erwarten, wenn Vollmilch vor dem Gefrieren eingedickt wird. Ein gefrorenes Milchkonzentrat wird in den USA im industriellen Maßstabe hergestellt. Die Milch wird bei einem Druck von 350 Atm homogenisiert und in einem Kurzzeit-Plattenerhitzer pasteurisiert. Sie wird dann im Verhältnis 4 : 1 eingedickt, im Plattenkühler abgekühlt und in rechteckige paraffinierte Kartons gefüllt. Während bisher nur ein Eindicken von 3 : 1 üblich war, bietet das stärkere Eindicken den Vorteil, daß das Konzentrat ein hervorragendes Produkt für Bäckereizwecke darstellt und daß eine Verdünnung im Verhältnis von 1 : 1 eine sehr gute Kaffeesahne ergibt. Gefroren wird in schnell bewegter Luft bei Temperaturen um $-40°$ C; nach mehrmonatiger Lagerung im gefrorenen Zustand zeigten sich keinerlei nachteilige Veränderungen.

Diese Erfahrungen stimmen überein mit Versuchen, die in der Mailänder Kälteversuchsstation durchgeführt wurden, bei denen auch die Temperatur von $-40°$ C für nötig befunden wurde, um nach dem Auftauen eine völlig unveränderte Milch zu erhalten. Bei $-25°$ C wurde eine geringe Inhomogenität festgestellt, die aber durch leichte Erwärmung und durch Schütteln verschwand. Dagegen genügte die Temperatur von $-15°$ C nicht, um beim Wiederauftauen eine einwandfreie Milch zu erhalten[1].

IV. Schrifttum zum Abschnitt E.

Trinkmilch.

Tuchschneid, M. W.: Die Kältebehandlung schnellverderblicher Lebensmittel. 2. Aufl. Hannover: Brücke Kurt Schmersow 1951. S. 395—398.

Stoeckhert, K.: Kontinuierliches Verpacken mit Kunststoffen. VDI-Z. Bd. 100 (1958) 8, S. 321—325.

Referate über das Gefrieren von Milch in Kältetechnik (1952) 8, S. 214, (1953) 12, S. 362 und (1955) 12, S. 383.

Milchwissenschaft (1954) 4, S. 133, (1949) 10, S. 377.

---

[1] Antoniani: Das Gefrieren und die Lagerung von gefrorener Milch. Kältetechnik Bd. 5 (1953) 12, S. 361.

Süddtsch. Molkerei-Ztg. (1949) 6.
Refrig. Engng. (1951) 10, S. 959, (1951) 7, S. 649, (1952) 3, S. 245, (1952) 6, S. 606 (ausf.
Schrifttumsverzeichn.), (1953) 7, S. 725, (1927) 1, S. 64.
Food Engng. Bd. 23 (1951) 7, S. 35, 121.
Il freddo Bd. 6 (1952) 1, S. 1.
Quick frozen Milk. Mod. Refrigerat. Bd. 9 (1957) 710, S. 183.
Frozen milk quarts melked at room temperature eases delivery problem Air Cond.
Refrigerat. News Bd. 82 (1957) 1487, S. 21.
Doan, the frozen storage of milk. Amer. Milk Rev. Bd. 9 (1948) S. 14, 18.
Study of freezing and storage treatments for mille and mille concentrates Department
of dairy and food industries University of Wisconsin Madison, Wisconsin October 1955
(53 Schrifttumsstellen).
Milchflaschen DIN 5101.

F. Käserei.

I. Herstellung und Reifung.

Käse ist ein Milchprodukt, dessen charakteristische Eigenschaften durch die Tätigkeit von Kleinlebewesen erzeugt werden, die in bezug auf ihre Umweltbedingungen, insbesondere was Temperatur und Luftfeuchtigkeit anbelangt, sehr empfindlich sind. Daher müssen in Käsereien Einrichtungen vorhanden sein, die die günstigsten Luftzustände im Sommer und Winter einzustellen und konstant zu halten gestatten.

Eine moderne Käserei für hohe Durchsatzmengen unterscheidet sich erheblich von Käselagern alten Stils. Vor der Einführung einer industriellen Großproduktion war es möglich, allein mit den von der Natur gegebenen Möglichkeiten das dem Käse zuträgliche Klima zu erhalten. Man verwendete Keller tief unter der Erde oder in Felsen eingehauen, die von den Temperaturschwankungen der Außenwelt nicht viel zu spüren bekamen und sorgte durch geschickte Ausnutzung der im Boden vorhandenen natürlichen Feuchtigkeit durch poröse Bauweisen für die Feuchtigkeitsgrade, die der Käse zu seiner Entwicklung braucht. Wenn man auch heute noch derartige, oft schon sehr alte Anlagen findet, in denen zuweilen hervorragender Käse gemacht wird, so muß doch festgestellt werden, daß sich so günstige Umstände nur selten antreffen lassen. Nicht umsonst tragen sehr viele weltbekannte Käsesorten den Namen ihres Herkunftsortes, ein Zeichen dafür, daß den örtlichen Bedingungen entscheidende Bedeutung für die Qualität zukam. Erst in der Neuzeit ist es der Kältetechnik gelungen, auch die Käsebereitung weitgehend von den Launen der Natur unabhängig zu machen und das ganze Jahr über gleichmäßig Käse von hoher Qualität zu erzeugen. Überall dort, wo geeignete Milch im Überschuß anfällt, kann auch erstklassiger Käse wirtschaftlich hergestellt werden.

Die Herstellung von Käse ähnelt in gewisser Weise den Gärprozessen in Brauereien insofern, als den erwünschten Kleinlebewesen besonders gute, unerwünschten oder störenden Kleinlebewesen besonders schlechte Lebensbedingungen geschaffen werden müssen. Die optimalen Werte sind teilweise sehr eng begrenzt, so daß die Raumzustände sehr genau eingehalten werden müssen. Die hohe bakteriologische Empfindlichkeit jedes Käsereiraumes stellt an die Kühl- und Klimaeinrichtungen besonders scharfe Anforderungen. Die Bildung von Fremdschimmel muß absolut verhindert werden. Jede Raumecke muß so zugänglich sein, daß sie ständig überwacht und notfalls gereinigt und desinfiziert werden kann. Luftkanäle sind nur zulässig für die Zuführung von Frischluft, die durch bakteriendichte Filter geströmt ist; überdies sollen auch diese Kanäle noch für die Reinigung leicht zugänglich sein und nach Möglichkeit aus Glas oder anderem durchsichtigen Stoff bestehen, so daß man ihren Innenzustand jederzeit überprüfen kann. Umluftkanäle sollten vollkommen ausgeschlossen sein, da sie stets Bakterienherde bilden. Daraus folgt, daß Zentralanlagen kaum möglich sind. Die wärme- oder kälteübertragenden Flächen müssen innerhalb der Räume selbst so angebracht sein, daß sie die Luft frei ansaugen und ausblasen und daß die wärmeübertragenden Flächen selbst jederzeit für die Reinigung und Desinfektion zugänglich sind. In Fällen, wo eine erhöhte Luftgeschwindigkeit im Raum notwendig wird, soll diese durch frei im Raum hängende Luftquirle erzeugt werden.

Die Räume sind vermittelst der zugeführten Frischluft ständig unter Überdruck zu halten, damit keine Infektionsgefahr durch unkontrolliert eingesaugte, nicht gefilterte Luft entstehen kann. Auch für die Abführung der Abluft sind Luftkanäle möglichst zu vermeiden. Zweckmäßig legt man die Frischluftzuführungen an die Innenseite des Raumes und sieht an der Außenwand zwischen den Fenstern einige mit Filter versehene Abluftöffnungen vor, die durch selbsttätig öffnende Klappen überdies verschlossen werden können. Wenn diese Abluftöffnungen groß genug sind, sollte man auf Klappen in den Fenstern ganz verzichten und als Lichtöffnungen lediglich Wandteile aus Glasbausteinen fugendicht ausführen.

Die große verwirrende Zahl verschiedener Käsesorten, die so stark voneinander abweichen, daß sie kaum noch den gemeinsamen Namen Käse verdienen, lassen sich vom Standpunkt des Kältetechnikers aus in drei große Gruppen zusammenfassen.

1. Trockene Hartkäse, z. B. Holländer Käse, Emmentaler, Edamer oder Gouda, die gegen Luftfeuchtigkeit und Luftfeuchtigkeitsschwankungen verhältnismäßig unempfindlich sind und keine sehr hohen rel. Luftfeuchtigkeiten benötigen.

2. Hartkäse nach Art des Tilsiters, die eine feuchte Oberfläche haben, weil sie während der Reifezeit anfangs täglich, später seltener angefeuchtet (geschmiert) werden. Damit die Rinde nicht rissig wird und die Oberfläche nicht antrocknet und damit die Rinde in der gewünschten Weise gebildet wird, muß die rel. Luftfeuchtigkeit besonders hoch sein, es werden bis zu 98% verlangt.

3. Käsesorten, auf deren Oberfläche sich eine artspezifische Pilzflora während der Reifezeit ansiedeln und entwickeln soll. Hierzu gehören z. B. Camembert und Brie, aber auch Harzer und Blauschimmelkäse. Diese Käsesorten benötigen nicht ganz so hohe rel. Luftfeuchtigkeiten, sind aber gegen Temperaturschwankungen und gegen Zugluft ungemein empfindlich.

Allgemein gilt für alle Käsesorten, daß zu geringe Feuchtigkeit einen hohen Gewichtsverlust nach sich zieht, abgesehen von der Verringerung der Qualität durch Austrocknung und Rissebildung. Zu hohe Luftfeuchtigkeit macht den Käse schmierig und anfällig für Fremdinfektionen.

Die Anwendung der Kältetechnik setzt in der Käserei erst ein, nachdem das eigentliche Käsen, d. h. das Trennen des Käsestoffes von der Molke, beendet ist. Das Einlaben geschieht bei Temperaturen um 30° C bis 40° C herum. Dann aber folgt je nach der Art des Käses eine Reihe von Behandlungen, bei denen die Temperatur, vor allem im Sommer, unter Einsatz von Kälteanlagen tiefer als in der Umgebung gehalten werden muß. Eine weitere Aufgabe der Kältetechnik ist es, in gewissen Fällen zur Regelung der Luftfeuchtigkeit überschüssiges Wasser aus der Luft durch Abkühlung auf den Taupunkt auszuscheiden.

Bei folgenden Herstellungsstufen ist künstliche Kühlung erforderlich:

1. Temperieren des Salzbadraumes.

Je nach Käsesorte müssen Salzbäder, um unerwünschte biologische Vorgänge zu verhindern, auf Temperaturen zwischen $+10°$ C und $+18°$ C gehalten werden. Die verlangte Kälteleistung ist verhältnismäßig klein; es genügt deshalb, den Raum durch ein kleines Kühlsystem auf dieser Temperatur zu halten.

2. Trocknung.

Einigen Käsesorten, wie z. B. dem Camembert, müssen nach ihrer Ausformung noch gewisse Feuchtigkeitsmengen entzogen werden, ohne daß die Temperatur 18° C bis 20° C übersteigen darf. Die abzuführenden Wassermengen sind dabei recht beträchtlich, z. B. muß jeder einzelne Käse von 125 g Gewicht in 48 Stunden bis zu 10 g Feuchtigkeit abgeben können. In den Trockenräumen muß daher eine Luft von so geringer rel. Feuchtigkeit eingestellt werden, daß sie imstande ist, die notwendigen Feuchtigkeitsmengen aufzunehmen und abzuführen. Die Luft muß auf einen Taupunkt von etwa 12° C abgekühlt werden, damit sie nach der folgenden Wiederanwärmung die notwendige rel. Feuchtigkeit von 75% aufweist. Dieser Taupunkt läßt sich mit Brunnenwasser nicht mehr erreichen; eine Kältemaschine ist also unbedingt erforderlich. Das Klimagerät kann entweder im Trockenraum selbst untergebracht werden oder in seiner Nähe, so daß im Trockenraum selbst nur die Ausblasöffnungen liegen (Abb. 164). Diese Öffnungen sollen möglichst am Fußboden liegen, und es muß dafür gesorgt werden, daß die Luft gleichmäßig und nicht zu stark aus den Öffnungen heraustritt, um eine gleichmäßige Trocknung des gesamten Rauminhaltes zu gewährleisten. Der Kältebedarf für die Abkühlung der Frischluft ist verhältnismäßig groß; das darf nicht dazu verführen, auf Umluftbetrieb überzugehen, da gerade hier Re-Infektionen zur Stillegung der Produktion führen können.

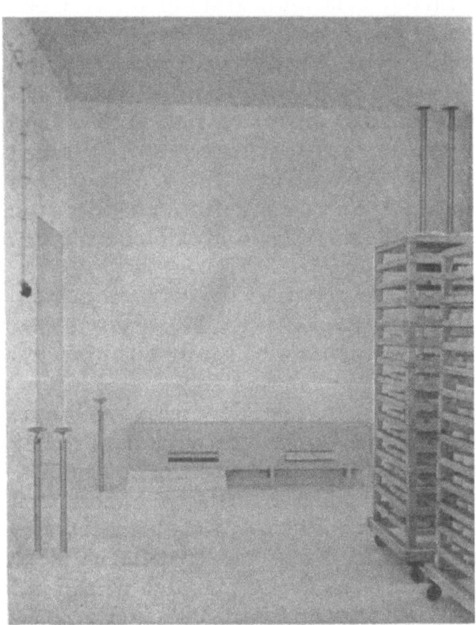

Abb. 164. Trockenraum für Camembert. Im Hintergrund Eintritte für klimatisierte Frischluft.

3. Reifen des Käses.

Bei vielen Kühlgütern handelt es sich um Stoffe, die entweder tot sind oder bei denen jede weitere Lebensäußerung und jede biologische Veränderung durch die Kühlung eingeschränkt werden soll, sei es die Entwicklung von Kleinlebewesen, seien es fermentative oder enzymatische Veränderungen. Anders ist es beim Käse. Dieser ist bis zum endgültigen Verzehr ein Stoff, der sich während der Kaltlagerperiode noch in gewünschter Weise verändern soll. Diesen Vorgang nennt man Reifen. Wie bei jedem biologischen Vorgang ist die Geschwindigkeit des Ablaufes der Veränderungen stark von der Temperatur abhängig; ist der Raum zu warm, wird die Käseoberfläche durch überwiegende Entwicklung wärmeliebender Bakterien schmierig und schließt luftdicht ab, wodurch Blähungen im Laib eintreten. Zu kalte Reifungsräume ergeben Geschmacksfehler durch zu langsame Säurebildung, die die Entwicklung von Butter- und Essigsäurebildnern begünstigen. Mehr noch als bei jedem anderen Kühlgut sind bei Käsereifungs- und Lagerräumen Forderungen biologischer und hygienischer Art zu beachten. Ein Käsereifungsraum ist im Grunde genommen nichts anderes als ein großer Brutschrank, d. h. ein Raum, der gewissen erwünschten Kleinlebewesen Entwicklungsmöglichkeiten bietet. Absolute Sterilität in bezug auf unerwünschte Kleinlebewesen und die Möglichkeit, den Raum nach erfolgter Infektion wieder reinigen und sterilisieren zu können, ist ein Haupterfordernis, das beim Einbau irgendwelcher Kälte- oder Klimaapparaturen berücksichtigt werden muß. In der Ausstattung der Reifungsräume unterscheiden sich die eingangs aufgeführten 3 Gruppen von Käsesorten sehr stark.

a) Trockener Hartkäse. Diese Räume können mit einer kombinierten kompletten Klimaanlage entweder im Raum oder außerhalb des Raumes ausgerüstet werden, deren Aufgabe im Winter die Heizung, im Sommer die Kühlung, dazu die Einstellung der richtigen Feuchtigkeit und die Zuführung und Aufbereitung der benötigten Frischluftmengen ist. Sie kann unabhängig von den Außenluftzuständen während des ganzen Jahres eine gleichbleibende Temperatur und Feuchtigkeit im Lagerraum garantieren. Man ist auch nicht mehr auf die Lage des Raumes im Keller angewiesen und kann jeden zur Verfügung stehenden Raum als Käsereifraum verwenden. In größeren Reifungsräumen bereitet die Zuführung und gleichmäßige Verteilung der Luft zuweilen Schwierigkeiten; man kann dann auch getrennte Heizkörper anwenden, die man zweckmäßig über den ganzen Raum verteilt.

Abb. 165. Reifraum für Tilsiter Käse mit ruhender Kühlung. Das Bild zeigt das mehrfach zu wiederholende „Schmieren" des Käses mit Salzwasser.

Diese Anordnung ist besonders in dem klassischen Land des Käses — in Dänemark — weit verbreitet. Der Vorteil liegt überdies in der Möglichkeit, handelsübliche Heiz- und Kühlgeräte zu verwenden und nicht auf ad hoc angefertigte Klimageräte angewiesen zu sein.

b) Tilsiter Käse. Die verlangten außerordentlich hohen rel. Luftfeuchtigkeiten lassen sich im allgemeinen mit einer zentralen Klimaanlage nicht mehr beherrschen. Es ist daher zweckmäßig, hier örtliche Kühlung und Heizung vorzusehen (Abb. 165). Selbst bei einer guten Isolierung des Raumes ist die verlangte Feuchtigkeit oft nicht zu erreichen, so daß Mittel für eine zusätzliche Raumbefeuchtung eingebaut werden müssen. Benutzt man hierfür Düsen, so ist darauf zu achten, daß keine unverdampften Wassertröpfchen die zunächstliegenden Käselaibe erreichen können; bei größeren Anlagen wird man auf eine Zerstäubung des Wassers durch Preßluft nicht verzichten. Auch eine zusätzliche Befeuchtung mit Dampf ist möglich.

Tilsiter Käse entwickelt während des Reifens verhältnismäßig viel Ammoniak, das soweit als möglich abgeführt werden soll. Ein etwa 12facher Wechsel des gesamten Raumluftinhaltes am Tag dürfte hierfür genügen.

Um die gewünschte hohe rel. Feuchtigkeit nicht zu gefährden, sind neuerdings für Tilsiter Reifräume auch Luftwäscher auf dem Markt, mit deren Hilfe es möglich ist, einmal den zu starken Ammoniakgehalt zu entfernen, außerdem in bestimmten Grenzen eine Beheizung oder Kühlung des Raumes vorzunehmen sowie den Feuchtigkeitsgehalt der Raumluft zu regeln. Diese Luftwäscher werden meist in die Innenwände zum Flur hin eingebaut und besitzen einen größeren Wasservorrat, der durch eine Umwälzpumpe laufend umgewälzt wird, so daß eine Nachfüllung bzw. Erneuerung des sich mit Ammoniak anreichernden Wassers nicht allzu oft erforderlich ist. Durch eine eingebaute Heiz- oder Kühlbatterie wird dieses Umwälzwasser erwärmt oder gekühlt. Ein eingebautes Schwimmerventil sorgt für den Wassernachlauf, und eine eingebaute Luftklappe ermöglicht die Einstellung der in den Raum eintretenden Luftmenge.

c) Camembert. Camembert ist während des Reifungsprozesses besonders empfindlich. Mit der Reifung wird im allgemeinen bei einer Raumtemperatur von 14° C bis 16° C begonnen, die nach etwa 4 Tagen auf 12° C bis 14° C herabgesetzt werden soll. Zweckmäßigerweise legt man 2 Reifungsräume mit den genannten verschiedenen Temperaturen an, durch die man den Käse hindurchwandern läßt. Der erste Reifungsraum muß somit bis zu 4 Tagesproduktionen aufnehmen können, der zweite Reifungsraum bis zu 6 Tagesproduktionen. Die rel. Feuchtigkeit soll um 85% liegen. Der genannte Temperaturbereich liegt so, daß auf jeden Fall im Winter eine Heizung und ebenso auf jeden Fall im Sommer eine künstliche Kühlung erforderlich ist.

Die Käseoberfläche ist ohne jeden Schutz der Raumluft ausgesetzt, damit sich der gewünschte Weißschimmelrasen (Penicillium Camemberti) bilden kann. Die einzelnen handtellergroßen Käsestücke liegen auf Hordenstapeln aus Holz- oder Aluminiumrahmen mit einer temperaturbeständigen sterilisierfähigen Kunststoffbespannung. Die einzelnen Horden werden zusammengesetzt und zu einem Hordenwagen vereinigt, auf dem sie durch den Trockenraum und die beiden Reifungsräume gefahren werden. Bei der baulichen Ausstattung des Raumes und der Ausrüstung mit Heiz-, Kühl- und Belüftungsgeräten muß so verfahren werden, als ob es sich um einen sterilen Operationssaal handelte. Jede Gefahr von Fremdinfektionen muß ausgeschaltet sein, und für den Fall, daß doch einmal eine unerwünschte Schimmelbildung an den Wänden eingetreten ist, muß der Raum wieder im bakteriologischen Sinne gereinigt werden können.

Die benötigte Frischluft muß bakterienfrei filtriert und in einem Klimagerät vor Einblasen in den Raum auf den gewünschten Luftzustand gebracht werden, damit im Raum selbst keine Temperaturunterschiede und keine Zugerscheinungen auftreten, auf die der Käse sehr empfindlich reagiert. Für die Zuführung der Luft sind Kanäle zu verwenden, die in ihrer ganzen Länge gereinigt und womöglich auch eingesehen werden können (Glaswände). Die Schlitze für die Abführung der Abluft sind genauso auszuführen wie die des Trockenraumes, sie sollen eine Glaswollefüllung erhalten, damit Staub und Sporen nicht rückwärts durch die Abluftschlitze in den Raum eindringen können. Die Fenster werden möglichst aus Glasbausteinen ausgeführt und dienen lediglich dem Lichteinfall. Damit werden Undichtigkeiten und Infektionsquellen vermieden, und auch das unangenehme Anrosten von Eisenfensterrahmen fällt fort.

Geheizt wird mit Warmwasser; wenn man nicht Gelegenheit hat, eine Strahlungsheizung in die Wände einzubauen, was natürlich ideal ist, so müssen die Warmwasserheizregister zum mindesten aus glatten Rohren bestehen, die auf ihrer ganzen Oberfläche leicht gereinigt werden können; das gleiche gilt für die Kühlsysteme. Da nur verhältnismäßig hohe Temperaturen in dem Raum eingestellt zu werden brauchen, genügt es, wenige glatte Rohre für den Durchfluß von Eiswasser vorzusehen. Die Heizsysteme werden zweckmäßigerweise unter den Fenstern angebracht, die Kühlsysteme an der oberen Hälfte der Innenwand.

Um die zunächststehenden Käsehorden vor der direkten Einwirkung der Strahlung zu schützen, soll, so hoch wie die Hordenwagen reichen, eine Strahlenschutzwand aus blankem Aluminiumblech vor das Kühlsystem gehängt werden (Abb. 166).

Das von den Kühlsystemen abtropfende Schwitzwasser wird durch eine Rinne, die nach Abnahme der Strahlenschutzwand leicht für die Reinigung zugänglich sein muß, nach einer Stelle hingeführt und dort in

Abb. 166. Reifraum für Camembert. Oben Frischluftkanal mit Glaswänden, darunter Kühlsystem aus glatten Rohren für Soledurchfluß mit vorgehängter Strahlungsschutzwand aus poliertem Alublech zur Reinigung abnehmbar, darunter abnehmbare Tropfrinne und Sammelgefäß für Tauwasser.

einem Gefäß gesammelt, das von Zeit zu Zeit entleert werden muß. Feste Wasserabflußleitungen durch die Wand hindurch sind nicht zweckmäßig, da sich auch hier wieder Infektionsquellen bilden können. Aus dem gleichen Grund muß der Fußboden aus glattem Zementestrich bestehen, und es dürfen keine Sinkkästen den Fußboden an irgendeiner Stelle durchbrechen.

Trotz der verhältnismäßig geringen Kälteleistung empfiehlt sich die Isolierung zum mindesten der Außenwände und der Decke, damit die zeitlichen Temperaturschwankungen so klein wie möglich gehalten werden und auch die räumliche Temperaturverteilung möglichst gleichmäßig ist. Eine Luftumwälzung ist, um das zu erreichen, im allgemeinen nicht notwendig; gegebenenfalls sollte man nur an der Decke frei aufgehängte Großflügelventilatoren mit langsamer Drehzahl verwenden, die ein leichtes Durchmischen der Raumluft ohne hohe Geschwindigkeiten gestatten.

II. Käselagerung.

Während der Käse im Reifungsraum seinen Zustand langsam, aber stetig in Richtung auf den gewünschten Endzustand in chemischer und biologischer Hinsicht verändert, muß nach Beendigung des Reifungsvorganges die Reifung schnell abgebrochen und der Käse ohne weitere Veränderung seines Zustandes gelagert werden können. Eine Käserei muß außer den Reifungsräumen somit auch noch Kühlräume enthalten, die der Reifungsunterbrechung dienen und die auf Temperaturen von $+4°$ C herabgekühlt werden können. Ihrer kältetechnischen Ausstattung nach unterscheiden sich solche Räume wenig von üblichen

Kühlräumen, nur muß auch hier darauf geachtet werden, daß diese Räume außerordentlich sauber gehalten werden. Über die notwendige Größe der Lagerräume lassen sich allgemeingültige Angaben nicht machen, da die einzulagernde Käsemenge stark von Marktschwankungen abhängig ist. Manche Käserei verzichtet deshalb ganz auf den Bau von eigenen Kühlräumen, und in einigen Gegenden Deutschlands sind genossenschaftliche Käsekühlhäuser entstanden, die für eine ganze Anzahl von Käsereien gemeinsam die überschüssigen Fertigkäsemengen aufnehmen. Wenn es sich dabei nicht, wie z. B. in Dänemark, für die Lagerung des zu exportierenden Käses um große Mengen gleichartiger Sorten handelt, sollen solche Käselagerhäuser eine Anzahl kleinerer Räume enthalten, deren Luftzustand jeweils auf die eingelagerte Käsesorte, auf das Alter des Käses und den Reifungszustand abzustimmen ist.

Eine Sonderstellung nimmt die Lagerung von *Quark* beispielsweise zur Harzkäsebereitung ein. Hierfür muß der Quark in den Zeiten des Milchüberschusses eingelagert werden, um eine Produktion auch in anderen Jahreszeiten zu ermöglichen. Das Fertigprodukt hat nur eine geringe Haltbarkeit und verträgt des niedrigen Preises wegen keine großen Aufwendungen für die Kaltlagerung. Die Harzkäsereien liegen außerdem meist weit entfernt von den Molkereien, die den zu verarbeitenden Quark herstellen.

Der Quark wird durch Dicklegung der angesäuerten Milch, Verschneiden, Trennen des Käsebruches und Auswaschen mit kaltem Wasser gewonnen. Dann wird der Quark in Filtersäcken abgepreßt, in Fässern von 100 kg und mehr fest eingestampft und mit einer Schicht Salz bedeckt. Diese Fässer werden unverzüglich am Verwendungsort in einen Kühlraum gebracht, der eine Temperatur von —10° C haben soll, denn es ist notwendig, den Faßinhalt möglichst schnell bis in den Kern hinein durchzufrieren. Für die Lagerung genügen dann —3° C bis —5° C. Das Gut lagert bis zu 6 Monaten bei diesen Temperaturen. In den Gefrierräumen ist ein intensiver Luftwechsel nötig, um das Durchfrieren so schnell wie möglich zu bewirken, in den Lagerräumen kann er geringer sein. Für die Berechnung der Gefrierräume ist zu berücksichtigen, daß handelsüblicher Quark einen Wassergehalt von 65 bis 68% hat.

III. Joghurt.

Joghurt ist ein mit spezifischen Gärungserregern aus erhitzter Vollmilch oder auch erhitzter eingedampfter Vollmilch hergestelltes Erzeugnis. Der typische Joghurtgeschmack wird bei erhöhtem Säuregrad durch das Thermobakterium Bulgaricum hervorgerufen. In etwa gleicher Menge tritt der Streptokokkus Thermophilus im Joghurt auf. Die für das Wachstum des Thermophilus notwendige Aminosäure wird beim Abbau des Eiweißes durch Bulgaricum erzeugt. Diese Symbiose im Verhältnis 1 : 1 ist die beste, da die Kombination am schnellsten säuert und die beste Konsistenz des Fertigproduktes ergibt.

Die auf mindestens 90° C erhitzte und durch Eindicken oder durch Zusatz von Trockensubstanz in der Trockenmasse erhöhte Milch wird nach Abkühlung auf 45° C mit 3 bis 5% einer Reinkultur von Joghurtbakterien versetzt und dann bei mindestens 40° C so lange bebrütet, bis die Milch dick ist, was nach 2 bis 3 Stunden der Fall sein soll. Unter Vermeidung von jeglichem Schütteln, um die dem Joghurt eigenartige Struktur zu erhalten, wird dann auf etwa 5° C bis 10° C abgekühlt.

Das Ende der Brutzeit wird durch den erreichten Säurungsgrad (p_H-Wert) bestimmt. Beim Verbraucher soll Joghurt 0,9 bis 1,1% Milchsäure enthalten, Joghurt aus eingedickter Milch 1,0 bis 1,2% Milchsäure; im Sommer wird Joghurt lieber etwas saurer als im Winter genossen. Während des Transportes bis zum Verbraucher kann Joghurt noch etwas nachsäuern.

Der bei der Bebrütung erreichte richtige Säuregrad muß durch schnelle Kühlung abgefangen und erhalten werden, wozu wiederum künstliche Kälte benötigt wird, da die üblichen Wassertemperaturen hierzu bei einer modernen Großproduktion nicht mehr ausreichen.

Für die gelegentliche Herstellung oder für die Herstellung in geringen Mengen wurden bisher sog. Joghurtwannen verwendet, das sind flache Schalen, in die die Joghurtflaschen hineingestellt wurden (Abb. 167). Während der Zeit der

Abb. 167. Joghurtbehandlung in Wannen, die nacheinander von warmem und kaltem Wasser durchflossen werden.

Bebrütung ließ man warmes Wasser die Flaschen umströmen, das dann für die Kühlung durch Brunnen- oder Eiswasser ersetzt wurde. Dies Verfahren ist für eine Großproduktion aus arbeitstechnischen Gründen nicht tragbar und, da die Flaschen äußerlich naß werden, auch hygienisch nicht einwandfrei. Heute richtet man lieber Joghurtschränke oder Kammern ein, in die die Joghurtflaschen mit Hordenwagen eingefahren werden. Jede Kammer enthält Ventilatoren, die die Luft zur Erhöhung des Wärmeüberganges an die Flaschen in kräftige Bewegung setzen; dazu wird für die Beheizung ein mit Dampf oder elektrischem Strom betriebenes Heizsystem vorgesehen und für die Kühlung ein Kühlsystem, das je nach den Voraussetzungen des Betriebes mit Sole, Eiswasser oder direkt mit Kältemittel beschickt werden kann. Ein solcher Schrank enthält 700 bis 1000 Flaschen.

Durch die hohe Luftumwälzzahl wird der Flaschenstapel vollkommen gleichmäßig erwärmt. Nach Beendigung der Brutzeit von etwa 2 Stunden wird die Heizung abgeschaltet und die umgewälzte Luft über das Kühlsystem geleitet. Innerhalb von 30 Minuten sind die Flaschen von 42° C auf unter 15° C abgekühlt; eine weitere Abkühlung bis auf 5° C ist zweckmäßig, falls eine Charge nicht sofort ausgeliefert oder in den Kühlraum gebracht werden soll.

Bei der Herstellung größerer Joghurtmengen kann man mehrere Schränke nebeneinander aufstellen, die zeitlich gestaffelt in Betrieb genommen werden.

Das ergibt nicht nur eine gute Ausnützung des Bedienungspersonals, sondern auch eine gleichmäßige Belastung der Heiz- und Kühlvorrichtungen. Ein weiterer Vorteil des Kammersystems mit trockner Behandlung liegt in der Möglichkeit, statt der Glasflaschen eine verlorene Packung zu verwenden.

Um trotz chargenweisen Betriebes ein vollkommen gleichmäßiges Endprodukt zu erhalten, ist es notwendig, die Heiz- und Kühlvorgänge exakt zu messen und womöglich halb- oder vollautomatisch zu steuern. Da überdies weder die Sinnenprüfung noch die Titration (SH) des Joghurts eine Garantie für die Ermittlung des richtigen Zeitpunktes der Beendigung des Brutprozesses und des Beginns der Kühlung gibt, sollte der Zeitpunkt des Umschaltens durch eine p_H-Wert-Messung im Joghurt bestimmt werden. Abb. 168 zeigt eine solche Einrichtung; es wird eine Spezialglaselektrode (Einstabelektrode) in Verbindung mit dem Betriebs-p_H-Meter mit eingebautem Kleinregler von Hartmann und Braun verwendet. Die im Brutschrank eingebaute Elektrode, die durch ein Schutzrohr gegen mechanische Beschädigungen gesichert ist, wird zu Beginn der Bebrütung in eine beliebige Joghurtflasche aus der Produktion eingesetzt. Erreicht der p_H-Wert den Sollwert, so gibt der Regler ein Signal oder schaltet automatisch die Brutheizung ab und die Kühlung ein. Außerdem können am Regler noch schreibende Registriergeräte angeschlossen werden.

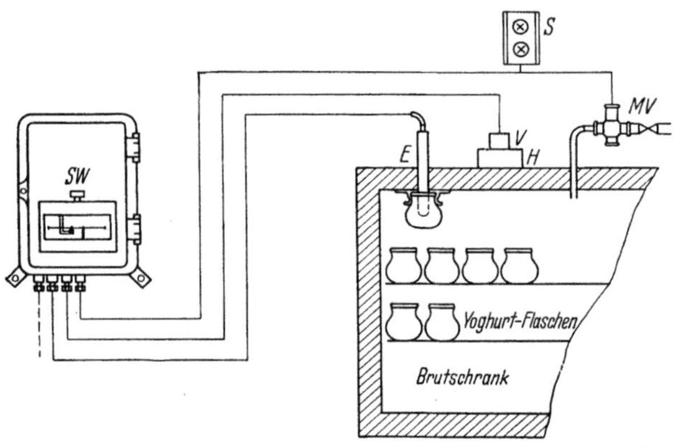

Abb. 168. Automatische Umschaltung vom Heizen zum Kühlen nach Erreichen des richtigen p_H-Wertes (Fabrikat Hartmann & Braun).

Mit einem eigens auf Wunsch der Milchwirtschaft von Hartmann und Braun entwickelten Mehrfach-p_H-Meter lassen sich bis zu 6 Brutschränke gleichzeitig überwachen und regeln.

Die Höhe der Temperaturen während der Beheizung wird durch einen Thermostaten gesteuert, ebenso wird die Beendigung der Abkühlzeit durch einen Thermostaten bestimmt, dessen Fühler so träge sein muß, daß er etwa die Abkühlcharakteristik einer Joghurtflasche nachahmt.

Da Erstarrungs- oder Reaktionswärmen nicht abzuführen sind, ergibt sich die notwendige Kälteleistung aus der Wärmekapazität der Kammer, der Hordenwagen, der Flaschen und des Inhaltes und aus der gewünschten Abkühlzeit, die nur dadurch begrenzt ist, daß die Lufttemperatur nicht unter 0° C absinken darf.

Auch bei der Herstellung der benötigten Joghurtkulturen ist die Anwendung künstlicher Kälte insofern zweckmäßig, als Kulturen im Kühlschrank etwa 14 Tage haltbar sind.

IV. Schrifttum zum Abschnitt F.

Käse.

Plock, K.: Bau und Einrichtung von Tilsiter Käsereien (mit 43 Schrifttumsstellen) in Kieler milchwirtschaftliche Forschungsberichte Bd. 1 (1949) 4, S. 340—363, Schriftenreihe der Versuchs- und Forschungsanstalt für Milchwirtschaft in Kiel. Hildesheim: Ernst-Heinrichs-Verlag.

PLOCK, DOOSE, SCHLEICHER u. HANSEN: Bau und Einrichtung von Camembert-Käsereien (mit 18 Schrifttumsstellen). Hildesheim 1950: Milchwirtschaftlicher Verlag Karl Mann.

ENGELHARDT, H.: Neue pH-Meßgeräte. Dechema-Monographien Bd. 27 (1956).

FORG, F. I., u. I. WENDEL: Automatisch gesteuerte Joghurtherstellung. Dtsch. Molkerei-Ztg. Bd. 75 (1954) S. 369/370.

LEOPOLD: Die neue Camembertkäserei der Malenter Milchzentrale. Molkerei- u. Käserei-Ztg. Bd. 2 (1951) 46, S. 1465—1467.

SCHEPPER: Klima- und Lüftungsanlagen in neuzeitlichen Molkerei- und Käserei-Betrieben. Molkerei- u. Käserei-Ztg. Bd. 6 (1955) S. 37.

SCHULZ, G.: Halbautomatische Joghurtherstellung in der Milchabsatzgen. e. G. m. b. H. Hannover. Kempten: Dtsch. Molkerei-Ztg. (1954) 17, S. 596/597.

SCHWARZ, G., u. H. MUMM: Molke und Molkeneiweiß. Hildesheim: Neue Molkerei-Ztg. Bd. 2 (1947) S. 43.

Sonderheft über Milch und Milchprodukte. Kältetechnik Bd. 3 (1951) S. 4.

BABCOCK, S. M., u. Mitarb.: The Cold Curing of Cheese. U. S. Dep. of Agric., Bur. Animal Ind., Bull. Bd. 49 (1903).

GOLDING, N. S.: A Controlled Cheese Ripening Room. J. Dairy Res. Bd. 3 (1931) S. 101.

REMALEY, R. J.: Cheese Manufacture. Refrigerat. Data Book, Appl. 4. Edition (1952) 12/01 bis 12/06 (6 Schrifttumsstellen).

SHERWOOD, Q. R.: The Ripening of Cheese made from raw and pasteurized Milk. J. Dairy Res. Bd. 7 (1936) S. 271.

VAN SLYKE, L. L., u. Mitarb.: Experiments in Curing Cheese at Different Temperatures. N. Y. Agric. exp. Sta., Bull. Bd. 234 (Juli 1903).

WILSON, H. L., u. Mitarb.: Relationship of Curing Temperature to Quality of American Cheddar Cheese. J. Dairy Sci. (Februar 1942) S. 169. — The Manufacture of Cheddar Cheese from pasteurized Milk J. Dairy Sci. Bd. 28 (März 1945) S. 187.

G. Gesamtplanung.

I. Einordnung in die Gesamtanlage.

Aus den bisherigen Ausführungen ist zu erkennen, daß die Kälteanlage in einer modernen Molkerei einen wesentlichen Teil der Gesamtanlage in maschineller und baulicher Hinsicht darstellt. Ihre wachsende Bedeutung dokumentiert sich darin, daß man der Einordnung der Kälteanlage in die Gesamtanlage schon bei der Planung eines Neubaues heute wesentlich mehr Beachtung schenkt als früher, und daß die Forderungen, die die Kälteanlage stellt, heute die Gestalt des Baues nicht weniger stark beeinflussen als die sonstigen milchtechnologischen Bedingungen.

Andererseits wird, wie überall in lebensmittelverarbeitenden Betrieben, verlangt, daß die Kälteanlage sich möglichst unauffällig in das Gesamtbild einordnet und als immer dienstbereiter treuer Helfer nur geringe Anforderungen an Pflege und Bedienung stellt. Daraus ergeben sich eine Reihe von Forderungen für die konstruktive Durchbildung und die Einplanung in den Bau. Es handelt sich, von verschwindenden Ausnahmen abgesehen, um Kompressionskälteanlagen.

Es sind in der Vergangenheit Versuche unternommen worden, auch die Absorptionsanlage in den Molkereibetrieb einzuführen. Der Molkereibetrieb benötigt den anfallenden Dampf zur Milcherhitzung und zu Reinigungszwecken aber meist selbst, so daß Abdampf von ausreichender Temperatur somit nicht zur Verfügung steht, vor allem nicht während der eigentlichen Betriebszeit. Auch kann durch Vorschalten von Stromerzeugern der erzeugte Dampf doppelt ausgenutzt werden, wobei der erzeugte Strom dann zum Antrieb einer Kompressionskälteanlage dient.

Die Anwendung von Dampfstrahlkältemaschinen, die bei den verlangten verhältnismäßig hohen Verdampfungstemperaturen naheliegend wäre, ist aus dem gleichen Grunde untunlich.

Die Teile der Kälteanlage, umfassend den Kompressor und den Kondensator, unterscheiden sich nicht von normalen Ausführungen. Dagegen müssen die kälteverbrauchenden Apparate, die mit der Milch unmittelbar in Berührung kommen, in erster Linie die hygienischen Anforderungen berücksichtigen. Jedes Gerät, das in einer Molkerei aufgestellt wird, muß aber der sog. „Molkereiatmosphäre" widerstehen können, die durch besonders hohe Luftfeuchtigkeit durch Wrasenanfall und durch den Einfluß der überall vorhandenen Milchsäure besonders aggressiv wirkt. Dazu kommt das bei der Reinigung der Apparate und Räume in großen Mengen verspritzte Wasser und die Einwirkung der zur Reinigung verwendeten Laugen. Betrachtet man dazu noch die Infektions- und Re-Infektionsgefahr, so ergeben sich für die Konstruktion eine Reihe von Anweisungen, die im folgenden näher behandelt werden sollen:

II. Einzelprobleme.

1. Werkstoffe.

Es können nur Werkstoffe verwendet werden, die der Einwirkung von Feuchtigkeit, Säuren und Laugen auf die Dauer widerstehen, darüber hinaus die Milch geschmacklich nicht beeinträchtigen. Während früher hierfür im wesentlichen Kupfer, z. T. mit Zinnauflage, in Frage kam, ist man seit den dreißiger Jahren mehr und mehr zum Aluminium und zum nichtrostenden Stahl übergegangen, der heute fast ausschließlich verwendet wird. Da nichtrostender Stahl im Gegensatz zu Kupfer auch von Ammoniak nicht angegriffen wird, konnten erst jetzt Milchkühler einfacher Konstruktion ohne Verwendung plattierten Materials für direkte Verdampfung von Ammoniak geschaffen werden.

Auch sonstige nichtmetallische Werkstoffe, wie Fußbodenbeläge, Wandanstriche, Isolierungen, Kühlerverkleidungen usw., müssen laugen- und säurefest sein.

Um die Fußböden gut reinigen zu können und um alle Stellen zu vermeiden, an denen sich Schimmelpilze oder Bakterien festsetzen können, werden seit einigen Jahren alle Maschinen und Apparate, bei denen dies überhaupt möglich ist, nicht mehr fest mit dem Fußboden verbunden, sondern auf sog. Kalottenfüße gesetzt, die den Fußboden nur punktförmig berühren und an den Berührungsstellen überdies gut zugänglich sind. Als Beispiel zeigt Abb. 169 einen so aufgestellten Separator, doch sind auch schon Kältekompressoren frei auf Kalottenfüße gestellt worden, was aber einen guten Massenausgleich voraussetzt.

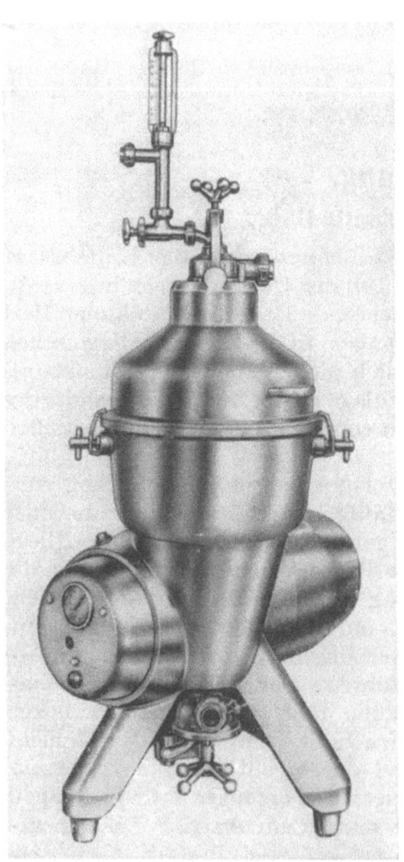

Abb. 169. Separator auf Kalottenfüßen und spritzwasserdicht verkleidet zur Aufstellung im Betriebsraum (Fabrikat Alfa Laval).

Durch die Molkereiatmosphäre besonders gefährdet sind Rohrleitungen sowie deren Anstriche und Isolierung, besonders an den Stellen, an denen sie durch

Wände oder Fußböden hindurchgeführt sind. Für die Verlegung von Rohrleitungen in Molkereien hat sich eine ganz besondere Technik ausgebildet, die in dem Normblatt DIN 11481, Richtlinien für Bau, Verlegung und Isolierung von Rohrleitungen in Molkereibetrieben, niedergelegt ist.

2. Dezentralisierung.

Wie bereits im Abschnitt über Milchkühlung erwähnt, geht man heute mehr und mehr von der großen zentralen Kälteanlage ab, bei der die Kälte durch Vermittlung von Sole in einem ausgedehnten Rohrleitungsnetz an alle Kühlstellen verteilt wird. Es sprechen zudem eine Reihe weiterer Gründe ebenfalls für die Dezentralisierung. Nach dem Fortfall der zentralen Dampfmaschine wurde die von dieser angetriebene Transmission überall durch elektrische Einzelantriebe ersetzt, nicht nur bei den Separatoren und Pumpen, sondern auch bei der Kältemaschine. Wenn auch die Verdampfungstemperaturen, abgesehen vom Buttergefrierraum oder vom Rahmeinfrieren, innerhalb einer Molkerei im wesentlichen im gleichen Temperaturniveau liegen, so bringt doch bei den Hauptkälteverbrauchern (Milchkühlung) die direkte Verdampfung und der dadurch bedingte Fortfall der für den Solekühler notwendigen Temperaturdifferenz eine fühlbare Verbesserung der spezifischen Kälteleistung. Vor allem aber sind die Betriebszeiten der einzelnen Kälteverbraucher sehr stark verschieden; das Umschalten einer Kältemaschine auf mehrere nacheinander betriebene Kühlstellen scheitert aber in den meisten Fällen daran, daß die Leistungsanforderungen zu verschieden sind. Vor allem ist die für die Milchkühlung erforderliche Hauptkältemaschine viel zu groß für den Kältebedarf der Kühlräume oder der Rahmreifer. Beim Betrieb mit Eiswasser und Kältespeicherung ist die Kältemaschine durch die dadurch verlängerte Laufzeit aber ohnehin zeitlich voll ausgenutzt.

Von der kältetechnischen Dezentralisierung, d. h. der Trennung der einzelnen Kältemittel-Kreisläufe ist die räumliche Dezentralisierung der Maschinen zu unterscheiden. Wenn man dem bei Ammoniakmaschinen verständlichen Wunsch nachkommen will, eine Aufstellung der Kältemaschine im Betriebsraum selbst zu vermeiden, so besteht auch bei kältetechnisch dezentralisiertem Betrieb durchaus die Möglichkeit, die größeren Kältemaschinen in einem besonderen Maschinenraum zusammenzufassen, ohne daß damit das Rohrleitungsnetz wesentlich verlängert würde. In verschiedenen Molkereineubauten hat man eine ganze Anzahl von Kältemaschinen in einem besonderen Maschinenraum in einem Zwischengeschoß vereinigt, der so zentral zu allen Kälteverbrauchern liegt, daß nur kurze Rohrleitungen erforderlich wurden. Abb. 170 zeigt einen so gebauten großstädtischen Flaschenmilchbetrieb (Alster-Milchwerk Hamburg). Abb. 171 zeigt einen Blick in den Maschinenraum, in dem 7 Maschinen gleicher Größe vereinigt sind.

Auch bei der zentralen Aufstellung dezentralisierter Maschinen wird man kleinere Kältemaschinen, etwa zur Kühlung von abgelegenen Kühlräumen, für die Speiseeisherstellung oder für andere besondere Zwecke möglichst in der Nähe des Kälteverbrauchers anordnen; dieses Prinzip wird durch die modernen gedrängt aufgebauten und für ihre Leistung sehr kleinen automatischen Kälteaggregate sehr erleichtert.

Die Aufstellung einer einzigen schweren Zentralmaschine, womöglich mit dem zugehörigen Solekühler, war auf der Decke eines Zwischengeschosses natürlich nicht möglich. Erst die Aufstellung moderner schnellaufender Maschinen mit verhältnismäßig geringen Massenkräften erlaubte diese Aufstellungsart. Trotzdem soll beim Entwurf des Gebäudes auf etwaige Schwingungen und deren Übertragung Rücksicht genommen werden. Wie sich in der Praxis gezeigt hat, ist die Verwendung besonders gelagerter Schwingungsfundamente nicht unbedingt nötig, wenn die Decke von vornherein entsprechend bemessen wird.

Beim Vorhandensein einer großen zentralen Kältemaschine kann man von der Sole mit ihren Korrosionsschwierigkeiten freikommen durch die Verwendung einer Ammoniakpumpe, mit der das Kältemittel von einem zentral gelegenen Abscheider aus zu den einzelnen Kühlstellen gefördert wird. Dieses Prinzip, das in Fleischwarenfabriken und bei größeren Kühlhäusern mit einer größeren Anzahl von Räumen verschiedentlich angewendet worden ist, hat sich bisher in Molkereien nur in wenigen Fällen durchsetzen können, da die für direkte Verdampfung gebauten Kühler sich im allgemeinen nicht für den Durchfluß von flüssigem Kältemittel eignen und da, wie oben bereits in anderem Zusammenhang beschrieben, Kühlzeiten, Kühlleistungen und sonstige Kühlbedingungen zu stark verschieden sind, um zentral befriedigt werden zu können. Immerhin mag die Ammoniakpumpe für die Modernisierung älterer Anlagen, falls man nicht ganz auf Dezentralisierung umstellen will, gewisse Möglichkeiten bieten.

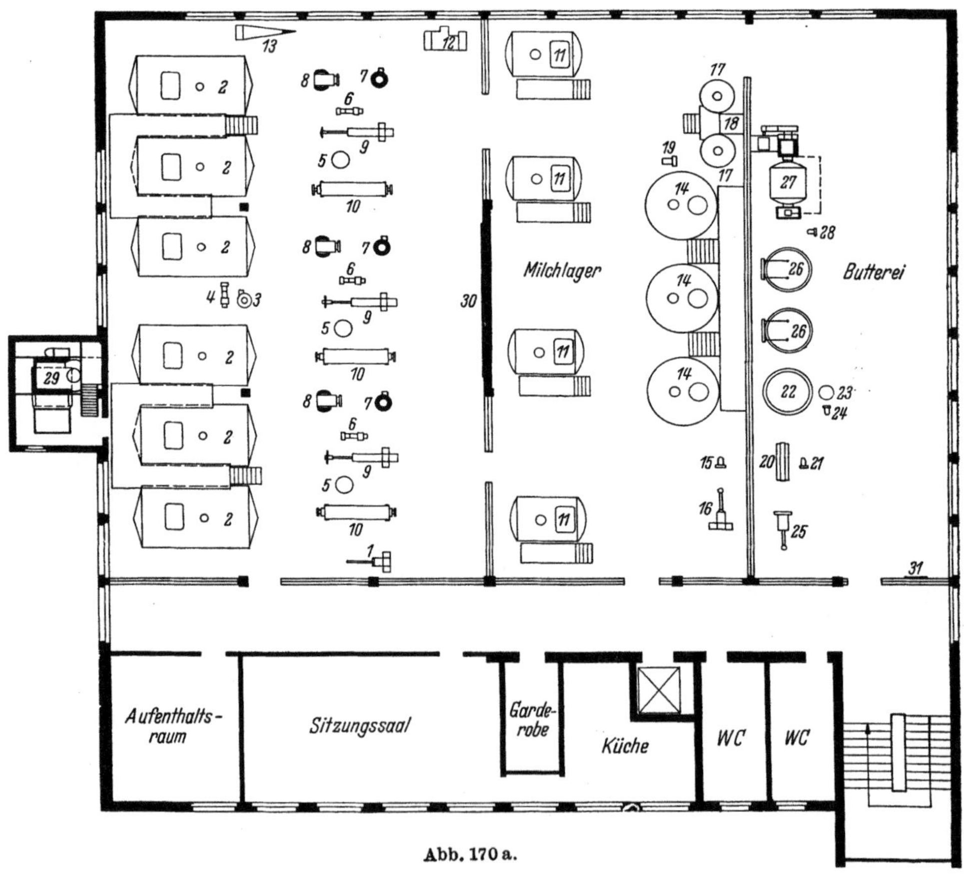

Abb. 170 a.

Abb. 170a u. b. Grundrisse des Zwischengeschosses und des Obergeschosses eines großstädtischen Flaschenmilchbetriebes (unterhalb des Kältemaschinenraumes befindet sich der Flaschenmilch-Kühlraum; im Keller die Eiswasseranlage).

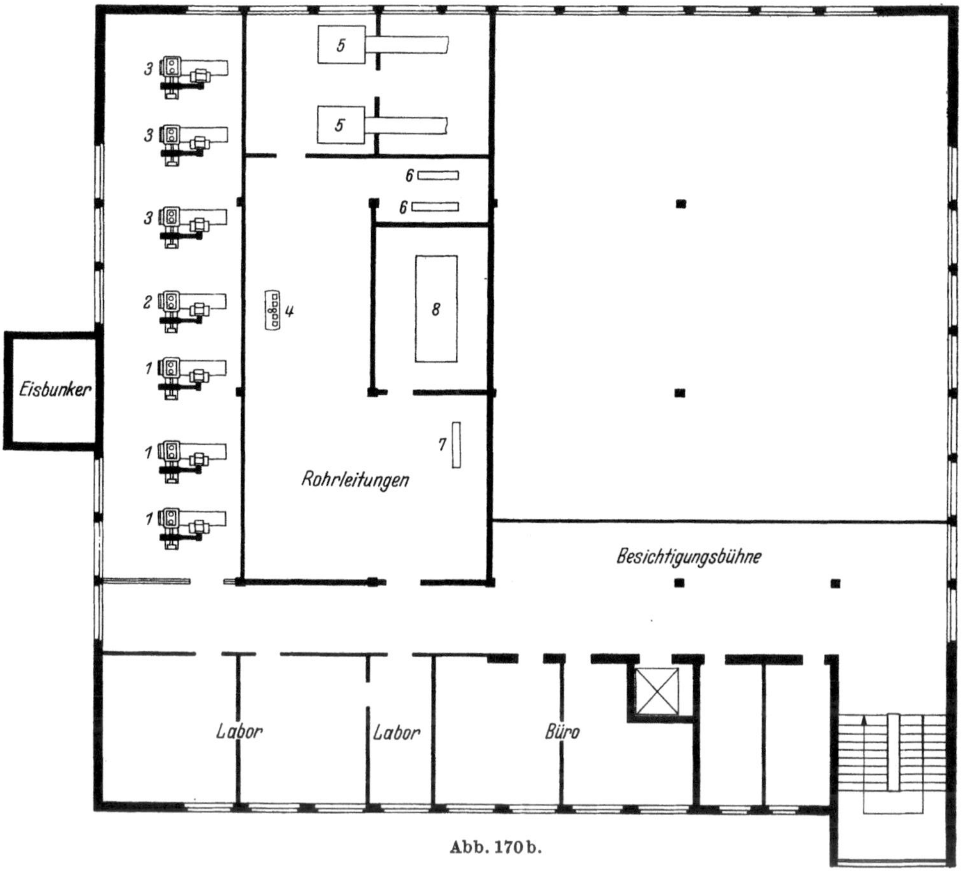

Abb. 170 b.

Abb. 171. Zentraler Kältemaschinenraum für großstädtischen Flaschenmilchbetrieb (im Zwischengeschoß) 7 Kompressoren je 60 000 kcal/h, Kältemittel Ammoniak (Fabrikat Bergedorfer Eisenwerk A.G.).

3. Elektrotechnik.

Es bedarf kaum der Erwähnung, daß Molkereien als Feuchtbetriebe gelten, für die nur eine einwandfreie Feuchtrauminstallation in Frage kommt. Darüber hinaus aber sind gegenüber normalen Feuchtraumbetrieben die Bedingungen in Molkereien so stark erschwert, daß das Institut für Maschinenwesen der Bundes-Versuchs- und Forschungsanstalt für Milchwirtschaft in Kiel besondere Richtlinien für die Ausführung elektrischer Starkstromanlagen in Molkereien herausgegeben hat.

Abb. 172. Molkereimotor (Fabrikat Siemens).

Über die Sicherheit spritzwassergeschützter Motoren hinaus geht die Sicherheit besonders entwickelter sog. Molkereimotoren (Abb. 172), die eine Reihe von zusätzlichen Merkmalen aufweisen: Die Gehäuseoberfläche ist besonders glatt, damit sich in Schmutzecken keine Bakterienherde festsetzen können; die Lüfterhaube ist abnehmbar und mit unverlierbaren Rändelschrauben befestigt, damit sie zur täglichen Reinigung jederzeit ohne Werkzeuge abgenommen werden kann. Der Außenanstrich ist säurefest und widersteht sowohl der Milchsäure als auch den üblichen scharfen Reinigungsmitteln; die Teile unterhalb der Lüfterhaube erhalten einen Bakterienschutzanstrich, der die Ansammlung und Vermehrung von schädlichen Keimen verhindert. Isolierung, Lagerung und Klemmenkasten sind gegen Spritzwasser und eindringende Feuchtigkeit besonders gut geschützt. An der tiefsten Stelle des Motorgehäuses befindet sich eine Bohrung, die eine Ansammlung von Kondenswasser bei Temperaturschwankungen verhindert.

Abb. 173. Molkereisteuertafel, spritzwasserdicht und korrosionssicher (Fabrikat Metzenauer & Jung).

Auch für Schaltgeräte, insbesondere für Steuertafeln, sind besondere molkereimäßige Ausführungen entwickelt worden. Die Steuertafeln, von denen Abb. 173 ein Beispiel zeigt, sind wasserdicht, abwasch- und abspritzbar und bestehen mindestens aus emailliertem Blech, in vielen Fällen sogar aus nichtrostendem Stahl. Die Steuertafelnische soll so groß ausgeführt sein, daß der Einbaukasten ringsum von einem ausreichenden Luftpolster umgeben ist, das eine natürliche Wärmeisolation darstellt und der Ansammlung von Kondenswasser innerhalb der Steuertafeln entgegenarbeitet. Den Einbau in Außenwände vermeidet man nach Möglichkeit, damit bei der hohen rel. Feuchtigkeit die Tafeln durch die im Winter von außen eindringende Kälte nicht schwitzen. Die sichtbare Oberkante der Nische muß mit Gefälle zu einer Tropfkante ausgebildet werden; die Nische soll so tief sein, daß von der Kante abtropfendes Wasser nicht auf die Schwenktaster gelangen kann. Auch die Unterkante wird mit Gefälle ausgebildet. Ragt das Oberteil der Steuertafelnische über die Kacheln hinaus, so muß um die Nische ein Kachelrahmen gelegt werden, um das Verschmutzen der Wand zu verhüten.

Die Schaltgeräte selbst werden zu größeren Gruppen soweit wie möglich zentral zusammengefaßt; der notwendige Spritzwasser- und Feuchtigkeitsschutz

Abb. 174. Gußgekapselte Zentralverteilung für eine Butterei
(Fabrikat Metzenauer & Jung).

bedingt die Ausführung in Gußeisenkapselung, wie Abb. 174 zeigt, bei nicht zu scharfen Anforderungen an die Robustheit auch als stahlgekapselte Schrankverteilung.

Wo Stromkreise an nicht geerdete metallische Apparate geführt werden müssen, wie z. B. an die Umschaltvorrichtungen von Plattenapparaten, wird zur Verringerung der Unfallgefahr Niederspannung verwendet.

Bei Maschinen, deren Lage im Raum durch die Anwendung von Kalottenfüßen nicht genau festgelegt ist, darf kein starrer Anschluß der Motorleitung gewählt werden; man setzt dann auf die Fußbodendurchführung einen Anschlußkopf, von dem aus der Anschluß an den Klemmenkasten mit einer Gummischlauchleitung vorgenommen wird.

In Käsereifungs- und Salzbadräumen und in Räumen für offene Milchlagertanks sind besondere Anschlüsse für UV-Strahler zum Entkeimen der Raumluft vorzusehen.

4. Kältemittel.

Bei dem engen Ineinandergreifen von Kältemaschine und Betrieb und bei der Empfindlichkeit der verarbeiteten Ware ist der Wunsch nach einem sicheren Kältemittel verständlich. Das ist wohl auch der Grund, warum sich Kohlendioxyd als Kältemittel in Molkereien überraschend lange gehalten hat; bis in die zwanziger Jahre hinein wurde es fast ausschließlich verwendet, und selbst heute sind noch einige Kohlendioxydanlagen aus der damaligen Zeit in Betrieb.

Erst nachdem das Kupfer als Werkstoff für milchberührte Geräte aus dem Molkereiwesen ausgeschieden war, wagte man es, Ammoniak in größerem Maße einzuführen. Da aber gleichzeitig aus anderen Gründen die zentrale Solekühlanlage entstand, hatte man die Möglichkeit, die Ammoniakmaschine mit allen ammoniakführenden Teilen aus den Betriebsräumen herauszunehmen und in einem besonderen Maschinenraum, geruchdicht von den Betriebsräumen getrennt, unterzubringen, so daß bei Ammoniakausströmungen weder Menschen noch Ware gefährdet waren.

Nachdem nun in den letzten Jahren wieder mehr und mehr zur direkten Verdampfung übergegangen wird, stellt sich erneut das Problem der Gefährdung von Mensch und Ware. Selbstverständich wird man durch Einbau von Sicherheitsventilen und anderen Sicherungsvorrichtungen dafür sorgen, daß während des Betriebes und während der Heißreinigung Katastrophenfälle ausgeschlossen sind; es würde aber schon die Ausströmung kleinerer Ammoniakmengen genügen (etwa bei Reparaturarbeiten), um größere Mengen Milch zu verderben und die empfindlichen Meß- und Regelgeräte zu gefährden. Da heute in den Frigenen (Freonen) wieder sichere Kältemittel zur Verfügung stehen, die sowohl die Nachteile des CO_2 wie des Ammoniaks vermeiden, kann vorausgesagt werden, daß die Molkereien sich in der Zukunft mehr auf Frigen umstellen werden, vor allem dort, wo mit direkter Verdampfung in Betriebsräumen gearbeitet werden muß.

Trotz aller Vorteile, die das F 12 bietet, geht man aber vorläufig noch sehr zögernd dazu über. Die Gründe dafür scheinen nicht so sehr technischer Natur zu sein, denn die technischen Fragen der Frigenanwendung in Molkereien dürften heute im wesentlichen geklärt sein. Es ist mehr eine Frage der Umschulung des Personals, das heute noch überwiegend auf Ammoniak eingestellt ist. Nicht nur für die Hersteller kältetechnischer Anlagen und Regelapparaturen bietet sich hier eine große und dankbare Aufgabe, sondern auch für die Ausbildungsstätten, für die in der Zukunft eine wesentlich engere Zusammenarbeit zwischen molkereitechnischen und kältetechnischen Instituten zu wünschen wäre.

Dort, wo im Zuge der Dezentralisierung Kleinanlagen aufgestellt werden müssen, für die heute keine Ammoniakkompressoren mehr auf dem Markte sind, wird schon jetzt gern zur Frigenmaschine gegriffen, und die störungsfreie und vollautomatische Arbeitsweise dieser Kleinanlagen wird dazu beitragen, das Vertrauen in das Frigen zu stärken und den Boden für eine allgemeine Einführung vorzubereiten.

5. Wasserfragen.

Eine Molkerei benötigt, nach einer betriebsüblichen Faustformel, etwa die 3- bis 4fache Wassermenge, gemessen an der stündlichen Milchverarbeitungsmenge. Dabei ist zu unterscheiden zwischen Wasser, das nur für Kühlzwecke benötigt wird und hygienisch und bakteriologisch nicht einwandfrei zu sein braucht, und Wasser, das zu Reinigungszwecken oder als Butterwaschwasser mit der Milch oder den milchberührten Apparaten unmittelbar in Berührung kommt und an das bakteriologisch sehr hohe Anforderungen gestellt werden müssen.

Im allgemeinen ist Brunnenwasser für beide Verwendungsarten gut geeignet; für Kühlzwecke deshalb, weil seine Temperatur in unserem Klima auch im Sommer nicht über 10° C bis 12° C steigt. Im Zuge der bekannten zunehmenden Verknappung des Grundwassers steht aber heute vor allem bei großstädtischen Betrieben oft nicht mehr die genügende Menge zur Verfügung; die zusätzliche Verwendung von Leitungswasser verbietet sich durch dessen hohe Kosten, wobei im Sommer oft noch eine höhere Temperatur von 14° C bis 15° C in Kauf genommen werden muß. Das vom Kondensator der Kältemaschine ablaufende erwärmte

Wasser kann zwar noch als Lauwasser für Reinigungszwecke weiterverwendet werden; es muß aber die Gewähr dafür gegeben sein, daß nicht durch Undichtigkeiten im Kondensator Ammoniak in das Wasser gelangt ist. Eine ständige Überprüfung ist also erforderlich, wofür heute auch automatisch arbeitende p_H-Wert-Anzeiger mit Alarmeinrichtung zur Verfügung stehen.

Es hat sich aber bei einer Anzahl von Molkereien schon gezeigt, daß die Schwierigkeiten in der Beschaffung der genügenden Kühlwassermengen unüberwindlich sind; die Kältetechnik bietet hierfür als Ausweichmöglichkeit den Verdunstungskondensator an, von dem eine größere Anzahl in Molkereibetrieben des Bundesgebietes bereits in Betrieb ist. Er ist auch in den Fällen am Platze, wo das an sich in ausreichender Menge zur Verfügung stehende Kühlwasser infolge seiner chemischen Zusammensetzung so unrein oder so stark aggressiv ist, daß Kondensatoren in kurzer Zeit Schaden leiden würden, und das deshalb aufbereitet werden muß. Trotz der höheren Stromkosten, die durch den Betrieb eines Verdunstungskondensators infolge der sich einstellenden höheren Kondensationstemperatur entstehen, ist in diesen Fällen seine Anwendung doch wirtschaftlich, da dafür die Kosten für die Aufbereitung der wesentlich geringeren benötigten Wassermengen erheblich niedriger werden.

Beim Betriebe von Verdunstungskondensatoren in Molkereien ergibt sich zusätzlich das Problem der Geräuschverminderung, da Eisspeicheranlagen überwiegend nachts laufen müssen. In den meisten Molkereien wohnt aber der Betriebsleiter im Gebäude selbst oder in seiner unmittelbaren Nachbarschaft, so daß bei Verwendung von Ventilatoren mit üblichen Geräuschstufen seine Nachtruhe ernsthaft gefährdet ist. Es muß dafür gesorgt werden, daß nicht nur geräuscharme Ventilatoren verwendet werden, sondern daß auch der Verdunstungskondensator so aufgestellt und geräuschmäßig abgeschirmt wird, daß kein störendes Geräusch in die Nähe der Wohnung gelangen kann. Es kann sich durchaus lohnen, in schwierigen Fällen den vorherigen Rat eines Fachmannes einzuholen, wenn man Überraschungen und spätere kostspielige Umbauten vermeiden will.

Die Frage der Abführung der Abwässer wird durch den Betrieb der Kältemaschine nicht besonders erschwert, da es sich hier um saubere Abwässer handelt, die vor Einleitung in den Vorfluter nicht besonders geklärt werden müssen, wie dies neuerdings von den sonstigen Molkereiabwässern verlangt wird. Nur wenn in Reparaturfällen beim Entleeren einer Ammoniakanlage oder bei Undichtigkeiten Ammoniak in das ablaufende Wasser geraten ist, muß vorher geprüft werden, ob der Ammoniakgehalt im Vorfluter irgendwelche Schäden an Fischbeständen anrichten kann. Es ist zu empfehlen, sich vorher zu vergewissern, ob der Vorfluter etwa zur Speisung dahinterliegender Forellen- oder Karpfengewässer dient.

6. Automatisierung.

Bei einer modernen Kältemaschine ist es schon seit geraumer Zeit selbstverständlich, daß zum mindesten der innere Flüssigkeitsumlauf automatisch geregelt wird, wofür je nach Bauart des Verdampfers Schwimmerregler, Membranventile, Thermoventile, Magnetregler usw. üblicher Bauart zur Verfügung stehen. Ebenso selbstverständlich ist der Einbau der notwendigen Sicherheitsgeräte, von denen der Überdruck-Sicherheitsschalter verhindern soll, daß der Druck auf der Kondensatorseite zu hoch ansteigt, und der Pressostat, daß der Druck auf der Verdampferseite zu weit absinkt. Wie bereits auf S. 337 vermerkt, ist es aber eine Eigenart der Molkereikälteanlage, daß bei der Reinigung der milchberührten Flächen mit Dampf oder heißem Reinigungsmittel auch der Druck auf der Verdampferseite in gefährlicher Weise ansteigen kann. Es muß durch automatisch arbeitende Geräte dafür gesorgt werden, daß das Hochdruck-Kältemittel gefahrlos abströmen kann, sei es durch Sicherheitsventile ins Freie, sei es durch die Arbeitsventile des Kompressors hindurch in den Kondensator, wo der entstehende höhere Druck den Kühlwasserregler zum Öffnen veranlaßt und das durchfließende kalte Kühlwasser den Druck wieder auf das normale Maß zurückführt

Zu der einfachen Aufgabe, die Temperatur in Kühl- und Lagerräumen für Flaschenmilch, Butter und ähnliche nicht feuchtigkeitsempfindliche Güter vermittelst Thermostaten konstant zu halten, kommt bei Käsereifungsräumen die weitere Aufgabe, auch die Feuchtigkeit nach Möglichkeit vollautomatisch zu regeln. Hierfür stehen heute Hygrostaten als Feinregler zur Verfügung, die bezüglich ihrer Genauigkeit und Betriebssicherheit kaum mehr Wünsche übriglassen.

Beim heutigen Stand der Technik ist nicht zu erkennen, ob ein noch höherer Einsatz von automatischen Regelgeräten noch mehr Arbeitskräfte einzusparen gestattet, da gerade die Kältetechnik in der Automatisierung schon sehr weit vorangeschritten ist.

III. Schrifttum zum Abschnitt G.

Gesamtanlage.

Institut f. Maschinenwesen: Richtlinien für die Ausführung elektrischer Starkstromanlagen in Molkereien. Kempten: Dtsch. Molkerei-Ztg. 1955.

Wälzholz: „Die Technik in der Milchwirtschaft 1953". Stuttgart: S. Hirzel.

Fischer, A.: Technische Gesichtspunkte beim Einbau von Kälteanlagen in Molkereien. Chem. Apparatur Bd. 27 (1940) S. 17.

Jung, S.: Der automatische Betrieb von Kältemaschinen. Z. ges. Kälteind. Bd. 35 (1928) S. 161.

Kotschetkoff u. Daniloff: Absorptionskälteanlage für 30000 kcal/h. Referate in: Kältetechnik Bd. 7(1955) 6, S. 173 und Die Kälte Bd. 7 (1954) 11, S. 311—312.

Niebergall: Absorptionskältemaschinen (Jahresübersicht). Kältetechnik Bd. 10 (1958) 3, S. 97—101.

Oppermann, R.: Die Verteilung der elektrischen Energie in Molkereien. „Fanal", Techn. Mitt. der Fa. Metzenauer & Jung G. m. b. H. (1954) 2, S. 16—18.

Oppermann, R.: Ausgereifte Konstruktion von Molkereisteuertafeln. „Fanal", Techn. Mitt. der Fa. Metzenauer & Jung G. m. b. H. (1955) S. 7/8.

Oppermann, R.: Montage und Installation elektrischer Geräte in Molkereien. „Fanal", Techn. Mitt. der Fa. Metzenauer & Jung G. m. b. H. (1956) 1, S. 19—23.

Plock, K., u. B. Lang: Theoretische Untersuchungen über die Möglichkeit, durch Einsatz von Absorptionskältemaschinen in dampfangetriebenen Molkereien deren Wirtschaftlichkeit zu steigern. Hildesheim: Molkerei-Ztg. Bd. 51 (1937) S. 1881.

Plock, K.: Hildesheim: Molkerei-Ztg. Bd. 47 (1934) S. 923.

Sell, W.: Neuerungen im kältetechnischen Apparatebau für Molkereien. Chem. Apparatur Bd. 27 (1940) S. 22.

Tamm, W.: Schnellaufende automatisch arbeitende Kältemaschinen. Z. ges. Kälteind. Bd. 47 (1940) S. 23.

Tamm, W.: Der Kühlwassereinsatz im Betrieb von Kompressionskältemaschinen. Z. ges. Kälteind. Bd. 51 (1944) S. 37.

Kennfarben für Rohrleitungen DIN 2403.

Richtlinien für Bau, Verlegung und Isolierung von Rohrleitungen in Molkereibetrieben DIN 11481.

Berechnung des größten täglichen Kältebedarfes einer Molkerei. Kältetechnik Bd. 3 (1951) S. 4, DKV Arbeitsblatt 8/04.

H. Schrifttum zum Gesamtgebiet der Frischhaltung von Milch und Milchprodukten.

DK 637.1   Milch, Molkereiwesen.
DK 637.2   Butter,
DK 637.3   Käse,
DK 621.56/59   Kältetechnik.

Deutsche Bücher.

DIETRICH: Gesetz über den Verkehr mit Milch, Milcherzeugnissen u. Fetten (Milch- u. Fettgesetz). Hamburg: Girardet & Co.

FISCHER, A.: Die Kältemaschine in der Milchwirtschaft. 3. Aufl. Hildesheim: Molkerei-Ztg. 1938.

FLEISCHMANN-WEIGMANN: Lehrbuch der Milchwissenschaft. 7. Aufl. Berlin: Parey 1932.

HOLTHÖFER u. JUCKENACK: Das Lebensmittelgesetz. Berlin: C. Heymann.

KLIMMER, M., u. F. SCHÖNBERG: Milchkunde, mit besonderer Berücksichtigung der Milchhygiene und der hygienischen Milchüberwachung. 5. Aufl. Rich. Schoetz 1947.

NATHUSIUS u. NELSON: Das Milchgesetz. Berlin: C. HEYMANN.

NIEMEYER, H.: Handbuch für Molkereifachleute. 4. Aufl. Hildesheim: Milchwirtschaftl. Verlag Th. Mann K. G. 1955.

POHLMANN, W.: Taschenbuch für Kältetechniker. 13. Aufl. Karlsruhe: C. F. Müller 1956.

TAMM, W.: Die Grundlagen der Raumkühlung. Berlin: Springer 1938.

TUCHSCHNEID: Die Kältebehandlung schnellverderblicher Lebensmittel. Hannover: Brücke-Verlag Kurt Schmersow 1951 (viele Schrifttumsstellen). (Übersetzung aus dem Russischen.)

Molkereilexikon von A bis Z, bearb. v. M. SCHULZ. 3. Aufl. Kempten (Allgäu): Dtsch. Molkerei-Ztg. 1952.

Gesetz und Verordnung über Milchwirtschaft. Hildesheim: Dtsch. Molkerei-Ztg. 1937.

Zur Geschichte der Kälte in der Molkerei: Handbuch der Kältetechnik Bd. 1, S. 123/24.

Deutsche Zeitschriften.

Deutsche Molkereizeitung Kempten (Allgäu).
Milchwissenschaft.
Molkereizeitung Hildesheim (Molkerei- und Käserei-Zeitung).
Die Molkereizeitung Hildesheim.
Neue Molkereizeitung Hildesheim.
Zeitschrift für die gesamte Kälteindustrie.
Kältetechnik.
Die Kälte.

Deutsche Aufsätze.

BAUER: Künstliche Kälte in milchwirtschaftlichen Betrieben. Hildesheim: Molkerei-Ztg. (1953) S. 44/45.

FUCHS, E. HOFMANN u. R. PLANK: Leistungsversuche an einem schnellaufenden Sechszylinder-Ammoniak-Verdichter. Z. VDI Bd. 84 (1940) S. 265.

KUHLIG: Die Aufgaben der Kühlmaschinen in der Milchwirtschaft. Z. ges. Kälteind. Bd. 35 (1928) S. 37.

LEOPOLD: Fortschritte in der Kühlkette der Milch. Kältetechnik Bd. 9 (1957) 12, S. 387—390.

LICHTENBERGER, B.: Die Kälte in der Milchversorgung. Z. ges. Kälteind. Bd. 39 (1932) 9, S. 168—172 und 10, S. 185—187.

v. OSTERTAG, R.: Die Milchkühlung. Z. ges. Kälteind. Bd. 37 (1930) 8, S. 150—153 und 9, S. 181—185.

SELL, W.: Neuerungen im kältetechnischen Apparatebau für Molkereien. Chem. Apparatur Bd. 27 (1940) S. 22.

Kieler Milchwirtschaftliche Forschungsberichte. Schriftenreihe der Versuchs- u. Forschungsanstalt für Milchwirtschaft in Kiel. Hildesheim: Milchwirtschaftl. Verlag Th. Mann.

Die Ernährungsindustrie. Fachheft Molkereiwesen 1955. Teilausgabe der Zeitschrift: Fette Seifen einschl. Anstrichmittel Bd. 57 (1955) S. 4.

Jahresübersicht Kältetechnik DK 621.56/59 in VDI-Z. Bd. 99 (1957) 7, S. 229/310; Bd. 100 (1958) 7, S. 289—299.

Ausländische Bücher.

Blanchard, jr. C. A.: Air Condit. Refrigerat. Data Book, Applications, 6. Aufl. S. 9/01. New York: Amer. Soc. Refrig. Engng. 1956/57.

Blanchard, C. A.: Milk Plants. Refrigerating Data Book, Applications, 4. Edition 1952 S. 10/01 bis 10/08 (4 Schrifttumsstellen).

Farral, A. W.: Dairy Engineering, 2. Edition. New York: Joh. Wiley & Sons. 1953.

Dairy Industries Catalog Bd. 26 (1953). Milwaukee: The Olsen Publishing Company.

The Cold Chain in the USA Part II. Published by the OEEC 1952. Chapter XXXI Dairy Products, S. 347—356.

Air Conditioning Refrigerating Data Book. The American Society of Refrigerating Engineers. Applications Volume, 6. Edition, Section II. Chapter 9, 10, 11.

Ausländische Zeitschriften.

USA:	Milk Plant Monthly,
	The Creamery-Journal.
England:	The Milk-Industrie,
	Dairy Industries,
	Dairy Engineering,
	Dairy Science Abstracts.
Dänemark:	Nordisk Mejeri Tidsscrift.
Schweden:	Svenska Mejeritidningen.
Australien:	The Australien Dairy Review.
Frankreich:	Le Lait.
Italien:	Il mondo del Latte.

Ausländische Aufsätze.

Blams, F. N.: Dairy Refrig. J. Soc. Dairy Techn. Bd. 2 (1949) Nr. 2, S. 115.

Bowen, J. T.: Refrigeration in the Handling, Processing and Storing of Milk and Milk Products. U. S. Dep. of Agric. Misc. Publ. Bd. 138 (1932).

Copp, R.: Refrigeration in the Milk-Industry South Dairy Prod. J. Bd. 46 (1949) Nr. 3, S. 76.

Hening: The standarisation of the Borden Body Flowmeter for determining the apparent viscosity of cream. J. Dairy Sci. Bd. 18 (1935) S. 751.

Hodges, L. H.: The Milk Cooling Problem. J. Milk and Food Techn. Bd. 12 (Juli-August 1949) S. 219.

Paulsen, E. H.: Refrigeration in Milk Plants. Applic. Data 13 in Refrig. Engng. Bd. 39 (1940) Nr. 5.

Renner, K. M.: Refrigeration Requirements in the Processing and Marketing of Milk and Milk Products. Refrig. Engng. Bd. 42 (1941) Nr. 2, S. 90.

Rishoi u. Rahn: J. Dairy Sci. Bd. 21 (1938) S. 399.

Fette und Öle.

Von

Professor Dr.-Ing. **Werner Heimann**

Leiter des Instituts für Lebensmittelchemie der Technischen Hochschule Karlsruhe.

Mit 8 Abbildungen.

A. Einleitung.

Mit Ausnahme der Synthesefette entstammen die Fette ausschließlich der belebten tierischen und pflanzlichen Natur. Als stickstofffreie, organische Verbindungen bilden sie sich im Lebensvorgang jedes Pflanzen- und Tierkörpers und finden sich dort in sehr unterschiedlicher Menge vor.

Man weiß heute, daß die Fette im pflanzlichen Organismus aus den im Assimilationsprozeß aus Wasser und Kohlendioxyd gewonnenen Kohlenhydraten gebildet werden, wobei aber die einzelnen Zwischenstufen dieses Vorganges noch nicht lückenlos aufgeklärt sind. Das im Tierkörper vorhandene Fett stammt entweder aus aufgenommenem Nahrungsfett oder aus zugeführten Kohlenhydraten und Eiweißen.

Zur Gewinnung der Fette werden die Samen und das Fruchtfleisch bestimmter Pflanzen und Organteile von Tieren herangezogen, in denen die Fette in relativ großer Menge und leicht zugänglich vorliegen. In erster Linie sind die Fette Produkte der Landwirtschaft, weiterhin stellen auch tropische Gewächse und Seetiere eine beachtenswerte Quelle für die Fettproduktion dar.

Die bei Zimmertemperatur in fester Form vorliegenden Fette werden üblicherweise als Fette, die in flüssiger Form vorliegenden als Öle bezeichnet, bei Abstammung von Seetieren als Trane, Fischöle oder Leberöle. Die jeweilige Konsistenz der Fette bzw. Öle ist durch die umgebende Temperatur bedingt. Im Rahmen dieser Abhandlung werden deshalb auch die Öle allgemein als Fette bezeichnet.

Die Gesamtfetterzeugung der Welt betrug 1954 24,5 Mill. t, wovon auf tierische Fette etwa 42% entfallen. In den gemäßigten Zonen liegt das Schwergewicht der Fetterzeugung bei den tierischen Fetten, während in den Tropen und subtropischen Gebieten vornehmlich pflanzliche Fette erzeugt werden. Die meisten europäischen Länder führen zur Deckung ihres Fettbedarfes Saaten, Rohöle und Rohfette aus den Überseeländern ein. So betrug 1953 in der Bundesrepublik Deutschland die Einfuhr von Rohölen und Fettrohstoffen für die Ernährung 439408 t. Im gleichen Jahr erreichte die deutsche Ausfuhr an Fetten und Fettsäuren, einschließlich veredelter Produkte, 61895 t[1].

Die Fette sollen hier unter dem Aspekt der Kältetechnik im besonderen als Nahrungsfette behandelt werden. Als Nahrungsbestandteile gehören die Fette neben den Proteinen und Kohlenhydraten zu den Grundstoffen unserer Ernäh-

---

[1] Tabellen zur Wirtschaft der Fette s. ULLMANNS Enzyklopädie der technischen Chemie Bd. 7. München-Berlin: Urban u. Schwarzenberg 1956.

rung. Sie sind die kalorienreichste Nährstoffgruppe mit einer Verbrennungswärme von 9,3 kcal je Gramm und repräsentieren somit den wichtigsten Energielieferanten und Energiespeicher unseres Organismus.

Die Fette fungieren darüber hinaus ernährungsphysiologisch als Ausgangsmaterial für Biosynthesen und als spezifische Träger von Wirkstoffen. So sind die in den Fetten eingebauten „essentiellen" Fettsäuren (vgl. S. 387) wie auch die in den Fetten als Begleitstoffe anwesenden fettlöslichen Vitamine von lebensnotwendiger Bedeutung. Bei ihrem Fehlen treten Mangelerscheinungen und bestimmte Krankheiten auf.

Im tierischen und pflanzlichen Organismus liegen die Fette stets vergesellschaftet mit lipoiden Begleitstoffen vor. Letztere sind fettähnliche Stoffe, die (mit geringfügigen Einschränkungen) als gemeinsame Eigenschaften mit den Fetten die Löslichkeit in organischen Lösungsmitteln und die Unlöslichkeit in Wasser aufweisen. Auf Grund ihrer gleichartigen Löslichkeit werden die Lipoide bei der Gewinnung der Fette mit diesen isoliert. Heute faßt man deshalb auch die Fette und lipoiden Begleitstoffe meist unter dem Begriff „*Lipoide*" zusammen (im englischen auch als lipids oder lipins).

B. Zusammensetzung und Eigenschaften der Fette[1].

I. Aufbau der Fette.

In chemischem Sinn sind die Fette Triglyzeride, d. h. Ester des dreiwertigen Alkohols Glyzerin mit Fettsäuren. Die Vielgestaltigkeit der Naturfette wird durch das Vorhandensein und die wechselnde Anordnung der zahlreichen, konstitutionell verschiedenartigen natürlichen Fettsäuren in den Glyzeriden bestimmt. Die Fettsäurenzusammensetzung eines Naturfettes. st artbedingt. Der artbedingte Charakter eines Fettes geht nie verloren und kann durch äußere Einflüsse, wie Klima oder Ernährung, nur innerhalb bestimmter Grenzen variieren.

II. Fettsäuren.

Das Verhalten eines natürlichen Fettes und Öles wird, abgesehen von den lipoiden Begleitstoffen, durch die am Aufbau beteiligten Fettsäuren bestimmt. Neben der Konstitution, neben dem gesättigten oder ungesättigten Charakter und der Molekülgröße spielt auch ihr Einbau in die Glyzeride eine wichtige Rolle. Alle praktisch und theoretisch bedeutsamen Fragen der Fettchemie (Gewinnung, Raffination, Haltbarkeit, Fettverderben), der Fettechnologie und der Physiologie der Fette sind ursächlich mit den Fettsäuren als solchen, im Schwerpunkt mit den ungesättigten Fettsäuren, verknüpft.

a) Gesättigte Fettsäuren. Unter den gesättigten Fettsäuren überwiegen in den Nahrungsfetten die Palmitin- (C_{16}) und die Stearinsäure (C_{18}), doch sind auch alle anderen gesättigten geradzahligen Fettsäuren von C_4 bis C_{26} am Aufbau der natürlichen Glyzeride beteiligt. Hier sind besonders einige Milchfette zu nennen, bei denen die lückenlose Reihe der geradzahligen Fettsäuren von C_4 bis C_{20} vorliegt.

Gesättigte Fettsäuren mit weniger als 10 Kohlenstoffatomen sind bei Zimmertemperatur flüssig, die längeren gesättigten Fettsäuren sind fest. Der Schmelzpunkt liegt um so höher, je länger die Fettsäurekette ist.

---

[1] Schönfeld, H.: Chemie und Technologie der Fette und Fettprodukte Bd. 1. Wien: Springer 1936. — A. E. Bailey: Ind. Oil and Fat Prod. New York: Intersci. Publ. Inc. 1951.

Die gesättigten Fettsäuren sind in vitro wenig reaktionsfähig, widerstands-fähig gegen Oxydationsmittel, obwohl sie im Stoffwechsel mühelos abgebaut und oxydiert werden.

b) Ungesättigte Fettsäuren. Die ungesättigten Fettsäuren sind durch eine oder mehrere Doppelbindungen, die eine besondere Reaktionsfähigkeit besitzen, gekennzeichnet.

Die ungesättigten Fettsäuren sind weit verbreitet in allen Fettarten (vgl. Tab. 1). Die Landtierfette enthalten im allgemeinen weniger höher ungesättigte Fettsäuren als die Pflanzenöle und die Seetieröle; letztere sind durch besonders hoch ungesättigte Fettsäuren charakterisiert, z. B. durch die 5fach ungesättigte, den Trangeruch und -geschmack mitbedingende Klupanodonsäure.

Am weitesten verbreitet ist die 9,10-Oktadecensäure, die *Ölsäure*; sie stellt fast durchgängig den Hauptanteil der pflanzlichen Öle und kommt in allen Speisefetten vor. Neben der Ölsäure spielen die *Linolsäure* (Oktadekadiensäure) mit 2 Doppelbindungen und die 3fach ungesättigte *Linolensäure* (Oktadekatrien-säure) eine wesentliche Rolle. Die Linol- und Linolensäure (wie auch die 4fach ungesättigte Arachidonsäure) gehören zu den *essentiellen* Fettsäuren, d. h. zu den für die Ernährung unentbehrlichen und mit der Nahrung zuzuführenden Fett-säuren (früher Vitamin F genannt), deren Mangel bei Tier und Mensch Haut-krankheiten und Stoffwechselstörungen erzeugt.

Tabelle 1. *Die wichtigsten Speisefette und die Zusammensetzung ihrer Fettsäuren*[1].

	% gesättigte Fettsäuren			% ungesättigte Fettsäuren			
	C_4—C_{10}	C_{12}—C_{14}	C_{16}—C_{18}	Öl-säure	Linol-säure	Linolen-säure	höhere
Butterfett. . . .	7 bis 13	10 bis 15	32 bis 40	20 bis 34	2 bis 4	—	1,8
Rindertalg . . .	—	2 bis 6	45 bis 55	38 bis 50	1 bis 3	—	0,5
Schweineschmalz.	—	1 bis 3	25 bis 40	42 bis 55	5 bis 12	—	1 bis 3
Kokosöl	14 bis 16	62 bis 70	9 bis 13	5 bis 8	1 bis 2,5	—	—
Palmkernöl . . .	6 bis 10	66 bis 70	22 bis 24	10 bis 18	1 bis 2,5	—	—
Palmöl	—	1 bis 6	40 bis 45	39 bis 52	6 bis 11	—	—
Kakaobutter . .	—	—	51 bis 56	33 bis 35	9 bis 16	—	—
Olivenöl	—	1	9 bis 19	67 bis 85	4 bis 15	—	—
Baumwollsaatöl .	—	—	20 bis 27	18 bis 35	40 bis 60	—	—
Sonnenblumenöl .	—	—	5 bis 10	25 bis 42	54 bis 62	—	—
Rüböl	—	—	4	14 bis 30	11 bis 25	1 bis 7	42 bis 57**
Erdnußöl	—	—	12 bis 21 (3 bis 7)*	50 bis 70	17 bis 26	—	—
Sesamöl	—	—	11 bis 15	35 bis 46	36 bis 48	—	—
Sojaöl	—	—	12 bis 14	22 bis 25	50 bis 56	5 bis 10	—
Leinöl	—	—	8 bis 16	15 bis 30	15 bis 25	30 bis 60	

* Arachinsäure.   ** Erucasäure.

III. Fettbegleitstoffe.

Da den lipoiden Fettbegleitstoffen im gesamten Stoffwechsel wesentliche funktionelle Aufgaben zukommen, ist die Erhaltung der in der Natur vorkom-menden Lipoidgemische, die eine biologische Ganzheit darstellen, aus ernährungs-physiologischen Gründen anzustreben. Verglichen mit der Menge des Fettes selber sind sie zwar oft nur in sehr geringer Menge im Fett enthalten, doch sind sie durch ihre außerordentliche Reaktionsfähigkeit und Reaktionsbereitschaft souveräne Werkzeuge des biologisch-chemischen Umsatzes. Soll das Fett als

---

[1] Die Werte entstammen: „Die ernährungsphysiologischen Eigenschaften der Fette". Darmstadt: Steinkopff 1958 sowie H. P. KAUFMANN: Neuzeitliche Technologie der Fette und Fettprodukte. München: Aschendorffsche Verlagsbuchhdlg. 1956.

Lebensmittel physiologisch vollwertig, also nicht nur hochwertiger Kalorienträger, sondern auch Spender lebenswichtiger Wirkstoffe sein, so ist zu fordern, diese von Natur aus gegebene biologische Ganzheit bei der Gewinnung, Verarbeitung und Aufbewahrung der Fette zu wahren.

Die wichtigsten lipoiden Fettbegleitstoffe, die trotz ihres gleichartigen Löslichkeitsverhaltens (vgl. S. 386) in ihrem chemischen Aufbau teilweise sogar weitgehend von den Fetten abweichen, sind die Wachse und Wachsalkohole, freie Fettsäuren, Phosphatide, Sterine und ihre Ester, Steroide, Lipochrome (z. B. Karotine, Chlorophyll), fettlösliche Vitamine und Kohlenwasserstoffe (z. B. Squalen). Die nähere Besprechung der Lipoide vgl. Bd. IX dieses Handbuches, S. 15, 18, 431, 445, 446.

IV. Einteilung der Fette.

Die Einteilung der Fette kann nach verschiedenen Gesichtspunkten — nach Herkunft, physikalischen Eigenschaften, chemischer Zusammensetzung, Verwendung oder physiologischen Aufgaben — durchgeführt werden.

Bei der üblichen Einteilung der Fette nach der Herkunft unterscheiden wir die beiden großen Klassen der natürlichen Fette:

1. Pflanzenfette, gekennzeichnet durch ihren Gehalt an Phytosterinen. Es sind Frucht- und Samenfette zu unterscheiden.

2. Tierfette, charakterisiert durch ihren Gehalt an Zoosterinen, insbesondere an Cholesterin. Die tierischen Fette gruppieren sich in die Fette der Land- und Seetiere, die Fette der Landtiere weiterhin in Milch- und Depotfette, diejenigen der Seetiere in Fette der Säugetiere (Wale) und Fische.

Von diesen natürlichen Fetten muß die Gruppe der *Kunstfette*, die nur technische Verwendung haben, abgegrenzt werden. Kunstfette sind synthetische Erzeugnisse aus Fettsäuren und Glyzerin. Die Fettsäuren können der Paraffinoxydation entstammen.

Die Einteilung der Fette nach den physikalischen Eigenschaften — Aggregatzustand und Konsistenz — trennt in: Feste Fette (z. B. Talg, Knochenfett), halbfeste Fette (z. B. Schmalz, Palmöl) und flüssige Fette (Öle).

V. Physikalische Eigenschaften der Fette[1].

Die Kenntnis gewisser physikalischer Eigenschaften der Fette und Öle ist sowohl von wissenschaftlicher als auch von praktisch-technischer Bedeutung. So gehen z. B. schon im Gange der Gewinnung und Verarbeitung von Fetten und fetthaltigen Produkten rein physikalische Behandlungsverfahren, wie Erwärmung, Extraktion, Kühlung, Kristallisation, Destillation, Adsorption u. a., Hand in Hand mit rein chemischen Bearbeitungsmethoden.

Eine der interessantesten Gruppen der physikalischen Eigenschaften auf dem Fettgebiet steht in direktem Zusammenhang mit den Übergängen der Aggregatzustände flüssig-fest, also den Schmelz- und Erstarrungsvorgängen. Tatsächlich sind die meisten natürlichen Fette bei Raumtemperaturen niemals in völlig festem Zustand, weil sie aus Glyzeridgemischen bestehen, deren Schmelzpunkte innerhalb eines weiten Temperaturbereiches liegen. Beispiele hierfür sind unsere gebräuchlichen Speisefette: Schmalz, Talg, Butterfett, Backfette und Margarine. Sie repräsentieren innige Mischungen einer flüssigen mit einer festen Phase, die unter dem Mikroskop kristallin (als Fettkristalle) erscheinen.

---

[1] Bailey, A. E.: Ind. Oil and Fat Prod. New York: Intersci. Publ. Inc. 1951. — H. P. Kaufmann: Analyse der Fette und Fettprodukte. Berlin: Springer 1958. — H. Schönfeld: Chemie und Technologie der Fette und Fettprodukte. Bd. 1 Wien: Springer 1936. — DGF-Methoden: Stuttgart: Wissenschaftliche Verlagsgesellschaft 1950.

a) Konsistenz. Die Konsistenz der Fette ist abhängig von der Zusammensetzung und der Temperatur. Oberhalb des Schmelzpunktes bilden alle Fette ziemlich viskose Flüssigkeiten, die mit zunehmender Temperatur dünnflüssiger werden. Nach dem Abkühlen auf etwa 20° C nehmen die Fette eine verschiedene Konsistenz an, die man als zähflüssig, ölig, salbenartig, schmalzartig, wachs- und talgartig zu bezeichnen pflegt.

Sind überwiegend flüssige Fettsäuren im Glyzeridmolekül vorhanden, so ist das betreffende Fett schon bei Zimmertemperatur flüssig, im anderen Falle fest.

Fragen der Konsistenz berühren auch das Gebiet der Speisefette. Bei ihnen ist es erwünscht, daß sie innerhalb eines nicht zu engen Temperaturbereiches (5° C bis 30° C) streichfähig und plastisch bleiben.

Die Konsistenz wird wesentlich von der Größe und Struktur[1] der Kristalle der festen Anteile des Fettes beeinflußt. Wird geschmolzenes Fett *rasch* abgekühlt, so entstehen kleine Kristalle; vergleichsweise große Kristalle, die dem Fett eine weichere uneinheitliche Konsistenz verleihen, bilden sich beim *langsamen* Abkühlen. Ähnlich wie Glyzerin zeigen auch die Fette (Triglyzeride) die Erscheinung der Unterkühlung.

b) Viskosität[2]. Bei gewöhnlicher Temperatur im flüssigen Zustand oder bei Temperaturen unmittelbar über den Schmelzpunkten besitzen die Fette, mit Ausnahme des Rizinusöles, eine relativ hohe, jedoch in engen Grenzen schwankende Viskosität.

Bei Speiseölen steigt zwar die Viskosität mit steigendem Molekulargewicht der Fettsäuren, nimmt jedoch mit zunehmender Ungesättigtheit ab, insbesondere mit dem Gehalt an höher ungesättigten Fettsäuren. Zur Reinheitsbestimmung (z. B. von Speisefetten) ist die Viskositätsmessung ein wichtiges Kriterium, bedarf allerdings im Zweifelsfalle der Ergänzung durch andere Fettkennzahlen (Jodzahl, Verseifungszahl).

c) Oberflächen- und Grenzflächenspannung. Die Oberflächenspannung der geradzahligen, gesättigten Fettsäuren nimmt von C_4 mit steigender Kettenlänge zu, mit steigender Temperatur nimmt sie langsam ab (vgl. Tab. 2). Polare,

Tabelle 2. *Oberflächen- und Grenzflächenspannung von Fettsäuren und Ölen (in dyn/cm)*
[aus R. O. Feuge: J. Americ. Oil. Soc. Bd. 24 (1947) S. 49].

Fettsäuren	Oberflächenspannung bei 75° C	Grenzflächenspannung Fettsäure/Wasser bei 75° C
$C_4H_8O_2$, Buttersäure	21,6	
$C_6H_{12}O_3$, Capronsäure	23,0	2,1
$C_8H_{16}O_2$, Caprylsäure	24,2	5,8
$C_{10}H_{20}O_2$, Caprinsäure	25,1	8,0
$C_{12}H_{24}O_2$, Laurinsäure	25,9	8,7
$C_{14}H_{28}O_2$, Myristinsäure	26,8	9,2
$C_{16}H_{32}O_2$, Palmitinsäure	27,3	9,2
$C_{18}H_{36}O_2$, Stearinsäure	27,7	9,5

Fette	Oberflächenspannung bei 80° C	Grenzflächenspannung Öl/Wasser bei 70° C
Baumwollsaatöl	31,3	29,76
Kokosöl	28,4	
Rizinusöl	35,2	
Erdnußöl		29,92
Sojaöl		30,58

[1] ECKEY, E. W.: Vegetable Fats and Oils. New York: Reinhold Publishing Corporation 1954.

[2] JOYNER, N. T.: The Plasticizing of edible Fats. J. Amer. Oil Chem. Soc. Bd. 30 (1953) S. 526.

oberflächenaktive Moleküle, z. B. Lezithine, die als Emulgatoren wirken, setzen allgemein die Grenzflächenspannung zwischen den beiden Emulsionsphasen Fett/Wasser herab.

d) Schmelzverhalten[1]. Natürliche Fette, die als Gemische mehrerer Glyzeride oftmals mehr oder weniger freie Fettsäuren enthalten, sowie Gemische freier Fettsäuren zeigen in der Regel keine scharfen Schmelz- und Erstarrungspunkte, sondern mehr oder minder breite Schmelzintervalle.

Der Schmelzvorgang von Fetten und Fettprodukten wird außer durch den *Schmelzpunkt* (bei Reinsubstanzen) und das *Schmelzintervall* (bei Gemischen) weiter charakterisiert durch den Steigschmelzpunkt, den Fließschmelzpunkt, den Klarschmelzpunkt, den Fließpunkt und den Tropfpunkt. Zur Kennzeichnung des Erstarrungsvorganges ist besonders der Erstarrungspunkt, und zwar sowohl der des Fettes als auch derjenige der daraus hergestellten Gesamtfettsäuren von Wert. Für die Beurteilung von flüssigen Fetten ist oftmals ihre Kältebeständigkeit maßgebend und für den Techniker von Interesse (Schmieröle). Besonders aufschlußreich hinsichtlich des Schmelzverhaltens sind die Schmelz- und Erstarrungskurven, die vielfach genaueste Rückschlüsse auf die Eigenschaften der untersuchten Substanzen zulassen.

e) Schmelzpunkte. Da die natürlichen Fette Gemische verschiedener Glyzeride sind, so zeigen sie naturgemäß keinen derartig scharfen Schmelzpunkt, wie man ihn sonst bei einheitlichen organischen Stoffen und daher auch bei reinen Glyzeriden beobachtet. Die Fette zeigen vielmehr zunächst ein allmähliches Erweichen, das langsam ins Fließen übergeht, erst nach einer oft mehrere Grade höheren Temperatur werden sie vollkommen klar. So ist also der Schmelzvorgang von Fetten und Fettprodukten vornehmlich durch 2 Temperaturpunkte gekennzeichnet, einmal durch den, bei dem die Probe *flüssig* (fließend), und zum anderen durch denjenigen, bei dem sie völlig *klar* wird.

Für viele technische Zwecke genügt die annähernde Bestimmung des erst genannten Punktes (Flüssigwerden). Die Schmelzpunkte wichtiger Fette und ihrer Fettsäuren sind in Tab. 3 zusammengestellt.

Tabelle 3. *Schmelz- und Erstarrungspunkte von Fetten und Fettsäuren [aus Ost-Rassow: Lehrbuch der Chemischen Technologie. Leipzig: Ambrosius Barth (1955) S. 602].*

Fette	Fette		Fettsäuren	
	Schmelzpunkt °C	Erstarrungspunkt °C	Schmelzpunkt °C	Erstarrungspunkt °C
Butterfett	31 bis 36 (42)	19 bis 24 (27)	40 bis 43	35 bis 38
Rindertalg	42 bis 46	32 bis 37	43 bis 47	38 bis 46
Schweinefett	33 bis 48	27 bis 30	35 bis 47	34 bis 42
Lebertran	flüssig	0 bis —10 und tiefer	21 bis 25	13 bis 24
Olivenöl	2,5	2	26 bis 29	19 bis 25
Sesamöl	flüssig	—3 bis —6	21 bis 32	21 bis 24
Sojaöl	flüssig	—8 bis —18	20 bis 29	17 bis 22
Baumwollsaatöl	flüssig	2 bis 5	34 bis 39	31 bis 38
Leinöl	flüssig	—18 bis —27	17 bis 21	19 bis 21
Rizinusöl	flüssig	—10 bis —18	13	3
Palmfett	27 bis 42	31 bis 41	48 bis 50	36 bis 46
Palmkernfett	23 bis 28	20	25 bis 29	20 bis 26
Kokosfett	20 bis 28	14 bis 23	24 bis 27	10 bis 25
Bienenwachs (gebleicht) .	63 bis 65	62	—	—

---

[1] Bailey, A. E.: Melting and Solidification of Fats. New York: Interscience Publishers, Inc. 1950.

Zur genauen Feststellung der Eigenschaften eines Fettes (Identifizierung) und bei Untersuchungen auf Verfälschungen sind dagegen beide Punkte (Flüssig- und Klarwerden) mit möglichster Genauigkeit ($^1/_{10}$ Grad) zu bestimmen.

Die ermittelten Schmelzpunkte werden als *Fließschmelzpunkt* (nicht zu verwechseln mit Fließpunkt) und *Klarschmelzpunkt* bezeichnet.

f) Fließpunkt und Tropfpunkt. Der *Fließpunkt* eines Fettes ist die Temperatur, bei der eine an der Quecksilberkugel eines Thermometers befestigte bestimmte Substanzmenge eine deutliche Kuppe am unteren Ende bildet. Der *Tropfpunkt* ist die Temperatur, bei der der erste Tropfen des schmelzenden Fettes abfällt.

Die Bestimmung des Fließpunktes und Tropfpunktes dient dazu, das Verhalten der Fette bei der Erwärmung zu prüfen.

g) Erstarrungspunkt. Als Erstarrungspunkt der Fette und Fettsäuren gilt die nach vereinbarten Verfahren[1] festgestellte Temperatur, die beim Abkühlen der Fettschmelze als Maximum eines vorübergehenden Temperaturanstieges bestimmt wird. Falls die frei werdende Schmelzwärme nicht ausreicht, um die Abkühlungskurve umzubiegen, ist der vorübergehende Stillstand des Abkühlungsverlaufes als Erstarrungspunkt anzusehen. Die Erstarrungspunkte wichtiger Fette und ihrer Fettsäuren sind in Tab. 3 aufgenommen.

h) Schmelzausdehnung (Dilatation). Beim Schmelzen von Fetten beobachtet man eine charakteristische Volumänderung, die sich besonders bei den bei gewöhnlicher Temperatur festen Fetten in einer sprunghaften Zunahme des Volums bemerkbar macht.

Die isotherme Schmelzausdehnung eines Fettes gestattet gewisse Rückschlüsse auf den Gehalt an gesättigten Glyzeriden und wird besonders bei der Fetthärtung und zur Untersuchung und Begutachtung gehärteter Fette und Fettmischungen, z. B. zur Prüfung der Konsistenz von Margarine und von Backfetten (Shortenings) herangezogen. Die Volumzunahme beim Schmelzen ist um so größer, je mehr feste Glyzeride enthalten sind.

Abb. 175 zeigt die Dilatationskurven für Kakaobutter und Schweineschmalz.

i) Dampfdruck. Die reinen synthetischen Triglyzeride höherer Fettsäuren haben einen außerordentlich niedrigen Dampfdruck und können bei gewöhnlicher Temperatur, wenn man von der Molekulardestillation absieht, nicht destilliert werden. Die Dampfdrucke der natürlichen Fette liegen praktisch in derselben Größenordnung, wenn auch die geringen Mengen von Fettbegleitstoffen kleinere Unterschiede bedingen.

Der äußerst geringe Dampfdruck der Fette (und Fettsäuren) erlaubt die Durchführung der Wasserdampfdestillation bei niederen Drucken und wird sogar technisch bei der Desodorisierung (vgl. Raffination) ausgenutzt, wobei kein bemerkenswerter Verlust an Triglyzeriden auftritt.

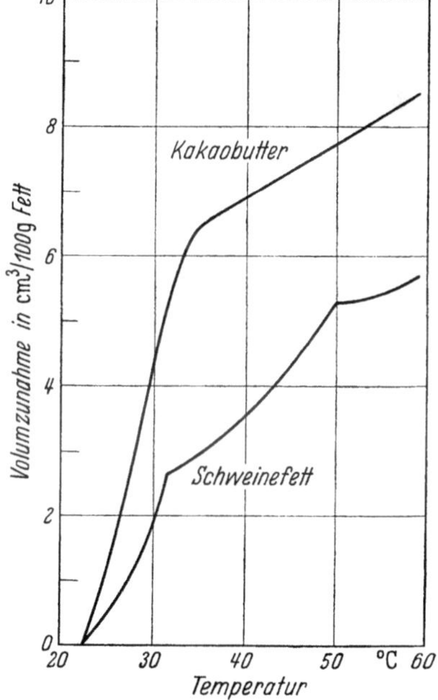

Abb. 175. Dilatationskurven für Kakaobutter und Schweinefett (aus ULLMANN: Enzyklopädie der Technischen Chemie. München-Berlin: Urban u. Schwarzenberg 1956, Bd. 7).

---

[1] DGF-Methoden: Stuttgart: Wissenschaftliche Verlagsgesellschaft 1950.

Im Vergleich zu den sehr niedrigen Dampfdrucken der Triglyzeride (Fette) sind die der freien Fettsäuren beträchtlich höher, so daß man die freien Säuren leicht bei niederen Drucken ohne Zersetzung destillieren kann, insbesondere wenn man dann noch die Wasserdampfdestillation zu Hilfe nimmt. Auf diese Weise werden Gemische freier Fettsäuren in halbtechnischem und großtechnischem Maßstab durch Destillation gereinigt.

k) Spezifische Wärme. Beim Studium des Schmelzverhaltens von Fetten und Ölen mittels kalorischer Messungen[1] führt die Ermittlung der spezifischen Wärme in ihrer Abhängigkeit von der Temperatur, abgesehen von der Klärung rein wissenschaftlicher Fragen, auch unmittelbar zur Lösung praktischer Probleme, wie z. B. der Ermittlung des Kältebedarfes[1] beim Abkühlen gewisser Fette (Butter, Margarine, reine feste Fette und Öle) von Raumtemperatur auf beliebige erwünschte Lagertemperaturen.

Auf verfahrenstechnischem Gebiet, z. B. zur Berechnung der Wärmebilanz des Desodorisierungsvorganges, ist die Kenntnis der spezifischen Wärme oft vorteilhaft. In Abb. 176 ist die Abhängigkeit der spezifischen Wärme einiger pflanzlicher Öle von der Temperatur dargestellt.

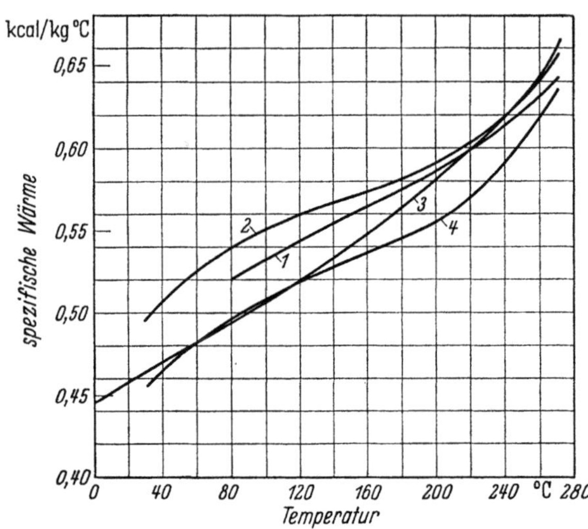

Abb. 176. Abhängigkeit der spezifischen Wärme pflanzlicher Öle von der Temperatur:
1 Baumwollsaatöl,   *2* Rizinusöl,   *3* Sojaöl,   *4* Leinöl
[aus Stage, H.: Fette u. Seifen Bd. 58 (1956)].

l) Wärmeleitzahl. Das Wärmeleitvermögen der fetten Öle (und Mineralöle) ist durchweg relativ klein. Bei verschiedenen Ölen liegen folgende Wärmeleitzahlen vor, ausgedrückt in kcal/m h °C.:

Leinöl[1]	30° C = 0,141
	50° C = 0,138
	70° C = 0,134
Walöl[2] (Finöl)	28° C = 0,121
	141° C = 0,113
Olivenöl[3]	20° C = 0,145
	100° C = 0,141
	200° C = 0,135
Rizinusöl[3]	20° C = 0,155
	100° C = 0,149
	140° C = 0,146

m) Elektrische Leitfähigkeit. Dielektrizitätskonstante. Die neutralen Fette sind schlechte Leiter der Elektrizität. Die Leitfähigkeit nimmt beim Verderben der Fette zu infolge Bildung freier Fettsäuren, die aber ebenfalls nur sehr geringe

---

[1] Mason, H. L.: Trans. ASME Bd. 76 (1954) S. 817.
[2] Woolf, J. R., u. W. L. Sibbit: Ind. Engng. Chem. Bd. 46 (1954) S. 1947.
[3] Kaye, G. W. C., u. W. F. Higgins: Proc. roy. Soc., Lond., Ser. A Bd. 117 (1928) S. 459.

Leitfähigkeit haben. Stärker erhöht wird die Leitfähigkeit durch die Autoxydation der Fette.

Die *Dielektrizitätskonstante* der frischen Öle liegt meistens zwischen 3 und 3,2, nur Rizinusöl fällt aus der Reihe mit einem weit höheren Wert von etwa 4,7.

n) Dichte. Die Triglyzeride besitzen eine höhere Dichte als die ihnen zugehörigen freien Fettsäuren. Die niedrigmolekularen Fettsäuren und Triglyzeride einer homologen Reihe haben eine höhere Dichte als die höher molekularen Glieder. Bei Fettsäuren und Triglyzeriden mit gleicher Anzahl von Kohlenstoffatomen sinkt die Dichte mit steigendem Sättigungsgrad. Oxydierte und polymerisierte Fette weisen höhere Dichten auf als ihre Ausgangsprodukte. Durch Hydrierung der Fette und Öle wird die Dichte erniedrigt.

Die Dichten der wichtigsten Nahrungsfette liegen zwischen 0,91 und 0,97, bezogen auf Wasser.

Die Bestimmung der Dichte dient meist zur Identifizierung und Reinheitsprüfung der Fette. Zur Ermittlung anderer Fettkennzahlen ist die Kenntnis der Dichte oftmals Voraussetzung.

o) Refraktion (Lichtbrechung). Im allgemeinen besitzen die nichttrocknenden Öle, wie Knochenöl, Olivenöl, Erdnußöl, die niedrigsten Brechungsindizes. Der Index steigt bei den halbtrocknenden Ölen, wie Baumwollsaatöl und Rüböl, erreicht seine größte Höhe bei den stark trocknenden Ölen, z. B. Mohnöl und Leinöl.

Die Brechungsindizes der wichtigsten Fette und Öle bei 20° C liegen zwischen 1,466 und 1,484.

Die Bestimmung des Lichtbrechungsvermögens hat vorzugsweise in der Butter- und Schweineschmalzuntersuchung praktisches Interesse, kann aber auch in vielen Fällen zur Charakterisierung, Identifizierung und Reinheitsprüfung anderer Fette, Fettsäuremischungen wie auch insbesondere von Lösungsmitteln herangezogen werden.

Hat ein bekanntes Fett oder Öl einen abnormen Brechungsindex, so kann es nicht rein sein. Man kann sich daher durch einen einzigen Blick in das Refraktometer davon überzeugen, ob eine Probe verfälscht ist. Hierin liegt die große Bedeutung der Refraktometrie für die Fettanalyse.

In neuerer Zeit gewinnt die sog. *Schmelzrefraktion* und die *Mehrphasenrefraktion* von Fetten und Fettgemischen praktische Bedeutung[1].

p) Farbe der Fette. Die Glyzeride selbst besitzen keine Eigenfärbung; die Farbe der rohen Fette und Öle wird durch Begleitstoffe verursacht, die zur Klasse der Lipochrome gehören und die durch die Raffination mehr oder weniger weitgehend aus dem Fett entfernt werden können. Die meisten Öle sind hell- bis dunkelgelb. Die grünlichgelbe Farbe des Olivenöles ist bedingt durch Chlorophyll, die rote Farbe des Palmöles durch Karotin. Die rotbraune bis schwarzbraune Farbe des rohen Baumwollsaatöles, das nach der Entsäuerung rötlichgelb bis hellgelb aussieht, beruht auf seinem Gehalt an Gossypol, einem Polyphenolkörper.

q) Löslichkeit. Fast alle Fette und Öle sind in den sog. *Fettlösungsmitteln* Petroläther, Hexan, Diäthyläther, Benzin, Chloroform, Alkohol (heiß!), Azeton, Tetrachlorkohlenstoff, Cyklohexan, Trichloräthylen und anderen Solventien dieser Art leicht löslich. Eine Ausnahme macht das Rizinusöl, das sich in Petroläther nur schwer, im Gegensatz zu den anderen Fetten aber schon in kaltem Alkohol leicht und vollständig löst. Eine teilweise Löslichkeit in Alkohol zeigen

---

[1] THIEME, J. G.: Fette u. Seifen Bd. 57 (1955) S. 882. — H. P. KAUFMANN u. J. G. THIEME: Fette u. Seifen Bd. 59 (1957) S. 831.

noch die Glyzeride niedrigmolekularer Säuren, z. B. Kokosfett, Palmkernfett, Butterfett.

Praktisch unlöslich sind die Glyzeride in *Wasser*, wogegen die üblichen, gereinigten Speiseöle bei —1° C etwa 0,07% und bei +32° C etwa 0,14% (Gewichtsprozente) Wasser lösen.

Bemerkenswerte Unterschiede in der Löslichkeit von Fetten, also von Mischungen aus gesättigten und mehr oder weniger ungesättigten Glyzeriden, zeigen sich in *Azeton* bei Temperaturen von —30° C bis —70° C. In der sog. *Tieftemperaturkristallisation* wird diese Möglichkeit der fraktionierten Trennung von natürlichen Fetten (und auch von daraus abgeschiedenen Fettsäuregemischen) in gesättigte und ungesättigte Anteile benützt (vgl. S. 401).

Löslichkeit von Gasen in Fetten[1]. Öle lösen bei 64° C 92% ihres Volums an CO_2, bei 140° C etwa 62%. Auffallenderweise erhöht sich die Löslichkeit anderer Gase, wie Stickstoff, Sauerstoff, Wasserstoff, Kohlenoxyd, mit steigender Temperatur des Öles. Luft löst sich in Ölen bei 30° C etwa zu 8 Vol.-%, bei 150° C zu etwa 13 Vol.-%. In vorgenannten Fällen besteht eine lineare Beziehung zwischen Löslichkeit und Temperatur.

C. Über die Technologie der Fette[2].

I. Gewinnung der Planzenfette.

Die Fettgehalte der genutzten Pflanzen schwanken in einem weiten Bereich. So enthält die Sojabohne mit etwa 17% Öl verhältnismäßig wenig Fett, das Fruchtfleisch der Kokosnuß hingegen hat einen Fettgehalt von meist über 60%. Zwischen diesen beiden Extremen liegen ungefähr die mittleren Gehalte der anderen genutzten Fettpflanzen der Weltwirtschaft. In den Pflanzen ist das Fett am stärksten angehäuft als Reservestoff im Samen, bei manchen Früchten (Oliven, Ölpalme) im Fruchtfleisch.

Tab. 4 gibt eine Übersicht über den Fettgehalt in Samen, Samenkernen, Fruchtschalen und im Fruchtfleisch bestimmter Pflanzen.

Tabelle 4. *Fettgehalt verschiedener Pflanzen*
(aus Handbuch der Lebensmittelchemie Bd. 1. Berlin: Springer 1933).

Baumwollsamen . .	20 bis 25%	Mohn	40 bis 55%
Bucheckern	23 bis 30%	Palmkern	45 bis 50%
Kokosnuß.	50 bis 75%	Paranuß	65 bis 70%
Erdnuß	40 bis 50%	Raps	35 bis 45%
Hanf	30 bis 35%	Rizinus	45 bis 55%
Haselnuß	50 bis 60%	Sesam	50 bis 60%
Kakao	45 bis 55%	Walnuß.	55 bis 65%
Lein	35 bis 40%	Olive	35 bis 60%
Mandel	45 bis 50%	Ölpalme	45 bis 65%

Die Gewinnung der Fette aus den wichtigsten Ölfrüchten, den Oliven und Ölpalmfrüchten, muß gleich nach der Ernte vorgenommen werden, da der hohe Wassergehalt der Früchte eine schnelle fermentative Zersetzung begünstigt. Dagegen können die Ölsaaten unter geeigneten Bedingungen (trockene Lagerung,

---

[1] Kirk-Othmer: Encyclopedia of Chem. Techn. New York: Interscience Encyclopedia, Inc. 1951 Bd. 6.

[2] Schönfeld, H.: Chemie und Technologie der Fette und Fettprodukte Bd. 1 u. 2. Wien: Springer 1936.— H. Lüde: Gewinnung von Fetten und fetten Ölen. Dresden-Leipzig: Steinkopff 1954. — Handbuch der Lebensmittelchemie Bd. 4. Berlin: Springer 1939.

niedrige Lagerungstemperaturen, ausreichende Lüftung) über das ganze Jahr gelagert werden[1].

Vor der Einlagerung der Ölsaaten erfolgt eine *Grobreinigung* der Saat, die sich auf die Entfernung unerwünschter Bestandteile, wie Staub, schlechte Körner, Steinchen, Eisenteile u. a., erstreckt. Erst vor der Verarbeitung wird die *Feinreinigung* vorgenommen. Hieran schließt sich gegebenenfalls das Schälen der Saat.

Für die Gewinnung der Fette und Öle aus pflanzlichen Rohstoffen, d. h. aus Ölsamen und Ölfrüchten, gibt es nur zwei fabrikmäßige Verfahren, 1. die Pressung und 2. die Extraktion mit Lösungsmitteln. Während früher die pflanzlichen Öle nach dem Preßverfahren hergestellt wurden (Schlagen der Öle), gewinnt heute die Extraktion des Rohgutes mit Fettlösungsmitteln ständig an Bedeutung; dadurch wurde die Verarbeitung ölärmerer Samen zunehmend rentabel.

1. Zur *Pressung* wird das so vorbehandelte Saatgut in Schlagmühlen, Kollergängen oder in Walzwerken zerkleinert und gemahlen, dann auf einen bestimmten Feuchtigkeitsgehalt eingestellt und meist schwach vorgewärmt, damit das Öl dünnflüssig wird und leichter ausfließt. Erwärmung und Feuchtigkeit bewirken zusammen ein Koagulieren des Eiweißes und der Schleimstoffe und bilden wichtige Faktoren bei der Technologie der Ölgewinnung.

Ölreiche Saaten werden nach der Vorzerkleinerung erst vorgepreßt, dann weitergemahlen und schließlich einer Nachpressung unterworfen.

Die diskontinuierlich, hydraulisch arbeitenden Pressen (Seiher- oder Trogpressen, Pack- und Etagenpressen) arbeiten sehr schonend, doch finden sie meist nur noch Verwendung zur Gewinnung wertvoller Fette, insbesondere zur Fabrikation von Kakaobutter. Die heute fast allgemein benützten Hochleistungs-Schneckenpressen arbeiten nach Art des Fleischwolfes kontinuierlich und müssen mit Kühlvorrichtung versehen sein. Mit Hilfe dieser Schneckenpressen läßt sich das Öl bis auf wenige Prozente aus dem Rohgut abpressen.

2. Zur Gewinnung der pflanzlichen Öle durch *Extraktionsverfahren* wird das Extraktionsgut (ähnlich wie bei der Pressung) vorbehandelt: gereinigt, zwischen Walzen zerkleinert und, falls es sich um ölreichere Saaten handelt, vor der eigentlichen Extraktion vorgepreßt. Besondere Beachtung in der Vorbereitung des Extraktionsgutes zur Pressung muß der Einstellung einer bestimmten Feuchtigkeit und Temperatur gezollt werden, damit die Ölausbeute möglichst wirtschaftlich und in bester Reinheit erfolgt. Als Extraktionsmittel verwendet man neuerdings meist Benzin oder Hexan; aus der Lösungsmittel-Öllösung, Miscella genannt, wird das Lösungsmittel abdestilliert und kann von neuem verwendet werden.

Auch bei der Gewinnung von Ölen durch Extraktion werden diskontinuierliche und kontinuierliche Verfahren nebeneinander angewendet. Bei der diskontinuierlichen Extraktion, auch „Topfextraktion" genannt, werden große eiserne Behälter in Zylinderform benutzt, die mit einem Heizmantel und mit Heizschlangen versehen sind. Solche Zylinder, die auch zu Batterien vereinigt sind, arbeiten nach dem Anreicherungsprinzip. Bei der ständig an Bedeutung gewinnenden kontinuierlichen Extraktion wird nach dem Gegenstromprinzip das Lösungsmittel und Extraktionsgut gegeneinandergeführt.

Neuerdings wurde von KAUFMANN auch eine fraktionierte Extraktion pflanzlicher und tierischer Fettrohstoffe auf dem Wege der „Tieftemperaturextraktion" vorgeschlagen. In den je nach Temperaturführung anfallenden Kälteölen oder Wärmeölen kann man nicht nur die Glyzeride, sondern auch die übrigen Lipoidbestandteile getrennt gewinnen[2].

---

[1] Bei der temperaturempfindlichen Baumwollsaat soll die Lagertemperatur 15,5° C nicht überschreiten und in den Sommermonaten auf 5° C bis 6° C heruntergekühlt werden.

[2] KAUFMANN, H. P.: Analyse der Fette und Fettprodukte. Berlin: Springer 1958.

II. Gewinnung tierischer Fette.

Als Rohstoffe für die Gewinnung von Tierfetten dienen die fettführenden Gewebe von Haustieren, insbesondere von Schweinen, Rindern, Schafen, in kleinerem Maßstab auch von Geflügel. Butter wird aus der Milch unserer Haustiere, insbesondere aus Kuhmilch, gewonnen. In den letzten Jahren nahm die Gewinnung von Speisefetten aus Seetieren, insbesondere aus Walen, großen Aufschwung.

Im Gegensatz zu den meisten pflanzlichen Fettrohstoffen (Ölsamen) sind die tierischen Fettrohstoffe bei normalen Raumtemperaturen sehr empfindlich und unterliegen daher raschem Verderben, wenn sie nicht sofort weiterverarbeitet werden. Über Kältekonservierung tierischer Fettrohstoffe vgl. S. 419 und 422 und Beitrag Fleisch in diesem Band.

Die Gewinnung von Tierfetten erfolgt durch *Ausschmelzen* mit Wasserdampf oder heißem Wasser. Extraktionsmethoden haben in der Technik der Tierfettgewinnung verschiedentlich Eingang gefunden, wenn sie auch auf besondere Fälle (Fischölgewinnung, Knochenfettgewinnung, Fettgewinnung aus Eingeweideteilen) beschränkt blieben. Die Abscheidung des Rahmes aus der Milch zur Buttergewinnung erfolgt durch Zentrifugieren.

Schweine- und Rinderfett (vgl. S. 407 und 408) werden ausschließlich durch Ausschmelzen gewonnen. Man unterscheidet bei den Ausschmelzverfahren die Trockenschmelze und die Naßschmelze.

Bei der *Trockenschmelze* wird das zerkleinerte Material in Pfannen, auch in offenen oder geschlossenen, mit Heizmantel und Rührwerk versehenen Schmelzkesseln erhitzt. Um ein reines, qualitativ hochwertiges Fett zu erhalten, hält man die Temperatur bei dem Ausschmelzvorgang so niedrig wie möglich. Häufig nimmt man das Ausschmelzen im Vakuum vor.

Im Gegensatz zur Trockenschmelze, bei der das Material nicht mit Wasser oder Dampf in Berührung kommt, arbeitet die *Naßschmelze* mit direktem Dampf oder Wasser. Die Naßschmelze auf Wasser hat den Vorteil, daß dabei das Fett nur wenige Grade über seinem Schmelzpunkt gehalten wird; dadurch wird zwar eine geringere Ausbeute, jedoch ein geschmacklich wenig verändertes Fett erzielt.

Zur Gewinnung von Walöl wurden früher die Wale an Land verarbeitet, doch werden heute die harpunierten Tiere noch auf See durch Verarbeitung auf dem Mutterschiff der Walfangflotte der Ölgewinnung zugeführt. Hierdurch erzielt man eine wesentliche Verbesserung der Qualität der Walöle. Die Walölgewinnung erfolgt diskontinuierlich oder kontinuierlich aus dem zerkleinerten Walspeck unter Einwirkung direkten Dampfes in offenen oder geschlossenen Kesseln (im letzten Falle unter Druck).

Zur Gewinnung von Fischölen (aus Heringen, Menhaden und Sardinen) werden die Fische zu einer breiigen Masse gekocht. Nach dem Abpressen in Schneckenpressen wird die Flüssigkeit durch Zentrifugen in den Öl- und Wasseranteil getrennt. Besonderes technisches Interesse unter den Fischölen hat in letzter Zeit als Austauschstoff für Leinöl in der Mal- und Anstrichtechnik der Sardinentran gefunden. Um seine natürlich vorhandene Trocknungsfähigkeit zu steigern, wird der rohe Tran nach einer Vorbehandlung durch Entstearinierung bei Temperaturen von $-10\,^{\circ}$ C bis $+4\,^{\circ}$ C von einem Großteil der gesättigten, d. h. nichttrocknender Glyzeride, befreit. In vielen Fällen wünscht man eine restlose Entstearinierung, die man durch Stufenkühlung erreicht, indem man allmählich von der höheren Temperatur auf die nächstniedrigere übergeht und nach jeder Kühlperiode die ausgefrorenen Glyzeride abfiltriert. Zum Schluß wird der Tran noch mit 0,1 bis 0,3% Wasser emulgiert und nochmals der letzten Kühltemperatur ausgesetzt.

Manche Fischarten mit geringerem Fettgehalt (z. B. Dorsch, Kabeljau und Schellfisch) speichern in ihrer Leber bedeutende Mengen an Vitamin A und D; aus diesem Grunde werden die Lebern zu Medizinallebertran verarbeitet, der früher dadurch gewonnen wurde, daß man die in Fässern eingelagerten Lebern sich zersetzen und das Öl freiwillig austreten ließ. Heute werden zur Schonung der Vitamine die frischen Lebern mit Wasser oder Wasserdampf, teilweise sogar unter Kohlendioxydatmosphäre, entfettet. Der rohe Dampf-Medizinallebertran wird vor dem Verkauf einer Entstearinierung unterworfen, wodurch er bei niederen Temperaturen blank bleibt. Zu diesem Zweck wird der Tran bei 0° C gekühlt, gerührt und bei dieser Temperatur durch eine Filterpresse geschickt, um die meist gesättigten Glyzeride abzutrennen.

Ein ganz neues Prinzip zur Gewinnung von Fetten und Ölen ist in dem CHAYEN-Verfahren[1] verwirklicht worden, bei dem durch Anwendung von Ultraschallwellen (Impulsschmelzverfahren) die Entfettung des Materials erfolgt.

III. Raffination von Fetten und Ölen[2].

Mit wenigen Ausnahmen[3] sind die auf dem Weg der Pressung und Extraktion gewonnenen Öle (Rohöle) nicht ohne weiteres zum Genuß geeignet. Sie enthalten oft noch Begleitstoffe, die die Haltbarkeit herabzusetzen vermögen, z. B. mitgerissene Saatteilchen, Schleim- und Trubstoffe, Wasserspuren, Metallspuren; anwesende Farbstoffe, Geruchs- und Geschmacksstoffe, gewisse Metallspuren sind auch aus organoleptischen und physiologischen Gründen unerwünscht. Auch gewisse technisch verwendete Öle, die der Fetthärtung (Hydrierung, Umesterung) und dem Einsatz auf dem Lack- und Anstrichsektor zugeführt werden sollen, müssen raffiniert werden. Die Raffination (Reinigung) bedeutet somit eine Veredelung der rohen Öle.

Leider aber werden durch die Raffination nicht nur unerwünschte und schädliche Stoffe entfernt, sondern es werden auch ernährungsphysiologisch wertvolle Fettbegleitstoffe (Phosphatide, bestimmte Vitamine, Sterine usw.) betroffen[4].

Unter Berücksichtigung ernährungsphysiologischer Gesichtspunkte muß man an die Raffination von Speisefetten folgende Forderungen stellen:

Die Raffination muß alle gesundheitsschädlichen Inhaltsstoffe entfernen und ein Eindringen solcher Stoffe während der Bearbeitung vermeiden.

Die Raffination soll diejenigen Stoffe beseitigen, die Genußwert, Haltbarkeit und äußeres Aussehen nachteilig beeinflussen. Die Raffination soll erwünschte Fettbestandteile und Begleitstoffe möglichst vollständig und unversehrt erhalten[5].

Durch geeignete Ausgestaltung der technischen Raffinationsverfahren ist es in jüngster Zeit möglich geworden[5], pflanzliche Öle mit im wesentlichen unvermindertem Gehalt an ernährungsphysiologisch wichtigen und wertvollen

---

[1] LÜDE, R.: Gewinnung von Fetten und fetten Ölen. Dresden-Leipzig: Steinkopff 1954.

[2] LÜDE, R.: Die Raffination von Fetten und Ölen. Dresden-Leipzig: Steinkopff 1957. — Handbuch der Lebensmittelchemie Bd. 4. Berlin: Springer 1939. — J. BALTES in „Die ernährungsphysiologischen Eigenschaften der Fette". Darmstadt: Steinkopff 1958.

[3] Bei manchen Fetten, wie z. B. Kakaobutter und gewissen kaltgepreßten Pflanzenölen (Oliven), bei Milchfetten (Butter), Landtierkörperfetten (Schmalz), kann eine besondere Raffination bisweilen unterbleiben, wenn die Rohstoffe rein, das Fett geschmacklich und hygienisch einwandfrei ist.

[4] KAUFMANN, H. P.: Fette u. Seifen Bd. 48 (1941) S. 53.

[5] KAUFMANN, H. P., u. Mitarb.: Fette u. Seifen Bd. 52 (1950) S. 35.

Begleitstoffen, sog. „Vollöle" (H. P. Kaufmann) in großtechnischem Maßstab zu gewinnen.

Die übliche Raffination erstreckt sich auf die Entfernung mechanischer Verunreinigungen, auf die Entfernung der Schleimstoffe (Entschleimung), der freien Fettsäuren (Entsäuerung) sowie auf die Bleichung und die Desodorisierung.

Durch Absitzenlassen, Filtration oder Zentrifugieren werden vor allem die mechanischen Verunreinigungen, die aus der Saat selber stammen, entfernt, da sie Lipasen enthalten können, die in Gegenwart von Feuchtigkeit die Fettglyzeride spalten und den Gehalt an freien Fettsäuren zu steigern vermögen (vgl. S. 412).

Die meist aus Eiweißstoffen und Kohlenhydraten bestehenden Schleimstoffe verleihen dem Öl einen bitteren Geschmack und fördern als gute Bakteriennährböden den mikrobiologischen Verderb der Fette; eine Entfernung dieser Stoffe ist deshalb unumgänglich. Die Praxis verwendet zur *Entschleimung* der rohen Öle verschiedene Verfahren; Säure- oder Laugenentschleimung, Hydratation, Entschleimung mit festen Adsorbentien, physikalische Entschleimungsverfahren.

Zur *Entsäuerung* stehen heute in der Praxis die verschiedensten Wege offen:

1. auf diskontinuierlichem oder kontinuierlichem Weg durch Neutralisation mit Natronlauge, mit Soda, mit Kalk oder organischen Basen;

2. durch Abdestillieren der freien Fettsäuren mit oder ohne Wasserdampf als Träger, gegebenenfalls mit anschließender Laugenentsäuerung;

3. durch Veresterung der freien Fettsäuren mit Glyzerin;

4. durch Entfernung der Fettsäuren mit speziellen Lösungsmitteln, die wenig oder gar kein Neutralöl aufnehmen (Liquid-liquid-Extraktionsverfahren, Solexolverfahren)[1].

Die *Entfärbung* (*Bleichung*) der Öle erfolgt durch Einrühren von wenigen Prozenten Bleicherde bei 70° C bis 90° C und einer Rührdauer von 20 bis 40 Minuten. Dann wird das Adsorptionsmittel (Bleicherde) durch Filterpressen aus dem Öl entfernt.

Die *Desodorisierung* bezweckt die Entfernung unerwünschter Geruchs- und Geschmacksstoffe. Sie besteht in einer Hochvakuumdestillation (etwa 5 mm Hg-Druck) mit Wasserdampf (oder inerten Gasen) als Träger. Bei der chargenweisen Desodorisierung wird überhitzter Dampf in das erhitzte Öl geblasen. In jüngster Zeit wurden zahlreiche kontinuierliche Desodorisierungsverfahren entwickelt.

IV. Fetthärtung.

Zur Fettveredelung gehören auch die Vorgänge der Fetthärtung. Die *Härtung* von Fetten besteht in einer Erhöhung des Schmelzpunktes des Glyceridgemisches. Alle Verfahren, die geeignet sind, den Schmelzpunkt von Fetten zu erhöhen, gehören damit zu der Fetthärtung. Sie kann erzielt werden:

1. durch katalytische Hydrierung;
2. durch Isomerisierung;
3. durch Umesterung.

1. Bei der Fetthärtung durch *Hydrierung* handelt es sich um eine partielle oder völlige Absättigung der Doppelbindungen der im Öl enthaltenen ungesättigten Fettsäuren mit Wasserstoff. Je nach dem Grade der Hydrierung, ob partiell oder völlig durchhydriert, entstehen Produkte, die ihren ungesättigten Charakter teilweise oder völlig verloren haben; damit geht Hand in Hand eine Erhöhung des Schmelzpunktes. Die Technologie der Fetthärtung durch Hydrie-

---

[1] Bailey: Industrial Oil and Fat Products. New York: Interscience 1951.

rung verläuft derart, daß das durch Raffination weitgehend von den Begleitstoffen befreite Öl in Rührautoklaven bei etwa 180° C bis 200° C in Gegenwart von Nickel als Katalysator mit Wasserstoff unter geringem Überdruck behandelt wird. Nach beendigter Reaktion wird das Nickel durch Filtration entfernt und das Reaktionsprodukt (Rohhartfett) einer Nachraffination (Entsäuerung, Bleichung und Desodorisierung) unterworfen. Bei Speisefetten beschränkt sich die Härtung immer auf die teilweise Absättigung von Doppelbindungen, da eine vollständige Hydrierung, von wenigen Ausnahmen abgesehen, zu hochschmelzenden gesättigten Triglyzeriden führt, die nur sehr schwer resorbiert werden. Im allgemeinen erzeugt man Weichfette mit einem Schmelzpunkt von 30° C bis 42° C, die auch noch beträchtliche Mengen von ungesättigten Säuren vom Typ der Ölsäure und der Linolsäure enthalten.

2. Bei den *Isomerisierungsvorgängen* während der Hydrierung handelt es sich um Erscheinungen, die einmal die Wanderung von Doppelbindungen, ein andermal die Bildung von cis-trans-Isomeren (Elaidinierung) betreffen. Beide Vorgänge sind mit einem Ansteigen des Schmelzpunktes, also mit einer „Härtung", verknüpft

3. Bei der *Umesterung* von Fetten handelt es sich um verschiedenartige, komplexe Reaktionen. Sie dient zur Verbesserung der Eigenschaften bestimmter natürlicher Fette, z. B. zur Erhöhung des Schmelzpunktes. Die durch die Umesterung herstellbaren Fette mit hoher Plastizität eignen sich für Shortenings (Backfette), Margarine, Kosmetika u. a.

V. Spezielle Bearbeitungsverfahren.

Die nach der Raffination anfallenden Speisefette pflanzlichen Ursprungs bedürfen für den speziellen Einsatz auf dem Ernährungssektor und besonders für technische Zwecke oftmals der Weiterbearbeitung, die auf eine Trennung der natürlichen Glyzeridgemische hinausläuft. In diesem Zusammenhang soll insbesondere der Einsatz von Kälte bei folgenden Verfahren aufgezeigt werden:

1. Winterfestmachen (Kältebeständigmachen) von Speiseölen.

Manche zu Speisezwecken verwendete Ölsorten, z. B. Erdnuß-, Rüb- und Baumwollsaatöl, trüben sich beim Stehen in der Kälte oder gehen teilweise durch Ausscheidung gesättigter Glyzeridanteile sogar in einen gelartigen Zustand über. Dieser Vorgang, der das Aussehen der Öle beeinträchtigt, läßt sich durch Abkühlen der meist raffinierten Speiseöle und Abfiltrieren der ausfallenden gesättigteren Glyzeride vermeiden. Der Vorgang entspricht also einer fraktionierten Kristallisation unter Einsatz von Kälte.

Die technische Durchführung ist meist zeitraubend, da die Öle beim Abkühlen zähflüssiger werden, wodurch die Kristallbildung erschwert wird. Um gut ausgebildete und filtrierbare Fettkristalle zu erhalten, muß man die Temperatur langsam herabsetzen. Man kühlt entweder das Öl mit Kühlsolen oder besser den Raum, in dem das Öl lagert, wobei man den Inhalt der Behälter von Zeit zu Zeit vorsichtig durchmischt. Kühlzeiten von 12 bis 48 Stunden bei 0° C bis 6° C sind hierbei üblich. Die abgeschiedenen Fettkristalle werden vorsichtig mit Gefälle oder kalter Preßluft über Filterpressen abfiltriert; letztere werden zweckmäßig ebenfalls in einem gekühlten Raum aufgestellt. Das so behandelte Öl ist kältebeständig und entspricht hierin den Anforderungen, die man heute an Speiseöle allgemein stellt.

Der Vorgang der fraktionierten Kristallisation unter Kälteanwendung zur Zerlegung von Fetten in Bestandteile verschiedenen Schmelzverhaltens hat in technischem Umfang noch weitere Verwendungszwecke: gewisse Fraktionen natürlicher Glyceride, z. B. die von flüssigen Glyzeriden befreiten Kokos- und Palmkernfette, dienen als Kakaobutterersatz, bestimmte Fraktionen des Palmöles werden auch zur Margarineherstellung herangezogen. Auch bei der Herstellung von Medizinallebertran (vgl. S. 397) werden gesättigte Anteile ausgefroren.

Die Gewinnung von Olein (technische Ölsäure) und Stearin (technische Stearinsäure) aus destillierten Talg- und Knochenfettsäuren, bisweilen auch aus Palmfettsäuren, ist ein weiteres Beispiel dafür, wie man durch Anwendung von Kälte eine bestimmte erwünschte Fettsäurefraktion gewinnen kann. Man geht so vor, daß man das in der Hauptsache aus Stearin-, Palmitin- und Ölsäure bestehende geschmolzene Fettsäuregemisch langsam in Formen abkühlen läßt, damit ein gut abpreßbares Kristallgefüge entsteht. Die in den Formen erstarrten Fettsäuren werden in Tücher eingeschlagen und bei anfangs mäßigem Druck in hydraulischen Pressen kalt abgepreßt. Bei gut kristallisierten Fettsäuren fließt das Olein, also die technische Ölsäure, blank durch die Filtertücher. Das abgepreßte Olein wird später durch stärkeres Abkühlen und nochmaliges Filtrieren von weiteren Stearinanteilen befreit. Die Erfolge dieser Trennverfahren in der Praxis sind begrenzt, weil die festen, zuerst auskristallisierenden Anteile noch ungesättigte Fettsäuren mit einschließen. Aus diesem Grunde strebt man die fraktionierte Kristallisation aus Lösungsmitteln an.

2. Fraktionierte Kristallisation aus Lösungsmitteln.

Als Beispiel für die fraktionierte Kristallisation von Fettsäuren aus Lösungsmitteln sei das *Emersol*verfahren genannt. Es wird — abgesehen von seiner Bedeutung für die Gewinnung anstrichtechnisch wertvoller Fettsäurefraktionen — heute hauptsächlich für die Olein- und Stearingewinnung aus Talg und tierischen Abfallfetten herangezogen. Es können jedoch nach diesem Verfahren auch aus natürlichen Glyzeriden (z. B. Ölen) gesättigte und ungesättigte Glyzeridanteile voneinander geschieden werden, so daß auf diesem Weg auch eine „Winterisierung" (Kältebeständigmachen) von Ölen möglich ist. Als Lösungsmittel benutzt man Methylalkohol, Azeton u. a.

Die Trennung von technischen Ölsäure-Stearinsäuregemischen erfolgt in 90%igem Methylalkohol, da sich aus diesem Lösungsmittel die gesättigten Anteile am besten abtrennen lassen. Die Kristallisationstemperatur liegt bei etwa —12° C. Das Verfahren arbeitet, kurz angedeutet, so, daß das zu trennende gesättigteungesättigte Fettsäuregemisch über eine Dosierungsvorrichtung mit Methylalkohol zusammengepumpt wird (Abb. 177). Die bis zu 30% Fettsäure enthaltende Lösung fließt durch ein mit Kühlmantel versehenes Röhrensystem. Durch den Mantel der Kristallisationsrohre wird auf —12° C gekühlter Methylalkohol im Gegenstrom geschickt; in den Rohren rotieren Schaber, wodurch die Kristallisation vorteilhaft unterstützt wird. Der entstehende Kristallbrei wird in einem rotierenden Vakuumfilter, das selber wieder in einem gekühlten Raum steht, abfiltriert. In zwei gesonderten Anlagen werden der Kristallbrei und die die ungesättigten Fettsäuren (Ölsäure) enthaltende Methanollösung vom Lösungsmittel befreit und letzteres nach Aufarbeitung dem Prozeß wieder zugeführt.

Bei den bisher bekannten Verfahren der fraktionierten Kristallisation wird im allgemeinen bei Zimmertemperatur oder wenig erniedrigter Temperatur in verhältnismäßig konzentrierten Lösungen gearbeitet. Dies hat bei Gemischen, die mehrere Vertreter aus verschiedenen homologen Reihen enthalten, eine verhältnismäßig geringe Trennschärfe zur Folge (vgl. oben). Erst eine verfeinerte Methode, und zwar die fraktionierte Kristallisation aus verdünnten Lösungen unter Anwendung von sehr tiefen Temperaturen (*Tieftemperaturkristallisation*), erbrachte hier bemerkenswerte Fortschritte und ermöglichte auch die Trennung sehr niedrig schmelzender, ungesättigter Fettsäuren. Die Tieftemperaturkristallisation hat sich neben der fraktionierten Destillation als eine der wichtigsten Methoden zur quantitativen, präparativen Trennung von Fettsäuren und auch Estergemischen erwiesen.

So konnte beispielsweise durch Anwendung der Tieftemperaturkristallisation aus azetonischer Lösung Ölsäure von außerordentlicher Reinheit gewonnen werden. Auf gleiche Weise gelang die Darstellung von mit Linolsäure verunreinigter Linolensäure bei Kristallisationstemperaturen von —65° C. Durch Anwendung

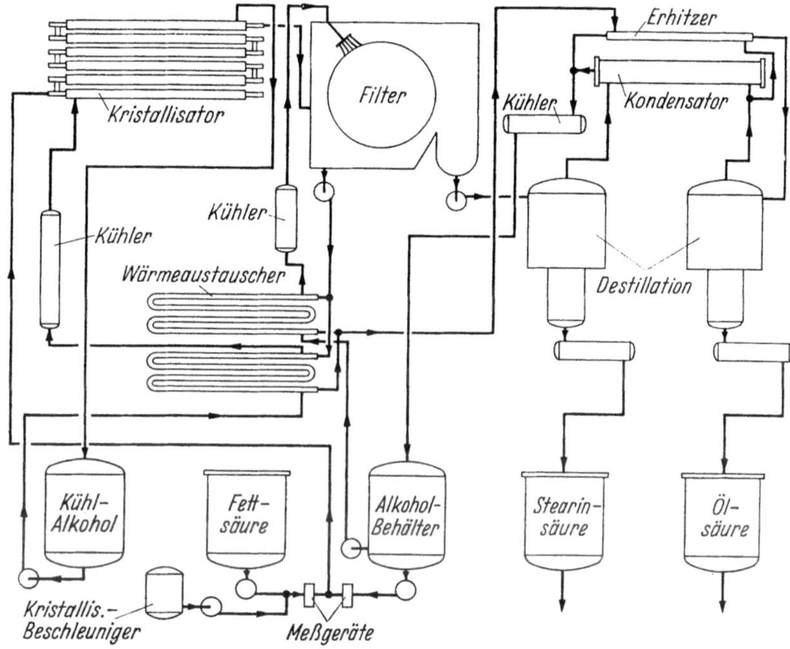

Abb. 177. Emersolanlage (nach DEMMERLE) [aus Ind. Engng. Chem. Bd. 39 (1947)].

der Tieftemperaturkristallisation gelang es auch, Rizinolsäure bzw. ihre Methylester wie auch reine Arachidonsäuremethylester darzustellen.

Vielfach ist es angebracht, die Tieftemperaturkristallisation mit anderen Methoden fraktionierter Zerlegung, in erster Linie der Destillation, zu verbinden. Auf diesem Weg gelang es, die Methylester der Gesamtfettsäuren des menschlichen Fettes unter Anwendung von Methanol, Petroläther oder Azeton bei Temperaturen zwischen —20° C und —70° C herzustellen. Wenngleich die Methode der Tieftemperaturkristallisation schon bei der Zerlegung von Fettsäuren hervorragende Dienste leistet, liegt doch das Schwergewicht der Anwendung in der Zerlegung von Glyzeridgemischen, mithin in der Isolierung der eigentlichen Fettbausteine auf direktem Weg. So zerlegten erstmals KAUFMANN[1] und Mitarbeiter die Kakaobutter durch Fraktionierung ihrer Azetonlösung und erkannten die zur Verfälschung benutzten Fremdfette bis zu wenigen Prozenten;

---

[1] KAUFMANN, H. P.: Z. angew. Chem. Bd. 42 (1929) S. 402, 1154 — Chem. Umschau Gebiete Fette, Öle, Wachse, Harze Bd. 37 (1930) S. 17, 305. — H. P. KAUFMANN u. M. C. KELLER: ebenda Bd. 37 (1930) S. 49, 142. — H. P. KAUFMANN: ebenda Bd. 38 (1931) S. 241.

unter Modifizierung dieses Verfahrens wurde in jüngster Zeit auch die Tieftemperaturkristallisation von A. Purr[1] zur Erkennung von Verfälschungen in
Kakaobutter benutzt.

Zur Durchführung der Tieftemperaturkristallisation eignen sich Vakuum-
mantelgefäße mit Innenversilberung (Dewar-Gefäße) als Kühlbäder und wenn
größeres Fassungsvermögen benötigt wird, Metallgefäße mit gut schließendem
Deckel und geeigneten Isolierungsvorrichtungen. Zur Füllung der Kühlbäder
verwendet man Alkohol, der durch Zugabe von festem Kohlendioxyd auf die
gewünschte Temperatur gebracht wird. Das Arbeiten unter den hier notwendigen
Bedingungen wird wesentlich erleichtert, wenn ein Tiefkühlraum zur Verfügung
steht. Sofern dieser auf Temperaturen von -65° C bis -70° C einstellbar ist,
erübrigt sich gegebenenfalls die Verwendung von Kühlbädern.

Zwecks Gewinnung leicht filtrierbarer Kristallisate muß auf richtige Temperaturführung besonderer Wert gelegt werden. Die Kristallisationsdauer muß
stets auf längere Zeit, meistens einige Stunden, ausgedehnt werden. Bei der
Zerlegung hochungesättigter Gemische von Fettsäuren oder Glyzeriden arbeitet
man zunächst in inerter Gasatmosphäre; man kann von dieser Maßnahme bei
Temperaturen unter -20° C meistens absehen, da hier die Möglichkeiten der
Oxydation weitgehend ausgeschlossen sind.

D. Analyse der Fette[2].

Die analytische Untersuchung der Fette erstreckt sich neben dem Nachweis,
den Identitätsreaktionen und quantitativen Bestimmungen insbesondere auf
die Ermittlung der physikalischen Konstanten und der chemischen Kennzahlen.

Zum Zwecke einer einheitlichen Durchführung und Auswertung der Fettanalyse sollten stets die in den „Deutschen Einheitsmethoden zur Untersuchung
von Fetten, Fettprodukten und verwandten Stoffen" (DGF-Methoden) der
deutschen Gesellschaft für Fettwissenschaft e. V. bearbeiteten, genau beschriebenen Methoden und Arbeitsvorschriften angewendet werden, die auch in dem
Werk von H. P. Kaufmann „Analyse der Fette und Fettprodukte einschließlich verwandter Stoffe" eingehend behandelt werden.

Für den Kältefachmann soll hier lediglich auf die Qualitätsprüfung der Speisefette eingegangen werden.

I. Prüfung auf Qualität.

Bei der Vornahme von Qualitätsprüfungen ist in erster Linie darauf zu achten,
daß die Probenahme richtig durchgeführt wird und daß Verpackung und Transport der Untersuchungsproben nach den hierfür vorgeschriebenen Richtlinien[2]
erfolgen. Insbesondere ist auf licht- und luftdichte Verpackung der Proben sowie
auf raschen Transport zu achten. Metallgefäße sollen vermieden werden; Glas-
und Porzellanbehälter müssen sorgfältig gereinigt sein. Man soll sie möglichst
vollständig füllen und kühl aufbewahren.

Das erhaltene Durchschnittsmuster prüft man vor allem auf organoleptischem
Weg: ob es wohlschmeckend oder ranzig, kratzend, bitter oder sonst irgendwie un-

---

[1] Purr, A.: Fette · Seifen · Anstrichmittel Bd. 56 (1954) S. 823; Bd. 57 (1955) S. 120,
173; Bd. 58 (1956) S. 888.
[2] DGF-Methoden: Stuttgart: Wissenschaftliche Verlagsgesellschaft 1950. — H. P. Kaufmann: Analyse der Fette und Fettprodukte, einschließlich der Wachse, Harze und verwandter Stoffe. Berlin: Springer 1958. — J. Marcusson: Die Untersuchung der Fette und
Öle. Halle: Knapp 1952. — Beythien-Diemair: Laboratoriumsbuch für den Lebensmittelchemiker. Dresden: Steinkopff 1957.

angenehm bzw. fremdartig schmeckt. In zweifelhaften Fällen wird ein Koch-, Brat- oder Backversuch angestellt. Weiterhin ist auf ranzigen, sauren, schimmeligen, dumpfen, fauligen, talgigen oder öligen Geruch zu achten. Die Färbung darf nicht fremdartig oder ungleichmäßig sein. Bei der Konsistenzprüfung stellt man fest, ob das Fett weich, streichbar oder körnig, hart, der Butter oder dem Schweineschmalz ähnlich ist. Irgendwelche bedenkliche Proben werden mikroskopisch auf Schimmelpilze, Bakterien oder Hefen untersucht.

In den Rahmen der Qualitätsprüfungen fällt auch die Untersuchung auf gewisse Zusatzstoffe, z. B. Konservierungsmittel, Antioxydantien. Die Untersuchung auf diese Stoffe und der Nachweis muß aus der Spezialliteratur[1] entnommen werden.

II. Prüfung auf Verdorbenheit[1].

Aus der ausführlichen Beschreibung der Verderbensvorgänge in Fetten, S. 411, geht hervor, daß die Verdorbenheit der Fette analytisch einerseits durch die auf hydrolytischem Wege entstehenden freien Fettsäuren und andererseits an verschiedenen Oxydationsprodukten erkannt werden kann.

Die bei der chemischen und vor allem biochemisch und mikrobiell bedingten *hydrolytischen* Spaltung der Fette frei werdenden Fettsäuren werden durch die *Säurezahl* erfaßt. Niedermolekulare Fettsäuren (Buttersäure bis Kaprinsäure) sind auch schon in kleinsten Mengen organoleptisch wahrnehmbar; die höher molekularen Fettsäuren treten geschmacklich nicht hervor.

Bei dem *oxydativen* Verderben der Fette, das vor allem in einem Autoxydationsvorgang an der Luft einsetzt (s. S. 414), aber auch fermentativ durch besondere Lipoxydasen (s. S. 413) verursacht werden kann, bilden sich zunächst die am Anfang organoleptisch noch nicht erfaßbaren Peroxyde. Die Bestimmung des Peroxydgehaltes, ausgedrückt als Peroxydzahl, ist von besonderer Wichtigkeit und von praktischem Interesse für die Erkennung des Beginns und des Fortgangs des autoxydativen Fettverderbens und damit für die Beurteilung der Verarbeitungsmöglichkeit und für die Aussage über eine etwaige Lagerfähigkeit bzw. Beständigkeit von Fetten und Fettprodukten (vgl. S. 422).

Die *Peroxydzahl*[2] ist ein Maß für den Gehalt an peroxydisch gebundenem Sauerstoff bzw. an Peroxydverbindungen und läßt den Umfang einer stattgefundenen Autoxydation eines Fettes im Anfangsstadium erkennen. Die Peroxydzahl wird meist auf jodometrischem Wege bestimmt. Für die Praxis wurden noch weitere Verfahren zur Beurteilung der beginnenden Autoxydation entwickelt[3].

Die zahlenmäßige Angabe der Peroxydzahl ist verschieden. Am einfachsten erfolgt sie, wie ursprünglich, als *Lea-Zahl* = Verbrauch ml 0,002n Natriumthiosulfatlösung für 1 g Fett (Angaben solcher Zahlen s. S. 422). Die als Milliäquivalente Sauerstoff pro kg Fett definierte *Peroxydzahl*[2] ist 16mal so groß wie die Lea-Zahl.

Die im weiteren Fortgang der Autoxydation eines Fettes entstehenden freien und gebundenen Aldehyde sind zwar bei der Sinnenprüfung zu erkennen, doch bedarf der Sinnenbefund noch der Bestätigung durch empfindliche chemische

---

[1] BEYTHIEN-DIEMAIR: Laboratoriumsbuch für den Lebensmittelchemiker. Dresden: Steinkopff 1957. — H. P. KAUFMANN: Analyse der Fette und Fettprodukte einschließlich der Wachse, Harze und verwandter Stoffe. Berlin: Springer 1958.

[2] DGF-Methoden, vgl. Fußnote 2 auf S. 402.

[3] KAUFMANN, H. P.: Analyse der Fette und Fettprodukte Bd. 2. Berlin: Springer 1958. — A. PURR: Fette u. Seifen Bd. 55 (1953) S. 239. — K. TÄUFEL: Fette u. Seifen Bd. 57 (1955) S. 393.

Prüfungen, von denen die beiden folgenden Farbreaktionen großen praktischen Wert besitzen:

Prüfung auf freie Aldehyde nach v. Fellenberg mit Schiffs Reagenz[1].

Prüfung auf (gebundenen) Epihydrinaldehyd (Kreis'sche Reaktion, modifiziert nach Täufel und Sadler) mit Phlorogluzin-Salzsäure[1].

Das auf mikrobiellem Weg durch gewisse Schimmelpilze stattfindende oxydative Fettverderben (Ketonranzigkeit, Parfümranzigkeit, vgl. S. 413) manifestiert sich in dem Auftreten charakteristisch riechender Methylketone, die auch auf chemischem Weg in der empfindlichen *Farbreaktion auf Ketone* mit Salizylaldehyd-Salzsäure (nach Täufel-Thaler, in der Ausführungsform nach Schmalfuss) erfaßt und nachgewiesen werden können[1].

E. Die wichtigsten Speisefette. Fettzubereitungen. Technisch verwendete Fette.

I. Pflanzenfette.

1. Kokosfett (Kokosöl).

Das in den Steinfrüchten der tropischen Kokospalme, den sog. Kokosnüssen, enthaltene Fett wird in der Weise gewonnen, daß man zunächst die Haut und die zähe, 4 bis 6 cm dicke Faserhülle, danach die harte Steinschale entfernt und das nach Ablaufen der sog. Kokosmilch verbleibende Endosperm an Ort und Stelle einfach mit Wasser kocht und das nach oben steigende Fett abschöpft; nach neueren Verfahren wird das in getrocknetem Zustande nach den Kulturländern ausgeführte Fruchtfleisch (Kopra) mit hydraulischem Druck ausgepreßt. Das in Mengen von 60 bis 70% aus der meist ranzigen Kopra abgeschiedene Rohfett wird einer sorgfältigen chemischen Raffination unterzogen und bildet dann eine rein weiße Masse von angenehmem Geruch und Geschmack. Durch Einsatz von Platten- und Etagenkühlbändern läßt sie sich in ziemlich harte Platten (Plattenfette) gießen; wegen des niedrigen Schmelzpunktes von 23° C bis 28° C werden diese aber leicht flüssig und zerfließen bisweilen schon im Schaufenster bei Sonnenbestrahlung. Über die chemische Zusammensetzung vgl. Tab. 1, S. 387.

Der hohe Gehalt an gesättigten Fettsäuren macht das Kokosfett verhältnismäßig beständig gegen Oxydationseinflüsse (Autoxydation), doch kann wegen seines Gehaltes an niedermolekularen Fettsäuren u. U. leicht ein seifiger Geschmack eintreten (vgl. S. 414).

Das reine Kokosfett wird daher kühl und dunkel aufbewahrt, bildet ein beliebtes Speisefett, das unter zahlreichen Phantasienamen (Cunerol, Palmin, Palmona, Vegetalin u. a.) in den Verkehr gebracht wird. Es findet als Koch-, Brat- und Backfett sowie zur Herstellung von Margarine und Kunstspeisefett ausgedehnte Verwendung.

2. Ölpalmfette (Palmöl und Palmkernfett).

Die pflaumengroßen, in dichten Büscheln wachsenden Früchte der im tropischen Westafrika heimischen und jetzt auch in Südostasien kultivierten Ölpalme liefern zweierlei Fette: das Palmöl (Palmfett) und das Palmkernöl (Palmkernfett).

Das Palmöl, oft auch rotes Palmöl genannt, ist ein Fruchtfleischfett. Man gewinnt es aus dem von dem Samenkern befreiten gelbroten Fruchtfleisch durch

---

[1] DGF-Methoden, vgl. Fußnote 2 auf S. 402.

Auskochen und Abschöpfen oder durch direktes Auspressen in der Wärme, jetzt auch kontinuierlich durch Anwendung von Zentrifugalseparatoren (Zentrifugen). Das rote Öl ist durch seinen hohen Gehalt an Karotin (0,05 bis 0,2%) gekennzeichnet und wird auch technisch zur Herstellung von Karotinextrakten verwendet[1].

Die oft in primitiver Weise gewonnenen Öle enthalten infolge enzymatischer Spaltung (vgl. S. 413) viel freie Fettsäuren (30 bis 60% und mehr) und werden nur technisch, insbesondere zur Verzinnung von Blechen, eingesetzt; dagegen besitzen die rationell gewonnenen Plantagenöle nur geringe Mengen Fettsäuren (2 bis 4%), sind praktisch wasserfrei, sehr gut lagerfähig und werden nach vorheriger Raffination vorzugsweise zur Margarineherstellung herangezogen. Reines Palmöl ist von butterartiger Konsistenz (Palmbutter), geruchlos und von angenehmem Geschmack. Zusammensetzung der Palmfette vgl. Tab. 1.

Palmkernöl (Palmkernfett), ein Samenfett, wird aus den von der harten Steinschale befreiten haselnußgroßen Samenkernen durch Abpressen in der Wärme oder durch Extraktion gewonnen. Durch Reinigung des Rohfettes erhält man ein weißes, dem Kokosfett sehr ähnliches Produkt von nußartigem Geschmack. Vom Kokosfett unterscheidet es sich durch seinen geringeren Gehalt an niederen Fettsäuren (insbesondere an Kapryl- und Kaprinsäure) und durch seinen höheren Gehalt an Ölsäure (Zusammensetzung Tab. 1). Es kann durch mechanische Bearbeitung streichfähig gemacht werden und dient als Speisefett, insbesondere zur Margarineherstellung sowie zur Seifenfabrikation.

3. Olivenöl.

Olivenöl ist ein Fruchtfleischfett, es wird aus dem Fruchtfleisch der reifen, meist 15 bis 25% Öl enthaltenden Frucht des Ölbaumes gewonnen. Es ist ein besonders wertvolles, geschätztes Speiseöl und stellt in den Mittelmeerländern das vorherrschende Speisefett dar.

Das frei ausfließende und durch erste kalte Pressung in etwa 12% Ausbeute erhaltene Öl, das sog. Jungfernöl (huile vierge), ist das qualitativ beste Öl und dient ausschließlich für Speisezwecke. Die warmgepreßten sowie die aus den Rückständen extrahierten Olivenöle (Baumöl, Nachmühlenöl, Sulfuröl) stellen geringere Qualitäten dar, die hauptsächlich technische Verwendung finden.

In den letzten Jahren ist es auch gelungen, durch Einsatz von Schneckenpressen und Spezial- (Düsen-) Separatoren[2] für die Trennung von Öl und Fruchtwasser die Olivenölgewinnung rationell und kontinuierlich zu gestalten.

Das Olivenöl des Handels ist von grünlichgelber (Chlorophyll) bis goldgelber Farbe, die durch Sonnenlichteinwirkung allmählich gebleicht wird. Es ist fast geruchlos und hat einen eigentümlichen, schwach süßlichen Geschmack, der beim Jungfernöl besonders ausgeprägt ist und sich mit dem Alter verändert.

Olivenöl ist dickflüssiger als die meisten Speiseöle; es beginnt schon bei 4° C bis 5° C zu erstarren und liegt bei Temperaturen unter 0° C in einer butterartigen Konsistenz vor.

Olivenöl, ein nichttrocknendes Öl, enthält in den Glyzeriden einen hohen Anteil an Ölsäure (70 bis 85%, vgl. Tab. 1). Bestes Olivenöl des Handels darf bis 3% freie Fettsäuren enthalten (vgl. auch S. 413).

Verfälschungen kommen vereinzelt mit Pflanzensamenölen (Erdnuß-, Sesam-, Baumwollsaatöl u. a.), vereinzelt auch mit Mineralölen vor.

---

[1] Palmöl wird deshalb zum Färben und Vitaminieren von Margarine verwendet.
[2] MÖLLER, O.: Fette u. Seifen Bd. 59 (1957) S. 345.

4. Kakaobutter[1].

Die Kakaobutter fällt als Nebenprodukt bei der Kakaoherstellung, bei der
Entölung von Kakaobohnen, den Früchten des tropischen Baumes, an. Die
Früchte enthalten 50 bis 57% eines schwach gelben, nach Kakao schmeckenden
Fettes, das man auch Kakaobutter nennt (Zusammensetzung s. Tab. 1).
Kakaobutter ist bei der Schokoladenfabrikation unentbehrlich und dient auch
zur Herstellung von Schokoladenüberzügen (Couverturen), außerdem wird sie
in der Pharmazie und Kosmetik verwendet.

5. Erdnußöl.

Erdnußöl wird aus den Erdnüssen, der in tropischen Gegenden in der Erde
reifenden Leguminose Arachis hypogaea gewonnen. Das aus den 42 bis 50% Öl
aufweisenden Erdnüssen kaltgepreßte, beinahe farblose Öl hat einen angenehmen,
milden Geschmack; auch das durch die zweite warme Pressung erhaltene gelbliche
Öl liefert noch ein brauchbares Speiseöl. Die dritte Pressung ergibt ein an freien
Fettsäuren reiches, nur für technische Zwecke verwendbares Produkt. Schon
heute werden ständig zunehmend große Mengen des Öles durch Extraktion mit
Fettlösungsmitteln gewonnen und dann einem Raffinationsprozeß unterworfen.
Das Öl ist wegen seines milden Geschmackes besonders als Speiseöl und in der
Margarineindustrie geschätzt. Nach der Härtung wird es für Kunstspeisefett
benutzt. Die in den USA vielbenutzte Erdnußbutter wird aus gerösteten, fein-
gemahlenen Erdnüssen zubereitet. Über die Zusammensetzung des Erdnußöles
vgl. Tab. 1.

6. Sesamöl.

Sesamöl wird aus den etwa 45% Öl enthaltenden Samen verschiedener, in
den Tropen heimischer Sesamarten gewonnen. Die kaltgepreßten gelben Öle sind
mit ihrem angenehmen Geschmack beliebte Tafel- und Salatöle. Die warmgepreßten und extrahierten Öle dienen mehr als technische Öle. Über die Zusammensetzung des Sesamöles vgl. Tab. 1.

7. Sonnenblumenöl.

Dieses Öl wird aus den Samen der vor allem in Rußland, den Balkanländern
und in China angebauten Sonnenblumen, die etwa 22 bis 35% Öl enthalten,
gewonnen. Das Rohöl ist dunkelgelb, das raffinierte meist schwach gelblich, von
mildem, angenehmem Geschmack. Es dient als Speiseöl und Rohstoff für die
Margarineherstellung (Zusammensetzung s. Tab. 1).

8. Baumwollsaatöl (Kottonöl).

Das Baumwollsaatöl wird aus den Samen verschiedener Arten der Baumwoll-
staude gewonnen. Für Speisezwecke müssen die gepreßten, trüben und schwarz-
braunen Öle einem Raffinationsprozeß unterworfen werden, ferner werden die in
erheblichen Mengen vorliegenden festen Glyzeride (Kottonstearin) meist durch
Ausfrieren entfernt (Demargarinieren), vgl. S. 399. Kottonöl wird als Tafel-,
Back- und Bratöl und für Fischkonserven verwendet. Gehärtetes Kottonöl, wie
auch das abgepreßte Kottonstearin, werden zur Kunstspeisefettherstellung herangezogen. Die geringwertigeren Baumwollsaatöle gehen vor allem in die Seifenfabrikation. Über die Zusammensetzung vgl. Tab. 1.

---

[1] Fincke, H.: Die Kakaobutter und ihre Verfälschungen. Stuttgart: Wissenschaftliche
Verlagsgesellschaft 1929.

9. Sojaöl.

Das Sojaöl entstammt dem Samen der Leguminose Soja hispida, die früher vor allem in Ostasien (China, Japan, Indien), heute aber in größten, ständig steigenden Mengen in den USA angebaut wird. Gegenüber anderen Ölsamen enthält die Sojabohne verhältnismäßig wenig Öl (18 bis 22%), weshalb gerade bei diesem Rohstoff das Extraktionsverfahren der Pressung überlegen ist. Nach der Raffination wird das gelbliche bis braungelbe Sojaöl in großen Mengen in der Margarineindustrie verwendet, ein kleinerer Teil dient auf Grund seines milden und angenehmen Geschmackes zur Herstellung feiner Speiseöle. Sojaöl eignet sich auch zur Herstellung von Seifen und dient als halbtrocknendes Öl als Ersatz und zur Streckung von Leinöl bei der Herstellung von Ölfarben.

Aus der Sojabohne bzw. dem gepreßten oder extrahierten Rohöl werden die wertvollen Sojalezithine (Pflanzenlezithine) gewonnen, die man als Zusatz zur Margarine, Schokolade, Gebäck, Teigwaren und für Nährpräparate verwendet. Die Zusammensetzung des Sojaöles ergibt sich aus Tab. 1.

10. Rüböl (Rapsöl).

Das Rüböl wird aus den Samen verschiedener Brassica-Arten gewonnen, von denen der Raps mit einem Ölgehalt von 35 bis 45% als die bei uns wichtigste, im größeren Umfang angebaute Ölsaat besonders zu erwähnen ist. Das rohe gepreßte, Schleim- und Eiweißstoffe enthaltende Öl hat einen unangenehmen Geschmack und wird deshalb einer Raffination unterworfen, die neuerdings[1] sehr schonend geführt werden kann (vgl. Vollöle S. 397).

Das Rüböl ist ein halbtrocknendes Öl; in den Glyzeriden liegen durchschnittlich 14% Linol- und 3% Linolensäure vor (vgl. Tab. 1). Besonders charakteristisch ist der hohe Anteil (50%) an Erucasäure, die auch für den Nachweis des Rüböles herangezogen wird.

II. Tierische Fette.

1. Schweinefett (Schmalz).

Schweineschmalz nennt man das aus den fettreichen Teilen geschlachteter Schweine ausgelassene Fett, zu dessen Gewinnung in Deutschland das Bauchwandfett (Flomen, Liesen, Lünte, Schmer, Wammenfett), das Gekröse- (Micker-) Fett und das Netzfett, bisweilen auch der Bauch und Rückenspeck Verwendung findet, während in Amerika vielfach das ganze Schwein durch Dämpfen auf Fett („Dampfschmalz") verarbeitet wird.

Das Aussehen und die Zusammensetzung des Schmalzes ist stark von der Art der Fütterung der Schweine abhängig. Die einzelnen Sorten von Schweineschmalz werden nach Art der Gewinnung, Herkunft und Güteklasse bezeichnet. Handelsübliche Sorten sind beispielsweise das *Neutralschmalz*; es gilt als beste Sorte und wird aus dem Bauchwandfett bei 40° C bis 50° C naß ausgeschmolzen. Das Liesenschmalz wird durch Dampfschmelzen unter Druck aus ganzen Liesen hergestellt. Bestes *Dampfschmalz* wird aus allen Teilen des Fettgewebes durch Dampfschmelze gewonnen.

Schmalz wird als Speisefett in umfangreichem Maße verwendet, weiterhin auch in gehärteter Form (vor allem in den USA) zu Shortenings (vgl. S. 410) verarbeitet. Große Mengen dienen auch der Seifenindustrie und der Fettsäureindustrie.

---

[1] KAUFMANN, H. P.: Fette u. Seifen Bd. 52 (1950) S. 35 und Bd. 48 (1941) S. 53.

2. Rinderfett (Rindertalg).

Der Rindertalg wird aus den fettreichen Teilen geschlachteter Rinder, und zwar besonders dem Gekröse-, dem Netz-, Nieren-, Herz- und Eingeweidefett ausgeschmolzen und als ziemlich harte, bröckelige, nicht streichbare Masse von weißer oder schwach gelblicher, bisweilen nach Weidegang infolge Karotingehaltes auch gelblicher Farbe in den Verkehr gebracht. Die beste, aus frischen, auserlesenen Fetten bei nicht zu hoher Temperatur ausgelassene Sorte wird als Feintalg (Premier jus), die gewöhnliche Handelsware als *Speisetalg* bezeichnet. Man unterscheidet *Preßtalg* als den höher schmelzenden festen Talganteil, der durch Abpressen des bei 26° C bis 27° C teilweise erstarrten Fettes erhalten wird, von dem *Oleomargarin*, dem nach Abscheiden des Preßtalges gewonnenen niedrig schmelzenden Anteil des Rinderfeintalges. Preßtalg wie Oleomargarin werden zur Bereitung von Margarine und Kunstspeisefett herangezogen. Die Zusammensetzung von Talg ist in Tab. 1 aufgenommen.

Obwohl die größte Menge des Rindertalges zu technischen Zwecken (Seifen-, Stearin-, Kerzenfabrikation) dient, wird doch ein erheblicher Teil als Koch- und Backfett benutzt. Durch mechanische Behandlung weicher und geschmeidig gemachter Talg wird für gewisse Gebäcksorten als Back- oder Ziehfett in den Handel gebracht.

3. Walöle und Fischöle.

Die schonend gewonnenen Wal- und Fischöle werden durch die Fetthärtung in wertvolle Grundstoffe für die Margarineindustrie übergeführt und dienen so der menschlichen Ernährung[1]. Die geringeren Sorten der Wal- und Fischöle werden auf dem technischen Sektor verbraucht.

4. Wal- und Fischleberöle.

Die Fischleberöle von Gadusarten (Dorsch, Schellfisch, Kabeljau) werden wegen ihres hohen Vitamin A- und Vitamin D-Gehaltes zur Gewinnung des Medizinallebertrans benutzt. Auch das Walleberöl ist wegen seines hohen Vitamin A-Gehaltes ein sehr wertvoller Rohstoff. Wegen ihrer Empfindlichkeit müssen die Leberöle sehr schonend gewonnen werden.

III. Fettzubereitungen.

1. Margarine.

Als Margarine bezeichnet man die der Butter oder dem Butterschmalz ähnlichen Zubereitungen, deren Fettgehalt nicht oder nicht ausschließlich dem Butterfett entstammt.

Zur Herstellung der Margarine dienen heute überwiegend Gemische pflanzlicher Fette und Öle, wie Kokosfett, Palmkernfett, Erdnußöl, Baumwollsaatöl, Sojaöl, Rüböl, Sonnenblumenöl, Sesamöl und gehärtete Pflanzenöle. Gewisse Sorten enthalten in geringer Menge auch tierische Fette und gehärtete Trane.

Zur Herstellung der Margarine bringt man in das geschmolzene Fettgemisch entweder Wasser (Wassermargarine) oder entrahmte angesäuerte Milch (Milchmargarine). Die verwendete Milch wird vorher pasteurisiert und nach dem Abkühlen mit bestimmten Reinkulturen von Milchsäurebakterien beimpft, wodurch eine Säuerung und zugleich eine Aromabildung in der Milch einsetzt. Diese

---

[1] Lüde, R.: Die Gewinnung von Fetten und fetten Ölen. Leipzig-Dresden: Steinkopff 1954.

Maßnahme verursacht später weitgehend den butterähnlichen Geschmack in der Margarine.

Die Fett-Wasser- bzw. Fett-Milch-Mischung erhält noch verschiedene Zusätze: Kochsalz, Konservierungsstoffe (Sorbinsäure oder Benzoesäure), Emulgatoren wie Lezithin oder Gemische von Mono- und Diglyzeriden, etwa 0,2% Stärke (als gesetzlich vorgeschriebenes Erkennungsmittel). Um die Margarine möglichst butterähnlich zu machen, ihr insbesondere die Eigenschaften des Schäumens und Bräunens beim Auslassen und Braten zu verleihen, gleichzeitig aber das oft lästige Spritzen beim Erwärmen zu verhindern, bedient man sich vorteilhaft noch bestimmter Zusätze, wie z. B. von Lezithin, von Eigelb, von Stärkesirup. Auch Butteraroma, dessen Hauptbestandteil das Diazetyl ist, wird noch als Geschmackskomponente verwendet. Zur Färbung der Margarine werden bei uns nur Naturprodukte verwendet: Rotes Palmöl und Karottenextrakt (beide durch ihren Gehalt an Karotin = Provitamin A ausgezeichnet) und Annattoextrakt mit dem Karotinoidfarbstoff Bixin.

In vielen Kulturstaaten werden heute auch synthetische Vitamine A und D zugesetzt.

Durch die Verwendung hochwertiger Pflanzenöle bei der Margarineherstellung beinhaltet Margarine auch die ernährungsphysiologisch wertvollen Tokopherole (Vitamin E) und genügende, ja sogar die Butter übertreffende Mengen an essentiellen Fettsäuren. Aus umfangreichen wissenschaftlichen Untersuchungen geht hervor, daß im Nährwert von Butter und Margarine kein Unterschied besteht[1].

Margarine soll bei Zimmertemperatur feste Konsistenz besitzen, jedoch bei Körpertemperatur zur leichteren Verdaulichkeit geschmolzen sein. Durch Variation in der Zusammensetzung des Fettanteiles in den kälteren und wärmeren Jahreszeiten lassen sich die gewünschten Schmelzpunkte in dem Intervall von 28° C bis 32° C zwanglos einstellen.

Die Zusammensetzung der Margarine entspricht — abgesehen von der anderen Zusammensetzung des Fettanteiles — weitgehend der von Butter: 78 bis 80% Fett; 18 bis 20% Wasser; 0,5% Protein; 0,4% Milchzucker und 1 bis 2,5% Mineralstoffe (davon etwa 3% Kochsalz).

Technologie der Margarineherstellung[2]: Die technologische Entwicklung der Margarineherstellung führte vom diskontinuierlichen Verfahren hin zu den modernen kontinuierlich arbeitenden Maschinen. Das Arbeitsprinzip ist jedoch nach wie vor folgendes:

1. Emulgieren;
2. Kühlen (Kristallisieren);
3. Mechanische Bearbeitung.

Die Fettphase und die zumeist Milch enthaltende Wasserphase einschließlich der Zusatzstoffe (vgl. oben) müssen zunächst möglichst fein emulgiert werden mit dem Ziel, eine genügend stabile Emulsion zu erhalten. Die sehr feine Emulsion ist vor allem in Hinblick auf die bakteriologische Haltbarkeit und auch z. B. für das Verhalten beim Braten wichtig. — Die mayonnaiseartige Emulsion (Wasser-in-Öl-Emulsion) wird dann sehr schnell gekühlt, wobei ein Teil der Fettglyzeride kristallisiert. Das Resultat ist plastische Margarine, in der das Wasser in feiner Verteilung fixiert ist. Die entstandenen Fettkristalle bilden ein Kristallgerüst, dessen Eigenschaften für die Konsistenz der Margarine bestimmend ist. —

---

[1] Lang, K.: Biochemie der Ernährung. Darmstadt: Steinkopff 1957.
[2] Burke, H.: Moderne Margarine-Herstellungsverfahren. Fette u. Seifen Bd. 56 (1954) S. 309.

Um die erstrebte Plastizität und Streichbarkeit zu erzielen, wird die Margarine schließlich noch einer mechanischen Bearbeitung unterworfen.

Seit Beginn der Margarineherstellung bis heute werden die sog. Kirnen, d. h. mit einem Kühlmantel versehene Rührbehälter, zur Emulgierung verwendet. Die Emulsion wurde früher anschließend in einer 5- bis 8fachen Menge Eiswasser abgeschreckt, danach mit einfachen Walzen oder mit Tellerknetern plastifiziert. Eine erhebliche Verbesserung war die „trockene Kühlung" der Emulsion mit Hilfe der Kühltrommeln. Hierbei wird die Emulsion in einer 0,15 bis 0,30 mm dünnen Schicht auf die von innen (mit Sole oder neuerdings mit direkter Verdampfung) gekühlten Trommeln ($-10\,^\circ$ C bis $-20\,^\circ$ C) aufgetragen, und, nachdem sie auf etwa $0\,^\circ$ C abgekühlt und erstarrt ist, nach fast einer Umdrehung der Trommel mit einem Schabemesser abgehoben. Die Leistung der Trommeln beträgt 0,25 bis 5 t/h; der Kältebedarf ist etwa 30000 kcal/t Margarine. Zum Kneten dienen neuerdings mehrere hintereinandergeschaltete, mit Laufbändern verbundene Walzenpaare (Multiplexanlagen) oder auch Vakuumkneter (Leistung der Multiplexanlagen[1]: 10 bis 20 t/h).

Eine Weiterentwicklung in Richtung auf eine kontinuierliche Arbeitsweise war die Einführung des *Komplektors*[1] mit einer Leistung von 0,1 bis 5 t/h: Fett- und Wasserphase werden (oft in Rührkesseln) grob gemischt oder durch sog. Emulsatoren, die zugleich als Rotationspumpen wirken, emulgiert. Die Emulsion wird dann auf relativ schnellaufenden Kühltrommeln in besonders dünner Schicht gekühlt. Die abgeschabten Trommelflocken fallen zunächst in einen Rührschacht und von dort über eine Schleuse in den unter Vakuum arbeitenden eigentlichen *Komplektor*. In diesem wird die Margarine zunächst mit Schnecken und anschließend mit schnellrotierenden Messern homogenisiert und plastifiziert.

Seit Mitte der Dreißiger Jahre haben die in den USA entwickelten sog. Votatoranlagen[1] zunehmend an Bedeutung gewonnen. Die Fett-Wasser-Mischung wird von einer Pumpe in mehrere hintereinander geschaltete Zylinder gedrückt, die von außen direkt mit einem verdampfenden Kältemittel gekühlt werden und in welchen ein mit Messern versehener Rotor (300 bis 700 Upm) das sich an der Kühlwand absetzende Fett sofort abschabt. In diesen Zylindern wird bei einem sehr guten Wärmeübergang innerhalb weniger Sekunden gleichzeitig emulgiert, gekühlt (kristallisiert) und plastifiziert. Die halbflüssige Margarine erstarrt nach Verlassen der Kühlzylinder in einem Ruherohr und wird dann zumeist in einer direkt gekoppelten Packmaschine sofort verpackt. Diese Anlagen leisten 1 bis 5 t/h; sie benötigen nur sehr wenig Raum und bieten bei praktisch völligem Ausschluß von Luft größte Sicherheit in bakteriologischer Hinsicht.

2. Back-, Brat- und Siedefette (Shortenings)[2].

Seit einer Reihe von Jahren werden — vor allem im Ausland — in großem Umfang Back-, Brat- und Siedefette besonderer Art, sog. Shortenings, hergestellt. Je nach ihrem besonderen Verwendungszweck (Braten, Backen) haben sie verschiedene Aufgaben und sind demzufolge in ihrer Zusammensetzung nicht gleich. Ein Shorteningbackfett soll beispielsweise das Volum des Gebäckes

---

[1] Andersen, A. J. C.: Margarine. London: Pergamon-Press. Ltd. 1954. — M. K. Schwitzer: Margarine and other Fats. London: Leonard Hill Limited 1956. — N. T. Joyner: J. Amer. Oil Chemistry Soc. Bd. 30 (1953) S. 526.

[2] Bailey, A. E.: Industrial Oil and Fat Products. New York: Interscience Publishers Inc. (1951). — F. Wittka: Die modernen Methoden zur Umformung der Fette. Leipzig: Ambrosius Barth 1958. — J. Baltes in „Die ernährungsphysiologischen Eigenschaften der Fette". Darmstadt: Steinkopff 1958.

erhöhen und ihm erhöhte Bruchfestigkeit verleihen. Shortenings verzögern auch das „Altbackenwerden" des Gebäckes, erleichtern die Herstellung von nicht fettenden Backwaren und ermöglichen die Herstellung von Backwaren mit sehr hohem Zuckergehalt. Auch das Aussehen von Backwaren wird verbessert. An manche Sorten von Shortenings werden somit besondere Anforderungen an die Plastizität (Backfette) und an die Oxydationsstabilität (Brat- und Siedefette) gestellt. Für billigere Produkte verwendet man reine konsistentere Pflanzenfette (Kokos-, Palmkernfette), Tierfette (Schmalz, Premier jus) mit und ohne Hartfettzusatz. Durch Mischung der Komponenten und Schnellkühlung (mittels Druckkühlern), bei gleichzeitiger mechanischer Behandlung (Walzen, Kneten, Verreiben) erhält man Shortenings in völlig gleichmäßiger Form, je nach Fettart sogar als gut zu handhabende streichbare Masse. Durch Einarbeiten von Stickstoff im Verlauf der Schnellkühlung erreicht man neben einer Farbaufhellung eine weitere, sehr erhebliche Verbesserung der plastischen Eigenschaften. Hochwertige Brat-, Back- und Siedefette, die etwa 5 bis 10% Linolsäure (essentielle Fettsäuren!) neben beachtlichen Mengen (40 mg %) Tokopherol enthalten, erhält man z. B. durch Vermischen konsistenter, meist gehärteter Pflanzenfette mit besten Pflanzenölen, wie Baumwollsaatöl, Erdnußöl, Palmöl u. a. Ausgesprochene Backfette versieht man mit einem Zusatz von bestimmten Emulgatoren (Monoglyzerid-, Diglzyeridgemische) und erreicht dadurch eine besonders feine Fettverteilung im Teig bei gleichzeitiger Verbesserung der Backfähigkeit und der Mürbeeigenschaften. Im allgemeinen werden Shortenings — wenn gesetzlich erlaubt — mit Antioxydantien stabilisiert.

F. Haltbarmachung der Fette.

I. Veränderungen und Verderben der Fette.

Bei allen Lagerveränderungen der Fette laufen Vorgänge ab, die man auf Grund sinnesphysiologischer Wahrnehmungen in dem chemisch vieldeutigen Sammelbegriff „Fettverderben" zusammenfaßt. Obwohl in ihrer Gesamtheit außerordentlich verwickelt, kann man bei den zum Verderben und damit zur Genußuntauglichkeit führenden Lagerveränderungen der Nahrungsfette grundsätzlich unterscheiden zwischen:

1. biochemischen Umsetzungen und
2. rein chemischen Umsetzungen.

Beide Reaktionsfolgen laufen oft nebeneinander ab und führen je nach Konstitution des Fettes, je nach Art der Begleitstoffe und äußeren Einflüsse zu den verschiedenen Arten des Fettverderbens:

Sauerwerden, Peroxydigwerden, Aldehydigwerden, Ketonigwerden, Talgigwerden.

Auch das Fischigwerden, Öligwerden, Tranigwerden und Seifigwerden sowie die als „Reversion" bezeichneten Geschmacksumschläge sind Verderbensarten, die wiederum in Abhängigkeit von der Zusammensetzung des Fettes und spezieller Reaktionsmöglichkeiten und -bedingungen auftreten können. Will man die eben angeführten Arten des Fettverderbens grundsätzlich verstehen, so muß man eine biologische Ganzheitsbetrachtung des Begriffes „Fett" zugrunde legen.

Natürliche Fette sind zusammengesetzte Nahrungsmittel. Sie bestehen entsprechend ihrer biologischen Herkunft nicht nur aus einem Gemisch von gesättigten und ungesättigten Glyzeriden; neben die Glyzeride treten lipoide Fettbegleitstoffe (Vitamine, Provitamine, Sterine, Phosphatide, Lipochrome, Kohlenwasserstoffe). Reaktionsfähig und reaktionsbereit nehmen auch sie an den Verderbensvorgängen und ihren Folgereaktionen maßgeblichen Anteil, wobei sie oft die Verderbensrichtung mitbestimmen.

Das Fettverderben läßt sich vor allem im Hinblick auf die Lipoide nach folgendem Schema aufgliedern[1]:

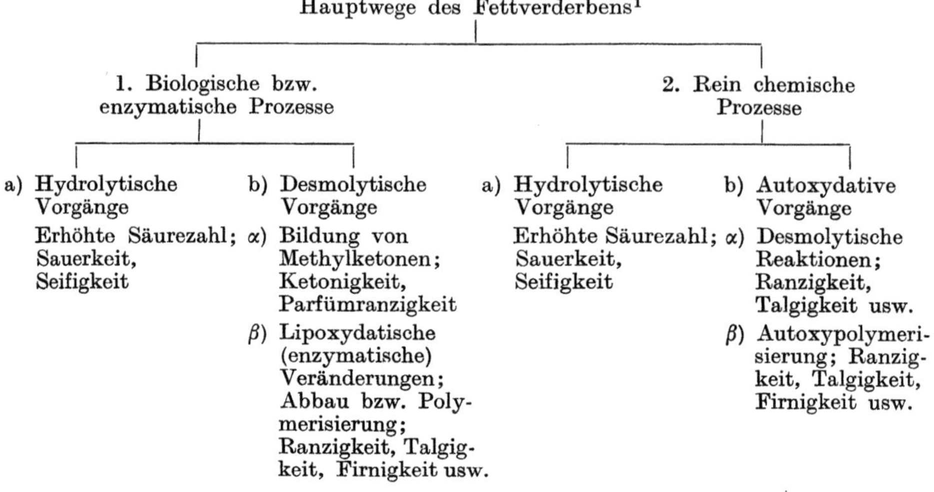

1. Biologisch-enzymatische Prozesse.

Die biochemischen Veränderungen der Fette werden durch Fermente hervorgerufen; es können dies einerseits native Fermente des Fettgewebes und andererseits Fermente von Mikroben sein. Da fermentative Prozesse nur in Gegenwart von Wasser ablaufen, sind alle wasserhaltigen Fette durch biochemische Verderbensvorgänge gefährdet. Bei den Fettrohstoffen sind dies vor allem die tierischen Fettgewebe und die einen hohen Wassergehalt aufweisenden Fruchtfleischfette, wie die der Palmfrüchte und Oliven; aber auch bei nicht genügend trocken gelagerten Ölsaaten spielt das biochemische Fettverderben eine Rolle. Unter den Fertigprodukten sind wasserhaltige Fette, wie Butter und Margarine, und wasserhaltige Fettzubereitungen, z. B. Mayonnaisen, fetthaltige Waffelfüllungen, für biochemische Veränderungen prädestiniert.

a) Hydrolytische Vorgänge. Die hydrolytischen Vorgänge, die durch fetteigene Lipasen und durch Lipasen aus Mikroben (Pilze, wie Penicillium aspergillus, Bakterien, wie pyoceaneus, prodigiosius) katalysiert werden, bewirken Spaltungen der Esterbindungen der Glyzeride, wodurch freie Fettsäuren entstehen: *Sauerwerden* bzw. *Seifigwerden* der Fette. Ob das mehr oder weniger sauer gewordene Fett noch genießbar ist, hängt von der Art des Fettes ab. Freigelegte höhere Fettsäuren machen sich geschmacklich nicht bemerkbar, so ist ein Rinderfett mit bis zu 15% fetteigenen freien Fettsäuren noch durchaus genießbar. Dagegen führen die freien Fettsäuren niedriger und mittlerer Molekulargröße (C_4 bis C_{10}), wie sie in Butter, Palmkern- und Kokosfett vorliegen, schon in geringsten Konzentrationen (z. B. 1γ Kaprylsäure in 1 g Fett) zur organoleptisch feststellbaren Verdorbenheit.

Die biochemisch bedingte Hydrolyse der Fette ist bereits bei den *Fettrohstoffen* zu beachten. Bei den wasserhaltigen tierischen Fettgeweben unterliegen

<hr>

[1] Nach K. Täufel in „Die ernährungsphysiologischen Eigenschaften der Fette". Darmstadt: Steinkopff 1958.

insbesondere die Eingeweidefette der hydrolytischen Zersetzung. Nur aus frischen
Vorräten können Tierfette mit einem Fettsäuregehalt von 0,15% oder darunter
gewonnen werden. Gewöhnlich enthält aber Oleomargarin und Schmalz 0,2 bis
0,5% an freien Fettsäuren. Speisetalg (Premier jus) weist oft 0,5 bis 1,5% an
freien Fettsäuren auf. Die für den technischen Sektor verwendeten Talgarten
können 40 bis 50% an freien Fettsäuren enthalten.

Auch die wasserreichen Ölfrüchte (Palmfrüchte, Oliven) verderben schnell
durch den Einfluß von Lipasen. So kann Palmöl selten mit weniger als 2 bis 3%
freien Fettsäuren gewonnen werden, unter schlechten Herstellungsbedingungen
fällt das Palmöl sogar mit 20 bis 60% freien Fettsäuren an.

Das hydrolytische Verderben ist in beschädigten Früchten besonders stark.
So erhält man aus Oliven, die bei der Ernte mehr oder weniger gequetscht und
oft tagelang vor der Ölgewinnung gelagert werden, selten Öle mit einem Fettsäuregehalt unter 1%, meistens steigen die Werte
bis 5% und höher (vgl. auch S. 405).

Bei den Ölsaaten macht sich die Hydrolyse der
Fette nur dann bemerkbar, wenn bei entsprechender Temperatur der Wassergehalt der Saaten und
die rel. Luftfeuchtigkeit der Lagerräume die jeweils kritischen Werte übersteigen. Weiterhin ist
auch bei der Lagerung der Ölsaaten auf die Beschaffenheit der Rohstoffe zu achten. So nimmt
z. B. der Fettsäuregehalt in ganzen Erdnüssen
wesentlich langsamer zu als in gespaltenen oder
gebrochenen Nüssen.

Bei der Lagerung von Margarine konnte nachgewiesen werden (Abb. 178), daß der bei höherer
Temperatur (18° C) schnell einsetzende Anstieg
der Säurezahl auf mikrobielle Ursachen zurückzuführen ist[1].

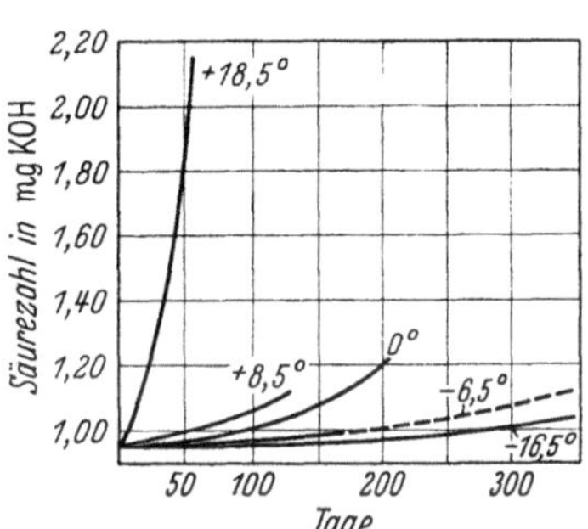

Abb. 178. Einfluß der Lagertemperatur
auf das Sauerwerden von Margarine
(aus HEISS: Fortschritte der Lebensmittelforschung. Dresden und Leipzig:
Steinkopff 1942).

b) Desmolytische Vorgänge. Die desmolytischen Vorgänge sind oxydative
Abbaureaktionen der Fette bzw. ihrer Fettsäuren. Hierbei sind biochemisch vor
allem zwei Richtungen zu unterscheiden.

α) *Methylketonbildung.* Durch bestimmte Schimmelpilze werden Fettsäuren
(bis C_{14}) zu Methylketonen abgebaut[2].

Die durchdringend riechenden und schmeckenden Methylketone sind schon
in der äußerst geringen Konzentration von $1\gamma/1$ g Fett geruchlich zu erkennen
und werden bei $60\gamma/1$ g Fett als widerwärtig empfunden: *Parfümranzigkeit* der
Fette. Kokosfett und Palmkernfett sowie diese Fette enthaltenden Lebensmittel
(u. a. Margarine, bestimmte Gebäcksorten) unterliegen vor allem der Methylketonbildung. Die Verarbeitung von Kopra und Palmkernfett zu Nahrungsfetten,
z. B. Palmin, hat deshalb unter besonderen Kautelen zu erfolgen.

In der Margarine wird die Methylketonbildung durch Lagerungstemperaturen
über 0° C begünstigt[1].

β) *Fermentative (lipoxydatische) Veränderungen.* Durch bestimmte Fermente,
die Lipoxydasen, werden die hochungesättigten Fettsäuren, wie Linol-, Linolen-
und Arachidonsäure angegriffen. Die Lipoxydasen katalysieren die Anlagerung
des Sauerstoffes an diese Fettsäuren unter Bildung von Per- bzw. Hydroperoxy-
den. Diese lösen eine weitere Fettoxydation aus, die im Verlauf und in der Bildung

---

[1] KIERMEIER, F.: Fette u. Seifen Bd. 46 (1940) S. 400.
[2] In der Käserei wird die Methylketonbildung durch bestimmte Schimmelpilzarten
bewußt herbeigeführt: Aromastoffe der Camembert-, Roquefort- und anderer Käsearten.

der Endprodukte der chemischen Autoxydation (vgl. unten) gleicht, so daß unter dem Einfluß von Lipoxydasen peroxydige, aldehydige und saure Fette entstehen können.

Es wurde festgestellt, daß Extrakte verschiedener tierischer Gewebe die Eigenschaft besitzen, ungesättigte Fettsäuren oder Vitamin A zu zerstören. Ein spezifisches Enzym konnte jedoch nicht isoliert oder charakterisiert werden. Ein solch hitzelabiles System wurde u. a. in Schweinefettgewebe festgestellt; es ist sehr aktiv bei saurem p_H und in Anwesenheit von Natriumchlorid. Hierdurch erklärt sich auch das leichtere Verderben von gesalzenem Speck[1].

2. Rein chemische Prozesse.

a) Hydrolytische Spaltung. Obwohl die rein chemische hydrolytische Spaltung der Fette im Vergleich zur enzymatisch gesteuerten wesentlich langsamer voranschreitet, kann sie in Anwesenheit gewisser Wassermengen das Verderben gelagerter Fette, z. B. von Palmöl, Kokosöl, Walöl, verursachen.

b) Autoxydative Vorgänge. Die Autoxydation der Fette stellt einen komplexen, das Fettverderben zentral beherrschenden Vorgang dar. Der Angriff des Sauerstoffes erfolgt vornehmlich an den ungesättigten Fettsäuren der Glyzeride, und zwar sind die Fettsäuren mit mehreren Doppelbindungen, insbesondere die in konjugierter Stellung, leichter der Autoxydation zugänglich als die einfach ungesättigten Vertreter[2]. Begünstigt wird die Autoxydation durch verschiedene Faktoren: durch Licht, Wärme, Katalysatoren [Prooxydantien, wie Metallspuren, lipoide Fettbegleitstoffe (Chlorophyll, Hämine, Karotin)], Fermente. Dagegen vermögen bestimmte organische Substanzen, die man Antioxydantien nennt, die Autoxydation der Fette für eine gewisse Zeit zu hemmen. Die Autoxydation ist jeweils durch eine von den vorhandenen Faktoren abhängige, mehr oder weniger lange Induktionsperiode gekennzeichnet.

Neuesten Anschauungen gemäß wird dem Chemismus der Autoxydation eine Kettenreaktion zugrunde gelegt. Es bilden sich zuerst Fettsäureradikale (Startreaktion), deren außerordentliche Reaktionsfreudigkeit mit Sauerstoff zur Bildung von Fetthydroperoxydradikalen, Fetthydroperoxyden, Fettperoxyden führt. Im allgemeinen sind diese primären Produkte der Autoxydation organoleptisch (geschmacklich, geruchlich) noch nicht wahrnehmbar.

Die labilen Peroxydverbindungen der Fette unterliegen nun mannigfachen Reaktionen. Es können sich an die primäre Autoxydation α) desmolytische Vorgänge und β) Polymerisationsreaktionen anschließen:

α) *Molekülabbau.* Den Lebensmittelchemiker und Lebensmitteltechnologen interessiert vor allem der im Gange der Autoxydation sich vollziehende Molekülabbau. Hierbei kommt es in der Hauptsache zur Bildung jener Stoffe, die das sinnenphysiologische Verderben herbeiführen: Bildung von Peroxyden (Peroxydigwerden), Aldehyden (Aldehydigwerden), Säuren (Sauerwerden), Ketonen (Ketonigwerden), deren Auftreten man allgemein in dem Begriff *Ranzigkeit* zum Ausdruck bringt.

Autoxydationsranziges Fett ist genußuntauglich; bei Tieren ruft es Hautveränderungen und Geschwüre hervor. Peroxydige Fette gefährden auch die Vitaminversorgung des Körpers, weil sie die oxydationsempfindlichen Vitamine A, C, E, B_6, weiterhin die essentiellen Fettsäuren und die Pantothensäure zerstören. Auch die bei der Fettautoxydation gebildeten *Konjuensäuren* sind physiologisch unverträglich.

---

[1] Lea, C. H.: Scientific and technical Surveys Nr. 14 (1950).
[2] Die Geschwindigkeiten der Autoxydation von Ölsäure, Linolsäure und Linolensäure verhalten sich wie 1 : 10 : 100.

β) Polymerisationsreaktionen. Polymerisationsreaktionen, die sich an die primäre Autoxydation anschließen, verlaufen sowohl intramolekular, also zwischen 2 Fettsäuren eines Glyzeridmoleküls, als auch intermolekular, d. h. zwischen Fettsäuren verschiedener Glyzeridmoleküle. Diese Reaktionen werden bei der Gewinnung von Lacken, Standölen u. a. industriell bewußt herbeigeführt.

Die sinnesphysiologisch wahrnehmbaren Änderungen, wie *Talgigkeit* der Fette, werden auf die Konsistenzerhöhung der Fette infolge Polymerisationsvorgängen zurückgeführt.

3. Weitere Verderbensvorgänge.

a) Reversion. Der als Reversion bezeichnete Geschmacksumschlag kann bei der Aufbewahrung, besonders schnell beim Erwärmen von Ölen auftreten, die durch totale Raffination geschmacklos und geruchlos gemacht worden sind. Diese Öle nehmen einen fremdartigen (strohigen, heuartigen, fischähnlichen) Geruch und Geschmack an. Obwohl man heute noch keine genaueren Kenntnisse über den Chemismus der Reversion hat, scheint die Anwesenheit von Fettsäuren mit drei Doppelbindungen Voraussetzung für diesen wenigstens teilweise autoxydativen, aber nur wenig Sauerstoff verbrauchenden Vorgang zu sein. Ein solcher Geschmacksumschlag wird deshalb z. B. bei Lein- und Rapsöl, vor allem bei Sojaöl und bei Fischölen beobachtet. Auch partiell hydriertes Lein-, Soja- und Fischöl können der Reversion unterliegen. Es ist auffallend, daß die Reversion bei einem Öl nach jeder Desodorisierung erneut auftreten kann.

b) Fischigwerden. Auch der Chemismus des Fischigwerdens ist bis heute noch nicht eindeutig aufgeklärt. In phosphatidreichen Fetten, wie Butter, soll in Gegenwart von auch nur kleinen Mengen höher ungesättigter Fettsäuren eine Abspaltung von Trimethylamin aus dem Cholin des Lezithins erfolgen. In den ungesättigten Fischölen wie auch bei Leinöl usw. wird ein oxydativer Umsatz der hochungesättigten Fettsäuren zur Ausbildung dieser Verderbensrichtung angenommen. Teilweise wird das Fischigwerden auch auf eine Wechselwirkung der Fette mit stickstoffhaltigen Verbindungen (Proteinen) zurückgeführt.

c) Verderben durch Schädlinge und ihre Bekämpfung[1]. Eine wichtige Ursache des Fettverderbes, die vor allem in quantitativer Hinsicht bei Ölsaaten eine Rolle spielt, ist der Befall durch tierische Schädlinge. Durch sie werden alljährlich große Mengen an Saaten vernichtet. Die Anzahl der Ölsamenschädlinge ist außerordentlich groß; es gehören hierzu neben Käfern, Schmetterlingen und Milben auch Schaben und Grillen sowie die bekannten Silberfischchen.

Die Bekämpfung der Ölsaatenschädlinge kann auf mechanischem Weg durch Auslese der Käfer erfolgen, wobei aber die Brut nicht erfaßt wird. Am wirksamsten werden chemische Mittel eingesetzt, die teils als Atemgifte, teils als Fraß- und Berührungsgifte (Kontaktinsektizide) wirken. Die Schädlingsbekämpfungsmittel kommen meist in Form von Gasen oder Dämpfen, aber auch in fester oder flüssiger Form zur Anwendung.

d) Veränderungen der Fette durch Fremdgerüche. Im weiteren Sinne gehören zum Fettverderben auch die sinnesphysiologisch wahrnehmbaren Veränderungen der Fette durch Aufnahme fremdartiger Geruchs- und Geschmacksstoffe, z. B. Fisch-, Obst-, Zwiebelgeruch und -geschmack.

Die Fremdgerüche dringen leichter in weiche als in harte Fette ein. Tiefere Temperaturen vermindern dieses Fettverderben sowohl wegen der herabgesetzten

---

[1] Kaufmann, H. P., u. J. G. Thieme: Neuzeitliche Technologie der Fette und Fettprodukte. 1. Lieferung. Münster: Aschendorffsche Verlagsbuchhandlung 1956.

Flüchtigkeit der Fremdstoffe als auch wegen der geringeren Diffusion im Fett[1] (Abb. 179).

Es ist deshalb bei den in dieser Richtung so empfindlichen Fetten auf eine entsprechende Verpackung bzw. getrennte Lagerung zu achten. Bei offener

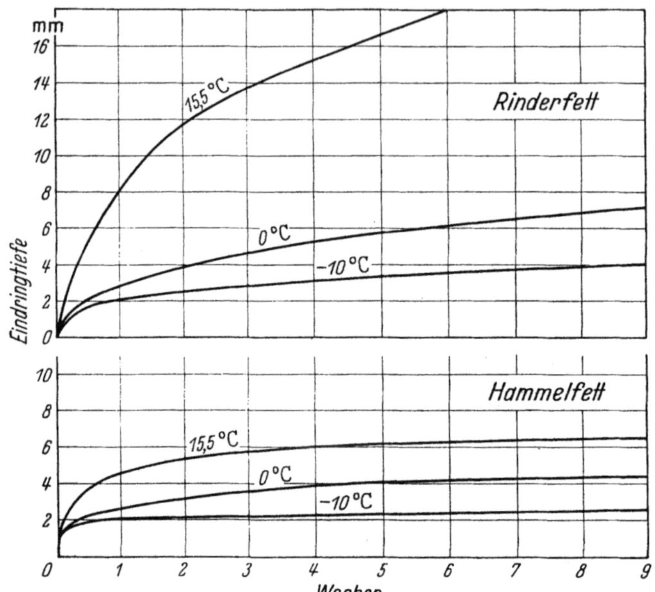

Abb. 179. Das Eindringen von Dieselöl in ausgeschmolzenes Rinderfett (Schmelzpunkt 38,5° C) und Hammelfett (Schmelzpunkt 47,5° C) (aus Lea: Scientific and Technical Surveys. Dezember 1950).

Lagerung der Fette, z. B. von tierischen Fettrohstoffen, in Kühlräumen verwendet man neuerdings, wenn die normale Belüftung des Lagerraumes nicht ausreicht, Aktivkohle zur Beseitigung der Fremdgerüche[2].

II. Vorratshaltung der Fette[3].

Um eine sinnvolle und wirksame Vorratswirtschaft der Fette zu erreichen, sind möglichst alle im vorhergehenden Kapitel I aufgeführten Reaktionen zu vermeiden. Es muß hier nochmals darauf hingewiesen werden, daß es im Hinblick auf die funktionellen Eigenschaften der Fette die Aufgabe der Vorratspflege ist, nicht nur die reine Glycerid- (Fett-) Substanz als Kalorienspender zu erhalten, es muß auch darauf geachtet werden, daß die ernährungsphysiologisch wertvollen Fettinhaltsstoffe wie die essentiellen Fettsäuren und Fettbegleitstoffe, z. B. die Vitamine, vor dem Verderben bewahrt werden.

Der Übersichtlichkeit halber werden die einzelnen Konservierungsverfahren entsprechend der Einteilung der verschiedenen Verderbensreaktionen besprochen, so daß zunächst die Maßnahmen gegen das biochemisch bedingte Fettverderben und in einem weiteren Abschnitt die Maßnahmen gegen das chemische Verderben der Fette zusammengefaßt sind.

---

[1] Lea, C. H.: Scientific and technical Surveys Nr. 14 (1950).

[2] Turk, A., P. G. Messer u. A. Blaskiewicz: J. Agric. Food Chem. Bd. 1 (1953) S. 79. — A. Turk u. A. van Doren: J. Agric. Food Chem. Bd. 1 (1953).

[3] Vgl. auch W. Diemair: Haltbarmachung der Lebensmittel und ihre Grundlagen. Stuttgart: Enke 1946. — Beythien-Heimann: Einführung in die Lebensmittelchemie. Dresden-Leipzig 1955.

1. Maßnahmen gegen das biologische Verderben.

Um das biologische Verderben zu verhindern, muß zunächst die Fernhaltung von Mikroorganismen erstrebt werden. Wenn auch das Idealziel der „keimfreien" Gewinnung der Fette in der Praxis nicht möglich ist, so haben doch Chemiker und Ingenieure sowie besonders das Arbeitspersonal zur weitgehenden Ausschaltung der Infektionen auf eine peinlichst saubere Behandlung der Rohstoffe, Zwischen- und Fertigprodukte zu achten. Auf die Wichtigkeit einer einwandfreien Verpakkung sei in diesem Zusammenhang nur hingewiesen (vgl. S. 605). Darüber hinaus stehen verschiedene Methoden zur völligen Unterdrückung oder zur zumindest starken Hemmung der Kleinlebewesen und ihrer umsatzbereiten Enzyme zur Verfügung. Diese Verfahren dienen auch der Aktivitätseinschränkung der fetteigenen Fermente.

a) Physikalische Verfahren zur Ausschaltung des biologischen Fettverderbes. Zur Ausschaltung bzw. Herabsetzung der Aktivität von Mikroorganismen bzw. von Fermenten können folgende physikalischen Verfahren herangezogen werden: α) Erhitzen, β) Trocknen und γ) Kühlen.

Die neuen, in der Entwicklung stehenden Sterilisierungsmethoden unter Anwendung bakterientötender *Strahlen* (Elektronenstrahlen und elektromagnetischer Strahlen, wie Röntgen- und γ-Strahlen, vgl. S. 110) zeigten bei Fetten und Ölen bisher keine befriedigenden Ergebnisse, da sehr leicht Oxydationsreaktionen (Ranzigkeit) ausgelöst werden[1,2]. Auch bei Verwendung der UV-Strahlen, die erfolgreich zur Oberflächenentkeimung von Fleisch herangezogen werden, beobachtet man bei Fettfleisch eine beschleunigte Ranzidität; diese Wirkung kann sowohl unmittelbar photochemisch als auch sekundär durch das gebildete Ozon verursacht werden[3]. Ebenfalls sind die Versuche mit Ultraschall, der unter gewissen Bedingungen Bakterien abzutöten vermag, bis jetzt zur Entkeimung von Fetten erfolglos geblieben[2].

α) *Erhitzen (Sterilisieren, Pasteurisieren).* Die klassische Methode der Keimfreimachung, die Sterilisation, eine Erhitzung auf 100° C und höher, die eine Abtötung der Mikroorganismen bzw. eine Denaturierung des Fermenteiweißes herbeiführt, findet auf dem Fettgebiet nur begrenzte Anwendung. So hat beispielsweise eine dielektrische Erhitzung von Baumwollsaat, wodurch eine lipatische Fettspaltung während der Lagerung vermieden wird, bisher (wegen der hohen Kosten) nur theoretisches Interesse. Bei der Palmölgewinnung ist es vorteilhaft, zur Inaktivierung der Fermente die Fruchtbüschel oder Früchte sobald wie möglich nach der Ernte einer sog. „Sterilisation" mit offenem Dampf zu unterwerfen[4]. Die üblichen Sterilisationsmethoden kommen als Konservierungsverfahren nur für hochwertige Fertigprodukte, wie Schmalz, Butter, in Frage, die steril verpackt (z. B. in Dosen) keiner Neuinfektion ausgesetzt und meist für den direkten Verbrauch bestimmt sind.

Auch die Pasteurisierungsverfahren (Temperaturen unter 100° C), die eine Schwächung bzw. begrenzte Behinderung der Bakterientätigkeit bewirken, werden praktisch nur bei fetthaltigen Lebensmitteln (Milch) herangezogen.

Zwangsläufig wird durch die im Gange der Fettgewinnung verwendeten hohen Temperaturen, wie sie z. B. beim Ausschmelzen tierischer Fette, bei der

---

[1] KUPRIANOFF, J.: Z. Lebensmittel-Unters. u. -Forsch. Bd. 100 (1955) S. 275.

[2] KAUFMANN, H. P., u. J. G. THIEME: Neuzeitliche Technologie der Fette und Fettprodukte. Münster 1956.

[3] KUPRIANOFF: Kältetechnik Bd. 4 (1952) S. 156.

[4] BAILEY, A. E.: Industrial Oil and Fat Products. New York: Interscience Publishers 1951.

Extraktion oder beim Warmpressen von Pflanzenölen verwendet werden, eine temporäre Keimfreiheit der Fette erzielt, solange bei der Weiterverarbeitung keine neue Infektion durch Mikroorganismen zustande kommt.

β) Trocknen. Durch die Trocknung soll den Fetten und fetthaltigen Stoffen das Wasser so weit entzogen werden, daß den Mikroorganismen die Möglichkeiten zur Fortentwicklung genommen sind. Dabei werden die vor der Trocknung vorhandenen Kleinlebewesen keineswegs immer abgetötet, sie liegen vielmehr z. T. noch lebensfähig, wenn auch in einem ruhenden, inaktiven Zustand vor. Bei Aufnahme gewisser Feuchtigkeit wird daher ein erneutes Wachsen der Mikroben einsetzen. Technologisch spielen die Trocknungsvorgänge vor allem bei den Fettrohstoffen eine Rolle.

Bei Ölsaaten ist der Wassergehalt bzw. die Trockenheit von besonderer Bedeutung für die Lagerfähigkeit und Verarbeitung. In althergebrachter Weise wird oft die Lagerung mit einer Trocknung verbunden, bei der der Wassergehalt der Saat durch die rel. Luftfeuchtigkeit bestimmt wird. Wenn der Wassergehalt der Saaten die zulässige Grenze überschreitet, ist eine Trocknung des Lagergutes vor der Einlagerung unbedingt erforderlich. Raps fällt beispielsweise mit einer absoluten Feuchtigkeit von 25 bis 30% an und muß vor der Lagerung auf unter 10% getrocknet werden[1].

Zur Trocknung werden in der Praxis insbesondere verwendet: Darren-, Kammer- und Kanaltrockner, Rührwerktrockner, Riesel- und Ringschachttrockner und Trommeltrockner[2].

Bei tierischen Fettrohstoffen sind praktisch keine besonderen Trocknungsverfahren erforderlich. Das Fettgewebe der Landtiere erfährt bei der Kühlhauslagerung eine gewisse Trocknung, die durch eine lebhafte Luftumwälzung begünstigt wird.

Einen Trocknungsvorgang stellt das Ausschmelzen der Butter dar, wodurch die Haltbarkeit des Butterfettes verlängert wird.

γ) Kühlen. Die Tätigkeit von Kleinlebewesen bzw. von Fermenten in Fetten und damit das biochemische Fettverderben, läßt sich durch Temperatursenkung weitgehend einschränken.

Aus Tab. 5 ist zu ersehen, daß die Wirkung von Fermenten durch Erniedrigung der Temperatur stark zurückgedrängt wird. Doch ist das Enzym bei $-30°$ C, wenn auch sehr schwach, noch wirksam. Es tritt also bei Anwendung der Kälte nicht eine Abtötung der Mikroorganismen und Fermente ein, sondern nur eine Hemmung[4]. Sporen von Schimmelpilzen bleiben lebensfähig. Somit können die Fette nach dem Auftauen verstärkt dem mikrobiellen Verderb anheimfallen.

Bei den für den biochemischen Verderb anfälligen *Fettrohstoffen* hat sich die Anwendung von Kälte in mehrfacher Weise eingeführt.

Tabelle 5. *Verhalten von Olivenöl gegenüber fettspaltenden Enzymen (Pankreaslipase)*[3].

Lagertemperatur in °C	5%ige Spaltung des Olivenöles tritt ein nach
40	1 Minute
30	2 Minuten
0	90 Minuten
− 6,7	6 Stunden
−12	22 Stunden
−30	7 Tagen

So ist bei der Ölsaatenlagerung, besonders bei Saaten, die zur Selbsterhitzung neigen (in bestimmtem Umfang mikrobiell zu deuten), die Abführung der Wärme

---

[1] Ghehle, H.: Fette u. Seifen Bd. 51 (1944) S. 67.
[2] Kaufmann, H. P., u. J. G. Thieme: Fette u. Seifen Bd. 59 (1957) S. 50, 112.
[3] Balls, A. K., M. B. Matlack u. I. W. Tucker: J. biol. Chemistry Bd. 122 (1937) S. 125.
[4] Vgl. Bd. 9 dieses Handbuches, S. 202.

ein technologisches Problem, das im allgemeinen mittels Durchlüftung mit kalter Luft gelöst wird[1].

Die tierischen Fettrohstoffe können überhaupt nur bei niederer Temperatur längere Zeit aufbewahrt werden. Abb. 180 zeigt, daß bereits eine Herabsetzung der Temperatur von etwa 23° C (Raumtemperatur) auf 5° C eine erheblich langsamere Fettsäurenbildung in Flomenfett bewirkt. Die praktisch angewandten Lagertemperaturen für das Rohfett von Schweinen liegen zwischen +2° C und —4° C, bei Rinderfettgeweben um +3° C. Bei Kühlhaustemperaturen über 0° C besteht für Fettgewebe nur eine beschränkte Lebensdauer von etwa 2 bis 4 Wochen. Durch Gefrieren ist es aber möglich, diese Fettrohstoffe monatelang zu lagern. Wird Rinderrohfett nach den Schlachtungen nicht unmittelbar verarbeitet, so kann es nach schnellem Einfrieren bei —4° C bis —6° C gelagert werden[2]. Auf ein *schnelles* Einfrieren muß geachtet werden, da sonst eine u. U. beachtliche hydrolytische Fettspaltung auch bei den verminderten Temperaturen vor sich geht[3]. Nach KIERMEIER und HEISS[4] sind für eine Lagerung von Fettgeweben über 4 bis 5 Monate hinaus tiefere Temperaturen, bis zu —15° C, erforderlich, da die Fettgewebe bei einer bei —8° C bis —9° C durchgeführten Aufbewahrung tranig und ranzig werden. Den Einfluß verschiedener Gefriertemperaturen bei der Lagerung von Rinder- und Schweinefettgeweben zeigt Abb. 181[5]. Es geht aus diesen den Frischezustand und die Qualität anzeigenden Analysenwerten (Oxydationszahl, Säurezahl, Peroxydzahl) hervor, daß die Beschaffenheit der bei —15° C und der bei —21° C

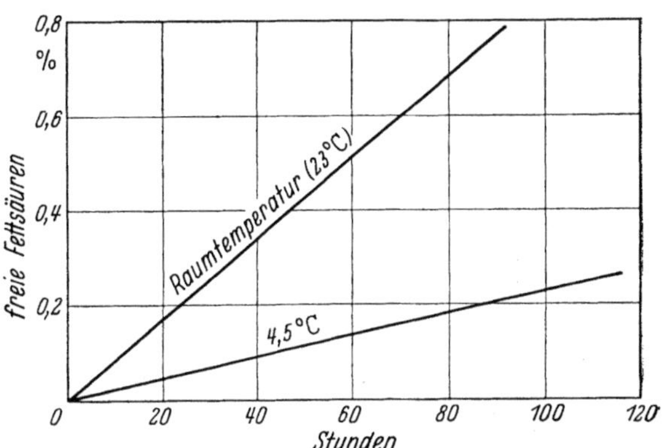

Abb. 180. Bildung freier Fettsäuren in Flomenfett bei Raumtemperatur und bei 4,5° C (nach VIBRANS) [aus: J. Amer. Oil Chem. Soc. Bd. 26 (1949)].

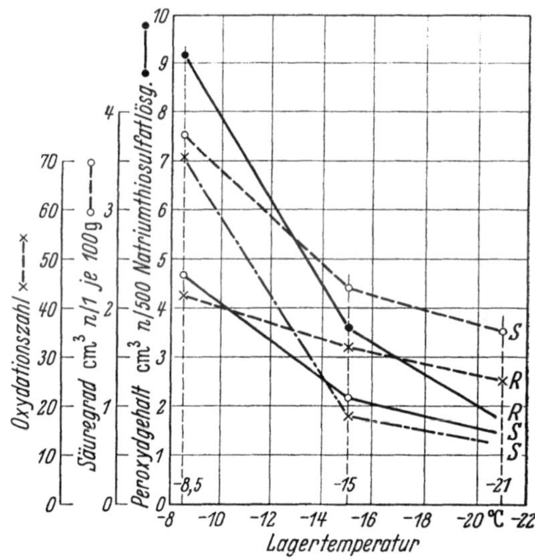

Abb. 181. Einfluß der Lagertemperatur auf Peroxydgehalt, Säuregrad und Oxydationszahl bei Rinder- und Schweinefettgeweben nach 531tägiger Lagerzeit. *R* Rinderfettgewebe, *S* Schweinefettgewebe.

---

[1] KAUFMANN, H. P., u. J. G. THIEME: Neuzeitliche Technologie der Fette und Fettprodukte. 1. Lieferung. Münster: Aschendorffsche Verlagsbuchhandlung 1956.

[2] HEINZE, K.: Fette u. Seifen Bd. 55 (1953) S. 44.

[3] BAILEY, A. E.: Industrial Oil. and Fat Products. New York: Interscience Publishers 1951.

[4] KIERMEIER, F., u. R. HEISS: Z. ges. Kälteind. Bd. 46 (1939) S. 91, 111. F. KIERMEIER,: Fette u. Seifen Bd. 46 (1940) S. 400.

[5] HEISS, R.: Fortschritte der Lebensmittelforschung. Dresden-Leipzig: Steinkopff 1942.

gelagerten Fettgewebe wenig verschieden ist, während die bei $-8,5°$ C gelagerten Proben deutlich ungünstigere Ergebnisse zeigen.

Die biochemisch bedingten Veränderungen der Fette bei der Gefrierlagerung von Warmblüterfleisch, Geflügel und Fisch sind wie auch die rein chemischen Wertminderungen durch eine genügend tiefe Lagerungstemperatur aufzuhalten (s. S. 422).

Ein unentbehrliches Mittel zur Haltbarkeitsverlängerung ist die Kälte bei den empfindlichen wasserhaltigen Fertigwaren, vor allem bei Butter (vgl. S. 341).

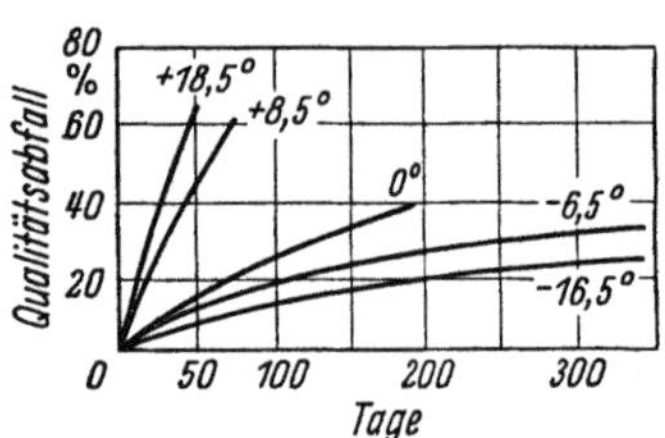

Abb. 182. Einfluß der Lagertemperatur auf den Qualitätsabfall von Margarine (aus Heiss: Fortschritte der Lebensmittelforschung. Dresden und Leipzig: Steinkopff 1942).

Auch bei Margarine wird das Sauerwerden wie auch der Qualitätsabfall durch eine tiefere Lagerungstemperatur aufgehalten, Abb. 182. Gerade die auf biochemischem Wege erfolgende Fettsäuren- und Methylketonbildung (s. S. 413) wird durch eine Kalt- bzw. Gefrierlagerung so weit gehemmt, daß nach Kiermeier und Heiss[1] wesentlich längere Frischhaltezeiten erreichbar sind.

Da sich NaCl fördernd auf biochemisch bedingte oxydative Vorgänge auswirkt (vgl. S. 414), ist bei der Verwendung von Kochsalz auch bei gefrorenen Fetten besondere Vorsicht geboten.

Es liegen nicht nur Ergebnisse bei Fettheringen, sondern auch bei Speck vor, die den beschleunigenden Einfluß von Kochsalz auf die Oxydationsranzigkeit der hier in Frage kommenden Fette während der Kaltlagerung belegen[2].

b) Chemische Möglichkeiten zur Verhinderung des biologischen Fettverderbes. In Deutschland sind bei Nahrungsfetten mit Ausnahme von Margarine Zugaben von Konservierungsmitteln verboten; es besteht bei den gereinigten, wasserfreien Fetten auch keine gesundheitliche, technische oder wirtschaftliche Notwendigkeit nach solchen Zusätzen. Bei der Margarine sind Benzoesäure, Benzoesaures Natrium und verschiedene Ester von p-Oxybenzoesäure in folgenden Höchstmengen zugelassen:

	Max. Menge in 100 g Margarine
Benzoesäure	200 mg
Benzoesaures Natrium	240 mg
Ester von p-Oxybenzoesäure . . .	80 mg

Neuerdings wird in Deutschland für Margarine auch die physiologisch unbedenkliche Sorbinsäure in Konzentrationen von 50 bis 100 mg% vorgeschlagen und schon teilweise verwendet (in den USA bereits in verschiedenen Lebensmitteln zugelassen)[3]. Sorbinsäure übertrifft die bakteriostatische und fungistatische Wirkung der Benzoesäure und beeinflußt nicht den Geschmack von Margarine, was bei Benzoesäure vielfach nachteilig beobachtet wird.

Bei der Lagerung von Saaten hat der Einsatz chemischer Mittel zur Hemmung des Mikrobenwachstums Bedeutung[4]. Diese Stoffe werden teils in Gas- bzw. Dampfform, teils in fester Form zugesetzt. Durch eine Schädlingsbekämpfung der Ölsaaten mittels Chemikalien (s. S. 415) wird meist auch das Wachstum von Mikroorganismen unterdrückt.

---

[1] Siehe Fußnote 4 auf S. 419.   [2] Siehe Fußnote 1 auf S. 414.
[3] Becker, E., u. I. Roeder: Fette u. Seifen Bd. 59 (1957) S. 321.
[4] Kaufmann, H. P., u. J. G. Thieme: Siehe Fußnote 1 auf S. 419. — R. Lüde: Gewinnung von Fetten und fetten Ölen. 3. Aufl. Dresden-Leipzig: Steinkopff 1954. — A. E. Bailey: Industrial Oil and Fat Products. New York: Interscience Publishers 1951.

2. Maßnahmen gegen das chemische Fettverderben.

a) Vermeidung hydrolytischer Vorgänge. Wie bereits S. 414 dargelegt, spielen die rein chemisch-hydrolytischen Spaltungsreaktionen in Fetten auf Grund ihrer geringen Reaktionsgeschwindigkeit nur eine untergeordnete Rolle. Da diese hydrolytischen Vorgänge an die Anwesenheit gewisser Wassermengen gebunden sind, wird durch die Trocknung der Fette diese Verderbensmöglichkeit weitgehend ausgeschlossen. Deshalb werden Fette immer dann einem Trocknungsprozeß, meist einer Vakuumtrocknung, unterworfen, wenn im Gange der Raffination eine Behandlung mit Wasser (z. B. bei der Dämpfung) oder mit wässerigen Lösungen (z. B. bei der Entsäuerung) stattgefunden hat.

b) Verhinderung des autoxydativen Verderbens. Bei der Vorratshaltung der Fette ist dem zentralen Verderbensvorgang, der Autoxydation, besondere Beachtung zu schenken. Die Beherrschung bzw. die Verhinderung der Autoxydation der Fette läßt sich im allgemeinen nicht durch eine einzige Maßnahme allein, z. B. durch Anwendung der Kälte, erreichen, da vielfältige Faktoren und Reaktionsabläufe die Autoxydationsreaktionen zu beeinflussen vermögen. Es muß das Ziel einer wirksamen Vorratspflege der Fette sein, möglichst alle Gegebenheiten, die die Autoxydation begünstigen, durch entsprechende Maßnahmen auszuschließen.

Da der Angriff des Sauerstoffes vornehmlich an den mehrfach ungesättigten Fettsäuren einsetzt und somit die Glyzeride mit höher ungesättigten Fettsäuren wesentlich leichter und schneller der Autoxydation unterliegen, hilft man sich in der Praxis teilweise damit, daß man leicht oxydable Fette und Öle, wie z. B. die hochungesättigten Seetieröle, hydriert, d. h. die Doppelbindungen (wenigstens teilweise!) mit Wasserstoff absättigt (vgl. S. 398). Die gehärteten Öle sind dem Luftsauerstoff gegenüber bedeutend stabiler als ihre nichthydrierten Ausgangsstoffe.

Da man auf Grund der neueren Forschungen weiß, daß sowohl Wärme und Licht als auch Schwermetalle, Hämine oder Chlorophyll die Startreaktion der Autoxydation, nämlich die Bildung der Fettsäureradikale, auslösen, so ist ihre Einflußnahme möglichst zu Beginn der Fettlagerung zu verhindern. Sind einmal Fettsäureradikale gebildet, so ist die Kettenreaktion des autoxydablen Fettverderbens in Gang gesetzt.

α) Ausschluß des Lichtes. Es ist zu beachten, daß die energiereicheren Strahlen — also UV-Licht und sichtbare UV-nahe Bereiche — die Startreaktion der Autoxydation stärker begünstigen als die energieärmeren langwelligeren Lichtstrahlen. Als Schutzmaßnahmen kommen in Frage: Dunkellagerung, Lichtschutzfilter, Verwendung von grünem Licht, Benutzung gefärbter Zellophane zur Absorption schädlicher Strahlenbereiche sowie lichtundurchlässiges Verpackungsmaterial (aluminiumkaschierte Papiere).

β) Ausschluß von Sauerstoff. Da die in Gang gekommene Autoxydation durch eine steigende Sauerstoffaufnahme gekennzeichnet ist, ist die Fernhaltung von Sauerstoff in allen Verfahrensstufen der Fettgewinnung und -verarbeitung eine der wichtigsten Forderungen für die Haltbarkeit der Produkte.

So werden in modernen Betrieben geschlossene, evakuierbare Behälter und Apparate wie auch Vorrichtungen zum Arbeiten unter inerten Gasen verwendet. Die Gefahr der Autoxydation infolge Lufteinwirkung während der Raffination ist heute weitgehend ausgeschaltet; die in dieser Richtung empfindlichste Operation, die Desodorisierung, wird im Hochvakuum mit O_2-freiem Wasserdampf oder inerten Gasen durchgeführt (vgl. S. 398).

Auch die Lagerung jeglicher Fette — von Ölsaaten[1], tierischen Rohstoffen[1], Roh- und Reinfetten[2] — sollte möglichst unter Ausschluß von Luftsauerstoff erfolgen. Man lagert im Vakuum oder in inerter Atmosphäre (N_2 oder CO_2).

γ) *Raffination.* Typische Autoxydationskatalysatoren, die die Geschwindigkeit des autoxydativen Verderbens der Fette erheblich beschleunigen, stellen die Schwermetalle dar. Die zu lagernden Fette müssen deshalb möglichst frei von Schwermetallen sein.

Im Hinblick auf die Vorratshaltung ist es eine äußerst wichtige Aufgabe der Raffinationstechnik, die schädlichen Schwermetalle Fe und Cu durch eine optimale Behandlung, z. B. mit aktiven Bleicherden, aus dem Fett zu entfernen.

Zum Abfangen der Schwermetalle wird bei der Raffination, insbesondere bei der abschließenden Desodorisierung, wie auch später bei der Lagerung die Zitronensäure verwendet. Auch Phosphorsäuren, Weinsäure und Aminosäuren werden als Schwermetallinaktivatoren herangezogen.

Die Raffination der Fette hat nicht nur Bedeutung für die Vorratshaltung der Fette durch die Entfernung der schädlichen Schwermetalle. Sie ist auch die einzige Möglichkeit, die die Autoxydation fördernden fetteigenen organischen Stoffe, wie Hämin und Chlorophyll, zu entfernen.

Weiterhin muß man die Entsäuerung als eine Maßnahme gegen das autoxydative Verderben der Fette betrachten: Fette, die einen bestimmten Gehalt an freien Fettsäuren enthalten, unterliegen besonders leicht dem autoxydativen Verderben. So hat z. B. Rinderfett eine kürzere Haltbarkeit, wenn freie Fettsäuren durch mikrobielle Beeinflussung in dem zu lagernden Fett entstanden sind[3].

Da leicht zersetzliche Peroxyde bzw. Hydroperoxyde Fettsäureradikale zu bilden vermögen und somit als Startkatalysatoren für die autoxydativen Kettenreaktionen in Frage kommen, müssen Lagerfette möglichst frei von jeglichen Peroxyden sein. Zur Bevorratung eignen sich nur „frische" Fette.

Als Test für den Frischezustand eines Fettes kann die Bestimmung der Peroxydzahl (vgl. S. 403) herangezogen werden. Als Faustregel gilt, daß Fette mit Peroxydzahlen unter drei (ausgedrückt in ml 0,002 n Natriumthiosulfatlösung pro 1 g Fett) noch „frisch" sind und sich für eine Lagerung eignen. Fette mit Peroxydzahlen zwischen 3 und 10 sind bereits anoxydiert und weisen auf ein mehr oder minder starkes „Angegangensein" hin, das sich jedoch organoleptisch meist noch nicht bemerkbar macht. Bei solchen Fetten ist eine Lagerung — auch bei tiefen Temperaturen — nicht mehr vertretbar. Die beginnende Genußuntauglichkeit wird durch Peroxydzahlen über 10 angezeigt[4].

δ) *Kälteanwendung.* Die bei den tierischen Rohfetten wegen des biochemischen Fettverderbes notwendigen tiefen Lagertemperaturen (vgl. S. 418) sind auch im Hinblick auf die autoxydativen Vorgänge notwendig. Wie aus Abb. 181 hervorgeht, liegen die Peroxydzahlen von Rinder- und Schweinefettgeweben nach einer Lagerung bei $-8,5°$ C deutlich höher als nach einer Aufbewahrung bei $-15°$ C und $-21°$ C.

Im allgemeinen können isolierte reine pflanzliche Öle mit hohem Tokopherolgehalt — möglichst unter Luftabschluß — ohne Beeinträchtigung bei gewöhn-

---

[1] Kaufmann, H. P., u. J. G. Thieme: Neuzeitliche Technologie der Fette und Fettprodukte. Münster: Aschendorffsche Verlagsbuchhandlung 1956.

[2] Bailey, A. E.: Industrial Oil and Fat Products. New York: Intersience Publishers 1951.

[3] Lea, C. H.: Scientific and technical Surveys Nr. 14 (1950).

[4] Purr, A.: Fette u. Seifen Bd. 55 (1953) S. 239; Bd. 55 (1953) S. 317.

lichen Temperaturen gelagert werden[1]. Tierische Fette dagegen, die von Natur aus sehr wenig oder keine Antioxydantien enthalten, sind nur bei tiefen Temperaturen zu lagern. Bei Schmalz und anderen hochschmelzenden Fetten ergeben sich gewisse technische Schwierigkeiten wie auch Gefahrenmomente für die weitere Haltbarkeit nach der Kaltlagerung in Lagertanks, da der Tank zum Abziehen des Fettes jeweils erwärmt werden muß[1].

Eine allgemeingültige Beziehung zwischen Lagertemperatur und Lagerzeit gibt es nicht, da die Neigung zum Verderben in den einzelnen Fetten auf Grund der vielfältigen Verderbseinflüsse außerordentlich verschieden ist. So handelt es sich bei den von KIERMEIER[2] in Tab. 6 zusammengestellten Werten auch nur um ungefähre Anhaltspunkte für die Praxis der Lagerhaltung.

Die Werte in Tab. 6 stützen sich auf Versuche mit Butter, Margarine, Schweine-, Rinder- und Hühnerfettgewebe. Für reine Fette können höhere Temperaturen angewendet werden; Fischtrane müssen dagegen unter $-20°$ C gelagert werden.

Tabelle 6. *Abhängigkeit der Lagerzeit von der Lagertemperatur.* (Nach F. KIERMEIER[2].)

Lagerdauer Monate	Lagertemperatur °C
bis zu 1	0 bis — 1
1 bis 3	—3 bis — 6
2 bis 4	—6 bis — 8
3 bis 5	—8 bis — 10
4 bis 7	— 10 bis — 12
6 bis 9	— 12 bis — 15
über 9	— 15 bis — 20

Aus wirtschaftlichen Gründen wird man bei tierischen Fetten nur im Falle langfristiger Lagerzeiten Temperaturen unter $-15°$ C heranziehen (vgl. auch S. 419).

Sollen Fette durch eine Kaltlagerung längere Zeit aufbewahrt werden, so muß darauf geachtet werden, daß das Fett sofort auf die tiefe Lagertemperatur gebracht wird. Durch eine Vorlagerung bei höherer Temperatur werden meist schon genügend Startreaktionen der Autoxydation ausgelöst und so die Haltbarkeit merklich abgekürzt.

Gefrierlagerung ist allgemein nur sinnvoll, wenn das einzulagernde Fett frisch ist, d. h. wenn es noch nicht anoxydiert ist. In den anoxydierten Fetten, in denen eine Startreaktion die Kettenreaktion der Autoxydation in Gang gebracht hat, kann die Temperatursenkung keine entscheidende Haltbarkeitsverlängerung bewirken. Wenn z. B. ein Fett 2 Monate bei $-6°$ C vorgelagert wird, so kann es bei $-20°$ C nicht mehr über 9 Monate gelagert werden, die Haltbarkeitszeit ist bedeutend kürzer[2].

Um eine wirksame Kaltlagerung zu gewährleisten, müssen auch bei den tiefen Temperaturen möglichst alle anderen, die Autoxydation beschleunigenden Faktoren ausgeschaltet werden. So sollte unter Ausschluß von Licht gelagert werden. An Schweinefett hat sich gezeigt, daß noch bei $-6°$ C die elektrische Beleuchtung der Kühlräume ein schnelleres Ranzigwerden verursachte[3].

Es kommen für die Kaltlagerung nur einwandfrei hergestellte, schwermetallfreie und auch von organischen Prooxydantien (Hämin, Chlorophyll) befreite Fette in Frage.

Auch bei der Kaltlagerung der Fette ist der Ausschluß von Luftsauerstoff angezeigt. Wenn eine luftdichte Verpackung nicht möglich ist, wie z. B. bei der Aufbewahrung von Fettgeweben, so muß man auf eine starke Luftzirkulation in

---

[1] BAILEY, A. E.: Industrial Oil and Fat Products. New York: Interscience Publishers Inc. 1951.
[2] KIERMEIER, F.: Gefriertaschenbuch. Berlin: VDI 1944.
[3] KIERMEIER, F.: Fette u. Seifen Bd. 45 (1938) S. 479.

den Kühlräumen verzichten. Es wurden deshalb Innenlüfter[1] und die Verwendung von inerten Gasen vorgeschlagen[2].

ε) *Anwendung von Antioxydantien*[3]. Die Autoxydation kann wirksam durch Antioxydantien gehemmt werden. Die Wirkung der Antioxydantien, die im allgemeinen phenolischer Natur sind, wird heute dahingehend gedeutet, daß sie die Bildung von Fettsäureradikalen und somit die sich anschließenden Kettenreaktionen verhindern. Sie werden jedoch im Laufe der Autoxydation verbraucht und gewähren daher nur einen gewissen zeitlich begrenzten Schutz. Bereits anoxydierte Fette können durch Antioxydantien nicht wieder in einen „Frischzustand" zurückgeführt werden.

Die Stabilität natürlicher Fette und Öle ist weitgehend auf den Gehalt an natürlichen Antioxydantien zurückzuführen, unter denen die bekanntesten und auch in der Praxis am meisten verwendeten die *Tokopherole* sind. Man ist daher bei der Raffination der Fette bestrebt, die fetteigenen Antioxydantien zu erhalten. Man setzt teilweise auch antioxydantienreiche Pflanzenöle, wie Raps-, Soja- und Baumwollsaatöl, anderen schnellverderblichen Fetten zu.

Die wichtigsten, heute verwendeten und pharmakologisch überprüften Antioxydantien sind neben den *Tokopherolen* die Nordihydroguaiaretsäure (*NDGA*), die *Gallate*, *BHA* (Butyl-Hydroxy-Anisol) und *BHT* (Butyl-Hydroxy-Toluol).

Bei Einsatz der Antioxydantien ist darauf zu achten, daß man jeweils eine bestimmte optimale Konzentration, die auch vom Gehalt an fetteigenen Antioxydantien abhängig ist, nicht überschreitet, da sonst eine Wirkungsinversion (Umkehr der antioxydativen in eine prooxydative Wirkung) erfolgen kann[4].

Gewisse mehrbasische organische oder auch anorganische Säuren (Zitronensäure, Weinsäure, Phosphorsäure, Aminosäuren) verstärken die Wirkung der Antioxydantien und werden deshalb in der Fettpraxis als *Synergisten* bezeichnet. Sie selbst wirken nicht antioxydativ. Ihre Wirkung beruht vielmehr auf ihrer Fähigkeit der Schwermetallbindung und der Regeneration der primären (phenolischen) Antioxydantien[4].

Der Zusatz von Antioxydantien zu Speisefetten ist in der Bundesrepublik gesetzlich noch nicht erlaubt, in vielen anderen Ländern dagegen gesetzlich geregelt.

---

[1] Siehe Fußnote 3 auf S. 423.
[2] Lea, C. H.: J. Soc. chem. Ind. Bd. 52 (1933).
[3] Raeithel, H.: Z. U. L. Bd. 95 (1952) S. 246.
[4] Heimann, W., u. H. v. Pezold: Fette u. Seifen Bd. 59 (1957) S. 330.

Schokolade und Süßwaren.

Von

Dr.-Ing. **Walther Tamm**
München.

Mit 5 Abbildungen.

A. Schokolade.

I. Einleitung.

Bei der Herstellung von Schokolade und Zuckerwaren wird heute allgemein von künstlicher Kälte Gebrauch gemacht. Die Zahl der Fabrikationsbetriebe ist jedoch in vielen Ländern nicht sehr groß (in Deutschland gab es vor dem 2. Weltkriege etwa 180), und ihr Kältebedarf verhältnismäßig gering, so daß sie für die Kälteindustrie nur ein Anwendungsgebiet von verhältnismäßig untergeordneter Bedeutung darstellten. Seitdem man jedoch, wenigstens in großen Betrieben, in neuerer Zeit dazu übergegangen ist, einen Teil der Fabrikationsräume zu klimatisieren, entstand hier für die Klimaindustrie ein Feld, in dem auch Kälteanlagen von erheblicher Größe nötig wurden.

Für die Herstellung von Schokolade hat sich kein völlig einheitliches Verfahren herausgebildet, das für alle Betriebe maßgebend wäre. Vielmehr hat hier jede Fabrik ihre besonderen Methoden, in welche sie anderen nicht gerne Einblick gewährt. Vieles beruht auch heute noch auf reiner Empirie. Dem Kälte- und Klimaingenieur werden daher meistens begrenzte Aufgaben gestellt, die er im Rahmen des ihm im einzelnen unbekannt bleibenden Herstellungsprozesses zu lösen hat. Immerhin stimmen die verschiedenen Verfahren doch in wesentlichen Grundzügen überein, die im folgenden dargestellt werden sollen.

II. Die Herstellung von Kakao und Schokolade.

Für die Erzeugung eines bestimmten Geschmackes der Schokolade werden verschiedene Sorten von Kakaobohnen vor der Verarbeitung gemischt. Eine Gefahr bei der Lagerung der rohen Kakaobohne sind Motten. Sie können durch wechselweise Anwendung von Temperaturen unter und über 0° C vernichtet werden.

Schokolade ist eine Zubereitung aus Kakao und Zucker, der häufig Gewürze, wie Vanille und Vanillin, sowie Nähr- und Geschmacksstoffe, wie Milch, Mandeln, Nüsse, Rosinen und gelegentlich auch Liköre zugesetzt werden, wobei bestimmte Höchst- und Mindestgehalte für die einzelnen Bestandteile häufig gesetzlich vorgeschrieben sind. Der Zuckergehalt darf beispielsweise nicht mehr als 70% betragen. Der Fettgehalt beträgt 25 bis 30% und mehr. Er setzt sich zusammen aus dem der Kakaobutter und etwaiger Zusätze, wie Milch und Öl aus Nüssen. Für die Herstellung wird eine große Zahl von Hilfsmaschinen verwendet. Zuerst werden die Kakaobohnen in Siebmaschinen von Staub und Grus gereinigt. Mit einem Magnet werden evtl. vorhandene Eisenteile entfernt. Die Bohnen fallen auf ein Förderband, auf dem etwa noch vorhandene Fremdkörper von Hand ausgelesen werden. Daran schließt sich ein Röstprozeß, der eine bessere Entwicklung des spezifischen Kakaoaromas und Aufschließung und Veränderung der in den Bohnen vorhandenen Kohlehydrate bewirkt. Außerdem wird beim Rösten die Bohne brüchig, so daß sich die Schale leicht vom Kern ablöst. Das Rösten geschieht in rotierenden kugelartigen Behältern, durch welche ein heißer Luftstrom hindurchgeführt wird. Häufig werden auch dampfbeheizte Trommeln verwendet. Die Rösttemperatur beträgt etwa 125° C. Dabei wird die Feuchtigkeit entfernt, welche die Zähigkeit der späteren Kakaomasse wesentlich erhöhen würde. Die heißen Bohnen werden auf ein unterhalb der Röstbehälter befindliches Kühlsieb entleert und mittels durchgesaugter Luft gekühlt. Die erkalteten Bohnen kommen in die Brech- und Reinigungsmaschine, werden hier zwischen zwei weitgestellten Walzen grob zerkleinert und durch Siebzylinder nach Größe sortiert, während gleichzeitig ein Luftstrom die leichteren Schalen fortführt. Besondere Einrichtungen dienen der Entfernung des Keimes, welcher sehr hart ist, einen bitteren Geschmack hat und die Güte der Kakaoerzeugnisse verschlechtern würde.

Der so geröstete und gereinigte Kakao wird auf Walzenstühlen gemahlen; früher verwendete man Granitwalzen, jetzt meist Stahlwalzen. Die Walzen werden mit Wasser gekühlt, damit sie sich nicht verziehen und die Temperatur der Kakaomasse 40° C nicht wesentlich übersteigt. Bei diesen Temperaturen wird die Masse infolge ihres natürlichen Fettgehaltes flüssig. Die Kakaomasse gelangt dann in die Topfpressen, wo sie bei etwa 400 at und 100° C behandelt wird. Dabei wird das Fett (von dem die Bohne bis zu 55% enthält) von der Kakaomasse bis zu einem gewünschten Prozentsatz getrennt; den Rückstand bildet der Kakaopreßkuchen. Das gewonnene Fett läßt man sich absetzen, oder es wird filtriert, dann auf etwa 30° C abgekühlt und in Behälter abgefüllt, die in Räumen von etwa 10° C gelagert werden, wo das Fett erstarrt. Diese Räume werden zweckmäßig dunkel gehalten.

Die Preßkuchen werden auf Nußgröße vorgebrochen und dann zu einem feinen Pulver auf wassergekühlten Walzenstühlen, Kollergängen oder Schlagkreuzmühlen zermahlen. Das Erhalten der Farbe wird durch eine rasche Abkühlung des Pulvers auf etwa 20° C in zylindrischen doppelwandigen Trommeln, die mit Sole gekühlt werden, begünstigt. Das Pulver muß gegen Feuchtigkeit geschützt werden; auch ist es außerordentlich empfindlich gegen fremde Gerüche.

Bei der Herstellung von Schokolade kommt das Kakaopulver in diesem Zustand in die Mischmaschine, wo feingemahlener Zucker und gegebenenfalls auch Gewürze und Nährstoffe zugesetzt werden. Hier läuft die Masse um, bis eine gleichförmige Mischung, die Rohschokolade, entsteht. Eine Temperatur von 50° C bis 60° C soll nicht überschritten werden, da andernfalls die Schokolade klebrig bleibt, was nur durch tiefes Herunterkühlen nach dem Gießen wieder beseitigt werden kann. Für die Herstellung der besseren Sorten wird in der Mischmaschine der Kakaomasse noch ein Zusatz von Kakaobutter gegeben, welche bei der Kakaofabrikation gewonnen wurde, um der Schokolade die schmelzenden Eigenschaften zu verleihen und den Gießprozeß zu erleichtern. Schokoladen mit weniger als 19 bis 20% Fettgehalt bieten Schwierigkeiten beim Gießen und Entfernen aus der Form.

Die Rohschokolade, wie sie aus der Mischmaschine kommt, weist noch keine genügend innige Verbindung ihrer Bestandteile auf. Die richtige Geschmacksausbildung und Feinheit entsteht beim sog. Konschieren. Die Masse wird dabei auf einer weiteren Bearbeitungsmaschine zwischen schnellrotierenden Walzen geschliffen und zerrieben. Dabei werden die Aromastoffe umgebildet, wobei der

Luftsauerstoff eine Rolle spielt und die Feuchtigkeit entweicht. Der Mischprozeß kann verbessert werden durch Karamelisation, einer kurzfristigen Behandlung mit gebranntem Zucker bei einer Temperatur von etwa 180° C. Auch läßt man zuweilen die Masse nach Durchführung dieser Prozesse 24 bis 36 Stunden lang erkalten[1].

Vor der weiteren Verarbeitung wird die Schokolade im allgemeinen längere Zeit hindurch in einem Wärmeraum bei einer Temperatur von 50° C bis 55° C gelagert, wobei sie erfahrungsgemäß an Wohlgeschmack gewinnt. Das Gießen muß bei genau bestimmten Temperaturen ausgeführt werden, deren Höhe sich nach den physikalischen Eigenschaften der Komponenten richtet. Der Schmelzpunkt der Kakaobutter schwankt zwischen 32° C und 35° C und liegt höher als der Erstarrungspunkt, der zwischen 21,5° C und 27° C festgestellt worden ist[2]. Man bringt jedoch die Masse meistens nicht unmittelbar auf Gießtemperatur, sondern schickt sie vorher durch die Temperiermaschine, welche im wesentlichen aus 3 Reihen durch Wasser temperierter horizontal angeordneter Walzen besteht. In der ersten Reihe wird die Schokolade auf 33° C, in der zweiten auf 23° C abgekühlt, wobei die fettigen Bestandteile kristallisieren, während in der dritten die Wiedererwärmung auf Gießtemperatur erfolgt, welche zwischen 30° C und 40° C zu liegen pflegt. Zweck des Temperierens ist es, ein Arbeiten des Teiges zu verhüten und die gewünschte Gießtemperatur genau einzustellen. Auch wird dadurch die Schokolade besonders weich im Innern und zieht sich bei der Abkühlung nach dem Gießen stärker zusammen, so daß sich die Tafeln leichter von den Formen lösen.

Die Verweildauer der Masse in der Temperiermaschine beträgt etwa 10 bis 12 Minuten. Sie gelangt von hier in den Abfüllapparat, in welchem sie in abgewogene Mengen unterteilt und in eiserne, verzinnte und hochgradig polierte Formen gegossen wird. Die Formen gelangen meistens auf ein Förderband, das sie zu den „Klopftischen" bringt, auf denen sie einer rüttelnden und stoßenden Bewegung ausgesetzt werden. Dadurch schmiegt sich die Schokolade aufs engste der Form an, erhält eine glatte Außenseite und wird gründlich entlüftet.

Die Überführung in den festen Aggregatzustand und das Ablösen aus der Form geschieht nun im allgemeinen unter Verwendung künstlicher Kälte. Über die günstigste Abkühlungsgeschwindigkeit sind die Ansichten verschieden. Es wird behauptet, daß die Schokolade nach schnellem Kühlen und Erstarren beim Anbruch fein und glänzend ist, während sie bei langsamem Kühlen stumpf und grau aussieht. Vielfach wird aber eine langsame Vorkühlung und erst danach eine scharfe Abkühlung empfohlen, und manche Kühlapparate sind auch danach eingerichtet. Die Abkühlung geschieht im allgemeinen durch kalte Luft mit Temperaturen von 5° C bis 12° C. Die Durchkühlung der Schokoladetafeln auf eine Kerntemperatur von 7° C bis 14° C benötigt 15 bis 40 Minuten. Milchschokolade wird tiefer, bittere Schokolade weniger tief gekühlt.

III. Schokoladekühlung.

Vor der Erfindung der Kältemaschine konnte die Herstellung der Schokolade nur während der kalten Jahreszeit vorgenommen werden. Man half sich damals in der Weise, daß in Kellerräumen gußeiserne Tische aufgestellt wurden, in denen Brunnenwasser zirkulierte. Auf diese Tische wurden die Formen gestellt. Die Abkühlung erfolgte dabei langsam, die Tische beanspruchten viel Platz, und es trat oft ein Beschlagen der Ware ein, sobald der Taupunkt der umgebenden Luft

---

[1] BORDENAVE, L.: Siehe das Schrifttum am Ende dieses Artikels.
[2] ZIPPERER, P.: Die Schokoladenindustrie. 2. Aufl. Berlin 1901.

an ihrer Oberfläche unterschritten wurde, was in Kellerräumen mit natürlicher hoher Luftfeuchtigkeit kaum zu vermeiden war. Man umgab deshalb die Tische mit geschlossenen Rahmen, durch welche Luft von höherer Temperatur geblasen wurde, die sich der Oberfläche der Tafeln mitteilte. Damit konnte zwar ein Feuchtigkeitsniederschlag aus der Luft während der Abkühlung verhindert werden; der Abkühlungsprozeß selbst wurde dadurch aber noch mehr verlangsamt, so daß der Erfolg dieser Maßnahme letzten Endes unbefriedigend war.

Nach Einführung der Kältemaschine ging man zunächst dazu über, die mit der flüssigen Schokolade gefüllten Formen auf Gestellen in einen Kühlraum zu bringen, der auf einer Temperatur von 10° C gehalten wurde. Das bedeutete insofern einen Fortschritt, als nun ein Feuchtigkeitsniederschlag während der Abkühlung ohne besondere Mittel mit Sicherheit vermieden werden konnte. Die Abkühlungsgeschwindigkeit wurde dadurch jedoch nicht wesentlich erhöht. Um auf

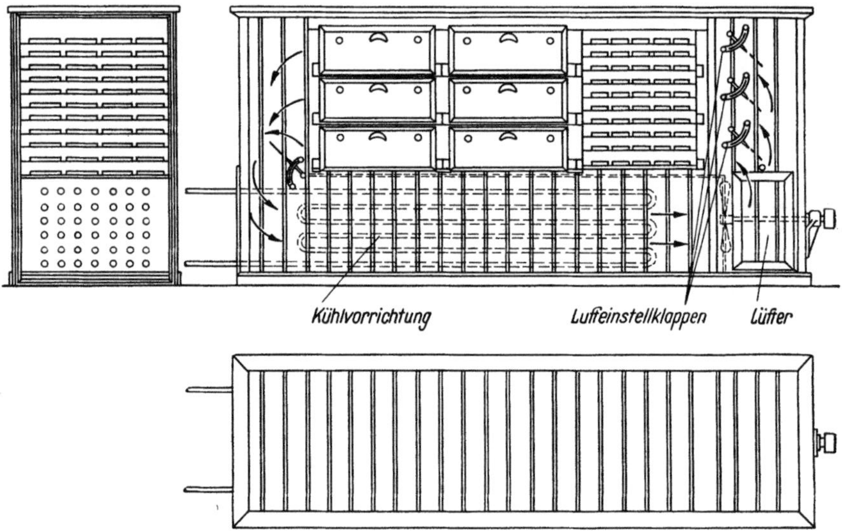

Abb. 183. Schokoladenkühlschrank (J. M. Lehmann, Dresden-Haidenau).

einfache Weise im Kühl- und Arbeitsraum den gleichen Taupunkt zu erhalten, ließ man nämlich die Verbindungstür zwischen beiden offen und scheute sich nun natürlich, im Kühlraum tiefere Temperaturen anzuwenden, weil damit die Arbeitsbedingungen unerträglich geworden wären. Aus demselben Grunde wurde auch auf die Anwendung künstlicher Luftbewegung verzichtet, die an sich die Abkühlungsgeschwindigkeit hätte erhöhen können. So sind die ersten Schokoladekühlanlagen meistens solche mit stiller Kühlung gewesen, und zwar mit Wandberohrung, denn die in diesem Fall günstigere Deckenberohrung hätte die Gefahr des Herabtropfens von Schwitzwasser von den Kühlrohren auf die Schokolade mit sich gebracht. Da es sich meistens um die Kühlung nur eines Raumes handelte, bevorzugte man direkte Verdampfung, und unter den Kältemitteln, der Ausströmungsgefahr wegen, das geruchlose Kohlendioxyd.

Solche Anlagen, von denen eine Anzahl heute noch besteht, sind für den Zweck, der mit ihnen erreicht werden soll, nicht sehr geeignet. Um eine raschere Abkühlung zu erzielen, muß an der Oberfläche der Formen eine höhere Luftgeschwindigkeit von mindestens 1 bis 2 m/s herrschen.

Die Entwicklung von besonderen Schokoladekühlapparaten war deshalb ein beträchtlicher Fortschritt. Sie bestehen meistens aus gut isolierten Holzkästen von zylindrischem oder rechteckigem Querschnitt, die mit gut schließenden Türen versehen sind. Die Kühlschlangen werden gerne unten angeordnet, um ein Mitreißen von Schwitzwasser durch den Luftstrom zu verhindern, der durch einen kräftigen Ventilator aufrechterhalten wird. Jedoch gibt es auch Konstruktionen, in denen die Kühlrohre oben angeordnet sind, mit der Begründung, daß die natürliche Zirkulation in diesem Falle die künstlich erzeugte Luftströmung unterstütze. Diese Wirkung ist jedoch nicht erheblich; dennoch bietet die Anordnung Vorteile, wenn die Ware nach der Abkühlung gelegentlich noch längere Zeit, z. B. während größerer Betriebspausen oder über Nacht, im Kühlapparat verbleibt. Er dient dann als Zwischenlagerraum, dessen tiefe Temperatur auch nach Abstellung des Ventilators aufrechterhalten werden kann. Auf alle Fälle muß bei dieser Anordnung die Luftgeschwindigkeit wegen des Mitreißens von Tropfen auf etwa 1,5 m/s begrenzt werden.

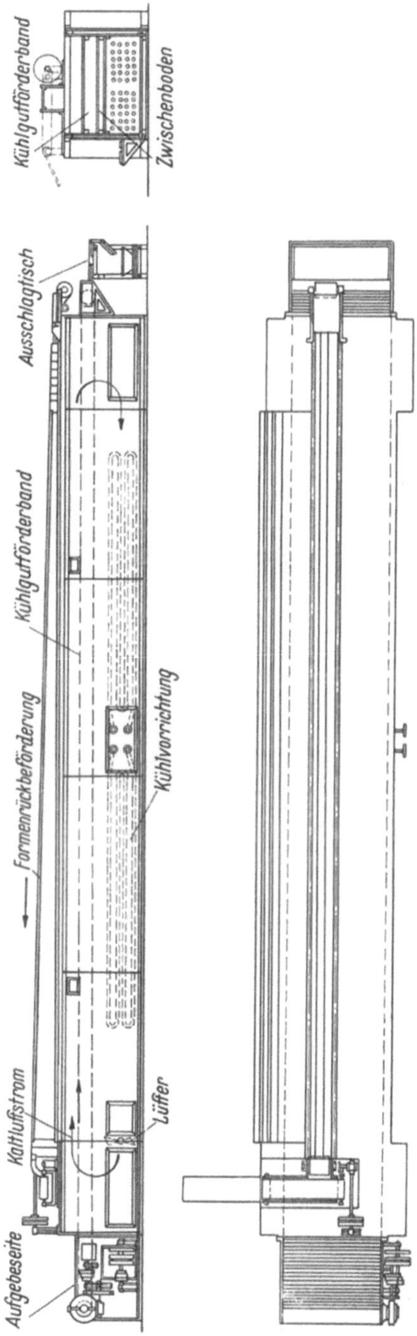

Die Formen werden zweckmäßig auf perforierte Stahlplatten gesetzt, damit sie in unmittelbare Berührung mit der kalten Luft kommen, und zwar bringt man 3 bis 5 kg Schokolade auf eine Platte. Die Platten werden durch die Türen in den Kühlapparat, ähnlich wie in einen Backofen, eingeschoben und nach erfolgter Durchkühlung wieder herausgenommen. Zuweilen werden, wie in dem in Abb. 183 dargestellten Apparat, Zwischenböden angeordnet, die gestatten, den Luftumlauf von einzelnen Gruppen mit Hilfe von Einstellklappen abzusperren, wenn hier geöffnet wird.

Eine weitere Vervollkommnung stellen Kühlapparate dar, in denen die Formen auf ein Förderband gelegt werden, über welches die gekühlte Luft geblasen wird (Abb. 184). Sie nehmen also die Form eines Kühltunnels an. Luft und Kühlgut werden dabei im Gleichstrom geführt, damit die Schokolade beim Ausbringen zuletzt mit der wärmsten Luft in Berührung kommt und infolgedessen weniger leicht zum Beschlagen neigt. Die Kühldauer kann durch Veränderung der Geschwindigkeit des Förder-

Abb. 184. Kühltunnel für Schokolade (M. M. Lehmann, Dresden-Haldenau).

bandes geregelt werden. Zur Rückführung der leeren Formen dient ein zweites, oberhalb der Kanaldecke angeordnetes Förderband. Es haben sich ferner zylindrische Umlaufkühler eingeführt, welche den Vorteil bieten, daß Beschickung und Entnahme an der gleichen Stelle und also von nur einer Person vorgenommen wird. In Deutschland wurde von der Firma Gäbel-Loesch, Dresden, auch ein Kühlapparat entwickelt, bei dem die Formen auf einem Paternosterwerk durch den Apparat gefördert werden. Diese Bauart wurde später, etwas modifiziert, auch für die Herstellung von gefrorenen Lebensmitteln verwendet. Sie ist in diesem Band auf Seite 61 eingehend beschrieben und in Abb. 44 dargestellt.

Wie solche Schränke bzw. Tunnelapparate in den Arbeitsprozeß eingefügt werden, zeigen die Abb. 185 und 186. Die Herstellerfirma gibt dafür nachstehende Beschreibung:

„Die im Rücktransport (6) vorgewärmten Formen gehen über den Quertransport (7) selbsttätig in die Formenfüllmaschine (1) und werden hier in der Weise gefüllt, daß die genau dosierte Menge Schokolade bandförmig und gut verteilt in die Formenvertiefungen eingelegt wird. Auf dem dreibahnigen Klopftisch (2) erfolgt das Entlüften und Einklopfen. Vom Klopftisch gelangen die Formen selbsttätig in den Vertikalkühlschrank (3). Jedes Schienenpaar wird

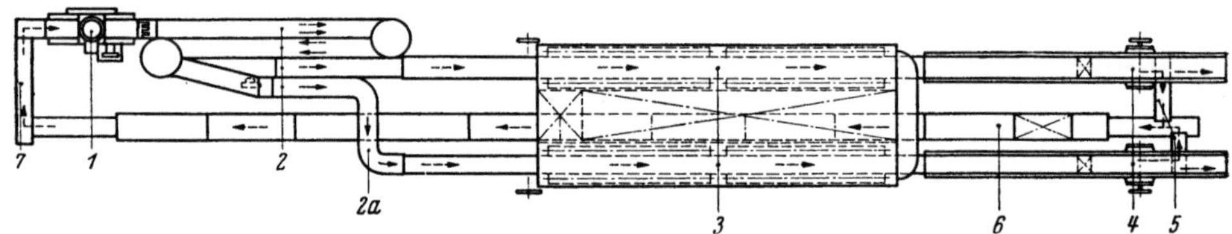

Abb. 185. Grundriß einer vollautomatischen Eintafelanlage zur Kühlung von Schokolade
(Dresden: Gäbel-Loesch).
1 Formenfüllmaschine, *2* Etagenklopftisch, *2a* Überführungstransport, *3* Vertikalkühlschrank, *4* Ausschlagmaschinen, *5* Quertransport nach *6*, *6* Formenrücktransport, *7* Quertransport nach *1*.

mit der zulässigen Anzahl von Formen beschickt und erfährt dann eine Aufwärtsschaltung. Das nächste Schienenpaar tritt in Aufnahmestellung, wird ebenfalls mit Formen belegt usw., bis das vertikale Schienensystem gefüllt ist und die auf der obersten Stellung angelangten Formen auf das gleiche Schienenpaar des zweiten Schienensystems übergeleitet werden. Hier wandern sie in derselben Weise abwärts, um — in Arbeitshöhe angelangt — zur Ausschlagmaschine (4) hin abgegeben zu werden. Da die Formen schubweise aus dem Kühlschrank kommen und die Ausschlagmaschine genau taktmäßig arbeitet, ist eine Ausgleichvorrichtung zwischengeschaltet, die von der Ausschlagmaschine angetrieben wird und die Formen in deren Arbeitsrhythmus überführt. In der Ausschlagmaschine erfolgt das Ausschlagen in der Weise, daß die Formen von 2 Greiferarmen erfaßt, gewendet und über einen Warenabtransport entleert werden. Während die Ware auf diesem Transport zur Verpackungsstelle oder zum Lager kommt, gehen die zum zweitenmal gewendeten Formen über einen Quertransport (5) selbsttätig auf den Formenrücktransport, nach dessen Durchlaufen und Passieren des Quertransportes der Rundlauf mit dem Eintritt in die Formenfüllmaschine von neuem beginnt.‟

Die Länge einer solchen Anlage beträgt je nach Leistung und Raumhöhe zwischen 18 und 24 m, die Breite zwischen 2 und 4 m, der Leistungsbedarf zwischen 15 und 29 PS, bei 4000 bis 20000 kg Fertigware in 8 stündigem Betrieb.

Die nach dem Backofenprinzip arbeitenden Kühlapparate haben gegenüber den Förderbandapparaten den Vorteil, keine beweglichen Teile aufzuweisen und infolgedessen auch weniger leicht mechanischen Störungen ausgesetzt zu sein. Sie werden für Betriebe kleiner und mittlerer Größe bevorzugt. Die nach dem Förderbandprinzip arbeitenden Apparate gestatten dagegen eine Ersparnis an Arbeitskräften, besonders dann, wenn Beschickung und Entnahme an der gleichen Stelle stattfinden. Ferner wird jede Form einer völlig gleichen Beeinflussung durch die Kaltluft ausgesetzt, was jedoch angesichts der geringen, überhaupt auftretenden Temperaturdifferenzen, die etwa 2° C bis 2,5° C betragen, kaum zu einer erheblichen Überlegenheit gegenüber den nach dem Backofenprinzip arbeitenden Apparaten führen kann. Der durch das laufende Band auf das Bedienungspersonal ausgeübte Zwang zu einem bestimmten Arbeitsrhythmus dürfte die Hauptursache dafür sein, daß Großbetriebe diese Apparate bevorzugen.

Abb. 186. Bild einer vollautomatischen Eintafelanlage (Dresden: Gäbel-Loesch).

In den Kühlapparaten werden mittlere Lufttemperaturen von $+5°$ C bis $+10°$ C angewandt. Ihre Wahl wird durch die Überlegung bestimmt, daß die tieferen Temperaturen eine raschere Abkühlung mit den bereits genannten Vorteilen bewirken; dabei wird aber zugleich die Oberflächentemperatur der Ware erniedrigt und für einen Feuchtigkeitsniederschlag in den Verarbeitungs- und Verpackungsräumen empfänglicher gemacht. Die obere Grenztemperatur in diesen Räumen wird mit etwa 20° C angegeben, weil oberhalb dieser die Schokolade leicht einen grauen Niederschlag bekommt und die Hände der Arbeiter zu schwitzen beginnen. Als günstigste Arbeitstemperatur, bei der sich die Arbeitenden am behaglichsten fühlen und der Arbeitsertrag am größten ist, gilt 19° C, als untere Grenze etwa 16° C. In nicht klimatisierten Räumen darf man im gemäßigten Klima im Sommer bei 19° C bestenfalls eine rel. Feuchtigkeit von etwa 60% erwarten. Dem entspricht eine Taupunkttemperatur von etwa 11° C, unter welche also die Oberfläche der Schokolade nicht absinken darf. In diesem Falle wäre es also ein Fehler, im Kühlapparat mit einer mittleren Lufttemperatur von weniger als etwa 10° C zu arbeiten. Wünscht man das trotzdem zu tun, so gibt es zwei Wege, einen Niederschlag zu vermeiden: Man kann entweder die Schokolade nach erfolgter Durchkühlung wieder anwärmen, z. B. durch eine elektrische Heizung im Apparat selbst oder in einer besonderen Anwärmvorrichtung; man kann aber auch die Luft des Arbeits- und Packraumes kühlen, um ihren Taupunkt der Oberflächentemperatur der Schokolade anzugleichen und sie dann anschließend wieder erwärmen. Hierfür wäre also eine Klimaanlage nötig, deren Luftkühler durch eine Kältemaschine gekühlt wird. Im ersten Falle kommt man mit wesentlich geringeren Anlagekosten aus. Klimaanlagen werden erst für größere Betriebe rentabel, es sei denn, daß die klimatischen Verhältnisse am Aufstellungsort ohnehin eine Kühlung des Arbeitsraumes erforderlich machen.

Zuweilen wird die Schokolade nach dem Ausbringen aus dem Kühlapparat in einem Zwischenlagerraum für kurze Zeit gelagert, bevor sie verpackt wird, um eine stetige Arbeitsweise zu sichern oder um die Möglichkeit zu haben, über Feiertage hinweg die noch nicht zur Verpackung gelangten Tafeln unterzubringen. Auch dieser Raum muß klimatisiert werden, damit nicht durch Temperatur- oder Feuchtigkeitsschwankungen der Raumluft ein Beschlagen der Ware eintritt Man wählt hierfür im allgemeinen eine Temperatur von 10° C und eine rel. Feuchtigkeit, die sich nach der Ausbringtemperatur der Schokolade aus dem Kühlapparat richtet.

Für längere Lagerung wird während der heißen Jahreszeit die fertige und verpackte Schokolade in Kühlräumen aufbewahrt, die gleichfalls auf +10° C gehalten werden. In den USA werden für langfristige Lagerung auch tiefere Temperaturen, sogar solche unter dem Gefrierpunkt angewendet. Woodroof[1] empfiehlt für verschiedene Lagerzeiten die in Tab. 1 enthaltenen Temperaturen, die dort für einige Süßwaren angegeben sind.

Tabelle 1. *Lagerzeit in Monaten von Süßwaren bei verschiedenen Temperaturen.*

	Temperatur [°C]			
	20	9	0	−18
Süße Schokolade	3	6	9	12
Milchschokolade	2	4	6	8
Sahnebonbons mit Schokoladeüberzug	1,5	3	5	9
Nüsse[2] (peanut) mit Schokoladeüberzug	2	4	6	8
Nougattafeln	1,5	3	6	9
Fruchtdrops	3	6	9	12

Vor der Entnahme aus dem Kühlraum empfiehlt sich ein langsames Anwärmen in einem Ausbringraum oder -apparat.

Wird in einer Schokoladefabrik aus den angeführten Gründen eine Klimaanlage für notwendig oder rentabel erachtet, so wird man auch die anderen Arbeitsräume, in denen die Schokoladenmasse hergestellt wird, klimatisieren. Die hier anzustrebenden Luftbedingungen ergeben sich nicht aus Rücksicht auf die Ware, sondern auf die Arbeitenden. Insbesondere handelt es sich darum, die von den beheizten Apparaten an die Luft abgegebenen erheblichen Wärmemengen abzuführen. Es wird empfohlen, die Trichter dieser Apparate in einer Reihe unter einem Saugkanal anzuordnen, damit bei einer Reinigung derselben mit Heißwasser der entstehende Dampf sofort abgeführt wird und sich nicht über den ganzen Raum verteilt. Man strebt in diesen Räumen eine Temperatur von +27° C bei einer rel. Feuchtigkeit von 55% an. Die Produktion soll sich hier nach Ein-

---

[1] Woodroof, J. G.: Siehe das Schrifttum am Ende dieses Artikels.
[2] Über die Kaltlagerung von Nüssen und Mandeln s. S. 515 in diesem Band.

führung der Klimatisierung verdoppelt haben. Anwendung von Kältemaschinen ist dafür im allgemeinen nicht erforderlich.

Als nützlich hat sich ferner erwiesen, den Raum, in welchem das Verpackungsmaterial gelagert wird, auch zu klimatisieren. Dabei kommt es weniger auf die Einhaltung einer bestimmten niedrigen Temperatur als auf einen geringen Feuchtigkeitsgehalt der Luft an, der sich nach den Eigenschaften des Materials richtet. Temperaturen von 18° C bis 20° C bei einer rel. Feuchtigkeit von 55 bis 60% dürften im allgemeinen genügen.

Eine der größten Kälteanlagen findet man in den USA bei der Hershey Chocolate Corporation in Hershey, Pa.[1] Die erste Ammoniakkälteanlage von 200000 kcal/h (−18° C/32° C) wurde hier im Jahre 1903 errichtet. Im Jahre 1939 war die Kälteleistung schon auf 6,3 Mill. kcal/h angewachsen und dürfte inzwischen weiter angestiegen sein. Im Jahre 1935 wurden die ersten F 12-Anlagen für die Klimatisierung von Räumen eingebaut. Künstliche Kälte wird für folgende Zwecke angewandt: Temperieren, Gießen, Kühlung von Milch und Trinkwasser, Lagerräume sowie Klimatisierung eines fensterlosen Bürogebäudes, der Verpackungsräume und einer Druckerei. Bis 1937 wurde von stiller Kühlung mit Raumberohrung Gebrauch gemacht, wobei die Kühlrohre eine Länge von 29 km erreichten und die Kühlräume sehr viel Platz beanspruchten. Bei der Umschaltung auf Kühltunnels konnte der Platzbedarf auf 25% reduziert werden.

IV. Berechnung des Kältebedarfes.

Schokoladekühlanlagen werden für Tagesleistungen von 100 bis etwa 20000 kg gebaut, wobei im allgemeinen mit einer Betriebszeit von 8 bis 12 Stunden gerechnet wird. Im Kühlapparat muß die fühlbare und die latente Erstarrungswärme abgeführt werden. Die flüssige Schokolade wird mit einer Temperatur von etwa 32° C in den Kühlapparat eingebracht, sie hat eine spezifische Wärme von etwa 0,56 kcal/kg°C[2]. Die Erstarrung erstreckt sich über einen größeren Temperaturbereich; es kann angenommen werden, daß sie im Mittel bei 25° C erfolgt. Die Erstarrungswärme wird mit 20 bis 22 kcal/kg angegeben[2]. Die Ausbringtemperatur der erstarrten Schokolade beträgt äußerstenfalls 5° C. Die spezifische Wärme der festen Schokolade beträgt etwa 0,30 kcal/kg°C[2]. Der Netto-Kältebedarf für 1 kg setzt sich daher wie folgt zusammen:

Abkühlung der flüssigen Schokolade . . . $Q_1 = 0{,}56\,(32 - 25) = \underline{4\ \text{kcal/kg}}$
Erstarrungswärme . . . . $Q_2 = 22\ \text{kcal/kg}$
Abkühlung der festen Schokolade . . . . $Q_3 = 0{,}30\,(25 - 5) = \underline{6\ \text{kcal/kg}}$

$$\text{zusammen} = 32\ \text{kcal/kg}$$

Das Gewicht der eisernen Formen beträgt etwa die Hälfte desjenigen der Schokolade; auch sie müssen von 32° C auf 5° C abgekühlt werden. Der dafür erforderliche Kältebedarf ist

$$Q_4 = \tfrac{1}{2} \cdot 0{,}113\,(32 - 5) = 1{,}4\ \text{kcal/kg}.$$

An Verlusten sind zu berücksichtigen: Der Wärmeeinfall von außen, das Ausströmen kalter Luft durch undichte Stellen, das Öffnen von Türen und das Wärmeäquivalent der Ventilatorarbeit. Diese Verluste sind von Fall zu Fall verschieden und können nur grob geschätzt werden. Man wird den Kältebedarf brutto mit 45 bis 50 kcal/kg ansetzen.

Bei 10stündigem Betrieb und einer Tagesleistung von 10000 kg entsteht daher für die Kühlung der Schokolade ein Kältebedarf von 50000 kcal/h. Diese

---

[1] PALTERSON, V. C.: Refrig. Engng. Bd. 37 (1939) S. 294.
[2] SALMON, J. E., u. W. S. BODINUS: Siehe das Schrifttum am Ende dieses Artikels.

Kälteleistung erhöht sich beträchtlich, wenn, wie es meistens der Fall ist, auch die Arbeitsräume durch die Kältemaschine gekühlt werden und ein Kaltlagerraum angeschlossen wird. Sie erfährt eine weitere Steigerung, wenn ein Teil der Fabrikräume klimatisiert wird und das Kühlwasser für die Klimaanlage künstlich gekühlt werden muß.

V. Wahl der Kältemaschine.

Für die Erzeugung der notwendigen Kälte kann grundsätzlich jede Art von Kältemaschinen benutzt werden. In Betrieben, die gleichzeitig Energie, Wärme und Kälte benötigen, sollte aber stets auch die Anwendbarkeit einer Absorptionsmaschine geprüft werden, deren Austreiber mit Anzapfdampf oder Abdampf aus der Dampfmaschine beheizt werden kann[1]. Die Absorptionsmaschine kann entweder die ganze benötigte Kälteleistung oder auch nur einen Teil davon decken,

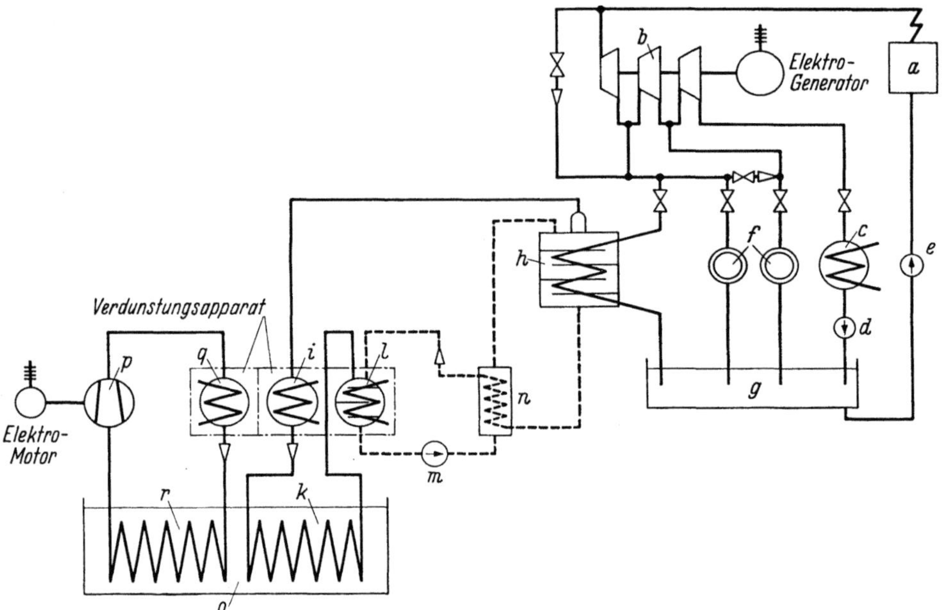

Abb. 187. Schema einer kombinierten Energie- und Kälteerzeugungsanlage in einer Schokoladenfabrik (Gesellschaft Linde, Wiesbaden).

1. Dampf- und Energieerzeugung. *a* Kessel, *b* Dampfmaschine, *c* Kondensator, *d* Kondensatpumpe, *e* Kesselspeisepumpe, *f* Heizdampfverbraucher, *g* Kondensatsammler.
2. Absorptionskältemaschine. *h* Austreiber, *i* Kondensator, *k* Verdampfer, *l* Absorber, *m* Lösungspumpe, *n* Temperaturwechsler, *o* Solekühler.
3. Kompressionskältemaschine. *p* Kompressor, *q* Kondensator, *r* Verdampfer.

während für den Rest eine Kompressionsmaschine aufgestellt wird. Das wirtschaftlichste System ist von Fall zu Fall verschieden und kann nur durch genaue Vergleichsrechnungen ermittelt werden.

Das Schema einer kombinierten Anlage, wie sie neuerdings von der Gesellschaft für Linde s Eismaschinen in Wiesbaden in einer Schokoladenfabrik erstellt wurde, ist in Abb. 187 dargestellt[2]. Die Kalkulation ergab, daß es vorteilhaft ist, die Kälte im Sommer mit einer Ammoniakabsorptionsmaschine (250 000 kcal/h) zu erzeugen. Zur Deckung des Kältebedarfes in der Spitze, in Betriebspausen und im Winter wurde daneben eine Kompressionsmaschine (150 000 kcal/h) aufgestellt.

---

[1] Über Absorptionskältemaschinen vgl. W. Niebergall in Bd. 7 dieses Handbuches.
[2] Linde-Berichte, Nr. 2 (Januar 1958) S. 18.

Der im Kessel a erzeugte Hochdruckdampf von 40 atü wird in der dreistufigen Dampfmaschine b unter Erzeugung von elektrischer Energie entspannt. Die Dampfmaschine wird in verschiedenen Stufen angezapft, um Dampf zur Beheizung des Austreibers h der Absorptionsmaschine und mehrerer Wärmeapparate f abzuzweigen. Der Restdampf aus dem Niederdruckteil wird im Kondensator c niedergeschlagen. Das gesamte Kondensat tritt in den Sammler g und wird von der Speisepumpe e in den Kessel befördert.

Die Verdampferschlangen k und r der beiden Kältemaschinen sind in den gemeinsamen Solekühler versenkt. Der Austreiber h wird mit Anzapfdampf von 3 atü beheizt, so daß man bei einer Soletemperatur von $-10°$ C mit einer normalen einstufigen Absorptionsmaschine auskommt. Die Verflüssigung des rektifizierten Ammoniakdampfes erfolgt im Kondensator i.

B. Süßwaren[1].

Soweit es sich bei der Herstellung von Zuckerwaren um solche mit Schokoladenüberzug handelt (Sahnebonbons, Nüsse, Pralinen), gilt hierfür das gleiche wie für Schokolade. Sie werden unter den gleichen Bedingungen in Kälteapparaten gekühlt, ohne daß an diesen wesentliche Veränderungen vorgenommen zu werden brauchen. Sehr zweckmäßig ist es, den Raum zu klimatisieren, in dem der Schokoladeüberzug hergestellt wird, um ein Schwitzen der Hände der Arbeitenden zu verhindern. Als günstigste Luftverhältnisse gelten hier $18°$ C bis $19°$ C bei 60% rel. Feuchtigkeit.

Schokoladefreie Zuckerwaren (Bonbons, Karamellen, Fruchtdrops, Gummidrops) gelten in den USA als halbverderbliche Waren (semi-perishable); ohne Kühlung muß ihr Umsatz in den heißen Sommermonaten sehr eingeschränkt werden. Für die Lagerung von unverpackten Zuckerwaren ist die rel. Feuchtigkeit im Lagerraum von ausschlaggebender Bedeutung, da die Ware bei höherer Feuchtigkeit klebrig wird und zusammenbackt. Die höchstzulässige rel. Feuchtigkeit hängt vom Feuchtigkeitsgehalt der Zuckerwaren ab:

bei 12 bis 16% soll die rel. Feuchtigkeit 60 bis 65% betragen,
bei 5 bis 9% soll die rel. Feuchtigkeit 50 bis 55% betragen,
bei 2% soll die rel. Feuchtigkeit höchstens 45% betragen.

Meistens werden Zuckerwaren aber gut verpackt gelagert, und dann tritt der Einfluß der rel. Feuchtigkeit zurück. Der Einfluß der Lagertemperatur ist aus Tab. 1 zu entnehmen.

Tiefe Temperaturen verhindern ganz allgemein nachteilige Geschmacksveränderungen und den Angriff durch Insekten. In jedem Fall muß das Beschlagen der Ware beim Ausbringen aus gekühlten Räumen verhindert werden.

Schrifttum.

LUEGER, C.: Lexikon der gesamten Technik, 2. Aufl. Bd. 7, S. 773. Stuttgart: Deutsche Verlagsanstalt 1904.

BORDENAVE, L.: De l'application du froid en chocolaterie. Ber. III. Intern. Kältekongr. Chicago 1913. Bd. 3, S. 125 (Einrichtungen der Schokoladenfabrik Menier in Noisiel).

GROOM, F. L.: Refrigeration in Bakeries, Chocolate- and Sweet Factories. Proc. 4. Intern. Congr. Refrig. Bd. 2, S. 1172. London 1924.

HIRSCH, M.: Die Kältemaschine. 2. Aufl. Berlin: Springer 1932.

SALMON, J. E., u. W. S. BODINUS: Air Conditioning and Refrigeration. Data Book, Amer. Soc. Refrig. Engng. Applications Volume Artikel 12, 6. Aufl. 1956/57.

WOODROOF, J. G.: Daselbst, Artikel 22 und Refrig. Engng. Bd. 58 (1950) S. 1169 vgl. auch J. G. WOODROOF, H. H. THOMPSON u. S. R. CECIL: Food Ind. Bd. 22 (1950) S. 1356.

---

[1] WOODROOF, J. G., u. Mitarb.: Vgl. das Schrifttum am Ende des Artikels.

Getreide und Backwaren.

Von

Professor Dr.-Ing. **K. Linge**

Karlsruhe.

Mit 14 Abbildungen.

A. Die Kühlung von Getreide.

I. Allgemeines.

Für die menschliche Ernährung ist das Getreide (Samenkörner von Weizen, Roggen, Gerste, Hafer, Mais) mengenmäßig von größter Bedeutung. Die einwandfreie Lagerung von Getreide ist von Ernte zu Ernte, oft auch über die Zeit von einem Jahr weit hinaus, notwendig. Wegen der guten natürlichen Haltbarkeit des Getreides kann auf eine Kaltlagerung verzichtet werden, die diese relativ billige Massenware auch übermäßig verteuern würde. Die Lagerung wird deshalb in Getreidespeichern bei gewöhnlicher Temperatur vorgenommen. Dabei drohen aber dem Getreide einige Gefahren:

a) durch Insektenfraß, insbesondere durch den Kornkäfer, dessen Fortpflanzung bei Temperaturen über 10° C möglich ist;

b) durch das Wachstum von Schimmelpilzen und Bakterien, insbesondere bei zunehmender Temperatur und zunehmender rel. Feuchtigkeit der die Körner umgebenden Luft;

c) durch das Keimen des Getreides, welches ebenfalls bei zunehmender Temperatur und vor allem bei höherer Feuchtigkeit des Kornes und der Luft möglich ist.

Temperatur- und Feuchtigkeitssteigerungen sind also in mehrfacher Beziehung schädlich für Qualität und Quantität des Getreides. Läßt man kleine Mengen Getreide frei an der Luft liegen, so treten auch im warmen Klima gefährliche Erhöhungen der Temperatur und Feuchtigkeit nicht ein. Bei der Lagerung sehr großer Getreidemengen unter mehr oder minder starkem Luftabschluß kann aber die Wärme, die das einzelne Getreidekorn entwickelt, nicht mehr abgeführt werden; das Getreide erwärmt sich also, und zwar mit zunehmender Temperatur immer schneller. Die Atmungswärme des Getreides entsteht dadurch, daß kleine Mengen der im Korn enthaltenen Kohlehydrate unter Sauerstoffaufnahme veratmet werden, wobei Kohlendioxyd und Wasser entstehen. Wie

Tabelle 1. *CO_2-Bildung in mg/kg Getreide in 24 Stunden, abhängig von der Temperatur und dem Wassergehalt des Getreides.*

Temperatur °C	Wassergehalt des Getreides in Gew.-%				
	11,0	14,5	16,9	20,5	33,0
18	0,35	1,4	123	259	2000
30		7,5			
40		20			
50		249			

Tab. 1 zeigt, ist die Kohlendioxydbildung sehr stark von der Temperatur und dem Wassergehalt des Kornes abhängig[1].

---

[1] HOFFMANN-MOHS: Das Getreidekorn. Berlin: Verlag Parey 1931.

Um die Wärmeentwicklung gering zu halten, wird das Getreide im Herbst möglichst kühl und trocken eingelagert. Dabei hilft die Herbstkühle, und im Bedarfsfalle wird das Getreide künstlich auf 13 bis 14% Wassergehalt getrocknet. Im Gleichgewicht steht der Wassergehalt des Getreides in einem bestimmten Zusammenhang mit der Feuchtigkeit der umgebenden Luft bei gleicher Temperatur, wie aus Tab. 2 zu erkennen ist.

Tabelle 2. *Gleichgewicht zwischen feuchtem Roggen und feuchter Luft bei gleicher Temperatur (Sorptionsisotherme).*

Wassergehalt des Roggens in Gew.-%	18,6	16,5	15,5	14,2	12,8	11,4	7,1	3,8
rel. Luftfeuchtigkeit in %	87	81	75	65	55	45	18	5

Die sehr geringe Wärmeentwicklung von kühlem und trockenem Getreide reicht aber schon aus, um dicht gepacktes Getreide allmählich zu erwärmen. Dabei steigt die Wärmeentwicklung erst langsam, dann aber immer schneller an und immer mehr unterstützt durch die gleichzeitig einsetzende und steigende Wasserbildung, die zu einer Feuchtigkeitssteigerung führt. Bei Luftabschluß (O_2-Mangel) kann neben den erwähnten Schäden auch noch unvollständiger Abbau, z. B. Alkoholbildung, eintreten.

Alle diese Lagerschäden können durch die Anwendung künstlicher Kälte vermieden werden, indem das lagernde Getreide auf etwa $+10°$ C abgekühlt wird, sobald die Getreidetemperatur auf eine bestimmte, noch ungefährliche Höhe, z. B. $20°$ C, angestiegen ist.

II. Die Kühlung von Getreide durch kalte Luft.

Das Getreide kann durch kalte Luft von $0°$ C bis $10°$ C gekühlt werden, wobei die gekühlte Luft zweckmäßig im Gegenstrom zum Getreide geführt wird Außerdem muß durch geeignete Einrichtungen dafür gesorgt werden, daß die Verweildauer eines jeden Kornes im Kaltluftstrom genügend lang ist, um eine ausreichende Durchkühlung des Kornes und damit eine genügende Wärmeabfuhr zu erreichen. Es liegt hier eine ähnliche Aufgabe vor wie bei der Getreidetrocknung, nur daß hier warme Luft von geringer rel. Feuchtigkeit verwendet wird. Die Unterschiede zwischen Trocknen und Kühlen sind in Abb. 188 veranschaulicht. Im i, x-Diagramm für feuchte Luft ist Punkt *1* der Zustand warmer trockener Luft für den Trockenvorgang, Punkt *2* der Zustand kalter, relativ feuchter Luft für den Kühlvorgang. Punkt *3* kennzeichnet den Luftzustand an der Oberfläche des

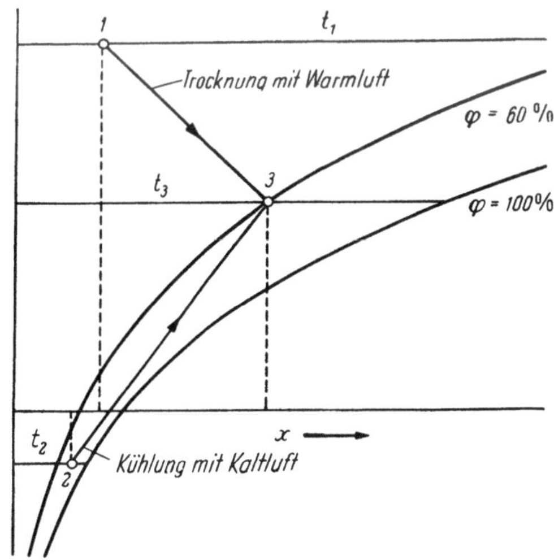

Abb. 188. Verlauf der Zustandsänderungen der Luft bei der Trocknung (*1—3*) und bei der Kühlung von Getreide (*2—3*).

Kornes (z. B. $\varphi = 60\%$ bei einem Wassergehalt des Getreides von 13,5%). Beim Trocknen ändert sich der Luftzustand von *1* in Richtung nach *3*, beim Kühlen dagegen von *2* in Richtung nach *3*. Beim Trocknen des Kornes kühlt sich die Luft ab; beim Kühlen des Kornes erwärmt sie sich. In beiden

Fällen jedoch nimmt der Wasserdampfgehalt der Luft zu, so daß die Kühlung gleichzeitig eine Trocknung zur Folge hat. Diese Trockenwirkung beim Kühlen kann erwünscht sein, wenn das Getreide nicht nur zu warm ist, sondern auch noch einen zu hohen Wassergehalt besitzt. Die gleichen Apparate, wie sie in vielerlei Ausführungen zur Trocknung mit Warmluft bekannt sind, können ohne weiteres auch zur Kühlung benutzt werden. An Stelle der Warmluft wird Kaltluft in richtiger Menge und mit entsprechend tiefer Temperatur eingeblasen. Es genügt also eine Kälteanlage mit Luftkühler passender Größe, während als Getreidekühler ein meist vorhandener Getreidetrockenapparat verwendet werden kann. Diese Trockner bzw. Kühler können als rotierende Trommel mit schwacher Neigung zur Waagerechten ausgebildet sein, an deren einer Seite das Getreide kontinuierlich aufgegeben wird. Durch Einbauten wird das Getreide von der rotierenden Trommel nach oben mitgenommen und rieselt durch das Trommelinnere nach unten; das wiederholt sich vielfach, wobei das Getreide an das andere Ende der Trommel gefördert wird und dort austritt. An dieser Stelle tritt die Luft ein, die an den vielen herabrieselnden Körnern vorbeistreicht und diese kühlt. Am entgegengesetzten Ende tritt die Luft wieder aus.

Bei allen Bewegungsvorgängen von Getreide in pneumatischen Förderanlagen in Trocknern und in Kühlern ergibt sich ein Abrieb durch die Reibung zwischen den Getreidekörnern untereinander und zwischen den Getreidekörnern und den Oberflächen der Apparate und Leitvorrichtungen. Dieser Abrieb ist das Ergebnis einer Art Vorvermahlung und besteht aus Kleie und Mehl. Die Entfernung dieses Abriebes aus dem Getreide würde eine Quantitätsverminderung, also einen Verlust bedeuten, und deshalb wird der Abrieb so weit wie möglich aus der Luft ausgeschieden und dem Getreide wieder zugeführt. Die verbleibende Abluft enthält jedoch immer noch einen gewissen Prozentsatz des Abriebes und wird deshalb ins Freie abgelassen, um eine Verstaubung der Apparate zu vermeiden, die bei Wiederverwendung der Abluft im Kreislauf eintreten würde.

Da besonders im Sommer die Abluft aus dem Getreidekühler eine geringere Enthalpie besitzt als die Außenluft, ist die erforderliche Kälteleistung meist beträchtlich größer als die Nutzkälteleistung, die zur Getreidekühlung selbst benötigt wird. Diese Nutzkälteleistung Q_N wird aus dem Getreidemengenstrom G_G [kg/h], der Ein- und Austrittstemperatur t_1 und t_2 sowie der spezifischen Wärme des Getreides c_G berechnet nach der Gleichung:

$$Q_N = G_G \, c_G \, (t_1 - t_2).$$

Die spezifische Wärme der verschiedenen Getreidearten ist aus Tab. 3 zu entnehmen (s. auch Abschn. B 4).

Tabelle 3. *Spezifische Wärme c_G von Getreide, Mittelwerte zwischen 0° C und 20° C, Toleranz ± 0,005 kcal/kg °C.*

Wassergehalt %	0	8	12	14	16	20	28
spezifische Wärme kcal/kg °C	0,300	0,345	0,385	0,410	0,430	0,470	0,540

Die Kälteleistung Q_L zur Abkühlung der Luft ist größer als die Nutzkälteleistung und wird aus dem Luftmengenstrom G_L und der Enthalpie i_1 vor dem Luftkühler und der Enthalpie i_2 hinter dem Luftkühler berechnet nach der Gleichung:

$$Q_L = G_L \, (i_1 - i_2).$$

Dabei ist i_1 die Enthalpie der aus der Umgebung angesaugten Frischluft, da ein Umluftbetrieb wegen starker Verschmutzung der Abluft aus dem Getreidekühler zweckmäßig vermieden wird. Die Enthalpie i_2 ergibt sich aus dem Luftzustand, wie er zum Betrieb des Getreidekühlers gewünscht wird.

III. Die Kühlung von Getreide an kalten Oberflächen.

Die Kühlung von Getreide durch kalte Luft hat gleichzeitig eine Trocknung sowie eine teilweise Entziehung des Abriebes und damit einen Gewichtsverlust zufolge. Die Abnahme des Wassergehaltes beträgt zwar nur etwa 0,6% bei einer Abkühlung von 25° C auf 5° C, ist also recht gering. Bei großen Getreidesilos ergibt sich aber schon bei einer einmaligen Abkühlung allein durch den Wasserentzug ein beträchtlicher Gewichtsverlust, der dann auch einen Wertverlust darstellt, wenn das Getreide allein nach dem Gewicht, nicht aber auch nach dem Wassergehalt bewertet wird. Deshalb besteht gelegentlich der Wunsch, die Getreidekühlung so durchzuführen, daß ein Gewichtsverlust sowohl durch Trocknung als auch durch teilweise Entstaubung vermieden wird. Bei Kaltluft-Getreidekühlern könnte zwar ähnlich wie bei pneumatischen Getreidehebern der Abrieb aus der Abluft zum größten Teil mit Staubabscheidern zurückgewonnen und dem Getreide wieder zugesetzt werden. Besser ist jedoch die Anwendung eines besonderen Kühlverfahrens, welches automatisch jeden Gewichtsverlust durch Trocknung und Entstaubung vermeidet. Bei diesem Verfahren erfolgt die Kühlung des Getreides durch Berührung mit kalten Oberflächen von etwa −15° C, an die das Getreide seine Wärme im wesentlichen durch Leitung abgibt. Die zwischen den Getreidekörnern befindliche Luft trägt zwar auch zur Wärmeabfuhr bei, jedoch nur in geringem Maße. Diese Luft übt auf das Getreidekorn ebenfalls eine Trockenwirkung aus, wobei sich das entzogene Wasser als Reif auf der Kühlfläche absetzt. Dieser Reif wird aber von dem an der Oberfläche entlanggleitenden Getreide sofort abgerieben, mischt sich wieder mit dem Getreide und wird von diesem schließlich wieder absorbiert, nachdem der Kühlvorgang beendet ist. Da während des Kühlens Luft weder zu noch abgeführt wird, kann auch kein Abrieb aus dem Getreide entfernt werden, so daß das Getreide ohne jeden Gewichtsverlust gekühlt wird.

Die konstruktive Ausführung eines Getreidekühlers mit direkter

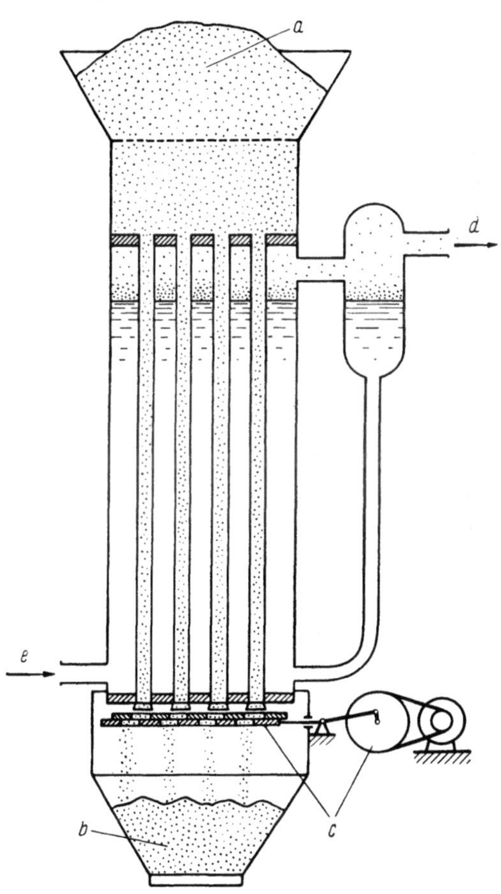

Abb. 189. Getreidekühler.

a Getreidezulauftrichter; *b* Getreideablauftrichter; *c* Auslaßvorrichtung mit Antrieb; *d* Saugleitung zum Verdichter; *e* Einspritzleitung.

Verdampfung zeigt Abb. 189. Ein vertikaler Mantel- und Röhrenverdampfer erhält im oberen Teil einen Getreidezulauftrichter und im unteren Teil eine regelbare Auslaßvorrichtung, durch die der Getreidemengenstrom oder auch die Getreideaustrittstemperatur auf einen bestimmten Wert eingestellt werden können. Die Auslaßvorrichtung besteht aus 2 Lochplatten, deren Lochdurchmesser und Lochteilung mit dem Rohrdurchmesser der Verdampferrohre und mit der Rohrteilung übereinstimmen. Die obere Platte steht fest, die untere wird durch ein Kurbelgetriebe hin- und herbewegt, dessen Hub veränderlich eingestellt werden kann. Beim Bewegen der unteren Platte wird periodisch eine mehr oder weniger große Öffnung kurzzeitig freigegeben, so daß der Mengenstrom des durch den Kühler strömenden Getreides größer oder kleiner eingestellt werden kann. Der Durchlauf erfolgt durch das Eigengewicht, und es muß lediglich dafür gesorgt werden, daß der Zulauftrichter immer gefüllt ist, damit der ganze Apparat stets mit Getreide voll ausgefüllt ist. Bei einem Rohrdurchmesser von 50 mm und einer Verdampfungstemperatur von -15° C wurden befriedigende Ergebnisse erzielt. Die scheinbare Wärmedurchgangszahl zwischen Getreide und Kältemittel beträgt 40 bis 50 kcal/m² h° C, so daß sich je nach der mittleren Temperaturdifferenz Flächenbelastungen von 1000 bis 2000 kcal/m² h erzielen lassen. Ein Abtauen ist nicht notwendig, da der Reif durch das herabrutschende Getreide abgerieben wird. Kühlt man das Getreide auf einige Grade unter $+10^\circ$ C ab, so wird damit der Verderb durch Insektenfraß, durch Bakterien und Schimmelpilze sowie durch Keimung vermieden, vorausgesetzt, daß das Getreide nicht zu feucht ist. Bei den niedrigen Temperaturen ist die Atmung des Getreides und damit die Eigenwärmeerzeugung so gering, daß die Temperatur dabei nur außerordentlich langsam ansteigt. Wenn das Getreide einige Grade über $+10^\circ$ C erreicht hat, kann es erneut abgekühlt werden. Das gelegentliche Umlagern des Getreides ist ohnehin zweckmäßig, damit sich nicht größere örtliche Temperaturunterschiede im Getreidehaufen ausbilden. Solche örtlichen Temperaturunterschiede verursachen Feuchtigkeitswanderung von den wärmeren Partien zu den kälteren Partien, die dann leicht zu feucht werden, wodurch günstige Lebensbedingungen für Schimmelpilze und Bakterien geschaffen werden.

Das Verfahren hat den Vorteil, daß der Kältebedarf kaum größer ist als die Nutzkälteleistung, die sich aus der Abkühlung des Getreides ergibt. Bei dem Kühlverfahren mit Kaltluft ist der Kältebedarf, besonders im Sommer, meist erheblich größer als die Nutzkälteleistung, weil mit der Abluft viel Kälte verloren geht. Dafür ermöglicht der Kaltluft-Getreidekühler eine Kühlung des Getreides im Winter mit kalter Außenluft, also ohne Verwendung einer Kältemaschine.

Von den beschriebenen Möglichkeiten einer künstlichen Kühlung des Getreides wird in der Praxis wenig Gebrauch gemacht. Vorausgesetzt, daß das Getreide ausreichend trocken eingelagert ist, kann der Verderb durch Insektenfraß, durch Bakterien- und Schimmelpilzwachstum auch bei höheren Temperaturen vermieden werden, indem das Getreide mit Gasen behandelt wird, welche auf alle schädlichen Lebewesen giftig wirken, ohne das Getreide in seiner Qualität ungünstig zu beeinflussen. Dadurch rückt die zulässige obere Temperaturgrenze höher, und die dann etwa noch notwendige Kühlung des Getreides kann mit Außenluft erfolgen, also ohne künstliche Kälte. Vielfach genügt dann schon die Kühlung, die auf die Getreidekörner bei der Förderung mit dem pneumatischen Getreideheber ausgeübt wird, wobei die Körner von einem relativ kühlen und starken Luftstrom auf längerem Weg mitgenommen werden und dabei ihre Wärme an die Luft abgeben können. Immerhin ist es möglich, daß das rein physikalische Verfahren der künstlichen Kühlung des Getreides gegenüber den chemischen Konservierungsverfahren in Sonderfällen, z. B. bei sehr langer Lagerung oder bei ungünstigen klimatischen Verhältnissen, entscheidende Vorteile bietet.

B. Die Kühlung von Backwaren.

In der Bäckerei und in der Backwarenindustrie gibt es viele Möglichkeiten, die künstliche Kälte zu verwenden, um Abkühlvorgänge zu beschleunigen und damit Zeit und Platz zu sparen, oder um Ware kalt zu halten und damit unerwünschte Veränderungen zu vermeiden. Die gewünschten Temperaturen liegen in dem ziemlich weiten Bereich von etwa $+20°$ C bis $-20°$ C.

I. Die Kühlung von Teig.

In der Bäckerei ist es oft erwünscht, bestimmte Backwaren in größerer Menge schnell herzustellen. Dies kann dadurch erreicht werden, daß fertiger Teig vorrätig gehalten wird, der dann allerdings kalt gelagert werden muß, damit die Triebmittel nicht vorzeitig zur Wirkung kommen und auch sonst keine unerwünschten Veränderungen eintreten. Dazu sind eine schnelle Abkühlung und Kaltlagerung des Teiges notwendig, die bei kleineren Mengen in Kühltruhen, bei größeren Mengen in Kühlräumen erfolgen. Eine schnelle Abkühlung bis $0°$ C kann mit Hilfe gekühlter Walzen erreicht werden, durch die der Teig in dünner Schicht hindurchgelassen wird. Bei tieferer Temperatur ist die Abkühlung in schnell bewegter kalter Luft oder zwischen gekühlten Platten möglich, und es können dieselben Verfahren wie beim Gefrieren von Lebensmitteln (s. S. 49ff.) verwendet werden.

Für die Bäckerei ist dieses Verfahren nur dann von Vorteil, wenn das Erwärmen des Teiges schneller durchgeführt werden kann als das Herstellen des Teiges. Mit modernen Teigknetmaschinen können die meisten Teige so schnell hergestellt werden, daß das Erwärmen länger dauert und die Bevorratung mit gekühltem fertigen Teig somit keinen Zeitgewinn bringt. Hefeteige brauchen nach dem Erwärmen des Teiges noch einige Stunden Zeit zum Gären, so daß eine Zwischenlagerung des Teiges bei tiefen Temperaturen ganz ohne Interesse ist. Die Teigkühlung kommt daher nur in Ausnahmefällen in Betracht, z. B. bei kleineren Mengen, für die sich die Inbetriebnahme großer Teigbearbeitungsmaschinen nicht lohnt, oder für solche Teige, die eine besonders lange Bearbeitungszeit erfordern. Bei kleinstückigem Feingebäck kann die Teigkühlung besondere Vorteile bieten, wenn die fertig geformten Teigstücke eingefroren werden und wenn sie ohne besondere Vorwärmung in gefrorenem Zustand in den Ofen gebracht werden können. Bei dünnen Teigstücken geht nicht nur das Einfrieren sehr schnell vor sich, sondern auch das Backen, so daß hier wirklich ein großer Zeitgewinn erreicht werden kann.

Die Teigkühlung kann auch angewendet werden, um die Haushalte mit fertigem Teig zu versorgen, sodaß die Hausfrau schnell und ohne Mühe ihre Backwaren selbst backen kann, ohne sich um die Teigherstellung bemühen zu müssen. Der fertige Teig wird in Kleinpackungen gefroren und gehandelt, wobei die vollständige Kühlkette vorhanden sein muß. Diese Aufgabe können die Hersteller von Gefrierkonserven am besten erfüllen. Im Haushalt ist es ohne Bedeutung, wenn das Wiedererwärmen des Teiges einige Zeit erfordert.

II. Die Kühlung von ofenwarmen Backwaren.

Die natürliche Abkühlung der ofenwarmen Backwaren (Brot, Brötchen, Kuchen, Gebäck) an der Luft geht ziemlich langsam vor sich, so daß viel Zeit vergeht, ehe die weiteren Arbeitsgänge (z. B. das Verpacken oder der Verkauf) folgen können, und viel Platz gebraucht wird, um die Backware während des langen Abkühlvorganges zu lagern. Diese Nachteile treten um so mehr in Erscheinung, je größer die tägliche Produktion ist. Bei manchen Backwaren kommt noch der weitere Nachteil hinzu, daß bei langsamer Abkühlung auch eine stärkere Trocknung der Ware auftritt, was sowohl einen Qualitäts- wie einen Quantitätsverlust zur Folge hat. Alle diese Nachteile werden durch die Verwendung von Schnellkühlanlagen vermieden, die direkt hinter dem Ofen angeordnet werden und die in ihrer Bauart den Schnellkühlanlagen für andere Lebensmittel entsprechen. Man arbeitet mit Kühltunnels, die kontinuierlich beschickt werden, ähnlich wie bei der Schnellabkühlung von Fleisch (s. S. 141) oder wie beim Schnellgefrieren von Fleisch, Fisch, Obst und Gemüse nach dem Kaltluftgefrierverfahren (s. S. 52ff.).

Aus wirtschaftlichen Gründen wird der Kühlvorgang in 2 Abschnitte unterteilt. Im ersten Abschnitt, dem Vorkühlabteil, wird mit Frischluft oder mit Umluft, die durch Wasser gekühlt wird, gearbeitet und dadurch die Backware, die mit etwa 200° C aus dem Ofen kommt, auf 30° C bis 40° C vorgekühlt. Im zweiten Abschnitt, dem Tiefkühlabteil, wird mit Umluft, die durch eine Kältemaschine gekühlt wird, gearbeitet und das Gebäck auf 20° C oder noch tiefer auf 10° C bis 15° C gekühlt. Die Endtemperatur richtet sich nach der Gebäckart und den weiteren anschließenden Arbeitsgängen sowie sonstigen Anforderungen. Je schneller die Abkühlung, desto geringer der Gewichtsverlust durch Austrocknung. Wasseraufnahme des Gebäckes kann erst nach Verlassen des Kühlers erfolgen, wenn das abgekühlte Gebäck mit wärmerer und feuchterer Luft in Berührung kommt. Wenn Wasseraufnahme bei Gebäck verhindert werden soll, darf dieses nur bis zu einer bestimmten Temperatur abgekühlt werden, oder die Luft, mit der das Gebäck nach Verlassen des Kühlers in Berührung kommt, darf einen bestimmten Taupunkt nicht überschreiten, muß also klimatisiert werden. Zur Bestimmung dieses Taupunktes muß man die Gebäcktemperatur und die Sorptionsisotherme des Gebäckes kennen (Gleichgewicht zwischen Luftfeuchtigkeit und Wassergehalt des Gebäckes bei gleicher Temperatur). Die Beachtung dieser Zusammenhänge ist aber nur bei empfindlichen, feinen Gebäcksorten und bei verlangter langer Erhaltung des Frischezustandes, also insbesondere bei Backwarenfabriken, notwendig.

In den Kühltunnels kann die Luft im Gleichstrom oder im Gegenstrom zur Backware geführt werden. Leistungsmäßig und wirtschaftlich betrachtet ist das Gegenstromverfahren das günstigste. Bei empfindlichem Gebäck wird aber oft der Querstrom bevorzugt, weil es damit möglich ist, die Abkühlungsgeschwindigkeit über die ganze Länge des Tunnels zu regeln. Gerade bei empfindlichem Gebäck, wie bei Waffeln in großen Tafeln, können bei zu großer Abkühlgeschwindigkeit Spannungen und damit Brüche auftreten.

Neben diesen Tunnels, die mit hoher Luftgeschwindigkeit sowie mit besonderen Luftkühlern arbeiten, sind auch solche vorgeschlagen worden, die mit Strahlungskühlung arbeiten (Abb. 190). In der Mitte oder an beiden Seiten des Laufbandes sind

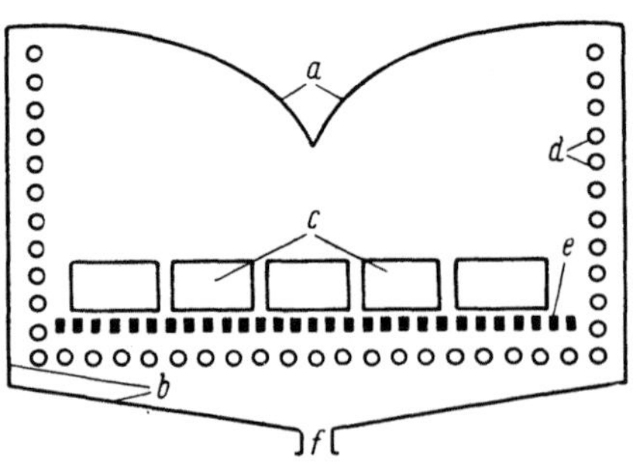

Abb. 190. Strahlungskühltunnel.
a Reflektoren; *b* reflektierende Wände; *c* Kühlgut; *d* Kühlrohre; *e* Förderband; *f* Abfluß für Tauwasser.

senkrecht übereinander und unterhalb des Laufbandes waagerecht nebeneinander Kühlrohre angeordnet, die direkt und durch Reflektoren im Strahlungsaustausch mit dem Gebäck stehen. Daneben wird auch durch die Luft Wärme vom Gebäck an die Kühlrohre übertragen. Es wird behauptet, daß bei diesen tiefen Temperaturen die Wärmestrahlen nicht nur von der Oberfläche des Gebäckes, sondern auch noch von Schichten etwas unter der Oberfläche wirksam sind, so daß gerade bei porösem Gebäck mit kleiner Wärmeleitzahl die Durchkühlung des Gebäckes schneller erfolgt. Exakte Messungen sind darüber noch nicht bekannt geworden. Es ist möglich, daß dieses Verfahren bei bestimmten Gebäcksorten Vorteile bietet, zumal der Kältebedarf beim Strahlungskühltunnel wegen des Fortfalles des Ventilators und wegen Verringerung des Kaltluftverlustes durch die Ein- und Austrittsöffnungen geringer ist als beim üblichen Kühltunnel mit starkem Luftumlauf.

Das Bestreben, Kühl- und Gefriertunnels für immer größere Leistungen auf möglichst kleinem Raum zu bauen, kann vielleicht allgemein dadurch gefördert werden, daß die Wärmeübertragung durch Strahlung und durch schnell bewegte Luft kombiniert wird. Das ist insbesondere dann möglich, wenn die Kühlflächentemperatur unter 0° C liegt und sich die Feuchtigkeit als Reif abscheidet, also nicht auf das Gut abtropfen kann. Dann können die Kühlrohre direkt über und direkt unter dem Laufband angeordnet werden, sind also in unmittelbarer Nähe des Kühlgutes, so daß der Strahlungsaustausch besonders wirksam ist. Wenn dann noch Luft mit hoher Geschwindigkeit durchgeleitet wird, kann mit sehr intensivem Wärmeaustausch gerechnet werden. Der Anteil des Strahlungswärmeaustausches ist deshalb beträchtlich, weil hier die Temperaturdifferenz zwischen Kühlfläche und Kühlgut wirksam ist, während beim Wärmeaustausch durch Berührung mit der Luft die viel kleinere Temperaturdifferenz zwischen Luft und Kühlgut maßgebend ist. Wie weit sich eine Verbesserung der Wärmeübertragung auf die Abkühlleistung und -geschwindigkeit auswirkt, hängt noch von den Abmessungen des Kühlgutes, insbesondere von der Dicke, ab (s. S. 12ff.).

III. Das Gefrieren von Backwaren.

Brot und Brötchen sind zwar lange haltbar, wenn die Luftfeuchtigkeit nicht zu hoch ist, sie werden aber bei Raumtemperaturen schnell altbacken und trocken. Bei Brötchen bleibt der Frischezustand nur wenige Stunden, bei Weizenbrot knapp einen Tag, bei Roggenbrot etwas länger erhalten. Ist schon eine Vorratswirtschaft durch Kühlung von Teig kaum vorteilhaft, so ist auch eine Vorratswirtschaft von fertiger Backware bei Raumtemperatur nicht möglich, da die Qualität zu schnell nachläßt. Insbesondere sind die wichtigsten Backwaren, wie Brot und Brötchen, durch Altbackenwerden sehr schnell in ihrem Wert vermindert. Plötzlicher Bedarf kann also nur dadurch gedeckt werden, daß Teig hergestellt und die Ware gebacken wird. Das erfordert aber viel Zeit und Arbeitsaufwand, der im normalen Bäckereibetrieb nicht zusätzlich geleistet werden kann. Wegen des Nachtbackverbotes und der vorgeschriebenen Arbeitszeit ist eine Lieferung von frischem Gebäck in der Zeit vom späten Nachmittag bis zum frühen Morgen überhaupt nicht möglich. Es ist deshalb verständlich, daß Versuche unternommen wurden, um Mittel und Wege zu finden, das Altbackenwerden der Backwaren zu verhindern. Die Ursache für das Altbackenwerden liegt darin, daß beim Lagern des Gebäckes eine Entquellung der Stärke eintritt, wobei sie vom kolloidalen in den kristallinen Zustand übergeht. Bei niedriger Luftfeuchtigkeit wird altbackenes Gebäck hart, bei hoher Luftfeuchtigkeit zäh.

Die kolloidale Umwandlung tritt zwischen $+60°$ C und $-7°$ C ein. Es kommt also darauf an, diesen Temperaturbereich nach dem Backen möglichst schnell zu durchschreiten, das Gebäck auf etwa $-18°$ C bis $-24°$ C abzukühlen und bei dieser Temperatur zu lagern. Das aus dem Ofen kommende Gebäck wird zunächst mit bewegter Frischluft oder auch in ruhender Luft (20 bis 30 Minuten) auf $+20°$ C vorgekühlt und kommt dann in den Schnellgefrierapparat oder in die Gefriertruhe. Je schneller die Luft bewegt wird (bis 5 m/s) und je tiefer die Lufttemperatur (bis $-40°$ C) ist, desto schneller erfolgt das Gefrieren.

Es werden folgende Gefrierzeiten erreicht (Endtemperatur $-18°$ C im Kern):

Tabelle 4. *Gefrierzeit (von $+20°$ C bis $-18°$ C, im Kern gemessen), Lagerdauer und Auftauzeit.*

Gebäckart	Gefrierzeit Stunden	Lagerdauer	Auftauzeit im Raum Stunden	im Ofen Minuten
Brötchen.	1 bis 1¹/₂	1 bis 2 Tage	—	5
Brot 0,75 kg	2¹/₂ bis 4	4 bis 6 Wochen	2 bis 3	10
Brot 1,5 kg	4 bis 6	4 bis 6 Wochen	2 bis 3	10
Formgebäck (Brezeln) . .	1 bis 1¹/₂	4 bis 10 Tage	—	5
Feingebäck	1 bis 1¹/₂	2 bis 4 Wochen	—	5

In Tab. 4 sind ferner noch die zulässige Lagerdauer sowie die Auftauart und -zeit angegeben. Kleingebäck wird gewöhnlich schnell im Ofen aufgetaut, Brot dagegen erst einige Stunden in der Backstube vorgewärmt und dann im Ofen kurz nachgewärmt. Neuerdings erfolgt das Auftauen auch in besonderen Apparaturen mittels schnell bewegter Warmluft. Gefrierzeit, Gefriertemperatur, Lagerdauer, Auftauart und -zeit werden zweckmäßig ausprobiert und den verschiedenen

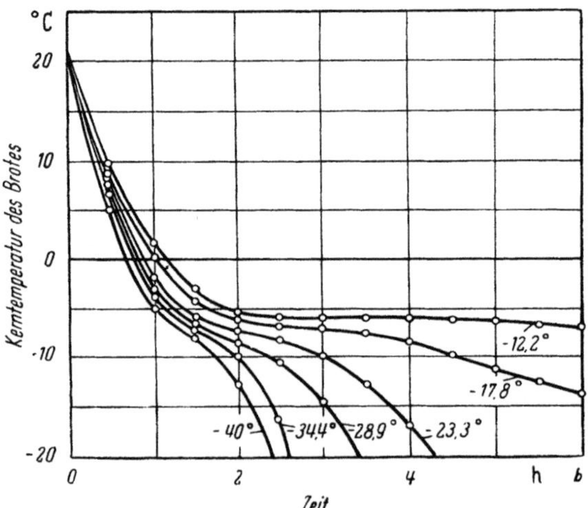

Abb. 191. Verlauf der Kerntemperatur beim Gefrieren von unverpacktem Kastenweißbrot (Gewicht 638 g) bei verschiedenen Lufttemperaturen (Luftgeschwindigkeit 3,5 m/s).

Gebäckarten angepaßt. Tab. 4 gibt dafür einen ungefähren Anhalt. Die Abhängigkeit der Gefrierzeit von verpacktem und unverpacktem Kastenbrot von der Lufttemperatur und der Luftgeschwindigkeit zeigen die Abb. 191, 192, 193 und 194 nach J. W. Pence[1]. Den Einfluß von Temperatur und Luftfeuchtigkeit beim

---

[1] Pence, J. W.: Effects of temperature and air velocity on rate of Freezing of bread. Food Tech. Bd. 9 (1955) S. 342.

Auftauen von Brot in Warmluftapparaten zeigen die Abb. 195, 196, 197 und 198 ebenfalls nach **J. W. Pence**[1]. Trockene Luft ergibt schnelles Auftauen, aber auch

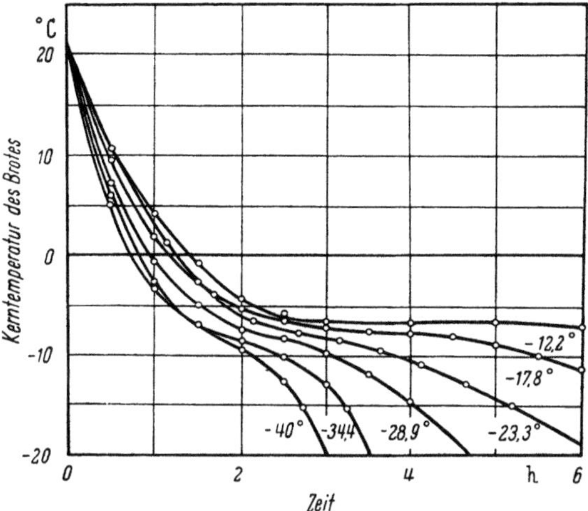

Abb. 192. Verlauf der Kerntemperatur beim Gefrieren von verpacktem Kastenweißbrot (Gewicht 638 g) bei verschiedenen Lufttemperaturen (Luftgeschwindigkeit 3,5 m/s).

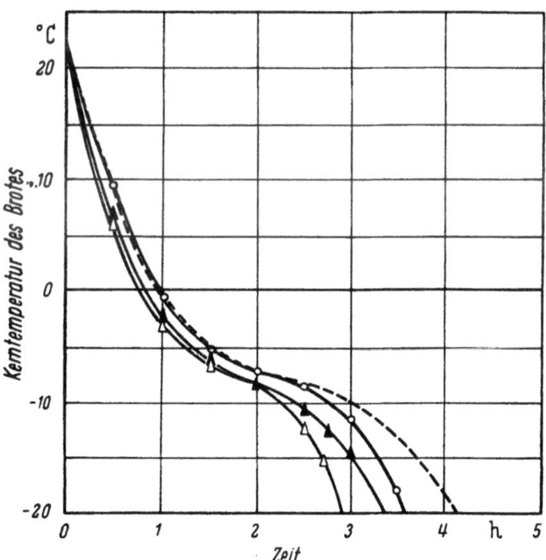

Abb. 193. Einfluß der Luftgeschwindigkeit w auf die Gefriergeschwindigkeit von unverpacktem Kastenweißbrot (Lufttemperatur $-28,9°$ C).

○ $w = 1,0$ m/s w △ $= 6,6$ m/s
▲ $w = 3,5$ m/s   — — — $w = 6,6$ m/s (verpackt)

ein stärkeres Austrocknen der Backware. Der Gewichtsverlust beträgt beim Gefrieren und 8 tägiger Lagerung etwa 0,5 bis 1,5% und steigt nach dem Auftauen im Ofen auf insgesamt 3 bis 4%.

---

[1] Siehe Fußnote 1 auf S. 444.

Bei Weißbrot wählt man zweckmäßig die in Tab. 4 angegebene geringe Lagerdauer, bei Roggen- und Mischbrot die längere. Stark zucker- und fetthaltiges Feingebäck läßt ebenfalls längere Lagerdauer zu.

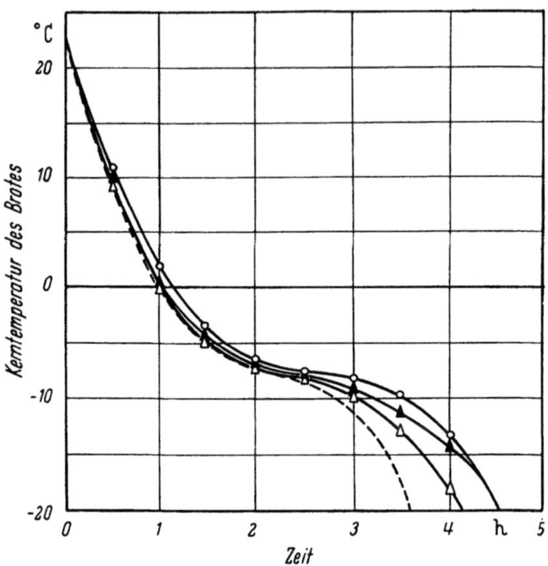

Abb. 194. Einfluß der Luftgeschwindigkeit w auf die Gefriergeschwindigkeit von verpacktem Kasten-weißbrot (Lufttemperatur −28,9 °C).

○ w = 1,0 m/s   △ w = 6,6 m/s
▲ w = 3,5 m/s   — — — w = 1,0 m/s (unverpackt)

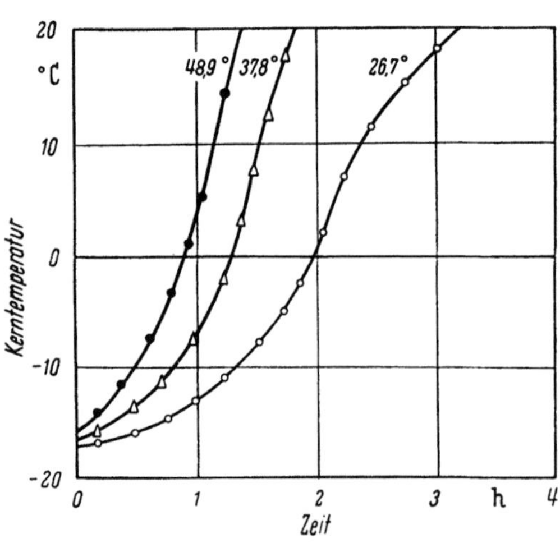

Abb. 195. Einfluß der Lufttemperatur auf die Auftauzeit von unverpacktem Weißbrot (Luft-geschwindigkeit 0,8 m/s. rel. Feuchtigkeit 58 bis 62%).

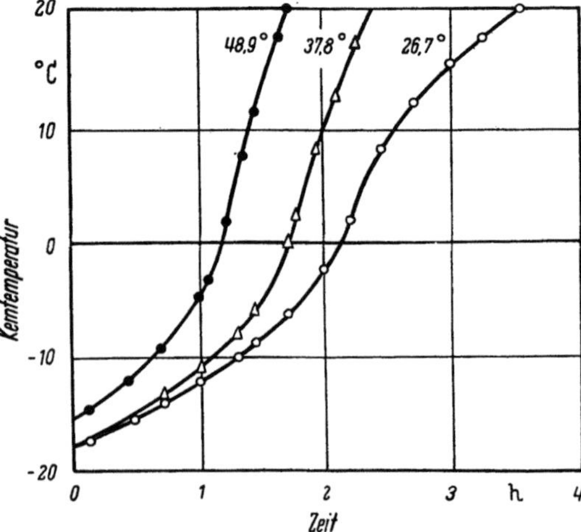

Abb. 196. Einfluß der Lufttemperatur auf die Auf-tauzeit von verpacktem Weißbrot (Luftgeschwindig-keit 0,8 m/s, rel. Feuchtigkeit 58 bis 62%).

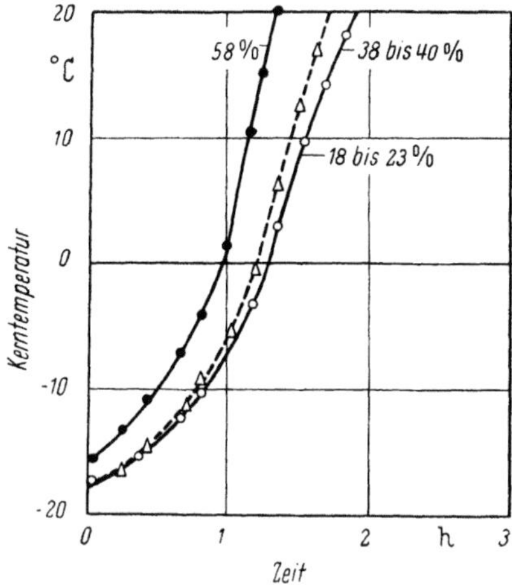

Abb. 197. Einfluß der rel. Luftfeuchtigkeit auf die Auftauzeit von unverpacktem Weißbrot (Luftgeschwindigkeit 0,8 m/s, Lufttemperatur 48,9° C).

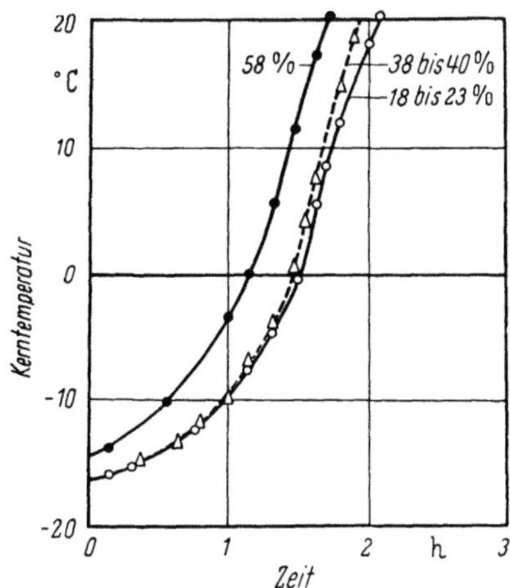

Abb. 198. Einfluß der rel. Luftfeuchtigkeit auf die Auftauzeit von verpacktem Weißbrot (Luftgeschwindigkeit 0,8 m/s, Lufttemperatur 48,9° C).

IV. Spezifische Wärme und Enthalpie von Getreide und Backwaren.

Die Nutzkälteleistung beim Abkühlen und Gefrieren sowie die Nutzwärmeleistung beim Auftauen und Erwärmen werden berechnet nach den Gleichungen

$$Q = G\,c\,(t_1 - t_2) \tag{1}$$

oder

$$Q = G\,(i_1 - i_2), \tag{2}$$

wobei G die stündliche Durchsatzmenge, c die spezifische Wärme, t die Temperatur und i die Enthalpie am Eintritt (Index 1) und am Austritt (Index 2) bedeuten. Bei Temperaturen über 0° C ist nur fühlbare Wärme zu übertragen, so daß die spezifische Wärme nahezu konstant ist und mit Gl. (1) gerechnet werden kann. Bei Temperaturen unter 0° C tritt auch latente Wärme auf. Die spezifische Wärme ist dann stark veränderlich, so daß zweckmäßig mit Gl. (2) gerechnet wird.

1. Die spezifische Wärme.

Im Bereich von 0° C bis 40° C sind die spezifischen Wärmen von verschiedenen Forschern gemessen worden, wobei aber keine befriedigende Übereinstimmung erzielt worden ist. Die Unterschiede in den Meßergebnissen liegen nicht nur in den Meßfehlern, sondern auch noch darin, daß sich im Getreide und in den Getreideerzeugnissen bei Temperaturänderungen chemische Reaktionen abspielen, die je nach Versuchsdurchführung mehr oder weniger schnell verlaufen und dadurch mit mehr oder weniger großen Wärmetönungen verbunden sind. Außerdem kann das Gut im Kalorimeter je nach Versuchsdurchführung getrocknet oder befeuchtet werden und damit den wahren Wert der spezifischen Wärme verfälschen.

Es wurden deshalb nur solche Messungen verwertet, bei denen ein möglicher Feuchtigkeitsaustausch des Gutes mit der umgebenden Luft keinen kalorischen Meßfehler ergibt:

1. die Meßergebnisse von R. W. DISNEY[1] an Getreide im Eiskalorimeter bei Abkühlung von 20° C auf 0° C, wobei das Getreide in Toluol getaucht wurde;

---

[1] Cereal Chem. Bd. 31 (1954) S. 229.

2. die Meßergebnisse von H. C. MANNHEIM[1] an Brot bei Erwärmung von 0° C auf 20° C, wobei das Brot in Blechdosen hermetisch verpackt war.

Die Ergebnisse beider Autoren sind in Abb. 199 dargestellt.

Die spezifische Wärme läßt sich für alle Getreidearten und für Brot in Abhängigkeit vom Wassergehalt als eine einzige Kurve darstellen mit einer Toleranz von etwa ±0,005. Solange noch keine Versuche vorliegen, kann diese Kurve wohl auch für Teig als zutreffend angesehen werden.

Die spezifische Wärme steigt nicht direkt proportional mit dem Wassergehalt, vielmehr zeigt die Kurve einen schwach s-förmigen Verlauf. Es ist daher nicht zulässig, die spezifische Wärme aus dem Wasser- und Trockenanteil nach der

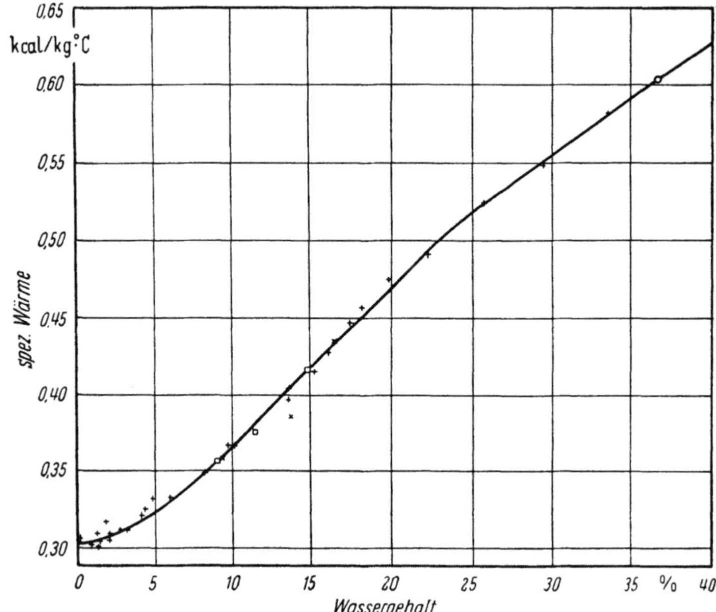

Abb. 199. Mittlere spezifische Wärme von Getreide bei verschiedenem Wassergehalt (Temperaturbereich 0° C bis 20° C).
+ verschiedene Weizensorten; × Gerste; □ Reis; ○ Brot.

Mischungsregel zu berechnen. Der Verlauf der Kurve zeigt vielmehr, daß das Wasser chemisch an die Trockensubstanz gebunden ist, und daß dabei Hydrate entstehen, deren spezifische Wärmen nicht der Mischungsregel folgen. Bei Getreide ergeben sich anscheinend etwas kleinere spezifische Wärmen, wenn es seine Keimfähigkeit verloren hat, dadurch, daß es scharf getrocknet und dann wieder befeuchtet wurde.

Für Gebäck können ebenfalls die Werte der spezifischen Wärme nach Abb. 199 verwendet werden, insbesondere wenn es sich um solches handelt, dessen Teig aus Wasser und Mehl hergestellt ist. Der Zusatz von Zucker, Dextrose und ähnlichen Kohlehydraten dürfte die spezifische Wärme kaum verändern, da alle diese Stoffe wie auch die Trockensubstanz des Getreides fast genau die gleiche spezifische Wärme von 0,30 kcal/kg °C besitzen. Nur der Zusatz von Fett mit der höheren spezifischen Wärme von 0,47 und der Zusatz von Schokolade be-

---

[1] Food Techn. Bd. 11 (1957) S. 384.

einflußt die spezifische Wärme des Gebäckes nach oben, insbesondere dann, wenn bei höheren Temperaturen auch noch Schmelzwärmen auftreten.

Sehr genaue Messungen der spezifischen Wärme von Weißbrot hat RIEDEL[1] vorgenommen. Die Ergebnisse sind in Abb. 200 für verschiedene Wassergehalte und verschiedene Temperaturen dargestellt. Abb. 199 (spezifische Wärme von Getreide) und Abb. 200 (spezifische Wärme von Weißbrot) stimmen in ihrem Verlauf und in ihren Zahlenwerten gut überein. Abb. 200 läßt auch die Abhängigkeit der spezifischen Wärme von der Temperatur erkennen.

2. Die Enthalpie von Brot.

Beim Gefrieren von Brot rechnet man zweckmäßig mit der Enthalpiedifferenz, da die spezifische Wärme unterhalb des Gefrierpunktes von Brot (etwa $-6\,^\circ$C bis $-7\,^\circ$C) stark veränderlich ist. MANNHEIM[2] hat die Enthalpiedifferenzen beim Erwärmen von Brot, welches in Blechbüchsen luftdicht verpackt war, von verschieden tiefen Temperaturen auf etwa $20\,^\circ$C gemessen; daraus hat er die ausgefrorene Wassermenge nach der Mischungsregel berechnet und die Enthalpie des Brotes bei verschiedenem Wassergehalt rechnerisch bestimmt. Die Anwendung der Mischungsregel scheint auch in diesem Falle unzulässig, da zumindest ein Teil des Wassers als Hydrat gebunden ist und sowohl die spezifische Wärme als auch die Schmelzwärme von Hydraten nicht der Mischungsregel folgen.

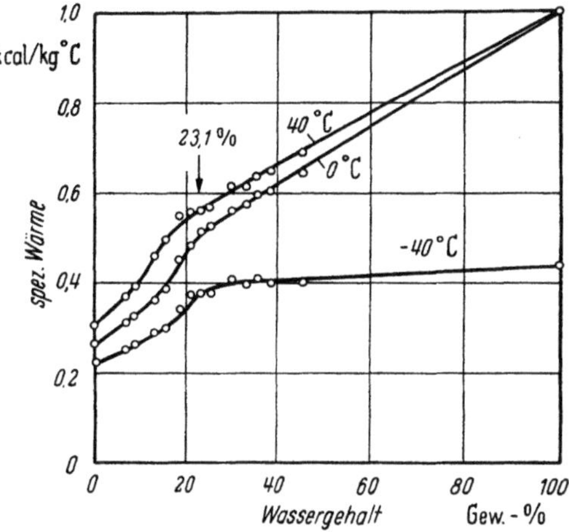

Abb. 200. Wahre spezifische Wärme von Brot bei verschiedenem Wassergehalt und bei verschiedenen Temperaturen, jedoch außerhalb des Gefrierbereiches (nach L. RIEDEL).

L. RIEDEL hat neue Messungen über die Enthalpiedifferenzen beim Abkühlen und Erwärmen von Brot durchgeführt und dabei festgestellt, daß das Wasser im Brot bis zu einem Wassergehalt von 23% als Hydrat gebunden ist, darüber hinaus jedoch als frei anzusehen ist. Der gerade Verlauf der c-Linien oberhalb 23% in den Abb. 199 und 200 ist damit auch theoretisch gedeutet.

Abb. 201 zeigt die Enthalpiedifferenzen von Brot über dem Temperaturbereich von $-40\,^\circ$C bis $+40\,^\circ$C bei verschiedenen Wassergehalten von 34 bis 37%. Danach ist zum Abkühlen von Brot mit einem Wassergehalt von 36%, ausgehend von $+30\,^\circ$C bis auf eine Endtemperatur von $-20\,^\circ$C eine Wärmemenge von 41,5 kcal/kg abzuführen. Häufig wird aber die Backware mit höherer Anfangstemperatur in den Kühlapparat gebracht, so daß der Kältebedarf entsprechend ansteigt, insbesondere bei dicken Gebäckstücken, die auch nach erfolgter Vorkühlung noch ziemlich hohe Kerntemperaturen aufweisen. Man kann praktisch mit folgenden Werten für den Kältebedarf rechnen:

für Brot . . . . etwa 60 kcal/kg

für Klein- und Feingebäck . . . . etwa 50 kcal/kg

---

[1] RIEDEL, L.: Kältetechnik Bd. 11 (1959) S. 41.
[2] MANNHEIM, H. C.: Food Techn. Bd. 11 (1957) S. 384.

Dazu kommen noch die Kälteverluste durch Wärmeleitung und Strahlung, durch unbeabsichtigten Luftwechsel beim Ein- und Ausbringen der Ware sowie durch das Wärmeäquivalent der Ventilatorarbeit. Diese Verluste können zu etwa 40 bis 60 kcal/kg angenommen werden.

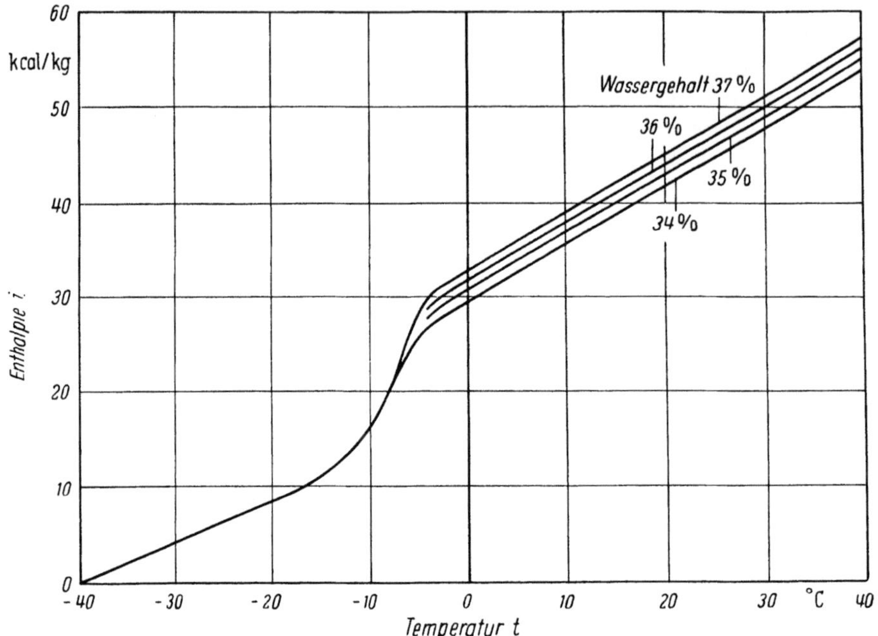

Abb. 201. i, t-Diagramm für Brot bei verschiedenem Wassergehalt (nach L. Riedel).

Schrifttum.

Hoffmann-Mohs: Das Getreidekorn. Berlin: P. Parey 1931.

Bekassow, A. G., u. N. J. Denissow: Handbuch der Körnertrocknung. Berlin: Technik 1955.

Rohrlich, M., u. G. Brückner: Das Getreide (2 Bände). Berlin: A. W. Hayn's Erben 1957.

Linge, K.: Über einige Sonderanwendungsgebiete künstlicher Kälte. Z. ges. Kälteind. Bd. 47 (1940) S. 100.

Morgan, E. H.: Radiant Cooling. Food Engng. Bd. 26 (1955) Nr. 6, S. 62.

Fachwissenschaftlicher Beratungsdienst: Vier aktuelle Probleme der Bäckerei. Herausgegeben von der Diamalt A. G., München.

Haswell, G. A.: A Note on the Specific Heat of Rice, Oats and their Produkts. Cereal Chem. Bd. 31 (1954) S. 341.

Dixney, R. W.: The Specific Heat of Wheat. Cereal Chem. Bd. 31 (1954) S. 229.

Mannheim, M. C.: The Heat Content of Bread. Food Techn. Bd. 11 (1957) S. 384.

Neumann, W.: Die Frischhaltung von Backwaren durch Kälteanwendung. Abhandlungen des Deutschen Kältetechnischen Vereins Nr. 13. Karlsruhe: C. F. Müller 1958.

Neumann, W.: Das Gefrieren und die Gefrierlagerung von Backwaren. Kältetechnik Bd. 10 (1958) S. 57.

Riedel, L.: Kalorimetrische Untersuchungen über das Gefrieren von Weißbrot und anderen Mehlprodukten. Kältetechnik Bd. 11 (1959) S. 41.

Pence, J. W.: Effects of temperature and air velocity on rate of freezing of bread. Food Techn. Bd. 9 (1955) S. 342.

Obst und Gemüse.

Von

H. Kessler †

Adjunkt an der Eidg. Versuchsanstalt für Obst-, Wein- und Gartenbau, Wädenswil (Schweiz)[1].

Mit 39 Abbildungen.

1. Die Kaltlagerung verschiedener Fruchtarten.

A. Die Kaltlagerung von Äpfeln.

I. Der Einfluß gewisser, während des Wachstums am Baum sich geltend machender Faktoren auf die Haltbarkeit der Früchte.

Der Zeitpunkt der Ernte bedeutet insofern eine wichtige Zäsur im Leben der Früchte, als von da an die Stoffeinlagerung und die Wasserzufuhr in das bis dahin immer noch wachsende Fruchtgewebe aufhört. Andererseits wird aber dadurch der Lebensfaden nicht einfach durchschnitten, sondern es führt auch der in den Lagerraum verbrachte Apfel oder die Birne immer noch ein selbständiges Dasein als ein Organismus, der atmet, von seinen Reserven zehrt und so lange in seinem Innern einen komplizierten Stoffumwandlungsprozeß durchführt, bis schließlich ein Überaltern eintritt, das sich meistens darin äußert, daß die Frucht trotz aller Vorsichtsmaßnahmen das Opfer einer Fäulnispilzattacke wird.

Diese, durch die Abwicklung ähnlicher physiologischer Vorgänge während der beiden Lebensphasen in Erscheinung tretende Kontinuität äußert sich auch in einer Abhängigkeit der Dauer der Haltbarkeit von den Geschehnissen, die sich während der Wachstumsperiode am Baum abgespielt haben. Viele der das Wachstum und die Entwicklung der Früchte entscheidend beeinflussenden Faktoren sind in ihrer Auswirkung bis in die letzten Tage der Aufbewahrungsperiode erkennbar. Deshalb kommen denn auch die während der Lagerdauer angewendeten technischen Hilfsmittel und Methoden nur dann voll zur Geltung, wenn das Obst alle jene Eigenschaften mit auf das Lager bringt, die eine große Haltbarkeit gewährleisten und es somit nicht schon von vornherein für irgendwelche Krankheiten disponiert ist. Deshalb ist es notwendig, auch die Vorgeschichte des Lagerobstes in ihrer Auswirkung auf die Haltbarkeit kennenzulernen. Wir können uns bei der Behandlung dieses Themas allerdings kurz fassen, da ein großer Teil dieser Fragen im Kapitel „Biologische Grundlagen der Frischhaltung pflanzlicher Lebensmittel" (vgl. Bd. IX dieses Handbuches, S. 223—310) behandelt worden ist.

---

[1] Nach dem Tode des Verfassers hat Herr Dr. K. STOLL, Wädenswil, den Abschnitt 3 „Die Gefrierkonservierung von Obst und Gemüse" bearbeitet und Literaturergänzungen angebracht. Ihm und Frau MARIA KESSLER gebührt Dank für die aufmerksame Durchsicht der Korrekturfahnen.   Der Herausgeber.

1. Der Einfluß der Bodenverhältnisse, des Standortes und verschiedener Klimafaktoren.

Obstbau wird bekanntlich auf sehr verschiedenartigen Böden, in verschiedenen Höhenlagen und unter sehr unterschiedlichen klimatischen Bedingungen betrieben. Es ist daher auch nicht verwunderlich, wenn der Einfluß dieser Faktoren auf die Haltbarkeit der Früchte Gegenstand zahlreicher Untersuchungen in den obstbautreibenden Ländern war [1,2]. Da die einzelnen Versuchsansteller aber von sehr verschiedenen Voraussetzungen ausgegangen sind, ist hinsichtlich der Nutzanwendung ihrer Schlußfolgerungen eine gewisse Vorsicht am Platz.

Nach englischen Untersuchungen mit Cox's Orangen Reinetten von schweren lehmhaltigen Böden stammend, und solchen von leichten sandigen oder steinigen Böden kommend, sind erstere den letztgenannten nicht nur in geschmacklicher Hinsicht überlegen, sondern bei höherem Gesamtstickstoffgehalt der Früchte, höherem Proteingehalt und durchschnittlich niedrigerer Atmungsgeschwindigkeit, zeichnen sich erstere auch durch eine wesentlich bessere Haltbarkeit aus [3]. In klimatischer Hinsicht spielen in diesem Zusammenhang namentlich die Niederschlagsverhältnisse und die Durchschnittstemperatur während der Vegetationsperiode eine wichtige Rolle. Dabei sind nicht allein die Gesamtniederschläge von Bedeutung, sondern ganz besonders auch die Verteilung der Regenfälle auf die einzelnen Zeitabschnitte.

In dieser Beziehung sind die Verhältnisse während der Lagerperiode 1947/48 besonders interessant. 1947 betrugen die Niederschlagsmengen in der Nordschweiz nur 40% des 15jährigen Durchschnittes, in der Westschweiz und den Voralpengebieten nur 60 bis 80% bei einem gleichzeitigen Wärmeüberschuß von 2° C bis 4° C je nach Monat. Das Klima von Basel entsprach somit damals während der 5monatigen Trockenhitzeperiode dem normalen Klima von Süditalien. Daß das unter diesen Verhältnissen heranwachsende Lagerobst ganz ungewohnte Eigenschaften aufwies, ist denn auch nicht verwunderlich. So wurde der Beginn der Eßreife bei allen Sorten vorverschoben. Der Fäulnisabgang hielt sich im allgemeinen in sehr niedrigem Rahmen. Sorten, die erfahrungsgemäß außerordentlich stark zu Fleischbräune neigen, wie z. B. *Ontario*, blieben, selbst wenn man sie der sonst so ungünstig wirkenden 0° C-Lagerung unterzog, frei von Fleischbräune. Demgegenüber war aber bei den hierfür anfälligen Sorten ganz allgemein ein starker Hautbräunebefall festzustellen. Ähnlich, wenn vielleicht auch nicht ganz so kraß, war die Situation im ebenfalls trockenen Jahrgang 1946. Diese in der Schweiz gemachten Erfahrungen decken sich mit den Feststellungen des amerikanischen Forschers Allen [4], wonach die Sorte Yellow Newtown aus dem Pajarotal in viel höherem Maße der Fleischbräune zum Opfer fällt als die Sorten aus den Tälern von Oregon oder in Albernale County (Virginia), deren Durchschnittstemperatur 2° C bis 4° C höher liegt. Über mögliche Zusammenhänge zwischen der Witterung und dem Auftreten von Hautbräune berichten auch Smock [5] und Fidler [6].

Sehr oft wird, nicht mit Unrecht, die Behauptung aufgestellt, das aus Berglagen stammende Obst sei haltbarer als das im Talboden oder in der Ebene gewachsene. Die ausschlaggebende Rolle dürfte in diesem Fall der Reifezustand z. Z. der Ernte spielen, wie wir noch später sehen werden; denn gewöhnlich wird

[1] Wallace, T., u. R. W. Marsh: Sci. and Fruit, Univ. Bristol (1953) S. 140—161.
[2] Wilkinson, B. G.: J. horticult. Sci. Bd. 32 (1957) S. 74.
[3] Kidd, F., u. C. West: Agriculture. J. Ministry Agric. Bd. 52 (1945) S. 149.
[4] Allen, F. W.: Ice and Refrigerat. (1934) S. 404.
[5] Smock, R. M.: Proc. Amer. Soc. horticult. Sci. Bd. 62 (1953) S. 272.
[6] Fidler, J. C.: Food Sci. Abstr. Bd. 28 (1956) S. 545.

das in höheren Lagen wachsende Obst in weniger reifem Zustand geerntet als dasjenige des Talbodens.

2. Der Einfluß der Baumeigenschaften und Baumpflegemaßnahmen.

a) Die Veredlungsunterlagen. Es ist erwiesen, daß die Unterlage nicht allein das Wachstum des Edelreises beeinflußt und sich in der Art und Weise des Kronenaufbaues geltend macht; sondern der Unterlageneinfluß erstreckt sich auch auf die Haltbarkeit der Früchte, was bei Verwendung typisierter Veredlungsunterlagen (z. B. E. M. I. bis E. M. XVI) besonders deutlich zum Vorschein kommt. KIDD und WEST[1] stellten bei Cox's Orangen Reinetten, auf Unterlage E. M. IX und XII stehend, einen niedrigeren Haltbarkeitswert (commercial storage life) fest gegenüber solchen auf den Unterlagen I und V, und zwar deshalb, weil erstere Neigung zum Schrumpfen zeigten und das Gewürz rascher abbauten, während hinsichtlich der Fäulnisanfälligkeit in den von ihnen untersuchten Fällen kein großer Unterschied zutage trat. Demgegenenüber beobachtete WALLACE[2] bei Worcester Pearmain und Bramley's Seedling je nach der Unterlage verschiedene Fäulnisanfälligkeit, in Übereinstimmung mit VAN HIELE[3], der das diesbezügliche Verhalten an einigen in Holland angebauten Sorten untersuchte.

Beim Hochstammanbau liegen die Verhältnisse etwas anders. Hier verfügen wir bis jetzt noch über keine stark wachsenden, vegetativ vermehrten, typisierten Unterlagen. Vorläufig stehen denn auch weitaus die meisten Hochstämme auf Sämlingsunterlagen, deren Eigenschaften, weil jede das Produkt verschiedener Elternkombination und damit auch Träger verschiedenen Erbgutes ist, u. U. erheblich voneinander abweichen. Daraus geht hervor, daß auch innerhalb

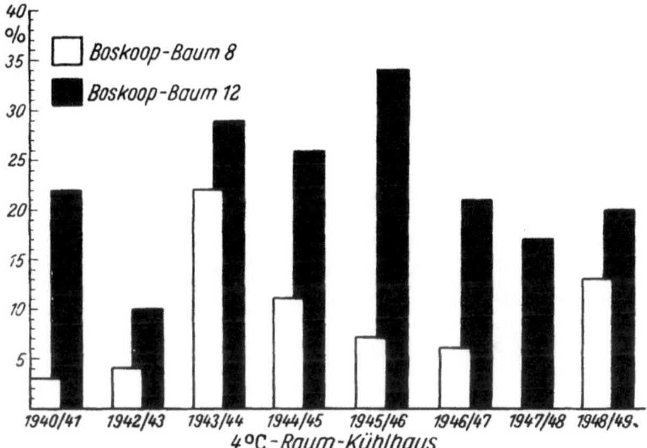

Abb. 202. Die unterschiedliche Fäulnisanfälligkeit der Früchte zweier Boskoopbäume (8jährige Erhebungen). Die Bäume stehen im gleichen Baumgarten, nebeneinander, werden jedes Jahr in bezug auf Schnitt, Düngung und Schädlingsbekämpfung gleichbehandelt. Der Grund, weshalb der Gesundheitszustand des eingelagerten Obstes je nach Baum so ungleich ist, dürfte darin zu suchen sein, daß beide Bäume auf verschiedenartigen Sämlingsunterlagen stehen.

einer Sorte die Früchte von Baum zu Baum nicht selten gewisse Abweichungen und nicht zuletzt auch beträchtliche Haltbarkeitsunterschiede aufweisen können, wie KESSLER[4] am Beispiel der Sorte Schöner von Boskoop gezeigt hat (Abb. 202).

b) Die Düngung. Es fällt oft außerordentlich schwer, die Auswirkung von Düngungsversuchen auf das Wachstum der Bäume einwandfrei festzustellen; noch schwieriger liegen die Verhältnisse, wenn die beiden Momente Düngung und Haltbarkeit des Obstes miteinander in Beziehung gesetzt werden sollen. Dabei darf nicht übersehen werden, daß das Aufnahmevermögen der Pflanzen für Mineralstoffe weitgehend von der Beschaffenheit des Wurzelwerkes abhängt, weshalb alle Düngungsversuche, mit dem Zweck, nachträglich die Haltbarkeits-

[1] KIDD, F., u. C. WEST: Rep. Food Invest. Board (1938) S. 143.
[2] WALLACE, T.: Orchard Factors Affecting Storage Rots, Worcester Agric. Chronicle 1946.
[3] VAN HIELE, T.: Meded. Dir. Tuinb. (1946) S. 418.
[4] KESSLER, H.: Schweiz. Z. Obst- u. Weinbau (1947) S. 109.

verhältnisse zu verfolgen, nur unter Verwendung von Obst von Bäumen mit typisierten Unterlagen durchgeführt werden sollten, oder, falls es sich um Hochstammobst handelt, zum mindesten unter Einbeziehung von Obst von *sorgfältig* ausgewählten Einzelbäumen. Bei der Beurteilung der Versuchsergebnisse ist immer Vorsicht am Platz und stets zu berücksichtigen, unter welchen Bedingungen, namentlich auf was für Böden das Obst herangewachsen ist.

Sehr wertvoll sind in dieser Beziehung die Versuche von Kidd und West, die mit Obst von Bäumen mit typisierten Unterlagen durchgeführt worden sind[1]. Sie stellten bei der Sorte Cox's Orangen Reinette von Bäumen, die Düngermischungen mit erhöhten Kaligaben erhalten hatten, einen wesentlich kleineren und zeitlich später einsetzenden Fäulnisabgang, und zwar bei allen Unterlagen, fest. Dementsprechend war ohne Kali die Zahl der Lagertage bis zur 50% igen Abfallgrenze deutlich kleiner, nämlich 180 gegenüber 245 Tagen, resp. 190 gegenüber 250 Tagen. Umgekehrt lieferten die mit kalihaltigen Düngermischungen bedachten Bäume Früchte mit höherer Fleischbräuneanfälligkeit. Volldüngung (NPK) ergab das schmackhafteste Obst. Sobald kalifrei gedüngt wurde, ließ das Gewürz deutlich zu wünschen übrig.

Unter südafrikanischen Verhältnissen sollen Kaligaben sowohl auf lehmigen als auch auf sandigen Böden die Disposition der Früchte für Fleischbräune herabgesetzt haben[2].

Was nun die Rolle des Stickstoffes anbelangt, so hat diese Frage sehr viele Versuchsansteller beschäftigt[2—4]. Die meisten stellen eine nachteilige Wirkung auf die Haltbarkeit fest. Sie ist namentlich dann groß, wenn hohe Stickstoffgaben an Bäume verabreicht werden, deren Blattoberfläche durch starken Rückschnitt der Leitäste und Auslichten der Krone reduziert worden ist, und wenn zudem noch ein schwacher Behang zu verzeichnen ist. Sicher spielt auch der Zeitpunkt, in welchem dem Baum die Stickstoffgabe verabreicht wird, eine wichtige Rolle. Verhängnisvoll kann es sein, wenn Obst aus Baumgärten gelagert wird, die in regelmäßigen Zeitabständen immer wieder mit Jauche gedüngt worden sind; die Stippflecken-, Fleischbräune- und Fäulnisgefahr ist dann gewöhnlich besonders groß. Durch direkte Injektion des Stickstoffes (Harnstoffgabe) in das Holzgewebe des Baumes (Methode W. A. Roach) wurde die Haltbarkeit in ähnlicher Weise in Mitleidenschaft gezogen wie bei starken Stickstoffgaben auf dem Wege der Düngung[5].

c) Die Behangstärke des Baumes und deren künstliche Regelung (Ausdünnen). Die Stärke des Behanges der Bäume ist, entgegen gewissen Angaben, die man hin und wieder in der Literatur zu lesen bekommt, ein Faktor von größter Wichtigkeit im Zusammenhang mit der Haltbarkeit der Früchte; denn je nachdem, ob ein Baum eine große oder eine kleine Ernte trägt, verläuft der Reifeprozeß der Früchte am Baum verschieden, und je nachdem ist die Größe der Früchte und der Reifezustand z. Z. der Ernte verschieden. Obst von Bäumen mit schwachem Behang ist ganz allgemein für parasitäre und nichtparasitäre Krankheiten anfälliger[6, 7]. Dabei kann im Falle einer kleinen Ernte der günstigste

---

[1] Kidd, F., u. C. West: Rep. Food Invest. Board (1937) S. 97 und (1938) S. 143.

[2] DuToit, M. S., u. J. Reyneke: Dep. Agric. Stellenbosch, Union of South Africa, Sci. Bull. Nr. 118 (1933).

[3] Plagge, M. M., u. F. Gerhardt: Iowa State Coll. Agric. Res. Bull. Nr. 131 (1930).

[4] Haynes, D., u. H. K. Archbold: Ann. Bot. (1928) S. 965.

[5] Hulme, A. C.: Rep. Food Invest. Board (1936) S. 130.

[6] Martin, D., u. W. M. Carne: Counc. Sci. Ind. Res. Austral., Pamphlet No. 95 (1940) S. 32.

[7] Martin, D.: Austral. J. agric. Res. Bd. 4 (1953) S. 235—248 und Bd. 5 (1954) S. 9—30, 392—421.

Zeitpunkt zum Pflücken viel eher verpaßt werden, während bei starkem Behang die Zeitspanne größer ist, innerhalb welcher geerntet werden kann, ohne daß eine nachteilige Wirkung in bezug auf die Haltbarkeit zu befürchten ist. Ein Beispiel möge dies zeigen (Tab. 1).

Obst, das von Bäumen mit schwachem Behang stammt, verdient demzufolge die Bezeichnung „Lagerobst" nicht und sollte deshalb für andere als Lagerzwecke verwendet werden. Ein schwacher Behang kann selbstverständlich auf sehr verschiedene Ursachen zurückgeführt werden: Hagel, Frost, ungünstige Witterung im allgemeinen, Befall durch Schädlinge und Pilzkrankheiten usw. Auch gibt es gewisse Sorten, die in einem Jahr eine große Ernte bringen, im darauffolgenden gar keine oder nur eine schwache (sog. Alternanz, Beispiel: Schöner von Boskoop, Bohnapfel, Wealthy). Begreiflicherweise genießen diese Sorten im praktischen Obstbau keine große Sympathie, aber auch für den Einlagerer sind sie nicht interessant, weil ihre Haltbarkeit in den Ausfalljahren jedesmal zu wünschen übrigläßt.

Tabelle 1. *Der Einfluß der Behangstärke des Baumes auf die Krankheitsanfälligkeit der Früchte auf dem Lager.* (Sorte: Sturmer Pippin unter australischen Verhältnissen, nach D. MARTIN und W. M. CARNE.)

Datum der Ernte	Prozent an gesunden Früchten bei	
	großer Ernte	kleiner Ernte
9. April	95	85
23. April	100	95
8. Mai	98	77
22. Mai	77	60
4. Juni	66	54

Im Plantagenobstbau wird ganz allgemein bei zu starkem Behang ein Teil der Früchte entfernt (Ausdünnen, Auspflücken). Sofern man aber beim Auspflücken allzu rigoros vorgeht, wird dadurch die Disposition des Lagerobstes für Fleischbräune erheblich erhöht[1]; dies trifft namentlich dann zu, wenn die betreffenden Äste oder der Stamm zugleich auch noch geringelt worden sind. Auch beim Hochstamm kann ein starkes Zurückschneiden der Leitäste und extremes Auslichten der Baumkronen den Baum in einen Zustand versetzen, indem er, sowie auch seine Früchte, in der eben beschriebenen Weise reagiert, wie KESSLER[2] gezeigt hat. Allgemein gesprochen wird die Haltbarkeit der Früchte durch alle jene Baumpflegemaßnahmen beeinträchtigt, die in ihrer Auswirkung eine starke Verschiebung des Verhältnisses der assimilierenden Blattoberfläche zur Zahl oder genauer ausgedrückt zur Oberfläche der nährstoffeinlagernden Früchte zugunsten der ersteren herbeiführen.

Um die sorteneigene Haltbarkeit voll und ganz zur Auswirkung zu bringen, muß somit alles vermieden werden, was den Ertrag des Baumes auf längere Zeit mengenmäßig einschränken und den Baum zum abwechslungsweisen Tragen veranlassen könnte. Bäume, die von jung auf richtig geschnitten, durch regelmäßige Schädlingsbekämpfung gesund erhalten, harmonisch gedüngt worden sind und alle Jahre mittlere Erträge abwerfen, liefern das haltbarste Obst.

d) Der mögliche Einfluß von Wuchsstoffen und Schädlingsbekämpfungsmitteln. In neuerer Zeit werden spezielle Spritzungen mit Wuchsstoffen durchgeführt zum Zwecke der Regelung des Fruchtansatzes, zur Verfrühung der Reife, zur besseren Ausfärbung oder um den vorzeitigen Fruchtfall zu verhüten. Die Angaben über den Einfluß dieser Wuchsstoffe auf die Haltbarkeit sind widersprechend[3,4], doch liegen verschiedene Untersuchungsergebnisse vor, welche

---

[1] DU TOIT, M. S., u. J. REYNEKE: Dep. Agric. Stellenbosch, Union of South Africa, Sci. Bull. Nr. 118 (1933).

[2] KESSLER, H.: Landwirtsch. Jb. Schweiz (1938) S. 868.

[3] GERHARDT, F., u. D. F. ALLMENDINGER: J. agric. Res. Bd. 73 (1946) S. 189.

[4] SMOCK, R. M., u. A. M. NEUBERT: Apples and Apple products, S. 152. New York: Interscience 1950.

auf einen nachteiligen Einfluß bezüglich der Haltbarkeit hinweisen. So gibt McKenzie[1] an, daß die α-Naphthylessigsäure, als Spritzung zur Fruchtfallverhütung verabfolgt, die Atmungsrate bei der Sorte Jonathan erhöht und das Lagerungsergebnis verschlechtert hat. Wichtig ist, daß, gemäß der etwas reifebeschleunigenden Wirkung der α-Naphthylessigsäure, die Ernte auch einige Tage früher erfolgt. Falch[2] hat zur besseren Ausfärbung und Reifebeschleunigung ein Präparat aus Trichlorphenoxyessigsäure angewendet und fand, daß das so behandelte Obst weder bei gewöhnlicher Kellertemperatur noch bei Kühlhaustemperatur längere Zeit haltbar war. Abbot[3] schreibt der 2, 4, 5-Trichlorphenoxypropionsäure eine reifebeschleunigende und haltbarkeitsverkürzende Wirkung zu. Durch eine Nachbehandlung mit Maleinsäurehydrazid soll die reifebeschleunigende Wirkung der Wuchsstoffe aufgehoben werden können[4].

Mit der Anwendung von bestimmten Fungiziden und Insektiziden kann der Mineralstoffgehalt des Blattes verändert werden und damit auch die Lagerfähigkeit und Qualität der Früchte[5—7]. Als Nebenwirkungen sind auch negative Geschmacksbeeinflussungen und eine veränderte Disposition für eine Reihe physiologischer und parasitärer Krankheiten auf dem Lager festgestellt worden.

e) Der Reifezustand im Zeitpunkt der Ernte. Die in den vorhergehenden Abschnitten erwähnten Faktoren üben meistens deshalb einen z. T. recht großen Einfluß auf die Haltbarkeit der Früchte aus, weil dadurch die Abwicklung des Reifevorganges der Früchte am Baum irgendwie beschleunigt oder verlangsamt wird. Ohne Zweifel ist der Reifezustand z. Z. der Ernte und der Einlagerung von ausschlaggebender Bedeutung. Wird zu früh geerntet, so ist die Gefahr der während der Lagerungsperiode auftretenden Hautbräune besonders groß, auch neigen die Früchte stark zum Schrumpfen. Wird andererseits der richtige Erntezeitpunkt verpaßt und ausgesprochen spät geerntet, so ist mit einem höheren Prozentsatz an angefaulten Früchten zu rechnen, aber bei mittelspäten Sorten (Cox's Orangen Reinetten, Bramley's Seedling) namentlich auch mit einem ganz wesentlich höheren Fleischbräunebefall.

Es wäre daher sowohl für die Lagerungspraxis als auch namentlich für das Versuchswesen von größtem Vorteil, wenn es eine Methode gäbe, die eine einwandfreie Bestimmung des jeweiligen Reifezustandes der Früchte ermöglichte, um gestützt darauf den optimalen Erntezeitpunkt zu ermitteln, und andererseits auch eine sichere Vergleichsbasis zu gewinnen, um den Einfluß der Unterlage und verschiedener Baumpflegemaßnahmen auf die Haltbarkeit besser nachweisen zu können. Zur Bestimmung des Reifezustandes bei oder unmittelbar nach der Ernte sind bis jetzt folgende Wege eingeschlagen worden:

α) Die relative Haftfestigkeit der Früchte am Fruchtholz des Baumes und der Bräunungsgrad der Samen. Beides sind Momente, die nicht zahlen-, sondern nur erfahrungs- und sinnenmäßig erfaßt werden können.

β) Chemische Bestimmungsmethoden. Auf chemischem Wege durch Bestimmung der bei haltbaren Sorten anfänglich noch vorhandenen Stärke (Nachweis mit Jodkalium, Blaufärbung), Ermittlung der titrierbaren Säure oder des Ge-

<hr>

[1] McKenzie, D. W.: N. Z. J. Sci. Techn. Sect. A Bd. 35 (1953) S. 45.

[2] Falch, J.: Mitt. Klosterneuburg Bd. 4 B (1954) S. 23.

[3] Abbot, D. L.: Ann. appl. Biol. Bd. 41 (1954) S. 215.

[4] Smock, R. M., L. J. Edgerton u. M. B. Hoffman: Proc. Amer. Soc. horticult. Sci. Bd. 60 (1952) S. 184.

[5] Heeney, H. B., W. R. Phillips u. L. Cinq-Mars: Rep. Canad. Committee on Fruit and Vegetable Pres. 1956.

[6] Garman, Ph., L. G. Keirstead u. W. T. Mathis: Bull. 576, Conn. Agric. Exp. Sta. New Haven: 1953.

[7] Stoll, K.: Schweiz. Z. Obst- u. Weinbau Bd. 67 (1958) S. 36, 120.

haltes an wasserlöslichem oder wasserunlöslichem Pektin (vgl. Bd. IX dieses Handbuches, S. 223—310).

γ) Nach dem Verlauf der CO_2-Kurve (Atmungskurve). KIDD und WEST[1] haben gezeigt, daß die CO_2-Kurve bei bestimmter konstanter Temperatur nicht geradlinig verläuft, sondern nach Erreichung des Minimums steil zum Maximum ansteigt, um dann nachher langsam abzuklingen (vgl. S. 488). Der Gipfel der CO_2-Kurve wird entweder im ersten Viertel der Lagerperiode erreicht oder aber in bestimmten Fällen gar schon dann, wenn die Früchte noch am Baum hängen. Je nachdem, ob vor, während oder nach dem Atmungsmaximum eingelagert wird, ist die Disposition der Früchte für Fleischbräune oder Hautbräune ganz verschieden (s. Abb. 223).

δ) Nach dem Verlauf der Kurve der vom Apfel ausgeschiedenen, oxydierbaren, leicht flüchtigen Stoffe, wie Äthylen, Duft- und Aromastoffe usw.

ε) Physikalische Bestimmungsmethoden: Veränderung der Grundfarbe. Dieses Kriterium gibt bereits wertvolle Anhaltspunkte. Auch besteht die Möglichkeit, die Farbenunterschiede entweder mit Hilfe der gebräuchlichen Farbenatlanten oder mit sog. Farbtafeln (Ground Colour Chart) festzulegen, wobei allerdings im letzteren Fall für jede Sorte eine besondere Farbskala aufgestellt werden muß.

Auf dem Wege der Druckfestigkeitsmessungen am Fruchtfleisch mit Hilfe eines sog. Penetrometers[2]. Diese Methode ist in der Handhabung sehr einfach und ergibt Zahlenwerte, die bei Äpfeln, namentlich aber bei Birnen, wenigstens Anhaltspunkte für den Reifezustand geben.

Endlich durch Ermittlung der von KRUMBHOLZ und WOLODKEWITSCH[3, 4] in Vorschlag gebrachten Scherfestigkeit (Ausstanzen einer kreisrunden Öffnung aus einer Fruchtfleischscheibe von bestimmtem Durchmesser und bestimmter Dicke), und zwar am lebenden sowie am abgestorbenen, chloroformierten Gewebe.

Von all den genannten Verfahren sind in der Praxis gebräuchlich, abgesehen von der Ermittlung der Haftfestigkeit: Die Grundfarbebestimmung unter Zuhilfenahme von Farbtafeln und die Penetrometermethode, und zwar beide mit mehr oder weniger Erfolg. Vielversprechend ist die noch ausbaufähige Methode KRUMBHOLZ-WOLODKEWITSCH, die namentlich für wissenschaftliche Zwecke große Vorteile bietet. Was die Beziehung zwischen dem Reifezustand im Zeitpunkt der Einlagerung und der Disposition für nichtparasitäre Krankheiten anbelangt, so verweisen wir auf die weiteren Kapitel. HALLER und SMITH kommen unter amerikanischen Verhältnissen zum Schluß, daß der beste Reifeindex darin bestehe, die Anzahl Tage zwischen Vollblüte und Ernte festzustellen[5].

II. Die Einlagerung.

1. Die Sortenfrage.

Während uns bis anhin vor allem das Ergebnis der unmittelbaren Einwirkung verschiedener Umweltsfaktoren, wie Boden, Klima und Standort, auf die wachsende Frucht und die indirekte Beeinflussung der im Lagerraum aufbewahrten Früchte beschäftigte, wenden wir nun unsere Aufmerksamkeit jenen nicht minder wichtigen Eigenschaften des Apfels zu, die sortentypisch und damit auf bestimmte sorteneigene Erbanlagen zurückzuführen sind. Bekanntlich weichen die einzelnen

[1] KIDD, F., u. C. WEST: Rep. Food Invest. Board (1924) S. 31—34.
[2] MAGNESS, J. R., u. G. F. TAYLOR: U. S. Dep. Agric. Department Circular 350 (1925).
[3] KRUMBHOLZ, G.: Gartenbauwissenschaft Bd. 14 (1940) S. 591.
[4] KRUMBHOLZ, G., u. N. WOLODKEWITSCH: Gartenbauwissenschaft Bd. 17 (1943) S. 543.
[5] HALLER, M. H., u. E. SMITH: Techn. Bull. No. 1003, U. S. Dep. Agriculture 1950.

Sorten in dieser Beziehung sehr stark voneinander ab. Da zudem die Zahl der
Sorten beim Apfel außerordentlich groß ist, selbst wenn man von vornherein
alle ausgesprochen kurzlebigen, nicht haltbaren außer acht läßt, so bedarf es
schon einer auf langer Erfahrung fußenden Sortenkenntnis, um sich in diesem
Irrgarten zurechtzufinden und um die einzelnen Sorten jeweils richtig bewerten
zu können, d. h. zu entscheiden, ob sie sich dank ihrer Eigenschaften zur Kaltlagerung überhaupt eignen oder vielleicht eher von vornherein ausgeschieden
werden sollten. Zweifellos nimmt das Sortenproblem eine Schlüsselstellung in
der Obstlagerungstechnik ein. Ja, man geht mit der Behauptung wohl nicht fehl,
daß der Entscheid, welche Sorten eingelagert werden sollen, ebenso bedeutungsvoll und schwerwiegend ist, wie das Ergebnis der Überlegung rein technischer
Art, welche Lagerungsmethode zu wählen sei.

Eine sehr wichtige Sorteneigenschaft ist z. B. die erblich bedingte Widerstandsfähigkeit gegenüber der zerstörenden Tätigkeit der Fäulniserreger und die

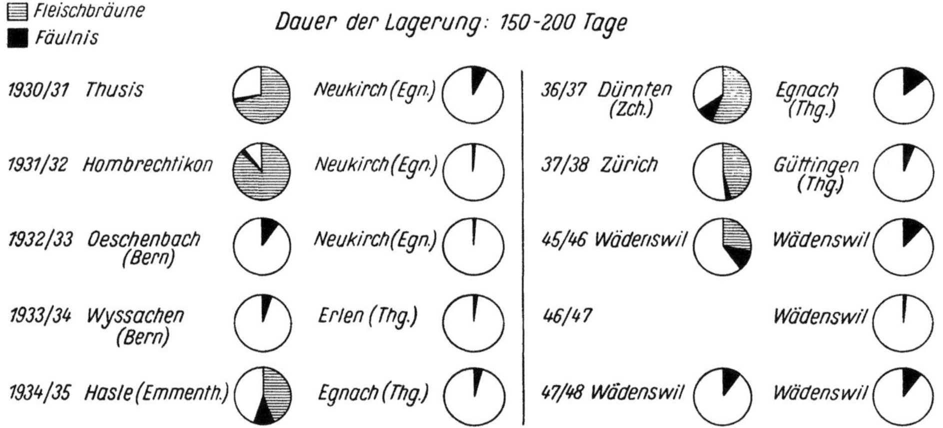

Abb. 203. Gegenüberstellung hinsichtlich Fäulnis- und Fleischbräune-Anfälligkeit einer kälteempfindlichen
und einer kältewiderstandsfähigen Sorte aus verschiedenen Lagen, gestützt auf 10jährige Erhebungen.
Linke Kolonne jeweils Ontario, rechte Glockenapfel.

Anfälligkeit oder Nichtanfälligkeit für nichtparasitäre Krankheiten. Wie groß
die Unterschiede in dieser Beziehung von Sorte zu Sorte sein können, geht
aus der Gegenüberstellung der beiden haltbaren Sorten Ontario und Glockenapfel hervor (s. Abb. 203, graphische Darstellung des Ergebnisses 10jähriger
Lagerungsversuche). Unter diesen Umständen wird der Einlagernde aus leicht
verständlichen Gründen bestrebt sein, von den widerstandsfähigen Sorten möglichst große Quantitäten dem Kühlhaus zuzuführen; er wird aber auch ein Interesse daran haben, über eine größere Zahl von Sorten mit ähnlichen Eigenschaften
verfügen zu können, wie sie z. B. der Glockenapfel aufweist. Leider ist dies trotz
des riesigen Apfelsortimentes vorläufig immer noch ein Wunschtraum. Angesichts
dieser unerfreulichen Situation hat man sich daher in der Schweiz schon vor
Jahren entschlossen, den allerdings mühsamen und viel Geduld erfordernden
züchterischen Weg zu beschreiten. Zuchtziel ist eine in geschmacklicher Hinsicht
vollwertige, gut gefärbte und ertragreiche Sorte, die sich dank ihrer Fleischbräune-
Widerstandsfähigkeit für die 0° C-Lagerung eignet. Durch Kreuzung von Sorten
mit geeigneten Erbanlagen ist man in den Besitz einer großen Zahl von Sämlingen
gekommen, die gegenwärtig einer eingehenden Prüfung am Baum und auf dem
Lager unterworfen werden. Die bisher gewonnenen Ergebnisse sind recht ermutigend.

In England wurde dagegen versucht, das Problem in anderer Weise zu lösen. Dort hat man sich damit abgefunden, daß die hauptsächlichsten Lagersorten, wie Cox's Orangen Reinette und Bramley's Seedling, ausgesprochen fleischbräuneanfällig und demzufolge kälteempfindlich sind. Mit Rücksicht darauf ist dann die Gaslagerungsmethode entwickelt und ausgebaut worden, die eine Aufbewahrung bei verhältnismäßig hohen Lagertemperaturen sehr wohl ermöglicht. Es wird sich zeigen, welches Vorgehen, ob das auf züchterischem Wege oder das unter Anwendung rein lagerungstechnischer Hilfsmittel, auf lange Sicht betrachtet, erfolgreicher ist.

Abgesehen von den Unterschieden hinsichtlich der Krankheitsanfälligkeit ist auch die Lebensdauer an und für sich, unter bestimmten Bedingungen, je nach Sorte sehr ungleich lang. Bekanntlich gibt es Sorten, deren Lebenskraft schon nach 1 bis 2 Wochen erschöpft ist, neben anderen, die für gewöhnlich sechs und mehr Monate überdauern. Aus rein betriebswirtschaftlichen Gründen wird man in den meisten Fällen von der Kaltlagerung der frühen und mittelfrühen Sorten absehen, um so eher als sie mehr oder weniger alle die üble Eigenschaft haben, schon auf kleine Fehler hinsichtlich der Wahl des Erntezeitpunktes sehr empfindlich zu reagieren. Deshalb ist es angezeigt, das Schwergewicht in erster Linie auf die mittelspäten und ausgesprochen späten Sorten zu verlegen.

Wenn wir die Apfelsorten nach ihrer Haltbarkeit bewerten und auswählen wollen, so kommen wir schließlich nicht darum herum, den Begriff Haltbarkeit etwas näher zu umschreiben. Im gewöhnlichen Sprachgebrauch versteht man darunter die auf Grund mehrjähriger Erfahrung festgelegte Zeitperiode, während welcher sich die betreffende Sorte im gewöhnlichen ungekühlten Keller aufbewahren läßt. Da die Temperaturverhältnisse und auch die Art der Wartung des Kellers sehr unterschiedlich sind, muß auch die Haltbarkeit von Fall zu Fall verschieden sein.

Angaben unter Zugrundelegung konstanter Lagertemperaturen sind deshalb sehr viel wertvoller. KIDD und WEST haben die Begriffe *mittlere Haltbarkeit* (mean storage life) bis zur 50%-Abfallgrenze und *wirtschaftliche Haltbarkeit* (commercial storage life) bis zur 10%-Abfallgrenze eingeführt, wobei unter diesem Begriff die Zeitspanne verstanden wird zwischen dem Zeitpunkt der Ernte einerseits und dem eines 10%igen bzw. 50%igen Gewichtsverlustes infolge Fäulnis und nichtparasitärer Krankheiten (Verderbnisquote) andererseits. Allerdings gibt auch diese Größe nur einen Anhaltspunkt über die Krankheitsanfälligkeit der Sorte, nicht aber über den Verlauf des Reifeprozesses. Die in Wädenswil durchgeführten Sortenprüfungen enthalten deshalb immer auch Angaben über die Zeitspanne, innerhalb welcher die Früchte im Vollbesitz ihrer geschmacklichen Qualitäten sind, ein Kriterium, das vom praktischen Standpunkt aus betrachtet ebenso wichtig ist wie das oben angeführte. Bei einiger Übung im Degustieren der Früchte können die diesbezüglichen Fehler auf ein Minimum reduziert werden. Erfahrungsgemäß verschafft die Anwendung beider Maßstäbe, wie das in den Wädenswiler Versuchen üblich ist, ein gutes Bild der Haltbarkeitsverhältnisse einer Sorte (s. Sortengegenüberstellung).

Wir kämen damit zu folgender Definition des Haltbarkeitsbegriffes:

Unter Haltbarkeit einer Sorte verstehen wir die Zeitspanne, innerhalb welcher, unter Zugrundelegung einer bestimmten Lagertemperatur, der Gesundheitszustand auf die Gesamtheit der Früchte bezogen ein gewisses Maß nicht übersteigt (10%- oder 50%-Abfallgrenze), die Früchte im Vollbesitz ihrer geschmacklichen Qualität sind und zudem immer noch genügend Reserven aufweisen, um nach erfolgter Auslagerung die Transport- und Verkaufsspanne in einwandfreiem Zustand zu überstehen.

Wir verweisen in diesem Zusammenhang auf die Sortentabelle, Abb. 204 und 205, bei deren Aufstellung alle die in der obigen Definition enthaltenen Gesichtspunkte mitberücksichtigt wurden. Es ist klar, daß für die Kaltlagerung

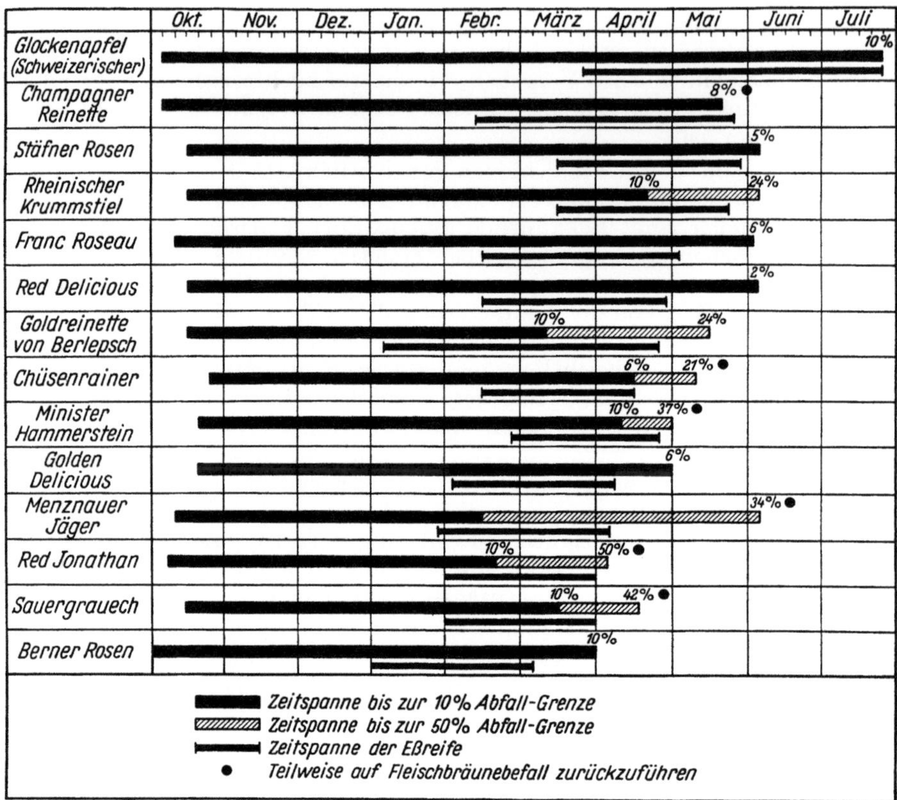

Abb. 204. Die Haltbarkeitsverhältnisse einiger verhältnismäßig kältewiderstandsfähiger Sorten. Lagerung bei 0° C, Versuchsanstalt Wädenswil.

Abb. 205. Die Haltbarkeitsverhältnisse einiger kälteempfindlicher Sorten. Lagerung bei 4° C, Versuchsanstalt Wädenswil.

in allererster Linie die langlebigen, am Tabellenkopf (0° C- und 4° C-Lagerung) aufgeführten Sorten in Frage kommen. Unter diesen begegnen vor allem jene besonders großem Interesse, die, wie die Goldreinette von Berlepsch oder der Glockenapfel, während einer verhältnismäßig langen Zeitspanne sich im Zustand der Eßreife befinden.

Die in Sortentabellen zusammengefaßten Versuchsergebnisse der Forscher verschiedener Länder[1—3] können nicht immer völlig übereinstimmen, da stets den klimatischen Faktoren Rechnung zu tragen ist.

2. Der Einfluß der Vorlagerung.

Es erhebt sich die Frage, ob sofort nach der Ernte einzulagern ist, oder ob ein Lagerungsverzug von einigen Tagen (Vorlagerung) in Kauf genommen werden kann, oder ob gar die Früchte vor der Einlagerung einem 2 bis 3 Wochen dauernden Schwitzprozeß auszusetzen seien. Im allgemeinen wird, im Falle späterer Überführung in künstlich gekühlte Räume, die Antwort lauten: Je rascher die frisch geernteten Früchte heruntergekühlt werden, um so besser sind die Aussichten auf eine lange Lagerdauer; dies gilt sowohl für die Äpfel, aber ganz besonders auch für die Birnen. Bei Einlagerung in den gewöhnlichen Keller ist mit anderen Voraussetzungen zu rechnen.

Allgemein läßt sich feststellen, daß bei Abwesenheit nichtparasitärer Krankheiten bei verhältnismäßig hohen Temperaturen vorgelagerte Früchte folgende Nachteile aufweisen: Der Reifeprozeß auf dem Lager wickelt sich rascher ab, die Lebensdauer ist daher kürzer, der Wechsel von der grünen Grundfarbe zur gelben tritt früher ein, der Zeitpunkt beginnender Eßreife ist vorverschoben, die Neigung zum Schrumpfen und der Fäulnisabgang sind größer. Dabei kommt der nachteilige Einfluß der Vorlagerung um so deutlicher zum Ausdruck, je niedriger die nachher angewendete Lagertemperatur ist[4]. Ein Beispiel soll dies zeigen (Tab. 2):

Tabelle 2. *Verhalten der Sorte Möriker in bezug auf Vorlagerung.*

Datum	Lagertemperaturen							
	1° C		2,5° C		4° C		5,5° C	
	mit Vorlagerung 12 Tage	ohne Vorlagerung	mit Vorlagerung 12 Tage	ohne Vorlagerung	mit Vorlagerung 12 Tage	ohne Vorlagerung	mit Vorlagerung 12 Tage	ohne Vorlagerung
	Abfall in Prozenten der eingelagerten Gewichtsmengen							
12. Januar	0	0	0	0	0	0	0	0
23. Februar	4,0	3,0	8,5	3,5	34,5	21,5	44,5	38,5
16. März	14,5	5,5	23,0	17,5	67,0	48,5	64,5	59,5
10. April	28,5	10,5	47,5	33,5	82,5	64,5	74,0	67,0
3. Mai	53,0	23,0	66,0	62,0	—	—	—	—
30. Mai	64,5	36,0	83,5	85,0	—	—	—	—

Etwas anders liegen die Verhältnisse, wenn mit nichtparasitären Krankheiten zu rechnen ist. In diesem Fall kann sich eine Vorlagerung je nach dem Reifezustand der Früchte im Zeitpunkt der Ernte recht verschieden auswirken. Erfolgt die Ernte so frühzeitig, daß die Früchte erst geraume Zeit danach in den Zustand

---

[1] KESSLER, H., u. K. STOLL: Landwirtsch. Jb. Schweiz (1953) S. 1157.

[2] ULRICH, R.: Conservation par le Froid des Denrées d'Origine Végétale. Paris: Baillière 1954.

[3] NICOLAISEN-SCUPIN, L.: Bibliothek der Kältepraxis Bd. 2. Hamburg-Blankenese: Lindow 1957.

[4] MEIER, K., u. H. KESSLER: Landwirtsch. Jb. Schweiz (1927) S. 727.

größter Atmungsintensität gelangen, so ist im Hinblick auf den Fleischbräunebefall eine sofortige Einlagerung nach der Ernte notwendig. Spielt sich jedoch die Zeit der größten Atmungsintensität noch ab, solange sich die Früchte am Baum befinden, also unmittelbar vor der Ernte, so könnte eine Verzögerung der Einlagerung von einigen Tagen bis zur gänzlichen Überwindung der kritischen Zeitspanne von Vorteil sein (Abb. 222). Immerhin dürfte dieser Fall eher eine Ausnahme bilden.

Wo kaltgelagert wird, dürfte das sog. Verschwitzenlassen des Obstes vor der Einlagerung kaum je in Frage kommen. Dieses Vorgehen, bei dem die Äpfel haufenweise bei höherer Temperatur aufgeschichtet werden, um auf diese Weise gesundes und fäulnisgefährdetes Obst auf einfache Art kenntlich zu machen, ist mit dem Nachteil einer starken Beschleunigung des Reifeprozesses verbunden. Deshalb ist diese Methode nur dort angezeigt, wo das Obst möglichst rasch in den eßreifen Zustand übergeführt werden soll.

Ganz allgemein betrachtet muß daher der Kühlhauspraktiker bestrebt sein, alle Apfelsorten nach erfolgter Ernte *innerhalb weniger Tage* in die auf die geeignete Temperatur gekühlten Lagerräume überzuführen. Wer diesen Grundsatz streng befolgt, wird die mit der Erreichung dieses Zieles verbundenen Bemühungen organisatorischer Art nicht zu bereuen haben.

3. Die Sortierung, Verpackung und Vorbehandlung.

Aber auch von der sorgfältigen Durchführung der Sortierung des zur Lagerung bestimmten Obstes hängt das Ergebnis der Lagerung weitgehend ab. Im allgemeinen ist die Sortierung des Obstes Sache des Produzenten. Der Einlagerer wird jedoch in sehr vielen Fällen nicht darum herumkommen, das Obst nochmals nach bestimmten Gesichtspunkten zu sichten. Und zwar genügt es nicht, lediglich die mit Hautverletzungen, Druckflecken versehenen, schorfigen, stippigen und glasigen Früchte auszuscheiden, sondern, um dem Begriff „Lagerobst" zu genügen, müssen die Früchte nicht nur gesund, sondern zugleich auch hinsichtlich Größe eine gewisse Ausgeglichenheit aufweisen. Bekannt ist, daß die überdurchschnittlich großen Früchte für verschiedene Lagerkrankheiten sehr anfällig sind, weshalb sie eliminiert werden müssen, auch wenn es manchmal etwas schwerfällt. Die beiden nebenstehenden Beispiele in Tab. 3 mögen dies zeigen[1].

Tabelle 3. *Beziehungen zwischen Fruchtgröße und Krankheitsanfälligkeit.*

Cox's Orangen Reinette, Stippfleckenbefall nach 10 Wochen bei 1° C. (Nach W. M. Carne.)

Durchschnittliche Größe in Inches	Prozentsatz an stippigen Früchten			
	1936	1937	1938	1939
2	0	1	0	0
$2^1/_8$	3	10	0	2
$2^1/_4$	15	50+	4	8
$2^3/_8$	55+	—	19	35

Jonathan 1934/39, Krankheitsanfälligkeit nach 10wöchiger Lagerung bei 1° C. (Nach W. M. Carne.)

Mittlere Größe der Früchte in Inches	Jonathan-Fleckenkrankheit	Fleischbräune Soft Scald-Typ	Fleischbräune
$2^1/_4$	3	1	1
$2^3/_8$	7	1	1
$2^1/_2$	21	6	3
$2^5/_8$	50	30	20

Einzelne Länder haben deshalb für Lagersorten Vorschriften über die Größenverhältnisse aufgestellt, die bei der Lagerobstsortierung zu berücksichtigen sind. Eine strenge Handhabung dieser Vorschriften trägt unter anderem auch dazu bei,

---

[1] Carne, W. M.: Counc. Sci. Ind. Res., Pamphlet No. 95 (1940) S. 34, 36.

die von Bäumen mit sehr schwachem Behang stammenden, nicht haltbaren Früchte von der Lagerung fernzuhalten.

Äpfel und Birnen werden sowohl offen, in Harasse oder Steigen als auch in Kisten verpackt aufbewahrt. Erstere Art wird meistens in Europa angewendet, letztere in überseeischen Gebieten.

An dieser Stelle müssen wir uns auch darüber klarwerden, welche Vorteile die Verwendung von mit geruchlosen Ölen imprägniertem Papier oder die direkte Imprägnierung der Fruchthaut bietet. Sog. Ölpapier enthält im allgemeinen etwa 15 Gew.-% geruchloses Öl, meistens Mineralöl. Entweder wird das Ölpapier

Abb. 206. Damason Reinette (stark berostete Sorte, die zum Schrumpfen neigt) 211 Tage bei 0° C aufbewahrt (Versuch 1940/41). Vor der Einlagerung *schichtenweise in Ölpapierschnitzel verpackt*. Gewichtsverlust infolge Wasserabgabe: 9%. Die Früchte sind prall und können als vollwertig verkauft werden.

in Form von quadratischen Blättern (25 × 25 cm) verwendet, die zum Einwickeln jeder einzelnen Frucht dienen, oder in Form von 1 cm breiten und etwa 15 cm langen Schnitzeln, in welchem Fall dann eine regelrechte Packung erstellt wird, bestehend aus abwechslungsweise angeordneten Lagen von Schnitzeln und solchen von Obst. Wie die Erfahrung zeigt, können auf diese Weise der Verdunstungsgrad der Früchte während der Lagerung und damit die Gewichtsverluste infolge Wasserabgabe beträchtlich herabgesetzt werden, und zwar bei stark zum Schrumpfen neigenden Sorten, wie z. B. denjenigen der Reinetten-Gruppe, bis auf die Hälfte. Dabei ist die Wirkung eine zweifache, indem neben der Einschränkung der Gewichtseinbuße, durch die Verhinderung des Schrumpfens der Fruchthaut auch der Marktwert des Lagergutes am Schlusse der Lagerung ein höherer ist (Abb. 206 und 207). Als weiterer Vorteil der Ölpapierverwendung ist die Möglichkeit einer gewissen Einschränkung der Fäulnisverluste in einigen Fällen zu erwähnen (nicht immer), und was besonders wichtig ist, die Möglichkeit einer erheblichen Reduktion des Hautbräunebefalles (s. S. 481). Wie vergleichende Lagerungsversuche in Wädenswil gezeigt haben, wirkte die Schnitzelpackung, vorausgesetzt, daß sie fachmännisch durchgeführt worden ist, auf der ganzen Linie besser als die im übrigen mit einem größeren Arbeitsaufwand verbundene Methode des Wickelns[1]. Selbstverständlich lohnt sich das Einbetten in Öl-

---

[1] KESSLER, H.: Landwirtsch. Jb. Schweiz (1931) S. 539—556.

papierschnitzel nur für bestimmte, wertvolle, besonders stark zum Schrumpfen oder zur Hautbräune neigende Sorten (für 100 kg Obst sind 3 bis 4 kg Ölpapierschnitzel erforderlich).

Nach Kidd und West[1] beeinflußt, falls zum Imprägnieren des Papiers Mineralöl verwendet wird, dessen Viskosität das Schlußergebnis nicht; wohl aber kann durch die Wahl des Öles, z. B. durch Verwendung eines Öles der Rizinuspflanze, u. U. beträchtliche Verbesserung erzielt werden. Bei in der Schweiz durchgeführten Versuchen hat namentlich das mit Öl auf Naphthenbasis imprägnierte Papier über Erwarten gute Ergebnisse gezeitigt[2].

Abb. 207. Damason Reinette offen, *ohne Ölpapierschnitzel aufbewahrt*, im übrigen aber gleichbehandelt wie obige. Gewichtsverlust infolge Wasserabgabe: 17 %. Die Früchte sind geschrumpft, unansehnlich und nicht mehr als Tafelobst verkäuflich.

Nun besteht auch die Möglichkeit, die öl- oder wachshaltigen Stoffe unmittelbar auf die Fruchthaut aufzutragen, sei es von Hand oder auf maschinellem Wege. Die Wirkung ist im großen ganzen ähnlich derjenigen bei Verwendung von Ölpapier mit der einen Einschränkung, daß keine oder nur eine unbedeutende fäulnishemmende Wirkung festgestellt wird. Sofern das Imprägnierungsmittel direkt auf die Fruchthaut gespritzt wird, ist auf folgendes zu achten: Zunächst muß die Stärke des Belages sehr sorgfältig dem Mittel angepaßt und eingeregelt werden. Nach einer 3- bis 4monatigen Lagerung darf die Imprägnierung nicht mehr unangenehm auffallen, d. h. die Fruchthaut soll sich nicht mehr schmierig anfühlen. Letzteres könnte namentlich dann der Fall sein, wenn der Belag ungleichmäßig aufgetragen wurde. Sodann darf der Gaswechsel durch Haut und Lentizellen nicht zu stark unterbunden werden, weil sonst möglicherweise mit schwerwiegenden Funktionsstörungen zu rechnen ist, die zu größeren Fleischbräuneabgängen[3], ja sogar zu Markbräune führen könnten. Endlich muß die Paste oder die Ölmischung frei von den die Fruchthaut ätzenden Substanzen sein, was durchaus nicht immer der Fall ist.

[1] Kidd, F., u. C. West: Rep. Food Invest. Board (1934) S. 115—117.
[2] Kessler, H.: Schweiz. Z. Obst- u. Weinbau (1949) S. 359—365.
[3] Kessler, H., u. P. Benz: Schweiz. Z. Obst- u. Weinbau (1937) S. 315—326.

Daß durch die Imprägnierung der Ablauf gewisser physiologischer Vorgänge beeinflußt wird, geht, rein äußerlich betrachtet, schon aus der Verzögerung des Farbumschlages der grünen Grundfarbe ins Gelbliche hervor. Daneben läßt sich aber die Wirkung auch durch Ermittlung der CO_2- bzw. O_2-Konzentration im Innern des Apfelgewebes nachweisen, wie schon 1924 von MAGNESS und DIEHL[1] gezeigt wurde. Je nach der Stärke des Öl- oder Wachsbelages wird auch die CO_2-Konzentration im Innern der Frucht mehr oder weniger rasch zunehmen bzw. das Gewebe an O_2 verarmen. Es wird somit durch die Imprägnierung ein ähnlicher Effekt erzielt wie bei der Gaslagerung (s. S. 472), wobei sich allerdings die Konzentrationsverschiebungen in bezug auf die beiden Komponenten CO_2 und O_2 in bescheidenerem Rahmen halten.

Nun besteht auch die Möglichkeit, ein Imprägnierungsmittel unter Verwendung eines Emulgators in Form einer Weißöl-Wasseremulsion herzustellen. Statt nach dem Spritzverfahren zu arbeiten, wird dann das zu behandelnde Obst lediglich kurz in eine stark verdünnte wässerige Lösung eingetaucht. Vom arbeitssparenden Gesichtspunkt aus betrachtet wäre dies zweifellos die vorteilhafteste Lösung des Imprägnierungsproblems. Allerdings sind die nach dieser Methode erzielten Ergebnisse nicht durchweg befriedigend. Für die beiden Sorten Schöner von Boskoop und Baumann's Reinette hat KAESS[2] den Nachweis erbracht, daß unter gewissen Voraussetzungen das Tauchverfahren günstige Wirkung haben kann, indem der Verdunstungsgrad erheblich herabgesetzt, der Reifungsvorgang leicht verzögert und sogar der Fäulnisabgang etwas reduziert werden konnte. Demgegenüber sind aber in der Schweiz ebenfalls mit deutschen Imprägnierungsmitteln (Obscol, Obstabil) mit verschiedenen Lagersorten durchgeführte Versuche[3] nicht sehr vorteilhaft ausgefallen. Der Verdunstungsgrad wurde zwar etwas herabgesetzt, dagegen ist, auffallenderweise mit Ausnahme der Sorte Boskoop, keine fäulnishemmende Wirkung festgestellt worden. Es darf dagegen damit gerechnet werden, daß sowohl die Methode des Imprägnierens nach dem Spritzverfahren, wie auch nach dem Tauchverfahren in den nächsten Jahren noch weiter ausgebaut und vielleicht auch beträchtlich verbessert werden kann. Es sei hier nur auf die Möglichkeit einer evtl. Beimischung eines für die Fruchthaut unschädlichen Fungizides zum Imprägnierungsmittel hingewiesen. Immerhin stellt die Imprägnierung schon im jetzigen Anwendungsbereich ein wertvolles Zusatzverfahren im Rahmen der Obstlagerungstechnik dar.

Neuere Erfahrungen mit Ölüberzügen werden von HULME[4], BOEKE[5] und australischen Forschern[6] mitgeteilt.

4. Beschreibung eines Sortier-, Lager- und Versandhauses für Obst und Gemüse.

Als Beispiel einer Obst- und Gemüsezentrale für die Vermarktung und Lagerung diene die Beschreibung des Packhauses in Imola (Italien), welche von STRADELLI und CACCIARI[7] gegeben wurde (Abb. 208 und 209). Auf die Initiative einer genossenschaftlichen landwirtschaftlichen Organisation hin wurde ein

---

[1] MAGNESS, J. R., u. H. C. DIEHL: J. Agric. Res. Washington Bd. XXVII (1924) S. 28

[2] KAESS, G.: Z. ges. Kälteind. Bd. 45 (1938) S. 227.

[3] KESSLER, H.: Schweiz. Z. Obst- u. Weinbau (1945) S. 335.

[4] HULME, A. C.: Food Invest. Board Techn. Paper No. 1. London: H. M. St. Office 1949.

[5] BOEKE, J. E.: Meded. Dir. Tuinb. Bd. 16 (1953) S. 693.

[6] TROUT, S. A., E. G. HALL u. S. M. SYKES: Austral. J. agric. Res. Bd. 4 (1953) S. 57 bis 81, 264—282, 365—383 und Bd. 5 (1954) S. 626—648.

[7] STRADELLI, A., u. E. CACCIARI: Il Freddo Bd. 11 (1957) Nr. 1.

10 600 m² umfassendes Terrain für die Einrichtung eines Packhauses erworben. Die Aufgabe der Zentrale besteht in der Zusammenfassung, Sortierung, Ver-

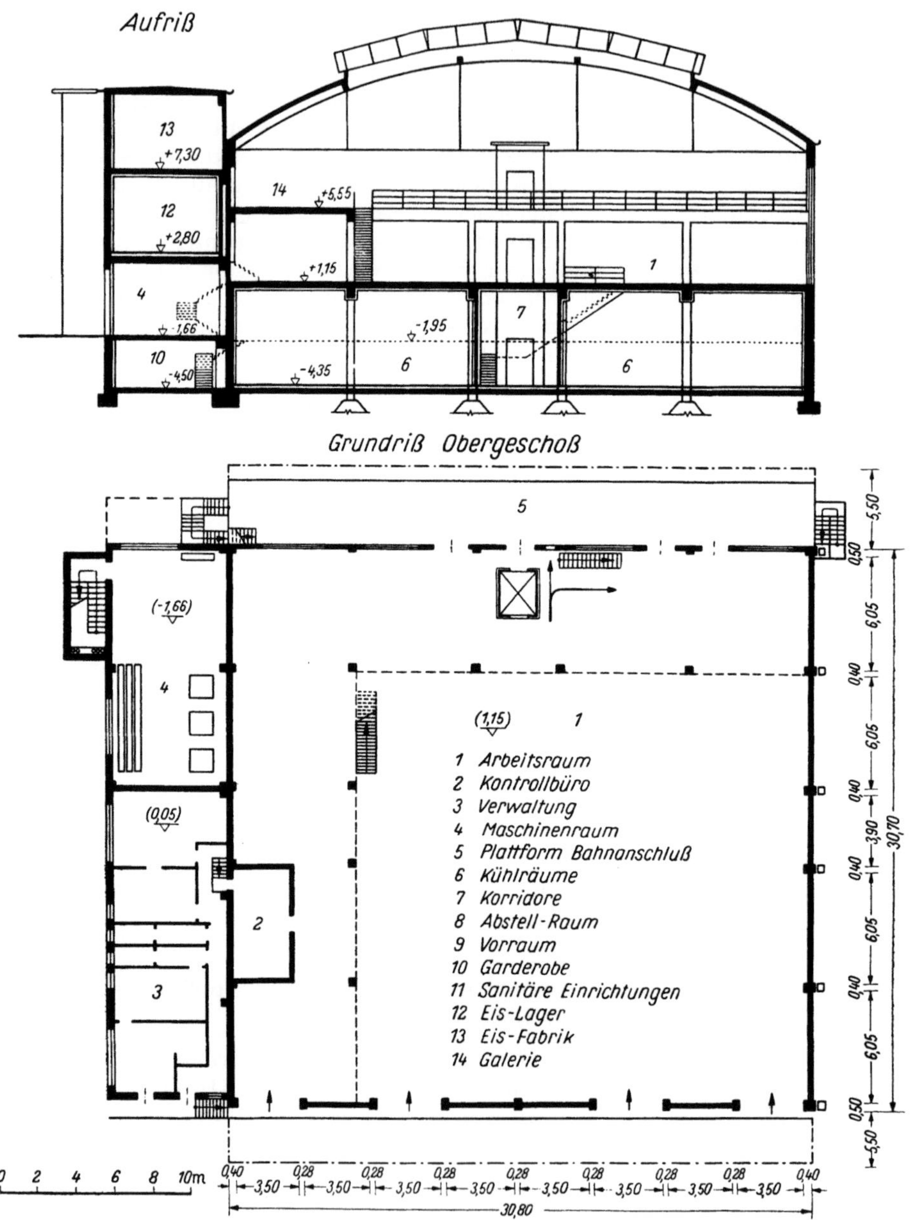

Abb. 208. Aufriß und Grundriß des Obergeschosses des Packhauses in Imola (Italien).
(Nach Stardelli und Cacciari.)

packung, Vorkühlung, Lagerung und dem Versand der in jener Gegend angebauten Früchte und Gemüse. Als Hauptraum gilt ein 30×30 m messender Arbeitssaal, welcher architektonisch so gestaltet wurde, daß keine den Arbeitsablauf störenden Säulen vorhanden sind. Im Untergeschoß befinden sich 4 Kühlräume mit 700 m² gesamter Grundfläche und 4,5 m Höhe, einstellbar auf 0° C und 90% rel. Feuchtigkeit. Die Korridore haben eine Breite von 3,5 m und sind so teilweise als Zwischenlager benützbar. Der Verbindung zwischen beiden Stockwerken dienen Treppen, schräge Förderbänder und ein Aufzug von 2 t Traglast. Ein weiter Anfuhrplatz für Straßentransporte und der Bahnanschluß bieten Gewähr für die schnelle und reibungslose Verbindung nach außen. Die Eisfabrik mit Eislager sowie die Galerie für das Vorkühlen der Waggons ermöglichen eine gute Konditionierung der für längere Transporte bestimmten Waren.

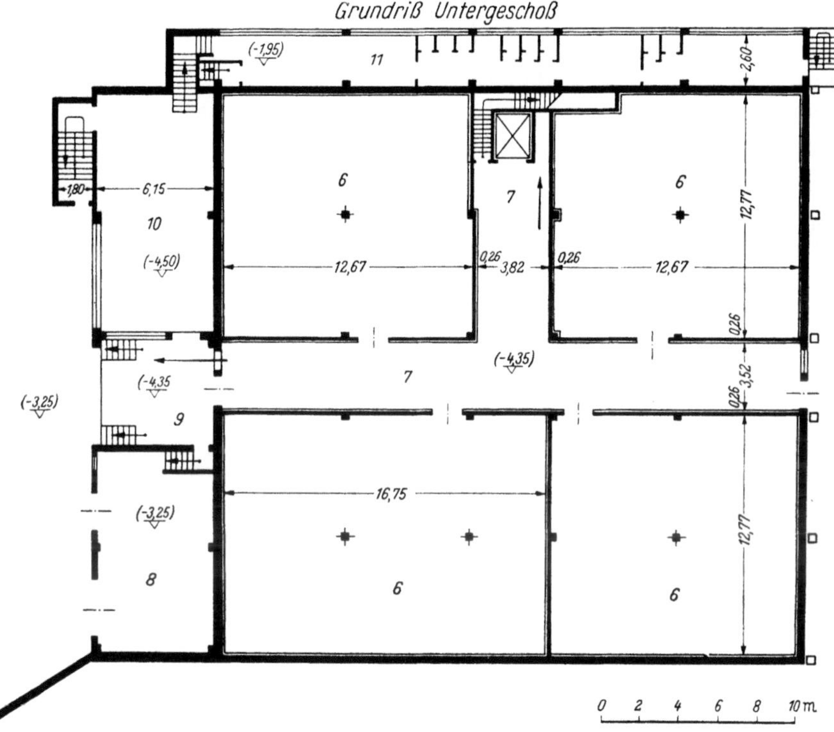

Abb. 209. Grundriß des Untergeschosses des Packhauses in Imola (Italien).
(Nach STRADELLI und CACCIARI.)

Der zweckmäßigen Ausgestaltung der Büro-, Aufenthalts- und Nebenräume für das Personal wurde große Beachtung geschenkt, ohne dabei das Prinzip der Einfachheit und Wirtschaftlichkeit zu verlassen.

Für das Fassungsvermögen von 1000 t Ware und die Erzeugung von täglich 12 t Eis wird die notwendige Kälte von 3 NH_3-Kompressoren der Firma Barbieri, Bologna, geliefert. Von den auf 150 Mill. Lire veranschlagten Erstellungskosten der Anlage entfielen 22% auf die Maschinen- und 8% auf Isolationskosten. Die Höchstumschlagmenge pro Tag kann in diesem Packraum bis auf 120 t ansteigen. Solche Packstationen sind in der Lage, die Verwertung von Obst und Gemüse zu rationalisieren und eine qualitative Verbesserung der Handelsprodukte zu erzielen. Die Fragen der Packstationen wurden auch von THÉVENOT[1] behandelt.

---

[1] THÉVENOT, R.: Rev. gén. Froid Bd. 30 (1953) S. 221.

III. Die Lagerung der Äpfel und die Beschaffenheit der Lagerraumluft.

1. Die Temperatur.

Es ist bekannt, daß mit sinkender Lagertemperatur bis zur praktisch anwendbaren Temperaturgrenze (Gefriertemperatur des Apfelgewebes —1,4° C bis —2,8° C) die Atmungsintensität der Früchte abnimmt, gewisse, für den Lebensvorgang wichtige stoffliche Umwandlungen langsamer vor sich gehen und der Zeitpunkt der Eßreife zeitlich hinausgeschoben wird (s. physiologischer Teil). In Anbetracht dessen scheint es verständlich, wenn der Kühlhauspraktiker bestrebt ist, die Temperatur so niedrig wie möglich anzusetzen, um auf diese Weise das Maximum der Haltbarkeit aus den Früchten herauszuholen; dies um so mehr, als der für eine Temperatursenkung von 1° C bis 2° C benötigte Mehraufwand die Gesamtunkosten nicht wesentlich erhöht, auch wenn die Lagerung mehrere Monate dauert. Diese allzu einfache Überlegung wird nun aber der Situation nicht vollständig gerecht, denn es ist bei der Wahl der Lagertemperatur noch weiterhin zu berücksichtigen, daß zunächst einmal einzelne Sorten eine ausgesprochene, in ihren Erbanlagen verankerte Neigung zur Fleischbräune aufweisen können, weshalb sie bei höheren Temperaturen aufbewahrt werden müssen (s. Fleischbräune), und andere Sorten, wie Schöner von Boskoop und Canada Reinette, bei tiefen Temperaturen sehr oft in geschmacklicher Hinsicht eine unerwünschte Entwicklung durchmachen.

Auch die Tatsache, daß in den Vereinigten Staaten von Amerika Äpfel noch meistens um 0° C aufbewahrt werden, ändert nicht viel an der Situation und darf nicht etwa dazu verleiten, diese Gepflogenheit nun einfach schablonenmäßig auf *alle* europäischen Sorten zu übertragen. Dazu liegt übrigens um so weniger Veranlassung vor, als auch dort von einer Gruppe von Fachleuten, mit Rücksicht auf den Fleischbräunebefall und andere Vorkommnisse, eine Lagertemperatur von 2° C befürwortet wird[1]. Auch KRUMBHOLZ[2] rät mit Rücksicht auf die sehr verschiedenartigen Bedingungen, unter denen das deutsche Lagerobst heranreift, zur Vorsicht und schlägt deshalb für Äpfel ganz allgemein eine Lagertemperatur von 2° C bis 3° C vor.

Demgegenüber muß man, gestützt auf die Ergebnisse der in der Schweiz durchgeführten Lagerungsversuche[3], zum Schluß kommen, daß es vom wirtschaftlichen Standpunkt aus betrachtet falsch wäre, wollte man für alle Apfelsorten die gleiche Lagertemperatur ansetzen und sie in dieser Beziehung alle auf einen Nenner bringen. Wenn auch der Einfluß tiefer Lagertemperaturen auf die Haltbarkeit allgemein betrachtet beim Apfel weniger deutlich zum Ausdruck kommt, als dies bei der Birne der Fall ist (s. Kurvenbild S. 501), so darf doch auch bei der Beurteilung der Sachlage die wichtige Tatsache nicht außer acht gelassen werden, daß die Zeitspanne von der Einlagerung bis zum Beginn der Eßreife mit sinkender Temperatur ganz erheblich zunimmt. Um nun einerseits die Möglichkeiten der 0° C-Lagerung wenigstens bei den kältewiderstandsfähigen Sorten völlig ausschöpfen zu können und andererseits die kälteempfindlichen vor Fleischbräunebefall nach Möglichkeit zu bewahren, *kommen wir nicht darum herum, die große Zahl der Apfelsorten in 2 Gruppen zu unterteilen und gesondert aufzubewahren, nämlich in fleischbräunewiderstandsfähige und in fleischbräuneanfällige.*

Sorten, wie *Glockenapfel, Freiherr von Berlepsch, Damason Reinette, Franc Roseau, Red Delicious, Golden Delicious und Rheinischer Krummstiel,* die er-

---

[1] PLAGGE, H. H., T. J. MANEY u. B. S. PICKETT: Jowa State Bull. 329 (1935) S. 71.

[2] KRUMBHOLZ, G.: Vorratspflege u. Lebensmittelforsch. Bd. VI (1943) H. 1/3, S. 75.

[3] KESSLER, H.: Landwirtsch. Jb. Schweiz (1935) S. 907.

wiesenermaßen selten oder nie von Fleischbräune befallen werden, sind deshalb in besonderen Kühlräumen zusammenzufassen und auf 0° C zu kühlen. In diese, für den Kühlhauspraktiker so wertvolle Gruppe sind die wichtigen Sorten *Jonathan, Champagner Reinette und Sauergrauech* nur unter Vorbehalt einzureihen, da sie erfahrungsgemäß zwar meistens, aber leider nicht immer, frei von Fleischbräune bleiben (s. Sortenzusammenstellung S. 460).

Demgegenüber wird die zweite Gruppe durch die fleischbräuneanfälligen, oder zum mindesten öfters von Fleischbräune befallenen Sorten gebildet. Die dieser Gruppe angehörenden Sorten dürfen nicht unter 3° C gekühlt werden. Leider ist rein zahlenmäßig betrachtet diese Gruppe ungleich größer als die erste. Wir müssen uns daher darauf beschränken, nur einige typische Vertreter als Beispiel aufzuführen, wie *Goldparmäne, Ontario*[1], *Osnabrücker Reinette, Cox's Orangen Reinette, Menznauer Jägerapfel (Rheinischer Winterrambour)*[1,2], *Goldreinette von Blenheim, Kasseler Reinette*[2], *Bramley's Seedling* und die amerikanischen Sorten *Rhode Island Greening, Grimes Golden, Winter Banana, Yellow Newtown, Rome Beauty usw.*[3] In diese Gruppe sind auch noch zwei anbaumäßig in Europa eine sehr wichtige Stellung einnehmende Sorten, nämlich *Schöner von Boskoop*[1] und *Canada Reinette*, einzubeziehen. Beide bauen sich in geschmacklicher Hinsicht bei 0° C- oder 1° C-Lagerung ungenügend aus (erstere nimmt ein vanilleartiges Gewürz an) und sind zudem je nach Jahrgang und Herkunft sehr verschieden anfällig für Fleischbräune[4]. Auch sie sollten mit Rücksicht auf ihr unsicheres Verhalten nicht unter 3° C gekühlt werden.

Die für eine bestimmte Sorte oder für eine Sortengruppe gewählte Lagertemperatur muß nicht nur während der ganzen Lagerdauer eingehalten werden, es ist auch für größtmögliche Temperaturausgeglichenheit innerhalb des Kühlraumes selbst zu sorgen. So haben KIDD und WEST gezeigt, daß schon Temperaturunterschiede von 0,5° C bis 1° C innerhalb eines Kisten- oder Haraßstapels zu ganz verschiedenen Ergebnissen hinsichtlich Fäulnis- oder Fleischbräunebefall der eingelagerten Ware führen können[5]. Und zwar können namentlich dann örtlich hohe Verluste eintreten, wenn die im Raum gemessene Temperatur beispielsweise nur einen halben Grad über der kritischen Temperaturgrenze für Fleischbräune liegt, die in einzelnen Lagergefäßen herrschende Temperatur aber vielleicht nur um einige Zehntelgrad niedriger als diese ist. Durch planmäßiges Aufschichten der Obstbehälter und Einhalten genügender Zwischenräume von Gebinde zu Gebinde (Abb. 210) sowie durch ausgiebige und regelmäßige Luftumwälzung im Lagerraum während der Lagerung können die unerwünschten Temperaturabstufungen im Raum weitgehend vermieden werden.

Wie lange sollen nun die Früchte unter den als zweckmäßig erachteten Temperaturbedingungen gelagert werden? Diese Frage sei hier absichtlich aufgeworfen, wird doch in der Kaltlagerungspraxis in dieser Beziehung leider noch viel gesündigt, indem der Zeitpunkt der Auslagerung zu lange hinausgeschoben wird. Die im Apfel vorhandenen Reservestoffe sind dann meistens schon weitgehend erschöpft, und in geschmacklicher Hinsicht ist die Frucht nicht mehr vollwertig. Wird in diesem Zustand verkauft, so hat das zur Folge, daß der Konsument mit der Belieferung unzufrieden ist und — in diesem Fall nicht mit Unrecht — ein abfälliges Urteil über das Kühlhausobst fällt. Andererseits ist Auslagerung in einem Zeitpunkt, da die Früchte noch im Vollbesitz der

---

[1] KESSLER, H.: Landwirtsch. Jb. Schweiz (1935) S. 907.
[2] KRUMBHOLZ, G.: Vorratspflege u. Lebensmittelforsch. Bd. VI (1943) S. 67.
[3] HUKILL, W. V., u. E. SMITH: U. S. Dep. Agric. Circular No. 740 (1946).
[4] KESSLER, H.: Schweiz. Z. Obst- u. Weinbau (1947) S. 109.
[5] KIDD, F., u. C. WEST: Rep. Food Invest. Board (1931) S. 127 und (1933) S. 83.

geschmacklichen Qualität sind (s. Definition des Begriffes Haltbarkeit S. 459),
Dienst am Kunden im wahren Sinn des Wortes und trägt dazu bei, den guten

Abb. 210. Lagerraum der Eidg. Versuchsanstalt für Obst-, Wein- und Gartenbau in Wädenswil, Prinzip
der Luftkühlung, System Escher-Wyss. Durch planmäßiges Aufschichten der Obstharasse, unter Belassung
genügender Abstände von Gebinde zu Gebinde und durch ausgiebige und regelmäßige Luftumwälzung
können unerwünschte Temperaturabstufungen im Raum weitgehend vermieden werden.

Ruf des Kühlhausobstes zu festigen. Den richtigen Zeitpunkt der Auslagerung
zu erfassen, setzt aber gründliche Sortenkenntnis und viel Erfahrung voraus
(s. Sortentabelle S. 460).

2. Die relative Feuchtigkeit.

Während die Einregelung einer bestimmten Temperatur technisch wenig
Schwierigkeiten bereitet, so stellt das Konstanthalten eines vorgeschriebenen
Luftfeuchtigkeitsgehaltes, und zwar auch während ungünstigen Witterungsverhältnissen, ziemliche Anforderungen an die maschinelle Anlage und an
deren Bedienung. Ist der Luftfeuchtigkeitsgehalt zu niedrig, so steigen die
Gewichtsverluste der eingelagerten Früchte infolge Wasserabgabe rasch an,
und die Fruchthaut legt sich in Falten, der Apfel schrumpft und verliert
seinen Marktwert. Kommt dann noch eine relativ starke Luftbewegung hinzu,
so ist der Verdunstungsgrad besonders hoch. Umgekehrt ist bei zu hohem Luftfeuchtigkeitsgrad, über 95%, mit vermehrtem Fäulnisbefall zu rechnen, oder es
tritt, was u. U. noch unangenehmere Folgen haben kann, eine oberflächliche Verschimmelung der Früchte, aber auch der Wände, Luftkanäle und der Lagerbehälter ein. Im großen ganzen wird man mit einem rel. Luftfeuchtigkeitsgehalt von 88 bis 93% die besten Erfahrungen machen. Allen und Pentzer[1]
empfehlen für Äpfel und Birnen sogar 90 bis 95%, sofern auf 0° C gekühlt
wird.

---

[1] Allen, F. W., u. W. T. Pentzer: Proc. Amer. Soc. horticult. Sci. Bd. 33 (1936)
S. 215.

Der Verdunstungsgrad der Apfelsorte Bramley's Seedling, je nach Feuchtigkeitsgehalt der Luft und Temperatur, geht aus folgenden, von SMITH[1] ermittelten Zahlen hervor:

	Temperatur °C	$\varphi = 90\%$	$\varphi = 80\%$	$\varphi = 70\%$
Mittlerer Verdunstungsgrad (mg pro Tag) für 100 g Apfelgewebe	0	19,5	38,7	55,6
	10	50,3	85,3	115,4
	20	108,9	161,6	222,0

Die Aufstellung ist sehr aufschlußreich, zeigt sie doch deutlich, daß mit steigender Temperatur eine beträchtliche Zunahme der Wasserabgabe zu verzeichnen ist. Dabei ist selbstverständlich der Gewichtsverlust, den der Apfel im Verlaufe der Lagerung erleidet, nicht allein von dem im Lagerraum herrschenden Feuchtigkeitsgrad und der Temperatur abhängig, sondern außerdem von weiteren Faktoren, wie Größe und Form der Frucht, vom Substanzverlust durch Atmung (dieser soll bei 3° C und 4° C, $\varphi = 90\%$, verglichen mit dem reinen Wasserverlust, aber nicht mehr als 1:12 betragen), der sortentypischen Beschaffenheit der Fruchthaut (mit oder ohne Wachsüberzug) und von der Aufbewahrung bzw. der Verpackung. In bezug auf den letzterwähnten Punkt hat HEISS[2] gezeigt, daß je nach dem Widerstand, den die Verpackung der durchströmenden Luft entgegensetzt, im Innern der Packung ein Feuchtigkeitsgradient vom Zentrum nach den Rändern zu beobachten ist. Dieser kann beträchtliche Ausmaße annehmen, wurde doch bei stiller Kühlung innerhalb der Apfelkiste eine Feuchtigkeitserhöhung von 9,3%, bei bewegter Kühlung von 5,7% festgestellt. Die ungleiche Feuchtigkeitsverteilung im Innern des Aufbewahrungsgefäßes ist, wie leicht einzusehen, sehr oft mitverantwortlich für die Entstehung von Fäulnisherden.

GAC[3,4] kam zu den Schlußfolgerungen, daß ein niedriger Luftfeuchtigkeitsgehalt der Lagerluft die Fruchtreife etwas beschleunigt hat. Dagegen zeigten die bei hoher Luftfeuchtigkeit aufbewahrten Früchte eine eher schwächere Aroma- und Geschmacksausbildung. OSTERTAG[5] kam zum Schluß, daß im Hinblick auf die Betriebsmittelkosten mittlere bis hohe Feuchtigkeiten anzustreben wären.

3. Die Reinheit der Raumluft.

Neben der Regelung der Temperatur und Luftfeuchtigkeit muß dafür gesorgt werden, daß die Luft im Lagerraum frei ist von unerwünschten Beimengungen. Daß keine fremden, von den Kältemaschinen oder anderen Geruchsquellen herrührende Gase auftreten, dürfte selbstverständlich sein. Daneben erweist sich eine periodische Lufterneuerung durch Frischluftzufuhr als nützlich für die Entfernung der von den Früchten ausgeschiedenen, flüchtigen Stoffe, wie CO_2, Äthylen und Aromasubstanzen. Über den neuesten Stand der Geruchsbekämpfung in Kühlräumen in den USA hat PLANK[6] eine Übersicht gegeben. KUPRIANOFF[7] unterzieht die Verwendung von Ozon einer kritischen Sicht. SMOCK[8] berichtet von guten Ergebnissen mit Aktivkohlefiltern für die Luftreinigung.

[1] SMITH, A. J. M.: Rep. Food Invest. Board (1932) S. 117.
[2] HEISS, R.: Z. ges. Kälteind. Bd. 46 (1939) S. 124.
[3] GAC, A.: Proc. 8th. Int. Congr. Refrig. London (1951) S. 568.
[4] GAC, A.: Rev. gén. Froid Bd. 33 (1956) S. 365—379, 505—531, 963—978.
[5] OSTERTAG, A.: Schweiz. Bau-Ztg. (1956) S. 275, 305.
[6] PLANK, R.: Kältetechnik Bd. 1 (1949) S. 205.
[7] KUPRIANOFF, J.: Kältetechnik Bd. 5 (1953) S. 283.
[8] SMOCK, R. M., u. F. W. SOUTHWICK: Cornell Univ. Bull. 843. New York: Ithaca 1948.

Der Verwendung von befeuchtetem Moos (Hypnum triquetrum) in Lagerräumen, wie dies im *Krebser-Keller* der Fall ist, wird man eine feuchtigkeitsregulierende und geruchsverbessernde Wirkung zusprechen können. Dagegen konnten die von Chouard[1] gegebenen Befunde betreffend Inaktivierung von Äthylen und Azetaldehyd durch Moos von Fidler und West[2] nicht bestätigt werden. Vergleichende Lagerversuche zwischen einem Krebser-Keller und einem künstlich gekühlten Raum wurden von Aubert[3] durchgeführt, wobei das finanzielle Ergebnis nicht wesentliche Unterschiede aufwies.

Beim *Thor-Kühlverfahren* wird ohne bewußt gelenkte Frischluftzufuhr gearbeitet. Doch kann mit einer bestimmten Lufterneuerung durch die Kühlraumwände gerechnet werden. Zu einer gewissen CO_2-Anreicherung kann es allerdings kommen[4]. Die mit großer Geschwindigkeit umgewälzte Luft passiert im Kühlturm außer den Kühlelementen eine Wasserdüseneinrichtung für die Luftwäsche sowie UV-Lampen. Trotz hoher Windgeschwindigkeiten erleiden die Lagerprodukte geringere Gewichtsverluste durch Wasserabgabe als in gewöhnlichen Kühlräumen. Zudem wurde ein reifeverzögernder Effekt an Äpfeln festgestellt[5,6]. Das Äthylen wird zwar aus der Raumluft nicht oder nur teilweise ausgewaschen[4], aber es war eine hautbräuneverhütende Wirkung feststellbar[6,7].

4. Die Kaltlagerung in Räumen mit regelbaren Gasgemischen verschiedener Zusammensetzung (Gaslagerung).

Die mit dem Ausdruck Gaslagerung bezeichnete Lagerungsmethode beruht auf der Erkenntnis, daß ein erhöhter CO_2-Gehalt der Lagerraumluft die Atmungsintensität der Früchte herabsetzt und die gleichzeitige Reduktion des O_2-Gehaltes die Wirkung der CO_2-Anreicherung zudem noch erheblich verstärkt. Die Herabsetzung der Atmungsgeschwindigkeit ist in diesem Fall gleichbedeutend mit einer Verlängerung der Haltbarkeit. Dabei ist bei den Äpfeln die Anwendung einer höheren, über der für Fleischbräune gefährlichen Grenze liegenden Temperatur erwünscht, so daß auf diese Weise selbst die für Fleischbräune hochempfindlichen Sorten (Cox's Orangen Reinette, Bramley's Seedling usw.) mit bestem Erfolg aufbewahrt werden können. Es ist das große Verdienst der beiden englischen Wissenschafter Kidd und West[8] und ihrer Mitarbeiter, in unermüdlicher, nun bereits auf über 30 Jahre zurückgehender Forscherarbeit die wissenschaftlichen und praktischen Grundlagen für den Ausbau dieses Verfahrens geschaffen zu haben, das heute in England, in den USA, aber auch in anderen Ländern Eingang in die Praxis gefunden hat. Da die einzelnen Apfelsorten sich hohen CO_2-Konzentrationen gegenüber ganz verschieden verhalten, so ist man gezwungen, je nach der Sortenzugehörigkeit verschiedene Wege einzuschlagen.

1. Gruppe. Sorten, die gegenüber CO_2 sehr empfindlich sind, wie Goldparmäne, Goldreinette von Blenheim und Newton Wonder, sind für Gaslagerung ungeeignet und sollten deshalb im gewöhnlichen oder künstlich gekühlten Keller aufbewahrt werden.

Die *2. Gruppe* umfaßt Sorten, welche hohe CO_2-Konzentrationen gut ertragen und in einem Gasgemisch gelagert werden, in dem die beiden Komponenten CO_2

[1] Siehe Faure, A.: Rev. gén. Froid Bd. 25 (1948) S. 495.
[2] Fidler, J. C., u. C. West: Mod. Refrigerat. (1949) S. 182.
[3] Aubert, Ph.: Rev. Romande Agric. Vitic. Arboric. Bd. 4 (1948) S. 63.
[4] Buchloh, G.: Angew. Bot. Bd. 30 (1956) S. 169.
[5] Loewel, E. L.: Mitt. Obstbauversuchsring Jork Bd. 12 (1957) S. 126.
[6] Stoll, K.: Unveröffentlichte Versuche, Eidg. Versuchsanstalt, Wädenswil.
[7] Buchloh, G.: Gartenbauwissenschaft Bd. 22 (1957) S. 191.
[8] Kidd, F., u. C. West: Food Invest. Leaflet No. 6 (1935).

und O_2 zusammen 21% (Rest Stickstoff) betragen, also 8 bis 10% CO_2 und 13 bis 11% O_2. Hierher gehören die englischen Kochapfelsorten *Bramley's Seedling, Lord Derby, Stirling Castle*. Die Temperatur des Lagerraumes wird meistens auf etwa 4° C (40° F) eingestellt.

Weil ein Apfel in einem geschlossenen Raum zufolge seiner Atemtätigkeit nahezu ebenso viel CO_2 abgibt, als er O_2 aufnimmt, so fällt der O_2-Gehalt in einem luftdicht schließenden Gaslagerungsraum durch die Atemtätigkeit der eingeschlossenen Früchte nach kurzer Zeit von 21% z. B. auf 12%, während der CO_2-Gehalt gleichzeitig auf 9% erhöht wird. Nachdem durch die Selbstregelung der Früchte dieser Zustand eingetreten ist, so wird dieses Gasgemisch während der ganzen Dauer der Lagerung aufrechterhalten, indem einfach auf der

Abb. 211. Innenansicht eines auf genossenschaftlicher Basis geführten Gaslagerungsbetriebes (Genossenschafter sind die Obstplantagenbesitzer) in Kirdford, Essex, England. Die weiß gestrichenen, mit Kork isolierten Gaslagerungskammern fassen je 50 t, sind inwendig mit Stahlblech ausgekleidet, deren Berührungsfläche mit Vaselin verstrichen ist. Jede Gaslagerungskammer hat ihr eigenes Kühlelement. Das Gebäude besteht aus einer leichten Eisenkonstruktion und ist mit Wellblech abgedeckt. Im Vordergrund sind Vorrichtungen zum Einfüllen des Obstes sichtbar.

Saugseite des Ventilators die Frischluftzufuhr genau dosiert wird und auf der Druckseite die entsprechende Menge des vorhandenen Gasgemisches abgeht (Abb. 211).

Der *3. Gruppe* gehören Sorten an, für die der optimale $CO_2 + O_2$-Gehalt, bezogen auf das Gesamtgasgemisch (Stickstoff eingeschlossen), kleiner ist als 21%, also z. B. 5% CO_2 und 2,5 bis 5% O_2 beträgt. Für die Sorten *Cox's Orangen Reinette* und *Lane's Prince Albert* wird die Temperatur auf 4° C bis 4,5° C eingestellt, für Sorten, wie *Worcester Pearmain* und *Ellison's Orange*, 1° C bis 2° C tiefer. In diesem Fall reicht aber die Methode der dosierten Frischluftzufuhr nicht mehr aus, sondern man läßt die Früchte den vorhandenen Sauerstoff bis zum gewünschten Stand aufbrauchen und stellt den erforderlichen CO_2-Gehalt von etwa 5% dadurch ein, daß man die Luft des Lagerraumes durch einen Absorptionsturm (sog. scrubber), angefüllt mit Natrium- oder Kalziumlauge, zirkulieren läßt[1] (Abb. 212).

---

[1] KIDD, F., u. C. WEST: Rep. Food Invest. Board (1934) S.103.

Von der Firma J. E. Hall wurde ein Scrubber entwickelt, in welchem die Absorptionslösung (Triäthanolamin) sich selbsttätig regenerieren läßt[1].

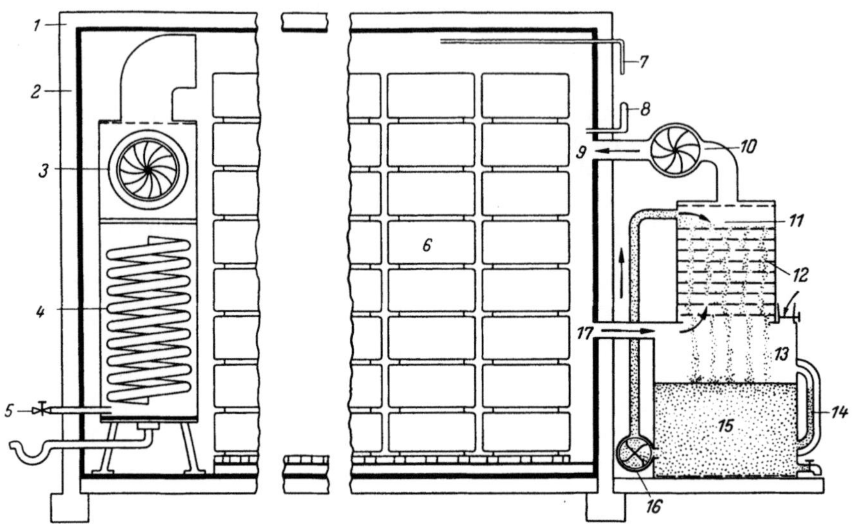

Abb. 212. Schema einer Gaslagerungsanlage, die mit einem Absorptionsturm (scrubber) versehen ist, zur Einstellung eines CO_2-Gehaltes von ca. 5% und einer Reduktion des O_2-Gehaltes auf beispielsweise 3%. Zeichnung nach R. M. Smock und A. van Doren, Bull. 762. New York: Cornell University, Ithaca.

1 Gasdichter Überzug;   2 Isolation;   3 Ventilator;   4 Kühler;   5 Frischluftzufuhr;   6 Harrasstapel; 7 Luftprobeentnahme;   8 Thermometer;   9 Luftaustritt;   10 Ventilator;   11 Absorbierende Flüssigkeit (z. B. NaHO);   12 über perforierte Platten;   13 Absorptionsturm;   14 Flüssigkeitsstandglas;   15 Flüssigkeitsreservoir;   16 Zentrifugalpumpe;   17 Lufteintritt.

Auf Grund der in England gesammelten Erfahrungen werden vom Department of Scientific and Industrial Research, London, für englische Sorten die in der Tabelle 4 enthaltenen Lagerungsbedingungen empfohlen:

Tabelle 4. *Empfohlene Gaslagerungsbedingungen für Äpfel in England*

Apfelsorte	Qualität	Art der Lagerung	Temperatur °C	CO_2 %	O_2 %
Bramley's Seedling . .	Kochapfel	CO_2-Regulierung	4,5	8 bis 10	13 bis 11
Lord Derby	Kochapfel	CO_2-Regulierung	4,5	8 bis 10	13 bis 11
Stirling Castle	Kochapfel	CO_2-Regulierung	4,5	8 bis 10	13 bis 11
King Edward VII . .	Kochapfel	CO_2- und O_2-Regulierung	3 bis 4,5	5 bis 10	2,5
Lane's Prince Albert .	Kochapfel	CO_2- und O_2-Regulierung	4 bis 4,5	5	2,5 bis 5
Monarch	Kochapfel	CO_2- und O_2-Regulierung	1	5	2,5 bis 5
Cox's Orangen Reinette	Tafelapfel	CO_2- und O_2-Regulierung	4 bis 4,5	5	2,5
Ellison's Orange . . .	Tafelapfel	CO_2- und O_2-Regulierung	1	5	2,5 bis 5
Laxton's Superb . . .	Tafelapfel	CO_2- und O_2-Regulierung	4,5	10	2,5
Worcester Pearmain. .	Tafelapfel	CO_2- und O_2-Regulierung	1 bis 1,5	5	2,5 bis 5

In Holland[2] wurden die Sorten *Bramley's Seedling, Golden Delicious, Jonathan, Cox's Orangen Reinette* und *Laxton's Superb* mit Erfolg in gasdichten Räumen aufbewahrt. In Dänemark[3] haben die Sorten *Bramley's Seedling, Boiken, Ingrid Marie, Jonathan, Laxton's Superb* und *Schöner von Kent* bessere Lagerungs-

---

[1] Mod. Refrigerat., London Bd. 60 (1957) S. 322.
[2] van Hiele, T.: Meded. Dir. Tuinb. Bd. 12 (1949) S. 761.
[3] Dullum, N., u. P. M. Rasmussen: Tidsskr. Planteavl Bd. 54 (1951) S. 249.

resultate in gasdichten Räumen ergeben als im gewöhnlichen Kühllager. KAESS[1,2] hat in Deutschland Untersuchungen angestellt. In der Schweiz haben die Versuche von STOLL[3] gezeigt, daß die Sorte *Jonathan* bei 4° C, 6% CO_2 und 15% O_2 bis Mitte Mai aufbewahrt werden kann. Jonathan Spot trat nicht auf, und beim Vorhandensein nicht zu großer Früchte waren die Lagerverluste klein. Mehr Schwierigkeiten bot die Sorte *Schöner von Boskoop*, welche sich als empfindlich für hohe CO_2-Konzentration erwies und bei 3% CO_2 und 3% O_2 gelagert werden mußte. Im Reifestadium stark vorgeschrittene Früchte wurden von der Hautbräune befallen, während die Haut knapp reif gepflückter Früchte nur ungenügend aufhellte. Nach JACOBS[4] vermindert sich die Hautbräuneanfälligkeit im Gaslager um so mehr, je schneller die Sauerstoffkonzentration abgesenkt werden kann.

In technischer Hinsicht müssen folgende Voraussetzungen erfüllt sein, damit der Erfolg der Gaslagerung gewährleistet ist: Einmal muß der Raum weitgehend gasdicht sein, was erhebliche Anforderungen an Konstruktion und Material stellt. Die Abdichtung des Raumes gegen CO_2-Verluste geschieht durch Ausschlagen der Wände mit Blech, Aluminium- oder Kunststoff-Folien, evtl. auch durch Anbringen geruchfreier Bitumenanstriche. Alle Fugen müssen mit Bitumenemulsionen, Schellack, synthetischem Email oder Vaseline verstrichen werden. Ferner sollen die Früchte sofort nach erfolgter Ernte eingelagert, und was besonders wichtig ist, möglichst rasch, spätestens nach 7 Tagen, auf die verlangte Temperatur gekühlt werden.

Als besondere Vorzüge der Gaslagerung werden genannt:

1. Die Haltbarkeit ist ganz erheblich größer, kann doch die Aufbewahrungsdauer im gasdichten Raum um 50 bis 100% ausgedehnt werden gegenüber derjenigen im Kühlhaus bei derselben Temperatur.

Ein Beispiel soll dies zeigen: Nach GANE[5] dauert die mittlere Haltbarkeit der Sorte *Cox's Orangen Reinette* bei gewöhnlicher Lagerung bei 1° C bis *Neujahr*; bei Gaslagerung in einem Gemisch mit 5% CO_2, ohne direkte Regelung des Sauerstoffgehaltes, Temperatur = 4° C bis *Ende Januar*; und endlich bei gleichzeitiger Regelung des Kohlendioxyd- und des Sauerstoffgehaltes auf 5% CO_2 und 2,5% O_2 sogar bis *Ende März*.

2. Infolge der starken Abdrosselung der Reifeprozesse weisen die ausgelagerten Früchte, auch wenn sie höheren Temperaturen ausgesetzt sind, noch eine gute Haltbarkeit auf, weshalb die für den Verkauf der Ware in Betracht kommende Zeitspanne recht groß ist, jedenfalls größer als bei dem aus dem Kühlhaus stammenden Obst.

3. Auch für die Fleischbräune hochempfindlichen Sorten, wie z. B. Cox's Orangen Reinette oder McIntosh, können bei den relativ hohen Lagertemperaturen mit bestem Erfolg aufbewahrt werden.

Als Nachteile wären zu erwähnen:

a) Der Raum sollte mit Rücksicht auf die ungünstige gegenseitige Beeinflussung zweier, zu verschiedenen Zeiten reifenden Sorten (Äthylen und andere leicht flüchtige Stoffe) nur mit Früchten gleichen Reifegrades beschickt werden. In der Praxis wird deshalb ein Gaslagerraum meistens sogar nur mit einer einzigen Sorte beschickt.

---

[1] KAESS, G.: Landwirtsch. Jb. Bd. 88 (1939) S. 919.

[2] KAESS, G.: Gartenbauwissenschaft Bd. 17 (1944) S. 591.

[3] STOLL, K.: Schweiz. Z. Obst- u. Weinbau (1954) S. 418.

[4] JACOBS, M. B.: Food and Food Products, Bd. II, 2. Aufl. New York: Interscience 1951.

[5] GANE, R.: Mod. Refrigerat. No. 610 (1949) S. 13.

b) Die Ware ist während der Lagerung ganz sich selber überlassen, da der Raum, um Verschiebungen der Gaskonzentration zu vermeiden, möglichst wenig betreten werden darf, und auch dann nur unter Verwendung einer besonderen Gasmaske.

c) Da die Lufterneuerung auf ein Minimum reduziert ist, sammeln sich die vom Apfel ausgeschiedenen leicht flüchtigen Stoffe an, wodurch die Hautbräunegefahr erhöht wird. Auch aus diesem Grund können ungleich rasch reifende Sorten, wie z. B. *Wealthy* und *McIntosh*, nicht im gleichen Raum gelagert werden. Es wird daher empfohlen, die Früchte vor der Einlagerung zur Verhütung der Hautbräune in mineralölhaltiges Papier einzuwickeln[1,2].

In diesem Zusammenhang könnte auch auf die Möglichkeit der Verwendung von Ozon eingetreten werden. Dieses Gas wird vor allem in Kühlhausbetrieben, die sehr verschiedenartiges Lagergut aufzubewahren haben, mit sehr gutem Erfolg verwendet, wenn es sich darum handelt, die Bildung unerwünschter Geruchsstoffe zu unterbinden. Außerdem wird ja bekanntlich die Anwendung des Ozons auch zur Einschränkung der Fäulnisverluste oder zur Verhütung der Hautbräune empfohlen. Wir kommen darauf in einem anderen Zusammenhang noch zurück (s. S. 500).

Die Lagerung von Äpfeln und Birnen in ganz oder partiell versiegelten Polyäthylensäcken vermag nicht nur das Schrumpfen zu verhüten, sondern senkt auch den Gewichtsverlust durch Wasserabgabe. Zudem kann mit den Früchten eine um 1 bis 3 Monate verlängerte Lagerdauer erzielt werden, da ähnliche atmosphärische Verhältnisse vorliegen wie in gasdichten Kammern[3-7]. Das Sortiment der hierfür geeigneten Apfelsorten ist indessen ein zahlenmäßig sehr beschränktes. Es können in der Regel nur jene Sorten in Frage kommen, welche einerseits hohe CO_2-Gehalte ertragen und andererseits hautbräuneresistent sind[8]. Die Aufbewahrung in maschinell gekühlten Räumen ist meistens unentbehrlich.

IV. Die krankhaften Veränderungen des Obstes während der Lagerung.

1. Die nichtparasitären Krankheiten.

Unter dieser Bezeichnung wird eine Gruppe von Krankheiten zusammengefaßt, die dadurch gekennzeichnet ist, daß ihre Entstehung weder auf das Vorhandensein pilzlicher noch tierischer Schädlinge zurückzuführen ist, sondern auf Störungen in der Abwicklung der für die Frucht lebensnotwendigen Funktionen, wobei in der Endphase einzelne eng begrenzte Gewebeteile oder schließlich auch ganze Fruchtpartien absterben. Das abgestorbene Gewebe ist kenntlich an einer auf die Einwirkung des Luftsauerstoffes zurückzuführenden braunen Verfärbung der Haut oder des Fruchtfleisches. Die einzelnen Krankheiten dieser Gruppe unterscheiden sich namentlich dadurch, daß die Absterbeerscheinungen von Fall zu Fall verschiedene Gewebeteile erfassen. Aber auch hinsichtlich gewisser Krankheitssymptome sind Unterschiede zu verzeichnen. Leider konnte bis heute

---

[1] Smock, R. M., u. A. van Doren: Cornell Univ. Agric. exp. Sta,. Ithaca. Bull. New York 762. 1941.

[2] Fidler, J. C.: Mod. Refrigerat. Bd. L (1947) S. 227.

[3] Ulrich, R.: Fruits Bd. 10 (1955) S. 369.

[4] Gerhardt, F.: Circ. No. 965, U. S. Dep. Agric. 1955.

[5] Heiss, R.: Proc. IX. Intern. Congr. Refrigerat. II, 1955.

[6] Ulrich, R., u. Cl. Leblond: Rev. gén. Froid Bd. 34 (1957) S. 33.

[7] Hardenburg, R. E., u. H. W. Siegelman: Proc. Amer. Soc. horticult. Sci. Bd. 69 (1957) S. 75.

[8] Stoll, K., u. A. Nyfeler: Schweiz. Z. Obst- u. Weinbau Bd. 66 (1957) S. 331.

nicht oder nur teilweise geklärt werden, welcher Art die den Auftakt zu diesen Krankheiten bildenden Störungen des physiologischen Gleichgewichtes sind. Mit Recht ist bis jetzt das Hauptaugenmerk immer noch auf die Klärung der die Krankheit begünstigenden Faktoren gelegt worden; denn es ist eine Eigentümlichkeit dieser Krankheiten, daß zwar gewisse Maßnahmen zu ihrer Verhütung getroffen werden können, sobald dann aber die ersten Krankheitssymptome in Erscheinung treten, der Übergang in das akute Stadium gewöhnlich nicht mehr vermieden werden kann. Meistens sind eine Reihe von Faktoren für die Entstehung einer bestimmten Krankheit verantwortlich zu machen; so leistet z. B. frühes Pflücken, Großfrüchtigkeit, Aufbewahren bei höherer Temperatur der Hautbräune Vorschub.

Wirtschaftlich gesprochen spielen die nichtparasitären Krankheiten eine sehr wichtige Rolle, sind doch die diesbezüglichen Einbußen oft größer als die durch die Fäulniserreger verursachten. Falls die Früchte infolge ihrer Erbanlagen z. B. besonders für eine Krankheit disponiert sind, können die Verluste beträchtlichen Umfang annehmen, u. U. sogar totale sein. Krankheiten, wie Fleisch- und Hautbräune, sind auch deshalb sehr heimtückisch, weil gewisse Symptome, wie Bräunung der Haut oder des Fruchtfleisches, oft erst gegen das Ende der Lagerperiode, nicht selten sogar erst einige Tage nach der Auslagerung zutage treten, welch letzteres besonders unangenehme Folgen haben kann, weil dadurch der gute Ruf des Kühlhausobstes untergraben wird.

a) Die Hautbräune oder Rindenbräune (Scald). Die Hautbräune, soweit es sich um die in der Literatur mit Scald bezeichnete Erscheinung handelt, ist dadurch charakterisiert, daß die Rindenzellen, d. h. die Epidermis, und die darunterliegenden abgeplatteten, subepidermalen Zellen infolge örtlicher Ansammlung gewisser, im Laufe des Reifeprozesses im Apfel gebildeter, leicht flüchtiger Stoffe absterben und sich durch die Einwirkung des Luftsauerstoffes braun verfärben. Diese hell- bis dunkelbraun verfärbten Hautpartien sinken u. U. in sich zusammen, so daß zwischen erkranktem und gesundem Gewebe eine deutlich wahrnehmbare Trennungslinie entsteht. Die Lentizellen selbst verharren sehr oft auf normaler Höhe, bleiben unversehrt und stechen als helle, weißliche Stellen aus der bräunlichen Umgebung hervor (Abb. 213).

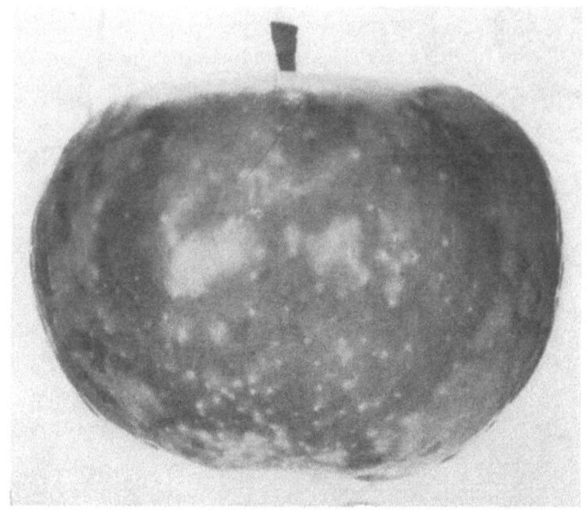

Abb. 213. Hautbräune in vorgeschrittenem Stadium auf Bramley's Seedling (4° C-Lagerung). Die Lentizellen bleiben in diesem Fall unversehrt und stechen als weißliche Flecken aus der bräunlichen, abgestorbenen Hautpartie hervor.

Die Oberfläche der Frucht ist daher an diesen Stellen ziemlich höckerig.

In erster Linie werden die nur von Grundfarbe bedeckten Partien der Frucht von der Krankheit befallen, doch kann bei stark rot gefärbten die Bräunung auch auf die Deckfarbe übergreifen. Wie oben erwähnt, werden nur die Rindenzellen in Mitleidenschaft gezogen, während, im Gegensatz zur Fleischbräune, das eigentliche Fruchtfleisch intakt bleibt (Abb. 215). Demzufolge wird durch die Hautbräune zwar der Genußwert der Frucht nicht herabgesetzt, wohl aber leidet das Aussehen beträchtlich und mithin sinkt auch der Marktwert erheblich (Abb. 214).

Zeitlich treten die ersten Bräunungserscheinungen am Lagerobst je nach Reifegrad und Lagertemperatur verschieden früh auf. Nicht selten sind die Krankheitssymptome schon nach Ablauf der ersten 2 Lagermonate erkennbar, meistens aber bevor die grüne Grundfarbe ins Gelbliche übergeht, somit zum mindesten in der ersten Hälfte der Lagerperiode. Dies dürfte zutreffen für den Hautbräunetyp, wie er namentlich bei der Sorte Bramley's Seedling beobachtet wird.

Sehr oft verfärbt sich aber die Haut der Früchte erst gegen das Ende der Lagerung, wobei in diesem Falle wohl von einer Überalterung der Fruchthaut gesprochen werden könnte, nicht aber vom Apfel als ganzem, da dieser gewöhnlich — dies sei ausdrücklich betont — immer noch in geschmacklicher Hinsicht vollwertig ist.

Die erkrankten Stellen verfärben sich in diesem Fall meistens nur hellbraun, und ein Absinken ist selten zu beobachten; dagegen werden die Lentizellen offenbar ebenfalls geschädigt. Die Kontrastwirkung zwischen gesunden und kranken Teilen ist meistens so gering, daß ein Festhalten der gebräunten Stellen auf der photographischen Platte nicht möglich ist, deshalb fehlt auch in diesem Abschnitt ein solches Bild.

Man kann somit meistens zwei verschiedene Haupttypen der Hautbräune unterscheiden: die vorzeitige Hautbräune und die Hautbräune des Apfels im vorgeschrittenen Alter. Der erstgenannte Typ spielt in der Schweiz nur eine untergeordnete Rolle, da er höchstens an einigen Sorten, wie Bramley's Seedling, vereinzelt auftreten pflegt; der zweite Typ ist dagegen vom Standpunkt der gesamten Obstwirtschaft betrachtet höchst bedeutungsvoll, wird doch

Abb. 214. Hautbräune auf Glockenapfelsämling. Die erkrankte Partie ist deutlich abgesunken (4° C-Lagerung).

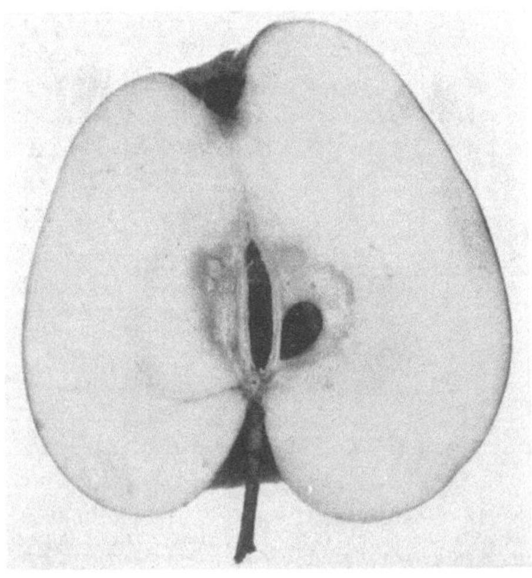

Abb. 215. Derselbe Apfel im Schnitt. Im Gegensatz zur Fleischbräune wird bei der Hautbräune das eigentliche Fruchtfleisch nicht in Mitleidenschaft gezogen. Der Apfel ist daher nur äußerlich entstellt, aber im übrigen noch verwertbar.

durch das Auftreten dieser Krankheit der Gang des Obstgeschäftes u. U. sehr stark gestört. Dies um so mehr, als erfahrungsgemäß sehr oft scheinbar hautbräunefreie Früchte ausgelagert werden, die dann aber, wenn sie nur 1 bis 2 Tage höheren Temperaturen ausgesetzt gewesen sind, ganz plötzlich hautbraun werden. Es ist klar, daß dieses erst nach der Auslagerung schlagartig zum Vorschein kommende akute Krankheitsstadium ein höchst unangenehmes Vorkommnis

darstellt, das im Obsthandel sehr oft Anlaß zu Reklamationen seitens der Obst-
aufkäufer gibt. Gewöhnlich werden die an Hautbräune erkrankten Partien der
Frucht in kurzer Zeit von Fäulnispilzen, wie Gloeosporium album, Alternaria
oder Penicillium, besiedelt, die dann das Zerstörungswerk rasch vollenden.

Daß die Hautbräunedisposition eine genetische Eigenschaft darstellt, zeigen
einerseits die von KOBEL[1] beschriebene Sektorialchimäre an Bohnapfel und
andererseits neueste japanische Untersuchungen. Nicht zu verwechseln mit
dieser Art von Hautbräune sind die Hautschäden, welche durch Lichtwirkung,
Frost, nicht geeignetes Kistenholz oder unpassende Packmaterialien verursacht
werden[2, 3].

Die Anfälligkeit der einzelnen Sorten gegenüber Hautbräune ist recht verschieden. Es gibt solche, die fast Jahr für Jahr hautbraun werden, wie *Brünerling, Bohnapfel, Möriker, Baumann's Reinette, Menznauer Jägerapfel, Bramley's
Seedling, Rhode Island-Greening, Newton Wonder, Red Delicious* usw., während
andere selten oder nie befallen werden, z. B. *Champagner Reinette, Glockenapfel,
Schweizer Orangenapfel, Boikenapfel* und *Damason Reinette.*

Für die Praxis sehr wichtig ist der Umstand, daß der Hautbräunebefall mit
steigender Lagerungstemperatur eher zunimmt, und zwar ist dies der Fall bis
zu einer Temperatur von etwa 20° C. Von 25° C an ist nach den Angaben von
BROOKS, COOLEY und FISHER[4] diese Krankheit nicht mehr zu fürchten. Es ist
deshalb nur bedingt richtig, Hautbräune als eine „Kühlhauskrankheit" bezeichnen zu wollen, denn tatsächlich tritt sie im gewöhnlichen und luftgekühlten
Keller unter bestimmten Voraussetzungen häufiger auf als in künstlich gekühlten
Räumen.

Die eben zitierten amerikanischen Forscher BROOKS, COOLEY und FISHER
haben schon vor 30 Jahren die Behauptung aufgestellt, die Hautbräune sei
darauf zurückzuführen, daß gewisse, im Laufe des Reifeprozesses in der Frucht
entstehende flüchtige Stoffe sich in der Rindenpartie anreichern und diese zum
Absterben bringen. Diese Auffassung ist auch durch die vielen inzwischen durchgeführten Versuche nicht widerlegt worden. Trotz großen Bemühungen und der
Anwendung ausgeklügelter moderner Untersuchungsmethoden ist es aber leider
bis jetzt noch nicht gelungen, unter den vielen, in Spuren vom Apfel ausgeschiedenen Stoffwechselprodukten jenen Stoff zu isolieren, der für die Entstehung
der Hautbräune verantwortlich zu machen ist. In Anbetracht dessen, daß im
Kampf gegen die Hautbräune z. Z. nur die Anwendung von Vorbeugungsmaßnahmen Aussicht auf Erfolg hat, ist es nun von größter Wichtigkeit, jene Faktoren zu kennen, die die Krankheitsanfälligkeit des Obstes erhöhen. Sie seien nach-
folgend kurz aufgeführt samt den wichtigsten Maßnahmen zur Verhütung der
Krankheit:

α) *Wachstumsperiode.* Überdosierte Stickstoffdüngung, mehrere Male während der Vegetationszeit verabreicht, soll nach GOURLEY und HOPKINS[5] eine
ausgesprochene Hautbräuneanfälligkeit zur Folge haben; doch liegen auch Versuchsergebnisse vor, wie z. B. die von SAVAGE[6], denenzufolge der nachteilige
Einfluß von Stickstoffgaben in dieser Beziehung nicht unbedingt feststeht. Dagegen neigt, wie KIDD und WEST[7] gezeigt haben, Obst zu Hautbräune, das von
Bäumen stammt, die mit relativ hohen Kaligaben bedacht worden sind. Was nun

[1] KOBEL, F.: Schweiz. Z. Obst- u. Weinbau Bd. 59 (1950) S. 217.
[2] CARNE, W. M.: C.S.I.R.O. Austral. Bull. 238 (1948).
[3] STOLL, K.: Schweiz. Z. Obst- u. Weinbau Bd. 66 (1957) S. 489.
[4] BROOKS, CH., D. F. COOLEY u. J. S. FISHER: J. agric. Res. Bd. 18 (1919) S. 211.
[5] GOURLEY, J. H., u. E. F. HOPKINS: Ohio Agric. exp. Sta. Bull. 479 (1931) S. 1 bis 66.
[6] SAVAGE, E. F.: Proc. Amer. Soc. horticult. Sci. Bd. 38 (1941) S. 282.
[7] KIDD, F., u. C. WEST: Rep. Food Invest. Board (1937) S. 97.

die Witterungseinflüsse anbelangt, so haben schon die oben zitierten amerikanischen Forscher Brooks u. a. bei Obstbäumen, die während der Wachstumsperiode im Spätsommer anhaltenden Regenfällen ausgesetzt oder spät noch sehr stark bewässert worden waren, eine größere Anfälligkeit festgestellt. In der Schweiz lieferten in den letzten Jahren eher die trockenen Jahrgänge hautbräuneanfälliges Obst, während in niederschlagsreichen die Gefahr der Fleischbräune im Vordergrund stand. Die vielfach geäußerte Behauptung, wonach innerhalb einer Sorte die übermäßig großen Früchte eher und stärker hautbraun werden als solche normaler Größe, entspricht auch nach unserer Erfahrung der Tatsache.

β) Einlagerung. Große Bedeutung kommt unzweifelhaft dem Moment des Reifezustandes der Früchte im Zeitpunkt der Ernte zu, indem zu früh geerntete, nicht baumreif gewordene meistens anfälliger sind als solche, die man am Baum voll ausreifen ließ. Es wird deshalb im Hinblick auf die Hautbräunegefahr mit Recht gutes Ausreifenlassen am Baum empfohlen. Immerhin ist in der Anwendung dieser Faustregel Vorsicht am Platz; denn zu langes Ausreifenlassen erhöht andererseits die Disposition zur Fleischbräune. Es ist somit gar nicht so leicht, immer das Richtige zu treffen. Einen guten Anhaltspunkt gäbe die Kohlendioxydkurve insofern, als bei bestimmten Sorten alle Früchte, die vor dem Anstieg zum Atmungsmaximum geerntet werden, anfällig sind, während bei den in späteren Zeitpunkten geernteten dies nicht mehr der Fall ist (s. Abb. 222). Leider kann man sich nur in den wenigsten Fällen dieses Hilfsmittels bedienen. Für die Bedeutung des Erntezeitpunktes im Zusammenhang mit dem Auftreten der Hautbräune spricht auch folgende Beobachtung: Im amerikanischen Obstbau werden zur Verhinderung des vorzeitigen Fruchtfalles die Bäume gewisser Sorten vor der Ernte mit hormonhaltigen Mitteln gespritzt. Eine direkte Folge davon ist nicht nur die größere Haftfestigkeit der Früchte am Baum, sondern auch die Tatsache, daß das Obst dann meistens auch in reiferem Zustand geerntet wird. Wie dortige Obstlagerungspraktiker behaupten, soll, weil diese Hormonspritzung in steigendem Maß durchgeführt wird, auch der Prozentsatz der an Hautbräune erkrankten Früchte auffallend stark zurückgegangen sein.

Die Wahl der zur Einlagerung gelangenden Sorten beeinflußt das Schlußergebnis ebenfalls in hohem Maß. Auf die erblich bedingte Krankheitsanfälligkeit einzelner Sorten ist bereits hingewiesen worden. Aber auch insofern ist die Art der Zusammenstellung des zur Einlagerung kommenden Sortimentes bedeutungsvoll, als eine gegenseitige Beeinflussung der Sorten untereinander während der Lagerung festgestellt worden ist[1]. Smock und Southwick[2] zeigten, daß unter bestimmten Voraussetzungen eine frühreifende Lagersorte die Hautbräuneanfälligkeit einer im gleichen Raum lagernden spätreifenden erhöhen kann. Demnach hat z. B. bei einer Lagertemperatur von 4° C die im Dezember reifende Sorte *McIntosh* den Hautbräunebefall der spät, im März reifenden Sorte *Rhode Island Greening* auf 76% erhöht, während die letzterwähnte im Kontrollversuch ohne frühreifende Früchte nur einen auf Hautbräune zurückzuführenden Abgang von 31% aufwies. Ähnliche Erscheinungen konnten auch beobachtet werden, wenn von einer spätreifenden Sorte zwei, im Zeitpunkt der Einlagerung in bezug auf den Reifezustand stark voneinander abweichende Partien nebeneinander aufbewahrt wurden. Allerdings ist zu beachten, daß alle diese Versuche im gasdichten Raum durchgeführt wurden. Welches Ergebnis im normal gelüfteten, nicht gasdichten Lagerraum unter sonst gleichen Umständen erzielt worden wäre, wissen wir nicht.

---

[1] Kidd, F., u. C. West: Rep. Food Invest. Board (1933) S. 51.
[2] Smock, R. M., u. F. W. Southwick: Cornell Univ. Agric. exp. Sta. Bull. 813, S. 19.

Eine wichtige Stellung im Rahmen der Hautbräunebekämpfung nimmt zweifellos die Methode der Verwendung von mineralölhaltigem Papier ein, sei es in Form von Ölpapierschnitzeln, wobei das Obst lagenweise verpackt wird, sei es in Form von Ölpapierblättern (25 cm × 25 cm, 12 bis 15% Öl) zum Einwickeln jeder einzelnen Frucht. Wenn es auch nicht in jedem Fall gelingt, den Hautbräunebefall auf diesem Wege gänzlich zu unterdrücken, so ist doch der Erfolg meistens ein beträchtlicher, um so mehr, als gleichzeitig damit auch die Gewichtsverluste infolge Verdunstung und evtl. infolge Fäulnis eingeschränkt werden können. Ein Beispiel soll dies zeigen (Tabelle 5):

Tabelle 5. *Hautbräunebefall der Sorte Möriker nach 154 tägiger Lagerung bei 4° C, 1948.*

	Befall schwach %	Befall mittel %	Befall stark %
Kontrolle, offen aufbewahrt . . .	32	22	14
Ölpapierschnitzel			
Öl auf Naphthenbasis	7	1	0
Mineralölbasis	25	2	0
Ölpapier gewickelt			
Mineralölpapier	41	15	2

Wenn auch die direkte Imprägnierung der Fruchthaut mit öl- oder wachshaltigen Stoffen bis jetzt meistens nur in der Absicht erfolgt, den Verdunstungsgrad der Früchte herabzusetzen, so sollen nach Angaben von Hitz und Haut[1] wachshaltige Imprägnierungsmittel bestimmter Zusammensetzung hautbräuneverhütend wirken. Dies ist durch van Doren[2] vor wenigen Jahren bestätigt worden.

γ) *Lagerungsperiode.* Leider bestehen keine großen Aussichten auf dem Wege der Temperaturregelung — wenigstens sofern es sich um die üblichen Lagertemperaturen handelt —, eine bedeutende Reduktion des Hautbräunebefalles herbeizuführen. Theoretisch wäre es zwar durch Abkühlung des gesamten eingelagerten Obstes auf 0°C möglich, Abhilfe zu schaffen; tatsächlich dürfen nun aber, mit Rücksicht auf das Überhandnehmen der Fleischbräune in diesem Temperaturbereich, eine große Zahl von Sorten nicht unter 3° C bis 4°C gekühlt werden. Nun ist allerdings von Kidd und West[3] eine Methode zur Hautbräuneverhütung ausgearbeitet worden; sie beruht auf der Tatsache, daß bei wiederholter, kurzfristiger Anwendung verhältnismäßig hoher Temperaturen die Hautbräune zurückgeht. In diesem Fall wird während der Lagerperiode alle 2 bis 4 Wochen die übliche 0° C oder 4° C-Lagerung unterbrochen und die Temperatur während 7 bis 24 Stunden auf 18° C erhöht. Vermutlich wird durch diesen Klimawechsel in regelmäßigen Zeitabständen der Abtransport der die Hautbräune fördernden Gase aus dem Innern des Apfels ins Freie beschleunigt. In der Praxis stößt die Nutzanwendung dieses Verfahrens allerdings auf manche Schwierigkeiten. Jedenfalls ist die Methode nur dort anwendbar, wo alle hautbräuneanfälligen Sorten, und nur diese, in *einem* Lagerraum zusammengefaßt und aufgestapelt sind.

Ein hoher Luftfeuchtigkeitsgehalt begünstigt, wie schon Brooks u. a. festgestellt haben, die Ausbreitung der Hautbräune, was auch durch Beobachtungen, die in der Schweiz gemacht worden sind, bestätigt wird. Vor allem dort, wo

---

[1] Hitz, C. W., u. J. C. Haut: Proc. Amer. Soc. horticult. Sci. Bd. 36 (1939) S. 440.
[2] van Doren, A.: Proc. Amer. Soc. horticult. Sci. Bd. 44 (1944) S. 183.
[3] Kidd, F., u. C. West: Rep. Food Invest. Board (1934) S. 111.

Kondenswasser sich zu bilden vermag, ist der Prozentsatz an erkrankten Früchten besonders hoch.

Seinerzeit haben BROOKS u. a. auf die krankheitsverhütende Wirkung einer ausgiebigen und regelmäßigen Frischluftzufuhr zum Lagerraum hingewiesen. Die Wirksamkeit dieser Maßnahmen wurde damit erklärt, daß auch auf diesem Wege ein Abtransport der die Rindenpartie des Apfels gefährdenden Stoffe möglich sein sollte. So einfach und billig diese Methode auch wäre, so scheint sie aber nicht immer zum Ziel zu führen; haben doch CORMIN[1] einerseits und SMOCK und SOUTHWICK[2] andererseits unlängst in vergleichenden Lagerungsversuchen durch starke Frischlüftung keine wesentliche Besserung herbeizuführen vermocht.

Es wäre nun sehr naheliegend, die vom Apfel ausgeschiedenen leicht flüchtigen Stoffe, die auch den für die Entstehung der Hautbräune verantwortlichen, vorläufig noch unbekannten Stoff einschließen müssen, zu adsorbieren, absorbieren oder durch chemische Reaktion zu inaktivieren. Tatsächlich sind denn auch sehr viele Versuche in dieser Richtung durchgeführt worden. Der französische Ingenieur FONTANEL[3] hat als erster die Verwendung von aktiver Kohle in die Obstlagerungstechnik eingeführt und durch teilweise Adsorption der von den Früchten ausgeschiedenen flüchtigen Stoffe ein besseres Schlußergebnis erzielt.

SMOCK und SOUTHWICK (Cornell University USA) haben die Möglichkeiten der Adsorptionsmethode nach verschiedener Richtung, namentlich aber im Zusammenhang mit der Hautbräuneverhütung zu klären versucht. Die genannten Forscher behaupteten zunächst, nur dann den Hautbräunebefall eindämmen zu können, wenn als Adsorptionsmittel bromierte aktive Kohle verwendet wurde[2]. Nach der neuesten Mitteilung derselben Forscher[4] zu schließen, wäre aber der aus begreiflichen Gründen recht unsympathische Bromzusatz entbehrlich, so daß die Verwendung von reiner Aktivkohle (sog. Coconut-shell carbon) in Kanister verpackt genügen würde. Ihre Versuche hatten unter dieser Voraussetzung folgendes Ergebnis: Sofern man in den gasdichten Aufbewahrungsraum — das Vorhandensein eines solchen ist für die Durchführung dieser Adsorptionsmethode notwendig — nur eine einzige Sorte einlagerte, war der Erfolg hinsichtlich der Hautbräuneverhütung ein sehr guter. Wurden dagegen im gleichen Lagerraum verschiedene Apfelsorten zusammen aufbewahrt, so war nur noch ein teilweiser Erfolg zu verzeichnen, etwa der gleiche, wie bei der Verpackung in Ölpapierschnitzel. Als weiterer Vorteil der Adsorptionsmethode, die übrigens nicht sehr kostspielig sein soll, wird erwähnt, daß als Nebenwirkung eine Verzögerung des Weichwerdens des Fruchtfleisches um einige Wochen und zudem die Beseitigung unerwünschter Geruchsstoffe (air purification) zu verzeichnen war.

Demgegenüber kommt FIDLER[5, 6] (Ditton Laboratory, England), gestützt auf eine auf breiter Basis angelegte Versuchsreihe, zu anderen Schlußfolgerungen: Miteinander verglichen wurden vorerst die Wirkung von Ölpapierwicklung, sodann die Aufbewahrung in einem Raum mit Spezialfilter versehen zur Adsorption aller flüchtigen, oxydierbaren Stoffe, und zwar sowohl der einfachen Kohlenwasserstoffe, wie Äthylen u. a., als auch der Gruppe der kompliziert auf-

---

[1] CORMIN, D.: Ohio Agric. exp. Sta. Bull. 632 (1942) S. 1.

[2] SMOCK, R. M., u. F. W. SOUTHWICK: Cornell Univ. Agric. exp. Sta. Bull. 613 (1945) S. 3.

[3] FONTANEL, L.: Actes VIIe Congr. int. Froid Den Haag (1936) S. 80.

[4] SMOCK, R. M., u. F. W. SOUTHWICK: Cornell Univ. Agric. exp. Sta. Bull. 843 (1948).

[5] FIDLER, J. C.: Mod. Refrigerat. No. 604 (1948) S. 170; No. 617 (1949) S. 182.

[6] FIDLER, J. C.: J. horticult. Sci. Bd. 24 (1948) S. 178; Bd. 25 (1950) S. 81.

gebauten Duft- und Aromastoffe, und endlich noch die Lagerung im Raume mit einem Filter zur alleinigen Adsorption der Duft- und Aromastoffe. Während der Lagerung sind die von den Äpfeln ausgeschiedenen wie auch die evtl. in der Lagerraumluft enthaltenen flüchtigen Stoffe quantitativ bestimmt worden. Die hierzu verwendeten Filter enthielten aktive Kohle und weitere Adsorptionsmittel.

Die besten Ergebnisse, d. h. den niedrigsten Hautbräunebefall, ergab die Ölpapierwicklung. Bei Anwendung des alle flüchtigen Stoffe beseitigenden Filters war der Bräunungsgrad bereits etwas stärker, und dort, wo nur die Duft- und Aromastoffe eliminiert worden waren, die Äthylenkonzentration somit unverändert blieb, konnte nicht mehr von einem Erfolg gesprochen werden. Überraschenderweise ist nun aber im Versuchsraum mit in Ölpapier gewickelten Früchten, bei niedrigstem Hautbräunebefall, ein verhältnismäßig hoher Gehalt der Luft an flüchtigen Stoffen ermittelt worden. Gestützt auf die bisherigen Versuchsergebnisse hat man jedenfalls in England keinen Grund, die Ölpapierwicklung durch die Filtermethode zu ersetzen.

Die Resultate der beiden angelsächsischen Forschungsstellen weichen im Grunde so stark voneinander ab, daß die Vermutung berechtigt ist, es könnte sich auch in diesem Fall um zwei verschiedene Hautbräunetypen gehandelt haben, und zwar bei den englischen Versuchen um den Bramley's Seedling-Typ, bei den amerikanischen um den im vorgeschrittenen Alter auftretenden Typ.

In diesem Zusammenhang müssen auch die neueren Untersuchungen über die von den Früchten abgegebenen flüchtigen Substanzen betrachtet werden[1-5]. Smock[6] berichtet über die gute Hautbräune verhindernde Wirkung von Diphenylamin, was wohl als theoretisch bedeutsamer Schritt gewertet werden kann. Es lassen sich vielleicht ähnliche Substanzen mit gleicher Wirkung finden, welche in lebensmittelhygienischer Beziehung völlig unbedenklich sind und bei welchen keine Gefahr der Geschmacksbeeinflussung besteht. Eine kritisch umfassende Literaturübersicht, das Hautbräuneproblem betreffend, wird von Martin[7] gegeben.

Das an und für sich recht komplizierte Hautbräuneproblem nimmt zweifellos im Rahmen der Obstlagerungstechnik eine sehr wichtige Stellung ein. Trotz der vielen, in allen Weltteilen durchgeführten Versuche ist eine restlos befriedigende Lösung bis jetzt noch nicht gefunden worden. Immerhin sind die Fortschritte, die auf diesem Gebiet in den letzten Jahren erzielt worden sind, recht ermutigend. Der Praktiker wird gut tun, der Sortenfrage gebührend Rechnung zu tragen. Die Züchtung neuer, hautbräuneresistenter Apfelsorten wird indessen nach wie vor als das beste und wirksamste Mittel betrachtet, die Lagerungsverluste durch Hautbräune zu verhüten.

b) Fleischbräune, verursacht durch tiefe Lagertemperatur (Low Temperature Internal Breakdown, Internal browning, Soft scald). Während bei der Hautbräune nur die Epidermis und die darunterliegenden 5 bis 6 Zellschichten krankhafte Veränderungen erleiden, erkrankt bei der Fleischbräune das zwischen der Haut und den sog. primären Gefäßbündeln gelegene Fruchtfleisch (Abb. 218).

---

[1] Thompson, A. R., u. F. E. Huelin: Austral. J. sci. Res., Ser. B. Bd. 4 (1951) S. 544; Bd. 5 (1952) S. 328.

[2] Gerhardt, F., G. F. Sainsbury u. H. W. Siegelman: Ice and Refrigerat. Bd. 124 (1953) S. 15, 54.

[3] Maxie, E. C., u. C. E. Baker: Proc. Amer. Soc. horticult. Sci. Bd. 64 (1954) S. 235.

[4] Meigh, D. F.: J. Sci. Food Agric. Bd. 7 (1956) S. 396.

[5] Buchloh, G.: Gartenbauwissenschaft Bd. 22 (1957) S. 191.

[6] Smock, R. M.: Amer. Fruit Gaz. Bd. 75 (1955) S. 20.

[7] Martin, D.: 2. Conf. Fruit Storage Invest. C.S.I.R.O. (1956). Melbourne: 1957, S. I.

Hinsichtlich der Krankheitssymptome bestehen gewisse Parallelen zwischen Hautbräune und Fleischbräune, indem in beiden Fällen zunächst eine Störung in der Abwicklung der lebensnotwendigen Funktionen stattfindet, hierauf gewisse Zellverbände absterben und infolge Sauerstoffeinwirkung sich braun verfärben. Gewöhnlich bildet erst das Auftreten der Bräunung den Anlaß, sich über das Auftreten der Krankheit Rechenschaft zu geben. Auch die chemischen Untersuchungen des bereits gebräunten Gewebes, die gewöhnlich eine erhebliche Zunahme des Azetaldehyds und des Alkohols bei gleichzeitiger Reduktion der Gesamtsäure erkennen lassen, geben eigentlich nur Auskunft über den postmortalen Vorgang[1]. Ganz im Gegensatz zur Hautbräune, wo die größte Häufigkeit der Krankheitsfälle bei Lagertemperaturen zwischen 3° C bis 20° C aufzutreten pflegt, hat man im Falle der Fleischbräune bei niedrigen Temperaturen, nämlich im Bereich von −1° C bis +2° C, mit dem größten Befall zu rechnen.

Abb. 216. Fleischbräune an Champagner Reinette (0° C-Lagerung) im Anfangsstadium. Die intensive Bräunung der Gefäße ist deutlich sichtbar.

Abb. 217. Fleischbräune bei 0° C-Lagerung, Mitte Mai.

Nach der lokalen Begrenzung der Bräunung und nach dem Zustand des erkrankten Fruchtfleisches unterscheiden wir verschiedene Fleischbräunetypen, beispielsweise:

1. Die erkrankten und gebräunten Partien sind saftig und fest. Der Azetaldehydgehalt ist gewöhnlich so groß (Ausnahmen kommen vor), daß er schon mit der Nase festgestellt werden kann, wie das bei teigigen Birnen der Fall ist. Die Bräunung beginnt sehr oft an der Kelchpartie, wobei im Anfangsstadium das gebräunte Fruchtfleisch charakteristisch durch die Haut durchschimmert. Sehr oft bleibt eine aus verschiedenen Zellschichten bestehende schmale Zone unter der Haut lange Zeit von der Krankheit verschont (Typus Low Temperature Internal Breakdown). Eine eingehende Beschreibung der Symptome ist von Osterwalder und Kessler[1] gegeben worden (Abb. 216, 217, 218, 219). Siehe auch die Krankheitsbeschreibungen von Nicolaisen und Nicolaisen-Scupin[2].

2. Das braune Fruchtfleisch ist eher trocken, u. U. sogar mehlig wie beim molschen Apfel. Während im ersten Fall die Bräunung oft längere Zeit auf

---

[1] Osterwalder, A., u. H. Kessler: Schweiz. Z. Obst- u. Weinbau (1934) S. 413.
[2] Nicolaisen, N., u. L. Nicolaisen-Scupin: Lagerungsschäden an Obst. Karlsruhe: C. F. Müller 1952.

bestimmte Gewebepartien lokalisiert bleibt, so erstreckt sie sich hier nun ziemlich gleichmäßig über das ganze Fruchtfleischgewebe, strahlt oft vom Kernhaus aus,

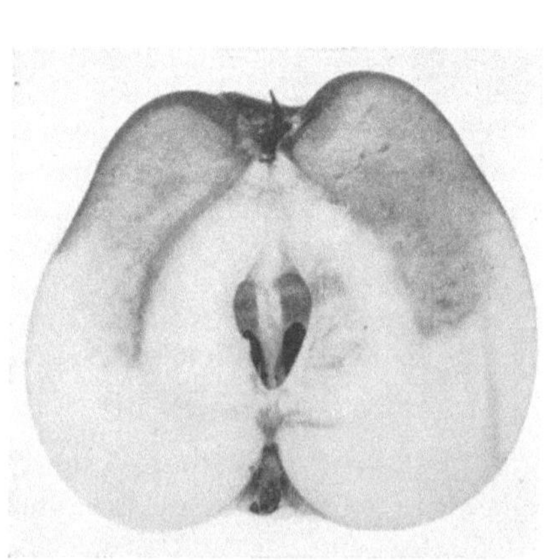

Abb. 218. Derselbe Apfel im Schnitt. Die Bräunung erstreckt sich namentlich auf das zwischen der Haut und den sog. primären Gefäßbündeln gelegene Fruchtfleisch. Die Partie innerhalb der primären Gefäßbündel ist von der Krankheit noch unberührt.

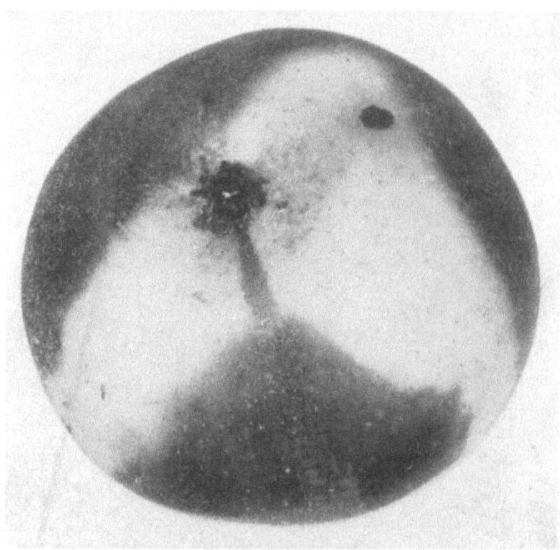

Abb. 219. Fleischbräune im Endstadium an der Sorte Falscher Champagner (0° C-Lagerung).

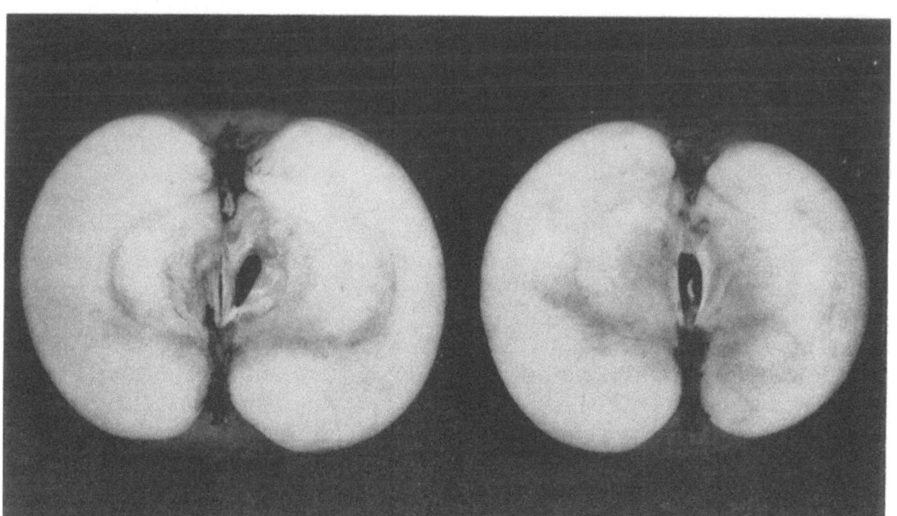

Abb. 220. Fleischbräune an Wellington bei 0° C-Lagerung, Typ des Internal Browning.

wobei das erkrankte Gewebe eine hellbraune Farbe annimmt. In den angelsächsischen Ländern wird für einen ähnlichen Fleischbräunetyp die Bezeichnung *Internal browning* verwendet (Abb. 220).

3. Scharf abgegrenzte Partien der Fruchthaut und eine *schmale Zone* des darunterliegenden Fruchtfleisches bräunen sich. Typisch sind die äußerlich

erkennbaren braunen Flecken mit zungenförmigen Ein- und Ausbuchtungen. Die englisch *Soft Scald* genannte Erscheinung wird nicht selten mit Hautbräune identifiziert, was aber unrichtig ist, da sie immer nur dann auftritt, wenn bei tiefen Temperaturen gelagert wird. Es unterliegen ihr nur einige wenige Sorten, so vor allem *Jonathan, Sauergrauech, Rome Beauty* und *Wealthy* (Abb. 221).

Abb. 221. Fleischbräune, Soft scald — Typ auf Jonathan, 0° C-Lagerung, Februar. Die Bräunung erfaßt in diesem Fall nur die Fruchthaut und eine schmale Zone des darunterliegenden Fruchtfleisches. Charakteristisch sind die zungenförmigen Ein- und Ausbuchtungen der gebräunten Hautpartie.

Von Plagge und Mitarbeitern[1] wird der Soft Scald als eine Abart des *Soggy breakdown* betrachtet.

Die als *vorzeitige Fruchtfleischbräune* bezeichnete Erscheinung kann schon am Baum auftreten; die eigentliche, auf tiefe Lagertemperaturen zurückzuführende Fleischbräune dagegen tritt bei den langlebigen Lagersorten meistens erst nach dem dritten, vierten oder fünften Lagermonat auf. In einzelnen Fällen nimmt die Krankheit auch einen schleppenden Charakter an, so daß die Bräunungserscheinungen während der Lagerperiode gar nicht oder höchstens beim Durchschneiden sichtbar werden und erst in den auf die Auslagerung folgenden Tagen an dem hohen Temperaturen ausgesetzten Obst zum Vorschein kommen. Der Schaden ist dann gewöhnlich besonders groß, weil der gute Ruf des Kühlhausobstes gefährdet wird. Die von Fleischbräune befallenen Früchte sind nicht nur unansehnlich, sondern auch in geschmacklicher Hinsicht minderwertig oder gar wertlos. Auch in den noch nicht braun verfärbten Teilen des Apfels ist vielfach schon eine geschmacklich unangenehm auffallende Reduktion der Gesamtsäure eingetreten. Im fortgeschrittenen Stadium kommt noch eine ungünstige Geschmackserscheinung durch die Azetaldehyd- und Alkoholbildung hinzu sowie eine Abnahme des natürlichen Sortengewürzes. Der fleischbraune Apfel wird mit Vorliebe von Fäulnispilzen, namentlich Schwächeparasiten, besiedelt.

Über die tieferen Ursachen der Entstehung der Fleischbräune sind eine Reihe von Hypothesen aufgestellt worden. So haben z. B. van der Plank und Davies[2] folgende Erklärung gegeben: Vom Beispiel der „Zinnpest" ausgehend, d. h. der Umwandlung von weißem metallischem Zinn in graues, nichtmetallisches, weisen sie darauf hin, daß innerhalb einer bestimmten Aufbewahrungstemperatur (innerhalb der Umwandlungstemperatur) chemisch-physikalisch gesprochen das Gleichgewicht gestört ist. Die Störung ist um so größer, je tiefer die Temperatur. Damit die Störung z. B. in Form von Fleischbräune zum Vorschein kommt, müssen sich gewisse chemisch-biologische Reaktionen im Inneren der Frucht abspielen, die um so langsamer vor sich gehen, je tiefer die Temperatur ist. Die beiden Vorgänge, Gleichgewichtsstörungen und Reaktionsgeschwindigkeit, wir-

[1] Plagge, H. H., T. J. Maney u. B. S. Pickett: Agric. exp. Sta. Iowa Bull. No. 329 (1935).
[2] van der Plank, J. E., u. R. Davies: J. Pomology horticult. Sci. Bd. 15 (1937) S. 226.

ken sich in entgegengesetztem Sinn aus. Deshalb treten die Krankheitssymptome bei höheren Lagertemperaturen an einer kleineren Zahl von Früchten, aber zeitlich betrachtet früher auf; bei tieferen Lagertemperaturen ist die Häufigkeit der Erkrankung dagegen größer, jedoch kommen die typischen Merkmale der Krankheit später zum Vorschein.

Nach der Auffassung von PLANK[1] hat man sich die Entstehung der Fleischbräune in der Weise vorzustellen, daß im Verlauf des Reifeprozesses zellschädigende Abbaustoffe gebildet werden, so z. B. Azetaldehyd oder Alkohol (Zellgiftbildung), und daß parallel damit ein zweiter Vorgang sich abspielt, nämlich die Veratmung der sich bildenden schädigend wirkenden Substanzen (Zellgiftveratmung). Falls mit sinkender Temperatur die Veratmung nicht mehr Schritt hält mit der Bildung des Zellgiftes, ergibt sich daraus eine Anhäufung des Giftstoffes, die zum Gewebetod führt.

Sehr interessant sind in dieser Beziehung auch die Versuche von SMITH[2] über die Möglichkeiten der Ausschaltung der Fleischbräune bei Pflaumen (s. S. 509), die sich mit der PLANKschen Auffassung der Zellgiftbildung und Zellgiftveratmung gut vereinbaren lassen. Es ist nämlich dem erstgenannten Forscher gelungen, dadurch, daß bei 0° C gelagerte Pflaumen nach 15- bis 20tägiger Lagerung etwa 2 Tage vorübergehend einer Temperatur von etwa 15° C ausgesetzt werden, die Zellgiftveratmung zu beschleunigen und dadurch die Kaltlagerschäden gänzlich zu verhüten (s. S. 509). Beim Apfel liegen die Verhältnisse insofern ungünstiger, als es nur in speziellen Fällen, z. B. beim Soft Scald und bei der durch Kaltlagerung verursachten Kernhausbräune, gelang, durch periodisches Aufwärmen eine vollständige Verhütung der Schäden zu erzielen. Immerhin konnte auch bei der häufigsten Form der Kältefleischbräune, durch Wärmebehandlung, der Schaden wesentlich gesenkt werden. Um eine vollständige Fleischbräuneverhütung zu erreichen, bedurfte es meistens so langer Einwirkungszeiten höherer Temperatur, daß die dabei vor sich gehende Reifebeschleunigung den Nutzen der Kaltlagerung illusorisch erscheinen ließ[3]. Auch bei der Fleischbräune beruht die beste Bekämpfungsmethode auf der Verhütung und dem Vorbeugen. Es ist deshalb sehr wichtig, die Faktoren kennenzulernen, welche die Disposition der Früchte hierfür erhöhen.

α) Baumpflegemaßnahmen: Trotz unzähligen Düngungsversuchen an Obstbäumen zur Aufdeckung der komplizierten Zusammenhänge zwischen der Art und Weise der Nährstoffeinlagerung in die Früchte einerseits und dem Auftreten der Fleischbräune auf dem Lager andererseits sind die Verhältnisse noch nicht restlos abgeklärt. Des öfteren wird eine übermäßige Stickstoffdüngung für die Fleischbräuneanfälligkeit verantwortlich gemacht. Die Situation scheint aber offenbar recht kompliziert zu sein. So hat HULME[4] gezeigt, daß das Verhältnis des im Apfel bestimmten Aminosäure-Stickstoffes zum löslichen Gesamtstickstoff mit dem Fleischbräunebefall in Zusammenhang gebracht werden kann, insofern, als bei Dispositionen zur Fleischbräune der Aminosäure-Stickstoff schon zu Beginn der Lagerperiode ein Maximum erreicht; falls keine Fleischbräune zu verzeichnen ist, tritt das Maximum erst gegen Ende der Lagerperiode auf.

Jedenfalls spielt auch der Zeitpunkt, in dem gewisse Stoffe in der Frucht eingelagert werden, eine Rolle. HINTON[5] behauptet, daß eine im letzten Drittel der Wachstumsperiode erfolgte übermäßige Substanzeinlagerung besonders verhäng-

---

[1] PLANK, R.: Planta Bd. 32 (1941) S. 364 und Bd. 33 (1943) S. 728.
[2] SMITH, W. H.: J. Pomology horticult. Sci. Bd. XXIII (1947) S. 92.
[3] STOLL, K.: Unveröffentlichte Versuche, Wädenswil.
[4] HULME, A. C.: Rep. Food Invest. Board (1934) S. 135.
[5] HINTON, J., J. O. JONES u. F. C. LEWIS: Rep. Long Ashton Res. Bristol (1931) S. 40.

nisvoll sei. An dieser Stelle ist auch auf die große Bedeutung des Wasserhaushaltes des Baumes bzw. der Niederschlagsverhältnisse während der Wachstumsperiode hinzuweisen, denn das Vorhandensein von viel oder wenig Wasser verändert die Nährstoffbilanz erheblich. Ganz allgemein gilt Obst auf kalten, reichlich Wasser führenden Böden gewachsen, als besonders anfällig. Interessant ist die Tatsache, daß in der auf den ungewohnt niederschlagsarmen Sommer 1947 folgenden Lagerungsperiode 1947/48 in der Schweiz praktisch keine Fleischbräune aufgetreten ist, und zwar auch nicht bei den bei 0 °C-Lagerung höchst anfälligen Sorten, wie z. B. Ontario (s. Abb. S. 458). Anfällig sind zudem Früchte von stark ausgelichteten und zurückgeschnittenen sowie von jungen, noch kleine Ernten tragenden Bäumen. Sofern stark ausgepflückt wurde, ein schwacher Behang vorliegt und einzelne Äste oder ganze Bäume außerdem noch geringelt worden sind, so erhöht sich die Gefahr des Fleischbräunebefalles ganz erheblich.

β) *Einlagerungsmaßnahmen.* Hier steht als wichtigstes Moment der Reifezustand der Früchte im Zeitpunkt der Einlagerung unbedingt im Vordergrund. Nach Kidd und West[1] ist der Fleischbräuneabgang dann besonders hoch, wenn die Früchte im Zeitpunkt eingelagert werden, da deren CO_2-Kurve im Anstieg gegen das Maximum begriffen ist oder das Maximum bereits erreicht hat. Nach der Erreichung dieses Zustandes ist die Gefahr des Fleischbräunebefalles ganz erheblich kleiner (Abb. 222). Ein derartiger Zusammenhang zwischen dem Reifezustand der Früchte bei der Einlagerung, gekennzeichnet durch einen Punkt mit bestimmten Koordinaten auf der CO_2-Kurve einerseits und dem Fleischbräunebefall andererseits, besteht, wie aus den Versuchen obiger Autoren hervorgeht, zweifellos für mittelspäte Sorten, wie z. B. Bramley's Seedling und Cox's Orangen Reinette, also solchen, die nach erfolgter Ernte erst verhältnismäßig spät das Atmungsmaximum durchlaufen.

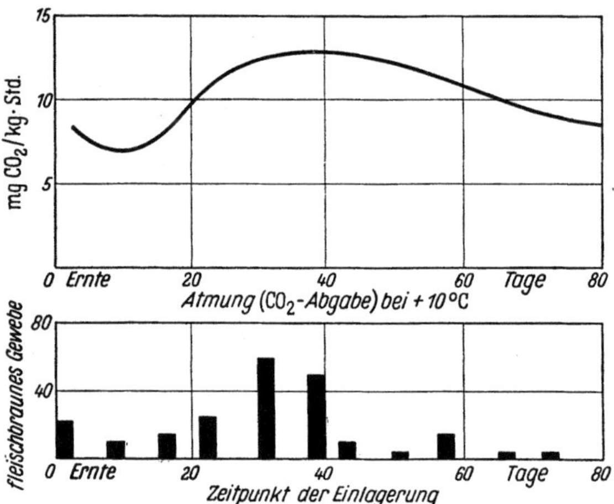

Abb. 222. Beziehung zwischen Reifezustand der Früchte im Zeitpunkt der Einlagerung und dem Auftreten der Fleischbräune nach 45wöchiger 1° C-Lagerung bei der Apfelsorte Bramley's Seedling, nach Kidd und West[2].

Für die ausgesprochen spät reifenden Sorten dagegen scheinen wieder andere Zusammenhänge zu gelten. So haben Gerhardt und Ezell[3] für die gewöhnlich erst im November geerntete Apfelsorte Golden Delicious dann den höchsten Prozentsatz an Fleischbräune vom Typ „Soft scald" (s. Abb. S. 486) ermittelt, wenn die Einlagerung im Zeitpunkt erfolgte, da die Kurve der leichtflüchtigen, oxydierbaren Stoffe ihr Maximum erreicht hat. Zwischen dem Maximum der CO_2-Kurve und dem der letzterwähnten ist aber eine Zeitspanne von etwa 6 Tagen festgestellt worden. Welche der beiden Methoden in bezug auf die Krankheits-

---

[1] Kidd, F., u. C. West: Rep. Food Invest. Board (1933) S. 57—60 und (1934) S. 117 bis 119.

[2] Rep. Food Invest. Board (1933) S. 57—58, s. auch „Gartenbauwissenschaft" (1940) S. 594.

[3] Gerhardt, F., u. B. D. Ezell: J. Agric. Res. Bd. 48 (1939) S. 493.

verhütung wertvollere Anhaltspunkte erlaubt, ob die mit Hilfe der CO_2-Kurve oder die der flüchtigen Stoffe, wird noch durch weitere Versuche zu klären sein. Jedenfalls muß aber in diesem Zusammenhang auf 2 Momente hingewiesen werden: Einmal ist bei den amerikanischen Versuchen die Erscheinung des Soft scald Gegenstand der Untersuchungen gewesen; dabei ist es noch ungewiß, ob die Voraussetzungen für die Entstehung dieses Krankheitstypes in allen Teilen jenen entspricht, die für die an unserem Obst auftretende gewöhnliche Fleischbräune Gültigkeit haben. Sodann dürfen wir nicht vergessen, daß bei spät reifenden Sorten das Atmungsmaximum u. U. schon am Baum durchlaufen wird[1], in welchem Fall dann weder die CO_2-Kurve noch vermutlich diejenige der flüchtigen Stoffe brauchbare Anhaltspunkte liefern.

Ohne Zweifel reagieren auch die einzelnen Sorten auf zeitliche Verschiebung der Ernte recht unterschiedlich. So kann z. B. ein Glockenapfel in recht verschiedenen Reifestadien geerntet werden, ohne daß damit die Gefahr eines Fleischbräunebefalles verbunden wäre, während im Gegensatz dazu die Sorte Ontario in dieser Beziehung sehr empfindlich reagiert. Ganz allgemein gesprochen, wird man mit Rücksicht auf einen evtl. Fleischbräunebefall die Lagersorten so lange am Baum belassen, bis sie jenen Reifegrad erreicht haben, den wir im allgemeinen mit dem Ausdruck „baumreif" kennzeichnen. Andererseits werden wir uns aber hüten müssen, fleischbräuneanfällige Sorten zu lange am Baum ausreifen zu lassen, weil sie sonst, unter bestimmten Bedingungen aufbewahrt, nicht nur in viel höherem Maß der Fleischbräune unterliegen, sondern auch eine größere Atmungsintensität, höhere Katalaseaktivität[2] und demzufolge kürzere Lebensdauer haben würden und damit in ihrem Verhalten ganz jenen Früchten gleichen würden, die von Bäumen stammen mit ausgesprochen schwachem Behang.

Auch durch das Mittel der Sortierung kann man vorbeugend wirken, nämlich dann, wenn die übermäßig großen Früchte ausgeschieden werden, die erfahrungsgemäß für Fleischbräune besonders anfällig sind. Deshalb ist nur jenes Obst „Lagerobst" im wahren Sinne des Wortes, das sich durch eine weitgehende Ausgeglichenheit in der Größe auszeichnet. Diesbezügliche strenge Vorschriften haben nicht nur die Vereinigten Staaten von Amerika und Australien erlassen, sondern auch einige europäische Länder.

Dagegen vermag das Einwickeln des Obstes in ölhaltiges Papier den Fleischbräunebefall nicht aufzuhalten, erhöht ihn sogar eher zufolge der Herabsetzung des Verdunstungsgrades.

γ) Lagerungsmaßnahmen. Weil physiologisch gesprochen die Gleichgewichtsstörungen im lagernden Apfel im Bereich der Temperaturen $-1\,°$ C bis $3\,°$ C am größten sind, so ergibt sich daraus die Notwendigkeit, fleischbräuneempfindliche Sorten bei Temperaturen über $3\,°$ C, höchst empfindliche, wie Cox's Orangen Reinette oder Golparmäne, sogar über $4\,°$ C zu lagern. Auf diesem Grundsatz der Umgehung der für Fleischbräune kritischen Temperatur beruht auch die Methode der Gaslagerung (s. S. 472), die wohl heute als das wirksamste Mittel zur Vermeidung dieser Krankheit angesprochen werden kann. Wo die Anwendung der Gaslagerung aus irgendwelchen Gründen nicht möglich ist, bleibt kein anderer Ausweg, als die Lagerung der fleischbräuneanfälligen und jene der nicht anfälligen Sorten in getrennten Räumen durchzuführen, wobei im einen Fall nicht unter $4\,°$ C oder höchstens $3\,°$ C gekühlt, im anderen Fall dagegen um etwa $0\,°$ C herum aufbewahrt wird. Auch das Vorhandensein von Kältenestern bzw. Unausgeglichenheit der Temperatur im Lagerraum könnte der Krankheit Vorschub leisten.

---

[1] Nach mündlichen Mitteilungen von Dr. KIDD, Ditton Laboratory East Malling, England.

[2] EZELL, B. D., u. F. GERHARDT: J. Agric. Res. Bd. 65 (1942) S. 453.

Ein in diesem Zusammenhang in seiner Bedeutung meist zu wenig gewürdigter Faktor ist der relative Luftfeuchtigkeitsgehalt. Sinkt dieser unter 80% und fängt die Haut berosteter Sorten zu schrumpfen an, so ist gewöhnlich auch der Fleischbräunebefall sehr bescheiden. Stark geschrumpfte Früchte sind nie fleischbraun. Früchte, die stippig und zugleich fleischbraun sind, lassen sehr oft um die Stippflecken herum, welch letztere sich durch besonders hohe Wasserverdunstung auszeichnen, konzentrische Ringe ungebräunten Fleisches erkennen. Auch die Tatsache, daß an Fleischbräune erkrankte Äpfel sehr oft zwischen dem braun verfärbten Fleisch und der Fruchthaut eine einige Millimeter betragende gesunde Schicht aufweisen, könnte mit der stärkeren Wasserabgabe dieser Zone im Zusammenhang stehen.

Nach den Feststellungen von Plagge und Gerhardt[1] sind umgekehrt alle jene Früchte, bei denen auf dem Lager der Säureabbau ungewöhnlich langsam vor sich geht, gefährdet; gefährdet sind aber auch die wenig Wasser verdunstenden Exemplare. In dieser Beziehung scheint ein gewisser Zusammenhang zwischen Säureabbau und Wasserverdunstung zu bestehen. Auch darf bei dieser Gelegenheit vielleicht daran erinnert werden, daß die klimatischen Verhältnisse und der Wasserhaushalt des Baumes sich auch nach dieser Richtung hin auswirken können, indem die Fleischbräunegefahr bei Obst aus niederschlagsreichen Obstbaugebieten oder von Jahrgängen mit kühler Witterung und schweren Niederschlägen im August und September beträchtlich größer ist als beim Obst aus wärmeren, trockeneren Gebieten.

c) Auf Frosteinwirkung zurückführende Schädigung. Schädigungen des Fruchtfleisches, die auftreten, wenn die Lagertemperatur vorübergehend unter den Gefrierpunkt des Apfelgewebes sinkt (letzterer liegt je nach Sorte zwischen $-1,4°$ C bis $-2,8°$ C), sind oft nicht leicht von der oberhalb des Gefrierpunktes auftretenden Fleischbräune zu unterscheiden.

Früchte, die nur leichten Frosttemperaturen ausgesetzt waren, sind etwas mehlig und weisen meistens eine schwache Geruchs- und Geschmacksveränderung auf. Bei Einwirkung tiefer Temperaturen ist nach dem Auftauen eine Bräunung der primären Gefäßbündel und möglicherweise auch der sekundären zu beobachten, so daß das Fruchtfleisch braun geädert erscheint. Die Erscheinungsformen variieren selbstverständlich je nach Temperatur und Dauer der Frosteinwirkung. Interessanterweise werden nie alle Fruchtfleischpartien gleich stark geschädigt, sehr oft erkennt man stark braun verfärbte Stellen dicht neben unversehrt gebliebenen, weshalb denn auch die ganze Schnittstelle in bezug auf die Intensität der Bräunung ein viel weniger einheitliches Bild gibt, als dies z. B. bei der Fleischbräune der Fall ist (Abb. 223).

Abb. 223. Glockenapfel, 5 Stunden einer Temperatur von $-15°$ C ausgesetzt und danach 24 Stunden bei Zimmertemperatur aufgehalten. Typisch für die auf Frost zurückzuführende Schädigung ist die Bräunung der primären und sekundären Gefäßbündel. Vom Fruchtfleisch werden nie alle Partien gleich stark geschädigt. Sehr oft bleibt das innerhalb der primären Gefäßbündel liegende Fruchtfleisch unversehrt.

---

[1] Plagge, H. H., u. F. Gerhardt: Jowa State Coll. Agric. Res. Bull. No. 131 (1930).

OSTERWALDER[1] hat die unter Frosteinwirkung sich abspielenden Veränderungen bei einzelnen Apfelsorten ausführlich beschrieben.

Wenn Obst nur ganz kurze Zeit Frosttemperaturen ausgesetzt war, so ist es deshalb nicht unbedingt als verloren zu betrachten, auch wenn sich bereits die ersten Anzeichen des Gefrierens zeigen sollten, wie z. B. glitzernde Oberfläche infolge Vorhandenseins von Eiskristallen und leicht geschrumpfte Fruchthaut. Nur sind in diesem Fall Vorsichtsmaßnahmen am Platz. Zunächst ist das Obst nur langsam, unter Anwendung von Temperaturen zwischen 2° C bis 4° C, aufzuwärmen. Sodann darf es, bis es vollständig aufgetaut ist, weder in seiner Lage verändert oder transportiert noch viel weniger mit warmen Händen berührt werden. Glockenäpfel, die 24 Stunden einer Temperatur von —4° C bis —5° C ausgesetzt gewesen waren, erholten sich, in dieser Weise behandelt, nicht nur, sondern konnten auch weiter aufbewahrt werden, ohne daß eine Haltbarkeitsverkürzung zu beobachten gewesen wäre. CARRICK[2] führte ausgedehnte Messungen über den Gefrier- und Bräunungspunkt verschiedener amerikanischer Sorten durch. Neuere Untersuchungen liegen aus Deutschland vor[3, 4, 5].

d) Die Markbräune (Brown Heart, Kernhausbräune, Herzbräune). Diese Krankheit ist erstmals von KIDD und WEST[6] beschrieben worden und läßt sich einesteils auf starke Anreicherung der Lagerraumluft mit Kohlendioxyd zurückführen. Sie trat ehedem namentlich in schlecht gelüfteten Containern während des lange Zeit in Anspruch nehmenden Schiffstransportes von Australien nach England auf. Aber auch in Gaslagerungsräumen mit hohem Kohlendioxydgehalt kann sich diese Störung geltend machen, insbesondere bei Sorten, die gegenüber Kohlendioxyd besonders empfindlich sind.

Die Bräunung beginnt im allgemeinen in der Gegend der primären Gefäßbündel. Im vorgeschrittenen Stadium bräunen sich größere Teile des Apfels, wobei die betroffenen Stellen sich ziemlich scharf von den gesunden abheben. Unter Umständen trocknen die gebräunten und abgestorbenen Partien aus, so daß wabenartige Gebilde oder größere Kavernen entstehen. Sofern die Krankheit noch nicht sehr weit gediehen ist, zeigt der Apfel äußerlich keine Anzeichen der Veränderung; um so größer ist dann die Überraschung, wenn die Frucht durchschnitten wird. Kernhausbräune ist auch als Alterserscheinung, als Folge von starkem Hautbräunebefall und als Kaltlagerschaden beschrieben worden[7, 8].

e) Die Stippigkeit (Bitter Pit). Auch die Stippigkeit ist gewissermaßen eine Fruchtfleischbräune, welche sich allerdings nicht auf größere Partien erstreckt, sondern nur kleine Inseln und Nester im Fruchtfleisch, dicht unter der Fruchthaut, umfaßt. Meistens kann das Vorhandensein von Stippeflecken schon äußerlich wahrgenommen werden, indem die Haut über den darunterliegenden Stippeflecken eingesunken und im Umkreis von wenigen Millimetern dunkel verfärbt ist. Meistens lokalisieren sich die bräunlichen Flecken auf die Randzonen der Frucht (s. Abb. 224), in selteneren Fällen verteilen sie sich auch auf das übrige Fruchtfleisch[9]. Stark stippige Früchte weisen einen ausgesprochen bitteren

---

[1] OSTERWALDER, A.: Landwirtsch. Jb. Schweiz (1947) S. 457.

[2] CARRICK, D. B.: Cornell Univ. Agric. exp. Sta. Mem. Bd. 8 (1924); Bd. 110 (1928); Bd. 122 (1929).

[3] NICOLAISEN-SCUPIN, L.: Kältetechnik Bd. 8 (1956) S. 313.

[4] NICOLAISEN-SCUPIN, L.: Studien zur Charakterisierung und Erkennung von Schäden an Äpfeln bei der Lagerung, insbesondere der Gefrierschäden. Karlsruhe: C. F. Müller, 1958.

[5] BUCHLOH, G.: Gartenbauwissenschaft Bd. 22 (1957) S. 449.

[6] KIDD, F., u. C. WEST: Rep. Food Invest. Board Bd. 12 (1923).

[7] NICOLAISEN, N., u. L. NICOLAISEN-SCUPIN: Lagerungsschäden an Obst. Karlsruhe: C. F. Müller 1952.

[8] CARNE, W. M.: Bull. No. 238, Counc. Sci. Ind. Res. Melbourne 1948.

[9] ZSCHOKKE, A.: Landwirtsch. Jb. Schweiz Bd. 11 (1897) S. 192.

Geschmack auf. Wiederum sind einzelne Sorten besonders anfällig, so z. B.
Jakob Lebel, Winterzitrone, Goldreinette von Blenheim. Innerhalb einer Sorte
sind es die großen Früchte, die besonders häufig und stark erkranken (s. Aufstellung auf S. 462).

Auch diese Störung wird durch das Vorhandensein bestimmter Faktoren begünstigt. So pflegt z. B. bei hohen Stickstoffgaben an hungernde Bäume die Zahl der stippigen Früchte stark zuzunehmen. Durch Harnstoffinjektionen in den Fruchtast kann Stippigkeit auch künstlich erzeugt werden[1]. Weitere Momente, die der Krankheit Vorschub leisten, sind Ringeln der Äste, künstliche Beschattung des Blattwerkes, übermäßig starkes Ausdünnen des Behanges oder allgemein ausgedrückt eine eindeutige Verschiebung der Blattfläche — Früchteverhältnisse

Abb. 224. Stark stippiger Apfel der Sorte The Senator.

zugunsten des erstgenannten. Endlich kann Stippigkeit auch auftreten als Folge plötzlich vor sich gehender Veränderung im Wasserhaushalt des Baumes. Ob die Entstehung der Stippeflecken auf partielle Austrocknungserscheinungen, auf andere Funktionsstörungen oder gar auf Giftwirkung zurückzuführen ist, konnte bis jetzt noch nicht geklärt werden[2]. Sicher ist, daß das durch Bormangel des Bodens hervorgerufene Krankheitsbild an den Äpfeln nicht mit demjenigen der Stippigkeit übereinstimmt, in diesem Fall also zwei verschieden geartete Krankheiten vorliegen[3].

Aus neueren Versuchen[4—6] muß geschlossen werden, daß eine gute Versorgung an Mineralstoffen und vor allem deren harmonisches Gleichgewicht einen großen Einfluß auf den Stippebefall auszuüben vermögen.

Über eine der Stippe ähnliche Fleckenbildung, die sog. *Plara*, hat Mezzetti[7] Untersuchungen veröffentlicht.

Es kann vorkommen, daß die Stippigkeit schon an den am Baum hängenden Früchten wahrgenommen wird. Meistens aber kommt die Krankheit erst auf dem Lager zum Vorschein, und zwar um so rascher, je höher die Lagertemperatur und vor allem je niedriger der Luftfeuchtigkeitsgehalt ist. Um der Stippigkeit vorzubeugen, empfiehlt es sich, das Obst nach erfolgter Ernte möglichst rasch einzulagern und es tiefen Temperaturen und hoher Luftfeuchtigkeit auszusetzen. Nach Smock[8] soll das Imprägnieren der Früchte mit wachshaltigen Mitteln die Stippigkeit zurückdrängen; bei Verwendung von Ölpapierschnitzeln dagegen war kein positives Ergebnis zu verzeichnen. Letztere Feststellung ist nicht ohne weiteres erklärlich, da beide Behandlungsarten den Wasserhaushalt der Frucht gleichermaßen beeinflussen und deshalb auch Über-

---

[1] Smock, R. M.: Cornell Univ. Agric. exp. Sta. Mem. 234 (1941) S. 11.
[2] Barker, J.: Imp. Bur. Fruit Prod. Occas. paper Bd. 3 (1934) S. 1—28.
[3] Wallace, T., u. J. O. Jones: J. Pomology horticult. Sci. Bd. 18 (1940) S. 161.
[4] Mulder, D.: Meded. Dir. Tuinb. Bd. 14 (1951) S. 20.
[5] van Stuivenberg, J. H. M., u. A. Pouwer: Meded. Dir. Tuinb. Bd. 15 (1952) S. 15.
[6] Garman, P., u. W. T. Mathis: Conn. Agric. exp. Sta. Bull. 601 (1956) S. 19.
[7] Mezzetti, A.: Ann. Sper. Agric. Bd. 10 (1956) S. 471—494; Bd. 11 (1957) S. 159 bis 191, 361—421.
[8] Smock, R. M.: Cornell Univ. Agric. exp. Sta. Mem. 234 (1940) S. 20 u. S. 25.

einstimmung hinsichtlich der Wirkung gegenüber Stippigkeit zu erwarten gewesen wäre.

f) Die Jonathan-Fleckenkrankheit (Jonathan Spot). Jonathan-Äpfel werden sehr oft nach einigen Wochen der Lagerung von einer das Aussehen der Früchte beeinträchtigenden Krankheit befallen, die sich darin äußert, daß 1 bis 2 mm große, bräunlichschwarze, scharf abgegrenzte Flecken auftreten. Mit der Zeit können letztere immer größer werden und schließlich auch ineinander übergehen, so daß größere Partien des Apfels braun verfärbt sind (s. Abb. 225). Manchmal, nicht immer, umschließen die Flecken eine Lentizelle, sinken vielleicht auch etwas ab und werden später von irgendeinem Fäulniserreger (Schwächeparasiten) besiedelt. Die krankhafte Veränderung erstreckt sich nur auf die farbstoffenthaltenden obersten Zellschichten. Es ist nicht ausgeschlossen, daß die Zerstörung des roten Farbstoffes mit der Abnahme der Gesamtsäure des Apfelfleisches im Zusammenhang steht[1]. Auffallenderweise erkranken die hochgefärbten Früchte in viel stärkerem Maße als jene mit spärlicher Deckfarbe. Auch bleibt die Krankheit nicht auf die Sorte Jonathan beschränkt, sondern kommt gelegentlich auch bei anderen rot gefärbten Sorten vor, wie z. B. Baumann's Reinette, Ribston Pepping, Adams Parmäne, King David usw.

Abb. 225. Jonathan-Fleckenkrankheit auf Adams Parmäne. Die bräunlichschwarzen Flecken werden mit der Zeit immer größer und werden gewöhnlich vor einem Fäulniserreger, meist einem Schwächeparasiten besiedelt.

Das beste Mittel, um der Fleckenkrankheit vorzubeugen, besteht im frühzeitigen Pflücken und der sofortigen Einlagerung nach der Ernte, und zwar bei möglichst tiefen Temperaturen[2]. Im gewöhnlichen Keller tritt die Störung somit früher und zugleich stärker auf, als dies bei 2° C oder 0° C-Lagerung im Kühlhaus der Fall ist. Obschon der Genußwert des Apfels dadurch keineswegs herabgesetzt wird, wirkt sich die Fleckenbildung doch sehr unangenehm aus, indem die so gezeichneten Früchte unvorteilhaft aussehen und an Marktwert stark einbüßen. Der Jonathan Spot kann durch die Gaslagerung verhütet werden[3]. Von OSTERWALDER[4, 5] wird die Ansicht vertreten, daß auch Pilze an der Entstehung des Jonathan Spot beteiligt sein können. Dem Jonathan Spot ähnliche Flecken, aber von den Lentizellen ausgehend, treten auch an haltbaren Sorten, wie z. B. Bramley's Seedling, auf, wenn sie in einem gasdichten oder doch wenigstens gut verschlossenen Raum, zusammen mit einer kurzlebigen Sorte, z. B. Worcester Parmain oder James Grieve, aufbewahrt werden, wie KIDD und WEST gezeigt haben[6]. Durch Einwirkenlassen von Äthylen (1/500) können dieselben

[1] PENTZER, W. T.: Proc. Amer. Soc. horticult. Sci. Bd. 22 (1925) S. 66.

[2] PLAGGE, H. H., T. J. MANEY u. B. S. PICKETT: Jowa State Coll. Agric. Res. Bull. No. 329 (1935).

[3] STOLL, K.: Schweiz. Z. Obst- u. Weinbau Bd. 62 (1954) S. 418.

[4] OSTERWALDER, A.: Z. Pflanzenkrankh. Bd. 36 (1926) S. 264.

[5] OSTERWALDER, A.: Schweiz. Z. Obst- u. Weinbau Bd. 66 (1957) S. 444.

[6] KIDD, F., u. C. WEST: J. Pomology horticult. Sci. Bd. XVI (1938) S. 274.

Schadenbilder künstlich hervorgerufen werden. Hinsichtlich der Empfindlichkeit gibt es ziemlich große Unterschiede von Sorte zu Sorte. Im fortgeschrittenen Reifezustand kann man auch an der Champagner Reinette u. a. die Bildung eines bräunlichen Hofes um die Lentizellen herum beobachten. Möglicherweise hängt auch diese Erscheinung mit der Abgabe flüchtiger Stoffe durch früher reifende Sorten zusammen.

g) Glasige oder wassersüchtige Früchte. Das Fruchtfleisch kann auch eine glasige, wässerige Beschaffenheit annehmen, welche Veränderung, wenn sie sich auf größere Partien erstreckt, manchmal schon von außen wahrnehmbar ist, weil auch die Fruchthaut glasig durchschimmert. Die Krankheit tritt schon an den am Baum hängenden Früchten auf, und zwar namentlich an großen, gut gefärbten Exemplaren. Nach Fisher[1] u. a. stehen folgende Faktoren in ursächlichem Zusammenhang mit der Krankheit: Einwirkung hoher Temperaturen auf die wachsende Frucht, hoher Zuckergehalt des Gewebes, Erhöhung des Turgors in einzelnen Zellen.

Einzelne Sorten werden erfahrungsgemäß besonders häufig glasig, so z. B. Winterzitrone, Red Delicious, Jonathan, Winesap usw. Bei der Sortierung im Herbst sind selbstverständlich alle stark glasigen Früchte auszuscheiden, denn solche werden später nicht selten molsch. Schwach glasige Äpfel nehmen, wenn sie längere Zeit im Keller gelegen haben, u. U. wieder normale Fleischbeschaffenheit an, und zwar verläuft dieser Regenerationsprozeß um so rascher, je höher die Lagertemperatur ist.

2. Die parasitären Krankheiten bzw. Fäulnisarten des Lagerobstes.

Die Obstfäulnis wird nur ganz ausnahmsweise durch Bakterien verursacht; in weitaus den meisten Fällen sind Fadenpilze am Werk. Sporen der Fäulnispilze, durch welche die Krankheiten übertragen werden, sind praktisch überall vorhanden. Sie haften z. T. oberflächlich der Frucht an und werden auf diese Weise vom Baumgarten ins Obstlager verschleppt. Aus diesem Grunde kann denn auch die auf dem Apfel vorhandene Pilzflora je nach der Baumgartenflora recht verschieden sein[2]. Dabei haften diese Sporen nicht nur der Fruchthaut an, sondern halten sich in der Umgebung des Stieles, in der Kelchröhre, ja sogar in den Lentizellen verborgen, was, wie wir später sehen werden, die Durchführung der Desinfektion ganz erheblich erschwert. Endlich finden sich Fäulnissporen auch an Obstharassen, Kisten und Hürden, sofern diese nicht vorher gründlich gereinigt worden sind, ja sie können u. U. sogar durch Staubpartikel durch die Luft übertragen werden. Unter günstigen Umständen keimen dann diese Sporen aus, und die Pilzfäden wachsen in das Zellgewebe hinein, zwischen den Zellen hindurch oder dringen auch ins Zellinnere vor. Die Zellen des Fruchtgewebes werden durch die gewaltsame Auflockerung des Zellverbandes und wohl auch durch giftig wirkende Stoffausscheidungen des Pilzes isoliert und abgetötet und bräunen sich unter dem Lufteinfluß nach und nach. Es sind heute eine ganze Reihe von Pilzarten bekannt, die Obstfäulnis hervorrufen. Gewöhnlich wachsen sie durch Ritzen und Wunden der Fruchthaut, aber auch durch die Lentizellen und Kelchröhre ins Innere hinein, sind somit in der Regel Wundparasiten. Insbesondere benutzen sie auch Schorfflecken als Einfallstor, also Stellen, wo die Fruchthaut durch den Schorfpilz bereits verletzt ist (Abb. 226). Daneben sind auch Fälle bekannt, wo gelegentlich selbst die unverletzte Fruchthaut durchwachsen wird.

---

[1] Fisher, D. F., C. P. Harley u. Ch. Brooks: Proc. Amer. Soc. horticult. Sci. Bd. 27 (1930) S. 276.

[2] Horne, A. S.: Rep. Food Invest. Board (1937) S. 147 und (1938) S. 173.

Es wird allgemein angenommen, daß das Auskeimen der Sporen und das Wachstum der Pilzfäden mit sinkender Lagertemperatur abnimmt und bei 0° C nurmehr sehr langsam vor sich geht. Für einzelne Fäulnispilze, beispielsweise Penicilliumarten, mag dies richtig sein, andere Fäulniserreger, wie Gloeosporium album (s. u.), sind dagegen weitgehend kältewiderstandsfähig. Je weiter

der Reifeprozeß der Früchte fortgeschritten ist, je mehr Reservestoffe die Frucht verbraucht hat, um so empfindlicher wird die Frucht für jede mechanische Einwirkung, um so leichter fällt sie auch dem Fäulnispilz zum Opfer. Bei Kühlhausobst ist der Fäulnisabgang oft bis in den März hinein kaum nennenwert, während dann in den folgenden Wochen die Abfallkurve sich bei einzelnen Sorten ganz plötzlich verändert. Je nach dem Reifezustand der Früchte wechselt auch die Fäulnisart. Solange die Früchte am Baum sind, und im ersten Drittel der Lagerzeit, wenn andere Fäulnisarten sich kaum bemerkbar machen, tritt Moniliafäule auf; gegen Mitte der Lagerperiode dagegen wird das Obst von den Erregern der Gloeosporiumfäulen heimgesucht, und erst

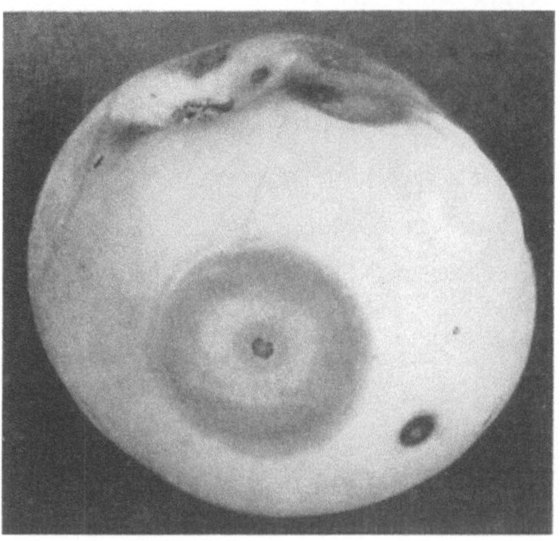

Abb. 226. Gloeosporium-album Fäulnis von einem Schorfflecken (Mittelpunkt des Kreises) ausgehend. Durch den Schorfpilz ist die Fruchthaut aufgerissen worden, worauf der Fäulnispilz, dieses Einfallstor benutzend, ins Fruchtfleisch hineingewachsen ist. Brünerling, 4° C-Lagerung.

wenn das Obst bereits zur Überreife neigt, wird es von noch ausgesprocheneren Schwächeparasiten, z. B. Cladosporium oder Alternaria, besiedelt.

Je nach der geographischen Lage des Obstbaugebietes hat man es mit verschiedenen Fäulniserregern zu tun. So sind z. B. auf der amerikanischen Liste ganz andere enthalten als z. B. auf der englischen oder gar in unseren Verhältnissen. Die wichtigsten Fäulniserreger des Schweizer Obstes haben OSTERWALDER und KESSLER[1] ausführlich beschrieben.

Als pilzliche Erkrankung kann der *Lagerschorf* zur Entwertung der Obstvorräte führen. Hier können nur vorbeugende Maßnahmen im Baumgarten Abhilfe schaffen. Allerdings können zeitliches Auftreten und Ausmaß des Schadens durch tiefe Lagertemperaturen sowie niedrige Luftfeuchtigkeitsgehalte verzögert und gemildert werden.

Bei weitem nicht die gefährlichste, aber gewöhnlich schon in den ersten Wochen der Lagerung in Erscheinung tretende Fäulnisart ist die *Monilia- oder Schwarzfäule* (Monilia fructigena oder Sclerotinia fructigena). Es werden vornehmlich wurmstichige, durch die Vögel angepickte oder von Insekten angestochene Früchte befallen, wobei um die Wunden herum charakteristische, konzentrische Kreise gelbbrauner Sporenpolster gebildet werden (Abb. 227). Oft unterbleibt die Sporenbildung, die Früchte verfärben sich in diesem Fall braunschwarz, daher der Name Schwarzfäule. Sofern ein höherer Moniliabefall des Lagerobstes zu verzeichnen ist, läßt dies auf schlechte Sortierarbeit vor der

---

[1] OSTERWALDER, A., u. H. KESSLER: Schweiz. Z. Obst- u. Weinbau (1934) S. 413 bis 528.

[2] BYRDE, R. J. W.: J. horticult. Sci. Bd. 27 (1952) S. 192, 235—244; Bd. 31 (1956) S. 188.

Einlagerung schließen; denn wenn alle verletzten und angestochenen Früchte
entfernt werden, so dürften damit auch die meisten Moniliaträger ausgemerzt
sein. Die Probleme der Moniliabekämpfung wurden eingehender von Byrde[2]
und Moore[1] bearbeitet.

Weitaus der gefürchtetste Fäulnispilz ist unter unseren Verhältnissen der
Erreger einer Art von Bitterfäule, *Gloeosporium album*. Er bildet meistens kreis-

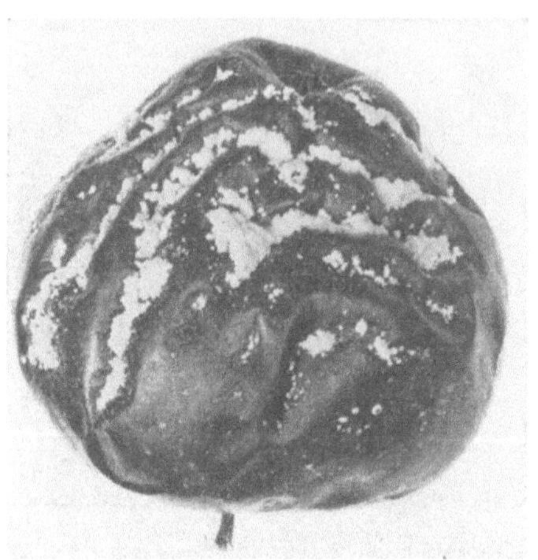

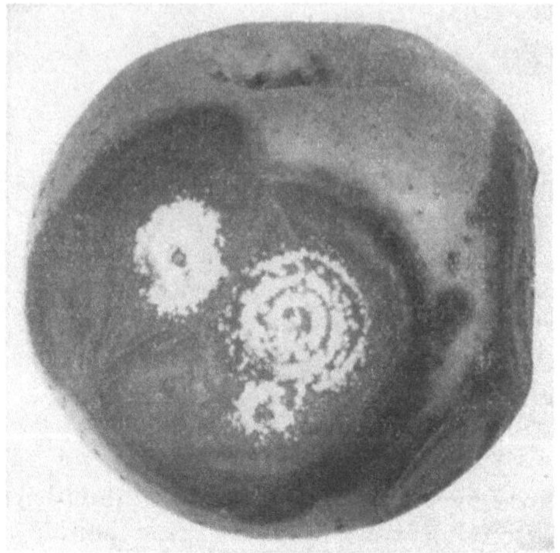

Abb. 227. Monilia- oder Schwarzfäule (Erreger:
Monilia fructigena oder Sclerotinia fructigena),
kenntlich an den konzentrischen Kreisen gelblich-
brauner Sporenpolster. Die Früchte färben sich
schwarz, daher der Name Schwarzfäule.

Abb. 228. Der für die kaltgelagerten Äpfel gefährlichste Fäulnispilz ist Gloeosporium album. Er bildet
Sporenlager in Form von weißen Pusteln, die konzentrisch um die Infektionsstelle angeordnet sind. Canada
Reinette, 0° C-Lagerung.

runde, scharf umgrenzte Faulflecken, innerhalb deren konzentrisch angeordnete,
helle und dunkle Ringe miteinander abwechseln. Sind die Temperatur- und
Feuchtigkeitsverhältnisse der Sporenbildung günstig, so entstehen Sporenlager
in Form von weißen Pustelchen in konzentrischer Anordnung um die Infektionsstelle herum, woran diese Art der Fäulnis besonders leicht zu erkennen ist
(Abb. 228).

Als besondere Eigentümlichkeit dieses Pilzes ist hervorzuheben, daß er durch
tiefe Lagertemperaturen in seiner Ausbreitung nur wenig behindert wird, was
seinerzeit schon Schneider-Orelli[2] nachgewiesen hat Er breitet sich somit auf
dem Obst im gewöhnlichen Keller, insbesondere aber auch auf dem Kühlhausobst
aus, selbst wenn dieses bei −1° C aufbewahrt wird. Obschon er vielfach erst
in der zweiten Hälfte der Lagerperiode aufzutreten pflegt, ist er weitaus der
gefährlichste Fäulniserreger, sind doch nach den Feststellungen von Osterwalder und Kessler[3] in zwei aufeinanderfolgenden Jahren von der Gesamtmenge der angefaulten Äpfel, die bei 4° C, 2° C, 0° C und −1° C aufbewahrt
worden waren — es betraf jeweils rd. 1300 Früchte — im einen Jahr 68%, im
anderen gar 85% dem Gloeosporium album zum Opfer gefallen. Dabei ist die
Anfälligkeit je nach Sorte verschieden; so wird z. B. die Oetwiler Reinette, wenn
sie ein gewisses Altersstadium erreicht und einen Teil ihrer Abwehrkräfte ein-
gebüßt hat, fast von einem Tag auf den anderen von diesem Pilz buchstäblich

[1] Moore, H. M.: J. horticult. Sci. Bd. 25 (1949) S. 225.
[2] Schneider-Orelli, O.: Landwirtsch. Jb. Schweiz (1911) S. 225.
[3] Osterwalder, A., u. H. Kessler: Schweiz. Z. Obst- u. Weinbau (1934) S. 452, 457.

dahingerafft, während der Glockenapfel bis ins hohe Alter widerstandsfähig bleibt. Tatsächlich ist dieser Pilz, wo er auftritt, zufolge seiner verhältnismäßig großen Kältewiderstandsfähigkeit ein gefährlicher Feind des Kühlhausobstes und kann daher u. U. das Ergebnis der Kaltlagerung, ähnlich wie dies bei der Fleischbräune der Fall ist, sehr zuungunsten des Einlagernden beeinflussen.

Unter englischen[1—3] und holländischen[4] Verhältnissen scheint *Gloeosporium perennans* größere Bedeutung zu besitzen. Für die Beschreibung dieses Pilzes, welcher in einer groß- und einer kleinsporigen Form vorkommt, sei auf OORT[4] verwiesen.

Der Erreger einer anderen Bitterfäule, *Gloeosporium fructigenum*, kommt vorzugsweise bei höheren Lagertemperaturen vor, weshalb man ihm vor allem im gewöhnlichen Keller begegnet, dafür aber seltener im Kühlhaus. Im Gegensatz zum oben besprochenen Gloeosporium album erscheinen die durch diesen Pilz verursachten Faulflecken eher dunkel gefärbt zufolge zahlreicher schwärzlicher Pusteln. Im späteren Entwicklungsstadium entwickelt sich ein rötlicher Sporenschleim, der für diese Fäulnisart recht charakteristisch ist (Abb. 229). In den Vereinigten Staaten von Amerika verursacht eine Wärmerasse dieses Pilzes, unter der Bezeichnung Glomerella cingulata bekannt, erhebliche Schäden am Lagerobst[5]. Sie ist auch als Erreger einer verbreiteten Krebskrankheit an Apfelbäumen gefürchtet. Eine zweifelhafte Berühmtheit hat Gloeosporium fructigenum dadurch erreicht, daß diese Krankheit sehr häufig heranwachsende, ausgereifte und auch eingelagerte Kirschen befällt und, wenn nicht besondere, vorbeugende Maßnahmen getroffen werden (s. S. 512), u. U. gewaltige Einbußen verursacht.

Abb. 229. Gloeosporium fructigenum-Fäule auf der Birnensorte Mme. Favre. Charakteristisch für diese Fäulnisart ist der hellrote Sporenschleim (Bildzentrum) und die schwärzlichen Pusteln.

Während die bisher erwähnten Fäulnispilze meistens durch Risse in der Fruchthaut, Schorfflecken oder Lentizellen ins Fruchtfleisch eindringen, breitet sich die *Fusariumfäulnis*, von der Kernhauspartie ausgehend, von innen nach außen aus (Abb. 230). Die Kernhausfächer befallener Äpfel weisen sehr oft Pilzfadengespinste von charakteristischer, schwefelgelber oder weinroter Farbe auf. Wie gelangt dieser Pilz ins Innere der Frucht? Oft geht bei stiellosen Früchten (unsorgfältige Ernte) die Stielbasis in Fäulnis über, von wo aus dann der Pilz sich nach der Kernhauspartie hin ausbreitet. Sehr oft aber dringen die Fäden des Pilzes auch durch die Kelchröhre ins Innere des Apfels vor, wo die Fäulnis weiter um sich greift. In den meisten Fällen dürfte dabei die Infektion schon am Baum erfolgt sein. Gefährdet sind namentlich jene Sorten, die eine sehr tiefe und lange

---

[1] WILKINSON, E. H.: Ann. Appl. Biol. Bd. 41 (1954) S. 354.
[2] CORKE, A. T. K.: J. horticult. Sci. Bd. 31 (1956) S. 272.
[3] EDNEY, K. L.: Ann. appl. Biol. Bd. 44 (1956) S. 113.
[4] OORT, A. J. P.: Meded. Landbouwhogeschool, Gent Bd. 21 (1956) S. 507.
[5] ROSE, D., CH. BROOKS, D. F. FISHER u. C. O. BRATLEY: U. S. Dep. Agric. Misc. Publ. No. 168 (1933) S. 8.

Zeit offenstehende Kelchröhre aufweisen, wie z. B. Schöner von Boskoop, Danziger Kantapfel, Baumann's Reinette, Golden Delicious usw. Auch die Entwicklung und Ausbreitung des Fusariumpilzes ist eher an höhere Lagertemperaturen gebunden. In bezug a uf die Häufigkeit seines Auftretens steht er unter unseren

Abb. 230. Fusarium-Fäule auf Birnensorte Le Lectier. Der Pilz ist hier durch einen Obstmadengang ins Kernhaus vorgedrungen. Er wächst von innen nach außen. Das Pilzfadengespinst ist anfangs weißlich, später von schwefelgelber, weinroter Farbe.

Verhältnissen an zweiter Stelle nach Gloeosporium album, ohne dabei auch nur annähernd so gefährlich zu sein wie der letztgenannte.

Eine sehr bekannte Erscheinung ist schließlich der Erreger der *Penicillium-* oder *Grünfäule*, und zwar schon deshalb, weil er hinsichtlich des Befallsobjektes gar nicht wählerisch ist und nicht nur auf Obst, sondern auf irgendwelchen feuchten Nahrungsmitteln oder Vorräten wächst. Das faule Fruchtfleisch ist dabei auffallend weich und helldurchschimmernd. Charakteristisch sind die grünlichblauen Pusteln oder Sporenträger, die aus der graubraunen Haut hervorragen (Abb. S. 506). Befallen werden namentlich verletzte Früchte oder solche, bei denen der Stiel ausgerissen oder eingedrückt worden ist. Bei höheren Lagertemperaturen sind die Wachstumsbedingungen für den Pilz besonders günstig. Liegen angefaulte Früchte neben gesunden, so zeigt sich auch hier, wie übrigens bei anderen Fäulnisarten, daß die gesunden an der Berührungsstelle mit angefaulten rascher in Fäulnis übergehen, als wenn die Übertragung durch die Sporen erfolgt wäre. Das Durchdringungsvermögen des Pilzes ist bei gegenseitiger Berührung der Früchte ziemlich groß, wird doch z. B. bei gewickeltem Obst das Seidenpapier ohne weiteres durchwachsen und somit auch der Nachbarapfel angesteckt. Bei Penicilliumfäule rächt sich daher das Unterlassen einer periodischen Kontrolle des Lagerobstes ganz besonders.

Außer durch die bereits erwähnten Fäulniserreger wird das Lagerobst gelegentlich auch noch von folgenden Pilzen befallen:

Botrytis cinerea	Mucor stolonifer
Phytophthora omnivora	Phacidiella discolor
Nectria galligena	Alternaria spez.
Cladosporium spez.	Trichothecium roseum

Aus leichtbegreiflichen Gründen interessiert den Praktiker vor allem, die Möglichkeiten zur wirksamen Eindämmung der durch Fäulnis verursachten Schäden kennenzulernen.

Zunächst läge der Gedanke nahe, durch Desinfektion eine teilweise oder gar totale Reduktion der den Früchten anhaftenden Pilzflora herbeizuführen. In dieser Richtung sind schon unzählige Versuche gemacht worden. So wurde z. B. versucht, durch kurzes Eintauchen der Früchte in eine mit einem pilztötenden Mittel versehene Flüssigkeit die an der Fruchthaut anhaftenden Pilzsporen unschädlich zu machen. Bei Orangen hat das Eintauchen in eine Lösung von 2% Borax und 1% NaOH nach dem Vorschlag von Fidler und Tomkins[1]

---

[1] Fidler, J. C., u. R. G. Tomkins: Rep. Food Invest. Board (1938) S. 189.

gute Ergebnisse gezeitigt. Für Äpfel ist bis jetzt trotz allen Anstrengungen noch kein Desinfektionsmittel gefunden worden, das mit Aussicht auf Erfolg hätte angewendet werden können. Dies rührt einmal daher, daß die Fruchthaut sehr empfindlich ist und schon durch verhältnismäßig niedrige Konzentrationen der bekanntesten Desinfektionsmittel geschädigt wird. Andererseits müssen erfahrungsgemäß die notwendigen Konzentrationen zur restlosen Vernichtung der den Früchten anhaftenden Pilzsporen im allgemeinen ziemlich hoch gewählt werden. Endlich wirkt auch der Umstand erschwerend, daß die auf der Frucht haftenden Pilzsporen oft der Einwirkung der desinfizierenden Flüssigkeit entzogen sind, nämlich dann, wenn sie sich, wie das bei der Kernhausfäule oft vorkommt, bereits im Kernhaus, der Kelchröhre oder einer durch die natürliche Wachsschicht des Apfels geschützten Stelle der Haut (z. B. einer Lentizelle) befinden. Schließlich kann auch der Fall vorliegen, daß die Sporen bereits ausgekeimt haben und die ins Zellgewebe vorgetriebenen Pilzfäden von den Desinfektionsmitteln nicht mehr erreicht werden.

Bei Birnen sollen nach amerikanischen Angaben[1] bei Verwendung eines Mittels mit dem Namen Stop Mold (Na-Salz des chloro-2-phenyl-phenol) gute Ergebnisse erzielt worden sein, doch sollen bei den mit der Desinfektion beauftragten Arbeitern Hautausschläge beobachtet worden sein.

Eine andere Methode, die vielleicht mehr Erfolg verspricht, wäre das Einwickeln der Früchte in mit Desinfektionsmitteln getränktes Papier. Dies hätte den Vorteil, daß das Obst nicht gebadet werden müßte, was immer ein Nachteil ist. Die Papierhülle um jede einzelne Frucht würde zudem den Zutritt von Sporen von der Fruchthaut abhalten, und die desinfizierende Wirkung wäre nachhaltig. Tomkins[2] hat mit o-Phenyl-phenol-Wickelpapier, namentlich wenn das Papier zusätzlich noch mit Mineralöl oder Hexamethylentetramin (Urotropin = engl. Hexamine) versehen worden war, gute Ergebnisse erzielt. Bei Äpfeln führte die Anwendung dieses Verfahrens bis jetzt noch nicht zum gewünschten Erfolg, wiederum der Empfindlichkeit der Apfelhaut wegen.

Durch Wickeln oder Einbetten der Früchte in Papier, das mit einem auf Naphthenbasis gewonnenen Öl getränkt worden war, hat Kessler[3] bei einer Reihe von Apfelsorten den Fäulnisbefall beträchtlich einschränken können, wie Tabelle 6 zeigt:

Tabelle 6. *Der Einfluß von Ölpapieren auf den Fäulnisbefall von Äpfeln, die 16 bis 20 Wochen bei Temperaturen zwischen 4° C bis 8° C aufbewahrt waren (1948/49).*

Sorte	Fäulnisfreie Früchte in %		
	offen aufbewahrt Kontrolle	in Papier mit Naphthenöl imprägniert gewickelt	in Papierschnitzel mit Naphthenöl imprägniert verpackt
Sauergrauech II . . .	31	—	70
Winterzitrone I . . .	12	48	47
Winterzitrone II . . .	20	—	60
Möriker	47	85	88
Seeländer Reinette . .	85	93	93

Man wird in diesem Fall dem Öl kaum eine fungizide Wirkung zuschreiben können, dagegen scheint die Wirkung eine indirekte zu sein, indem auf diesem Wege die Zusammensetzung der im Apfel vorhandenen Luft im Sinne einer

---

[1] Scott, N.: Better Fruit Bd. 43 (1949) H. 9, S. 9.
[2] Tomkins, R. G.: Rep. Food Invest. Board (1938) S. 186.
[3] Kessler, H.: Unveröffentlichte Versuche.

Kohlendioxydanreicherung und Sauerstoffverarmung verändert und damit ein ähnlicher Zustand herbeigeführt wurde, wie solcher für Gaslagerung charakteristisch ist. Ähnliche Verhältnisse, wenn auch etwas weniger ausgeprägt, sind denkbar, wenn statt der Verwendung von Ölpapier der öl- oder wachshaltige Stoff direkt auf die Frucht aufgetragen wird.

In bezug auf die fäulnishemmende Wirkung von Ozon gehen die Ansichten ziemlich stark auseinander. Während Scupin[1], Ewell[2] und Smock[3] bei Verwendung dieses Gases eine beträchtliche Fäulnisabnahme feststellen, haben andere, wie Baker[4] und Kessler[5], nur eine unbedeutende Wirkung beobachten können. Die beiden amerikanischen Forscher Schomer und McColloch[6] kommen auf Grund ihrer kürzlich veröffentlichten Versuche unter Anwendung teilweise sehr hoher Ozonkonzentrationen zu folgendem Schluß: Ozon hat, selbst in einer Konzentration von 3,24 (Teile pro Million), die bereits schädigend auf die Fruchthaut wirkte und beim Menschen Kopfweh verursachte, den Fäulnisbefall nicht reduziert und die Ausbreitung des Pilzes von künstlich infizierten Wunden aus nicht zu verhindern vermocht. Dagegen wurde die Wachstumsgeschwindigkeit des Pilzes verlangsamt. Nicht an der Fruchthaut haftende, ungeschützte Pilzsporen von Penicillium wurden durch längere Ozoneinwirkung abgetötet. Dagegen vermochten auf Packmaterial (Obstkisten) vorhandene Schimmelrasen der Einwirkung von Ozon standzuhalten, auch wenn sich diese in einer Konzentration von 3,25 p.p.m auf 5 Monate erstreckte. Nach den Feststellungen der Verfasser beeinflußt das Ozon die im Apfel sich abspielenden physiologischen Vorgänge nicht. Nun kann man aber die Obstfäulnis nicht nur auf dem Wege der Reduktion der Pilzflora eindämmen, sondern es besteht auch die Möglichkeit, die Ausbreitung zu erschweren und zunächst einmal die überall vorhandenen Fäulnissporen am Auskeimen zu hemmen. Dies kann dadurch geschehen, daß man sich alle Mühe gibt, jede Verletzung der Fruchthaut, und zwar auch die kleinste, auch jeden Fingernageldruck zu vermeiden. Sorgfältige Ernte, vorsichtiger Transport, exaktes Sortieren — wobei nicht nur alle verletzten und schorfigen Früchte entfernt werden müssen, sondern auch die übermäßig großen —, kurz eine Fruchtpflege im wahren Sinne des Wortes, sind Momente, denen im Rahmen der Fäulnisverhütung größte Bedeutung zukommt.

So wie die Hygiene im menschlichen Leben eine wichtige Rolle spielt, so kommt auch der Kellerhygiene in der Gesunderhaltung der Früchte eine große Bedeutung zu. Was nützt schließlich die beste Sortierung, wenn das Obst nachher in ungereinigte und mit Krankheitskeimen übersäte Harasse eingefüllt wird, oder die Kellerwände und der Boden verschmutzt, vielleicht gar verschimmelt sind, und Infektionen von dieser Seite erfolgen. Harasse und Hürden sind deshalb von Zeit zu Zeit mit lauwarmem, 4%igem Sodawasser zu waschen. Im Großbetrieb geschieht dies sehr oft unter Zuhilfenahme der Motorspritze, was den Vorteil hat, daß die reinigende Flüssigkeit mit großem Druck auf die Holzteile geschleudert wird und somit alle Stellen getroffen werden. Der Kalkbelag der Kellerwände ist je nach Umständen entweder alle Jahre oder alle 2 Jahre zu erneuern.

In jedem Obstlagerraum muß der Verschimmelung der hölzernen Zu- und Abluftkanäle entgegengewirkt werden. Hat sich in diesen der Pilz einmal ein-

[1] Scupin, L.: Obst und Gemüse Nr. 15 (1938).
[2] Ewell, A. W.: Food Res. Bd. 3 (1938) S. 101.
[3] Smock, R. M.: Refrig. Engng. Bd. 42 (1941) S. 97.
[4] Baker, C. E.: Ice and Refrigerat. Bd. 84 (1933) S. 402.
[5] Kessler, H.: Schweiz. Z. Obst- u. Weinbau (1934) S. 282.
[6] Schomer, H. A., u. L. P. McColloch: U. S. Dep. Agric. Circular No. 765 (1948) S. 1—24.

genistet, so bleibt nichts anderes übrig als eine radikale Behandlung mit einem tief ins Holz eindringenden Desinfektionsmittel, z. B. mit einem flußsäurehaltigen. Bei hohem Luftfeuchtigkeitsgehalt ist die Verschimmelungsgefahr besonders groß. Man kann sich deshalb fragen, ob es jeweils nicht angezeigt wäre, schon von Anfang an alle Luftkanäle, statt aus Holz, aus Eternit oder Leichtmetallen zu erstellen.

Endlich sei auch in diesem Zusammenhang auf die fäulnishemmende Wirkung niedriger Lagertemperaturen hingewiesen. Wohl will es ja der Zufall, daß in unseren Verhältnissen die auf unserem Obst vorkommende Pilzflora wegen des Vorherrschens von Gloeosporium album kältewiderstandsfähiger ist, verglichen mit England oder Amerika, wo die Zahl der wärmeliebenden Fäulniserreger sehr viel größer ist. Doch darf nicht übersehen werden, daß die Wachstumsgeschwindigkeit des Pilzes in jedem Fall bei Temperaturen um 0° C herum trotzdem niedriger ist als bei 4° C oder 5° C. Selbstverständlich wird der Unterschied bei den wärmeliebenden Fäulniserregern größer, bei den kältewiderstandsfähigen etwas kleiner sein. Bei Birnen ist die Situation wesentlich günstiger als bei Äpfeln, weil dort Gloeosporium album weniger häufig aufzutreten pflegt und somit eine Abkühlung auf 0° C die Fäulnisgefahr weitgehend bannt.

B. Die Kaltlagerung von Tafelbirnen.

1. Die Temperatur.

Die Birne verhält sich tiefen Temperaturen gegenüber grundsätzlich anders als der Apfel. Während beim Apfel mit zunehmender Annäherung an den Nullpunkt die Wirkung der Temperatursenkung auf die Verlängerung seiner Lebensdauer immer mehr abnimmt, so nimmt umgekehrt bei der Birne der Wirkungsgrad der Temperatursenkung namentlich im Intervall von $+5°$ C bis $0°$ C ganz erheblich zu. Wird in diesem Bereich die Temperatur nur um $1/2°$ C oder gar $1°$ C herabgesetzt, so erhöht sich dadurch die Haltbarkeit u. U. beträchtlich (Abb. 231).

Außerdem sind die Reifungsbedingungen für Birnen ganz andere als für Äpfel. Schon die Atmungskurve bei bestimmter Temperatur verläuft anders. Bei den Äpfeln fällt das Atmungsmaximum bzw. der Gipfel der Kohlendioxydkurve in das erste Drittel der Lagerungsperiode, es tritt somit zeitlich vor dem Zustand der Eßreife auf; bei den

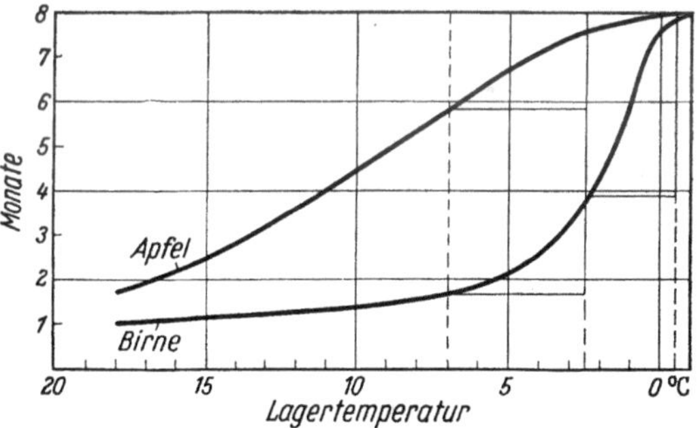

Abb. 231. Wirkungsgrad der Temperatursenkung bei Apfel- und Birnenlagerung. Im Bereich von $+5°$ C bis $0°$ C nimmt durch Senkung der Lagertemperatur die Haltbarkeit der Birne viel rascher zu, als dies beim Apfel der Fall ist[1].

Birnen dagegen strebt, nach Untersuchungen von Tindale, Trout und Huelin[2], die Atmungskurve sogar erst nach Abschluß der eigentlichen Lagerperiode ihrem Maximum zu, also erst im Zustand beginnender Überalterung, gekennzeichnet durch das Auftreten der Hautbräune oder der „Kernhausbräune".

Die meisten Birnensorten reifen bei tiefer Lagertemperatur nicht vollständig nach, die Farbe der Fruchthaut bleibt grün und das Fleisch ungenießbar. Um eine

---

[1] Nach G. Krumbholz, Gartenbauwissenschaft 1938 und F. Kidd und C. West: Rep. Food Invest. Board 1931 und 1935. Zeichnung G. Krumbholz.

[1] Tindale, G. B., S. A. Trout u. F. E. Huelin: J. Dep. Agric. Victoria (Australia) Bd. XXXVI (1938) S. 15.

normale Ausbildung der geschmacklichen Qualitäten zu erzielen, müssen sie daher nach der Auslagerung einen Nachreifungsprozeß bei höherer Temperatur durchmachen. Nur einige sehr haltbare Sorten scheinen in dieser Beziehung eine Ausnahme zu machen. So wird nach Angaben der beiden oben erwähnten Forscher das Fleisch der Sorten Winter Nelis und Josephine von Mecheln auch bei 3° C schmelzend und geschmacklich vollwertig, und nach Beobachtungen des Verfassers traf dasselbe auch für die im ausgesprochen regenarmen und heißen Sommer gewachsene Doyenné d'Alençon sogar bei 0° C zu. Im übrigen ist es aber eine Eigentümlichkeit der meisten Birnensorten, daß sie bei längerer Lagerung bei tiefen Temperaturen äußerlich zwar sehr gut aussehen, von einem bestimmten Zeitpunkt an jedoch das Nachreifungsvermögen auch bei Überführung in höhere Temperaturen verlieren. Dieser kritische Zeitpunkt stellt sich um so früher ein, je näher die Lagertemperatur bei jener Temperatur liegt, bei der die betreffende Sorte normalerweise ohne besondere Nachhilfe eßreif wird. Ein Beispiel soll dies zeigen:

Für die Sorte Williams Christbirne ist eine normale Reifung bei 10° C möglich. Nach Kidd und West[1] tritt der kritische Zeitpunkt, nach dem diese Sorte auch bei hohen Temperaturen nicht mehr nachreift,

bei einer Lagertemperatur von 4,5° C vor dem 23. Tag,
bei einer Lagertemperatur von 3° C zwischen dem 37. und 48. Tag,
bei einer Lagertemperatur von 1° C zwischen dem 48. und 70. Tag,
bei einer Lagertemperatur von −0,25° C zwischen dem 106. und 148. Tag ein.

Praktisch gibt somit der kritische Zeitpunkt die Haltbarkeitsgrenze an, bis zu der eine Birnensorte bei einer bestimmten Temperatur aufbewahrt werden kann. Weil nun aber die Haltbarkeit der Birnen mit sinkender Lagertemperatur sehr stark zunimmt, wie gezeigt worden ist, so wird im praktischen Betrieb in weitaus den meisten Fällen nur eine Lagertemperatur von −1° C bis 0,5° C in Frage kommen, dies umso mehr, als bei Birnen in diesem Temperaturbereich normalerweise keine nichtparasitären Krankheiten zu befürchten sind, im Gegensatz zu den der Fleischbräune unterliegenden Apfelsorten (s. Fleischbräune). An Hand der Literaturangaben hat sich daher der Praktiker für jede Sorte über die mutmaßliche Dauer der Haltbarkeitsperiode bzw. den Eintritt des kritischen Zeitpunktes zu orientieren. Wer im unklaren ist, wird vorsichtshalber gut tun, vom Zeitpunkt an, da die grüne Grundfarbe ins Gelbliche umschlägt, jede Woche etwa $^1/_2$ Dutzend Birnen auszulagern und bei hohen Temperaturen nachreifen zu lassen. Sobald sich die ersten Anzeichen des Nachlassens der Qualität zeigen, muß der Rest des Lagergutes abgestoßen werden.

Wenn es nun schon notwendig ist, kaltgelagerte Tafelbirnen vorübergehend für einige Tage in eine warme Umgebung zu bringen, um sie zum Nachreifen zu bringen, so müssen wir uns auch darüber klar werden, welche Temperaturen hierfür in Frage kommen. Tatsächlich sind die Ansprüche in dieser Beziehung ebenfalls je nach Sorte verschieden. Nach Tindale beträgt die tiefste für normale Reifung ausreichende Temperatur für Williams Christbirnen 15° C (nach Kidd und West[1] 10° C), Bosc's Flaschenbirnen 13° C, Packham 7° C und für Winter Nelis und Josephine von Mecheln 3° C (nach Kidd und West auch für Comice und Conférence). Eine Sonderstellung nimmt die in den USA sehr stark verbreitete Kiefferbirne ein, die nach Lutz und Culpepper[2] nur im Temperaturbereich von 13° C bis 18° C einwandfrei nachreift. Sinkt die Temperatur unter

---

[1] Kidd, F., u. C. West: J. Pomology horticult. Sci. Bd. 19 (1942) S. 243.
[2] Lutz, J. M., u. C. W. Culpepper: U. S. Dep. Agric. Washington, Techn. Bull. No.590 (1937).

diesen Bereich oder steigt sie darüber, so ist bei dieser Sorte mit einer wesentlichen Qualitätseinbuße zu rechnen. Letzterer Fall scheint in den USA häufig einzutreffen, da im dortigen Anbaugebiet die Raum- bzw. Außentemperaturen meistens höher sind. Es gibt somit auch eine obere Temperaturgrenze, über der Birnen nicht mehr normal ausreifen. Bei der Williams Christbirne scheinen derartige Verhältnisse vorzuliegen, falls die Temperatur über 22° C steigt.

Ganz allgemein brauchen kaltgelagerte Birnen höhere Reifungstemperaturen als jene Früchte, die nach erfolgter Ernte durch die Einwirkung der wechselnden Außentemperaturen zum Reifen gebracht werden. Zudem muß die Reifungstemperatur um so höher sein, je länger die Aufbewahrung im Kühlhaus gedauert hat. Wir verweisen in diesem Zusammenhang auf die graphische Darstellung von KRUMBHOLZ[1], die die Reifungsverhältnisse der beiden Sorten Williams Christbirne und Alexander Lucas sehr anschaulich wiedergibt (Abb. 232). In der

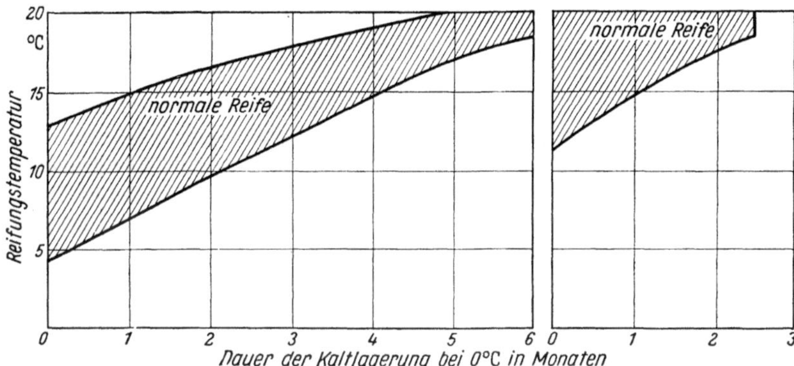

Abb. 232. Die Reifungsverhältnisse der beiden Birnensorten Alexander Lucas (links) und Williams Christbirne (rechts). Normales Nachreifen erfolgt nur in dem durch Schraffierung gekennzeichneten Temperaturbereich[2].

Praxis wird man zur Erzielung einer guten Qualität meistens Nachreifungstemperaturen von 18° C bis 20° C anwenden. Birnen werden somit ähnlich wie Bananen behandelt, ja sie können u. U. in denselben Räumen wie diese nach erfolgter Auslagerung der Wärmekur ausgesetzt werden. Letztere braucht nicht unbedingt so lange ausgedehnt zu werden, bis die Birnen völlständig eßreif und weichfleischig sind, die Transportfähigkeit würde darunter nur allzu stark leiden; ein 2- bis 3tägiges Anreifen dürfte in den meisten Fällen genügen, in der Erwartung, daß eine derart vorbehandelte Frucht während der sich daran anschließenden Verkaufsperiode ohne weiteres vollständig ausreift.

ULRICH und Mitarbeiter[3] geben Versuchsergebnisse bekannt, nach welchen die durch vorübergehende Lagerung bei höheren Temperaturen induzierten Reifevorgänge nicht mehr völlig aufgehalten werden können durch anschließende Kaltlagerung. Behandlungen mit Äthylen für die Reifebeschleunigung gaben nicht die guten Resultate, wie dies für Bananen der Fall ist[4]. Immerhin konnte bei der Sorte Passe Crassane eine Reifebeschleunigung mit Äthylen erzielt werden, wobei die Wirkung des Gases abhängig war vom Reifezustand der Früchte[5].

[1] KRUMBHOLZ, G.: Z. ges. Kälteind. Bd. 48 (1941) S. 41.
[2] Nach G. KRUMBHOLZ: Z. Kälteind. Bd. 48 (1941).
[3] ULRICH, R., J. RENAC u. J. MIMAULT: Rev. gén. Froid Bd. 29 (1952) S. 1213.
[4] ULRICH, R.: La vie des fruits. Paris: Masson 1952.
[5] ULRICH, R., u. A. PAULIN: Rev. gén. Froid Bd. 30 (1953) S. 1.

2. Die relative Feuchtigkeit.

Die rel. Feuchtigkeit sollte so bemessen sein, daß die Birnen nicht nur am Schrumpfen verhindert werden, sondern während der langen Dauer der Aufbewahrung möglichst geringe Gewichtsverluste erleiden. Die relative Feuchtigkeit muß jedenfalls eher höher sein als bei der Apfellagerung und mindestens 90% betragen[1]. Dieser verhältnismäßig hohe Luftfeuchtigkeitsgrad kann bei derartig tiefen Temperaturen nur in Räumen mit großer Kühleroberfläche erzielt werden und sofern der verfügbare Raum vollständig mit Birnen ausgefüllt ist. Wo Schwierigkeiten bestehen, obigen Feuchtigkeitsgrad zu erreichen, sollten die Birnen zur Herabsetzung des Verdunstungsgrades, namentlich wenn es sich um solche mit rauher Haut handelt (z. B. Edelcrassane, Winter-Nelis), schichtenweise in Ölpapierschnitzel verpackt oder in Ölpapier gewickelt werden.

3. Kaltlagerung in Gasgemischen verschiedener Art.

Mit Hilfe der Gaslagerung kann die Haltbarkeit der Birnen auffallend stark verlängert werden, lassen sich doch doppelte, ja manchmal sogar dreimal solange Aufbewahrungszeiten, verglichen mit der Lagerung in gewöhnlicher Luft bei denselben Temperaturen, erzielen. Es werden Gasgemische von 5 bis 10% Kohlendioxyd und von 2,5 bis 11% Sauerstoff angewendet. Für einzelne Sorten wird somit durch bloße Dosierung der Luftzufuhr das gewünschte Gasgemisch, nämlich 10% CO_2 und 11% O_2, aufrechterhalten; andere, niedrigere O_2- und CO_2-Konzentrationen erfordernde Sorten dagegen (z. B. Conférence 5% CO_2 und 2 bis 3% O_2) müssen in Räumen aufbewahrt werden, die eine CO_2-Absorption auf chemischem Wege gestatten[2]. Im Gegensatz zu den Äpfeln kann die Lagertemperatur im Gaslagerungsraum bei Birnen auf 0° C bis —1° C herabgesetzt werden, da keine Fleischbräune wie bei diesen zu befürchten ist. Auch der letzterwähnte Umstand trägt selbstverständlich wesentlich zur Erzielung des erstaunlich guten Gesamtergebnisses der Birnengaslagerung bei. Dieses ist bei einigen Sorten, wie Conférence, Williams Christbirne, Bosc's Flaschenbirne usw., besonders ausgeprägt (s. Tabelle 7); bei anderen Sorten — auffallenderweise sind es besonders die langlebigen —, wie Winter Nelis, Josephine von Mecheln, ist die haltbarkeitsverlängernde Wirkung eher bescheiden. Als besonderer Vorteil der Gaslagerung wird auch in diesem Fall die lange Lebensdauer der Früchte nach der Auslagerung aus dem gasdichten Raum hervorgehoben. Wie bei der Entnahme aus dem Kühlhaus, so müssen die Früchte auch nach Abschluß der Gaslagerung bei hoher Temperatur (18° C bis 20° C) nachreifen.

4. Der Reifezustand der Früchte.

In diesem Zusammenhang ist es wichtig, noch auf die große Bedeutung der sofortigen Einlagerung der Birnen nach erfolgter Ernte hinzuweisen, und zwar trifft dies sowohl im Fall der Einlagerung in den gewöhnlichen Kühlraum als namentlich auch in den Gaslagerraum zu. Verstreichen auch nur wenige Tage zwischen Ernte und Einlagerung, so wird dadurch die Lagerdauer ganz beträchtlich herabgesetzt. Tindale u. a.[3] geben z. B. für die Sorte Williams Christbirne bei sofortiger Einlagerung nach der Ernte bei 0° C-Lagerung eine Haltbarkeits-

---

[1] Allen, F. W., u. W. T. Pentzer: Proc. Amer. Soc. horticult. Sci. Bd. 33 (1935) S. 215.

[2] Kidd, F., u. C. West: J. Pomology horticult. Sci. Bd. XIX (1942) S. 243.

[3] Tindale, G. B., S. A. Trout u. F. E. Huelin: J. Dep. Agric. Victoria (Australia) Bd. 36 (1938) S. 8.

Tabelle 7. *Mittlere Lagerdauer von Tafelbirnen in Wochen, ohne Risiko der Fehlreife.*
Nach englischen und australischen Versuchsergebnissen zusammengestellt[1].

| Sorte | bei gewöhnlicher Kellerlagerung | +1° C | 0° C | −1° C | Gaslagerung | | Gasgemische | | |
					0° C	1° C	CO_2 %	O_2 %	N_2 %
Williams Christbirne .	2	7	9 bis 10	11 bis 12	16		5 bis 7	16 bis 14	79
					24*		10	10	80
					24**		5 bis 10	2,5	87,5 bis 92,5
Bosc's Flaschenbirne .	3	13	16	18	20 bis 22		5 bis 7	16 bis 14	79
Packham		13 bis 17	16 bis 20	20 bis 24	22 bis 26		5 bis 7	16 bis 14	79
Comice	3	14*			20*		2,5	10	87,5
Conférence	4	14*				19*	10	10	80
					40*!		5	2,5	92,5
Josephine von Mecheln	8	16 bis 18	18 bis 20	20 bis 22	20 bis 22		5 bis 7	16 bis 14	79
Winter Nelis	8	20 bis 24	22 bis 26	26 bis 30	28 bis 32		5 bis 7	16 bis 14	79

* Nach Kidd, F., u. C. West: J. Pomology Bd. XIX No. 3/4 (1942).
** Nach Allen, F. W., u. L. Claypool: Proc. Amer. Soc. horticult. Sci. Bd. 52 (1948).

dauer von 13 Wochen an. Wird zwischen Ernte und Kaltlagerung nur 2 Tage bei 18° C vorgelagert, so verkürzt sich die Lagerdauer auf bloße 6 Wochen, bei viertägiger Vorlagerung gar auf 4 Wochen. Selbstverständlich kann bei sofortiger Kaltlagerung auch nur dann die maximale Haltbarkeit erzielt werden, wenn vorher im richtigen Reifestadium geerntet worden ist. So darf man z. B. mit der Ernte nicht warten, bis die grüne Grundfarbe ins Gelbliche umgeschlagen ist; geschieht dies trotzdem, so hat man gegen Ende der Lagerperiode meistens einen verhältnismäßig hohen Hautbräunebefall zu gewärtigen. Auch Nicolaisen-Scupin[2, 3] und Mitarbeiter weisen in ihren Lagerversuchen mit frühen und mittelfrühen Birnensorten auf die Wichtigkeit der richtigen Pflückreife und die Nachteile der Vorlagerung hin.

Ulrich[4] berichtet über eigene Untersuchungen betreffend Birnenreifung und vermittelt in verschiedenen Tabellen die Lagerungsresultate überseeischer Anbaugebiete. Über Versuchsergebnisse bei der Kaltlagerung von Birnensorten wird ferner aus Dänemark[5] und der Schweiz[6] berichtet.

5. Krankheiten der Tafelbirnen.

a) Parasitäre Krankheiten. Im großen ganzen hat man es hier mit den gleichen Fäulniserregern zu tun wie bei den Äpfeln. Verhältnismäßig häufig treten in Erscheinung die Monilia-, Penicillium- (Abb. 233), namentlich aber die Botrytis-fäule. Bei Birnen kann man verhältnismäßig häufig beobachten, daß der Pilz durch den Stiel ins Fruchtfleisch hineinwächst. Cooley[7] hat unter amerikanischen Verhältnissen als Erreger der Stielfäule Botrytis festgestellt; in der Schweiz sind Fälle bekannt, wo Stielfäule auch durch Phacidiella discolor hervorgerufen wurde (Abb. 234). Im großen und ganzen ist aber der Fäulnisabgang, schorffreie

<hr>

[1] Nach Hall, E. G.: Food Preservation Quarterly, Australia Bd. 7, No. 4 (1947).
[2] Nicolaisen-Scupin, L., H. Andresen u. E. Boekh: Abh. dtsch. kältetechn. Ver. Nr. 5. Karlsruhe: Müller 1952.
[3] Nicolaisen-Scupin, L.: Abh. dtsch. kältetechn. Ver. Nr. 11. Karlsruhe: Müller 1955.
[4] Ulrich, R.: Conservation par le Froid. Paris: Baillère (1954) S. 136—158.
[5] Dullum, N., u. P. M. Rasmussen: Tidsskr. Planteavl Bd. 58 (1954) S. 91.
[6] Kessler, H., u. K. Stoll: Landwirtsch. Jb. Schweiz (1956) S. 259.
[7] Cooley, J. S.: Phytopathology Bd. 22 (1932) S. 269.

Früchte vorausgesetzt, bei tiefen Lagertemperaturen erheblich kleiner als bei Äpfeln. Dies mag z. T. darauf zurückzuführen sein, daß das bei den Äpfeln sehr oft so verheerend wirkende Gloeosporium album bei den Tafelbirnen bei weitem nicht diese Rolle spielt.

Abb. 233. Penicillium-Fäule auf Pastorenbirne, 0° C-Lagerung. Die Sporenpusteln weisen eine grünliche Farbe auf. Der Pilz dringt meistens durch Wunden ins Fruchtfleisch ein.

Abb. 234. Sog. Stielfäule auf der Birnensorte Doyenne d'Alençon, verursacht durch Phacidiella discolor. Der Pilz hat den Stiel durchwachsen und nachher aufs Fruchtfleisch übergegriffen. Die Infektion fand möglicherweise schon im Baumgarten statt, denn es handelt sich hier um einen sehr langsam wachsenden Fäulniserreger.

b) Nichtparasitäre Krankheiten. Eine häufigere Erscheinung ist die Hautbräune (scald). Zwar tritt sie auch bei tiefen Lagertemperaturen auf, gewöhnlich aber nur dann, wenn überlagert wurde, d. h. wenn die Birnen, auf hohe Temperaturen gebracht, nicht mehr normal nachreifen. Auch die Kernhaus- oder Markbräune (Core breakdown), die sich hauptsächlich auf die innerhalb der primären Gefäßbündel liegenden Partien erstreckt, pflegt namentlich an überlagerten oder in ungeeigneten Gasgemischen aufbewahrten Früchten aufzutreten. Immerhin scheint sie nach Angaben von Rose[1] u. a. in einzelnen Gegenden der USA stärker aufzutreten als in anderen.

Sowohl die Hautbräune als auch die Kernhausbräune sind somit bei der Tafelbirne eher als Erscheinungen des Überalterns aufzufassen und im allgemeinen auch weniger heimtückisch als Haut- und Fleischbräune des Apfels, die schon im ersten Drittel bzw. in der ersten Hälfte der Lagerperiode sich unangenehm bemerkbar machen.

C. Die Kaltlagerung von Steinobst.

Die Kaltlagerung von Steinobst ist deshalb mit Schwierigkeiten verbunden, weil die natürliche Lebensdauer der verschiedenen Steinobstarten, verglichen mit derjenigen der Kernobstarten, verhältnismäßig kurz ist. Gerade diesem Umstand ist es aber zuzuschreiben, daß immer wieder Anstrengungen gemacht wurden, um die Aufbewahrungszeit dieser Früchte, wenn auch nur um einige

---

[1] Rose, H. D., Ch. Brooks, D. F. Fisher u. C. O. Bratley: U. S. Dep. Agric. Misc. Publ. No. 168 (1933) S. 51.

Wochen oder Tage, zu verlängern und auf diese Weise die Voraussetzungen für einen Transport über größere Entfernungen zu schaffen, sei es per Bahn oder gar per Schiff von einem Kontinent zum anderen. Einerseits müssen somit, um dieses Ziel zu erreichen, möglichst tiefe Lagertemperaturen zur Verzögerung des Reifeprozesses angewendet werden, andererseits aber reagieren insbesondere Pflaumen und Pfirsiche sehr empfindlich auf niedrige Lagertemperaturen und unterliegen sehr leicht nichtparasitären Krankheiten, die in der Literatur unter den Namen Internal Browning[1] (Fleischbräune), Woolliness[2] (Wolligkeit), male raggiante[3, 4] usw. bekannt geworden sind. Die Lösung dieses Problems hat sehr viele Versuchsansteller in den verschiedensten Weltteilen beschäftigt. Es ist jedenfalls unmöglich, die Lagerbedingungen dieser Fruchtarten zu umschreiben, ohne gleichzeitig auch den Charakter und die Möglichkeiten der Verhütung der nichtparasitären Krankheiten zu schildern. Ja, gestützt auf die mit verschiedenen Pflaumensorten gewonnenen Versuchsergebnisse sind sogar verschiedene Hypothesen über die Ursache der nichtparasitären Krankheiten mit angeblicher Gültigkeit für weitere Fruchtarten aufgestellt worden. In bezug auf die Verallgemeinerung und Übertragung des Gefundenen auf Kernobst ist jedoch Vorsicht am Platz, da schon unter dem Steinobst verschiedenartige Krankheitsformen anzutreffen sind, und beim Kernobst die Verhältnisse in verschiedener Beziehung erst recht anders liegen.

1. Die Kaltlagerung von Pflaumen und Zwetschgen.

Die Überbrückung einer momentanen Absatzstockung auf dem Pflaumenmarkt oder der Wunsch, diese leichtverderbliche Ware auf größere Entfernung zu transportieren, sind meistens die beiden Beweggründe, die dazu verleiten, diese Früchte längere Zeit und bei möglichst günstigen Bedingungen aufzubewahren. Inwieweit das gelingt, hängt neben den von außen einwirkenden Faktoren, wie Temperatur, Dauer der Temperatureinwirkung usw., weitgehend auch von der Sorte ab[5]. Ähnlich wie beim Kernobst gibt es auch hier Sorten, die ihrer kurzen Lebensdauer wegen für die Lagerung oder für einen längeren Transport gänzlich ungeeignet sind. Daneben spielt aber auch hier der Reifezustand der Früchte bei der Einlagerung eine wichtige Rolle. Kommen diese z. B. in ausgesprochen unreifem Zustand auf das Lager, also hartfleischig und grünlich, so reifen sie, namentlich wenn bei niedrigen Temperaturen gelagert wird, nicht normal aus und bleiben geschmacklich minderwertig. Umgekehrt wird bei der Einlagerung in sehr reifem Zustand die Dauer der Haltbarkeit stark eingeschränkt. Meistens dürfte man mit einem Reifezustand, wie er für Früchte vorgeschrieben wird, die einen längeren Transport zu bestehen haben, das Richtige treffen.

Die Dauer der Haltbarkeitsperiode wird in hohem Maß auch durch das Auftreten bzw. Ausbleiben nichtparasitärer Krankheiten bestimmt. Diese spielen jedenfalls meistens die wichtigere Rolle als die Fäulnis, welch letztere, sofern schroffe Temperaturwechsel vermieden werden, auf ein Minimum eingeschränkt werden kann. Die beiden südafrikanischen Forscher VAN DER PLANK und

---

[1] SMITH, W. H.: J. Pomology horticult. Sci. Bd. 17 (1939) S. 284 und Bd. 18 (1939) S. 74.

[2] DAVIES, R., W. W. BOYES u. D. J. R. DE VILLIERS: Repr. Low Temp. Res. Lab. Capetown (1935/36) S. 130.

[3] SCURTI, F., u. G. L. PAVARINO: Ann. R. Staz. chim.-agrar. Torino Bd. XI (1929/31) S. 279.

[4] BOTTINI, E.: Ann. Sperimentaz. agrar. Bd. 9 (1955) CXXV.

[5] KIDD, F., u. C. WEST: Dep. sci. ind. Res. Food Invest. Leaflet No. 1 (1935). The Cold Storage of English Plums.

Davies[1] haben gezeigt, daß das Maximum der Befallstärke der unter der Bezeichnung „breakdown" beschriebenen Krankheit nicht etwa bei den niedrigsten angewendeten Lagertemperaturen aufzutreten pflegt, sondern bei einer mittleren Temperatur von 4° C und darüber. Nach dem Engländer Smith[2] liegen die Verhältnisse aber noch komplizierter, indem neben den eben erwähnten, bei höherer Temperatur in Erscheinung tretenden Störungen noch eine zweite Krankheitsform unterschieden werden muß, die namentlich im Temperaturbereich von 0° C bis 3° C anzutreffen ist. Die an die höhere Temperatur gebundene Form, auch als „jellying" bezeichnet, ist als das Ergebnis einer Fehlentwicklung in bezug auf die Pektinumwandlung in der Zwischenzellsubstanz aufzufassen; die letzterwähnte Störung bei tiefer Lagertemperatur, „internal browning" genannt, äußert sich dagegen im Absterben des ganzen Zellgewebes, ähnlich wie dies bei der Fleischbräune des Apfels (s. S. 483) der Fall ist. Auf Grund dieser Erkenntnis und weiterer sich daran anschließender Lagerungsversuche wurde durch den genannten Forscher die Lagerungsmethode, wie unten gezeigt werden soll, in zweckmäßiger Weise abgeändert.

Was nun die Lagertemperatur anbelangt, so wird meistens eine Aufbewahrung bei 0° C bis 1° C empfohlen. So hat z. B. schon Plank[3] festgestellt, daß bei 0° C die Bühler Frühzwetschge 4 bis 5 Wochen aufbewahrt werden kann, falls sie in sog. „versandreifem" Zustand, oder 3 Wochen, falls sie in vollreifem Zustand eingelagert worden ist. Die später reifende Hauszwetschge hält sich unter gleichen Bedingungen etwa 2 Wochen länger. Diese Angaben sind nun allerdings als Maximalwerte aufzufassen, was schon aus der Bemerkung hervorgeht, daß sich die ausgelagerten Früchte nur noch 1 bis 2 Tage in verkaufsfähigem Zustand befunden haben. Wahrscheinlich waren schon bei diesen Versuchen nichtparasitäre Krankheiten im Spiel, deren Charakter aber damals noch zu wenig bekannt war. Heute weiß man, daß letztere im allgemeinen weniger während der Lagerung in Erscheinung treten als vielmehr während der auf die Auslagerung folgenden, 2- bis 3tägigen Nachreifungsperiode.

In der Literatur finden sich nun sehr verschiedenartige Angaben zur wirksamen Unterdrückung der nichtparasitären Krankheiten. Das Einhalten einer höheren Temperatur während der ganzen Dauer der Lagerung an Stelle der 0° C-Lagerung führt jedenfalls nicht zum gewünschten Ziel, weil man im Temperaturbereich von 3° C bis 5° C, wie bereits erwähnt, lediglich mit andersgearteten Störungen zu rechnen hat (jellying). Dagegen wurde verschiedentlich eine kurzfristige Aufbewahrung bei höheren Temperaturen *vor* der eigentlichen Lagerung bei tieferen Temperaturen vorgeschlagen, so z. B. neuerdings durch Gerhardt und English[4] für die *Italienische Zwetschge* (Fellenberg-Zwetschge), in welchem Fall eine Vorlagerung bei 18° C während etwa 3 Tagen mit nachheriger Aufbewahrung bei −0,5° C sich als günstig erwiesen hat. Andererseits ist auch immer wieder versucht worden, durch Anwendung hoher Temperatur *nach* der Kaltlagerungsperiode zum Ziel zu kommen. In diesem Zusammenhang sei auf die Arbeit von Barker und Furlong[5] verwiesen, wo mit Rücksicht auf die Möglichkeit des Auftretens physiologischer Störungen nach erfolgtem Kühltransport von Südafrika nach England eine Nachbehandlung bei 18° C empfohlen wird. Noch vorteilhafter soll die von dem australischen Forscher Tindale und

---

[1] van der Plank, J. E., u. R. Davies: J. Pomology horticult. Sci. Bd. XV (1937) S. 226.
[2] Smith, W. H.: J. Pomology horticult. Sci. Bd. XXIII (1947) S. 92.
[3] Plank, R.: Beil. Z. ges. Kälteind. Reihe 3, H. 2 (1927).
[4] Gerhardt, F., u. H. English: Proc. Amer. Soc. horticult. Sci. Bd. 46 (1945) S. 205.
[5] Barker, J., u. C. R. Furlong: Food Invest. Leaflet No. 6 (1937); Rep. Sci. Ind. Res.

seinen Mitarbeitern[1] vorgeschlagene Methode sein, darin bestehend, daß die
0° C-Lagerung nicht über eine bestimmte Dauer ausgedehnt wird, worauf im
Anschluß daran bei einer minimalen Reifungstemperatur von 4,5° C bis 8° C
aufzubewahren wäre. Ob nun bei der Nachbehandlung diese oder jene Temperatur angewendet wird, wichtig ist offenbar, daß die 0° C-Lagerung *vor* der Erreichung des kritischen Zeitpunktes abgebrochen wird. In dieser Beziehung scheint
eine Parallele zwischen der Pflaumen- und Tafelbirnenlagerung zu bestehen.

Neuerdings hat nun der Engländer SMITH[2] auf Grund seiner eingehenden
Versuche mit der Pflaumensorte Victoria eine Zwischenlösung vorgeschlagen:
Danach ist es möglich, die als „internal browning" bezeichnete Störung ganz
auszuschalten, wenn die unmittelbar nach der Ernte bei —0,5° C gelagerten
Früchte zwischen dem 15. bis 20. Tag der Lagerung vorübergehend während
1 bis 2 Tagen bei 18° C gehalten wurden. Die so behandelten Früchte konnten
nachträglich noch 15 bis 20 Tage bei —0,5° C weiter aufbewahrt werden und
reiften während dieser Zeit auch normal aus, was ja besonders wichtig ist. Eine
4- bis 5wöchige Aufbewahrungszeit, unter Umgehung sowohl der bei niedriger
als auch der bei höherer Lagertemperatur vorkommenden physiologischen
Störungen (s. o.) könnte somit erzielt werden, was als ein sehr schöner Erfolg
bezeichnet werden kann. Es wäre nun noch nachzuprüfen, ob andere Sorten in
dieser Beziehung ebenso günstig reagieren. In diesem Zusammenhang sei noch
daran erinnert, daß KIDD und WEST[3] 1934 durch ein ähnliches Vorgehen bei
Äpfeln, nämlich durch vorübergehendes Aufwärmen des im übrigen bei 3° C
aufbewahrten Lagergutes, eine wirksame Methode zur Verhütung der Hautbräune fanden. Die interessante Parallele zwischen der Behandlung der Pflaumen
und der Äpfel verdient hier besonders hervorgehoben zu werden.

Vorteilhafte Ergebnisse mit Gaslagerung von Pflaumen sind uns bis jetzt
nicht zur Kenntnis gekommen. CLAYPOOL und ALLEN[4] empfehlen zwar für den
Überlandtransport von Steinobst bei Temperaturen um 15° C verhältnismäßig
hohe CO_2-Konzentrationen, doch wird bei dieser Gelegenheit auch auf die Schwierigkeiten gebührend aufmerksam gemacht, die der praktischen Durchführung
dieses Vorschlages entgegenstehen.

In einer weiteren Publikation geben dieselben Autoren[5] den Einfluß hoher
Temperaturen sowie verschiedener O_2- und CO_2-Gehalte auf die Atmung und
Reifung von Wickson-Pflaumen bekannt. Eine normale Reifung war weder bei
sehr hohen Temperaturen (30° C und 35° C) noch bei sehr tiefen O_2-Gehalten
möglich. BOYES und Mitarbeiter[6] berichten über ihre Versuchsresultate aus
Südafrika.

2. Die Kaltlagerung von Pfirsichen.

Wie bei der vorhin besprochenen Obstart, so steht auch bei der Frischaufbewahrung von Pfirsichen eine nichtparasitäre Krankheit im Vordergrund des
Interesses und diktiert gewissermaßen die Aufbewahrungsbedingungen. Werden
nämlich Pfirsiche sofort nach der Ernte kalt gelagert, so sind sehr oft nach 1 bis
2 Wochen Veränderungen des Fruchtfleisches festzustellen, wobei dieses austrocknet, eine faserige Beschaffenheit annimmt und schließlich den sortentypi-

[1] TINDALE, G. B., F. F. HUELIN u. S. A. TROUT: J. Dep. Agric. Victoria (Australia)
Bd. 36 (1938) S. 609.
[2] SMITH, W. H.: J. Pomology horticult. Sci. Bd. XXIII (1947) S. 94.
[3] KIDD, F., u. C. WEST: Rep. Food Invest. Board (1934) S. 114.
[4] CLAYPOOL, L., u. F. W. ALLEN: Proc. Amer. Soc. horticult. Sci. Bd. 49 (1947) S. 92.
[5] CLAYPOOL, L., u. F. W. ALLEN: Hilgardia Bd. 21 (1951) S. 129.
[6] BOYES, W. W., u. Mitarbeiter: Fmg. S.Afr. Bd. 24 (1949) S. 255 und Bd. 27 (1952)
S. 299.

schen Geschmack ganz verliert. Diesen Zustand haben Davies und seine Mitarbeiter[1] als woolliness (Wolligkeit) und Scurti und Pavarino als male raggiante[2] bezeichnet. Dieselbe Erscheinung ist nicht nur in Südafrika zutage getreten, sondern auch in den USA, Australien und Europa und ist von verschiedenen Forschern beschrieben worden. Dabei ist die Häufigkeit des Auftretens dieser krankhaften Erscheinung auffallenderweise bei Temperaturen im Bereich von 4° C bis 5° C deutlich größer als bei Lagertemperaturen um 0° C. Davies und seine Mitarbeiter vom Kältelaboratorium in Kapstadt[3] haben denn auch eine wirksame Methode zur Verhütung dieser Krankheit ausgearbeitet, darin bestehend, daß man Pfirsiche — es wurde meistens mit der Sorte Peregrino gearbeitet — nach erfolgter Ernte zunächst einer 2- bis 3tägigen Vorlagerung bei 24° C unterzog, ehe sie der Dauerlagerung bei 1° C unterworfen wurden.

Zahlreiche Versuchsansteller in allen Weltteilen haben die Wirksamkeit dieser Vorlagerungsmethode bestätigt, wobei, was ja nicht zu verwundern ist, gewisse Unterschiede von Sorte zu Sorte, und auch je nach dem Reifezustand, zutage getreten sind. So betonen Fisher, Britton und O'Reilly[4], daß bei verhältnismäßig hohen Lagertemperaturen die Pfirsiche vorteilhafterweise in hartfleischigem Zustand eingekellert werden sollen; dabei darf man in bezug auf das Vorverlegen des Erntezeitpunktes nicht zu weit gehen, weil sonst Geschmackseinbußen zu verzeichnen sind. Wird bei 0° C oder 1° C gelagert, so erübrigt sich das vorzeitige Pflücken, da ja die Früchte ohnehin vorher noch eine etwa 3tägige Vorlagerungs- bzw. Weichwerdungsperiode durchmachen müssen. Welches Ausmaß letztere annehmen soll, geht ebenfalls aus den eben zitierten Arbeiten von Fisher und Mitarbeitern hervor. Danach beträgt die Druckfestigkeit des baumreifen Pfirsichs, mit dem $^{7}/_{16}$ inch.-Penetrometer gemessen, etwa 20 lb.; sinkt dann die Druckfestigkeit im Laufe der Vorlagerung auf die Hälfte, so ist anzunehmen, daß bei nachfolgender 0° C-Lagerung keine Fälle von Wolligkeit mehr zu befürchten sind. Die Haltbarkeitsdauer beträgt dann für die Sorte Elberta z. B. 21 Tage, Golden Jubilee 22 und Cumberland 25 Tage.

Sofern die Erscheinung der Wolligkeit nicht zu befürchten ist, kann man u. U. auch auf die Vorlagerung verzichten und statt dessen die Früchte nach erfolgter Lagerung bei 0° C bis —0,5° C einige Tage bei Temperaturen zwischen 15° C und 20° C nachreifen lassen, ähnlich, wie das bei Tafelbirnen zu geschehen pflegt. Diesen Weg hat Krumbholz[5] beschritten, der eine Reihe von aus der Pfalz stammenden Pfirsichsorten, wie Roter und Weißer Ellerstädter, Kernechter vom Vorgebirge, Weiße Magdalene, Robert Blum und Elberta, untersuchte. Von diesen hat sich als haltbarste die Sorte Roter Ellerstädter erwiesen, die 4 oder gar 5 Wochen aufbewahrt werden konnte, ohne das Nachreifungsvermögen bei hoher Temperatur zu verlieren.

Nach Scupin[6] können für die Kaltlagerung die Sorten Kernechter vom Vorgebirge, Königin Carola von Sachsen, Roter Ellerstädter, Madame Rogniat und St. Anna empfohlen werden. Die Temperatur von —1° C eignet sich im Durchschnitt besser als diejenige von +1° C. Bei geeigneten Sorten war eine Lagerdauer bis zu 6 Wochen möglich.

---

[1] Davies, R., W. W. Boyes u. D. I. R. de Villiers: Rep. Low Temp. Res. Lab. Capetown, S. Africa (1935/36) S. 130.

[2] Scurti, F., u. L. Pavarino: Ann. R. Staz. chim.-agrar. Torino Bd. X (1926/28) S. 462.

[3] Davies, R., W. W. Boyes u. D. I. R. de Villiers: Rep. Low Temp. Res. Lab. Capetown, S. Africa (1936/37) S. 53—67 und (1937/38) S. 51—53. Vgl. auch R. Plank: Beih. Z. ges. Kälteind., Reihe 3, H. 8 (1937).

[4] Fisher, Britton u. O'Reilly: Sci. Agric. Bd. 24 (1943) S. 1.

[5] Krumbholz, G.: Landwirtsch. Jb. Bd. 85 (1938) S. 701; Bd. 88 (1939) S. 913.

[6] Scupin, L.: Vorratspflege u. Lebensmittelforsch., Sonderh. 1 (1939) S. 164.

Auf Gaslagerung scheint der Pfirsich nicht immer sehr vorteilhaft zu reagieren, ist er doch gegen hohe CO_2-Konzentrationen von etwa 11% offenbar ziemlich empfindlich[1]. Ja, es haben sogar nach O'REILLY[2] auch Gasgemische von 2% CO_2 und 2% O_2 bzw. 5% CO_2 und 2% O_2 keine Steigerung der Haltbarkeit, verglichen mit der oben beschriebenen 0° C-Lagerung ergeben.

3. Die Kaltlagerung von Aprikosen.

PLANK und SCHNEIDER[3] folgern aus ihren Versuchen, daß es möglich sein wird, bei 0° C, $\varphi = 90\%$ und bei schwacher Luftbewegung, Aprikosen ohne erhebliche Verluste 3 bis 4 Wochen aufzubewahren. SCUPIN[4] konnte Aprikosen von guter Qualität bei Temperaturen von −0,5° C bis −1° C und $\varphi = 90\%$ während 5 Wochen mit gutem Erfolg lagern. Die bei diesen tiefen Temperaturen gelagerten Früchte zeigten weniger Fäulnis, eine bessere Erhaltung der Aromastoffe, aber eine etwas geringere Saftentwicklung als die bei höheren Temperaturen (+2,5° C und +4° C) aufbewahrten. Bräunungen des Fruchtfleisches wurden bei keiner der angewandten Temperaturen beobachtet. Die Einlagerung durfte nicht im zu unreifen Zustand erfolgen, und Druckstellen beeinflußten die Haltbarkeit beträchtlich. Eine Vorlagerung unreif geernteter Früchte wird nicht empfohlen. Zur Verminderung der Gewichtsverluste können die Aprikosen in Zellglas, Korkschrot oder Ölseidenpapier verpackt werden. Auf dem Kaltlager wurde eine mit Süßerwerden verbundene Nachreife beobachtet. Die Sorten waren verschieden gut geeignet, am besten wurden Moorpark und Aprikose von NANCY taxiert. SMITH[5] bespricht die Zusammenhänge zwischen Pflückreife und Kaltlagerung von Aprikosen. Französische Untersuchungen liegen von ULRICH und PAULIN[6] sowie von DUPAIGNE[7] und Mitarbeitern vor.

4. Die Kaltlagerung von Kirschen.

Im Gegensatz zu Pflaumen und Pfirsichen, die immerhin einige Wochen aufbewahrt werden können, beschränkt sich bei den Kirschen die Aufbewahrungsdauer, selbst wenn man die Temperatur auf 0° C sinken läßt, nur auf einige Tage. KESSLER[8] hat eine Reihe von Süßkirschensorten auf ihre Lagerfähigkeit untersucht. Als vorteilhafteste Lagertemperatur ergab sich 0° C bis 2° C, wobei bei 0° C zwar der Fäulnisabgang kleiner war, jedoch bei einzelnen Sorten eine deutliche Geschmackseinbuße sich einstellte, weshalb bei längerer Lagerung regelmäßige Geschmacksprüfungen unumgänglich sind. Unter längerer Lagerung hat man in diesem Fall eine 8- bis 10tägige Aufbewahrung zu verstehen, nach deren Abschluß gewöhnlich das Lagergut noch einer Sortierung unterzogen werden muß, zur Beseitigung angefaulter Früchte. Dieser Arbeitsvorgang ist bei Kirschen sehr zeitraubend. Deshalb wird man sich in der Praxis unter Umgehung des Sortierungsvorganges wohl meistens mit einer kurzfristigen Lagerung von 4 bis 5 Tagen begnügen müssen, welche Zeitspanne zur Überwindung der Absatzstockungen auf dem Kirschenmarkt, wie solche über das Wochenende oder bei Regenperioden während der Hauptkirschenzeit aufzutreten pflegen, in den meisten

---

[1] HUELIN, F. E., u. G. B. TINDALE: J. Dep. Agric. Victoria (Australia) Bd. 39 (1941) S. 34.

[2] O'REILLY, H. J.: Proc. Amer. Soc. horticult. Sci. Bd. 49 (1947) S. 99.

[3] PLANK, R., u. E. SCHNEIDER: Beih. Z. ges. Kälteind., Reihe 3, H. 3 (1928).

[4] SCUPIN, L.: Vorratspflege u. Lebensmittelforsch., Sonderh. 1 (1939) S. 176.

[5] SMITH, E.: Proc. annu. Meeting Washington State horticult. Assoc. (1949) S. 167.

[6] ULRICH, R., u. A. PAULIN: Rev. gén. Froid Bd. 27 (1950) S. 197.

[7] DUPAIGNE, P., u. H. BOULAY: B. T. I. Bd. 69 (1952) S. 293; Bd. 83 (1953) S. 745; Bd. 92 (1954) S. 441.

[8] KESSLER, H.: Landwirtsch. Jb. Schweiz (1935) S. 87—100.

Fällen begnügen dürfte. Falls die Kirschen vom Baum her mit Gloeosporium fructigenum, dem Erreger der Bitterfäule, infiziert sind, müssen sie von vornherein von der Lagerung ausgeschieden werden; denn in diesem Fall könnte auch eine 0° C-Lagerung das Überhandnehmen dieses gefährlichen Kirschenfeindes nicht verhindern. Kirschen, die zu lange oder zu trocken aufbewahrt wurden, sind an den eingetrockneten Fruchtstielen kenntlich.

Da nach der Auslagerung jede Kondenswasserbildung aus leichtbegreiflichen Gründen vermieden werden muß, ist es auch nicht gleichgültig, welche Gefäße für die Lagerung der Kirschen verwendet werden. Am besten eignen sich solche, die gut durchlüftbar sind und in denen das Lagergut nicht allzu hoch geschichtet liegt (Spankörbe ohne Papiereinlage).

Nach Moriondo[1] können tiefe Lagertemperaturen gewisse Schäden verursachen. Serini[2] berichtet über neuere italienische Lagerungsversuche in Kühlräumen und bei erhöhtem CO_2-Gehalt. Die amerikanische Literatur über Lagerung und Transport von Kirschen ist im Buch von Marshall[3] zusammengefaßt.

D. Die Kaltlagerung von Tafeltrauben.

Die Frischaufbewahrung von Tafeltrauben ist mit manchen Schwierigkeiten verbunden, weil es sich hier um eine sehr delikate Frucht handelt. Einmal ist die Haut der Beere ein äußerst zartes Gebilde, das durch die kleinste Unvorsichtigkeit beim Sortieren oder Umpacken verletzt werden kann, was dann gewöhnlich sofort zu Fäulnisinfektionen führt, weil der austretende Saft ein ausgezeichnetes Nährsubstrat für Fäulniserreger bildet. Außerdem verlieren die Trauben in trockener Umgebung sehr leicht einen Teil ihres Wassers, schrumpfen und werden unansehnlich, weshalb der Feuchtigkeitsgehalt der Luft im Lagerraum relativ hoch sein sollte, $\varphi \geqq 90$. Letzteres kann andererseits wiederum der Ausbreitung der Fäulniserreger recht förderlich sein. Jedermann, der sich mit der Tafeltraubenlagerung befaßt, wird daher in erster Linie bestrebt sein, den Verdunstungsvorgang dieser zuckerreichen Frucht hintan zu halten. Eine sehr einfache Methode besteht darin, die Trauben im Herbst samt einem Stück Holz zu schneiden und das Holzstück mit der daranhängenden Traube während der Dauer der Lagerung in einem Gefäß mit Wasser oder einer Nährstofflösung aufzubewahren (Thomery Methode, Water feeding method). Auf diesem Wege sind bei geeigneter Sortenwahl auch in ungekühlten Aufbewahrungsräumen bemerkenswerte Erfolge erzielt worden[4, 5]. In Spanien ist das Einlegen in Korkschrot üblich, das vorher mit irgendeinem Desinfektionsmittel behandelt worden ist. Nach Angabe italienischer Versuchsansteller sind allerdings nur wenige Sorten, unter diesen vor allem die spanische Sorte Ohanez d'Almeria, hierfür geeignet.

Soll die Lagerung auf einige Monate ausgedehnt werden so wird man nicht um eine Kaltlagerung herumkommen. Dabei wird von den einen Versuchsanstellern eine Temperatur von $+1°$ C[6] empfohlen, von den anderen $-1°$ C bis $0°$ C[7]. Nach Mulder und Sprenger[8] sollen Sorten, die sich bis Januar

[1] Moriondo, F.: Riv. Ortofl. Italiana Bd. 79 (1954) S. 321.
[2] Serini, G.: Il Freddo Bd. 11 (1957) S. 7.
[3] Marshall, R. E.: Cherries and Cherry-Products, Interscience, 283 S. New York: 1954.
[4] Dalmasso, G.: Ann. Staz. Sper. Viticoltura Conegliano (1929—31) S. 301.
[5] Barker, J.: Rep. Food Invest. Board, London (1937) S. 166.
[6] Kaess, G.: Z. ges. Kälteind. Bd. 44 (1937) S. 10.
[7] Davies, R., W. Boyes u. D. de Villiers: Rep. Low Temp. Res. Labor. Capetown 1933.
[8] Mulder, R., u. A. M. Sprenger: Labor. v. Tuinbouwplantenteelt, Wageningen.

aufbewahren lassen (Frankenthaler, Gros Colman), möglichst bei $-1°$ C aufbewahrt werden; länger haltbare Sorten werden dagegen mit Vorteil bei $0°$ C bis $+1°$ C gelagert, weil die über eine gewisse Zeitspanne hinaus bei $-1°$ C gelagerten Trauben einen Teil ihrer Geschmackswerte einbüßen.

Wenn in der Literatur die Angaben über die optimale Lagertemperatur sich nicht immer decken, so ist dies weitgehend darauf zurückzuführen, daß die einzelnen Traubensorten sich recht verschieden verhalten und die Sortenwahl somit auch hier von großem Einfluß ist. Die Eigenschaften, die eine Sorte kaltlagerungsfähig machen, beschreibt SCURTI[1] wie folgt: Sie soll spätreifend, großtraubig sein, locker stehende, dickhäutige Beeren haben, die ihrerseits fest am Stielchen haften (letzteres ist besonders wichtig, weil an schwach haftenden Beeren sehr oft ein Traubensafttropfen austritt, was der Fäulnis Vorschub leistet), und endlich soll der Inhalt der Beeren möglichst gallertartig sein. Als besonders empfehlenswert werden angegeben: Darkaia, Ohanez d'Almeria, Pirovano, Gros vert, Frankenthaler (Synonyme: Black Hamburg u. Meraner Kurtraube), Muskat Hamburg, Gros Colman, Black Alicante, Chasselas doré. Die meisten der erwähnten Sorten können bei sorgfältiger Behandlung 3 Monate gelagert werden; eine längere Aufbewahrung ist möglich, jedoch oft mit Schwierigkeiten verbunden.

Es versteht sich eigentlich von selbst, daß eine so empfindliche Frucht wie die Tafeltraube vor der Einlagerung äußerst sorgfältig sortiert und alle angefaulten Beeren mit der Schere entfernt werden müssen. Auch darf nur einschichtig gelagert werden.

Die hauptsächlichsten Fäulniserreger sind in diesem Fall u. a. Botrytis cinerea und Penicillium spez.[2] Als fäulnishemmendes Mittel wird von verschiedener Seite SO_2 (etwa 2 Vol.-% oder 15 g SO_2 p/m³) empfohlen[3]. Erschwerend wirkt in diesem Fall der Umstand, daß das Lagergut in einem gasdichten, meistens verglasten Kasten aufbewahrt werden muß (SO_2 greift Metall an). SCURTI und PAVARINO[4] haben gezeigt, daß eine Reihe von Sorten auf dieses Gas mit starken Bräunungserscheinungen reagieren, Vorsicht in der Anwendung dieses Gases ist somit am Platz.

Über die Anwendungsmöglichkeiten der Gaslagerung für Trauben ist noch wenig bekannt. Diesbezügliche Untersuchungen sind aber im Gang[5,6] und lassen erkennen, daß gewisse Möglichkeiten da sind.

Eine Literaturübersicht betreffend der SO_2-Anwendung wird von HALL[7] gegeben. Über weitere praktische Erfahrungen mit diesem Verfahren wird aus Nordafrika[8] und den USA[9] berichtet. Es sei auch auf den Transport- und Lagerungsversuch mit griechischen Weintrauben von HAAS und NEMITZ hingewiesen[10].

---

[1] SCURTI, F.: Ann. R. Staz. Chimico-Agraria Torino Bd. 13 (1935—37) S. 117—130.

[2] ROSE, D. H., C. O. BRATLEY u. W. T. PENTZER: U. S. Dep. Agric. Misc. Publ. No. 340. Washington 1939.

[3] BOVAY, E.: Rev. Romande d'Agr. de Viticulture et d'Arboriculture, 1948, No. 9; 1951, No. 6.

[4] SCURTI, F., u. G. PAVARINO: Ann. R. Staz. Chimico-Agraria Torino Bd. 12 (1932); (1934) S. 271.

[5] HERINGA, J. N.: Bull. O. I. V. (1954) S. 99.

[6] UOTA, M.: Proc. Amer. Soc. horticult. Sci. Bd. 69 (1957) S. 250.

[7] HALL, E. G.: Food Pres. Quarterly Austral. Bd. 15 (1955) S. 42.

[8] ILDIS, P., u. A. P. D'ERSU: Rev. gén. Froid Bd. 33 (1956) S. 1151; Bd. 34 (1957) S. 739.

[9] CANT, R. R., u. K. E. NELSON: Proc. Amer. Soc. horticult. Sci. Bd. 69 (1957) S. 240.

[10] HAAS, W., u. G. NEMITZ: Kältetechnik Bd. 9 (1957) S. 380.

E. Die Kaltlagerung von Beerenobst.

Unter den Beerenobstarten dürfte vielleicht eine Lagerung der Erdbeeren am ehesten noch in Frage kommen, obschon es sich auch hier, ähnlich wie bei den Kirschen, um eine sehr delikate Frucht handelt, die sich nur für kurzfristige Aufbewahrung eignet.

Die seinerzeit von Plank[1,2] ermittelten Lagerungsbedingungen, nämlich eine Temperatur von $0°$ C bis $1°$ C und $\varphi = 90\%$, bei schwach bewegter Luft, haben sich auch auf Grund der vielen seither durchgeführten Versuche als günstig erwiesen[3]. Auch die dort angeführte Aufbewahrungsdauer von 5 bis 8 Tagen dürfte als Wegleitung dienen und gleichzeitig auch einen Fingerzeig geben, daß man in diesem Spezialfall von einer Kaltlagerung nicht allzu viel erwarten darf. Ohne Zweifel spielt die Sortenfrage auch hier eine Rolle; denn wie bei der Herstellung von Gefrierkonserven, so muß man auch bei der Frischaufbewahrung der Festigkeit des Fruchtfleisches, die bei der Sorte Mme. Moutôt z. B. ungenügend, bei der Späten von Leopoldshall dagegen recht befriedigend ist, gebührende Bedeutung beimessen. Auch die Bedingungen, unter denen gepflückt wird, können das Lagerungsergebnis beträchtlich beeinflussen. So neigen Erdbeeren, die kurz vor der Ernte anhaltenden Regengüssen ausgesetzt waren, stark zur Fäulnis. Bei warmer Witterung ist es auch nicht gleichgültig, zu welcher Tageszeit geerntet wird, sind doch die am frühen Morgen gepflückten Beeren meistens die haltbarsten. Auch wird empfohlen, die Erdbeeren am Stock nicht ganz ausreifen zu lassen und in einem Stadium zu ernten, da die Spitzen noch grünlich sind. Die Haltbarkeit mag dann 1 bis 2 Tage länger sein; auf der anderen Seite ist aber die Gefahr der mit diesem Vorgehen verbundenen Geschmackseinbuße groß, sobald ein gewisses Reifestadium unterschritten wird.

Werden Erdbeeren zu lange aufbewahrt, so verlieren sie ihren natürlichen Glanz, ja u. U. auch die Farbe, indem kleine kreisrunde Partien um die Ansatzstelle der Sämchen absinken und sich gelbbraun verfärben. Auch in geschmacklicher Hinsicht leiden sie u. U. stark. Unter den Fäulniserregern werden den Erdbeeren namentlich folgende gefährlich: Botrytis spez. (gray mold), Mucor stolonifer (Rhizopus rot) und Phytophthora spez. (Leather rot)[4]. Regelmäßiges Ozonisieren dürfte, wie die Versuche von Scupin[5] gezeigt haben, die Fäulnisgefahr vermindern. Gaslagerungsversuche, in kleinerem Maßstab durchgeführt[6], haben bei einem Gemisch von 10% $CO_2 + 10\%$ $O_2 + 80\%$ N_2 bei $0°$ C ein besseres Ergebnis zutage gefördert als in gewöhnlicher Luft.

Ulrich[7] gibt bekannt, daß für Erdbeeren eine Haltbarkeitszeit bis zu einem Monat möglich war mit völlig gesunden und frisch gepflückten Früchten, welche in dünner Schicht bei $0°$ C, sehr feuchter Luft, ohne CO_2 und geringem O_2-Gehalt aufbewahrt wurden.

Versuche in den USA haben ergeben, daß für Himbeeren und Erdbeeren eine Behandlung mit hohen CO_2-Konzentrationen sofort nach dem Pflücken von guter Wirkung sei für die Haltbarkeitsverlängerung. Die günstigste CO_2-Konzentration wurde mit 30% bei einer Temperatur von $+13°$ C bis $15°$ C und $\varphi = 80$

---

[1] Plank, R.: Beih. Z. ges. Kälteind. Reihe 3, H. 2 (1927) S. 32.

[2] Plank, R., u. V. Gerlach: Abhandl. zur Volksernährung, H. 7. München: Verlag Oldenbourg 1917.

[3] Smith, W. H.: Rep. Food Invest. Board (1936) S. 155—159.

[4] Rose, H. D., C. O. Bratley u. W. T. Pentzer: U. S. Dep. Agric. Misc. Publ. No. 340. Washington (1939) S. 19—24.

[5] Scupin, L.: Vorratspflege u. Lebensmittelforsch., Sonderh. 1 (1939) S. 124.

[6] Smith, W. H.: Rep. Food Invest. Board (1937) S. 165.

[7] Ulrich, R.: Proc. VIII. Intern. Congr. Refrigerat., London (1951) S. 422.

bis 90% ermittelt[1]. Die Vakuumkühlung scheint für Erdbeeren anwendbar zu sein[2].

Da die Erdbeeren äußerst druckempfindlich sind, kommt für die Aufbewahrung in erster Linie eine Packung in Frage, in der sie einschichtig oder doch zum mindesten höchstens zweischichtig aufbewahrt werden können. Einschichtige Aufbewahrung hat auch den Vorteil, daß die Beeren nach der Auslagerung allseits dem trocknenden Einfluß stark bewegter Luft ausgesetzt werden können, so daß die u. U. sehr nachteilig wirkende Kondenswasserbildung vermieden wird.

Andere Beerenarten, wie z. B. Johannis- und Stachelbeeren, können unbeschadet auf 0° C oder gar auf —1° C heruntergekühlt werden, bei $\varphi = 90\%$, wobei die Aufbewahrungszeit ungefähr 2 bis 3 Wochen betragen mag. Im großen und ganzen wird man aber in der Praxis seltener dazu kommen, Beeren zu lagern, da die Verarbeitung zu Konfitüren und Kompotten oder die Verarbeitung auf Gefrierkonserven vorgezogen wird und bei Vorhandensein der notwendigen Einrichtungen auch rasch durchgeführt werden kann. Für Himbeeren und Heidelbeeren können auch die oben erwähnten Lagerungsbedingungen in Frage kommen. Nach ROSE[3] können Himbeeren und Brombeeren bei 0° C und $\varphi = 80\%$ während 7 bis 10 Tagen gelagert werden. Preiselbeeren sollen bei 0° C ungefähr 5 bis 8 Wochen lagerfähig sein.

F. Die Kaltlagerung von Nüssen, Mandeln und Kastanien.

Walnüsse können sowohl bei 10° C als auch bei 0° C aufbewahrt werden. Nach WRIGHT[4] beträgt die Haltbarkeit der Sorte Franquette bei 0° C 10 bis 19 Monate, bei 10° C 6 bis 10 Monate. Haselnüsse lassen sich bei 0° C gelagert ungefähr 1 Jahr lang aufbewahren. Die bloßen Kerne halten sich etwas weniger gut. In reinem Kohlendioxyd oder reinem Stickstoff erhöht sich die Aufbewahrungszeit bei 10° C und bei 0° C auf nahezu 2 Jahre. Für die Lagerung von Nüssen wird eine rel. Feuchtigkeit von 65 bis 75% empfohlen. *Kokosnüsse* werden für 1 bis 2 Monate bei 0° C bis 1,5° C und $\varphi = 80$ bis 85% gelagert[3].

Erdnüsse (Arachiden), ob geschält oder ungeschält, werden über den Winter selten auf das Kaltlager gelegt. Im Frühjahr und Sommer ist jedoch die Kaltlagerung der geschälten Erdnüsse notwendig, um dem Insektenbefall sowie dem Dunkel- und Ranzigwerden vorzubeugen. Dabei wird eine Temperatur von 0° C und $\varphi = 65$ bis 75% empfohlen.

Nach WRIGHT[4] können ungeschälte *Mandeln* bei 0° C und $\varphi = 75\%$ bis über 1 Jahr; bei 10° C fast so lange und bei 21° C während 6 bis 8 Monaten gelagert werden. Für geschälte Mandeln ist die Haltbarkeitszeit kürzer. Doch soll durch eine Lagerung im Vakuum oder in CO_2 eine wesentliche Verbesserung der Haltbarkeit erzielbar sein.

Kastanien ließen sich im gewöhnlichen Kaltlagerraum bei 0° C je nach Herkunft und Jahr 1 bis 4 Monate lagern. Durch das Einhalten hoher CO_2-Konzentrationen (30% CO_2, 14% O_2 und 56% N) konnte ULRICH[5] eine gute Haltbarkeit vom Oktober bis April erreichen. Die Temperatur wurde in diesem Fall auf 0° C

---

[1] WINTER, J. D., R. H. LANDON u. W. H. ALDERMAN: Proc. Amer. Soc. horticult. Sci. Bd. 37 (1939) S. 583.

[2] FRIEDMAN, B. A., u. W. A. RADSPINNER: U. S. Dep. Agric. AMS 107 (1956) 15 S.

[3] ROSE, D. H., R. C. WRIGHT u. T. M. WHITEMAN: U. S. Dep. Agric. Circular No. 278. Washington 1949.

[4] WRIGHT, R. C.: U. S. Dep. Agric. Techn. Bull. No. 770 (1941).

[5] ULRICH, R.: Proc. VIII. Intern. Congr. Refrigerat., London (1951) S. 422.

eingestellt, bei $\varphi = 80\%$, wobei diese Temperatur sich denjenigen von $-10°$ C, $+2°$ C und $+4°$ C als überlegen erwies. Das sofortige Einlagern der Kastanien erwies sich als äußerst wichtig.

G. Die Kaltlagerung von Quitten, Ananas, Feigen, Oliven, Aktinidien und Datteln.

Diese Angaben stützen sich auf die Versuchsergebnisse von Rose und Mitarbeitern[1]. *Quitten* lassen sich bei $0°$ C und $\varphi = 80\%$ während 2 bis 3 Monaten lagern.

Vollreife *Ananas* können während 2 bis 4 Wochen bei $+4{,}5°$ C bis $7°$ C und $\varphi = 85$ bis 90% gelagert werden. Grüngepflückte Ware muß bei höheren Temperaturen, z. B. $10°$ C bis $15°$ C, gelagert werden, wobei man mit einer Lagerdauer von 3 bis 4 Wochen rechnen kann.

Frische *Feigen* sind bei $-0{,}5°$ C bis $0°$ C und $\varphi = 85$ bis 90% bis 10 Tage lagerbar.

Frische *Oliven* können 4 bis 6 Wochen bei einer Temperatur von $+7°$ C bis $10°$ C und $\varphi = 85$ bis 90% gelagert werden. *Aktinidien* sind bis zu 6 Wochen bei $-0{,}5°$ C bis $0°$ C lagerbar[2]. Bei den *Datteln* werden in den USA 2 Hauptgruppen unterschieden: die harten oder Saccharose-Sorten, wie *Deglet Noor* in Kalifornien, und die weichen oder Invertzucker-Sorten. Harte Trockendatteln können einige Monate bei $-2°$ C bis $0°$ C und 1 Jahr lang bei $-5°$ C gelagert werden, bei $\varphi < 75\%$. In letzterem Fall ist eine Gefrierlagerung bei $-18°$ C bis $-12°$ C vorzuziehen. Ungetrocknete oder überreife, bereits klebrig gewordene Datteln sollten selbst bei kurzer Lagerdauer bei $-18°$ C bis $-12°$ C gefroren werden. Weiche, getrocknete Datteln sind nur bis Weihnachten bei $-2°$ C bis $0°$ C lagerbar; bei längerer Lagerdauer sind Temperaturen von $-10°$ C bis $-9°$ C angezeigt. Bezüglich der Kaltlagerung tropischer Früchte sei auf die Literaturzusammenstellungen des I. F. A. C.[4] in Paris verwiesen wie auch auf diejenigen des Bulletin vom I. I. F.[5]

H. Die Kaltlagerung von Citrusfrüchten
[Orangen, Mandarinen, Zitronen und Pampelmusen (Grapefruits)].

Wer immer sich mit der Lagerung von Citrusfrüchten befaßt, wird sich vor Augen halten müssen, daß es sich um Früchte tropischer oder subtropischer Gegenden handelt, die allgemein empfindlich auf die Aufbewahrung bei tiefen Temperaturen reagieren. Dabei tritt die Kälteempfindlichkeit besonders dann deutlich zutage, wenn die Früchte unter dem Einfluß sehr hoher Durchschnittstemperaturen herangewachsen sind. Letzteres mag wohl mit ein Grund sein, weshalb auf kaum einem Gebiet die Angaben der Versuchsansteller über die optimalen Lagerungsbedingungen stärker auseinandergehen als gerade bei den Citrusfrüchten. Im allgemeinen liegen die in der Literatur angegebenen optimalen Lagerungstemperaturen zwischen $+3°$ C bis $+7°$ C. Es wird jedoch ausdrücklich auf S. 80ff. verwiesen.

Sollen die Citrusfrüchte nur 1 bis 2 Wochen aufbewahrt werden, so wird man ohne Gefahr an die untere Grenze der oben angeführten Temperaturspanne gehen,

---

[1] Siehe Fußnote 3 auf S. 515.

[2] Padfield, C. A. S., u. M. J. Bridgman: N. Z. J. Sci. Techn. A Bd. 31 (1950) S. 61.

[3] The Refrigerat. Res. Found., Inform. Bull. No. 49, 10, S. 45; No. 49, 11, S. 2.

[4] Ngo van Hoaï: Conservation des Fruits Tropicaux par le Froid. Institut Fruits et Agrumes Coloniaux (I.F.A.C.) Paris (1944).

[5] Institut International du Froid, Paris: Bulletin des I.I.F. 1920 und spätere.

ja vielleicht auch noch etwas unter 3° C kühlen können. Wenn aber die Lagerdauer auf einen Monat und noch länger ausgedehnt werden soll, so ist mit Rücksicht auf die verschiedenen Störungen nichtparasitärer Natur die Ware nicht unter 5° C, in gewissen Fällen sogar nicht unter 7° C abzukühlen[1]. Werden noch höhere Aufbewahrungstemperaturen gewählt, erhöht sich gewöhnlich der auf die Tätigkeit der Fäulniserreger zurückzuführende Abgang ganz beträchtlich.

Gewichtsverluste infolge Wasserabgabe können bei Dauerlagerung ein beträchtliches Ausmaß erreichen, falls es nicht gelingt, den Luftfeuchtigkeitsgrad dauernd auf etwa 90% einzustellen; dies um so mehr, als mit Rücksicht auf bestimmte, nichtparasitäre Störungen eine regelmäßige Luftumwälzung und reichliche Lufterneuerung erwünscht ist. Das Imprägnieren der Früchte mit Wachs oder ölhaltigen Substanzen vor der Einlagerung hat ebenfalls gute Ergebnisse gezeitigt[2].

Es würde nun zu weit führen, wollten wir an dieser Stelle alle parasitären und nichtparasitären Krankheiten der Citrusfrüchte auch nur in ganz kurzen Zügen beschreiben. Wir verweisen in diesem Zusammenhang auf den ausgezeichneten, bebilderten Atlas von PETRI[3] und denjenigen des I. F. A. C. Paris[4]. Es sei hier beiläufig nur auf eine der häufigsten nichtparasitären Störungen hingewiesen, nämlich auf die Braunfleckenkrankheit (Cold storage spots, oleocellosis)[5], bei der infolge Absterbens der öl-

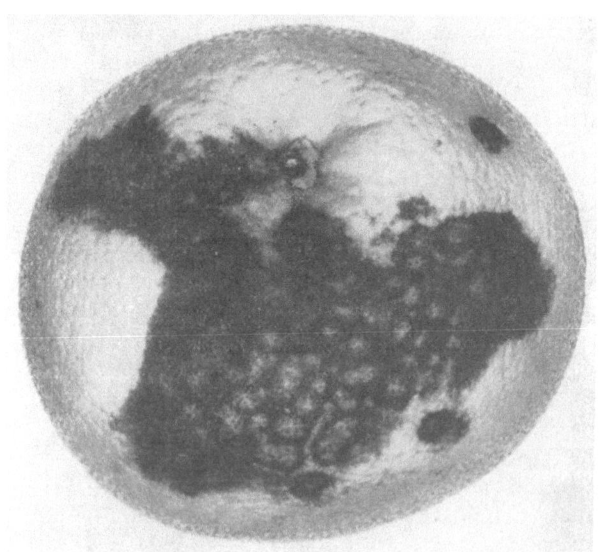

Abb. 235. Braunfleckenkrankheit auf einer bei 4° C bis 5°C gelagerten Grapefruit. Die Verfärbung wird ähnlich wie bei der Hautbräune des Apfels oder der Birne durch die Einwirkung flüchtiger, oxydierbarer Stoffe hervorgerufen. Die abgestorbenen Partien der Schale sinken teilweise ein.

ausscheidenden Drüsen und infolge Einwirkens leichtflüchtiger Stoffe zunächst nur kleine, später größere Teile der Fruchtschale absterben und sich braunschwarz verfärben (s. Abb. 235). Die Krankheitssymptome gleichen in diesem Fall stark denjenigen der Hautbräune des Apfels und der Birne.

Aber auch die Fäulnisabgänge können unter bestimmten Voraussetzungen recht hoch sein, wobei folgende Erreger sich bemerkbar machen: Penicillium digitatum (green mold) und Penicillium italicum (blue mold), Phytophthora citrophthora, Botrytis citricola, Alternaria spez. u. a. Es ist denn auch nicht verwunderlich, daß immer und immer wieder versucht worden ist, durch Anwendung von Desinfektionsmitteln nach dem Tauchverfahren den Fäulnisabgang

---

[1] WARDLAW, C. W., E. R. LEONARD u. RE. E. BAKER: Trop. Agric. Bd. XI (1934) S. 196, 230.
[2] Food Pres. Quart. Counc. Sci. Ind. Res. Austral. Bd. 8 (1948).
[3] PETRI, L.: Le Alterazioni dei Frutti degli Agrumi, Pizzi e Pizio. Milano 1933.
[4] KLOTZ, L. J., u. H. S. FAWCETT: I. F. A. C. Paris 1952.
[5] SCURTI, F.: Ann. R. Staz. Chimico-Agraria Torino Bd. XVI (1946—48) S. 307—321.

einzudämmen. Die Aussichten auf Erfolg sind in diesem Fall, wo man es mit einer verhältnismäßig dicken Schale zu tun hat, sehr viel größer als beim eher zarthäutigen Kernobst. Dabei sind auch in dieser Beziehung Unterschiede festzustellen; so reagiert die Orange auf gewisse Chemikalien im allgemeinen empfindlicher als die Zitrone. Young und Read[1] haben das Eintauchen in 5 bis 8% wässrige Boraxlösung empfohlen. Fidler und Tomkins[2] zeigten dann aber, daß eine Lösung von 2% Borax + 1% Na-Lauge der ersterwähnten, hinsichtlich der desinfizierenden Wirkung, ebenbürtig ist. Tomkins[3,4] hat bei den weniger empfindlichen Zitronen durch Anwendung von mit o-Phenyl-phenol getränktem Wickelpapier gute Erfolge erzielt. Bei Orangen traten dabei Schädigungen der Schale auf, doch konnte diese Nebenerscheinung gemildert werden, wenn das Papier nebst dem fungizid wirkenden Mittel auch noch mit Mineralöl oder Hexamethylentetramin (Urotropin) versehen wurde.

Die Verwendung von Stickstofftrichlorid[5] und ähnlichen, an sich wirksamen, aber in lebensmittelhygienischer Hinsicht bestrittenen Substanzen bedarf einer kritischen Prüfung. Mit gutem Erfolg werden mit Diphenyl getränkte Papiere zur Senkung der Penicilliumfäule eingesetzt, doch findet auch diese Maßnahme nicht überall den ungeteilten Beifall der Verbraucher. Bessere Kenntnisse über die physiologischen Fruchtveränderungen sind durch die Arbeiten von Harvey und Rygg[6] sowie durch Harding und Sunday[7] vermittelt worden. Die volle Würdigung dieser Versuchsergebnisse wie auch eine sorgfältige Behandlung der Frucht, welche jegliche Verletzung der Fruchthaut vermeidet, können sehr viel zur Gesunderhaltung des Lagergutes beitragen. Es sei ferner auf die Literatur bezüglich Fragen der Ernte, Lagerung und des Transportes von Citrusfrüchten verwiesen[8-10]. Über neuere Lagerungsversuche in Nordafrika hat Ildis berichtet[11].

I. Die Kaltlagerung von Bananen.

Die Banane ist ein typisches Beispiel einer tropischen, äußerst kälteempfindlichen Frucht. Wird sie nur einige wenige Tage einer Temperatur unter 9° C ausgesetzt, so treten Schädigungen auf, wie z. B. Verfärbungen der Schale oder Veränderung des Geschmackes. Letztere äußert sich darin, daß die Frucht einseitig sauer und fad schmeckt, u. U. sogar das Nachreifungsvermögen verliert, ähnlich wie die Tafelbirnen unter bestimmten Bedingungen.

Die Banane wird gewöhnlich vom Ort der Erzeugung bis zum Verbrauchsort in unreifem grünem Zustand transportiert. Bei Temperaturen von 11° C bis 12° C, die gewöhnlich als die vorteilhaftesten bezeichnet werden, wird der Reifeprozeß weitgehend abgestoppt. Bei der Wahl der Temperatur ist aber auf die Herkunft Rücksicht zu nehmen, indem z. B. die Jamaica- oder Gros Michel-Banane bei 12° C gelagert werden muß, während die Cavendish- oder Canary-

[1] Young, W. J., u. F. M. Read: Proc. 1st Imp. horticult. Conf. London 1930.
[2] Fidler, J. C., u. R. G. Tomkins: Rep. Food Invest. Board (1938) S. 189.
[3] Tomkins, R. G.: Rep. Food Invest. Board (1938) S. 186—188.
[4] Tomkins, R. G.: Food Manufact. Bd. 20 (1945) S. 140.
[5] Ryall, A. L., u. G. H. Godfrey: Phytopathology Bd. 38 (1948) S. 1014.
[6] Harvey, E. M., u. G. L. Rygg: Plant Physiol. Bd. 11 (1936) S. 647; Bd. 13 (1938) S. 574.
[7] Harding, P. L., u. M. B. Sunday: U. S. Dep. Agric. Techn. Bull. No. 1072 (1953).
[8] Rose, D. H., H. T. Cook u. W. H. Redit: U. S. Dep. Agric. Bibl. Bull. No. 13. Washington 1951.
[9] Bartholomew, E. T., u. W. B. Sinclair: The lemon fruit, 163 S. Berkeley Univ. 1951.
[10] Ulrich, R.: La Conservation par le Froid, S. 184—208, 317. Paris: Baillère 1954.
[11] Ildis, P.: Rev. gén. Froid Bd. 32 (1955) S. 1139; Bd. 33 (1956) S. 1067.

Banane etwas niedrigere Temperaturen verträgt. Allerdings sind bereits reife Früchte eher bei 14° C zu lagern. Über Reifebestimmungsmethoden berichtet DEUILLIN[1]. Auch auf das Buch von LOESECKE[2] sei hingewiesen. Am Bestimmungsort werden Bananen gewöhnlich in eigens hierfür hergerichteten Reifungskammern in den Zustand der Eßreife übergeführt, wobei sie Temperaturen von 17° C bis 21° C und u. U. zur Beschleunigung des Reifeprozesses zudem dem Einfluß von Äthylen ausgesetzt werden.

Interessant sind im Zusammenhang mit dem Reifungsvorgang der Bananen die Feststellungen von WARDLAW und seiner Mitarbeiter[3] über das CO_2/O_2-Verhältnis im Innern des Fruchtgewebes. Es zeigte sich nämlich, daß dem eigentlichen Reifungsprozeß ein auffallender Rückgang der Sauerstoffkonzentration vorausgeht, während gleichzeitig die CO_2-Kurve in stetigem Anstieg begriffen ist. Nach dem eigentlichen Erweichungsvorgang machte sich ein

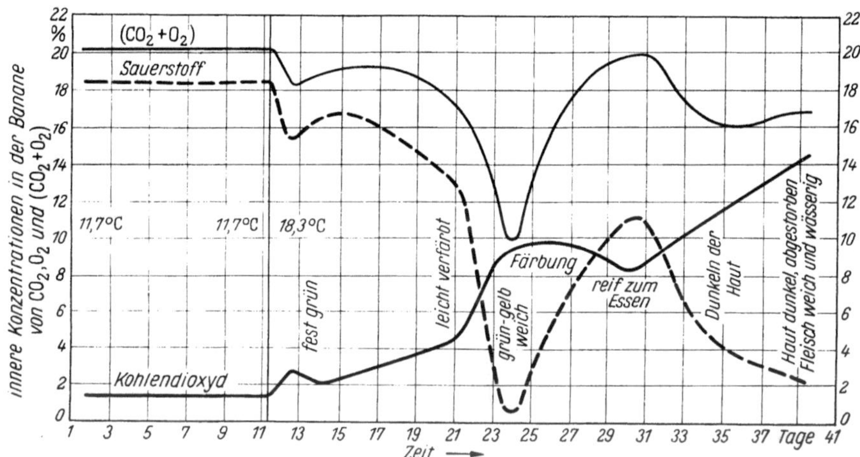

Abb. 236. Die im Innern des Fruchtfleisches einer Gros Michel-Banane ermittelte CO_2-, O_2- und $(CO_2 + O_2)$-Konzentration während der Lagerung bei 11,7° C und im Verlaufe des Reifeprozesses bei 18,3° C. Bei beginnender Reife sinkt die O_2-Konzentration auffallend stark, um dann bei Eintritt der eigentlichen Eßreife einem neuen Maximum zuzustreben. Die CO_2-Kurve steigt dagegen mehr oder weniger gleichmäßig an. Auffallend ist das Minimum der $CO_2 + O_2$-Kurve zur Zeit, da das Fruchtfleisch weich zu werden beginnt[4].

erhöhter Widerstand des weichen Gewebes gegenüber Gasaustausch und ein mittels eines Manometers meßbarer Unterdruck im Gewebe selbst geltend (s. Abb. 236).

Nach den oben zitierten Forschern der Low Temperature Research Station Trinidad dürfte auch die Gaslagerung von Bananen erfolgversprechend sein, hat sich doch ein Gasgemisch von 5% CO_2 und 7 bis 12% O_2 bei einer Temperatur von 11,7° C als vorteilhaft erwiesen. Der große Vorteil dieses Verfahrens wäre namentlich darin zu erblicken, daß die Bananen in einem vorgeschritteneren Reifezustand in den gasdichten Raum eingelagert werden könnten, als das bei gewöhnlicher Lagerung der Fall sein darf; ferner daß sie ebenso lange, wenn nicht noch länger haltbar wären und endlich nach dem üblichen Nachreifungsprozeß

---

[1] DEUILLIN, R.: Fruits Bd. 6 (1951) S. 336; Bd. 7 (1952) S. 64 und Rev. gén. Froid Bd. 29 (1952) S. 117.
[2] LOESECKE, H. W.: Bananas, 189 S. New York: Interscience 1949.
[3] WARDLAW, C. W., E. R. LEONARD u. H. R. BARNELL: Low Temp. Res. Sta. Trinidad Memoirs No. 11 (1939).
[4] Nach C. W. WARDLAW und Mitarb.: Low Temperature Res. Sta. Trinidad Memoir No. 11 (1939) S. 8a.

bei etwa 20° C ein in geschmacklicher Beziehung wesentlich besseres Produkt ergäben[1]. Eine neuere Publikation[2] orientiert über die Schwierigkeiten, welche sich bei der Gaslagerungsmethode ergeben.

K. Die Kaltlagerung von Trockenfrüchten.

Nach Rose[3] können getrocknete Äpfel, Aprikosen und Pfirsiche bei —3° C bis 0° C aufbewahrt werden. Trockenfeigen und Pflaumen werden besser bei +4° C bis 7° C gelagert, wobei $\varphi = 70$ bis 75% sein soll. Getrocknete Trauben werden ebenfalls bei +4° C bis 7° C gelagert, φ muß hier jedoch auf 50 bis 60% gesenkt werden. Die Lagerdauer der Trockenfrüchte kann mit 9 bis 12 Monaten veranschlagt werden. Im Lagerraum ist ein lückenloses Stapeln der Trockenfrüchte angezeigt, damit sie weniger Feuchtigkeit aus der Luft aufnehmen. Nach Scupin[4] wiesen Trockenfeigen bei —3° C bis —2,5° C und $\varphi = 70\%$ die beste Haltbarkeit auf.

L. Optimale Kaltlagerbedingungen von verschiedenen Fruchtarten.

Die Kommission 4 des Technischen Rates im Internationalen Kälteinstitut hat eine Zusammenstellung der günstigsten Kaltlagerbedingungen und der dabei zulässigen Lagerzeit erarbeitet, auf die hier ausdrücklich verwiesen wird[5].

2. Die Kaltlagerung verschiedener Gemüsearten.

A. Die Kaltlagerung von Tomaten.

Die in der Literatur zu findenden Angaben über die optimalen Lagerungsbedingungen von Tomaten sind sehr widersprechend, wie dies unter den Früchten, z. B. bei den Pflaumen oder Citrusfrüchten, der Fall war. Daß wir es hier mit einer wärmeliebenden Pflanze und Frucht zu tun haben, wird wohl niemand bezweifeln; wenn also Tomaten auf relativ tiefe Lagertemperaturen empfindlich reagieren, so ist das weiter nicht verwunderlich, da ja die Temperaturempfindlichkeit der in warmer Umgebung gewachsenen Pflanze und Pflanzenteile eine allgemein bekannte Erscheinung darstellt.

In bezug auf die Wahl der Lagertemperatur gehen die Empfehlungen der Versuchsansteller in 2 Richtungen, wobei die einen einer tiefen Temperatur von 0° C bis 1° C den Vorzug geben, die anderen einer ganz wesentlich höheren, im Bereich von 5° C bis 12° C.

Es sind namentlich deutsche Forscher, die von jeher für tiefe Lagertemperaturen eingestanden sind. So bezeichnet z. B. Plank[6], auf Grund seiner vergleichenden Lagerungsversuche bei verschiedenen Temperaturen mit reifen Tomaten, 0° C und $\varphi = 85\%$ als vorteilhaft, und zwar im Hinblick auf die unter diesen Bedingungen geringere Fäulnisanfälligkeit. In bezug auf die Lagerdauer

---

[1] Wardlaw, C. W., E. R. Leonard u. H. R. Barnell: Low Temp. Res. Sta. Trinidad Memoirs No. 1—22 (1935—45).

[2] Gane, R., C. R. Furlong, J. E. Robinson u. H. J. Shepherd: D. S. I. R. Food Invest. Techn. Paper No. 3 (1953).

[3] Rose, D. H., H. T. Cook u. W. H. Redit: U. S. Dep. Agric. Bibl. Bull. No. 13. Washington 1951.

[4] Scupin, L.: Vorratspflege u. Lebensmittelforsch., Sonderh. 1 (1939) S. 137.

[5] Siehe S. 80 ff. dieses Bandes.

[6] Plank, R.: Beih. Z. ges. Kälteind., Reihe 3, H. 3 (1928) S. 44.

wird mit 4 Wochen gerechnet. Ähnliche Schlußfolgerungen zieht auch SCUPIN[1] aus ihren über viele Jahre sich erstreckenden Versuchen mit verschiedenen Lagerungstemperaturen. Bei $+0,5°$ C bis $+1°$ C und $\varphi = 90\%$ in vollreifem und festfleischigem Zustand eingelagerte Tomaten sollen sich etwa 5 Wochen aufbewahren lassen. Werden die Tomaten nach Ablauf dieser Zeit ausgelagert, so ist auf raschen Verbrauch hinzuwirken, da dann auch, so führt die Versuchsstellerin aus, gesunde, durch Fäulnispilze nicht befallene Tomaten in stärkerem Maße weich zu werden beginnen. Es wird in diesem Zusammenhang auch das Sortenproblem angeschnitten und die Berücksichtigung der kältewiderstandsfähigen Sorten, wie Westlandia, Radio, Heterosis usw., empfohlen. PERRAUDIN[2] konnte vollreife Früchte der Sorte Rheinlands Ruhm bei $+4°$ C und $\varphi = 92\%$ während 24 Tage lagern mit weniger als 2% Wasserverlust und weniger als 4% Abfall. Eine Temperatur von $+2°$ C ergab ähnliche, aber eher weniger gute Resultate.

Demgegenüber wird von verschiedener Seite die Empfindlichkeit der Tomate für tiefe Lagertemperaturen als eine Tatsache hingestellt, der man in der Lagerungspraxis Rechnung tragen müsse. BARKER[3] nimmt in dieser Beziehung vielleicht eine extreme Stellung ein, indem er auf Grund seiner Versuche mit Treibhaustomaten vor der Abkühlung unter 15° C warnt, und zwar mit Rücksicht auf Störungen des normalen Reifeprozesses, die dann gewöhnlich eine erheblich höhere Anfälligkeit für Botrytis-Fäule nach sich ziehen. In den USA ist namentlich das Nachreifungsvermögen der in grünem Zustand geernteten Tomaten bei verschiedenen Temperaturen untersucht worden. Daß solche Tomaten in den USA Gegenstand vieler Untersuchungen waren, ist weiter nicht verwunderlich, da ein Versand auf große Entfernungen, wie er dort erforderlich ist, meistens nur in unreifem, hartfleischigem Zustand in Frage kommt. WRIGHT[4] und seine Mitarbeiter stellten denn auch in Übereinstimmung mit anderen Forschern[5] fest, daß für einen normalen Nachreifungsprozeß grüner Tomaten eine Temperatur von 10° C und darüber notwendig ist. Sie empfehlen deshalb die Einlagerung grünreifer Tomaten bei 10° C bis 15° C. In diesem Fall kann mit einer Haltbarkeit von mindestens 4 Wochen und einem in geschmacklicher Hinsicht vollwertigen Produkt gerechnet werden. Zu demselben Schluß kommen in Holland auch MULDER und SPRENGER[6] in bezug auf grün eingelagerte Tomaten, während sie für reife, nahezu vollständig gefärbte Ware Temperaturen von 8° C bis 10° C empfehlen und eine Haltbarkeitsdauer von etwa 14 Tagen angeben. Demgegenüber gibt WARDLAW[7] von der Low Temperature Research Station Trinidad die Gefahrengrenze für reife Tomaten mit 4,5° C bis 10,5° C an.

Im Zusammenhang mit diesen ziemlich widersprechenden Angaben ist die Feststellung von KIDD und WEST[8] interessant, wonach Treibhaustomaten, im Sommer geerntet, 18 Tage bei 5° C aufbewahrt werden konnten, ohne jeglichen Schaden zu nehmen und zudem nachher noch längere Zeit bei 15° C haltbar waren, während im Gegensatz dazu die im Herbst geernteten Tomaten gleicher

[1] SCUPIN, L.: Vorratspflege u. Lebensmittelforsch., Sonderh. 1 (1939) S. 76.
[2] PERRAUDIN, G.: Rev. Romande d'Agric. (1956) S. 50.
[3] BARKER, J.: Rep. Food Invest. Board (1929) S. 43.
[4] WRIGHT, R. C., W. T. PENTZER, W. T. WHITEMAN u. D. H. ROSE: U. S. Dep. Agric. Techn. Bull. No. 268 (1931) S. 1—34.
[5] PLATENIUS, H., F. S. JAMISON u. H. C. THOMPSON: Cornell Univ. Agric. exp. Sta. Bull. No. 602 (1934) S. 22.
[6] MULDER, R., u. A. M. SPRENGER: Meded. No. 68. Nederlandsche Vereenigung voor Koeltechnik.
[7] WARDLAW, C. W., u. L. P. McGUIRE: The storage of Tropical grown Tomatoes E. M. B. Bd. 59. Trinidad 1931.
[8] KIDD, F., u. C. WEST: Rep. Food Invest. Board (1932) S. 82.

Sorten bei 5° C schon nach 10 Tagen die für den beginnenden Verderb charakteristischen hellen, durchsichtigen Stellen aufwiesen.

Zieht man die Schlußfolgerungen aus den vielen Lagerungsversuchen mit Tomaten, so kommt man zum Ergebnis, daß die 0° C- bis $+1°$ C-Lagerung wohl nur im Falle kurzfristiger Aufbewahrung nahezu reifer Ware während 4 bis 5 Tagen (sog. Weekend-Lagerung) ohne Risiko durchgeführt werden kann. Wenn diese relativ tiefen Temperaturen länger einwirken, ist mit Störungen des Reifevorganges zu rechnen, so daß solche Ware dann nicht mehr für den Rohgenuß, sondern höchstens für die sofortige Verarbeitung in der Konservenfabrik in Frage kommt. Vorsichtiger ist es jedenfalls, wenn in nahezu reifem Zustand geerntete Tomaten im Temperaturbereich von 3° C bis 8° C aufbewahrt werden, wobei je nach der Kältewiderstandsfähigkeit der betreffenden Sorte der untere oder obere Bereich gewählt wird. Die Dauer der Aufbewahrung dürfte dann wohl 2 bis 4 Wochen betragen. Handelt es sich dagegen um in grünlichem Zustand geerntete Tomaten, so darf, wenn man beim Nachreifen ein in geschmacklicher Hinsicht vollwertiges Produkt erhalten will, keinesfalls unter 10° C gekühlt werden.

Der Verderb ist bei Anwendung tiefer Lagertemperaturen in erster Linie einem physiologisch bedingten inneren Zusammenbruch zuzuschreiben, dessen Ursache und dessen Begleitumstände noch Gegenstand näherer Untersuchungen sein müssen. Jedenfalls bietet diese Störung nichtparasitärer Natur günstige Bedingungen für die Fäulniserreger (Botrytis cinerea, Alternaria spez., Phoma spez. u. a). Auffallenderweise bildet die Stielansatzstelle ein bevorzugtes Einfallstor, so namentlich im Falle der Phoma-Fäule. Die hierbei verursachten Schäden werden öfters einfach als Stielfäule bezeichnet.

Im Hinblick auf die Temperaturempfindlichkeit der Tomaten wäre man wohl leicht versucht, die Gaslagerung in Anwendung zu bringen, doch scheinen auch hier die Aussichten auf Erfolg recht gering zu sein[1]. KIDD und WEST[2] haben zwar bei 8,5° C, 12° C und 15° C im Gaslager einen etwas kleineren Fäulnisabgang festgestellt als in normaler Luft, doch ergaben die Versuche andererseits auch eine ziemlich große CO_2-Empfindlichkeit der Tomaten, ertrugen sie doch bei 5% O_2 nur Konzentrationen von 5% CO_2. Eine wesentliche Haltbarkeitssteigerung konnte jedenfalls auf diesem Wege nicht erzielt werden.

Die leichte Verletzbarkeit der zarten Tomatenhaut fordert gebieterisch eine sorgfältige Behandlung der Früchte vor, während und nach der Lagerung. Daneben ist aber auch der Gewichtsverlust unverletzter Tomaten bei langer Aufbewahrung verhältnismäßig hoch, weshalb man sich mit einer rel. Feuchtigkeit von 90% oft nicht zufrieden gibt, sondern noch weitere Schutzmaßnahmen trifft, wie z. B. das Einbetten in Korkschrot, Torf oder Ölpapierschnitzel.

B. Die Kaltlagerung von Zwiebeln.

1. Speisezwiebeln.

Wenn Speisezwiebeln im gewöhnlichen Keller über den 1. März hinaus aufbewahrt werden, ist mit erheblichen Verlusten durch Austreiben zu rechnen. Um das Austreiben und den Fäulnisabgang auf ein Mindestmaß zu reduzieren, wird die Kühlaufbewahrung bei konstanten Temperaturen von 0 °C bis 0,5 °C von verschiedener Seite, namentlich von amerikanischen Versuchsanstellern[3,4], empfohlen. In

---

[1] EMBLIK, ED.: Z. ges. Kälteind. (1936) S. 173—176, 196—202.
[2] KIDD, F., u. C. WEST: Rep. Food Invest. Board (1932) S. 209—211.
[3] ROSE, D. H., R. C. WRIGHT u. T. M. WHITEMAN: U. S. Dep. Agric. Circular No. 278 (1938) S. 30.
[4] PLATENIUS, H., F. S. JAMISON u. H. C. THOMPSON: Cornell Univ. Agric. exp. Sta. Bull. No. 602 (1934) S. 17.

bezug auf die Luftfeuchtigkeitsverhältnisse wird im Gegensatz zu anderen Gemüsearten eine eher trockene Luft, nämlich $\varphi = 75$ bis 65% vorgezogen. Die Erzielung dieses, die Entwicklung der Fäulniserreger hemmenden Luftzustandes ist meistens mit Schwierigkeiten verbunden und erfordert spezielle technische Einrichtungen (Raumentfeuchter, Aufheizvorrichtung, feuchtigkeitsabsorbierende Mittel). Vorausgesetzt, daß nur gesunde Ware und geeignete Sorten eingelagert wurden, dürfte aber unter diesen Umständen eine 6monatige Lagerung ohne großes Risiko durchführbar sein. Handelt es sich um eine Gegend mit verhältnismäßig strengen Wintern, so könnte nach dem Vorschlag von CHROBOCZEK[1] aus Polen, bestätigt durch STUIVENBERG[2] aus Holland, auch eine Kombination von Hauskellerlagerung mit Kaltlagerung in Frage kommen, wobei dann bis Ende Februar bei schwankenden Temperaturen im gewöhnlichen Keller aufbewahrt und hierauf die Ware in den $-1°$ C-Raum übergeführt würde.

Werden die Zwiebeln während der ganzen Dauer der Lagerung bei $-1°$ C gelagert, so fällt, wie RASMUSSON[3] feststellt, der Beginn des Austreibens ungefähr auf Anfang April. Soll die Haltbarkeit gesteigert werden, so kommt man nicht um die Anwendung noch tieferer Temperaturen herum. Dies ist durchaus möglich, denn, obschon der Gefrierpunkt für Zwiebeln bei $-1,2°$ C liegt, wird das ausgefrorene Wasser von bei $-2°$ C bis $-3°$ C gelagerten Zwiebeln bei sorgfältigem Auftauen wieder weitgehend resorbiert. Auf Grund vieler Versuche und langjähriger Erfahrung auf dem Gebiet der Zwiebellagerung bezeichnet SCUPIN[4] sogar ganz allgemein eine Temperatur von $-2°$ C bis $-3°$ C und $\varphi = 85\%$ als besonders vorteilhaft. Dabei beträgt bei einer Lagerungsdauer von $6\frac{1}{2}$ Monaten der Gewichtsverlust nur etwa 4%[5]. Es ist klar, daß unter diesen Umständen der Auftauprozeß sehr sorgfältig überwacht und die Ware langsam aufgewärmt werden muß unter Einwirkung starkbewegter Luft zur Verhinderung der Kondenswasserbildung. Auch müssen die Zwiebeln nach dem Auftauen rasch dem Verbrauch zugeführt werden. Wer sich somit vor die Frage gestellt sieht, ob die Zwiebeln nach der eingangs erwähnten Methode über dem Gefrierpunkt, bei $0°$ C bis $-0,5°$ C, gelagert werden sollen oder unterhalb desselben, bei $-2°$ C bis $-3°$ C, bedenke, daß im letzteren Fall schon eine geringfügige Absenkung der Temperatur unter $-3°$ C nicht wieder gutzumachende Schädigungen zur Folge haben kann. Außerdem ist die Kältewiderstandsfähigkeit der einzelnen Sorten recht verschieden; ja es können sogar innerhalb einer Sorte in dieser Beziehung erhebliche Unterschiede auftreten, sofern sie schlecht durchgezüchtet sind. Ein Beispiel hierfür bildet die in Oberitalien am häufigsten angebaute sog. Parmazwiebel. Und schließlich ist auch der rasche Verbrauch des Lagergutes nach dem Auftauen nicht immer möglich und auch nicht immer erwünscht.

Diese Ausführungen wären lückenhaft, wenn wir in diesem Zusammenhang nicht auch noch auf die Wichtigkeit der Sortenwahl hinweisen würden. Nicht nur die Fäulnisanfälligkeit ist von Sorte zu Sorte ziemlichen Schwankungen ausgesetzt, sondern dasselbe gilt auch für die Austriebwilligkeit. Daß in dieser Beziehung auf züchterischem Wege noch sehr viel erreicht werden kann, zeigt das Beispiel der an der Versuchsanstalt Wädenswil durchgeführten Arbeit mit den Sorten Oensinger und Wistenlacher als Ausgangspunkt, aus der bereits ein Stamm mit ausgesprochen guter Haltbarkeit hervorgegangen ist.

---

[1] CHROBOCZEK, E.: Ann. des Sci. Horticoles Tom III, 1936.
[2] VAN STUIVENBERG, J. H. M.: Meded. Inst. Onderzoek Wageningen (1943) S. 6—29.
[3] RASMUSSON, L.: Z. Früchtehandel Bd. 51 (1938) S. 13.
[4] SCUPIN, L.: Kälte-Ind., H. 3/4 (1938).
[5] SCUPIN, L.: Kältetechn. Anz. Nr. 6 (1937).

Was die krankhaften Veränderungen anbelangt, so steht als bekannte Erscheinung die sog. „Kopffäule", meistens verursacht durch den Erreger der Penicillium-Fäule, im Vordergrund. Sorgfältige Sortierung vor der Einlagerung wirkt sich in dieser Beziehung immer günstig aus. Ein zweiter, ebenfalls häufiger Fäulniserreger ist die meistens an verletzten Stellen auftretende Botrytis-Fäule. Obschon nichtparasitäre Krankheiten wahrscheinlich auch vorkommen, spielen sie doch nicht die gefährliche Rolle wie bei anderen Gemüsearten.

Kaess[1] hat zahlreiche Versuche durchgeführt, um die Möglichkeit der Anwendung der Gaslagerung zu klären. Das Einlagern von Zwiebeln in Gasgemischen mit $CO_2 + O_2 = 21\%$ hat in keinem Fall zu einem günstigen Ergebnis geführt. Dagegen erwies sich die Lagerung in reinem Stickstoff bei $0°$ C ($\varphi = 95\%$) sowie in N_2 und $0,5\% O_2$, als vorteilhaft. Gewichtsverluste, Fäulnisabgang und Verluste durch Auskeimen waren nach 6- bis 7monatiger Lagerung bei der Sorte Zittauer Riesen deutlich geringer als beim Kontrollversuch in Luft bei $0°$ C und $\varphi = 95\%$ oder $-2,5°$ C und $\varphi = 75\%$.

2. Die Kaltlagerung von Steck- oder Setzzwiebeln und von Samenträgern.

Steckzwiebeln sind im allgemeinen ein im Preis hochstehendes Lagergut, das verdient, mit großer Sorgfalt behandelt zu werden. Wenn Platenius[2] u. a. schreiben, „Steckzwiebeln sind unter den gleichen Bedingungen einzulagern wie Speisezwiebeln", gemeint ist $0°$ C bis $-0,5°$ C, so wird diese abgekürzte und vereinfachte Methode den tatsächlichen Verhältnissen nicht ganz gerecht. Zwar haben auch Thompson und Ora Smith[3] für die Sorten Ebenezer und Yellow Globe die $0°$ C-Lagerung in den Vordergrund gestellt, weil, sofern die Steckzwiebeln bei höheren Temperaturen aufbewahrt wurden, in der darauffolgenden Vegetationsperiode ein übermäßig hoher Prozentsatz der sich aus den Steckzwiebeln entwickelnden Pflanzen in Blüte ging. Zu demselben Schluß kommt auch Kessler[4], der mit den Sorten Wistenlacher, Oensinger und Elsässer experimentierte. Demgegenüber vertreten aber die Holländer Blaauw, Hartsema und Luyten[5] sowie die Engländer Heath, Holdsworth u. a.[6] die Auffassung, eine Aufbewahrung der Steckzwiebeln bei $23°$ C bis $28°$ C sei der Kaltlagerung überlegen, und zwar namentlich deshalb, weil die Zahl der Blüher in der darauffolgenden Vegetationsperiode kleiner sei, als wenn die Steckzwiebeln vorher bei $0°$ C aufbewahrt worden sind.

Derart stark divergierende Ansichten hinsichtlich der optimalen Lagerbedingungen sind auf den ersten Blick kaum verständlich. Bei näherem Studium der Sachlage kommt man aber zum Schluß, daß die Ergebnisse deshalb verschieden ausgefallen sind, weil einzelne Versuchsansteller Sorten mit vollständig verschiedenen Erbanlagen verwendet haben, und zwar waren in diesem Fall vor allem Unterschiede hinsichtlich des Faktors „Blühwilligkeit der ausgewachsenen Zwiebelpflanze" zu vermerken. Tatsächlich war denn auch bei den in Wädenswil verwendeten, durch sehr gute Haltbarkeit sich auszeichnenden Sorten Oensinger und Wistenlacher der Prozentsatz an in Blüte gehenden Pflanzen, auch

[1] Kaess, G.: Landwirtsch. Jb. Bd. 85 (1938) S. 713; Bd. 88 (1939) S. 926.

[2] Platenius, H., F. S. Jamison u. H. C. Thompson: Cornell Univ. Agric. exp. Sta. Bull. No. 602 (1934) S. 17.

[3] Thompson, H. C., u. Ora Smith: Cornell Univ. Agric. exp. Sta. Ithaca No. 708 (1938).

[4] Kessler, H., F. Schütz u. W. Eichenberger: Der Gärtnermeister, H. 40/42 (1948) S. 326, 335, 344.

[5] Blaauw, A. H., A. M. Hartsema u. I. Luyten: Meded. No. 66 en 72, Labor v. Plantenphysiologisch Onderzoek. Wageningen 1941 und 1944.

[6] Heath, V. S., H. Holdsworth, M. A. H. Tincker u. F. C. Brown: Ann. Applied Biol. Bd. 34 (1947) S. 474.

im Falle einer vorgeschalteten 0° C-Lagerung der Steckzwiebeln, verglichen mit Sorten ausländischer Herkunft, auffallend klein, vorausgesetzt, daß der Durchmesser der Zwiebeln 18 mm nicht überstieg.

Anders liegen die Verhältnisse, wenn es gilt, ausgewachsene Zwiebeln normaler Größe aufzubewahren, um sie im Frühling als sog. Samenträger auszupflanzen. In diesem Fall wirkt, wie die Versuche in Wädenswil gezeigt haben[3], eine 0° C-Lagerung nachteilig, konnten doch von 360 im Kühlhaus aufbewahrten Zwiebeln nach Abschluß der Vegetationsperiode nur 1,4 kg Samen geerntet werden, während im Falle einer Lagerung bei schwankenden Temperaturen zwischen 8° C bis 16° C von gleich viel Zwiebeln bzw. Samenträgern 2,7 kg Samen, somit eine Vollernte, erzielt wurde.

C. Die Kaltlagerung von Rotkohl, Weißkohl und Wirsing (Wirz).

Die Kaltaufbewahrung dieser verhältnismäßig niedrig im Preise stehenden Gemüsearten lohnt sich nur dann, wenn erstklassige Ware, d. h. eine gut durchgezüchtete Sorte mit ausgeglichenen, nicht zu großen Köpfen vorliegt. Die Köpfe sollen, wenn es sich um Rot- oder Weißkohl handelt, spezifisch schwer sein, satt aneinander anliegende Blattlagen und einen guten Abschluß nach oben, in Form von übereinandergreifenden sog. Deckblättern aufweisen (Abb. 237). Leider herrscht noch sehr oft die Auffassung, weil Kohlgemüse gewöhnlich verhältnismäßig billig ist, sei eine rauhe Behandlung bei der Ernte und beim Transport zulässig. Ganz im Gegenteil aber kann beim Auf- und Umladen und bei der Einlagerung nicht sorgfältig genug vorgegangen

Abb. 237. Typus einer für Dauerlagerung sich eignenden Rotkohlsorte (Züchtung Versuchsanstalt Wädenswil). Erwünscht sind schwere, gleichförmige Köpfe mit gutem Abschluß in Form von übereinandergreifenden Deckblättern.

werden, schließt doch jede Verletzung des empfindlichen Blattgefüges die Möglichkeit der Fäulnisinfektion in sich.

Als Lagertemperatur kommt für alle Kohlgewächse in erster Linie die 0° C-Lagerung in Betracht. Zwar ist auch die Temperatur von −1° C in Vorschlag gebracht worden[2], doch ist man damit etwas nahe an den Gefrierpunkt herangerückt, der mit −0,5° C bis −2° C angegeben wird. Besondere Aufmerksamkeit muß auch der Regelung des Luftfeuchtigkeitsgehaltes geschenkt werden. Nach schweizerischen Erfahrungen sollte in den ersten 4 bis 6 Wochen der Lagerperiode verhältnismäßig trockene Luft herrschen, nämlich $\varphi =$ etwa 80%, verbunden mit starker Luftumwälzung, damit die zwischen den Blattschichten, auch bei trocken eingebrachtem Lagergut, immer vorhandene Feuchtigkeit abgeführt wird. Diese Entfeuchtungskur darf sogar fortgesetzt werden, bis das Deckblatt leichte Eintrocknungserscheinungen zeigt und somit einen guten

---

[1] Siehe Fußnote 4 auf S. 524.

[2] Scupin, L.: Die Kühllagerung von Erzeugnissen des deutschen Gemüse- u. Obstbaues. Dissertation, S. 69. Berlin 1934.

Schutz vor Fäulnisbefall bildet. Erst nach 5 oder 6 Wochen wird man dann im Hinblick auf möglichste Einschränkung der auf Verdunstung zurückzuführenden Gewichtsverluste den Feuchtigkeitsgehalt auf 90% erhöhen[1]. Unter Beachtung dieser Umstände sollte eine 4- bis 5monatige Lagerung möglich sein, wobei der Gewichtsverlust, Fäulnis- und Wasserabgabe inbegriffen, die Größenordnung von 10% nicht wesentlich übersteigen sollte. Rotkohl ist für die Kühlhausaufbewahrung besonders geeignet. Hier haben sich namentlich die Sorten Dänischer Steinkopf und Langendijker gut bewährt. Mit der Auslagerung darf nicht so lange zugewartet werden, bis sich die Blätter bzw. Blattrippen vom Strunke lösen, was als typisches Zeichen der Überalterung zu betrachten ist.

Abb. 238. Botrytis-Infektion an Weißkohl. Die schwärzlich verfärbten Gefäßstränge sind bereits vom Pilz durchwuchert. Ein derart hoher Infektionsgrad läßt auf einen begangenen Düngungsfehler schließen, in diesem Fall liegt Stickstoffüberdüngung während der Vegetationszeit vor.

Während in der Kohlscheune vor allem das bloße Aufeinanderschichten der Köpfe üblich ist, sollte man im Kühlhaus der Lagerung in Harassen den Vorzug geben. Nicht nur ist in letzterem Fall die bei der Pyramide häufig zu Fäulnisbildung führende Druckwirkung auf die unteren Lagen weitgehend ausgeschaltet, sondern die Durchlüftung der Masse und die Raumausnützung ist eine wesentlich bessere. Unter den Fäulniserregern spielt vor allem die Botrytis- (Abb. 238) und die Alternaria-Fäule eine große Rolle. Sehr verhängnisvoll kann sich aber auch eine schwärzliche, kreisrunde Flecken verursachende Bakteriose auswirken. Auf dem Feld bereits infizierte Kohlköpfe werden hierbei oft in scheinbar gesundem Zustand eingelagert. Nach 4- bis 6wöchiger Lagerung nimmt dann aber die Krankheit rasch überhand und entwertet das Lagergut weitgehend. Überdüngung der Feldbestände mit stickstoffhaltigen Düngemitteln kann sich in bezug auf die Krankheitsanfälligkeit, ganz allgemein betrachtet, sehr nachteilig auswirken.

D. Die Kaltlagerung von Blumenkohl und Broccoli.

Allgemein wird 0° C als die beste Aufbewahrungstemperatur bezeichnet. In Anbetracht der ziemlich großen Austrocknungsgefahr, der namentlich die Blattrosette ausgesetzt ist, muß der Regelung der Luftfeuchtigkeit alle Aufmerksamkeit geschenkt werden; man wähle daher $\varphi = 90\%$ oder gar 95%. Aus dem gleichen Grund wird auch das Abdecken der „Blumen" mit Zellophan empfohlen. Auch die Feststellung von Scupin[2], wonach Blumenkohl mit uneingekürztem Umblatt gegenüber demjenigen mit auf die Hälfte eingekürztem Deckblatt weniger Abgang auf dem Lager zeigt, verdient in diesem Zusammenhang beachtet zu werden. Unter der Voraussetzung sofortiger Einlagerung nach der Ernte darf mit einer Lagerdauer von 3 bis 4 Wochen gerechnet werden, die unter besonders günstigen Verhältnissen sich auch noch etwas ausdehnen läßt. Jeden-

---

[1] Kessler, H.: Schweiz. Landwirtsch. Mh. XXI. Jg. (1943) H. 2.
[2] Scupin, L.: Vorratspflege u. Lebensmittelforsch., Sonderh. 1 (1939) S. 94—100.

falls soll man aber mit der Auslagerung nicht warten, bis die reinweiße Farbe „der Blume" ins Gelbliche oder gar Bräunliche übergeht. Das Auftreten schwärzlicher Flecken, die auf die Tätigkeit des Alternariapilzes zurückzuführen sind, kann das Aussehen dieser Gemüseart stark beeinträchtigen und damit den Marktwert herabsetzen. Der genannte Fäulniserreger breitet sich besonders rasch aus, wenn die Köpfe naß eingelagert worden sind.

Nach Smith[1] hat die Aufbewahrung in einem Gasgemisch von 10% CO_2 + + 11% O_2 + 79% N_2 bei 0° C eine Verlängerung der oben angeführten Haltbarkeitsperiode um 1 bis 2 Wochen zur Folge, wobei dem in dieser Weise behandelten Lagergut eine längere Haltbarkeit nach der Auslagerung nachgerühmt wird.

E. Die Kaltlagerung von Spargel.

Es ist ja eigentlich nicht verwunderlich, daß der Spargel als junger Pflanzensproß und dazu noch einer, der gewaltsam mit dem Messer durchschnitten wird, ein äußerst empfindliches Gebilde darstellt, das, wenn höheren Temperaturen ausgesetzt, sehr rasch zugrunde geht und auch bei niedrigen nur eine ganz bescheidene Aufbewahrungszeit übersteht. Im gewöhnlichen Keller beträgt seine Lebensdauer oft nur wenige Tage. Bei 0° C bis +1° C aufbewahrt, der als der günstigste Temperaturbereich gilt, darf man mit einer Haltbarkeit von 3 bis 4 Wochen rechnen, allerdings auch nur dann, wenn nach der Ernte ohne erheblichen Zeitverlust eingelagert wird[2].

Ein verhältnismäßig hoher Luftfeuchtigkeitsgehalt ist dem Spargel ebenfalls zuträglich, jedenfalls ist 85 bis 90% nach Rose[2] u. a. eher noch zu trocken, während 90 bis 95% nach den Angaben von Heiss[3] das Richtige treffen dürfte. Scupin[4] empfiehlt mit Recht, die Spargelbündel zur Herabsetzung der Wasserabgabe in Zellophan einzuhüllen oder die ganze Kiste mit einem den Wasserdampfdurchgang möglichst hemmenden Wachspapier auszulegen.

F. Die Kaltlagerung von Bohnen und Erbsen.

Die beiden genannten Gemüsearten lassen sich bekanntlich, auch wenn sie dem Frischkonsum nicht zugeführt werden, auf verschiedene Arten verwerten, sei es nach dem Trocknungs-, Sterilisier- oder Gefrierverfahren. Deshalb kommt denn auch eine Kaltlagerung bis an die Grenze der Aufbewahrungsmöglichkeit höchst selten in Frage, wohl aber eine kurzfristige Lagerung.

Auf Grund langjähriger Versuche kommt Scupin[5] zum Schluß, Bohnen sollten ihrer hohen Temperaturempfindlichkeit wegen nicht unter +4° C gekühlt werden. Wird mit der Kühlung unter diese Grenze gegangen, so ist mit nichtparasitären Krankheiten zu rechnen, kenntlich an den bräunlichen oder schwärzlichen Verfärbungen der Bohnen. Dabei kommen die typischen Anzeichen für die stattgefundenen Veränderungen der subepidermalen Zellen meist erst 24 bis 48 Stunden nach der Auslagerung zum Vorschein. Der Luftfeuchtigkeitsgrad wird auf etwa 90% eingestellt. Handelt es sich um eine relativ gut kühlfähige Sorte, so darf mit einer Aufbewahrungsdauer von 10 Tagen gerechnet werden. Dies ist z. B. für die meisten Wachsbohnensorten der Fall, während die grünen

---

[1] Smith, W. H.: J. Pomology horticult. Sci. Bd. XVIII (1940) S. 287.
[2] Rose, D. H., R. C. Wright u. T. M. Whiteman: U. S. Dep. Agric. Circular No. 278 (1938) S. 30.
[3] Heiss, R.: Schriften des Reichskuratoriums für Technik in der Landwirtschaft, H. 77, S. 45. Berlin: Beuth-Vertrieb 1938.
[4] Scupin, L.: Vorratspflege u. Lebensmittelforsch., Sonderh. 1 (1939) S. 94—100.
[5] Scupin, L.: Vorratspflege u. Lebensmittelforsch., Sonderh. 1 (1939) S. 76.

Sorten, so vor allem die anbaumäßig sehr wichtigen Buschbohnen Genfer Markt und Konserva, nach den Feststellungen der oben erwähnten Versuchsanstellerin dieses Prädikat nicht verdienen. Der deutlich feststellbare Haltbarkeitsunterschied zwischen gelbhülsigen und grünhülsigen Sorten wird mit der Ausbildung der Chloroplasten in Zusammenhang gebracht.

Erbsen ertragen dagegen tiefe Temperaturen schon wesentlich besser. Bei $0°$ C und $\varphi = 85$ bis 90% beträgt die Haltbarkeit etwa 4 Wochen[1], u. U. auch etwas mehr. Das herannahende Ende der Aufbewahrungsperiode ist daran erkenntlich, daß die Hülsen braun und infolge Schimmelbefall schmierig werden. Falls die Erbsen nach der Auslagerung der Konservenindustrie zugeführt werden sollen, darf nicht zu spät ausgelagert werden, denn Erbsen mit infolge starker Verdunstung geschrumpften Hülsen lassen sich nicht mehr gut auskernen. Schließlich lassen sich Erbsen auch in ausgekerntem Zustand aufbewahren, nur reduziert sich dann die Haltbarkeit, gleiche Bedingungen wie oben vorausgesetzt, von 4 auf 2 bis 3 Wochen. Die Frage, ob durch eine geeignete Sortenwahl die Haltbarkeit auch bei dieser Gemüseart wesentlich verlängert werden könnte, ist noch nicht restlos abgeklärt. Nach Scupin[2] sollen sich die Sorten Lincoln, Senator, Telephon und Delikateß durch besondere Kühlfähigkeit auszeichnen.

G. Die Kaltlagerung von Gurken.

Das Gurkengewebe weist mit über 95% einen höheren Wassergehalt auf als alle anderen Gemüsearten. Deshalb ist es auch nicht verwunderlich, daß Gurken besonders leicht von Fäulnispilzen, namentlich Cladosporium spez., aber auch von Bakterien befallen werden, und zwar ganz besonders dann, wenn durch unsorgfältige Behandlung an irgendeiner Stelle die Haut aufgerissen und das Gewebe verletzt worden ist.

Mit einer Lagertemperatur von $0°$ C bis $1°$ C und $\varphi = 90\%$ dürfte das Richtige getroffen sein. In diesem Fall liegt eine Haltbarkeit von 3 bis 5 Wochen im Bereich der Möglichkeit. Bei höheren Lagertemperaturen ist mit einem rascheren Verderb zu rechnen[3]. Rose[4] u. a. bemerken zwar, daß bei einer Abkühlung unter $10°$ C kreisrunde, weiche wasserhaltige Stellen besonders häufig aufzutreten pflegen und als Kühlschäden aufzufassen sind. Platenius[3] u. a. dagegen weisen nach, daß es sich in diesem Fall meistens um Schädigungen infolge Bakterientätigkeit oder gar nur um Druckflecken handle. Demzufolge wäre, falls die Lagerdauer nicht über 5 Wochen ausgedehnt wird, die Gefahr des Auftretens nichtparasitärer Krankheiten sehr klein. Da in diesem wasserreichen und trockensubstanzarmen Gewebe nach stattgefundener Infektion die Fäulniserreger sich erfahrungsgemäß sehr rasch ausbreiten, ist es ratsam, das Lagergut in kurzen Zeitabständen auf seinen Gesundheitszustand hin zu kontrollieren. Über physiologische Lagerschäden an Gurken berichten auch Eaks und Morris[5].

H. Die Kaltlagerung von Wurzelgemüse.

Unter den Wurzelgemüsen wird am ehesten vielleicht noch die Kaltlagerung von Möhren (Karotten) in Frage kommen, während Knollensellerie fast durchwegs mit gutem Erfolg in Erdmieten aufbewahrt wird. Der hauptsächlichste

---

[1] Plank, R., u. E. Schneider: Beih. Z. ges. Kälteind. Reihe 3, H. 3.

[2] Scupin, L.: Vorratspflege u. Lebensmittelforsch., Sonderh. 1 (1939) S. 49.

[3] Platenius, H., F. S. Jamison u. H. C. Thompson: Cornell Univ. Agric. exp. Sta. Bull. No. 602 (1934) S. 15.

[4] Rose, D. H., R. C. Wright u. T. M. Whiteman: U. S. Dep. Agric. Circular No. 278 (1938) S. 27.

[5] Eaks, I. L., u. L. L. Morris: Plant Physiol. Bd. 31 (1956) S. 308.

Vorteil der Kaltlagerung gegenüber der Mietenlagerung liegt, wenn es sich um die Aufbewahrung von Möhren handelt, in einem wesentlich geringeren Nährstoffverlust infolge Herabsetzung der Atmungsintensität (namentlich verminderter Zuckerabbau) und einer Reduktion des auf Fäulnisabgang zurückzuführenden Gewichtsverlustes[1]. Die Kaltlagerung dieser Gemüseart wird deshalb stets in Zeiten des Nahrungsmittelmangels (Kriegszeiten) aktuell. Als Lagertemperatur kommt 0° C bis 1° C in Frage, wobei, wenn gesundes Lagergut vorliegt, ohne weiteres mit einer Lagerdauer von 6 Monaten gerechnet werden kann. Damit der Gewichtsschwund auf ein Mindestmaß reduziert bleibt — er sollte nicht wesentlich über 10% steigen —, muß für eine hohe Luftfeuchtigkeit, $\varphi = 90\%$, gesorgt werden. SMITH[2] macht auf die Möglichkeit der Anwendung zweier Lagerungsmethoden innerhalb derselben Saison aufmerksam. In diesem Fall werden die Möhren bis Februar oder März in Erdmieten gehalten, um erst dann, wenn sie zum Auskeimen neigen, ins Kühlhaus übergeführt und auf eine Temperatur von etwa 1° C gekühlt zu werden. Es sollen auf diese Weise gute Ergebnisse erzielt worden sein. Gaslagerung bei 9% CO_2, 12% O_2 und 75% N_2 bei 1° C und 4° C dagegen hat sich nicht als vorteilhaft erwiesen[2].

Eine große Gefahr für die Speiserüblilagerung bildet der Pilz Sclerotinia Libertiana (sclerotiorum)

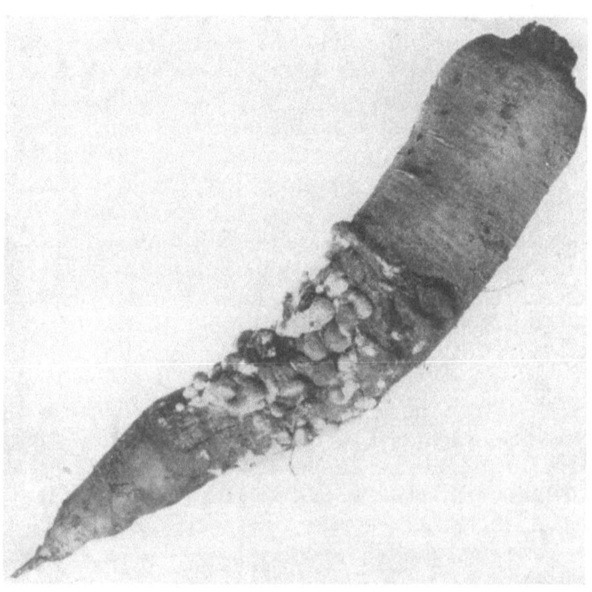

Abb. 239. Sclerotien des u. U. äußerst gefährlichen Fäulniserregers Sclerotinia Libertiana auf der Karottensorte Flakeer. Sofern das Lagergut von mit Sclerotinia infizierten Böden stammt, vermag auch eine 0° C-Lagerung die seuchenhafte Ausbreitung dieses Pilzes auf dem Lagergut nicht zu unterbinden (Photo: H. FISCHER).

(Abb. 239). Falls das Lagergut von mit Sclerotinia infizierten Böden stammt, vermag auch eine 0° C-Lagerung die seuchenhafte Ausbreitung dieses Pilzes auf dem Lagergut nicht zu unterbinden. Die diesbezüglichen Schäden können u. U. ganz gewaltig sein. Es ist verschiedentlich versucht worden, dem Auftreten dieser Krankheit vorzubeugen, und zwar unter anderem durch Waschen der Ware mit gewöhnlichem Wasser oder mit irgendeinem Desinfektionsmittel, so z. B. mit Katadynwasser oder Oxychinolin, leider bis jetzt nur mit wechselndem Erfolg[3]. Somit gibt es vorläufig nur einen Ausweg, nämlich den, das Lagergut nur von jenen Grundstücken zu beziehen, die sclerotiniafrei befunden worden sind. Ein weiteres Mittel, um den Fäulnisbefall hintanzuhalten, besteht auch darin, nur gesunde, unverletzte Ware einzulagern und alle durch irgendwelche Erntegeräte angeschnittene Rüben auszusortieren.

---

[1] PLATENIUS, H.: Cornell Univ. Agric. exp. Sta. Mem. No. 161, Bd. 18 (1934).
[2] SMITH, W. H.: Agriculture (London) Bd. LV (1948) S. 119—124.
[3] FISCHER, H.: Unveröffentlichte Versuche der Versuchsanstalt für Obst-, Wein- und Gartenbau, Wädenswil.

In den USA bildet in den letzten Jahren das Bitterwerden der Karotten bei einer Lagerung von 0° C ein Problem. Man denkt an eine evtl. durch Spurenelementmangel hervorgerufene Störung[1]. Allerdings können Karotten auch durch den Gebrauch gewisser Pflanzenschutzmittel in geschmacklicher Beziehung Einbußen erleiden. Neueste grundlegende Untersuchungen über die Lagerung von Karotten sind in Finnland von MUKULA durchgeführt worden[2].

I. Die Kaltlagerung von Kartoffeln.

Kartoffeln lassen sich bekanntlich im gewöhnlichen Keller recht gut aufbewahren, insbesondere, wenn dieser mit einer Vertikaldurchlüftung ausgestattet, das Lagergut somit auf einem Holzrost angeordnet ist und die Frischluft von unten durch das Lagergut aufstreicht[3]. Besondere Umstände, wie z. B. Nahrungsmittelknappheit, die Notwendigkeit, eine bestimmte Speisesorte bei geringster Gewichtseinbuße oder ein sehr wertvolles Saatgut möglichst lange aufzubewahren, können zur Lagerung im Kühlhaus führen. Bei dieser Gelegenheit muß man sich vor Augen halten, daß die Verluste während der Lagerung sehr verschiedener Art sein können, nämlich durch Wasserverlust, durch die Tätigkeit von Fäulnispilzen und Bakterien, durch Auskeimen und endlich durch das Süßwerden. Was nun das letztere anbelangt, so setzt der praktisch bedeutungsvolle, aber selbstverständlich unerwünschte Verzuckerungsvorgang der Stärke dann ein, wenn die Temperatur während längerer Zeit unter 4° C sinkt. Speisekartoffeln sollten deshalb nicht unter 4° C gekühlt werden. Werden sie trotzdem aus irgendeinem Grund tieferen Temperaturen ausgesetzt, so muß nach der Auslagerung eine auf 1 bis 2 Wochen sich erstreckende Nachbehandlung in einem warmen Lagerraum eingeschaltet werden, wobei ein Teil des in den Knollen gebildeten Zuckers infolge erhöhter Atmungstätigkeit wieder abgebaut wird. Allerdings erstreckt sich die Veränderung dann gewöhnlich nicht nur auf den Zuckergehalt, sondern es wird auch der Gesamtgeschmack und die Textur in Mitleidenschaft gezogen.

Die günstigste Lagertemperatur für Speisekartoffeln ist somit verhältnismäßig hoch und beträgt 3,5° C bis 4° C. Um die Gewichtsverluste auf ein Mindestmaß zu reduzieren, wird $\varphi = 90$ bis 95% empf hlen. KIERMEIER und KRUMBHOLZ[4] haben während des letzten Krieges vergleichende Versuche mit Keller-, Mieten- und Kaltlagerung angestellt, im letzteren Fall wurde bei 3,8° C und $\varphi = 92\%$ aufbewahrt. Mitte April betrugen die Gesamtverluste im Keller je nach Sorte 20 bis 35% ; bei Mieten- und Kaltlagerung dagegen nur 5 bis 7%. Erst von diesem Zeitpunkt an ergaben sich Unterschiede zwischen Mieten- und Kaltlagerung, die zumeist darauf zurückzuführen waren, daß das Auskeimen in künstlich gekühlten Räumen unterbunden wurde. Mitte Juni waren die Gewichtsverluste im Kühlraum um 2 bis 20% des Einlagerungsgewichtes niedriger, je nach Sorte und Herkunft. Der reine Nährstoffverlust (Wasserverlust nicht inbegriffen!) betrug bei einer Lagerung bis Anfang Juni im Keller 19%, in der Miete 14% und im Kaltlager 7%.

Ähnlich wie bei den Speiserüben wäre auch bei den Kartoffeln eine Zweiteilung der Lagerung denkbar, nämlich eine Aufbewahrung im gewöhnlichen Keller bis

---

[1] ATKIN, J. D.: Cornell Univ. Bull. No. 774 (1956).
[2] MUKULA, J.: Acta Agric. scand., Suppl. 2 (1957).
[3] KESSLER, H.: Forschungsergebnisse aus dem Gebiete des Gartenbaues, H. 6 (1944) S. 22—47.
[4] KIERMEIER, F., u. G. KRUMBHOLZ: Vorratspflege u. Lebensmittelforsch. Bd. 5 (1942) S. 1.

Mitte März, mit nachfolgender Kaltlagerung zur Unterdrückung des Auskeimens. Tatsächlich werden in den USA in den Kartoffellagerhäusern leichtmontierbare und demontierbare Kühleinrichtungen während der Dauer der Kühlperiode verwendet[1]. Immerhin sei in diesem Zusammenhang daran erinnert, daß neben der Kaltlagerung in Zukunft andere Haltbarmachungsverfahren ausprobiert werden. So liegt im gewöhnlichen Keller eine Behandlung des Lagergutes mit hormonhaltigen Mitteln im Bereich der Möglichkeit[2—4].

Ferner zeigte BURTON[5], daß mit einer Zugabe von n-Amylalkohol in einer Konzentration von 0,001 g/l Luft die Keimung auch gehemmt wird.

Durch Behandlung mit ionisierenden Strahlen (s. S. 110) kann das Auskeimen der Kartoffeln verhindert und die Lebensdauer der Knollen verlängert werden[6—8].

Trotzdem gewinnt die Kaltlagerung von Speisekartoffeln zusehends an Bedeutung, und die einschlägigen Probleme haben eine intensive Bearbeitung erfahren[9, 10].

Da bei Saatkartoffeln die Stärkeverzuckerung nicht diese nachteiligen Folgen hat, so kann die Anwendung tieferer Lagertemperaturen eher in Betracht gezogen werden. Allerdings sind auch hier Grenzen gesetzt, da nach WALLACE und BARKER[11] die Keimfähigkeit des Saatgutes nach einer 40 Stunden dauernden Einwirkung einer Temperatur von —1° C auf 91% sinkt, bei 10stündiger Einwirkung von —5° C sogar auf 77%. Eine Lagertemperatur von etwa 2° C dürfte den Erfolg am ehesten gewährleisten.

K. Die optimalen Kaltlagerbedingungen von verschiedenen Gemüsearten.

Von wenigen Ausnahmen abgesehen, wie Schnitt- und Pflücksalate, lassen sich auch die meisten anderen gebräuchlichen Gemüsearten kalt lagern. Entsprechend der weniger stark ausgeprägten Notwendigkeit dies zu tun oder der relativ kurzen Lagerdauer, liegen für diese Produkte nicht so viele Versuchsresultate vor. SCUPIN[12] hat in Deutschland und ROSE[13] in den USA die entsprechenden Versuchsergebnisse in Empfehlungen zusammengefaßt. Neuerdings wurde von der Kommission 4 des Technischen Rates im Internationalen Kälteinstitut eine Zusammenstellung der günstigsten Kaltlagerbedingungen und der dabei zulässigen Lagerzeit erarbeitet, die man auf Seite 80 ff. dieses Bandes findet. Die Gefriertemperatur der Ware darf in keinem Fall erreicht werden[14].

---

[1] Report of Potato Storage Mission to the United States and Canada A. R. C. Rep. No. 6. London 1947.

[2] VAN HIELE, T., J. H. M. VAN STUIVENBERG u. H. VELDSTRA: Meded. Inst. verwerking van Fruit en groenten te Wageningen No. 16 (1946).

[3] BROWN, W.: Ann. appl. Biol. Bd. 34 (1947) S. 422.

[4] MUKULA, J.: Publ. Finn. Sta. Agric. Res. Board No. 137 (1953).

[5] BURTON, W. G.: New Phytologist Bd. 51 (1952) S. 154.

[6] SPARROW, A. H., u. E. CHRISTENSEN: Nucleonics Bd. 12 (1954) S. 16.

[7] BROWNELL, L. E., F. G. GUSTAFSON u. Mitarb.: Food Techn. Bd. 11 (1957) S. 306.

[8] BURTON, W. G., u. R. S. HANNAN: J. Sci. Food Agric. Bd. 8 (1957) S. 707.

[9] HESSE, S.: Kältetechnik Bd. 5 (1953) S. 311.

[10] NICOLAISEN-SCUPIN, L., u. N. NICOLAISEN: Kältetechnik Bd. 6 (1954) S. 62—66, 311—315, 335—337.

[11] WALLACE, E. R., u. J. BARKER: Rep. Food Invest. Board (1933) S. 82.

[12] SCUPIN, L.: Kühlkalender für die Lagerung von Gemüse und Obst, 1. Aufl. 48 S. Braunschweig: Serger u. Hempel 1949.

[13] ROSE, D. H., R. C. WRIGHT u. T. M. WHITEMAN: U. S. Dep. Agric. Circular No. 278. Washington D. C. 1949.

[14] Eine Zusammenstellung der Gefrierpunkte zahlreicher Obst- und Gemüsearten findet man im Marketing Research Report No. 196 des U. S. Dep. Agric. Washington D. C., Dezember 1957.

Für jene Gemüsearten, welche erfahrungsgemäß auf Lager einer starken Wasserabgabe unterworfen sind, ist ein Einhüllen in wasserdampfdichte Papiere angezeigt. Daneben besteht auch die Möglichkeit, die ganzen Lagergebinde mit wachshaltigen Papieren auszukleiden, damit die Wasserverdunstung und die Gewichtsverluste möglichst gering bleiben[1]. Für Blattgemüse, wie Salate, Spinat und derartiges, wird in den USA mit gutem Erfolg von der Vakuumkühlung der benetzten Gemüse Gebrauch gemacht (vgl. S. 18).

3. Die Gefrierkonservierung von Obst und Gemüse.

Das Gefrieren oder Tiefkühlen gilt heute als erprobte Methode der Haltbarmachung für Früchte und Gemüse[2]. Geeignete Produkte vorausgesetzt, bleiben nicht nur Farbe, Form, Geruch und Geschmack der frischen Ware verhältnismäßig gut erhalten, sondern es gehen auch wenig Nährwerte und Vitamine verloren. Das Gefrieren ist überdies als ein natürliches und schonendes Verfahren anzusprechen, da Zusätze lebensmittelfremder Stoffe, wie Konservierungsmittel und Farben, sich weitgehend erübrigen.

Unerwünschten Veränderungen des Gefriergutes kann durch zweckmäßige Lenkung der Vorbehandlungs-, Gefrier-, Lagerungs- und Auftauvorgänge vorgebeugt werden. Allerdings gibt es Obst- und Gemüsearten, bei welchen die bekannten Verfahren noch nicht befriedigen. Aus vorwiegend wirtschaftlichen Gründen muß man sich mit Einfrier- und Lagertemperaturen zufriedenstellen, welche beispielsweise hinsichtlich der optimalen Qualitätserhaltung oder der zulässigen Lagerzeit nicht das technisch günstigste darstellen. So kann bei der Lagerung von Gemüsen im Temperaturbereich von —18° C bis —20° C nicht auf das Inaktivieren gewisser Fermente durch das Blanchieren verzichtet werden, was bei sehr tiefen Temperaturen der Fall sein könnte. Die zulässige Lagerzeit gefrorener Produkte nimmt mit sinkender Lagertemperatur zudem wesentlich zu.

Zur Zeit ist selbst in den USA die Anzahl der gefrorenen Gemüse- und Obstarten, welche im industriellen Herstellungsprozeß wesentliche Bedeutung erlangt haben, nicht sehr groß. Neben Erbsen, Bohnen, Broccoli, Spinat und Zuckermais sind es Erdbeeren, Pfirsiche, Sauerkirschen, Himbeeren und Citruskonzentrate, welche den Hauptanteil der industriell gefrorenen Früchte und Gemüse darstellen[3]. Andererseits ist eine sehr starke Zunahme der Tiefkühlkonservierung in Tiefkühltruhen des Haushaltes und in Gemeinschaftsgefrieranlagen feststellbar[4]. Das Sortiment der hierfür geeigneten Produkte ist naturgemäß viel reichhaltiger.

A. Die Arten- und Sortenwahl.

Weil die Gemüsearten vor dem Gefrieren blanchiert werden, was einem kurzen Kochen gleichzusetzen ist, wird die Auswahl der Gemüsearten vornehmlich auf diejenigen beschränkt, welche man vor dem Essen kocht. Es bleibt der zukünftigen Arbeit der Lebensmitteltechnologen vorbehalten, neue Methoden zu entwickeln, die auch grünen Salaten, Rettichen und ganzen Tomaten beim Gefrieren die knackige Konsistenz der frischen Ware erhalten. Vorläufig wird auf das

---

[1] Vgl. den Abschn. „Verpackung" auf S. 605 in diesem Band.
[2] Auf die Beiträge von R. Plank in Bd. I, F. F. Nord u. M. Bier sowie K. Paech in Bd. IX dieses Handbuches sei ausdrücklich hingewiesen.
[3] Quick Frozen Foods Bd. 20 (1958) S. 168.
[4] Gutschmidt, J.: Kältetechnik Bd. 7 (1955) S. 235.

Gefrieren dieser Gemüsearten besser verzichtet. Auch aus Pflaumen und Weintrauben sind nur selten gute Gefrierprodukte erzielt worden.

Wenn eine Gemüse- oder Obstart sich für die Warmkonservierung gut eignet, kann nicht unmittelbar auf eine gute Eignung für die Gefrierkonservierung geschlossen werden. Selbst die sortenbedingten Unterschiede sind so groß, daß es weiterhin Aufgabe der Forschungsanstalten sein wird, neue Sorten auf ihre Gefriereignung zu prüfen. Die Pflanzenzüchtung ist bestrebt, immer Besseres in bezug auf Ertragshöhe, Ertragssicherheit, Krankheitsresistenz, Qualität sowie Eignung für maschinelles Ernten und Konservieren hervorzubringen. Ein enger Kontakt zwischen der verarbeitenden Industrie und den Züchtungs- und Forschungsstätten ist deshalb wichtig. Die Eignung einer Sorte wird oft durch Kulturbedingungen modifiziert. So ist die Erdbeersorte Madame Moutôt in der Regel nicht geeignet für die Herstellung von Gefrierkonserven. Aber dieselbe Sorte soll, wenn sie aus dem Rheinischen Vorgebirge[1] oder aus Bulgarien stammt, eine durchaus annehmbare Gefrierqualität ergeben. Eine einseitige Stickstoffdüngung oder zu reichliche Bewässerung kann zur Verschlechterung der Konsistenz und des Aromas beitragen. Ähnliche Wirkungen sind in ausgesprochen regenreichen Jahren festzustellen. Wassermangel während der Wachstumsperiode kann hingegen ein zu frühes Verholzen der Gemüsearten hervorrufen. Die Tiefkühlkonservierung ermöglicht die Herausarbeitung von Spitzenqualitäten, bei welchen die sortentypischen Eigenschaften voll zur Geltung kommen können. Dies setzt allerdings voraus, daß keine den Geruch oder Geschmack beeinträchtigenden Pflanzenschutzmittel verwendet werden.

Bei den Gemüsesorten wird neben der tiefgrünen Farbe und einem geringen Anteil Rüstabfall ein voller, nicht grasiger Geschmack gewünscht. Weiße Gemüse, wie Blumenkohl, sollen auch nach der Verarbeitung weiß bleiben. Allgemein ist auf gute Farb- und Formerhaltung, aber vor allem auf befriedigende Konsistenz der Gewebe Wert zu legen, da in Gefrierkonserven gerade diese letzte Eigenschaft manchmal zu wünschen übrigläßt.

Bei Kern- und Steinobst ist die mehr oder weniger ausgeprägte Bräunungsneigung der Sorten zu beachten. Eine zarte Haut wird verlangt bei Erbsen, Aprikosen, Zwetschgen und Trauben. Ein geringer Samenanteil ist erwünscht bei Trauben und gewissen Beeren sowie gute Steinlöslichkeit beim Steinobst.

Das Sortenverhalten wurde unter anderem von CALDWELL[2], KESSLER[3] und CRANG[4] untersucht. Bei nicht geklärter Sorteneignung empfiehlt PAECH die abgekürzte Gefrierprobe: Die Ware wird tiefgekühlt und unmittelbar anschließend wieder aufgetaut und degustiert. Wenn die Probe unbefriedigend ausfällt, ist auf die Verwertung dieser Sorte zu verzichten, falls nicht evtl. mit einem anderen Verfahren, wie Hitzebehandlung oder Zuckerzugabe, bessere Ergebnisse erzielt werden.

1. Reifegrad, Ernte und Versand.

Da während der Gefrierlagerung keine Nachreife möglich ist, muß das Gefrieren im Stadium der besten Vollreife stattfinden. Unreif gefrorenes Obst bleibt sauer, fade oder minderwertig im Geschmack. Bei überreifen Früchten ist die Säure oft zu stark abgebaut, die Konsistenz zu weich und die Gefahr der Verpilzung nimmt zu. Sehr reife Früchte sind immerhin für gefrorene Pulpen und

---

[1] PAECH, K.: Die Gefrierkonservierung von Gemüse, Obst und Fruchtsäften. Berlin: Parey 1945.
[2] CALDWELL, J. S., u. Mitarb.: U. S. Dep. Agric. Bull. No. 731 (1940).
[3] KESSLER, H.: Landwirtsch. Jb. Schweiz (1946) S. 251.
[4] CRANG, A., u. M. STURDY: Ann. Rep. Long Ashton Res. Sta. Bristol 1950 und spätere.

Säfte verwendbar. Aprikosen und Pfirsiche sind für das Gefrieren in einem reiferen Zustand zu pflücken als zur Vermarktung oder zur Warmkonservierung. Brombeeren müssen in völlig ausgereiftem Zustand gefroren werden, da sonst mit einer Farbveränderung zu rechnen ist. Andererseits ist es angezeigt, Himbeeren, Zwetschgen und Birnen eher zu Beginn der Vollreife zu verarbeiten.

Spargel, Kohlrabi und Schwarzwurzeln werden in jungem und keinesfalls verholztem Zustand gefroren. Erbsen dürfen noch nicht mehlig sein, sondern in ihrem süßesten Stadium. Leicht überreife Erbsen, auch wenn sie noch z. T. grün sind, können wohl zum Warmsterilisieren gebraucht werden, aber nicht zum Gefrieren, da sie beim Kochen nicht weich werden.

Um die Verarbeitungskampagne gut zu lenken und die Anfuhrmengen zu regeln, ist der Anbau verschieden früh reifender Sorten oder eine zeitlich gestaffelte Aussaat anzuordnen. Für Erbsen wird jedoch das letztere nicht empfohlen.

In den USA wurde für die Voraussage der ungefähren Reifedaten die zwischen Aussaat und Ernte von Erbsensorten notwendige Temperatursumme ermittelt[1]. Für die Reifebestimmung von Erbsen sind Tenderometer[1], Texturometer[2] oder Maturometer[3] gebräuchlich.

Bei der Ernte und dem Versand ist größte Sorgfalt geboten; unnötiges Umpacken und Umschütten ist zu vermeiden. Das Tiefkühlen kann nur den Zustand erhalten, den die Ware vor dem Gefrieren hatte; es macht sie nicht besser. Am besten wird am frühen Morgen und nicht während der heißen Tageszeit geerntet und direkt anschließend verarbeitet. Langdauernde Transporte sind zu vermeiden. Es soll nicht mehr Rohware angeführt werden, als fortlaufend, d. h. innerhalb weniger Stunden, verarbeitet werden kann. Andernfalls ist die Ware kurzfristig in Kühlräumen bei etwa 0° C und 85 bis 90% rel. Feuchtigkeit vorzulagern.

2. Die Vorbehandlung.

Bei den vorbereitenden Tätigkeiten, wie Sortieren, Waschen, Zurüsten und Blanchieren, kommt ein sorgfältiges, aber rasches Arbeiten dem Nährwert und der Haltbarkeit der Gefrierkonserve zugute. Peinliche Sauberkeit der Ware selbst sowie der arbeitenden Personen und benützten Geräte ist notwendig, da durch das Gefrieren eine eigentliche Sterilisation nicht erfolgt und die Produkte vor dem Gebrauch nicht mehr gewaschen werden können. Alle Sortierungs-, Reinigungs- und Inspektionsprozesse haben vor dem Gefrieren zu erfolgen.

Früchte: Gewisse Obstarten, wie Johannisbeeren, Heidelbeeren und Preiselbeeren, können ohne Vorbehandlung verpackt und gefroren werden. Eine Zugabe von Trockenzucker oder Zuckersirup trägt zur besseren Erhaltung des Fruchtaromas bei. Die Zuckerung schützt auch vor dem Austrocknen, dient der Verdrängung der Luft und verhütet die Entstehung eines Beigeschmacks. Wenig bräunungsempfindliche Obstarten können mit Trockenzucker versehen werden, im Verhältnis von 1 Teil Zucker zu 4 bis 7 Teilen Früchte. Beim Gefrieren stark bräunender Obstarten bietet die Zuckerlösung Vorteile, denn Farbe und Form der Erzeugnisse bleiben besser erhalten als mit Trockenzucker. Eine 40%ige Zuckerlösung (30 bis 50%) wird kurz aufgekocht, erkalten gelassen und mit dieser sind die verpackten Früchte vollständig zu überdecken. Das Ziehenlassen vor dem Einfrieren kann bei Früchten mit fester Haut und bei sehr großer

---

[1] Tressler, D. K., u. C. F. Evers: The Freezing Preservation of Foods I. Westport: Avi Publishing Co. 1957.

[2] Gutschmidt, J.: Z. ind. Obst- u. Gemüseverwert. Bd. 38 (1953) S. 389, 405; Bd. 39 (1954) S. 242.

[3] Lynch, L. J., u. R. S. Mitchell: C. S. I. R. O. Austral. Bull. No. 254 (1950).

Gefriergeschwindigkeit am Platze sein, es sollte aber bei 0° C vor sich gehen. Statt Zuckerlösung kann ein gesüßter Fruchtsaft der gleichen Fruchtart beigegeben werden. Um die bräunungshemmende Wirkung der Zuckerlösung zu verstärken, ist u. U. eine Zugabe von Askorbinsäure 0,05 bis 0,2% oder einer Mischung von Ascorbinsäure 0,03% mit Zitronensäure 0,5% angezeigt (Abb. 240). In Ausnahmefällen kann auch die Inaktivierung der Fermente durch Hitze notwendig sein. Das Beifügen von Konservierungsmitteln, wie SO_2 usw., sollte vermieden werden. Die Entlüftung der Ware und Verpackung unter Vakuum stellen weitere Mittel dar, um Bräunungen zu verhüten.

Gemüse: Die Gemüsearten werden sorgfältig gewaschen und küchenfertig zugerüstet. Alle Gemüsearten, mit Ausnahme derjenigen mit Fruchtcharakter, müssen vor dem Gefrieren blanchiert werden. Unter dem *Blanchieren* oder Vorbrühen wird ein kurzfristiges, d. h. einige Minuten dauerndes, Erhitzen in Wasser oder Dampf von 80° C bis 100° C verstanden. Mit dem Blanchieren verhindert man die unerwünschte Fermenttätigkeit, welche während der Gefrierlagerung bestimmte Veränderungen in Farbe, Geschmack, Konsistenz und Nährwert der Produkte hervorrufen könnte. Bei blanchierten Erbsen, Bohnen und Blattgemüsen bleibt die grüne Farbe auch ohne Zusätze erhalten, und Spinat verliert durch das Vorbrühen den scharfen Geschmack. Blanchiertes Gemüse läßt sich überdies platzsparend und unter besserem Luftausschluß verpacken. Damit keine großen Auslaugeverluste entstehen, soll nur so lange blanchiert werden, als zur Fermentinaktivierung nötig ist. Das Verhältnis Warenmenge zu Blanchierwassermenge muß ein großes sein, da sonst bei jeder neuen Beschickung das Wasser zu stark abkühlt und nicht in $^1/_2$ Minute wieder siedet, wie dies der Fall sein sollte.

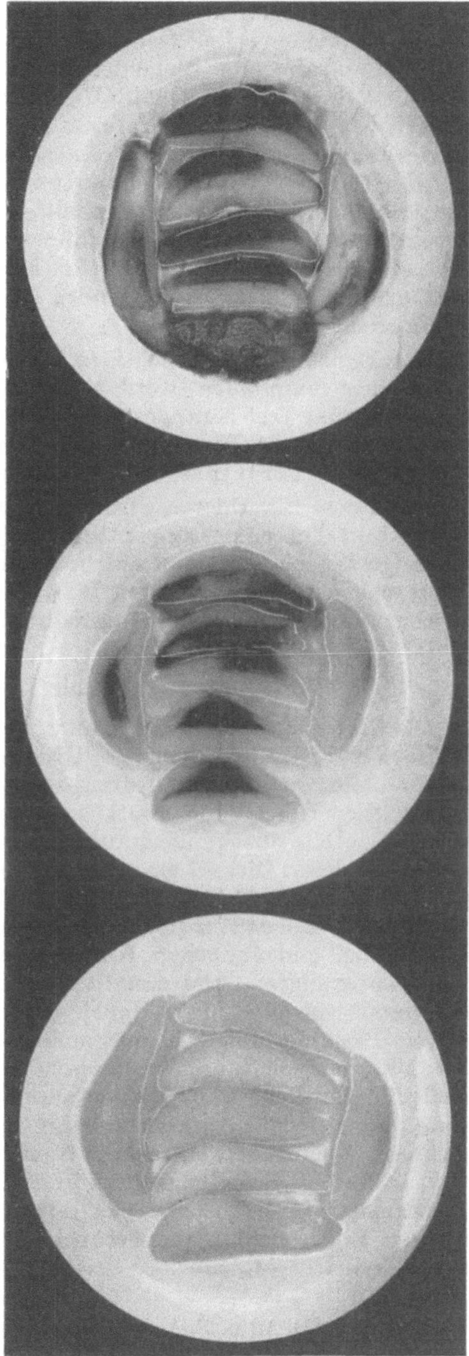

Abb. 240a—c. Die bräunungsverhütende Wirkung von Ascorbinsäure bei tiefgekühlten Birnen der Sorte Frühe von Trévoux: a) in 30% Zuckerlösung, ohne Ascorbinsäure gefroren; b) in 30% Zuckerlösung, mit 0,1% Ascorbinsäure gefroren; c) in 30% Zuckerlösung, mit 0,25% Ascorbinsäure gefroren.

Während dem Blanchieren sind die Gemüse zu bewegen, damit kein Zusammenkleben vorkommt. Der Gebrauch von nicht zu hartem Wasser ist geboten, und ein und dasselbe Blanchierwasser sollte wenigstens für 10 bis 20 Chargen gebraucht werden. Die Qualität einzelner Gemüsearten würde besser erhalten bleiben bei Blanchiertemperaturen von 80° C bis 93° C. Meistens wird aber in kochendem Wasser oder in strömendem Dampf blanchiert, und man variiert je nach Gemüseart, Reifezustand und Zerteilungsgrad die Blanchier*zeit*. Beim Wasserblanchieren ist das Einhalten der richtigen Temperaturen einfacher durchzuführen. Das Dampfblanchieren verursacht indessen geringere Auslaugeverluste. Die Blanchierdauer erfährt beim Dampfblanchieren eine 30- bis 50 %ige Verlängerung. Ein sehr schonendes Blanchieren soll mit Radar und ähnlichen Energiequellen möglich sein[1,2].

Zur Feststellung der richtigen Blanchierzeiten sind der Katalase- und Peroxydasetest empfohlen worden. Nach Kiermeier[3] sollten jedoch nur jene Fermente zum Test herangezogen werden, welche thermoresistenter sind als die Katalase, z. B. die Peroxydase oder Dehydrase. Morris[4] berichtet über einen vereinfachten Peroxydasetest mit Hilfe von Papieren.

Nach dem Blanchieren wird das Gemüse mit kaltem Wasser, Eiswasser oder kalter Luft auf eine Temperatur von 10° C bis 15° C abgekühlt. Das überschüssige Wasser läßt man abtropfen, und dann wird sofort ohne Zugabe verpackt und eingefroren. In den USA kommen auch Zusätze von Kochsalz oder Mononatriumglutamat zur Anwendung.

3. Die Verpackung[5].

Die Größe der zulässigen Packung muß sich nach der Gefriermethode richten. Je nach Produkt sind gewisse Grenzen der Gefriergeschwindigkeit gegeben, welche ohne Qualitätsgefährdung nicht unterschritten werden dürfen. Bei der industriellen Herstellung von tiefgekühlten Früchten und Gemüsen haben sich rechteckige Kleinpackungen aus Papier oder papierähnlichen Materialien eingebürgert, deren Dicke 7 cm nicht überschreitet. Ferner kommen auch zylindrische und kubische Gefäße zur Anwendung, wie Gläser, Blech-, Kunststoff- und paraffinierte oder gewachste Kartondosen, ferner Beutel und Folien aus Zellophan, Polyäthylen und ähnlichen Kunststoffen. Über die Anforderungen, welche an das Verpackungsmaterial gestellt werden, berichten Gutschmidt und Wolodkewitsch[6] sowie Heiss[7]. Neben einer platzausnützenden, praktischen Form soll die Packung billig sein und zudem für den Verkauf ansprechend aussehen. Das Material soll säurefest, wasser- und wasserdampfdicht, aromadicht und genügend luftdicht sein. Ferner wird Kältebeständigkeit, Transportfestigkeit sowie gute Verschließbarkeit verlangt, und das Füllgut darf geschmacklich nicht nachteilig beeinflußt werden. Ein Stoff, der allen diesen Anforderungen gerecht wird, ist nur mit Schwierigkeit zu finden. Deshalb bieten beschichtete, kaschierte oder lackierte Folien aus Papier oder verschiedenen Kunststoffen, welche sich in ihren Eigenschaften gut ergänzen, beste Aussichten für eine geeignete Gefrierpackung.

---

[1] Proctor, B. A., u. S. A. Goldblith: Food Techn. Bd. 2 (1948) S. 95.
[2] Moyer, J. C., u. E. Stotz: Food Techn. Bd. 1 (1947) S. 252.
[3] Kiermeier, F.: Dtsch. Lebensmittel-Rdsch. Bd. 43 (1947) S. 75.
[4] Morris, H. J.: J. Agric. Food Chem. Bd. 6 (1958) S. 383.
[5] Vgl. den Abschn. „Verpackung" auf S. 605 dieses Bandes.
[6] Gutschmidt, J., u. N. Wolodkewitsch: Kältetechnik Bd. 2 (1950) S. 49.
[7] Heiss, R.: Proc. IX. Intern. Congr. Refrig. II, 1955.

4. Das Gefrieren.

Die vorbehandelte und verpackte Ware wird entweder in kalter, bewegter Luft (Gefriertunnel), im Plattengefrierapparat (Kontaktverfahren) oder, allerdings seltener, durch Eintauchen oder Besprühen mit Kühlflüssigkeiten gefroren. Unverpackt zu gefrierende Ware wird meistens in rasch bewegter Luft oder in Metallgefäßen tiefgekühlt. Die Gefriertemperatur liegt in der Regel im Bereich von $-18°$ C bis $-40°$ C. Für Beerenobst mit Zuckerzusatz spielt die Gefriertemperatur und damit die Gefriergeschwindigkeit innerhalb gewisser Grenzen keine wesentliche Rolle. Eine große Gefriergeschwindigkeit wirkt sich bei Spargel, Bohnen usw. allerdings günstig aus auf die Qualität des Produktes. Die Vorteile des Schnellgefrierens beruhen auf folgendem: Der Temperaturbereich, innerhalb welchem Mikrobenwachstum evtl. noch vorkommen kann, d. h. bis $-10°$ C, wird schnell durchschritten; gewisse kleine Fehler, die auf ungenügend langes Blanchieren zurückgehen, wirken sich weniger aus, da die Fermenttätigkeit bei sehr tiefer Temperatur stark verlangsamt wird; die Zone der stärksten Eisbildung, d. h. meistens die Temperaturzone zwischen dem Gefrierbeginn und $-4°$ C, wird schnell passiert; es treten weniger starke Entmischungen sowie Konzentrationsverschiebungen im Gewebe auf, und es bilden sich kleinere Eiskristalle in den Interzellularen, welche die Struktur schonen. Obst und Gemüse wird in der Regel mit einer mittleren linearen Gefriergeschwindigkeit von 1 bis 3 cm/h gefroren. Über die Definition des Begriffes der Gefriergeschwindigkeit und die Berechnung der Gefrierdauer vgl. S. 22 bis 37 dieses Bandes.

Die Temperatur einer 50 mm hohen Packung sollte in 2 Stunden von $\pm 0°$ C auf $-5°$ C im Kern ($-15°$ C im Durchschnitt) gesenkt werden, wenn die Wärme von wenigstens 2 Seiten entzogen wird. Die Gefrierzeit dieser Packung beträgt bei $+15°$ C Ausgangs- und $-15°$ C Endtemperatur im Kern beim Gefrieren zwischen Platten mit $-30°$ C etwa $2^3/_4$ Stunden[1]. Die Gefrierdauer ist stark abhängig von der Wärmeleitfähigkeit des Füllgutes, von der Art und Menge des Aufgusses und nicht zuletzt von der Verpackung selbst.

Über Gefriertrocknung siehe S. 87 bis 100 dieses Bandes.

5. Die Lagerung der Gefrierware und die Tiefkühlkette.

Die notwendige Lagertemperatur gefrorener Produkte ist einerseits abhängig von der Art der Ware und andererseits von der zu erzielenden Lagerdauer[2—4]. Die meistens empfohlenen Temperaturen von $-18°$ C oder auch $-20°$ C sind als Kompromißlösung zu betrachten. Diese Temperaturen werden es aber meistens ermöglichen, Früchte und Gemüse während 8 bis 12 Monaten zu lagern, ohne daß Qualitätseinbußen zu befürchten wären.

Vor dem Gefrieren gekochtes Gemüse sowie Apfelmus und Rhabarber können auch bei $-15°$ C gelagert werden. Andere Produkte, wie Spargel, grüne Erbsen und Blattgemüse, sind selbst bei $-18°$ C nicht ein volles Jahr lagerfähig ohne merkbaren Qualitätsabfall. Je tiefer die Lagertemperatur, um so bessere Gewähr besteht für die Qualitätserhaltung und um so länger ist die Lagerdauer[5]. Im Gefrierlager sollen die Temperaturschwankungen $\pm 1°$ C nicht überschreiten.

---

[1] GUTSCHMIDT, J.: Konserventechnisches Handbuch von P. NEHRING u. H. KRAUSE. Braunschweig: Serger u. Hempel 1957.

[2] KUPRIANOFF, J.: Kältetechnik Bd. 8 (1956) S. 102.

[3] VAN ARSDEL, W. B., D. G. GUADAGNI u. Mitarb.: Food Techn. Bd. 11 (1957) S. 28, 109, 339, 389, 444, 471, 604.

[4] GUTSCHMIDT, J.: Kältetechnik Bd. 10 (1958) S. 38.

[5] TRESSLER, D. K.: Refrig. Res. Found. Storage Manual (1953) S. 23.

Die Stapelgewichte betragen in rechteckigen Kleinpackungen bei Obst ungefähr 450 bis 750 kg/m³, bei Gemüsen 450 bis 550 kg/m³. Unverpackt gefrorene Gemüse haben einen bis zu einem Drittel größeren Platzbedarf als vor dem Gefrieren verpackte. Wenn irgendwie möglich, sollte die Kerntemperatur neu gefrorener Ware nicht höher liegen als die beabsichtigte Lagertemperatur. Falls diese höher liegt als die vorgeschriebene Lagertemperatur, ist vorerst für einige Tage locker zu stapeln. Späterhin wirkt sich dichte Stapelung vorteilhaft aus zur Vermeidung von Austrocknungen. Um eine Austrocknung des Lagergutes zu verhindern, wird in Gefrierlagern das System der stillen Kühlung angewandt.

Die gefrorene Ware wird nicht nur im Betrieb des Produzenten, sondern auch in Kühlhäusern gelagert. Selbst die Großhändler kommen meistens für den richtigen Vertrieb der gefrorenen Ware ohne Gefrierräume nicht aus. Ferner passiert das Gefriergut die Transportmittel und die Tiefkühltruhen der Detaillisten. Diese sog. „Tiefkühlkette" muß lückenlos geschlossen sein, damit die zulässigen Temperaturen (kurzfristig —15° C) niemals überschritten werden und der Kunde stets eine vollwertige Ware erhält. Das Vorhandensein einer genügend großen Zahl gut bedienter Tiefkühltruhen in den Verkaufsläden bildet die Voraussetzung für das Gedeihen der Tiefkühlindustrie in einem Land.

6. Die Gefrierveränderungen, das Auftauen und der Verbrauch.

Die zu gefrierende Ware kann Veränderungen beim Einfrieren, bei der Gefrierlagerung und beim Wiederauftauen erleiden. Das Ausfrieren von Wasser aus den Zellen beim Gefrieren ist beim Auftauvorgang nur z. T. reversibel, denn die Gewebe sind nachher nicht mehr voll quellfähig. Der Gefrierpunkt, welcher in den meisten Produkten zwischen —0,5° C bis —2,8° C liegt, kann durch Zuckerzugabe oder andere Zusätze noch erniedrigt werden. Die Volumausdehnung der Ware beim Gefrieren beträgt 6 bis 9%. Bei nicht sehr schnellem Gefrieren entstehen erhöhte Verluste an Vitamin C in Gemüsen, und in verschiedenen Produkten wird die Konsistenz schlechter. Wenn die Temperatur nicht genügend schnell unter —10° C gesenkt wird, z. B. in großen Pulpefässern, ist noch mikrobielle und fermentative Tätigkeit möglich.

Tabelle 8.
Lagertemperatur und mögliche Lagerdauer im Hinblick auf gleiche Veränderungen in gefrorenen Erdbeeren und Bohnen[1].

2 Monate	bei —11° C
4 Monate	bei —13° C
5 Monate	bei —14,5° C
6 Monate	bei —16° C
9 Monate	bei —18° C
10 Monate	bei —19,5° C

Auch während der Lagerung ist mit gewissen Vergröberungen im Kristallgefüge sowie mit Zerreißungen und Zerstörungen der pflanzlichen Gewebe zu rechnen, falls die Lagertemperatur nicht genügend tief angesetzt wurde. Die biochemischen Veränderungen an Eiweißen und Fetten sowie die Vitaminverluste gehen um so langsamer vor sich, je tiefer die Lagertemperatur und je besser die Temperaturkonstanz ist (Tab. 8).

Die Gefrierveränderungen an Fermenten wurden von Kiermeier[2] untersucht.

Die Veränderungen während des Auftauens sind um so geringer, je kürzer die Ware im aufgetauten Zustand liegenbleibt und je besser der Luftzutritt verwehrt wird. In Zucker eingefrorene Früchte werden in geschlossener Packung aufgetaut, entweder im Kühlschrank, bei Zimmertemperatur oder unter fließendem Wasser. Für Großküchen könnte auch die Hochfrequenzerwärmung Bedeutung erhalten zum Auftauen von Gefrierware[3]. Ohne Zuckerzusatz gefrorene

---

[1] Pierce und Mitarb.: Refrig. Engng. USA, Nov. 1955, S. 52.
[2] Kiermeier, F.: Biochem. Z. Bd. 318 (1947) S. 275; Bd. 319 (1949) S. 463.
[3] Gutschmidt, J.: Kältetechnik Bd. 2 (1950) S. 190.

Früchte müssen in heißer Zuckerlösung oder als Kuchenbelag im Backofen aufgetaut werden, um Bräunungen zu vermeiden. Gefriergemüse wird direkt in den Kochtopf gelegt, es sei denn, daß große Blöcke vorliegen, welche zuerst etwas angetaut und zerkleinert werden. Die Kochzeit ist um ein Drittel bis um die Hälfte verkürzt. Einmal aufgetaute Produkte sollen bald verbraucht und keinesfalls wiedergefroren werden.

Zur Qualitätsbeurteilung gefrorener Erzeugnisse sind verschiedene Schemata vorgeschlagen worden, es sei vor allem auf die Publikationen von PLANK hingewiesen[1,2].

B. Das Gefrieren von Obstarten.

Äpfel. Für das Gefrieren kommen in erster Linie mildsäuerliche, wenig bräunende Sorten in Frage, z. B. Jonathan, Cox's Orange, Golden Delicious, Schweizer Orangenapfel, Baldwin, Freiherr von Berlepsch und Ontario-Reinette. Die Früchte sind im voll eßreifen, aber noch festen, saftigen Zustand zu verarbeiten. Unzerschnittene Äpfel sind für das Gefrieren nicht geeignet. Nach dem Waschen, Schälen und dem Entfernen des Kernhauses sind die Früchte in 8 bis 12 Teile zu schneiden. Um Bräunungen zu verhindern, können die Schnitzel vorübergehend in 1% Kochsalzlösung oder in 40% Zuckersirup mit Ascorbinsäure getaucht werden. Dann ist während $1^1/_2$ bis 3 Minuten in Wasser oder Dampf zu blanchieren und im kalten Luftstrom oder Wasser abzukühlen. Zuletzt wird mit Zuckersirup 30% oder Trockenzucker 1 : 10 verpackt und tiefgekühlt. Empfehlenswert ist auch das Blanchieren in einem Zuckersirup, welchem 0,05% Ascorbinsäure zugesetzt wird. Die Lagerung erfolgt bei —18° C oder tiefer. Nach der Methode von GUADAGNI[3] werden die Schnitzel direkt in 1% Kochsalzlösung eingeschnitten, darin 3 bis 5 Minuten belassen, nach 2 Minuten Abtropfzeit gewogen und mit ebenso viel Zuckerlösung (50 bis 60% mit 0,2 bis 0,3% Ascorbinsäure) vermischt. Für 2 bis 3 Minuten wird ein Vakuum von 0,02 ata angesetzt zum Entlüften der Schnitzel. Nach kurzer Wartefrist, welche dem Eindringen der Zuckerlösung dient, und nach einer Abtropfzeit von 1 bis 2 Minuten wird verpackt, gefroren und bei —23° C gelagert. Geschmack und Konsistenz sollen so besser befriedigen als beim üblichen Blanchieren. Bezüglich anderer Vorbehandlungsverfahren sei auf JOSLYN[4] verwiesen.

Für die Herstellung von Apfelpüree werden die Früchte geschält und mit wenig Wasser weichgekocht oder gedämpft. Dann folgt das Passieren, evtl. Zuckern 1 : 10, Abkühlen, Verpacken und Gefrieren. Die Lagerung bei —15° C ist angängig.

Ananas. Ananas soll im vollreifen Stadium verarbeitet werden. Haut, Kernhaus und zähe Teile werden entfernt und die eßbaren Partien in Scheiben oder Würfel geschnitten. Verpackt wird mit wenigstens 40% Zuckerlösung oder 1 : 4 Trockenzucker. Eine lange Lagerdauer ist nicht angezeigt.

Aprikosen. Erwünscht sind steinlösliche, hocharomatische Sorten mit festem, gut gefärbtem, wenig bräunendem Fleisch und zarter Haut. Verwendung fanden u. a. Moorpark, Blenheim, Vintschgauer, Canino und Luizet. Ein ausgeglichener Reifezustand ist wichtig, denn Früchte mit grünen Stellen und andererseits solche mit völlig weichem Fleisch befriedigen nicht. Die Aprikosen werden gewaschen, halbiert und entsteint. Verpackt wird in einer 40% Zuckerlösung (nach Wahl 30 bis 70%), welcher bei Bedarf Ascorbinsäure (0,5 bis 2 g/lt) zugefügt wird.

[1] PLANK, R.: Vorratspflege u. Lebensmittelforsch. Bd. VI. Berlin 1943.
[2] PLANK, R.: Food Techn. Bd. 2 (1948) S. 241.
[3] GUADAGNI, D. G.: Food Techn. Bd. 3 (1949) S. 404.
[4] JOSLYN, M. A., u. L. A. HOHL: Calif. agric. Exp. Stat. Bull. No. 703 (1948).

Die Früchte sind völlig zu überdecken, da sonst Bräunungen auftreten. Die Bräunung kann verhindert werden und die Konsistenz verbessert, wenn die Früchte vor dem Einfrieren in ein Kühlbad von 1% NaCl + 0,1% CaCl$_2$ getaucht werden und man die Zuckerlösung mit 0,03% Ascorbinsäure versetzt[1].

Sorten mit sehr festem Fleisch, aber harter Haut können auch wie Pfirsiche behandelt werden. Ferner besteht die Möglichkeit, die halbierten Aprikosen während 3 bis 4 Minuten in Wasser, Dampf oder in 20% Zuckerlösung zu blanchieren. Stark reife oder verletzte Früchte werden als Püree eingefroren: Entsteinen, evtl. erhitzen, durchpassieren und mit 1 : 4 Trockenzucker versehen. Für Backzwecke ist auch das Einfrieren ohne Zucker mit oder ohne Stein möglich. Die Früchte müssen hier in leicht angetautem Zustand auf den Kuchen gelegt und mitgebacken werden.

Bananen. Bananen können in der Form von Pürees für Backzwecke und für die Aromatisierung von Ice Cream gefroren werden.

Birnen. Bei ungenügend vorbehandelten Birnen treten starke Gefrierveränderungen, wie Bräunung, Weichwerden und Beigeschmack auf. Für die Gefrierkonservierung können die Sorten Williams Christbirne, Clapps Liebling, Frühe von Trévoux, Alexander Lucas, Gorham, Bosc und Gellerts Butterbirne in Frage kommen. Die eßreifen, nicht überreifen Birnen werden gewaschen, geschält, in heiße Zuckerlösung eingeschnitten und je nach Stückgröße während 3 bis 5 Minuten in kochender Zuckerlösung von 20 bis 40% blanchiert. Nach dem Abkühlen wird mit der gleichen Zuckerlösung verpackt und gefroren. Heiss[2] erzielte mit einem Dampfblanchieren während 3 Minuten bei 15 bis 20 mm dicken Scheiben bessere Resultate als mit gleich langem Blanchieren in Zuckerlösung. Die Wartezeiten zwischen Rüsten und Verpacken können mit Eintauchen der Birnen in 0,2% Zitronensäure oder 1% Kochsalzlösung überbrückt werden.

Brombeeren. Bevorzugt werden vollaromatische Sorten, die gleichmäßig reifen und deren Beeren nicht zerfallen oder weich werden. Theodor Reimers, Wilsons Frühe und Taylors Fruchtbare sind zum Gefrieren ziemlich gut geeignet. Sehr wichtig ist eine einheitlich gute Vollreife, da unvollständig reife Früchte sich nach der Gefrierlagerung rötlich verfärben und einseitig sauer schmecken. Nach dem Sortieren, Waschen und Abtrocknen wird in Zuckerlösung von 40 bis 50% gefroren. Auch das Einfrieren mit Trockenzucker 1 : 5 oder ohne Zuckerung ist angängig. Überreife und verletzte Beeren können auch als Püree mit 1 : 4 Trockenzucker konserviert werden. Heiss[2] empfiehlt das Einfrieren der Brombeeren in 50% Zuckerlösung und Lagerung bei —24° C.

Citrusfrüchte (Orangen, Grapefruits, Zitronen). Von den Citrusfrüchten werden die Säfte und vor allem die Saftkonzentrate gefroren (s. S. 598). Für die Selbstversorgung können auch die von den Membranen und Samen befreiten Scheiben mit 60% Zuckerlösung eingefroren werden[3].

Datteln[4]. Baumreife Datteln werden gewaschen, entkernt und unzerkleinert oder zerschnitten gefroren. Selbst ohne Zusätze soll eine Lagerung bei —29° C bis —34° C während einer Dauer von 2 bis 3 Jahren möglich sein.

Erdbeeren. Erwünscht sind mittelgroße Beeren mit guter Farbe, kräftigem Aroma und fester Fleischbeschaffenheit. Zu weiche, sehr großfrüchtige Sorten, wie Madame Moutôt, sollten nur als geschnittene Ware oder als Mark gefroren

---

[1] Gerber, H., u. H. Kessler: Mitt. Lebensmittel-Unters. u. Hygiene Bd. 40 (1949) S. 342.

[2] Heiss, R.: Technologie des Konservierens. Braunschweig: Serger u. Hempel 1955.

[3] Tressler, D. K., C. F. Evers u. B. H. Evers: Into the Freezer and out. New York: Avi Publ. Comp. 1953.

[4] Tressler, D. K., u. C. F. Evers: The Freezing Preservation of Foods, I. Westport: Avi Publ. Comp. 1957.

werden. Für unzerteilte Kompottfrüchte haben die folgenden Sorten befriedigt:
Mieze Schindler, Panther, Sieger, Wädenswil 3 und verschiedene Senga-Züchtun-
gen, vor allem Senga-Sengana. Die Beeren sollen in vollreifem, aber nicht überreifem Zustand gepflückt und sofort anschließend gefroren werden. Nach dem
Sortieren und Waschen, dem guten Abtropfenlassen und Entkelchen werden unzerteilte Kompottfrüchte am besten in 40 bis 50% Zuckerlösung gefroren. In
Scheiben von 6 mm Dicke geschnitten und in gleicher Zuckerlösung gefroren,
ergibt im Geschmack kräftigere Erzeugnisse. Falls sich eine Sorte sehr gut für
das Gefrieren eignet, kann auch mit Trockenzuckerbeigabe 1:5 ein befriedigendes Produkt resultieren. Das Ziehenlassen der Früchte vor dem Einfrieren
brachte nur dann Vorteile, wenn es bei Temperaturen von 0° C erfolgte. Beim ausgesprochen schnellen Gefrieren (über 1,25 cm/h) ist das Ziehenlassen angezeigt.
Verletzte und überreife, aber gesunde Früchte, können als Erdbeermark gefroren werden. Die gewaschenen und entkelchten Beeren werden leicht zer-
drückt oder aber durch ein Haarsieb passiert und mit Trockenzucker eingefroren.

Feigen, grüne[1]. Die ausgereiften grünen Feigen werden vom Stiel befreit und
in Eiswasser gewaschen. Verpackt wird nach Wahl in 35 bis 60% Zuckerlösung
oder bei zerdrückten Feigen auch in 1:4 Trockenzucker. Es ist auch möglich, die
von der Haut befreiten Früchte in Zuckerlösung 50% zu legen, welche 0,05%
Ascorbinsäure und evtl. zusätzlich 0,1% Zitronensäure enthält.

Heidelbeeren (Wald- und Kulturheidelbeeren). Erwünscht sind frisch geerntete,
vollreife, unverletzte Beeren. Bei den großfrüchtigen Kulturheidelbeeren wird
genügend Säure, kräftiges Aroma, eine zarte Haut sowie gute Erhaltung der
Wachsschicht verlangt. Die in der Schweiz in Versuchsanbau genommenen
Heidelbeersorten, wie Dixi, Pionier, Atlantic, Olympia und Pemberton, erwiesen sich als gut geeignet für die Gefrierkonservierung. Wenn eine Vorlagerung nicht zu vermeiden ist, soll diese bei 0° C und 85% rel. Feuchtigkeit
erfolgen. Die Beeren sind gründlich von fremden Beimengungen zu befreien, kalt
zu waschen und gut abtropfen zu lassen. Das Gefrieren mit 40% Zuckerlösung
ergab die besten Dessertprodukte. Eine Trockenzuckerbeigabe 1:5 oder auch
das Gefrieren ohne Zucker ist zulässig für Backzwecke.

Himbeeren. Mit Himbeeren sind vorzügliche Gefrierkonserven herstellbar,
da nur geringfügige Gefrierveränderungen auftreten. Man verlangt Sorten mit
guter Farbe und kräftigem Aroma bei genügendem Säuregehalt. Wenig geeignet
sind Sorten mit zerbröckelnden, zusammenfallenden und weichen Beeren. Als
gut brauchbar erwiesen sich: Winklers Sämling, Schwabenstolz, Preußen,
Andenken an Paul Camenzind, Rote Wädenswiler, Romy, Willamette. Ein häufi-
ges Pflücken wird empfohlen, damit die Beeren nicht dunkelblaurot, weich und
überreif werden. Die Pflückgefäße sollen nicht mehr als 2 bis 3 kg fassen. Unmittelbar nach Regen- oder Hitzeperioden ist oft eine Qualitätseinbuße feststellbar. Nach dem Pflücken sind die Beeren sofort zu sortieren und einzufrieren.
Gewaschen wird nur, falls Sandverschmutzung dies notwendig macht. Die besten
Produkte werden erzielt durch Verpacken in 30 bis 40% Zuckerlösung. Das Einfrieren mit 1:5 Trockenzucker ist angängig. Ohne Zuckerzugabe soll nur bei
zwingenden Gründen gefroren werden. Ein speziell schnelles Einfrieren ist
nicht notwendig, und für die Lagerung genügen −18° C.

Holunderbeeren können wie Heidelbeeren behandelt werden.

Johannisbeeren, rote und schwarze. a) *Rote:* Verlangt werden gut ausgereifte, tiefrote, große Beeren mit zarter Haut und kleinen Samen. Geeignete

---

[1] Siehe Fußnote 4 auf S. 540.

Sorten sind: Rote Holländer, Erstling aus Vierlanden, Rote Kirsch und Heros. Die Beeren werden kalt gewaschen, entstielt und in 40% Zuckerlösung oder 1 : 4 Trockenzucker eingefroren. Selbst ohne Zuckerzugabe ist ein befriedigendes Gefrieren bei —18° C möglich.

b) *Schwarze:* Die Schwarze Johannisbeere gilt als vorzügliche Quelle von Vitamin C. Die Beeren werden im vollreifen Zustand gepflückt und ohne Verzug gefr. ren. Bei verschiedenen Sorten verursacht die Entfernung der Reste der vertrockneten Blüten etwas Mehrarbeit. Am besten wird in einer Zuckerlösung von 30 bis 40% gefroren, aber auch Trockenzucker 1 : 5 ist angängig. Soll Saft von Schwarzen Johannisbeeren gefroren werden, ist ein kurzfristiges Erhitzen und die Zugabe eines pektinspaltenden Präparates notwendig. Johannisbeersaft kann bei Früchten ähnlichen Geschmackes als Überguß zur Bräunungsverhütung an Stelle von Zuckerlösung dienen.

Kaki. Kakifrüchte sind als Püree einzufrieren. Die Früchte werden sortiert, gewaschen, zerschnitten und durch ein Sieb gestrichen. Das Püree wird mit Trockenzucker 1 : 4 oder hochkonzentriertem Zuckersirup gefroren.

Kirschen. a) *Süßkirschen:* Am besten geeignet sind großfrüchtige, schwarze, festfleischige und aromatisch-säuerliche Sorten vom Typ Basler Adlerkirsche, Hedelfinger Riesenkirsche, Schwarze Knorpelkirsche und Schneiders Späte Knorpelkirsche. Im vollreifen, noch festen Zustand gepflückte Kirschen werden entsteint, sortiert und kalt gewaschen. Verschiedene schwarze Sorten können mit Stein und ohne Zuckerzugabe eingefroren werden und ergeben so gute Erzeugnisse für Dessert- und Backzwecke. Bei langer Lagerung erhält die Konserve vom Stein her einen Geschmack nach Amygdalin. Braune und rote Kirschen werden besser entsteint vor dem Gefrieren. Entsteinte Kirschen, seien es schwarze oder helle, bedürfen unter allen Umständen einer Zuckerzugabe. Für schwarze Kirschen befriedigt Trockenzucker 1 : 7, für helle Sorten ist stets Zuckerlösung 30 bis 40% angezeigt, welche die Früchte gut überdecken muß. Bei sehr bräunungsempfindlichen Sorten kann 0,2% Ascorbinsäure zur Zuckerlösung beigefügt werden.

Die Gefriergeschwindigkeit scheint nicht von wesentlicher Bedeutung zu sein, und es genügt eine Lagertemperatur von —18° C.

b) *Sauerkirschen:* Die dunklen Sorten sind auch hier besser geeignet als hellfarbige. Man verlangt eine gleichmäßige Farbe, zarte Haut und kräftiges Aroma; ferner festes Fleisch mit wenig Saftverlust und geringer Bräunungsneigung. Erprobt sind die Sorten Englische Morelle, Echte Schattenmorelle (Große lange Lotkirsche) und Ludwigs Frühe (Montmorency). Das Entsteinen ist angezeigt, aber nicht unbedingt notwendig. Der beim Entsteinen anfallende Saft wird mitgefroren. Das Gefrieren in Zuckerlösung von 40 bis 50% ergab die besten Produkte. Für dunklere Sorten zum Dessert und für Backzwecke allgemein ist Trockenzucker 1 : 4 angängig.

Nüsse und Mandeln. Walnüsse, Haselnüsse und Mandeln werden geschält und sortiert, indem unverletzte und getrocknete Kerne getrennt verpackt werden. Die Gefäße sind ganz satt zu füllen, und es ist ohne Zugabe zu gefrieren. Kokosnüsse können im vollreifen, noch Milch enthaltenden Zustand geraspelt werden und anschließend mit Trockenzucker 1 : 5 versetzt oder auch ohne Zugabe eingefroren werden.

Oliven (nach Tressler und Evers). Oliven sind im reifen Zustand zu pflücken und einzupöckeln wie üblich. Dann wird die Pöckelflüssigkeit abgewaschen, und die Oliven werden mit frischer 2% Kochsalzlösung oder auch ohne Zugabe eingefroren. Gefrorene Oliven sind sofort nach dem Auftauen zu verbrauchen oder kühl zu lagern.

Preiselbeeren. Preiselbeeren sollen eine gut gefärbte, zarte Haut aufweisen und noch nicht mehlig sein. Verpackt wird ohne Zugabe oder in 40% Zuckerlösung.

Pfirsiche. Die Sortenwahl ist von größter Bedeutung, da vor allem steinlösliche, wenig bräunende Pfirsiche mit festem, aromatischem Fleisch und leicht entfernbarer Haut zu berücksichtigen sind. Von den weißfleischigen Sorten kann Roter Ellerstädter befriedigen, von den gelbfleischigen Hale und Elberta. Wichtig ist die gute Baumreife: Das Fleisch muß noch fest sein, aber einem leichten Daumendruck nicht Widerstand leisten. Eine Vorlagerung bei 0° C und 85% rel. Feuchtigkeit ist nur während einiger Tage angängig.

Um die Häute zu entfernen, werden die Früchte für $^1/_2$ bis 1 Minute in siedendes Wasser oder Dampf gebracht und sofort in kaltem Wasser abgeschreckt. Die Wartezeit bis zum Entsteinen und Zerschneiden wird durch Einlegen in zitronensäurehaltiges Wasser überbrückt. Die Hälften oder Teile sind direkt in 40% Zuckerlösung einzuschneiden. Bei stark zu Bräunungen neigenden Sorten ist die Zuckerlösung konzentrierter zu wählen, oder es kann Ascorbinsäure zugefügt werden. Bei Pfirsichen ist rasches Gefrieren und die Lagerung bei −20° C, oder tiefer, von Vorteil für die Erhaltung einer guten Fleischbeschaffenheit.

Zwetschgen, Pflaumen, Reineclauden, Mirabellen. a) *Zwetschgen:* Erwünscht sind großfrüchtige, steinlösliche Sorten mit festem, wenig bräunendem Fleisch, zarter Haut und nicht saurem Geschmack. Die Italienische Zwetschge (Fellenberg), die Hauszwetschge sowie gute Herkünfte der Bühler Zwetschge und Wangenheimer ergaben befriedigende Produkte. Zwetschgen dürfen keinesfalls in überreifem Zustand gefroren werden. Eine Geschmacksbeeinflussung durch den Stein ist kaum erkennbar. Die Früchte können mit dem Stein und ohne Zugabe von Zucker eingefroren werden. Für Kompottherstellung und aus Gründen der Platzersparnis werden die Zwetschgen meistens entsteint, halbiert oder geviertelt und mit 40 bis 60% Zuckerlösung gefroren. Die Zugabe von Trockenzucker 1 : 4 hat weniger befriedigt. Die ohne Zuckerzugabe gefrorenen Zwetschgen müssen in heißer Zuckerlösung oder direkt im Ofen als Kuchenbelag aufgetaut werden.

b) *Pflaumen und Reineclauden:* Für das Tiefkühlen ist nur ein kleiner Teil der Sorten gut geeignet. Diese können wie Zwetschgen behandelt werden. Sicherer ist das Blanchierverfahren: Die nicht entsteinten Pflaumen oder Reineclauden werden während 5 bis 10 Minuten blanchiert und in 40% Zuckerlösung gefroren.

c) *Mirabellen:* Es sind nur gut reife, von Hand gepflückte Früchte geeigneter Sorten, wie Mirabelle von Metz oder Mirabelle von Nancy, zu wählen. Die entsteinten Früchte sind mit 35 bis 50% Zuckerlösung gut zu überdecken.

Stachelbeeren. Knapp vollreife Stachelbeeren können für Backzwecke sowie Konfitüren und Kompottbereitung gefroren werden. Geeignete Sorten: Roter, Gelber und Weißer Triumph, Bloodhound, Alicante, Lady Delamere, Weiße Neckartal, Grüne Kugel und feste, grüne Sorten. Die Beeren müssen gewaschen und von Kelch und Stiel befreit werden. Empfohlen ist das Sticheln der Haut vor dem Gefrieren. Dies besonders dann, wenn man mit Zuckerlösung 30 bis 50% einfriert; der Geschmack wird dadurch ausgeglichener und die Haut erscheint weniger zäh. Stachelbeeren können auch ohne Zuckerzugabe in kalter Luft oder selbst im gekochten Zustand gefroren werden.

Weintrauben. Weintrauben sind kein sehr gut geeignetes Gefrierprodukt. Es sind nur Sorten mit kleinen, festen Beeren, welche wenig Samen und eine zarte Haut aufweisen, zu berücksichtigen. Nach dem Waschen und Entstielen ist die verpackte Ware mit Zuckerlösung 40% gut zu überdecken.

C. Das Gefrieren von Gemüsearten.

Artischocken (Cynara Scolymus). Nur die inneren hellgelben und weißen Teile der Schuppen sind brauchbar. Die grünen Spitzen werden entfernt, die verwendbaren Teile sofort in kaltes Wasser gelegt und darin gewaschen. Dann wird während 7 Minuten blanchiert in Wasser, welches Zitronensäure enthält. Anschließend ist im kalten, fließenden Wasser während 5 Minuten abzukühlen und zu verpacken. Auch das Blanchieren in Dampf ist möglich.

Blumenkohl. Nur kompakte, feste, reinweiße Blumen mit zarten Stielen und genügend Aroma sind erwünscht zum Gefrieren. Die Sorten Saxa, Erfurter Zwerg und Neve erwiesen sich dabei als gut geeignet. Falls nicht frisch vom Feld weg eingefroren werden kann, soll bei 0° C und 85 bis 90% rel. Feuchtigkeit vorgelagert werden. Die Blumen sind in gleichmäßig große Röschen von 2 bis 4 cm Durchmesser zu trennen; diese werden gewaschen und während 15 Minuten in 3% Kochsalzlösung gelegt. Das Blanchieren kann während 2 bis 4 Minuten in Wasser oder 4 bis 8 Minuten in Dampf geschehen. Dem Blanchierwasser wird mit Vorteil Zitronensäure zugesetzt. Nachher ist gründlich im kalten, fließenden Wasser oder in 1 bis 2% Salzwasser abzukühlen und möglichst ohne Luftzwischenräume sowie gut luftdicht zu verpacken. Die Lagerung bei −18° C sollte nach Heiss[1] nicht über 6 Monate ausgedehnt werden. Bei −20° C ist Blumenkohl während 9 bis 12 Monaten lagerfähig.

Broccoli (Sprossenkohl). Beim Sortieren von Broccoli sind alle gelben oder offenen Köpfe auszuscheiden. Die rauhen Blätter werden entfernt, der Kopf wird in 3 bis 5 cm große Röschen zerteilt und die Stengel zum Teil weggeschnitten. Nach dem Waschen wird in Dampf während 3 bis 5 Minuten blanchiert, im fließenden Wasser abgekühlt und verpackt. Die richtige Blanchierzeit ist mit dem Peroxydasetest zu überwachen.

Bohnen, grüne (Phaseolus vulgaris). Nur junge, zarte und fadenlose Bohnen, die beim Brechen noch knacken, sind brauchbar für das Gefrieren. Die grünhülsigen Buschbohnensorten zeigen in der großen Mehrzahl gute Gefriereignung, so z. B. Saxa, Schreibers Imuna, Longimuna. Über die Eignung bestimmter Sorten von gelbhülsigen Wachsbohnen und von Stangenbohnen erkundige man sich bei den Forschungsanstalten. Beste Erzeugnisse sind aus mittelfeinen Sortierungen erzielbar. Ganze Bohnen werden weniger ausgelaugt als Schnittbohnen. Die Bohnen werden sortiert, von Hand oder maschinell entspitzt, gewaschen und evtl. gebrochen. Je nach Dicke der Hülsen wird $1^1/_2$ bis 3 Minuten in Wasser oder 2 bis 4 Minuten in Dampf blanchiert, abgekühlt, kurz abtropfen gelassen und ganz satt verpackt. Nicht verpackte, offen gefrorene Bohnen sind sperrig und lassen sich nicht platzsparend lagern. Mangelhafte Verpackung hat ein starkes Austrocknen und Ausbleichen zur Folge. Bohnen erfordern ein sehr schnelles Gefrieren. Die Lagerung kann bei −18° C erfolgen.

Bei *Puffbohnen* (große Bohnen, Vicia faba), *grünen Auskernbohnen* (Phaseolus vulgaris) und *weißen Bohnen* (Phaseolus lunatus, Limabohne) entsprechen die Vorbereitungsarbeiten denjenigen der Erbsen. Die Blanchierdauer ist der Größe und dem Reifegrad der Kerne anzupassen. Um *grüne Sojabohnen* mühelos zu entkernen, wird vorher während 5 Minuten in Wasser oder Dampf blanchiert und in kaltem Wasser abgekühlt. Nach dem Entkernen wird gewaschen, abtropfen gelassen, verpackt und gefroren[2].

---

[1] Heiss, R.: Technologie des Konservierens. Braunschweig: Serger u. Hempel 1955.
[2] Tressler, D. K., u. C. F. Evers: The Freezing Pres. of Foods, I. Westport: Avi Publ. Comp. 1957.

Dillkraut (Anethum graveolens). Dillkraut ist unmittelbar vor der Samenbildung zu ernten. Nach dem Waschen und Zerschneiden kann während 1 Minute blanchiert werden. Sodann ist abzukühlen und zu verpacken. Da Dill beim Blanchieren einen Teil der ätherischen Öle verliert, wird oft auch ohne Vorbehandlung gefroren.

Eierfrucht (Solanum melongena). Eierfrucht wird in kaltem Wasser gewaschen, geschält, in Scheiben von 12 mm geschnitten und während 4 Minuten in Wasser oder 5 Minuten in Dampf blanchiert. Anschließend ist in kaltem Wasser zu kühlen und einzufrieren. Eierfrucht wird häufig auch direkt in gekochtem Zustand gefroren.

Endivien (Cichorium endivia). Endivien werden in gekochtem Zustand gefroren.

Erbsen. Erbsen können ein vorzügliches Gefrierprodukt ergeben, falls die richtigen Sorten zur Anwendung kommen. HEISS[1] bevorzugt Markerbsen vor Palerbsen. Letztere werden aber bezüglich der Konsistenz oft besser bewertet. Man verlangt ein gut schmeckendes, nach dem Vorbrühen grünes, glänzendes, nicht aufspringendes Korn von gleichmäßiger Größe. Die Sorten Expreß, Maikönigin, Wunder von Witham, Lincoln und Salzmünder Edelperle ergaben gute Gefrierkonserven. Ein ausgeglichener, nicht zu weit vorgeschrittener Reifegrad ist sehr wichtig. Das Auslesen zu großer und überreifer Körner kann durch den Gebrauch von Sieben oder, dank dem höheren spezifischen Gewicht der Überreifen, mit Hilfe eines Salzbades (Salzgräder) geschehen. Gelbe, mißfarbige und beschädigte Erbsen sind auszusortieren. Texturometerwerte als Hilfsmittel für die Reifebestimmung sind bedingt brauchbar[2, 3]. Die Blanchierzeit ist dem Reifegrad und der Korngröße gut anzupassen. Es wird in kochendem, enthärtetem Wasser während 1 bis $1^1/_2$ Minuten oder in Dampf 2 bis 4 Minuten blanchiert. Nach dem Abkühlen ist sofort zu verpacken und einzufrieren. Eine Lagertemperatur von $-18°$ C genügt für eine Lagerdauer von 6 bis 8 Monaten, für längere Lagerzeiten sind Temperaturen von $-20°$ C oder tiefer angezeigt. Da Erbsen in geerntetem Zustand sehr hohe Atmungswärme entwickeln, sollte zwischen Ernte und Drusch einerseits und zwischen Drusch und Gefrieren andererseits keine längere Wartezeit als 1 bis 2 Stunden zugelassen werden. Andernfalls wäre eine Vorkühlung in Kaltluft oder Wasser vorzusehen. Zuckererbsen sind wie grüne Bohnen zu behandeln.

Fenchel (Foeniculum vulgare). Zarter Fenchel wird zubereitet, gewaschen, halbiert oder geviertelt und während 3 bis 5 Minuten blanchiert. Dem Blanchierwasser wird mit Vorteil etwas Zitronensaft beigegeben.

Gewürzkräuter, d. h. Suppengrün. Petersilie, Lauch und andere Suppenkräuter werden gewaschen, zubereitet und in kleinen Portionen unblanchiert, aber gut verpackt, gefroren.

Gurken. Beim Gefrieren von Gurken ist ein Verlust an Festigkeit und Knackigkeit in Kauf zu nehmen. Grüne, schlanke, kleinsamige Sorten mit festem Fleisch sind zu bevorzugen. Gurken werden nach dem Waschen unblanchiert gefroren. Vor dem Verbrauch sind sie in nur leicht angetautem Zustand zu schälen und zu zerschneiden. Ein Schälen, Auskernen und Schneiden ist aber auch vor dem Gefrieren möglich. Wichtig ist eine völlig wasserdampf- und aromadichte Verpackung. Bei $-18°$ C sind Gurken nicht länger als 6 bis 9 Monate zu lagern.

---

[1] HEISS, R.: Technologie des Konservierens. Braunschweig: Serger u. Hempel 1955.

[2] GUTSCHMIDT, J.: Z. ind. Obst- u. Gemüseverwert. Bd. 38 (1953) S. 389, 405; Bd. 39 (1954) S. 242.

[3] NICOLAISEN, N. P., u. L. NICOLAISEN-SCUPIN: Kältetechnik Bd. 7 (1955) S. 191.

Karotten und Möhren. Verlangt werden Sorten mit guter Farbe, kräftig süßem Geschmack und geringem Markanteil, wie z. B. Nantaiser und Pariser Markt. Nach dem Waschen und Schaben werden die Karotten in 6 mm dicke Streifen oder Scheiben geschnitten, sodann in Wasser oder Dampf während 2 bis 5 Minuten blanchiert. Kleinere Karotten können auch unzerteilt während 4 bis 6 Minuten vorgebrüht werden. Soll ein Mischgemüse aus Erbsen und Karotten bereitet werden, sind die Bestandteile mit Vorteil getrennt zu gefrieren und nachher zu mischen. Das Blanchieren hat auf alle Fälle getrennt zu erfolgen.

Kartoffeln. Üblicherweise werden die Kartoffeln vor dem Gefrieren als Pommes frites zubereitet oder in der Form von Püree ohne Zusätze gekocht und eingelagert. Es besteht auch die Möglichkeit, aus blanchierten und gefrorenen Kartoffeln nachträglich Pommes frites zu bereiten: Gelagerte Kartoffeln werden gewaschen, geschält, in 8 mm-Streifen geschnitten und während 2 Minuten in Wasser oder 3 Minuten in Dampf blanchiert. Nach dem Abkühlen wird verpackt und gefroren.

Kohlarten (Weißkohl, Rotkohl, Wirsingkohl). Kohlarten können für gekochte, fertige Mahlzeitenportionen gefroren werden. Die äußeren Blätter werden entfernt. Der Kopf kann entweder als geschnittene Ware während 3 bis 4 Minuten in Wasser oder als einzelne, lose Blätter während $1^1/_2$ bis 2 Minuten in Dampf oder Wasser blanchiert werden. Um die Farbe des Rotkohls zu erhalten, kann dem Blanchierwasser 0,5% Essig zugesetzt werden.

Für Blätter von *Federkohl, Grünkohl* und *Pekingkohl* ist eine Vorbereitung wie Spinat eingezeigt, wobei die Blanchierdauer nur 1 bis $1^1/_2$ Minuten beträgt.

Kohlrabi. Nur zarte, völlig unverholzte Kohlrabi geeigneter Sorten, wie Rogglis Treib, Rogglis Freiland, Riesenspeck, Delikateß und Wiener Glass, können für das Gefrieren in Frage kommen. Nach dem Waschen wird geschält, in Scheiben von 4 mm oder Würfel von 12 mm geschnitten und in Dampf oder Wasser während 1 bis 3 Minuten blanchiert. Nach dem Abkühlen wird verpackt und eingefroren.

Kohlrüben (Bodenrüben, Gelbrüben) und *Herbstrüben* (Weiß-, Wasser-, Mai-, Speise-, Krautrüben) sind wie Kohlrabi zu behandeln.

Kürbis (Cucurbita maxima). Gut reifer Kürbis wird geschält, in Würfel geschnitten, weich gedämpft und passiert. Dann ist das Püree rasch abzukühlen und ohne Zugabe einzufrieren. Auch das Gefrieren ganzer, während 3 bis 4 Minuten blanchierter Scheiben ist angängig.

Lattich (Lactuca sativa, Kochsalat). Lattich kann wie Spinat vorbehandelt werden, doch ist eine Blanchierzeit von 4 Minuten angezeigt.

Lauch (Porree, Allium porrum). An Gemüselauch, welcher während 6 Monaten bei —20° C gelagert wurde, haben die nicht blanchierten Muster besser befriedigt als die während 2 bis 4 Minuten blanchierten, oder die vor dem Gefrieren gekochten Proben.

Paprika (Capsicum annuum). Süßer Paprika wird gewaschen und von Stiel und Samen befreit. Die halbierten oder in Streifen geschnittenen Stücke können unblanchiert gefroren werden. Das Blanchieren während 2 bis 3 Minuten in Wasser oder 3 bis 4 Minuten in Dampf ermöglicht indessen ein dichteres Verpacken.

Der scharfe Gewürzpaprika wird entweder ebenso behandelt wie süßer Paprika oder er wird vorher geschält, indem man ihn während 3 bis 4 Minuten einer Ofenhitze von 200° C aussetzt und dann beim Abkühlen unter fließendem, kaltem Wasser die Häute entfernt.

Pilze. Nur völlig frische Pilze bekannter Arten, wie Steinpilze, Champignons und Pfifferlinge kommen für das Gefrieren in Frage. Nach dem sorgfältigen

Waschen werden größere Stücke in 5 mm dicke Scheiben geschnitten, kleinere Pilze ganz belassen. Beim Rüsten ist große Sorgfalt am Platze, da zerdrückte Teile sich braun verfärben. Empfohlen ist das Eintauchen der Pilze in 2% Zitronensäurelösung vor dem Blanchieren. Je nach Stückgröße wird 3 bis 6 Minuten in Dampf oder 2 bis 5 Minuten in Wasser blanchiert. Das Abkühlen geschieht vorteilhafterweise zuerst im kalten, fließenden Wasser, dann in 2% Zitronensäurelösung und anschließend wieder in kaltem Wasser. Nach einer Abtropfzeit von 15 Minuten können die Pilze entweder trocken, aber auch in 2% Zucker- oder Kochsalzlösung verpackt und gefroren werden.

Ein schnelles Gefrieren bietet Vorteile. Das Zähwerden der Pilze beim Gefrieren kommt weniger zur Geltung, falls an Stelle des Blanchierens ein Dünsten von 7 Minuten erfolgt.

Pastinake (Pastinaca sativa). Pastinaken werden gewaschen, geschält, in Würfel oder Scheiben geschnitten und 2 bis 5 Minuten in Dampf oder 1 bis 4 Minuten in Wasser blanchiert. Nach dem gründlichen Abkühlen wird verpackt und gefroren.

Rhabarber. Die Rhabarberstiele werden nach dem Waschen zubereitet geschält und zerkleinert. Rhabarber kann wahlweise in unbehandeltem, in gekochtem oder aber in blanchiertem Zustand gefroren werden. In Wasser ist $1^1/_2$ Minuten, in Dampf 2 Minuten Blanchierdauer angezeigt. Roh eingefüllter Rhabarber kann auch mit Zuckersirup eingefroren werden.

Rote Rüben, Randen (Beta vulg. subspec. esculenta). Rote Rüben werden sorgfältig gewaschen, knapp weichgekocht, dann geschält, zerschnitten und eingefroren. Kleine, junge Rüben können auch 2 bis 3 Minuten in Dampf blanchiert, abgekühlt, geschält und verpackt werden. Die Blätter junger Rüben werden wie Spinat gefroren.

Rosenkohl. Zarte, tiefgrüne, feste Knospen werden gewaschen und tischfertig zugerichtet. Das Blanchieren kann in Wasser oder Dampf während 4 bis 6 Minuten erfolgen. Danach ist gründlich im kalten, fließenden Wasser abzukühlen und sorgfältig zu verpacken. Eine tiefe Gefrier- und Lagertemperatur ist von Vorteil.

Schwarzwurzeln (Scorzonera hispanica). Zarte, nicht verholzte, 1jährige Wurzeln werden gewaschen, geschält und evtl. zerteilt. Um Bräunungen zu verhüten, sind die geschälten Wurzeln sofort in Zitronensäure enthaltendes Wasser einzulegen. Je nach Dicke ist 3 bis 8 Minuten in kochendem Wasser oder 5 bis 10 Minuten in Dampf vorzubrühen. Die Blanchierzeit genügt, wenn zerdrücktes Wurzelgewebe an der Luft nicht mehr bräunt. Das Abkühlen geschieht mit Vorteil in zitronensäurehaltigem Wasser. Statt zu blanchieren, können die Schwarzwurzeln auch halbweich gekocht und so gefroren werden. Eine Lagertemperatur von $-20°$ C wird empfohlen.

Sellerie (Apium graveolens). Die Stiele von *Bleichsellerie* werden zubereitet gewaschen, zerkleinert und in Dampf oder wenig Wasser knapp weichgekocht, abgekühlt und verpackt.

Auch *Knollensellerie* läßt sich in knapp weichgekochtem Zustand gefrieren. Wird Sellerie in Wasser blanchiert, ist für Scheiben von 8 mm Dicke eine Vorbrühzeit von 4 Minuten angezeigt. Dem Blanchierwasser ist mit Vorteil Zitronensäure beizufügen.

Spargel. Nach PAECH[1] kann Spargel ein sehr gutes Gefrierprodukt ergeben. Voraussetzung dafür ist die Verwendung heller, nicht holziger Stangen mit geschlossenen, ungefärbten Köpfen. Die Sorten Schwetzinger, Braunschweiger und Geo erwiesen sich zum Gefrieren geeignet. Spargel sollen sofort nach dem

---

[1] PAECH, K.: Gefrierkonservierung. Berlin: Parey 1945.

Stechen verarbeitet werden. Nur zarte Partien, z. B. die obersten 15 bis 20 cm, sind zu verwenden. Fehlerhafte Stangen sind getrennt als Brech- oder Suppenspargel einzufrieren. Nach dem Waschen wird nach Dicke sortiert, und die Stangen sind senkrecht in Netzen oder Körben aus rostfreiem Draht vorzubrühen. Das Ende der Stangen ist länger vorzubrühen als die Köpfe; letztere werden also erst gegen das Ende der Blanchierzeit ganz eingetaucht.

Blanchierzeiten für Spargel. (Nach Paech.)

	Kochendes Wasser (Vom Beginn des Siedens ab!)		Dampf
9 bis 12 mm dick	Enden 3 bis 4 min	Köpfe 2 bis 3 min	4 bis 5 min
12 bis 15 mm dick	Enden 4 bis 5 min	Köpfe 3 bis 4 min	5 bis 6 min
15 bis 18 mm dick	Enden 5 bis 6 min	Köpfe 4 bis 5 min	6 bis 8 min

Nach dem Blanchieren wird kurz in fließendem Wasser abgekühlt, gut abtropfen gelassen und sofort anschließend verpackt und gefroren. Eine besonders tiefe Gefriertemperatur wirkt sich sehr günstig auf die Konsistenz der Spargel aus. Die Lagerung sollte bei —18° C nicht zu lange ausgedehnt werden. Temperaturen von —20° C und tiefer sind zu bevorzugen. Auch auf die Arbeiten von Gutschmidt[1] und Heiss[2] sei hingewiesen.

Spinat. Tiefgrüne, zartstielige, aber nicht einseitig mit Stickstoff gedüngte und wässrige Ware ist bevorzugt. Die Sorten Nobel, Matador und König von Dänemark wurden mit Erfolg gefroren. Nach dem Waschen werden die Blattstiele zugeputzt oder entfernt. Blanchiert wird 1 bis 3 Minuten in Wasser oder 2 Minuten in Dampf. Nach dem sorgfältig durchzuführenden Abkühlen wird das überschüssige Wasser leicht ausgedrückt. Der Spinat wird als Blattspinat gefroren, oder er wird vor dem Verpacken passiert oder gehackt. Beim Blanchieren und Abkühlen sollte das Zusammenkleben der Blätter durch periodisches Umrühren verhütet werden. Besonders beim Dampfblanchieren, welches an sich das schonendere Verfahren darstellt, ist der Verhinderung des Zusammenklebens größte Aufmerksamkeit zu schenken.

Tomaten. Vorderhand kann das Gefrieren ganzer oder zerschnittener Tomaten nicht empfohlen werden. Nach dem Auftauen ist sehr oft ein fremdartiger Geschmack sowie eine zähe Haut bei zu weicher Fleischbeschaffenheit festzustellen. Von der Züchtung und Auslese darf man vielleicht eine neue kleinfruchtige, voll- und festfleischige Gefriertomate mit zarter Haut erhoffen.

Falls Tomaten gefroren werden, ist ein Blanchieren nicht notwendig. Zum Entfernen der Haut werden die Tomaten in siedendes Wasser getaucht und sofort darauf in kaltem Wasser abgeschreckt. Tomaten lassen sich auch in leicht angetautem Zustand schälen und schneiden. Sehr gut hat sich das Gefrieren von *Tomatenmark* bewährt. Die Tomaten werden gewaschen, in Viertel zerteilt, während 5 Minuten gedämpft und anschließend passiert. Häute und Samen sind zu entfernen, und das ausgekühlte Tomatenmark wird gut verpackt eingefroren.

Zucchetti (Cucurbita pepo, länglicher Kürbis). Zucchetti werden nach dem Waschen in 12 mm messende Scheiben geschnitten. Diese sind 2 bis 5 Minuten in Dampf oder 2 bis 4 Minuten in Wasser zu blanchieren und anschließend abzukühlen. Zucchetti können auch in Würfel geschnitten und unblanchiert gefroren werden.

---

[1] Gutschmidt, J.: Kältetechnik Bd. 4 (1952) S. 111.
[2] Heiss, R.: Fortschritte in der Technologie des Konservierens von Obst und Gemüse. Braunschweig: Serger u. Hempel 1955.

Zuckermais. Der Zuckermais wird im mittleren, süßen Stadium der Milchreife geerntet und wenige Stunden nach der Ernte gefroren. Unreife und überreife Kolben sind auszuscheiden. Deckblätter und Fäden sind zu entfernen. Falls ganze Kolben blanchiert werden, ist in Dampf oder Wasser mit 6 bis 12 Minuten zu rechnen. Nach dem Abkühlen im fließenden, kalten Wasser sind die Kolben am besten einzeln in wasserdampfdichte Folien zu verpacken und die Sammelpakete auch wieder zu versiegeln. Es kann auch *nach* dem Blanchieren entkernt werden. Falls *vor* dem Blanchieren entkernt wird, sind diese Kerne während 2 bis 5 Minuten vorzubrühen, dann abzukühlen und gut zu verpacken.

Zwiebeln (Allium cepa). Zwiebeln werden nur ausnahmsweise gefroren. Sie werden nach dem Schälen gewaschen, zerschnitten, während 3 Minuten in Dampf blanchiert und in Eiswasser abgekühlt.

Bier.

Von

Professor Dr.-Ing. **Walther Fischer**†
und a. o. Professor Dr. agr. Dipl.-Ing. Dipl. Braumeister **Horst Engerth**

Lehrstuhl und Institut für Energiewirtschaft
der Brauerei an der Technischen Hochschule München,
Zweigstelle Weihenstephan.

Mit 29 Abbildungen.

A. Einleitung.

I. Allgemeines.

Wenn man die Geschichte der künstlichen Erzeugung von Kälte betrachtet wird man feststellen, daß die Entwicklung der Kompressionskälteanlagen gerade durch die Brauereien entscheidend beeinflußt und gefördert worden ist.[1] Als Lebensmittelbetriebe, deren Zwischen- und Endprodukte nur bei niedrigen Temperaturen haltbar sind, standen die Brauereibetriebe seit jeher in einem ständigen Kampf gegen die störenden Einwirkungen der Wärme. Natureis, tief in die Erde eingebaute Keller und weitgehende Anpassung der Arbeit an die klimatischen Verhältnisse der Umwelt und an die Jahreszeiten waren die einzigen Mittel, die dem Brauer in früheren Jahren zur Verfügung standen, um wirtschaftliche Verluste und Güteminderungen möglichst zu vermeiden. Die reibungslose Erzeugung wurde durch die notwendige Rücksicht auf diese einfachen Hilfsmittel stark gestört, und der Brauer benötigte neben seinem Fachkönnen noch ein ordentliches Stück Glück, um alle Klippen im Herstellungsgang erfolgreich umsteuern zu können. Ein milder Winter, der die Natureiserernte ungünstig beeinflußte, zog zwangsläufig nachteilige Folgen für die Güte des Bieres nach sich.

Es ist daher verständlich, daß der Artikel ,,Verbesserte Eis- und Kühlmaschinen'' von CARL LINDE, der 1871 im Bayer. Industrie- und Gewerbeblatt erschien, in Brauerkreisen ein lebhaftes Echo fand. Generaldirektor DEIGLMAYR der Dreherschen Brauereien in Wien trat als erster an LINDE mit der Frage heran, ob er bereit sei, nach den in dem Aufsatz entwickelten Gedankengängen eine Gärkellerkühlanlage für die Triester Abteilung der ihm unterstellten Brauerei zu bauen. Wenn es auch mit Hilfe von Eisschwimmern möglich war, die Würze in den Gärbottichen einigermaßen auf der erforderlichen Temperatur zu halten, so brachte die feuchtwarme Atmosphäre doch erhebliche Betriebsschwierigkeiten mit sich. LINDE war grundsätzlich bereit und trat an den Münchner Großbrauer GABRIEL SEDLMAYR mit der Bitte heran, seinen Betrieb für die erforderlichen Versuche zur Verfügung zu stellen. SEDLMAYR, der sich für die Kühlungsfrage genauso wie DREHER in Wien interessierte, ging sogar über die ihm vorgelegte Bitte hinaus und erklärte sich bereit, die gesamten entstehenden Kosten für die erforderlichen Versuchsarbeiten zu übernehmen. Auch er erkannte sofort, welche umwälzenden Folgen die Verwirklichung von LINDES Idee für die Brauereien mit sich bringen konnte, da die wenigen bisher gebauten Kältemaschinen überwiegend

---

[1] Vgl. Bd. I dieses Handbuches, S. 133—136.

für die Herstellung von Eis eingerichtet waren. Im Jahre 1873 hielt CARL LINDE vor dem Internationalen Brauerkongreß in Wien einen Vortrag, in dem er nachwies, daß durch die Verbesserung des Wirkungsgrades und die unmittelbare Kühlung von Flüssigkeiten und Räumen die Wirtschaftlichkeit der künstlichen Kälteerzeugung günstiger würde, als sie bisher bei der Kühlung unter Verwendung von Natureis erreicht wurde. Führende Männer des Braugewerbes der damaligen Zeit traten unter dem Eindruck von LINDES Ausführungen in nähere Verbindung zu ihm, so besonders JACOBSEN in Kopenhagen, FELTMANN in Rotterdam, HATT in Straßburg und andere. Die Folge davon war, daß die Brauereien als Abnehmer von Kälteanlagen an erster Stelle standen. 1877 bestellte SEDLMAYR eine Kältemaschine zur Deckung des gesamten Kältebedarfes der Spatenbrauerei in München, kurz darauf DREHER eine zweite Anlage für seinen Betrieb in Wien und die Westminster Brewery für London. 1878 stellte LINDE den ersten Eiserzeuger in der Franziskanerbrauerei in München auf, dessen Arbeitsweise sich bis heute nur wenig verändert hat. 1879 waren bereits 20 Kälteanlagen geliefert, die in der Mehrzahl in Brauereien Verwendung fanden. 1880 wurde die erste Eisfabrik in Elberfeld-Barmen in Betrieb genommen, die eine Tagesleistung von 50 t Eis aufwies. Auch ihre Errichtung war nur in Zusammenarbeit mit den ortsansässigen Brauereien möglich, die sich zur Abnahme bestimmter Eismengen verpflichtet hatten. 1890 berichtet LINDE über 625 in Betrieb stehende Kältemaschinen, von denen rd. 83% in Brauereibetrieben liefen. Erst allmählich holten die anderen Kälteverbraucher etwas auf.

Der dänische Brauer JACOBSEN brachte in seiner Brauerei Neu-Carlsberg in Kopenhagen 4 Gedenktafeln an, die zur Erinnerung an die Männer dienen sollen, die nach seiner Meinung die Entwicklung der Brauerei am meisten gefördert haben. Eine dieser Tafeln ist CARL LINDE gewidmet, der in seinen Lebenserinnerungen[1] die Anerkennung, die seine Arbeit bei den Brauern gefunden hat, mit den Worten kennzeichnet: „Schon 2 Jahre nach Einrichtung der ersten Lagerkellerkühlung war es eine feststehende Meinung in der Brauwelt, daß diese zweite Leistung der Kältemaschine noch wertvoller sei als der auf den Betrieb sich erstreckende erste Teil, und daß der untergärigen Bierbrauerei durch die Kältetechnik eine neue Grundlage gegeben sei, indem sie dieselbe unter wesentlichen Verbesserungen von den klimatischen Verhältnissen unabhängig gemacht habe."

II. Übersicht über die Bierherstellung.

Bevor im einzelnen die Einrichtungen und Apparate besprochen werden können, die in den Brauereien Verwendung finden, um die Temperatur dem jeweiligen Arbeitszweck entsprechend niedrig zu halten, muß zunächst in einer Übersicht kurz geschildert werden, aus welchen Rohstoffen und auf welchem Weg Bier hergestellt wird. Die in Abb. 241 und 242 gegebenen Übersichtspläne lassen durch schräg nach unten gerichtete starke Pfeile erkennen, an welchen Stellen durch künstliche Erniedrigung der Temperatur die Lagerungsverhältnisse verbessert oder die Betriebsvorgänge in der vom Brauer gewünschten Weise gefördert werden können.

Nach deutschem Gesetz (Reinheitsgebot des Herzogs Albrecht IV. von Bayern aus dem Jahre 1516) dürfen nur die Rohstoffe Malz, Hopfen, Hefe und Wasser zur Erzeugung von Bier verwendet werden. In ungewöhnlichen Zeitläuften und für Sonderarten werden weitere Zusätze gestattet, insbesondere Zucker. Im Ausland treten neben die obengenannten Rohstoffe vor allem noch andere Getreide-

---

[1] VON LINDE, C.: Aus meinem Leben und von meiner Arbeit. München: R. Oldenbourg 1916.

arten. Das Malz ist künstlich zum Keimen gebrachtes Getreide. Als wichtigster Rohstoff wird es in einem Nebenbetrieb der Brauerei, in der Mälzerei (Abb. 241), aus Gerste erzeugt, soweit es die Brauerei nicht aus einer fremden Mälzerei bezieht. Da Gerste nur einmal im Jahr geerntet wird, die Verarbeitung sich

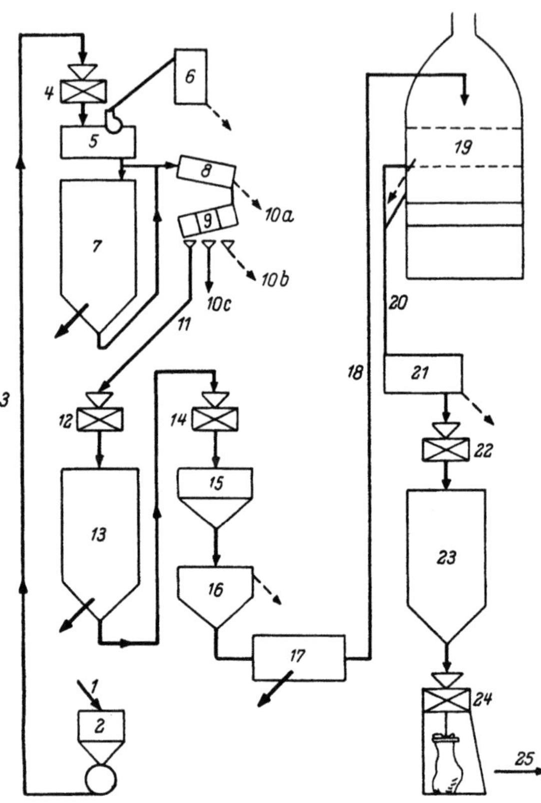

Abb. 241. Schema einer Mälzerei.

1 Gersteannahme, 2 Einschüttgosse, 3 Gersteelevator, 4 Annahmewaage, 5 Gerstevorreinigung, 6 Staubfilter mit Staubabscheidung, 7 Silo für vorgereinigte Gerste, 8 Gerstehauptreinigung mit 8 Trieur, 9 Sortierzylinder, 10 a Abfall, 10 b Futtergerste, 10 c Gerste II. Sorte, 11 Gerste I. Sorte, 12 Waage, 13 Silo für gereinigte Gerste, 14 Einweichwaage, 15 Zwischenrumpf, 16 Gersteweiche mit Schwimmgersteabführung, 17 Keimung (Tenne, Trommel, Kasten), 18 Grünmalz, 19 Darre, 20 Malz, 21 Malzputzmaschine mit Abscheidung der Malzkeime, 22 Malzwaage, 23 Silo für Malz, 24 Versandwaage, 25 Malzabgabe.

aber aus wirtschaftlichen Gründen über mehrere Monate verteilen muß, ist die Gerste zunächst nach einer Vorreinigung und notfalls nach Trocknung auf Böden oder in Silos zur Nachreife zu lagern. Hier ist zur Erhaltung ihrer Eigenschaften, zur Verhinderung von Verderb und zur Verhütung der Zerstörung durch Schädlinge die Lagerung bei niedrigen Temperaturen erwünscht, sofern nicht darüber hinaus noch zusätzliche Maßnahmen notwendig sind, um den vollen Wert des Getreides zu erhalten.

Der erste Schritt für die Verarbeitung der Gerste zu Malz erfolgt nach sorgfältiger Reinigung durch Einweichen in Wasser. Dies geschieht gewöhnlich mit kaltem Wasser, und nur vereinzelt wird warm eingeweicht, wozu Wasser mit Temperaturen bis zu $+40°$ C verwendet wird.

Durch Umpumpen und Belüften mit eingeblasener Luft wird die Gerste während des Weichens noch weiter gereinigt und dabei zugleich die zur Atmung des Kornes erforderliche Sauerstoffmenge herangeführt. Die Weichdauer beträgt etwa 3 bis $4^1/_2$ Tage, wobei der Wassergehalt der Gerste von 10 bis 18% auf 43 bis 46% zunimmt. Das eingeweichte Korn wird dann zur Keimung gebracht. Dies geschieht entweder nach einem von alters her übernommenen Verfahren auf Tennen oder in den modernen pneumatischen Mälzereien in Trommeln oder Kästen. Der richtige Ablauf des Keimvorganges ist von der Einhaltung bestimmter Temperatur- und Feuchtigkeitsverhältnisse abhängig. Bei ungünstigen klimatischen Verhältnissen oder bei der Notwendigkeit, auch in den heißen Sommermonaten zu mälzen, kann eine künstliche Kühlung erforderlich sein, um günstigste Arbeitsbedingungen zu schaffen.

Bei der Weiche und Keimung werden die Enzyme aktiviert, die die Voraussetzung für den Wachsvorgang und für den späteren Brauprozeß darstellen. Die ganze Keimdauer beträgt 7 bis 9 Tage, das Erzeugnis heißt Grünmalz. Dieses wird nunmehr auf die Darre gebracht, um eine Dauerware zu gewinnen, die gut lagerfähig ist. Auf den Darren verschiedener Bauart wird durch Trocknung Wasser entzogen. Das Grünmalz kommt mit etwa 45% Wassergehalt auf die Darre, während das frisch abgedarrte Malz nur noch 1 bis 3% Wasser enthält. Zugleich mit der Trocknung werden entsprechend der Temperaturführung geschmackliche Veränderungen und Farbänderungen erzielt. Man erhält je nach Ablauf der Keimung und Durchführung der Darrarbeit helle oder dunkle Malze. Durch den Wasserentzug wird den Enzymen die Möglichkeit zu weiterer Tätigkeit genommen und dadurch die Keimung unterbrochen. Das von der Darre abgeräumte Malz wird geputzt, die Wurzelkeime werden entfernt und schließlich wird es in Silos oder Kästen gelagert.

Auch in der Brauerei (Abb. 242) wird das Malz bis zu seiner Verarbeitung wieder in Silos oder Kästen gelagert, wobei hier besonders darauf zu achten ist, daß das Malz kein Wasser aufnehmen kann. Schwieriger ist die Lagerung des Hopfens, der kühle und trockene Räume fordert, um seinen Brauwert zu behalten. Auch die Hefe, die im Brauereibetrieb selbst gewonnen wird, verlangt bis zu ihrer Wiederverwendung kalte Lagerung, da sie sonst durch Degeneration ihre guten Eigen-

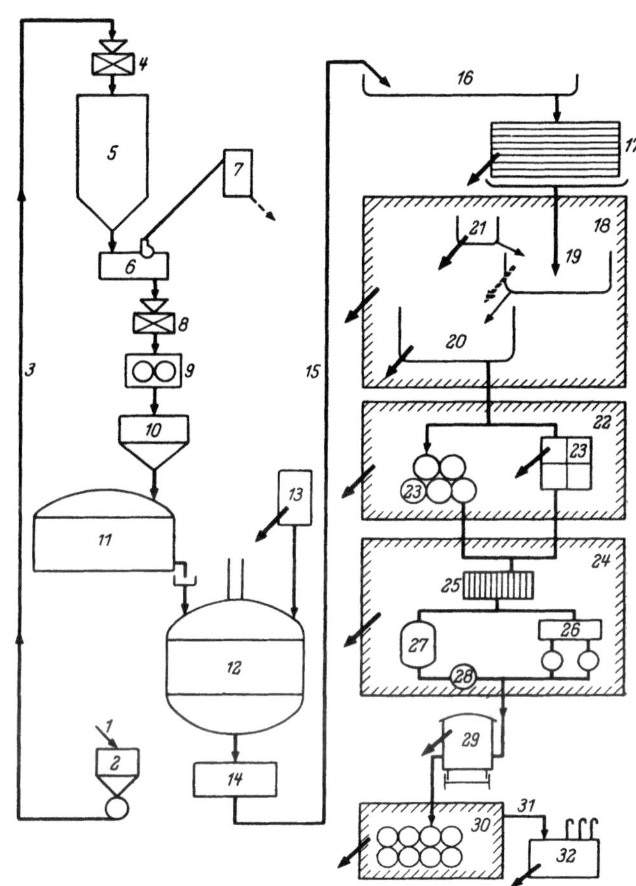

Abb. 242. Schema einer Brauerei.

1 Malzannahme, 2 Einschüttgosse, 3 Malzelevator, 4 Annahmewaage, 5 Malzsilo, 6 Malzputzmaschine, 7 Staubfilter mit Staubabscheidung, 8 Malzwaage, 9 Schrotmühle, 10 Schrotrumpf, 11 Maisch- und Läuterbottich, 12 Sudpfanne, 13 Hopfenlager, 14 Hopfenseiher, 15 Würzeleitung, 16 Kühlschiff oder Ausschlagbottich, 17 Würzekühlapparat, 18 Gärkeller, 19, 20 Gärbottich, 21 Hefewanne, 22 Lagerkeller mit 23 Lagerbehältern, 24 Abfüllkeller mit 25 Bierfilter, 26 Faßfüller, 27 Drucktank, 28 Flaschenfüller, 29 Kühlwagen und Transport, 30 Bierlager, 31 Umfülleitung, 32 Bierausschank.

schaften verliert. Eine große Bedeutung für die Güte des erzeugten Bieres kommt schließlich auch dem verwendeten Wasser zu. Nicht jede Brauerei ist in der glücklichen Lage, eine Wasserquelle zu besitzen, deren Wasser ohne weiteres für die Biererzeugung geeignet ist und ein ausgezeichnetes Bier liefert (z. B. Pilsner Bier). Vielfach ist je nach dem Biertyp eine Vorbehandlung des Brauwassers erforderlich.

Die Bierherstellung beginnt in der Brauerei mit der Zerkleinerung des geputzten Malzes in der Schrotmühle. Putzerei und Schrotmühle werden nach Möglichkeit in den hochliegenden Geschossen des Sudhauses aufgestellt, damit das Malzschrot mit natürlichem Gefälle dem Schrotrumpf zurutscht, der gerade die Menge an Malz aufnehmen soll, die für einen Sud bestimmt ist. Vom Schrotrumpf leitet man das Malzschrot in den Maischbottich, ein heute stets rundes Gefäß aus Stahl- oder Kupferblech, in dem das Malz mit Wasser vermengt wird.

Den nun folgenden Vorgang des Mischens und Lösens nennt der Brauer „maischen", wobei es das Ziel ist, aus dem geschütteten Malz möglichst viel und recht guten Extrakt herauszuholen. Nur ein geringer Teil der im Malz enthaltenen Stoffe kann ohne weiteres gelöst werden (10 bis 15%). Der Rest muß erst durch Fortführung der beim Mälzen eingeleiteten enzymatischen Umwandlungen in eine lösliche Form gebracht werden, wobei dieser Vorgang durch die Einhaltung der für die Enzymtätigkeit günstigsten Temperatur stark beschleunigt wird. Je nach der Art des Maischverfahrens dauert der ganze Vorgang 2 bis 5 Stunden und erfordert innerhalb dieser Zeit in gewissen Abständen ziemlich große Wärmemengen, um die ganze Flüssigkeit, das Malz und die Gefäße von der Anfangs- auf die Endtemperatur zu erwärmen.

Nach dem Maischen wird abgeläutert, d. h. man läßt die klare Würze zur Sudpfanne ablaufen, wobei die zurückbleibende Treberschicht (nicht gelöste Bestandteile des Malzes) als Filter wirkt, und laugt diese durch Nachgüsse (Anschwänzwasser) möglichst weitgehend aus. In der Sudpfanne wird die Würze gekocht und nach Beendigung auch dieses Vorganges der Sud für die nun folgende Gärung auf niedrige Temperatur heruntergekühlt. Der Hopfen, der dem Bier die Bitterstoffe liefert und für Schaumbildung und Haltbarkeit, vor allem aber für Geschmack und Aroma wichtig ist, wird gegen Ende des Kochvorganges der Würze zugesetzt. Das gesamte Sieden dauert $1^1/_2$ bis $2^1/_2$ Stunden und soll im wesentlichen folgende 4 Aufgaben erfüllen:

1. werden die restlichen Enzyme zerstört und damit wird ihre weitere Wirksamkeit verhindert,

2. wird das Eiweiß zum großen Teil flockig ausgeschieden (Bruchbildung),

3. wird die Würze sterilisiert und

4. wird ein Teil des beim Abläutern zum Auswaschen der zurückbleibenden Treber zugesetzten Wassers verdampft.

Das „Ausschlagen" erfolgt bei einer Temperatur von etwa 100° C.

Die Abkühlung hat sich seit 1859 bis heute fast unverändert erhalten und wird meist in 3 Stufen durchgeführt:

1. durch Wärmeabgabe unmittelbar an die Luft (Verdunstung am Kühlschiff),

2. an Brunnenwasser im oberen und

3. an künstlich gekühltes, sog. Süßwasser oder an kalte Sole im unteren Teil des Würzeberieselungskühlers.

Seitdem Pasteur 1876 auf Grund mikroskopischer Untersuchungen festgestellt hatte, daß die Erkrankungen des Bieres durch Bakterien hervorgerufen würden, ging das Streben der Brauereitechniker nach der Gewinnung einer sterilen Würze. Auf dem Wege über Kühlschiff und Würzeberieselungskühler war das nur äußerst schwer möglich, und der Gedanke der geschlossenen Würzekühlung gewann immer mehr an Boden. Die begangenen Wege waren sehr verschieden, die Entwicklung ist aber bis heute noch nicht abgeschlossen. So versuchte man das Kühlschiff durch einen „Setzbottich" zu ersetzen, ein geschlossenes Gefäß, in dem die heiße Würze ihre Wärme nutzbar an Kühlwasser abgibt. Seit 15 bis 20 Jahren führen sich in der Brauerei in immer größerem Ausmaß die Plattenkühler ein, die von den Molkereien übernommen wurden, wo sie sich schon längere Zeit bewährt haben. Auch bei ihnen wird mit Brunnenwasser vorgekühlt und mit Süßwasser oder Sole nachgekühlt. Der Ersatz des Kühlschiffes ist nicht so einfach, wie man im ersten Augenblick denkt, da es sich nicht nur um eine reine Kühlfrage handelt, sondern neben der Kühlung auch noch technologische Veränderungen stattfinden müssen, die nur unter bestimmten Voraussetzungen ablaufen.

Aus 100 hl Ausschlagwürze werden durch die Volumabnahme infolge der Abkühlung und durch die Verdunstung am Kühlschiff rd. 90 hl Anstellwürze. Die Hefe vergärt den Zucker der Würze zu Alkohol und Kohlendioxyd, und dabei entsteht in etwa 8 bis 12 Tagen aus der Würze „Jungbier". Bei diesem Umwandlungsvorgang wird Wärme frei, die zu einer Temperatursteigerung der Würze führen würde, wenn man die entstehende Wärme nicht entziehen würde. Um die Gärung in der von dem Brauer gewünschten Weise führen zu können, ist der Gärkeller ständig auf etwa $+5°$ C bis $+6°$ C zu halten. Die Temperatur in den einzelnen Bottichen steigt während der ersten Gärtage langsam auf $+9°$ C bis $+10°$ C und wird dann allmählich wieder auf die Anfangstemperatur zurückgeführt.

Die zur Einleitung des Gärvorganges zugegebene Hefe vermehrt sich durch Wachstum und wird nach Beendigung der Gärung wieder zurückgewonnen. Nur ein kleiner Teil wird in der Brauerei selbst für die Anstellung weiterer Sude benötigt, während der überschießende Teil verkauft wird und als Grundlage für die Erzeugung verschiedenster Produkte (z. B. Heilmittel, Suppenwürze usw.) oder als Viehfutter Verwendung findet.

Am Ende der Hauptgärung ist das Jungbier „schlauchreif" geworden, es wird „gefaßt", d. h. auf Lagergefäße abgefüllt, in denen bei etwa $+1°$ C die Ausreifung des Bieres (Nachgärung, Klärung, Kohlendioxydbindung, Geschmacksverfeinerung) erfolgt. Je nach der Art des Bieres ist hierfür ein Zeitraum von mehreren Wochen bis zu einem Jahr erforderlich.

In den Lagergefäßen wird die niedrige Temperatur meist dadurch aufrechterhalten, daß der ganze Kellerraum entsprechend gekühlt wird. Es gibt aber auch Verfahren, bei denen die einzelnen Lagergefäße unmittelbar durch eingebaute Kühlkörper oder Rohrschlangen auf niedriger Temperatur gehalten werden.

Zum Abfüllen wird das Bier aus dem Lagerfaß, wo es dauernd unter einem gewissen Überdruck stand, um möglichst viel Kohlendioxyd zu binden, von einer Pumpe (Druckregler) durch einen Filter zum Abfüllbock für Fässer oder zum Flaschenfüller gedrückt. Beide Apparate sind so gebaut, daß Druck- und damit Kohlensäureverluste nach Möglichkeit vermieden werden. Die gefüllten Transportfässer und die Flaschen werden bis zum Versand in einem Stapelraum bei niedriger Temperatur aufbewahrt.

Der Transport des Bieres von der Brauerei zum Ausschank sollte so rasch erfolgen, daß möglichst keine nennenswerte Temperatursteigerung eintritt. Hier ist daher künstliche Kühlung notwendig, wenn die Beförderungswege und -zeiten zu lang werden und wenn besonders hohe Güte des Bieres erhalten werden soll. Bei dem Bierverleger bzw. in der Gastwirtschaft muß wiederum dafür gesorgt werden, daß die niedrige Temperatur im Bier bestehenbleibt, bis es schließlich zum Ausschank kommt. Auch hier sind also überall Einrichtungen notwendig, um unmittelbar oder mittelbar bei tiefen Temperaturen zu bleiben. Nur wenn die Kühlkette nicht abreißt, die im Gärkeller beginnt und bis zu dem Krug oder Schoppen des Biertrinkers führt, kann erwartet werden, daß der volle Wert des Bieres als Genußmittel erhalten bleibt.

B. Kühlung in der Mälzerei.

Wie das Schema des Mälzereibetriebes (Abb. 242) erkennen läßt, ist hier nur an wenigen Stellen eine Notwendigkeit gegeben, entstehende Wärme abzuführen, nämlich bei der Lagerung der vorgereinigten Gerste (*7*) bzw. der gereinigten Gerste (*13*) und besonders während der Keimung (*17*) auf der Tenne, in der Trommel oder im Kasten.

I. Kühlung der lagernden Gerste.

Die Haltbarkeit des Getreides hängt, wie seit langem bekannt ist, von seinem Wassergehalt und der Temperatur ab. So beträgt nach Leberle[1] der Verlust an Kornsubstanz durch Veratmung für 100 kg Gerste bei 14 bis 15% Wassergehalt in 10 Tagen

bei 18° C	0,96 g
bei 10° C	0,27 g
bei 0° C	fast Null

Mit steigendem Wassergehalt wachsen diese Verluste sehr stark an, zumal dann auch leicht Schimmelbildung eintreten kann. Ein Wassergehalt von 15% gilt daher als obere Grenze, wenn nennenswerte Verluste während der Lagerung vermieden werden sollen. Leider werden im praktischen Betrieb zum Schaden der eingelagerten Gerste immer wieder Fehler gemacht, weil das Zusammenwirken der Außenlufttemperatur, der Temperatur des Getreides und der rel. Luftfeuchtigkeit nicht genügend beachtet wird. Bei Belüftung darf niemals Luft mit einem Feuchtigkeitsgehalt über 80% eingeblasen werden. Würde man das ganze Getreide vor der Einlagerung stark abkühlen, so müßte dies nach Mohs[2] jahrelang haltbar sein, ohne daß es bewegt zu werden brauchte.

Von den 2 Bedingungen, die zur Erhaltung des möglichst vollen Wertes der Gerste erfüllt sein sollen, künstliche Trocknung und künstliche Kühlung, soll hier nur auf das letztere Verfahren eingegangen werden, obwohl an sich nach Schmorl[3] der Wassergehalt des Kornes seine Atmung und Lagerfestigkeit stärker als die Temperatur beeinflußt. Die Lüftungs- und Trocknungsverfahren (Lagerung in geringer Schütthöhe auf Böden, Bodenbelüftungsanlagen nach Rank und Hering[4], Lüftungssilos z. B. von R. Wiedemann oder von Schulz und Kling) gehören nicht hierher.

Zur Frage der Kaltlagerung schreibt Leberle[1]: „Die natürliche Kühlhaltung ist durch die klimatischen Verhältnisse bedingt und schon in den verschiedenen Gegenden Deutschlands sehr verschieden. Im Osten ist eine natürliche Kaltlagerung von November bis März, also eigentlich für die ganze Mälzungskampagne, möglich. Das an sich kalte Korn wird am besten im Frühjahr überhaupt nicht mehr bewegt, um eine Erwärmung möglichst lange hinauszuschieben. In Westdeutschland dagegen ist eine natürliche Kaltlagerung nur für einen wesentlich kürzeren Zeitraum möglich."

Während man hiernach in Mitteleuropa meist auf eine Kühlanlage verzichtet, wenn es sich nur um die kurzzeitige Lagerung der Gerste handelt, und dafür die Mälzungszeit auf die kalten Monate im Jahre beschränkt, muß man, wenn es sich um eine den Sommer überdauernde Vorratswirtschaft handelt, beonsders aber in

[1] Leberle, H.: Die Bierbrauerei, I. Teil, Technologie der Malzbereitung, 3. Aufl., S. 129. Stuttgart: Ferdinand Enke 1938.
[2] Mohs, K.: Tages-Ztg. Brauerei Bd. 33 (1935) S. 165.
[3] Schmorl, K.: Mühle Bd. 71 (1934) S. 475.
[4] Lüers, H.: Wschr. Brauerei Bd. 56 (1939) S. 25.

den Tropen der künstlichen Kühlung größere Aufmerksamkeit zuwenden. Um die Atmungsverluste klein zu halten, dürfte es genügen, Temperaturen über $+8°$ C zu vermeiden. Soll jedoch zugleich die Entwicklung tierischer Schädlinge (Rüsselkäfer) verhindert werden, sind nach MUNRO[1] noch tiefere Temperaturen zu empfehlen.

Künstliche Kühlung lagernder Gerste kann in einem Wechsellüftungssilo vorgenommen werden, wie es z. B. die *Maschinenbau A. G. Benno Schilde*, Hersfeld, auch für die Trocknung von feucht eingebrachtem Getreide vorschlägt. Die Temperaturverteilung in solchen Silos ist nach SEIDEL[2] eine ausgezeichnet gleichmäßige, so daß praktisch jedes Korn gleichen Feuchtigkeitsgehalt und gleiche Temperatur annimmt.

Die Abb. 243 zeigt schematisch die Wirkungsweise eines Wechsellüftungssilos, das zur Trocknung und Kühlung lagernden Getreides dienen soll. Der Druck-

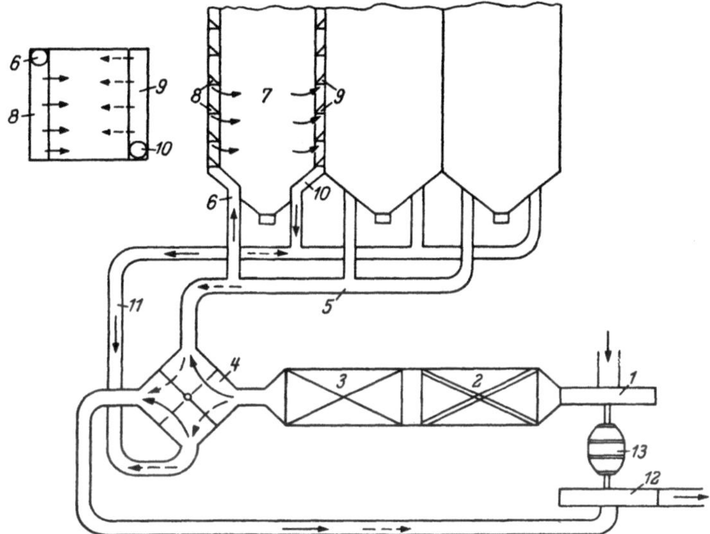

Abb. 243. Wirkungsweise eines Wechsellüftungssilos.

1 Drucklüfter,   *2* Trockenluftkühler,   *3* Anwärmer,   *4* Steuerschalter,   *5* Druckleitung,   *6* Steigrohre, *7* Silos,   *8, 9* Verteilungsleitungen,   *10* Steigrohr,   *11* Saugleitung,   *12* Sauglüfter,   *13* Elektromotor.

lüfter *1* saugt Frischluft an und drückt diese durch den Trockenluftkühler *2* und den Anwärmer *3* zum Steuerschalter *4*. Die nach Bedarf abgekühlte oder erwärmte, jedenfalls aber getrocknete Luft strömt in Richtung der ausgezogenen Pfeile zur Druckleitung *5* und je nach Wunsch zu den Steigrohren *6* der Silos *7*, deren Inhalt behandelt werden soll. An die Steigrohre sind waagerechte Verteilleitungen *8* von häufig dreieckigem Querschnitt angeschlossen, die nach unten offen sind. Hier tritt die Luft aus, durchströmt im wesentlichen waagerecht das Getreide und wird auf der gegenüberliegenden Seite der Zelle durch gleiche Verteilleitungen *9* wieder aufgenommen. Das Steigrohr *10* sammelt die Abluft, die durch die Saugleitung *11* über den Steuerschalter *4* zum Sauglüfter *12* gelangt und von diesem ins Freie ausgestoßen wird. Beide Lüfter werden von einem Elektromotor *13* gemeinsam angetrieben. In den Steigrohren *6* und *10* befinden sich Kolben, die an einem Drahtseil aufgehängt sind und die Rohre jeweils in der Höhe nach oben

---

[1] MUNRO, I. W.: Mod. Refrigerat. Bd. 46 (1943) S. 28.
[2] SEIDEL, K.: Techn. in d. Landwirtsch. Bd. 19 (1938) S. 41.

so absperren, daß keine Luft oberhalb des Getreides austreten oder eintreten kann. Auf die waagerechten Verteilleitungen *8* und *9* wird bisweilen verzichtet. Dafür werden dann in allen 4 Ecken jeder Zelle Steigrohre mit geeigneten Austrittsöffnungen für die Luft angeordnet (bei kreisrunden Silos meist nur 3 Steigrohre), die nach Wunsch eine Rand- oder eine Querbelüftung ermöglichen. Nach einigen Betriebsstunden wird die Klappe im Steuerschalter *4* in die gestrichelte Stellung gebracht, wodurch sich die Strömungsrichtung in den anschließenden Teilen umkehrt (gestrichelte Pfeile). Soll stark gekühltes Getreide bei warmer, feuchter Witterung dem Silo entnommen werden, dann muß es vor dem Ausbringen erwärmt werden, um ein Beschlagen der kalten Körner zu verhindern. In diesem Fall wird die abgesaugte Rückluft wieder dem Drucklüfter *1* zugeführt. Solche mit Kühleinrichtung ausgestatteten Wechsellüftungssilos können übrigens auch zur rascheren Abkühlung des von der Darre kommenden heißen Malzes Verwendung finden.

II. Kühlung während der Keimung.

Wenn die Gerste nach der Wasseraufnahme in den Weichen zur Keimung kommen soll, so vollzieht sich diese in günstigster Weise nur, wenn bestimmte Bedingungen (genügend freier Sauerstoff, ausreichende Feuchtigkeit, richtige Temperatur) eingehalten werden. Der Keim kann sich im lebenden Korn nur in dem Temperaturgebiet zwischen $+3°$ C und $+30°$ C bilden, unterhalb und oberhalb dieser Temperaturgrenzen stirbt das Korn ab. Als günstigste Wachstumstemperatur gilt nach Leberle[1] der Bereich von $+14°$ C bis $+18°$ C. Um diese Temperatur im Grünmalz zu erreichen, ist eine Raumtemperatur von $+10°$ C bis $+12°$ C erforderlich. Während der Keimung nimmt das Korn aus der Luft Sauerstoff auf, so daß durch die Atmung ein Verbrennungsvorgang entsteht, der wie jeder andere mit einer Wärmeentwicklung verbunden ist. Bei niedrigeren Temperaturen werden das Wachstum und der Stoffwechselumsatz verlangsamt, bei höheren beschleunigt und der Atmungsverlust zugleich gesteigert. Da man bei der Erzeugung von Braumalz nur gewisse enzymatische Vorgänge durchführen will, hält man die Temperatur der keimenden Gerste niedrig und vermeidet hierdurch unnötige Atmungsverluste. Die bei der Atmung entstehende Wärmemenge muß in jedem Fall abgeführt werden. Aus 100 kg Trockensubstanz der Gerste werden während der gesamten Keimzeit von rd. 9 Tagen etwa 26000 kcal frei, was einem Verbrauch von 6,7 kg Stärke entspricht. Die frei werdende Wärmemenge geht in die umgebende Luft über, wo sie bei genügend niedriger Außentemperatur (Wintermonate) von selbst abströmt oder in den warmen Monaten des Jahres durch stille Kühlung des Raumes (Tenne) entfernt werden muß. Bei den pneumatischen Mälzungsverfahren wird die zugeführte Luft durch künstlich gekühltes Wasser zugleich befeuchtet und auf der notwendigen niedrigen Temperatur gehalten.

1. Kühlung der Tennen.

Auf eine künstliche Kühlung kann der Mälzer verzichten, wenn er bereit ist, seine Arbeit auf einige kalte Monate im Jahr zu beschränken. Will er seine Tennen aber 10 bis 11 Monate jährlich ausnutzen oder bietet das Klima keine genügend niedrigen Temperaturen (Tropen und Subtropen), so muß eine stille Kühlung vorgesehen werden. Die abzuführenden Wärmemengen sind recht erheblich.

---

[1] Leberle, H.: Die Bierbrauerei, I. Teil, Technologie der Malzbereitung, 3. Aufl., S. 171 bzw. 215. Stuttgart: Ferdinand Enke 1938.

Bei mittlerer Schütthöhe des Haufens (9 bis 10 cm) und Berücksichtigung von etwa 25 % der gesamten Tennenfläche für Gänge werden für 100 kg Gerste (trocken) rd. 3,2 m² benötigt. Somit liegt auf 1 m² Tennenfläche das Grünmalz aus 30 bis 35 kg Gerste. Die bei der Keimung entstehende Wärmemenge beträgt demnach

$$30 \text{ kg/m}^2 \times 260 \text{ kcal/kg in 9 Tagen} = \text{rd. } 870 \text{ kcal/m}^2 \text{ Tag.}$$

Wegen des Wärmeeinfalls von außen pflegt man der Berechnung der Kühlanlage 1000 bis 1200 kcal/m² Tag zugrunde zu legen, wobei die höheren Zahlen für die Tropen gelten.

Sieht man von älteren Verfahren zur Kühlung der Tenne durch Waschen des Pflasters mit Eiswasser oder Vernebeln von Wasser durch Düsen mit ihrer Verdunstungskühlung ab, so bleibt nur die stille Kühlung (Abb. 244) für diese

Abb. 244. Künstliche Kühlung einer Malztenne (Werkaufnahme Borsig).

Aufgabe brauchbar, weil die Umluftkühlung eine zu starke Austrocknung des Haufens verursachen würde. Schon bei der stillen Kühlung wird die Feuchtigkeitsentziehung durch Schwitzen oder Bereifen der Rohre als Nachteil empfunden, und man muß immer wieder durch Bespritzen oder Vernebeln von Wasser die Haufen genügend feucht halten. Die Kühlrohre werden fast immer mit kalter Sole beschickt. Bei Verwendung von gekühltem Süßwasser wären unwirtschaftlich große Kühlflächen erforderlich, und bei Beschickung mit unmittelbar verdampfendem Kältemittel dürften die Materialverluste im Falle einer Undichtheit zu groß werden. Täglich muß mindestens einmal durch Unterbrechung des Solestromes die gebildete Reifschicht zum Abtauen gebracht werden. Das entstehende Schmelzwasser darf keinesfalls auf die Haufen hinabtropfen. Deshalb muß unter jedem Rohr eine nach Möglichkeit isolierte Rinne zur Wasserableitung angebracht werden, falls es nicht gelingt, die Aufhängung der Rohre unmittelbar senkrecht über den Haufen zu vermeiden und sie nur über den Gängen zwischen oder neben den Haufen anzuordnen. Es ist möglich, durch Thermostaten und Hygrostaten die Kältemaschine vollautomatisch zu steuern.

2. Die Kühlung bei den pneumatischen Mälzungsverfahren.

Etwa seit dem Jahre 1850 hat man versucht, die Keimung in mechanisch bedienten Apparaten[1] durchzuführen, um an Grundfläche und an Bedienungspersonal zu sparen. Man arbeitet hier mit hoher Schicht des Keimgutes und bewegt dieses, um ein gleichmäßiges Wachsen der Körner zu ermöglichen, durch Drehen des ganzen Gerätes (Trommeln) oder durch eigene Malzwender (Kasten). Eine genügende Belüftung kann bei der großen Schichthöhe des Malzes nur erreicht werden, wenn die sehr erheblichen Luftmengen durch einen Ventilator gefördert werden. Von der Tatsache, daß mit einem großen Luftüberschuß gearbeitet wird, leitet sich der Name ,,pneumatische Mälzerei'' ab.

Die durch den Haufen geblasenen großen Luftmengen müssen einerseits Sauerstoff und Wasser zuführen und andererseits das bei der Keimung entstehende Kohlendioxyd und frei werdende Wärmemenge abführen. Die Kühlung besteht also bei allen diesen Mälzungsverfahren nur in der Zuführung ausreichender Mengen Luft von genügend tiefer Temperatur. Es erübrigt sich daher, auf die einzelnen Verfahren (Trommeln, Kästen) einzugehen, da heute die Kühlung der

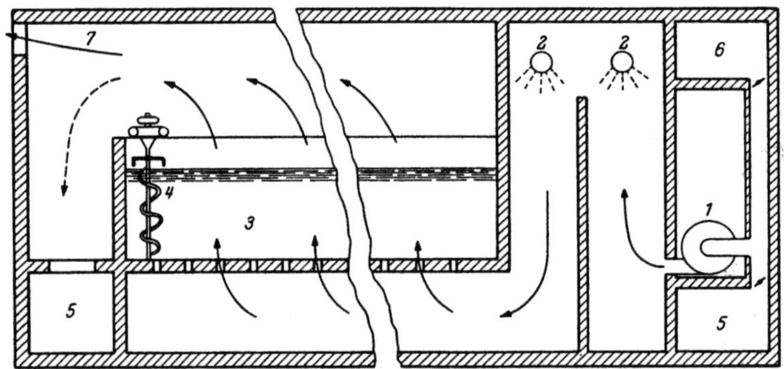

Abb. 245. Befeuchtung und Kühlung der Luft in einer Keimkastenanlage.
1 Druckventilator, *2* Zerstäubungsdüse, *3* Keimgut, *4* Wender, *5* Rückluftkanal,
6 Frischluftkanal, *7* Abluft.

Luft bei allen in gleicher Weise erfolgt. Die Temperatur der Luft soll um etwa 2° C bis 3° C niedriger liegen als die des Keimgutes, ungefähr also bei +10° C bis +12° C. Zur Erfüllung dieser Forderung ist es in Mitteleuropa während der kalten Wintermonate zunächst nötig, eine Erwärmung der Luft vorzusehen, die wenigstens teilweise durch Verwendung der Rückluft erfolgen kann, die hinter den Trommeln bzw. Kästen sonst abströmt. Bei höherer Außentemperatur (Sommer und Tropen) wird die Luft durch Wasser abgekühlt. Ältere Verfahren, wie sie Ganzenmüller[2] beschreibt, sind inzwischen verlassen und heute allgemein durch Verwendung von Zerstäubungsdüsen in Befeuchtungstürmen ersetzt. Den grundsätzlichen Aufbau zeigt Abb. 245. Für die Abkühlung in den Befeuchtungstürmen genügt normalerweise das zur Verfügung stehende Leitungs- oder Brunnenwasser. Nur in Ausnahmefällen, besonders natürlich in den Tropen, ist eine Anlage zur künstlichen Kühlung des Zerstäubungswassers notwendig. Eine solche Mälzerei in Ägypten beschreibt Pierre[3], in der täglich 8000 kg Gerste verarbeitet werden können und wo für die Luftkühlung eine Kältemaschine mit einer Leistung von 100 000 kcal/h aufgestellt worden ist. Die dazu verwendeten Süßwasserkühler werden an anderer Stelle (s. S. 577) behandelt.

---

¹ Kasten, E.: Z. VDI Bd. 30 (1891) S. 763.
² Ganzenmüller, T.: Z. ges. Brauwes. Bd. 17 (1894) S. 149, 216.
³ Pierre, L.: Brasseur franç. Bd. 2 (1938) S. 314.

C. Kühlung in der Brauerei.

Wie bereits an anderer Stelle ausgeführt wurde, ist es erforderlich, die Würze und später das Bier auf tiefen Temperaturen zu halten, wenn der technologische Umwandlungsvorgang nach dem Wunsche des Brauers verlaufen und das fertige Bier den allgemeinen Güteanforderungen entsprechen soll. Je nach den jeweiligen Erfordernissen erfolgt die Kühlung entweder auf direktem Wege, d. h. die Flüssigkeit wird unmittelbar durch ein Kältemittel heruntergekühlt bzw. auf tiefer Temperatur gehalten, oder es wird der gesamte Arbeitsraum gekühlt und damit indirekt die gewünschte niedrige Temperatur sichergestellt. Eine genaue Abgrenzung und Verteilung dieser beiden Verfahrensarten auf die einzelnen Erzeugungsabschnitte ist nicht ohne weiteres möglich, da die Meinungen über den Wert der Verfahren hier z. T. auseinandergehen. So wie immer haben auch hier die beiden Möglichkeiten ihr Für und Wider, und es bleibt der persönlichen Einstellung des einzelnen überlassen, wofür er sich entscheidet. Trotzdem hat sich eine gewisse Norm herausgeschält, die der weiteren Behandlung dieser Frage zugrunde gelegt werden soll, wobei aber nicht versäumt werden wird, auch auf die weiteren sonst noch möglichen Verfahrensformen hinzuweisen.

I. Raumkühlung.

Der ursprüngliche Weg der Kühlung in der Brauerei ging in erster Linie über die Raumkühlung, weshalb diese auch, entgegen dem eigentlichen Herstellungsgang, an die Spitze gesetzt werden soll. Es handelt sich in der Hauptsache in der Brauerei um folgende Räume, die eine tiefe Temperatur erfordern:

Gärkeller,
Lagerkeller,
Abfüll- und Stapelräume,
Hopfenlagerraum,
Eisstapelräume.

Die Anforderungen, die an die Art und Weise der Kühlung gestellt werden, sind z. T. sehr verschieden und sollen im folgenden einer näheren Betrachtung unterzogen werden.

Im *Gärkeller* werden verschiedene, in der Würze vorhandene Zuckerarten und Kohlehydrate unter Wärmeentwicklung durch Hefe in Alkohol und Kohlendioxyd zerlegt. Die Würze wird nach Abschluß des Kochprozesses abgekühlt (vgl. Abschn. C II), dem Gärkeller mit einer Temperatur von rd. $+6°$ C zugeleitet und dort auf einen oder mehrere Gärbottiche verteilt. Zur Vermeidung von Infektionen wird sofort die Hefe zugegeben und damit der Vergärungsvorgang eingeleitet. Je nachdem, ob es sich um untergäriges oder obergäriges Bier handelt, muß jeweils eine andere Kulturhefe verwendet werden, von denen in den Brauereien im Laufe der Zeit verschiedene herausgezüchtet worden sind. Die untergärigen Brauereikulturhefen arbeiten bei Temperaturen von $+5°$ C bis $+10°$ C und setzen sich gegen Ende der Hauptgärung am Boden ab. Die obergärigen Hefen arbeiten bei Temperaturen von $+10°$ C bis $+25°$ C, steigen während der Hauptgärung an die Oberfläche und werden von dort abgehoben. Die bei der Gärung frei werdende Wärmemenge muß also abgeführt werden, um den Hefen brauchbare Arbeitsbedingungen zu geben. Da die in der gärenden Würze einzuhaltende Temperatur von dem allmählichen Fortschritt des Gärvorganges abhängig ist, muß jeder Bottich auf der seinem Vergärungsgrad entsprechenden Temperatur gehalten werden, so daß eine gemeinsame Kühlung auf dem Weg über die Raumkühlung nur schwer durchführbar ist. Man müßte dazu mehrere Gärkeller nebeneinander, etwa 10 bis 12, einrichten und dafür sorgen, daß in jedem Raum nur gleich alte, also gleich weit vergorenen, Würze liegt. Dann kann die Temperatur jedes Raumes verschieden hoch gehalten werden, und die Einzelkühlung der Bottiche erübrigt sich. Im allgemeinen teilt sich aber die Kühlarbeit im Gärkeller in die Kühlung der gärenden Würze (s. Abschn. C III) und in die Raumkühlung, wobei an dieser Stelle nur die letztere von Interesse ist.

Um die gewünschte Raumtemperatur von $+4°$ C bis $+6°$ C zu erreichen, standen in der Zeit, als man die künstliche Kühlung noch nicht kannte, nur Natureiskeller oder Bergkeller zur Verfügung. Die Kellerräume wurden zum Schutze gegen Wärmeeinfall von außen in den Erdboden gelegt oder in Fels eingebaut. Da das an der Braustätte selbst nicht immer möglich war, waren die Betriebe vielfach dazu gezwungen, ihre Keller in mehr oder weniger großer Entfernung von der Brauerei einzurichten. Die Würze wurde nach dem Sud- und Abkühlungsvorgang mit einem Fuhrfaß, einem auf einem Pferdewagen fest aufgebauten großen Transportfaß, zu den Kelleranlagen gebracht; dieses Verfahren, das heute wegen der damit verbundenen großen Infektionsgefahr abgelehnt wird, ist in einzelnen Kleinbrauereien noch anzutreffen. Der gesamte Eiskeller besteht aus dem Nutz- oder Kühlraum (Gärkeller, Lagerkeller usw.) und dem Eisraum zur Unterbringung des schmelzenden Eises. Der Eisraum kann als Zentraleisanlage, bei der die Eisgrube auf 3 Seiten von Gär- oder Lagerräumen umgeben ist, als Seiteneisraum, Obereisraum oder als Stirneiskeller angelegt sein. Der letztere Fall darf als der gewöhnliche angesprochen werden. Die am Eis abgekühlte, schwerer gewordene Luft tritt unten in den Nutzraum ein, die wärmere Luft strömt oben vom Nutzraum ab und zum Eisstapel zurück. Es ist dadurch ein gewisser Luftkreislauf vorhanden. Zusatz von Frischluft von außen und Ableitung der verbrauchten Luft müssen sichergestellt sein. Abb. 246 zeigt einen Obereiskeller, einen Stirneiskeller und einen Seiteneiskeller mit den jeweiligen Luftströmungsverhältnissen.

Der Weg, die Kälte maschinell zu erzeugen, wurde anfangs bei seinem Aufkommen in Brauerkreisen nicht als Ersatz für die vorhandene Natureiskühlung angesehen, sondern nur als wertvolle Ergänzung. Man verwendete das erzeugte Kunsteis in den vorhandenen Eiskellern und ergänzte damit die Bestände an Natureis. Noch 1881 erklärte ein bekannter Brauereifachmann Linde gegenüber: „Ihre Kältemaschine ist für unsere Betriebszwecke sehr wertvoll, aber unser lagerndes Bier werden wir niemals einer Maschine anvertrauen, deren zeitweises Versagen eine Katastrophe bedeuten könnte[1]." Erst nachdem die Dortmunder Aktienbrauerei den Einbau einer direkten maschinellen Kühlung gewagt hatte und mit den erzielten Ergebnissen äußerst zufrieden war, setzte ein allgemeiner Umschwung in den Meinungen ein, ein Vorgang, der durch den milden Winter 1883/84, mit einem weitgehenden Ausfall der Eisernte, noch stark gefördert wurde. Die Entwicklung der direkten Kühlung von Räumen in der Brauerei nahm damit ihren Anfang. Man ging allmählich mehr und mehr von den unterirdischen Natureiskellern ab, die immer feucht und naß waren und hierdurch Infektionen im Bier und schwere Geruchsfehler hervorgerufen haben. Bei Neuanlagen baute man frei stehende, oberirdische Keller, die leichter und billiger zu kühlen sind und die ohne größere Schwierigkeit rein und trocken gehalten werden können. Sie müssen nur entsprechend starke Umfassungsmauern, Decken und Böden besitzen und richtig isoliert sein[2].

---

[1] von Linde, C.: Aus meinem Leben und von meiner Arbeit. München: R. Oldenbourg 1916.

[2] Fried, W.: Die Keller der Bierbrauerei. Stuttgart: Max Waag 1900.

Von den ersten praktischen Aufführungen künstlicher Gärkellerkühlungen an wurden zwei verschiedene Wege gewählt, die *stille Kühlung* und die *Umluft-*

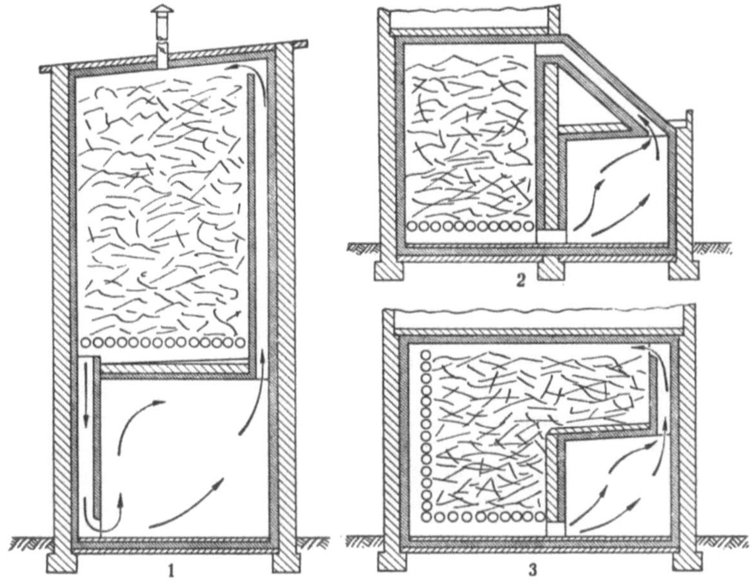

Abb. 246. Ausführungsmöglichkeiten von Natureiskellern.
1 Obereiskeller, *2* Seiteneiskeller, *3* Stirneiskeller.

kühlung. Bei der stillen Kühlung, die man auch als direkte Kühlung bezeichnet, wird ein Rohrsystem an der Wand oder meist an der Decke befestigt, das mit

Abb. 247. Gärkeller mit stiller Kühlung (Werkaufnahme Rostock und Baerlocher).

gekühlter Sole beschickt wird. Direkte Verdampfung, wie sie bei kleineren Anlagen ohne weiteres möglich wäre, ist in den Gärkellern der Brauereien nicht beliebt, da man bei Rohrleitungsschäden und Austreten von Ammoniak mit Recht eine Schädigung des Bieres befürchtet. Bei der Anbringung der Kühlrohre

36*

muß berücksichtigt werden, daß das Bier meist in offenen Bottichen seinen Gärungsprozeß durchmacht. Die Rohre (s. Abb. 247) dürfen also nur über den Gängen angebracht werden, weil nur so vollkommene Gewähr dafür gegeben ist, daß kein Kondenswasser in die Behälter tropft, was mit größter Wahrscheinlichkeit zu Bierinfektionen führen würde. Die Solerohre bereifen, wobei schädliche Gärungserreger zugleich im Reif festgehalten werden und die Luft sich reinigt. Der schmelzende Reifansatz wird durch Rinnen unterhalb der Rohre möglichst zur Seite abgeführt. Als Kühlrohre finden vor allem verzinkte Rippenrohre oder auch glatte Rohre Verwendung. Die warme Luft steigt im Gärkeller nach oben, kühlt sich an den Rohren ab, trocknet und reinigt sich durch Reifansatz an den Kühlrohren und fällt wieder zu Boden. Der Luftumlauf ist wesentlich besser, als es bei der Natureiskühlung der Fall war.

Trotzdem mit dieser Arbeitsweise eine ausreichende Raumkühlung möglich war, hat die stille Kühlung im Gärkeller nicht immer befriedigt. Die Luft blieb zu feucht, und bei baulich ungünstigen Verhältnissen war es keine Seltenheit, daß das Wasser an den kalten Wänden herunterlief oder gar von der Decke heruntertropfte. Wenn man berücksichtigt, daß das Bier im Gärkeller mit der Luft unmittelbar in Berührung kommt, da es meist in offenen Bottichen liegt, so ist es ohne weiteres verständlich, daß es unter diesen Umständen unmöglich war, das Bier vor Infektionen zu schützen. Das Sauberhalten der Wände und Decken hinter den Kühlrohren war äußerst schwierig, ja manches Mal vollkommen un-

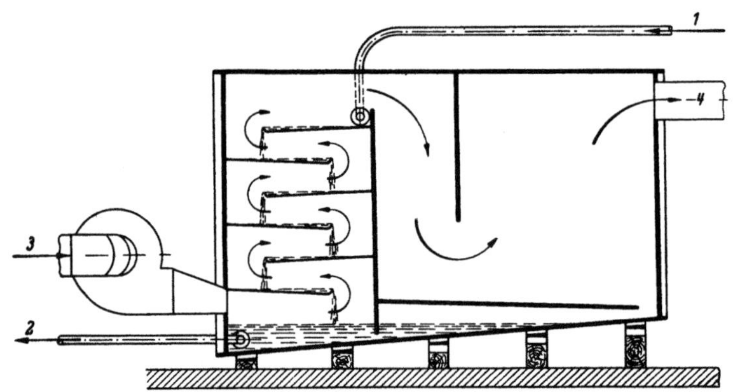

Abb. 248. Naßluftkühler für den Gärkeller der Brauerei Dreher in Triest.
1 Solezulauf,　*2* Soleablauf,　*3* Lufteintritt in den Druckventilator,　*4* Luftaustritt.

möglich. Diese nachteiligen Erscheinungen waren die Ursache, daß man von Anfang an schon bemüht war, die Gärkellerkühlung auf indirektem Wege durchzuführen, indem man in besonderen Apparaten gekühlte Luft in den Keller einblies. Schon die erste Ammoniakmaschine von Linde, die 1877 in Triest aufgestellt wurde, diente der indirekten Luftkühlung für den Gärkeller. Die im Verdampfer abgekühlte Sole nahm in einem Naßluftkühler, dessen Originalzeichnungen nicht mehr vorhanden sind, die Gärkellerwärme aus dem Luftstrom ab. Die schematische Darstellung dieses Naßluftkühlers in Abb. 248 wurde nach einer Freihandskizze von Professor Ganzenmüller, Weihenstephan, angefertigt. Die bewegte Kühlung bietet außerdem die Möglichkeit, das sich im Gärkeller ansammelnde Kohlendioxyd mit der Abluft zu entfernen und durch Frischluft zu ersetzen.

Entscheidend für die Anwendung der Umluftkühlung waren auch die damals benutzten Gärbottiche. In früheren Zeiten wurde die Gärung ausschließlich in

Holzbottichen durchgeführt, die nur einen verhältnismäßig kleinen Inhalt hatten. Die Gärkeller waren daher weiträumig und durch die kreisrunden Behälter räumlich ziemlich schlecht ausgenützt. An den Wänden und an der Decke war genügend Platz vorhanden, um das Kühlrohrsystem unterzubringen, ohne daß die Gefahr des Tropfens von Kondenswasser in die Bottiche entstanden wäre. Weiter stellte sich heraus, daß die Holzbottiche durch die Umluftkühlung ausgetrocknet und dadurch undicht wurden. Eine weitere Schwierigkeit ergab die Frage nach der Luftführung, die bei einer Belegung der Keller mit Holzbottichen niemals so durchzuführen war, daß alle Ecken richtig belüftet werden konnten.

Hier brachte der Übergang von Holzbottichen auf Großgärgefäße einen grundsätzlichen Wandel. Diese erlauben auf Grund ihrer rechteckigen Form die restlose Ausnutzung des vorhandenen Kellerraumes, da nur die unbedingt notwendigen Bedienungsgänge frei gehalten werden müssen. Es ergab sich hieraus, daß die erforderliche Kühlfläche über den Bedienungsgängen nicht mehr unterzubringen war. Wollte man aber die Anbringung über den Bottichen vermeiden, so mußten andere Wege beschritten werden. Da man unter den Bottichen die Luftkanäle unterbringen kann, die für eine gleichmäßige Belüftung erforderlich sind, war hiermit ein weiterer Grund gegeben, der Luftumlaufkühlung den vorherrschenden Platz für die Gärkellerkühlung zu geben, den sie beim augenblicklichen Stand der Technik einnimmt.

Nicht ohne weiteres war die Frage der Luft*führung* zu klären, deren falsche Anordnung in vielen Betrieben die Ursache dafür war, daß der erreichte Erfolg den Brauer nicht befriedigte. Der erste Gedanke war, die Luft von oben eintreten zu lassen, durch Öffnungen im Bedienungsgang hindurchzuleiten und am Boden wieder abzusaugen (s. Abb. 249). Man dachte hierbei vor allem daran, daß auf diese Weise das am Boden sich sammelnde Gärungskohlendioxyd mit abgeführt wird. Die praktische Durchführung hat

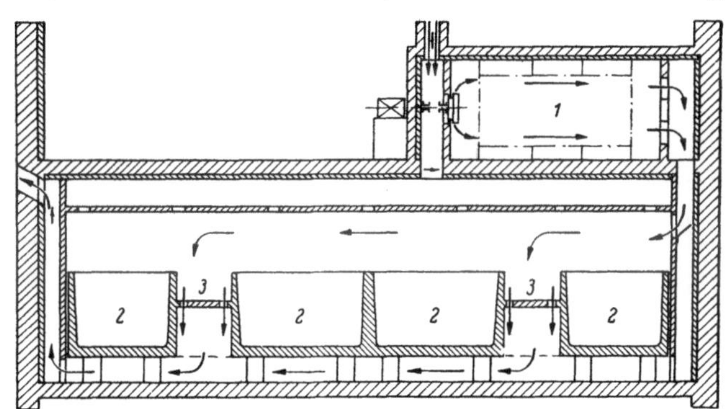

Abb. 249. Gärkellerkühlung durch Belüftung von oben nach unten.
1 Luftkühler, *2* Gärbottiche, *3* Bedienungsgang.

aber Nachteile gezeigt, die es zweckmäßig erscheinen ließen, von dem Verfahren wieder abzugehen. Die an der Decke eintretende kalte Luft fällt unmittelbar auf die Kräusen. Hierunter versteht der Brauer die Schaumdecke, die sich während der Gärung bildet. Vor dem Schlauchen des Jungbieres, d. h. vor dem Ablassen in den Lagerkeller, wird diese Kräusendecke mit einem Seihlöffel abgehoben, um ein Zurückfallen in das Bier zu vermeiden, was geschmackliche Nachteile mit sich bringen würde, da sich in dieser Decke bittere Hopfenharze ausscheiden. Der Einfall der kalten Luft von oben auf die Kräusen hat deren Bildung nachteilig beeinflußt, so daß es die Brauer heute im allgemeinen ablehnen, die gekühlte Luft von oben eintreten zu lassen.

Die Abhilfe der vorerwähnten Nachteile wurde natürlich in erster Linie durch eine Umkehrung der Luftströmungsrichtung versucht (s. Abb. 250). Der nachteilige Einfluß auf die Kräusen war hierdurch zu vermeiden. Das Kohlendioxyd mußte aber auf einem anderen Weg abgeführt werden, da es unmöglich ist, bei der geringen Strömungsgeschwindigkeit das Kohlendioxyd mit nach oben abzuführen. Bei tiefliegenden Kellern wurde ein eigener Ventilator zu diesem Zweck eingebaut, der die Stickluft vom Boden wegsaugt. Bei hochliegenden Keller genügt bereits eine Maueröffnung, durch die das Kohlendioxyd abgeführt werden kann. Diese Einrichtungen werden jeweils nur kurz eingeschaltet, um die ordnungsgemäße Lüftung und Kühlung nicht zu stören. Als Mangel stellte sich noch weiter ein, daß es auf diesem Weg nicht immer möglich war, die Decke des Raumes trocken zu bekommen. Von mancher Seite wurde auch mit gewissem Recht der Vorwurf erhoben, daß Infektionserreger vom Boden hochgerissen und mit dem Luftstrom hochgewirbelt werden, womit sie eine Gefahr für das Bier darstellen.

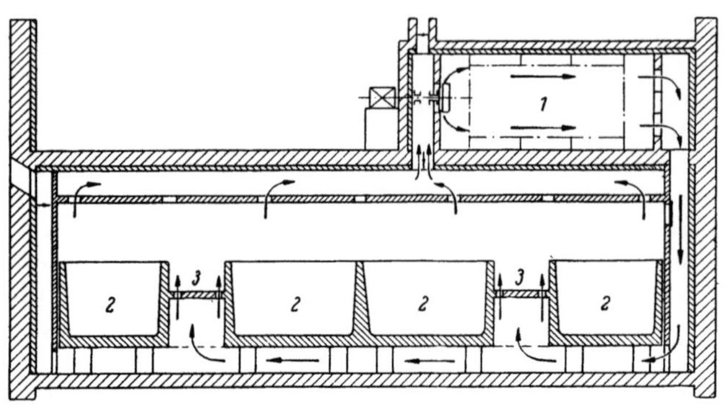

Abb. 250. Gärkellerkühlung durch Belüftung von unten nach oben.
1 Luftkühler, *2* Gärbottich, *3* Bedienungsgang.

Die Querbelüftung, wie sie Abb. 251 zeigt, stellt nun einen Mittelweg dar, der bis heute die besten Ergebnisse gezeigt hat. Der vom Kühler kommende Luftstrom wird geteilt. Der eine Teil tritt aus einem längs der Decke verlaufenden Kanal aus, strömt an der Decke entlang und wird auf der anderen Seite von einem Saugkanal wieder aufgenommen. Der zweite Teil des gekühlten Luftstromes tritt an der einen Seite des Raumes am Boden ein, wird unter den Bottichen hindurchgeführt, strömt am anderen Ende des Raumes auf die Oberseite des Bedienungsganges und wird in dessen Höhe auf derselben Seite, wo der Eintritt erfolgte, wieder abgesaugt. Die bisher beobachteten Nachteile konnten auf diese Weise erfolgreich vermieden werden. Allerdings muß für diese Anordnung unbedingt gefordert werden, daß der an der Decke entlangstreichende Luftstrom keinesfalls durch Unterzüge oder andere unter die Deckenfläche hinabreichende Bauteile behindert wird. Die Luftkanäle sollen bekriechbar oder zumindest so gebaut sein, daß eine einwandfreie Säuberung möglich ist. Die Luftkanäle an den Decken werden zu diesem Zweck mit verstellbaren Ein- und Austrittsöffnungen versehen (ähnlich Schiebefenstern). Als Baustoff hat sich hierfür Glas bestens eingeführt. Bei breiten Räumen läßt man die Luft an beiden Seiten der Decke einströmen und saugt durch einen Kanal, der in der Mitte der Decke angebracht ist, wieder ab. Doppeldecken mit gleichmäßig verteilten Öffnungen sind nicht erwünscht, da die Sauberhaltung fast unmöglich ist. Oberhalb des Gärkellers liegende Betriebs- und Arbeitsräume mit höherer Temperatur und ganz besonders die Gärbottiche selbst

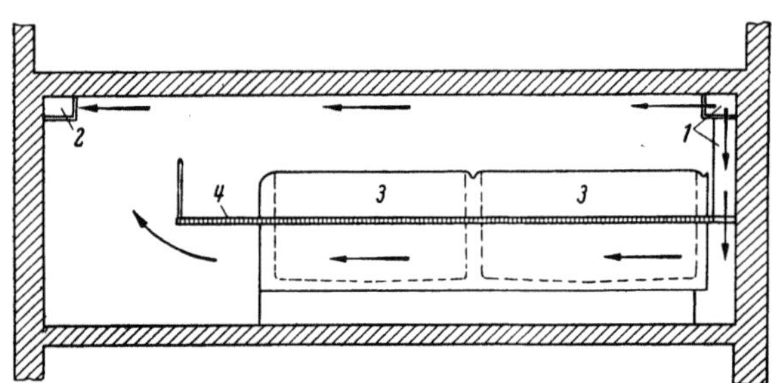

Abb. 251. Gärkellerkühlung durch Querbelüftung.
1 Druckkanal, *2* Saugkanal, *3* Gärbottich, *4* Bedienungsgang.

müssen durch Isolierung gegen die Einwirkung des unter ihnen durchfließenden Kaltluftstromes geschützt werden, da sonst eine einwandfreie Temperaturführung unmöglich wäre. Der Ablauf der Gärung könnte hierunter leiden. Für die Entfernung der Stickluft ist auch in diesem Fall ein eigener Ventilator oder bei hochliegenden Kellerräumen eine geeignete Abflußöffnung vorzusehen.

Die Vorbehandlung (Kühlung und Trocknung) der Kühlluft erfolgt außerhalb des Gärkellers; verwendet werden zu diesem Zweck sowohl Naß- als auch Trockenluftkühler. Bei den Naßluftkühlern, deren grundsätzlichen Aufbau Abb. 252 zeigt, ist der Wirkungsgrad des Wärmeaustauschers sehr günstig. Durch die Entfeuchtung der Luft erfolgt aber eine ständige Verdünnung der Sole. Der erforderliche Aufwand, um die Solekonzentration laufend zu berichtigen, darf hierbei nicht

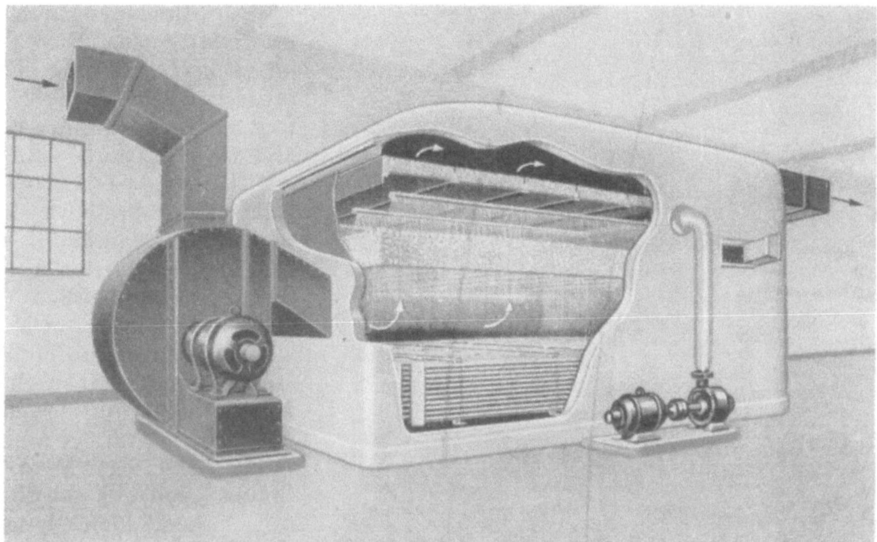

Abb. 252. Naßluftkühler (Werkaufnahme Borsig).

vernachlässigt werden. Außerdem muß die Luftgeschwindigkeit unter 1,5 bis höchstens 2 m/s bleiben, weil sonst Soleteilchen mitgerissen werden können.

Weiter verbreitet ist daher der Trockenluftkühler (Abb. 253), bei dem die Gärkellerluft mit einem Ventilator durch einen abgeschlossenen Raum gedrückt wird, wo sie sich an einem Kühlrohrsystem, das mit gekühlter Sole oder direkt verdampfendem Kältemittel beschickt wird, abkühlt und entfeuchtet. Die Verwendung eines Zentralluftkühlers erübrigt sich in Brauereien, da normalerweise nur der Gärkeller mit einer Umluftkühlung ausgestattet ist, so daß der Luftkühlraum meist unmittelbar an den Gärkeller anschließt. Der Raummangel in den Brauereien macht es bisweilen schwierig, bei Übergang von der stillen Kühlung zur Umluftkühlung einen in der Nähe gelegenen geeigneten Raum für die Luftbehandlung zu finden. Hier hat sich der Hochleistungsluftkühler von Dr. Wenzl als raumsparende Einrichtung gut bewährt. Wie Abb. 254 zeigt, befindet sich dieser in einem Blechgehäuse an der Wand des zu kühlenden Raumes, saugt aus diesem z. T. Umluft, z. T. Frischluft von außen an, führt die Luft mit großer Geschwindigkeit zwischen Kühltaschen hindurch und drückt sie abgekühlt oben wieder in den Raum. Die Kühlflächen sind äußerst wirksam. Der Reif bildet sich in dichter Lagerung, so daß er die Wärme wesentlich besser leitet als in der lockeren Form, wie er bei stiller Kühlung entsteht. Durch die Taschen fließt, von Querwänden geleitet, Kaltdampf oder Sole. Zum Abtauen des Reifes können die Kühltaschen von oben mit Wasser berieselt werden, was aber in Brauereien erfahrungsgemäß nicht nötig ist. Wenn nach Abstellung des Soleumlaufes oder des Kaltdampfstromes die Luft des Kellers noch einige Zeit hindurchgesaugt wird, kommt der Reif rasch in großen Stücken zum Abrutschen.

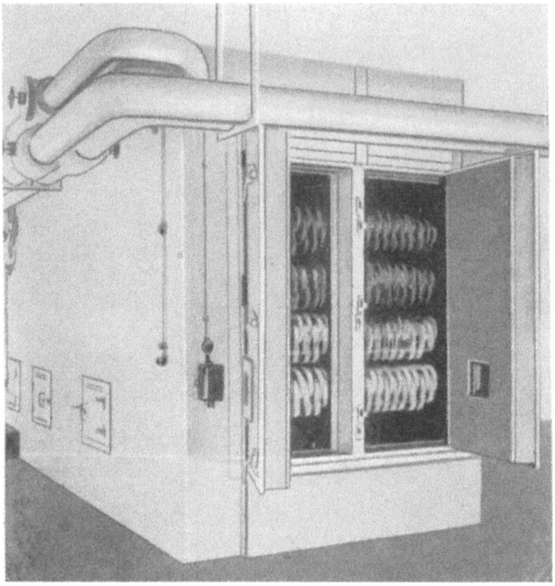

Für die Nachgärung und Ausreifung des Bieres wird im *Lagerkeller* eine Temperatur von 0° C bis +2° C gefordert. Das Jungbier kommt mit einer Temperatur von +4° C bis +6° C aus dem Gärkeller und wird in geschlossene Lagergefäße abgefüllt. Früher wurden zu diesem Zweck ausschließlich Holzfässer verwendet. Die Notwendigkeit der laufenden Instandsetzung und die schlechte Raumausnützung brachte es mit sich, daß immer mehr von Lagertanks aus Metall Gebrauch gemacht wird. Hierfür haben sich besonders Aluminium, imprägnierte oder emaillierte Stahlgefäße, V2A-Stahl, aber auch innen ausgekleidete Stahlbetongefäße bewährt. Auch hier erfolgte die Kühlung ursprünglich mit Hilfe von Natureis, wie es im Abschnitt über den Gärkeller (S. 562) eingehend behandelt wurde. Vereinzelt finden sich auch heute noch die von Braumeister Schaar[1] 1884 vorgeschlagenen Lagerkeller, bei denen die damals allein bekannten Holzfässer vollkommen in Eis eingepackt sind. Dieses füllt die ganzen Hohlräume zwischen den Fässern aus. Die Temperatur des lagernden Bieres bleibt vollkommen gleichmäßig. Die Einbringung des Eises aber und die Sauberhaltung

Abb. 253. Trockenluftkühler (Werkaufnahme Borsig).

Abb. 254. Hochleistungsluftkühler System Wenzl (Werkaufnahme Ziemann).

---

[1] Schaar, E.: Allg. Brauer- u. Hopfen-Ztg. 1884.

der Fässer ist häufig mit zusätzlichen Schwierigkeiten verbunden, die die Vorteile nicht aufwogen, als die Verfahren zur maschinellen Kühlung der Lagerkeller sich durchsetzten. Mit der Einführung der künstlichen Kälteerzeugung wurde zur stillen Kühlung übergegangen. Die Unterbringung der erforderlichen Kühlfläche in Form von Solerohren macht hier keine Schwierigkeiten (Abb. 255), da es hingenommen werden kann, wenn das Kondenswasser aus der Luftfeuchtigkeit außen auf die Lagerbehälter tropft. Außer der Erreichung der geforderten

Temperatur ist vor allem die Gleichmäßigkeit der Temperaturverteilung von Bedeutung, um unerwünschte Wärmeströmungen im Bier zu vermeiden, die die während der Lagerung gewünschte Klärung nachteilig beeinflussen würden. Es muß daher bei Anbringung der Kühlrohre sehr darauf geachtet werden, daß diese nicht zu nahe an die Lagergefäße herankommen, da sonst an dieser Stelle eine zu starke Kühlung des Bieres auftritt, die die Ursache für einen Flüssigkeitskreislauf im Lagerfaß sein kann. Dieser Forderung gerecht zu werden, ist nicht immer einfach, jeder Brauereibetrieb ist bestrebt, den vorhandenen Lagerraum so gut wie möglich auszunützen, so daß die Lagerbehälter leider oft bis an die Decke reichen. Kann auch dann noch die erforderliche Kühlfläche über dem Gang angebracht werden, so ist doch eine stärkere Kühlung der nach dem Gang gerichteten Stirnseiten der Tanks zu erwarten. Als Kälteträger wird meist gekühlte

Abb. 255. Lagerkeller mit stiller Kühlung.

Sole verwendet, und auch hier steht man der Verwendung von direkt verdampfendem Ammoniak mit Rücksicht auf einen schädlichen Einfluß bei Rohrundichtheiten ablehnend gegenüber.

Luftumlaufkühlung ist in Lagerkellern selten anzutreffen, obgleich auch dieses System unleugbar seine Vorzüge hat, da das gesamte Kühlrohrsystem in Wegfall kommt. Man befürchtet aber auch hier eine ungleiche Temperaturverteilung im Bier, da die Stellen in unmittelbarer Nähe des Lufteintrittes angeblasen werden und sich daher stärker abkühlen als die weiter entfernt gelegenen.

Die Abfüllung des ausstoßreifen Bieres auf die Transportgefäße und deren Lagerung bis zum Abtransport zum Kunden erfolgt in eigenen Räumen, die unter dem Namen *Abfüll-* und *Stapelräume* zusammengefaßt werden. Auch sie sind kühl zu halten, denn bis zum Ausschank des Bieres an den Verbraucher sollen im Interesse der Haltbarkeit und Schaumhaltigkeit des Bieres Erwärmungen vermieden werden. Für diese Räume wird ausnahmslos stille Kühlung verwendet, wie sie in den Lagerkellern anzutreffen ist. Rohrsysteme an den Decken oder Wänden, die von gekühlter Sole durchflossen werden, sorgen für eine Raumtemperatur von $+1°$ C bis $+5°$ C. Auch hier ist direkte Verdampfung selten anzutreffen, da die Brauereien mit Rücksicht auf Geschmacksschädigungen bei Rohrundichtheiten für Gär- und Lagerkeller die Solekühlung vorziehen und sämtliche Kühlsysteme an den vorhandenen Solekühler anschließen. Eine unmittelbare Kühlung des Bieres vor dem Abfüllen wird nur in besonderen Fällen durchgeführt, auf die in Abschn. C III näher eingegangen ist.

Von den in der Brauerei verarbeiteten Rohstoffen ist der Hopfen in bezug auf die Lagerung am empfindlichsten. Durch Zutritt von Feuchtigkeit, Wärme und Sauerstoff tritt auf die Dauer eine Verminderung seines Brauwertes ein, die sich auf die Bierqualität nachteilig auswirkt. Während die Feuchtigkeit bei nicht sachgemäß getrocknetem Hopfen zur Schimmelbildung anregt, die einen dumpfen Geruch zur Folge hat, leiten Wärme und Sauerstoff Oxydationsvorgänge ein, die einen ranzigen und käsigen Geruch des Hopfens verursachen, der sich auf das Bier überträgt. Da diese Oxydationsvorgänge bei niedriger Temperatur am langsamsten vor sich gehen, ist eine gute Kühlung die erste Forderung, die an einen Hopfenlagerraum gestellt wird. Diese ist so zu bemessen, daß eine Temperatur von $-2°$ C bis $+3°$ C eingehalten werden kann.

Für die Einlagerung des Hopfens sind folgende 3 Arten gebräuchlich:

1. In seiner gewöhnlichen Form, ganz wenig zusammengedrückt, in Ballen.
2. Stark zusammengepreßt in Ballots.
3. Stark zusammengepreßt in Blechbüchsen verpackt.

Während der Hopfen in der Form nach Ziff. 3 gegen die Art der Kühlung ziemlich unempfindlich ist, ist das bei den Ballots nicht mehr im gleichen Maße zutreffend. Die höchsten Anforderungen werden aber bei der Lagerung in Form von Ballen gestellt, weil hier zusätzlich die Gefahr des Austrocknens für den Hopfen in Erscheinung tritt.

In den *Hopfenlagerräumen* findet sowohl die stille Kühlung als auch die Umluftkühlung Verwendung. Bei letzterer muß allerdings durch geeignete Ausführung (Luftaufbereitungsvorrichtung) dafür gesorgt werden, daß sich der Wassergehalt des Hopfens während der Lagerung nicht verändert. Soweit stille Kühlung verwendet wird, kann Solekühlung und direkte Verdampfung in Anwendung gebracht werden, wobei die Brauereien im allgemeinen die Solekühlung bevorzugen.

Als letzte der gekühlten Räume in der Brauerei müßten noch die *Eisstapelräume* kurz erwähnt werden. Es ist allgemein üblich, daß die Brauereien ihre Kunden mit der für die Erhaltung der niedrigen Temperatur im Bier erforderlichen Eismenge beliefern. Die Anfuhr erfolgt gemeinsam mit dem Bier und richtet sich nicht nach dem Eisanfall am Eiserzeuger. Um unnötige Abschmelzverluste zu vermeiden, wird das anfallende Eis in geeigneten Räumen gestapelt, die auf eine Temperatur von $-5°$ C bis $-1°$ C gekühlt werden.

II. Würzekühlung.

Der Abschluß des eigentlichen Sudvorganges ist das Würzekochen, so daß die Würze das Sudhaus mit einer Temperatur von rd. $+100°$ C verläßt. Andererseits kann die Zugabe der Hefe, das *Anstellen*, erst bei einer Würzetemperatur von rd. $+6°$ C erfolgen. Es ist also erforderlich, die Würze vor der Einleitung in den Gärkeller abzukühlen, dieser Vorgang wird im Kühlhaus der Brauerei durchgeführt.

Ursprünglich ließen die Brauer die Würze im Maischbottich abkühlen, eine Arbeitsweise, die naturgemäß sehr viel Zeit beansprucht hat. Zur Beschleunigung der Kühlung wurde im Laufe der Zeit ein weiteres Gefäß in der Brauerei aufgestellt, in dem der Würzestand niederer und die wärmeabgebende Oberfläche größer war als bei dem bisher verwendeten Maischbottich. Auf diese Weise führte die Entwicklung zum Kühlschiff, einer flachen rechteckigen oder quadratischen Schale mit rund aufgebogenen, 20 bis 35 cm hohen Rändern (s. Abb. 256), das Anfang des 18. Jahrhunderts bereits zu den üblichen Brauereigeräten zählte. Als Material wurde zunächst Holz verwendet, während heute Stahlblech, am besten Armcostahl, der übliche Baustoff ist. Nur selten sind Kühlschiffe aus kupferplattiertem Stahlblech, Aluminium oder Kupfer zu finden. Da die Würze hier nur eine Schichthöhe von rd. 20 bis 10 cm hat, war die Abkühlung in einer wesentlich kürzeren Zeit möglich, allerdings durch die jeweilige Lufttemperatur nach unten begrenzt. Weiter war die Abkühlungsdauer durch die Jahreszeit beeinflußt und verlief in den unteren Temperaturbereichen nur sehr schleppend. Die Versuche, diesen Vorgang zu beschleunigen, gingen die verschiedensten Wege und brachten erst 1859 in Frankreich durch BAUDELOT eine befriedigende

Abb. 256. Kühlschiff (Werkaufnahme Ziemann).

Lösung, die sich in der folgenden Zeit immer mehr einführte und heute noch als das übliche Verfahren in den meisten Brauereien bezeichnet werden kann.

BAUDELOT behielt das Kühlschiff bei, ließ die Würze in diesem bis auf eine Temperatur von rd. +50° C abkühlen und führt sie dann über einen *Berieselungskühler*, bei dem durch die Rohre Kühlwasser geleitet wird und über den außen die Würze in ganz dünner Schicht herabrieselt. Trotz mancher Abänderung blieb dieser Kühler bis heute in Benutzung, wobei Abb. 257 die gegenwärtig angewendete Form zeigt. Die Würze wird durch eine kupferne Verteilungsrinne gleichmäßig auf die ganze Länge des Kühlapparates verteilt. Je 1 m des obersten Rohres müssen 12 bis 15 hl Würze stündlich zugeführt werden, damit einerseits keine trockenen Stellen auf den unteren Rohren bleiben und andererseits nicht viel Würze durch Verspritzen verloren geht. Die oberen Rohre werden von gewöhnlichem Brunnenwasser durchflossen, während durch die unteren Rohre ein Kälteträger mit niedriger Temperatur geleitet wird. Der übliche Kälteträger für diesen Zweck ist Eiswasser oder maschinengekühltes Süßwasser von 0° C bis +1° C. Seltener wird Sole oder ein unmittelbar verdampfendes Kältemittel verwendet, weil die Gefahr besteht, daß bei entstehenden Undichtheiten ein ganzer Sud unbrauchbar wird. Die Verteilung der Kühlflächen erfolgt so, daß an der oberen Brunnenwasserabteilung je nach dessen Menge und Temperatur eine Abkühlung von etwa +50° C auf rd. +15° C erfolgt, während an der zweiten Abteilung die Abkühlung auf Anstelltemperatur durchgeführt wird. Als Rohrmaterial kommen heute nur kreisrunde Kupferrohre von 50/52 oder 60/62 mm Durchmesser in Frage, während früher auch anders profilierte Querschnitte benutzt wurden. Bei großen Längen — es werden Würzeberieselungskühler bis 6 m hergestellt — hängen die Rohre freitragend ziemlich stark durch, so daß die darüberrieselnde Würze, trotz gleichmäßiger Verteilung oben, immer mehr zur Mitte kommt. Man gibt dem Kühler durch Verlötung der Rohre die nötige Steifigkeit, wodurch alle Rohre zusammen wie eine starre Rohrwand wirken. Das Lot verringert die wirksame Wärmeaustauschfläche um 30%, wenn die Rohre sich berühren. Durch kleine Kupferbleche, die senkrecht zwischen die Rohre eingesetzt und oben und unten mit diesen verlötet werden, gehen freilich nur 8% der Rohroberfläche verloren. Dafür wird aber die Gesamthöhe größer, die wegen der guten Reinigungsmöglichkeit 2,0 oder besser 1,8 m nicht übersteigen sollte. Bei Platzmangel werden daher heute bisweilen Kühltaschen von Schmitt in Bretten gewählt. Sie bestehen aus zwei gepreßten Blechen aus nichtrostendem Stahl, die durch die Pressung innen den Wasser- bzw. Kühlsoleweg enthalten, während außen die Würze darüberläuft. Mehrere solcher Taschen sind an einem Ständer nebeneinander drehbar befestigt. Während der Würzekühlung liegen sie ziemlich nah nebeneinander und rechtfertigen den von der Baufirma gewählten Namen „Kompakt". Zur Reinigung mit Bürste und Schlauch werden die Taschen wie Türen auseinandergedreht, so daß man sehr leicht an jede Stelle herankommen kann.

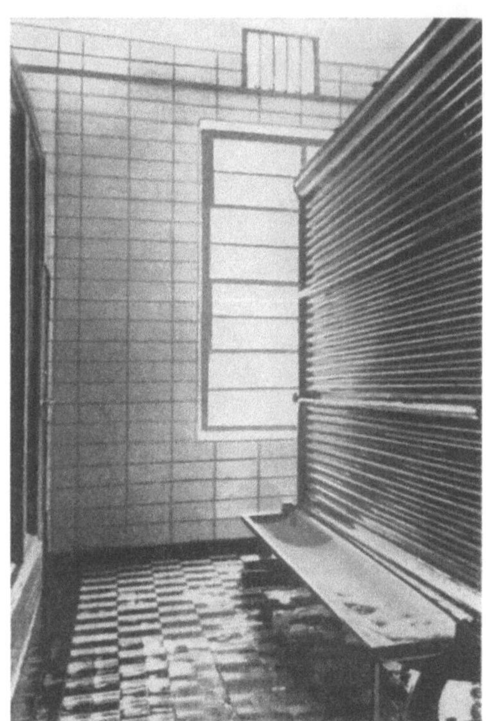

Abb. 257. Würzeberieselungskühler (Werkaufnahme Brautechnik GmbH).

Die Entdeckungen Pasteurs im Jahre 1873 rückten die Frage der Infektionsgefahr der Würze in die Mitte der zu lösenden Fragen in den Brauereien; denn eine Reinzuchthefe, deren Züchtung Hansen 1883 durch sein Einzell-Reinzuchtverfahren möglich machte, also eine biologisch reine Hefe, hat nur dann einen vernünftigen Zweck, wenn es möglich ist, eine biologisch einwandfreie Würze in den Gärkeller zu bringen. So wurde die Erkenntnis der Infektionsgefahr an den Kühlapparaten für deren weitere Entwicklung entscheidend. Sowohl am Kühlschiff mit seiner großen Oberfläche als auch am Kühlapparat kommt die Würze in sehr innige Berührung mit der Luft, so daß die in der Luft vorhandenen Organismen ohne weiteres in die Würze übergehen können. Sie finden dort einen guten Nährboden und gute Lebensbedingungen, vermehren sich rasch und verderben damit die Würze. Solange die Würze heiß ist, ist diese Gefahr gering, weil die Organismen bei hoher Temperatur zugrunde gehen oder in ihrer Entwicklung stark gehemmt werden. Wird aber der Temperaturbereich um $+50°$ C erreicht, so ist das nicht mehr der Fall; denn diese mittleren Temperaturen sind für die Entwicklung vieler Organismen besonders günstig.

Diese Beobachtungen brachten den Wunsch, die Kühlung ohne Berührung mit der atmosphärischen Luft durchzuführen. Zum Verständnis des Entwicklungsganges muß aber noch gesagt werden, daß die Würzekühlung nicht nur ein reiner Abkühlungsvorgang ist, sondern daß während dieses Arbeitsganges noch wichtige technologische Vorgänge stattfinden. Hierbei handelt es sich einmal um die Ausscheidung des Trubes. Durch das Kochen der Würze scheiden sich in der Hitze gerinnbare Eiweißstoffe in gröberer oder feinerer Form aus. Weiter

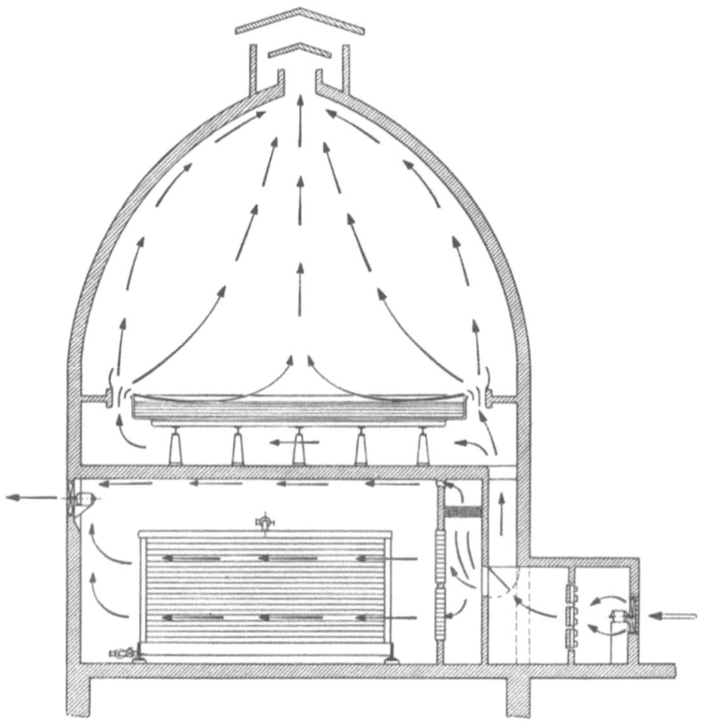

Abb. 258. Sterilbelüftung für Kühlschiff und Würzeberieselungskühler.

fallen durch die Veränderung der Löslichkeitsverhältnisse bei der Abkühlung eine Reihe von Stoffen aus, die in der Kälte nicht mehr löslich sind. Auch ein Teil der Hopfenbitterstoffe wird durch Absorptionsverbindung mit dem Trub ausgeschieden. Ein weiterer wichtiger Nebenvorgang der Kühlung ist die Aufnahme von Sauerstoff durch die Würze, der z. T. chemisch gebunden und z. T. mechanisch aufgenommen wird. Die Tätigkeit der Hefe und damit der Ablauf der Gärung sind von der Anwesenheit bestimmter Sauerstoffmengen abhängig.

Die praktischen Erfahrungen haben gezeigt, daß gerade das Kühlschiff, das als gefährlichste Stelle für das Auftreten von Luftinfektionen angesehen wird, andererseits äußerst günstige Voraussetzungen für die Trubausscheidungen bietet. Da diese Ausscheidung für den Biergeschmack von großer Bedeutung ist, geht der Brauer nur ungern von diesem bewährten Gerät ab.

Schon 1884 machte DELBRÜCK den Vorschlag, für den Kühlvorgang keimfreie Luft zu verwenden, ein Verfahren, das noch heute von der *Brautechnik* G. m. b. H.

München zur Anwendung empfohlen wird. Den grundsätzlichen Aufbau zeigt Abb. 258. Auf diese Weise konnte das technologisch bewährte Verfahren beibehalten werden, ohne daß eine Infektion zu befürchten wäre. Trotzdem hat sich diese Lösung nur in vereinzelten Brauereien eingeführt, wobei der Grund in den verhältnismäßig hohen Anlagekosten zu suchen ist.

Da neben der Infektionsgefahr beim Kühlschiff auch noch der große Raumbedarf nachteilig in Erscheinung tritt, war der Versuch naheliegend, einen *Kühlschiffersatz* zu schaffen. Auf diesem Gebiet wurden im Laufe der Jahre eine große Anzahl von Vorschlägen gemacht, die sich aber fast alle nicht auf die Dauer durchsetzen konnten. Eine der wenigen Formen, die sich einführte und bewährte, war der Setzbottich, wie ihn Abb. 259 zeigt. In den Bottich eingebaut ist eine Gruppe von Kühlschlangen, mit denen die heiße Ausschlagwürze in etwa 20 Minuten auf rd. $+40^\circ$ C abgekühlt werden kann. Durch die Art der Würzeeinführung wird für eine ausreichende Sauerstoffaufnahme gesorgt, und auch in bezug auf die Trubausscheidung wurden befriedigende Ergebnisse erzielt. Wenn auch die Infektionsgefahr nicht restlos beseitigt ist, so ist die Möglichkeit durch die Verkleinerung der mit der Luft in Berührung kommendn Oberfläche doch wesentlich verringert.

Abb. 259. Kühl- oder Setzbottich
(Werkaufnahme Göggel).

In neuerer Zeit ist man bestrebt, die Trubausscheidung unter dem Einfluß der natürlichen Schwerkraft durch die Ausscheidung in einem künstlich geschaffenen Schwerefeld zu ersetzen. Die heiße Würze wird einer Zentrifuge zugeführt, mit der der Trub ausgeschleudert werden kann. Beim Bau der Zentrifugen muß allerdings darauf geachtet werden, daß dieser Vorgang mit der notwendigen Behutsamkeit durchgeführt wird, um zu vermeiden, daß auch grobkolloidale Bestandteile ausgeschieden werden, die für Schaumhaltigkeit und Vollmundigkeit des Bieres von Bedeutung sind. Die erforderliche Sauerstoffzufuhr erfolgt bei der anschließenden Kühlung.

Es wäre natürlich sinnlos, durch die Einführung von Kühlschiffersatzeinrichtungen die Infektionsgefahr des Kühlschiffes zu verringern und dann die Würze durch Verwendung eines Außenkühlers nach Baudelot einer neuerlichen Berührung mit der atmosphärischen Luft und dadurch der Möglichkeit einer Infektion auszusetzen. Die sterile Belüftung des Würzeberieselungskühlers ist zwar einfacher durchzuführen als beim Kühlschiff, da die Raumabmessungen wesentlich kleiner sind; auch sie hat sich aber nur vereinzelt eingeführt.

Es drängt sich einem bei Betrachtung der Frage der Infektionsgefahr am Baudelot-Kühler der Gedanke auf, das Verfahren umzudrehen, indem man das Kühlwasser außen herabrieseln läßt und die Würze innen durch die Rohre leitet, um sie so dem Einfluß der atmosphärischen Luft zu entziehen. Schon vor Baudelot gab es eine Unzahl von Kühlern, die nach diesem Verfahren gearbeitet haben, das man als *Innenkühlung* bezeichnet. Die Gefahr einer Infektion durch die Luft war damit gebannt, aber trotzdem konnte sich die Innenkühlung noch nicht durchsetzen. Der Grund war in diesem Fall die Sauberhaltung des Gerätes, die in einem Lebensmittelbetrieb von größter Bedeutung ist. Ein Durchspülen der von der Würze durchflossenen Rohrleitungen reicht im allgemeinen nicht aus, es wird eine zusätzliche mechanische Reinigung mittels Bürsten gefordert. Das war bei diesen ersten Innenkühlern nicht möglich, da sie in ihrer Mehrzahl auf dem Grundsatz der Verwendung von Rohrschlangen aufgebaut waren, die eine Anwendung von mechanischen Reinigungsmitteln praktisch ausschlossen. Die Folge war, daß wohl die Luft als Infektionsträger ausgeschaltet war, daß sich aber andererseits durch Würzerückstände in den Leitungen neue Infektionsherde bilden konnten. Erst die Schaffung des *Plattenkühlers* brachte hier einen einschneidenden Wandel und ermöglichte, daß sich die Innenkühlung in der Brauerei seit einigen Jahren immer mehr einführt. Ein weiterer Punkt,

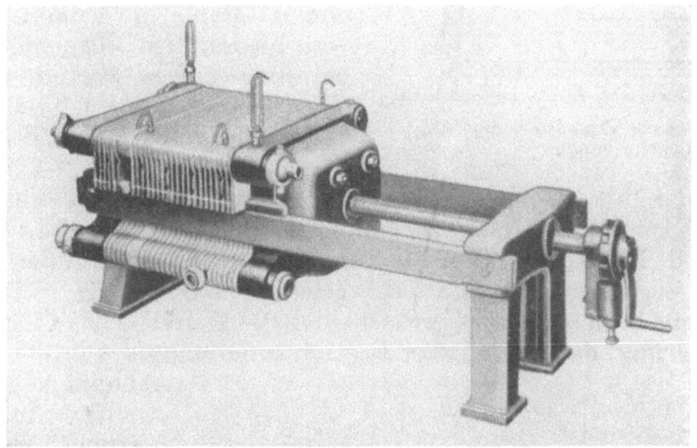

Abb. 260. Plattenkühler (Werkaufnahme Holstein und Kappert).

der die Abkehr von der Außenkühlung förderte, war die Erkenntnis, daß die für die Hefetätigkeit erforderlichen Sauerstoffmengen wesentlich geringer sind, als früher angenommen wurde. Beim Plattenapparat wird entkeimte Luft in die Würze eingeblasen, womit befriedigende Erfolge erzielt worden sind. Die Ausführungen der Plattenapparate sind naturgemäß sehr verschieden, und Abb. 260 zeigt hiervon nur eine Möglichkeit. Alle haben sie aber den einen Vorteil gemeinsam, daß sie mit wenigen Handgriffen zerlegt werden können. Die Würzewege werden dadurch offengelegt und können einer eingehenden Säuberung unterzogen werden. Die Kühlung erfolgt, genau wie beim BAUDELOT-Kühler, in 2 Abteilungen, und auch hier wird zur Vorkühlung Brunnenwasser und zur Nachkühlung maschinengekühltes Süßwasser, Sole oder unmittelbar verdampfendes Kältemittel verwandt. Die aufzubringende Kälteleistung ist beim Plattenkühler naturgemäß etwas größer als beim Berieselungskühler, da die Abkühlung durch Verdunstung wegfällt, was aber mit Rücksicht auf die Möglichkeit der Sterilhaltung der Würze gern in Kauf genommen wird.

III. Bierkühlung.

Wie bereits im Abschn. C I ausgeführt wurde, wird die Würze nach Abkühlung auf rd. $+6°$ C dem Gärkeller zugeleitet, wo sie in offenen Bottichen angestellt wird, worunter die Zugabe der Hefe zu verstehen ist. In dem nun folgenden Arbeitsabschnitt, der 8 bis 9 Tage dauert, werden die in der Würze enthaltenen, vergärbaren Zuckerarten unter Wärmeentwicklung durch die Hefe in

Alkohol und Kohlendioxyd zerlegt. Eine Temperatursteigerung der Würze wäre die natürliche Folge, die sich ihrerseits wieder auf die Lebenstätigkeit der Hefezelle auswirken würde. Dabei nähme sie Formen an, die für die Güte des Enderzeugnisses nachteilige Auswirkungen zur Folge hätten. Die Gärtätigkeit der Hefe muß

Abb. 261. Kühlung der gärenden Würze durch Eisschwimmer.

daher in bestimmten Grenzen gehalten werden, wozu als Hilfsmittel die Beeinflussung der Temperatur der gärenden Würze herangezogen wird, eine Aufgabe, die als Gärführung bezeichnet wird. Der zu wählende Temperaturverlauf hängt von der Art der Würze, der Eigenart der Hefe und den äußeren Bedingungen ab und ist daher in jedem Betrieb etwas verschieden. Im allgemeinen läßt man bei *untergärigen* Bieren, nachdem mit einer Temperatur von $+4°$ C bis $+8°$ C angestellt wurde, die Temperatur der gärenden Würze auf $+8°$ C bis $+12°$ C

ansteigen und kühlt, nachdem diese Temperatur einige Zeit gehalten wurde, wieder auf die Anstelltemperatur zurück, wobei in 24 Stunden um $1°$ C bis $1,25°$ C abgekühlt wird. Den Hinweis für die Temperaturführung gibt das Aussehen der gärenden Würze, das man als Gärbild bezeichnet. Bei *obergärigen* Bieren verläuft der Gärvorgang in den Grenzen zwischen $+10°$ C und $+25°$ C. Hieraus ergibt sich die Forderung, daß man jeden Bottich, unabhängig von allen anderen, in

Abb. 262. Gärbottich mit Kühlschlangen (Werkaufnahme Ziemann).

Abhängigkeit nur vom jeweiligen Stand der Vergärung, auf jeder gewünschten Temperatur halten kann. Das ist auf dem Weg über die Raumkühlung (s. Abschnitt C I) im allgemeinen nicht möglich, und es erfordert zusätzliche Maßnahmen, um dieser kältetechnischen Forderung der Brauer gerecht zu werden.

Bis zu den 70er Jahren des vorigen Jahrhunderts war das Verfahren zur Temperaturführung einheitlich und hat sich z. T. in dieser Form bis in die heutige Zeit erhalten. In die gärende Würze werden Schwimmer eingesetzt (Abb. 261), die aus verschiedenartigen Metallen bestehen. Sie dienen zur Aufnahme von Eis, das seine Schmelzwärme der Würze entzieht und so deren Abkühlung hervorruft.

Die Einführung der künstlichen Kälteerzeugung in der Brauerei brachte am Anfang keine Änderung des Verfahrens, sondern es wurde nur an Stelle von Natureis Kunsteis verwendet. Carl von Linde selbst machte auf der Suche nach Anwendungsmöglichkeiten für sein Verfahren den Vorschlag, die in mancher Hinsicht unbequemen Schwimmer durch eine neuartige Einrichtung zu ersetzen.

Die Abb. 262 zeigt Gärbottichkühler, wie sie sich aus seinem Vorschlag entwickelt haben. Als Kälteträger wird im allgemeinen maschinengekühltes Süßwasser verwendet, dessen Durchflußmenge an jedem Bottich durch Absperrventile geregelt werden kann. Sole und direkt verdampfendes Kältemittel werden auch hier weitgehend abgelehnt, da Undichtheiten zum Verlust des gesamten Bottichinhaltes führen müssen.

Neben dem Würzekühler ist also der *Gärbottichkühler* der zweite Verbraucher in der Brauerei, der mit maschinengekühltem Süßwasser versorgt werden muß. Die Bereitung erfolgt im sog. Süßwasserkühler, einem Behälter, durch den zur Abkühlung des Wassers gekühlte Sole oder unmittelbar verdampfendes Kältemittel in Rohrgruppen geleitet wird. Die Größe muß so bemessen werden, daß die stoßweise auftretende Beanspruchung durch den Würzekühler gedeckt werden kann. Um die Behälter nicht zu groß werden zu lassen, ist eine Kältespeicherung in Form von Eisansatz an den Kühlrohren möglich[1]. Der Eisansatz an den Rohren soll nicht über 25 mm stark werden und soll regelmäßig wieder bei großer Entnahme von gekühltem Wasser schmelzen. Anderenfalls bildet sich ein zusammengefrorener Eisklotz, der keinen Wasserdurchfluß mehr erlaubt. Damit hört jede Kühlwirkung auf. Statt mit Rohren sind auch Süßwasserkühler mit Platten nach WENZL (Ab-

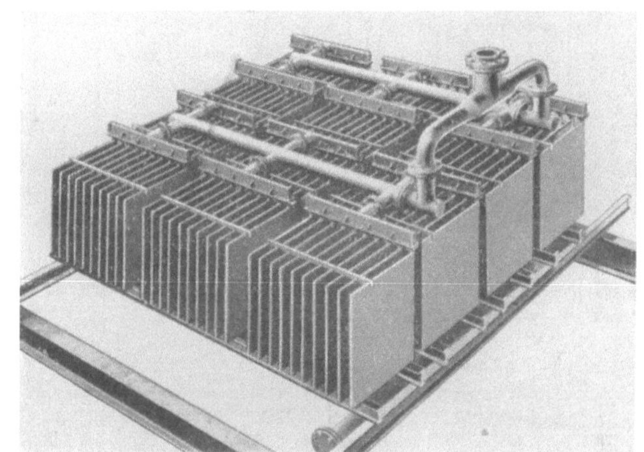

Abb. 263. Plattensüßwasserkühler System WENZL (Werkaufnahme Ziemann).

bildung 263) ausgerüstet. Die Verteilung des Süßwassers erfolgte früher häufig auf dem Weg über das 3 Bottich- oder 2 Bottich-Verfahren wie es Abb. 264 zeigt. Der Sinn dieser Ausführung lag darin, daß die Pumpe nicht dauernd laufen mußte, ein Vorteil, der sich bei Stromausfall oder in den Nachtstunden bei Eigenstromversorgung angenehm bemerkbar gemacht hat. Im mittleren Bottich *1* (dem Süßwasserkühler) wird im Laufe einiger Stunden das Wasser auf $+1^\circ$ C abgekühlt. Dann wird mit Pumpe *2* der Inhalt von *1* in den oberen Kaltwasserbottich *3*, der inzwischen fast leer gelaufen ist, und schließlich mit Pumpe *4* der Inhalt des unteren Sammelbottichs *5* nach *1* gefördert.

Aus dem Bottich *3* fließt das kalte Süßwasser sowohl zu dem unteren Teil des Würzekühlers *8* als auch zu den Gärbottichkühlern *9* und von dort erwärmt in den unteren Sammelbottich *5*. Ist *3* entleert und *5* gefüllt, so muß wieder umgepumpt werden. Je nach dem Inhalt ist das Umpumpen nach 6 bis 12 Stunden nötig, in dieser Zeit muß der Inhalt in *1* gekühlt sein. Damit das Umpumpen rasch erledigt ist, nimmt man Kreiselpumpen, wodurch die Betriebsmaschine freilich stark belastet wird, wenn auch nur für 10 bis 15 Minuten. Anfänglich verwendete man zur Kühlung allgemein Verdampferrohre. Soweit das Verfahren noch heute benutzt wird, beschränkt man sich meist auf die Versorgung der

---

[1] Siehe EMBLIK, E.: Kältetechn. Bd. 3 (1951) S. 10 und Bd. 8 (1956) S. 100.

Gärbottichkühler *9* und beschickt den Würzekühler *8* mit einer Pumpe unmittelbar aus dem Süßwasserkühler *1*.

Häufig verzichtet man auch auf das Kaltwassergefäß *3* und das Sammelgefäß *5* und wendet nur den Süßwasserkühler *1* an. Wenn man diesen hoch genug stellt, kommt man zum 2 Bottich-Verfahren, bei dem das Kaltwasser vom Kühler *6* mit eigenem Gefälle durch die Verbraucher nach *7* abfließt. Während des Tages, solange auch der übrige Betrieb arbeitet, drückt eine Kreiselpumpe das erwärmte

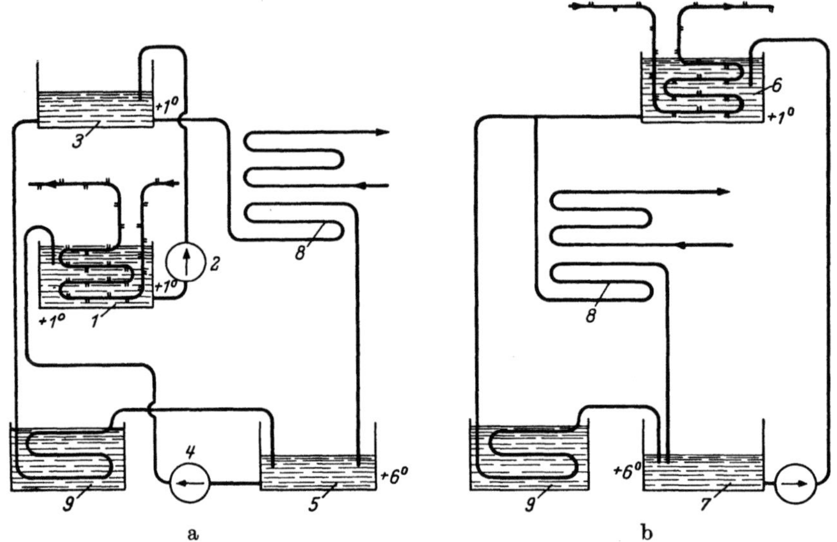

a   b

Abb. 264 a. u. b. Süßwasserkühlung nach dem 3- und 2 Bottich-Verfahren.
1 Süßwasserkühler, *2* Pumpe, *3* Kaltwasserbottich, *4* Pumpe, *5* Sammelbottich, *6* Kühler, *7* Abflußgefäß, *8* Würzekühler, *9* Gärbottichkühler.

Wasser wieder nach *6* zurück. Nachts und an Feiertagen können auch ohne Fremdstromanschluß die Gärbottiche weiter gekühlt werden. In der heutigen Zeit ist man von diesem Verfahren weitgehend abgekommen und läßt notfalls eine kleine Pumpe durchlaufen.

Aber auch die Gärbottichkühlung blieb in ihrer Entwicklung nicht stehen, wenn auch heute noch in den meisten Brauereien mit den in Abb. 262 gezeigten Kühlern gearbeitet wird. Das Bestreben ging vor allem dahin, die bei der Reinigung des Bottichs störenden Rohreinbauten der üblichen Gärbottichkühler zu vermeiden. Im Jahre 1929 wurde das von Horch in Radeberg entwickelte Verfahren der Kühlung des einzelnen Bottichs mit kalter Luft bekannt, wie es schematisch die Abb. 265 zeigt. Horch stellte die emaillierten Stahlbottiche so auf, daß zwischen Bottich und dem umgebenden Mauerwerk Luftkanäle blieben, und drückte durch diese Luftkanäle künstlich gekühlte, keimfreie Luft. Je nach der in dem einzelnen Bottich verlangten Temperatur wurde die diesem zugeführte Luftmenge verändert. Das Verfahren ist in einigen deutschen Brauereien und auch im Ausland zur Ausführung gekommen. So arbeitet noch heute die Grande Brasserie et Beauregard in Fribourg (Schweiz) in der beschriebenen Weise und ist damit sehr zufrieden. Das Verfahren kann aber nur bei emaillierten Stahlbottichen angewendet werden, deren Wände ohne Versteifungsprofile dem Flüssigkeitsdruck standhalten.

Einen anderen Weg, den Bottich frei von Einbauten zu halten, ging man in einer südbadischen Brauerei. Die Kühlrohre sind an einem Gestell aus Winkelstäben waagerecht mehrfach hin- und hergeführt und zwischen den Bottichen mit einbetoniert. Die Kühlwasserzu- und -abflußleitung, die im oberen Teil des Hefeganges verläuft, besitzt für jeden einzelnen Bottich einen eigenen Anschluß.

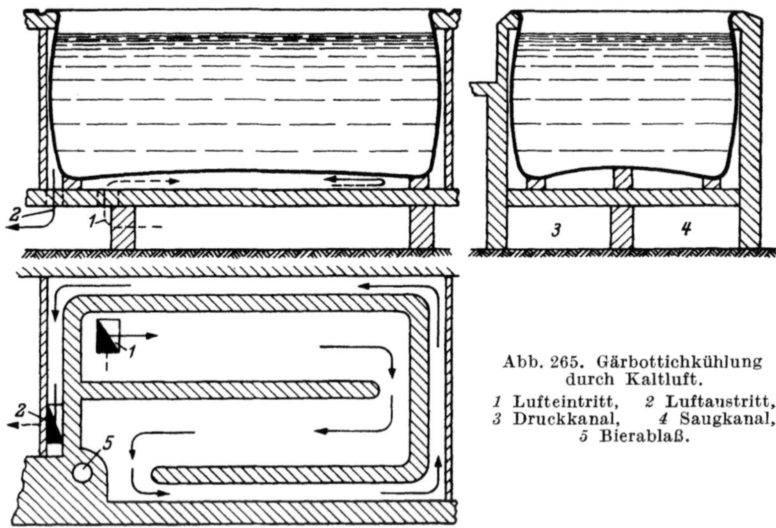

Abb. 265. Gärbottichkühlung durch Kaltluft.
1 Lufteintritt,　　*2* Luftaustritt,
3 Druckkanal,　　*4* Saugkanal,
5 Bierablaß.

Nur am Anfang der Reihe ist auf der Außenseite eine besondere Wärmeisolierschicht angebracht, um unerwünschte Erwärmung des Kühlwassers zu vermeiden. Zwischen je 2 Bottichen sind 2 Rohrschlangen aufgestellt, und jeder Bottich wird an 2 von seinen 4 Wänden gekühlt. Den schematischen Aufbau der Anlage zeigt die Abb. 266. Die Bottiche wurden 1915 gebaut, und die Brauerei hat in den

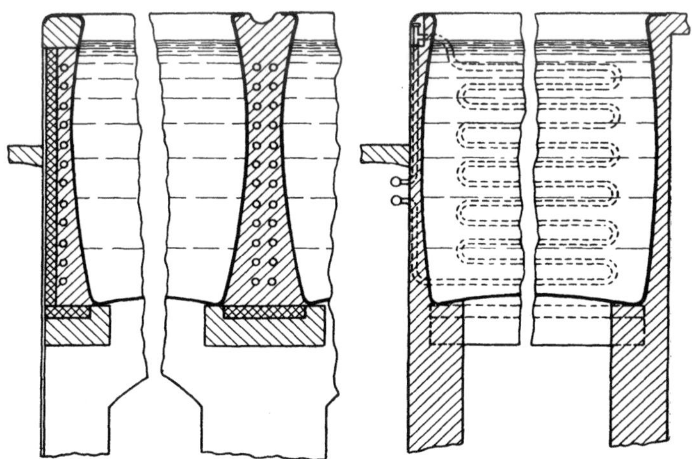

Abb. 266. Gärbottichkühlung durch außenliegende Rohre.

inzwischen vergangenen Jahren keine Störung oder Ausbesserung an der Anlage gehabt. Trotz guter Bewährung ist das Verfahren nur wenig bekannt geworden.

In der Schweiz wurde im Jahre 1934 erstmalig auf der Außenseite eines aus nichtrostendem Stahl bestehenden Bottichs eine Kühltasche angeschweißt. Dies ist ein flacher Kanal, der auf allen 4 Seiten den Gärbottich umgibt und entweder von gekühltem Süßwasser oder von einer Mischung aus Wasser und Alkohol durchflossen wird. Die Anbringung dieser Taschen ist vorerst nur bei Stahl möglich. Die Anzahl der übereinanderverlegten Kanäle ist verschieden, und die Zahl bewegt sich zwischen einer und 4 Kühltaschen. Die gesamte Fläche, die dabei für die Kühlung zur Verfügung gestellt wird, ist aber in allen Fällen annähernd gleich groß. Sind mehrere Taschen übereinander angeordnet, so wird das kalte Wasser, das vom Süßwasserkühler kommt, stets in die unterste Tasche geführt und steigt dann in die oberen hinauf. Die Ableitung erfolgt jedenfalls immer am höchsten Punkt. Die Abb. 267 zeigt einen Gärbottich mit 2 Taschen

Abb. 267. Gärbottich mit Kühltaschen (Werkaufnahme Sulzer).

vor dem Einbau. Die Verwendung einer Mischung aus Wasser und Alkohol zur Kühlung mit einer Temperatur von ungefähr $-1°$ C erscheint nicht notwendig, da verschiedentlich mit einfachem maschinengekühltem Süßwasser einwandfrei gearbeitet wird.

Nach Abschluß der Hauptgärung wird das aus dem Gärkeller kommende Jungbier gefaßt, d. h. in die geschlossenen Behälter des Lagerkellers gefüllt. In diesem Abschnitt, der Nachgärung, erfolgt eine Anreicherung mit Kohlendioxyd, eine völlige Klärung und eine Ausreifung des Geschmackes. Ein ordnungsgemäßer Ablauf ist nur bei niedrigen Temperaturen möglich, weil nur bei diesen eine langsame und allmähliche Nachgärung und die Bindung einer entsprechenden Menge von Kohlendioxyd zu erwarten ist. Außerdem ist die Haltbarkeit von einer tiefen Temperatur abhängig. Bei der Nachgärung ist eine Temperaturregelung in Abhängigkeit vom Stand der Nachgärung, wie es z. B. bei der Hauptgärung der Fall ist, nicht erforderlich. Die Aufgabe der Kühlung im Lagerkeller beschränkt sich daher darauf, das vom Gärkeller kommende Jungbier mit einer Temperatur von rd. $+4°$ C bis $+8°$ C auf die für die Nachgärung günstigste Temperatur von $+1°$ C bis $+3°$ C abzukühlen und dann die durch die Nachgärung entstehende Wärme laufend abzuführen. Eine voneinander unabhängige Kühlung der einzelnen Gefäße ist daher meist unnötig, und man beschränkt sich in diesem Arbeitsabschnitt darauf, das Bier auf dem Weg über die Raumkühlung auf die gewünschte Temperatur zu bringen (s. Abschn. C I).

Verschiedentlich haben sich Betongefäße (Abb. 268) zur Lagerung des Bieres eingeführt, die eine Sonderregelung der Kühlung des lagernden Bieres erforderlich machen. Da die starken Betonwände dem Wärmedurchgang einen großen Widerstand entgegensetzen, ist eine Kühlung des Bieres auf dem Weg über die Raumkühlung nicht möglich. Hier muß, ähnlich wie bei den Gärbottichen, jeder Behälter für sich gekühlt werden. Zu diesem Zweck werden in die Betontanks Kühlschlangen versenkt, in denen das Kühlmittel umläuft. Hier muß man als Kälteträger ein maschinengekühltes Gemisch aus Süßwasser mit Alkohol verwenden, dessen Temperatur auf etwa $-1°$ C zu halten ist, weil das lagernde Bier selbst auf $+1°$ C gehalten werden soll. Das Verfahren der Innenkühlung wird bisweilen auch bei Lagertanks aus anderen Baustoffen verwendet, wenn auch die Auffassungen über die technologischen Vor- und Nachteile z. T. stark auseinandergehen. Vom kältetechnischen Standpunkt aus ist sie wirtschaftlicher als die Raumkühlung, erfordert aber mehr Sorgfalt in der Bedienung.

Je nach den verwendeten Rohstoffen und dem angewendeten Herstellungsvorgang können bestimmte im Bier enthaltene Eiweißstoffe bei Abkühlung des Bieres ausfallen und eine Trübung hervorrufen, die als Kältetrübung bezeichnet wird, eine Erscheinung, die in qualitativer Hinsicht keine Nachteile für das Bier in sich birgt, aber störend auf das Auge des Kunden wirkt und daher vermieden werden muß. Das ausstoßreife Bier wird deshalb vor dem Abfüllen filtriert, wozu Masse- und Schichtenfilter verwendet werden, die auf Grund ihrer Sieb- und Adsorptionswirkung dem Bier den letzten Glanz verleihen. Ist eine Kältetrübung zu befürchten, so wird das Bier auf dem Weg vom Lagerbehälter über einen Bierkühler geleitet, wo es auf $-1°$ C bis $-2°$ C abgekühlt wird.

Die kälteempfindlichen Teile vom Eiweiß, das Gluten, flocken aus und können nun anschließend im Filter durch einfache Siebwirkung ohne weiteres ausgeschieden werden. Für

Abb. 268. Betonlagergefäße
(Werkaufnahme Rostock u. Baerlocher).

Abb. 269. „Eski“-Tiefkühler (Werkaufnahme Klotz).

diese Tiefkühlung des Bieres hat sich der „Eski"-Tiefkühler der Fa. O. A. Klotz, Heidelberg, gut eingeführt, den Abb. 269 zeigt. Er besteht aus einem von Sole durchflossenen Rohr, in dem ein Rohrbündel angeordnet ist, durch das das Bier geleitet wird. Die Größenbestimmung erfolgt in Abhängigkeit von der geforderten Stundenleistung und der Temperatur, mit der das Bier den Lagerkeller verläßt.

D. Kältebedarf der Brauerei.

Der Bedarf an Kälte wird in einzelnen Brauereien mit Absorptionsanlagen, überwiegend aber mit Kompressionsanlagen, gedeckt. Für die Berechnung des gesamten Kältebedarfes und dessen Aufteilung auf die verschiedenen Bedarfsstellen wird zweckmäßig das auf S. 583 gezeigte Arbeitsblatt benutzt, in dem die für den Einzelfall gewählten Werte zusammengestellt sind. Für die aus der Erfahrung bekannten Kältebedarfszahlen sind in Klammern Grenzwerte angegeben, zwischen denen der für den Einzelfall richtige oder wahrscheinliche Wert gewählt werden muß. Die fettgedruckten Zahlen stellen ein Beispiel dar. Am Ende des Arbeitsblattes werden einige Kennziffern berechnet, die durch den Vergleich mit üblichen Mittelwerten auf Fehler aufmerksam machen, wie sie gelegentlich vorkommen, und die außerdem ungewöhnliche Verhältnisse des Sonderfalles scharf beleuchten.

Der gesamte Kältebedarf setzt sich aus dem für die Raumkühlung, die Würzekühlung, die Gärbottichkühlung, die Bierkühlung und die Eiserzeugung zusammen. Im einzelnen kann zu seiner Bestimmung folgendes gesagt werden:

a) Die Berechnung für die *Raumkühlung* wäre in der gleichen Weise möglich, wie man bei Heizungsanlagen den Wärmebedarf aus den Umschließungsflächen, den Wärmedurchgangszahlen und den Temperaturunterschieden für jeden einzelnen Raum ermittelt. Zusätzlich könnte man für Lagerkeller die bei der Nachgärung frei werdende Wärme zu berücksichtigen versuchen. Die Unsicherheiten sind aber verhältnismäßig groß, und bei Verwendung dieses Arbeitsblattes zur Berechnung des gesamten Kältebedarfes erscheint ein so genaues Verfahren unnötig. Man bezieht den Kältebedarf der Räume ausschließlich auf die Grundfläche, muß dabei aber beachten, ob die Räume unterirdisch oder oberirdisch liegen, ob ihre Wände, Fußböden und Decken isoliert sind oder keinen besonderen Kälteschutz aufweisen, wie die Lagerkeller nach Art des Faßmaterials, der Belegungsdichte usw. ausgenützt sind und welche Temperaturen verlangt werden. Mittlere Werte q (in kcal/m² Tag) des spezifischen Kältebedarfes für gut isolierte Räume (Wärmedurchgangszahl $k = 0{,}3$ bis $0{,}35$ kcal/m² h °C) und hochsommerliche Temperaturen Mitteleuropas ($t = +25°$ C bis $+30°$ C) sind bei den verschiedenen Räumen angegeben.

b) Die zur *Würzekühlung* erforderliche Kältemenge ergibt sich aus der Anzahl Sude, die am Tage ausgeschlagen werden, aus der Menge an vorgekühlter Würze, die infolge Verdunstung auf dem Kühlschiff kleiner ist als an heißer Ausschlagwürze, aus der Temperatur, bis zu der die Vorkühlung mit Brunnenwasser möglich ist, und aus der erwünschten Anstelltemperatur. Je nach Menge und Temperatur des verfügbaren Brunnenwassers gelingt die Vorkühlung auf $+15°$ C bis $+20°$ C. Mit etwa $+5°$ C bis $+6°$ C wird die Würze in den meisten Fällen angestellt. Die spezifische Wärme der Würze kann bei dieser Überschlagsrechnung mit 100 kcal/hl °C eingesetzt werden.

c) Die für die Kühlung während der *Hauptgärung* notwendige Kältemenge wird aus der Gärdauer in Tagen und der Gesamtmenge an kalter Würze berechnet, die auf Gärung steht. Für 1 hl müssen täglich 130 bis 150 kcal während der ganzen Gärdauer im Mittel abgeführt werden.

Jahresausstoß $J = 32500^*$ hl/Jahr

Höchste tägliche Ausschlagmengen an *heißer Würze* hWz: 2 Sude zu *110* hl = *220* hl/Tag
Menge an *kalter Würze* je Sud bei *10%* (10%) Volum- u. Kühlschiffschwund: = rd. *100* hl/Sud

Keller- bezeich- nung	er- wünschte Tempe- ratur °C	Grund- fläche m²	täglicher Kältebedarf		
			spezif. kcal m²Tag	einzeln kcal/Tag	zu- sammen kcal/Tag

A. *Raumkühlung:* Bei guter Isolierung $(k = 0,3$ bis $0,35$ kcal/m²h °C) und Außentemperaturen rd. $+25°$ C bis $+30°$ C

Kellerbezeichnung	°C	m²	m²Tag	einzeln kcal/Tag	zusammen kcal/Tag
Lagerkeller 1	*+1*	*157*	*850*	*133500*	
$(t = 0°$ C bis $+2°$ C, 2	*+2*	*155*	*750*	*116200*	
$q = 650$ bis 950 kcal/m² Tag) 3	*+1*	*207*	*800*	*165500*	*415200*
Gärkeller 1	*+5*	*194*	*1200*		*233000*
$(t = +4°$ C bis $+6°$ C, 2					
$q = 1000$ bis 1200 kcal/m² Tag) 3					
Abfüll- und Stapelräume	*+2*	*240*	*1200*		*288000*
$(t = +1°$ C bis $+5°$ C,					
$q = 1100$ bis 1200 kcal/m² Tag)					
Hopfenlagerraum	*+1*	*54*	*900*		*48600*
$(t = -2°$ C bis $+3°$ C,					
$q = 900$ bis 1200 kcal/m² Tag)					
Eisstapelräume	—	—	—		—
$(t = -5°$ C bis $-1°$ C,					
$q = 1400$ bis 1600 kcal/m² Tag)					
Malztennen	—	—	—		—
$(t = +10°$ C bis $14°$ C,					
$q = 1000$ bis 1200 kcal/m² Tag)					
Raumkühlung zusammen	—	—	—	—	*984800*

B. *Würzekühlung:* 2 Sude am Tag zu *100* hl kalter Würze = *200* hl von $+20°$ C $(+15°$ C bis $20°$ C) auf $+5°$ C $(+5°$ C bis $6°$ C), d. h. *1500* kcal/hl (900 bis 1500 kcal/hl) *300000*

C. *Bottichkühlung:* Auf Gärung stehen bei *9* Tagen Gärdauer *15* Sude zu *100* hl kalter Würze = *1500* hl mit einem Kältebedarf von *150* kcal/hl Tag (130 bis 150 kcal/hl Tag) *225000*

D. *Bierkühlung* (im Bedarfsfall):
  a) ... hl schlauchreifes Bier täglich von der Gärungsendtemperatur ...° C $(+5°$ C bis $6°$ C) auf die Lagertemperatur ...° C $(+1°$ C bis $2°$ C), d. h. .... kcal/hl (300 bis 500 kcal/hl) . . . .   —
  b) *250* hl Abfüllbier täglich von der Lagertemperatur $+1°$ C $(+1°$ bis $2°$ C) auf die Filtereinlauftemperatur $-1°$ C $(0°$ C bis $-2°$ C), d. h. *200* kcal/hl (100 bis 400 kcal/hl) *50000*

Kältebedarf *ohne* Eiserzeugung . . . . $Q' =$ *1559800*

E. *Eiserzeugung:* Inhalt der Eiserzeuger beträgt *480* Zellen zu *12,5* kg = *6,0* t
Täglich werden *480* Zellen, insgesamt *6000* kg/Tag gezogen zu 120 kcal/kg .   *720000*

Höchster täglicher Kältebedarf *mit* Eiserzeugung . . . . $Q' =$ *2279800*

Die stündliche Kälteleistung der Maschine beträgt bei x Betriebsstunden am Tage: $Q_0 = Q/x$

Kennziffern: $\dfrac{Q'}{J} = \dfrac{\text{kcal/Tag}}{\text{hl/Jahr}} = \dfrac{1560000}{32500} = 48$ (30 bis 50)

$\dfrac{Q'}{hWz} = \dfrac{\text{kcal/Tag}}{\text{hl/Tag}} = \dfrac{1560000}{220} = 7100$ (6000 bis 10000)

Verteilung des Kältebedarfes in % von Q':

Lagerkeller . . . (25 bis 40%) *26,6%*   Hopfenkeller . . . . . (4 bis 6%) *3,1%*
Gärkeller . . . (12 bis 25%) *15,0%*   Würze- u. Bierkühlung. (10 bis 20%) *22,4%*
Abfüllkeller . . (15 bis 25%) *18,5%*   Bottichkühlung . . . . (10 bis 15%) *14,4%*

*) Die *kursiv* gesetzten Zahlen stellen ein Beispiel dar.

d) Das aus dem Lagerkeller entnommene und zum Abfüllbock fließende *Bier* wird, besonders bei Exportsorten, manchmal zur Verhütung späterer Kältetrübungen unter die übliche Lagertemperatur gekühlt. Die spezifische Wärme des Bieres wird zur Berechnung des Kältebedarfes mit 100 kcal/hl °C angenommen.

e) Über Herstellungsverfahren und Kältebedarf bei der *Kunsteiserzeugung* wird in Bd. XI dieses Handbuches berichtet, so daß sich eine Erörterung in diesem Rahmen erübrigt. Im Zusammenhang mit der Brauerei ist es erforderlich, darauf hinzuweisen, daß für diese Betriebe vorwiegend die Herstellung von Blockeis von Bedeutung ist. Da das Eis mit dem Bier zusammen ausgefahren wird, hat sich diese Form des Kunsteises am besten bewährt. Im allgemeinen werden 12,5 kg-Blöcke bevorzugt, während 25 kg-Blöcke nur seltener anzutreffen sind. Der Bedarf an Kundschaftseis beträgt ungefähr 50 kg Eis/hl Verkaufsbier, wobei diese Zahl unter dem Einfluß der örtlichen Verhältnisse starken Schwankungen unterworfen ist.

Die tägliche Betriebszeit der Kältemaschine ist von den Arbeitsverhältnissen in den Brauereien abhängig (Feuerkochung, Dampfkochung, Dampfmaschine mit Entnahmedampfkochung — mit Gegendruckbetrieb — ohne Kupplung von Krafterzeugung und Sudhausvorgang, Fremdstromantrieb je nach Tarifgestaltung usw.) und daher sehr verschieden.

Als Kennziffern für den Gesamtbedarf gelten die am Ende des Arbeitsblattes genannten Werte:

30 bis 50 kcal/Tag je 1 hl Jahresausstoß oder 6000 bis 10000 kcal/Tag je hl heiße Ausschlagwürze am Tag. Beide Erfahrungszahlen beziehen sich auf einen heißen Sommertag und berücksichtigen nicht die zur Eiserzeugung abzuführende Wärmemenge. Die Werte genügen aber für Raumkühlung und die Kühlung der Würze vor und während der Gärung.

E. Kühlung beim Versand und beim Ausschank.

Wie bereits an anderer Stelle erwähnt wurde, darf die Kette der Kühlung des Bieres vom Beginn der Gärung beim Erzeuger bis zum Letztverbraucher, dem Biertrinker, nicht abreißen, wenn Wert darauf gelegt wird, ein hochwertiges Erzeugnis zum Ausschank zu bringen. Die praktischen Erfahrungen zeigen aber, daß gerade bei den Gastwirten aus Unkenntnis oder aus Bequemlichkeit entscheidende Fehler in der Bierbehandlung gemacht werden, die auf die Güte des Bieres (Geschmack, Schaum usw.) äußerst nachteilige Einflüsse haben. Die Folgen können so einschneidend sein, daß das gleiche Bier in zwei verschiedenen Gaststätten in bezug auf seine Qualität grundverschieden beurteilt werden muß.

Als Transportgefäße dienen für den Bierversand Fässer und Flaschen. Während etwa bis 1890/1900 fast das gesamte Bier in Fässern ausgestoßen wurde, hat sich der Anteil an Flaschenbier im Laufe der Zeit immer mehr gesteigert und heute in manchen Betrieben 70 bis 80%, im Ausland bisweilen 100%, des Gesamtausstoßes erreicht. Als Material für die Fässer wird in Deutschland noch fast ausschließlich Holz verwendet, während das Metallfaß vorläufig eine untergeordnete Rolle spielt. Dies Verhältnis kann nicht ohne weiteres auf andere Länder übertragen werden, wie z. B. bei den USA, wo das Metallfaß bereits eine erhebliche Bedeutung besitzt. Ähnlich verhält es sich mit den Flaschen. Während für den Inlandsgebrauch in Deutschland die Glasflasche mit 0,3, 0,35 bzw. 0,5 *l* Inhalt die entscheidende Rolle spielt, ist in Amerika die Blechflasche bzw. die Dose in sehr starkem Gebrauch, die andererseits für deutsche Verhältnisse nur für Exportzwecke von Bedeutung ist. Die Ursache hierfür liegt einmal in den

Kosten für die erforderlichen Rohstoffe, zum anderen aber auch in der Gewohnheit des Verbrauchers. Die Art des Versandgefäßes muß aber berücksichtigt werden, wenn die Frage der Kühlung beim Versand und beim Verbraucher eine richtige Antwort bekommen soll.

Das Bier kommt aus dem Lagerfaß mit einer Temperatur von $+1^\circ$ C bis $+2^\circ$ C, wird in die Transportgefäße gefüllt und in gekühlten Stapelräumen bis zum Versand gelagert, so daß es die Brauerei praktisch mit der Lagerraumtemperatur verläßt. Im Glas des Biertrinkers soll es eine Temperatur von $+8^\circ$ C bis $+10^\circ$ C haben, da diese Temperatur in Verbindung mit dem Kohlendioxyd den erwünschten erfrischenden Charakter des Bieres (Rezens) hervorruft. Der erforderliche Temperaturanstieg soll möglichst stetig erfolgen, wobei die letzte Steigerung, wenn möglich, erst im Glas des Gastes eintreten sollte. Eine Überschreitung der Ausschanktemperatur und eine hierdurch notwendige Rückkühlung soll wegen der damit verbundenen Wertminderung auf alle Fälle vermieden werden. Es handelt sich also genaugenommen nicht um eine Abkühlungs-, sondern um eine Kalterhaltungsfrage, wenn sämtliche Voraussetzungen den Erfordernissen entsprechend getroffen wurden.

Der Kundenkreis der einzelnen Brauereien liegt im allgemeinen so, daß ein Lastkraftwagen in einer Tagesfahrt auch den weitest abgelegenen Kunden versorgen kann. Hiervon weichen nur die Exportbrauereien ab, bei denen man noch den innerdeutschen und den Auslandsexport unterscheiden muß. Im Normalfall ist das Bier also nur einige Stunden auf dem Lastwagen, bis es sein Ziel erreicht hat. Bei Verwendung der üblichen Holztransportfässer ist die wärmeisolierende Wirkung des Holzes so groß, daß der Temperaturanstieg in engen

Grenzen gehalten werden kann. Bei einer Anfangstemperatur des Bieres von $+1^\circ$ C und einer Außentemperatur von $+25^\circ$ C kann mit nebenstehender Erwärmung des Bieres gerechnet werden[1].

Transportzeit	Faßinhalt in *l*		
	25	50	100
5 Stunden	7° C	6° C	5° C
10 Stunden	11° C	10° C	8° C

Schützt man die Wagenladung durch Planen gegen die Einwirkung der Sonne und nützt man die Kühlwirkung des gleichzeitig mit verladenen Eises aus, so ist es auf normale Entfernungen ohne weiteres möglich, das Bier ausreichend kühl beim Wirt abzuliefern. Das gleiche gilt bei Verwendung der üblichen dickwandigen Glasflaschen. Isolierte oder gar künstlich gekühlte Transportfahrzeuge sind daher für den normalen Fall bei Brauereien nicht erforderlich. Bei der Überwindung größerer Entfernungen, wie sie beim innerdeutschen und Auslandsexport in Frage kommen, liegt der Fall anders. Hier ist die Verwendung von isolierten und gekühlten Kraftfahrzeugen oder Eisenbahnwagen erwünscht, wie sie auch für den Transport anderer Lebensmittel angewendet werden. Die hierbei auftretenden kältetechnischen Probleme werden an anderer Stelle (Bd. XI) eingehend beleuchtet, so daß es sich erübrigt, hier näher darauf einzugehen.

Nach dem Eintreffen beim Empfänger, Zwischenhändler oder Wirt ist das Bier sofort wieder dem schädlichen Einfluß der Wärme zu entziehen und deshalb kühl zu lagern. Eine Unterbringung in normalen Kellern genügt nicht, da die dort im Sommer auftretenden Temperaturen für das Bier zu hoch sind. Es ist daher erforderlich, einen künstlich gekühlten Raum für die Lagerung des Bieres zur Verfügung zu stellen, ein Wunsch, der leider in der Praxis nicht immer erfüllt werden kann. Die Kühlung kann mit Natureis oder auf anderem Wege erfolgen, wobei die im Lagerkeller der Brauerei herrschenden Temperaturverhältnisse

---

[1] FEHRMANN, K.: Mechanische Technologie der Brauerei. Berlin-Hamburg: Parey 1950.

anzustreben sind. Die Größe des Kühlraumes ist dem Bedarf des Kunden anzupassen, wobei noch zu berücksichtigen ist, daß das Bier möglichst 3 Tage nach dem Transport ruhig lagern sollte, bevor es zum Ausschank kommt. Diese Ruhe ist sehr erwünscht, um dem durch die Erschütterung während des Transportes entbundenen Kohlendioxyd die Möglichkeit zu geben, sich wieder zu binden, ein Vorgang, der für die Schaumhaltigkeit des Bieres von großer Bedeutung ist. Sollte trotz aller Vorsichtsmaßnahmen die Temperatur im Bier während des Versandes zu hoch gestiegen sein, so muß dem Bier die Möglichkeit zur langsamen Wiederabkühlung gegeben werden. Auch durch die Temperatursteigerung wurde Kohlendioxyd entbunden, das bei der langsamen Abkühlung wenigstens z. T. erneut gebunden werden kann, während allerdings die kolloidalen Veränderungen nicht mehr rückgängig gemacht werden können.

Hat das Bier in einer mehrtägigen Ruhezeit den Schock des Transportes überwunden, dann wird es zum Ausschank gebracht, womit das letzte Glied der Kühlkette erreicht ist. Bei der ursprünglichen Form des Ausschenkens, wie sie heute noch z. T. in Bayern üblich ist, wird das Faß auf einen Bock gesetzt und mit einem Hahn am Zapfloch angezapft. Durch einen oben am Faß angebrachten Ventilspund strömt Luft in das Faß nach. Dieses Verfahren ist als brauchbar zu bezeichnen, wenn das Faß in kurzer Zeit ausgeschenkt wird. Ist das Bier gut gelagert gewesen, dann kommt es ungefähr mit Lagerkellertemperatur auf den Bock und ist restlos ausgeschenkt, bevor die Erwärmung so hoch steigt, daß sie für das Bier von Schaden ist. Wenn dagegen ein schnelles Ausschenken nicht möglich ist und das Faß lange läuft, vielleicht sogar 2 Tage, dann können bei dieser Art und Weise schwere Schädigungen auftreten. Durch das Holz hindurch und durch die in das Faß einströmende Luft tritt eine Erwärmung auf, die das zulässige Maß überschreitet. Neben der schädlichen Wirkung der Temperaturerhöhung tritt noch die Infektionsgefahr in Erscheinung, da das Bier für verschiedene in der Luft enthaltene Organismen anfällig ist, wesentlich mehr anfällig jedenfalls als z. B. Wein, der wegen seines höheren Alkoholgehaltes eine größere Widerstandskraft zeigt.

Eine Verbesserung dieses einfachsten Verfahrens wurde dadurch erreicht, daß im Schankraum ein Kühlschrank aufgestellt wurde, der das ganze Faß aufnehmen kann, so daß nur der Zapfhahn sichtbar bleibt. Die niedrige Temperatur im Faß kann auf diese Weise erhalten werden, da auch die durch den Ventilspund nachströmende Luft aus dem Kühlschrank entnommen wird.

Beide bisher besprochenen Verfahren haben gemeinsam den Nachteil, daß das Faß in den Schankraum gerollt werden muß, was eine gewisse Größe dieses Raumes und die notwendigen Hilfskräfte zur Voraussetzung hat. Diese Schwierigkeiten entfallen, wenn Zapfhahn und Faß räumlich voneinander getrennt werden. Das Faß bleibt in diesem Fall im Keller stehen und wird über eine fest eingebaute Rohrleitung aus Zinn, Glas oder Mipolam mit dem im Schankraum befindlichen Zapfhahn verbunden. Die Förderung des Bieres zum Zapfhahn erfolgt durch den Druck einer an den Ventilspund angeschlossenen Kohlendioxydflasche. Auch dieses Verfahren arbeitet einwandfrei, wenn der Aufstellungsort für das Faß ausreichend gekühlt ist und wenn die Bierleitung vor Wärmeeinfall möglichst geschützt wird. Durch die Aufrechterhaltung niedriger Temperaturen und das Vermeiden einer Berührung mit der Luft sind die Voraussetzungen für eine längere Haltbarkeit des Bieres gegeben.

In allen Fällen ist aber ein richtig bemessener Kühlraum erforderlich, dessen Einrichtung für den Wirt häufig einen verhältnismäßig hohen Kapitalaufwand erfordert. Es ist daher verständlich, daß eine große Anzahl von Gaststätten über einen derartigen Raum nicht verfügt und somit eine unzulässige

Temperatursteigerung des Bieres im Faß hinnehmen muß. Hier greift man als Notlösung zur Rückkühlung. Das Bier wird unter Kohlendioxyddruck der Zapfstelle zugeleitet und erst dort in der Säule des Schanktisches durch eine Kühlschlange geführt und auf die erwünschte Temperatur gekühlt. Die Wärme wird meist mit Hilfe von Eis entzogen, das in der Schanksäule um die Rohrschlange gelegt wird. Die Nachteile einer in diesem Fall erforderlichen Rückkühlung wurden bereits an anderer Stelle erwähnt, wobei aber häufig noch eine gewisse Ungleichmäßigkeit in Erscheinung tritt, weil der Grad der Abkühlung von der Durchflußgeschwindigkeit abhängt. Wenn also mehrere Gläser rasch hintereinander gefüllt werden, ist die Temperatur im Bier höher, als wenn nur ein Glas ausgeschenkt wird. Die Rückkühlung in der Schanksäule kann daher nur als Notlösung bezeichnet werden.

Für die Lagerung des Flaschenbieres beim Wirt gilt sinngemäß das gleiche, nur daß die Schwierigkeiten beim Ausschank in Wegfall kommen. Um die Flaschen für den Verkauf griffbereit zu haben, wird hauptsächlich von Kühlschränken Gebrauch gemacht, die entweder mit Kunsteis aus der Brauerei oder mit eingebauten Kleinkältemaschinen gekühlt werden.

Wein.

Von

Dr.-Ing. Dr. phil. nat. h. c. Dr. sc. agr. h. c. **Rudolf Plank**

em. Professor an der Technischen Hochschule Karlsruhe.

Mit 6 Abbildungen.

A. Einleitung.

Wein wird durch Gärung des Saftes von Weintrauben gewonnen, deren Zuckergehalt während des Reifungsprozesses ansteigt, während der Säuregehalt abnimmt. Die Weinbeeren enthalten selten weniger als 12%, manchmal über 30% Zucker. Das Verhältnis von Säure und Zucker schwankt zwischen 1:30 bei den besten Sorten und etwa 1:10 bei den geringen. Die Säure der reifen Beeren ist vorwiegend Weinsäure, die im Saft als Weinstein — dem sauren Kalisalz der Weinsäure ($KHC_4H_4O_6$) — enthalten ist. Daneben enthält der Saft noch geringe Mengen von eiweißartigen Stoffen, Pektinen u. a., die man als Extraktstoffe bezeichnet. Der Zuckergehalt wird in Deutschland in Graden Oechsle gemessen, in den USA in Graden Balling oder Brix; diese Grade entsprechen den Gewichtsprozenten Zucker im Saft.

Den in Traubenmühlen oder in Pressen von verschiedener Bauart aus den Beeren herausgepreßten Saft bezeichnet man als *Most*, die verbliebenen Schalen, Stiele und Kerne bilden die Treber. Aus 100 Teilen Trauben erhält man 60 bis 80 Teile Most, der in Kufen gesammelt wird.

B. Kälteanwendungen beim Most.

Schon beim Most (Süßmost), also noch vor dem Beginn der Gärung, kann die Kühlung wertvolle Dienste leisten. Es kann sich darum handeln, die Gärung um 12 bis 24 Stunden aufzuhalten, um den Transport des Mostes auf kurze Entfernung durchzuführen, oder um die Klärung des Mostes durch Absetzen von Teilchen zu erreichen, deren Ausscheidung durch aufsteigende Kohlendioxydgase behindert werden würde.

Die Gärung kann auch durch Erwärmung des Mostes bis zu einer die Hefezellen zerstörenden Temperatur oder durch Zusatz von Alkohol bzw. von schwefliger Säure aufgehalten werden. Günstiger ist dafür aber die rasche Kühlung des Mostes bis auf 0° C und die Aufrechterhaltung dieser Temperatur, bei der praktisch keine Gärung mehr stattfindet. Doch ist nur eine kurzfristige Anwendung dieses Verfahrens zu empfehlen. Die Kühlung bietet außerdem den Vorteil, daß sich eine größere Menge Sauerstoff im Most lösen kann, wodurch die Blume verbessert wird.

Von der Kälte wird auch zum Verstärken von Traubenmost durch teilweises Ausfrieren des Wassergehaltes Gebrauch gemacht. Die Gefriertemperatur des Mostes hängt von seinem Zucker- und Säuregehalt ab, sie liegt aber gewöhnlich bei −2° C bis −3° C. Man kühlt noch etwas tiefer ab und scheidet die gebildeten

Eiskristalle durch Zentrifugieren aus. Die Eisausscheidung kann z. B. an der Oberfläche einer in die gefüllten Kufen teilweise eintauchenden horizontal gelagerten rotierenden Trommeln erfolgen, die von innen durch Sole oder ein verdampfendes Kältemittel gekühlt wird. Die gebildete Eisschicht wird durch einen Schaber abgekratzt. Verstärkten Traubenmost kann man z. B. sehr armen Mosten beigeben, um deren Alkoholgehalt nach der Gärung zu erhöhen.

Vollständig eingefrorener Most kann bei —5° C ein Jahr gelagert und dann zu Wein verarbeitet werden. GASPAR hat bei ungarischem Most, der sofort nach der Ernte gekeltert und gefroren wurde, nach 6 Monaten die in Tab. 1 angegebenen Veränderungen beobachtet[1].

Tabelle 1.
Änderung der Zusammensetzung von gefrorenem Most bei verschiedenen Lagertemperaturen.

Gehalt in %	anfänglich	nach der Lagerung	
		bei —2 bis —3° C	bei —10° C
Extrakt	18,64	10,6	18,01
Zucker	15,02	9,02	15,00
Säure	1,057	0,93	0,92
Weinsteinsäure	0,470	0,40	0,349
Alkohol	0	3,75	0

Die Gärung hat also bei —2° C bis —3° C noch nicht ganz aufgehört, und es entwickelt sich ein unangenehmer Geruch. Bei —10° C war die Gärung aber vollkommen unterbunden; bei Erhöhung der Temperatur auf 16° C bis 17° C setzte die Gärung nach 5 bis 6 Tagen auch im letzten Fall normal ein.

In den USA werden erhebliche Mengen von unvergorenem Traubensaft hergestellt, wofür sich die Sorte Concord besonders eignet. Die Trauben werden gewaschen, vom Stengel befreit und vor dem Pressen auf etwa 60° C erhitzt. Der Saft wird dann in einem Wärmeaustauscher gekühlt und fließt in einen gekühlten Tank, in dem er bei —5° C teilweise gefroren wird. Der Tank wird möglichst voll gefüllt, um Luft auszuschließen. Nach dreimonatiger Lagerung haben sich die überschüssigen sauren Salze ausgeschieden und der nun gebrauchsfertige Saft wird vorsichtig herausgehebert[2].

C. Kühlung bei der Gärung[3].

Bei der Gärung werden aus einem Mol Hexose (Traubenzucker, Fruchtzucker) 2 Mol Alkohol und 2 Mol Kohlendioxyd gebildet, nach der Gleichung

$$C_6H_{12}O_6 = 2C_2H_5OH + 2CO_2$$
$$180\,g \qquad 92\,g \qquad 88\,g$$

Dabei wird je Mol Zucker theoretisch eine Reaktionswärme von 28 kcal erzeugt. Praktisch rechnet man nach BOUFFARD im Mittel mit 23,5 kcal, so daß auf 1% Zucker 1,3 kcal entfallen, entsprechend einer Erwärmung des Mostes um rd. 1,3 °C. Ein Most mit 20% Zucker könnte sich daher bei der Gärung um 26° C erwärmen, doch wird ein erheblicher Teil der erzeugten Reaktionswärme durch Wärme-

---

[1] GASPAR: Ber. III. Intern. Kältekongr. Chicago 1913, Bd. 3, S. 24.
[2] PEDERSON, C. S., u. D. K. TRESSLER: Agric. exp. Sta. Bull. No. 676 (1936). — D. K. TRESSLER u. M. A. JOSLYN: The Chemistry and Technology of Fruit and Vegetable Juice Production. New York: Avi Publ. Comp. 1954.
[3] Über die alkoholische Gärung vgl. Bd. IX dieses Handbuches, S. 190.

übergang an die Umgebung abgeführt. Der genaue Anteil hängt von der Umgebungstemperatur und vom Material des Gärbottichs ab, man kann aber annehmen, daß etwa die Hälfte der erzeugten Wärme abgeführt wird. Man rechnet daher mit einer Erwärmung des Mostes um 12° C bis 18° C. Da die Trauben in warmen Gegenden mit Temperaturen über 20° C eingebracht werden, muß immerhin bei zuckerreichen Beeren darauf geachtet werden, daß die Grenze der Inaktivierung der Hefe, die bei 38° C bis 40° C liegt, nicht erreicht wird. Man ist bestrebt, bei Rotweinen eine Temperatur von 30° C und bei Weißweinen eine solche von 20° C nicht zu überschreiten.

Müller-Thurgau hat folgende Höchstgehalte an Alkohol angegeben, die bei verschiedenen Gärungstemperaturen erreicht werden können[1]:

$$
\begin{array}{lll}
17,29\% & \text{Alkohol} & \text{bei} \quad 9°\ \text{C} \\
15,19\% & \text{Alkohol} & \text{bei} \quad 18°\ \text{C} \\
12,23\% & \text{Alkohol} & \text{bei} \quad 27°\ \text{C} \\
8,56\% & \text{Alkohol} & \text{bei} \quad 36°\ \text{C}
\end{array}
$$

Die Abnahme des Alkoholgehaltes bei den höheren Temperaturen hängt nicht nur mit der geringeren Wirksamkeit der Hefen zusammen, sondern ist auch durch die Verdunstung des Alkohols und durch den Verbrauch eines Zuckeranteiles für sekundäre Fermentationsvorgänge bedingt.

Die Hauptgärung erstreckt sich in der Regel auf 3 bis 4 Wochen, doch findet auch später bei der Lagerung in Fässern eine schwache Nachgärung statt. Bei 18° C verläuft die Gärung besonders regelmäßig und unter günstiger Entwicklung der „Blume".

Der Alkoholgehalt beträgt:

bei Pfälzer Weinen	7 bis 9,5	Vol.-%
bei Frankenweinen	8 bis 10	Vol.-%
bei Rheinweinen	6 bis 13	Vol.-%
bei Ungarweinen	9 bis 11	Vol.-%
bei roten französischen Weinen	9 bis 14	Vol.-%
bei badischen Weinen	10 bis 11	Vol.-%
bei Champagner	9 bis 12	Vol.-%
bei Jerez (Sherry)	17	Vol.-%
bei Madeira, Portwein, Marsala	15 bis 24	Vol.-%

Der Kältebedarf bei der Gärung wird von Marsh mit mindestens 15000 kcal je 1000 l Wein angegeben, doch kann er bei zuckerreichen Trauben und bei höheren Einbringtemperaturen bis auf 27000 kcal je 1000 l ansteigen[2]. Ein Weingut, in dem täglich 50 t Trauben gepflückt werden, muß täglich etwa 40000 l Most kühlen, wofür eine Kälteleistung von rd. 600000 kcal/Tag oder bei zwölfstündiger Arbeitszeit 50000 kcal/h benötigt wird. Wenn mit Wasser gekühlt wird und man mit einer Erwärmung des Wassers um 5° C rechnet, dann beträgt der Kühlwasserbedarf 10000 l/h. Steht das Wasser mit nicht genügend tiefer Temperatur oder in nicht ausreichender Menge zur Verfügung, dann muß man von Reservetanks, von Kühltürmen oder von Eis Gebrauch machen. Neuerdings werden in den USA in zunehmendem Maße auch Kältemaschinen eingesetzt.

Die Kühlung des Mostes bei der Gärung kann auf verschiedene Weise erfolgen: entweder versenkt man die Kühlschlangen in die Gärbottiche (wie in Brauereien, vgl. S. 576 dieses Bandes), oder man macht neuerdings vorzugsweise von außenstehenden Doppelrohr-Wärmeaustauschapparaten Gebrauch, durch die der Most

---

[1] Vgl. Monvoisin, A.: La Conservation par le Froid des Denrées perissables. 2. Aufl., S. 484. Paris: Dunod 1936.

[2] Marsh, G. L.: Air Conditioning Refrigerating Data Book, Applications Volume, 6. Aufl. (1956/57) S. 15/01—15/08. New York: Amer. Soc. Refrig. Engng.

und das Kühlwasser im Gegenstrom geleitet werden. Der abgekühlte Most fließt dabei wieder in den Gärbottich zurück, läuft also mehrmals um.

Bei versenkten Kühlschlangen ist der Wärmeübergang relativ schlecht, doch wird er durch die aufsteigenden Gasblasen, die eine Durchmischung bewirken, etwas verbessert. Man verwendet Kupferschlangen von 2″ Durchmesser und 10 bis 12″ Abstand der Windungen und nimmt 80 m Rohrlänge je 1000 l Gärbottichinhalt. Manchmal wird der Inhalt zweimal täglich umgepumpt.

Bei außenstehenden Wärmeaustauschern macht man meist von runden Holzbottichen für den Most Gebrauch. Als Material für die Wärmeaustauscher wird von übereinanderliegenden Stahlrohren bis zu 6 m Länge und 3 bis 4″ Durchmesser Gebrauch gemacht, in die mehrere dünnwandige Kupferrohre eingesetzt werden, durch die der Most im Gegenstrom zum Kühlwasser geleitet wird. Vielfach werden auch Berieselungskühler verwendet, wobei im Gegensatz zu den Bierwürzekühlern in Brauereien (vgl. S. 571) das Kühlwasser außen herabrieselt und der Most im Gegenstrom durch die Rohre fließt, um eine verstärkte Oxydation und Alkoholverluste zu vermeiden. Neuerdings wird auch von Plattenkühlern aus nichtrostendem Material Gebrauch gemacht, deren Wärmedurchgangszahlen sehr hoch sind, die aber leicht verstopfen, wenn der Most nicht gefiltert wird. Moststrom und Kühlwasserstrom sind annähernd gleich groß.

D. Die Klärung der Weine.

Nach der Gärung ist der frisch erzeugte Wein mit sauren Bestandteilen insbesondere sauren Weinsäuresalzen (Tartraten) und Farbstoffen gesättigt, die sich bei der kühleren Lagertemperatur in Fässern oder Flaschen ausscheiden würden. Der Wein wird daher unter seine Lagertemperatur abgekühlt, wobei sich ein Teil der gelösten Bestandteile ausscheidet. Die Kühlung wird oft bis nahe an die Temperatur des beginnenden Gefrierens durchgeführt. Der Gefrierpunkt der meisten Tafelweine liegt bei $-4°$ C bis $-7°$C, derjenige der süßen Dessertweine bei $-11°$ C bis $-14°$C. Für die Berechnung des Kältebedarfes kann die spezifische Wärme mit 0,95 kcal/l°C angenommen werden.

Die Löslichkeit des sauren Kalisalzes der Weinsteinsäure (Bitartrat) hängt von der Temperatur und vom Alkoholgehalt ab. LABORDE gibt die in Tab. 2 enthaltenen Werte an[1].

Die Abkühlung von $+15°$ C auf $-2°$ C setzt also den Gehalt des Bitartrates auf etwa die Hälfte herab. Die tiefe Temperatur nahe dem Gefrierpunkt muß dabei aber mehrere Tage aufrechterhalten werden. Die Ausscheidung des Bitartrates erfolgt bei Weißweinen schneller als bei Rotweinen und bei Tafelweinen schneller als bei süßen Dessertweinen.

Tabelle 2. *Löslichkeit von Bitartrat bei verschiedenen Temperaturen und Alkoholgehalten des Weines.*

Temperatur °C	Alkoholgehalt in %				
	8	9	10	11	12
15	2,91	2,72	2,63	2,54	2,40
11	2,44	2,45	2,16	2,07	1,97
2	1,64	1,60	1,50	1,45	1,36
—2	1,50	1,44	1,39	1,33	1,28

Wie bei dem gärenden Most (S. 590), so kann auch beim Wein die Abkühlung durch Versenkung von Kühlschlangen in den Weinbehälter, durch einen Kühlmantel oder durch einen außen angeordneten Wärmeaustauscher erfolgen. Man kann aber auch die zu kühlenden Weinbehälter in großen gekühlten Räumen unterbringen, und dieses Verfahren hält MARSH für das zweckmäßigste[2]. An den versenkten Kühlschlangen scheidet sich leicht Eis aus, was im allgemeinen

---

[1] Nach MONVOISIN, A., S. 493, vgl. Fußnote 1 auf S. 590.
[2] Vgl. Fußnote 2 auf S. 590.

unerwünscht ist und den Wärmeübergang beträchtlich herabsetzt. In Großbetrieben wird die Kälteleistung zweckmäßig auf 2 Maschinen verteilt, von denen die größere die Abkühlung des Weines besorgt, während die kleinere der Aufrechterhaltung einer konstanten tiefen Temperatur dient.

Das sich an den Oberflächen von Wärmeaustauschern abscheidende Bitartrat kann durch eine verdünnte Lauge entfernt werden.

Die Abb. 270 zeigt einen Weinkühler, System Daubron, Paris. Der isolierte Kühlbehälter aus innen emailliertem Stahl erhält einen Mantel, in dem das Kältemittel direkt verdampft. Der zu behandelnde Wein tritt unten in den Behälter ein und oben gekühlt aus. Ein Rührwerk mit vertikaler Achse ist außen mit Gummischabern versehen, welche die sich an der Innenwand absetzenden Salze abstreichen und somit die wärmeübertragende Oberfläche rein erhalten. Die Apparate werden für Kälteleistungen von 3000 bis 25000 kcal/h für die Kühlung des Weins auf −5° C geliefert, wobei der Kühlbehälter bei der kleinsten Anlage stehend und bei den größeren liegend angeordnet ist. Der Kühlbehälter wird mit der Kältemaschine auf einem gemeinsamen Rahmen aufgestellt und zusammengebaut geliefert (Abb. 271).

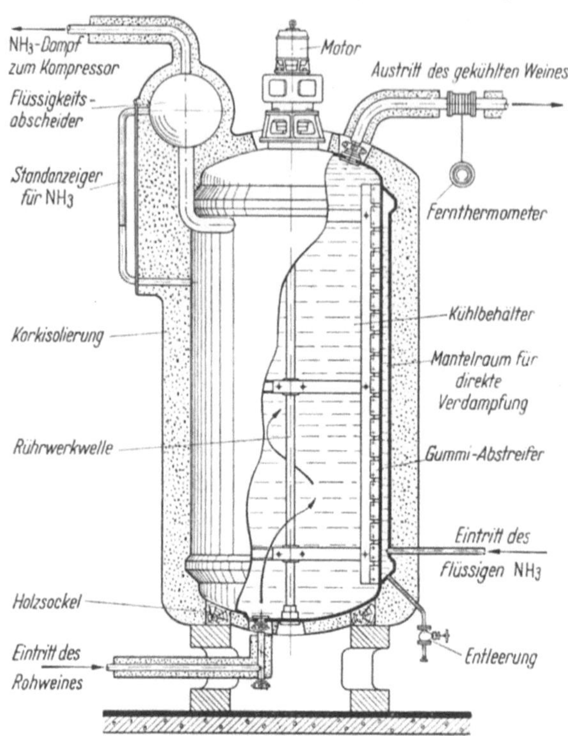

Abb. 270. Isolierter Weinkühler mit direkter Verdampfung des Ammoniaks (Daubron, Paris).

Abb. 271. Weinkühler und Kältemaschine betriebsfertig zusammengebaut auf gemeinsamem Fundament (Daubron, Paris).

Die Temperatur, auf die der Wein zu kühlen ist, hängt vom Alkoholgehalt ab; man geht bis nahe an den Gefrierpunkt heran. Ein Wein mit 10% Alkohol wird auf −4° C, ein solcher mit 12% auf −5,2° C und ein solcher mit 18% auf −9° C gekühlt. Man kann im Kühlapparat nach Abb. 270 den Wein aber auch partiell gefrieren, wobei kein hartes Eis, sondern eine schneeige Masse gebildet wird, die in einem weiteren Prozeß zu Weinkonzentraten verarbeitet wird (s. S. 594).

Der gekühlte Wein gelangt in isolierte Lagerbehälter, die in kalten Räumen aufgestellt werden, so daß die tiefe Temperatur mehrere Tage erhalten bleibt. Bei gewöhnlichen Weinen genügen 4 bis 6 Tage, bei Edelweinen, die weniger Salz enthalten, dauert das Absetzen länger und sie müssen daher 8 bis 10 Tage in den Lagerbehältern verbleiben, bevor sie nach Filtration in Flaschen abgefüllt werden

Die im geklärten Wein gespeicherte Kälte kann in einem Wärmeaustauscher zur Vorkühlung von frischem, zu behandelndem Wein benützt werden. Dadurch wird die Leistung der Anlage bedeutend gesteigert, oft mehr als verdoppelt.

Monvoisin[1] betont, daß die Weinkühlung noch eine andere günstige Wirkung ausübt:

Bei tieferer Temperatur kann der Wein mehr Sauerstoff lösen, durch den die Löslichkeit der Farbstoffe herabgesetzt wird, deren teilweise Ausscheidung zur Klärung des Weines beiträgt. Die Burgunder Winzer machen zu diesem Zweck von der Winterkälte Gebrauch, doch bietet die Anwendung künstlicher Kälte bessere und genauer determinierte Möglichkeiten. Der Sauerstoff bewirkt auch eine „Alterung" des Weines, zu welchem Zwecke man auch filtrierte Luft durch die Weinbehälter bläst und den Wein wiederholt abkühlt und anwärmt.

Hirsch[2] gibt die in Abb. 272 wiedergegebene Schaltung für eine Anlage zur Weinklärung durch Kälte an. Der zu behandelnde frische Wein tritt in die

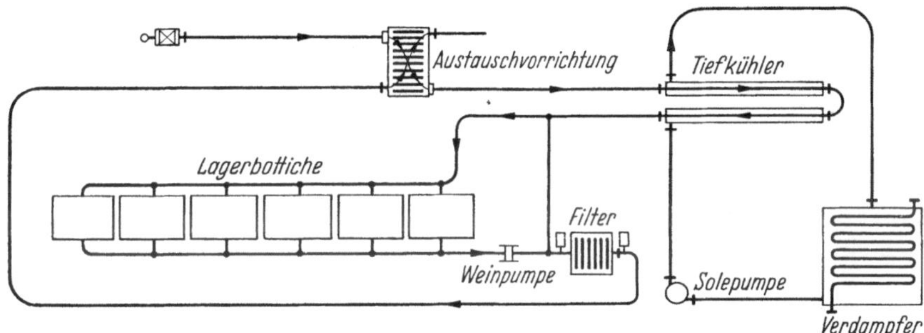

Abb. 272. Schaltungsschema der Weinklärung durch Kälte (aus M. Hirsch: Die Kältemaschine, 2. Aufl., Abb. 238).

Austauschvorrichtung, dem verarbeiteten Wein entgegen, und wird dabei vorgekühlt. Er tritt dann in den Tiefkühler im Gegenstrom zu kalter Sole oder kaltem Alkohol, die im Verdampfer abgekühlt und durch die Pumpe in Umlauf versetzt werden. Der tiefgekühlte Wein fließt in die Lagerbottiche, die in einem Kühlraum untergebracht sind. Nach Bedarf wird der geklärte kalte Wein durch eine Weinpumpe abgesaugt und durch ein Filter sowie die Austauschvorrichtung in Flaschen abgefülllt.

E. Weinkonzentrierung.

Die Konzentrierung kann entweder durch Verdampfung oder durch Ausfrieren eines Anteiles Wasser erreicht werden. Die Verdampfung hat den Nachteil, daß dabei Verluste an Alkohol und an anderen flüchtigen Substanzen ein-

---

[1] Vgl. Fußnote 1 auf S. 590 (dort S. 493).
[2] Hirsch, M.: Die Kältemaschine. 2. Aufl., S. 299. Berlin: Springer 1932.

treten, die für den Wein charakteristisch sind. Die Gefrierpunkte verschiedener Weinsorten sind wesentlich, aber nicht allein durch den Alkoholgehalt bestimmt; sie sind etwas tiefer als bei reinen alkoholischen Lösungen von gleicher Konzentration. Für französische Weine sind die in Tab. 3 angegebenen Gefrierpunkte bekannt.

Als Regel kann man sich merken, daß die Zahl, die den Gefrierpunkt angibt, etwas kleiner ist als die Hälfte der Zahl, die dem Alkoholgehalt entspricht.

Die Temperatur wird um so tiefer unter den Gefrierpunkt gesenkt, je mehr Wasser man ausfrieren will. Das fest-flüssige Gemisch gelangt dann in eine Presse oder in eine Zentrifuge; dort wird der konzentrierte Wein von den Eiskristallen getrennt, in denen ein Weinrest verbleibt. Man begnügt sich in der Regel mit einer relativ schwachen Zunahme der Alkoholkonzentration, wobei nicht mehr als 25% des ursprünglichen Volums in Eis verwandelt werden.

Tabelle 3. *Gefrierpunkte französischer Weine.*

Weinsorte	Alkoholgehalt in %	Gefrierpunkt in °C
Gewöhnlicher Rotwein	6,6	—2,7
Gewöhnlicher Weißwein	7	—3,0
Beaujolais.	10,3	—4,4
Bordeaux	11,8	—5,2
Burgunder	13,1	—5,7
Roussilon	15,2	—6,9
Marsala	20,7	—10,1

Für die Konzentrierung von Weinen hat die Firma Daubron in Paris einen „Kryoextraktor" entwickelt, dessen Prinzip in Abb. 273 veranschaulicht ist. Er wird in Verbindung mit dem Kühler nach Abb. 270 benutzt. Der Wein wird in diesem Kühler einige Grade unter den Gefrierpunkt abgekühlt, wobei sich ein Teil des Wassergehaltes in Schnee-Eis verwandelt, während sich der Wein konzentriert. Das Gemisch von Schnee und Konzentrat wird oben in den zylindrischen Kryoextraktor (Abb. 273) eingefüllt. Ein mit feinen Öffnungen versehener Kolben

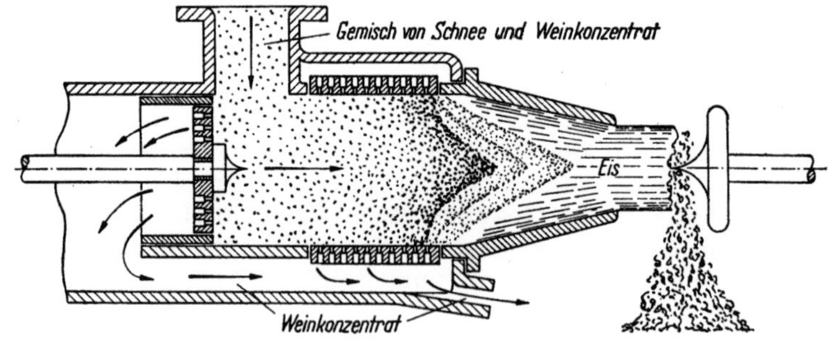

Abb. 273. Schema des Kryoextraktors zur Konzentration des Weins (Daubron, Paris).

dringt nach rechts unter hohem Druck in das Gemisch ein, wobei das flüssige Konzentrat durch die Poren des Kolbens nach links und durch die Poren des Zylinders radial abfließt, während der Schnee zu einem immer fester werdenden Eisblock in dem sich konisch verengenden Teil des Zylinders unter einem von rechts nach links wirkenden Gegendruck zusammengepreßt wird.

Bei diesem Verfahren geht etwa 1% Frischwein im Eis verloren.

Der Kryoextraktor wird für 100 und 200 kg Eis in der Stunde gebaut. Ein Modell ist in Abb. 274 dargestellt. Das kalte Konzentrat und das ausgestoßene Eis können für die Vorkühlung des zu konzentrierenden Weins benutzt werden.

Die aus 100 *l* Wein von gegebenem Anfangsgehalt an Alkohol bei der Konzentrierung auf einen gewünschten Endgehalt zu extrahierende Eismenge ist in Tab. 4 angegeben.

Abb. 274. Ansicht des Kryoextraktors nach Abb. 273 (Daubron, Paris).

Tabelle 4. *Zu extrahierende Eismenge in kg aus 100 l Wein.* (Nach DAUBRON.)

Endgehalt an Alkohol %	Anfangsgehalt an Alkohol in %									
	7	8	9	10	11	12	12	14	15	16
9	24,0	12,5								
10	30,2	22,4	11,35							
11	39,5	30,5	20,6	10,5						
12	45,3	37,3	28,4	19,2	9,6					
13	50,5	43,0	34,9	26,6	18,0	9,0				
14	54,8	48,0	40,5	32,8	24,9	16,8	8,6			
15		52,3	45,3	38,3	31,1	23,7	16,0	8,1		
16		56,0	49,7	43,2	36,4	29,7	22,5	15,1	7,7	
17			53,4	47,4	41,2	34,7	28,2	21,4	14,8	7,0
18			56,7	51,2	45,3	39,2	33,3	26,9	20,0	13,8
19				54,2	49,0	43,4	37,7	31,8	25,1	19,0
20.				57,2	52,1	47,2	41,8	36,3	30,3	24,0
21					55,1	50,4	45,5	40,3	34,3	28,9

Die aus 100 *l* Wein erhaltene Konzentratmenge ist in Tab. 5 angegeben.

Tabelle 5. *Erhaltene Konzentratmenge in l aus 100 l Wein* (nach DAUBRON).

Endgehalt an Alkohol %	Anfangsgehalt an Alkohol in %									
	7	8	9	10	11	12	13	14	15	16
9	76,0	87,5								
10	69,8	77,6	88,6							
11	60,5	69,5	79,4	89,5						
12	54,7	62,7	71,6	80,8	90,4					
13	49,5	57,0	65,1	73,4	82,0	91,0				
14	45,2	52,0	59,5	67,2	75,1	83,2	91,4			
15		47,7	54,7	61,7	66,9	76,3	84,0	91,9		
16		44,0	50,3	56,8	63,6	70,3	77,5	84,9	92,3	
17			46,6	52,6	58,8	65,3	71,8	78,6	85,2	93,0
18			43,3	48,8	54,7	60,8	66,7	73,1	80,0	86,2
19				45,8	51,0	56,6	62,3	68,2	74,9	81,0
20				42,8	47,9	52,8	58,2	63,7	69,7	76,0
21					44,9	49,6	54,5	59,6	65,7	71,1

F. Die thermischen Eigenschaften der Weine.

Für die Berechnung des Kältebedarfes und des Verhaltens der Weine bei der thermischen Behandlung ist die genaue Kenntnis der thermischen Eigenschaften im Temperaturbereich vom Gefrierpunkt bis etwa 60° C erwünscht. In der Literatur sind zahlreiche Angaben zu finden, doch wurden genaue Messungen nur selten durchgeführt. Im Kälteforschungsinstitut der UdSSR hat neuerdings Tschernejewa[1] das spezifische Gewicht, die spezifische Wärme, die Wärmeleitzahl und die Viskosität von 4 Weinsorten als Funktionen der Temperatur genau gemessen. Die Ergebnisse sind in den Tab. 6 und 7 enthalten. Die untersuchten Weinsorten waren:

Sorte 1, ein trockener Wein mit 11% Alkohol und 8% Säure, Gefrierpunkt —4,6°C,
Sorte 2, ein verstärkter Wein mit 18% Alkohol, 7 g Zucker in 100 cm³ und
      6% Säure, Gefrierpunkt —10,4° C,
Sorte 3, ein Obstwein mit einem Gefrierpunkt von —9,4° C,
Sorte 4, ein Dessertwein (weißer Muskatwein) mit einem Gefrierpunkt von
      —12,7° C.

Tabelle 6. *Spezifisches Gewicht γ in kg/l und spezifische Wärme c in kcal/kg °C der vier untersuchten Weinsorten.*

Temperatur °C	Sorte 1		Sorte 2		Sorte 3		Sorte 4	
	γ	c	γ	c	γ	c	γ	c
—10	—	—	1,036	0,843**	1,019**	—	1,094	0,828
— 5	0,996*	—	1,036	0,866	1,019	0,948	1,093	0,851
0	0,996	0,927	1,034	0,879	1,018	0,969	1,092	0,860
5	0,996	0,914	1,032	0,887	1,017	0,977	1,091	0,862
10	0,995	0,904	1,030	0,890	1,015	0,978	1,089	0,862
15	0,994	0,898	1,028	0,890	1,014	0,978	1,088	0,862
20	0,993	0,892	1,025	0,890	1,012	0,978	1,086	0,862
25	0,992	0,888	1,022	0,890	1,010	0,978	1,084	0,862
30	0,991	0,886	1,020	0,890	1,008	0,978	1,082	0,862
35	0,989	0,886	1,017	0,890	1,005	0,978	1,080	0,862
40	0,986	0,886	1,014	0,890	1,003	0,978	1,077	0,862
50	0,981	0,893	1,008	0,890	0,998	0,978	1,071	0,862
60	0,975	0,905	1,002	0,890	0,993	0,978	1,065	0,862

* bei —4° C,   ** bei —9° C.

Tabelle 7. *Wärmeleitzahl λ und kcal/m h °C und Viskosität η in kg s/m² der vier untersuchten Weinsorten.*

Temperatur °C	Sorte 1		Sorte 2		Sorte 3		Sorte 4	
	λ	$\eta \, 10^4$	λ	$\eta \, 10^4$	λ	$\eta \cdot 10^4$	λ	$\eta \cdot 10^4$
—10	—	—	0,284**	8,75**	0,270**	7,25	0,290	12,65
— 5	0,352*	3,70*	0,301	7,00	0,280	7,00	0,297	9,57
0	0,365	3,05	0,316	5,54	0,290	4,75	0,305	7,50
5	0,381	2,50	0,328	4,37	0,300	3,77	0,313	5,92
10	0,397	2,07	0,338	3,50	0,310	3,02	0,321	4,80
15	0,412	1,75	0,345	2,82	0,320	2,46	0,329	3,90
20	0,425	1,54	0,351	2,40	0,330	2,12	0,337	3,19
25	0,437	1,37	0,356	2,02	0,340	1,80	0,345	2,65
30	0,448	1,25	0,358	1,75	0,350	1,56	0,358	2,32
35	0,457	1,15	0,359	1,50	0,360	1,35	0,362	2,02
40	0,464	1,05	0,360	1,33	0,370	1,23	0,370	1,79
50	0,474	0,95	0,362	1,10	0,390	1,09	0,386	1,47
60	0,480	0,90	0,364	1,05	0,410	1,05	0,408	1,37

* bei —4° C,   ** bei —9° C.

---

[1] Tschernejewa, L.: Cholodilnaja Technika (russisch) Bd. 34 (1957) No. 1, S. 50.

Aus den Zahlenwerten in den Tab. 6 und 7 kann man leicht die Temperaturleitzahl $a = \lambda/\gamma c$ und die kinematische Viskosität $\nu = \eta g/\gamma$ berechnen.

G. Kälteanwendung bei der Schaumweinfabrikation.

Schaumweine (Champagner, Sekt) werden aus Weinen hergestellt, die entweder vollständig oder nur unvollständig vergoren sind. Im letzten Fall ist im Wein noch eine bestimmte Menge Zucker verblieben; im ersten Fall wird dem Wein eine genau abgemessene Menge Zucker und Hefe zugesetzt. Nach dem Abfüllen in Flaschen und dem Verkorken findet daher bei der Lagerung eine Nachgärung statt, die die Schaumbildung verursacht. Die Steigerung des Alkoholgehaltes verringert die Löslichkeit der sauren Salze, die sich infolgedessen zusammen mit den Resthefen ausscheiden und einen Satz bilden, dessen Menge sich noch durch Kaltlagerung vergrößert. Um den Satz aus den Flaschen zu entfernen, werden sie senkrecht mit dem Korken nach unten aufgestellt, so daß sich der Satz im Flaschenhals über dem Korken ansammelt. Schon im Jahre 1884 hatte A. WALFARD vorgeschlagen, die Flaschenhälse in ein kaltes Bad von $-18°$ C bis $-20°$ C zu versenken, in dem der Satz in etwa 10 Minuten fest gefriert und einen Pfropfen von 3 cm Höhe bildet. Beim Entkorken der Flaschen wird dieser Pfropfen durch den inneren Druck des Kohlendioxydes herausgeschleudert. Der Verlust an Wein und Kohlendioxyd ist dabei gering. Nach evtl. Einfüllen

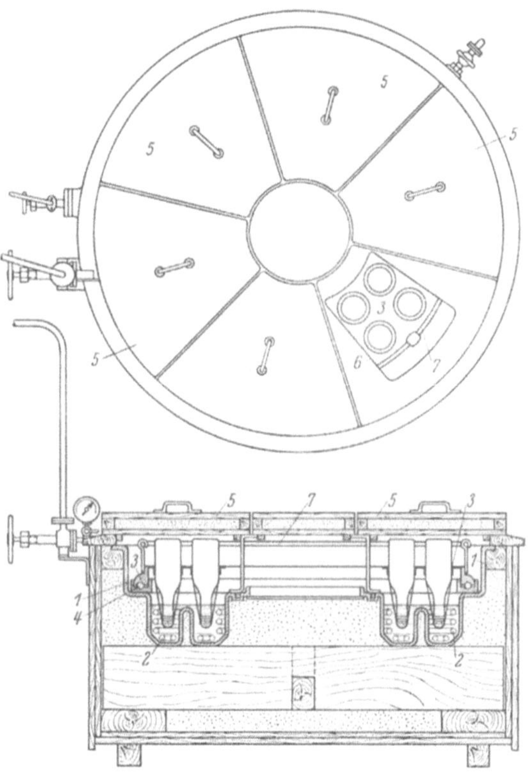

Abb. 275. Degorgierapparat nach M. DOUANE.
1 isolierter Behälter, *2* Verdampferschlange, die in ein Solebad versenkt ist, *3* Flaschen, die in Gruppen zu vier Stück in Metallkörbe *6* eingesetzt werden, *4* Kugellager, auf denen der rotierende Oberteil mit den Metallkörben ruht, *5* isolierte Deckel, *6* Metallkörbe, *7* Rampe.

einer genau bemessenen Menge Likör zu den halbtrockenen Sektsorten werden die Flaschen schnell wieder verschlossen.

Abb. 275 zeigt einen von M. DOUANE vorgeschlagenen Schaumweinkühler, in dem das beschriebene Verfahren, das man als Degorgieren bezeichnet, durchgeführt wird[1].

Eine moderne Anlage für Champagnerherstellung, in der auch von dem Prinzip der Wärmepumpe Gebrauch gemacht wird, hat FÉNIGER beschrieben[2].

---

[1] DOUANE, M.: L'Industrie frigorifique. Paris: August 1909.
[2] FÉNIGER, K.: Kältetechnik Bd. 10 (1958) S. 147.

Fruchtsäfte[1].

Von

Dr.-Ing., Dr. phil. nat. h. c., Dr. sc. agr. h. c. **Rudolf Plank**
em. Professor an der Technischen Hochschule Karlsruhe.

Mit 2 Abbildungen.

A. Natürliche Säfte.

Unvergorener Apfel- und Traubensaft war schon lange ein beliebtes Getränk. Aber erst seit Einführung der Pasteurisierung von in Flaschen abgefülltem Saft konnte er außerhalb der Jahreszeit genossen werden, in der die Früchte reiften. Bald traten auch noch andere Fruchtsäfte hinzu.

Um 1910 empfahl GORE, den Apfelsaft durch Gefrieren zu erhalten[2]. Die gefrorenen Säfte konnten nur in den gewerblichen Kühlhäusern gelagert werden. Die Kühlkette war nicht geschlossen, und es fehlte eine Vertriebsorganisation. Erst um 1930, als der gefrorene Orangensaft aufkam, nahmen sich die großen Molkereigesellschaften in den USA des Vertriebes im Kleinhandel und in den Haushaltungen an; der Saft wurde in Kleinpackungen gefroren. Aber auch dabei ergaben sich bald Schwierigkeiten, und der Umsatz hat nie den Umfang erreicht, dessen sich andere gefrorene Lebensmittel — Fleisch, Fische, Obst und Gemüse — erfreuten. Der Grund ist darin zu suchen, daß es in den USA das runde Jahr frische Orangen gibt, deren Saft, frisch genossen, einen höheren Geschmackswert hat als der aufgetaute Gefriersaft. Beim Gefrieren findet eine Entmischung statt: am äußeren Rand der Gefrierbehälter scheidet sich fast reines Eis aus, und weiter nach innen wird der Saft immer konzentrierter, bis sich schließlich im Kern eine hochviskose schlammige Masse sammelt, die auch nur unvollkommen gefriert. Im Haushalt bereitet das Auftauen der Kleinpackungen Schwierigkeiten; die Auftauzeit ist zu lang, und die Wiederherstellung einer homogenen Mischung gelingt nur unvollkommen. Das Auspressen des Saftes aus frischen Früchten bereitet der Hausfrau weniger Mühe.

Im Orangensaft sind viele kolloidale pektinreiche Teilchen suspendiert, die beim Gefrieren koagulieren und nach dem Auftauen einen Satz bilden. Durch schnelles Gefrieren unter Bildung kleinster Eiskristalle gelingt es, nach dem Auftauen eine homogenere Mischung zu erzielen als durch langsames Gefrieren, weil die koagulierten Teilchen kleiner sind und sich viel langsamer absetzen. Beim Apfelsaft und Traubensaft spielt die Gefriergeschwindigkeit keine so große Rolle, weil diese Säfte weniger gelöste Bestandteile enthalten. Deswegen ist es auch zulässig, Traubensaft in großen Betonbehältern zu gefrieren; man begnügt sich meistens mit einer Temperatur von etwa $-3°$ C, wobei der Saft nicht hart, sondern zu einem Schlamm gefriert. Natürlicher Orangensaft sollte aber, wenn

---

[1] TRESSLER, D. K., u. M. A. JOSLYN: The Chemistry and Technology of Fruit and Vegetable Juice Production. New York: Avi Publ. Comp. 1954.
[2] GORE, H. C.: U. S. Dep. Agric. Bur. Chem. Bull. Bd. 48 (1910).

überhaupt, nur schnell gefroren werden. Dafür sind einige spezielle Verfahren ausgebildet worden:

1. Die Food Machinery and Chemical Corporation (FMC) hat einen kontinuierlich wirkenden Gefrierapparat entwickelt, bestehend aus einem geschlossenen Stahlzylinder von 1,5 m Durchmesser, in dem eine Walze konzentrisch angeordnet ist. An die Walze sind winkelförmige Träger angenietet, welche die Dosen mit dem zu gefrierenden Saft tragen. Die Kühlflüssigkeit (ein Alkohol) tritt durch eine Ventilbatterie am mittleren Umfang des Stahlzylinders ein und wird in 2 Richtungen gleichmäßig über die Gefrierdosen verteilt. Die Kühlflüssigkeit strömt turbulent mit hoher Geschwindigkeit, wodurch ein guter Wärmeübergang erreicht wird. An beiden Enden des Gefrierapparates läuft die Flüssigkeit in eine Leitung von 10″ Durchmesser über und gelangt in einen Sammelbehälter und Wärmeaustauscher. Ein Bild mit der Außenansicht eines solchen Apparates für das Gefrieren von 300 Dosen mit je 170 g Orangensaft in der Minute findet man in dem Buch von TRESSLER und EVERS auf S. 118[1].

2. Eine andere Bauart eines Gefrierapparates für Obstsaft in Dosen wurde von FINNEGAN entwickelt[2]. Er vermeidet die oben erwähnte Inhomogenität beim Gefrieren dadurch, daß er die mit dem Obstsaft gefüllten Dosen während des Gefriervorganges um ihre horizontal gelagerte Achse rotieren läßt[3]. Dabei tritt nicht nur eine Durchmischung ein, sondern der Luftraum in den Dosen wird auch dauernd verlagert und befindet sich am Ende des Gefriervorganges im Zentrum des Doseninhaltes. Der am langsamsten ausfrierende Kern, der sonst bei der hohen Konzentration auch die tiefste Gefriertemperatur hätte, braucht also hier gar nicht gefroren zu werden. In dem FINNEGAN-Apparat können nicht nur natürliche Säfte, sondern auch Saftkonzentrate gefroren werden. Er wird für Leistungen bis 1100 kg Gefriersaft in der Stunde vollkommen zusammengebaut und transportabel hergestellt. Für den Platzbedarf gilt, daß rd. 100 kg Saft in der Stunde je m² Grundfläche gefroren werden können, wenn die Temperatur der Kühlflüssigkeit −35° C beträgt.

3. Das Gefrieren von natürlichen und konzentrierten Säften kann auch in Apparaten durchgeführt werden, die den Speiseeisgefrierern ähnlich sind, nur daß die Rührarme zu entfernen sind, damit keine Luft in den Saft eintritt. Hierin wird der Saft zu einem Schlamm vorgefroren und gelangt dann zwecks Härtung in einen Gefriertunnel.

Der gefrorene natürliche Saft wird bei −18° C gelagert.

Zum Kühlen von Obstsäften kann auch der in Abb. 270 auf S. 592 beschriebene Apparat der Firma Daubron verwendet werden, der ursprünglich für die Weinkühlung entwickelt worden war.

B. Saftkonzentrate.

I. Konzentrieren durch Ausfrieren von Wasser.

Während das Gefrieren natürlicher Säfte („single strength") in den USA nie zu einem wirtschaftlich bedeutsamen Faktor geworden ist — im Jahre 1955 war die Produktion nur auf rd. 7000 t Orangensaft gestiegen — haben die nach 1945 eingeführten Orangensaftkonzentrate in den Jahren 1954/1955 schon eine

---

[1] Vgl. Fußnote 7 auf S. 69.
[2] Vgl. Fußnote 6 auf S. 69 und N. H. ROSBERG: Refrig. Engng. Bd. 35 (1938) S. 19.
[3] FINNEGAN, W. T., u. CARTER: Refrig. Engng. Bd. 54 (1947) S. 132; Ice and Refrigerat. Bd. 99 (1940) S. 39 und Refrig. Engng. Bd. 42 (1941) S. 233. — R. PLANK: Die Kälte Bd. 1 (1948) H. 5/6, S. 131. — Amerikanische Kältetechnik, 3. Ber., S. 167/168. Düsseldorf: Dtsch. Ingen.-Verlag 1950.

Produktion von rd. 350000 t erreicht. Keine andere Gefrierware hat sich so rasch auszubreiten vermocht. Neben Orangensaft werden auch andere Saftkonzentrate gefroren: Pampelmusen, Zitronen, Mandarinen, Tomaten, Äpfel, Ananas, Trauben, Pflaumen und einige Saftgemische.

Die Bemühungen, konzentrierte Gefriersäfte herzustellen, reichen in Amerika weit zurück. Das älteste Patent[1] wurde wohl im Jahre 1911 W. B. Jackson erteilt. Eine systematische Bearbeitung des Gebietes wurde erstmalig von Gore mit Apfelsaft durchgeführt[2]. Er fror Apfelsaft in Zellen, die in kalte Salzlösungen von etwa $-25°$ C getaucht wurden; die Blöcke wurden von den Zellenwänden abgetaut und zerkleinert, das zerkleinerte Eis wurde anschließend zentrifugiert und so ein Konzentrat gewonnen. Drei und noch mehr aufeinanderfolgende Gefrier- und Zentrifugierstufen waren notwendig, um ein Konzentrat mit 50 bis 60% Trockensubstanz zu erhalten. Dieses Verfahren geriet jedoch bald in Vergessenheit.

Erst 3 Jahrzehnte später wurde es von A. L. Stahl, Agriculture Experiment Station, University of Florida, in Verbindung mit der Florida Citrus Commission wieder aufgegriffen und weiterentwickelt. Das Gefrieren des Natursaftes wurde dabei durch Verspritzen auf eine langsam rotierende, innen gekühlte Trommel bewirkt, und die erhaltene Eiskruste wurde dann abgeschabt[3]. Das gebildete Safteis wird zentrifugiert und das Resteis zur Vorkühlung von neuem Saft verwendet. Stahl empfiehlt eine Konzentrierung von 1 : 4 in einer Stufe und eine mehrfache Wiederholung dieses Verfahrens.

Der hochkonzentrierte Saft wird zum Schluß mit so viel frischem Saft vermischt, daß ein Konzentrat von spezifischem Gewicht 1,125 (44° Brix) entsteht. Die nachträgliche Verdünnung mit frischem Saft wird empfohlen, um dem Konzentrat das volle Aroma zu verleihen, denn im Zuge der Konzentrierung geht unvermeidlich ein Teil der Aromastoffe verloren.

Das so gewonnene Konzentrat wird in Dosen gefüllt und in Räumen von $-18°$ C gelagert, wobei es die Konsistenz von Eiskrem annimmt. Dieser Saft beginnt erst bei $-9°$ C dickflüssig zu werden. Beim Konsum wird der kalte Doseninhalt mit so viel Trinkwasser verdünnt, wie ihm beim Gefrierprozeß entzogen worden war, so daß ein Citrussaft von natürlicher Konzentration und praktisch vollem Geschmackswert entsteht.

In Deutschland wurden von Krause in den 30er Jahren in Zusammenarbeit mit der Gesellschaft für Lindes Eismaschinen Verfahren zum Saftkonzentrieren durch Gefrieren entwickelt[4]:

a) Da die Hauptschwierigkeit darin besteht, das gebildete Eis von dem Konzentrat zu trennen, das zwischen den Eiskristallen haftet, hat Krause eine richtungsmäßig orientierte Kristallisation vorgeschlagen, bei der die Abscheidung des Konzentrates in einer Zentrifuge leichter und vollständiger vor sich geht. Sein Apparat ist in Abb. 276 im Prinzip dar-

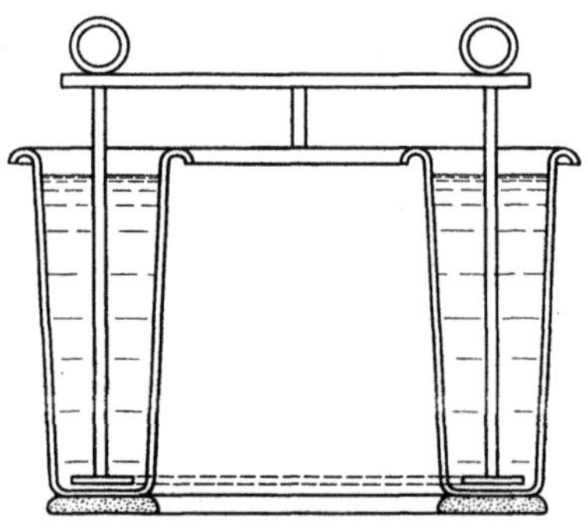

Abb. 276. Prinzip des Saftgefrierapparates nach Krause-Linde.

[1] U.S. Pat. 981860.

[2] Gore, H. C.: U. S. Dep. Agric., Yearbook (1914) S. 227.

[3] Vgl. z. B. Quick Frozen Foods Bd. 8 (September 1945) S. 55.

[4] Krause, G. A.: Brit. Pat. 429474 vom 30. Mai 1935. — U.S. Pat. 2241726 vom 13. Mai 1941 und 2248634 vom 8. Juli 1941.

gestellt[1]. Der Gefriersaft wird in dem ringförmigen Behälter gefroren, in den Rahmen eingesetzt werden, die mit Ösen versehen sind; an diesen können die Rahmen mit den ausgefrorenen ringförmigen Saftblöcken aus den Behältern herausgezogen werden, nachdem sie von den Gefäßwänden durch kurzes Eintauchen der Behälter in warmes Wasser abgetaut wurden. Die Behälter mit dem Saft werden in Tanks mit einer kalten Badflüssigkeit versenkt wie bei der Blockeiserzeugung. In dem Saft bilden sich nadelförmige Eiskristalle, die senkrecht zur Kühlfläche, also radial orientiert sind. Ist das Gefrieren nach etwa 2 Stunden beendet, dann werden die gebildeten ringförmigen Saftblöcke von den Behälterwänden abgetaut, in eine Zentrifuge von genau passenden Abmessungen eingesetzt und etwa 15 Minuten lang zentrifugiert. Da die gebildeten Eiskristalle radiale kapillare Kanäle in Richtung der Zentrifugalkräfte aufweisen, so kann der konzentrierte Saft leicht abfließen. Durch nachträgliches Auswaschen mit frischem Saft und geschmolzenem Eiswasser verbleibt im Eis schließlich nur etwa 1% des ursprünglichen Saftes.

Die besten Ergebnisse wurden erzielt, wenn in einer Stufe etwa die Hälfte des Wassergehaltes ausgefroren wurde. Das Verfahren kann zwei- oder dreistufig durchgeführt werden. Der Prozentsatz gelöster fester Bestandteile kann z. B. bei einem Anfangsgehalt von 10 bis 12% in einer Stufe auf 20 bis 30%, in 2 Stufen auf 40 bis 50% und in 3 Stufen bis auf 60% erhöht werden, wobei die Badtemperatur von Stufe zu Stufe gesenkt werden muß.

b) Dieses Verfahren wurde später durch ein anderes ersetzt, bei dem eine innen gekühlte, langsam rotierende Trommel teilweise in einen halbzylindrischen Trog, gefült mit dem zu konzentrierenden Saft, eintaucht. An der Oberfläche der Trommel bildet sich eine Eisschicht, deren Dicke von der Drehzahl der Trommel, der Oberflächentemperatur und der Eintauchtiefe abhängt. Kurz hinter dem höchsten Punkt der Trommel wird die gebildete Eisschicht durch einen Schaber abgestreift, in einigermaßen gleiche Stücke gebrochen und auf einem Fließband einer Schraubenpresse zugeführt, in der das Konzentrat vom Eis getrennt wird. Auch bei diesem Verfahren, das gegebenenfalls zweistufig durchgeführt werden kann, geht nur 1% des ursprünglichen Saftes verloren[1].

In Frankreich hat die Firma Daubron, Paris, einen Apparat zur Konzentration von Wein entwickelt, der in Abb. 273 auf S. 594 dargestellt ist und der in Verbindung mit dem Kühler nach Abb. 270 auch für die Konzentrierung von Obstsäften verwendet werden kann, wenn man im Kühler den Gefrierpunkt unterschreitet und ein schlammiges, aber noch fließfähiges Gemisch erzeugt.

In den USA wurden verschiedene Verfahren zur Konzentration von Obstsäften durch Gefrieren entwickelt, so z. B. das MANTLE-Verfahren[2], mit dem Orangensaft durch Pressen des zerkleinerten Eises von 13 auf 32% konzentriert wurde[3], das Verfahren von PEDERSON und BEATTIE[4] und das Stufengefrierverfahren (Stepfreeze-Process) von LAWLER[5], über die TRESSLER und EVERS in ihrem Buch[6] nähere Angaben machen. Es sei noch auf einige weitere amerikanische Patente aufmerksam gemacht[7].

---

[1] Aus E. GRIFFITHS: Refrigeration Principles and Practice, S. 247. London: George Newnes Ltd. 1951. Nach einem Beitrag von E. KEFFORD: Refrigeration J. (Australien) Bd. 2 (August 1948). — P. BILHAM: Pruit Products J. Bd. 17 (1938) S. 360.

[2] MANTLE, H. L.: U.S. Pat. 2424668 vom 29. Juli 1947.

[3] Vgl. Chemical Ind. Bd. 62 (1948) S. 759.

[4] PEDERSON, C. S., u. H. C. BEATTIE: N. Y. State Agric. exp. Sta. Bull. No. 727 (1947).

[5] LAWLER, F. K.: Food Engng. Bd. 23 (1951) H. 10, S. 68.

[6] Vgl. Fußnote 7 auf S. 69.

[7] U.S. Pat. 2343169 vom 29. Februar 1944 (W. S. BURKHART); 2354633 vom 25. Juli 1944 (F. W. BEDFORD); 2419909 vom 29. April 1947 (H. A. NOYES); 2436218 vom 17. Februar 1948 (W. E. MALCOLM).

Die theoretischen Grundlagen des Konzentrierens von Flüssigkeiten durch Gefrieren wurden von HEISS und SCHACHINGER eingehend behandelt[1].

II. Konzentrieren durch Verdampfung.

Bei der Konzentrierung von Obstsäften durch Ausdampfung eines Wasseranteiles besteht die Gefahr, daß bei höheren Temperaturen ein erheblicher Verlust an Geschmacks- und Aromastoffen eintritt. Durch den Luftsauerstoff treten außerdem beim Orangensaft Oxydationserscheinungen auf, die den Geschmack sehr ungünstig beeinflussen, auch treten Farbveränderungen ins Dunkle auf. Schon Verdampfungstemperaturen von 30° C bis 40° C unter entsprechendem Vakuum üben schädliche Wirkungen aus. Man ist daher in den USA zur Vakuumverdampfung übergegangen. Das Verfahren wurde hauptsächlich durch HEID entwickelt, der seit 1929 an diesem Problem gearbeitet hat[2]; es ist durch ein gemeinnütziges Patent geschützt (Public Service Patent 2453109), und Lizenzen werden vom U. S. Department of Agriculture vergeben.

Das Verfahren besteht in großen Zügen in folgendem: Der frisch ausgepreßte Orangensaft mit. 8 bis 13% Trockensubstanz wird abgekühlt und bei einer Temperatur von 10° C bis 20° C und einem absoluten Druck von 9 bis 17 Torr verdampft. Das Vakuum wird durch Dampfstrahlpumpen aufrechterhalten. Der Saft wird in mehreren Stufen bis zu einem Trockensubstanzgehalt von 60% konzentriert, wobei trotz der schonenden Behandlung Verluste an Aromastoffen eintreten. Dem Konzentrat wird daher so viel Frischsaft zugesetzt, daß die Trockensubstanz wieder auf 42% sinkt.

Ein wesentliches Merkmal dieses Verfahrens ist, daß die Kältemaschine nach dem Prinzip der *Wärmepumpe* sowohl zur Kälteerzeugung wie auch zur Beheizung der Vakuumverdampfer benutzt wird. In einer Großanlage in Lake Wales, Florida, hat das zufließende Kühlwasser eine Temperatur von 27°C, und das Kältemittel (NH_3) kondensiert bei 40° C in den Mantel- und Röhrenverdampfern für den Saft. In jedem der 4 Verdampfer werden stündlich 1800 kg Wasser verdampft. Der aus dem Saft bei einem Druck von 6 bis 7 Torr entweichende Wasserdampf wird in einem Mantel- und Röhrenkondensator niederschlagen, der zugleich den Kältemaschinenverdampfer bildet und in dem das Ammoniak bei +5° C verdampft. Die Wirkungsweise einer solchen Anlage geht aus Abb. 277 hervor[3]. Der Saft wird in 3 Stufen von 8 bis 13% auf 60% Trockensubstanz konzentriert. Jede Stufe wird durch kondensierenden NH_3-Dampf vom Kompressor beheizt. Der von der ersten Verdampferstufe *a* abfließende Saft enthält bereits 20% Trockensubstanz; er wird teilweise in den ersten Verdampfer zurückgeführt, teilweise dem zweiten Verdampfer *b* zugeführt, wo er auf 40% Trockensubstanz verdickt wird, um dann im dritten Verdampfer *c* 60% zu erreichen. Am unteren Austritt aus dem System der Verdampferrohre eines jeden der 3 Verdampfer trennt sich der gebildete Wasserdampf von der Flüssigkeit und gelangt durch die gemeinsame Leitung *d* in den Wasserdampfkondensator *e*, wo er durch das bei +5° C verdampfende NH_3 niedergeschlagen und vom Dampfstrahlejektor *m* ausgestoßen wird. Das in den Saftverdampfern *a* bis *c* bei etwa 40°C kondensierte NH_3 tritt in die Sammelleitung *f*, wird ge-

---

[1] HEISS, R., u. L. SCHACHINGER: Kältetechnik Bd. 1 (1949) S. 216.

[2] HEID, J. L.: National Wholesale Frozen Food Distributors Yearbook 1949. — J. L. HEID u. C. G. BEISEL: Food Ind. Bd. 20 (1948) H. 4, S. 516. — J. L. HEID u. E. J. KELLY: Canner Bd. 116 (1953) H. 5, S. 9 und H. 6, S. 13.

[3] Aus E. GRIFFITHS: Refrigeration Principles and Practice, S. 251. Vgl. Fußnote 1 auf S. 601.

gebenenfalls im Hilfskondensator *g* durch Kühlwasser vollständig verflüssigt und unterkühlt und gelangt durch das Drosselventil *h* in den Flüssigkeitsabscheider *i*; die reine NH$_3$-Niederdruckflüssigkeit sinkt durch die Leitung *k* zum Wasserdampfkondensator *e* herab, verdampft dort, und der gebildete Dampf wird gemeinsam mit dem im Abscheider *i* angesammelten Dampf durch die Leitung *l* vom Kompressor angesaugt. Der zweistufige Dampfstrahlejektor *m* hält die 3 Saftverdampfer unter dem gewünschten Vakuum.

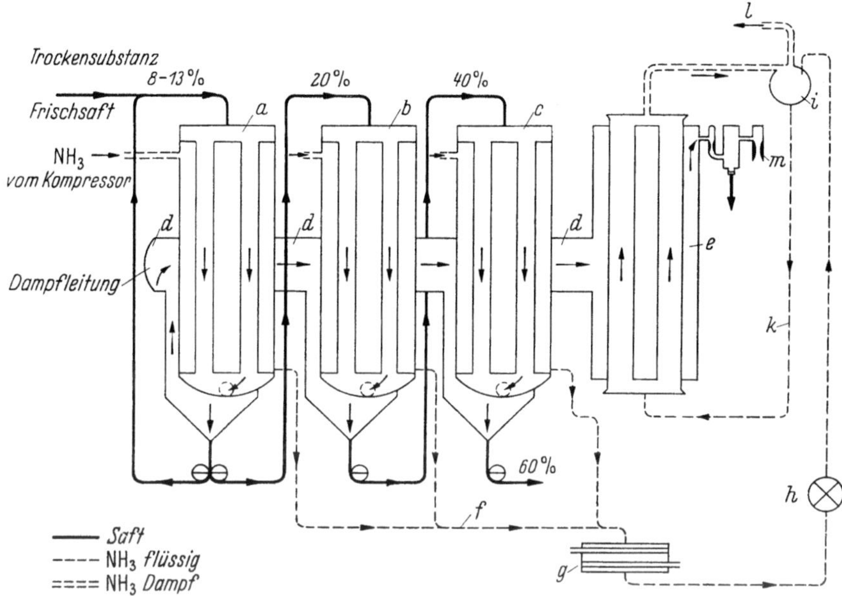

Abb. 277. Mehrstufige Verdampfung zur Konzentration von Orangensaft nach dem Prinzip der Wärmepumpe.

a, *b*, *c* drei Verdampferstufen, *d* Wasserdampfleitung, *e* Wasserdampfkondensator, *f* Sammelleitung für verflüssigtes Ammoniak, *g* Ammoniakkondensator, *h* Drosselventil, *i* Flüssigkeitsabscheider, *k* Falleitung für flüssiges Ammoniak, *l* Saugleitung zum Kompressor, *m* Dampfstrahlejektor, *n* Abfluß des konzentrierten Saftes.

Dem bei *n* abfließenden hochkonzentrierten Saft wird zwecks Verbesserung des Aromas wieder natürlicher Frischsaft zugesetzt. Der Mischsaft mit 42% Trockensubstanz wird nun zuerst bei etwa —9° C zu einer schlammartigen Masse gefroren, in Kannen abgefüllt, die unter Vakuum verschlossen werden, und gelangt dann in den Härteraum, wonach er bei —20° C gelagert wird.

Bei dem beschriebenen Verfahren herrscht in allen Saftverdampfern der gleiche Druck, und alle werden durch kondensierenden Ammoniak-Hochdruckdampf beheizt. Die Wirtschaftlichkeit des Verfahrens läßt sich verbessern, wenn nur die erste Verdampferstufe in dieser Weise beheizt wird. Der darin gebildete Wasserdampf kann seinerseits dazu benutzt werden, um in der zweiten Verdampferstufe als Heizmittel zu dienen, doch ist es dann notwendig, den Druck im Verdampferraum dieser Stufe weiter abzusenken. Der hier gebildete Wasserdampf kann die dritte Stufe unter weiter herabgesetztem Druck beheizen usw. Solcher Mehrfacheffektverdampfer ergeben eine wesentliche Energieersparnis.

Verschiedene Bauarten von Verdampfern und Schaltungsschemata für den ganzen Prozeß der Saftkonzentrierung findet man bei Hull, Lindsay und Baier für Orangensaft[1], bei Kaufman, Nimmo und Walker für Apfelsaft[2] sowie im Buch von Tressler und Evers[3].

Die weitere Entwicklung der Vakuumverdampfung führte zu immer tieferen Verdampfungstemperaturen und Drücken und damit schließlich zur *Gefriertrocknung*, die in einem anderen Abschnitt dieses Bandes (S. 87) behandelt wurde.

---

[1] Hull, W. Q., C. W. Lindsay u. W. E. Baier: Ind. Engng. Chem. Bd. 45 (1953) S. 876.

[2] Kaufman, V. F., C. C. Nimmo u. L. H. Walker: Quick Frozen Foods Bd. 13 (1951) H. 8, S. 116.

[3] Vgl. Fußnote 7 auf S. 69.

Das Verpacken von Gefrierkonserven und Kühlgütern.

Von

Dipl.-Ing. **J. Gutschmidt**

Bundesforschungsanstalt für Lebensmittelfrischhaltung, Karlsruhe.

Mit 31 Abbildungen.

A. Das Verpacken von Gefrierkonserven.

I. Die Aufgabe der Verpackung.

Die Gefrierkonserve ist ein hochwertiges Lebensmittel und sollte schon deshalb vorverpackt zum Verkauf angeboten werden. Ein Verpacken im Herstellungsbetrieb ist aber nicht nur wünschenswert, um den Verbrauchern die Gefrierware in einer werbenden hygienischen Form mit einer vorgegebenen Gewichtstoleranz anbieten zu können, sondern ist bei vielen Produkten auch Voraussetzung für die Anwendung der Gefrierkonservierung. Jedes Gefriergut muß verpackt sein, wenn es im Plattengefrierapparat gefroren werden soll, und auch im Kaltluftstrom kann man mit Ausnahme einiger kleinstückiger Gemüse- und Obstarten nur verpackte Ware gefrieren, es sei denn, daß besondere Einrichtungen oder Formen zur Verfügung stehen. Eine geeignete Verpackung ist außerdem erforderlich, um die Gefrierprodukte während der meist langfristigen Lagerung vor qualitätsmindernden Einflüssen zu schützen, die durch eine Austrocknung der Gutsoberfläche, durch die Einwirkung des Luftsauerstoffes oder durch eine Riechstoffabgabe und -aufnahme hervorgerufen werden können.

1. Schutz gegen Austrocknung.

Gefrierprodukte haben meist einen hohen Wassergehalt, so daß die diesem Gehalt entsprechende Gleichgewichtsfeuchtigkeit an der Lebensmitteloberfläche φ_L in der Regel zwischen 95 und 99,5 % liegt. Da die rel. Luftfeuchtigkeit φ_R in Gefrierlagerräumen auch bei großen Kühlflächen und geringer Luftbewegung kaum je 95 % übersteigt, verdampft stetig Wasser aus ungeschützt gelagertem Gut in die Umgebungsluft. Ein neuer, der Raumfeuchtigkeit φ_R entsprechender Gleichgewichtswassergehalt im gesamten Querschnitt der gelagerten einzelnen Teile wird nicht erreicht, weil die Sorptionsisotherme im Bereich des normalen Wassergehaltes sehr steil verläuft. Der Einstellung einer nur wenig kleineren Gleichgewichtsfeuchtigkeit am Gut entspricht also ein starker Rückgang des Wassergehaltes. Außerdem ist der Diffusionswiderstand dieser Lebensmittel sehr hoch.

Die je m² Gefriergutoberfläche in der Stunde verdunstende Wassermenge ist proportional dem Unterschied im Dampfgehalt der Luft an der Lebensmitteloberfläche und im Raum (vgl. S. 17 in diesem Band)

$$g_D = \sigma(x_L - x_R) \quad \text{in kg/m}^2\,\text{h}$$

und die zur Verdunstung erforderliche Wärmemenge

$$g_D\, r = \sigma\, r\,(x_L - x_R) \quad \text{in kcal/m}^2\,\text{h}.$$

Im Gleichgewichtszustand ist

$$\sigma\, r\,(x_L - x_R) = \alpha\,(t_R - t_L) \quad \text{in kcal/m}^2\,\text{h},$$

demnach

$$g_D = \frac{\alpha}{r}\,(t_R - t_L) \quad \text{in kg/m}^2\,\text{h}.$$

In den Gleichungen bedeuten:

σ = Verdunstungszahl in kg/m² h;
x_L = Dampfgehalt der Luft an der Gefriergutoberfläche in kg Dampf/kg trockene Luft:
x_R = Dampfgehalt der Raumluft:
r = Verdampfungswärme bei t_L in kcal/kg:
α = Wärmeübergangszahl zwischen Lebensmittel und Raumluft in kcal/m² h °C;
t_R = Temperatur der Raumluft in °C;
t_L = Temperatur an der Lebensmitteloberfläche.

Ausgehend von einer für die Berechnung der rel. Luftfeuchtigkeit φ in Gefrierlagerräumen von Plank aufgestellten Formel[1] ergibt sich angenähert für stark wasserhaltige Lebensmittel

$$t_R - t_L = \frac{\mu\,(100 - \varphi_R)\,(24 + t_R)}{480}.$$

Damit wird

$$g_D = \frac{\mu\,\alpha}{480\,r}\,(100 - \varphi_R)\,(24 + t_R) \quad \text{in kg/m}^2\,\text{h}.$$

Hierin ist μ ein experimentell bestimmter Beiwert für den Einfluß der Luftbewegung auf die Temperaturdifferenz $t_R - t_L$, der nach Angaben von Lykow[2] bei Luftgeschwindigkeiten von 0 bis 0,5 m/s, wie sie in Gefrierlagerräumen normalerweise auftreten, die in Tab. 1 aufgeführte Größe hat. Für den Einfluß der Windgeschwindigkeit auf die Wärmeübergangszahl zwischen Luft und Lebensmitteloberfläche kann nach Nusselt-Jürgens mit $\alpha = 5{,}3 + 3{,}6w$ gerechnet werden, so daß sich im Bereich von $w = 0$ bis 0,5 m/s, die in Tab. 1 aufgenommenen α-Werte ergeben.

Tabelle 1. *Beiwert μ und Wärmeübergangszahl α in Abhängigkeit von der Luftgeschwindigkeit w am Lebensmittel*

Luftgeschwindigkeit w [m/s]	0	0,1	0,2	0,3	0,5
Beiwert μ	0,6	0,75	0,83	0,87	0,91
Wärmeübergangszahl α [kcal/m² h °C] . .	5,3	5,7	6,0	6,4	7,1

Außerdem wird auf die Berechnung des Gewichtsverlustes gefrorener Lebensmittel nach Rjutov[3] verwiesen.

Der Sättigungsdruck des Wasserdampfes P_{DS} nimmt mit sinkender Temperatur ab, so daß bei konstantem Feuchtigkeitsgefälle $\Delta\varphi = \varphi_L - \varphi_R$ das Partialdruckgefälle ΔP_D mit der Temperatur ebenfalls abnimmt und bei den für die Gefrierlagerung von Lebensmitteln üblicherweise verwendeten Tempera-

[1] Plank, R.: Z. ges. Kälteind. Bd. 23 (1916) S. 25; s. auch W. M. Tuchschneid: Die Kältebehandlung schnellverderblicher Lebensmittel. 2. Aufl., S. 243. Hannover: Schmersow-Verlag 1951.
[2] Lykow, A. W.: Experimentelle und theoretische Grundlagen der Trocknung. Berlin: VEB Verlag Technik 1955.
[3] Rjutov, D. G.: Ber. IX. Intern. Kältekongr. Bd. II, S. 4413. Paris 1955.

turen bereits sehr klein wird. Bei konstantem $\Delta\varphi$ verhält sich das Partialdruckgefälle bei zwei verschiedenen Temperaturen wie die Sattdampfdrucke bei diesen Temperaturen

$$\frac{\Delta P_{D_1}}{\Delta P_{D_2}} = \frac{P_{D S_1}}{P_{D S_2}}.$$

Es verdampft demnach bei $+20°$ C $(P_{DS} = 17{,}54$ mm QS) rd. 23mal soviel Wasser wie bei $-20°$ C $(P_{DS_{Eis}} = 0{,}77$ mm QS), wenn $\Delta\varphi$ konstant bleibt und sich durch die Temperatursenkung und den damit verbundenen Übergang in den gefrorenen Zustand nur die Partialdruckdifferenz ändert. Die Verdunstungsgeschwindigkeit sinkt, wie aus der Formel für g_D zu ersehen ist, außerdem mit abnehmendem Feuchtigkeitsgefälle und abnehmender Windgeschwindigkeit.

Auch bei dem relativ kleinen Partialdruckgefälle zwischen Lebensmitteloberfläche und Kaltluft in gut eingerichteten Gefrierlagerräumen können bei langer Lagerdauer unverpackte oder schlecht verpackte Lebensmittel stark austrocknen. Unverpackt im Lagerfach einer Gemeinschaftsgefrieranlage bei $-18°$ C gelagerte 0,5 bis 0,7 kg schwere Fleischstücke verloren im ersten Monat nach der Einlagerung rd. 5%; offen in einer Schicht bei $-19°$ C und 85% rel. Luftfeuchtigkeit gelagerte grüne Erbsen und Bohnen rd. 10% an Gewicht[1,2]. Infolge des sehr hohen Diffusionswiderstandes der meisten Gefriergüter bleibt der Wassergehalt im Innern eines Gefriergutquaders praktisch konstant, während die Randschicht austrocknet, bis ihr Wassergehalt und die Feuchtigkeit an der Oberfläche des Gefriergutes dem Partialdruck des Wasserdampfes in der Raumluft entsprechen. Bei fortschreitender Austrocknung wird die ausgetrocknete Randschicht dicker das Gefälle im Wassergehalt zwischen den Innenteilen und der Randschicht bleibt jedoch praktisch gleich steil. In Formen gefrorener passierter Spinat hatte im Innern der Blöcke einen Wassergehalt von durchschnittlich 92%, während er in den ausgetrockneten vermoosten Randschichten 44% betrug. Auch bei Erbsen ohne Aufguß beschränkte sich die Austrocknung praktisch auf die dem Packstoff anliegende Schicht[2]. Insbesondere bei Geflügel sind einzelne Stellen der Oberfläche anfälliger für die Austrocknung, so daß sie bei gleichem Luftzustand in der Umgebung zuerst antrocknen. PARTMANN[3] beobachtete, daß hier durch die Bildung von Kanälen in und zwischen den Muskelfasern eine beschleunigte Austrocknung eingeleitet wird. Der Wassergehalt an solchen stark ausgetrockneten Stellen des Muskelgewebes von unverpackt bei $-22°$ C und 95% rel. Luftfeuchtigkeit gelagertem Geflügel betrug 50 bis 55%, während nicht ausgetrocknete Teile der Oberfläche einen Wassergehalt von 72% hatten[4].

Eine wasserdampfdichte Verpackung allein genügt nicht, um eine Austrocknung der Lebensmittel im Gefrierlagerraum zu verhindern. In Hohlräumen, die zwischen Füllgut und Packstoff in der Packung eingeschlossen sind, stellt sich schon bei geringen Temperaturschwankungen in der Umgebung ein Partialdruckgefälle des Wasserdampfes ein, daß bei sinkender Umgebungstemperatur nach der Packungsseite und bei steigender Temperatur nach der Füllgutseite gerichtet ist. Dadurch bedingt sublimiert Eis aus der Oberfläche des Füllgutes, und der Dampf kondensiert an der kälteren Packungswandung. Die Rückdiffusion ist infolge der ausgeglicheneren Temperatur und des feineren Kristallgefüges des Füllgutes wesentlich geringer, so daß ständig Wasser aus dem Füllgut an die Packstoffinnenwand gefördert wird. Da sich geringe Schwankungen der

---

[1] ZACHARIAS, R., u. J. GUTSCHMIDT: Unveröffentlichte Arbeit.
[2] GUTSCHMIDT, J., u. N. WOLODKEWITSCH: Kältetechnik Bd. 2 (1950) S. 49.
[3] PARTMANN, W.: Fleischwirtschaft Bd. 11 (1959) S. 347.
[4] COOK, W. H.: Food Res. Bd. 4 (1939) S. 407.

Temperatur in Gefrierlagerräumen nicht vermeiden lassen (s. S. 75), tritt eine Austrocknung innerhalb der Packung (inpackage dessication) stets auf, wenn Hohlräume vorhanden sind. Bei ungünstigen Bedingungen kann wasserdampfdicht verpacktes Gefriergut während der üblichen Lagerzeiten durch diese Vorgänge stärker austrocknen, als wenn es in einem Packstoff mit höherer Wasserdampfdurchlässigkeit vorteilhaft gelagert wird. Heiss[1] fand Gewichtsverluste bis 11% bei Bohnen, die 150 Tage in Glasgefäßen bei $-10°\,C \pm 2°\,C$ gelagert waren.

Durch die Austrocknung der Oberflächenschicht unverpackter oder schlecht verpackter Gefrierware vermindert sich nicht nur das Verkaufsgewicht, sondern es ist damit auch praktisch immer ein Qualitätsverlust verbunden, der je nach der Art des Produktes stärker oder schwächer sein kann. Eine deutliche Farbverschlechterung fand Kaess[2] bei gefrorenem Gemüse und Obst in $160 \times 100 \times 50$ mm großen Stülpschachteln (Inhalt 800 cm³, Oberfläche 560 cm²), wenn der Gewichtsverlust 1 bis 1,5% überstieg; bei Fischen führten schon Gewichtsverluste von über 0,8% zu Veränderungen der Oberflächenschicht[3]. Nach McCoy und Mitarbeitern[4] darf der Gewichtsverlust von Kleinpackungen mit Fleisch während der Gefrierlagerung 0,7% nicht überschreiten.

Durch eine gleichmäßig leichte Austrocknung verfärbt sich die Oberfläche von Fleisch ins Braunrote, Gemüse und Obst verliert den natürlichen Glanz und wird stumpf. Bei stärkerer Austrocknung entstehen hauptsächlich bei Fleisch, Geflügel und Fisch, aber auch bei Gemüse und Obst, infolge der unterschiedlich großen Sublimation von Eiskristallen aus der Oberflächenschicht über das Gefriergut verteilte heller erscheinende Flecken oder Flächen. Diese als Gefrierbrand (freezer burn) bezeichnete Farbveränderung wird durch die diffuse Lichtreflektion in dem durch Sublimationskanäle schwamm- oder moosartig aufgelockerten Gefüge der Randschicht hervorrufen[5]. Bei fortgeschrittener Austrocknung verschlechtert sich nicht nur das Aussehen in ein unansehnliches Grau oder Gelb, sondern das Gewebe in der Randschicht wird trocken und strohig. Außerdem werden, wahrscheinlich infolge der vergrößerten Angriffsfläche für den Luftsauerstoff, fettige Bestandteile der Randschicht eher ranzig[6]. Eine Abnahme des leicht oxydierbaren Vitamins C wurde jedoch auch bei starker Austrocknung im Gemüse nicht gefunden[7]. Partmann[8] fand, daß die Struktur der Muskelfasern in Gefrierbrandzonen weitgehend zerstört war. Die irreversiblen Veränderungen in der Muskulatur, die bei der Gefriertrocknung nicht auftreten (s. S. 93), werden vermutlich durch das sehr langsame Durchlaufen eines kritischen Wassergehaltes um 20% in den Gefrierbrandzonen hervorgerufen[9].

Um eine Austrocknung der gefrorenen Lebensmittel während der Gefrierlagerung und des Vertriebes und die damit verbundenen Schäden zu vermeiden, muß die fertige Packung möglichst wasserdampfdicht sein. Es muß daher zur Herstellung der Verpackung ein Packstoff verwendet werden, der auch im verarbeiteten Zustand eine hinreichend geringe Wasserdampfdurchlässigkeit hat.

---

[1] Heiss, R.: Kältetechnik Bd. 3 (1951) S. 248.

[2] Kaess, G.: Papierfabrikant Bd. 41 (1943) S. 203.

[3] Karel, M.: Quick Frozen Foods Bd. 19 (1956) H. 1, S. 201.

[4] McCoy, C. D., S. V. Cook u. G. A. Hayner: Refrig. Engng. Bd. 52 (1946) S. 531.

[5] Kaess, G.: Kältetechnik Bd. 8 (1956) S. 107.

[6] Heiss, R.: Proceedings of the 9. Intern. Congr. Refrigerat. Bd. II, S. 4031. Paris 1955.

[7] Volz, F. E., W. A. Gortner u. C. A. Delwiche: Food Techn. Bd. 3 (1949) S. 307; s. auch J. Gutschmidt u. N. Wolodkewitsch: Kältetechnik Bd. 2 (1950) S. 49.

[8] Partmann, W.: Arch. Fischereiwissensch. Bd. 6 (1955) S. 362.

[9] Partmann, W., u. G. Nemitz: Z. Lebensmittel-Unters. u. -Forsch. Bd. 110 (1959) S. 109.

Die Dichtigkeit des Verschlusses muß derjenigen des Packstoffes entsprechen. An heißversiegelten Gefrierpackungen wurde von HEISS[1] eine Wasserdampfdurchlässigkeit von 0,2 bis 1 g/m² Tag bei −209 und 75 auf 0% Feuchtigkeitsgefälle gemessen. Bei normaler Stapelung im Gefrierlagerraum kommt nur ein verhältnismäßig kleiner Teil der Packungsflächen mit der Raumluft in Berührung; auf diesen Teil, auf den sich die Austrocknung im wesentlichen beschränkt, muß bei der Wahl des Packstoffes Rücksicht genommen werden. Der Gewichtsverlust außen im Stapel liegender Kleinpackungen üblicher Größe und Form (s. S. 645) wird nach KAESS[2] während einer Lagerdauer von 8 bis 10 Monaten bei −15° C und 70% rel. Luftfeuchtigkeit unter einen für Gemüse und Obst zulässigen Gewichtsverlust von 1% gehalten werden können, wenn die Wasserdampfdurchlässigkeit der Verpackung bei diesen Lagerbedingungen 1 g/m² Tag nicht übersteigt. Bei empfindlichen Produkten, wie Geflügel und Fleisch, muß die Verpackung eine geringere Durchlässigkeit besitzen ($<$ 0,5 g/m² Tag); außerdem soll der Packstoff dem Produkt satt anliegen, um eine Austrocknung innerhalb der Packung zu verhindern.

2. Schutz gegen oxydative Veränderungen.

Am stärksten beeinflussen die während der Gefrierlagerung auftretenden oxydativen und hydrolytischen Veränderungen der Fette den Geruch und den Geschmack der meisten Gefrierprodukte; Produkte mit einem hohen Anteil an ungesättigten Fettsäuren können, auch wenn sie bei −15° C bis −18° C gelagert werden, schon nach wenigen Monaten ranzig schmecken[3]. Durch Einwirkung des Luftsauerstoffes verfärben sich viele Lebensmittel; mit der Verfärbung ist meist auch eine Veränderung des Geruches und Geschmackes verbunden. In Gemüse und Obst wird während der Gefrierlagerung ein Teil des Vitamin C durch Oxydation zerstört[4]. Auch die mit dem Luftzutritt verbundene Austrocknung der Oberflächenschicht (s. S. 607) fördert oxydative Veränderungen.

Eine möglichst luftundurchlässige Verpackung ist nicht nur erwünscht, um den Luftsauerstoff auszuschließen, sondern sie ist bei Packstoffen für Vakuum- oder Gaspackungen Voraussetzung für die Verwendbarkeit. Alle Gefrierkonserven, auch gefrorenes Gemüse und Obst, sind leblose Produkte[5], ein Gasaustausch mit der Umgebung ist nicht erforderlich.

Welche Werte für die Luftdurchlässigkeit von Gefrierpackungen als zulässig angesehen werden können, ist nicht bekannt. Packstoffe mit einer hinreichenden Wasserdampfdichtigkeit haben praktisch immer eine Luftdurchlässigkeit von unter 1 cm³/dm² Tag bei +20° C und 250 mm WS Druckdifferenz, die den Anforderungen bei nicht evakuierten Packungen genügen wird. Die Dichtigkeit des Verschlusses muß der des Packstoffes entsprechen.

3. Schutz gegen Riechstoffabgabe und -aufnahme.

Riechstoffe sind leichtflüchtige Substanzen, wie ätherische Öle, Ester, Aldehyde, Ketone u. a., die bei stark wasserhaltigen Lebensmitteln nicht nur infolge ihres verhältnismäßig hohen Dampfdruckes in die Umgebungsluft übergehen, sondern außerdem in feinster Verteilung vom verdunstenden Wasser mitgenommen werden[2]. Intensität und Charakter des Geruches eines Produktes werden in der Regel nicht durch die mengenmäßig sehr geringe Abwanderung

---

[1] HEISS, R.: Nach einem Vortrag gehalten auf der Tagung des Produktivitäts-Ausschusses der OEEC in Verona, Okt. 1959.

[2] Siehe Fußnote 2 auf S. 608.   [3] KUPRIANOFF, J.: Kältetechnik Bd. 8 (1956) S. 102.

[4] Siehe Bd. IX dieses Handbuches, S. 480.

[5] Siehe Bd. IX dieses Handbuches, S. 224.

der Riechstoffe, sondern durch Umsetzungen in den Lebensmitteln während der Lagerung oder durch Einwirkungen von außen beeinflußt. Die Verpackung soll daher in erster Linie riechstoffundurchlässig sein, um empfindliches Gut vor der Aufnahme von Fremdgerüchen zu schützen, daneben aber auch, um einen Übergang der auf mitgelagertes Gut schädigend wirkenden Riechstoffe aus geruchsintensiven Lebensmitteln in die Atmosphäre zu verhindern. Besonders empfindlich gegenüber Fremdgerüchen sind fetthaltige Lebensmittel.

Wie alle Dampfdrucke nehmen auch diejenigen der Riechstoffe mit sinkender Temperatur ab. Während bei Kühlschranktemperatur die Riechstoffabgabe noch erheblich sein kann und durch Geruchsübertragung ernsthafte Schäden hervorgerufen werden können, ist sie bei den üblichen Gefrierlagertemperaturen unter $-15°$ C sehr gering. Trotzdem kann die Riechstoffabgabe einiger Gefrierprodukte ausreichen, um mitgelagerte empfindliche Produkte zu beeinflussen. Butter und auch Brechbohnen nehmen z. B. nach verhältnismäßig kurzer Lagerung in der Gefriertruhe bei $-18°$ C den Geruch von in der Nähe gelagertem gefrorenem Gurkensalat an[2]. Auch gefrorene Zwiebeln haben bei $-15°$ C noch einen intensiven Geruch[3]. Wenn die Vorteile einer riechstoffundurchlässigen Verpackung für Gefrierkonserven auch nicht überschätzt werden dürfen, so ist eine hinreichende Dichtigkeit doch bei einigen Produkten erforderlich. Auch hier genügt es nicht, einen undurchlässigen Packstoff zu verwenden, sondern die gesamte Verpackung muß riechstoffundurchlässig sein.

4. Schutz gegen Lichteinwirkung.

Durch Lichteinwirkung können chemische Reaktionen beschleunigt werden. In der Regel wird bei der Wahl von Kleinpackungen für Gefrierkonserven keine Rücksicht auf die Lichtdurchlässigkeit genommen, da diese nicht nur in lichtundurchlässigen Großpackungen zusammengefaßt, sondern noch dazu in dunklen Räumen gelagert werden. Die Gefrierpackungen werden jedoch meist einzeln in hell erleuchteten Schautruhen zum Verkauf angeboten, so daß es vorteilhaft sein kann, empfindliche Produkte, wie z. B. Fische mit hohem Fettgehalt, in undurchsichtige Packstoffe oder in solche mit geringer Durchlässigkeit für ultraviolettes Licht zu verpacken. Die Lagerdauer in den Verkaufstruhen ist verhältnismäßig kurz, und auch die Reaktionsgeschwindigkeit ist infolge der tiefen Temperatur nicht sehr groß, so daß die Bedeutung der Lichtdurchlässigkeit bei einer Verpackung für Gefrierkonserven nicht zu hoch bewertet werden darf.

5. Die Verpackung als Behälter.

Flüssige, mit Flüssigkeitszusatz versehene, breiförmige und beim Auftauen stark saftziehende Lebensmittel müssen in flüssigkeitsdichten Verpackungen gelagert, transportiert und verkauft werden. Obstprodukte, wie Obstsäfte, Obst in Zuckerlösung, Obstmark und Obst mit Trockenzucker, muß man flüssigkeitsdicht verpacken. Der Packstoff für diese Produkte muß eine gute Naßfestigkeit haben und darf bei der auftretenden Flächenbelastung nicht wasserdurchlässig sein. Auch die Verschlußdichtigkeit muß den Anforderungen genügen. Die Packung soll möglichst formbeständig sein, damit sie durch die Flächenbelastung vor dem Gefrieren und nach dem Auftauen möglichst wenig ausbeult. Es kann vorteilhaft sein, Obst in der Packung in kaltem Wasser aufzutauen, so daß die Packung ohne zu durchfeuchten auch dieser Beanspruchung gewachsen sein muß (s. S. 616).

[1] McCord, C. P., u. W. N. Witheridge: Odors, S. 21, 35. New York: McGraw-Hill Book Comp., Inc. 1949.
[2] Gutschmidt, J.: Die Tiefkühlkette J. (1956) H. 7, S. 4.
[3] Kaess, G.: Z. Lebensmittel-Unters. u. -Forsch. Bd. 90 (1950) S. 101.

II. Erforderliche Packstoffeigenschaften.

1. Die mechanischen Eigenschaften.

Die Verpackung muß den mechanischen Beanspruchungen beim Gefrieren, Lagern und Transport gewachsen sein, die Packstoffe müssen dementsprechend eine genügende Festigkeit und Dehnbarkeit auch bei Gefrierlagertemperaturen besitzen. Da das Gefriergut normalerweise feucht oder naß ist, die Packungen bei einer hohen rel. Luftfeuchtigkeit gelagert werden und mit einer Kondensatbildung auf der Außenseite der Packung beim Auftauen gerechnet werden muß, ist eine gute Naßfestigkeit des Packstoffes erforderlich. Kartenpackungen sollen, insbesondere wenn sie für flüssige Füllgüter verwendet werden, weitgehend formbeständig sein. Das ist sowohl bei der Wahl des Kartons als auch bei der Formgebung zu berücksichtigen. Folien und Papiere, die zum Einwickeln von Lebensmitteln und zur Herstellung von Beutelpackungen bestimmt sind, müssen geschmeidig sein, damit der Packstoff sich dem Gefriergut möglichst satt anlegt.

Bei Kartons, Papieren und Folien ist die mechanische Beanspruchbarkeit gekennzeichnet durch die Zugfestigkeit oder den Bruchwiderstand und die Bruchdehnung sowie durch die Größe des Berstwiderstandes im trocknen und nassen Zustand. Der Bruchwiderstand ist die Kraft in kg, die zum Zerreißen einer 15 mm breiten Probe aufgewendet werden muß; die Bruchdehnung ist die im Augenblick des Bruches erreichte prozentuale Zunahme der Einspannlänge. Der Berstwiderstand eines Packstoffes ist definiert als der einseitig wirkende Druck in kg/cm^2, bei dem eine kreisförmige, als Membran eingespannte Fläche des Packstoffes zerplatzt. Ein Vergleich der Berstwiderstände einzelner Packstoffe ist nur möglich, wenn sie mit dem gleichen Prüfgerät bestimmt wurden. Bei dem für den Berstversuch nach DIN 53133 verwendeten Berstdruckprüfer von Schopper wird der Druck mit Preßluft erzeugt; der Mullen-Prüfer, mit dem die Berstdruckprüfung nach TAPPI T 403 m-53 durchgeführt wird[1], arbeitet mit einer Flüssigkeit (normalerweise mit Glyzerin)[2].

Anhaltswerte für die Geschmeidigkeit von Papieren und Folien gewinnt man durch die Zahl der Doppelfalzungen bis zum Bruch oder durch die Biegesteifigkeit. Der Falzwiderstand wird meist mit dem Schopper-Falzer oder dem Tester des Massachusetts Institute of Technology (M. I. T.-Tester) gemessen[3]. Beim Schopper-Falzer ergeben sich etwas höhere Werte. Für die Prüfung von beschichteten oder kaschierten Papieren ist der Druckfalzer nach Brecht und Wesp geeignet[4]. Die Biegefestigkeit kann durch Messen der Biegeformänderungsarbeit nach Brecht und Blickstad oder des Biegewiderstandes nach Clark bestimmt werden[5]. Um das Verhalten von Packstoffen zu beurteilen, genügt häufig die Kenntnis des Rückfederungswinkels, der sich nach Knicken um 180° einstellt. Zur Bestimmung der Werte in Tab. 4 und 7, S. 620 bzw. 634, wurden 10 mm breite Prüfstreifen in einem Kirchnerschen Kniffapparat um einen Winkel von 180° geknickt und der Rückfederungswinkel nach einer Minute mit Hilfe eines Teilkreises abgelesen[6].

---

[1] TAPPI = Technical Association of the Pulp and Paper Industry. New York 17.

[2] Verband Versandkartonagen e. V.: Verpackung aus Vollpappe, S. 48. Karlsruhe: G. Braun G. m. b. H. 1958.

[3] Korn, R., u. Fr. Burgstaller: Handbuch der Werkstoffprüfung Bd. 4, Papier- und Zellstoff-Prüfung, 2. Aufl., S. 185. Berlin/Göttingen/Heidelberg: Springer 1953.

[4] Schoch, W.: Beschichtete Papiere und Pappen, S. 163. Wiesbaden: Dr. Sändig 1957.

[5] Siehe Fußnote 3, dort S. 220.

[6] Heiss, R., u. G. Schricker: Packstoff-Tabellen, S. 21. München: Carl Hanser 1955.

Für die Prüfung einer Zug-Knick-Beanspruchung bei tiefen Temperaturen wurde von der Firma Frank ein Gerät entwickelt[1]. Die Einreißfestigkeit — das ist der Widerstand, den eine unverletzte Kante dem Einreißen entgegensetzt — ist für die Beurteilung der Verarbeitungsmöglichkeit von Packstoffen wichtig. Für ihre Bestimmung steht ein von dem Staatlichen Materialprüfungsamt Berlin-Dahlem entwickeltes Einspanngerät „MPA-Gerät" zur Verfügung[2], mit dem in Verbindung mit einem Zugfestigkeitsprüfer die in Tab. 4 und 7 angegebenen Werte gemessen wurden.

Über die Prüftechnik metallischer und nichtmetallischer Werkstoffe im einzelnen siehe Band I dieses Handbuches, S. 420 bzw. S. 528.

Die mechanischen Eigenschaften einiger Papiere und Kartons sowie der für die Verpackung von Gefrierwaren wichtigsten Folien sind in den Tab. 4, 5 und 7 zusammengestellt (S. 620, 622 und 634).

2. Die Durchlässigkeitseigenschaften.

Um das Gefriergut vor Veränderungen während der Lagerung zu schützen, muß die Verpackung weitgehend undurchlässig für Wasserdampf, Luft und Riechstoffe sein. Außerdem muß sie insbesondere für Obstprodukte flüssigkeits-dicht sein, um ein Austreten der Aufgußlösungen oder des Saftes während des Auftauens zu verhindern. Für die Verpackung von tierischen Lebensmitteln sind fett- bzw. öldichte Packstoffe erforderlich. Auch die Lichtdurchlässigkeit kann bei empfindlichen Produkten unter besonderen Lagerbedingungen von Bedeutung sein.

a) Die Wasserdampfdurchlässigkeit. Folien und Papiere besitzen stets eine gewisse Durchlässigkeit für Wasserdampf. Der durch ein Dampfdruckgefälle hervorgerufene Durchgang beruht im wesentlichen auf Diffusions- und Löslichkeitsvorgängen und tritt daher auch an porenfreien Packstoffen auf. Wenn man die Konzentration des Wasserdampfes in den beiderseitigen Oberflächenschichten des Packstoffes durch den Partialdruck des Wasserdampfes in den angrenzenden Atmosphären ersetzt, erhält man im stationären Zustand für die durchtretende Wasserdampfmenge nach dem 1. Fickschen Gesetz

$$G_D = \mathfrak{P}\,\frac{\varDelta P_D\,F\,\tau}{\delta}.$$

Darin bedeuten:

$\varDelta P_D$ = Partialdruckgefälle zwischen beiden Seiten des Packstoffes,
F = Fläche des Packstoffes,
τ = Durchgangszeit,
δ = Dicke des Packstoffes.

$\mathfrak{P}$ bezeichnet man als den Permeationskoeffizienten des Packstoffes[3]. $\mathfrak{P}$ wird meist in $\dfrac{\text{g cm}}{\text{cm}^2\,\text{h Torr}}$ angegeben. Werte für den Permeationskoeffizienten von Wasserdampf durch verschiedene Packstoffe s. Tab. 2. Um Zahlenwerte in einer besser verwendbaren Größenordnung zu bekommen, nimmt man als Packstoffdicke jedoch statt cm auch mm und als Packstofffläche statt cm^2 auch m^2. Heiss[4] bezieht den Permeationskoeffizienten auf eine Dicke von $100\,\mu$, ein Partialdruckgefälle von 11,4 Torr, das einem Feuchtigkeitsgefälle von 65 auf 0% bei

---

[1] Siehe Bd. I dieses Handbuches, S. 534.   [2] Siehe Fußnote 3. S. 611, dort S. 204.
[3] Der Permeationskoeffizient wird üblicherweise durch den Buchstaben P gekennzeichnet, hier wurde der Buchstabe $\mathfrak{P}$ gewählt, weil P die Bezeichnung für den Druck ist.
[4] Heiss, R.: Verpackung feuchtigkeitsempfindlicher Güter, S. 31. Berlin/Göttingen/Heidelberg: Springer 1956.

$+20^\circ$ C entspricht, eine Zeit von 24 Stunden und eine Fläche von 1 m². Die durchtretende Gasmenge wird auch in cm³ und $\mathfrak{P}$ dann in der Dimension cm³ mm/cm² s Torr oder cm³/cm s Torr angegeben.

Tabelle 2. *Permeationskoeffizient $\mathfrak{P}$ einiger Packstoffe für Wasserdampf bei $+20^\circ$ C und 65% rel. Luftfeuchtigkeit*[1-4].

Packstoff	Permeationskoeffizient $10^{-9} \dfrac{\text{g}}{\text{cm h Torr}}$
Polyvinylidenchlorid (Saran)	$< 0{,}5$
Polyvinylidenchlorid (Diofanschicht) . . .	< 2
Polyäthylen (Niederdruckverfahren). . . .	$0{,}6$
Polyäthylen (Hochdruckverfahren)	$2{,}2$
Kautschukhydrochlorid (Pliofilm)	$2{,}5$
Polyterephthalsäureester (Hostaphan) . . .	6
Hart-Polyvinylchlorid (Luvitherm)	7
Paraffin	$0{,}5$
regenerierte Zellulose	500 bis 1000
Pergamin und Pergament	>1000

Bei der Permeation von Wasserdampf durch einen Packstoff wird der Dampf auf der Seite hoher Konzentration im Packstoff gelöst, entsprechend dem Konzentrationsgefälle diffundiert er durch diesen und verdampft auf der Seite niederer Konzentration wieder in die Umgebung. Die Größe des Permeationskoeffizienten hängt daher von der Löslichkeit des Dampfes im Packstoff und vom Diffusionskoeffizienten ab.

Sowohl die Löslichkeits- als auch die Diffusionsvorgänge sind temperaturabhängig, so daß sich entsprechend auch die Permeation von Wasserdampf durch Packstoffe mit der Temperatur ändert. Für den Permeationskoeffizienten von Kunststoffen ist nach BARRER[5]

$$\mathfrak{P} = \mathfrak{P}_0 \, e^{-E/RT} \quad \left[\frac{\text{cm}^3 \, \text{mm}}{\text{cm}^2 \, \text{s Torr}} \right].$$

Darin bedeuten:

$\mathfrak{P}_0$ eine temperaturunabhängige Konstante für einen bestimmten Stoff von der gleichen Dimension wie $\mathfrak{P}$;

E die Aktivierungsenergie für die Permeation in cal/mol;

R = universelle Gaskonstante = 1,987 cal/mol grd;

T = Temperatur in $^\circ$K.

Die für die Berechnung von $\mathfrak{P}$ erforderlichen unbekannten Größen E und $\mathfrak{P}_0$ wurden von DOTY und Mitarbeiter[6] an einer Reihe Kunststoffolien gemessen (Tab. 3). Für Zellglas-Wetterfest wurde von HEISS[7] die Aktivierungswärme E mit 3000 cal/mol errechnet. Bei der Bestimmung der Permeation von Wasserdampf durch diese Kunststoffe wurde gefunden, daß die Dicke der Folien und die absolute Höhe der rel. Luftfeuchtigkeit keinen Einfluß auf den Permeationskoeffizienten hatten.

[1] KRAUSE, A.: Chemiker-Ztg. Bd. 79 (1955) S. 662.

[2] MÜLLER, G.: Fette u. Seifen Bd. 61 (1959) S. 356.

[3] HAGEN, G.: Chemie-Ing. Techn. Bd. 26 (1954) S. 548.

[4] Handbuch der BASF Kunststoffe S. 204, Badische Anilin- und Sodafabrik A.G., Ludwigshafen am Rhein, Dez. 1958.

[5] BARRER, R. M.: Diffusion in and through solids, S. 436. London: Cambridge, University Press 1951.

[6] DOTY, P. M., W. H. AIKEN u. H. MRAK: Ind. Engng. Chem. Bd. 36 (1946) S. 788.

[7] Siehe Fußnote 4, S. 612.

Tabelle 3. *Aktivierungsenergie E in cal/mol und Logarithmus der temperaturunabhängigen Konstanten $\mathfrak{P}_0$ in cm^3 mm/cm^2 s Torr bei der Permeation von Wasserdampf durch verschiedene Kunststoffe.* (Nach Doty und Mitarbeiter.)

Material	E	$\log \mathfrak{P}_0$
Polyvinylchlorid (weichmacherfrei)	2 350	−5,10
Polyäthylen (kalandert)	8 000	−1,34
Polyäthylen (gegossen)	10 200	+0,13
Kautschukhydrochlorid (Pliofilm).	12 800	+1,63
Polyvinylidenchlorid (Saran)	17 500	+4,20

Die Aktivierungsenergie für die Permeation ist die Summe der Aktivierungsenergie der Diffusion und der Lösungswärme. Da die Diffusionsgeschwindigkeit mit fallender Temperatur kleiner wird, nimmt der Wasserdampfdurchgang beim Übergang auf eine tiefere Temperatur meist ab. Infolge der ansteigenden Löslichkeit kann $\mathfrak{P}$ bei Temperaturrückgang aber auch konstant bleiben oder sogar zunehmen[1].

Als ein auch für mehrschichtige Packstoffe verwendbares praktisches Maß für die Geschwindigkeit, mit der Wasserdampf durch einen Packstoff hindurchtritt, dient die Wasserdampfdurchlässigkeit. Sie gibt an, wieviel Wasserdampf die Flächeneinheit eines nach Art und Dicke bekannten Packstoffes bei einem bestimmten Feuchtigkeitsgefälle in der Zeiteinheit durchläßt. Früher wurde die Wasserdampfdurchlässigkeit meist in mg/dm^2 Tag (24 Stunden), heute wird sie allgemein nach DIN 53 122 in g/m^2 Tag angegeben. In den englisch-sprachigen Ländern wird als Dimension g/100 $inch^2$ Tag gewählt.

$$1 \text{ mg/dm}^2 \text{ Tag} = 0,1 \text{ g/m}^2 \text{ Tag,}$$

$$1 \text{ g/100 inch}^2 \text{ Tag} = 15,5 \text{ g/m}^2 \text{ Tag.}$$

Zur Bestimmung der Wasserdampfdurchlässigkeit gibt es mehrere Vorschriften, auf die hier nur hingewiesen werden kann[2]. Die Durchlässigkeit wird im Bereich von über 1 g/m^2 Tag allgemein im In- und Ausland mit der Schalenmethode gemessen[3, 4].

Für die Prüfung von Packstoffen für Gefrierkonserven ist das Feuchtigkeitsgefälle von 90 auf 65% geeignet, da es etwa dem im Gefrierlagerraum vorkommenden entspricht; die rel. Luftfeuchtigkeit von 90% soll bei der Bestimmung möglichst nicht überschritten werden, um eine Wasserdampfkondensation am Packstoff bei Temperaturschwankungen zu vermeiden. Die durch einen Packstoff durchtretende Wasserdampfmenge hängt nicht vom Feuchtigkeitsgefälle allein ab, sondern auch von der Höhe der rel. Luftfeuchtigkeit[5]; daher

---

[1] Othmer, D. F., u. G. H. Frolich: Ind. Engng. Chem. Bd. 47 (1955) S. 1034.

[2] Deutsche Vorschrift: DIN-Norm 53 122, Bestimmung der Wasserdampfdurchlässigkeit, Februar 1958; amerikanische Vorschriften der Technical Association of the Pulp and Paper Industry: TAPPI-Standard T 448 m-49, Water vapor permeability of paper and paperboard; TAPPI-Standard 464 m-45, Water vapor permeability of sheet materials at high temperature and humidity; TAPPI-Standard T 482 m-52, Water vapor permeability of sheet materials at 0° F; der American Society for Testing Materials: ASTM D 988-51 T, Methods of test for water vapor permeability of paper and paperboard (Tentative); ASTM E 96-53 T, Methods of test for measuring water vapor transmission of materials in sheet form (Tentative). Englische Vorschrift des Instituts der Printing, Packaging and Allied Trades Research Association (Patra), London, Method for the Determination of the Permeability to Water-Vapor of Sheet Materials.

[3] Siehe DIN 53 122 und TAPPI-Standard T 448 m-49 sowie die englische Patra-Vorschrift.

[4] Schricker, G.: Kunststoffe Bd. 42 (1952) S. 229.

[5] Vollmer, W.: Chem. Ing. Techn. Bd. 26 (1954) S. 90.

können die bei verschieden hoher Feuchtigkeit gemessenen Werte nicht proportional zum Feuchtigkeitsgefälle umgerechnet werden. Bei vielen Packstoffen, u. a. auch bei „Zellglas-Wetterfest" und gewachsten Papieren, steigt die Wasserdampfdurchlässigkeit, wenn die Oberfläche naß wird, da Kapillar- und Quellungserscheinungen den Durchgang beschleunigen können. Um einen Anhaltswert für den tatsächlichen Wasserdampfdurchgang zu gewinnen, muß man daher die Packstoffe unter Bedingungen prüfen, die den in der Praxis auftretenden weitgehend angeglichen sind.

Die Verpackung von Gefrierkonserven wird nicht nur einer tiefen Temperatur ausgesetzt, sondern der Packstoff liegt meist einer nassen Fläche oder Eisfläche an. Ausgehend von diesen Bedingungen wurde von WOLODKEWITSCH[1] eine Prüfmethode entwickelt, mit der die Wasserdampfdurchlässigkeit nicht nur bei $+20°$ C, sondern auch in Gefrierlagerräumen unter Berührung einer feuchten Fläche gemessen werden kann. Zusatzeinrichtungen ermöglichen eine Prüfung der Packstoffe auch ohne Flächenberührung[2]. Vergleichsmessungen nach dieser Methode an Packstoffen gleichen Fabrikates bei $+20°$ C und $-15°$ C zeigen, daß die Wasserdampfdurchlässigkeit nicht nur mit der Abnahme des Partialdruckunterschiedes bei gleichem Feuchtigkeitsgefälle zurückging, sondern auch infolge der durch den Übergang von Wasser in Eis sich verändernden Diffusionszahl[3].

In Tab. 5, S. 622, sind neben den nach der Schalenmethode bei $37,8°$ C und 90 gegen 0% Feuchtigkeitsgefälle bestimmten Wasserdampfdurchlässigkeiten auch noch die nach der Methode von WOLODKEWITSCH bei $-15°$ C und 100 gegen 65% Gefälle mit Oberflächenberührung gemessenen Werte für die wichtigsten Folien aufgeführt.

Aus der Wasserdampfdurchlässigkeit des Packstoffes kann nicht ohne weiteres auf diejenige der fertigen Packung geschlossen werden, diese ist vielmehr weitgehend von der Art der Gesamtverpackung und von ihrer Herstellungs- und Verwendungsweise abhängig. Bei der Anfertigung von Beuteln und Schachteln kann durch das Knicken des Packstoffes die Durchlässigkeit erhöht werden. Mit Kreuzknick versehene Proben paraffinbeschichteter Papiere, einiger Duplowachspapiere und wetterfesten Zellglases zeigten infolge einer Schwächung oder Schädigung des Packstoffes an den Knickstellen einen z. T. wesentlich stärkeren Wasserdampfdurchgang als die ungeknickten Vergleichsproben. Dagegen wurde bei Polyäthylenfolie und bei Papieren, die mit Polyäthylen oder Diofan beschichtet waren, durch einen Kreuzknick die Durchlässigkeit nur geringfügig erhöht[4]. Vor allem hängt aber die Wasserdampfdurchlässigkeit der fertigen Packung von der Dichtigkeit der Verschlußnähte ab (s. S. 618).

Von der Praxis sind auch Prüfverfahren für die Bestimmung der Wasserdampfdurchlässigkeit ganzer Packungen bei Gefrierlagertemperaturen ausgearbeitet worden[4, 5].

b) Die Luftdurchlässigkeit. Während Wasserdampf durch den Packstoff diffundiert, und daher auch durch porenfreie Stoffschichten geht, wird der Durchgang von Luft und auch anderer Gase im wesentlichen von der Porigkeit des Packstoffes bestimmt. Wenn ein Packstoff eine geringe Wasserdampfdurchlässigkeit hat, ist er in der Regel auch weitgehend luftdicht, so daß eine Verpackung, die den Anforderungen an die Wasserdampfdichtigkeit genügt, sich

---

[1] WOLODKEWITSCH, N. in R. HEISS: Fortschritte der Lebensmittelforschung, S. 205. Dresden: Steinkopf 1942.

[2] HEERING, H., H. PUELL u. J. DREWITZ messen die Wasserdampfdurchlässigkeit von Kunststoffolien nach der gleichen Methode; s. Kunststoffe Bd. 38 (1948) S. 49.

[3] Siehe Fußnote 2, S. 608.   [4] Siehe Fußnote 4, S. 612, dort S. 47.

[5] TRESSLER, D. K., u. C. F. EVERS: The Freezing Preservation of Foods. 3. Aufl., Bd. I, S. 1184. Westport, Conn.: The Avi Publishing Comp. Inc.

meist auch hinsichtlich der Luftdurchlässigkeit zum Verpacken von Gefrierkonserven eignet.

Unter Luftdurchlässigkeit wird das Luftvolum verstanden, das unter bestimmten Prüfbedingungen durch die Flächeneinheit der Probe in der Zeiteinheit hindurchgeht. Ihre Bestimmung ist für Papiere und Pappen mit verhältnismäßig hoher Luftdurchlässigkeit nach DIN 53120 genormt. Für die Prüfung dichterer Packstoffe (unter 10 dm³/dm² Tag) wurde von Wolodkewitsch[1] ein Gerät entwickelt, in dem die Druckdifferenz durch einen frei hängenden Quecksilberfaden erzeugt wird, dessen Absinken die durch eine 0,1 dm² große Prüffläche durchtretende Luftmenge angibt. Die registrierte Menge wird bei kleinen Werten auf eine Druckdifferenz von 250 mm WS umgerechnet und in cm³/dm² Tag (24 Stunden) angegeben. In englisch-sprachigen Ländern wählt man die Dimension

$$1 \text{ cm}^3/100 \text{ inch}^2 \text{ Tag} = 0,155 \text{ cm}^3/\text{dm}^2 \text{ Tag}.$$

c) Die Riechstoffdurchlässigkeit. Meist sind Packstoffe mit einer niedrigen Wasserdampf- und Luftdurchlässigkeit auch weitgehend dicht für Riechstoffe. Aus der Durchlässigkeit für Wasserdampf und Luft kann jedoch nicht immer auf diejenige für Riechstoffe geschlossen werden, da diese in Imprägnierungsmitteln und in manchen Kunststoffen (Folien, Lacke, Weichmacher) löslich sein können[2—5]. Ein wasserdampfdichter Packstoff kann durchlässig für Riechstoffe sein, wenn auch der Durchgang wasserlöslicher Riechstoffe meist denjenigen von Wasserdampf voraussetzt. Die Riechstoffdurchlässigkeit hydrophiler Packstoffe nimmt meist mit steigendem Feuchtigkeitsgehalt derselben zu.

Für die Bestimmung der Riechstoffdurchlässigkeit von Packstoffen wurde von Kaess[6] eine subjektive Methode entwickelt. Eine Packstoffprobe wird danach als Trennwand zwischen zwei zylindrische Kammern gespannt. Von der unteren geschlossenen Kammer mit dem Riechstoffträger kann Riechstoff nur durch den Packstoff in die obere größere Kammer gelangen und hier nach Öffnen eines Deckels durch Riechen subjektiv bestimmt werden.

Im allgemeinen wird bei +20° C geprüft und weitgehend dichte Proben 5 bis 10 Tage gelagert. Für Packstoffe zum Verpacken von Gefrierkonserven ist eine Temperatur von —15° C vorgesehen. Die Prüfdauer wird hier auf 16 Tage ausgedehnt.

Die Prüfergebnisse für die Riechstoffdurchlässigkeit von Papieren in Tab. 4 wurden bei Raumtemperatur von Heiss und Schricker[7] unter Verwendung von Gewürznelken gewonnen, da ihre Riechstoffe das stärkste Durchgangsvermögen zeigen. Die Lagerzeit betrug 5 Tage.

d) Wasser- und Fettdurchlässigkeit. Die Wasserdurchlässigkeit bildet ein Maß für die Geschwindigkeit, mit der Wasser durch einen Packstoff durchschlägt; sie darf nicht mit der Wasserdampfdurchlässigkeit verwechselt werden. Eine Verpackung kann durchnässen und trotzdem weitgehend wasserdampfdicht sein oder auch eine gute Wasserdichtigkeit und eine hohe Wasserdampfdurchlässigkeit besitzen. Die Wasserdurchlässigkeit kann nach verschiedenen Methoden bestimmt werden[8]. Die Urteile in Tab. 4 wurden auf Grund von Messungen mit der Vorrichtung des Materialprüfungsamtes Berlin-Dahlem bei einem Wasserdruck von 150 mm WS auf die Prüffläche von 100 cm² gewonnen.

---

[1] Wolodkewitsch, N.: Papierfabrikant Bd. 41 (1943) S. 29.

[2] Karel, M., B. E. Proctor u. A. Cornell: Food Technol. Bd. 11 (1957) S. 141.

[3] Kunze, K. S.: Verpackungs-Rdsch. Bd. 6 (1955) S. 471.

[4] Schwarz, A.: Kunststoffe Bd. 41 (1951) S. 7.

[5] Can. Plastics Jg. 1955, Jan., S. 32, vgl. O. Herrmann: Verpackungs-Rdsch. Bd. 7 (1956) gelbe Beilage S. 79,

[6] Siehe Fußnote 3, S. 610.   [7] Siehe Fußnote 6, S. 611, dort S. 40 u. 48.

[8] Siehe Fußnote 3, S. 611, dort S. 256.

Packstoffe für stärker fetthaltige Gefrierprodukte müssen undurchlässig für Fette und Öle sein. Kristallines Fett vermag nicht durch den Packstoff hindurchzutreten, so daß bei Gefrierlagertemperaturen die Gefahr des Durchfettens der Packstoffe gering ist. Wenn der Packstoff jedoch vor dem Gefrieren Fett aufnimmt, kann durch die Vergrößerung der Fettoberfläche und durch die innige Berührung mit dem Packstoff das Ranzigwerden beschleunigt werden, vor allem wenn im Packstoff enthaltene Schwermetallionen die Umsetzungen katalysieren. Zur Prüfung von Packstoffen auf Fett- bzw. Öldurchlässigkeit wurden mehrere Methoden ausgearbeitet[1].

3. Wärmeleitwiderstand.

Die Qualität mancher Lebensmittel kann sich verschlechtern, wenn sie zu langsam gefroren werden. Die erzielbare Gefriergeschwindigkeit hängt unter anderem von der Dicke δ und dem Wärmeleitvermögen λ der einzelnen Packstoffschichten und der zwischen ihnen eingeschlossenen Luftpolster ab (s. S. 31). Beim Gefrieren von stückigem Gut in mehrschichtigen Kleinpackungen (Karton mit Einsatzbeutel oder Umhüllung) im Luftgefrierapparat bleibt meist der Wärmeleitwiderstand der Verpackung $\Sigma \delta/\lambda$ gegenüber demjenigen der eingeschlossenen Luftschichten gering. Beim Gefrieren im Plattengefrierapparat oder beim Gefrieren kompakter Lebensmittel werden die Lufteinschlüsse von den Flachseiten durch den Plattendruck oder durch die Ausdehnung des Füllgutes weitgehend verdrängt, so daß der Wärmeleitwiderstand der Packstoffe, insbesondere wenn hohe Gefriergeschwindigkeiten erreicht werden sollen, Bedeutung gewinnen kann. Die Wärmeleitzahlen einiger in der Gefrierindustrie verwendeter Packstoffe sind in Tab. 5 und in Abschn. C angegeben. Über den Einfluß der Verpackung auf die Gefriergeschwindigkeit s. S. 236 in diesem Band.

4. Neutralität und Beständigkeit.

Voraussetzung für die Verwendung eines Packstoffes zum Verpacken von Lebensmitteln ist, daß er deren Qualität nicht nachteilig beeinflußt. Bei der Berührung mit dem Packstoff dürfen die Lebensmittel nicht durch den Übergang von Stoffen und Stoffgruppen verunreinigt werden[2—4]. Die Packstoffe dürfen auch keine den Geruch und Geschmack beeinträchtigende Stoffe an das Füllgut abgeben. Von JELLINEK[5] wurden für den Packstoffhersteller und -verbraucher mögliche Fremdgerüche von Packstoffen und ihre vermutlichen Ursachen zusammengestellt und Richtlinien für die Beurteilung des Geruches von Packstoffen angegeben. Auch wenn nicht immer ein Geruch des Packstoffes auf das Füllgut übertragen wird, sollten für hochwertige Produkte, wie Gefrierkonserven, nur weitgehend neutrale Packstoffe verwendet werden. Behälter für die Gefrierkonservierung im Haushalt, die wiederholt verwendet werden, sollen möglichst nicht den Geruch des Füllgutes annehmen und wieder abgeben.

Die Packstoffe müssen einer Durchfeuchtung von innen durch das Füllgut und von außen durch das sich beim Auftauen bildende Kondensat widerstehen;

---

[1] Siehe Fußnote 3, S. 611, dort S. 310.

[2] Bundesgesetzblatt Nr. 15 vom 15. 8. 1958, S. 235, vgl. Beilage zur Z. Lebensmittel-Untersuch. u. Forsch. Bd. 109 (1959) H. 4, S. 30.

[3] KRUSEN, F.: Nahrung Bd. 2 (1958) S. 975.

[4] ROBINSON-GÖRNHARDT, L., u. R. HEISS: Die Ernährungswirtschaft Bd. 5 (1958) S. 161.

[5] JELLINEK, G.: Fette u. Seifen Bd. 60 (1958) S. 118, 300; s. dort Beschreibung der einschlägigen TAPPI-Methoden T 483 sm-53 und deren Verwendung.

der Benetzungswiderstand[1] muß daher auf beiden Seiten des Packstoffes hoch und das Wasseraufnahmevermögen gering sein. Für die Verpackung von Obst muß der Packstoff gegen die Einwirkung schwacher Säuren beständig sein.

5. Die Oberflächenbeschaffenheit.

Der Packstoff für Gefrierkonserven muß eine hinreichende Oberflächenglätte haben, nicht nur um das Aussehen der Packung zu heben, es muß vielmehr auch ein festes Anhaften des gefrorenen Füllgutes an der Packungswandung unterbunden werden. Der Packstoff muß sich vom gefrorenen Füllgut restlos entfernen lassen. Bei Papier und Pappen ist die Glätte auch für das Bedrucken von Bedeutung. Im allgemeinen ist bei Packstoffen für Gefrierkonserven eine ausreichende Glätte vorhanden, da die Dichtigkeit und die wasserabstoßende Wirkung durch eine Oberflächenbehandlung erreicht werden muß.

Die Glättezahl nach Bekk in den Tab. 4 und 7 gibt die Zeit in Sekunden an, die für den Durchgang von 10 cm³ Luft zwischen einer polierten Fläche und der daraufliegenden belasteten Packstoffprobe bei einem durchschnittlichen Unterdruck von 0,5 kg/cm² in der Mitte der Probe erforderlich ist[2].

6. Heißsiegel-, Verschweiß- und Verklebfähigkeit.

Die Verschlußnähte einer Gefrierpackung sollen die gleiche Festigkeit und Dichtigkeit aufweisen wie der Packstoff selbst. Mit thermoplastischen Lacken überzogene Packstoffe, wie z. B. Zellglas-Wetterfest, mit Kunststoff beschichtete und z. T. auch paraffinierte Papiere, werden durch Heißsiegelung (Heißverklebung), Kunststoffolien durch Verschweißen miteinander verbunden. Bei der Auswahl des Verfahrens — es werden das Wärmekontakt-, Wärmeimpuls- und Hochfrequenzverfahren angewendet — muß auf die Eigenart des Packstoffes Rücksicht genommen werden[3, 4] (s. Tab. 5). Die Verwendung von Klebstoffen beschränkt sich in der Regel auf Faltschachteln mit verschweißtem oder heißversiegeltem Innenbeutel. Die verwendeten Klebstoffe müssen für Lebensmittelpackungen geeignet sein und außerdem noch eine gute Kältebeständigkeit und hohe Abbindgeschwindigkeit besitzen.

Die durch Verschweißen oder Heißsiegeln erreichbare Nahtfestigkeit und -dichtigkeit hängt von der Art und Dicke des Packstoffes bzw. von der Haft- und Klebfähigkeit des thermoplastischen Auftrages sowie vom Verschließvorgang ab[3]. Die Festigkeit durch Heißsiegelung hergestellten Nähte ist bei paraffinierten Papieren gering, dagegen erreichen die Nähte von gut schweiß- oder heißsiegelfähigen Packstoffen die Festigkeit und Dichtigkeit des Packstoffes. Versuche von Heiss[5] zeigten, daß die Wasserdampfdurchlässigkeit von Flachrandbeuteln aus gut heißsiegelfähigen oder verschweißbaren Folien (wetterfestem Zellglas, Polyäthylen) in erster Linie von der Durchlässigkeit des Packstoffes bestimmt wird. Voraussetzung für diese Nahtdichtigkeit ist, daß mit geeigneten Werkzeugen sowie mit für den jeweiligen Packstoff optimalen Temperaturen, Zeiten und Preßdrucken geschweißt oder gesiegelt wird (s. Tab. 5 und S. 625).

---

[1] Siehe Fußnote 3, S. 611, dort S. 279.
[2] Siehe Fußnote 3, S. 611, dort S. 314.
[3] Kersten, W.: Die neue Verpackung Bd. 61 (1959) S. 619 und Bd. 62 (1957) S. 296.
[4] Herfurth, R.: Verpackungswirtschaftliche Schriftenreihe. H. 11, S. 25; Berlin: Verlag für Fachliteratur G. m. b. H. 1959.
[5] Siehe Fußnote 4, S. 612, dort S. 93.

III. Packungen für den Einzelhandel (Kleinpackungen).

Für den Verkauf beim Einzelhändler und für die Vorratshaltung in Land-
und Stadthaushalt werden Gefrierprodukte in einer für übliche Mahlzeiten ausreichenden Menge verpackt. Die dazu verwendete Verpackung läßt sich in
3 Gruppen aufteilen:

1. Einwickler und Beutel,
2. Kartonpackungen,
3. Behälter aus Metall, Glas und Kunststoff.

Welche Verpackung verwendet wird, richtet sich nach Art und Menge der
Gefrierware, dem Abnehmerkreis und den Verpackungs- und Packkosten.

1. Einwickler und Beutel.

Papiere und Folien werden von der Rolle oder auf bestimmte Größen zu-
geschnitten von der Gefrierindustrie und im Haushalt zum Einwickeln verwendet.
Während in der Industrie Einwickler normalerweise nur als Einsatz oder Umhüllung von Kartonpackungen gebraucht werden, haben sie für das Verpacken
von Fleisch und Geflügel im Haushalt oder in Gemeinschaftsgefrieranlagen weite
Verbreitung gefunden. Einwickler sind nicht flüssigkeitsdicht, sie sollten daher
nicht als alleinige Verpackung für stark saftziehende Produkte verwendet
werden, es sei denn, daß das Gefriergut vor dem Auftauen rechtzeitig ausgepackt
werden kann.

Beutel werden zum Verpacken von kleinstückiger trockener Ware, aber auch
für pastöses und z. T. für saftziehendes und flüssiges Gut verwendet. Als Einsatzbeutel für kleine und große Kartonpackungen und vor allem als Vakuum-
und Schrumpfpackung für Geflügel sind sie für die Gefrierindustrie unentbehrlich.

Die wichtigsten Packstoffe zum Einwickeln und für Beutel, von denen einige
auch zum Kaschieren von Karton Bedeutung haben, sind:

a) paraffinierte, lackierte oder beschichtete Papiere,
b) Zellglas-Wetterfest mit verankerter Lackschicht,
c) Polyäthylenfolie,
d) Polyvinylidenchloridfolie (Saran),
e) Kautschukhydrochloridfolie (Pliofilm),
f) Polyterephthalsäureesterfolie (Mylar),
g) Blanke, lackierte oder beschichtete Aluminiumfolie,
h) Verbundfolien, wie Zellglas — Polyäthylen, Saran — Polyäthylen u. a.

Die Eigenschaften einiger Papiere sind in Tab. 4, die der meistverwendeten
Folien in Tab. 5 zusammengestellt. Bei der Auswahl von Packstoffen für den
Vertrieb bestimmter Gefriergüter muß nicht nur Wert darauf gelegt werden, daß
die Eigenschaften den Anforderungen entsprechen, sondern es sind dabei auch
die sehr unterschiedlichen Preise der Papiere und Folien zu berücksichtigen
(Preisrelation s. Tab. 6). Auf die Kosten der Gesamtpackung kann sich außerdem
die Verarbeitungsmöglichkeit im Betrieb, insbesondere die Eignung für ein
maschinelles Verpacken, stark auswirken.

a) Papiere. Für die Verpackung von Gefrierprodukten sind nur hochwertige
naßfeste oberflächenbeschichtete Einfach- oder Duplo-Papiere geeignet (s. Tab. 4).

Bei Wachspapieren hängen die Eigenschaften stark von der Art des Wachses
und der Auftragsstärke und -art ab, so daß bei der Auswahl Vorsicht am Platz ist.
Bei deutschen Wachspapieren wurde eine Wasserdampfdurchlässigkeit von 2,0 bis
670 g/m² Tag bei $+20°$ C und einem Feuchtigkeitsgefälle von 100% (Berührung)

Tabelle 4. *Eigenschaften von einigen Papieren nach* Heiss *und* Schricker[1].

Eigenschaft und Prüfmethode	Prüf-rich-tung	Maßeinheit	Pergamin gebleicht	Pergament-ersatz gebleicht
Flächengewicht nach DIN 5311	—	g/m²	etwa 40	etwa 60
Dicke nach DIN 53112	—	mm	etwa 0,024	etwa 0,07
Bruchwiderstand nach DIN 53112	längs quer	kg kg	etwa 5 etwa 2	etwa 5,5 etwa 2,5
Dehnung beim Bruch	längs quer	% %	1 bis 2 2 bis 6	2,5 bis 2,5 4 bis 8
Berstwiderstand (Schopper) 10 cm² Ein-spannfläche	—	kg/cm²	etwa 0,9	etwa 1,5
Einreißfestigkeit	längs quer	kg	etwa 0,4	etwa 0,6
Naßfestigkeit Berstwiderstand nach 2 Stunden in Wasser von 20° C	—	%ᶠ	10 bis 15	4 bis 12
Rückfederungswinkel 1 Minute nach Knik-kung auf 180° C	längs quer	Grad	0 bis 17	2 bis 20
Oberflächenglätte nach Bekk (s. S. 618)	—	s	900	im allgemeinen <20
Wasserdurchlässigkeit	—	—	durchlässig	durchlässig
Fettdurchlässigkeit	—	—	ziemlich un-durchlässig[a]	ziemlich un-durchlässig[a]
Luftdurchlässigkeit	—	cm³/dm² Tag	etwa 5	3000
Wasserdampfdurchlässigkeit Feuchtigkeitsgefälle 90 auf 65% bei +20° C	—	g/m² Tag	durchlässig	durchlässig
Riechstoffdurchlässigkeit gegen Gewürznelken[e]	—	—	0 bis 1	0 bis 1

[1] Heiss, R., u. G. Schricker: Packstoff-Tabellen. München: Carl Hanser 1955.
[a] bei wasserhaltigen Fetten mäßige Durchlässigkeit.
[b] Diese Werte sind als Höchstwerte für Buttereinwickler und Butterfaßausleger zugelassen (s. Methodenbuch Bd. VI, Untersuchung von Milch, Milcherzeugnissen und Molkereihilfsstoffen. Radebeul/Berlin: Neumann Verlag). Die durchschnittlichen Luftdurchlässigkeitswerte von Echt-Pergament liegen jedoch im allgemeinen wesentlich tiefer.

auf 65% und von 0,06 bis 17 g/m² Tag bei —15° C und gleichem Gefälle gefunden (s. auch Tab. 4). Eine gute Wasserdampfdichtigkeit, auch nach Faltung, eine hinreichende Siegelfähigkeit bei verhältnismäßig niedriger Temperatur und eine glänzende Oberfläche zeigen Papiere, die mit Mischungen aus Paraffinen und mikrokristallinen Wachsen unter Zusatz von thermoplastischen Stoffen beschichtet worden sind. Eine Veredlung der Papiere durch Beimengung von Kunstharzen erhöht die Naßfestigkeit, Dichtigkeit und Geschmeidigkeit.

Die Werte schwanken je nach den Herstellungsbedingungen in weiten Grenzen.

| Echt-Pergament | Duplopergamin | | Pergamin gebleicht, zweiseitig paraffiniert | Spezialpapier zweiseitig gewachst Gefrierpapier |
	zweiseitig paraffiniert	zweiseitig lackiert		
43 bis 47	70	70	etwa 40	etwa 70
0,057 bis 0,063	0,05 bis 0,06	0,05 bis 0,06	0,03	0,06
3,5 bis 5 2 bis 3,5	6 bis 7 25 bis 3	6 bis 7 25 bis 3	etwa 5 etwa 2,5	— —
1 bis 2,5 3 bis 6	1 bis 2,5 3 bis 6	0,5 bis 1,5 2,5 bis 4,5	— —	— —
$> 0,8$	etwa 1,5	etwa 1,5	etwa 1	etwa 1
etwa 0,8	0,5 bis 1	0,3 bis 0,7	0,5	0,72
etwa 35	etwa 25	etwa 30	etwa 30	etwa 30
etwa 10	etwa 20 etwa 20	15 bis 30 15 bis 30	< 10 < 10	20 bis 35 35 bis 60
im allgemeinen <20	>900	>900	etwa 650	—
durchlässig	praktisch undurchlässig	praktisch undurchlässig	durchlässig	praktisch undurchlässig
praktisch undurchlässig	undurchlässig	undurchlässig	praktisch undurchlässig	undurchlässig
bis 28000[b]	praktisch undurchlässig	praktisch undurchlässig	$<0,05$	praktisch undurchlässig
durchlässig	etwa 1	etwa 1	etwa 15[c]	etwa 2[d]
0 bis 2	0 bis 1	0 bis 1	0 bis 2	stark

[c] Bei Verwendung von Spezialwachsmischungen mit hohen Auftragsstärken Werte bis zu 2 g/m² Tag.
[d] Feuchtigkeitsgefälle 100 gegen 65% nach WOLODKEWITSCH (eigener Wert).
[e] Urteilsstufen: Kein Durchgang 0, Spuren 1, schwacher Durchgang 2.
[f] % des Berstwiderstandes des trocknen Packstoffes.

Solche hochwertigen Papiere werden in den USA farbig bedruckt mit einem Flächengewicht von 40 bis 50 g/m² vor und 60 bis 80 g/m² nach dem Beschichten meist zum Einwickeln von Kartonpackungen verwendet. Die Kombination von unbedrucktem Karton und farbigem Wachspapier hat sich als wirtschaftlicher und bei vielen Produkten genauso werbewirksam erwiesen wie der früher sowohl in den USA als auch in Deutschland übliche mit Zellglas umhüllte bedruckte Karton und auch wie Fensterpackungen.

Eigenschaft	Zellglas normal	Zellglas wetterfest AST	Polyäthylenfolie
Handelsübliche Dicken . . . . μ	20 bis 40	25 bis 45	25 bis 200
Für die Bestimmungen verwendete Dicke μ	etwa 20 (30 g/m²)	etwa 25 (35 g/m²)	etwa 50
Spezifisches Gewicht . . . . . . kg/dm³	1,45	1,4 bis 1,5	0,92 bis 0,93
Spezifische Wärme . . . . . . kcal/kg °C	—	—	0,55
Wärmeleitzahl . . . . kcal/m °C h	—	0,06 bis 0,09	0,26
Zugfestigkeit . . . . . . { längs kg/mm²	7,5 bis 13	5 bis 11	0,9 bis 1,7
{ quer kg/mm²	4 bis 7,5	—	—
Bruchdehnung . . . . . { längs %	15 bis 40	15 bis 50	> 200
{ quer %	40 bis 80	—	> 500
Berstwiderstand			
MULLEN . . . . kg/cm²	—	—	etwa 3
SCHOPPER . . . . kg/cm²	1,2 bis 1,6	1,2 bis 1,6	0,3 bis 0,6
Falzwiderstand . . . . . Falzzahl × 10³	—	1 bis 15	> 50
Wasseraufnahme, Tauchzeit 24 Stunden %	hoch	hoch	< 0,01
Wasserdampfdurchlässigkeit			
a) Nach der Schalenmethode			
bei 37,8° C und Feuchtigkeitsgefälle 90 auf 0 % { plan g/m² Tag	sehr hoch	3 bis 12	8 bis 12
{ geknickt [d] g/m² Tag	sehr hoch	30 bis 60 [b]	8 bis 12
b) nach WOLODKEWITSCH bei —15° C und Feuchtigkeitsgefälle 100 auf 65 % . . plan g/m² Tag	etwa 300	0,3 bis 0,5 [e]	etwa 0,03
Luftdurchlässigkeit (Druckgefälle 250 mm WS) cm³/dm² Tag	< 0,1	praktisch 0	0,4 bis 0,8
Sauerstoffdurchlässigkeit (Druckgefälle 760 mm Hg bei 21° C) . . cm³/dm² Tag	—	etwa 0,1	25 bis 30 [f]
Kohlendioxyddurchlässigkeit (Druckgefälle 760 mm Hg bei 21° C) . . cm³/dm² Tag	—	etwa 1	70 bis 80 [f]
Fett- und Öldurchlässigkeit	undurchlässig	undurchlässig	gering [g]
Riechstoffdurchlässigkeit	praktisch undurchlässig	sehr gering [h]	stark
Beständigkeit gegen Obstsäuren	ausreichend	ausreichend	sehr gut
Dauerwärmebeständigkeit . . . . . . °C	190	150	40
Kältebeständigkeit . . . . °C	—40	—40	—50
Verklebbarkeit	sehr gut	sehr gut	schlecht
Heißsiegelfähigkeit { Wärmekontakt	fehlt	sehr gut	bedingt
oder { Hochfrequenz	fehlt	fehlt	fehlt
Schweißbarkeit { Wärmeimpuls	fehlt	befriedigend	sehr gut
Schweiß- oder Siegeltemperatur . . . °C	—	90 bis 170	110 bis 150

[1] Aluminium-Taschenbuch. Düsseldorf: Verlag der Aluminiumzentrale e. V., 10. Aufl. 1951.

[2] BALL, C. D.: Western Canner and Packer Bd. 50 (1958) H. 5, S. 17.

[3] DEBUS, E.: Fette u. Seifen Bd. 60 (1958) S. 33.

[4] DOWNS, M. L.: Packaging Series Nr. 46 der American Managament Ass. New York 1955.

[5] KAESS, G.: Papierfabrikant Bd. 41 (1943) S. 203.

[6] HEISS, R.: Verpackung feuchtigkeitsempfindlicher Güter. Berlin/Göttingen/Heidelberg Springer 1956.

[7] HEISS, R., u. G. SCHRICKER: Packstoff-Tabellen. München: Carl Hanser 1955.

[8] Modern Packaging Encyclop, der Packaging Catalog Corp. New York 22, Ausgabe 1957.

[9] NAGEL, H., u. J. P. WILKINS: Food Techn. Bd. 11 (1957) S. 180.

[10] PLANK, R.: Z. ges. Kälteind. Bd. 51 (1944) S. 51

[11] STOECKHERT, K.: Die Kunststoff-Packung. Berlin: Gebr. Weiß-Verlag 1952, VDI-Z. Bd. 100 (1958).

[12] STONE, M. C., u. W. F. REINHART: Modern Plastics Bd. 31 (1954) H. 10, S. 203, zit. nach C. O. BALL².

Verbundfolie, Polyäthylen beschichtetes Zellglas	Polyvinyliden-chloridfolie Saranfolie 517	Kautschuk-hydrochloridfolie Pliofilm Type F, H u. M	Polyvinyl-chloridfolie hart	Polyterephthal-säureesterfolie Mylar, Hostaphan	Aluminiumfolie
50 und mehr	15 bis 75	5 bis 65	20 bis 250	5 bis 150	10 bis 30 [a]
etwa 25 + 25	etwa 38	etwa 35	etwa 40	etwa 25	etwa 20
1,1 bis 1,2	1,6 bis 1,7	1,11 bis 1,15	1,3 bis 1,4	1,4	2,7
—	0,32	—	0,24	—	0,21
—	0,08	—	0,15	—	175
etwa 3,5	4,5 bis 10	4 bis 5,5	5,5 bis 7	etwa 15	4 bis 5
—	5,5 bis 10	—	5 bis 6,5	etwa 18	—
15 bis 25	20 bis 40	—	40 bis 80	etwa 70	2 bis 3
—	—	>300	—	etwa 70	—
2,5 bis 3,5	3 bis 5,5	dehnt sich	—	3 bis 3,5	—
—	—	—	etwa 1,5	—	etwa 0,7
hoch	>500	10 bis 100	10 bis 20	rd. 20	etwa < 0,02
—	<0,05	<1	<0,2	<0,5	0
12 [c]	2 bis 3	8 bis 11	etwa 30	3 bis 10	
—	2 bis 3	8 bis 11	—	—	
etwa 0,04 [c]	etwa 0,01	—	etwa 0,4	etwa 0,2	nur durch Poren
<0,1	<0,1	gering	0,1 bis 0,2	<0,1	
—	<0,1	etwa 0,8	etwa 0,4	etwa 0,2 [f]	
—	0,3 bis 0,4	2 bis 3	<1	<1 [f]	
sehr gering	undurchlässig	undurchlässig	sehr gering	undurchlässig	undurchlässig
sehr gering	praktisch undurchlässig	praktisch undurchlässig	praktisch undurchlässig	gering	undurchlässig
sehr gut	sehr gut	gut	gut	sehr gut	mangelhaft
90	80	70	80	150	>300
—40	—30 [l]	—30 [m]	—20	<—60	<—60
gut	gut	gut	gut	mangelhaft	mangelhaft
sehr gut	gut	sehr gut	fehlt	fehlt	fehlt
fehlt	gut	mangelhaft	gut	fehlt	fehlt
sehr gut	gut	gut	gut	mangelhaft	fehlt
110 bis 150	135 bis 150	120 bis 150	90 bis 175	—	—

[13] NASSENSTEIN, C. H.: Verpackungswirtschaftliche Schriftenreihe H. 11, S. 11; Berlin: Verlag für Fachliteratur G. m. b. H. 1959.

[14] HAGEN, G.: Chemie-Ing. Techn. Bd. 26 (1954) S. 356.

[a] Folien über $20\,\mu$ werden im allgemeinen als dünne Bänder bezeichnet.

[b] Nach HEISS: Erhöhung der Durchlässigkeit deutscher Fabrikate durch einen Kreuzknick auf 0,5 dm² Fläche bei 20° C und 65 auf 0% Feuchtigkeitsgefälle im Mittel von etwa 1,5 auf 2,3 g/m² Tag.

[c] Polyäthylenbeschichtung zur feuchten Seite, bei —15° C Polyäthylenbeschichtung $50\,\mu$.

[d] Nach der TAPPI-Standardmethode T-465 sm-52.

[e] Ohne Berührung der Eisfläche etwa die Hälfte.

[f] Bei einer Folienstärke von $40\,\mu$.

[g] Bei Dauerberührung.

[h] Durchlässigkeit schwankt mit dem Wassergehalt.

[k] Muß durch Lackierung geschützt werden.

[l] Unter —20° C wenig schmiegsam.

[m] Nur kältebeständige Sorten.

Tabelle 6. *Richtwerte für die Ausbeute- und Kostenrelation weitgehend wasserdampfundurchlässiger Papiere und Folien in üblicher Dicke[1].*

Packstoff	Dicke	Flächengewicht	Ausbeute	Kosten (Rollen) in den USA 1955/56		Relative Kosten/m²
	μ	g/m²	m²/kg	$/kg	$/m²	(Pergamin=1)
Pergamin gebleicht, paraffiniert	32	46	22	0,55	0,025	1
Duplopergamin ungebleicht, wachskaschiert	61	75	13	0,60	0,045	1,8
Polyäthylenfolie	51	46	22	1,25	0,057	2,3
Zellglas-Wetterfest	35	49	20	1,3	0,065	2,6
Zelluloseazetatfolie	38	47	21	1,9	0,09	3,6
Kautschukhydrochloridfolie (Pliofilm). .	38	46	22	2,7	0,12	4,8
Polyvinylidenchloridfolie (Saranfolie) .	38	63	16	2,1	0,14	5,6
Polyterephthalsäureesterfolie (Mylar, Hostaphan)	38	53	19	5,0	0,26	10,4

Einfachere Wachspapiere, die zwar eine gute Wasserdampfdichtigkeit, Naßfestigkeit und Schmiegsamkeit besitzen, bei denen aber auf eine Heißsiegelfähigkeit und Glanzwirkung verzichtet wird, verwendet man in den USA neben Polyäthylen- und Aluminiumfolie zum Einwickeln von Fleisch, Fleischwaren und Geflügel im Haushalt und in Gemeinschaftsgefrieranlagen.

Neben Wachspapieren werden lackierte oder mit Polyäthylen, Vinylidenchlorid-Mischpolymerisat (Diofan) oder anderen Kunststoffen beschichtete Papiere von der Gefrierindustrie aller Länder verwendet[2]. Die als wäßrige Dispersionen, Lösungen oder Schmelzen aufgetragenen Kunststoffschichten verleihen den Papieren auch bei geringen Auftragsstärken sehr gute Eigenschaften[3]. Sie sind bei Raumtemperatur kaum knickempfindlich. Normalerweise werden einseitig mit Kunststoff beschichtete, auf der anderen Seite gegen Durchfeuchtung geschützte Papiere zur Herstellung von Beuteln für Klein- oder Großpackungen oder als Futter für diese benutzt (s. S. 636), aber sie sind auch als fertige Packungen für viele Güter verwendbar[4]. Beschichtete Papiere sind sehr gut nach dem Wärmekontaktverfahren heißsiegelfähig, wenn Schicht auf Schicht liegt.

b) Zellglas. Zellglas wird gegenwärtig in Deutschland unter den Handelsnamen Cellophan, Transparit, Cuprophan und Priphan in Rollen oder in Form von Zuschnitten und Beuteln, meist mit einem Flächengewicht von 35 g/m², (25 μ dick) der Gefrierindustrie angeboten. Für die Verpackung von Gefrierware kommt nur Zellglas mit zweiseitiger verankerter Lackierung, Zellglas-Wetterfest AST bzw. MSAT[5], in Betracht, da normales Zellglas wegen des hydrophilen Charakters regenerierter Zellulose stark wasserdampfdurchlässig ist und eine nicht verankerte Lackschicht sich ablöst, wenn man das gefrorene Gut aus der Packung herausnimmt. Für die Verwendung in der Gefrierindustrie gibt es besonders geeignete Sorten (Zellglas TK). Neuerdings wird Zellglas auch mit einem Überzug aus Vinylidenchlorid-Mischpolymerisat versehen und erhält dadurch bei etwa gleicher Wasserdampfdurchlässigkeit eine größere Widerstandsfähigkeit gegen mechanische und chemische Beanspruchungen.

Zellglas ist glasklar, glatt und glänzend, geruch- und geschmacklos; die Wasserdampf- und insbesondere die Luftdurchlässigkeit sind bei den wetterfesten Arten gering (s. Tab. 5). Die Eigenschaften werden jedoch erheblich durch

---

[1] Nach Downs, M. L. in Packaging Series Nr. 46 des American Management Ass. New York 36, N. Y. 1955. — C. O. Ball: Western Canner and Packer Bd. 50 (1958) H. 8, S. 28.
[2] Food Bd. 28 (1959) S. 217.   [3] Siehe Fußnote 4, S. 611, dort S. 161.
[4] Schoch, W., u. U. Ströle: Die Neue Verpackung Bd. 12 (1959) S. 480.
[5] M — Moisture proof (feuchtigkeitsdicht); S — Heat sealing (heiß-siegelfähig); A — Anchored (verankerte Lackschicht); T — Transparent.

Schwankungen des Wassergehaltes der Folie beeinflußt. Mit abnehmendem Wassergehalt verliert das Zellglas an Schmiegsamkeit und wird schließlich spröde, mit zunehmendem quillt es und kann sich verwerfen. Durch die Quellung wird die Wasserdampfdurchlässigkeit erhöht. Eine Zunahme der Wasserdampfdurchlässigkeit verschiedener Lieferungen wetterfesten Zellglases durch die Lagerung bei —15° C wurde von HEISS[1] gefunden. Die bei +20° C und einem Feuchtigkeitsgefälle von 65 auf 0% gemessenen Werte stiegen von 0,6 bis 1,7 vor der Einlagerung auf 5,5 bis 9,3 g/m² Tag nach der Entnahme aus dem Gefrierlagerraum an.

Zellglas-Wetterfest verwendet man in der Gefrierindustrie als Beutel für Kartonpackungen oder als Einwickler für diese. Fleischstücke und Fischfilet

Abb. 278. Verpackungsmaschine für Fischfilet. Packstoff: Zellglas-Wetterfest AST,
Leistung: 20 bis 25 Packungen/min, Antrieb 1,75 PS,
Hersteller: Verpackungsautomaten G.m.b.H., Düsseldorf.

werden oft mit Zellglas umhüllt, bevor sie in Großpackungen vertrieben werden. Zellglas eignet sich gut zum maschinellen Verpacken. Eine Verpackungsmaschine, in der Zellglasbeutel von der gerollten Bahn hergestellt, mit vorgeformten Fischfiletquadern gefüllt und verschlossen werden, zeigt Abb. 278.

Für die Heißsiegelung werden Wärmekontakt-Siegelgeräte im Aufbau ähnlich Abb. 281 verwendet. Bei Klemmbackengeräten ergeben mit Rasterprofilen versehene Siegelbacken besonders gute Verschlüsse. Bei Zellglas-Wetterfest hat sich ein Anpreßdruck von über 1,5 kg/cm² und eine Siegelzeit von 2 bis 3 s bei etwa 150° C als günstig erwiesen. Eine Hochnaht beeinflußt im allgemeinen die Wasserdampfdurchlässigkeit einer Packung weniger als eine Flachnaht. Oft ist nicht der Packstoff, sondern ein mangelhafter Verschluß die Ursache für die Undichtigkeit einer Beutelpackung.

Um ein einwandfreies Verarbeiten des Zellglases zu gewährleisten, soll dieses bei einer dem Wassergehalt entsprechenden Gleichgewichtsfeuchtigkeit von 40 bis

---

[1] Siehe Fußnote 4, S. 612, dort S. 98.

50% und etwa 20° C möglichst in der Originalpackung nicht zu hoch gestapelt bis zur Verwendung gelagert werden.

Die Bedeutung von Zellglas als Packstoff für ländliche Gefrieranlagen geht zugunsten von Polyäthylen zurück, weil es auch hier gegen Beschädigungen beim Gefrieren und beim Umpacken im gefrorenen Zustand durch eine zusätzliche Umhüllung geschützt werden muß. Als Außenverpackung des in Zellglas eingewickelten Fleisches und Geflügels haben sich Baumwoll-Gewebeschläuche (Stockinettes) bewährt. Sie schützen nicht nur das Zellglas, sondern drücken es auch fest an die Oberfläche des Gefriergutes, so daß größere Luftpolster vermieden werden.

    c) Polyäthylenfolie. Folie aus Hochdruckpolyäthylen hat ihrer guten Eigenschaften und ihres niedrigen Preises wegen nach Zellglas von allen Kunststofffolien die größte Verbreitung gefunden. Sie wird unter Handelsnamen, wie Polythen, Lupolen, Suprathen u. a., meist in Schlauchform, aber auch als Planfolie und zu Flach- oder Seitenfaltenbeutel verarbeitet, angeboten. Nicht nur in der deutschen Gefrierindustrie, sondern auch im Haushalt ist die Polyäthylenfolie heute der meistverwendete Packstoff. Die Folie wird in Dicken von 40 bis 50 μ und in Schlauchweiten von 100 bis 160 mm für Beutelkleinpackungen genommen. In Dicken bis 100 μ dient sie zur Anfertigung von Einsatzbeuteln für die üblichen Großpackungen und von Beuteln für das Verpacken von größeren Fleischstücken in ländlichen Gemeinschaftsanlagen.

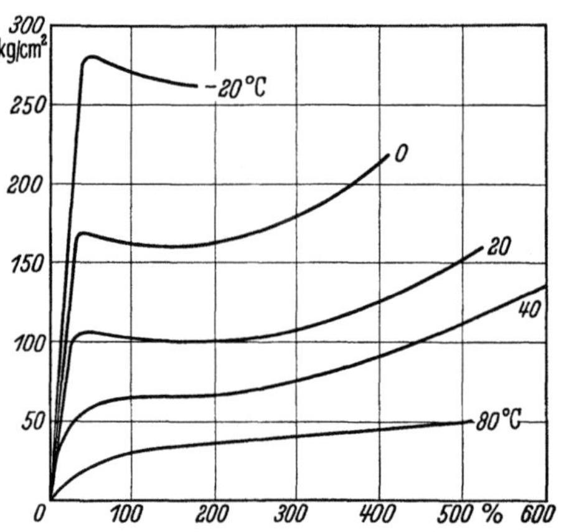

Abb. 279. Zug-Dehnungs-Diagramm von Hochdruckpolyäthylen bei verschiedenen Temperaturen nach dem „Lupolen"-Merkblatt der BASF, Ludwigshafen/Rh.

In den von der Gefrierindustrie verwendeten Foliendicken ist Polyäthylen durchsichtig, doch leicht milchig-trüb. Infolge ihrer sehr guten Schmiegsamkeit und hohen Dehnbarkeit (vgl. Abb. 279) ist Polyäthylenfolie auch bei Gefrierlagertemperaturen noch weitgehend stoßfest[1] und den Beanspruchungen beim Gefrieren und beim Vertrieb der gefrorenen Lebensmittel gewachsen. Sie ist außerordentlich beständig gegen chemische Einwirkungen. Fett wird allerdings von der Folie bis zu 2% aufgenommen und dringt bei Raumtemperatur verhältnismäßig schnell durch. Auch wenn durch die Quellung die Folie nicht geschädigt wird, ist sie daher zum Verpacken fetthaltiger Lebensmittel nicht zu empfehlen[2]. Es ist nicht zu erwarten, daß gegen die Gefrierlagerung mäßig fetthaltiger Lebensmittel in Polyäthylenfolie oder polyäthylenbeschichtetem Papier Bedenken erhoben werden[3].

Die Durchlässigkeit von Polyäthylenfolie für Sauerstoff und Kohlendioxyd ist im Vergleich zu Wasserdampf groß (s. Tab. 5).

Das Fettaufnahmevermögen und die weitgehende Durchlässigkeit von Polyäthylenfolie für Sauerstoff dürften die Ursache sein, daß während einer von Simpson und Chang[4] durchgeführten langfristigen Gefrierlagerung, die in

---

[1] Vgl. das „Lupolen"-Merkblatt der Badischen Anilin- und Soda-Fabrik AG., Ludwigshafen a. Rh.

[2] Schmülling, E.: Fette u. Seifen Bd. 61 (1959) S. 117.

[3] Siehe Fußnote 4, S. 611 dort S. 173.

[4] Simpson, J. I., u. J. C. L. Chang: Food Techn. Bd. 8 (1954) S. 246.

polyäthylenbeschichtetes Papier verpackten Speck- und Hackfleischproben stärker ranzig wurden als die in Aluminiumfolie, Wachspapier oder sogar in Pergamentpapier eingewickelten. Obgleich der Gewichtsverlust der in polyäthylenbeschichtetes Papier verpackten 100 g-Proben im Durchschnitt nur 0,1% in 2 Jahren betrug (gegenüber 0,6 bei der Aluminiumfolie, 1,5% beim wachskaschierten Papier und 30% beim Pergamentpapier), war ihre Peroxydzahl stärker angestiegen (Abb. 280). Bei der Gefrierlagerung von Erbsen erwies sich polyäthylenbeschichtetes Papier der reinen Polyäthylenfolie gegenüber als günstiger[1].

Beutel aus Polyäthylenfolie werden von der deutschen Gefrierindustrie in großem Umfang zum Verpacken von Gemüse und auch z. T. von Obst verwendet. Während sie den Anforderungen, die an die Verpackung trockener pflanzlicher

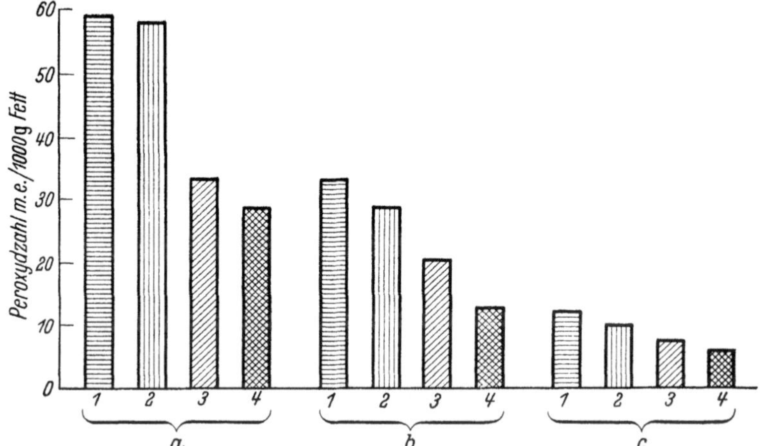

Abb. 280. Peroxydzahl (Milliäquivalenz aktiver Sauerstoff/1000 g Fett) verschieden verpackter Fleischwaren nach zweijähriger Lagerung bei −17,8° C nach SIMSPON und CHANG.
a Speck, Wassergehalt 20,2%, Fettgehalt 69,1%, *b* Schweinehackfleisch, Wassergehalt 37,4%, Fettgehalt 52,2%, *c* Rinderhackfleisch mit Talgzusatz, Wassergehalt 56,8%, Fettgehalt 24,5%. *1* Papier aus reinem gebleichtem Zellstoff mit Polyäthylen beschichtet, Flächengewicht 88 g/m², *2* Pergamentersatzpapier gebleicht, Flächengewicht 75 g/m², *3* Duplopergamin wachskaschiert, Flächengewicht 124 g/m², *4* Aluminiumfolie, Stärke 0,035 mm.

Gefriergüter zu stellen sind, gerecht werden und auch pastöse Güter, wie Spinat, befriedigend in ihnen gefroren wurden, erwiesen sie sich für das Gefrieren von Obst in Zuckerlösungen als weniger geeignet.

Infolge ihrer großen Schmiegsamkeit und Oberflächenglätte ist Polyäthylenfolie sowohl von Hand als auch maschinell schwer zu verarbeiten. Den Beuteln fehlt die Standfestigkeit, um sie in einfachen Maschinen automatisch füllen und verschließen zu können. Neuerdings sind jedoch Maschinen entwickelt worden, die von der Flachfolie ausgehend Beutel fertigen, sie mit körnigen, pastösen oder flüssigen Gütern füllen und verschließen. Polyäthylen läßt sich sehr gut mit Wärmeimpuls-Schweißgeräten (Abb. 281) verschweißen.

Neben der normalen Folie ist auch eine aus Hochdruckpolyäthylen hergestellte schrumpffähige Folie auf den Markt gekommen. Beutel aus dieser werden als Schrumpfpackungen (s. S. 629) für Geflügel und andere großstückige Teile verwendet.

---

[1] WINTER, J. D., SH. TRANTANELLA u. A. E. HUTCHINS: Quick Frozen Foods Bd. 21 (1958/59) H. 1, S. 28.

Für die meist kurzfristige Lagerung in Gemeinschaftsgefrieranlagen hat sich Polyäthylen für alle Produkte, außer den flüssigen oder mit Aufguß versehenen, als geeignet erwiesen. Die Folie schmiegt sich gut an, so daß Lufteinschlüsse in den Packungen vermieden werden können. Verschlossen werden Beutelpackungen hier in der Regel durch Einrollen um Verschlußstreifen (Clips), die seitlich umgebogen ein Aufgehen verhindern. Auf diese Art lassen sich die Beutel infolge der Glätte und Schmiegsamkeit der Folie praktisch dicht verschließen.

Niederdruckpolyäthylen hat eine höhere Dichte (0,95) und deshalb eine höhere Festigkeit und geringere Dehnbarkeit bzw. Schmiegsamkeit als Hochdruckpolyäthylen. Es hat eine geringere Gas- und Wasserdampfdurchlässigkeit und ist beständiger gegenüber Fetten. Aus diesem Kunststoff hergestellte Behälter könnten als Kleinpackungen in der Gefrierindustrie Bedeutung gewinnen, da die Kältebeständigkeit gut ist (je nach Herstellungsverfahren −40° C bis −80° C)[1].

Abb. 281. Impulsschweißgerät zum Verschweißen von Polyäthylen und anderen thermoplastischen Folien. Schweißbackenlänge 200 mm, Backenbreite 3 mm. Zeitregler einstellbar zwischen 0,2 und 2,5 s; Leistung bis 18 Schweißungen/min. Hersteller: Gottlieb Wiedmann, Fellbach-Stuttgart.

d) Polyvinylidenchloridfolie. Die aus Vinylidenchlorid-Mischpolymerisaten hergestellten Folien kommen unter dem Namen Saran[2] und Cryovac[3] in den Handel. Die Folien werden weichmacherfrei oder mit einer Zugabe von 5 bis 8% Weichmacher durch Extrusion gewonnen. Ihre Herstellungsweise bestimmt einige ihrer charakteristischen Eigenschaften; die hohe Festigkeit bei einer guten Geschmeidigkeit in den zum Gefrieren gebräuchlichsten Dicken von 20 bis 50 μ und die starke Schrumpffähigkeit bei Erwärmung durch Desorientierung der gerichteten Moleküle.

Polyvinylidenchloridfolie wird in mehreren Typen zum Verpacken von Lebensmitteln geliefert. Die Grundtypen unterscheiden sich u. a. durch ihre Transparenz und Oberflächenhaftung. Die Typen mit großer Oberflächenhaftung eignen sich zum Einwickeln und Überziehen von Fleischwaren u. a., da sie sich unregelmäßig geformten Teilen gut anschmiegen. Sie haben die größere Transparenz. Für die Herstellung von Beuteln sind die Typen mit geringerer Oberflächenhaftung geeignet; diese Folientypen haben eine nicht so hohe Transparenz oder sind leicht gelblich-trüb. Die Haupttypen werden normal als gereckte aber auch als vorgeschrumpfte Folien geliefert.

---

[1] Krause, H.: Chemiker-Ztg. Bd. 79 (1955) S. 657.
[2] Warenzeichen der Dow Chemical Co., Midland, Mich., USA.
[3] Warenzeichen der Dewey & Almy Chemical Comp. Cambridge 40, Mass., USA.

Polyvinylidenchloridfolie ist vollkommen geruch- und geschmacklos. Die Dichtigkeit gegen Wasserdampf und Gas ist ausgezeichnet (s. Tab. 5). Die Schmiegsamkeit der weichmacherfreien Folie nimmt mit sinkender Temperatur im Gefrierbereich schnell ab; es wird daher Folie mit gesundheitlich unbedenklichen Weichmachern verwendet[1]. Polyvinylidenchloridfolie ist relativ teuer (s. Tab. 6), sie kann jedoch ihrer guten Eigenschaften wegen in geringerer Dicke zum Verpacken von Gefrierware verwendet werden als z. B. Polyäthylen.

Ein Verschweißen dieser Folie ist zwar mit allen Geräten möglich, sie erfordert jedoch wegen des geringen Unterschiedes zwischen Erweichungs- und Schmelz-

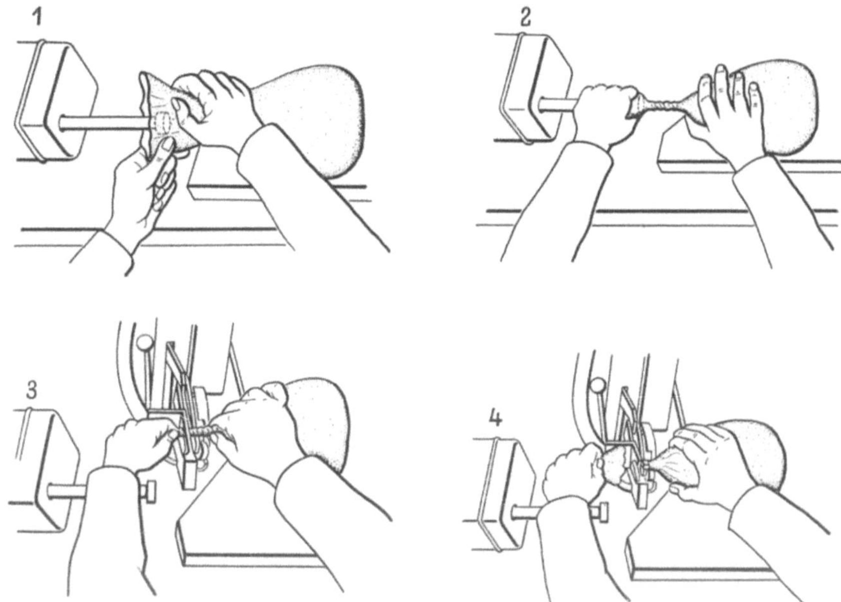

Abb. 282. Verpacken von Geflügel nach dem Cryovac-Verfahren.
1 Die Mündung des gefüllten Beutels wird über die Saugdüse der Evakuiereinrichtung geschoben. *2* Der Beutel wird evakuiert und der Beutelhals verdrillt (3 bis 4 feste Windungen). *3* Der Beutelhals wird in der Verschließeinrichtung mit einem Clip mittels Preßluftdruck verschlossen. *4* Das überstehende Beutelende wird durch ein mit Preßluft betriebenes Messer abgeschnitten.

temperatur eine genaue Einstellung der Schweißtemperatur und mit Teflon geschützte Siegelbacken. Auch die Schrumpffähigkeit der Folie kann beim Verschweißen Schwierigkeiten machen.

In der Gefrierindustrie werden Beutel aus dieser Folie als Schrumpfpackung für Geflügel und Fleisch genommen, da insbesondere Geflügel während der Lagerung durch eine Austrocknung innerhalb der Packung geschädigt werden kann. Zum Verpacken wird das Cryovac-Verfahren verwendet (vgl. S. 69). Die Beutel werden auf der für die Durchführung dieses Verfahrens entwickelten Maschine evakuiert, durch Verdrillen des überstehenden Beutelrandes und Anbringen einer Metallklammer verschlossen (Abb. 282 und 283). Nach dem Verschließen wird die Folie durch Erwärmen auf etwa 90° C geschrumpft. Dazu werden die Packungen in ein Heißwasserbad getaucht oder in einem Kanal mit heißem Wasser besprüht oder mit Heißluft umspült. Durch das Schrumpfen verschwinden die beim Entlüften entstandenen Falten und die Folie legt sich

---

[1] Nach amerikanischen Untersuchungen. Die gesundheitliche Unbedenklichkeit wird für die Verwendung als Wursthüllen z. Z. vom Bundesgesundheitsamt nachgeprüft. Gegen die Verwendung bei der Gefrierlagerung dürften keine Bedenken bestehen.

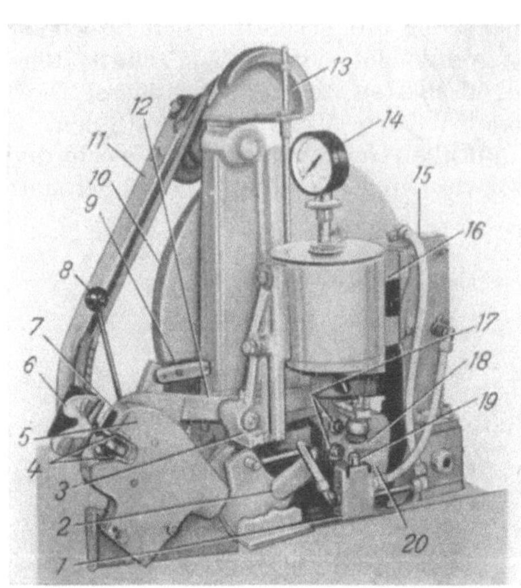

Abb. 283 oben.

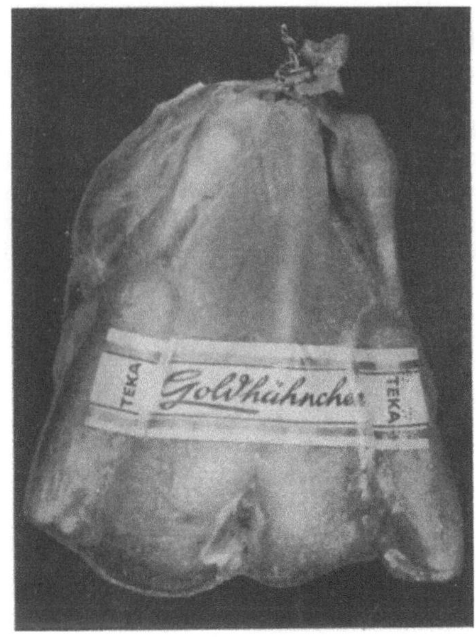

Abb. 284. Nach dem Cryovac-Verfahren
verpacktes Hähnchen.

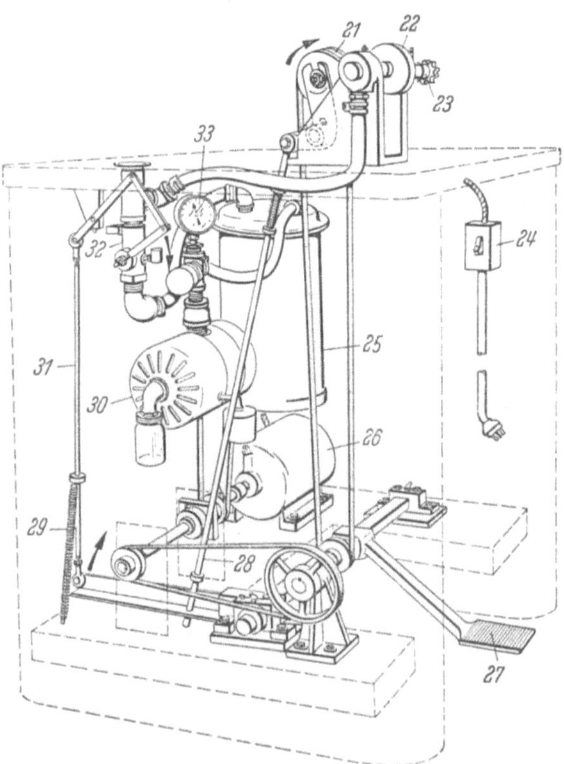

Abb. 283 oben: Clip- und Abschneidvorrichtung auf dem Tisch der Evakuier- und Drillvorrichtung (im Bild unten) so befestigt, daß das gedrillte Beutelende bequem verschlossen und abgeschnitten werden kann. Unten: Evakuier- und Drillvorrichtung; Arbeitsweise s. Abb. 282. Typenbezeichnung: CW–C; Leistung: etwa 600 Pakkungen/h, Antrieb: 0,5 PS, Hersteller: The Cryovac Comp., Cambridge 40, Mass., USA; Deutscher Lieferant: Darex-GmbH., Hamburg-Friedrichsgave.

1 Steuerventil für Schneidvorgang, 2 Gelenkstange für Verschließbacken, 3 Drehbolzen des Messers, 4 Verschließklauen, 5 Verschließkopf, 6 Messerschutz, 7 Messer zum Abschneiden des Beutelrandes, 8 Sicherheitsgriff, 9 Ventil für Verschließvorgang, 10 Spule mit Verschlußclips, 11 Gleitschiene, 12 Schneidhebel, 13 Gleitschienenfeder, 14 Manometer für Schließdruck, 15 Preßzylinder für Schneidvorgang, 16 Preßzylinder für Verschließvorgang, 17 Zapfen des Anschlagwinkelhebels, 18 Anschlag, 19 Ventilkolben, 20 Druckfeder (verdeckt), 21 Reibradgetriebe, 22 Antriebsscheibe Drillbewegung, 23 Saugdüse, 24 Motorschalter, 25 Vakuumkessel, 26 Antriebsmotor, 27 Schaltpedal, 28 Steuerungsgestänge für Reibradantrieb, 29 Rückstellfeder für Vakuumventil, 30 Vakuumpumpe, 31 Steuerungsgestänge für Vakuumventil, 32 Vakuumventil, 33 Vakuummeter.

Abb. 283 unten.
Abb. 283. Aufbau eines Gerätes zum Evakuieren und Verschließen
von Beuteln nach dem Cryovac-Verfahren.

wie eine glänzende Haut um den Inhalt (Abb. 284). Wenn eine Vakuumpackung nicht erforderlich ist, kann das Gut auch in Folienzuschnitte eingewickelt und zweiseitig verdrillt werden.

Außer zur Herstellung von Folie wird Mischpolymerisat auf Polyvinylidenchloridbasis, wie z. B. das Diofan[1] zur Beschichtung von Papieren und Folien aus der Dispersion verwendet. Mit Diofan beschichtete Papiere haben zwar nicht die hohe Beständigkeit und Dichtigkeit wie die Polyvinylidenchloridfolie, sie sind aber für die Verpackung von Gefrierprodukten gut geeignet (s. S. 624).

e) Pliofilm. Pliofilm ist der Handelsname für eine ausschließlich von der Firma Goodyear Tire a. Rubber Co., Akron/USA, hergestellte glasklare Verpackungsfolie aus Kautschukhydrochlorid. Die Folie wird im Gießverfahren unter Weichmacherzusatz in 12 Grundtypen mit unterschiedlichen Eigenschaften hergestellt. Für das Verpacken von Gefrierprodukten kommen nur die Typen F, H und M in Betracht, die infolge eines höheren Weichmachergehaltes eine hohe Bruchdehnung (s. Tab. 5) und gute Geschmeidigkeit besitzen. Mit abnehmender Temperatur verfestigt sich Pliofilm und wird schließlich spröde. Obgleich mit zunehmendem Weichmachergehalt die Durchlässigkeit größer wird, ist der Wasserdampfdurchgang bei der meistverwendeten Foliendicke von 25 bis $35\,\mu$ gering. Die Gasdurchlässigkeit ist klein genug, um eine Verwendung als Schrumpfpackung zuzulassen. Die Alterungsbeständigkeit, insbesondere bei Lichteinfluß, ist gering. Ein beim Verschweißen entstehender Gummigeruch kann sich nachteilig auf das Gut auswirken.

Pliofilm wird von der amerikanischen Gefrierindustrie als Einsatzbeutel oder Kaschierung für Kartonpackungen und auch noch zum Verpacken von Geflügel verwendet. Seine Bedeutung als Gefrierpackung scheint zugunsten von Polyvinylidenchlorid- und Verbundfolie zurückzugehen.

f) Polyterephthalsäureesterfolie. Diese aus einem Polykondensat von Terephthalsäure und Äthylenglycol hergestellte Folie (Handelsnamen Mylar und Hostaphan) ist glasklar und hat eine ausgezeichnete Festigkeit, Dichtigkeit, Wärme- und Kältebeständigkeit (s. Tab. 5). Unbeschichtete Polyterephthalsäureesterfolie wird auch als Schrumpffolie hergestellt und könnte als solche wegen ihrer im Vergleich zu Polyvinylidenchlorid großen Kältebeständigkeit für das Verpacken von stückigen Gefriergütern in Frage kommen. Die Packungen müssen wie beim Cryovac-Verfahren (Abb. 282) verschlossen und bei etwa 100° C geschrumpft werden. Die hohe Wärmebeständigkeit der Polyterephthalsäureesterfolie läßt ein Kochen der Lebensmittel in der Packung zu[2]. Als Bestandteil von Verbundfolien dürfte sie für die Gefrierindustrie eine größere Bedeutung gewinnen, sie erhält z. B. durch die Beschichtung mit Polyäthylen die ihr fehlende gute Schweißbarkeit.

g) Aluminiumfolie. Aluminiumfolie eignet sich zum Einwickeln von Geflügel oder Fleisch infolge ihrer Dichtigkeit und Schmiegsamkeit sehr gut[4]. Zum Verpacken dieser Produkte wird sie auch neben Polyäthylenfolie und Wachspapieren hauptsächlich in den ländlichen Gemeinschaftsgefrieranlagen der USA und Deutschlands gebraucht.

Die zum Verpacken feuchter Lebensmittel verwendete Folie muß neutralisiert, d. h. mit einem Lackauftrag von 2 bis 3 $\mathrm{g/m^2}$ versehen sein. Aluminumfolie in einer Dicke von 20 bis $25\,\mu$ hat sich als geeignet zum Einwickeln erwiesen, bei

---

[1] Schutzmarke der Badischen Anilin- und Sodafabrik AG., Ludwigshafen/Rh.

[2] Quick Frozen Foods Bd. 18 (1956) H. 11, S. 58. — K. H. Hu u. Mitarb.: Food Techn. Bd. 9 (1955) S. 236. — Norb Leinen: Food Processing Bd. 20 (1959) H. 6, S. 41.

[4] Winter, J. D., u. S. R. Tantanellar: Quick Frozen Foods Bd. 21 (1958/59) H. 5, Dez. S. 99.

dünneren Folien ist die Gefahr des Einreißens zu groß, dickere sind nicht schmiegsam genug. Die Folie wird an das unregelmäßig geformte Gefriergut vorsichtig von der Mitte des Zuschnittes beginnend angedrückt und durch Einfalten verschlossen. Auf diese Weise läßt sich das Gut ohne Einschluß größerer Lufträume verpacken. Ein zusätzlicher Verschluß mit Klebeband ist meist nur zur Beschriftung der Packung nötig.

Wegen der geringen Festigkeit (Tab. 5) wird unkaschierte Aluminiumfolie von der Gefrierindustrie kaum zum Verpacken verwendet. In einer Stärke von rd. $10\,\mu$ auf Karton kaschiert und als Bestandteil von Verbundfolie[1] ist sie für die Industrie interessant. Auch wenn sie als Innenkaschierung eines Kartons verwendet wird, muß sie durch einen Lackfilm geschützt werden, da die blanke Folie nicht säurebeständig ist.

h) Verbundfolien. Statt einfacher Folien werden in der Gefrierindustrie mehr und mehr Verbundfolien aus 2 oder auch 3 Stoffen verwendet. Für die Herstellung einer Verbundfolie werden Kunststoffe gewählt, deren Eigenschaften sich vorteilhaft ergänzen. Bei der auch in Deutschland meistverwendeten Verbundfolie Zellglas-Polyäthylen werden die geringe Gas- und Riechstoffdurchlässigkeit, die vorzügliche Transparenz und hohe Festigkeit des Zellglases mit der geringen Wasserdampfdurchlässigkeit, der guten Schweißbarkeit, der hohen Zähigkeit und Geschmeidigkeit sowie der sehr guten Kältebeständigkeit des Polyäthylens kombiniert.

Neben dieser Verbundfolie, die in Deutschland unter den Handelsnamen Cuprothen, Extruphan, Viscothen u. a. vertrieben wird, dürfte eine Kombination Polyterephthalsäureesterfolie–Polyäthylen und gegebenenfalls noch Aluminium–Polyäthylen für die Gefrierindustrie von Interesse sein.

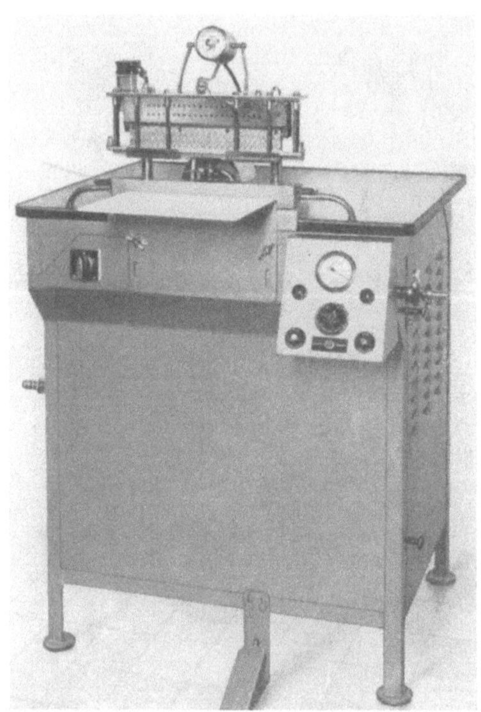

Abb. 285. Universal-Vakuumschweißanlage zum Herstellen von Vakuumpackungen aus Verbundfolie und anderen undurchlässigen Kunststoffolien. Typenbezeichnung: EVS 1100, Schweißbackenlänge 220 mm, obere Schweißbacke konstant beheizt, untere gekühlt, Regelbereich Thermostat: 70 bis 210° C, Heizleistung: 500 W, Antrieb Vakuumpumpe: 500 W, Elektromagnetische Steuerung der Ventile; Zusatzeinrichtung zum Begasen bei Type EVS 1100 St; Hersteller: Rathke u. Schulz K. G., Hamburg-Altona.

Aus diesen Verbundfolien hergestellte Beutelpackungen haben eine sehr gute Dichtigkeit, so daß sie als Vakuumpackungen benutzt werden können.

Die Ausführung von Maschinen zum Evakuieren und Verschweißen von Beutelpackungen zeigen beispielsweise Abb. 285 und 307.

Von der Gefrierindustrie werden auch pastöse und flüssige Produkte, wie Spinat, Apfelmus und Obstsaftkonzentrate, in Beuteln aus Verbundfolie verpackt. Dichte Verschlüsse sind hier nicht nur erforderlich, um ein Austreten des

---

[1] Bailey, J. C.: Food Trade Rev. Bd. 28 (1958) H. 8, S. 22.

Inhaltes, sondern auch um eine Qualitätsveränderung mancher Produkte zu verhindern. Die Dichtigkeit der Siegelnähte läßt sich vor dem Gefrieren im allgemeinen dadurch für die Praxis befriedigend prüfen, daß man die gefüllten Beutel unter Druck setzt. Für den Verpackungsvorgang stehen vollautomatische Maschinen zur Verfügung, in denen die Beutel aus 2 Folienbahnen hergestellt, gefüllt und verschlossen werden (Abb. 286).

Normalerweise ist die Verwendung eines Einwicklers oder Beutels zum Verpacken von Gefriergut billiger als eine andere geeignete Verpackung. Bei der Wahl einer Verpackung für kleinstückige Güter, wie z. B. Gemüse, ist zu bedenken, daß auch die straffgefüllten Beutel nicht formbeständig sind und daher meist nicht raumfüllend gelagert und transportiert werden können und daß manche Beutelpackungen oder die in ihnen verpackte Ware den Beanspruchungen beim Gefrieren, insbesondere im Plattengefrierapparat, nicht gewachsen sein dürften. Für Geflügel und andere unregelmäßig geformte Teile ist die Beutelpackung zweifellos am besten geeignet, hier muß die unregelmäßige Form in Kauf genommen werden. Zum Verpacken aller Gefrierprodukte, mit Ausnahme von Säften

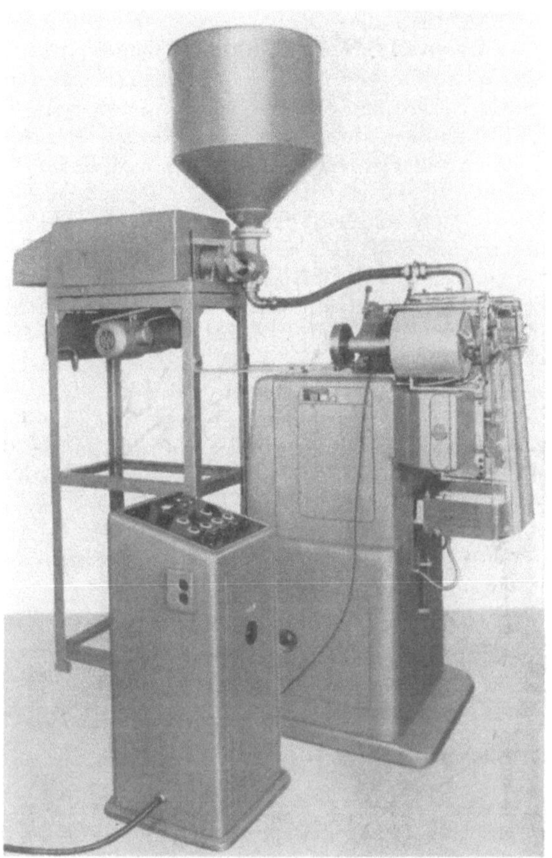

Abb. 286. Maschine zum vollautomatischen Verpacken von pastösen Füllgütern in vierseitengesiegelte Beutel aus Verbundfolie (Zellglas/Polyäthylen). Typenbezeichnung: 422 H, Beutelformate: Breite max. 200 mm, Länge max. 220 mm, Abfüllung: 250 bis 600 cm³ mittels Pumpendosierung, Leistung: 25 bis 40 Beutel/min je nach Größe des Beutels und Art des Füllgutes, Antrieb: 0,7 PS, Hersteller: Hassia-Verpackungsmaschinen G.m.b.H., Ranstadt, Oberhessen.

und Obst in Zuckerlösung, für den Eigenbedarf im Land- und Stadthaushalt dürften Einwickler und Beutel am vorteilhaftesten sein.

2. Kartonpackungen.

Unter Kartonpackungen werden auf Faserstoffbasis hergestellte, im unbelasteten Zustand formbeständige Packungen verstanden. Sie schließen also auch Becher und Gefäße ein, deren Wandung aus Papier mit hohem Flächengewicht besteht und die ihre Formbeständigkeit durch festere Böden, oder versteifende Nähte, oder profilierte Flächen erhalten (Hartpapiergefäße).

Die zum Verpacken von Gefrierkonserven verwendeten Kartonpackungen kann man nach der Form und Verarbeitungsweise in 2 Gruppen unterteilen:

a) in die rechtwinkligen, meist quaderförmigen Faltschachteln, Faltstülp-schachteln und Aufstellpackungen, die als Zuschnitte oder zusammengelegte Mäntel mit Deckel und Bodenteilen angeliefert und im Betrieb aufgestellt werden;

b) in die meist leicht kegel- oder pyramidenförmigen Becherpackungen.

a) Rechtwinklige Packungen (Quaderform). Faltschachteln und andere flach ausgebreitet angelieferte Verpackungen haben für das industrielle Verpacken von Gefrierkonserven eine große Bedeutung, weil sie in ihrer einfachsten Form verhältnismäßig billig sind, durch das Aufstellen unmittelbar vor dem Füllen erheblich an Transport- und Lagerraum für das Leergut gespart werden kann und die fertigen Packungen sich gut stapeln lassen, so daß die Raumausnutzung bei ihrer Verwendung in der Gefrierkette am besten ist. In den USA und anderen Ländern werden Kartonpackungen zum Verpacken von Gemüse, Fischfilet und -steaks, zerlegtem Geflügel, Fleisch und Fleischwaren und vielen Spezialitäten verwendet[1, 2]. Faltschachteln dienen auch in großem Umfang als Außenpackungen für Aluminiumschalen mit Gefrierprodukten. In Deutschland fanden Stülp-schachteln bei der Einführung der Gefrierkonservierung 1939 bis 1942 die weiteste Verbreitung. Gegenwärtig werden sie hier hauptsächlich zum Verpacken von Fischfilet, zerlegtem Geflügel und z. T. auch für Gemüse eingesetzt.

Bei rechteckigen Kartonpackungen hat der Karton die Aufgabe, der Packung eine hinreichende Formbeständigkeit zu geben, d. h. eine mechanische Belastung von innen und außen aufzunehmen. Der zur Herstellung der Verpackung verwendete Zellulose- oder auch Chromoersatzkarton hat je nach Größe und Form der Packung ein Flächengewicht von 300 bis 600 g/m² (mechanische Eigenschaften einiger Kartons s. Tab. 7).

Tabelle 7. *Eigenschaften von einigen Kartons nach* Heiss *und* Schricker[3]. *Die Werte schwanken je nach den Herstellungsbedingungen in weiten Grenzen.*

Eigenschaft und Prüfmethode	Bean-spru-chung	Maß-einheit	Chromoersatzkarton		Zellulosekarton
			holzhaltig gedeckt	weiß, glatt, mit Aluminiumfolie kaschiert	mit Aluminium-folien-Zwischen-lage
Flächengewicht nach DIN 5311	—	g/m²	etwa 600	etwa 325	etwa 525
Dicke nach DIN 53112	—	mm	etwa 0,8	etwa 0,4	etwa 0,65
Bruchwiderstand nach DIN 52112	längs	kg	etwa 35	etwa 14	etwa 30
	quer	kg	etwa 12	etwa 7	etwa 16
Dehnung beim Bruch	längs	%	etwa 2	etwa 2	etwa 2,5
	quer	%	etwa 3,5	etwa 2,5	etwa 4
Berstwiderstand (Schopper) 10 cm² Einspannfläche	—	kg/cm²	6 bis 7	2 bis 3	etwa 5
Einreißfestigkeit mit Gerät des Materialprüfungsamtes Berlin-Dahlem	längs	kg	etwa 7	etwa 3	etwa 7
	quer	kg	etwa 11	etwa 5	etwa 8
Naßfestigkeit Berstwiderstand nach 2 Stunden in Wasser von 20° C.	—	%[4]	etwa 10	etwa 18	etwa 20
Rückfederungswinkel 1 Minute nach Knickung auf 180° . . .	längs	Grad	30 bis 50	30 bis 50	30 bis 45
	quer	Grad	40 bis 50	40 bis 50	45 bis 50
Oberflächenglätte nach Bekk . .	—	s	etwa 10	etwa 120 (Folie)	etwa 12

---

[1] Siehe Fußnote 5, S. 615, dort Bd. I, S. 286 und Bd. II, S. 50.
[2] Gardner, H. S., D. G. Edwards u. M. F. Smith: Food Techn. Bd. 9 (1951) S. 31.
[3] Heiss, R., u. G. Schricker: Packstoff-Tabellen. München: Carl Hanser 1955.
[4] % des Berstwiderstandes des trocknen Packstoffes.

Eine hinreichende Wasserdampf- und Gasdichtigkeit wird durch eine zusätzliche Sperrschicht erreicht. Diese kann als Beutel, Kaschierung oder Beschichtung auf der Innenseite des Kartons oder als Umhüllung auf der Außenseite liegen. Eine Packung aus gewachstem Karton ohne geeigneten Einwickler genügt den Ansprüchen nicht. Durch Beschichten mit Kunststoff, z. B. mit Polyäthylen oder Diofan (s. S. 624), aber auch durch Kaschieren mit Aluminiumfolie, kann eine hohe Wasserdampfdichtigkeit des Kartons erzielt werden. Wenn sich die Packung dicht verschließen läßt, ist sie mit einer solchen Beschichtung der Innenseite den Anforderungen an die Dichtigkeit gewachsen. Die Außenseite der Packung muß durch einen Wachsauftrag wasserabstoßend gemacht werden, um ein Durchfeuchten beim Auftauen zu verhindern.

Stülpschachteln und Faltschachteln lassen sich nicht dicht verschließen, so daß man hier meist durch einen heißsiegelfähigen Einsatzbeutel bzw. ein überstehendes siegelfähiges Innenfutter oder durch einen Einwickler den Stoffaustausch zwischen Füllgut und Umgebung verhindert. Die Innenseite der Verpackung muß gegen eine Wechselwirkung von Gut und Packstoff geschützt sein. Eine Innenschicht aus Aluminium wird lackiert, wenn aggressive Lebensmittel verpackt werden sollen.

Faltschachteln mit der

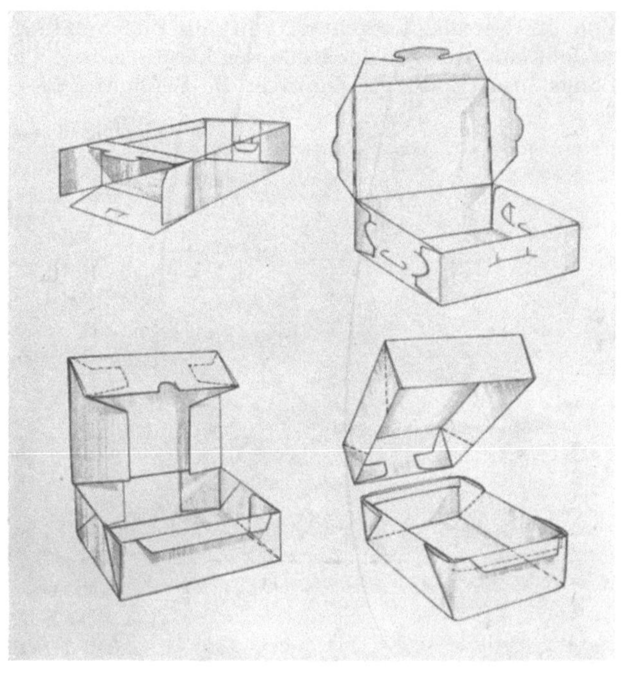

Abb. 287. Für das Verpacken von Gefrierkonserven verwendete Faltschachteln. Strichzeichnung der Marathon Corp., Menasha Wis., USA.
Oben links: Faltschachtel mit Füllöffnung an der Stirnseite, wird verwendet für frei fließendes Gemüse, das sich automatisch verpacken läßt.
Oben rechts: Faltschachtel mit Klappdeckel für Steckverschluß (Kliklok-Charlotte Style) wird verwendet für Gemüse zum Verpacken von Hand oder maschinell.
Unten links: Faltschachtel mit übergreifendem Klappdeckel (Nr. 5 style) wird hauptsächlich für Gemüse und Fischfilet verwendet. Verpacken von Hand oder mit Packanlage (Abb. 288).
Unten rechts: Stülpschachtel für das Verpacken zerlegten Geflügels zum Gefrieren in Plattengefrierapparaten sowie für Fleisch und Gemüse.

Füllöffnung an der Flachseite und übergreifendem Deckel (Peterstype) oder Stülpdeckel werden meist so aufgestellt, daß ein flüssigkeitsdichtes Unterteil entsteht (Abb. 287 unten). In ihnen wird Gemüse, Fischfilet, Fleisch, zerlegtes Geflügel u. ä. gefroren. Für das Verpacken trockener Güter, wie Erbsen und Bohnen, werden in den USA auch vielfach Faltschachteln mit Steckverbindungen und -verschlüssen verwendet (Abb. 287 oben rechts). Die Dichtigkeit und Widerstandsfähigkeit des Packstoffes wird normalerweise durch eine Innenkaschierung, die Nahtdichtigkeit durch einen Einwickler, meist aus heißsiegelfähigem Wachspapier (s. S. 621), erreicht. Für das Aufstellen, Füllen mit Schüttgut, Verschließen und Einwickeln der Packungen stehen halb- und vollautomatische Verpackungsanlagen zur Verfügung (Abb. 288).

Faltschachteln mit der Füllöffnung an der Stirnseite (Abb. 287 oben links) werden üblicherweise mit geklebter Längsnaht zusammengeklappt angeliefert, und nachdem man sie in die Quaderform gedrückt und den Boden verschlossen hat, mit einem Innenbeutel versehen. Das manuelle Aufstellen des Kartons und Einschieben der Beutel kommt praktisch nur für das Verpacken von Gefrierware im Haushalt in Betracht. In der Gefrierindustrie ist die Verwendung dieser Packart nur bei maschinellem Verpacken möglich. Eine Verpackungsanlage der in Abb. 289 dargestellten Bauart wurde für gefrorenes rieselfähiges Gut entwickelt. Von ihr werden, ausgehend von den Zuschnitten, die Schachteln gefaltet und geklebt und der von der Rolle weg hergestellte Zellglasbeutel mit heißgesiegeltem Längs- und Bodenverschluß in die Schachtel gesteckt. Nach dem Füllen wird

Abb. 288. Füllteil einer automatischen Packanlage für frei fließendes Gemüse (Erbsen, Brechbohnen, Lima-bohnen, Maiskörner) vor dem Gefrieren oder im gefrorenen Zustand. Typenbezeichnung: Modell 165 (für Kleinpackungen), Leistung: 30 bis 100 Packungen/min je nach Füllgut, Antrieb: 1 PS, Hersteller: Food Machinery Corp., Hoopeston/Ill. USA.

der Einsatzbeutel durch Heißsiegelung verschlossen und harmonikaartig ein-gefaltet; abschließend wird die Stirnlasche der Außenpackung verklebt.

Die von der Firma Esselte Förpackning AB, Norrköping, Schweden, ent-wickelte Hermeted-Packung wird z. Z. in einigen europäischen Ländern zum Verpacken von Fisch, Obst und Gemüse verwendet, sie ist zum Verpacken aller kleinstückigen Gefrierprodukte und bei entsprechender Kartonstärke auch von pastösen und saftziehenden Produkten geeignet. Die Hermeted-Faltschachtel ist eine gefütterte Kartonverpackung, die als flachliegender Mantel angeliefert wird. Das Futter — je nach Füllgut und Ansprüchen ein diofanbeschichtetes Papier, eine Verbundfolie, eine beschichtete Aluminiumfolie o. a. — legt sich beim Ein-falten der einen Stirnseitenlasche, eine Seitenfalte bildend, zusammen, so daß eine Siegelfläche entsteht. Nach der Heißsiegelung wird die Siegelnaht mit der zweiten Lasche zusammen eingeschlagen (Abb. 290). Die Laschen werden mit-einander verklebt. Da in der Siegelnaht 2 und 4 Packstoffschichten über einanderliegen, wurde vorgeschlagen, die Zuverlässigkeit des Verschlusses im Großeinsatz zu überprüfen[1].

---

[1] Heiss, R.: Verpackungs-Rdsch. Bd. 7 (1956) S. 61.

Für das Verpacken in Hermeted-Packungen stehen halb- und vollautomatische Packmaschinen zur Verfügung. Während der Halbautomat Hermic 2 im

Abb. 289. Vollautomatische Paketiermaschine für frei fließendes Gemüse im frischen und gefrorenen Zustand. Typenbezeichnung: PDHJ III, Verpackungsart: Doppelpackung, Innenbeutel mit Außenkarton, Hauptteile der Maschine: Revolverrad zur Paketherstellung, Füllrad und Schließrad mit Auslauf, Leistung: 40 bis 50 Packungen/min, Hersteller: Fr. Hesser A. G., Stuttgart-Bad Cannstatt.

ersten Durchgang den Boden und in einem zweiten den Deckel der Packung verschließt, also bei kontinuierlichem Arbeiten eine Maschine vor und eine hinter

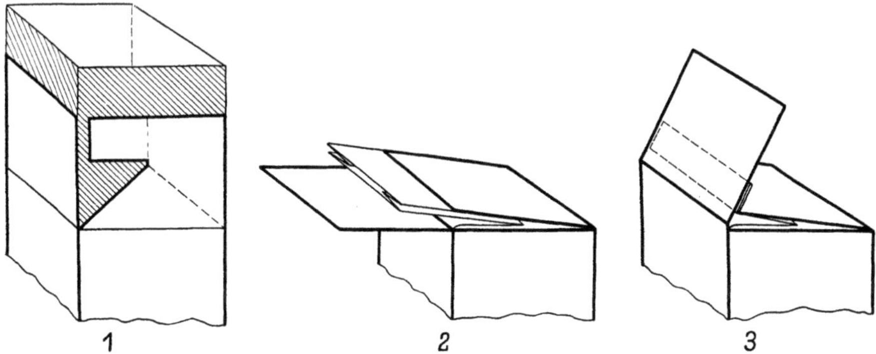

Abb. 290. Einfalten der Stirnseite bei der Hermeted-Faltschachtel.
1 geöffnete Schachtel, *2* Siegellage, *3* Einschlagen von Siegelnaht und Lasche zum Verkleben.

der Füllvorrichtung stehen muß, sind bei der automatischen Verpackungsanlage Hermic X alle Arbeitsvorgänge zusammengefaßt; die Faltschachteln können aus einem Magazin entnommen, aufgestellt, gefüllt, verschlossen und signiert werden (Abb. 291).

Packungen, bei denen ein einziger beschichteter Karton sowohl die mechanischen Beanspruchungen aufnimmt, als auch die Ware schützt, sind die Expresso-Packung der AB Åkerlund & Rausing, Lund, Schweden, und die Eco-Packung der Jagenberg-Werke A. G., Düsseldorf. Die Innenwände dieser Packungen sind mit Diofan oder einem anderen heißsiegelfähigen Kunststoff beschichtet. Beide Packungen sind nur für das maschinelle Verpacken geeignet. Für das Aufstellen und Verschließen stehen Halb- und Vollautomaten zur Verfügung.

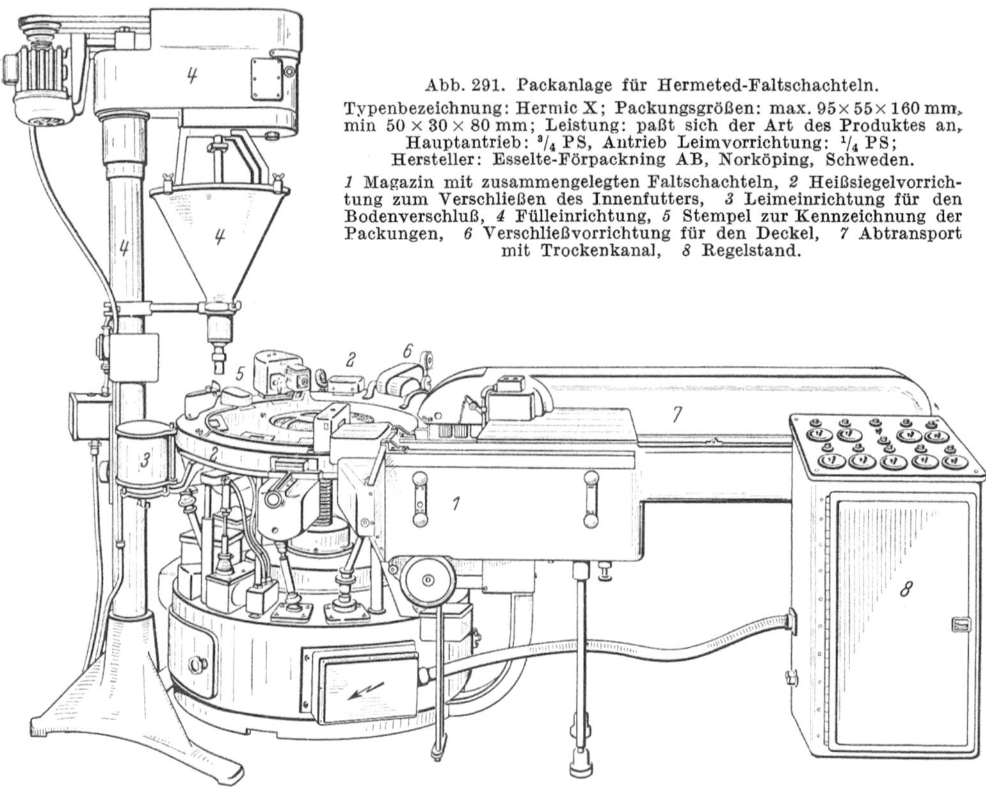

Abb. 291. Packanlage für Hermeted-Faltschachteln.
Typenbezeichnung: Hermic X; Packungsgrößen: max. $95 \times 55 \times 160$ mm, min $50 \times 30 \times 80$ mm; Leistung: paßt sich der Art des Produktes an, Hauptantrieb: $^3/_4$ PS, Antrieb Leimvorrichtung: $^1/_4$ PS; Hersteller: Esselte-Förpackning AB, Norköping, Schweden.
1 Magazin mit zusammengelegten Faltschachteln, *2* Heißsiegelvorrichtung zum Verschließen des Innenfutters, *3* Leimeinrichtung für den Bodenverschluß, *4* Fülleinrichtung, *5* Stempel zur Kennzeichnung der Packungen, *6* Verschließvorrichtung für den Deckel, *7* Abtransport mit Trockenkanal, *8* Regelstand.

Im Expresso-Halbautomaten (Abb. 292) wird der flachliegend angelieferte Mantel geöffnet, die Bodenlaschen werden aufgefaltet, Verbundfolie, Zellglas oder beschichtetes Papier wird von der Rolle über Bodenöffnung und Laschenränder geleitet, heiß gesiegelt, die Laschen werden eingeschlagen und mit Steckverschluß gesichert. Nach dem Füllen wird in derselben oder in einer zweiten Maschine die Packung auf die gleiche Art verschlossen. Für eine große einheitliche Produktion steht eine vollautomatische Verpackungsanlage zur Verfügung. Die Expresso-Packung wird von der schwedischen Gefrierindustrie verwendet; sie hat sich für das Verpacken von Gemüse, Obst und Fisch als geeignet erwiesen.

Die Eco-Packung wurde von der deutschen Gefrierindustrie bereits 1940 bis 1945 zum Verpacken von pastösen, saftziehenden und mit Aufguß eingefrorenen Produkten mit Erfolg verwendet. Der seinerzeit für die Herstellung verwendete Karton mit einer zwischenkaschierten Aluminiumfolie ist durch einen diofanbeschichteten Karton abgelöst worden, der eine Beeinflussung des Füllgutes durch den Packstoff ausschließt und gleichzeitig die für das Verschließen erforderlichen thermoplastischen Eigenschaften mitbringt.

Die Eco-Packung besteht aus 3 Teilen, den Eco-Mänteln, die flachliegend angeliefert werden, den Boden- und Deckelteilen. Für das Einschweißen der Böden und Deckel stehen Maschinen in verschiedenen Größen zur Verfügung. Im halbautomatischen Eco-Maschinensatz, der bisher von der Gefrierindustrie hauptsächlich verwendet worden ist, werden bei einem Durchgang die Böden in die geöffneten Mantelteile eingesiegelt, nach dem Füllen wird die Packung dann in einem zweiten Durchgang verschlossen. Der Eco-Satz macht 20 Verschlüsse/min, so daß er eine Leistung von 10 Packungen/min hat. Außer einem größeren Halbautomaten für 20 Packungen gibt es Vollautomaten mit einer Leistung von 60 und 120 Packungen/min (Abb. 293 und 294).

Abb. 292. Halbautomat zum Aufstellen und Verschließen von Expresso-Packungen. Typenbezeichnung: HB II, Leistung bei eingearbeitetem Bedienungspersonal: 30 bis 40 Verschlüsse/min, Antrieb: 0,75 PS, Hersteller: AB Åkerlund & Rausing, Lund, Schweden.

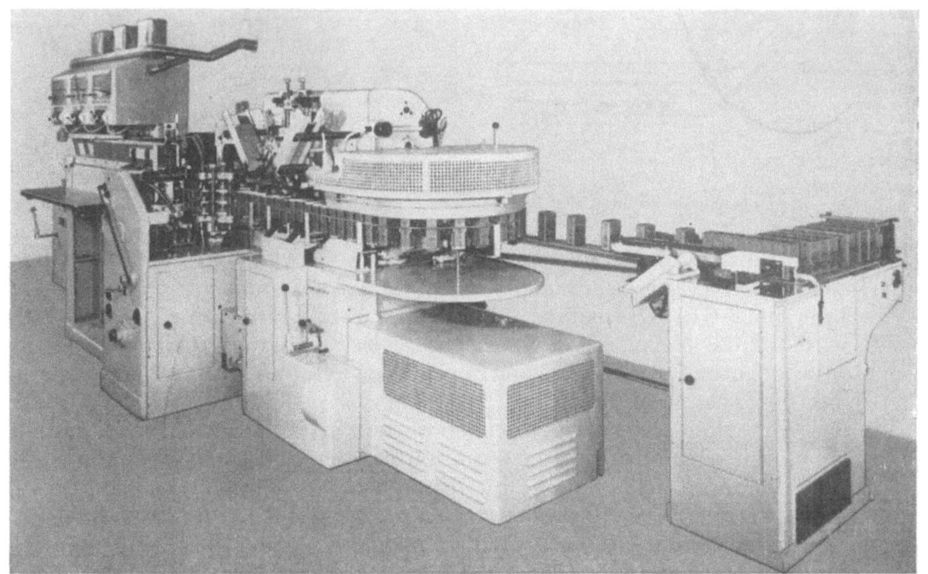

Abb. 293. Eco-Packanlage mit Dosiereinrichtung. Leistung: 60 Packungen/min, Antrieb: 9 PS; Stromverbrauch einschl. Heizung: 11,5 kWh, Hersteller: Jagenberg-Werke A. G., Düsseldorf.

Bei allen Eco-Verpackungsanlagen sind die Verschließeinrichtungen die gleichen. Die vorgerillten und geprägten Boden- und Deckelteile werden durch einen Stempel in den geöffneten Mantel eingesetzt, mit ihrer Außenkante über

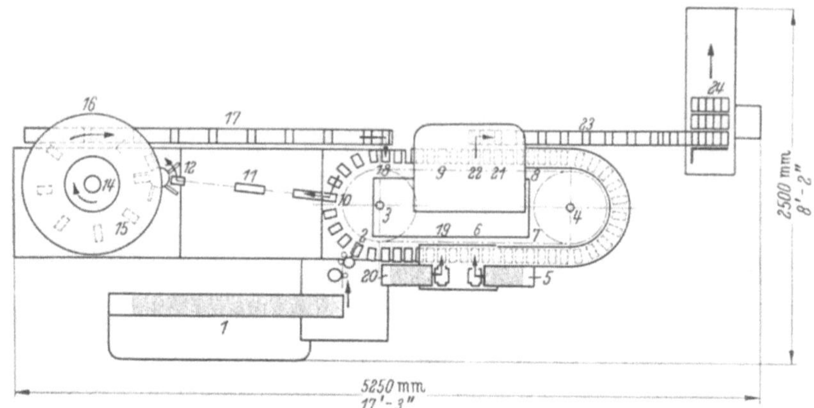

Abb. 294. Arbeitsweise einer Eco-Packanlage mit Dosiereinrichtung.

1 Magazin mit Eco-Mäntel, *2* Einschub des Mantels in die Zellenkette, *3* und *4* Kettenräder mit schrittweiser Drehung um zwei Zellen, *5* Magazin mit Böden, *6* Einsetzen des Bodens, *7* bis *8* Heizvorrichtung, *9* Verschweißen des Bodens, *10* Abnehmen der Packung zum Füllen, *11* Vertikal umlaufende Transportkette dreht die Packung bis zur Füllstation, *12* rotierender Mitnehmer, *14* Füllrad, *15* Tragteller Dosiermaschine, *16* Absetzen der gefüllten Packung auf Transportband, *17*, *18* Einschieben in leere Zellen der Zellenkette, *19* Einsetzen des Deckels aus Magazin, *20*, *21* Verschweißen des Deckels, *22* Ausschieben der geschlossenen Packung, *23* Abtransport der Packungen, *24* Sammeltisch.

den Mantelrand hinweg umgelegt und nach einem Vorwärmen mit dem Mantel durch Heißsiegelung verbunden (Abb. 295). Der feste Deckel- und Bodenrand gibt der Packung eine gute Versteifung, so daß der Karton im allgemeinen schwächer als bei Faltschachteln gleicher Größe ausgeführt werden kann.

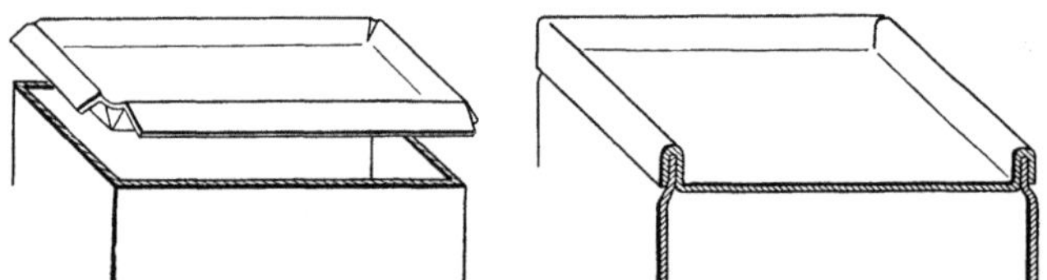

Abb. 295. Schematische Darstellung der Eco-Packung vor und nach dem Einsiegeln eines Deckels.

Für das industrielle Verpacken von Gefrierkonserven ist auch die Flachformatpackung, die auf der vollautomatischen Packanlage F 2 der Zupack-Gesellschaft m. b. H., Darmstadt (Abb. 296), hergestellt wird, geeignet. Die Anlage wird für das Verpacken von Fisch, Fleisch, Gemüse, Obst und fertigen Gerichten angeboten. Sie hat je nach Packungsgröße und Füllgut eine Leistung von 15 bis 50 Packungen/min.

Für das Verpacken von Fertiggerichten werden in den USA neben Aluminiumschalen auch ein- oder doppelseitig aluminiumkaschierte Kartonpackungen mit weit übergreifendem Deckel verwendet. Einige Packungen sind so geformt, daß durch Auffalten des Deckels eine Art Schale entsteht (Abb. 297), in der die Speisen erwärmt werden können. Auch in der einseitig kaschierten Packung ist eine Erhitzung bei Temperaturen bis zu 220° C möglich[1].

---

[1] Siehe Fußnote 5, S. 615, dort Bd. II, S. 51.

b) Becherpackungen (Hartpapiergefäße). Runde, leicht konische Becherpackungen werden neben wiederverwendbaren Behältern in den USA hauptsächlich zum Verpacken von Obst und Gemüse in Gemeinschaftsgefrieranlagen und im Haushalt verwendet. Die aus hochwertigem Zellulosekarton hergestellten,

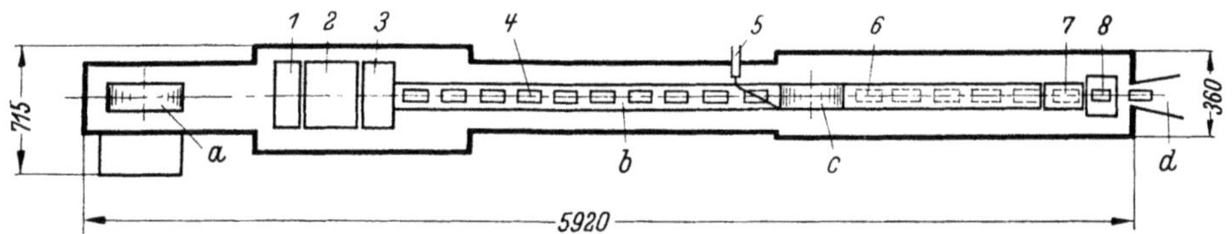

Abb. 296. Arbeitsweise eines Verpackungsautomaten zum Verpacken von Fisch, Fleisch, Gemüse und Obst in Flachformatpackungen.
Typenbezeichnung des Automaten: F 2, Leistung: 15 bis 50 Packungen/min je nach Füllgut und Packungsgröße, Elektrischer Anschluß: 5 kW, Hersteller: Zupackgesellschaft mbH., Darmstadt.
a Rolle mit Packstoff für die Herstellung der Verpackungsunterteile, *b* Matrizenkette, *c* Rolle mit Packstoff für die Deckblätter, *d* Abgabe in Sammelbehälter. *1* Zuschneiden der Papierbahn, *2* Eindrücken der Papierbahn in die Matrizen, Formen und Siegeln der Packungsunterteile, *3* Arretieren der Packungsunterteile in der Matrizenkette, *4* Füllen, *5* Einlegen eines Aufreißfadens, *6* Siegeln des Deckblattes, *7* Abschneiden der kettenartig aneinanderhängenden Packungen, *8* Umfalten und Ansiegeln der Packungsränder.

nach der Fertigung wachsbeschichteten Becher haben die für das Verpacken von Gefrierkonserven erforderliche Dichtigkeit und Beständigkeit. Durch den Boden nnd die Bodennaht bekommen sie eine gute Stabilität und einen festen Stand, so daß sie sich leicht handhaben lassen. Da sie konisch sind, lassen sie sich ineinandergesetzt füllfertig anliefern. Die Becher werden meist mit einem Eindrückdeckel,

Abb. 297. Mit Aluminiumfolie ein- oder beidseitig kaschierte Kartonpackungen für Fertiggerichte der Marathon Corp., Menasha, Wis., USA. Nach Rücklegen des Deckels ergeben sich Schalen (s. Verpackung im Vordergrund der Abbildung), die zum Aufwärmen der Gerichte verwendet werden können.

aber auch durch Einfalten und Zusammenklemmen der Füllöffnung, verschlossen, so daß dafür keine oder nur sehr einfache Werkzeuge erforderlich sind. Die Dichtigkeit dieser Verschlüsse reicht für die meisten Füllgüter aus. Der Nachteil einer runden und konischen Packungsform ist, daß der Stapelraum der Gefrierlager nicht voll ausgenutzt werden kann.

Von der deutschen Gefrierindustrie wird die Perga-Packung (Abb. 298) vereinzelt zum Gefrieren von pastösen und flüssigen Gütern angewendet. Neben der

Perga-Packung in der herkömmlichen Form mit rundem Boden wird eine mit quadratischem Boden hergestellt, bei deren Verwendung der Stapelraum besser ausgenutzt werden kann. Diese Packungen werden neben Dauerbehältern zum Gefrieren von Obst im ländlichen Haushalt benutzt. Die Perga-Packung wird durch eine Metallklammer oder auch durch Heißsiegelung verschlossen. Neuerdings kommt sie auch mit kunststoffbeschichteter Innenwand als Perfan-Packung in den Handel.

Abb. 298. Perga-Packung der Jagenberg-Werke A. G., Düsseldorf, Verschluß durch Heißsiegelung.

3. Behälter.

An starren Behältern werden für das Verpacken von Gefrierprodukten Weißblechdosen, Wickelrumpfdosen mit Metallenden, Gläser, Aluminiumgefäße und Kunststoffbehälter verschiedenster Formen und Größen verwendet.

a) Dosen. Von der Verwendung der für die Naßkonservierung üblichen Weißblechdosen zum Vertrieb von Gefrierware wurde zu Beginn des industriellen Gefrierens abgeraten, weil befürchtet wurde, daß der Verbraucher die nicht sterile Gefrierware wie eine Naßkonserve längere Zeit bei Raumtemperatur aufbewahrt; außerdem erschien es möglich, mit einer billigeren, den Stapelraum besser ausnutzenden rechteckigen Packung auszukommen.

Seit 1945 werden jedoch ihrer guten Eigenschaften wegen Weißblechdosen in den USA mehr und mehr für das Gefrieren von Obstsäften, Obstsaftkonzentraten und Obst in Zuckerlösung, aber auch für Krabbenfleisch, Austern, Suppen und andere wertvolle und empfindliche Produkte verwendet. Der Gefahr einer Verwechslung mit Naßkonserven wird durch eine ins Auge fallende Kennzeichnung vorgebeugt. — Weißblechdosen schließen nicht nur das Füllgut hermetisch von der Um-

Abb. 299. Füll- und Verschließvorrichtung für runde Dosen. Typenbezeichnung: IMC 481/178, Dosengrößen: Durchmesser max. 108 mm, min. 45 mm; Höhe max. 155 mm, min. 25 mm; Leistung: bis zu 60 Dosen/min, Antrieb Verschließmaschine: 3,5 PS, Hersteller: International Machinery Corp., N.V., St.-Niklaas-Waas, Belgien.
Links im Bild die Fülleinrichtung mit dem Dosenzulauf im Hintergrund; rechts im Bild die Verschließmaschine

gebung ab, sie gestatten auch, die Gefrierware im Vakuum oder in einem inerten Gas zu lagern. Dosen lassen sich leicht mit den für die Naßkonservenindustrie durchentwickelten Maschinen füllen und verschließen (Abb. 299). Man kann sie in flüssigen Kälteträgern schnell gefrieren (s. S. 69 ff.). Vorteilhaft ist auch, daß sich Obst und Obstsäfte in ihnen leicht und schnell auftauen lassen.

Zum Gefrieren von aggressiven Gütern müssen genauso wie zum Sterilisieren mit einer Innenlackierung versehene Weißblechdosen verwendet werden; statt lackierter Weißblechdosen können auch Dosen mit einer beschichteten Innenfläche genommen werden. Zur Beschichtung wird meist Polyvinylchloridfolie, aber auch Polyterephthalsäureesterfolie verwendet (Folieneigenschaften s. Tab. 5).

Außer in Weißblechdosen wird in den USA in rechteckigen Dosen mit einem Rumpf aus paraffinimprägnierter Wickelpappe und Metallenden gefroren. Sie lassen sich im Gefrierbetrieb ebenso leicht füllen und verschließen wie Weißblechdosen, haben bei entsprechender Beschichtung der Innenflächen keine geringere Beständigkeit und Dichtigkeit als diese, lassen sich besser in Gefrierapparaten aller

Abb. 300 oben.

Abb. 300 unten.

Abb. 300. Oben und unten: Aus dünnem Aluminiumband gedrückte runde und rechteckige Behälter zum Verpacken von Fertiggerichten. Hersteller: Lubecawerke G. m. b. H., Lübeck.

Bauarten gefrieren, füllen den Stapelraum günstiger aus und sind in der Regel billiger. Der Mantel enthält eine Öffnungsnaht, die das sonst schwierige Öffnen vereinfacht.

b) Gläser. Gläser werden in beschränktem Umfang zum Gefrieren von Obst in Zuckerlösung und anderen pastösen und flüssigen Lebensmitteln für den Eigenbedarf verwendet. Für kompaktes Gut eignen sich nur Sturzgläser, da oben eingezogene Gläser durch die Ausdehnung des Inhaltes beim Gefrieren gesprengt werden. Gläser sind schwer und lassen sich im Gefrierfach oder in Haushaltsgefriertruhen schlecht stapeln, deshalb werden sie von Kunststoffbehältern

(s. S. 645) mehr und mehr verdrängt. Für das industrielle Gefrieren haben sie keine Bedeutung.

c) Aluminiumgefäße. Aus dünnem Aluminiumband gedrückte, gezogene oder gefaltete viereckige oder runde Behälter, Schalen und Tabletts (Abb. 300 und 301) gewinnen mit der Ausweitung des Gefriersortimentes immer mehr an Bedeutung. Der überwiegende Anteil an Fertiggerichten nicht nur in den USA, sondern auch in anderen Ländern, wird in ihnen gefroren. Die Aluminiumpackungen haben den großen Vorteil, daß die fertigen Speisen gleich in ihnen erhitzt und bei entsprechender Form auch serviert werden können.

Je nach der Größe und Form der Aluminiumpackungen werden diese aus 0,05 bis 0,3 mm starkem Aluminiumband normalerweise durch Drücken, z. T. auch

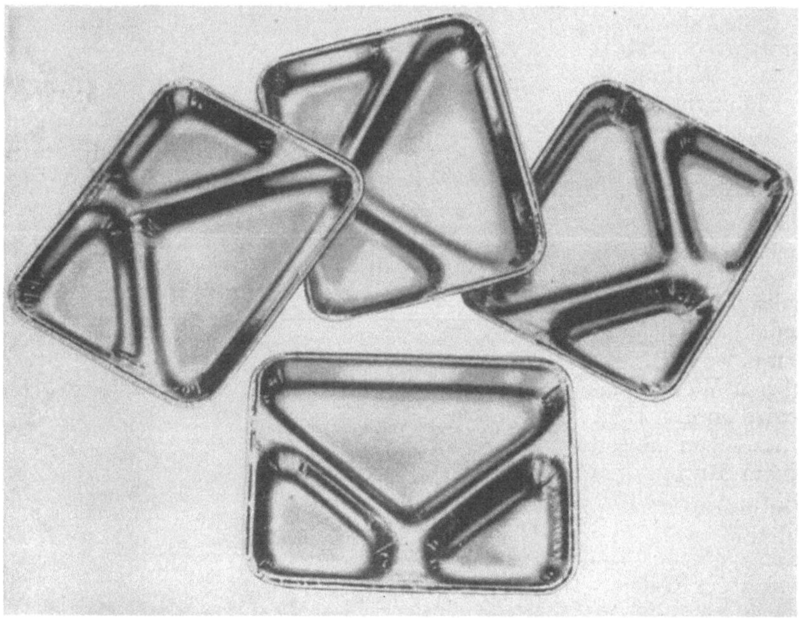

Abb. 301. Aluminiumtablett mit eingeprägten Stegen (Sectional tray) zum Gefrieren mehrteiliger Fertiggerichte. Hersteller: Phoenix Industries, Inc., Indianapolis, Ind., USA.

durch Falten hergestellt. Das Aluminiumband muß durch einen Lacküberzug gegen Korrosionen geschützt sein. Aus einem Zuschnitt gedrückte, leicht konische Behälter und Schalen erhalten durch die Verkreppung der Mantelfläche (Abb. 300) eine gute Stabilität. Die Behälter verschließt man meist mit einem Deckel aus dem gleichen Material, der in eine eingeprägte Randzarge gelegt und eingerollt wird. Zum Verschließen stehen Maschinen mit einer Leistung bis zu 200 Verschlüssen/min zur Verfügung[1].

Ganze Gedecke werden meist auf Aluminiumtabletts mit profilierten Böden gefroren; durch die eingeprägten Stege (Abb. 301) werden die einzelnen Bestandteile des Gedecks getrennt. Schalen mit gewelltem Boden eignen sich zum Grillen der in ihnen verpackten Fischsticks. Flache Aluminiumschalen und -tabletts werden in der Regel vor oder nach dem Gefrieren in Zellglas eingeschlagen oder mit einer Aluminiumfolie abgedeckt. Für die Lagerung und den Vertrieb steckt man vor allem flache Aluminiumschalen oft in eine Faltschachtel.

---

[1] Food Engng. Bd. 30 (1958) H. 4, S. 78.

Runde und rechteckige Aluminiumdosen haben sich zum Verpacken von Gefrierkonserven nicht durchsetzen können. Die wiederholten Versuche, sie einzuführen, scheiterten an ihren verhältnismäßig hohen Kosten und der geringen Stabilität der Wände gegen Einbeulen.

d) Kunststoffbehälter. Viereckige Behälter aus Polystyrol und Polyäthylen werden zum Verpacken von Obst, breiigem Gemüse, Eintopfgerichten und ähnlichen Produkten in Gemeinschaftsgefrieranlagen verwendet. Vorteilhaft ist, daß diese Behälter sich leicht handhaben lassen und übersichtlich, praktisch ohne toten Raum aufeinander im Gefrierfach oder der Gefriertruhe gestapelt werden können. Sie sind stehend flüssigkeitsdicht und sowohl mit Stülp- als auch mit Eingreifdeckel weitgehend wasserdampfdicht. Nachteilig ist der gegenüber anderen Behältern verhältnismäßig hohe Anschaffungspreis. Eine nach oben leicht verjüngte Form ist für Gefrierbehälter im Hinblick auf die Ausdehnung des Inhaltes beim Gefrieren am günstigsten. Die Kältebeständigkeit von Polystyrolbehältern läßt zu wünschen übrig. Polyäthylenbehälter haben oft einen Eigengeruch, der kaum zu entfernen ist. Außerdem nehmen sie leicht den Geruch des in ihnen gefrorenen Produktes an.

Für das industrielle Gefrieren dürften viereckige Kunststoffbehälter aus Niederdruckpolyäthylen und weichmacherfreiem Polyvinylchlorid (Hart-PVC) von Interesse sein. Dabei kommt dem ersteren auf Grund seiner guten Kältebeständigkeit und Dichtigkeit (s. S. 628) die größere Bedeutung zu. Beide Kunststoffe können auch für stark fetthaltige Lebensmittel verwendet werden[1].

4. Füllgewicht und Packungsabmessungen.

Die Gefrierzeit verpackter Lebensmittel ist u. a. abhängig von den Abmessungen der Gefrierpackung. Auf die Gefrierdauer rechteckiger Packungen hat sowohl bei zwei- als auch bei allseitigem Wärmeentzug die Höhe (als kleinste Abmessung) einen entscheidenden Einfluß[2]. Die Wahl einer niedrigen Packungshöhe ist insbesondere bei Verwendung von Schnellgefrierapparaten von Bedeutung. Im Hinblick auf die Gefrierbedingungen in den von der Industrie viel benutzten Plattengefrierapparaten geht man normalerweise bei Kleinpackungen nicht über eine Packungshöhe von 70 mm.

Da die Lagerhaltungs- und Transportkosten von Gefrierwaren im Vergleich zu denjenigen von Naß- oder Trockenkonserven hoch sind, ist es nötig, die Gefrierlagerräume gut auszulasten. Eine Voraussetzung dafür ist die Verwendung einheitlicher Kleinpackungen; nur von diesen ausgehend lassen sich die Abmessungen von Versandpackungen, Transportbehältern, Fahrzeugen und Truhen so festlegen, daß der Nutzraum optimal ausgenutzt werden kann. Die stete Ausweitung der Produktion an Gefrierkonserven, vor allem die Aufnahme immer neuer Spezialitäten, Backwaren und Fertigspeisen in das Sortiment nicht nur in den USA, sondern auch in einigen europäischen Ländern, bringt es mit sich, daß die Zahl der verschiedenen Packungsgrößen und -formen eher ansteigt als absinkt[3]. In allen Ländern ist man jedoch bemüht, wenigstens für die herkömmlichen Gefrierprodukte Gemüse, Obst und Fisch einheitliche Packungsgewichte und Abmessungen festzulegen, soweit dies nicht schon (wie in England) geschehen ist.

Infolge des hohen Wassergehaltes der wichtigsten Gefrierprodukte weichen ihre spezifischen Gewichte wenig voneinander ab (Obstsäfte 1,03 bis 1,08, Eimasse 1,04, mageres Fleisch 1,00 bis 1,05, Fischfilet 0,95 bis 1,01, Butter

---

[1] Siehe Fußnote 2, S. 613, und Fußnote 2, S. 617.   [2] Vgl. diesen Band, S. 25ff.
[3] Quick Frozen Foods Bd. 19 (1956/57) H. 12, S. 58—110 und Bd. 21 (1958/59) H. 12, S. 49—88.

0,93 bis 0,95 kg/dm³), so daß es möglich ist, die Füllgewichte von Packungen mit einheitlichem Nettovolum bei kompaktem Gut gleich groß zu wählen. Die Schüttgewichte der einzelnen Gemüse- und Obstarten weichen jedoch z. T. stärker voneinander ab (s. Tab. 8), so daß sich bei gleichem Füllvolum unterschiedliche Packungsgewichte ergeben. Insbesondere weichen Blumenkohl, Spinat und Pommes frites vom Durchschnitt ab.

Tabelle 8. *Richtwerte für das spezifische Schüttgewicht und den spezifischen Raumbedarf einiger Gemüse- und Obstarten (mit Ausnahme von Blumenkohl und Pfirsichen lose geschüttet).*

Gefriergut	Spezifisches Schüttgewicht		Spezifischer Raumbedarf	
	vor dem Gefrieren* kg/dm³	gefroren kg/dm³	vor dem Gefrieren* cm³/100 g	gefroren cm³/100 g
Blumenkohl, Rosen 4 bis 5 cm Durchmesser	0,38 bis 0,42	—	240 bis 260	—
Brechbohnen	0,48 bis 0,55	0,44 bis 0,51	180 bis 210	200 bis 230
Grüne Erbsen	0,63 bis 0,67	0,59 bis 0,61	150 bis 160	165 bis 170
Erdbeeren	0,55 bis 0,62	—	160 bis 180	—
Himbeeren	0,50 bis 0,55	—	180 bis 200	—
Karotten, gewürfelt	0,54 bis 0,56	0,47 bis 0,52	180 bis 185	190 bis 210
Kirschen, mittelgroß	0,58 bis 0,62	0,55 bis 0,58	160 bis 170	170 bis 180
Kohlrabi, Streifen	0,45 bis 0,51	0,38 bis 0,45	200 bis 220	220 bis 260
Pfirsichhälften	0,55 bis 0,60	—	165 bis 180	—
Stachelbeeren, mittelgroß	0,57 bis 0,60	0,53 bis 0,56	165 bis 175	180 bis 190
Spinat, passiert	1,0	0,93	100	—

* Gemüse blanchiert.

In den USA wird Gemüse hauptsächlich in Packungen mit einem Nettoinhalt von 10 oz. (284 g) gefroren (s. Tab. 9), so daß vorgeschlagen wurde, dieses Gewicht als Einheitsgewicht der Kleinpackungen für alle Gemüsearten, mit Ausnahme von Spinat und Pommes frites, zu wählen[1]. Die Einwaage von Spinat soll 12 oz. (340 g) und die von Pommes frites 9 oz. (255 g) betragen. Die meistverwendeten Gemüsepackungen haben Abmessungen von $5\frac{1}{4}'' \times 4'' \times 1\frac{3}{4}''$ (133,4 × 101,6 × 44,5 mm). Bei Obst liegen die vorgeschlagenen Einwaagen zwischen 10 oz. für Himbeeren und 16 oz. (454 g) für ganze Erdbeeren. Das meiste in den Kleinhandel kommende Gefrierobst wird in 10 oz.- und in 16 oz.-Packungen vertrieben (s. Tab. 9). Obst wird neuerdings in den USA vorwiegend in rechteckigen Wickelrumpfdosen mit Metallenden gefroren, aber daneben werden auch Kartonpackungen und Weißblechdosen verwendet. In genormten Weißblechdosen wird neben einer rückläufigen Menge Obst in Zuckerlösung der größte Teile der Säfte und Saftkonzentrate gefroren. Für das Gefrieren von Obst verwendet man im wesentlichen die für die Naßkonservierung üblichen Obstdosen mit einem Innendurchmesser bis 84 mm. Obstsäfte und Konzentrate werden in Dosen mit 6 fl. oz. (177 cm³) und mit 12 fl. oz. (354 cm³) Inhalt abgefüllt.

In Deutschland wurde bald nach der Einführung der Gefrierkonservierung mit der Vorarbeit für eine Normung der Abmessungen blockförmiger Packungen begonnen. Nach den 1940 im Normentwurf DIN 10084 festgelegten Abmessungen wurde seinerzeit nur ein geringer Teil der rechteckigen Gefrierpackungen hergestellt. Neben einer Stülpschachtel mit den Innenabmessungen 150 × 100 × × 53,5 mm verwendete man z. B. als weitere Packung mit 800 cm³ Inhalt in großem Umfang eine mit 160 × 100 × 50 mm und die Eco-Packung mit den

---

[1] Ely, E. W.: U. S. Dep. Com. Commodity Standards Div. Simplified Practice Recommendations No. 253—254; s. auch Fußnote 5, S. 615, dort Bd. I, S. 317.

Tabelle 9. *In den USA von 1953 bis 1957 gefrorene Gemüse- und Obstmengen in t aufgeteilt nach den verschiedenen Packungsgrößen*[1].

Gemüse

Packungs-art	Kleinpackungen			Großpackungen						Gesamt
Größe (Netto-inhalt)	10 oz. (284 g)	12 oz. (342 g)	andere Größen 1 lb (0,45 kg) und kleiner	2½ lbs (1,14 kg)	4 und 5 lbs (1,82 u. 2,27 kg)	andere Größen ⸝ 10 lbs (4,54 kg)	30 lbs (13,6 kg)	50 lbs (22,7 kg)	andere Größen >10 lbs	
1953	237200	18440	71000	61180	4090	28950	7400	37300	34200	499760
1954	210000	19250	51950	52600	4290	26650	3310	31100	43000	442150
1955	231800	42220	61250	53950	2340	43000	3135	31400	48300	517395
1956	284800	42800	94400	81700	5630	39900	22900	53000	70400	695630
1957	249000	18000	94400	57400	10030	31000	27800	48400	83500	619530

Obst

Packungs-art	Weißblechdosen			Wickelrumpfdosen, Kartonpackungen				Großpackungen				Gesamt
Größe (Netto-inhalt)	<10 oz. (284 g)	10 bis 11 oz. (284 bis 312 g)	>11 oz. (312 g)	10 oz. (284 g)	12 oz.	16 oz.	andere Größen < 20 oz. (568 g)	<10 lbs (4,54 kg)	30 lbs (13,6 kg)	andere Größen	große Behälter (barrels)	
1953	2850	9020	7090	22900	12580	12400	1245	13500	135600	10260	18600	246045
1954	882	4650	3840	26400	4800	12500	854	12280	136200	17350	17560	237316
1955	318	4270	6400	38380	4470	18740	1792	16560	159500	27200	21720	299350
1956	2000	3790	10600	46600	5840	23600	6800	19050	156800	22250	17750	315080
1957	2100	2835	9140	39100	4210	22800	1890	15700	163500	24900	18700	304925

[1] Quick Frozen Foods Bd. 18 (1955/56) H. 10, S. 136 u. 141; Bd. 20 (1957/58) H. 10, S. 70 u. 75.

gleichen Innenabmessungen, aber infolge vorstehender Siegelränder mit einer Außenlänge von 180 mm. Die Nettofüllmenge der 800 cm³-Packung betrug für die meisten Gemüse- und Obstarten 500 g, eine Ausnahme bildeten Bohnen und Blumenkohl mit 400 g und Spinat mit 700 g Einwaage. Dem Obst wurde in der Regel 300 g Zuckerlösung zugegeben, so daß die Gesamteinwaage 800 g betrug.

Gegenwärtig werden für das Gefrieren von Gemüse in Deutschland nahezu ausschließlich Beutelpackungen aus Polyäthylen und z. T. aus Verbundfolie benützt; auch Obst verpackt man zum großen Teil in Beutel. Das Netto-Füllgewicht von Gemüse beträgt in der Regel 450 g, Obst wird daneben auch in 320 g- und 255 g-Packungen verkauft. Den Unterschieden im Füll- und im Schüttgewicht einzelner Produkte trägt man durch Änderung der Beutelbreite bzw. -dicke Rechnung, die leeren Beutel werden in einer flachliegenden Breite von 100 bis 180 mm angeliefert. Die Beutellänge wird konstant gehalten, damit sie der Innenhöhe der Versandpackung entspricht, 150 und 175 mm sind die üblichen Packungslängen; die Packungsbreite liegt zwischen 100 und 160 und die Dicke zwischen 25 und 50 mm. In beschränktem Umfang werden Hermeted- und Perga-Packungen mit einem Inhalt von 0,5 l zum Gefrieren von Obst verwendet. Wenn Weißblechdosen auch in Deutschland zum Gefrieren von Obst und Obstsäften eingeführt werden sollten, dürften dafür hauptsächlich die Dosen 3 und 11 nach DIN 2011 mit einem Gesamtinhalt von 458 und 606 cm³ in Betracht kommen.

In Schweden werden für Gemüsepackungen die in den USA gebräuchlichen Grundabmessungen von $5^1/_4'' \times 4''$ verwendet; die Höhe der Packung wird je nach dem Füllgut von $1^3/_{16}''$ (30,2 mm) bis $1^3/_4''$ (44,5 mm) variiert. Die Einwaage beträgt wie in den USA in der Regel 10 oz. In England wurden 1952 die Abmessungen von Kartonpackungen für Obst und Gemüse genormt[1].

Als Einzelpackung kommt Fischfilet in den USA und den europäischen Ländern meist in 1 lb-Packungen mit den Abmessungen $8^1/_2 \times 3 \times 1^1/_8''$ oder $215 \times 75 \times 30$ mm, aber daneben auch mit anderen Abmessungen in den Handel[2]. In Deutschland z. B. wird Fischfilet in 400 g-Hermeted-Packungen mit den Abmessungen $175 \times 75 \times 30$ mm und in Schweden in 300 g-Packungen mit den Abmessungen $155 \times 75 \times 30$ mm gefroren. Außerdem werden kleinere Quader von 140 bis 370 g Filet in Zellglas oder Saranfolie eingeschlagen und in Großpackungen von 5 oder 10 lbs verpackt.

Vom Sekretariat des Technischen Komitees 53 der Internationalen Organisation für Standardisierung (ISO), das die Normung von Verpackungen für Gefrierkonserven bearbeitet, wurde 1953 vorgeschlagen, die Außenmaße der Einheitspackungen und die Innenmaße der Großpackungen, Behälter und Truhen zu normen und als Grundabmessung für die Kleinpackung $5'' \times 4''$ oder $\times 125 \times 100$ mm sowie als dritte Dimension einfache Brüche oder Vielfache von $4''$ (100 mm), $5''$ (125 mm), $9''$ (225 mm) und $12''$ (300 mm) empfohlen[3]. Die Anwendung des Zollsystems wurde wegen der großen Anzahl amerikanischer Gefrierapparate für vorteilhaft gehalten und die Umrechnung der Nennwerte mit $1'' = 25$ mm und der tatsächlichen Maße mit $1'' = 25,4$ mm vorgeschlagen.

Infolge der Ausdehnung stark wasserhaltiger Lebensmittel beim Gefrieren (s. Tab. 8 und 10), ist es bei frei liegenden Kartonpackungen schwierig und bei Beutelpackungen praktisch unmöglich, eine Verformung während des Gefrier-

---

[1] Sizes of Packages for Frozen Food B. S. 1874: 1952, British Standard Institution 24 Viktoria Street London S. W. 1.

[2] Quick Frozen Foods Bd. 19 (1956/57) H. 6, S. 273.

[3] Bericht des Iso-TC-53 (Sekretariat-14) 21, Norges Standariserings-förbund, Oslo, vom April 1954.

vorganges zu vermeiden. Während stückiges Gemüse sich in einer vollen Kartonpackung in die zwischen den einzelnen Teilen liegenden freien Räume ausdehnen kann, so daß die Gefahr einer Formveränderung bei einer festen Packung nicht groß ist, wird eine mit kompaktem Gut ganz gefüllte Packung beim Gefrieren stets ausbeulen, wenn nicht eine Zuckerlösung von sehr hoher Konzentration als Aufguß verwendet wird (s. Tab. 8). Durch gewölbte Flachseiten wird die Raumausnutzung der Versandpackungen und damit des Lager- und Transportraumes wesentlich verschlechtert. Wenn auch isolierende Luftschichten die Gefrierzeit verlängern, so dürfte es, um eine Verformung durch die Ausdehnung des Füllgutes möglichst zu vermeiden, vorteilhaft sein, beim Gefrieren von kompaktem Gut im Kaltluftstrom den Kopfraum der Kartonpackungen nicht zu klein zu wählen. Beim Gefrieren von Karton- und Beutelpackungen im Plattenapparat wird durch den Plattendruck ein Auswölben der Flachseiten der Packungen verhindert.

Tabelle 10. *Ausdehnung von Zuckerlösungen verschiedener Konzentration beim Gefrieren. Endtemperatur $-15°$ C bis $-18°$ C.*

Konzentration Gew.-% Saccharose bei $+20°$ C	Spez. Gewicht bei $+20°$ C kg/dm³	Gefrierbeginn ° C	Volumzunahme %
0	~1	0	8,6
10	1,038	$-0,54$	8,7
20	1,081	$-1,5$	8,2
30	1,127	$-2,7$	6,2
40	1,177	$-4,5$	5,2
50	1,230	$-7,3$	3,9
60	1,286	$-12,0$	0

Wenn kompakte Lebensmittel in starren fest verschlossenen Behältern gefroren werden, muß man auf jeden Fall ihrer Ausdehnung durch die Wahl eines entsprechend großen Kopfraumes Rechnung tragen, da die Behälter sonst zerstört werden. Beutelpackungen können nur durch Gefrieren in Formen in eine rechteckige Gestalt gebracht werden. Planparallele Flachseiten erreicht man auch bei ihnen durch das Gefrieren im Kontaktverfahren. Diese Gefrierart kann man nur anwenden, wenn Füllgut und Beutel durch den Plattendruck nicht beschädigt werden.

IV. Großpackungen und Versandpackungen.

In allen Ländern mit einer Gefrierindustrie wird von jeher ein wesentlicher Teil der Produktion an Gefrierkonserven für die Versorgung vielköpfiger Familien, die Vorratshaltung in der Haushaltsgefriertruhe, die Lieferung an Krankenhäuser, Restaurants, Werkküchen, Wehrmachtsverpflegung und die Weiterverarbeitung zu Konfitüre, Eiscreme u. ä. in Großpackungen verpackt (s. Tab. 9). Durch die Lieferung in Großpackungen können nicht nur die Verpackungs-, sondern auch die Herstellungskosten gesenkt werden.

Die Großpackungen lassen sich nach ihrer Ausführungsart und ihrer Größe in 4 Gruppen unterteilen:

1. Kartonpackungen und Dosen,
2. Wellpapp- und Vollpappkästen sowie Holzkisten,
3. Weißblech- und Fibrebehälter,
4. Holzfässer.

Wellpappkästen, Vollpappkästen und vereinzelt Holzkisten werden auch als Versand- oder Außenpackungen der für den Einzelhandel verpackten Gefrierware verwendet. Im allgemeinen werden Packungen von unter 5 kg Fassungsvermögen in Versandpackungen gestapelt. Da manche Produkte, wie z. B. Geflügel, auch für den Großverbraucher einzeln verpackt werden, um den Qualitätsverlust während der Lagerung klein zu halten, besteht kein grundsätzlicher Unterschied zwischen einer Groß- und einer Versandpackung.

1. Kartonpackungen und Dosen.

Rechteckige Falt- und Faltstülpschachteln werden nicht nur als Kleinpackung, sondern zur Versorgung von großen Familien, Hotelküchen u. a. auch als Großpackung mit einem Fassungsvermögen von 0,9 bis 4,5 kg verwendet. Je nach ihrer Größe stellt man die Schachtelzuschnitte aus mehr oder weniger schwerem Karton, meist mit einem Flächengewicht von nicht unter 400 g/m^2, her. Hinsichtlich der Dichtigkeit und Beständigkeit gelten die gleichen Gesichtspunkte wie für die kleineren Packungen dieser Art (s. S. 635). Die Packungen sind normalerweise nicht über 70 mm hoch, damit die in ihnen verpackte Ware in den üblichen Gefrierapparaten gefroren werden kann. In Großpackungen wird aber auch lose gefrorene Ware verpackt. Während Gemüse und einige Obstprodukte wie bei den Kleinpackungen verpackt werden, unterteilt man Fischfilet und Fleisch normalerweise in kleinere Stücke und nimmt damit dem Verbraucher das Portionieren ab. So werden z. B. 40 bis 42 panierte Kalbkoteletts von je 4 oz. (110 g) in einer Stülpschachtel an Großverbraucher geliefert. Oft wird jedes Stück oder eine Anzahl von Stücken mit Zellglas oder Polyvinylidenchloridfolie umhüllt, in 5 lb- oder 10 lb-Packungen gefroren, um — wenn erforderlich — auch einzeln aus der Großpackung verkauft werden zu können. Das gleiche gilt für Hähnchen, die praktisch immer nach dem Cryovac-Verfahren einzeln verpackt werden.

Wenn ein Produkt in verschieden großen Kartonpackungen vertrieben werden soll, werden die Abmessungen meist so aufeinander abgestimmt, daß man mit Versandpackungen einer Größe auskommt. Eine der in den USA viel verwendeten $2^1/_2$ lbs-Gemüsepackungen hat bei einem Inhalt von 2,06 l die Abmessungen $10^1/_2 \times 3^1/_2 \times 2''$.

Für die Versorgung der Großverbraucher mit Obstsäften und Obstsaftkonzentraten werden in den USA hauptsächlich Dosen mit einem Nettoinhalt von 32 fl. oz. (0,95 l), 46 fl. oz. (1,36 l) und 3 qt (2,84 l) verwendet. Die Dose mittlerer Größe entspricht etwa der Dose 6 DIN 2011 mit einem Gesamtinhalt von 1355 cm³. Für den Verkauf sowohl im Klein- als auch im Großhandel eignen sich kleinere Dosen, die durch ein breites Kartonband in einer Reihe zusammengehalten werden.

2. Wellpappkästen, Vollpappkästen, Holzkisten.

Wellpapp- und Vollpappkästen werden in der Gefrierindustrie stets als Außenpackungen verwendet, sie müssen daher den Stapel- und Transportbeanspruchungen gewachsen sein, die je nach der Tragfähigkeit des Inhaltes verschieden groß sind. Für die Auswahl der Packungen werden nach dem gegenwärtigen Stand der Verpackungsforschung 4 Prüfverfahren empfohlen[1]: die Berstdruckprüfung (Festigkeit des Packstoffes), die Prüfung auf Durchschlagfestigkeit (Steifigkeit des Packstoffes), die Faltprüfung (Widerstandsfähigkeit des Packstückes bei Transportbeanspruchungen) und die Prüfung des Stauchwiderstandes (Stapelfestigkeit des Packstückes). Von der Deutschen Bundesbahn wurden die in Tab. 11 aufgeführten Berstfestigkeiten für die Einheitsverpackung Nr. 3 (Einheitspappkasten) mit Gütevermerk vorgeschrieben.

---

[1] Siehe Fußnote 2, S. 611, dort S. 48.

Wellpappkästen kommen der isolierenden Wandungen wegen nur für das Verpacken bereits gefrorener Lebensmittel in Betracht. Für den Transport von Gefriergut sind sie aber gerade infolge dieser isolierenden Wirkung gut geeignet, weil dadurch ein Feuchtigkeitsniederschlag auf der Packung bei kurzen Transportwegen in wärmerer Umgebung verhindert wird. Außerdem haben sie bei relativ niedrigem Gewicht eine gute Standfestigkeit. Wellpappkästen werden daher nahezu ausschließlich als Außenpackungen für die Lagerung und den Transport von Lebensmitteln verwendet, die in Kartonpackungen gefroren worden sind. Auch für den Großverbraucher bestimmte lose gefrorene Ware wird meist in ihnen verpackt.

Tabelle 11. *Vorschriften der Deutschen Bundesbahn für die Einheitsverpackung Nr. 3 (Einheitspappkasten); Stand vom 10. Juli 1956.*

Bei einem Brutto-höchstgewicht des Kastens bis kg	Größte Kante bis zu 50 cm		Größte Kante über 50 cm	
	Wellpappe Berstfestigkeit[1] kg/cm^2	Vollpappe Berstfestigkeit[1] kg/cm^2	Wellpappe Berstfestigkeit[1] kg/cm^2	Vollpappe Berstfestigkeit[1] kg/cm^2
15	2,0	2,5	2,5	3,0
30	2,5	3,0	3,0	4,0

[1] Berstfestigkeit nach System SCHOPPER-DALEN bei einer Prüffläche von 100 cm^2. Für den Gebrauch des Berstdruckprüfers SCHOPPER-DALEN für die Prüfung von glatter Pappe und Wellpappe gilt folgendes:
1. Die Prüffläche soll 100 cm^2 betragen.
2. Der Druck soll so gesteigert werden, daß er je kg in etwa 5 Sekunden ansteigt. Sollte bei einzelnen Pappen der Apparat bei höherem Druck nicht dicht halten, so muß eine zweite Membrane eingelegt werden.
3. Es sind 10 Prüfungen durchzuführen, deren Mittelwert als Berstdruckfestigkeit maßgebend ist. Die Luftfeuchtigkeit des Prüfraumes in Prozent ist auf dem Prüfungsbeleg zu vermerken.
4. Der vorgeschriebene Mindestberstdruck muß bei der Prüfung auf jeder Seite erreicht werden.

In der Gefrierwirtschaft werden Wellpappkästen in normaler Gürtelform verwendet, bei der die Außenlaschen (Längslaschen) in der Kastenmitte zusammenstoßen (Abb. 302). Die Kästen werden meist aus einer grobwelligen Pappe (rd. 120 Wellen/m) mittlerer Qualität hergestellt, da man allgemein zur Verwendung kleinerer Versandpackungen übergeht. Wenn auch durch die Einführung der Palettenstapelung die Stapelbelastung gleichmäßiger wird, so wächst doch die Beanspruchung infolge der größeren Stapelhöhen. Die Berstfestigkeit der Wellpappe soll den Anforderungen der Bundesbahn (Tab. 11) genügen.

Früher wurden in Deutschland vorwiegend Wellpappkisten mit den Abmessungen 515×265×210 mm zur Aufnahme von 30 Kleinpackungen mit je 800 cm^3 Inhalt, Einwaage 0,4 bis 0,8 kg, oder 7 Großpackungen mit je 3,4 l Inhalt, Einwaage 1,8 bis 2,5 kg, benutzt, so daß eine Versandpackung etwa 12 bis 24 kg wog; heute geht man kaum über ein Gewicht von 15 kg hinaus. Meist werden 20 bis 24 Packungen von je 450 g in einen Wellpappkasten gesetzt (Abb. 302), so daß diese Versandpackung 9 bis 11 kg wiegt. Die Abmessungen sind unterschiedlich. 48 Hermeted-Packungen mit den Abmessungen 175 × 74 × × 30 mm, Inhalt 400 g Fischfilet werden in Wellpappkästen von 340 × 285 × × 275 mm Größe vertrieben. 10 Hähnchen mit einem Stückgewicht von etwa 1 kg verpackt man in Wellpappkästen mit den Innenmaßen 545 × 400 × 125 mm. Für das Verpacken von Einzelhandelspackungen in Wellpappkästen stehen Maschinen zur Verfügung (Abb. 303).

Ein sorgfältiges Verkleben der Wellpappkästen ist unbedingt erforderlich, weil sie erst dadurch ihre volle Steifigkeit bekommen. Zum Verkleben werden in der Regel 90 g/m² schwere, 60 oder 70 mm breite Papierklebestreifen verwendet. Der Klebstoff muß schnell trocknen und eine starke Klebkraft besitzen, die auch bei tiefen Temperaturen erhalten bleibt. Meist verklebt man Wellpappkästen in doppelter T-Form und faltet den Klebstreifen über den Ecken ein. Es werden

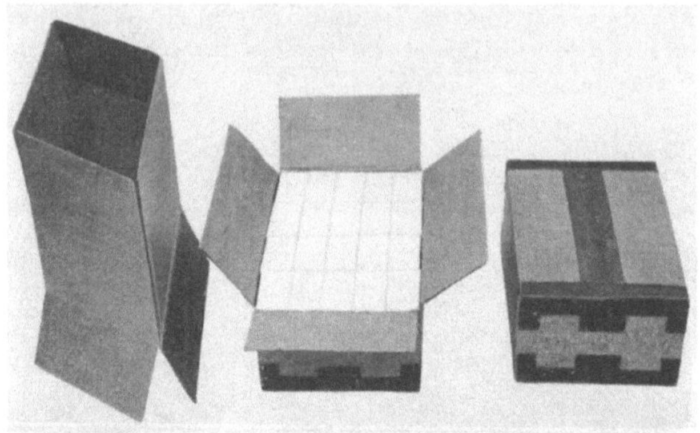

Abb. 302 oben.

Abb. 302 unten.

Abb. 302. Wellpappkasten als Groß- und Versandpackung. Oben von links nach rechts: Wellpapp-Gürtelkasten vor dem Aufstellen, gefüllt und fertig verschlossen, unten: Wellpappkästen mit gefrorenem Gemüse, links lose in Polyäthylen-Einsatzbeutel, Mitte in Polyäthylen-Kleinbeutel und rechts in Greiferstülpschachteln umhüllt mit siegelfähigem Wachspapier.

aber auch andere Klebformen angewendet. Eine Vorrichtung zum Verkleben der Längsnähte zeigt Abb. 304.

Zum Verpacken lose gefrorener stückiger oder in Formen gefrorener Lebensmittel für Großküchen werden Wellpappkästen gleicher Ausführung und Größe genommen wie zum Lagern und Versenden von Kleinpackungen. Großpackungen mit lockerem Schüttgut müssen eine gute Stapelfestigkeit haben; da der Inhalt nicht mitträgt, müssen die Kartonwandungen die ganze Stützkraft aufbringen. Die erforderliche Dichtigkeit wird bei Großpackungen normalerweise durch Einsatzbeutel meist aus Polyäthylenfolie oder beschichteten Papieren[1] erreicht (Abb. 302 unten links). Es werden aber auch Wellpappkisten mit beschichteten Innenwänden benutzt, die ähnlich wie die Expressopackungen (siehe S. 638) verschlossen werden können[2].

---

[1] Siehe Fußnote 4, S. 624.
[2] Vollmer, W.: Die Neue Verpackung Bd. 9 (1956) S. 541.

Die Nettoeinwaage an gefrorener loser Ware übersteigt bei den Großpackungen nur selten 10 kg.

Vollpappkästen und Holzkisten nach DIN Land 1077 bzw. 1076 werden zum Verpacken von 10, 15 und in Kisten auch 25 kg Butter verwendet. Holzkisten oder -verschläge und Vollpappkästen mit Stülpdeckel nimmt man auch zum Verpacken und Gefrieren von Geflügel. In Zellglas oder Aluminiumfolie eingewickelte Truthähne werden z. B. im Unterteil eines Vollpappkastens gefroren,

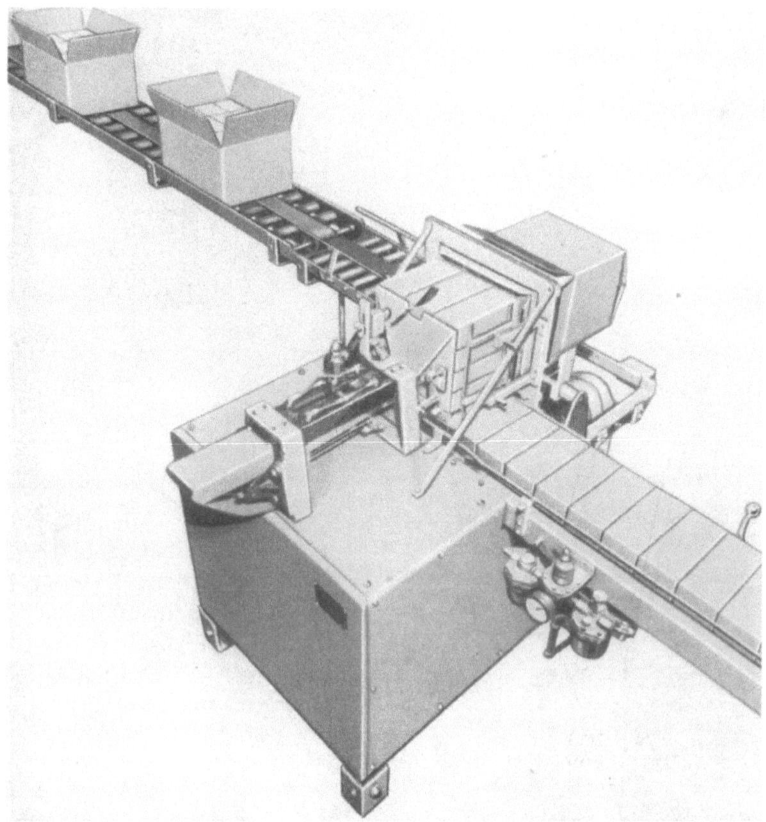

Abb. 303. Sammelpackmaschine für Kartonpackungen. Typenbezeichnung: IMC 717 (Sure Way), Leistung: 160 bis 240 Packungen/min, Antrieb: $^1/_3$ PS, Druckluftbedarf: 21 m³/h bei 4,2 atü, Hersteller: International Machinery Corp., N. V., St.-Niklaas-Waas, Belgien.

der dann anschließend mit dem Stülpdeckel verschlossen wird. Auf die gleiche Weise verpackt und gefriert man Hühner je nach der Größe zu 6 oder 12 Stück in einer Schicht nebeneinander. Geflügel, das nicht einzeln durch eine wasserdampfdichte Umhüllung geschützt ist, verpackt man meist in Holzkisten. Die Kiste wird dann mit Papier ausgekleidet, dessen Enden nach dem Füllen über das Geflügel geschlagen werden.

3. Weißblech- und Fibrebehälter.

Zum Verpacken von flüssigen, pastösen oder saftziehenden Produkten, die in eigenen oder anderen Betrieben weiterverarbeitet werden sollen, haben sich runde und rechteckige Weißblechbehälter bewährt. Sie werden in einer Größe

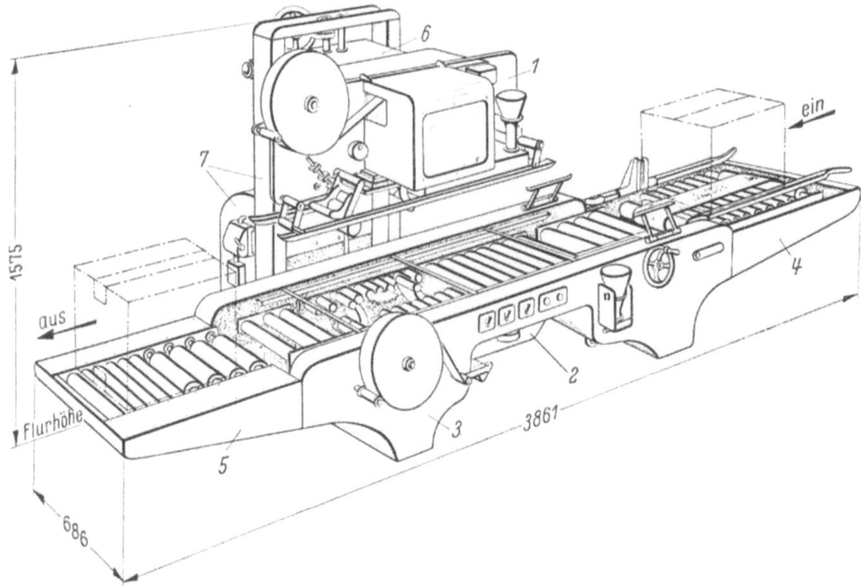

Abb. 304. Streifenklebemaschine für Well- und Vollpappkästen. Typenbezeichnung: Mark II; Pappkasten-
breite: max. 380 mm, min. 150 mm; Pappkastenhöhe: max. 510 mm, min. 150 mm; Klebstreifenbreite:
max. 76 mm, min. 38 mm: Leistung: bis 15 Kästen/min,
Hersteller: Adam Powel, Equipment Ltd. Team Valley, Gateshead 11, England.
1 Klebkopf für Pappkastenoberseite, *2* Klebkopf für Pappkastenunterseite, *3* Verklebtisch mit Transport-
einrichtung,   *4* Aufgabevorrichtung,   *5* Rollenbahn für Abtransport,   *6* freitragender Konsolschlitten,
7 Aufzug mit Motor.

Abb. 305. Weißblechbehälter, wie sie in den USA zum
Gefrieren von Obstprodukten für die Weiterverarbeitung
verwendet werden. Links: Behälter mit 30 lbs (13,5 kg)
Fassungsvermögen, rechts: Behälter mit 5 gallon (rd. 19 *l*)
Fassungsvermögen.

von 4,5 bis 22,5 kg Fassungsvermögen hauptsächlich zum Gefrieren von Obst und Obstmark für die Marmelade- und Speiseeisherstellung, aber auch zum Verpacken von Eimasse und Sahne für Bäckereien und zur Zwischenlagerung von lose gefrorenem Gemüse verwendet. Der in den USA gebräuchlichste Behälter hat ein Fassungsvermögen von 30 lbs (13,5 kg), bei einem Inhalt von etwa 15 *l*. Neben diesem wird ein rechteckiger Behälter mit 5 gallon (19 *l*) Inhalt viel verwendet. Beide Behälter haben Eindrückdeckel (Abb. 305) und sind wie alle zum Gefrieren verwendeten Dosen innen lackiert.

Neben Metallbehältern werden hauptsächlich für das Verpacken von Eimasse, aber auch für andere Gefriergüter, Fibrebehälter in der Gefrierindustrie eingesetzt. Sie werden aus wachsimprägnierter Pappe im Wickelverfahren gefertigt und meist mit einer kunststoffbeschichteten Innenfläche geliefert. Es werden aber auch nahtlose Einsatzbeutel oder -behälter aus Polyäthylen in einer Dicke von 0,1 mm und mehr für Fibrebehälter hergestellt, die sich über den Behälterrand legen und gegen den Deckel abdichten. Böden und Deckel bestehen aus Vollpappe, Holz oder Metall; der Boden wird entsprechend eingeklebt oder eingerollt, der Deckel wird meist als Eindrückdeckel ausgebildet oder mit Klemmring oder Klebestreifen befestigt. Diese Behälter werden wie die Weißblechbehälter mit einem Fassungsvermögen von etwa 5 bis 20 kg verwendet.

4. Fässer.

Holzfässer mit paraffinbeschichteter Innenwandung werden mit einem Fassungsvermögen von meist 50 gal. (rd. 190 l) im Nordwesten der USA zum Gefrieren von Beerenfrüchten benutzt. Auch in kleineren Fässern von 5 bis 30 gal. (rd. 19 bis 110 l) wird Obst für die Weiterverarbeitung gefroren. Wenn auch in den USA die in Fässern eingefrorene bedeutende Obstmenge praktisch gleich groß bleibt (s. Tab. 9), so werden doch daneben mehr und mehr Obstprodukte für die Wiederverwendung in kleineren Metallbehältern mit einem Füllgewicht von nicht über 22,5 kg eingefroren.

Für die Gefrierlagerung von Butter werden neben Kisten die Butterfässer 50 DIN Land 1070 und 25 DIN Land 1071 mit einem Fassungsvermögen von 50,2 bzw. 25,1 kg ungeformter Butter verwendet. Die nur trocken behandelten Tonnen werden mit Papier, meist Pergament echt, Flächengewicht 70 bis 75 g/m², ausgeschlagen, bevor die Butter lückenlos eingestampft wird.

V. Das Verpacken im Produktionsablauf.

In der Produktionsstraße eines Gefrierbetriebes stehen die Packeinrichtungen vor und hinter dem Gefrierapparat, wenn der Verpackungsvorgang nicht aus dem Produktionsablauf herausgenommen und auf einen späteren Zeitpunkt verschoben wird. Welche Verpackungsarbeiten vor und welche hinter dem Gefrierapparat durchgeführt werden können, richtet sich nach dem angewendeten Gefrierverfahren und den zur Verfügung stehenden Gefriervorrichtungen sowie nach der Art, dem Anlieferungszustand und dem Verwendungszweck der Lebensmittel.

In kalten Flüssigkeitsbädern wird, wenn man von dem Gefrieren ganzer Fische in Sole und dem vereinzelten Gefrieren von Obst in Zuckerlösungen absieht, nur verpackt gefroren. Das Gefriergut befindet sich dabei entweder in Beuteln (Geflügel) oder in Dosen (Saft und Saftkonzentrate). Das Verpacken in Kleinpackungen wird demnach stets vor, das Verpacken in Versandpackungen stets hinter dem Gefrierapparat vorgenommen.

In Plattengefrierapparaten wird praktisch nur in geschlossenen Packungen von normalerweise nicht über 70 mm Höhe gefroren, deren Flachseiten sich den Platten gut anlegen. Das Einwickeln von Kartonpackungen in Zellglas oder Wachspapier wird, wenn erforderlich, meist nach dem Gefrieren vorgenommen, um den Einwickler beim Gefrieren nicht zu verletzen und den Wärmeübergangswiderstand nicht zu vergrößern.

Beim Gefrieren im Kaltluftstrom kann man die zeitliche und räumliche Eingliederung der Verpackungsvorgänge in die Produktionslinie freier wählen, da das Kälteübertragungsmittel, von einer leichten Trocknung abgesehen, das Gefriergut nicht beeinflußt und die Wärme nicht wie beim Kontaktverfahren an planparallelen Flächen abgeführt zu werden braucht. Grundsätzlich ist es möglich, die gesamten Verpackungsarbeiten entweder vor oder hinter dem Gefrierapparat vorzunehmen oder bei einigen Gütern auf einen späteren Zeitpunkt zu verschieben.

Normalerweise führt man aber auch hier einen Teil der Verpackungsarbeiten vor und einen Teil hinter dem Gefrieren durch. Um die Gefrierzeit abzukürzen, werden insbesondere bei großen Kartonpackungen mit einzeln verpacktem oder unverpacktem Geflügel oder Fleisch die Stülpdeckel erst nach dem Gefrieren aufgesetzt. Aluminiumschalen oder Tabletts mit Spezialitäten oder Fertiggerichten werden vor dem Gefrieren gefüllt und mit einer Folie umhüllt oder abgedeckt, aber erst nach dem Gefrieren in eine Faltschachtel gesteckt.

Eine Reihe von Gemüse- und Obstarten, z. B. Erbsen, Brechbohnen, Karotten, Kirschen und Stachelbeeren, können unverpackt auf Transportbändern, in Schneckenförderern oder auf Hordenblechen und -sieben im Kaltluftstrom gefroren und anschließend als Schüttgut verpackt werden (s. auch S. 57). Auch Krabben werden lose auf Hordenblechen gefroren.

Rieselfähiges Gefriergut kann unmittelbar im Anschluß an den Gefriervorgang verpackt, es kann aber auch in Behältern jeder Art bis in eine Zeit geringerer Betriebsbelastung gelagert werden. Vorteilhaft dürfte es sein, Großpackungen im Anschluß an das Gefrieren und Kleinpackungen in der gewünschten Größe nach Eingang der Bestellungen zu verpacken. Beim Festlegen der Packungsabmessungen ist zu beachten, daß gefrorenes Gut sperriger ist als blanchiertes und sich dadurch das Schüttgewicht verringert (s. Tab. 8).

Gefrorenes Schüttgut taut leicht an, es muß deshalb schnell verarbeitet werden. Da es bei Gefrierlagertemperatur unempfindlich gegen mechanische Beanspruchung ist, läßt es sich pneumatisch fördern und automatisch verpacken. Zum Verpacken gefrorener Erbsen in 250 g-Packungen wurde eine Packanlage der in Abb. 289 dargestellten Bauart verwendet. Die Waagen müssen, um ein einwandfreies Arbeiten solcher Anlagen zu erreichen, in einen Raum mit Gefrierlagertemperatur eingebaut werden, von wo aus das Gut dem Füllrad der Maschine direkt zulaufen kann.

B. Das Verpacken von Kühlgütern.

Einzelne Kühlgüter, wie Bier, Milch, Eier, Butter und Fette und Käse, werden seit langem nicht nur in Großpackungen, sondern außerdem in Einzelhandelspackungen gelagert und geliefert (s. unter den entsprechenden Beiträgen). Die starke Ausbreitung der Selbstbedienung im Lebensmittelhandel hat dazu geführt, daß auch andere leichtverderbliche Lebensmittel, wie Fleisch und Geflügel, mehr und mehr vorverpackt in gekühlten Truhen oder Vitrinen zum Verkauf angeboten werden. Auch frisches Obst und Gemüse werden neuerdings vielfach in Kunststoffbeuteln oder Kartonpackungen im Einzelhandel verkauft. Man verpackt diese Produkte in erster Linie, um dem Kunden die Ware in der gewünschten Menge in einer werbenden hygienisch einwandfreien Weise anbieten und gleichzeitig den Verkauf selbst vereinfachen und beschleunigen zu können. Im Selbstbedienungsladen hat die Verpackung außerdem die Aufgabe, zum Kauf anzureizen und Impulskäufe zu fördern sowie möglichst weitgehend das Verkaufsgespräch zu ersetzen, d. h. den Kunden über Art und Eigenschaften, Gewicht und Preis des verpackten Gutes aufzuklären[1].

An die Verpackung von Kühlgütern werden andere Forderungen gestellt als an diejenige von Gefrierkonserven. Wenn man von den verkaufstechnischen Gesichtspunkten absieht, werden die Gefrierprodukte verpackt, um sie gegen eine Austrocknung während der langfristigen Lagerung zu schützen. Da sich Mikroorganismen bei den üblichen Gefrierlagertemperaturen nicht mehr zu

---

[1] Henksmeier: Verpackungs-Rdsch. Bd. 8 (1957) S. 316.

entwickeln vermögen und kein Stoffwechsel stattfindet, ist hier eine Verpackung am günstigsten, die das Gut hermetisch von der Umgebung abschließt. Auch die Kleinverpackung von Kühlgütern soll nicht nur das Produkt vor einer Berührung mit der Raumluft, durch Fliegen oder durch den Kunden und damit vor einer zusätzlichen Infektion oder Verunreinigung schützen, sondern auch sie soll durch eine Hemmung der Austrocknung zur Qualitätserhaltung während der Lagerung beitragen. Die sich infolge Wasserverdunstung oder eines Stoffwechsels in der Packung einstellende Atmosphäre darf keine nachteiligen Veränderungen hervorrufen; sie darf das Bakterienwachstum z. B. von Fleisch nicht fördern oder starke Verfärbungen verursachen und soll bei der Lagerung von Obst und Gemüse möglichst so zusammengesetzt sein, daß die Atmung verzögert aber nicht unterbunden wird.

Kühlgelagerte oder gekühlte Lebensmittel, wie Obst, Fleisch u. a., werden vielfach auf die bisher übliche Weise in Kisten, Kannen, Körben, Behältern oder Säcken gelagert und transportiert und erst beim Klein- oder Großhändler, in der Zentrale eines Kaufhauses oder eines Filialunternehmens in Portionen aufgeteilt und verpackt, bevor sie zum Verkauf angeboten werden. Das Verpacken durch die Verkäufer oder die Verkaufszentrale hat den Vorteil, daß die Ware im verpackten Zustand keine langen Transportwege zurückzulegen braucht und nur kurzfristig gelagert wird. Es ist möglich, die Verkaufsvitrinen jederzeit nachzufüllen und die Ware auszutauschen. Nachteilig ist, daß leistungsfähige Verpackungsmaschinen meist nicht verwendet werden können, weil die Stückzahl für ihre wirtschaftliche Auslastung zu klein ist. Mit fortschreitender Entwicklung wird deshalb der Verpackungsvorgang mehr und mehr im Erzeuger- oder Verbrauchergebiet von einem Spezialpackbetrieb übernommen. Während in der Verkaufsstelle entsprechend dem Umsatz jeden Tag neu gepackt wird, muß ein Packbetrieb auch bei schnell umzuschlagenden Lebensmitteln, wie Frischfleisch, mit einer gewissen Vorratshaltung arbeiten, so daß etwas längere Lagerzeiten erforderlich werden können.

1. Die Verpackung von Fleisch und Fleischwaren.

In den USA kommen Fleisch und Fleischwaren seit einigen Jahren vorverpackt in den Handel. Der Verkauf dieser Produkte in Portionspackungen hat sich so schnell verbreitet, daß jetzt in den meisten amerikanischen Supermarkets und in vielen anderen Lebensmittelgeschäften Fleisch und Fleischwaren vorverpackt angeboten werden und man auch in Europa zum Vorverpacken von Fleischwaren und Frischfleisch übergegangen ist.

Fleisch und Fleischwaren werden in transparente Folien oder in Faltschachteln mit Sichtfenster gepackt, um das Fleisch für sich selbst werben zu lassen. Fördernd auf den Verkauf von vorverpacktem Fleisch aus Kühltruhen wirkt außer der hygienischen Verpackung und dem frischen, durch den Folienglanz oft noch verbesserten Aussehen auch der Umstand, daß die Ware mit genauem Gewicht und klarem Preis angeboten wird. Eine durch Heißsiegelung verschlossene Fleischpackung kann von der Hausfrau ohne Gefahr des Aufgehens oder Durchfeuchtens nach Hause getragen und im Kühlschrank untergebracht werden.

a) Frischfleisch. Bei einem leichtverderblichen Lebensmittel, wie frisches Fleisch, kommt es darauf an, nur hochwertige Rohware zu verpacken und die Kühlkette von der Gewinnung bis zum Verbrauch möglichst nicht zu unterbrechen. Beim zentralen Vorverpacken werden die richtig gereiften Tierhälften oder -viertel im gekühlten Zustand vom Blockschlächter nach einer Schneideliste portioniert und die auf Schalen oder Kartonuntersätze gelegten Fleischstücke vor dem Einwickeln nochmal auf die gewünschte Lagertemperatur gebracht. Im Packbetrieb eines Berliner Unternehmens werden je 600 Portionen auf Hordenwagen für 20 bis 30 Minuten in den Kühlraum geschoben, ehe man sie einzeln der Verpackungsmaschine zuleitet[1]. Die mit einer Zellglasumhüllung versehenen Packungen werden von der Maschine aus mit Bändern an die Wiegetische gefördert, wo das Gewicht und der entsprechende Preis jeder Packung abgelesen und die Werte in die Etikettendruckmaschine eingetastet werden. Nach dem Etikettieren werden die Packungen in Kühlwagen zu den Verkaufstruhen der Einzelhandelsgeschäfte gebracht. Die Lagertemperatur soll 0°C bis +2°C betragen.

Für das Einwickeln von Lebensmitteln sind vollautomatische Maschinen großer Leistungen entwickelt worden. Eine neuartige Einwickelmaschine, bei der die als Einwickelstoff dienende Folienbahn zugleich den Transport übernimmt, zeigt Abb. 306. Die Maschine formt um das in regelmäßigen Abständen eingeschobene Füllgut eine anliegende Hülle, verschweißt sie unten an der Längsnaht und an den Enden, schneidet die Einzelstücke ab, legt die Kanten der Verschlußnähte fest an und transportiert die Packungen ab. Die Maschine stellt dichte Packungen her; sie wird auch mit zusätzlich eingebauter Injektionsdüse zum Füllen der Packungen mit einem Inertgas geliefert[2].

Abb. 306. Einwickelmaschine für Lebensmittel.
Bezeichnung: Campbell-Wrapper 0635, Leistung: 100 bis 300 Stück/min je nach Füllgut, Hersteller: Andson Sharp Machine Comp., Green Bay, Wisc., USA.
a Einlauf, *b* Folienrolle, *c* Formblech, *d* Schlauchbildung und Längsnahtsiegelung, *e* Quersiegelung und Abschneiden *f* Auslauf.

Für die Herstellung von Vakuumpackungen werden neben Anlagen, bei denen jede Packung einzeln in die Hand genommen werden muß — s. Abb. 285 — auch Vakuumverschließmaschinen angeboten, auf denen eine größere Anzahl von Packungen gleichzeitig in einer Vakuumkammer verschlossen werden können. Einen Vakuumverpackungsautomaten, in dem die Packungen von der Rolle weg geformt und einzeln nach dem Füllen in einer Kammer evakuiert und heiß versiegelt werden, zeigt Abb. 307.

Frisches Fleisch behält seine Qualität während einer kurzfristigen Kaltlagerung von 2 bis 3 Tagen sehr gut, wenn es in Zellglas-Wetterfest LSAT[3] oder ESAT[4] verpackt wird[5,6]. Das mit der unlackierten Seite dem Fleisch anliegende Zellglas ESAT hat nach der Durchfeuchtung eine gute Gasdurchlässigkeit, so daß die Sauerstoffkonzentration in der Packung hoch bleibt und dadurch eine schnelle

---

[1] Hoffmann, F.: Die Neue Verpackung Bd. 11 (1958) S. 802.

[2] Grundhoff, J.: VDI-Z. Bd. 100 (1958) S. 1498.

[3] Zweiseitig lackiertes Zellglas mit einer geringen Durchlässigkeit für Luft und Wasserdampf (weniger dicht als Zellglas-Wetterfest AST).

[4] Einseitig lackiertes Zellglas mit einer guten Gasdurchlässigkeit im feuchten Zustand.

[5] Wieser, F.: Haltbarkeitsuntersuchungen an vorverpacktem Frischfleisch und vorverpackter Blutwurst. Dissertation Univ. München 1957.

[6] Clauss, W. E., C. O. Ball u. E. F. Stier: Food Techn. Bd. 11 (1957) S. 363.

Bildung von Oxymyoglobin und dementsprechend eine leuchtende hellrote Färbung auftritt. Wenn diese Umwandlung nicht gestört werden soll, muß die Durchlässigkeit des Packstoffes für Sauerstoff über 55 cm³/dm² Tag bei 23,9° C und 1 at Druckunterschied liegen[1]. Nach 2- bis 3tägiger Lagerung verliert das Fleisch schnell die rote Farbe und verfärbt sich durch Metmyoglobinbildung ins Braune[2]. Die Aufnahme lose gebundenen Sauerstoffes durch aerobe Mikroorganismen fördert die Verfärbung. Die Farberhaltung ist anfangs auch bei anderen durchlässigen Folien, wie Zelluloseazetat und normalem Zellglas, gut. Während jedoch in Zellglas LSAT vorverpacktes Fleisch bei einer Lagertemperatur von +1° C bis +3° C während der ersten 2 Tage nur geringfügig austrocknet (Gewichtsverlust von Kleinpackungen weniger als 1%), ist die Austrocknung bei Celluloseacetat oder normalem Zellglas infolge der hohen Wasserdampfdurchlässigkeit wesentlich größer, so daß sich auch dadurch das Fleisch verfärbt.

Mit sinkendem Sauerstoffpartialdruck in der Umgebung nimmt die Geschwindigkeit der Metmyoglobinbildung zu[1] (max. bei einem O_2-Druck von 4 mm QS bei 0° C). In evakuierten Packungen mit einer sehr geringen Gasdurchlässigkeit bildet sich infolge einer niedrigen O_2-Konzentration in der Packungsatmosphäre schon zu Beginn der Lagerung Metmyoglobin, so daß der sattrote Farbton schnell in ein dunkleres Rot übergeht. Während sich jedoch das in durchlässigen Folien verpackte leuchtend rote Frischfleisch nach 2- bis 3tägiger Lagerung stark ins

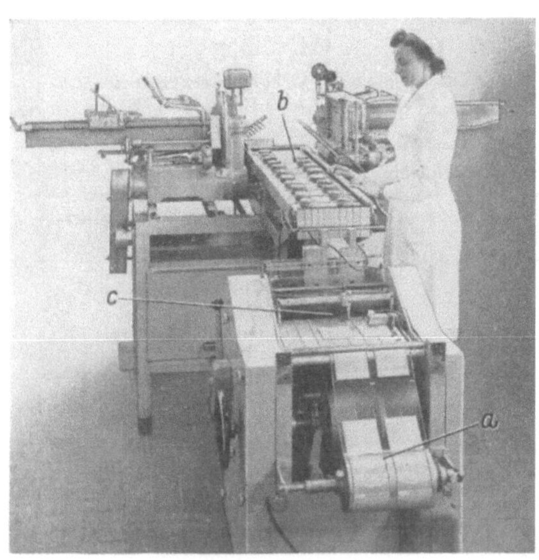

Abb. 307. Vakuum-Verpackungsautomat.
Leistung: 25 Packungen/min, Hersteller: Angin Kasseregister AB, Stockholm.
a Folienrollen, *b* Zuführband, *c* Vakuum- und Siegelstation.

Braune verfärbt, behält das in der Vakuumverpackung bei 4° C bis 5° C gelagerte Fleisch 14 Tage und länger eine ansprechende rote Farbe[3]. Fleisch behält seine ursprüngliche Farbe, wenn es in O_2-freier Atmosphäre gelagert wird; ein Ausspülen der Packung mit CO_2 vor dem Verschließen verbessert deshalb die Farberhaltung.

Vorverpackte Lebensmittel sind nicht steril. Zwar wird Fleisch durch die Verpackung vor einem weiteren Befall mit Mikroorganismen geschützt, die anfangs in der Packung vorhandenen Bakterien entwickeln sich jedoch während der Lagerung entsprechend der Temperatur, der Zusammensetzung der umgebenden Atmosphäre und der Art des Nährbodens. Die üblicherweise verwendeten Verpackungsfolien wirken nicht hemmend auf das Bakterienwachstum. In durchlässige Folien (normales Zellglas, Zelluloseacetat) verpacktes Frisch-

---

[1] LANDROCK, A. H., u. G. A. WALLACE: Food Techn. Bd. 4 (1955) S. 194.
[2] RICKERT, J. A., C. O. BALL u. E. F. STIER: Food Techn. Bd. 12 (1958) S. 17.
[3] PIRKO, P. C., u. J. C. AYRES: Food Techn. Bd. 11 (1957) S. 461.

fleisch unterschied sich in der Keimzahl nicht wesentlich von derjenigen unverpackten Fleisches; die Zunahme der Keimzahl hing nach Abschluß der Induktionphase von 1 bis 2 Tagen von der Lagertemperatur ab[1].

Wenn Frischfleisch länger als 2 bis 3 Tage in der Verpackung gelagert werden soll, sind weitgehend undurchlässige Packstoffe am geeignetsten. In daraus hergestellten Packungen kann eine die Haltbarkeit günstig beeinflussende Atmosphäre aufrechterhalten werden. In Verbundfolien (S. 632) unter Vakuum verpacktes Fleisch hielt sich länger als in Zellglas oder Polyäthylen gelagertes (Tab. 12); die Induktionsphase des Bakterienwachstums verlängerte und die

Tabelle 12. *Haltbarkeit von Schweinefleisch, Rindfleisch und Brühwurst in verschiedenen Packungen bei einer Lagertemperatur von* $+4°$ *C mit und ohne Beleuchtung. (Nach* Wieser.)

| Verpacktes Produkt | Verpackungsart | Haltbarkeit des verpackten Gutes in Tagen | | | |
| | | ohne Beleuchtung | | mit Beleuchtung[2] | |
		noch genußtauglich	verdorben	noch genußtauglich	verdorben
Schweinefleisch	Zellglas ESAT	4	6	4	6
	Pliofilm FM 1	4	6	4	6
	Verbundfolie[3] evakuiert	6	8	6	8
	unverpackt	2	4	2	4
Rindfleisch	Zellglas ESAT	6	8	6	8
	Verbundfolie evakuiert	8	10	8	10
	unverpackt	1	2	1	2
Brühwurst	Zellglas LSAT	8	10	6	10
	Pliofilm BF	6	10	4	6
	Saranfolie	8	10	4	6
	Polyäthylen	6	8	4	6
	Verbundfolie	8	10	8	10
	Verbundfolie evakuiert	10	12	10	12
	unverpackt	1	2	1	2

Wachstumsgeschwindigkeit verzögerte sich. Obgleich die meisten auf vorverpacktem Fleisch vorkommenden Bakterien fakultativ anaerob sind, sich also auch ohne Sauerstoff vermehren können, führte das Evakuieren von Packungen mit Frischfleisch und Geflügel insgesamt zu einer Verminderung des Mikrobenwachstums[4]. Durch Ausspülen der gefüllten Packung mit CO_2 vor dem Evakuieren oder durch Austausch der Luft gegen CO_2 in der Packung konnte die Haltbarkeit verbessert werden. Nach Leistner[5] jedoch wird die Keimvermehrung auf Fleisch- und Fleischwaren während der Lagerung in Vakuumpackungen nur wenig gehemmt, so daß bei ungenügender Kühlung die Produkte schnell verderben. Da eine Geruchsbeurteilung im verpackten Zustand nicht möglich ist und die Farbe durch die Vermehrung anaerober Bakterien kaum beeinflußt wird, kann ein Frischezustand vorgetäuscht werden, der nicht besteht. Aus der Kennzeichnung von vorverpacktem Fleisch muß daher eindeutig hervorgehen, daß es sich um leichtverderbliche Ware handelt, die für den baldigen Verzehr bestimmt ist.

---

[1] Halleck, F. E., C. O. Ball u. E. F. Stier: Food Techn. Bd. 12 (1958) S. 301.

[2] Die Lichteinwirkung in der Kühlvitrine erfolgte von außen durch die Raumbeleuchtung. Bei der Einwirkung von Neonlicht war die Haltbarkeit um durchschnittlich einen Tag geringer als bei der mit Glühlampenlicht gleicher Stärke (15 Watt) gefundenen Werten.

[3] Mit Polyäthylen beschichtetes Zellglas.

[4] Wells, F. E., J. V. Spencer u. W. J. Stadelmann: Food Techn. Bd. 12 (1958) S. 425.

[5] Leistner, L.: Fleischwirtschaft Bd. 8 (1956) S. 422.

Mit verschiedenen Fleischwaren und Packstoffen von CLAUSS und Mitarbeiter[1] bei 0° C bis 4,5° C bis zu 4 Wochen vorgenommene Lagerversuche führten, wenn die einzelnen Eigenschaften wöchentlich bewertet wurden, zu der in Tab. 13 zusammengestellten durchschnittlichen Beurteilung der Gesamtqualität.

Tabelle 13. *Eignung verschiedener Packstoffe für die Verpackung von Frischfleisch.* (Nach CLAUSS und Mitarbeiter.) *Lagerung in evakuierten Beuteln bei 0° C bis 4,5° C, z. T. bis 28 Tage.*

Verpackungsart	Dicke	Urteil über die Gesamtqualität der Fleischproben
Vinylidenchlorid-Mischpolymerisat (Saran)	32	hervorragend
Verbundfolie, (Zellglas-Polyäthylen), Polyäthylen innen	83	sehr gut
Dose	—	gut
Zellglas mit einseitiger Lackierung (Lackschicht innen)	27	gut
Verbundfolie (Zellglas-Pliofilm), Pliofilm innen	70	gut
Verbundfolie (Zelluloseazetat-Pliofilm), Pliofilm innen	62	gut
Zellglas mit zweiseitiger Lackierung	29	mittelmäßig[3]
Zelluloseazetat[2]	34	schlecht
Zellglas mit einseitiger Lackierung, Lackschicht außen	27	schlecht
Polyäthylen	58	sehr schlecht
unverpackt	—	extrem schlecht

b) Fleischwaren. Für das Vorverpacken von Fleischwaren gilt grundsätzlich das gleiche wie für Frischfleisch, das länger als 2 Tage aufgehoben werden soll. Besonders geeignet zum Vorverpacken sind Fleischwaren mit einem geringen Wassergehalt, die durch Salzen, Pökeln oder Räuchern haltbarer gemacht worden sind. Während der Einfluß des Lichtes in Kühlvitrinen auf die Farbe verpackten Frischfleisches gering ist (s. Tab. 12), kann in transparente Folien verpacktes geräuchertes Fleisch innerhalb von Stunden eine blassere Farbe annehmen, wenn es ohne Vakuum verpackt worden ist[4]. In evakuierten Packungen ist die Farberhaltung von beleuchteten Fleischwaren wesentlich besser, doch auch hier empfiehlt es sich, die Packungen nicht unnötig lange dem Licht auszusetzen. Es ist zweckmäßig, die Sichtpackungen in den Kühlvitrinen schräg zur Lichtquelle zu stellen[5].

Fleischwaren füllen meist die Packungen nicht vollständig aus, so daß sich die flexible Beutelwandung beim Evakuieren dem Füllgut nicht gleichmäßig anlegt und kleinere Hohlräume in der Packung bleiben. Durch den auf der evakuierten Packung lastenden äußeren Luftdruck wird ein Teil des ungebundenen Wassers aus den der Packung anliegenden Fleischteilen in die Hohlräume gepreßt, so daß Feuchtigkeitsnester entstehen, durch die das Bakterienwachstum gefördert wird; bei Raumtemperaturen tritt daher häufig nach kurzer Lagerdauer eine Säuerung auf.

Nicht nur Fleisch und leichtverderbliche Fleischwaren, wie Kochschinken, Jagdwurst u. ä., sondern auch haltbar gemachte Fleischwaren müssen vor dem Verpacken gekühlt, in hygienisch einwandfreien Räumen mit einer Temperatur von möglichst nicht über +10° C zerteilt und verpackt und unmittelbar danach bei +1° C bis +2° C gelagert werden. Die Kühlkette soll bis zum Verbrauch aufrechterhalten werden. Die mögliche Lagerdauer ist für die einzelnen Produkte verschieden und hängt bei gleicher Verpackung außer von der Lager- und

---

[1] Siehe Fußnote 6, S. 658.   [2] Ohne Vakuum verschlossen.
[3] Geschmack und Geruch (flavor).   [4] Siehe Fußnote 5, S. 658.
[5] STEGEN, H.: Fleischwirtschaft Bd. 10 (1958) S. 253.

Transporttemperatur vom Anfangskeimgehalt der Ware ab. Sie muß dem Hersteller für jedes Produkt bei den vorliegenden Betriebsbedingungen bekannt sein, damit auf der Packung die Zeitspanne für den Verkauf angegeben und die Ware gegebenenfalls aus dem Handel gezogen werden kann.

2. Die Verpackung von Geflügel.

Wie Fleisch und Fleischwaren werden auch Geflügel und Geflügelteile in der Kühltruhe vorverpackt zum Verkauf angeboten. Als Packstoff haben sich sowohl das mäßig gasdurchlässige Zellglas-Wetterfest LSAT als auch die weitgehend undurchlässige Polyvinylidenchloridfolie als geeignet erwiesen. Auf Kartonuntersätze mit saugfähiger Einlage gelegte, in Eiswasser gekühlte halbe Hähnchen hatten nach Wells und Mitarbeiter[1] die gleiche maximale Lagerdauer von etwa 11 Tagen bei $+1°$ C, wenn als Einwickler eines der beiden Packstoffe verwendet wurde. Durch die Lagerung in evakuierten Polyvinylidenchloridbeuteln erhöhte sich die Haltbarkeit auf 15 Tage. Zur Verzögerung des Verderbes ist in den USA eine Behandlung von Geflügel mit antibiotischen Substanzen zugelassen. Die mögliche Lagerdauer der in den genannten Folien eingewickelten Hähnchen verlängerte sich auf 17 bis 18 Tage bei $+1°$ C, wenn dem zum Kühlen verwendeten Eiswasser 30 p. p. m. Chlortetracycline oder die gleiche Menge Oxytetracycline zugesetzt wurde. Bei den behandelten Hähnchen konnte die Lagerdauer durch die Verwendung einer Vakuumpackung nur um etwa 2 Tage erhöht werden, demnach geht durch den Sauerstoffentzug aus der Packung die Wirksamkeit der Antibiotika etwas zurück.

Auch das Verpacken in Pliofilm und Polyäthylenfolie erwies sich als vorteilhaft. Spencer und Stadelmann[2] fanden bei einer vergleichenden Prüfung des Lagerverhaltens von halben Hähnchen, die bei durchschnittlich $-0,6°$ C gelagert waren, nach dem Urteil über das allgemeine Aussehen folgende Rangfolge nach der Verpackungsart: 1. Polyäthylenbeutel mit saugfähigem Untersatz, 2. Polyäthylenbeutel, 3. Zellglaseinwickler, gelagert in zerkleinertem Eis, 4. Zellglaseinwickler mit saugfähigem Untersatz. Durch die Anwendung einer Brühtemperatur von $60°$ C war die Haut der Hähnchen besonders empfindlich für Verfärbungen durch Austrocknung. Bei einer Brühtemperatur von $54,5°$ C sind die Veränderungen des Aussehens während der Lagerung in Eis wesentlich geringer[3], so daß hier auch praktisch kein Unterschied zwischen polyäthylen- und zellglasverpacktem Geflügel auftreten dürfte.

Wie Fleisch muß auch das leichtverderbliche Geflügel in einer ununterbrochenen Kühlkette vom Schlachtbetrieb bis zum Verbraucher gelangen, und es muß dafür gesorgt werden, daß die Haltbarkeitsgrenze nicht überschritten wird. Durch eine deutliche Kennzeichnung ist insbesondere bei Kartonpackungen darauf hinzuweisen, daß die Packung frische und nicht konservierte Ware enthält, die dementsprechend behandelt werden muß.

3. Die Verpackung von Obst und Gemüse.

Frisches Obst und Gemüse wird meist noch auf die herkömmliche Art in Holzsteigen oder -kisten oder in Spankörben gelagert und transportiert. In Deutschland verwendet man dafür hauptsächlich Steigen nach DIN 10092 Steige Größe 1, DIN 10093 Flachsteige Größe 1 und DIN 10094 Mittelsteige sowie Spankörbe nach DIN 10093. Die einheitlichen Grundmaße dieser Steigen,

---

[1] Siehe Fußnote 4, S. 660.

[2] Spencer, J. V., u. W. J. Stadelmann: Food Techn. Bd. 9 (1955) S. 358.

[3] Newell, G. W., J. M. Gwin u. M. A. Jull: Poultry Sci. Bd. 27 (1948) S. 251.

mit 600 mm Länge und 400 mm Breite, wurden auch von den im Europäischen Wirtschaftsrat zusammengeschlossenen Ländern in die europäische Norm über die Dauer- und Ein-Weg-Verpackung aus Holz übernommen[1]. Daneben verbreitet sich, wie in den USA, die aus Holz oder Pappe hergestellte Ein-Weg-Packung. 1957 verwendete man in Italien 1,25 Millionen Wellpappkästen zum Verpacken von Orangen, Zitronen und Äpfeln[2].

Papiere und Folien verwendet man in Verbindung mit der Versandpackung, um empfindliche Produkte, wie z. B. Salat, Blattgemüse, aber auch Weintrauben, gegen eine Austrocknung während des Transportes und der Lagerung zu schützen. Um eine Austrocknung zu verhindern, schlägt man die Steigen oder Kisten mit gewachstem oder beschichtetem Papier aus und deckt sie mit den überstehenden Enden ab. Wenn nur eine Berührung oder eine Verschmutzung verhindert werden soll, schützt man die Ware in der Regel durch normales Zellglas.

a) Die Verpackung für die langfristige Lagerung von Obst. Die Kaltlagerung bei erhöhtem CO_2- und vermindertem O_2-Gehalt hat sich für manche Kernobstarten als vorteilhaft erwiesen (s. S. 103). In einer mit Obst gefüllten dicht verschlossenen Packung ändert sich je nach der Art des Produktes, der Lagertemperatur und der Durchlässigkeit des Packstoffes die Zusammensetzung der Atmosphäre mehr oder weniger schnell. Infolge der Atmung steigt der CO_2- und sinkt der O_2-Gehalt, außerdem reichert sich die Atmosphäre mit Wasserdampf und anderen flüchtigen Substanzen an. Wenn kein Stoffaustausch mit der Umgebung stattfinden kann, geht die Atmungsgeschwindigkeit infolge zu niedriger O_2- und zu hoher CO_2-Konzentration bald so stark zurück, daß Stoffwechselstörungen und dadurch bedingte Schäden auftreten. In dicht verschlossenen Beuteln aus Zellglas-Wetterfest AST mit Äpfeln stellt sich selbst bei $-0{,}5°$ C nach kurzer Zeit ein CO_2-Gehalt von 15 bis 24% ein; die Äpfel verfärben sich und werden weich. Das Auftreten von Krankheiten wird durch die Anreicherung mit flüchtigen Substanzen gefördert. Durch den Anstieg des Wasserdampfgehaltes in der eingeschlossenen Atmosphäre wird der Gewichtsverlust vermindert und das Schrumpfen der Haut entsprechend verhütet; eine zu hohe rel. Feuchtigkeit in der Packung kann jedoch den Verderb durch Pilzwachstum und Fäulnis bei empfindlichen Produkten vergrößern.

Eine Verpackung ist demnach zur langfristigen Lagerung von Obst nur dann geeignet, wenn der Packstoff eine hinreichende Durchlässigkeit für CO_2 und O_2 hat, damit die Atmung nicht zu stark verzögert wird. Dagegen kann eine weitgehende Wasserdampfdichtigkeit bei unempfindlichen Produkten erwünscht sein. Für die langfristige Kaltlagerung von Birnen der Sorten Bartlett, Anjou-Butterbirne, Doyenné du Comice und Bosc's Flaschenbirne und der Apfelsorte Golden Delicious bei $-0{,}5°$ C haben sich nach GERHARDT[3] folgende Folien als geeignet erwiesen:

Polyäthylenfolie, Dicke 25 und $38\,\mu$,
Pliofilm Type FM 1, Dicke 20 und $25\,\mu$,
Pliofilm Type HP, Dicke 20 und $25\,\mu$,
Pliofilm Type FF, Dicke $19\,\mu$,
Zellglas LSAT, Flächengewicht 30 g/m².

---

[1] European Productivity Agency Technical Sheet (a) Europe Nr. 1; s. auch R. BOHN: Die Neue Verpackung Bd. 9 (1956) S. 312; Bd. 11 (1958) S. 199.

[2] Nach einem Vortrag von P. DUMAS im Mai 1958 auf dem 5. Kongreß der Europäischen Vereinigung der Wellpappenfabriken in Cannes; s. Die Neue Verpackung Bd. 11 (1958) S. 726.

[3] GERHARDT, F.: U. S. Dep. Agric. Circular Nr. 965. Washington D. C., April 1955.

Bei Verwendung von Einsatzbeuteln aus diesen Folien für Kisten mit etwa 10 kg Obst stellte sich bei $-0,5°$ C zu Beginn der Lagerung eine Atmosphäre mit 1 bis 5% CO_2 und 10 bis 18% O_2 je nach Folienart und Stärke ein, wenn die Beutel durch Heißsiegelung verschlossen wurden (s. Tab. 14). Die bei der Kaltlagerung dieser Obstsorten mit fortschreitender Reifung auftretenden physiologischen Veränderungen wurden durch das Verpacken deutlich verzögert. Eine ähnliche Veränderung der Atmosphäre bei der Kaltlagerung von Äpfeln in Polyäthylenbeuteln und eine entsprechende Verzögerung der Atmung wurde erreicht, wenn man die Beutel durch Einfalten der Öffnung verschloß[1].

Tabelle 14. *Gehalt an CO_2 und O_2 in heißversiegelten Beuteln aus verschiedenen Folien während der Lagerung von Äpfeln und Birnen.* (Nach Gerhardt.)

Verwendete Folienart	Apfelsorte Golden Delicious				Birnensorte Bartlett			
	Gehalt während der Lagerung[2] bei $-0.5°$ C in %		Gehalt nach 3 tägiger Reifung[3] bei 18.3° C in %		Gehalt während der Lagerung[4] bei $-0,5°$ C in %		Gehalt nach 5 tägiger Reifung[4] bei 18° C bis 21° C in %	
	CO_2	O_2	CO_2	O_2	CO_2	O_2	CO_2	O_2
Polyäthylen, 38μ . .	4,0	13,0	7,0	1,5	3,0	17,0	6,0	1,5
Polyäthylen, 25μ . .	—	—	—	—	2,5	14,0	6,0	2,0
Pliofilm FM 1, 20μ .	2,0	15,0	7,0	4,0	1,0	16,0	3,0	3,5
Pliofilm FM 1, 25μ .	—	—	—	—	2,0	13,0	6,0	2,0
Pliofilm HP, 25μ . .	4,0	14,0	11,0	—	—	—	—	—
Zellglas LSAT, $30\,g/m^2$	4,5	—	16,0	—	3,0	17,0	13,0	3,0

Die Birnen konnten 6 bis 8 Wochen länger gelagert werden als unverpackte Früchte gleicher Herkunft. Die verpackten Birnen hatten außerdem ein frischeres Aussehen, da Schrumpferscheinungen nicht auftraten. Der Reifungsprozeß verlief normal, wenn der Packstoff unmittelbar nach der Entnahme aus dem Kaltlagerraum perforiert wurde. Obgleich es möglich ist, die Reifungsgeschwindigkeit durch eine 3- bis 4tägige Lagerung in geschlossenen Beuteln zu verzögern, wird dringend empfohlen, nur dann davon Gebrauch zu machen, wenn das Lagerverhalten genau bekannt ist. Mit Erhöhung der Temperatur steigt der CO_2-Gehalt in der Packung stark an (s. Tab. 14), und bei Birnen muß normalerweise mit einer großen Empfindlichkeit für überhöhte CO_2-Gehalte gerechnet werden. Außer den genannten Birnensorten haben sich die Sorten Williams Christ und Conference für die Lagerung in Polyäthylenbeuteln bei 0° C als geeignet erwiesen[5]. Eine in den USA verwendete Obstkiste mit Einsatzbeutel zeigt Abb. 308.

Äpfel der Sorten Golden Delicious hatten nach einer Lagerdauer von etwa 6 Monaten bei $-0,5°$ C und 85% rel. Luftfeuchtigkeit eine Atmungsgeschwindigkeit von etwa 4,5 mg CO_2/kg h, einen Gewichtsverlust von 4,6 bis 5,0% und dementsprechend eine leicht geschrumpfte Haut, eine etwas zähe Konsistenz und den für einen fortgeschrittenen Reifezustand dieser Sorte typischen Geschmack, wenn sie nur in Wellpappkästen mit unbehandelten oder gewachsten Wänden ohne Einsatzbeutel gelagert worden waren; wenn Einsatzbeutel aus Polyäthylen oder Pliofilm benutzt wurden, ging die Atmungsgeschwindigkeit auf etwa 3,5 mg CO_2/kg h und der Gewichtsverlust auf 2,0 bis 2,4% zurück; die Äpfel behielten ihre vorzügliche frische Farbe, ihre glatte Haut, ihr festes saftiges Fleisch und gutes Aroma. Es empfiehlt sich, Äpfel in einer fungizid wirkenden Lösung zu waschen, um eine stärkere Ausgangsinfektion zu verhindern. Auf ungewaschenen

---

[1] Siehe Fußnote 6, S. 608. [2] Lagerdauer 135 Tage.
[3] Lagerdauer bei $-0,5°$ C 185 Tage. [4] Lagerdauer 107 bis 160 Tage.
[5] Stoll, K., u. A. Nyfelder: Schweiz. Z. Obst- u. Weinbau Bd. 66 (1957) S. 331.

Äpfeln tritt infolge der hohen rel. Feuchtigkeit in den Kunststoffbeuteln leicht ein Schimmelwachstum auf[1].

Nicht nur bei Golden Delicious, sondern auch bei anderen Apfelsorten kann eine Lagerung in Kunststoffbeuteln vorteilhaft sein. Gesunde, mittelgroße Äpfel der Sorte Jonathan im richtigen Reifegrad konnten durch die Lagerung in Polyäthylenbeuteln bei $+4°$ C in ihrer Haltbarkeit verbessert werden. Für die Herstellung der Beutel zur Lagerung dieser Sorte wird eine Folienstärke von $40\,\mu$ vorgeschlagen. Für die Lagerung im verpackten Zustand scheinen auch die Sorten Berner Rosen und Glockenapfel geeignet zu sein[2]. Insgesamt wird jedoch nur eine sehr beschränkte Anzahl von Apfelsorten für die kommerzielle Kaltlagerung in Betracht kommen, da sowohl gegen Hautbräune anfällige als auch auf hohe CO_2-Gehalte ungünstig reagierende Sorten mit besonderer Vorsicht behandelt werden müssen. In geschlossenen Polyäthylenbeuteln bei $+4°$ C gelagerte Äpfel der Sorte Freiherr von Berlepsch waren bei Auslagerung nach 183 Tagen zu 96% mit Hautbräune befallen (Kontrolle 26%).

Abb. 308. In den USA kommerziell verwendete Birnenverpackung. Der Einsatzbeutel aus Polyäthylenfolie oder Pliofilm FM 1 wird durch Zusammendrehen und Verklammern der Beutelränder verschlossen.

b) Das Vorverpacken. Frisches Obst und Gemüse wird in zunehmender Menge in Kleinhandelspackungen verkauft. Schon 1951 wurden in den USA etwa 50 verschiedene Obst- und Gemüsearten im frischen Zustand vorverpackt. Der Anteil an verpacktem Spinat betrug 65%, der an Rosenkohl, Grünkohl, Tomaten und Pilzen 50% der insgesamt verkauften Ware[3]. In den letzten Jahren ist der Anteil an vorverpacktem Gemüse und Obst weiter gestiegen. Karotten z. B. wurden 1951 nur zu etwa 1%, im Jahr 1956 zu 85% in Kleinhandelspackungen verkauft[4].

Durch das Vorverpacken der vom Kunden meist verlangten Mengen wird nicht nur der Verkauf vereinfacht oder in Selbstbedienungsläden erst ermöglicht, sondern die Ware wird auch vor einer Berührung und Beschädigung durch den Käufer geschützt. Das Verlesen, Sortieren, Putzen und z. T. auch das Waschen der Produkte kann daher in einen Verarbeitungsbetrieb verlegt werden. Auch Krautsalat, Suppengrün und Gemüsesalate werden in steigendem Maße verpackt angeboten.

Unter amerikanischen Verhältnissen hat sich das Vorverpacken im Verbrauchergebiet als zweckmäßig erwiesen; infolge der Versorgung mit Rohware aus Gebieten unterschiedlicher Erntezeit kann der Betrieb besser ausgelastet werden. Für nahe Märkte werden die meisten Produkte im Erzeugergebiet von Genossenschaften, Sammelstellen und Verarbeitungsbetrieben zugerichtet und verpackt. Das Vorverpacken beim Einzelhandel dürfte immer mehr zugunsten

---

[1] Siehe Fußnote 3, S. 663. [2] Siehe Fußnote 5, S. 664.

[3] Productivity Report: Fruit and Vegetable Storage and Prepackaging, S. 45. British Productivity Conncil, London S. W. 1, Februar 1953.

[4] BALL, C. O.: Western Canner and Packer Bd. 50 (1958) H. 8, S. 23.

des zentralen Verpackens zurückgehen, da Maschinen und Arbeitskräfte hier wirtschaftlicher eingesetzt werden können.

Für das Verpacken von frischem Gemüse und Obst wird nahezu ausschließlich durchsichtige Folie allein oder in Verbindung mit einer Kartonpackung verwendet, so daß es sich in hygienischer Weise dem Blick des Käufers darbietet und für sich selbst wirbt.

Wie bei der langfristigen Lagerung von Kernobst kann auch die Haltbarkeit vorverpackter schnellverderblicher Produkte unter kontrollierten Kaltlagerbedingungen erhöht werden, wenn es möglich ist, eine günstige CO_2- und O_2-Konzentration in der Packungsatmosphäre zu halten[1]. Da jedoch die Lagerbedingungen beim Vertrieb meist stark wechseln, kann die Zusammensetzung der Atmosphäre nicht konstant gehalten werden, so daß man in der Regel auch mäßig gasdurchlässige Folien perforiert, um die Ware nicht durch eine zu starke Behinderung der Atmung zu schädigen. In einem Lagerversuch mit vorverpackten Karotten verwendeten Hardenburg und Mitarbeiter[2] u. a. Beutel aus dem weitgehend gasdichten Pliofilm Typ P 6, deren Inhalt infolge des sich einstellenden hohen CO_2-Gehaltes schnell unverkäuflich wurden. In Beuteln aus wasserdampfundurchlässiger Folie bleibt die meist gewünschte hohe rel. Luftfeuchtigkeit auch dann erhalten, wenn die zum Ausgleich der CO_2- und O_2-Konzentration erforderlichen Löcher eingestanzt werden, da das Konzentrationsgefälle und die Diffusionsgeschwindigkeit von Wasserdampf wesentlich geringer sind.

Zum Verpacken von frischem Obst und Gemüse werden hauptsächlich die verschiedenen Zellglasarten (normal, LSAT, AST) und Polyäthylenfolie, daneben aber auch Pliofilm und Zelluloseazetat als Beutel und Einwickler z. T. in Verbindung mit Kartonunterteilen verwendet.

Während die Perforierung von Zelluloseazetat nur beim Verpacken von Spargel, Zuckermais und Erdbeeren Vorteile bringt, wird normales Zellglas praktisch nie ohne eine Perforierung zum Verpacken von Gemüse und Obst verwendet. Das Verpacken in diese Folien ist deshalb nur als ein Schutz gegen Berührung und Verschmutzung zu werten. Ihre Verwendung sollte auf das Verpacken in der Nähe des Absatzmarktes beschränkt bleiben.

Zellglas LSAT mit seiner mäßigen Durchlässigkeit bietet die Möglichkeit einerseits die Austrocknung zu vermindern und andererseits die Verderbsquote gering zu halten.

Wenn die Temperatur während der Lagerung und des Vertriebes niedrig gehalten wird, kann Spinat in Beuteln aus Zellglas LSAT ohne Perforierung verpackt werden. Für das Einwickeln von Kartonuntersätzen mit Tomaten hat perforiertes Zellglas LSAT sich als besonders geeignet erwiesen. Auch bei vorverpackten Karotten zeigte sich nur ein geringer Unterschied in der Qualität und im Gewichtsverlust, wenn Zellglasbeutel mit oder ohne Perforierung benutzt wurden.

Zellglas-Wetterfest AST, Polyäthylenfolie und Pliofilm sind weitgehend wasserdampfundurchlässig (s. Tab. 5), so daß sie für Produkte, die gegen eine Austrocknung besonders geschützt werden sollen, am besten geeignet sind. Von diesen 3 Folienarten wird die Polyäthylenfolie am meisten zum Vorverpacken von Obst und Gemüse verwendet, da sie nicht nur bei hoher Wasserdampfdichtigkeit eine gute Durchlässigkeit für CO_2 und für O_2 hat, sondern auch wegen ihrer Festigkeit für die Herstellung größerer Einzelhandelspackungen mit 1 bis 5 kg Einwaage geeignet ist. Außerdem ist Polyäthylenfolie im Vergleich zu anderen Folienarten billig (s. Tab. 6).

---

[1] Wolf, J.: Dtsch. Lebensmittel-Rdsch. Bd. 47 (1951) S. 199, 230.
[2] Hardenburg, R. E., M. Lieberman u. H. A. Schomer: Proc. Amer. Soc. horticult. Sci. Bd. 61 (1953) S. 404.

Da die Gasdurchlässigkeit von Polyäthylen für die erhöhte Atmungsgeschwindigkeit mancher Produkte nicht ausreicht, wenn man diese in größeren Packungen bei Raumtemperatur vorübergehend aufbewahrt, werden Beutel aus Polyäthylen normalerweise perforiert. Für Beutel mit einem Füllgewicht bis etwa 1 kg genügen 4 Löcher mit 3 bis 6 mm Durchmesser, um einen hinreichenden Gasaustausch zu sichern. Dabei sollten für Spargel, Maiskolben die größeren, für Bohnen, Karotten und Rosenkohl die kleineren freien Querschnitte gewählt werden. Infolge der Perforierung steigt der Gewichtsverlust nur geringfügig an. Größere Beutel mit einem Füllgewicht von 2 bis 5 kg müssen stärker perforiert werden. Für Beutel mit Kernobst oder Orangen haben sich 8 bis 16 Löcher von 6 mm Durchmesser als ausreichend erwiesen. Bei Zwiebeln und Kartoffeln ist ein noch größerer freier Querschnitt oder die Verwendung eines durchlässigen Packstoffes erwünscht.

Für die Verpackung von Obst und Gemüse werden Bodenbeutel, Seitenfaltenbeutel und Flachbeutel für verschiedene Füllgewichte sowie Zuschnitte zum Einwickeln von Kartonpackungen mit stoßempfindlichen Früchten und für unregelmäßige größere Teile, wie Spargelbündel, Blumenkohl u. ä., geliefert. Für die Herstellung von Zellglasbeuteln und Zuschnitten wird in der Regel Zellglas normal mit einem Flächengewicht von 30 g/m² und Zellglas-Wetterfest AST und LSAT mit einem Flächengewicht von 35 g/m² verwendet. Polyäthylenbeutel werden je nach ihrer Größe meist aus Folie mit einer Dicke von 30 bis 50 μ hergestellt.

Tabelle 15.
Richtwerte für die Haltbarkeit von einigen Gemüsesorten in perforierten Kleinpackungen.

Gemüse	Zurichtung	Lagertemperatur °C	rel. Luftfeuchtigkeit in %	Ungefähre Haltbarkeit in Tagen
Grüne Bohnen	sortieren	7 bis 10	85 bis 90	8 bis 10
Blumenkohl[1]	putzen	0 bis 7	85 bis 90	8 bis 12
Rosenkohl	putzen	0 bis 7	85 bis 95	14 bis 21
Rot- und Weißkohl . . .	Deckblatt und Strunke entfernen	0 bis 7	85 bis 95	8 bis 10
Trockene Zwiebel	putzen	0 bis 4	70 bis 75	60 bis 120
Karotten	Kraut entfernen waschen	0 bis 4	85 bis 95	10 bis 14
Spinat	verlesen, waschen	0 bis 4	90 bis 95	6 bis 8
Tomaten	sortieren	10 bis 15	85 bis 90	8 bis 12

Die mögliche Lagerdauer vorverpackter Obst- und Gemüseprodukte richtet sich nach der Art und dem Ausgangszustand des Produktes sowie nach der Lagertemperatur. Nur einwandfrei gesunde, entsprechend zugerichtete Frischware soll verpackt werden. Eine Kaltlagerung ist bei den meisten Produkten unbedingt erforderlich, um die durchschnittlich gewünschte Zeitspanne vom Verpacken bis zum Verkauf ohne wesentliche Qualitätsminderung zu überbrücken; das gilt vor allem für geschältes und geschnittenes Gemüse. Für eine Reihe von Gemüsearten, die in gelochten Beutelpackungen oder in Kartonpackungen mit gelochter Folienumhüllung in kleinen Mengen verpackt waren, wurden günstige Lagerbedingungen und Anhaltswerte für die Haltbarkeit vom Staatlichen Institut für Gartenbauversuche in Alnarp, Schweden[2], zusammengestellt (s. Tab. 15). Die mögliche Lagerdauer von zugerichtetem leichtverderblichem Gemüse beträgt danach im Durchschnitt etwa 8 bis 14 Tage und liegt bei Spinat an der unteren und bei Rosenkohl an der oberen Grenze.

---

[1] In Wachspapier eingewickelt.   [2] Die Neue Verpackung Bd. 10 (1957) S. 353.

Namenverzeichnis.

Abbey, A. s. Firman, M. C.,
M. A. Darken, A. R. Koh-
ler, u. S. D. Upham 230.
Abbot, D. L. 456.
Abderhalden 196.
Acklin, O. 204.
Ahlbohr, P. 357.
Ahrens, H. s. Mohr, W. 357.
Aiken, W. H. s. Doty, P. M.,
u. H. Mrak 613, 614.
Albertsen, B. 230.
Alcock 201.
Alderman, W. H. s. Winter,
J. D., u. R. H. Landon
515.
Alford, L. R., N. E. Holmes,
W. J. Scott u. J. R.
Vickery 296.
Aljamowski, I. s. Golowkin,
N., G. Tschishow, M. Aref-
jewa u. D. Schagan 80.
Allen, F. W. 452.
—, u. L. Claypool 505.
—, u. W. T. Pentzer 470, 504.
— s. Claypool, L. 509.
Allmendinger, D. F. s. Ger-
hardt, F. 455.
Almquist, H. J. 274.
—, u. R. B. Burmester 273.
—, J. W. Givens u. A. Kolse
273.
Altman, M. s. van Wagenen,
A., u. G. O. Hall 281.
Altmann, R. 89.
Amano, K., M. Bito u. M.
Suyana 241.
Andersen, A. J. C. 410.
Anderson, C. F. s. Platt,
A. E. 270.
Anderson, D. Q. s. Levin, M.
270.
Andresen, H. s. Nicolaisen-
Scupin, L., u. E. Boekh
505.
Anonym 277, 280, 282, 283,
284, 292, 300.
Anquez, M., u. M. Rattonat
257.
Antoniani, C. 363.
—, L. Frederico u. M. Misi-
roli 278, 293.
App, J., G. J. Lorant, O. L.
Worthington, E. H. Wei-

gand u. W. A. Walker
109.
Appert, N. 1.
Archbold, H. K. s. Haynes, D.
454.
Arefjewa, M. s. Golowkin, N.,
G. Tschishow, I. Alja-
mowski u. D. Schagan 80.
van Arsdel, W. B., u. D. G.
Guadagni 537.
Ascoli u. Silvestri 202.
Atkin, J. D. 530.
Aubert, Ph. 472.
Ayres, J. C., u. B. Taylor 268.
— s. Pirko, P. C. 659.

Babcock, S. M., u. Mitarb.
373.
Babin, F. P. 285.
Bachmann, H. 13.
Badylkes, I. 57, 180.
Bäckström, M. 80.
Baehr, H. D. 13, 16.
Baier, W. E. s. Hull, W. Q.,
u. C. W. Lindsay 604.
Bailey, A. E. 386, 388, 390,
398, 410, 417, 419, 420,
422, 423.
—, J. C. 632.
—, M. T. s. Thomas, A. W.
300.
Baker, C. E. 500.
— s. Maxie, E. C. 483.
—, Re. E., s. Wardlaw, C. W.,
u. E. R. Leonard 517.
Ball, C. O. 622, 624, 665.
— s. Clauss, W. E., u. E. F.
Stier 658, 661.
— s. Halleck, F. E., u. E. F.
Stier 660.
— s. Rickert, J. A., u. E. F.
Stier 659.
Balls, A. K., u. S. R. Hoover,
277.
—, M. B. Matlack u. I. W.
Tucker 418.
—, u. T. L. Swenson 275, 277.
Ballschnieter, H. s. Schor-
müller, J. 304.
Baltes, J. 397, 410.
Bandemer, S. L. s. Evans,
R. J., H. A. Butts u. J. A.
Davidson 278.

Bandemer, S. L. s. Schaible,
P. J. 278, 279.
Banks, A. 239.
— s. Reay, G. A., u. C. L.
Cutting 47.
Barker, J. 492, 512, 521.
—, u. C. R. Furlong 508.
— s. Wallace, E. R. 531.
Barnell, H. R. s. Wardlaw,
C. W., u. E. R. Leonard
519, 520.
Barot, H. G., u. E. H.
McNally 297.
Barrer, R. M. 613.
Barrier, A. 249.
—, u. A. Monvoisin 199.
Bartholomew, E. T., u. W. B.
Sinclair 518.
Bartlett, L. H. s. Woolrich,
W. R. 48.
Bartram, M. T. s. Lepper,
H. A., u. F. Hillig 302.
— s. Schneiter, R., u. H. A.
Lepper 301.
Basket, R. B., W. H. Dryden
u. R. W. Hale 272.
Bate-Smith, E. C. 44, 94, 273,
278.
— u. J. R. Hawthorne 303,
306.
Baudelot 571, 574.
Bauer 383.
Bauer, D. s. Evans, R. J.,
J. A. Davidson u. H. A.
Butt 278.
Baur, K. s. Mohr, W. 357.
Bayha, H. 112.
Bayne, G. H. s. Stokes, J. L.,
u. W. W. Osborne 268.
Beattie, H. C. s. Pederson,
C. S. 601.
Bechold, H. 43.
Becker, E., u. I. Roeder 420.
Bedford, F. W. 601.
Beery, I., I. Prudent u. E. D.
Wilson 205.
Behre, A., u. K. Frerichs
271.
Beisel, C. G. s. Heid, J. L.
602.
Bekassow, A. G., u. N. J.
Denissow 450.
Bekk 618, 634.

Ildis, P., u. A. P. D'Ersu 513.
Irish, U. s. Gibbons, N. E., u. R. V. Michael 290.
Isermeyer, G. s. Hoechstetter, H. 327.

Jackson, W. B. 600.
Jacobs, M. B. 475.
Jacobsen 551.
James, L. H., u. T. L. Swenson 269, 283.
— s. Brownler, D. S. 300.
Jamison, F. S. s. Platenius, H., u. C. Thompson 521, 522, 524, 528.
Janke, A., u. L. Jirak 276.
Jansen, E. F. 77.
Jellinek, G. 617.
Jenkins, M. K., J. S. Hepburn, C. Swan u. C. M. Sherwood 279.
—, u. M. E. Pennington 271.
Jenny, F. 103.
Jensen, L. S., E. A. Sauter u. W. J. Stadelman 282.
Jensen, P. Fr. 234.
— s. Fischer, H. W. 43.
Jirak, L. s. Janke, A. 276.
Johlin, J. M. 276.
Johns, C. K. 302.
—, u. H. L. Bezard 304.
Johnson, A. S., u. E. S. Merrit 281.
Jones, G. I. s. Klose, A. A., u. H. L. Fevold 304.
Jones, J. O. s. Hinton, J., u. F. C. Lewis 487.
— s. Wallace, T. 492.
Jones, J. R. s. Feeney, R. E., J. M. Weaver u. M. B. Rhodes 275, 277.
de Jong, A. s. van Hiele, T., P. Noordzij u. J. C. Tol 105.
Joslin, R. P. s. Proctor, B. C., J. T. R. Nickerson u. E. E. Lockhart 305.
Joslyn, M. A., u. L. A. Hohl 539.
— s. Tressler, D. K. 589, 598.
Joyner, N. T. 389, 410.
Juckenack s. Holthöfer 383.
Jürgens 606.
Jull, M. A. s. Newell, G. W., u. J. M. Gwin 662.
Jung 382.

Kaasa, S. J. s. Gould, S. E. 162.
Kärger, K. H. 150.
Kaess, G. 108, 147, 188, 228, 265, 273, 291, 295, 296, 300, 465, 475, 512, 524, 608, 610, 616, 622.

Kaess, G., u. F. Kiermeier 269, 275, 279, 293.
—, u. W. Schwartz 142.
— s. Kiermeier, F., u. R. Heiss 268.
Kallert, E. 41, 42, 44, 49, 133, 138, 147, 153, 157, 159, 175, 176, 197, 198, 199, 201, 202, 243.
—, u. K. Fleischmann 172, 174, 187.
— s. Plank, R. 171, 179, 186, 197, 203.
Kaloyerias, S. A. 298, 301.
Karel, M. 608.
—, B. E. Proctor u. A. Cornell 616.
Kassatkin, F. S. 67.
Kasten, E. 560.
Kaufmann, H. P. 387, 388, 395, 397, 398, 401, 402, 403, 407.
—, u. M. C. Keller 401.
—, u. J. G. Thieme 393, 415, 418, 419, 420, 422.
Kaufman, V. F., C. C. Nimmo u. L. H. Walker 604.
Kaye, G. W. C., u. W. F. Higgins 392.
Kefford, E. 601.
Kehl, W. 150.
Keirstead, L. G. s. Garman, Ph., u. W. T. Mathis 456.
Keller, H. 134, 150, 228, 229, 230.
Keller, M. C. s. Kaufmann, H. P. 401.
Kelly, E. J. s. Heid, J. L. 602.
Kelsey, R. J. 49.
Kempe, L. L. s. Brownell, L. E., u. J. T. Graikoski 114, 115.
Kemper, H. 152.
Kerkmann, R. 357.
Kern, St. 151.
Kerr, R. G. s. Pottinger, S. R., u. W. B. Lanham 260.
Kersten, W. 618.
Kessler, H. 453, 455, 463, 464, 465, 468, 469, 499, 500, 511, 526, 530, 533.
—, u. P. Benz 464.
—, F. Schütz u. W. Eichenberger 524.
—, u. K. Stoll 461, 505.
— s. Gerber, H. 540.
— s. Meier, K. 461.
— s. Osterwalder, A. 484, 495, 496.
Kessler, Maria 451.
Khatchaturov, A. B. 236, s. auch Chatschaturow.
Kidd, F. 94.

Kidd, F., u. C. West 103, 104, 106, 107, 452, 453, 454, 457, 459, 464, 469, 472, 473, 479, 480, 481, 488, 489, 493, 501, 502, 504, 505, 507, 509, 521, 522.
Kidd, M. N. s. Books, F. T. 190.
Kiermeier, E. 357.
Kiermeier, F. 185, 299, 413, 419, 423, 536, 538.
—, u. R. Heiss 184, 189, 270, 279, 419.
—, — u. G. Kaess 268.
—, — u. K. Täufel 357.
—, u. G. Krumbholz 530.
— s. Kaess, G. 269, 275, 279, 293.
Kietzmann, U. 231.
Kirk-Othmer 394.
Kliess s. Bredl, Hirschmann u. Schröder 357.
Klimmer, M., u. F. Schönberg 383.
Kline, L., J. E. Gegg u. T. T. Sonada 303.
—, H. L. Hanson, T. T. Sonada, J. E. Gegg, R. E. Feeney u. H. Lineweaver 305.
Kline, R. W. s. Stewart, G. F. 303.
Kling 556.
Klinger, C., A. Young, I. Prudent u. A. R. Winter 301.
Klose, A. A., G. I. Jones u. H. L. Fevold 304.
Klotz, L. J., u. H. S. Fawcett 517.
Knake, B. O. s. Butler, C., u. J. F. Puncochar 251.
Knowles, N. R. 298.
—, u. P. Clerkins 271, 285.
Kobel, F. 479.
Kobulaschwili, Sch. N. 53, 55, 56, 57.
Koch, J. 103.
Kodicek, E. s. Cruickshank, E. M., u. Y. L. Wank 304.
Kohler, A. R. s. Firman, M. C., A. Abbey, M. A. Darken u. S. D. Upham 230.
Kokn, F. K. s. Bumazhnov, A. 297.
Kolbe, R. E. 69.
Koller, R. 152.
Kolse, A. s. Almquist, H. J., u. J. W. Givens 273.
Konokotin 232.
Konrich, Fr. 156.
Koonz, C. H. s. Ramsbottom, J. M. 42, 43, 76, 198.

Sachverzeichnis.

Berichtigung

In der letzten Zeile auf Seite 9 ist das Wort ,,Wasserstoff" durch ,,Wasserdampf"
zu ersetzen. Die anschließenden Worte und die ersten fünf Zeilen auf Seite 10
müssen richtig heißen:

,,Bei der Verbrennung (Veratmung) von 1 Mol Glukose werden 673 000 kcal frei,
entsprechend 673 000/180 = 3740 kcal/kg Glukose, oder 673 000/264 = 2550 kcal/kg
CO_2."

In Zeile 5 auf Seite 11 ändert sich daher die Zahl 3500 in 2550.

In Tabelle 2 auf Seite 11 lautet dann die letzte Kolonne:

Atmungswärme $2550\,y_1$ in kcal/t · 24 h
183,5
288
1020
1635

Plank, Handbuch der Kältetechnik X